BKI Baukosten 2026 Neubau
Teil 3

Statistische Kostenkennwerte für Positionen

BKI Baukosten 2026 Neubau
Statistische Kostenkennwerte für Positionen

BKI Baukosteninformationszentrum (Hrsg.)
Stuttgart: BKI, 2026

Mitarbeit:
Hannes Spielbauer (Geschäftsführer)
Brigitte Lechler (Prokuristin)
Produktmanagement: Michael Blank, Patrick Jeske, Virginia Lammet, Wolfgang Mandl, Thomas Schmid
Jeannette Sturm

Fachautoren:
Patrick Jeske
Wolfgang Mandl
Thomas Schmid
Hans-Jürgen Schneider
Andreas Wagner

Fachautor Artikel:
Univ.-Prof. Dr.-Ing. Wolfdietrich Kalusche

Layout, Satz:
Marvin Bisceglie
Hans-Peter Freund
Thomas Fütterer

Fachliche Begleitung:
Beirat Baukosteninformationszentrum
Stephan Weber (Vorsitzender)
Markus Lehrmann (stellv. Vorsitzender)
Prof. Dr. Bert Bielefeld
Markus Fehrs
Andrea Geister-Herbolzheimer
Prof. Dr. Wolfdietrich Kalusche
David Meuer
Martin Müller
Markus Weise

Anschrift:
Seelbergstraße 4, 70372 Stuttgart
Kundenbetreuung: (0711) 954 854-0
Baukosten-Hotline: (0711) 954 854-41
Telefax: (0711) 954 854-54
info@bki.de
www.bki.de

Vorwort

Die Planung der Baukosten bildet einen wesentlichen Bestandteil der Leistung der Architektenschaft. Kompetente Kostenermittlungen beruhen auf qualifizierten Vergleichsdaten und Methoden. Daher gehört die Bereitstellung aktueller Daten zur Baukostenermittlung zu den wichtigsten Aufgaben des BKI seit nunmehr über 30 Jahren seit seiner Gründung im Jahr 1996.

Der Band Positionen eignet sich besonders für die Ausschreibung und Bepreisung von Bauleistungen nach HOAI. Die Einsortierung der Positionen in Leistungsbereiche und die Zuordnung der Kostengruppen nach aktueller DIN 276:2018-12 ermöglichen es, die Teilleistungen flexibel in Kostenermittlungen einsetzen zu können. Ergänzt um die Ausführungsdauer der entsprechenden Leistungen kann darüber hinaus die Terminplanung unterstützt werden.

Die Fachbuchreihe erscheint jährlich. Dabei werden alle Kostenkennwerte auf Basis neu dokumentierter Objekte und neuer statistischer Auswertungen aktualisiert. Die Kosten, Kostenkennwerte und Positionen dieser neuen Objekte tragen in allen drei Bänden zur Aktualisierung bei. Mit den integrierten „BKI Regionalfaktoren 2026" kann der Nutzer eine Anpassung der Bundesdurchschnittswerte an den jeweiligen Stadt- bzw. Landkreis seines Bauorts vornehmen.

Neben der Aktualisierung und dem Ausbau der einzelnen Kennwerte der Positionen in den verschiedenen Leistungsbereichen baut das BKI auch das Angebot weiterer Leistungsbereiche stetig aus. Somit konnte für die diesjährige Ausgabe des Statistikbands Positionen ein neuer Leistungsbereich im Bereich der Technischen Gebäudeausrüstung gebildet werden: LB060 Such-, Signal-, Zeitdienst-, Antennen-, elektroakustische Anlagen, Medientechnik.

Die Fachbuchreihe Baukosten Neubau 2026 (Statistische Kostenkennwerte) besteht aus den drei Teilen:
Baukosten Gebäude 2026 (Teil 1)
Baukosten Bauelemente 2026 (Teil 2)
Baukosten Positionen 2026 (Teil 3)

Die Bände sind aufeinander abgestimmt und unterstützen bei der Anwendung in allen Planungsphasen.

Je Band sind ausführliche Erläuterungen zur fachgerechten Anwendung enthalten. Weitere Praxistipps und Hinweise zum Verfahren werden in den BKI-Workshops und im "BKI Handbuch Kostenplanung im Hochbau" vermittelt. Bei der einfachen Zuordnung der Baukosten nach Kostengruppen unterstützt der "BKI Bildkommentar DIN 276 / DIN 277".

Der Dank des BKI gilt allen Architektinnen und Architekten, die Daten und Unterlagen zur Verfügung stellen. Sie profitieren von der Dokumentationsarbeit des BKI und unterstützen nebenbei den eigenen Berufsstand. Die in Buchform veröffentlichten Architekt*innen-Projekte bilden eine fundierte und anschauliche Dokumentation gebauter Architektur, die sich zur Kostenermittlungen hervorragend eignet.

Zur Pflege der Baukostendatenbanken sucht BKI weitere Objekte aus allen Bundesländern. Bewerbungsbögen zur Objekt-Veröffentlichung von Hochbauten und Freianlagen werden im Internet unter www.bki.de/projekt-einreichen zur Verfügung gestellt. Auch die Bereitstellung von Leistungsverzeichnissen mit Positionen und Vergabepreisen ist jetzt möglich, mehr Info dazu finden Sie unter www.bki.de/lv-daten.

Besonderer Dank gilt abschließend auch dem BKI-Beirat, der mit seiner Expertise aus der Praxis der Architektenschaft, den Architekten- und Ingenieurkammern, Normausschüssen und Universitäten zum Gelingen der BKI-Fachinformationen beiträgt.

Wir wünschen allen Anwender*innen der neuen Fachbuchreihe 2026 viel Erfolg in allen Phasen der Kostenplanung und vor allem eine große Übereinstimmung zwischen geplanten und realisierten Baukosten im Sinne zufriedener Bauherr*innen. Anregungen und Kritik zur Verbesserung der BKI-Fachbücher sind uns jederzeit willkommen.

Hannes Spielbauer - Geschäftsführer
Brigitte Lechler - Prokuristin

Baukosteninformationszentrum
Deutscher Architektenkammern GmbH
Stuttgart, im Mai 2026

Inhalt	Seite

Vorbemerkungen und Erläuterungen

Kostenkennwerte für die Positionen der Leistungsbereiche (LB)

Bei der Prüfung der von BKI erstellten Mustertexte haben folgende Fachverbände mitgewirkt:

BAUWIRTSCHAFT Baden-Württemberg e.V.

Bauwirtschaft Baden-Württemberg e.V.

Bauwirtschaft Baden-Württemberg e.V.
70178 Stuttgart; Hohenzollernstraße 25
www.bauwirtschaft-bw.de

Die Bauwirtschaft Baden-Württemberg e.V. ist ein gemeinsamer Verband von Baugewerbe und Bauindustrie in Baden-Württemberg mit über 1.500 Mitgliedsbetrieben und etwa 40.000 Beschäftigten, die hauptsächlich in den Sparten Hochbau, Tief- und Straßenbau sowie Ausbau tätig sind. Der Verband vertritt die Interessen seiner Mitglieder gegenüber Politik, Verwaltung und Öffentlichkeit. Er setzt sich auf Landes- und Gemeindeebene für die notwendigen Rahmenbedingungen des Bauens ein und engagiert sich für eine bedarfsgerechte Investitionspolitik. Außerdem ist die Bauwirtschaft Baden-Württemberg Mitglied bei den Spitzenverbänden der Bauwirtschaft in Berlin. Dadurch hat unser Verband auch bundesweit Einfluss auf wichtige Entscheidungen in der Wirtschafts- und Tarifpolitik. Enge Vernetzungen gibt es zudem mit zahlreichen Partnerverbänden im In- und Ausland, etwa in der Schweiz und Frankreich.

BVM

Bundesverband Metall

Bundesverband Metall
Vereinigung Deutscher Metallhandwerke
45143 Essen; Altendorfer Str. 97-101
www.metallhandwerk.de

Rund 40.000 kleine und mittlere Unternehmen, 28.000 Lehrlinge, 500.000 Mitarbeiter und fast 60 Milliarden € Umsatz: Das ist Metallhandwerk in Deutschland. Nicht nur zahlenmäßig und als Arbeitgeber ist das Metallhandwerk unverzichtbar. Metallhandwerk steht für die ganze Vielfalt metallverarbeitender Unternehmen, die unser Industrieland braucht: Maschinenbau, Werkzeugbau, Metall- und Stahlkonstruktionen im Hoch- und Tiefbau, Klimaschutz und Mobilität, öffentliche Infrastruktur und modernes Wohnen. Metallbetriebe - vom Bronzegießer über den Metalldesigner bis zum Hightech-Unternehmen - finden wir überall, wo produziert, gebaut und gewohnt wird. Als Künstler und Konstrukteur, von der Planung bis zur Ausführung oder vernetzt mit Partnerbetrieben lösen Metallhandwerker die kleinen und großen Probleme ihrer Kunden. Exportweltmeister Deutschland? Nicht ohne das Metallhandwerk. Der Bundesverband Metall vertritt die berufsständischen Interessen seiner Landesverbände sowie deren Innungen mit den darin freiwillig organisierten Mitgliedsbetrieben.

Bundesverband Farbe Gestaltung Bautenschutz

Bundesverband Farbe Gestaltung Bautenschutz
Bundesinnungsverband des deutschen Maler- und Lackiererhandwerks
60486 Frankfurt a.M.; Solmsstr. 4
www.farbe.de

Der Bundesverband Farbe Gestaltung Bautenschutz vertritt als Arbeitgeber -, Wirtschafts- und Technischer Verband die Interessen des Maler-Lackiererhandwerks. Er stützt sich auf ein beachtliches Fundament: Rund 41.881 kleinere und mittlere Betriebe mit 196.500 Beschäftigten, davon 22.287 Lehrlinge arbeiten in der Branche. Zur Wahrnehmung der berufsständischen Interessen sind dem Verband 17 Landesverbände sowie deren 360 Innungen mit den darin freiwillig organisierten Mitgliedsbetrieben angeschlossen. Das Leistungsangebot des modernen Handwerksberufes Maler und Lackierer umfasst u. a. Tätigkeiten wie: Oberflächenbehandlung von mineralischen Untergründen, Metall, Holz und Kunststoffen mit Beschichtungsstoffen, WDVS-Arbeiten, Betonflächeninstandsetzung, Trockenbau, Innenraumgestaltung, Korrosionsschutz- und Brandschutzbeschichtungen. Der Bundes-verband betreut u. a. den Bundesausschuss Farbe und Sachwertschutz, dem Herausgeber der Technischen Richtlinien für Maler- und Lackiererarbeiten.

BUNDESINNUNG GERÜSTBAU

Bundesinnung für das Gerüstbauer-Handwerk
51107 Köln; Rösrather Straße 645
www.geruestbauhandwerk.de

Bundesinnung und Bundesverband Gerüstbau sind die Fachorganisationen des Gerüstbauerhandwerks mit drei Schwerpunktbereichen:
– Als Standesorganisation verbessern sie die Rahmenbedingungen für das Gerüstbauerhandwerk. Ergebnisse: 1978 Verordnung zum Geprüften Gerüstbau-Kolonnenführer, 1988 Aufnahme der DIN 18451 in Teil C der VOB, 1991 Ausbildungsberuf Gerüstbauer/Gerüstbauerin, 1998 Meisterberuf (Vollhandwerk), ab 2006 eigenes Fachregelwerk.
– Als Arbeitgebervertretung schließen sie Tarifverträge ab.
– Als Serviceorganisationen unterstützen Bundesverband und Bundesinnung jeden einzelnen Mitgliedsbetrieb in all seinen betrieblichen Belangen. Für Betriebsinhaber und Mitarbeiter werden Seminare vom Vertragsrecht bis zur Technik angeboten. Regelmäßige Verbandsmitteilungen informieren über rechtliche; fachliche und sonstige Neuerungen. Rahmenvereinbarungen verhelfen zu Preisvorteilen z. B. beim Kraftfahrzeugkauf und bieten exklusiv Berufskleidung.

Der Stuckateur
Ausbau & Fassade

Fachverband der Stuckateure für Ausbau und Fassade Baden-Württemberg
71277 Rutesheim; Siemensstr. 6-8
www.stuck-verband.de

Der Fachverband der Stuckateure für Ausbau und Fassade (SAF) ist Wirtschafts- und Arbeitsgeberverband der Stuckateure in Baden-Württemberg und vertritt auf Landes- und Kreisebene die Interessen der Mitgliedsinnungen und deren insgesamt über 1.000 Mitglieder gegenüber Öffentlichkeit, Verwaltung und Politik. Der SAF leitet als Bildungsdienstleister das Kompetenzzentrum für Ausbau und Fassade in Verbindung mit dem Bundesverband. Der SAF verfasst die Branchenregeln für die Arbeitsfelder Wärmedämmung, Innen- und Außenputz, Trocken-bau, Schimmelsanierung, Restaurierung und Stuck z. B. mit den Richtlinien zu den Themen Sockel-, Fensteranschlüsse oder auch Luftdichtheit und berät seine Mitglieder in vielfältiger Weise. Architekten und Ausschreibende erhalten telefonische Auskünfte z. B. über die Branchenregelungen, Standards sowie Aufmaß und Abrechnungsbestimmungen.

Holzbau Deutschland- Institut e.V.
Kronenstraße 55-58
10117 Berlin
www.institut-holzbau.de

Das Holzbau Deutschland Institut agiert seit 1990 als Organisation des Zimmerer- und Holzbaugewerbes mit dem Fokus auf die Praxis im Holzbau. Zur Entwicklung von Innovationen im Holzbau bringt das Holzbau Deutschland Institut als Schnittstelle zwischen Wissenschaft und Praxis die Kompetenzen aus allen relevanten Baudisziplinen zielorientiert ein, um Holzbauunternehmen und Planende mit dem nötigen Know-how für kommende Aufgaben zu unterstützen. Die Kernaufgaben sind die Durchführung und Koordinierung praxisrelevanter Forschung und Entwicklung in Zusammenarbeit mit nationalen und internationalen Partnern im Bauwesen, die technische Interessenvertretung im Normungswesen sowie der Wissenstransfer an die relevanten Zielgruppen.

Landesinnung des Gebäudereiniger-Handwerks Baden-Württemberg
Fachverband Gebäudedienste Baden-Württemberg e.V.
Zettachring 8A
70567 Stuttgart
www.die-gebaeudedienstleister-bw.de; info@die-gebaeudedienstleister-bw.de

Die Landesinnung des Gebäudereiniger-Handwerks ist Ansprechpartner für Tarif- und Vergabefragen (Mustertexte etc.) und vermittelt ö.b.u.v. Sachverständige. Auf der Homepage filtert der Service "Suche Betrieb für..." spezialisierte Betriebe für die gewünschte/n Leistung/en.
Der Qualitätsverbund Gebäudedienste bescheinigt innungsgeprüfte Fachkompetenz: Seit das Gebäudereiniger-Handwerk zulassungsfrei ist, erleichtert das „QV-Zertifikat" das Auffinden qualifizierter Meisterbetriebe und garantiert die Meistereigenschaft, eine Eingangsschulung zum nachhaltigen Wirtschaften und die kontinuierliche Weiterbildung! Bundesweit sind ca. 890 qv-zertifizierte Betriebe registriert: www.qv-gebaeudedienste.de
Im Fachforum bei www.qv-gebaeudedienste.de sind die Teilnehmer der Wissensplattform für Fachfragen zu Gebäudereinigung/-diensten/-management vernetzt. Durch das automatische Informationssystem sind sie stets auf neustem fachlichen Stand.
Die Fachakademie für Gebäudemanagement und Dienstleistungen organisiert neutrale Vergabeseminare und Weiterbildungen. Die innungsakkreditierten FA-Zertifikate sind weithin anerkannt: Zertifiziert werden: Gepr. Vorarbeiter (FA), Gepr. Objektleiter (FA), Gepr. Service-Manager (FA), Fachwirt Gebäudemanagement (FA). www.fachakademie.de

---

Zentralverband Sanitär Heizung Klima (ZVSHK)
Rathausallee 6
53757 St. Augustin

Der Zentralverband Sanitär Heizung Klima vertritt als Arbeitsgeber- und Wirtschaftsverband nach dem Gesetz zur Ordnung des Handwerks (HwO) 50.000 Unternehmen des Bauhandwerks mit rund 271.000 Beschäftigten und 37.000 Lehrverhältnissen. Dabei stützt er sich auf 17 Landesorganisationen mit 389 Innungen, in denen rund 3.000 Unternehmer ehrenamtlich tätig sind. Er ist damit der größte nationale Verband in der EU für die Planung, den Bau und die Unterhaltung gebäudetechnischer Anlagen. Als Rationalisierungsverband schließt er die Förderung, Prüfung und Durchführung von Normungs-, Typisierungs- und Spezialvorhaben ein. Insoweit ist er anhörungspflichtig und beim Deutschen Bundestag akkreditiert.

Deutsche Gesellschaft für Gartenkunst und Landschaftskultur
Landesverband Hamburg / Schleswig-Holstein e.V.
DGGL
Brüderstr. 22
20355 Hamburg
www.DGGL.org

Die Deutsche Gesellschaft für Gartenkunst und Landschaftskultur e.V. (DGGL) ist ein gemeinnütziger Verein der in allen Bundesländern aktiv ist, die Bundesgeschäftsstelle ist in Berlin.
Die DGGL wurde 1887 in Dresden gegründet, um die Belange der Freiraum- und Landschaftsgestaltung gegenüber Politik und Öffentlichkeit zu vertreten, die fachliche Weiterentwicklung von Ausbildung und Beruf zu fördern sowie die Planungs- und Ausführungstechniken und Methoden zu verbessern.
Die DGGL steht allen an der Freiraumentwicklung und an der Erhaltung von (historischen) Freiräumen interessierten Menschen offen, namentlich sind dieses Garten- und Landschaftsarchitekten, Ingenieure und Gutachter, öffentliche Grünverwaltungen, Garten- und Landschaftsbaubetriebe, Baumschulen und Gärtnereien, Produzenten von Baustoffen und Ausstattungen sowie Laien.
Gemeinsam mit Partnerorganisationen in an grenzenden Ländern ist die DGGL auch auf europäischer Ebene tätig.

Fachverband Fliesen und Naturstein im Zentralverband des Deutschen Baugewerbes
Kronenstr. 55-58
10117 Berlin
www.fachverband-fliesen.de

Der Fachverband Fliesen und Naturstein (FFN) ist eine vom 10 Fachgruppen im Zentralverband des Deutschen Baugewerbes (ZDB). Der FFN vertritt die Interessen der Mitgliedsunternehmen – mit fachlicher Expertise, in allen berufsständischen Fragen. Er setzt sich für die passenden wirtschaftlichen, sozialen wie auch rechtlichen Rahmenbedingungen ein. Die Experten des Fachverbandes wirken bei der Aufstellung fachlicher Regeln, der Erstellung von Merkblättern und der Herausgabe technischer Normen mit. Sie beantworten fachtechnische Fragen und erstellen fachtechnische Gutachten. Der FFN fördert die fachtechnische Forschung und Lehre sowie die Berufsausbildung und Fortbildung wie auch die Umschulung. Der Fachverband unterstützt seine Mitglieder in allen relevanten juristischen Angelegenheiten: Beratung in arbeitsrechtlichen Streitigkeiten, Hilfe bei vertragsrechtlichen Fragestellungen, steuerrechtliche Beratung sowie Unternehmensnachfolge. Der FFN bezieht seine Mitgliedsbetriebe in die fachspezifische und zielgerichtete Öffentlichkeits- und Medienarbeit ein. Er organisiert regelmäßig Fachausstellungen, fachtechnische Wettbewerbe und Branchentagungen. Für die Mitgliedsbetriebe steht der Fachverband im engen Austausch mit herstellenden Industrieunternehmen.

Die Mitwirkung der Fachverbände beinhaltet ausschließlich die fachliche Prüfung der Mustertexte. Die veröffentlichten Positionspreise werden nicht von den Fachverbänden geprüft. Grundlage der Positionspreise ist die BKI-Positionsdatenbanken.

BKI bedankt sich bei den Fachverbänden für die erfolgreiche Zusammenarbeit. Das Prüfen der Mustertexte stellt einen wertvollen Beitrag zur Verbesserung der fachlichen Kommunikation beim Bauablauf zwischen planenden und ausführenden Berufen dar.

Einführung

Dieses Fachbuch wendet sich an Architekt*innen, Ingenieure*innen, Sachverständige und sonstige Fachleute, die mit Kostenermittlungen von Hochbaumaßnahmen befasst sind. Es enthält statistische Kostenkennwerte für „Positionen", geordnet nach den Leistungsbereichen nach STLB. Neben den Mittelwerten sind auch Von-Bis-Werte und Minimal-Maximal-Werte angegeben. Bei den Von-Bis-Werten handelt es sich um mit der Standardabweichung berechnete Bandbreiten, wobei Werte über dem Mittelwert und Werte unter dem Mittelwert getrennt betrachtet werden. Der Mittelwert muss deshalb nicht zwingend in der Mitte der Bandbreite liegen.

Durch Übernahme der BKI Regionalfaktoren in die Datenbanken wurde es möglich, die Objekte und damit auch deren Positionspreise auch hinsichtlich des Bauortes zu bewerten. Für statistische Auswertungen rechnet BKI so, als ob das Objekt nicht am Bauort, sondern in einer mit dem Bundesdurchschnitt identischen Region gebaut worden wäre.

Die regional bedingten Kosteneinflussfaktoren sind somit aus den hier veröffentlichten Positionspreisen herausgerechnet. Das soll aber nicht darüber hinwegtäuschen, dass Positionspreise vielfältigen Einflussfaktoren unterliegen, von denen die regionalen meist nicht die bestimmenden sind.

Die Kennwerte sind objektorientiert ermittelt worden und basieren auf der Analyse realer, abgerechneter Vergleichsobjekte, die derzeit in den BKI-Baukostendatenbanken verfügbar sind.

Dieses Fachbuch erscheint jährlich neu, so dass der Benutzende stets aktuelle Kostenkennwerte zur Hand hat.

Benutzerhinweise

1. Definitionen
Als Positionen werden in dieser Veröffentlichung Leistungsbeschreibungen für Bauleistungen mit den zugehörigen Texten, Mengen, Preisen und sonstigen Angaben bezeichnet. Positionstexte sind ausführliche Leistungsbeschreibungen von Bauleistungen (Langtexte) oder Kurzfassungen davon (Kurztexte). Einheitspreise sind die Preise für Bauleistungen pro definierter Einheit, Gesamtpreise sind die Preise für die Gesamtmenge einer einzelnen Bauleistung. BKI dokumentiert und veröffentlicht ausschließlich Preise abgerechneter Bauleistungen, die insofern endgültig und keinen weiteren Veränderungen durch Verhandlungen, Preisanpassungen etc. unterworfen sind.

2. Kostenstand und Mehrwertsteuer
Kostenstand aller Kennwerte ist das 1. Quartal 2026. Alle Kostenkennwerte in diesem Fachbuch werden in brutto + netto angegeben. Die Angabe aller Kostenkennwerte dieser Veröffentlichung erfolgt in Euro. Die vorliegenden Kostenkennwerte sind Orientierungswerte. Sie können nicht als Richtwerte im Sinne einer verpflichtenden Obergrenze angewendet werden.

3. Datengrundlage - Haftung
Grundlage der Tabellen sind statistische Analysen abgerechneter Bauvorhaben. Die Daten wurden mit größtmöglicher Sorgfalt vom BKI bzw. seinen Dokumentationsstellen erhoben und zusammengestellt. Für die Richtigkeit, Aktualität und Vollständigkeit dieser Daten, Analysen und Tabellen übernehmen jedoch weder die Herausgebenden noch BKI eine Haftung, ebenso nicht für Druckfehler und fehlerhafte Angaben. Die Benutzung dieses Fachbuchs und die Umsetzung der darin erhaltenen Informationen erfolgen auf eigenes Risiko.

Angesichts der vielfältigen Kosteneinflussfaktoren müssen Anwender*innen die genannten Orientierungswerte eigenverantwortlich prüfen und entsprechend dem jeweiligen Verwendungszweck anpassen.

4. Anwendungsbereiche
Die Kostenkennwerte sind als Orientierungswerte konzipiert; sie können zum Bepreisen von Leistungsverzeichnissen sowie bei Kostenberechnungen und Kostenanschlägen angewendet werden. Die formalen Mindestanforderungen hinsichtlich der Darstellung der Ergebnisse einer Kostenermittlung sind in DIN 276:2018-12 unter Ziffer 3 Grundsätze der Kostenplanung festgelegt. Die Anwendung des Positions-Verfahrens bei Kostenermittlungen setzt voraus, dass genügend Planungsinformationen vorhanden sind, um Qualitäten und Mengen von Positionen ermitteln zu können.

5. Geltungsbereiche
Die genannten Kostenkennwerte spiegeln in etwa das durchschnittliche Baukostenniveau in Deutschland wider. Die Geltungsbereiche der Tabellenwerte sind fließend. Die „von-/ bis-Werte" markieren weder nach oben noch nach unten absolute Grenzwerte. Auch die Minimal-Maximal-Werte sind nur als Minimum und Maximum der in der Stichprobe enthaltenen Werte zu verstehen. Das schließt nicht aus, dass diese Werte in der Praxis unter- oder überschritten werden können.

6. Preise
Die dokumentierten Preise wurden auf Basis abgerechneter Leistungsverzeichnisse von Neubau-Projekten erhoben. Für den Altbau gibt es ein eigenes Fachbuch. Die „von-bis Preise" sind mit der Standardabweichung ermittelt, ein statistisches Verfahren, das aus dem kompletten Spektrum der Preisbeispiele einen wahrscheinlichen Mittelbereich errechnet. Um dem Umstand Rechnung zu tragen, dass Abweichungen vom Mittelwert nach oben bei Baupreisen wahrscheinlicher sind als nach unten, wurde die Standardabweichung für Preise oberhalb des Mittelwertes getrennt von denen unterhalb des Mittelwertes ermittelt. Das Verfahren findet auch in anderen BKI Publikationen Anwendung und ist im Fachbuch „BKI Baukosten Gebäude, Statistische Kostenkennwerte (Teil 1)" näher beschrieben.

7. Kosteneinflüsse
In den Streubereichen (von-/bis-Werte) der Kostenkennwerte spiegeln sich die vielfältigen Kosteneinflüsse aus Nutzung, Markt, Gebäudegeometrie, Ausführungsstandard, Projektgröße etc. wider. Die Orientierungswerte können daher nicht schematisch übernommen werden, sondern müssen entsprechend den spezifischen Planungsbedingungen überprüft und ggf. angepasst werden. Mögliche Einflüsse, die eine Anpassung der Orientierungswerte erforderlich machen, können sein:

- besondere Nutzungsanforderungen,
- Standortbedingungen (Erschließung, Immission, Topographie, Bodenbeschaffenheit),
- Bauwerksgeometrie (Grundrissform, Geschosszahlen, Geschosshöhen, Dachform, Dachaufbauten),
- Bauwerksqualität (gestalterische, funktionale und konstruktive Besonderheiten),
- Quantität (Positionsmengen),
- Baumarkt (Zeit, regionaler Baumarkt, Vergabeart).

8. Mustertexte
BKI hat für die maßgeblichen Leistungsbereiche produktneutrale Positionsmustertexte verfasst. Die Mustertexte wurden entsprechend der Grundlage der zahlreichen Positionstexte der Datenlieferungen von Architekten neu verfasst. Die Fachautoren haben einen einheitlichen, VOB-gerechten Ausschreibungstext daraus gebildet.

Viele Mustertexte wurden von Fachverbänden der Bauberufe geprüft. Die prüfenden Fachverbände werden in den Fußzeilen der entsprechenden Seiten und zusammenfassend auf Seite 6-9 genannt. Den kooperierenden Fachverbänden gilt unser Dank. Sie unterstützen durch diese Zusammenarbeit die Kommunikation im Baubereich zwischen planenden und ausführenden Berufen.

Parallel zu unseren Positionstexten führen wir auch vergleichbare STLB-Bau Ausschreibungstexte und prüfen damit unsere Mustertexte. Nicht immer kann in dieser Veröffentlichung eine Leistung mit gleichem Leistungsumfang angeboten werden, da z.B. auch Sammelpositionen in diesem Fachbuch enthalten sind, wie in der Ausschreibungspraxis üblich.

Ungeachtet dessen kann aber das Fachbuch zur regelkonformen Erstellung von eindeutigen Ausschreibungstexten genutzt werden.

Einheitliche und praxistaugliche Positionsmustertexte in Verbindung mit Kostenangaben aus fertig gestellten Projekten sind für alle am Bau Beteiligten eine sinnvolle Unterstützung bei der täglichen Arbeit.

9. Ausführungsdauer
Seit der Ausgabe 2015 ist die Ausführungsdauer pro Leistungsposition enthalten. Diese wurde aus Literatur recherchiert und dann über unsere Baupreisdokumentation fachkundig angepasst. Die Ausführungsdauer ist somit kein Wert welcher sich aus konkreter Dokumentation ergibt, sondern einer der über Plausibilität ermittelt wurde. Er soll eine Orientierung für die Dauer der Arbeitsleistung und in Verrechnung mit Ausführungsmengen die Grundlage für die Terminplanung schaffen.

10. Regionalisierung der Daten
Grundlage der BKI Regionalfaktoren sind Daten aus der amtlichen Bautätigkeitsstatistik der statistischen Landesämter, eigene Berechnungen auch unter Verwendung von Schwerpunktpositionen und regionale Umfragen. Zusätzlich wurden von BKI Verfahren entwickelt, um die Eingangsdaten auf Plausibilität prüfen und ggf. anpassen zu können. Auf der Grundlage dieser Berechnungen hat BKI einen bundesdeutschen Mittelwert gebildet. Anhand des Mittelwertes lassen sich die einzelnen Land- und Stadtkreise prozentual einordnen. Diese Prozentwerte wurden die Grundlage der BKI Deutschlandkarte mit „Regionalfaktoren für Deutschland und Europa".

Für die größeren Inseln Deutschlands wurden separate Regionalfaktoren ermittelt. Dazu wurde der zugehörige Landkreis in Festland und Inseln unterteilt. Alle Inseln eines Landkreises erhalten durch dieses Verfahren den gleichen Regionalfaktor. Der Regionalfaktor des Festlandes enthält keine Inseln mehr und ist daher gegenüber früheren Ausgaben verringert.

Die Kosten der Objekte der BKI Datenbanken wurden auf den Bundesdurchschnitt umgerechnet. Für den Anwendenden bedeutet die Umrechnung der Daten auf den Bundesdurchschnitt, dass einzelne Kostenkennwerte oder das Ergebnis einer Kostenermittlung mit dem Regionalfaktor des Standorts des geplanten Objekts multipliziert werden können. Die BKI Landkreisfaktoren befinden sich im Anhang des Buchs.

11. Urheberrechte
Alle Objektinformationen sind urheberrechtlich geschützt. Dies gilt auch für die daraus abgeleiteten Auswertungen (Statistiken). Die Urheberrechte liegen bei den jeweiligen Büros, Personen bzw. beim BKI. Es ist ausschließlich eine Anwendung der Daten im Rahmen der praktischen Kostenplanung im Hochbau zugelassen. Die Nutzung der Objektinformationen für einen anderen als den Vertragszweck ist nicht zulässig. Dies gilt auch für die daraus abgeleiteten Auswertungen (Statistiken). Eine Vervielfältigung des Werks oder von Teilen daraus, außer für den Vertragszweck, ist nur mit ausdrücklicher Genehmigung des Herausgebers gestattet. Auch eine Übersetzung oder Bearbeitung, insbesondere eine Übertragung des Werks oder Teilen daraus in elektronische Systeme, ist nur mit ausdrücklicher Genehmigung des Herausgebers gestattet.

Neue BKI Neubau-Dokumentationen 2025-2026

Fotopräsentation der Objekte

1300-0262 Verwaltungsgebäude (48 AP)
Büro- und Verwaltungsgebäude, mittlerer Standard
Planungsring Mumm + Partner GbR
Treia

1300-0328 Büro-/Seminargebäude (52 AP)
Büro- und Verwaltungsgebäude, Holzbauweise
meuer - planen beraten Architekten GmbH
München

1300-0330 Bürogebäude (15 AP)
Büro- und Verwaltungsgebäude, Holzbauweise
pier7 architekten gmbh
Düsseldorf

1300-0332 Bürogebäude (10 AP), Doppelgarage
Büro- und Verwaltungsgebäude, mittlerer Standard
A | CB Architektur
Ratzeburg

1300-0333 Technologiezentrum (540 AP)
Büro- und Verwaltungsgebäude, mittlerer Standard
SSP AG
Bochum

1300-0334 Verwaltungsgebäude (204 AP)
Büro- und Verwaltungsgebäude, mittlerer Standard
GS P Architekten GmbH & Co. KG
Bremen

1300-0335 Verwaltungsgebäude (40 AP)
Büro- und Verwaltungsgebäude, Holzbauweise
VON M GmbH
Stuttgart

1300-0338 Bürogebäude (89 AP)
Büro- und Verwaltungsgebäude, mittlerer Standard
hehnpohl architektur bda
Münster

1300-0340 Bürogebäude (17 GE)
Büro- und Verwaltungsgebäude, mittlerer Standard
ruby³ architekten BDA
Darmstadt

1300-0341 Bürogebäude (10 AP)
Büro- und Verwaltungsgebäude, Holzbauweise
Siegmund Bölke und Partner mbB
Treuenbrietzen

1300-0342 Verwaltungsgebäude (9 AP)
Büro- und Verwaltungsgebäude, Holzbauweise
SIEKER ARCHITEKTEN
Bielefeld

1300-0343 Verwaltungsgebäude (250 AP), TG
Büro- und Verwaltungsgebäude, mittlerer Standard
Zaeske Architekten
Wiesbaden

Fotopräsentation der Objekte

1300-0344 Bürogebäude (50 AP), Garage
Büro- und Verwaltungsgebäude, Holzbauweise
⌂ STUDIO LEK Architekt:innen PartG mbB
München

1300-0349 Büro- und Betriebsgebäude (12 AP)
Büro- und Verwaltungsgebäude, hoher Standard
⌂ Shakti Haus
Bad König

2200-0056 Laborgebäude
Instituts- und Laborgebäude
⌂ Birkholz Stubenrauch Architektur und Ingenieurgesellschaft mbH, Stoltenberg

2200-0068 Seminar-/Verwaltungsgebäude (17 AP)
Gaststätten, Kantinen und Mensen
⌂ meuer - planen beraten Architekten GmbH
München

2200-0069 Tagungs-/Seminarhaus
Weiterbildungseinrichtungen
⌂ Philipp Architekten GmbH, Frankfurt am Main und heitzenröderarchitekten GmbH, Hanau

2200-0070 Produktions-/Forschungshalle (14 AP)
Instituts- und Laborgebäude
⌂ pwpMAS Architekten PartG mbB
Darmstadt

Fotopräsentation der Objekte

2200-0074 Forschungsgebäude (85 AP)
Instituts- und Laborgebäude
⌂ ARGE AV1 Architekten ASPLAN Architekten
Kaiserslautern

3100-0037 Ärztehaus, Wohnung
Medizinische Einrichtungen
⌂ Schnabel und Partner Architekten GmbH
Bad Krötzting

3100-0038 Zahnarztpraxis (1 GE, 3 WE)
Medizinische Einrichtungen
⌂ feldhaus architekten partnerschaft mbb
Ibbenbüren

3100-0039 Praxis für Physiotherapie
Medizinische Einrichtungen
⌂ Arge Katrin Gallner & Christine Hastenteufel
Ransbach-Baumbach

3300-0020 Fachkrankenhaus für Psychiatrie
Medizinische Einrichtungen
⌂ tsj-architekten gmbh
Lübeck

3400-0026 Altenpflegeheim (103 Betten)
Pflegeheime
⌂ Plan.Concept Architekten GmbH
Osnabrück

Fotopräsentation der Objekte

4100-0253 Grundschule (448 Schüler)
Allgemeinbildende Schulen
Numrich Albrecht Klumpp Gesellschaft von Architekten mbH, Berlin

4100-0255 Gemeinschaftsschule (150 Schüler)
Allgemeinbildende Schulen
kleyer.koblitz.letzel.freivogel ges. v. architekten mbh
Berlin

4100-0259 Grundschule (550 Schüler)
Allgemeinbildende Schulen
Brenncke Architekten Part mbB
Schwerin

4100-0261 Grundschule (150 Schüler)
Schulen, Holzbauweise
JF Architekten + Techniker
Husum

4100-0263 Grund-/Mittelschule (213 Schüler)
Allgemeinbildende Schulen
studio lot PartGmbB
Altötting

4100-0264 Grundschule (540 Schüler), Hort
Schulen, Holzbauweise
Nokera Planning GmbH
Leipzig

4100-0266 Schulcampus (600 Schüler), Hort
Allgemeinbildende Schulen
ppp architekten + stadtplaner gmbh
Lübeck

4100-0267 Hort (4 Gruppen), Mensa
Kindergärten, nicht unterkellert, mittlerer Standard
Christl + Bruchhäuser GmbH
Frankfurt am Main

4100-0269 Gesamtschule (870 Schüler)
Schulen, Holzbauweise
NAK Architekten
Berlin

4100-0270 Grundschule (270 Schüler), Mensa
Schulen, Holzbauweise
hage.felshart.griesenberg Architekten
Ahrensburg

4100-0271 Grundschule (360 Schüler)
Schulen, Holzbauweise
BKS Architekten GmbH
Lübbecke

4100-0274 Grundschule (400 Schüler)
Schulen, Holzbauweise
prosa Architektur + Stadtplanung BDA Quasten Rauh
PartGmbB, Darmstadt

Fotopräsentation der Objekte

4400-0409 Kindertagesstätte (60 Kinder)
Kindergärten, Holzbauweise, nicht unterkellert
studioplus Tobias Buschbeck, Berlin und
MTTR ARCHITEKTEN+STADTPLANER, Berlin

4400-0410 Kindergarten (115 Kinder)
Kindergärten, nicht unterkellert, mittlerer Standard
sittig-architekten
Jena

4400-0420 Kindertagesstätte (80 Kinder)
Kindergärten, nicht unterkellert, mittlerer Standard
gruppeomp Architektengesellschaft mbH
Rastede

4400-0422 Kindertagesstätte (104 Kinder)
Kindergärten, nicht unterkellert, mittlerer Standard
architektei mey gmbh
Frankfurt am Main

4400-0423 Kindertagesstätte (106 Kinder)
Kindergärten, Holzbauweise, nicht unterkellert
Knoche Architektur PartGmbB
Leipzig

4400-0424 Kindertagesstätte (152 Kinder)
Kindergärten, Holzbauweise, nicht unterkellert
Stadt Regensburg, Amt für Hochbau
Regensburg

4400-0426 Kinderkrippe (24 Kinder)
Kindergärten, Holzbauweise, nicht unterkellert
Bindhammer Architekten Stadtplaner und Beratender Ingenieur Part mbB, Bayerbach

4400-0427 Kindertagesstätte (138 Kinder)
Kindergärten, Holzbauweise, nicht unterkellert
TRU Architekten Partnerschaft mbB
Berlin

4400-0428 Kindertagesstätte (70 Kinder)
Kindergärten, Holzbauweise, nicht unterkellert
Hochbauamt Heidelberg und AAg Architekten GmbH
Heidelberg

4400-0430 Kindertagesstätte (124 Kinder)
Kindergärten, Holzbauweise, nicht unterkellert
foundation 5+ architekten BDA
Kassel

4400-0431 Kindertagesstätte (70 Kinder)
Kindergärten, nicht unterkellert, mittlerer Standard
D:4 Architektur
Berlin

4400-0432 Kindertagesstätte (125 Kinder)
Kindergärten, nicht unterkellert, mittlerer Standard
Bau Eins Architekten - Andernach Bahnemann - PartGmbB, Kaiserslautern

© Architekt Peter Naumburg

4400-0433 Naturkindergarten (44 Kinder)
Kindergärten, Holzbauweise, nicht unterkellert
Architekt Peter Naumburg
Mamming

© Lennart Wiedemuth Architekturfotografie

4400-0434 Kindertagesstätte (130 Kinder)
Kindergärten, Holzbauweise, nicht unterkellert
mz3 architekten ingenieure GmbH
Mainz

© Jan Braker Architekt | Jakob Börner

4400-0435 Kindertagesstätte (95 Kinder)
Kindergärten, nicht unterkellert, mittlerer Standard
Jan Braker Architekt
Hamburg

© Felix Meyer

4400-0436 Kindertagesstätte (86 Kinder)
Kindergärten, Holzbauweise, nicht unterkellert
JURETZKA ARCHITEKTEN PartG mbB
Weiden

© MICHAEL KOPPETSCH ARCHITEKT

4400-0437 Kindertagesstätte (94 Kinder)
Kindergärten, unterkellert
MICHAEL KOPPETSCH ARCHITEKT
Burscheid

© Hartmann + Helm

5100-0143 Sporthalle (Dreifeldhalle)
Sporthallen (Dreifeldhallen)
Hartmann + Helm Planungsgesellschaft mbH
Weimar

5100-0144 Sporthalle (Dreifeldhalle)
Sporthallen (Dreifeldhallen)
MRO Partnerschaft mbB Architekt Kahnert,
Beratender Ingenieur Martens, Hamburg

5100-0147 Sporthalle (1,5-Feldhalle)
Sporthallen (Einfeldhallen)
mayerwittig Architektur
Cottbus

5100-0148 Mehrzweckhalle (1.650 Sitzplätze)
Sport- und Mehrzweckhallen
Fuchs und Rudolph Architekten und Stadtplaner
München

© David Matthiessen

5200-0019 Sport- und Freizeitbad
Schwimmhallen
4a Architekten GmbH
Stuttgart

5200-0022 Hallenbad, Sauna, Kegelbahn
Schwimmhallen
BAUCONZEPT ® PLANUNGSGESELLSCHAFT MBH
Lichtenstein

5300-0025 Vereinsheim
Gemeindezentren, mittlerer Standard
burkhard | architekten PartGmbB
Landau

6100-1463 Zweifamilienhaus
Ein- u. Zweifamilienhäuser, unterkellert, mittlerer Standard
Architekt Reichwald GmbH
Hamburg

6100-1511 Einfamilienhaus
Ein- u. Zweifamilienhäuser, nicht unterkell., hoher Standard
Hinrichs und Bracker
Architekten GmbH

6100-1538 Mehrfamilienhaus (30 WE), TG
Mehrfamilienhäuser, mit 20 oder mehr WE, einf. Standard
grabowski.spork GmbH
Wiesbaden

6100-1711 Mehrfamilienhaus (7 WE), Garage
Mehrfamilienhäuser, mit 6 bis 19 WE, mittlerer Standard
+studio moeve Planungsbüro bda GmbH & Co. KG
Darmstadt

6100-1712 Mehrfamilienhaus (6 WE)
Mehrfamilienhäuser, mit bis zu 6 WE, hoher Standard
Architekturbüro Jens Rupprecht
Waren (Müritz)

6100-1718 Einfamilienhaus
Ein- u. Zweifamilienhäuser, Holzbauweise, nicht unterkellert
SES Architektur
Bad Doberan

Fotopräsentation der Objekte

© Peter Eichler

6100-1721 Mehrfamilienhaus (4 WE), Praxis
Mehrfamilienhäuser, Holzbauweise
ASUNA Dipl.Ing. (FH) Architekt Dirk Stenzel
Leipzig

© Architekturbüro Griebel

6100-1726 Mehrfamilienhaus (11 WE)
Mehrfamilienhäuser, mit 6 bis 19 WE, hoher Standard
Architekturbüro Griebel
Lensahn

© Simon Kreisel

6100-1737 Mehrfamilienhäuser (14 WE), TG
Mehrfamilienhäuser, mit bis zu 6 WE, mittlerer Standard
raumstation Architekten GmbH
Starnberg

© Stefan Müller

6100-1738 Wohn-, Geschäftshaus (87 WE), Kita
Wohnhäuser, mit mehr als 15% Mischnutzung
roedig . schop architekten + partner mbB
Berlin-Kreuzberg

© Thomas Drexel

6100-1739 Einfamilienhaus
Ein- u. Zweifamilienhäuser, Holzbauweise, nicht unterkellert
drauschke & fliegel Architektur
Dresden

© Markus Traub Fotografie

6100-1741 Einfamilienhaus
Ein- und Zweifamilienhäuser, unterkellert, hoher Standard
MuG Architekten
München

6100-1747 Wohnanlage (15 WE), Gemeindesaal
Wohnhäuser, mit mehr als 15% Mischnutzung
⌂ meuer - planen beraten Architekten GmbH
München

6100-1750 Einfamilienhaus
Ein- u. Zweifamilienhäuser, nicht unterkell., hoher Standard
⌂ Tillmann Wagner Architekten BDA
Berlin

6100-1751 Mehrfamilienhäuser (98 WE)
Mehrfamilienhäuser, mit 20 oder mehr WE, mittl. Standard
⌂ HGMB Architekten GmbH / Henning-Shin Architekten
Düsseldorf

6100-1752 Atelier, Ferienwohnung
Ein- u. Zweifamilienhäuser, nicht unterkell., hoher Standard
⌂ Elmar Paul Sommer Dipl.-Ing. Architekt + Stadtplaner
Monschau

6100-1755 Mehrfamilienhaus (12 WE)
Mehrfamilienhäuser, mit 6 bis 19 WE, mittlerer Standard
⌂ heitzenröderarchitekten GmbH
Hanau

6100-1756 Mehrfamilienhaus (14 WE), TG
Mehrfamilienhäuser, mit 6 bis 19 WE, mittlerer Standard
⌂ Dr. Flagmeyer Architekten, Nordhausen und
Architektur Contor Wienrich GmbH, Nordhausen

6100-1757 Einfamilienhaus
Ein- u. Zweifamilienhäuser, nicht unterkell., mittl. Standard
JEBENS SCHOOF ARCHITEKTEN BDA
Heide

6100-1759 Reihenhäuser (3 WE)
Reihenhäuser, hoher Standard
Werkgruppe Kleinmachnow Architekten PartGmbB
Kleinmachnow

6100-1762 Mehrfamilienhaus (16 WE)
Mehrfamilienhäuser, mit 6 bis 19 WE, hoher Standard
sieglundalbert Gesellschaft von Architekten
Berlin

6100-1763 Mehrfamilienhaus (20 WE), TG
Mehrfamilienhäuser, mit 20 oder mehr WE, hoh. Standard
KAPALAARCHITEKTUR Carsten Kapala
Herne

6100-1764 Einfamilienhaus
Ein- und Zweifamilienhäuser, unterkellert, hoher Standard
feldhaus architekten partnerschaft mbb
Ibbenbüren

6100-1765 Mehrfamilienhaus (45 WE)
Mehrfamilienhäuser, mit 20 oder mehr WE, mittl. Standard
Meyer Steffens Architekten und Stadtplaner BDA
Lübeck

6100-1766 Wohnheim, Tagesbetreuung
Wohnheime und Internate
Modersohn & Freiesleben Architekten Part mbB
Berlin

6100-1767 Mehrfamilienhaus (8 WE), TG
Mehrfamilienhäuser, Holzbauweise
HKR+ Architekten und Partner mbB
Köln

6100-1768 Einfamilienhaus
Ein- u. Zweifamilienhäuser, Holzbauweise, nicht unterkellert
AX5 architekten, Kiel und
Wolf Weiss, Bönebüttel

6100-1769 Reihenmittelhaus
Reihenhäuser, hoher Standard
Claudia Gräfe Marion Schonhoven Architektur BDA
in Partnerschaft mbB, Bremen

6100-1771 Mehrfamilienhäuser (83 WE), TG
Mehrfamilienhäuser, mit 20 oder mehr WE, mittl. Standard
Kramm & Strigl Architekten und Stadtplaner-
gesellschaft mbH, Darmstadt

6100-1772 Mehrfamilienhaus (9 WE, 3 STP)
Mehrfamilienhäuser, mit 6 bis 19 WE, einfacher Standard
foundation 5+ architekten BDA
Kassel

6100-1773 Mehrfamilienhaus (3 WE), Büro
Mehrfamilienhäuser, mit bis zu 6 WE, mittlerer Standard
KRAUS Arch. & Ing. GmbH
Köln

6100-1774 Einfamilienhaus
Ein- u. Zweifamilienhäuser, nicht unterkell., hoher Standard
lutz architekten GmbH
Bad Honnef

6100-1775 Mehrfamilienhaus (3 WE)
Mehrfamilienhäuser, mit 6 bis 19 WE, mittlerer Standard
lutz architekten GmbH
Bad Honnef

6100-1776 Mehrfamilienhaus (5 WE)
Mehrfamilienhäuser, mit 6 bis 19 WE, mittlerer Standard
lutz architekten GmbH
Bad Honnef

6100-1778 Reihenhäuser (6 WE)
Reihenhäuser, mittlerer Standard
Hölzl Knote Frischholz Architekten und Innen-architektin PartG mbB, Tegernsee

6100-1779 Wohnanlage (5 Gebäude, 71 WE), TG
Mehrfamilienhäuser, mit 20 oder mehr WE, mittl. Standard
Reichel Architekten PartG mbB
Kassel

6100-1780 Einfamilienhaus, Garage
Ein- und Zweifamilienhäuser, unterkellert, hoher Standard
Wirges-Klein Architektur
Bonn

6100-1783 Einfamilienhaus, Garage
Ein- und Zweifamilienhäuser, unterkellert, hoher Standard
Knopp Wassmer Architekten PartG mbB
München

6100-1784 Einfamilienhaus, Doppelgarage
Ein- und Zweifamilienhäuser, unterkellert, hoher Standard
brandl architekten gmbh
Regensburg

6100-1786 Einfamilienhaus, Garage (2 STP)
Ein- u. Zweifamilienhäuser, Holzbauweise, nicht unterkellert
LIESL BAUMEISTER Architekten
Frankfurt am Main

6100-1787 Zweifamilienhaus
Ein- u. Zweifamilienhäuser, Holzbauweise, nicht unterkellert
LIESL BAUMEISTER Architekten
Frankfurt am Main

6100-1788 Wohn- und Geschäftshaus (27 WE)
Wohnhäuser, mit mehr als 15% Mischnutzung
Sebastian Sehr
Münster

6100-1789 Mehrfamilienhaus (10 WE)
Mehrfamilienhäuser, Holzbauweise
Architekturbüro W.Bahr
Hiddenhausen

6100-1790 Mehrfamilienhaus (8 WE)
Mehrfamilienhäuser, Holzbauweise
Architekturbüro W.Bahr
Hiddenhausen

6100-1792 Einfamilienhaus, Garage
Ein- und Zweifamilienhäuser, unterkellert, hoher Standard
QueckArchitektur
Pielenhofen

6100-1793 Einfamilienhaus, Garagen
Ein- u. Zweifamilienhäuser, nicht unterkell., hoher Standard
Sillmanns GmbH
Mönchengladbach

6100-1795 Mehrfamilienhaus (20 WE)
Mehrfamilienhäuser, Holzbauweise
STUDIO LOES GMBH
Berlin

6100-1799 Einfamilienhaus
Ein- u. Zweifamilienhäuser, Holzbauweise, nicht unterkellert
Architekturbüro Stefan Adlich
Leipzig

Fotopräsentation der Objekte

6100-1800 Einfamilienhaus
Ein- u. Zweifamilienhäuser, nicht unterkell., mittl. Standard
dasfeine architekten
Berlin

6100-1802 Einfamilienhaus, Doppelgarage
Ein- und Zweifamilienhäuser, unterkellert, hoher Standard
Wimmer Architekten GbR
Rosenheim

6100-1803 Wohnanlage (88 WE), TG
Mehrfamilienhäuser, mit 20 oder mehr WE, mittl. Standard
WWA Architekten PartmbB
München

6100-1804 Mehrfamilienhäuser (28 WE)
Mehrfamilienhäuser, Holzbauweise
baut architektur partmbb
Köln

6100-1805 Mehrfamilienhaus (9 WE)
Mehrfamilienhäuser, mit 6 bis 19 WE, hoher Standard
Melachrinos und Schlitt Architekten BDA
Mainz

6100-1806 Mehrfamilienhaus (18 WE)
Mehrfamilienhäuser, Holzbauweise
Weidner Architektur
Weiden

6100-1815 Einfamilienhaus, Doppelgarage
Ein- und Zweifamilienhäuser, Holzbauweise, unterkellert
cl.ar Carsten Larusch Architektur
Bitburg

6200-0102 Tagespflege (26 Pflegeplätze)
Pflegeheime
Euen, Wolf & Winter GmbH Architektur- und Ingenieurbüro, Gera

6200-0132 Pflegeheim (83 Betten)
Pflegeheime
DIETRICH I UNTERTRIFALLER, BREGENZ und werkgruppe drei I Staiger Weltin, Konstanz

6200-0137 Hospiz (12 Betten)
Pflegeheime
Architekten BENDER HETZEL Planungsgesellschaft mbH
Koblenz

6200-0140 Wohnheim (24 Betten)
Wohnheime und Internate
donhauser postweiler architekten
Regensburg

6200-0141 Übergangswohnheim (81 Betten)
Wohnheime und Internate
W. u. J. Derix GmbH & Co.
Niederkrüchten

6400-0131 Jugendhaus
Gemeindezentren, hoher Standard
BOLWIN I WULF Architekten Partnerschaft mbB
Berlin

6400-0133 Gemeindezentrum (50 Sitzplätze)
Gemeindezentren, mittlerer Standard
NGA Nehse & Gerstein Architekten BDA PartGmbB
Hannover

6400-0134 Gemeindezentrum (100 Sitzplätze)
Gemeindezentren, Holzbauweise
Irlenbusch von Hantelmann Architekten BDA
Leipzig

6400-0135 Wohnpflegeheim (14 Kinder)
Pflegeheime
eap Architekten . Stadtplaner PartGmbB
München

6400-0138 Begegnungszentrum (80 Sitzplätze)
Gemeindezentren, Holzbauweise
Deppisch Architekten GmbH
Freising

6400-0140 Gemeindehaus, Mehrzweckraum
Gemeindezentren, hoher Standard
Lechner · Lechner Architekten GmbH
Traunstein

Fotopräsentation der Objekte

6400-0141 Jugendtreff, Veranstaltungssaal
Gemeindezentren, Holzbauweise
Lechner · Lechner Architekten GmbH
Traunstein

6500-0064 Schulmensa, Großküche, Fachräume
Gaststätten, Kantinen und Mensen
Eßmann I Gärtner I Nieper Architekten GbR
Darmstadt

6500-0065 Mensa (70 Sitzplätze)
Gaststätten, Kantinen und Mensen
punkt4 architekten Part mbB
Kassel

6500-0066 Tiny Houses (3St), Gastronomie
Weiterbildungseinrichtungen
w e i s s Architekten
Eichstätt

6600-0040 Hotel-/Tagungsgebäude (30 Betten)
Hotels
Architekturbüro Filbert GmbH
Hamm

7100-0075 Produktionshalle (10 AP)
Lagergebäude, ohne Mischnutzung
MxParchitektur
Dachau

Fotopräsentation der Objekte

© JANBITTER.DE

7100-0076 Labor- und Bürogebäude (170 AP)
Instituts- und Laborgebäude
Holzer Kobler Architekturen
Berlin

© Fischer Martens Behn Architekten

7200-0098 Verkaufshalle (2 AP), Büro, Lager
Verbrauchermärkte
zmb Architekten PartGmbB
Uelzen

© planerzirkel consulting architects GmbH

7300-0102 Zwischenlager (2 AP)
Lagergebäude, ohne Mischnutzung
planerzirkel consulting architects GmbH
Hildesheim

© Christian Boehm

7300-0114 Werkstattgebäude (10 AP)
Betriebs- u. Werkstätten, mehrgeschossig, ger. Hallenanteil
Arc Architekten Partnerschaft mbB
Bad Birnbach

© Christian Boehm

7300-0115 Werkstatt (110 AP)
Betriebs- u. Werkstätten, mehrgeschossig, hoh. Hallenanteil
Arc Architekten Partnerschaft mbB
Bad Birnbach

© luenzmann architektur

7400-0009 Fahrzeughalle (3 STP)
Öffentliche Bereitschaftsdienste
luenzmann architektur
Hamburg

Fotopräsentation der Objekte

7600-0085 Feuerwehrhaus (3 Fahrzeuge)
Feuerwehrhäuser
⌂ jup.arc weinert juraschek architekten partmbb
Winsen (Luhe)

7600-0108 Feuerwehr Übungsanlage
Feuerwehrhäuser
⌂ Link Architekten
Walldürn

7600-0109 Rettungswache (3 Fahrzeuge)
Feuerwehrhäuser
⌂ Architekturbüro Pflügelbauer & Scheffczyk PartG mbB
Hamburg

7600-0110 Feuerwehrhaus (5 Fahrzeuge)
Feuerwehrhäuser
⌂ Architekturbüro Steffen
Überherrn

7600-0111 Feuerwehrhaus (8 Fahrzeuge)
Feuerwehrhäuser
⌂ wulf architekten gmbh
Stuttgart

7700-0087 Lagerhalle
Lagergebäude, ohne Mischnutzung
⌂ RAINER GRAF architekten GmbH
Ofterdingen

7700-0096 Wirtschaftsgebäude
Friedhofsgebäude
⌂ Smits + Tandler Freie Architekten und Ingenieure Partnerschaft BDA, Erfurt

7700-0098 Konfektionierungshalle, Büros
Betriebs- u. Werkstätten, mehrgeschossig, hoh. Hallenanteil
⌂ KISSERARCHITEKTUR Isernhagen

7700-0099 Logistikzentrum (102 AP)
Lagergebäude, mit mehr als 25% Mischnutzung
⌂ Lindschulte Planungsgesellschaft mbH Oldenburg

7700-0100 Salzlagerhalle
Öffentliche Bereitschaftsdienste
⌂ Dr. Gollwitzer, Dr. Linse und Partner, München und Architekturbüro Ilg, München

7700-0101 Lagerhalle (4 AP)
Lagergebäude, ohne Mischnutzung
⌂ STUDIO LEK Architekt:innen PartG mbB München

7800-0045 Parkscheune (21 STP)
Mehrfachgaragen
⌂ Müller Architekten GmbH Kronach

© Steffen Roller Photography

7800-0046 Fahrradhaus Bahnhof (62 STP)
Fahrradparkhäuser
ott_architekten BDA partnerschaft mbB
Laichingen

© benjamin brückner

7800-0047 Mobilstation (10 Fahrräder)
Fahrradparkhäuser
claus arnold architekt bda
Würzburg

© Fichtner Gruber Architekten

7800-0048 Garage (6 STP)
Mehrfachgaragen
Fichtner Gruber Architekten
Weiden

© petermann.thiele.kochanek

9100-0182 Geoinformationszentrum
Bibliotheken, Museen und Ausstellungen
petermann.thiele.kochanek architekten und ingenieure
Bad Frankenhausen

© Thomas Ulrich

9100-0225 Empfangsgebäude
Bibliotheken, Museen und Ausstellungen
MPP GmbH Architekten + Ingenieure
Rostock

© Jürgen Voss

9100-0231 Kultur- und Bildungszentrum
Gemeindezentren, hoher Standard
HÜBOTTER + STÜRKEN + DIMITROVA
Hannover

Fotopräsentation der Objekte

9100-0232 Gemeindesaal, Gaststätte
Gemeindezentren, Holzbauweise
⌂ f64 Architekten und Stadtplaner GmbH
Kempten

9100-0234 Bürgerhaus (150 Sitzplätze)
Gemeindezentren, Holzbauweise
⌂ Atelier Fanelsa
Berlin

9100-0236 Veranstaltungsgebäude, Gastronomie
Gemeindezentren, mittlerer Standard
⌂ Kramm & Strigl Architekten und Stadtplanergesellschaft mbH, Darmstadt

9700-0037 Trauerzentrum (40 Sitzplätze)
Friedhofsgebäude
⌂ Kontur Planungsgesellschaft/ Leinau6 GbR
Oldenburg

7300-0112 Funktionsgebäude Bahnhof
Ohne Gebäudeartenzuordnung
ott_architekten BDA partnerschaft mbB
Laichingen

9100-0227 Aussichtsturm
Ohne Gebäudeartenzuordnung
pwpMAS Architekten PartG mbB
Darmstadt

9100-0233 Aussichtsturm
Ohne Gebäudeartenzuordnung
Tang & Buhl Architekten PartGmbB
Berlin

9100-0239 Aussichtsturm
Ohne Gebäudeartenzuordnung
Architekturbüro Wolfgang Ott
Kronberg

Erläuterungen zur Fachbuchreihe
BKI Baukosten Neubau

Erläuterungen zur Fachbuchreihe BKI Baukosten Neubau

Die Fachbuchreihe BKI Baukosten besteht aus drei Bänden:
- Baukosten Gebäude Neubau 2026, Statistische Kostenkennwerte (Teil 1)
- Baukosten Bauelemente Neubau 2026, Statistische Kostenkennwerte (Teil 2)
- Baukosten Positionen Neubau 2026, Statistische Kostenkennwerte (Teil 3)

Die drei Fachbücher für den Neubau sind für verschiedene Stufen der Kostenermittlungen vorgesehen. Daneben gibt es noch eine vergleichbare Buchreihe für den Altbau (Bauen im Bestand), gegliedert in zwei Fachbücher. Nähere Informationen dazu erscheinen in den entsprechenden Büchern. Die nachfolgende Schnellübersicht erläutert Inhalt und Verwendungszweck:

BKI FACHBUCHREIHE Baukosten Neubau 2026		
 **BKI Baukosten Gebäude**	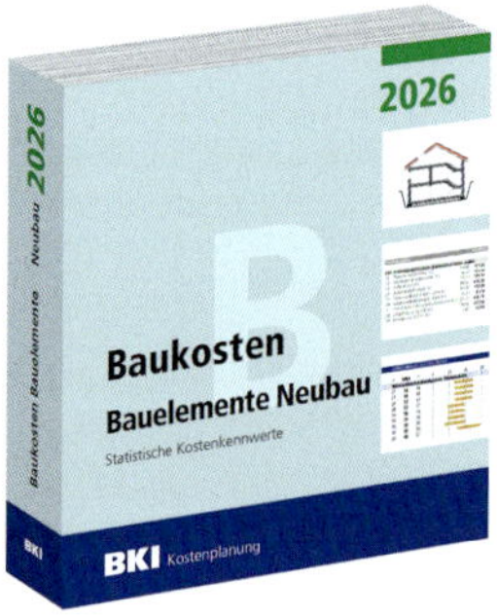 **BKI Baukosten Bauelemente**	 **BKI Baukosten Positionen**
Inhalt: Kosten des Bauwerks, 1. und 2. Ebene nach DIN 276 von 86 Gebäudearten	Inhalt: 3. Ebene DIN 276 und Elementarten nach BKI, außerdem Lebensdauern von Bauteilen, Grobelementarten und Kosten im Stahlbau	Inhalt: Positionen nach Leistungsbereichsgliederung für Rohbau, Ausbau, Technische Gebäudeausrüstung und Freianlagen
Geeignet[1] für Kostenrahmen, Kostenschätzung	Geeignet für Kostenberechnung und Kostenvoranschlag	Geeignet für bepreiste Leistungsverzeichnisse und Kostenanschlag
HOAI Phasen 1 und 2	HOAI Phasen 3 bis 6	HOAI Phasen 6 und 8
[1] BKI empfiehlt, bereits ab Vorlage erster Skizzen oder Vorentwürfe Kosten in der 2. Ebene nach DIN 276 zu ermitteln (Grobelementmethode).		

Die Buchreihe BKI Baukosten enthält für die verschiedenen Stufen der Kostenermittlung unterschiedliche Tabellen und Grafiken. Ihre Anwendung soll nachfolgend kurz dargestellt werden.

Für die Ermittlung der „ersten Zahl" werden auf der ersten Seite jeder Gebäudeart die Kosten des Bauwerks insgesamt angegeben. Je nach Informationsstand kann der Kostenkennwert (KKW) pro m³ BRI (Brutto-Rauminhalt), m² BGF (Brutto-Grundfläche) oder m² NUF (Nutzungsfläche) verwendet werden.

Diese Kennwerte sind geeignet, um bereits ohne Vorentwurf erste Kostenaussagen auf der Grundlage von Bedarfsberechnungen treffen zu können.

Für viele Gebäudearten existieren zusätzlich Kostenkennwerte pro Nutzeinheit. In allen Büchern der Reihe BKI Baukosten werden die statistischen Kostenkennwerte mit Mittelwert (Fettdruck) und Streubereich (von- und bis-Wert) angegeben (Abb. 1; BKI Baukosten Gebäude).

In der unteren Grafik der ersten Seite zu einer Gebäudeart sind die Kostenkennwerte der an der Stichprobe beteiligten Objekte zur Erläuterung der Bandbreite der Kostenkennwerte abgebildet. In allen Büchern wird in der Fußzeile der Kostenstand und die Mehrwertsteuer angegeben. (Abb. 2; BKI Baukosten Gebäude)

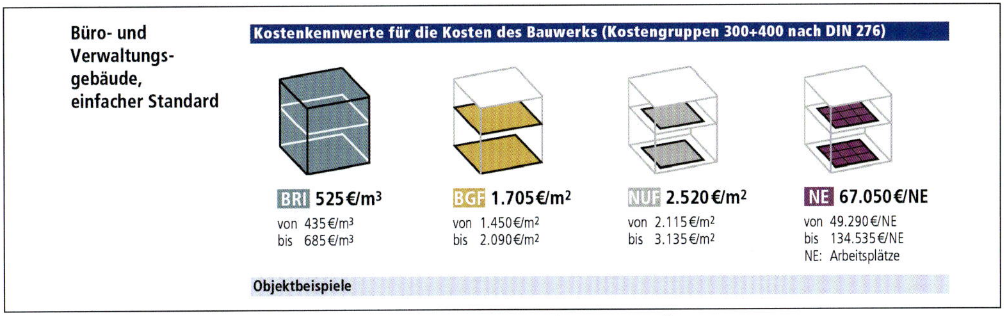

Abb. 1 aus BKI Baukosten Gebäude: Kostenkennwerte des Bauwerks

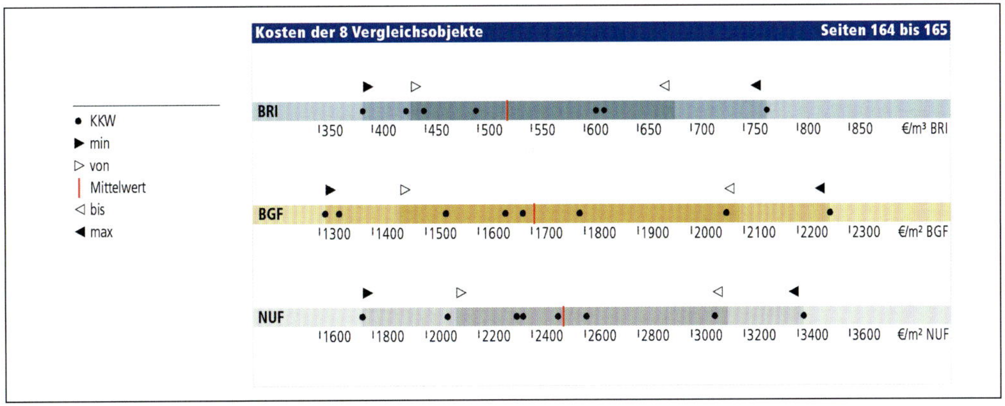

Abb. 2 aus BKI Baukosten Gebäude: Kostenkennwerte der Objekte einer Gebäudeart

Kostenrahmen, Kostenschätzung

Die obere Tabelle der zweiten Seite zu einer Gebäudeart differenziert die Kosten des Bauwerks in die Kostengruppen der 1. Ebene für den Kostenrahmen. Es werden nicht nur die Kostenkennwerte für das Bauwerk – getrennt nach Baukonstruktionen und Technische Anlagen – sondern ebenfalls für „Vorbereitende Maßnahmen" des Grundstücks, „Außenanlagen und Freiflächen", „Ausstattung und Kunstwerke", „Baunebenkosten" genannt. Für Plausibilitätsprüfungen sind zusätzlich die Prozentanteile der einzelnen Kostengruppen ausgewiesen. (Abb. 3; BKI Baukosten Gebäude)

Für die Kostenschätzung müssen nach aktueller DIN 276 die Gesamtkosten nach Kostengruppen in der 2. Ebene der Kostengliederung ermittelt werden. Dazu müssen die Mengen der Kostengruppen 310 Baugrube/Erdbau bis 360 Dächer und die BGF ermittelt werden. Eine Kostenermittlung auf der 2. Ebene ist somit bereits durch Ermittlung von lediglich sieben Mengen möglich. (Abb. 4; BKI Baukosten Gebäude)

In den Benutzerhinweisen am Anfang des Fachbuchs „BKI Baukosten Gebäude, Statistische Kostenkennwerte Teil 1" ist eine „Auswahl kostenrelevanter Baukonstruktionen und Technischer Anlagen" aufgelistet. Sie unterstützen bei der Standardeinordnung einzelner Projekte. Weiterhin gibt die Auflistung Hinweise, welche Ausführungen in den Kostengruppen der 2. Ebene kostenmindernd bzw. kostensteigernd wirken. Dementsprechend sind Kostenkennwerte über oder unter dem Durchschnittswert auszuwählen. Eine rein systematische Verwendung des Mittelwerts reicht für eine qualifizierte Kostenermittlung nicht aus. (Abb. 5; BKI Baukosten Gebäude)

Kostenkennwerte für die Kostengruppen der 1. und 2. Ebene DIN 276

KG	Kostengruppen der 1. Ebene	Einheit	▷	€/Einheit	◁	▷	% an 300+400	◁
100	Grundstück	m²GF	–	–	–	–	–	–
200	Vorbereitende Maßnahmen	m²GF	4	**14**	23	1,0	**2,6**	7,3
300	Bauwerk – Baukonstruktionen	m²BGF	1.111	**1.415**	1.642	79,1	**83,0**	87,4
400	Bauwerk – Technische Anlagen	m²BGF	205	**290**	393	12,6	**17,0**	20,9
	Bauwerk 300+400	m²BGF	1.451	**1.705**	2.092	100,0	**100,0**	100,0
500	Außenanlagen und Freiflächen	m²AF	64	**125**	289	2,0	**6,0**	13,9
600	Ausstattung und Kunstwerke	m²BGF	70	**170**	229	5,2	**9,9**	12,2
700	Baunebenkosten*	m²BGF	402	**449**	495	23,6	**26,3**	29,1 ◁
800	Finanzierung	m²BGF	–	–	–	–	–	–

* Auf Grundlage der HOAI 2021 berechnete Werte nach §§ 35, 52, 56. Weitere Informationen siehe Seite 56

Abb. 3 aus BKI Baukosten Gebäude: Kostenkennwerte der 1. Ebene

KG	Kostengruppen der 2. Ebene	Einheit	▷	€/Einheit	◁	▷	% an 1. Ebene	◁
310	Baugrube / Erdbau	m³BGI	16	**37**	49	1,5	**1,8**	2,3
320	Gründung, Unterbau	m²GRF	330	**424**	609	9,0	**15,6**	19,9
330	Außenwände / vertikal außen	m²AWF	401	**460**	490	23,6	**25,7**	29,8
340	Innenwände / vertikal innen	m²IWF	190	**297**	355	16,0	**19,4**	26,0
350	Decken / horizontal	m²DEF	308	**393**	478	0,0	**12,3**	18,7
360	Dächer	m²DAF	368	**482**	674	14,3	**21,4**	33,4
370	Infrastrukturanlagen		–	–	–	–	–	–
380	Baukonstruktive Einbauten	m²BGF	< 1	**4**	10	< 0,1	**0,3**	0,8
390	Sonst. Maßnahmen für Baukonst.	m²BGF	44	**51**	64	3,0	**3,5**	3,9
300	**Bauwerk – Baukonstruktionen**	**m²BGF**					**100,0**	
410	Abwasser-, Wasser-, Gasanlagen	m²BGF	28	**48**	79	11,6	**18,6**	22,9
420	Wärmeversorgungsanlagen	m²BGF	57	**73**	98	21,2	**34,5**	55,6
430	Raumlufttechnische Anlagen	m²BGF	–	**2**	–	0,0	**0,5**	0,8
440	Elektrische Anlagen	m²BGF	63	**80**	107	32,4	**33,3**	33,8
450	Kommunikationstechnische Anlagen	m²BGF	5	**15**	29	1,9	**6,0**	13,3
460	Förderanlagen	m²BGF	–	**63**	–	0,0	**6,5**	19,6
470	Nutzungsspez. / verfahrenstech. Anl.	m²BGF	–	**5**	–	0,0	**0,6**	1,7
480	Gebäude- und Anlagenautomation	m²BGF	–	–	–	–	–	–
490	Sonst. Maßnahmen f. techn. Anl.	m²BGF	–	–	–	–	–	–
400	**Bauwerk – Technische Anlagen**	**m²BGF**					**100,0**	

Abb. 4 aus BKI Baukosten Gebäude: Kostenkennwerte der 2. Ebene

Auswahl kostenrelevanter Baukonstruktionen

310 Baugrube/Erdbau
- **kostenmindernd:**
Nur Oberboden abtragen, Wiederverwertung des Aushubs auf dem Grundstück, keine Deponiegebühr, kurze Transportwege, wiederverwertbares Aushubmaterial für Verfüllung
+ **kostensteigernd:**
Wasserhaltung, Grundwasserabsenkung, Baugrubenverbau, Spundwände, Baugrubensicherung mit Großbohrpfählen, Felsbohrungen, schwer lösbare Bodenarten oder Fels

320 Gründung, Unterbau
- **kostenmindernd:**
Kein Fußbodenaufbau auf der Gründungsfläche, keine Dämmmaßnahmen auf oder unter der Gründungsfläche
+ **kostensteigernd:**
Teurer Fußbodenaufbau auf der Gründungsfläche, Bodenverbesserung, Bodenkanäle, Perimeterdämmung oder sonstige, teure Dämmmaßnahmen, versetzte Ebenen, hoher Wasserandrang

330 Außenwände/Vertikale Baukonstruktionen, außen

mauerwerk, Ganzglastüren, Vollholztüren Brandschutztüren, sonstige hochwertige Türen, hohe Anforderungen an Statik, Brandschutz, Schallschutz, Raumakustik und Optik, Edelstahlgeländer, raumhohe Verfliesung

350 Decke/Horizontale Baukonstruktionen
- **kostenmindernd:**
Einfache Bodenbeläge, wenige und einfache Treppen, geringe Spannweiten
+ **kostensteigernd:**
Doppelboden, hochwertige Holz- und Natursteinbeläge, Metall- und Holzbekleidungen, Edelstahltreppen, hohe Anforderungen an Brandschutz, Schallschutz, Raumakustik und Optik, hohe Spannweiten

360 Dächer
- **kostenmindernd:**
Einfache Geometrie, wenig Durchdringungen
+ **kostensteigernd:**
Aufwändige Geometrie wie Mansarddach, Gauben, Metalldeckung, Glasdächer oder Glasoberlichter, begeh-/befahrbare Flachdächer, Begrünung, Schutzelemente wie Edelstahl-Geländer

Abb. 5 aus BKI Baukosten Gebäude: Kostenrelevante Baukonstruktionen

Die Mengen der 2. Ebene können alternativ statistisch mit den Planungskennwerten auf der vierten Seite jeder Gebäudeart näherungsweise ermittelt werden. (Abb. 6; aus BKI Baukosten Gebäude: Planungskennwerte)
Eine Tabelle zur Anwendung dieser Planungskennwerte ist unter:
www.bki.de/kostensimulationsmodell für Neubau als Excel-Tabelle erhältlich. Die Anwendung dieser Tabelle ist dort ebenfalls beschrieben.

Die Werte, die über dieses statistische Verfahren ermittelt werden, sind für die weitere Verwendung auf Plausibilität zu prüfen und anzupassen.

In BKI Baukosten Gebäude befindet sich auf der dritten Seite zu jeder Gebäudeart eine Aufschlüsselung nach Leistungsbereichen für eine überschlägige Aufteilung der Bauwerkskosten. (Abb. 7; BKI Baukosten Gebäude)

Für die Kostenaufstellung nach Leistungsbereichen existiert folgender Ansatz:
Bereits nach Kostengruppen ermittelte Kosten können prozentual, mit Hilfe der Angaben in den Prozentspalten, in die voraussichtlich anfallenden Leistungsbereiche aufgeteilt werden.

Die Ergebnisse dieser „Budgetierung" können die positionsorientierte Aufstellung der Leistungsbereichskosten nicht ersetzen. Für Plausibilitätsprüfungen bzw. grobe Kostenaussagen z. B. für Finanzierungsanfragen sind sie jedoch gut geeignet.

Planungskennwerte für Flächen und Rauminhalte nach DIN 277							
Grundflächen		▷	**Fläche/NUF (%)**	◁	▷	**Fläche/BGF (%)**	◁
NUF Nutzungsfläche		100,0	**100,0**	100,0	66,7	**68,0**	69,2
TF Technikfläche		2,3	**2,9**	4,3	1,6	**1,9**	2,8
VF Verkehrsfläche		18,5	**21,8**	23,4	12,5	**14,6**	16,3
NRF Netto-Raumfläche		122,6	**124,7**	127,6	82,2	**84,5**	85,7
KGF Konstruktions-Grundfläche		20,1	**22,9**	26,8	14,3	**15,5**	17,8
BGF Brutto-Grundfläche		145,2	**147,6**	150,6	100,0	**100,0**	100,0
Brutto-Rauminhalte		▷	**BRI/NUF (m)**	◁	▷	**BRI/BGF (m)**	◁
BRI Brutto-Rauminhalt		4,55	**4,86**	5,40	3,19	**3,30**	3,83
Flächen von Nutzeinheiten		▷	**NUF/Einheit (m²)**	◁	▷	**BGF/Einheit (m²)**	◁
Nutzeinheit: Arbeitsplätze		23,95	**26,96**	26,96	37,34	**40,14**	40,14
Lufttechnisch behandelte Flächen		▷	**Fläche/NUF (%)**	◁	▷	**Fläche/BGF (%)**	◁
Entlüftete Fläche		2,8	**2,8**	2,8	2,0	**2,0**	2,0
Be- und entlüftete Fläche		95,1	**95,1**	95,1	61,9	**61,9**	61,9
Teilklimatisierte Fläche		–	–	–	–	–	–
Klimatisierte Fläche		–	–	–	–	–	–
KG Kostengruppen (2. Ebene)	**Einheit**	▷	**Menge/NUF**	◁	▷	**Menge/BGF**	◁
310 Baugrube / Erdbau	m³BGI	1,29	**1,39**	1,39	0,86	**0,93**	0,93
320 Gründung, Unterbau	m²GRF	0,82	**0,82**	0,82	0,56	**0,58**	0,58
330 Außenwände / vertikal außen	m²AWF	1,14	**1,14**	1,14	0,79	**0,79**	0,82
340 Innenwände / vertikal innen	m²IWF	1,40	**1,40**	1,57	0,82	**0,97**	0,97
350 Decken / horizontal	m²DEF	0,94	**0,94**	0,94	0,64	**0,64**	0,64
360 Dächer	m²DAF	0,93	**0,98**	0,98	0,68	**0,69**	0,69
370 Infrastrukturanlagen		–	–	–	–	–	–
380 Baukonstruktive Einbauten	m²BGF	1,45	**1,48**	1,51	1,00	**1,00**	1,00
390 Sonst. Maßnahmen für Baukonst.	m²BGF	1,45	**1,48**	1,51	1,00	**1,00**	1,00
300 Bauwerk – Baukonstruktionen	**m²BGF**	1,45	**1,48**	1,51	1,00	**1,00**	1,00

Abb. 6 aus BKI Baukosten Gebäude: Planungskennwerte

Büro- und Verwaltungsgebäude, einfacher Standard

Prozentanteile der Kosten für Leistungsbereiche nach STLB (Kosten Bauwerk nach DIN 276)					
LB	**Leistungsbereiche**	7,5% 15% 22,5% 30%	▷	**% an 300+400**	◁
000	Baustellen-, Verkehrssich.- u. Sicherh.einr. inkl. 001		0,6	**1,9**	3,2
002	Erdarbeiten		1,5	**1,9**	2,5
006	Spezialtiefbauarbeiten inkl. 005		–	–	–
009	Entwässerungskanalarbeiten inkl. 011		0,3	**0,5**	0,9
010	Drän- und Versickerarbeiten		0,0	**0,1**	0,6
012	Mauerarbeiten		1,3	**5,0**	8,4
013	Betonarbeiten		16,0	**20,2**	23,5
014	Natur-, Betonwerksteinarbeiten		< 0,1	**0,2**	0,5
016	Zimmer- und Holzbauarbeiten		0,8	**3,3**	5,6
017	Stahlbauarbeiten		0,6	**3,7**	11,9
018	Abdichtungsarbeiten		0,4	**1,1**	2,8
020	Dachdeckungsarbeiten		2,1	**3,5**	4,6
021	Dachabdichtungsarbeiten		0,0	**0,3**	1,2
022	Klempnerarbeiten		0,8	**2,0**	3,3
	Rohbau		40,1	**43,6**	50,7
023	Putz- und Stuckarbeiten, Wärmedämmsysteme		1,6	**4,6**	7,0

Abb. 7 aus BKI Baukosten Gebäude: Kostenkennwerte für Leistungsbereiche

Kostenberechnung

In der DIN 276 wird für Kostenberechnungen festgelegt, dass die Kosten bis zur 3. Ebene der Kostengliederung ermittelt werden müssen. (Abb. 8; BKI Baukosten Bauelemente)

Für die Kostengruppen 380, 390 und 410 bis 490 ist lediglich die BGF zu ermitteln, da hier sämtliche Kostenkennwerte auf die BGF bezogen sind. Da in der Regel nicht in allen Kostengruppen Kosten anfallen und viele Mengenermittlungen mehrfach verwendet werden können, ist die Mengenermittlung der 3. Ebene ebenfalls mit relativ wenigen Mengen (ca. 15 bis 25) möglich. (Abb. 9; BKI Baukosten Bauelemente)

Eine besondere Bedeutung kann der 3. Ebene der DIN 276 beim Bauen im Bestand im Rahmen der Bewertung der mitzuverarbeitenden Bausubstanz zukommen, die auch in der aktualisierten HOAI 2021 enthalten ist. Denn erst in der 3. Ebene DIN 276 ist eine Differenzierung der Bauteile in die tragende Konstruktion und die Oberflächen (innen und außen) gegeben. Beim Bauen im Bestand sind häufig die Oberflächen zu erneuern. Wesentliche Teile der Gründung und der Tragkonstruktion bleiben faktisch unverändert, werden planerisch aber erfasst und mitverarbeitet. Deren Kostenanteile werden erst durch die Differenzierung der Kosten ab der 3. Ebene ablesbar. Daher können die Neubaukosten der 3. Ebene oft wichtige Kennwerte für die Bewertung der mitzuverarbeitenden Bausubstanz darstellen.

334
Außenwand-öffnungen

Einheit: m²
Außenwandöffnungs-fläche

Gebäudeart	▷	€/Einheit	◁	KG an 300
1 Büro- und Verwaltungsgebäude				
Büro- und Verwaltungsgebäude, einfacher Standard	419,00	**491,00**	621,00	7,3%
Büro- und Verwaltungsgebäude, mittlerer Standard	785,00	**1.123,00**	2.043,00	11,7%
Büro- und Verwaltungsgebäude, hoher Standard	880,00	**1.287,00**	1.756,00	12,7%
Büro- und Verwaltungsgebäude, Holzbauweise	713,00	**874,00**	990,00	8,7%
2 Gebäude für Forschung und Lehre				
Instituts- und Laborgebäude	1.121,00	**1.514,00**	2.668,00	13,5%
3 Gebäude des Gesundheitswesens				
Medizinische Einrichtungen	481,00	**762,00**	903,00	8,9%
Pflegeheime	705,00	**956,00**	1.247,00	7,6%
Gebäude für Erholungszwecke	1.193,00	**1.442,00**	2.288,00	12,0%
4 Schulen und Kindergärten				
Allgemeinbildende Schulen	825,00	**1.186,00**	1.829,00	15,2%
Schulen, Holzbauweise	1.073,00	**1.437,00**	2.997,00	9,3%
Berufliche Schulen	876,00	**1.152,00**	1.593,00	10,9%
Förder- und Sonderschulen	924,00	**3.268,00**	12.597,00	13,0%
Weiterbildungseinrichtungen	1.315,00	**1.375,00**	1.469,00	19,0%
Kindergärten, nicht unterkellert, einfacher Standard	704,00	**911,00**	1.015,00	8,9%
Kindergärten, nicht unterkellert, mittlerer Standard	879,00	**1.048,00**	1.605,00	11,0%
Kindergärten, nicht unterkellert, hoher Standard	840,00	**1.052,00**	1.264,00	11,0%
Kindergärten, Holzbauweise, nicht unterkellert	790,00	**1.003,00**	1.224,00	8,1%
Kindergärten, unterkellert	967,00	**1.045,00**	1.240,00	10,0%

Abb. 8 aus BKI Baukosten Bauelemente: Kostenkennwerte der 3. Ebene

444 Niederspannungs-installationsanlagen

Gebäudeart	▷	€/Einheit	◁	KG an 400
1 Büro- und Verwaltungsgebäude				
Büro- und Verwaltungsgebäude, einfacher Standard	28,00	**46,00**	57,00	19,9%
Büro- und Verwaltungsgebäude, mittlerer Standard	85,00	**119,00**	175,00	18,8%
Büro- und Verwaltungsgebäude, hoher Standard	94,00	**125,00**	191,00	14,1%
Büro- und Verwaltungsgebäude, Holzbauweise	58,00	**105,00**	150,00	18,7%
2 Gebäude für Forschung und Lehre				
Instituts- und Laborgebäude	48,00	**107,00**	158,00	8,2%
3 Gebäude des Gesundheitswesens				
Medizinische Einrichtungen	97,00	**140,00**	222,00	18,1%
Pflegeheime	69,00	**104,00**	125,00	11,5%
Gebäude für Erholungszwecke	103,00	**149,00**	217,00	8,2%
4 Schulen und Kindergärten				
Allgemeinbildende Schulen	61,00	**92,00**	121,00	16,6%
Schulen, Holzbauweise	66,00	**98,00**	134,00	16,7%
Berufliche Schulen	97,00	**151,00**	197,00	17,4%
Förder- und Sonderschulen	92,00	**141,00**	306,00	22,3%
Weiterbildungseinrichtungen	91,00	**176,00**	345,00	20,0%

Abb. 9 aus BKI Baukosten Bauelemente: Kostenkennwerte der 3. Ebene für Kostengruppe 400

Kostenvoranschlag

Mit dem Begriff „Kostenvoranschlag" wird in der aktuellen DIN 276 gegenüber der Vorgängernorm ein neuer Begriff eingeführt. Der Kostenvoranschlag wird als die Ermittlung der Kosten auf der Grundlage der Ausführungsplanung und der Vorbereitung der Vergabe definiert. Die neue Kostenermittlungsstufe entspricht dem bisherigen „Kostenanschlag". Die DIN 276 fordert, dass die Gesamtkosten nach Kostengruppen in der 3. Ebene der Kostengliederung ermittelt und darüber hinaus nach technischen Merkmalen oder herstellungsmäßigen Gesichtspunkten weiter untergliedert werden. Anschließend sollen die Kosten in Vergabeeinheiten nach der für das jeweilige Bauprojekt vorgesehenen Vergabe- und Ausführungsstruktur geordnet werden. Diese Ordnung erleichtert es in den nachfolgenden Kostenermittlungen, dass die Angebote, Aufträge und Abrechnungen zusammengestellt, kontrolliert und verglichen werden können.

Für die geforderte Untergliederung der 3. Ebene sind die im Band „Bauelemente" enthaltenen BKI Elementarten besonders geeignet. Die darin enthaltene Aufteilung in Leistungsbereiche ermöglicht eine ausführungsorientierte Gliederung. Diese Leistungsbereiche können dann zu den geforderten projektspezifischen Vergabeeinheiten zusammengestellt werden.

334.20	**Fenstertüren**				
06	**AW Fenstertür, Kunststoff, einflüglig, Fensterbank** Außenwand, Fenstertür, einflüglig, Kunststoff, mit Wärmeschutzverglasung, Fensterbank außen Aluminium Einheit: St Öffnung	1.061,00	**1.367,00**	1.701,00	
	026 Fenster, Außentüren				100,0%
07	**AW Fenstertür, Kunststoff, zweiflüglig, Fensterbank** Außenwand, Fenstertür, zweiflüglig, Kunststoff, mit Wärmeschutzverglasung, Fensterbank außen Aluminium Einheit: St Öffnung	2.309,00	**2.422,00**	2.717,00	
	026 Fenster, Außentüren				100,0%

Abb. 10 aus BKI Baukosten Bauelemente: Kostenkennwerte für Elementarten

Kostenanschlag

Der Kostenanschlag ist nach Kostenrahmen, Kostenschätzung, Kostenberechnung und Kostenvoranschlag die fünfte Stufe der Kostenermittlungen nach DIN 276. Er dient den Entscheidungen über die Vergaben und die Ausführung. Die HOAI-Novelle 2013 beinhaltet in der Leistungsphase 6 „Vorbereitung der Vergabe" eine wesentliche Änderung: Als Grundleistung wird hier das „Ermitteln der Kosten auf Grundlage vom Planer bepreister Leistungsverzeichnisse" aufgeführt. Auch in der HOAI 2021 ist die Grundleistung unverändert enthalten. Nach der Begründung zur 7. HOAI-Novelle wird durch diese präzisierte Kostenermittlung und -kontrolle der Kostenanschlag entbehrlich. Dies heißt jedoch nicht, dass auf die 3. Ebene der DIN 276 verzichtet werden kann. Die 3. Ebene der DIN 276 und die BKI Elementarten sind wichtige Zwischenschritte auf dem Weg zu bepreisten Leistungsverzeichnissen.

335
Außenwand-bekleidungen, außen

KG.OZ		▷	€/Einheit	◁	LB an EA
335.10	**Unterkonstruktion**				
01	**AW Sockelabdichtung, MDS, Sockelprofil**	61,00	**66,00**	75,00	
	Sockelabdichtung der Außenwand, mit flexibler, mineralischer Schlämme, mit Sockelprofil				
	Einheit: m² Sockelfläche				
	018 Abdichtungsarbeiten				66,4%
	023 Putz- und Stuckarbeiten, Wärmedämmsysteme				33,6%
02	**AW Abdichtung Bodenfeuchte, MDS**	51,00	**55,00**	63,00	
	Außenwandabdichtung gegen Bodenfeuchte mit flexibler, mineralischer Schlämme				
	Einheit: m² Abdichtungsfläche				
	018 Abdichtungsarbeiten				100,0%
03	**AW Abdichtung Bodenfeuchte, PMBC**	59,00	**64,00**	73,00	
	Außenwandabdichtung gegen Bodenfeuchte, mit kunststoffmodifizierter Bitumendickbeschichtung				
	Einheit: m² Abdichtungsfläche				
	018 Abdichtungsarbeiten				100,0%
04	**AW Wärmedämmung, XPS 100, Noppenbahn**	76,00	**83,00**	94,00	
	Außenwanddämmung mit Perimeterdämmung aus extrudiertem Polystyrol ,100mm, Schutz- und Sickerschicht mit Noppenbahn und Vlies				

Abb. 11 aus BKI Baukosten Bauelemente: Kostenkennwerte für Elementarten

Positionspreise

Zum Bepreisen von Leistungsverzeichnissen, Vorbereitung der Vergabe sowie Prüfen von Preisen eignet sich der Band BKI Baukosten Positionen, Statistische Kostenkennwerte (Teil 3). In diesem Band werden Positionen aus den BKI-Positionsdatenbanken ausgewertet und tabellarisch mit Minimal-, Von-, Mittel-, Bis- sowie Maximalpreisen aufgelistet. Aufgeführt sind jeweils Brutto- und Nettopreise. (Abb. 12; BKI Baukosten Positionen)

Die Von-, Mittel-, Bis-Preise stellen dabei die übliche Bandbreite der Positionspreise dar. Minimal- und Maximalpreise bezeichnen die kleinsten und größten aufgetretenen Preise einer in den BKI-Positionsdatenbanken dokumentierten Position. Sie stellen jedoch keine absolute Unter- oder Obergrenze dar. Die Positionen sind gegliedert nach den Leistungsbereichen des Standardleistungsbuchs. Es werden Positionen für Rohbau, Ausbau, Technische Gebäudeausrüstung und Freianlagen dokumentiert.
Ergänzt werden die statistisch ausgewerteten Baupreise durch Mustertexte für die Ausschreibung von Bauleistungen. Diese werden von Fachautoren verfasst und i.d.R. von Fachverbänden geprüft. Die Verbände sind in der Fußzeile für den jeweiligen Leistungsbereich benannt. (Abb. 13; BKI Baukosten Positionen)

LB 012
Mauerarbeiten

012

Nr.	Positionen	Einheit	►	▷	ø brutto € / ø netto €	◁	◄
1	Querschnittsabdichtung, Mauerwerk bis 15cm	m	1	3	**4**	5	8
			1	3	**3**	4	6
2	Querschnittsabdichtung, Mauerwerk bis 17,5cm	m	2	5	**6**	7	10
			2	4	**5**	6	8
3	Querschnittsabdichtung, Mauerwerk bis 24cm	m	3	5	**6**	8	13
			3	5	**5**	7	11
4	Querschnittsabdichtung, Mauerwerk bis 36,5cm	m	5	8	**9**	11	16
			4	7	**8**	9	13
5	Dämmstein, Mauerwerk, 11,5cm	m	33	46	**52**	61	80
			27	39	**44**	51	67
6	Dämmstein, Mauerwerk, 17,5cm	m	40	58	**65**	80	117
			33	48	**55**	67	99
7	Dämmstein, Mauerwerk, 24cm	m	55	77	**86**	109	159
			46	65	**72**	92	133
8	Dämmstein, KS-Mauerwerk, 11,5cm	m	32	38	**40**	43	47
			27	32	**33**	36	40

Mauerarbeiten — Preise €

Abb. 12 aus BKI Baukosten Positionen: Positionspreise

LB 012
Mauerarbeiten

Nr. **Kurztext** / Langtext — Kostengruppe
► ▷ **ø netto €** ◁ ◄ [Einheit] Ausf.-Dauer Positionsnummer

A 1 Querschnittsabdichtung, Mauerwerk — Beschreibung für Pos. **1-4**
Querschnittsabdichtung in/unter Mauerwerkswänden aus Bitumenbahnen, gegen Bodenfeuchte und nichtdrückendes Wasser gem. DIN 18533; inkl. Abgleichen der Auflagerfläche.
Raumnutzungsklasse: RN1-E (geringe Anforderung)
Wassereinwirkungsklasse: W4-E (Bodenfeuchte am Wandsockel, sowie Kapillarwasser in und unter Wänden)
Rissklasse: R1-E (gering)
Rissüberbrückungsklasse: RÜ1-E (geringe Rissüberbrückung bis 0,2 mm)

1 Querschnittsabdichtung, Mauerwerk bis 15cm — KG **342**
Wie Ausführungsbeschreibung A 1
Mauerdicke: bis 15 cm
Abdichtung: Bitumendichtungsbahn G 200 DD
1€ 3€ **3€** 4€ 6€ [m] ⏱ 0,04h/m 012.000.093

Abb. 13 aus BKI Baukosten Positionen: Mustertexte

Detaillierte Kostenangaben zu einzelnen Objekten

In BKI Baukosten Gebäude existiert zu jeder Gebäudeart eine Objektübersicht mit den ausgewerteten Objekten, die zu den Stichproben beigetragen haben. (Abb. 14; BKI Baukosten Gebäude)

Diese Übersicht erlaubt den Übergang von der Kostenkennwertmethode auf der Grundlage einer statistischen Auswertung, wie sie in der Buchreihe "BKI Baukosten" gebildet wird, zur Objektvergleichsmethode auf der Grundlage einer objektorientierten Darstellung, wie sie in den "BKI Objektdaten" enthalten ist. Alle Objekte sind mit einer Objektnummer versehen, unter der eine Einzeldokumentation bei BKI geführt wird. Weiterhin ist angegeben, in welchem Fachbuch der Reihe BKI Objektdaten das betreffende Objekt veröffentlicht wurde.

In diesem Band sind Objekte in Holzmodulbauweise abgebildet. Für die Kostengliederung der DIN 276 stellen diese Modulbauten wegen ihrer zwangsläufigen Durchmischung von Kosten der Baukonstruktionen, der technischen Anlagen und der Baunebenkosten eine Besonderheit dar. Die Kosten der Basismodule beinhalten Kosten der KG 300 und KG 400 sowie anteilige Kosten des GU an KG 700, daher werden die Kosten dieser Objekte nicht in der statistischen Auswertung berücksichtigt. Die Objekte sind jeweils mit dem Hinweis „Kostentechnische Besonderheit durch Modulbauweise" markiert.

Büro- und Verwaltungsgebäude, einfacher Standard

€/m² BGF

min	1.310	€/m²
von	1.450	€/m²
Mittel	**1.705**	**€/m²**
bis	2.090	€/m²
max	2.260	€/m²

Bundesdurchschnitt inkl. 19% MwSt.

Objektübersicht zur Gebäudeart

1300-0276 Bürogebäude (41 AP) — **BRI** 3.653m³ **BGF** 1.093m² **NUF** 732m²

Bürogebäude mit 41 Arbeitsplätzen. Mauerwerk.

Land: Schleswig-Holstein
Kreis: Steinburg
Standard: einfach
Bauzeit: 56 Wochen
Kennwerte: bis 1. Ebene DIN 276

BGF **2.067 €/m²**

Planung: Architekten und Ingenieure Bley und Voß PartGmbB; Breitenburg

veröffentlicht: BKI Objektdaten N18

1300-0139 Bürogebäude — **BRI** 752m³ **BGF** 273m² **NUF** 196m²

Bürogebäude. Stb-Massivbau.

Land: Brandenburg
Kreis: Elbe-Elster
Standard: einfach
Bauzeit: 26 Wochen
Kennwerte: bis 3. Ebene DIN 276

BGF **1.683 €/m²**

Planung: Architekt (TU) Torsten Hensel; Finsterwalde

veröffentlicht: www.bki.de

1300-0106 Bürogebäude — **BRI** 1.418m³ **BGF** 309m² **NUF** 222m²

Bürogebäude genutzt von einem Planungsbüro. Mauerwerksbau mit Stahl-Dachkonstruktion.

Land: Bayern
Kreis: Bad Kissingen
Standard: einfach
Bauzeit: 22 Wochen
Kennwerte: bis 3. Ebene DIN 276

BGF **1.791 €/m²**

Planung: k.A.

veröffentlicht: www.bki.de

Abb. 14 aus BKI Baukosten Gebäude: Objektübersicht

Erläuterungen

①
②

LB 008
Wasserhaltungs-
arbeiten

008

Kosten:
Stand 1.Quartal 2026
Bundesdurchschnitt

Wasserhaltungsarbeiten **Preise €**

Nr.	Positionen	Einheit	►	▷	**ø brutto €** ø netto €	◁	◄
1	Pumpensumpf, Betonfertigteil	St	303	643	**750**	861	1.177
			255	540	**630**	723	989
2	Tauchpumpe, Fördermenge bis 10m³/h	St	196	333	**392**	481	709
			165	280	**329**	404	596
3	Betrieb Tauchpumpe bis 10m³/h	h	4	10	**12**	13	15
			4	9	**10**	11	13
4	Saugpumpe, Fördermenge bis 20m³/h	St	265	548	**706**	883	1.178
			222	461	**593**	742	990
5	Betrieb Saugpumpe über 10m³/h	h	7	9	**10**	12	14
			6	8	**9**	10	12
6	Brunnenschacht, Grundwasserabsenkung	St	1.432	2.570	**2.762**	3.342	4.197
			1.203	2.159	**2.321**	2.808	3.527
7	Druckrohrleitung, DN100	m	17	22	**23**	28	34
			15	18	**20**	24	28
8	Saugleitung, DN100	m	13	20	**23**	30	37
			11	16	**20**	25	31
9	Stromaggregat, 10-30kVA	St	2.177	3.058	**3.465**	3.691	5.062
			1.829	2.570	**2.912**	3.102	4.254
10	Absetzbecken, Wasserhaltung	St	1.999	2.440	**3.224**	3.731	4.305
			1.680	2.050	**2.710**	3.135	3.617
11	Messeinrichtung, Wassermenge	St	269	488	**546**	634	941
			226	410	**458**	533	790
12	Wasserhaltung, Betrieb 10-20l/s	h	16	21	**23**	25	30
			14	18	**19**	21	25
13	Stundensatz, Facharbeiter/-in	h	68	76	**81**	84	90
			57	64	**68**	71	76

③

Nr. **Kurztext** / Langtext — Kostengruppe

► ▷ **ø netto €** ◁ ◄ [Einheit] Ausf.-Dauer Positionsnummer

④ **1** **Pumpensumpf, Betonfertigteil** KG **313**

⑤ Pumpensumpf aus Betonfertigteilringen herstellen, während der gesamten Bauzeit vorhalten und wieder entfernen, inkl. erforderlichem Aushub, seitlicher Lagerung und Wiederverfüllung.
Lage: innerhalb der Baugrube
Tiefe: bis 3,00 m
Durchmesser: DN1.000
Lichter Sohlenquerschnitt: bis 1,00 m²
Boden: Homogenbereich ....., mit einer Bodengruppe, Bodengruppe: ..... DIN 18196

- Steinanteil: bis ..... % Massenanteil DIN EN ISO 14688-1
- Konsistenz DIN EN ISO 14688-1: .....
- Lagerungsdichte: .....

Aushubprofilprofil: .....

255€ 540€ **630€** 723€ 989€ [St] ⏱ 2,40h/St 008.000.002

⑥
⑦
⑧

► min
▷ von
ø Mittel
◁ bis
◄ max

⑨ © **BKI** Baukosteninformationszentrum
Mustertexte geprüft: Bauwirtschaft Baden-Württemberg e.V.

Kostenstand: 1.Quartal 2026, Bundesdurchschnitt

Erläuterung nebenstehender Tabelle

Alle Kostenkennwerte werden mit und ohne Mehrwertsteuer dargestellt. Kostenstand: 1.Quartal 2026. Kosten und Kostenkennwerte umgerechnet auf den Bundesdurchschnitt.

---

①

Leistungsbereichs-Titel

②

Datentabelle mit Angabe der Bauleistungen, der Einheit, des Minimal-Wertes, des von-Wertes, des Mittelwertes, des bis-Wertes und des Maximalwertes. Angaben jeweils mit MwSt. (1.Zeile) und ohne MwSt. (2.Zeile). Gerundete Werte. Die Ordnungsziffer verweist auf den zugehörigen Langtext.

③

Kostengruppen nach DIN 276. Die Angaben sind bei der Anwendung zu prüfen, da diese teilweise auf Positionsebene nicht zweifelsfrei zugeordnet werden können.

④

Ordnungsziffer für den Bezug zur Datentabelle. Mit A bezifferte Positionen sind Beschreibungen für die entsprechenden Folgepositionen.

⑤

Mustertexte als produktneutraler Positionstext für die Ausschreibung. Die durch Fettdruck hervorgehobenen bzw. mit Punktierung gekennzeichneten Textpassagen müssen in der Ausschreibung ausgewählt bzw. eingetragen werden um eindeutig kalkulierbar zu sein.

⑥

Abrechnungseinheit der Leistungspositionen

⑦

Ausführungsdauer der Leistung pro Stunde für die Terminplanung

⑧

Positionsnummer als ID-Kennung für das Auffinden des Datensatzes in elektronischen Medien

⑨

Name des prüfenden Fachverbandes, Anschriften siehe Seite 6-9.

(1) (2)

Positionsverweise Barrierefreies Bauen

Kosten:
Stand 1.Quartal 2026
Bundesdurchschnitt

► min
▷ von
ø Mittel
◁ bis
◄ max

Barrierefreies Bauen — **Preise €**

Nr.	Positionen	Einheit	►	▷	**ø brutto €** ø netto €	◁	◄
1	Öffnungen, Mauerwerk bis 24cm, 1,01x2,13m	St	36	55	**66**	77	103
	LB 012, Pos. 38, Seite 201		30	46	**55**	64	86
2	Öffnungen, Mauerwerk bis 2,50m²	m²	11	14	**16**	20	27
	LB 012, Pos. 39, Seite 202		9	12	**13**	17	23
3	Öffnung überdecken, Ziegelsturz	m	33	38	**40**	45	58
	LB 012, Pos. 49, Seite 204		28	32	**33**	38	49
4	Öffnung überdecken, Flachstahl	m	13	18	**24**	28	31
	LB 012, Pos. 50, Seite 205		11	15	**21**	24	26
5	Öffnung überdecken, KS Sturz, 17,5cm	m	34	51	**58**	70	93
	LB 012, Pos. 51, Seite 205		29	43	**49**	59	78
6	Öffnung überdecken, Betonsturz, 24cm	m	42	86	**104**	123	155
	LB 012, Pos. 53, Seite 205		35	73	**87**	103	130
7	Maueranschlussschiene, 28/15	m	15	25	**29**	33	42
	LB 012, Pos. 67, Seite 208		13	21	**24**	28	35
8	Maueranschlussschiene, 38/17	m	23	34	**34**	41	54
	LB 012, Pos. 68, Seite 208		20	28	**29**	35	45
(3) **9**	Innenbelag, Terrazzoplatten	m²	161	189	**197**	198	239
	LB 014, Pos. 3, Seite 261		136	159	**165**	166	200
10	Innenbelag, Betonwerkstein	m²	135	152	**157**	175	213
	LB 014, Pos. 4, Seite 261		114	128	**132**	147	179
11	Innenbelag, Naturwerkstein, Granit	m²	188	234	**250**	264	312
	LB 014, Pos. 5, Seite 262		158	196	**210**	222	263
12	Innenbelag, Naturwerkstein, Marmor	m²	202	241	**247**	268	315
	LB 014, Pos. 6, Seite 262		170	202	**208**	225	264
13	Innenbelag, Naturwerkstein, Solnhofer Kalkstein	m²	146	214	**226**	243	286
	LB 014, Pos. 7, Seite 263		122	180	**190**	204	241
14	Innenbelag, Naturwerkstein, Schiefer	m²	124	156	**178**	186	201
	LB 014, Pos. 8, Seite 263		104	131	**149**	156	169
15	Innenbelag, Naturwerkstein, Travertin	m²	185	238	**265**	318	339
	LB 014, Pos. 9, Seite 264		156	200	**223**	267	285
16	Blockstufe, Naturwerkstein	m	212	326	**376**	454	648
(4)	*LB 014, Pos. 18, Seite 266*		178	274	**316**	382	544
17	Blockstufe, Betonwerkstein	m	152	244	**282**	345	454
	LB 014, Pos. 19, Seite 266		128	205	**237**	290	382
(5) **18**	Treppe, Naturwerkstein, Winkelstufe, 1,00m	St	147	207	**237**	272	326
	LB 014, Pos. 20, Seite 266		123	174	**199**	228	274
19	Treppenbelag, Naturwerkstein, Tritt-/Setzstufe	m	178	206	**220**	246	292
	LB 014, Pos. 21, Seite 267		150	173	**185**	207	246
20	Stufengleitschutzprofil, Treppe	m	28	32	**33**	34	38
	LB 014, Pos. 22, Seite 267		24	27	**28**	28	32
21	Rillenfräsung, Stufenkante	m	39	43	**47**	62	67
	LB 014, Pos. 23, Seite 267		33	36	**40**	52	57
22	Aufmerksamkeitsstreifen, Stufenkante, PU-Einzelrippen	m	–	50	**55**	70	–
	LB 014, Pos. 24, Seite 267		–	42	**46**	59	–
23	Aufmerksamkeitsstreifen, Stufenkante, Klebeband	m	–	9	**11**	13	–
	LB 014, Pos. 25, Seite 268		–	8	**9**	11	–
24	Aufmerksamkeitsstreifen, Trittstufe, Klebeband	m	–	6	**7**	9	–
	LB 014, Pos. 26, Seite 268		–	5	**6**	7	–

Kostenstand: 1.Quartal 2026, Bundesdurchschnitt

Erläuterung nebenstehender Tabelle

Alle Kostenkennwerte werden mit und ohne Mehrwertsteuer dargestellt. Kostenstand: 1.Quartal 2026. Kosten und Kostenkennwerte umgerechnet auf den Bundesdurchschnitt.

---

①

Titel: Positionsverweise Barrierefreies Bauen / Brandschutz / Innenraum

②

Datentabelle mit Angabe des Kurztextes, der Einheit, des Minimal-von-Mittel-bis-Maximalwertes. Alle Werte sind gerundet und jeweils in zwei Zeilen angegeben:
- 1. Zeile brutto mit MwSt.
- 2. Zeile netto ohne MwSt.

③

Kurztext der Position

④

Leistungsbereichsnummer nach STLB-Bau, Positionsnummer und die Buchseite, welche auf den Langtext der Position verweist

⑤

Abrechnungseinheit der Leistungsposition

310 Baugrube/Erdbau
- **kostenmindernd:**
nur Oberboden abtragen, Wiederverwertung des Aushubs auf dem Grundstück, keine Deponiegebühr, kurze Transportwege, wiederverwertbares Aushubmaterial für Verfüllung
+ **kostensteigernd:**
Wasserhaltung, Grundwasserabsenkung, Baugrubenverbau, Spundwände, Baugrubensicherung mit Großbohrpfählen, Felsbohrungen, schwer lösbare Bodenarten oder Fels

320 Gründung, Unterbau
- **kostenmindernd:**
kein Fußbodenaufbau auf der Gründungsfläche, keine Dämmmaßnahmen auf oder unter der Gründungsfläche
+ **kostensteigernd:**
teurer Fußbodenaufbau auf der Gründungsfläche, Bodenverbesserung, Bodenkanäle, Perimeterdämmung oder sonstige, teure Dämmmaßnahmen, versetzte Ebenen, hoher Wasserandrang

330 Außenwände/Vertikale Baukonstruktionen, außen
- **kostenmindernd:**
(Monolithisches) Mauerwerk, Putzfassade, geringe Anforderungen an Statik, Brandschutz, Schallschutz und Optik
+ **kostensteigernd:**
Vorhangfassaden, Natursteinfassade, Pfosten-Riegel-Konstruktionen, Sichtmauerwerk, Passivhausfenster, Verblendmauerwerk, hochwertige Fenster oder Sonderverglasungen, Lärmschutzmaßnahmen, Sonnenschutzanlagen

340 Innenwände/Vertikale Baukonstruktionen, innen
- **kostenmindernd:**
großer Anteil an Kellertrennwänden, Sanitärtrennwänden, einfachen Montagewänden, sparsame Verfliesung
+ **kostensteigernd:**
hoher Anteil an mobilen Trennwänden, Schrankwänden, verglasten Wänden, Sichtmauerwerk, Ganzglastüren, Vollholztüren Brandschutztüren, sonstige hochwertige Türen, hohe Anforderungen an Statik, Brandschutz, Schallschutz, Raumakustik und Optik, Edelstahlgeländer, raumhohe Verfliesung

350 Decke/Horizontale Baukonstruktionen
- **kostenmindernd:**
einfache Bodenbeläge, wenige und einfache Treppen, geringe Spannweiten
+ **kostensteigernd:**
Doppelboden, hochwertige Holz- und Natursteinbeläge, Metall- und Holzbekleidungen, Edelstahltreppen, hohe Anforderungen an Brandschutz, Schallschutz, Raumakustik und Optik, hohe Spannweiten

360 Dächer
- **kostenmindernd:**
einfache Geometrie, wenig Durchdringungen
+ **kostensteigernd:**
aufwändige Geometrie wie Mansarddach, Gauben, Metalldeckung, Glasdächer oder Glasoberlichter, begeh-/befahrbare Flachdächer, Begrünung, Schutzelemente wie Edelstahl-Geländer

380 Baukonstruktive Einbauten
+ **kostensteigernd:**
hoher Anteil Einbauschränke, -regale und andere fest eingebaute Bauteile

390 Sonstige Maßnahmen für Baukonstruktionen
+ **kostensteigernd:**
Baustraße, Baustellenbüro, Schlechtwetterbau, Notverglasungen, provisorische Beheizung, aufwändige Gerüstarbeiten, lange Vorhaltzeiten

410 Abwasser-, Wasser-, Gasanlagen

- **kostenmindernd:**
  einfache Dachentwässerung, Gefälleentwässerung, wenige Entwässerungsgegenständen

+ **kostensteigernd:**
  Hebeanlage / Abwassersammelanlagen, Wassergewinnungs-, Aufbereitungs- und Druckerhöhungsanlagen, Gasanlagen, Abwasserbehandlungsanlagen, Automatisierung, erhöhte Anforderungen an Hygiene und Sicherheit, erhöhte Anforderungen an Schall- und Brandschutz, spezielle Nutzung

420 Wärmeversorgungsanlagen

- **kostenmindernd:**
  Fernwärmeanschluss ohne aufwendige Übergabestationen, kompakte standardisierte Wärmeerzeuger (z.b. Gas-Brennwerttherme, Luft-Wasser-Wärmepumpe), Standard-Heizkörper

+ **kostensteigernd:**
  komplexe Systeme (Hybridanlagen, Kaskade, Redundanzen),Brennstofflager im Gebäude (z.B. Pellet Lager, Öltank), zusätzliche Bauteile (Schornstein, Abgasanlage), mehrere Zonen / getrennte Nutzungseinheiten, Wand-/Deckenheizungen, Fußbodenheizung

430 Raumlufttechnische Anlagen

- **kostenmindernd:**
  Fensterlüftung, nur Abluftanlage, keine oder sehr wenige raumluftbehandelte Flächen, keine Kälteanlage

+ **kostensteigernd:**
  dezentrale Lüftungsanlage mit WRG, zentrale Lüftungsanlage mit WRG, Teilklimaanlagen, Klimaanlagen, Kältemaschine, maschinelle Rauch- und Wärmeabzugsanlagen, erhöhte Schallschutzanforderung, erhöhte Brandschutzmaßnahmen, komplexe Gebäudeautomation / Zonenregelung

440 Elektrische Anlagen

- **kostenmindernd:**
  keine Stromerzeugung im oder am Gebäude, einfache Beleuchtung, geringe Anforderungen an Sicherheits- und Brandmeldeanlagen

+ **kostensteigernd:**
  Smart Home, komplexe Beleuchtungs- und Steuerungssysteme, Photovoltaikanlagen mit Batteriespeicher und Ladeeinrichtung für Elektroautos, Sicherheits-, Brandmelde- und Einbruchmeldeanlagen, Notstromversorgung oder USV-Anlagen, Schaltanlagen, Transformatoren im Gebäude, Stromerzeugungsaggregate einschließlich Kühlung im Gebäude

450 Kommunikations-, sicherheits- und informationstechnische Anlagen

- **kostenmindernd:**
  Verzicht auf nicht notwendige Kommunikationstechnische Anlagen, Minimierung von zusätzlichen Kabel- und Netzwerkanschlüssen, Verzicht auf komplexe Beschallungs- oder Konferenzanlagen, Verzicht auf Überwachungs- und Sicherheitssysteme

+ **kostensteigernd:**
  Einrichtungen zur Datenübertragung, Netze zur Datenübertragung, Personenrufanlagen, Lichtruf- und Klingelanlagen, Türsprech- und Türöffneranlagen, Uhren- und Zeiterfassungsanlagen, Beschallungsanlagen, Konferenz- und Dolmetscheranlagen, Gegen- und Wechselsprechanlagen, Überfall- und Einbruchmeldeanlagen, Wächterkontrollanlagen, Zugangskontrollanlagen, Alarm- und Notrufsysteme, Videoüberwachungsanlagen, interne Kommunikationsserver oder Smart-Building-Systeme

460 Förderanlagen

- **kostenmindernd:**
  mechanische Antriebe, Reduzierung spezieller Befahr- oder Transportanlagen, weitgehender Verzicht auf Förderanlagen

+ **kostensteigernd:**
  Personenförderbänder/Laufbänder, Krananlagen / Kranförderanlagen, barrierefreie Aufzüge, Personenaufzüge, Fassadenaufzüge, Hebebühnen, Parksysteme, hydraulische Antriebe für Toranlagen, automatische Warentransportanlagen, Rohrpostanlagen

470 Nutzungsspezifische und verfahrenstechnische Anlagen

- **kostenmindernd:**
  Verzicht auf Komfort- oder Automatisierungs-Upgrades, weitgehender Verzicht auf nutzungsspezifische Anlagen, Reduzierung von überdimensionierten oder redundanten Systemen

+ **kostensteigernd:**
  Klimatechnische Anlagen für Spezialräume, Medizinische Instrumentenaufbereitung, spezielle Lagertechnik, Anlagen zur Zubereitung, Ausgabe und Lagerung von Speisen und Getränken, Wasseraufbereitung, Desinfektions- und Sterilisationseinrichtungen, Diagnosegeräte, Behandlungsgeräte, OP-Einrichtungen, Sprinkler- und Gaslöschanlagen, Löschwasserleitungen, Wandhydranten, Handfeuerlöscher, Wäscherei- und Reinigungsanlagen, Abzüge und Spülen, Wärme-, Kälte- und Kühlwasserversorgungsanlagen

480 Gebäude- und Anlagenautomation

- **kostenmindernd:**
  weitgehender Verzicht auf Gebäude- und Anlagenautomation, keine Komfort- oder Optimierungsfunktionen, einfache oder minimalistische Verkabelung

+ **kostensteigernd:**
  Notfall- oder Fallbacksysteme, Visualisierungssysteme für Gebäudemanagement, Redundante Steuerungsanlagen, Integration von IoT- oder Smart-Building-Technologien, Sicherheits- und Alarmintegration, Sensorik und Aktorik, Energiemanagement- und Regelungssysteme, Übergeordnete Einrichtungen für Automation und Management, Automationsstationen, Bedien-, Anzeige- und Ausgabeeinrichtungen, Kabel, Leitungen und Verlegesysteme, Netze zur Datenübertragung

Häufig gestellte Fragen

Fragen zur Flächenberechnung (DIN 277):

1. Wie wird die BGF berechnet?	Die Brutto-Grundfläche ist die Summe der Grundflächen aller Grundrissebenen. Nicht dazu gehören die Grundflächen von nicht nutzbaren Dachflächen (Kriechböden) und von konstruktiv bedingten Hohlräumen (z. B. über abgehängter Decke). (DIN 277:2021-08) Bei den Gebäudearten Dachausbau und Aufstockung nur bezogen auf die Grundrissebene des Dachs.
2. Gehört der Keller bzw. eine Tiefgarage mit zur BGF?	Ja, im Gegensatz zur Geschossfläche nach § 20 Baunutzungsverordnung (BauNVo) gehört auch der Keller bzw. die Tiefgarage zur BGF.
3. Wie werden Luftgeschosse (z. B. Züblinhaus) nach DIN 277 berechnet?	Die Rauminhalte der Luftgeschosse zählen zum Regelfall der Raumumschließung (R) BRI (R). Die Grundflächen der untersten Ebene der Luftgeschosse und Stege, Treppen, Galerien etc. innerhalb der Luftgeschosse zählen zur Brutto-Grundfläche BGF (R). Vorsicht ist vor allem bei Kostenermittlungen mit Kostenkennwerten des Brutto-Rauminhalts geboten.
4. Welchen Flächen ist die Garage zuzurechnen?	Die Stellplatzflächen von Garagen werden zur Nutzungsfläche gezählt, die Fahrbahn ist Verkehrsfläche.
5. Wird die Diele oder ein Flur zur Nutzungsfläche gezählt?	Normalerweise nicht, da eine Diele oder ein Flur zur Verkehrsfläche gezählt wird. Wenn die Diele aber als Wohnraum genutzt werden kann, z. B. als Essplatz, wird sie zur Nutzungsfläche gezählt.
6. Zählt eine nicht umschlossene oder nicht überdeckte Terrasse einer Sporthalle, die als Eingang und Fluchtweg dient, zur Nutzungsfläche?	Die Terrasse ist nicht Bestandteil der Grundflächen des Bauwerks nach DIN 277. Sie bildet daher keine BGF und damit auch keine Nutzungsfläche. Die Funktion als Eingang oder Fluchtweg ändert daran nichts.

7. Zählt eine Außentreppe zum Keller zur BGF?

Wenn die Treppe allseitig umschlossen ist, z. B. mit einem Geländer, ist sie als Verkehrsfläche zu werten. Nach DIN 277:2021-08 gilt: Grundflächen und Rauminhalte sind nach ihrer Zugehörigkeit zu den folgenden Bereichen getrennt zu ermitteln: Regelfall der Raumumschließung (R): Räume und Grundflächen, die Nutzungen der Netto-Raumfläche entsprechend Tabelle 1 aufweisen und die bei allen Begrenzungsflächen des Raums (Boden, Decke, Wand) vollständig umschlossen sind. Dazu gehören nicht nur Innenräume, die von der Witterung geschützt sind, sondern auch solche allseitig umschlossenen Räume, die über Öffnungen mit dem Außenklima verbunden sind; Sonderfall der Raumumschließung (S): Räume und Grundflächen, die Nutzungen der Netto-Raumfläche entsprechend Tabelle 1 aufweisen und mit dem Bauwerk konstruktiv verbunden sind, jedoch nicht bei allen Begrenzungsflächen des Raums (Boden, Decke, Wand) vollständig umschlossen sind (z. B. Loggien, Balkone, Terrassen auf Flachdächern, unterbaute Innenhöfe, Eingangsbereiche, Außentreppen). Die Außentreppe stellt also demnach einen Sonderfall der Raumumschließung (S) dar. Wenn die Treppe allerdings über einen Tiefgarten ins UG führt, wird sie zu den Außenanlagen gezählt. Sie bildet dann keine BGF. Die Kosten für den Tiefgarten mit Treppe sind bei den Außenanlagen zu erfassen.

8. Ist eine Abstellkammer mit Heizung eine Technikfläche?

Es kommt auf die überwiegende Nutzung an. Wenn über 50% der Kammer zum Abstellen genutzt werden können, wird sie als Abstellraum gezählt. Es kann also Gebäude ohne Technikfläche geben.

9. Ist die NUF gleich der Wohnfläche?

Nein, die DIN 277 kennt den Begriff Wohnfläche nicht. Zur Nutzungsfläche gehören grundsätzlich keine Verkehrsflächen, während bei der Wohnfläche zumindest die Verkehrsflächen innerhalb der Wohnung hinzugerechnet werden. Die Abweichungen sind dadurch meistens nicht unerheblich.

Fragen zur Wohnflächenberechnung (WoFlV):

10. Wie wird die Wohnfläche (NE: Wohnfläche) bei Wohngebäuden bei BKI berechnet?

Die Berechnung der bei BKI auf der Startseite der Wohngebäude angegebenen "NE: Wohnfläche" erfolgt nach der Wohnflächenberechnung WoFlV.

11. Wird ein Hobbyraum im Keller zur Wohnfläche gezählt?	Wenn der Hobbyraum nicht innerhalb der Wohnung liegt, wird er nicht zur Wohnfläche gezählt. Beim Einfamilienhaus gilt: Das ganze Haus stellt die Wohnung dar. Der Hobbyraum liegt also innerhalb der Wohnung und wird mitgezählt, wenn er die Qualitäten eines Aufenthaltsraums nach LBO aufweist.
12. Wird eine Diele oder ein Flur zur Wohnfläche gezählt?	Wenn die Diele oder der Flur in der Wohnung liegt ja, ansonsten nicht.
13. In welchem Umfang sind Balkone oder Terrassen bei der Wohnfläche zu rechnen?	Balkone und Terrassen werden von BKI zu einem Viertel zur Wohnfläche gerechnet. Die Anrechnung zur Hälfte wird nicht verwendet, da sie in der WoFIV als Ausnahme definiert ist.
14. Zählt eine Empore/Galerie im Zimmer als eigene Wohnfläche oder Nutzungsfläche?	Wenn es sich um ein unlösbar mit dem Baukörper verbundenes Bauteil handelt, zählt die Empore mit. Anders beim nachträglich eingebauten Hochbett, das zählt zum Mobiliar. Für die verbleibende Höhe über der Empore ist die 1 bis 2m Regel nach WoFIV anzuwenden: „Die Grundflächen von Räumen und Raumteilen mit einer lichten Höhe von mindestens zwei Metern sind vollständig, von Räumen und Raumteilen mit einer lichten Höhe von mindestens einem Meter und weniger als zwei Metern sind zur Hälfte anzurechnen."

Fragen zur Kostengruppenzuordnung (DIN 276):

15. Wo werden Abbruchkosten zugeordnet?	Abbruchkosten ganzer Gebäude im Sinne von „Bebaubarkeit des Grundstücks herstellen" werden der KG 212 Abbruchmaßnahmen zugeordnet. Abbruchkosten einzelner Bauteile, insbesondere bei Sanierungen werden den jeweiligen Kostengruppen der 2. oder 3. Ebene (Wände, Decken, Dächer) zugeordnet. Wo diese Aufteilung nicht möglich ist, werden die Abbruchkosten der KG 394 Abbruchmaßnahmen zugeordnet, weil z. B. die Abbruchkosten verschiedenster Bauteile pauschal abgerechnet wurden. Analog gilt dies auch für die Kostengruppen 400 und 500.

16. Wo muss ich die Kosten des Aushubs für Abwasser- oder Wasserleitungen zuordnen?

Diese Kosten werden wie auch alle anderen Rohrgraben- und Schachtaushubskosten der KG 311 zugeordnet, sofern der Aushub unterhalb des Gebäudes anfällt.
Die Kosten für Rohrgraben- und Schachtaushub zwischen Gebäudeaußenkante und Grundstücksgrenze gehören in die KG 511. Die Kosten des Rohrgraben- und Schachtaushubs innerhalb von Erschließungsflächen werden der KG 220 ff. oder KG 230 ff. zugeordnet.

17. Wie werden Eigenleistungen bewertet?

Nach DIN 276:2018-12, gilt:
4.2.11 Die Werte von unentgeltlich eingebrachten Gütern und Leistungen (z. B. Materialien, Eigenleistungen) sind den betreffenden Kostengruppen zuzurechnen, aber gesondert auszuweisen. Dafür sind die aktuellen Marktwerte dieser Güter und Leistungen zu ermitteln und einzusetzen.
Nach HOAI §4 (2) gilt: Als anrechenbare Kosten nach Absatz 2 gelten ortsübliche Preise, wenn der Auftraggeber:

- selbst Lieferungen oder Leistungen übernimmt
- von bauausführenden Unternehmern oder von Lieferanten sonst nicht übliche Vergünstigungen erhält
- Lieferungen oder Leistungen in Gegenrechnung ausführt oder
- vorhandene oder vorbeschaffte Baustoffe oder Bauteile einbauen lässt.

Fragen zu Kosteneinflussfaktoren:

18. Welchen Einfluss hat die Konjunktur auf die Baukosten?

Der Einfluss der Konjunktur auf die Baukosten wird häufig überschätzt. Er ist meist geringer als der anderer Kosteneinflussfaktoren. BKI Untersuchungen haben ergeben, dass die Baukosten bei mittlerer Konjunktur manchmal höher sind als bei hoher Konjunktur.

19. Gibt es beim BKI Regionalfaktoren?

Der Anhang dieser Ausgabe enthält eine Liste der Regionalfaktoren aller deutschen Land- und Stadtkreise, sowie für die Nord- und Ostsee-Inseln. Die Faktoren wurden auf Grundlage von Daten aus den statistischen Landesämtern gebildet, die wiederum aus den Angaben der Antragsteller von Bauanträgen entstammen. Die Regionalfaktoren werden von BKI zusätzlich als farbiges Poster im DIN A1 Format angeboten.

Die Faktoren geben Aufschluss darüber, inwiefern die Baukosten in einer bestimmten Region Deutschlands teurer oder günstiger liegen als im Bundesdurchschnitt. Sie können dazu verwendet werden, die BKI Baukosten an das besondere Baupreisniveau einer Region anzupassen.

Die Angaben wurden durch Untersuchungen des BKI weitgehend verifiziert. Dennoch können Abweichungen zu den angegebenen Werten entstehen. In Grenznähe zu einem Land-Stadtkreis mit anderen Baupreisfaktoren sollte dessen Baupreisniveau mit berücksichtigt werden, da die Übergänge zwischen den Land-Stadtkreisen fließend sind. Die Besonderheiten des Einzelfalls können ebenfalls zu Abweichungen führen.

Siehe auch Benutzerhinweise, 10. Regionalisierung der Daten (Seite 12).

20. Standardzuordnung

Einige Gebäudearten werden vom BKI nach ihrem Standard in „einfach", „mittel" und „hoch" unterteilt. Diese Unterteilung wurde immer dann vorgenommen, wenn der Standard als ein wesentlicher Kostenfaktor festgestellt wurde. Grundsätzlich gilt, dass immer mehrere Kosteneinflussfaktoren auf die Kosten und damit auf die Kostenkennwerte einwirken.

Einige dieser vielen Faktoren seien hier aufgelistet:

- Zeitpunkt der Ausschreibung
- Art der Ausschreibung
- Regionale Konjunktur
- Gebäudegröße
- Lage der Baustelle, Erreichbarkeit

usw.

Wenn bei einem Gebäude große Mengen an Bauteilen hoher Qualität die übrigen Kosteneinflussfaktoren überlagern, dann wird von einem „hohen Standard" gesprochen.

Für Gebäudearten mit Standardunterteilung gibt es in „BKI Baukosten Gebäude, Statistische Kostenkennwerte" zu Beginn der jeweiligen Gebäudeart ein Arbeitsblatt zur Standardeinordnung.

21. Wie gehe ich mit der aktuellen Baukostenentwicklung um?

Zur Bewertung aktueller Baukostenentwicklungen führen wir zusätzlich Befragungen zu regionalen Baukosten-Niveaus nach Leistungsbereichen durch. Die Ergebnisse stellen wir den Anwender*innen der BKI-Fachbuchreihe zur Verfügung, unter: *www.bki.de/baukostenentwicklungen*.
Damit können die Risiken kurzfristiger Materialpreis- und Lohnkosten-Veränderungen verbessert prognostiziert werden, wie sie die normkonforme Kostenplanung nach DIN 276 verlangt.

Fragen zur Handhabung der von BKI herausgegebenen Bücher:

22. Ist die MwSt. in den Kostenkennwerten enthalten?

Bei allen Kostenkennwerten in „BKI Baukosten" ist die gültige MwSt. enthalten (zum Zeitpunkt der Herausgabe 19%). In „BKI Baukosten Positionen Neubau, Statistische Kostenkennwerte" und „BKI Baukosten Positionen Altbau, Statistische Kostenkennwerte" werden die Kostenkennwerte, wie bei Positionspreisen üblich, zusätzlich ohne MwSt. dargestellt. Kostenstand und MwSt. wird auf jeder Seite als Fußzeile angegeben.

23. Hat das Baujahr der Objekte einen Einfluss auf die angegebenen Kosten?

Nein, alle Kosten wurden über den Baupreisindex auf einen einheitlichen zum Zeitpunkt der Herausgabe aktuellen Kostenstand umgerechnet. Der Kostenstand wird auf jeder Seite als Fußzeile angegeben. Allenfalls sind Korrekturen zwischen dem Kostenstand zum Zeitpunkt der Herausgabe und dem aktuellen Kostenstand durchzuführen.

24. Wo finde ich weitere Informationen zu den einzelnen Objekten einer Gebäudeart?

Alle Objekte einer Gebäudeart sind einzeln mit Kurzbeschreibung, Angabe der BGF und anderer wichtiger Kostenfaktoren aufgeführt. Die Objektdokumentationen sind veröffentlicht in den Fachbüchern „Objektdaten" und können als PDF-Datei unter ihrer Objektnummer bei BKI bestellt werden, Telefon: 0711 954 854-41.

25. Was mache ich, wenn ich keine passende Gebäudeart finde?

In aller Regel findet man verwandte Gebäudearten, deren Kostenkennwerte der 2. Ebene (Grobelemente) wegen ähnlicher Konstruktionsart übernommen werden können.

26. Wo findet man Kostenkennwerte für Abbruch?	Im Fachbuch „BKI Baukosten Gebäude Altbau - Statistische Kostenkennwerte" gibt es Elementarten zu Abbruch und Demontagearbeiten. Im Fachbuch „BKI Baukosten Positionen Altbau - Statistische Kostenkennwerte" gibt es Mustertexte für Teilleistungen zu „LB 384 - Abbruch und Rückbauarbeiten". Im Fachbuch „BKI Baupreise kompakt Altbau" gibt es Positionspreise und Kurztexte zu „LB 384 - Abbruch und Rückbauarbeiten". Die Mustertexte für Teilleistungen zu „LB 384 - Abbruch und Rückbauarbeiten" und deren Positionspreise sind auch in der Software BKI Positionen und im BKI Kostenplaner enthalten.
27. Warum ist die Summe der Kostenkennwerte in der Kostengruppen (KG) 310-390 nicht gleich dem Kostenkennwert der KG 300, aber bei der KG 400 ist eine Summenbildung möglich?	In den Kostengruppen 310-390 ändern sich die Einheiten (310 Baugrube/Erdbau gemessen in m^3, 320 Gründung, Unterbau gemessen in m^2); eine Addition der Kostenkennwerte ist nicht möglich. In den Kostengruppen 410-490 ist die Bezugsgröße immer BGF, dadurch ist eine Addition prinzipiell möglich.
28. Manchmal stimmt die Summe der Kostenkennwerte der 2. Ebene der Kostengruppe 400 trotzdem nicht mit dem Kostenkennwert der 1. Ebene überein; warum nicht?	Die Anzahl der Objekte, die auf der 1. Ebene dokumentiert werden, kann von der Anzahl der Objekte der 2. Ebene abweichen. Dann weichen auch die Kostenkennwerte voneinander ab, da es sich um unterschiedliche Stichproben handelt. Es fallen auch nicht bei allen Objekten Kosten in jeder Kostengruppe an (Beispiel KG 461 Aufzugsanlagen).
29. Nutzungskosten, Lebenszykluskosten	Seit 2010 bringt BKI in Zusammenarbeit mit dem Institut für Bauökonomie der Universität Stuttgart ein Fachbuch mit Nutzungskosten ausgewählter Objekte heraus. Die Reihe wird kontinuierlich erweitert. Das Fachbuch Nutzungskosten Gebäude 2020/2021 fasst einzelne Objekte zu statistischen Auswertungen zusammen.
30. Lohn- und Materialkosten	BKI dokumentiert Baukosten nicht getrennt nach Lohn- und Materialanteil.
31. Gibt es Angaben zu Kostenflächenarten?	Nein, BKI hält die Grobelementmethode für geeigneter. Solange Grobelementmengen nicht vorliegen, besteht die Möglichkeit der Ableitung der Grobelementmengen aus den Verhältniszahlen von Vergleichsobjekten (siehe Planungskennwerte und Baukostensimulation).

32. Sind die Inhalte von „BKI Baukosten Gebäude (Teil 1), Statistische Kostenkennwerte" und „BKI Baukosten Bauelemente (Teil 2), Statistische Kostenkennwerte" auch im Kostenplaner enthalten?

Ja, im BKI Kostenplaner Statistik sind alle Objekte mit den Kosten bis zur 3. Ebene nach DIN 276 enthalten.
Im BKI Kostenplaner Statistik plus sind zudem die vom BKI gebildeten Ausführungsklassen und Elementarten enthalten. Darüber hinaus ermöglicht der BKI Kostenplaner den Zugriff auf alle Einzeldokumentationen von tausenden Objekten.

33. Worin unterscheiden sich die Fachbuchreihen „BKI Baukosten" und „BKI Objektdaten"

In der Fachbuchreihe BKI Objektdaten erscheinen abgerechnete Einzelobjekte eines bestimmten Teilbereichs des Bauens (A=Altbau, N=Neubau, E=Energieeffizientes Bauen, IR=Innenräume, F=Freianlagen). In der Fachbuchreihe BKI Baukosten erscheinen hingegen statistische Kostenkennwerte von Gebäudearten, die aus den Einzelobjekten gebildet werden.
Die Kostenplanung mit Einzelobjekten oder mit statistischen Kostenkennwerten haben spezifische Vor- und Nachteile:
Planung mit Objektdaten (BKI Objektdaten):
- Vorteil: Wenn es gelingt ein vergleichbares Einzelobjekt oder passende Bauausführungen zu finden ist die Genauigkeit besser als mit statistischen Kostenkennwerten. Die Unsicherheit, die der Streubereich (von-bis-Werte) mit sich bringt, entfällt.
- Nachteil: Passende Vergleichsobjekte oder Bauausführungen zu finden kann mühsam oder erfolglos sein.

Planung mit statistischen Kostenkennwerten (BKI Baukosten):
- Vorteil: Über die BKI Gebäudearten ist man recht schnell am Ziel, aufwendiges Suchen entfällt.
- Nachteil: Genauere Prüfung, ob die Mittelwerte übernommen werden können oder noch nach oben oder unten angepasst werden müssen, ist unerlässlich.

34. In welchen Produkten dokumentiert BKI Positionspreise?

Preise für Positionen mit statistischer Auswertung werden in „BKI Baukosten Positionen, Statistische Kostenkennwerte Neubau (Teil 3) und Altbau (Teil 5)" und „BKI Baupreise kompakt Neu- und Altbau" herausgegeben.
In Software-Form sind Preise mit den vorformulierten BKI-Mustertexten in der Software „BKI Kostenplaner - Statistik plus [Positionen]" und „BKI Positionen" enthalten.
Ausgewählte Positionspreise enthalten die Fachbücher „Konstruktionsdetails K1 bis K4", „Objektdaten Technische Gebäudeausrüstung G1 bis G7" sowie die BKI „Objektdaten Freianlagen".
Im Sonderband Objektdaten S2 - Barrierefreies Bauen erscheint eine Auswahl von besonderen Positionen zum Barrierefreien Bauen.

35. Worin unterscheiden sich die Bände N1 bis N20 (A1 bis A13)

Die Bücher unterscheiden sich lediglich durch die Auswahl der dokumentierten Einzelobjekte. Der Aufbau der Bände ist gleich. In der BKI Fachbuchreihe Objektdaten erscheinen in unregelmäßigen Abständen Folgebände mit neu dokumentierten Einzelobjekten. Speziell bei den Altbaubänden A1 bis A13 ist es nützlich, alle Bände zu besitzen, da es im Bereich Altbau notwendig ist, mit passenden Vergleichsobjekten zu planen. Je mehr Vergleichsobjekte vorhanden sind, desto höher ist die „Trefferquote". Bände der Fachbuchreihe Objektdaten sollten deshalb langfristig aufbewahrt werden.

BKI plant für zukünftige Ausgaben des vorliegenden Fachbuchs zusätzlich sogenannte Aufwandsdaten zu erfassen. Sofern ausreichend Daten akquiriert werden können, erfolgt die Publikation dieser Daten wie im Folgenden beschrieben:

36. Was ist mit Aufwandsdaten gemeint?

Aufwandsdaten stellen den Zeitaufwand für Produktivleistungen eines Architekturauftrags dar. Als Produktivleistungen gelten:

- Beratung bzgl. Planung und die Ausführung des Bauvorhabens
- Erstellung von Zeichnungen, Berechnungen und Beschreibungen
- Koordination und Integration der Beiträge fachlich Beteiligter
- Erstellung von Genehmigungsunterlagen
- Vorbereitung und Mitwirken bei der Vergabe
- Objektüberwachung und Mitwirken bei der Abnahme u.v.m.

Produktivleistungen werden nicht nur von Mitarbeiter*innen, sondern auch von Inhaber*innen/Partner*innen und Dritten erbracht und den Personalaufwendungen zugeordnet.

In den BKI-Objektdokumentationen werden – soweit vom Objektplaner angegeben – die Aufwandsdaten für Produktivleistungen der Leistungsphasen 1 bis 8 dargestellt. Die Angabe des Zeitaufwands erfolgt in Arbeitstagen (1 AT = 8 Stunden).

Diese Liste wird laufend erweitert und im Internet unter www.bki.de/faq-kostenplanung.html veröffentlicht.

Baukosten nach planungsorientierten und ausführungsorientierten Strukturen ermitteln

von Univ.-Prof. Dr.-Ing. Wolfdietrich Kalusche

Baukosten nach planungsorientierten und ausführungsorientierten Strukturen ermitteln

Ein Beitrag von Wolfdietrich Kalusche

Vorbemerkung

Unter Kostenplanung im Bauwesen wird gemäß DIN 276:2018-12 die „Gesamtheit aller Maßnahmen der Kostenermittlung, der Kostenkontrolle und der Kostensteuerung" verstanden. Kostensicherheit wird zu Recht vom Bauherrn gefordert. Eine wesentliche Voraussetzung hierfür ist die Kostentransparenz. Hierbei geht es darum, „die Kosten und deren Entwicklung durch geeignete Darstellung erkennbar und nachvollziehbar zu machen." [DIN 276:2018-12; S.4-5]

1. Strukturen im Projekt und bei der Kostenplanung

Vom Kostenrahmen als der ersten Kostenermittlung vor Beginn der Objekt- und Fachplanungen bis zum Abschluss des Projekts und der Kostenfeststellung nehmen das Wissen über das Projekt und die Menge der Kosteninformationen ständig zu. Die entsprechenden Kostenwerte und Bezugseinheiten ändern sich mehrfach.

Für die Kostenplanung werden unterschiedliche Gliederungen (nachfolgend: Strukturen) angewendet. Als bewährte Regelwerke stehen die planungsorientierte DIN 276:2018-12, Kosten im Bauwesen, und das ausführungsorientierte Standardleistungsbuch für das Bauwesen (STLB-Bau) zur Verfügung.

Bauvorhaben sind Projekte und die Kosten im Bauwesen können auch als Projektkosten bezeichnet werden. Die im Projektmanagement entwickelten Definitionen und Strukturen können zum großen Teil im Bauwesen angewendet werden.

Bauherrenaufgaben, Planungs- und Beratungsleistungen sowie Bauleistungen und Lieferungen benötigen Vorgaben. Sie erfolgen unter Bedingungen, die sich hinsichtlich der Funktion, der Zeit, des Ortes und in wirtschaftlicher oder rechtlicher Hinsicht unterscheiden. Die daraus entstehende Komplexität erfordert eine Strukturierung, die sich auf das Gesamtprojekt, dessen Vorbereitung, Planung, Durchführung und Abschluss bezieht. Inwieweit die Ausstattung des Objekts berücksichtigt werden soll, ist festzulegen.

Die notwendigen Strukturen sollen nach folgenden Gesichtspunkten angewendet werden:

- **Funktionsorientierte Strukturen:**
  Angesprochen sind die am Projekt Beteiligten. In Bezug auf die Ausführung kommen die Beauftragung an ausführende Unternehmen, dabei Fachlosvergabe, Vergabe an Generalunternehmer oder eine andere Form der Aufteilung (sogenannte Paketvergabe) in Betracht. Leistungen können – in gewissem Umfang – in Eigenerledigung durch den Auftraggeber (auch als Selbsthilfe bezeichnet) erbracht werden. Gegebenenfalls kommen mehrere Auftraggeber oder Eigentümer vor, z.B. eine Bauherrengemeinschaft oder mehrere Erwerber von Teilen des Objekts.
- **Objektorientierte Strukturen:**
  Oft bestehen Baukomplexe aus mehreren Objekten, z.B. Gebäude, Innenräume, Freianlagen, Verkehrsanlagen, Tragwerke und Anlagen der Technischen Ausrüstung. Sie können weiter in Neubau (Erstellung) und Altbau (Instandsetzung, Verbesserung, Abbruch und Beseitigung) unterschieden werden. Gebäude lassen sich zudem nach Funktionen, in Ebenen oder Geschosse, Nutzungseinheiten, Räume sowie Bauelemente und Anlagen und weiterhin nach Standards unterteilen.
- **Phasen- und ablauforientierte Strukturen:**
  Der gesamte Prozess des Planens und Bauens besteht aus Vorgängen, Abhängigkeiten und Dauern. Zu berücksichtigen sind Gesichtspunkte der Objekt- und Fachplanungen, der Baugenehmigung und der Finanzierung. In Bezug auf die Ausführung sind Bauabschnitte festzulegen sowie Vergabeverfahren, Kapazitäten der ausführenden Unternehmen, Jahreszeiten und die Witterung zu beachten.

Welche der beschriebenen Strukturen bei einem Bauvorhaben anzuwenden sind, hängt von der Komplexität, der Größe und der Dauer der Maßnahme ab. Der Bauherr soll die für sein Projekt erforderlichen Strukturen frühzeitig festlegen. Vorzugsweise lässt er sich dabei vom Architekten beraten. Viele der Regelwerke im Bauwesen, z.B. Gesetze, Normen, Verordnungen, enthalten geeignete Strukturen. Schaut man sich die vorhandenen Strukturen genauer an, sind vereinzelt Widersprüche oder Wahlmöglichkeiten zu erkennen. Sowohl in der HOAI als auch in der DIN 276 kommen Formulierungen wie „zum Beispiel" oder „beziehungsweise" vor. Dies betrifft unter anderem die planungsorientierten und die ausführungsorientierten Strukturen der Kostenplanung. Hierzu sind Entscheidungen zu treffen und vertraglich festzulegen.

2. Koordination, Mitwirkung und Integration bei der Kostenplanung

Alle Aufgaben der Kostenplanung werden arbeitsteilig erbracht. Den größten Teil davon übernimmt regelmäßig der Objektplaner, z.B. für Gebäude und Innenräume. Entsprechende Grundleistungen und normative Verweisungen sind in den Leistungsbildern der Honorarordnung für Architekten und Ingenieure (HOAI) enthalten. Sie werden in der Regel in die Verträge der an der Planung Beteiligten übernommen.

Der Bauherr hat grundsätzlich Mitwirkungspflichten auf Grund seiner Eigenschaft als Auftraggeber – auch für die Kostenplanung. Dazu gehören das Aufstellen des Kostenrahmens, die oberste Kontrolle der Projektkosten und erforderlichenfalls die Kostensteuerung. Die an der Planung fachlich Beteiligten wirken an der Kostenplanung ebenfalls mit. Die Fachingenieure für die Planung der technischen Ausrüstung übernehmen gleiche Aufgaben in Bezug auf die zu planende(n) Anlagengruppe(n), z.B. für die elektrischen Anlagen (KG 440 nach DIN 276). Auch der Fachingenieur für Tragwerksplanung hat bei der Kostenplanung mitzuwirken, jedoch selbst keine Kostenermittlung aufzustellen.

Dem Objektplaner obliegt die Koordination der an der Planung fachlich Beteiligten und die Integration von deren Beiträgen in die Gesamtplanung, auch bei der Kostenplanung. Zur Koordination gehört unter anderem die Vorgabe von Strukturen. Er hat zudem darauf zu achten, dass die genannten Beiträge vollständig und frei von Überschneidungen sind und rechtzeitig vorliegen. Der Einsatz einer einheitlichen Software sollte selbstverständlich sein. „Die Integration der Beiträge der weiteren Planungsbeteiligten schließt jeweils die Koordination in gewissem Sinne ab, um so als

Basis für weitere Arbeitsschritte dienen zu können. Integration bedeutet dabei jedoch nicht generell, dass die Beiträge der weiteren an der Planung Beteiligten in die eigene Planung übernommen werden müssen – aber natürlich sind sie zu berücksichtigen. Dabei obliegt dem Objektplaner jedoch nicht die fachtechnische Prüfung ihrer Beiträge. Solche fachtechnischen Kontrollpflichten können nicht in die Grundleistungen der Koordination und Integration „hineingelesen“ werden. Eine Prüfung auf Plausibilität ist aber vorzunehmen.“
[Siemon, K; Meier, F.: Koordinieren und Integrieren, in DAB 09/2015. Koordinieren und integrieren – DAB online | Deutsches Architektenblatt, aufgerufen am 09.02.2021]

3. Stufen der Kostenermittlung und deren Strukturen

Die Kostengliederung der DIN 276 umfasst die Gesamtkosten eines Bauprojekts einschließlich Grundstück, vorbereitender Maßnahmen, Ausstattung, Baunebenkosten und Finanzierung. Das gilt für alle Stufen der Kostenermittlung.

Projektvorbereitung (Bedarfsplanung und LPH 1)

Der Kostenrahmen – zum Klären der Aufgabenstellung – in der Grundlagenermittlung (LPH 1) soll vorzugsweise das Ergebnis einer vom Bauherrn oder Nutzer erstellten Bedarfsplanung sein. Entsprechend DIN 276:2018-12 werden die Gesamtkosten in der ersten Ebene der Kostengliederung (planungsorientiert) unterteilt.

Planung (LHP 2-4)

In der Vorplanung (LPH 2) werden die Kosten – so auch die des Bauwerks und der Außenanlagen oder Freiflächen entsprechend der Geometrie und nach den Bauelementen (Gründung, Wände, Decken, Dach, Technische Anlagen, Pflanzen etc.) – in der zweiten Ebene der Kostengliederung unterteilt. Ob zum Beispiel das Tragwerk eines Gebäudes aus Mauerwerk, Beton, Holz oder Stahl bestehen wird oder wie Deckenbeläge ausgeführt werden sollen, kann in der Vorplanung mit der Kostenschätzung weitgehend offenbleiben. Bei der Entwurfsplanung (LPH 3) sind bereits erste Festlegungen oder wenigstens Annahmen zu Baustoffen, Produkten und Bauverfahren zu treffen. Für die Kostenberechnung sind diesbezügliche Erläuterungen unverzichtbar. Grundsätzlich wird in dieser Leistungsphase die planungsorientierte Kostengliederung nach DIN 276, hier in der dritten Ebene der Kostengliederung, beibehalten.

Ausführungsvorbereitung (LHP 5-7) und Ausführung (LPH 8)

Für die Gliederung der Kosten im Bauwesen werden in der DIN 276 über die Kostengruppen hinaus ausführungsorientierte weitere Strukturen vorgegeben: technische Merkmale oder herstellungsgemäße Gesichtspunkte, Vergabeeinheiten und für das Bauprojekt festgelegte Strukturen. Weiter sind die Bauleistungen bei der Leistungsbeschreibung mit Leistungsverzeichnis mindestens nach Leistungsbereichen und Leistungspositionen zu unterteilen. Spätestens zur Ausführungsvorbereitung – LPH 5 (Ausführungsplanung) bis LPH 7 (Mitwirken der Vergabe) – sind die Bauleistungen ausführungsorientiert zu gliedern. Das Standardleistungsbuch für das Bauwesen STLB-Bau enthält mit den Leistungsbereichen (LB) eine geeignete ausführungsorientierte Struktur.

Die DIN 276:2018-12 gibt je nach Stufe der Kostenermittlung planungsorientierte und ausführungsorientierte Strukturen vor. Bis einschließlich der Kostenberechnung sind die Kosten grundsätzlich nach Kostengruppen (planungsorientiert) zu unterteilen. Die Gliederung nach Kostengruppen ist jedoch nicht zwingend, hierzu der Hinweis in der Norm:

„In geeigneten Fällen und bei den dafür geeigneten Kostengruppen (z.B. KG 300 Bauwerk – Baukonstruktionen), können die Kosten vorrangig ausführungsorientiert gegliedert werden. Dabei können bereits die Kostengruppen der ersten Ebene der Kostengliederung nach ausführungs- oder gewerkeorientierten Strukturen unterteilt werden. Diese Unterteilung entspricht der zweiten Ebene der Kostengliederung. Hierfür können die Gliederungen z.B. in Leistungsbereiche entsprechend dem Standardleistungsbuch (STLB-Bau) oder in Gewerke (ATV) nach VOB Teil C verwendet werden.“
[DIN 276:2018-12, S. 13]

(→Tab. 1)

Für die weiteren Stufen der Kostenermittlungen nach der Kostenberechnung heißt es unter anderem in der Norm:

- „Im Kostenvoranschlag müssen die Gesamtkosten nach Kostengruppen in der dritten Ebene der Kostengliederung ermittelt und darüber hinaus nach technischen Merkmalen oder herstellungsmäßigen Gesichtspunkten weiter untergliedert werden. Unabhängig von der Art der Ermittlung bzw. dem jeweils gewählten Kostenermittlungsverfahren müssen die ermittelten Kosten auch nach den für das Bauprojekt vorgesehenen Vergabeeinheiten geordnet werden, damit die Angebote, Aufträge und Abrechnungen (einschließlich der Nachträge) aktuell zusammengestellt, kontrolliert und verglichen werden können." [DIN 276:2018-12, S. 10]
- „Im Kostenanschlag müssen die Kosten nach den für das Bauprojekt im Kostenvoranschlag festgelegten Vergabeeinheiten zusammengestellt und geordnet werden." [DIN 276:2018-12, S. 11]
- „In der Kostenfeststellung müssen die Gesamtkosten nach Kostengruppen bis zur dritten Ebene der Kostengliederung bzw. nach der für das Bauprojekt festgelegten Struktur des Kostenanschlags unterteilt werden." [DIN 276:2018-12, S. 11]

Die Strukturen folgen den Zielsetzungen und dem jeweiligen Umfang der Kostenwerte und sind nicht durchgängig gleich. Was bedeutet „technische Merkmale", was ist unter „herstellungsmäßigen Gesichtspunkten" oder unter „Vergabeeinheiten" zu verstehen? Antworten auf diese Fragen finden sich auf den folgenden Seiten.

LPH	**Stufen der Kostenermittlung (Kostenvoranschlag und Kostenanschlag in mehreren Schritten)**					
	Bauherr	**Objektplaner, Mitwirken der an der Planung fachlich Beteiligten**				
1	**Kostenrahmen** Kostengruppen in der ersten Ebene der Kostengliederung					
2		**Kostenschätzung** Kostengruppen in der zweiten Ebene der Kostengliederung				
3			**Kostenberechnung** Kostengruppen in der dritten Ebene der Kostengliederung			
4						
5				**Kostenvoranschlag** Kostengruppen in der dritten Ebene der Kostengliederung,technische Merkmale oder herstellungsmäßige Gesichtspunkte,vorgesehene Vergabeeinheiten		
6						
7					**Kostenanschlag** festgelegte Vergabeeinheiten	
8						**Kostenfeststellung** Kostengruppen in der dritten Ebene der Kostengliederung bzw. für das Bauprojekt festgelegten Struktur des Kostenanschlags
9						

Tab. 1: Planungsorientierte und ausführungsorientierte Strukturen der Kostenplanung nach DIN 276:2018-12, zugeordnet den Leistungsphasen (LPH) nach HOAI 2021.

3.1 Vertiefte Kostenberechnung mit Leistungsbereichen – Besondere Leistung

Über die Kostengliederung der DIN 276 hinaus können die Kosten in weitere Ebenen untergliedert werden [(vgl. DIN 276:2018-12, S. 13)]. Als weiterführende Struktur bieten sich die Leistungsbereiche entsprechend dem Standardleistungsbuch (STLB-Bau) oder die Gewerke (ATV) nach VOB Teil C an.

Alternativ zur Kostengliederung ist zum Beispiel für die Bauwerkskosten (KG 300+KG 400 nach DIN 276) ab der ersten oder der zweiten Ebene der Kostengliederung die weitergehende Unterscheidung der Kosten nach Leistungsbereichen möglich. Unabhängig davon kann die Erweiterung der vollständigen planungsorientierten Kostengliederung (dritte Ebene) um eine ausführungsorientierte vierte Ebene der Kostengliederung erfolgen. Das kann neben den hier behandelten Leistungsbereichen (LB) ebenso die Gliederung nach Vergabeeinheiten sein (vgl. Definition von Vergabeeinheiten in 3.4).

Die Erweiterung der Kostengliederung erhöht die Kostengenauigkeit und damit die Kostensicherheit wesentlich. Sie ist jedoch mit einem hohen Aufwand verbunden. Insofern kann es zweckmäßig sein, wenn nur ausgewählte Kosten betrachtet werden. Für die Kostenplanung des Ausbaus ist dieser Mehraufwand oft gerechtfertigt.

Bei z.B. Deckenbelägen, Innenwandbekleidungen und Deckenbekleidungen von exklusiven Wohnanlagen, Shoppingmalls oder Krankenhausbauten kommt das in Betracht. Denn die Anforderungen an die Baukonstruktionen solcher Gebäude können hinsichtlich Funktion, Gestaltung und anderen Merkmalen sowie entsprechende Kostenvorgaben sehr unterschiedlich sein. Ab der Entwurfsplanung sind solche Überlegungen anzuraten.

(→Tab. 2)

Kostengruppen und Leistungsbereiche der Leistungspositionen – Deckenbeläge
KG 353 Deckenbeläge
LB 012 Mauerarbeiten
LB 014 Naturstein-, Betonwerksteinarbeiten
LB 016 Zimmer- und Holzbauarbeiten
LB 024 Fliesen- und Plattenarbeiten
LB 025 Estricharbeiten
LB 028 Parkett-, Holzpflasterarbeiten
LB 031 Metallbauarbeiten
LB 034 Maler- und Lackierarbeiten - Beschichtungen
LB 036 Bodenbelagarbeiten
LB 039 Trockenbauarbeiten
[...]

Tab. 2: KG 353 Deckenbeläge erweitert um ausgewählte Leistungsbereiche. Anmerkung: Die Gründungsbeläge (KG 324) von Kellerräumen können einbezogen werden.

Soll das Objekt vorerst nicht vollständig ausgebaut werden, kann anstelle eines Leistungsbereichs der Vermerk „(vorerst) nicht ausgebaut" eingetragen werden. Die Gesamtfläche der Deckenbeläge (und Gründungsbeläge) wird daneben häufig als Bezugseinheit für die Baureinigungsarbeiten (LB 033) herangezogen. Die hier beschriebene Erweiterung –, unabhängig davon, ob eine Kostenberechnung oder eine Kostenschätzung zugrunde liegt, soll als Besondere Leistung vergütet werden.

Die **Tabellen 3** und **4** zeigen beispielhaft, wie Bauelemente in der dritten Ebene der Kostengliederung mit Leistungsbereichen kombiniert werden können und umgekehrt.

Kostengruppen und Leistungsbereiche der Leistungspositionen – Beispiel Innenwände
KG 341 Tragende Innenwände
LB 012 Mauerarbeiten
LB 013 Betonarbeiten
LB 016 Zimmer- und Holzbauarbeiten
LB 017 Stahlbauarbeiten
KG 342 Nichtragende Innenwände
LB 012 Mauerarbeiten
LB 039 Trockenbauarbeiten
KG 343 Innenstützen
LB 012 Mauerarbeiten
LB 013 Betonarbeiten
LB 016 Zimmer- und Holzbauarbeiten
KG 344 Innenwandöffnungen
LB 031 Metallbauarbeiten
LB 032 Verglasungsarbeiten
LB 034 Maler- und Lackierarbeiten – Beschichtungen
LB 039 Trockenbauarbeiten
KG 345 Innenwandbekleidungen
LB 024 Fliesen- und Plattenarbeiten
LB 034 Maler- und Lackierarbeiten – Beschichtungen
LB 037 Tapezierarbeiten
LB 039 Trockenbauarbeiten
KG 346 Elementierte Innenwände
LB 031 Metallbauarbeiten
LB 039 Trockenbauarbeiten

Tab. 3: Gegenüberstellung von Kostengruppen (KG) und Leistungsbereichen (LB) der Leistungspositionen – Beispiel Innenwände.

Leistungsbereiche der Leistungspositionen und Kostengruppen – Beispiel Innenwände
LB 012 Mauerarbeiten
KG 341 Tragende Innenwände
KG 342 Nichtragende Innenwände
KG 343 Innenstützen
LB 013 Betonarbeiten
KG 341 Tragende Innenwände
KG 343 Innenstützen
LB 016 Zimmer- und Holzbauarbeiten
KG 341 Tragende Innenwände
KG 342 nichttragende Innenwände
KG 343 Innenstützen
LB 017 Stahlbauarbeiten
KG 341 Tragende Innenwände
LB 031 Metallbauarbeiten
KG 344 Innenwandöffnungen
KG 346 Elementierte Innenwände
LB 032 Verglasungsarbeiten
KG 344 Innenwandöffnungen
LB 034 Maler- und Lackierarbeiten – Beschichtungen
KG 344 Innenwandöffnungen
KG 345 Innenwandbekleidungen
LB 037 Tapezierarbeiten
KG 345 Innenwandbekleidungen
LB 039 Trockenbauarbeiten
KG 342 Nichtragende Innenwände
KG 344 Innenwandöffnungen
KG 345 Innenwandbekleidungen
KG 346 Elementierte Innenwände

Tab. 4: Gegenüberstellung von Leistungsbereichen (LB) der Leistungspositionen und Kostengruppen (KG) – Beispiel Innenwände.

3.2 Technische Merkmale (Elementarten der Bauelemente nach BKI)

Mit der Untergliederung der Kosten nach technischen Merkmalen sind die Elementarten gemeint, ohne dass die DIN 276 diesen Begriff regelrecht einführt oder verwendet. Die Elementarten stellen für die Kostengruppe „300 Bauwerk-Baukonstruktionen" gewissermaßen eine weitere Ebene der Kostengliederung dar, die jedoch nicht normativ festgelegt ist.

Anmerkung: Die Kostenermittlung nach Elementarten wird als erster Schritt des Kostenanschlags der LPH 5 (Ausführungsplanung) zugeordnet.

Kostenkennwerte nach Elementarten (EA) – Gründungsbeläge (KG 324)

324.10	**Beschichtung**				
01	**GR Bodenbeschichtung, Beton, Acryl**	26,00	**29,00**	33,00	
	Beschichtung auf Gründungsbodenplatte, mit Acrylharzlack				
	Einheit: m² Beschichtungsfläche				
	025 Estricharbeiten				10,9%
	034 Maler- und Lackierarbeiten - Beschichtungen				89,1%

Tab. 5a: Technische Merkmale bei Kostenkennwerten nach Elementarten (EA).
(BKI (Hrsg.): Baukosten Bauelemente T2 Neubau 2026. Statistische Kostenkennwerte, S. 587)

324.30	**Fliesen und Platten**				
01	**GR Bodenfliesen, 20x20cm, Sockelfliesen**	127,00	**142,00**	159,00	
	Bodenbelag auf Gründungsbodenplatte, mit Bodenfliesen, 20x20cm, Sockelfliesen				
	Einheit: m² Belagsfläche				
	024 Fliesen- und Plattenarbeiten				100,0%

Tab. 5b: Technische Merkmale bei Kostenkennwerten nach Elementarten (EA).
(BKI (Hrsg.): Baukosten Bauelemente Neubau 2026. Statistische Kostenkennwerte, S. 590)

324.60	**Textil**				
01	**GR Textilbelag, Nadelvlies, Sockelleiste**	67,00	**73,00**	87,00	
	Gründungsplattenbelag aus Textilboden, Nadelvlies, Sockelleisten aus Holz, Untergrundvorbereitung				
	Einheit: m² Belagsfläche				
	036 Bodenbelagarbeiten				100,0%

Tab. 5c: Technische Merkmale bei Kostenkennwerten nach Elementarten (EA).
(BKI (Hrsg.): Baukosten Bauelemente Neubau 2026. Statistische Kostenkennwerte, S. 590)

3.3 Kostenplanung mit Leistungsbereichen (LB)

Das Baukosteninformationszentrum Deutscher Architektenkammern (BKI) bereitet nicht nur Kostenkennwerte auf, bei denen die Kosten nach Kostengruppen unterteilt werden, um daraus Kostenkennwerte mit Bezugseinheiten wie Nutzeinheiten, Grundflächen und Rauminhalte zu bilden. Für jede Gebäudeart werden zusätzlich Kostenkennwerte aufgestellt, welche die anteiligen Bauwerkskosten der Leistungsbereiche nach STLB-Bau abbilden. Als Bezugseinheit dient hierbei die Brutto-Grundfläche (BGF).

Auf dieser Grundlage können bereits bei der Vorplanung oder der Entwurfsplanung ausführungsorientierte Kostenermittlungen erstellt werden. Diese können hinsichtlich der Systematik und der Genauigkeit ebenso den Anforderungen der DIN 276:2018-12 entsprechen. Es ist bekannt, dass z.B. Bauträger, die wiederholt gleichartige Gebäude realisieren, damit eine für sie ausreichende Kostensicherheit erhalten.

Empfohlen wird die Kostenplanung mit Leistungsbereichen für die folgenden Fälle:

- Überprüfung von Kostenermittlungen, die nach anderen Kostenermittlungsverfahren aufgestellt wurden, auch wenn dies mit so bezeichneten Mehrwertverfahren erfolgt ist, z.B. als Kostenschätzung (Gliederung der Kosten in die zweite Ebene der Kostengliederung) oder Kostenberechnung (Gliederung der Kosten in der dritten Ebene der Kostengliederung) nach DIN 276:2018-12.
- Erweiterung der Gliederung von Kostenwerten oder Kostenermittlungen nach vorzugsweise der dritten Ebene der Kostengliederung. Damit entsteht eine Struktur, die sowohl der Geometrie des Objekts und den Bauelementen genügt als auch ausführungsorientiert ist (vgl. nachfolgend die Erweiterung der KG 353 Deckenbeläge durch Untergliederung in Leistungsbereiche).
- Bewertung frühzeitig definierter Vergabeeinheiten durch Zuordnung und Zusammenfassung von Leistungsbereichen und entsprechenden Kostenkennwerten (€ LB/m² BGF) als eine Grundlage für die Einschätzung einer Vergabeeinheit.
- Vertiefte Untersuchung kostenrelevanter Konstruktionen – im Sinne einer ABC-Analyse –zur Erhöhung der Kostentransparenz. Je nach Gebäudeart können das zum Beispiel sein: Kosten der Betonarbeiten (LB 013) bei Tiefgaragen oder Kosten der Raumlufttechnischen Anlagen (LB 075) bei Instituts- und Laborgebäuden

Die Kostenkennwerte zu den Leistungsbereichen werden unter anderem im jährlich erscheinenden Band Baukosten Gebäude Neubau veröffentlicht. Dargestellt werden die Leistungsbereiche zu den Baukonstruktionen (KG 300 nach DIN 276) und den technischen Anlagen (KG 400 nach DIN 276), also den Bauwerkskosten (KG 300+400 nach DIN 276).

Die für Gebäude und Innenräume in Betracht kommenden Leistungsbereiche werden in den BKI-Produkten wie folgt aufgeteilt:

- Rohbau: Sicherheitseinrichtungen, Baustelleneinrichtungen (LB 000) bis Klempnerarbeiten (LB 022)
- Ausbau: Putz- und Stuckarbeiten, Wärmedämmsysteme (LB 023) bis Trockenbauarbeiten (LB 039)
- Technische Anlagen (Gebäudetechnik): Wärmeversorgungsanlagen – Betriebseinrichtungen (LB 040) bis Raumlufttechnische Anlagen (LB 075)

Die Unterscheidung der Bauwerkskosten in den Rohbau, den Ausbau und die Technischen Anlagen – gleichbedeutend als Gebäudetechnik bezeichnet – ist im Vergleich mit den anderen Strukturen einfach und praktisch. Für den Begriff Rohbau gibt es unterschiedliche Definitionen und Auslegungen. In einzelnen Landesbauordnungen, z.B. der Bauordnung des Landes Nordrhein-Westfalen (BauO NRW), wird der Rohbau in § 84 – Bauzustandsbesichtigung, Aufnahme der Nutzung – definiert: „Der Rohbau ist fertiggestellt, wenn die tragenden Teile, Schornsteine, Brandwände und die Dachkonstruktion vollendet sind."
[BauO NRW 2018 § 84 Absatz 3]

In der Terminplanung werden abweichend zum Rohbau gemäß Bauordnung mehrere Rohbaustufen beschrieben, um die Bedingungen für das Bauen in Abhängigkeit von den jahreszeitlichen Witterungsverhältnissen einzubeziehen:

- regenfester Rohbau (Dach und Entwässerung, keine Nässe im Gebäude)
- wetterfester Rohbau (geschlossene Gebäudehülle, kein Wind und keine Nässe)
- winterfester Rohbau (Mindesttemperaturen im Gebäude für den nassen Ausbau)

[Kalusche, W. (Hrsg.): BKI Handbuch Terminplanung für Architekten, Stuttgart 2020, S. 436]

Bei der Verwendung des Begriffs Rohbau in den BKI-Produkten handelt es sich um einen „regenfesten Rohbau". Darin sind die Baustelleneinrichtung und notwendige Gerüstarbeiten eingeschlossen. Für grundsätzliche Überlegungen zur Planung und Ausführung von Bauvorhaben ist diese Unterscheidung ausreichend. Die Aufteilung der Bauwerkskosten nach Leistungsbereichen in die Bereiche Rohbau, Ausbau und Technische Anlagen ist einfach und übersichtlich (vgl. **Tabelle 7**).

Die Anteile der Kosten von Rohbau, Ausbau und Technischen Anlagen an den Bauwerkskosten fallen je nach Gebäudeart unterschiedlich aus. Sie werden als Kostenwerte und in Prozent der Bauwerkskosten pro Brutto-Grundfläche (BGF) angegeben. Die Summe der Werte ergibt nicht immer hundert Prozent, denn weitere Bauleistungen von geringem Umfang sind nicht enthalten, z.B. manchmal die Wasserhaltungsarbeiten (LB 008).

Die Unterschiede der Kostenanteile werden anhand von Beispielen veranschaulicht (siehe vor allem **Tabelle 6**). Es handelt sich bei den Prozentangaben um Mittelwerte. Auf die Angabe der Von-bis-Werte wurde an dieser Stelle verzichtet. Für die Einschätzung von Kostenanteilen eines Kostenrahmens, für die Überprüfung auf Plausibilität einer Kostenschätzung, einer Kostenberechnung sollen diese Werte eine erste Orientierung bieten.

Wie groß können die Unterschiede insgesamt sein? Das zeigen die folgenden Angaben:

(regenfester) Rohbau, jeweils kleinster und größter Mittelwert von zwei Gebäudearten
- Instituts- und Laborgebäude mit 26,8 %
- Hochgaragen mit 75,4 %

Ausbau, jeweils kleinster und größter Mittelwert von zwei Gebäudearten
- Einzel- und Doppelgaragen mit 6,5 %
- Büro- und Verwaltungsgebäude, hoher Standard mit 39,0 %

Technische Anlagen, jeweils kleinster und größter Mittelwert von zwei Gebäudearten
- Einzel- und Doppelgaragen mit 1,1 %
- Instituts- und Laborgebäude mit 37,7 %

Forschungsgebäude mit Werten für die Technischen Anlagen von deutlich über 50 % sind dem Verfasser bekannt, aber nicht in der vorliegenden Datensammlung enthalten.

(→Tab. 6)

3.4 Unterteilung der Kosten nach Vergabeeinheiten

Ab dem Kostenanschlag „müssen die Kosten nach den für das Bauprojekt im Kostenvoranschlag festgelegten Vergabeeinheiten zusammengestellt und geordnet werden."
[DIN 276:2018-12, S. 11]

Eine Vergabeeinheit ist der Teil einer umfassenden (Bau-)Leistung, welche Gegenstand eines (Bau-)Vertrages werden soll oder gegebenenfalls zusammenhängend in Selbsthilfe erbracht werden kann. Die Kriterien der Unterteilung der Bauleistungen folgen den Gesichtspunkten der Fachlosvergabe. Grundlage der Bildung von Vergabeeinheiten soll eine Vergabestrategie oder zumindest eine Entscheidung für die Fachlosvergabe sein. Die entsprechenden Festlegungen sollen bereits beim „Klären der Aufgabenstellung" erörtert werden. Es bietet sich an, die Inhalte der einzelnen Vergabeeinheiten über die Leistungsbereiche gemäß Standardleistungsbuch für das Bauwesen STLB-Bau herzuleiten. Dies kann nach der ersten Ebene der Kostengliederung gemäß DIN 276:2018-12 (siehe beispielhaft **Tabelle 7**) oder – mit höherer Genauigkeit – nach der dritten Ebene der Kostengliederung erfolgen.

Mittelwerte der Kosten von (regenfestem) Rohbau, Ausbau und Technischen Anlagen (TA) an den Bauwerkskosten bei ausgewählten Gebäudearten	Anteile an BWK in Prozent [%]		
	Rohbau	Ausbau	TA
Einzel- und Doppelgaragen, 7 Objekte, S. 992	62,7	6,5	1,1
Mehrfachgaragen, 8 Objekte, S. 998	71,8	13,0	5,1
Hochgaragen, 6 Objekte, S. 1004	75,4	12,0	8,0
Friedhofsgebäude, 18 Objekte, S. 1126	53,7	26,0	11,5
Autohäuser, 5 Objekte, S. 958	54,7	30,6	13,1
Büro- und Verwaltungsgebäude, einfacher Standard, 8 Objekte, S. 166	43,6	42,5	13,5
Theater, 6 Objekte, S. 1068	44,0	30,3	16,0
Mehrfamilienhäuser, mit bis zu 6 WE, einfacher Standard, 7 Objekte, S. 648	45,6	37,8	16,1
Kindergärten, unterkellert, 20 Objekte, S. 392	46,0	34,6	18,6
Ein- und Zweifamilienhäuser, unterkellert, mittlerer Standard, 25 Objekte, S. 454	44,3	36,0	19,1
Sport- und Mehrzweckhallen, 17 Objekte, S. 402	45,5	34,5	19,7
Reihenhäuser, mittlerer Standard, 16 Objekte, S. 628	50,8	30,7	18,5
Industrielle Produktionsgebäude, Massivbauweise, 8 Objekte, S. 890	44,6	27,1	20,8
Bibliotheken, Museen und Ausstellungen, 33 Objekte, S. 1054	44,9	31,7	21,4
Gaststätten, Kantinen und Mensen, 34 Objekte, S. 876	41,2	32,7	23,7
Berufliche Schulen, 12 Objekte, S. 298	38,7	33,3	24,6
Seniorenwohnungen, hoher Standard, 8 Objekte, S. 844	40,2	33,5	26,1
Feuerwehrhäuser, 45 Objekte, S. 1028	42,6	31,0	25,0
Büro- und Verwaltungsgebäude, hoher Standard, 37 Objekte, S. 194	34,3	39,0	25,6
Verbrauchermärkte, 14 Objekte, S. 950	50,8	26,0	23,2
Medizinische Einrichtungen, 35 Objekte, S. 234	34,1	35,3	29,4
Pflegeheime, 36 Objekte, S. 248	34,0	34,4	29,4
Instituts- und Laborgebäude, 41 Objekte, S. 218	26,6	31,8	37,7

Tab. 6: Mittelwerte der Kosten von (regenfestem) Rohbau, Ausbau und Technischen Anlagen (TA) an den Bauwerkskosten bei ausgewählten Gebäudearten – geordnet nach Kosten TA. (BKI (Hrsg.): Baukosten Gebäude Neubau 2026. Statistische Kostenkennwerte)

Diese Vorgehensweise hat folgende Vorteile: Der gesamte Umfang der (Bau-)Leistungen wird frühzeitig auf eine bestimmte Anzahl von Vergabeeinheiten aufgeteilt. Dabei wird darauf geachtet, dass alle Kosten der Baukonstruktionen (KG 300), der Technischen Anlagen (KG 400), der Außenanlagen und Freiflächen (KG 500) und soweit erforderlich der Ausstattung (KG 600) vollständig erfasst werden. Eventuelle Überschneidungen werden frühzeitig erkannt. Die Vergabeeinheiten stellen nicht nur ausführungsorientierte Kostenermittlungen dar, sie sind darüber hinaus als wesentliche Vorgänge bei der Terminplanung geeignet. Das betrifft vorzugsweise schon die Terminplanung in der Entwurfsplanung und der Ausführungsplanung bis zum Vergabeterminplan in der Leistungsphase 6 (Vorbereitung der Vergabe).

Entscheidet sich der Bauherr für die Fachlosvergabe, wird der Umfang der Bauleistungen in Vergabeeinheiten (VE) unterteilt. Für kleine und mittlere Projekte sollten i.d.R. 20 bis 25 Vergabeeinheiten genügen. Für die Aufteilung der Vergabeeinheiten gelten die Grundsätze der Fachlosvergabe. Die Struktur der Vergabeeinheiten ist ausführungsorientiert. Gesichtspunkte für die Zusammenfassung oder Aufteilung von Bauleistungen in einer Vergabeeinheit sind der jeweilige Fachbereich der Planung, die Fachkunde und Leistungsfähigkeit in Frage kommender ausführender Unternehmen, der Umfang der Bauleistungen, das Ineinandergreifen von Bauleistungen in technischer, terminlicher oder wirtschaftlicher Hinsicht, die Einheitlichkeit der Gewährleistung sowie gegebenenfalls unterschiedliche Anforderungen an die Qualität der Bauleistungen. Die Anzahl der Vergabeeinheiten soll so gering wie möglich, gleichzeitig so groß wie nötig sein.

Grundlage der Ermittlung können die prozentualen Verhältniswerte der Leistungsbereiche sein. Diese werden für alle Gebäudearten im Band BKI Baukosten Gebäude Neubau – Statistische Kostenkennwerte jährlich herausgegeben.

Beispiel: Wohngebäude, Holzbau, nicht unterkellert

Grundflächen und Rauminhalte:
ca. 1.000,00 m³ BRI, ca. 330,00 m² BGF,
ca. 200,00 m² WFL

Kostenkennwerte:
810,00 €/m³ BRI; 2.450 €/m² BGF,
ca. 4.050,00 €/m² WFL

Bauwerkskosten:
810.000 €, Kosten: 1. Quartal 2026, Bundesdurchschnitt, inkl. 19 % MwSt.

Art der Kostenermittlung:
ausführungsorientiert nach Leistungsbereichen (STLB-Bau)

Die Vergabeeinheiten (VE) für das Wohngebäude, Holzbau, nicht unterkellert, mittlerer Standard, können wie folgt bezeichnet und mit Kostenwerten angegeben werden:

VE 001 Baustelleneinrichtung [Angabe Objekt und Auftraggeber]	17.010 €
VE 002 Mauer- und Betonarbeiten […]	91.530 €
VE 003 Zimmererarbeiten […]	251.100 €
VE 004 Dachdeckungs- u. -abdichtungsarb. […]	35.640 €
VE 005 Klempnerarbeiten […]	22.680 €
VE 006 Putz-, Estrich u. Trockenbauarb. […]	64.800 €
VE 007 Fliesen- und Plattenarbeiten […]	17.820 €
VE 008 Fenster-, Türen- und Rollladenarb. […]	82.620 €
VE 009 Tischler- und Parkettarbeiten […]	40.500 €
VE 010 Metallbauarbeiten […]	13.770 €
VE 011 Maler- und Lackiererarbeiten […]	15.390 €
VE 012 Bodenbelagsarbeiten […]	8.100 €
VE 013 Heizungs- und Sanitärarbeiten […]	98.820 €
VE 014 Elektroarbeiten […]	38.070 €
VE 015 Lüftungstechnische Arbeiten […]	12.150 €
Bauwerkskosten (VE 001 bis VE 015)	810.000 €

Zusätzlich zum Beispiel: VE 016 Baureinigungsarbeiten […]

3.5 Kostenermittlungsverfahren mit Teilleistungen der Leistungsbereiche

Zur ausführungsorientierten Kostenermittlung nach herstellungsmäßigen Gesichtspunkten gehört das Bepreisen der Leistungsverzeichnisse. Die Gliederung der Leistungsverzeichnisse ist durch die Aufteilung der (Bau-)Leistungen (Bauwerkskosten, Kosten der Außenanlage und ggf. Teile der Ausstattung) vorzubereiten. Die Einheitspreise für die Leistungspositionen stellen die höchste Differenzierung der Kostenplanung dar. Im Unterschied dazu werden bei der Baupreiskalkulation auf der Seite der ausführenden Unternehmen weitere Unterscheidungen getroffen. Das betrifft die Kosten der Teilleistungen, vereinfacht: Lohnkosten, Materialkosten, Fertigungskosten, Baustellen- und Unternehmensgemeinkosten sowie Gewinn und Wagnis.

Für das Bepreisen von Leistungsverzeichnissen mit Kostenkennwerten auf der Ebene der Positionen stehen Datensammlungen zur Verfügung, zum Beispiel BKI Baukosten Positionen Neubau, erscheint jährlich aktualisiert und erweitert.

LB	Leistungsbereiche	Kosten [€]	Anteil an BWK [%]	VE
000	Baustellen,- Verkehrssich.- u. Sicherh.einr. inkl. 001	17.010	2,1	001
002	Erdarbeiten	24.300	3,0	002
006	Spezialtiefbauarbeiten inkl. 005	–	–	–
009	Entwässerungskanalarbeiten inkl. 011	8.100	1,0	002
010	Drän- und Versickerungsarbeiten	–	–	002
012	Mauerarbeiten	8.100	1,0	002
013	Betonarbeiten	40.500	5,0	002
014	Natur-, Betonwerksteinarbeiten	810	0,1	002
016	Zimmer- und Holzbauarbeiten	251.100	31,0	003
017	Stahlbauarbeiten	–	–	–
018	Abdichtungsarbeiten	9.720	1,2	002
020	Dachdeckungsarbeiten	16.200	2,0	004
021	Dachabdichtungsarbeiten	19.440	2,4	004
022	Klempnerarbeiten	22.680	2,8	005
	Rohbau (besser: regenfester Rohbau)	**417.960**	**51,6**	**–**
023	Putz- und Stuckarbeiten, Wärmedämmsysteme	16.200	2,0	006
024	Fliesen- und Plattenarbeiten	17.820	2,2	007
025	Estricharbeiten	14.580	1,8	006
026	Fenster, Außentüren inkl. 029, 032	67.230	8,3	008
027	Tischlerarbeiten	24.300	3,0	009
028	Parkettarbeiten, Holzpflasterarbeiten	16.200	2,0	009
030	Rollladenarbeiten	15.390	1,9	008
031	Metallbauarbeiten inkl. 035	13.770	1,7	010
034	Maler- und Lackiererarbeiten inkl. 037	15.390	1,9	011
036	Bodenbelagsarbeiten	8.100	1,0	012
038	Vorgehängte hinterlüftete Fassaden	–	–	–
039	Trockenbauarbeiten	34.020	4,2	006
	Ausbau	**243.000**	**30,0**	**–**
040	Wärmeversorgungsanlagen – [...] inkl. 041	56.700	7,0	013
042	Gas- und Wasserinstallationsarbeiten [...] inkl. 043	21.870	2,7	013
044	Abwasserinstallationsarbeiten - Leitungen	2.430	0,3	013
045	GWA-Einrichtungsgegenstände inkl. 046	16.200	2,0	013
047	Dämmarbeiten an betriebstechnischen Anlagen	1.620	0,2	013
049	Feuerlöschanlagen, Feuerlöschgeräte	–	–	–
050	Blitzschutz- und Erdungsanlagen	1.620	0,2	014
052	Mittelspannungsanlagen	–	–	–
053	Niederspannungsanlagen inkl. 054	28.350	3,5	014
055	Ersatzstromversorgungsanlagen	–	–	–
057	Gebäudesystemtechnik	1.620	0,2	014
058	Leuchten und Lampen inkl. 059	2.430	0,3	014
060	Elektroakustische Anlagen, Sprechanlagen	1.620	0,2	014
061	Kommunikationsnetze inkl. 062	2.430	0,3	014
063	Gefahrenmeldeanlagen	–	–	–
069	Aufzüge	–	–	–
070	Gebäudeautomation	–	–	–
075	Raumlufttechnische Anlagen	12.150	1,5	015
	Technische Anlagen	**149.040**	**18,4**	–
	Bauwerkskosten (KG 300+400 nach DIN 276)	**810.000**	**100,0**	–

Kostenstand: 1. Quartal 2026, Bundesdurchschnitt, inkl. 19 % MwSt.
Tab. 7: Leistungsbereiche und Vergabeeinheiten – Beispiel Wohngebäude, Holzbau
(vgl. BKI (Hrsg.): BKI Baukosten Gebäude Neubau – Statistische Kostenkennwerte 2026)

3.6 Kostenfeststellung und Dokumentation von Kostenkennwerten

Gemäß der früheren DIN 276-1:2008-12 sollten bei der Kostenfeststellung die „Gesamtkosten nach Kostengruppen bis zur 3. Ebene der Kostengliederung unterteilt" werden. In den HOAI-Fassungen 1977 bis 2009 war in der Leistungsphase 8 (Objektüberwachung und Dokumentation) die normative Verweisung auf die DIN 276 enthalten. Sie wurde in der Regel als Leistungspflicht in die Architekten- und Ingenieurverträge übernommen. Die Zuordnung der Leistungspositionen abgerechneter Einheitspreisverträge zu Kostengruppen der DIN 276 erfolgte in der Vergangenheit nicht selten ohne unterstützende Programme. Der damit verbundene Aufwand wurde von Objekt- und Fachplanern als zu hoch empfunden. Andererseits können auf dieser Grundlage Kostenkennwerte gebildet werden, die wertvoll für das eigene Planungsbüro sind.

Mit Inkrafttreten der HOAI 2013 wurde diese Anforderung an die Kostenfeststellung gelockert. So heißt es im Verordnungstext seitdem: „Kostenfeststellung, zum Beispiel nach DIN 276". Es kann also ausdrücklich von den Parteien festgelegt werden, wie die Kosten bei der Kostenfeststellung untergliedert werden. Schließlich folgte die neue Fassung der DIN 276 dieser Überlegung. Es kam zur Formulierung: „In der Kostenfeststellung müssen die Gesamtkosten nach Kostengruppen bis zur dritten Ebene der Kostengliederung bzw. nach der für das Bauprojekt festgelegten Struktur des Kostenanschlags unterteilt werden."
[DIN 276:2018-12]

Hierzu ist anzumerken: „beziehungsweise (bzw.)" bedeutet „oder". Das ist im Hinblick auf den Bedarf umfangreicher und aktueller Kostenkennwerte bedauerlich.

Exkurs: Der häufige Umgang mit dem Kostenanschlag in früheren Jahren

Unter einem Kostenanschlag wurde bereits vor über hundert Jahren eine Kostenermittlung verstanden, auf deren Grundlage die Entscheidung über das Bauen getroffen wurde. In der ersten Fassung der DIN 276 im Jahr 1934 wurden schließlich zwei Stufen der Kostenermittlung definiert.

„A. Kostenvoranschlag

1. Der Kostenvoranschlag dient zur angenäherten Ermittlung der Kosten auf Grund eines Vorentwurfs.
2. Im Kostenvoranschlag sind die Kosten der Bauten zu berechnen durch Vervielfältigung ihres nach Normblatt DIN 277 unter I A und B ermittelten umbauten Raumes mit einem einer statistischen Zusammenstellung entnommenen oder ortsüblichen Preise für 1 m^3.
3. Zu dem Ergebnisse dieser Berechnungen treten etwaige Kosten besonders zu berechnender Bauausführungen und Bauteile 2).

2) Siehe DIN 277, I C

B. Kostenanschlag

1. Der Kostenanschlag dient zur genauen Ermittlung der Kosten auf Grund eines Bauentwurfs.
2. Im Kostenanschlage sind die Kosten nach den einzelnen Leistungen zu berechnen."

[DIN 276:1934-08, Kosten von Hochbauten und damit zusammenhängenden Leistungen]

In den Leistungsbildern der Honorarordnung für Architekten und Ingenieure (HOAI) werden in den Fassungen von 1977 bis einschließlich 2009 sowie in den Fassungen der DIN 276 im gleichen Zeitraum jeweils vier Stufen der Kostenermittlung genannt (Kostenschätzung, Kostenberechnung, Kostenanschlag, Kostenfeststellung). So hieß es in allen älteren Fassungen:

LPH 7 Kostenanschlag nach DIN 276 aus Einheits- oder Pauschalpreisen der Angebote
[§ 15, LPH 7, HOAI 1977 – 2009]

Dem jeweiligen normativen Verweis zur Fassung der DIN 276 folgend findet man die Definition der Kostenermittlung.

„Kostenanschlag

Der Kostenanschlag dient als eine Grundlage für die Entscheidung über die Ausführungsplanung und die Vorbereitung der Vergabe.

Grundlagen für den Kostenanschlag sind:

- Planungsunterlagen, z.B. endgültige, vollständige Ausführungs-, Detail- und Konstruktionszeichnungen,
- Berechnungen, z.B. für Standsicherheit, Wärmeschutz, technische Anlagen,

- Berechnung der Mengen von Bezugseinheiten der Kostengruppen,
- Erläuterungen zur Bauausführung, z.B. Leistungsbeschreibungen,
- Zusammenstellen von Angeboten, Aufträgen und entstandenen Kosten

Im Kostenanschlag sollen die Gesamtkosten nach Kostengruppen mindestens bis zur 3. Ebene der Kostengliederung ermittelt werden."
[DIN 276:1993-06, Kosten im Hochbau]

In der Baupraxis konnte beobachtet werden, dass „der Kostenanschlag" häufig als Teilleistung der LPH 7 verstanden und erstmalig in diesem Zusammenhang aufgestellt wurde als „Zusammenstellen von Angeboten, Aufträgen und entstandenen Kosten". Wenn lediglich dieser Gesichtspunkt verfolgt wurde, dann blieb die Kostenentwicklung ab der Kostenberechnung in einer Grauzone. Wenn zudem die Angebote und Aufträge nicht nach Kostengruppen aufgeteilt wurden, fehlte zudem lange Zeit die Grundlage für die Kostenkontrolle und Kostentransparenz.

4. Verknüpfung von Kostengruppen und Leistungsbereichen als Matrix

Die Anzahl möglicher Verknüpfungen von Kostengruppen (KG) und Leistungsbereichen (LB) ist groß. Mit Hilfe der folgenden Tabellen 8 bis 13 wird dies deutlich. Grundlage der Tabellen sind die Daten aus dem Band Baukosten Positionen Neubau 2026, Statistische Kostenkennwerte. Damit können sehr viele Verknüpfungen gezeigt werden, die häufig vorkommen. Ein Anspruch auf Vollständigkeit kann nicht erhoben werden, weitere Verknüpfungen kommen vor. Bei den ausgewerteten Gebäuden handelt es sich ausschließlich um Neubauten. Es werden die Bauwerkskosten (KG 300+400 nach DIN 276) in der dritten Ebene der Kostengliederung und die entsprechenden Leistungsbereiche (LB 000 Sicherheitseinrichtungen, Baustelleneinrichtungen bis LB 075 Raumlufttechnische Anlagen) erfasst.

In den BKI-Dokumentationen werden einzelne Leistungsbereiche zusammengefasst. Es handelt sich dabei um Leistungen, die in einem Zusammenhang stehen, z.B. Fertigung durch ein Unternehmen, oder deren Unterscheidung bei der Bildung von eher einfachen Kennwerten (€ LB/m^2 BGF) nicht unbedingt erforderlich ist. Dazu zählen beispielweise: Sicherheitseinrichtungen, Baustelleneinrichtungen (LB 000) inkl. Gerüstarbeiten (LB 001), Kosten der vorbereitenden Maßnahmen (KG 200), Außenanlagen und Freiflächen (KG 500). Ausstattung und Kunstwerke (KG 600) gehören nicht dazu. Soweit ein Zusammenhang mit den Bauwerkskosten besteht, wird dieser erwähnt. Das betrifft z.B. die Erdarbeiten (LB 002), die sowohl bei der Baugrube des Gebäudes als auch bei den Außenanlagen (KG 510) anfallen. Ein anderes Beispiel sind Ausstattungen für Bäder (KG 610) im Zusammenhang mit den Wasser- und Abwasserinstallationen (LB 045). Die Kosten der KG 100, KG 700 und KG 800 sind ebenfalls nicht enthalten.

Die Verknüpfung der Kostengruppen und der Leistungsbereiche lässt sich als Matrix darstellen. Beide Strukturen sind umfangreich. Obwohl nur die Bauwerkskosten berücksichtigt werden, wäre die Matrix so groß, dass sie auf einer Seite dieser Veröffentlichung nicht mehr lesbar wäre.

Deshalb werden die oben genannten Bereiche (regenfester) Rohbau), Ausbau und Technische Anlagen in sechs Tabellen geteilt.

- (regenfester) Rohbau: Baustelleneinrichtung und Baugrube (Tabelle 8),
- Tragwerk mit Gründung und Abdichtung (Tabelle 9),
- Dachdeckung, -abdichtung, -entwässerung (Tabelle 10)
- Ausbau: Teil 1 (Tabelle 11) und Teil 2 (Tabelle 12)
- Technische Anlagen (Gebäudetechnik): Tabelle 13

Der Umfang der dokumentierten Daten ist in den letzten Jahren deutlich angewachsen. Die auf dieser Grundlage erstellten Verknüpfungen von Kostengruppen und Leistungsbereichen als Matrix bilden noch nicht die Vielfalt der Möglichkeiten in der Architektur ab. Das betrifft zum einen die Gebäudearten und zum anderen die Konstruktionen. So werden Hotelgebäude oder Stahlbauten vermisst. Insofern ist die Verknüpfung Außenstützen (KG 333) – Betonbau (LB 013) eine technisch mögliche und häufig vorkommende Kombination. Im Unterschied dazu ist die Kombination Deckenkonstruktionen (KG 351), z.B. Treppen –Verglasungsarbeiten (LB 032) zwar möglich und schon hergestellt worden, aber vielleicht auch nicht unbedingt notwendig.

Es werden Kombinationen gezeigt, die im BKI Band Positionen Neubau 2026 vorzugsweise mehrfach dokumentiert wurden. Einige werden zusätzlich angegeben. Beide Fälle werden in der Matrix mit einem Kreuzchen (x) angegeben.

4.1 Baustelleneinrichtung und Baugrube

„Unter der Baustelleneinrichtung (BE) werden alle im Bereich einer Baustelle erforderlichen Produktions-, Lager-, Transport- und Arbeitsstätten verstanden, die für die Umsetzung einer Baumaßnahme notwendig sind."
[Die Baustelleneinrichtung sicher und wirtschaftlich planen (baua.de), S. 3, aufgerufen am 16.02.2021)]

Die Baustelleneinrichtung (LB 000) kann eine eigene Vergabeeinheit bilden oder sie kann ein Teil der Rohbauarbeiten sein. Das betrifft auch die erforderlichen Arbeits- und Schutzgerüste (LB 001), welche im Übrigen für Arbeiten am Tragwerk, an Fassaden und Balkonen und am Dach benötigt werden. Gleiches trifft auch für den Aushub der Baugrube und der Leitungsgräben sowie den Transport und das Verfüllen von Arbeitsräumen und Gräben (LB 002) zu. Je nachdem, ob das Gebäude unterkellert wird, je nach Beschaffenheit des Baugrunds und je nach Grundwasserstand können Dränagen (LB 010) oder eine Wasserhaltung (LB 008) während der Bauzeit erforderlich sein.

Im Zusammenhang mit der Baustelleneinrichtung und der Baugrube fallen häufig zusätzlich Arbeiten zu folgenden Kostengruppen (KG) oder Leistungsbereichen (LB) an:

- Vorbereitende Maßnahmen (KG 200): Baumschutz mit Brettermantel; Aushub von Schlitzgräben und Suchgräben; Sichern von Leitungen und Kabeln; Abtrag und Entsorgen von Oberboden; Beseitigung von Hindernissen bei den Erdarbeiten; Aufbringen von Schutzlagen und Dachabdichtungen an Gerüsten
- Baukonstruktionen/Gründung (KG 320): Herstellen von Fundamenten oder Bodenplatten aus Beton (LB 013) für den Einsatz von Baugeräten, z.B. Baukran, oder Fundamente für Baucontainer, z.B. als Büro- und Besprechungsräume oder zur Unterbringung von Werkzeugen
- Außenanlagen und Freianlagen (KG 500): Ausheben von Kabelgräben; Ummantelung von Rohrleitungen mit Beton; Verlegung von Kabelschutzrohren in Gräben; Verlegen von Warnbändern an Leitungsgräben, Herstellen eines Feinplanums (→Tab. 8)

Matrix LB und KG – Gebäude: Baustelleneinrichtung und Baugrube												
Kostengruppen (KG) nach DIN 276:2018-12	**Leistungsbereiche (LB) nach STLB-Bau**											
	LB 000 SBaustellen,- Verkehrssich.- u. Sicherh.einr	LB 001 Gerüstarbeiten	LB 002 Erdarbeiten	LB 006 Spezialtiefbauarbeiten	LB 008 Wasserhaltungs-arbeiten	[...]	LB 010 Drän- und Versickerungs-arbeiten	[...]				
KG 310 Baugrube [...]												
KG 311 Herstellung			x				x					
KG 312 Umschließung			x	x								
KG 313 Wasserhaltung					x							
KG 320 Gründung [...]												
KG 321 Baugrundverbesserung			x									
KG 322 Flachgründungen und Bodenplatten			x									
KG 325 Abdichtungen und Bekleidungen			x				x					
KG 326 Dränagen							x					
KG 330 Außenwände [...]												
KG 335 Außenwandbekleidungen außen							x					
KG 390 Sonstige Maßnahmen [für KG 300]												
KG 391 Baustelleneinrichtung	x											
KG 392 Gerüste		x										
KG 397 Zusätzliche Maßnahmen	x											

Tab. 8: Matrix LB und KG – Gebäude: Baustelleneinrichtung und Baugrube (x).
(BKI (Hrsg.): Baukosten Positionen Neubau 2026. Statistische Kostenkennwerte)

4.2 Tragwerk mit Gründung und Abdichtung

„Das Tragwerk bezeichnet das statische Gesamtsystem der miteinander verbundenen, lastabtragenden Konstruktionen, die für die Standsicherheit von Gebäuden, Ingenieurbauwerken und Traggerüsten bei Ingenieurbauwerken maßgeblich sind." [HOAI 2021, Anlage 14]

Im Zusammenhang mit insbesondere Flachgründungen und Bodenplatten (KG 322) fallen häufig auch Erdarbeiten (LB 002) an. Die wichtigsten Leistungsbereiche für diese Bauarbeiten sind Mauerarbeiten (LB 012), Betonarbeiten (LB 013), Zimmer- und Holzbauarbeiten (LB 016) sowie Stahlbauarbeiten (LB 017). Unter anderem an erdberührten Außenwänden von Kellergeschossen kommen Abdichtungsarbeiten (LB 018) hinzu. Vollständige Tragwerke aus Holz (LB 016) oder Stahl (LB 017) wurden in der vorliegenden Datensammlung noch nicht dokumentiert.

Bei Fundamenten, tragenden Wänden und Decken sind häufig folgende Kostengruppen (KG) oder Leistungsbereiche (LB) zu beachten:

- Kellerfenster in Schalungen (KG 334)
- Kellerlichtschächte und Balkonplatten als Fertigteile (KG 339)
- Schlosserarbeiten (LB 031) an Treppen, Rampen und Balkonen
- (Balkon-)Brüstungen als Fertigteile an Außenwänden (KG 359)
- Fundamenterdungen, Rohrdurchführungen, Elektrogerätedosen, Elektroleerrohre, Leuchten-Einbaugehäuse und Eingießtöpfe sowie Ankerschienen für Aufzugsanlagen (alle KG 400) in Fundamenten, Wänden und Schächten (KG 300)

(→Tab. 9)

Matrix LB und KG – Gebäude: Tragwerk mit Gründung und Abdichtung												
Kostengruppen (KG) nach DIN 276:2018-12	**Leistungsbereiche (LB) nach STLB-Bau**											
	[…]	LB 012 Mauerarbeiten	LB 013 Betonarbeiten	[…]	LB 016 Zimmer- und Holzbauarbeiten	LB 017 Stahlbauarbeiten	LB 018 Abdichtungsarbeiten (auch bei KG 324, KG 335, KG 342)	[…]	LB 031 Schlosserarbeiten	[…]		
KG 320 Gründung […]												
KG 322 Flachgründungen und Bodenplatten			x									
KG 323 Tiefgründungen			x									
KG 325 Abdichtungen und Bekleidungen			x				x					
KG 330 Außenwände […]												
KG 331 Tragende Außenwände		x	x		x	x						
KG 333 Außenstützen		x	x		x	x						
KG 337 Element. Außenwandkonstruktionen					x							
KG 340 Innenwände												
KG 341 Tragende Innenwände		x	x		x							
KG 343 Innenstützen		x	x		x							
KG 350 Decken […]												
KG 351 Deckenkonstruktionen		x	x		x	x			x			
KG 360 Dächer												
KG 361 Dachkonstruktionen			x		x	x						

Tab. 9: Matrix LB und KG – Gebäude: Tragwerk mit Gründung und Abdichtung (x).
(BKI (Hrsg.): Baukosten Positionen Neubau 2026. Statistische Kostenkennwerte)

4.3 Dachdeckung, -abdichtung, -entwässerung

Die wesentlichen Leistungsbereiche (LB) für diese Bauarbeiten sind Abdichtungsarbeiten (LB 018), Dachdeckungsarbeiten (LB 020), Dachabdichtungsarbeiten (LB 021), Klempnerarbeiten (LB 022) sowie Putz- und Stuckarbeiten einschließlich der Wärmedämmsysteme (LB 023). Das Tragwerk und das Dach bilden den regenfesten Rohbau.

In Verbindung damit stehen Baukonstruktionen (KG 300 nach DIN 276) anderer Bauelemente:

- Zwischensparrendämmungen (KG 361)
- Eckausbildung, Wandanschluss an Außenwandbekleidungen, auch bei Dachgauben (KG 335)
- Abdichtungen an Wandanschlüssen, Abdichtungen an Balkonen (KG 353)
- Zwischensparrendämmungen an Dachkonstruktionen (KG 361)
- Schneefanggitter und -rohre, Sicherheitsdachhaken, Sicherheitstritte, Standziegel sowie Dachleitern (KG 369)
- Dachplanen für den Witterungsschutz als Zusätzliche Maßnahmen (KG 397)

(→Tab. 10)

Matrix LB und KG – Gebäude: Dachdeckung, -abdichtung, -entwässerung												
Kostengruppen (KG) nach DIN 276:2018-12	Leistungsbereiche (LB) nach STLB-Bau											
	[...]	LB 014 Natur-, Betonwerksteinarbeiten	[...]	LB 016 Zimmer- und Holzbauarbeiten	[...]	LB 018 Abdichtungsarbeiten	[...]	LB 020 Dachdeckungsarbeiten	LB 021 Dachabdichtungsarbeiten	LB 022 Klempnerarbeiten	LB 023 Putz- und Stuckarbeiten	[...]
KG 330 Außenwände [...]												
KG 335 Außenwandbekleidungen, außen						x		x			x	
KG 350 Decken [...]												
KG 353 Deckenbeläge		x							x			
KG 360 Dächer												
KG 361 Dachkonstruktionen				x				x				
KG 362 Dachöffnungen								x	x	x		
KG 363 Dachbeläge				x				x	x	x		
KG 369 Sonstiges zu KG 360										x		
KG 390 Sonstige Maßnahmen [für KG 300]												
KG 397 Zusätzliche Maßnahmen								x				

Tab. 10: Matrix LB und KG – Gebäude: Dachdeckung, -abdichtung, -entwässerung (x).
(BKI (Hrsg.): Baukosten Positionen Neubau 2026. Statistische Kostenkennwerte)

4.4 Ausbau

Für den baulichen Ausbau (KG 300 nach DIN 276) können besonders viele und unterschiedliche Arbeiten anfallen. Das spiegelt sich in der Anzahl der Leistungsbereiche und schließlich der Vergabeeinheiten bzw. Bauverträge wider. Die vorliegenden Daten sind nach Leistungsbereichen gemäß Standardleistungsbuch für das Bauwesen STLB-Bau unterteilt.

Der Ausbau umfasst hierbei vor allem die Leistungsbereiche Putz- und Stuckarbeiten, Wärmedämmverbundsysteme (LB 023) bis Trockenbauarbeiten (LB 039). Weitere wichtige Leistungsbereiche (LB) sind in **Tabelle 11:** Putz- und Stuckarbeiten, Wärmedämmsysteme (LB 023), Fliesen- und Plattenarbeiten (LB 024), Estricharbeiten (LB 025), Fenster, Außentüren (LB 026), Tischlerarbeiten (LB 027), Parkett-, Holzpflasterarbeiten (LB 028) sowie Beschlagarbeiten (LB 029).

Matrix LB und KG – Gebäude und Innenräume – Ausbau, Teil 1												
Kostengruppen (KG) nach DIN 276:2018-12	**Leistungsbereiche (LB) nach STLB-Bau**											
	[…]	LB 012 Mauerarbeiten	LB 014 Natur-, Betonwerksteinarbeiten	LB 016 Zimmer- und Holzbauarbeiten	LB 023 Putz- und Stuckarbeiten, Wärmedämmverbundsysteme	LB 024 Fliesen- und Plattenarbeiten	LB 025 Estricharbeiten	LB 026 Fenster, Außentüren	LB 027 Tischlerarbeiten	LB 028 Parkett-, Holzpflasterarbeiten	LB 029 Beschlagarbeiten	[…]
KG 320 Gründung […]												
KG 324 Gründungsbeläge			x			x	x			x		
KG 330 Außenwände […]												
KG 332 Nichttragende Außenwände												
KG 334 Außenwandöffnungen					x			x			x	
KG 335 Außenwandbekleidungen, außen		x	x	x	x	x						
KG 336 Außenwandbekleidungen, innen				x	x	x						
KG 337 Element. Außenwandkonstruktionen				x								
KG 340 Innenwände												
KG 342 Nichttragende Innenwände		x		x								
KG 344 Innenwandöffnungen					x				x		x	
KG 345 Innenwandbekleidungen					x	x			x			
KG 346 Element. Innenwandkonstruktionen				x					x			
KG 350 Decken […]												
KG 352 Deckenöffnungen				x								
KG 353 Deckenbeläge			x	x		x	x		x	x		
KG 354 Deckenbekleidungen					x				x			
KG 359 Sonstiges zu KG 350									x		x	
KG 360 Dächer												
KG 362 Dachöffnungen				x								
KG 364 Dachbekleidungen				x								
KG 380 Baukonstruktive Einbauten												
KG 381 Allgemeine Einbauten									x			

Tab. 11: Matrix LB und KG – Gebäude und Innenräume – Ausbau, Teil 1 (x).
(BKI (Hrsg.): Baukosten Positionen Neubau 2026. Statistische Kostenkennwerte)

Weiterhin zählen zu den Ausbauarbeiten, enthalten in **Tabelle 12**: Rollladenarbeiten (LB 030), Metallbauarbeiten (LB 031), Verglasungsarbeiten (LB 032), Baureinigungsarbeiten (LB 033), Maler- und Lackierarbeiten – Beschichtungen (LB 034), Bodenbelagarbeiten (LB 036), Tapezierarbeiten (LB 037), Vorgehängte hinterlüftete Fassaden (LB 038) sowie Trockenbauarbeiten (LB 039).

In eher geringem Umfang fallen beim Ausbau weitere Arbeiten an, die den Leistungsbereichen Mauerarbeiten (LB 012), Naturstein-, Betonwerksteinarbeiten (LB 014) sowie Zimmer- und Holzbauarbeiten (LB 016) zugeordnet werden.

Die Zahl der unterschiedlichen Konstruktionen und Materialien ist grundsätzlich bei allen Ausbaukonstruktionen groß. Das betrifft die Außenwandbekleidungen, innen (KG 336) und die Innenwandbekleidungen (KG 345) einschließlich Arbeiten an deren Öffnungen (KG 334, KG 344) und die Deckenbekleidungen (KG 353) sowie die Gründungsbeläge (KG 324).

Die Menge der Grundflächen von (Gründungsbelägen und) Deckenbelägen werden häufig auch als Bezugseinheit für die Baureinigungsarbeiten (LB 033) benutzt.

Matrix LB und KG – Gebäude und Innenräume – Ausbau, Teil 2												
Kostengruppen (KG) nach DIN 276:2018-12	**Leistungsbereiche (LB) nach STLB-Bau**											
		LB 030 Rollladenarbeiten	LB 031 Metallbauarbeiten	LB 032 Verglasungsarbeiten	LB 033 Baureinigungsarbeiten	LB 034 Maler- Lackierarbeiten	LB 036 Bodenbelagarbeiten	LB 037 Tapezierarbeiten	LB 038 Vorgehängte [...] Fassaden	LB 039 Trockenbauarbeiten	[...]	
KG 320 Gründung [...]												
KG 324 Gründungsbeläge						x	x					
KG 330 Außenwände [...]												
KG 332 Nichttragende Außenwände				x								
KG 334 Außenwandöffnungen		x	x	x		x						
KG 335 Außenwandbekleidungen, außen			x			x			x	x		
KG 336 Außenwandbekleidungen, innen						x		x		x		
KG 337 Element. Außenwandkonstruktionen				x								
KG 338 Lichtschutz zur KG 330		x										
KG 339 Sonstiges zu KG 330			x									
KG 340 Innenwände [...]												
KG 342 Nichttragende Innenwände										x		
KG 344 Innenwandöffnungen			x	x		x				x		
KG 345 Innenwandbekleidungen						x		x		x		
KG 346 Element. Innenwandkonstruktionen				x						x		
KG 350 Decken [...]												
KG 353 Deckenbeläge			x			x	x			x		
KG 354 Deckenbekleidungen						x		x		x		
KG 359 Sonstiges zu KG 350			x			x						
KG 360 Dächer												
KG 362 Dachöffnungen				x								
KG 364 Dachbekleidungen						x				x		
KG 390 Sonstige Maßnahmen [für KG 300]												
KG 397 Zusätzliche Maßnahmen					x	x	x	x				

Tab. 12: Matrix LB und KG – Gebäude und Innenräume – Ausbau, Teil 2 (x).
(BKI (Hrsg.): Baukosten Positionen Neubau 2026. Statistische Kostenkennwerte)

Im Zusammenhang mit dem Tragwerk sind zu beachten:

- Überdecken von Öffnungen, Beimauern und Glattstrich von Laibung und Brüstungen (KG 330)
- Schließen von Öffnungen und Aussparungen
- Anstrich und Beschichtung (LB 034) kommen auch am Tragwerk, z.B. Stahlkonstruktion, vor (LB 034) Maler- und Lackierarbeiten.
- Metallbauarbeiten (LB 031) können auch Teil des Tragwerks sein
- Schutzabdeckungen können als zusätzliche Maßnahmen (KG 397) benötigt werden

4.5 Technische Anlagen (Gebäudetechnik)

Was zählt dazu? „Die einzelnen technischen Anlagen enthalten die zugehörigen Gestelle, Befestigungen, Armaturen, Wärme- und Kältedämmung, Schall- und Brandschutzvorkehrungen, Abdeckungen, Verkleidungen, Anstriche, Kennzeichnungen sowie die werkseitig integrierten Mess-, Steuer- und Regelanlagen. Dazu gehören auch die Betriebskosten bis zur Abnahme. Die Kosten für das Erstellen und Schließen von Schlitzen und Durchführungen sowie von Rohr- und Kabelgräben werden in der Regel in der KG 300 erfasst."
[DIN 276:2018-12, S. 23]

Die vorliegenden Daten beziehen sich auf die folgenden Leistungsbereiche:

- Wärmeversorgungsanlagen – Betriebseinrichtungen (LB 040)
- Wärmeversorgungsanlagen – Leitungen, Armaturen, Heizflächen (LB 041)
- Gas- und Wasseranlagen – Leitungen, Armaturen (LB 042), inkl. Druckrohrleitungen für Gas, Wasser und Abwasser (LB 043)
- Abwasseranlagen – Leitungen, Abläufe, Armaturen (LB 044)
- Gas-, Wasser- und Entwässerungsanlagen – Ausstattung, Elemente, Fertigbäder (LB 045), inkl. Gas-, Wasser- und Entwässerungsanlagen – Betriebseinrichtungen (LB 046)
- Dämm- und Brandschutzarbeiten an technischen Anlagen (LB 047)
- Niederspannungsanlagen- Kabel/Leitungen, Verlegesysteme, Installationsgeräte (LB 053)
- Niederspannungsanlagen- Verteilersysteme und Einbaugeräte (LB 054)
- Leuchten und Lampen (LB 058), inkl. Sicherheitsbeleuchtungsanlagen (LB 059)
- Aufzüge (LB 069)
- Raumlufttechnische Anlagen (LB 075)

Zu den weiteren Leistungsbereichen nach STLB-Bau sind bei den dokumentierten Neubauten entweder (noch) keine Leistungen angefallen oder deren anteilige Kosten sind sehr gering gewesen und wurden vernachlässigt. Dazu gehören Feuerlöschanlagen (LB 049), Feuerlöschgeräte, Blitzschutz- / Erdungsanlagen, Überspannungsschutz (LB 050), Mittelspannungsanlagen (LB 052), Sicherheits- und Ersatzstromversorgungsanlagen (LB 055), Gebäudesystemtechnik (LB 057), Elektroakustische Anlagen, Sprechanlagen, Personenrufanlagen (LB 060), Kommunikationsnetze (LB 061), Kommunikationsanlagen (LB 062), Gefahrenmeldeanlagen (LB 063) sowie Gebäudeautomation (LB 070).

Was gehört sonst noch dazu und soll erwähnt werden? Zu den Abwasser- und Wasseranlagen gehören auch die Sanitärobjekte und Ausstattungselemente insbesondere für Bäder und Toiletten: WC, Hygiene-Spül-WC, (höhenverstellbare) Waschtische, Urinale, Stützgriffe, Installationselemente der Bad- und WC-Ausstattung (KG 419).

Spiegel, WC-Bürsten, WC-Toilettenpapierhalter; Duschabtrennungen, Seifenspender und Papiertuchspendenhalter mit Wandmontage bei der Bad- und WC-Ausstattung (KG 610 zu KG 410) können ebenfalls im Zusammenhang mit den Abwasser- und Wasseranlagen beauftragt und ausgeführt werden.

Für die Wärmeversorgung sind bei der Beauftragung und Bauausführung die Schornsteinarbeiten zu berücksichtigen. Bei der Bemessung von Aufzugsschächten, z.B. in Beton, sind die genauen Maße der Aufzugsanlagen und die Befestigungstechnik, z.B. Ankerschienen, rechtzeitig zu klären.

(→Tab. 13)

Matrix LB und KG – Gebäude und Innenräume: Technische Anlagen (Gebäudetechnik)												
Kostengruppen (KG) nach DIN 276:2018-12	**Leistungsbereiche (LB) nach STLB-Bau**											
	[...]	LB 040 Wärmeversorgungsanlagen – Betriebseinrichtungen	LB 041 Wärmeversorgungsanlagen – Leitungen, Armaturen, [...]	LB 042 Gas- und Wasseranlagen – Leitungen, Armaturen	LB 044 Abwasseranlagen – Leitungen, Abläufe, Armaturen	LB 045 Gas-, Wasser- und Entwässerungsanlagen – Ausstattung [...]	LB 047 Dämm- und Brandschutzarbeiten an technischen Anlagen	LB 053 Niederspannungsanlagen – Kabel/Leitungen, Verlegesysteme [...]	LB 054 Niederspannungsanlagen – Verteilersysteme und [...]	LB 058 Leuchten und Lampen	LB 069 Aufzüge	LB 075 Raumlufttechnische Anlagen
KG 400 Bauwerk – Technische Anlagen												
KG 411 Abwasseranlagen					x							
KG 412 Wasseranlagen				x		x						
KG 419 Sonstiges zu KG 410 (s.o.)						x						
KG 421 Wärmeerzeugungsanlagen		x	x									
KG 422 Wärmeverteilnetze		x	x				x					
KG 423 Raumheizflächen			x									
KG 431 Lüftungsanlagen							x					x
KG 442 Eigenstromversorgungsanlagen								x				
KG 444 Niederspannungsinstallationsanlagen								x	x			
KG 445 Beleuchtungsanlagen										x		
KG 461 Aufzugsanlagen											x	
KG 474 Feuerlöschanlagen				x								

Tab. 13: Matrix LB und KG – Gebäude und Innenräume – Technische Anlagen (GT) (x).
(BKI (Hrsg.): Baukosten Positionen Neubau 2026. Statistische Kostenkennwerte)

Zusammenfassung

Die planungsorientierte Kostengliederung nach DIN 276:2018-12, Kosten im Bauwesen, unterscheidet die Kosten von Gebäuden und Innenräumen nach Bauelementen. Bei der Ermittlung der Mengen von Bezugseinheiten ab der zweiten Ebene der Kostengliederung werden die Geometrie des Objekts und die Funktion wesentlicher Bauelemente erfasst. Von der Kostenschätzung bis zum Kostenanschlag soll diese Systematik beibehalten werden. Alternativ können die Kosten ausführungsorientiert gegliedert werden, dies kann nach unterschiedlichen Merkmalen und Gesichtspunkten erfolgen. Ab der Vorbereitung der Vergabe prägen die Unterscheidung von Vergabeeinheiten und die Bepreisung sowie die Angebotsprüfung und die Abrechnung auf der Ebene von Leistungspositionen die Kostenermittlung und Kostenkontrolle. Das gilt uneingeschränkt bei der Fachlosvergabe in Verbindung mit Einheitspreisverträgen.

Die von der DIN 276:2018-12 vorgegebenen Strukturen je Stufe der Kostenermittlung (Kostengruppen, technische Merkmale oder herstellungsmäßige Gesichtspunkte, Vergabeeinheiten, zusammengefasst als für das Bauprojekt festgelegte Strukturen) bieten bei konsequenter Anwendung eine Durchgängigkeit der Kosteninformationen von Leistungsphase zu Leistungsphase und damit von einer Stufe der Kostenermittlung bis zur nächsten. Das ist wichtig für die nachvollziehbare Kostenentwicklung im Bauprojekt und den Vergleich der Kostenermittlungen bzw. bei der Kostenkontrolle.

Bei pauschalierten Bauverträgen gehen diese für die Kostentransparenz so wichtigen Strukturen weitgehend verloren.

Wichtig ist am Ende einer Baumaßnahme die Bereitschaft der am Projekt Beteiligten, bei der Kostenfeststellung die Kosten der abgerechneten Einheitspreise in die dritte Ebene der Kostengliederung nach DIN 276 zurückzuführen. Die in diesem Beitrag gezeigten Tabellen sollen die Zusammenhänge der wesentlichen Strukturen (Kostengruppen (KG), Leistungsbereiche (LB) und Vergabeeinheiten (VE)) veranschaulichen. Beim Umgang mit Kostenermittlungen, Kostenkontrollen, Leistungsbeschreibungen und Abrechnungen sowie der Anwendung entsprechender Programme darf die Verknüpfung der genannten Strukturen niemals fehlen.

Literatur

Ausschuss der Verbände und Kammern der Ingenieure und Architekten für die Honorarordnung e.V. (Hrsg.): Besondere Leistungen bei der Objektplanung Gebäude und Innenräume, AHO Heft 34, Berlin: Bundesanzeiger, Januar 2016

Baukosteninformationszentrum Deutscher Architektenkammern (Hrsg.): BKI Baukosten Gebäude Neubau 2026. Statistische Kostenkennwerte, Baukosteninformationszentrum Deutscher Architektenkammern, Stuttgart 2026

Baukosteninformationszentrum Deutscher Architektenkammern (Hrsg.): BKI Baukosten Bauelemente Neubau 2026. Statistische Kostenkennwerte, Baukosteninformationszentrum Deutscher Architektenkammern, Stuttgart 2026

Baukosteninformationszentrum Deutscher Architektenkammern (Hrsg.): BKI Baukosten Positionen Neubau 2026. Statistische Kostenkennwerte, Baukosteninformationszentrum Deutscher Architektenkammern, Stuttgart 2026

DIN 276:1934-08, Kosten von Hochbauten und damit zusammenhängenden Leistungen

DIN 276:1993-06, Kosten im Hochbau

DIN 276:2018-12, Kosten im Bauwesen

Die Baustelleneinrichtung sicher und wirtschaftlich planen (baua.de), aufgerufen am 16.02.2021

Honorarordnung für Architekten und Ingenieure (HOAI 1977)

Honorarordnung für Architekten und Ingenieure (HOAI 2021)

Kalusche, Wolfdietrich (Hrsg.): BKI Handbuch Terminplanung für Architekten, Baukosteninformationszentrum Deutscher Architektenkammern, Stuttgart 2020

Standardleistungsbuch für das Bauwesen (STLB-Bau)

Bauordnung für das Land Nordrhein-Westfalen (Landesbauordnung 2018 - BauO NRW 2018) Vom 21. Juli 2018 (GV. NRW. S. 421) geändert am 26. März 2019 (GV. NRW. S. 193

Siemon, K; Meier, F.: Koordinieren und Integrieren, in DAB 09/2015. Koordinieren und integrieren – DAB online | Deutsches Architektenblatt, aufgerufen am 09.02.2021

Antworten auf häufig gestellte Fragen finden Sie im Internet unter: *www.bki.de/faq*

Abkürzungsverzeichnis

Einheiten

µm	Mikrometer
m	Meter
m^2	Quadratmeter
m^3	Kubikmeter
cm	Zentimeter
cm^2	Quadratzentimeter
cm^3	Kubikzentimeter
dm	Dezimeter
dm^2	Quadratdezimeter
dm^3	Kubikdezimeter
mm	Millimeter
mm^2	Quadratmillimeter
mm^3	Kubikmillimeter
kg	Kilogramm
N	Newton
kN	Kilonewton
MN	Meganewton
mbar	Millibar
mym	Myriameter
kW	Kilowatt
W	Watt
kWel	elektrische Leistung in Kilowatt
kWth	thermische Leistung in Kilowatt
kWp	Kilowatt peak
t	Tonnen
l	Liter
lx	Lux
St	Stück
h	Stunde
min	Minute
s	Sekunde
psch	Pauschal
d	Tage
DPr	Proctordichte

Kombinierte Einheiten

h/[Einheit]	Stunde pro [Einheit] = Ausführungsdauer
mh	Meter pro Stunde
md	Meter pro Tag
mWo	Meter pro Woche
mMt	Meter pro Monat
ma	Meter pro Jahr
m^2d	Quadratmeter pro Tag
m^2Wo	Quadratmeter pro Woche
m^2Mt	Quadratmeter pro Monat
m^3d	Kubikmeter pro Tag
m^3Wo	Kubikmeter pro Woche
m^3Mt	Kubikmeter pro Monat
Sth	Stück pro Stunde
Std	Stück pro Tag
StWo	Stück pro Woche

Kombinierte Einheiten (Fortsetzung)

StMt	Stück pro Monat
td	Tonne pro Tag
tWo	Tonne pro Woche
tMt	Tonne pro Monat

Mengenangaben

A	Fläche
V	Volumen
D	Durchmesser
d	Dicke
e	Achsabstand
h	Höhe
b	Breite
l	Länge
t	Tiefe
lw	lichte Weite
k	k-Wert
R	Radius
U	u-Wert

Rechenzeichen

$<$	kleiner
$>$	größer
$\leq$	kleiner gleich
$\geq$	größer gleich
-	bis

Abkürzungen

AN	Auftragnehmer
AG	Auftraggeber
AK	Außenkante
AP	Arbeitsplätze
APP	Appartement
ATV	allgemeine technische Vertragsbedingungen
BB	BB-Schloss=Buntbartschloss
BK	Bodenklasse
BSH	Brettschichtholz
DD	DD-Lack=Polyurethan-Lack
DN	Durchmesser, Nennmaß (DN80)
DF	Dünnformat
DG	Dachgeschoss
DK	Dreh-/Kipp(-flügel)
DHH	Doppelhaushälfte
EG	Erdgeschoss
ELW	Einliegerwohnung
einschl.	einschließlich
ETW	Etagenwohnung
EPS	expandierter Polystyrolschaum
ESG	Einscheiben-Sicherheitsglas
FFB	Fertigfußboden

Abkürzungsverzeichnis

Abkürzungen

F90-A	Feuerwiderstandsklasse 90min
gem.	gemäß
ggf.	gegebenenfalls
GK	Gipskarton
GKB	Gipskarton-Bauplatten
GKF	Gipskarton-Feuerschutz
GKI	Gipskarton - imprägniert
GKL	Güteklasse
Gl	Glieder (Heizkörper)
HLz	Hochlochziegel
HDF	hochdichte Faserplatte
HT	Hochtemperatur-Abflussrohr
inkl.	inklusive
i.L.	im Lichten
i.M.	im Mittel
KG	Kellergeschoss
KG	Kunststoff Grundleitung
KFZ	Kraftfahrzeug
KITA	Kindertagesstätte
KS	Kalksandstein
KSL	Kalksandstein-Lochstein
KSV	Kalksandstein-Vollstein
KSVm	Kalksandstein-Vormauerwerk
KVH	Konstruktionsvollholz
LM	Leichtmetall
LZR	Luftzwischenraum (Isolierglas)
MF	Mineralfaser
MG	Mörtelgruppe
MW	Mauerwerk
MW	Mineralwolle
MW	Maulweite (Zargen)
NF	Normalformat
niro	nichtrostend
NUF	Nutzungsfläche
NF	Nut und Feder
NH	Nadelholz
OG	Obergeschoss
OK	Oberkante
OSB	Oriented Strand Board, Spanplatte
PE	Polyethylen
PE-HD	Polyethylen, hohe Dichte
PES	Polyester
PP	Polypropylen
PS	Polystyrol
PU	Polyurethan

Abkürzungen

PVC	Polyvinylchlorid
PZ	Profilzylinder
RD	rauchdicht
RH	Reihenhaus
RRM	Rohbaurichtmaß
RS	Rauchschutz (Türen)
RW	Regenwasser
RWA	Rauch-Wärme-Abzug
SML	Gusseisen-Abwasserrohr
Stb	Stahlbeton
STP	Stellplatz
Stg	Steigung
TG	Tiefgarage
T30	Tür mit Feuerwiderstand 30min
UG	Untergeschoss
UK	Unterkante
UK	Unterkonstruktion
VK	Vorderkante
VSG	Verbund-Sicherheitsglas
V2A / V4A	Edelstahl
WDVS	Wärmedämmverbundsystem
WE	Wohneinheit
WK	Einbruch-Widerstandsklasse
WLG	Wärmeleitgruppe
WLS	Wärmeleitstufe
WU	wasserundurchlässig (Beton)
ZTV	zusätzl. techn. Vertragsbedingungen

Abkürzungen Pflanzqualitäten

Str	Strauch
Sol	Solitär
He	Heckenpflanze
Bu	Busch
H	Hochstamm
vStr	verpflanzter Strauch
v	verpflanzt
xv	x-mal verpflanzt (1, 2 usw.)
oB	ohne Ballen
mB	mit Ballen
mDb	mit Drahtballen
P (0,5-1,0)	mit Topf (Topfgröße)
C	mit Container
Tr	Triebe
StU	Stammumfang
Sth	Stammhöhe

Gliederung in Leistungsbereiche nach STLB-Bau

Als Beispiel für eine ausführungsorientierte Ergänzung der Kostengliederung werden im Folgenden die Leistungsbereiche des Standardleistungsbuches für das Bauwesen in einer Übersicht dargestellt.

000 Baustelleneinrichtungen; Verkehrssicherungs- und Sicherheitseinrichtungen
001 Gerüstarbeiten
002 Erdarbeiten
003 Landschaftsbauarbeiten
004 Landschaftsbauarbeiten, Pflanzen
005 Brunnenbauarbeiten und Aufschlussbohrungen
006 Spezialtiefbauarbeiten
007 Untertagebauarbeiten
008 Wasserhaltungsarbeiten
009 Entwässerungskanalarbeiten
010 Drän- und Versickerungsarbeiten
011 Abscheider- und Kleinkläranlagen
012 Mauerarbeiten
013 Betonarbeiten
014 Natur-, Betonwerksteinarbeiten
016 Zimmer- und Holzbauarbeiten
017 Stahlbauarbeiten
018 Abdichtungsarbeiten
019 Kampfmittelräumarbeiten
020 Dachdeckungsarbeiten
021 Dachabdichtungsarbeiten
022 Klempnerarbeiten
023 Putz- und Stuckarbeiten, Wärmedämmsysteme
024 Fliesen- und Plattenarbeiten
025 Estricharbeiten
026 Fenster, Außentüren
027 Tischlerarbeiten
028 Parkett-, Holzpflasterarbeiten
029 Beschlagarbeiten
030 Rollladenarbeiten
031 Metallbauarbeiten
032 Verglasungsarbeiten
033 Baureinigungsarbeiten
034 Maler- und Lackierarbeiten - Beschichtungen
035 Korrosionsschutzarbeiten an Stahlbauten
036 Bodenbelagsarbeiten
037 Tapezierarbeiten
038 Vorgehängte hinterlüftete Fassaden
039 Trockenbauarbeiten
040 Wärmeversorgungsanlagen - Betriebseinrichtungen
041 Wärmeversorgungsanlagen - Leitungen, Armaturen, Heizflächen
042 Gas- und Wasseranlagen - Leitungen und Armaturen
043 Druckrohrleitungen für Gas, Wasser und Abwasser
044 Abwasseranlagen - Leitung, Abläufe, Armaturen
045 Gas-, Wasser- und Entwässerungsanlagen - Ausstattung, Elemente, Fertigbäder
046 Gas-, Wasser- und Entwässerungsanlagen - Betriebseinrichtungen
047 Dämm- und Brandschutzarbeiten an technischen Anlagen
049 Feuerlöschanlagen, Feuerlöschgeräte
050 Blitzschutz- / Erdungsanlagen, Überspannungsschutz
051 Kabelleitungstiefbauarbeiten
052 Mittelspannungsanlagen
053 Niederspannungsanlagen - Kabel / Leitungen, Verlegesysteme, Installationsgeräte
054 Niederspannungsanlagen - Verteilersysteme und Einbaugeräte
055 Sicherheits- und Ersatzstromversorgungsanlagen
057 Gebäudesystemtechnik
058 Leuchten und Lampen
059 Sicherheitsbeleuchtungsanlagen
060 Such-, Signal-, Zeitdienst-, Antennen-, elektroakustische Anlagen, Medientechnik
061 Kommunikations- und Übertragungsnetze
062 Kommunikationsanlagen
063 Gefahrenmeldeanlagen
064 Zutrittskontroll-, Zeiterfassungssysteme
069 Aufzüge
070 Gebäudeautomation
075 Raumlufttechnische Anlagen
078 Kälteanlagen für raumlufttechnische Anlagen
080 Straßen, Wege, Plätze
081 Betonerhaltungsarbeiten
082 Bekämpfender Holzschutz
084 Abbruch-, Rückbau- und Schadstoffsanierungsarbeiten
085 Rohrvortriebsarbeiten
087 Abfallentsorgung, Verwertung und Beseitigung
090 Baulogistik
091 Stundenlohnarbeiten
096 Bauarbeiten an Bahnübergängen
097 Bauarbeiten an Gleisen und Weichen
098 Witterungsschutzmaßnahmen

A Rohbau

Titel des Leistungsbereichs	LB-Nr.
Baustelleneinrichtungen; Verkehrssicherungs- und Sicherheitseinrichtungen	000
Gerüstarbeiten	001
Erdarbeiten	002
Spezialtiefbauarbeiten	006
Wasserhaltungsarbeiten	008
Entwässerungskanalarbeiten	009
Drän- und Versickerarbeiten	010
Mauerarbeiten	012
Betonarbeiten	013
Natur-, Betonwerksteinarbeiten	014
Zimmer- und Holzbauarbeiten	016
Stahlbauarbeiten	017
Abdichtungsarbeiten	018
Dachdeckungsarbeiten	020
Dachabdichtungsarbeiten	021
Klempnerarbeiten	022

LB 000 Baustellen-einrichtungen; Verkehrssicherungs- und Sicherheits-einrichtungen

000

Kosten:
Stand 1.Quartal 2026
Bundesdurchschnitt

► min
▷ von
ø Mittel
◁ bis
◄ max

Nr.	Positionen	Einheit	►	▷	ø brutto € / ø netto €	◁	◄
1	Stammschutz, Brettermantel, Polsterung, bis 30cm	St	53	72	**79**	98	130
			45	60	**67**	83	110
2	Stammschutz, Brettermantel, bis 50cm	St	72	95	**106**	119	146
			61	79	**89**	100	123
3	Fußgängerschutz, Gehwege	m	62	78	**87**	91	103
			52	66	**73**	76	87
4	Übergangs-/Fußgängerbrücke	St	123	178	**200**	283	404
			104	150	**168**	237	340
5	Laufsteg - Zugang Gebäude	m	78	116	**121**	130	172
			66	97	**102**	109	144
6	Bauzaun, Bretter, H 2,0m	m	18	24	**25**	28	33
			15	20	**21**	23	27
7	Bauzaun, Stahlrohrrahmen, H 2,0m	m	8	13	**15**	19	27
			7	11	**13**	16	23
8	Bauzaun umsetzen, Bretter	m	5	8	**9**	10	14
			4	7	**7**	8	12
9	Bauzaun umsetzen, Stahlrohrrahmen	m	3	6	**7**	9	11
			3	5	**6**	7	9
10	Bauzaun vorhalten	mWo	0,2	0,4	**0,5**	0,7	1,1
			0,2	0,3	**0,4**	0,6	0,9
11	Bauzaunbeleuchtung, öffentlicher Raum	St	27	49	**49**	55	77
			22	41	**41**	46	65
12	Absturzsicherung, Seitenschutz	m	16	23	**26**	31	46
			14	19	**22**	26	39
13	Tor, Bauzaun, Breite 3,50m	St	129	163	**174**	200	256
			108	137	**146**	168	215
14	Tür, Bauzaun, Breite 1,00m	St	104	137	**155**	165	200
			87	115	**130**	138	168
15	Tür, Bauzaun, Breite 1,50m	St	117	154	**168**	203	249
			99	129	**141**	170	209
16	Baustraße, Breite bis 2,50m	m²	22	31	**34**	38	51
			18	26	**29**	32	43
17	Hilfsüberfahrt, Baustellenverkehr	m²	31	48	**56**	60	81
			26	41	**47**	50	68
18	Hilfsüberfahrt, Stahlplatte	St	134	184	**202**	218	244
			112	154	**170**	183	205
19	Kabelbrücke, Strom-/Wasserleitung, herstellen	St	1.307	1.984	**2.421**	2.900	3.847
			1.099	1.667	**2.035**	2.437	3.233
20	Verkehrseinrichtung, Verkehrszeichen	St	22	49	**52**	78	133
			19	41	**43**	66	112
21	Verkehrssicherung, Baustelle	m	32	55	**58**	78	106
			27	46	**49**	65	89
22	Verkehrsregelung, Lichtsignalanlage	psch	754	1.532	**1.672**	2.234	3.294
			634	1.287	**1.405**	1.877	2.768
23	Grenzstein sichern	St	39	64	**66**	73	85
			33	54	**55**	61	72
24	Lagerplatz einrichten und räumen	m²	9	20	**23**	29	37
			8	17	**19**	24	31

Nr.	Positionen	Einheit	►	▷	ø brutto € / ø netto €	◁	◄
25	Bauwasseranschluss, 3 Zapfstellen	St	308	676	**821**	1.111	1.681
			259	568	**690**	933	1.413
26	Bauwasseranschluss heranführen	m	18	32	**37**	53	78
			15	27	**31**	45	65
27	Schmutzwasseranschluss herstellen	St	383	500	**557**	606	711
			322	420	**468**	509	597
28	Baustromanschluss	St	355	779	**933**	1.143	1.747
			298	655	**784**	960	1.468
29	Baustrom, Zuleitung	m	13	24	**28**	31	38
			11	20	**24**	26	32
30	Baustellenbeleuchtung, innen	psch	1.777	3.101	**3.654**	3.969	4.966
			1.493	2.606	**3.071**	3.336	4.173
31	Container, Bauleitung, 15m²	St	1.678	2.431	**2.772**	3.282	4.072
			1.410	2.043	**2.329**	2.758	3.422
32	WC-Kabine	St	71	116	**131**	145	178
			59	97	**110**	122	150
33	Sanitärcontainer	St	822	1.770	**2.070**	2.602	3.631
			690	1.487	**1.740**	2.186	3.051
34	Sanitärcontainer vorhalten	StWo	92	120	**130**	138	170
			77	101	**109**	116	143
35	Kranaufstandsfläche herstellen	m²	14	20	**22**	25	31
			12	17	**18**	21	26
36	Krannutzung	h	91	167	**198**	228	299
			76	140	**166**	191	252
37	Autokran, bis 70t	h	163	245	**281**	282	383
			137	206	**236**	237	321
38	Bauaufzug, 200kg, Material und Personen	St	764	1.155	**1.266**	1.587	2.113
			642	971	**1.064**	1.334	1.775
39	Bauaufzug, 1.000kg, Material und Personen	St	2.530	4.478	**5.030**	5.743	7.061
			2.126	3.763	**4.227**	4.826	5.934
40	Bauaufzug, 1.500kg Material	St	5.018	7.825	**10.080**	13.605	16.992
			4.217	6.576	**8.470**	11.433	14.279
41	Bauaufzug, vorhalten	StWo	–	503	**823**	1.106	–
			–	423	**691**	929	–
42	Schutzabdeckung, Boden, Holzplatten	m²	12	19	**22**	28	36
			10	16	**18**	23	31
43	Bautrocknung, Kondensationstrockner	St	189	286	**329**	393	570
			159	240	**276**	330	479
44	Bautreppe, zweiläufig	St	235	592	**728**	874	1.180
			198	498	**612**	735	991
45	Laufbrücke, Holz	m	78	115	**121**	134	157
			66	97	**101**	112	132
46	Schutzwand, Folienbespannung	m²	13	25	**32**	37	49
			11	21	**27**	31	41
47	Schutzwand, Holz beplankt	m²	25	44	**48**	64	93
			21	37	**40**	54	78
48	Bautür, Stahlblech	St	103	240	**299**	404	643
			87	202	**251**	340	540

Kosten:
Stand 1. Quartal 2026
Bundesdurchschnitt

Nr.	Positionen	Einheit	▶	▷	ø brutto € / ø netto €	◁	◀
49	Bautür, Holz	St	141	230	**251**	325	517
			118	193	**211**	273	435
50	Witterungsschutz, Fensteröffnung	m²	11	26	**34**	45	67
			9	22	**29**	38	56
51	Meterriss	St	9	26	**33**	45	71
			8	22	**28**	38	60
52	Höhenfestpunkt, Einschlagbolzen	St	26	67	**82**	113	169
			22	57	**69**	95	142
53	Bauschuttcontainer, gemischter Bauschutt, 7m³	St	470	820	**947**	1.046	1.323
			395	689	**796**	879	1.112
54	Bauschuttcontainer, sortierter Bauschutt, 7m³	St	335	535	**651**	879	1.195
			282	450	**547**	738	1.004
55	Bauschild, Grundplatte	St	1.413	2.608	**2.988**	3.991	6.324
			1.188	2.191	**2.511**	3.353	5.314
56	Bauschild, Firmenleiste	St	52	109	**129**	183	278
			44	92	**108**	154	234
57	Schuttabwurfschacht, bis 12,00m	m	29	40	**46**	59	81
			24	33	**39**	50	68
58	Schuttabwurfschacht, bis 12,00m	St	205	385	**408**	510	806
			172	323	**343**	429	677
59	Stundensatz, Facharbeiter/-in	h	74	85	**90**	95	106
			62	71	**76**	80	89
60	Stundensatz, Helfer/-in	h	61	74	**80**	85	95
			51	62	**67**	71	80

Nr. **Kurztext** / Langtext — Kostengruppe
▶ ▷ **ø netto €** ◁ ◀ [Einheit] Ausf.-Dauer Positionsnummer

1 Stammschutz, Brettermantel, Polsterung, bis 30cm — KG **211**

Stammschutz gegen mechanische Schäden, während der gesamten Bauzeit.
Stammdurchmesser: bis 30 cm, gemessen in 1 m Höhe
Material: Brettermantel mit Polsterung
Stammabstand: mind. 10 cm
Bohlendicke: ..... mm
Höhe: 2,00 m

45€ 60€ **67€** 83€ 110€ [St] ⏱ 0,90h/St 000.000.078

2 Stammschutz, Brettermantel, bis 50cm — KG **211**

Stammschutz gegen mechanische Schäden, während der gesamten Bauzeit.
Stammdurchmesser: bis 50 cm, gemessen in 1 m Höhe
Material: Brettermantel mit Polsterung
Stammabstand: mind. 10 cm
Bohlendicke: ..... mm
Höhe: 2,00 m

61€ 79€ **89€** 100€ 123€ [St] ⏱ 1,00h/St 000.000.079

▶ min
▷ von
ø Mittel
◁ bis
◀ max

Nr.	**Kurztext** / Langtext						Kostengruppe
▶	▷	**ø netto €**	◁	◀	[Einheit]	Ausf.-Dauer	Positionsnummer

3 Fußgängerschutz, Gehwege KG **391**

Schutzdach zur Sicherung von Gehwegen, aus Holz-Konstruktion, mit trittsicherem Belag, einseitig offen und mit Brett auf Handlaufhöhe, einschl. wetterfester Abdeckung des Schutzdachs mit glasvliesarmierter Bitumenbahn, überlappend verlegt und auf Holzgrund genagelt.
Nutzbreite: mind. 1,00 m
Durchgangshöhe: mind. 2,10 m
Gebrauchsüberlassung: 4 Wochen

52€	66€	**73€**	76€	87€	[m]	⏱ 1,40h/m	000.000.063

4 Übergangs-/Fußgängerbrücke KG **391**

Fußgängerhilfsbrücke für öffentlichen Verkehr herstellen, vorhalten und beseitigen. Hilfsbrücke mit Schutzgeländer, Schutzdach, Fundamenten und Widerlagern.
Neigung Rampen: max. .....°
Dauer: Bauzeit, gem. Anlage .....
Nutzlast: 5,0 kN/m^2
Nutzbreite: 1,50 m
Länge: 2,50 m
Lichte Durchfahrtshöhe: 3,50 m
Ausführung gem. anliegender Zeichnung Nr. .....
Vorhaltedauer: ..... Wochen
Abrechnung Pauschal = 1 St

104€	150€	**168€**	237€	340€	[St]	⏱ 1,00h/St	000.000.075

5 Laufsteg - Zugang Gebäude KG **391**

Laufsteg für Baustellenzugang zum Gebäude herstellen, vorhalten und nach Abruf durch Bauüberwachung wieder beseitigen. Konstruktion unverrückbar gegründet, Ausführung gem. Vorschlag des AN und Freigabe durch die Bauüberwachung.
Laufsteg mit leichtem Gefälle: .....°
Oberfläche: rutschsicher profiliert
Spannweiten: ca. .... m
Schutzgeländer: beidseitig
Nutzlast: ..... kN/m^2
Nutzbreite ..... m
Länge: ..... m
Vorhaltedauer: ..... Wochen

66€	97€	**102€**	109€	144€	[m]	⏱ 0,50h/m	000.000.103

6 Bauzaun, Bretter, H 2,0m KG **391**

Bauzaun als Schutzzaun auf unbefestigten waagerechten Untergrund aufstellen, vorhalten und beseitigen. Türen und Tore werden gesondert vergütet.
Bauart: Bretter
Zaunhöhe: 2,00 m
Vorhaltedauer: 4 Wochen

15€	20€	**21€**	23€	27€	[m]	⏱ 0,20h/m	000.000.080

Kosten:
Stand 1. Quartal 2026
Bundesdurchschnitt

▶ min
▷ von
ø Mittel
◁ bis
◀ max

Nr.	Kurztext / Langtext					Kostengruppe
▶	▷	**ø netto €**	◁	◀	[Einheit] Ausf.-Dauer	Positionsnummer

7 Bauzaun, Stahlrohrrahmen, H 2,0m KG **391**

Bauzaun als Schutzzaun auf unbefestigten waagerechten Untergrund aufstellen, vorhalten und beseitigen. Türen und Tore werden gesondert vergütet.
Bauart: Stahlrohrrahmen, versetzbar
Zaunhöhe: 2,00 m
Vorhaltedauer: 4 Wochen

7€ | 11€ | **13€** | 16€ | 23€ | [m] | ⏱ 0,11 h/m | 000.000.081

8 Bauzaun umsetzen, Bretter KG **391**

Bauzaun umsetzen auf unbefestigtem waagerechten Untergrund, inkl. Tore und Türen.
Zaunhöhe: 2,00 m
Bauart: Bretter
Tore/Türen: .....
Umsetzweg: bis .....

4€ | 7€ | **7€** | 8€ | 12€ | [m] | ⏱ 0,14 h/m | 000.000.099

9 Bauzaun umsetzen, Stahlrohrrahmen KG **391**

Bauzaun umsetzen auf unbefestigtem waagerechten Untergrund, inkl. Tore und Türen.
Zaunhöhe: 2,00 m
Bauart: Stahlrohrrahmen
Tore/Türen: .....
Umsetzweg: bis .....

3€ | 5€ | **6€** | 7€ | 9€ | [m] | ⏱ 0,10 h/m | 000.000.082

10 Bauzaun vorhalten KG **391**

Bauzaun, wie vor beschrieben, über die Grundvorhaltedauer hinaus vorhalten. Ausführung inkl. Tore und Türen.
Zaunhöhe: 2,00 m
Bauart: .....
Tore/Türen: .....
Abrechnung je weitere Woche

0,2€ | 0,3€ | **0,4€** | 0,6€ | 0,9€ | [mWo] | – | 000.000.112

11 Bauzaunbeleuchtung, öffentlicher Raum KG **391**

Sicherungsleuchten für Bauzaun, in öffentlichem Raum, montieren und nach Aufforderung komplett entfernen, inkl. Kontrolle, Wartung.
Ausführung: **versorgungsnetzabhängig / versorgungsnetzunabhängig**
Leuchtstärke: lx
Vorhaltedauer: ..... Wochen

22€ | 41€ | **41€** | 46€ | 65€ | [St] | ⏱ 0,12 h/St | 000.000.065

12 Absturzsicherung, Seitenschutz KG **391**

Seitenschutz entsprechend DGUV Information 201-023 und DIN EN 12811-1, einschl. Vorhaltung und Rückbau, montiert an freiliegenden Treppenläufen und -podesten zur Absturzsicherung. Die Konstruktion ist so auszuführen, dass die im Bereich der Schutzeinrichtung tätigen Gewerke nicht behindert werden.
Vorhaltedauer: ..... Wochen

14€ | 19€ | **22€** | 26€ | 39€ | [m] | ⏱ 0,10 h/m | 000.000.107

Nr.	Kurztext / Langtext						Kostengruppe
▶	▷	**ø netto €**	◁	◀	[Einheit]	Ausf.-Dauer	Positionsnummer

13 Tor, Bauzaun, Breite 3,50m KG **391**

Behelfsmäßiges Tor im Bauzaun, abschließbar. Einbauen, Vorhalten und wieder entfernen.
Ausführung: zum Bauzaun passend
Bodenabstand: 20 cm
Torhöhe: 2,00 m
Öffnungsbreite: 3,50 m
Vorhaltedauer: ..... Wochen

108€ | 137€ | **146€** | 168€ | 215€ | [St] | ⏱ 2,00h/St | 000.000.083

A 2 Tür, Bauzaun Beschreibung für Pos. **14-15**

Behelfsmäßige Tür im Bauzaun, abschließbar. Einbauen, Vorhalten und wieder entfernen.
Ausführung: zum Bauzaun passend

14 Tür, Bauzaun, Breite 1,00m KG **391**

Wie Ausführungsbeschreibung A 2
Bodenabstand: 20 cm
Türhöhe: 2,00 m
Öffnungsbreite: 1,00 m
Vorhaltedauer: ..... Wochen

87€ | 115€ | **130€** | 138€ | 168€ | [St] | ⏱ 1,00h/St | 000.000.100

15 Tür, Bauzaun, Breite 1,50m KG **391**

Wie Ausführungsbeschreibung A 2
Bodenabstand: 20 cm
Türhöhe: 2,00 m
Öffnungsbreite: 1,50 m
Vorhaltedauer: ..... Wochen

99€ | 129€ | **141€** | 170€ | 209€ | [St] | ⏱ 1,05h/St | 000.000.086

16 Baustraße, Breite bis 2,50m KG **391**

Verkehrsfläche, temporär, in Geländehöhe für nichtöffentlichen Baustellenverkehr herstellen und nach Aufforderung durch die Bauleitung wieder beseitigen.
Ausführung: hydraulisch gebunden, frostsicher
Bindemittel: nach Wahl des Auftragnehmers
Gesteinskörnung: .....
Gesteinstyp: .....
Verkehrslast: ..... kN/m²
Dicke: **20 / 30 /** ..... cm
Dicke: frostsichere Ausführung
Wegbreite: bis 2,50 m

18€ | 26€ | **29€** | 32€ | 43€ | [m²] | ⏱ 0,18h/m² | 000.000.003

Kosten:
Stand 1. Quartal 2026
Bundesdurchschnitt

Nr.	Kurztext / Langtext						Kostengruppe
▶	▷	ø netto €	◁	◀	[Einheit]	Ausf.-Dauer	Positionsnummer

17 **Hilfsüberfahrt, Baustellenverkehr** KG **391**

Überfahrt zur Baustelle für Baustellenverkehr mit niveaugleichem Schutz der Randsteinkante. Überfahrt herstellen, vorhalten und restlos entfernen.
Ausführung: über **Gehweg / Gräben**
Verkehrslast: ..... kN/m²
Randsteinkante: .....
Abmessungen: .....
Breite: ..... m
Gehwegbreite: ..... m
Vorhaltedauer: ..... Wochen

▶	▷	ø	◁	◀	Einheit	Ausf.-Dauer	Positionsnummer
26€	41€	**47€**	50€	68€	[m²]	⏱ 0,20h/m²	000.000.066

18 **Hilfsüberfahrt, Stahlplatte** KG **391**

Überfahrt zur Baustelle über Aushubbereiche mit Stahlplatten für Baustellenverkehr. Überfahrt herstellen, vorhalten und entfernen.
Ausführung: über Gräben
Verkehrslast: ..... kN/m²
Grabenbreite: 2,50m
Spannweite: bis ..... m
Vorhaltedauer: ..... Wochen

▶	▷	ø	◁	◀	Einheit	Ausf.-Dauer	Positionsnummer
112€	154€	**170€**	183€	205€	[St]	⏱ 0,20h/St	000.000.056

19 **Kabelbrücke, Strom-/Wasserleitung, herstellen** KG **391**

Kabelbrücke über Straße herstellen, vorhalten und wieder entfernen, Brücke aus zwei Pfosten, unverrückbar und sturmsicher verankert, sowie Fachwerkträger zur Überspannung, Konstruktion mit weiß-rotem Band umwickelt, einschl. notwendiger Beschilderung.
Nutzbreite: 0,50 m
Straßenbreite: .....
Durchfahrtshöhe: mind. 4,20 m
Vorhaltedauer: ..... Wochen
Einbauort: öffentliche Straße
Querung für: **Stromleitung / Wasserleitung**

▶	▷	ø	◁	◀	Einheit	Ausf.-Dauer	Positionsnummer
1.099€	1.667€	**2.035€**	2.437€	3.233€	[St]	⏱ 10,00h/St	000.000.033

20 **Verkehrseinrichtung, Verkehrszeichen** KG **391**

Verkehrseinrichtung mit Verkehrsschildern herstellen, vorhalten, betreiben und wieder demontieren, Markierungen rot-weiß und reflektierend, gem. Verkehrszeichenplan oder nach Absprache mit Tiefbauamt, sämtliche Schilder verkehrssicher fixiert.
Eignung: **Straßenverkehr / Fußgängerverkehr**
Anzahl der Schilder: .....
weitere Anforderungen: .....
Vorhaltedauer: ..... Wochen

▶	▷	ø	◁	◀	Einheit	Ausf.-Dauer	Positionsnummer
19€	41€	**43€**	66€	112€	[St]	⏱ 0,22h/St	000.000.022

▶ min
▷ von
ø Mittel
◁ bis
◀ max

21 Verkehrssicherung, Baustelle KG **391**

Baustelle Verkehrssicherungseinrichtung, gem. beiliegendem Verkehrssicherungsplan, lt. Vorschriften der Straßenverkehrsordnung kennzeichnen und sichern, über die gesamte Bauzeit Tag und Nacht vorhalten und nach Fertigstellung abbauen. Leistung inkl. Sicherstellung der Funktionstüchtigkeit der Verkehrssicherung auch bei Nacht. Für die Ausführung werden vom AG Übersichtszeichnungen zur Verfügung gestellt. Abrechnungseinheit ist die angrenzende Länge zum öffentlichen Raum.
Vorhaltedauer/Bauzeit: ..... Wochen

27€ 46€ **49€** 65€ 89€ [m] ⏱ 0,20 h/m 000.000.037

22 Verkehrsregelung, Lichtsignalanlage KG **391**

Verkehrsregelung gem. STVO mit funkgesteuerter, automatischer Signallichtanlage, einschl. aller für den Betrieb notwendigen Komponenten, der Vorhalte- und Betriebskosten, sowie dem Versetzen der Anlage.
Anzahl funkgesteuerter Signallichtanlagen im 24/7-Betrieb: 2
Abstand der Anlagen: ..... m
Stromversorgung: netzunabhängig - Batterie
Vorhaltedauer: ..... Wochen

634€ 1.287€ **1.405€** 1.877€ 2.768€ [psch] ⏱ 2,20 h/psch 000.000.032

23 Grenzstein sichern KG **391**

Grenzstein sichern, über gesamte Bauzeit.
Art/Größe des Grenzsteins: .....

33€ 54€ **55€** 61€ 72€ [St] ⏱ 1,00 h/St 000.000.076

24 Lagerplatz einrichten und räumen KG **391**

Lagerplatz auf dem Baugrundstück einrichten und räumen. Lage siehe anliegenden Baustelleneinrichtungsplan.
Nutzung geeignet für: Sortierung und Lagerung von Baustellenabfällen

8€ 17€ **19€** 24€ 31€ [m²] ⏱ 0,08 h/m² 000.000.101

25 Bauwasseranschluss, 3 Zapfstellen KG **391**

Bauwasseranschluss herstellen für die Verwendung von Dritten, inkl. Beantragung beim zuständigen Versorgungsunternehmen. Abbau auf Anweisung durch die Bauleitung. Die Abrechnung an die beteiligten Firmen erfolgt über Zwischenzähler.
Zapfstellen: 3 St
Vorhaltedauer: ..... Wochen

259€ 568€ **690€** 933€ 1.413€ [St] ⏱ 12,50 h/St 000.000.007

26 Bauwasseranschluss heranführen KG **391**

Provisorische Anschlussleitung für Bauwasser, vom öffentlichen Anschlusspunkt lt. Baustelleneinrichtungsplan bis zum bauseitigen Bauwasserverteiler heranführen, inkl. notwendiger Erdarbeiten und Abdeckung der Leitung im öffentlichen Bereich. Leistung bestehend aus: Herstellung der Leitung, Vorhalten und Beseitigung, Vergütung einer evtl. erforderlichen Begleitheizung nach gesonderter Position.
Öffentlicher Bereich: .....
Leitungsgröße: DN32

Nr.	Kurztext / Langtext						Kostengruppe
▶	▷	ø netto €	◁	◀	[Einheit]	Ausf.-Dauer	Positionsnummer

Boden: Homogenbereich 1, mit einer Bodengruppe, Bodengruppe: ..... DIN 18196
- Steinanteil: bis ..... % Massenanteil DIN EN ISO 14688-1
- Konsistenz DIN EN ISO 14688-1: .....
- Lagerungsdichte: .....

Vorhaltedauer: ..... Wochen

15€	27€	**31€**	45€	65€	[m]	⏱ 0,14h/m	000.000.046

27 Schmutzwasseranschluss herstellen KG **391**

Schmutzwasseranschluss an Kanal herstellen, inkl. Beantragung beim zuständigen Versorgungsunternehmen, Abbau/Rückbau auf Anweisung durch die Bauleitung.
Nenngröße: **DN100 / DN150**
Material: .....
Tiefenlage: .....
Vorhaltedauer: ..... Wochen

322€	420€	**468€**	509€	597€	[St]	⏱ 2,20h/St	000.000.067

28 Baustromanschluss KG **391**

Baustrom-Hauptanschluss herstellen, vor- und unterhalten, Anfangszählerstand mit der Bauleitung feststellen und schriftlich protokollieren, vor Abbau den Zähler-Endstand festhalten.
Ausstattung: Zwischenzähler, Schuko- und Drehstromsteckdosen in ausreichender Anzahl, FI-Schutzschalter und Sicherungen
Zuleitung: bis 50 m
Vorhaltedauer: ..... Wochen

298€	655€	**784€**	960€	1.468€	[St]	⏱ 15,00h/St	000.000.004

29 Baustrom, Zuleitung KG **391**

Zuleitung zum Baustrom-Hauptanschluss, mit gummigeschützter Anschlussleitung, herstellen, vor- und unterhalten, auf Anordnung der Bauleitung abbauen.
Leistung: .... A (Ampere)
Zuleitung: bis 50 m
Vorhaltedauer: ..... Wochen

11€	20€	**24€**	26€	32€	[m]	⏱ 0,10h/m	000.000.068

30 Baustellenbeleuchtung, innen KG **391**

Baustellenbeleuchtung im Gebäude herstellen, vorhalten und betreiben, sowie wieder demontieren, inkl. aller Kabel, Schalter und dem Anschluss an den Baustromverstärker, witterungsgeschützte Montage.
Beleuchtung: Hauptverkehrswege innen
Beleuchtungsstärke: gem. Vorgaben der BG Bau und der Arbeitsstättenrichtlinie: mind. 20 lx
Anzahl der Leuchten: .....
Stromzwischenzähler: ja
Montage an: Wänden, Decken
Vorhaltedauer: ..... Wochen

1.493€	2.606€	**3.071€**	3.336€	4.173€	[psch]	⏱ 20,00h/psch	000.000.090

Kosten:
Stand 1.Quartal 2026
Bundesdurchschnitt

▶ min
▷ von
ø Mittel
◁ bis
◀ max

31 Container, Bauleitung, 15m² KG **391**

Bauleitungscontainer aufstellen, betreiben, vorhalten und abfahren.
Ausführung: Bauleitungscontainer, beheizbar, wärmegedämmt, mit Innenausstattung, als komplett funktionierendes Büro, Container dient als Arbeits- und Besprechungsraum
Ausstattung:

- Telefon- und Faxanschluss, sowie DSL-Internetanschluss (mind. ..... MBit/s)
- ..... St Steckdosen und Büro-Beleuchtung
- Schreibtisch mit abschließbarer Schublade
- Besprechungstisch mit mind. ..... Stühlen
- abschließbarer Aktenschrank
- Pinnwand, mind. 2,0 m²
- Mülleimer
- Stiefelknecht und Garderobe
- abschließbar, 3 gleichschließende Schlüssel

Nutzung/Reinigung:

- Reinigung wird gesondert vergütet

Aufstellort: gem. Baustelleneinrichtungsplan bzw. Absprache mit Bauüberwachung
Vorhaltedauer: ..... Wochen
Containergröße: ca. 15 m²
Zusatzausstattung: .....
WC-Kabine: ohne

▶	▷	ø netto €	◁	◀	[Einheit]	Ausf.-Dauer	Positionsnummer
1.410€	2.043€	**2.329€**	2.758€	3.422€	[St]	⏱ 20,00h/St	000.000.091

32 WC-Kabine KG **391**

WC-Kabine aufstellen und nach Abruf wieder entfernen. Toiletteneinheit für alle Gewerke mit je 1 WC-Sitz, inkl. aller Verbrauchsmaterialien etc.
Vorhaltedauer: ca. ..... Wochen
Reinigung wird gesondert vergütet.

▶	▷	ø netto €	◁	◀	[Einheit]	Ausf.-Dauer	Positionsnummer
59€	97€	**110€**	122€	150€	[St]	⏱ 2,00h/St	000.000.006

33 Sanitärcontainer KG **391**

Sanitärcontainer aufstellen, vorhalten und abfahren, beheizbar und wärmegedämmt, geeignet für die Nutzung der am Bau beteiligten Fremdfirmen, inkl. Dokumentation der Reinigung und 9 gleichschließender Schlüssel, übergeben an die Bauüberwachung, Warten, Verbrauchsmaterialien, Strom- und Heizkosten werden gesondert vergütet.
Ausstattung:

- Toilettenraum, Waschplatz und Vorraum
- 2 WC-Kabinen, 2 Waschrinnen mit je 3 Waschplätzen
- Garderobe
- Beleuchtung, Strom- und Wasseranschluss
- Abwasseranschluss an bauseitig zur Verfügung gestellte Abwasserleitung
- Warmwasserbereiter für mind. 150 l
- Heizung
- Mülleimer

Reinigung: wird gesondert vergütet
Vorhaltedauer: ..... Wochen
Aufstellort: siehe Baustelleneinrichtungsplan bzw. nach Absprache mit der Bauüberwachung

▶	▷	ø netto €	◁	◀	[Einheit]	Ausf.-Dauer	Positionsnummer
690€	1.487€	**1.740€**	2.186€	3.051€	[St]	⏱ 20,00h/St	000.000.044

Nr.	Kurztext / Langtext						Kostengruppe
►	▷	ø netto €	◁	◄	[Einheit]	Ausf.-Dauer	Positionsnummer

34 Sanitärcontainer vorhalten KG **391**

Vor beschriebenen Sanitärcontainer wöchentlich vorhalten, komplett reinigen, Verbrauchsmaterialien auffüllen und Betriebsfähigkeit überprüfen, sowie ggf. Mängel beseitigen nach Abstimmung mit der Bauüberwachung des Architekten. Einheitspreis für Vorhaltedauer von 1 Woche.
Anzahl der Sanitäreinheiten: .....

77€ | 101€ | **109€** | 116€ | 143€ | [StWo] | ⏱ 1,50h/StWo | 000.000.102

35 Kranaufstandsfläche herstellen KG **391**

Kranaufstandsfläche inkl. Kranfundamente, geeignet für Baustellenkran, inkl. Erdarbeiten. Nach dem Kranabbau sind die Flächen und Fundamente zurückzubauen und zu entsorgen.
Max. Tragfähigkeit Kran: .....
Ausladung: .....
Boden/Homogenbereich: .....
Gelände: eben, ohne Gefälle

12€ | 17€ | **18€** | 21€ | 26€ | [m²] | ⏱ 0,20h/m² | 000.000.069

36 Krannutzung KG **391**

Baukran mit Bedienung, als Leistung für Dritte, Leistung auf Anweisung der Bauüberwachung.

76€ | 140€ | **166€** | 191€ | 252€ | [h] | ⏱ 1,00h/h | 000.000.041

37 Autokran, bis 70t KG **391**

Autokran bereitstellen, betreiben und abbauen. Abrechnung nach festgestellten Betriebsstunden. Leistung inkl. An- und Abfahrt, sowie Betriebspersonal.
Hakenhöhe/Hubhöhe: .....
Max. Traglast: 50-70 t
Max. Ausladung: .....

137€ | 206€ | **236€** | 237€ | 321€ | [h] | ⏱ 1,00h/h | 000.000.045

38 Bauaufzug, 200kg, Material und Personen KG **391**

Baustellenaufzug für Personen und Material, liefern, aufstellen und wieder räumen.
Förderhöhe: 15,00 m
Traglast: bis 200 kg
Bemessungsstrom: .....
Befestigung: .....
Haltestellen: ..... St
Fahrkorbfläche: 2,00 m²
Bemessungsstrom: .....
Vorhaltedauer: ..... Wochen

642€ | 971€ | **1.064€** | 1.334€ | 1.775€ | [St] | ⏱ 12,00h/St | 000.000.093

Kosten:
Stand 1.Quartal 2026
Bundesdurchschnitt

► min
▷ von
ø Mittel
◁ bis
◄ max

Nr.	**Kurztext** / Langtext						Kostengruppe
▶	▷	**ø netto €**	◁	◀	[Einheit]	Ausf.-Dauer	Positionsnummer

39 Bauaufzug, 1.000kg, Material und Personen KG **391**

Baustellenaufzug für Personen und Material, liefern, aufstellen und wieder räumen.
Förderhöhe: 15,00 m
Nutzlast: bis 1.000 kg
Bemessungsstrom: .....
Befestigung: .....
Haltestellen: ..... St
Fahrkorbfläche: ..... m²
Bemessungsstrom: .....
Vorhaltedauer: ..... Wochen

▶	▷	ø netto €	◁	◀	[Einheit]	Ausf.-Dauer	Positionsnummer
2.126€	3.763€	**4.227€**	4.826€	5.934€	[St]	⏱ 14,00h/St	000.000.027

40 Bauaufzug, 1.500kg Material KG **391**

Baustellenaufzug für Material, liefern, aufstellen und wieder räumen.
Förderhöhe: 15,00 m
Traglast: bis 1.500 kg
Bemessungsstrom: .....
Befestigung: .....
Haltestellen: ..... St
Fahrkorbfläche: 2,00 m²
Bemessungsstrom: .....
Vorhaltedauer: ..... Wochen

▶	▷	ø netto €	◁	◀	[Einheit]	Ausf.-Dauer	Positionsnummer
4.217€	6.576€	**8.470€**	11.433€	14.279€	[St]	⏱ 15,00h/St	000.000.095

41 Bauaufzug, vorhalten KG **391**

Baustellenaufzug betreiben und bedienen, nach besonderer Anordnung des AG, an Werktagen, in der Zeit von 5 bis 20 Uhr.
Angaben zum Aufzug: .....
Einheitspreis für Vorhaltedauer von 1 Woche

▶	▷	ø netto €	◁	◀	[Einheit]	Ausf.-Dauer	Positionsnummer
–	423€	**691€**	929€	–	[StWo]	–	000.000.028

42 Schutzabdeckung, Boden, Holzplatten KG **397**

Böden vollflächig mit Holzplatten, nicht verrutschend abdecken und nach Aufforderung durch die Bauleitung wieder entfernen.
Unterseitige Lage: nicht kondenswasserbildend
Oberseitige Lage: Holzplatten
Vorhaltedauer: ..... Wochen

▶	▷	ø netto €	◁	◀	[Einheit]	Ausf.-Dauer	Positionsnummer
10€	16€	**18€**	23€	31€	[m²]	⏱ 0,10h/m²	000.000.009

Kosten:
Stand 1. Quartal 2026
Bundesdurchschnitt

Nr.	**Kurztext** / Langtext						Kostengruppe
▶	▷	**ø netto €**	◁	◀	[Einheit]	Ausf.-Dauer	Positionsnummer

43 Bautrocknung, Kondensationstrockner — KG **397**

Bautrockengerät mit mobilem Kondensationstrockner und eingebauter Heizung aufstellen, betreiben und wieder entfernen.
Leistung einschl. aller Komponenten für die Funktionstüchtigkeit der Anlage; Betriebsenergie nach gesonderter Abrechnung.
Anlage bestehend aus:

- integriertem Auffangbehälter, überlaufgesichert, vollautomatisch
- Bedien- und Kontrollfeld mit Betriebsstundenzähler auf der Oberseite
- vorbereitet für Anschluss von zwei Schläuchen (max. 5,00 m)
- zuschaltbare elektrische Heizung (1 kW)

Betriebsart: **elektrisch / Brennstoff**
Entfeuchtungsleistung bei + 15°C / 60% rF: 10 Liter/Tag
Kondensatbehälter Größe: 15,0 Liter
Arbeitsbereich: von + 3°C bis + 30°C / von 40% rF bis 100% rF
Luftdurchsatz: .....
Heizleistung: 1.000 W
Schalldruckpegel in 1,0 m Abstand: 60 dB(A)
IP-Schutzart: X4 (für elektrischen Betrieb)
Vorhaltedauer: ..... Tage

159€	240€	**276€**	330€	479€	[St]	⏱ 0,60 h/St	000.000.038

44 Bautreppe, zweiläufig — KG **391**

Bautreppe gem. DGUV Regel 101-002 herstellen, vorhalten und wieder demontieren, zweiläufig, über mehrere Geschosse, mit Podesten.
Konstruktion: .....
Nutzung: **für den Bauverkehr / für öffentliche Nutzung**
Geschosshöhe: bis 3,00 m
Treppenbreite: mind. 0,90 m
Steigungen: .....
Geländer: zweiseitig an Treppe und dreiseitig an Podesten
Vorhaltedauer: ..... Wochen

198€	498€	**612€**	735€	991€	[St]	⏱ 6,20 h/St	000.000.023

45 Laufbrücke, Holz — KG **391**

Laufbrücke herstellen, vorhalten und wieder demontieren.
Konstruktion aus: Holz
Nutzung: **für den Bauverkehr / für öffentliche Nutzung**
Nutzlast: ..... kN/m²
Einbau: **eben / geneigt mit Trittleisten**
Differenzhöhe: ..... m
Spannweite: ..... m
Abmessung (B x L): mind. ..... x ..... m
Handläufe und Seitenschutz: zweiseitig
Absturzhöhe: .....
Vorhaltedauer: ..... Wochen

66€	97€	**101€**	112€	132€	[m]	⏱ 0,75 h/m	000.000.108

▶ min
▷ von
ø Mittel
◁ bis
◀ max

Nr.	Kurztext / Langtext						Kostengruppe
▶	▷	**ø netto €**	◁	◀	[Einheit]	Ausf.-Dauer	Positionsnummer

46 Schutzwand, Folienbespannung KG **397**

Staubschutzwand als Folienschutzwand im Gebäude, einschl. Vorhalten und wieder Beseitigen, bestehend aus Trag- und Unterkonstruktion aus Holz, Bespannung mit verstärkter Gitterfolie, Anschlüsse an umfassende Massivbauteile zusätzlich abgeklebt.
Geschosshöhe: ..... (max. 3,50 m)
Einzelgröße: mind. 5,00 m^2
Foliendicke: mind. 0,5 mm
Vorhaltedauer: ..... Wochen

11€	21€	**27€**	31€	41€	[m^2]	⏱ 0,30 h/m^2	000.000.010

47 Schutzwand, Holz beplankt KG **391**

Bauschutzwand im Gebäude, als Staub- und Sichtschutz, einschl. Vorhalten und wieder Beseitigen, bestehend aus beidseitig mit Holzwerkstoffplatten beplankter Holzkonstruktion, Anschlüsse an umfassende Bauteile zusätzlich abgeklebt.
Geschosshöhe: ..... (max. 3,00 m)
Plattendicke: mind. 15 mm
Vorhaltedauer: ..... Wochen

21€	37€	**40€**	54€	78€	[m^2]	⏱ 0,80 h/m^2	000.000.011

48 Bautür, Stahlblech KG **391**

Bautür an bauseitigen Öffnungen, montieren und wieder demontieren, bestehend aus Stahlblechkonstruktion, abschließbar mit Schloss und Drückergarnitur und vorgerüstet für bauseitige Profilzylinder.
Einbausituation: .....
Abmessung: 1,26 x 2,26 m
Vorhaltedauer: ..... Wochen

87€	202€	**251€**	340€	540€	[St]	⏱ 0,50 h/St	000.000.025

49 Bautür, Holz KG **391**

Bautür an bauseitigen Öffnungen, montieren und wieder demontieren, bestehend aus Holz, abschließbar mit Schloss und Drückergarnitur und vorgerüstet für bauseitige Profilzylinder.
Einbausituation: .....
Abmessung: 1,00 x 2,00 m
Vorhaltedauer: ..... Wochen

118€	193€	**211€**	273€	435€	[St]	⏱ 0,45 h/St	000.000.096

50 Witterungsschutz, Fensteröffnung KG **397**

Öffnungen in Fassade behelfsmäßig schließen, als Witterungsschutz, mittels Holzunterkonstruktion mit PE-Folienbespannung. Die Konstruktion ist auf Anweisung der Bauleitung kurz vor Einbau der Fassaden oder Fensterelemente wieder zu demontieren und zu entsorgen.
Foliendicke: 0,5 mm
Vorhaltedauer: ..... Wochen

9€	22€	**29€**	38€	56€	[m^2]	⏱ 0,35 h/m^2	000.000.012

51 Meterriss KG **391**

Meterriss, für die Leistungen Dritter, innerhalb der Baustelle unverschiebbar herstellen. Lage und Festlegung gemeinsam mit Bauüberwachung des Architekten vor Baubeginn.

8€	22€	**28€**	38€	60€	[St]	⏱ 0,22 h/St	000.000.026

Kosten:
Stand 1. Quartal 2026
Bundesdurchschnitt

Nr.	**Kurztext** / Langtext						Kostengruppe
▶	▷	**ø netto €**	◁	◀	[Einheit]	Ausf.-Dauer	Positionsnummer

52 **Höhenfestpunkt, Einschlagbolzen** KG **391**

Höhenfestpunkt mittels Einschlagbolzen außerhalb der Baustelle unverrückbar herstellen. Lage und Festlegung gemeinsam mit Bauüberwachung des Architekten vor Baubeginn, Einmessung der Höhe durch einen Vermesser bauseitig.

22€	57€	**69€**	95€	142€	[St]	⏱ 1,20h/St	000.000.034

53 **Bauschuttcontainer, gemischter Bauschutt, 7m³** KG **391**

Bauschuttcontainer bereitstellen, nach Füllung und Aufforderung durch die Bauüberwachung zur Deponie abfahren.
Bau- und Abbruchabfälle aus: .....
Abfallschlüssel nach AVV: .....
Material: nicht schadstoffbelastet
Bodenmaterial: Klasse 0
Fahrtweg zur Deponie: ca. ...... km
Abrechnung des Sortierschutts getrennt, nach Vorlage der Wiegescheine bzw. Rechnungen.
Volumen: 7,00 m³
Hinweis: Nach VOB müssen Deponiegebühren getrennt ausgeschrieben werden.

395€	689€	**796€**	879€	1.112€	[St]	–	000.000.015

54 **Bauschuttcontainer, sortierter Bauschutt, 7m³** KG **391**

Bauschuttcontainer für sortierten Bauschutt, aufstellen, vorhalten und abfahren, entsprechend den Vorschriften für Bauschutt- und Abfallbeseitigung.
Bau- und Abbruchabfälle aus: Beton, Ziegel, Fliesen und Keramik
Abfallschlüssel nach AVV: **170101 Beton / -02 Ziegel / -03 .....**
Material: nicht schadstoffbelastet
Bodenmaterial: Klasse 0
Fahrtweg zur Deponie: ca. ...... km
Abrechnung inkl. Deponie des Sortierschutts, Vorlage der Wiegescheine bzw. Rechnungen.
Volumen: 7,00 m³
Hinweis: Nach VOB müssen Deponiegebühren getrennt ausgeschrieben werden.

282€	450€	**547€**	738€	1.004€	[St]	–	000.000.017

55 **Bauschild, Grundplatte** KG **391**

Bauschild, vom Auftraggeber bereitgestellt, aufstellen, vorhalten und wieder abbauen.
Unterkonstruktion bestehend aus:
- stabilem Fundament aus Stahlbeton, inkl. notwendiger Erdarbeiten.
- Unterkonstruktion geeignet für Bauschild aus Mehrschichtplatte (B x H): 5,00 x 2,50 m
- Montage: ca. 2,00 m über OK Gelände, sturmsicher befestigt

Vorhaltedauer: ..... Wochen

1.188€	2.191€	**2.511€**	3.353€	5.314€	[St]	⏱ 15,00h/St	000.000.018

56 **Bauschild, Firmenleiste** KG **391**

Firmenschild für Ausbaugewerke, vom AG bereitgestellt, montieren und demontieren.
Einzelgröße: ca. 2,50 x 0,15 m

44€	92€	**108€**	154€	234€	[St]	⏱ 0,40h/St	000.000.019

▶ min
▷ von
ø Mittel
◁ bis
◀ max

Nr.	**Kurztext** / Langtext						Kostengruppe
▶	▷	**ø netto €**	◁	◀	[Einheit]	Ausf.-Dauer	Positionsnummer

57 Schuttabwurfschacht, bis 12,00m KG **391**

Schuttabwurfschacht, staubdicht über Schuttcontainer montieren und wieder demontieren. Abrechnung je Höhenmeter erstellter Schuttrohr-Anlage.
Durchmesser: 60 cm
Höhe: über 8,00-12,00 m
Einbauort: außerhalb des Gebäudes
Vorhaltedauer: ..... Wochen

24€	33€	**39€**	50€	68€	[m]	⏱ 0,40h/m	000.000.020

58 Schuttabwurfschacht, bis 12,00m KG **391**

Schuttabwurfschacht, staubdicht über Schuttcontainer montieren und wieder demontieren. Abrechnung je Stück Schuttrohr-Anlage.
Durchmesser: 60 cm
Einbauort: außerhalb des Gebäudes
Höhe: bis 12,00 m
Vorhaltedauer: ..... Wochen

172€	323€	**343€**	429€	677€	[St]	⏱ 4,00h/St	000.000.021

59 Stundensatz, Facharbeiter/-in

Stundenlohnarbeiten für Facharbeiter/-in, Spezialfacharbeiter/-in, Vorarbeiter/-in und jeweils Gleichgestellte. Der Verrechnungssatz für die jeweilige Arbeitskraft umfasst sämtliche Aufwendungen wie Lohn- und Gehaltskosten, lohn- und gehaltsgebundene Kosten, Lohn- und Gehaltsnebenkosten, Gemeinkosten, Wagnis und Gewinn. Leistung nach besonderer Anordnung der Bauüberwachung. Nachweis und Anmeldung gem. VOB/B.

62€	71€	**76€**	80€	89€	[h]	⏱ 1,00h/h	000.000.072

60 Stundensatz, Helfer/-in

Stundenlohnarbeiten für Werker/-in, Fachwerker/-in und jeweils Gleichgestellte. Der Verrechnungssatz für die jeweilige Arbeitskraft umfasst sämtliche Aufwendungen wie Lohn- und Gehaltskosten, lohn- und gehaltsgebundene Kosten, Lohn- und Gehaltsnebenkosten, Gemeinkosten, Wagnis und Gewinn. Leistung nach besonderer Anordnung der Bauüberwachung. Nachweis und Anmeldung gem. VOB/B.

51€	62€	**67€**	71€	80€	[h]	⏱ 1,00h/h	000.000.073

001

Kosten:
Stand 1. Quartal 2026
Bundesdurchschnitt

▶ min
▷ von
ø Mittel
◁ bis
◀ max

Gerüstarbeiten

Preise €

Nr.	Positionen	Einheit	▶	▷	ø brutto € / ø netto €	◁	◀
1	Fassadengerüst erstellen, LK3, SW06	m²	4	6	**7**	8	9
			4	5	**6**	6	7
2	Fassadengerüst erstellen, LK3, SW09	m²	5	7	**8**	9	11
			5	6	**7**	8	9
3	Fassadengerüst erstellen, LK5, SW09	m²	7	9	**10**	12	14
			6	8	**9**	10	12
4	Fassadengerüst abbauen, LK3, SW06	m²	3	4	**4**	5	6
			2	3	**3**	4	5
5	Fassadengerüst abbauen, LK3, SW09	m²	3	4	**5**	6	6
			3	4	**4**	5	5
6	Fassadengerüst abbauen, LK5, SW09	m²	4	6	**6**	7	9
			4	5	**5**	6	7
7	Fassadengerüst, Gebrauchsüberlassung, LK3, SW06	m²Wo	0,3	0,4	**0,4**	0,5	0,5
			0,2	0,3	**0,3**	0,4	0,5
8	Fassadengerüst, Gebrauchsüberlassung, LK3, SW09	m²Wo	0,3	0,4	**0,4**	0,5	0,6
			0,3	0,3	**0,4**	0,4	0,5
9	Fassadengerüst, Gebrauchsüberlassung, LK5, SW09	m²Wo	0,5	0,6	**0,7**	0,8	0,9
			0,4	0,5	**0,6**	0,7	0,8
10	Fassadengerüst umsetzen	m²	6	9	**11**	13	16
			5	8	**9**	11	13
11	Abstützung, freistehendes Gerüst	m²	2	4	**4**	5	7
			2	3	**4**	4	6
12	Standfläche herstellen, Hilfsgründung	m	5	7	**8**	9	10
			4	6	**7**	7	9
13	Schutzlage, Dachabdichtung	m²	8	12	**13**	14	17
			7	10	**11**	12	14
14	Standgerüst erstellen, innen LK3	m²	5	6	**7**	8	9
			4	5	**6**	6	7
15	Standgerüst abbauen, innen LK3	m²	4	5	**6**	7	8
			3	4	**5**	5	6
16	Standgerüst, Gebrauchsüberlassung	m²Wo	0,3	0,4	**0,4**	0,5	0,6
			0,3	0,3	**0,4**	0,4	0,5
17	Raumgerüst erstellen, LK3	m³	5	6	**7**	8	9
			4	5	**6**	7	8
18	Raumgerüst abbauen, LK3	m³	4	5	**5**	6	7
			3	4	**4**	5	6
19	Raumgerüst, Gebrauchsüberlassung	m³Wo	0,2	0,4	**0,4**	0,6	1,0
			0,2	0,3	**0,4**	0,5	0,8
20	Absetzpodest erstellen, LK4	St	179	223	**245**	282	331
			151	188	**206**	237	278
21	Absetzpodest abbauen, LK4	St	93	117	**129**	148	174
			78	98	**109**	124	146
22	Fahrgerüst erstellen, LK3	St	182	227	**252**	287	338
			153	191	**212**	242	284
23	Fahrgerüst entfernen, LK3	St	94	118	**131**	149	176
			79	99	**110**	125	148
24	Fahrgerüst, Gebrauchsüberlassung	StWo	33	41	**45**	52	61
			28	35	**38**	44	51

Nr.	Positionen	Einheit	►	▷	**ø brutto €** ø netto €	◁	◄
25	Gerüstverbreiterung erstellen, bis30cm	m	4	5	**6**	7	8
			3	4	**5**	6	7
26	Gerüstverbreiterung erstellen, bis 70cm	m	6	7	**9**	10	12
			5	6	**7**	9	10
27	Gerüstverbreiterung abbauen, bis 30cm	m	2	3	**3**	4	5
			2	2	**3**	3	4
28	Gerüstverbreiterung abbauen, bis 70cm	m	4	5	**5**	6	8
			3	4	**4**	5	7
29	Gerüstverbreiterung, Gebrauchsüberlassung	mWo	0,2	0,3	**0,4**	0,4	0,6
			0,2	0,3	**0,3**	0,4	0,5
30	Dachfanggerüst als Erweiterung erstellen, Arbeitsgerüst	m	6	9	**10**	11	13
			5	7	**8**	9	11
31	Dachfanggerüst als Erweiterung abbauen, Arbeitsgerüst	m	4	5	**6**	7	8
			3	4	**5**	6	6
32	Dachfanggerüst, Gebrauchsüberlassung	mWo	0,2	0,5	**0,6**	0,7	1,0
			0,2	0,4	**0,5**	0,6	0,8
33	Kamineinrüstung, Dachgerüst, LK4	St	766	946	**1.047**	1.125	1.443
			644	795	**880**	945	1.212
34	Gerüsttreppe erstellen, Treppenturm	St	1.591	1.983	**2.179**	2.506	2.941
			1.337	1.666	**1.831**	2.106	2.472
35	Gerüsttreppe abbauen, Treppenturm	St	602	753	**836**	953	1.121
			506	633	**703**	801	942
36	Treppenturm, Gebrauchsüberlassung	StWo	137	171	**190**	217	255
			115	144	**160**	182	214
37	Leitergang erstellen, Gerüst	St	20	25	**27**	31	37
			17	21	**23**	26	31
38	Leitergang abbauen, Gerüst	St	12	15	**17**	19	23
			10	13	**14**	16	19
39	Leitergang, Gebrauchsüberlassung	StWo	6	13	**16**	21	24
			5	11	**14**	18	20
40	Überbrückung erstellen, Gerüst	m	19	24	**26**	31	37
			16	20	**22**	26	31
41	Überbrückung abbauen, Gerüst	m	11	14	**16**	19	22
			10	12	**13**	16	18
42	Überbrückung, Gebrauchsüberlassung	mWo	0,5	1,2	**1,5**	2,7	4,8
			0,4	1,0	**1,3**	2,3	4,0
43	Seitenschutz, Arbeitsgerüst	m	3	6	**8**	11	17
			3	5	**6**	9	15
44	Baustellenaufzug, bis 500kg	St	3.429	4.294	**4.795**	5.609	6.474
			2.881	3.608	**4.030**	4.714	5.441
45	Bauaufzug, Gebrauchsüberlassung	StWo	547	653	**695**	701	876
			460	549	**584**	589	736
46	Sondergerüstanker, WDVS	St	11	16	**16**	16	21
			9	13	**14**	14	17
47	Sondergerüstanker, Verblendmauerwerk	St	46	60	**65**	71	88
			39	50	**55**	60	74
48	Fußgängertunnel, Gerüst	m	29	50	**55**	71	99
			24	42	**47**	60	83

Kosten:
Stand 1.Quartal 2026
Bundesdurchschnitt

Gerüstarbeiten — Preise €

Nr.	Positionen	Einheit	▶	▷	ø brutto € / ø netto €	◁	◀
49	Schutzdach, Gerüst	m	35	46	**46**	52	61
			30	38	**39**	43	51
50	Schutzdach, Gebrauchsüberlassung	mWo	0,3	1,1	**1,2**	1,9	3,1
			0,2	0,9	**1,0**	1,6	2,6
51	Wetterschutzdach, Systemteile	m²	–	86	**117**	147	–
			–	72	**98**	124	–
52	Gerüstbekleidung, PE-Folie	m²	4	6	**6**	8	10
			3	5	**5**	6	8
53	Gerüstbekleidung, Staubschutznetz/Schutzgewebe	m²	2	4	**5**	6	8
			1	3	**4**	5	7
54	Gerüstbekleidung, Gebrauchsüberlassung	m²Wo	< 0,1	0,2	**0,2**	0,3	0,4
			< 0,1	0,1	**0,2**	0,2	0,3
55	Kabelbrücke, Strom-/Wasserleitung	St	1.675	2.349	**2.823**	3.210	4.195
			1.407	1.974	**2.372**	2.697	3.525
56	Statische Berechnung, Fassadengerüst	St	955	1.684	**2.140**	2.718	3.912
			803	1.416	**1.798**	2.284	3.287
57	Stundensatz, Facharbeiter/-in	h	70	82	**87**	93	108
			59	69	**73**	78	90
58	Stundensatz, Helfer/-in	h	52	69	**76**	82	93
			43	58	**64**	69	78

Nr.	**Kurztext** / Langtext						Kostengruppe
▶	▷	**ø netto €**	◁	◀	[Einheit]	Ausf.-Dauer	Positionsnummer

A 1 Fassadengerüst erstellen — Beschreibung für Pos. **1-3**

Arbeitsgerüst nach DIN EN 12811-1, als längenorientiertes Standgerüst, aus vorgefertigten Bauteilen, als Fassadengerüst nach DIN EN 12810, mit durchlaufenden Gerüstlagen und Verankerung am Gebäude, auf tragfähiger Standfläche, Nutzung aller Gerüstlagen.

1 Fassadengerüst erstellen, LK3, SW06 — KG **392**

Wie Ausführungsbeschreibung A 1
Einsatz für: .....
Lastklasse: 3 (2,0 kN/m²)
Breitenklasse: SW06 (Mindestbelagsbreite 0,60 m)
Höhenklasse: H1
Verankerungsgrund: .....
Standfläche: **eben / geneigt .....**°
Abstand Belag zum Bauwerk: .....
Gebäudeabmessung/Aufbauhöhe: .....

▶	▷	ø netto €	◁	◀	[Einheit]	Ausf.-Dauer	Positionsnummer
4€	5€	**6€**	6€	7€	[m²]	⏱ 0,08h/m²	001.000.065

▶ min
▷ von
ø Mittel
◁ bis
◀ max

2 Fassadengerüst erstellen, LK3, SW09 KG **392**

Wie Ausführungsbeschreibung A 1
Einsatz für: .....
Lastklasse: 3 (2,0 kN/m2)
Breitenklasse: SW09 (Mindestbelagsbreite 0,90 m)
Verankerungsgrund: .....
Höhenklasse: H1
Standfläche: **eben / geneigt .....**°
Abstand Belag zum Bauwerk: .....
Gebäudeabmessung/Aufbauhöhe: .....

5€ 6€ **7€** 8€ 9€ [m2] ⏱ 0,08h/m2 001.000.066

3 Fassadengerüst erstellen, LK5, SW09 KG **392**

Wie Ausführungsbeschreibung A 1
Einsatz für: .....
Lastklasse: 5 (4,5 kN/m2)
Breitenklasse:W09 (Mindestbelagsbreite 0,90 m)
Höhenklasse: H1
Verankerungsgrund: .....
Standfläche: **eben / geneigt .....**°
Abstand Belag zum Bauwerk: .....
Gebäudeabmessung/Aufbauhöhe: .....

6€ 8€ **9€** 10€ 12€ [m2] ⏱ 0,09h/m2 001.000.068

A 2 Fassadengerüst abbauen Beschreibung für Pos. **4-6**

Arbeitsgerüst nach DIN EN 12811-1 abbauen. Längenorientiertes Standgerüst aus vorgefertigten Bauteilen, als Fassadengerüst nach DIN EN 12810, mit durchlaufenden Gerüstlagen und Verankerung am Gebäude.

4 Fassadengerüst abbauen, LK3, SW06 KG **392**

Wie Ausführungsbeschreibung A 2
Einsatz für: .....
Lastklasse: 3 (2,0 kN/m2)
Breitenklasse: SW06 (Mindestbelagsbreite 0,60 m)
Höhenklasse: H1
Verankerungsgrund: .....
Standfläche: **eben / geneigt .....**°
Abstand Belag zum Bauwerk: .....
Gebäudeabmessung/Aufbauhöhe: .....

2€ 3€ **3€** 4€ 5€ [m2] ⏱ 0,05h/m2 001.000.069

Nr.	Kurztext / Langtext						Kostengruppe
▶	▷	ø netto €	◁	◀	[Einheit]	Ausf.-Dauer	Positionsnummer

5 Fassadengerüst abbauen, LK3, SW09 KG **392**

Wie Ausführungsbeschreibung A 2
Einsatz für: .....
Lastklasse: 3 (2,0 kN/m²)
Breitenklasse: SW09 (Mindestbelagsbreite 0,90 m)
Höhenklasse: H1
Verankerungsgrund: .....
Standfläche: **eben / geneigt .....**°
Abstand Belag zum Bauwerk: .....
Gebäudeabmessung/Aufbauhöhe: .....

▶	▷	ø	◁	◀	Einheit	Ausf.-Dauer	Positionsnummer
3€	4€	**4€**	5€	5€	[m²]	⏱ 0,06h/m²	001.000.070

Kosten:
Stand 1.Quartal 2026
Bundesdurchschnitt

6 Fassadengerüst abbauen, LK5, SW09 KG **392**

Wie Ausführungsbeschreibung A 2
Einsatz für: .....
Lastklasse: 5 (4,5 kN/m²)
Breitenklasse: SW09 (Mindestbelagsbreite 0,90 m)
Höhenklasse: H1
Verankerungsgrund: .....
Standfläche: **eben / geneigt .....**°
Abstand Belag zum Bauwerk: .....
Gebäudeabmessung/Aufbauhöhe: .....

▶	▷	ø	◁	◀	Einheit	Ausf.-Dauer	Positionsnummer
4€	5€	**5€**	6€	7€	[m²]	⏱ 0,06h/m²	001.000.072

A 3 Fassadengerüst, Gebrauchsüberlassung Beschreibung für Pos. **7-9**

Gebrauchsüberlassung des Fassadengerüsts, längenorientiert, Nutzung alle Gerüstlagen.

7 Fassadengerüst, Gebrauchsüberlassung, LK3, SW06 KG **392**

Wie Ausführungsbeschreibung A 3
Lastklasse: 3 (2,0 kN/m²)
Breitenklasse: SW06 (Mindestbelagsbreite 0,60 m)
Höhenklasse: H1

▶	▷	ø	◁	◀	Einheit	Ausf.-Dauer	Positionsnummer
0,2€	0,3€	**0,3€**	0,4€	0,5€	[m²Wo]	–	001.000.008

8 Fassadengerüst, Gebrauchsüberlassung, LK3, SW09 KG **392**

Wie Ausführungsbeschreibung A 3
Lastklasse: 3 (2,0 kN/m²)
Breitenklasse: SW09 (Mindestbelagsbreite 0,90 m)
Höhenklasse: H1

▶	▷	ø	◁	◀	Einheit	Ausf.-Dauer	Positionsnummer
0,3€	0,3€	**0,4€**	0,4€	0,5€	[m²Wo]	–	001.000.073

▶ min
▷ von
ø Mittel
◁ bis
◀ max

Nr.	Kurztext / Langtext						Kostengruppe
▶	▷	ø netto €	◁	◀	[Einheit]	Ausf.-Dauer	Positionsnummer

9 Fassadengerüst, Gebrauchsüberlassung, LK5, SW09 KG **392**

Wie Ausführungsbeschreibung A 3
Lastklasse: 4 (3,0 kN/m2)
Breitenklasse: SW09 (Mindestbelagsbreite 0,90 m)
Höhenklasse: H1

0,4€	0,5€	**0,6€**	0,7€	0,8€	[m2Wo]	–	001.000.074

10 Fassadengerüst umsetzen KG **392**

Arbeitsgerüst umsetzen, längenorientiertes Standgerüst aus vorgefertigten Bauteilen.
Umsetzarbeit: **im Ganzen / in ..... Abschnitten**
Transportweg: i. M. ..... m
Beschreibung Gerüst: **abgetreppt / durchlaufend**
Lastklasse: .....
Breitenklasse: .....
Höhenklasse: H1
Verankerung: am Gebäude
Verankerungsgrund: .....
Abstand Belag zum Bauwerk: .....
Standfläche: **eben / geneigt .....°**
Gebäudeabmessung/Aufbauhöhe: .....

5€	8€	**9€**	11€	13€	[m2]	⏱ 0,16 h/m2	001.000.032

11 Abstützung, freistehendes Gerüst KG **392**

Abstützung für freistehendes Gerüst, Herstellung der Standsicherheit ohne Verankerung am Bauwerk, Ausführung mit Abstützung oder Stützgerüst, gem. statischer Berechnung, Freiraum für Abstützung oder Stützgerüste umlaufend vorhanden, Standfläche waagrecht auf Gelände über Lastverteiler belastbar. Der Tragfähigkeits- und Standsicherheitsnachweis wird gesondert vergütet.
Gerüstart: .....
Last- und Breitenklasse: .....
Grundeinsatzzeit: 4 Wochen
Stütze: **Abstützung / Stützgerüst**

2€	3€	**4€**	4€	6€	[m2]	⏱ 0,04 h/m2	001.000.031

12 Standfläche herstellen, Hilfsgründung KG **392**

Unterbau für beschriebenes Gerüst, zur Herstellung einer belastbaren Standfläche.
Standfläche: .....
Neigung: eben
Gerüstbreite: .....

4€	6€	**7€**	7€	9€	[m]	⏱ 0,05 h/m	001.000.042

13 Schutzlage, Dachabdichtung KG **363**

Schutzlage über bauseitiger Dachabdichtung, lose verlegt, nach Rückbau des Gerüstes komplett entfernen.
Schutzlage: Gummischrotmatten 6 mm

7€	10€	**11€**	12€	14€	[m2]	⏱ 0,03 h/m2	001.000.056

000
001
002
006
008
009
010
012
013
014
016
017
018
020
021
022

Nr.	Kurztext / Langtext						Kostengruppe
►	▷	ø netto €	◁	◀	[Einheit]	Ausf.-Dauer	Positionsnummer

14 Standgerüst erstellen, innen LK3 KG **392**

Arbeitsgerüst erstellen, als längenorientiertes Standgerüst aus vorgefertigten Bauteilen, im Innenraum, auf tragfähiger, Standfläche, Arbeitsfläche durchlaufend, mit Seitenschutz.
Einsatz für: .....
Lastklasse: 3 (2,0 kN/m2)
Breitenklasse: .....
Höhenklasse: H1
Anzahl der Gerüstlagen: .....
Verankerung: am Gebäude
Verankerungsgrund: .....
Abstand Belag zum Bauwerk: .....
Standfläche: **eben / geneigt .....**°
Gebäudeabmessung/Aufbauhöhe: .....
Angeb. System: .....

4€	5€	**6€**	6€	7€	[m2]	⏱ 0,11 h/m2	001.000.076

15 Standgerüst abbauen, innen LK3 KG **392**

Arbeitsgerüst abbauen. Längenorientiertes Standgerüst aus vorgefertigten Bauteilen im Innenraum, Arbeitsfläche durchlaufend, mit Seitenschutz.
Einsatz für: .....
Lastklasse: 3 (2,0 kN/m2)
Breitenklasse: .....
Höhenklasse: H1
Anzahl der Gerüstlagen: .....
Verankerung: am Gebäude
Standfläche: **eben / geneigt .....**°
Gebäudeabmessung/Aufbauhöhe: .....
Angeb. System: .....

3€	4€	**5€**	5€	6€	[m2]	⏱ 0,07 h/m2	001.000.077

16 Standgerüst, Gebrauchsüberlassung KG **392**

Gebrauchsüberlassung des Standgerüsts, längenorientiert, mit Seitenschutz.
Lastklasse: 3
Breitenklasse: .....
Höhenklasse: H1

0,3€	0,3€	**0,4€**	0,4€	0,5€	[m2Wo]	–	001.000.078

Kosten:
Stand 1. Quartal 2026
Bundesdurchschnitt

► min
▷ von
ø Mittel
◁ bis
◀ max

Nr.	Kurztext / Langtext						Kostengruppe
▶	▷	ø netto €	◁	◀	[Einheit]	Ausf.-Dauer	Positionsnummer

17 Raumgerüst erstellen, LK3 — KG **392**

Arbeitsgerüst erstellen als flächenorientiertes Standgerüst, aus vorgefertigten Bauteilen, auf tragfähiger Standfläche, mit einer Arbeitslage durchlaufend, mit Seitenschutz.
Einsatzort: **innerhalb / außerhalb** des Gebäudes
Lastklasse: 3 (2,0 kN/m^2)
Höhenklasse: H1
Anzahl der Gerüstlagen: .....
Seitenschutz: **einseitig / zweiseitig / umlaufend**
Verankerung: am Gebäude
Verankerungsgrund: .....
Abstand Belag zum Bauwerk: .....
Standfläche: **eben / geneigt .....°**
Grundfläche/Aufbauhöhe: .....
Angeb. System: .....

▶	▷	ø netto €	◁	◀	[Einheit]	Ausf.-Dauer	Positionsnummer
4€	5€	**6€**	7€	8€	[m^3]	⏱ 0,08h/m^3	001.000.079

18 Raumgerüst abbauen, LK3 — KG **392**

Arbeitsgerüst abbauen. Flächenorientiertes Standgerüst aus vorgefertigten Bauteilen, mit einer Arbeitslage durchlaufend, mit Seitenschutz.
Einsatzort: innerhalb / außerhalb des Gebäudes
Lastklasse: 3 (2,0 kN/m^2)
Höhenklasse: H1
Anzahl der Gerüstlagen: .....
Seitenschutz: **einseitig / zweiseitig / umlaufend**
Verankerung: am Gebäude
Standfläche: **eben / geneigt .....°**
Grundfläche/Aufbauhöhe: .....
Angeb. System: .....

▶	▷	ø netto €	◁	◀	[Einheit]	Ausf.-Dauer	Positionsnummer
3€	4€	**4€**	5€	6€	[m^3]	⏱ 0,05h/m^3	001.000.080

19 Raumgerüst, Gebrauchsüberlassung — KG **392**

Gebrauchsüberlassung Raumgerüst, LK3, H1, wie beschrieben.
Anzahl Gerüstlagen .....

▶	▷	ø netto €	◁	◀	[Einheit]	Ausf.-Dauer	Positionsnummer
0,2€	0,3€	**0,4€**	0,5€	0,8€	[m^3Wo]	–	001.000.048

000
001
002
006
008
009
010
012
013
014
016
017
018
020
021
022

Nr.	Kurztext / Langtext						Kostengruppe
▶	▷	ø netto €	◁	◀	[Einheit]	Ausf.-Dauer	Positionsnummer

20 **Absetzpodest erstellen, LK4** KG **392**

Absetzpodest als Arbeitsgerüst erstellen, als flächenorientiertes Standgerüst aus vorgefertigten Bauteilen, auf tragfähiger Standfläche, mit einer durchlaufenden Arbeitslage, sowie mit Seitenschutz.
Einsatzort: **innerhalb / außerhalb** des Gebäudes
Nutzung: **.....-arbeiten / zum befördern / lagern** von Stoffen und Bauteilen.
Lastklasse: 4 (3,0 kN/m^2)
Höhenklasse: H1
Anzahl der Gerüstlagen: .....
Seitenschutz: **einseitig** / **zweiseitig** / **umlaufend**
Verankerung: am Gebäude
Verankerungsgrund: .....
Abstand Belag zum Bauwerk: .....
Standfläche: **eben / geneigt .....°**
Grundfläche/Aufbauhöhe: .....
Angeb. System: .....

▶	▷	ø	◁	◀	Einheit	Ausf.-Dauer	Positionsnummer
151€	188€	**206€**	237€	278€	[St]	⏱ 0,80h/St	001.000.081

21 **Absetzpodest abbauen, LK4** KG **392**

Absetzpodest Arbeitsgerüst abbauen, flächenorientiertes Standgerüst aus vorgefertigten Bauteilen, mit einer durchlaufenden Arbeitslage, sowie mit Seitenschutz.
Einsatzort: **innerhalb / außerhalb** des Gebäudes
Nutzung: **.....-arbeiten / zum befördern / lagern** von Stoffen und Bauteilen.
Lastklasse: 4 (3,0 kN/m^2)
Höhenklasse: H1
Anzahl der Gerüstlagen: .....
Seitenschutz: **einseitig / zweiseitig / umlaufend**
Verankerung: am Gebäude
Verankerungsgrund: .....
Abstand Belag zum Bauwerk: .....
Standfläche: **eben / geneigt .....°**
Grundfläche/Aufbauhöhe: .....
Angeb. System: .....

▶	▷	ø	◁	◀	Einheit	Ausf.-Dauer	Positionsnummer
78€	98€	**109€**	124€	146€	[St]	⏱ 0,55h/St	001.000.082

22 **Fahrgerüst erstellen, LK3** KG **392**

Fahrbares Gerüst nach DIN 4420-3 aufstellen, als Arbeitsgerüst mit einer Arbeitslage, Seitenschutz und Zugang, Standflächen eben.
Lastklasse: 3 (2,0 kN/m^2)
Abmessung: .....
Aufbauhöhe: ..... (geeignet für Arbeitshöhe bis ..... m)
Aufstellort: .....

▶	▷	ø	◁	◀	Einheit	Ausf.-Dauer	Positionsnummer
153€	191€	**212€**	242€	284€	[St]	⏱ 1,50h/St	001.000.084

Kosten:
Stand 1. Quartal 2026
Bundesdurchschnitt

▶ min
▷ von
ø Mittel
◁ bis
◀ max

23 Fahrgerüst entfernen, LK3 KG **392**

Fahrbares Gerüst nach DIN 4420-3 entfernen. Arbeitsgerüst mit einer Arbeitslage, Seitenschutz und Zugang.
Lastklasse: 3 (2,0 kN/m^2)
Abmessung: .....
Aufbauhöhe: ..... (geeignet für Arbeitshöhe bis ..... m)
Aufstellort: .....

79€ 99€ **110€** 125€ 148€ [St] ⏱ 0,70h/St 001.000.085

24 Fahrgerüst, Gebrauchsüberlassung KG **392**

Gebrauchsüberlassung Fahrgerüst, wie beschrieben.
Lastklasse: 3
Abmessungen: .....
Aufbauhöhe: .....

28€ 35€ **38€** 44€ 51€ [StWo] – 001.000.086

A 4 Gerüstverbreiterung erstellen Beschreibung für Pos. **25-26**

Gerüstverbreiterung des Arbeitsgerüsts erstellen, mit Systemteilen, einschl. der notwendigen Beläge, Seitenschutz, notwendigen Absteifungen, Zugängen und Sicherungen sowie Verstärkung der Anker.
Gerüstart/Lastklasse: .....
Einbauhöhe: .....
Verbreiterung: .....seitig

25 Gerüstverbreiterung erstellen, bis30cm KG **392**

Wie Ausführungsbeschreibung A 4
Verbreiterung: bis 0,30 m

3€ 4€ **5€** 6€ 7€ [m] ⏱ 0,09h/m 001.000.087

26 Gerüstverbreiterung erstellen, bis 70cm KG **392**

Wie Ausführungsbeschreibung A 4
Verbreiterung: über 0,30 bis 0,70 m

5€ 6€ **7€** 9€ 10€ [m] ⏱ 0,09h/m 001.000.088

A 5 Gerüstverbreiterung abbauen Beschreibung für Pos. **27-28**

Gerüstverbreiterung des Arbeitsgerüsts abbauen. Verbreiterung aus Systemteilen und mit notwendigen Belägen sowie Seitenschutz, notwendigen Absteifungen, Zugängen und Sicherungen.
Gerüstart/Lastklasse: .....
Einbauhöhe: .....

27 Gerüstverbreiterung abbauen, bis 30cm KG **392**

Wie Ausführungsbeschreibung A 5
Verbreiterung: bis 0,30 m

2€ 2€ **3€** 3€ 4€ [m] ⏱ 0,03h/m 001.000.089

28 Gerüstverbreiterung abbauen, bis 70cm KG **392**

Wie Ausführungsbeschreibung A 5
Verbreiterung: über 0,30 bis 0,70 m

3€ 4€ **4€** 5€ 7€ [m] ⏱ 0,04h/m 001.000.090

000
001
002
006
008
009
010
012
013
014
016
017
018
020
021
022

Nr.	**Kurztext** / Langtext						Kostengruppe
►	▷	**ø netto €**	◁	◄	[Einheit]	Ausf.-Dauer	Positionsnummer

29 Gerüstverbreiterung, Gebrauchsüberlassung KG **392**

Gebrauchsüberlassung der Gerüstverbreiterung.
Auskragung: .....
Gerüstart/Lastklasse: .....

►	▷	ø	◁	◄	Einheit	Ausf.-Dauer	Positionsnummer
0,2€	0,3€	**0,3€**	0,4€	0,5€	[mWo]	–	001.000.010

30 Dachfanggerüst als Erweiterung erstellen, Arbeitsgerüst KG **392**

Erweiterung des Fassadengerüsts zum Dachfanggerüst DIN 4420-1 erstellen, durch Ausbau der obersten Gerüstlage mit Systemteilen.
Dachüberstand Breite: .....
Schutzwand aus: **Geflecht / Schutznetz**
Gerüstart/Lastklasse: .....

►	▷	ø	◁	◄	Einheit	Ausf.-Dauer	Positionsnummer
5€	7€	**8€**	9€	11€	[m]	⏱ 0,12h/m	001.000.091

31 Dachfanggerüst als Erweiterung abbauen, Arbeitsgerüst KG **392**

Erweiterung des Fassadengerüsts zum Dachfanggerüst DIN 4420-1 abbauen. Konstruktion aus Systemteilen.
Dachüberstand Breite: .....
Schutzwand aus: **Geflecht / Schutznetz**
Gerüstart/Lastklasse: .....

►	▷	ø	◁	◄	Einheit	Ausf.-Dauer	Positionsnummer
3€	4€	**5€**	6€	6€	[m]	⏱ 0,05h/m	001.000.092

32 Dachfanggerüst, Gebrauchsüberlassung KG **392**

Gebrauchsüberlassung des Dachfanggerüsts.
Verbreiterung
Gerüstart/Lastklasse: .....

►	▷	ø	◁	◄	Einheit	Ausf.-Dauer	Positionsnummer
0,2€	0,4€	**0,5€**	0,6€	0,8€	[mWo]	–	001.000.021

33 Kamineinrüstung, Dachgerüst, LK4 KG **392**

Kamingerüst, über schrägen Dachflächen, mittels geeigneter Dachgerüstkonsolen, mit dreiteiligem Seitenschutz, geeignet für Abbruch und Neubau des Kamins.
Grundeinsatzzeit: 4 Wochen
Lastklasse: 4 (3,0 kN/m^2)
Breitenklasse: W09 (Mindestbelagsbreite 0,90 m)
Höhe: 2,0 m
Hinweis: Die Leistung ist nach neuer ATV DIN 18451 Gerüstarbeiten ohne Grundeinsatzzeit und getrennt in Aufbau, Gebrauchsüberlassung und Demontage auszuschreiben.

►	▷	ø	◁	◄	Einheit	Ausf.-Dauer	Positionsnummer
644€	795€	**880€**	945€	1.212€	[St]	⏱ 8,00h/St	001.000.012

Kosten:
Stand 1. Quartal 2026
Bundesdurchschnitt

► min
▷ von
ø Mittel
◁ bis
◄ max

34 Gerüsttreppe erstellen, Treppenturm KG **392**

Treppenturm für Gerüst erstellen, Anbau und Verankerung am Gerüst, mit Zwischenpodesten im vertikalen Raster von 2,00m, einschl. Innen- und Außengeländern.
Gerüstart/Lastklasse: Klasse **A / B**
Steigmaß: .....
Aufbauhöhe: .....
Treppe: einläufig
Laufbreite: über 0,50 bis 0,75 m

1.337€ 1.666€ **1.831€** 2.106€ 2.472€ [St] ⏱ 9,00h/St 001.000.096

35 Gerüsttreppe abbauen, Treppenturm KG **392**

Treppenturm für Gerüst abbauen. Treppenturm am Gerüst angebaut und verankert, mit Zwischenpodesten im vertikalen Raster von 2,00m und Innen- sowie Außengeländern.
Gerüstart/Lastklasse: Klasse **A / B**
Steigmaß: .....
Aufbauhöhe: .....
Treppe: einläufig
Laufbreite: über 500 bis 750 mm

506€ 633€ **703€** 801€ 942€ [St] ⏱ 3,00h/St 001.000.097

36 Treppenturm, Gebrauchsüberlassung KG **392**

Gebrauchsüberlassung des Gerüst-Treppenturms.
Ausführung: .....
Gerüstart/Lastklasse: .....

115€ 144€ **160€** 182€ 214€ [StWo] – 001.000.098

37 Leitergang erstellen, Gerüst KG **392**

Zusätzlichen Leitergang (je Gerüstlage h=2,00m) in die Gerüstkonstruktion einbauen.
Einbauort: .....
Gerüstart/Lastklasse: .....

17€ 21€ **23€** 26€ 31€ [St] ⏱ 0,17h/St 001.000.099

38 Leitergang abbauen, Gerüst KG **392**

Zusätzlichen Leitergang in Gerüstkonstruktion abbauen.
Einbauort: .....
Gerüstart/Lastklasse: .....

10€ 13€ **14€** 16€ 19€ [St] ⏱ 0,05h/St 001.000.100

39 Leitergang, Gebrauchsüberlassung KG **392**

Gebrauchsüberlassung des Leitergangs (je Gerüstlage h=2,00m).
Lastklasse: .....

5€ 11€ **14€** 18€ 20€ [StWo] – 001.000.014

Nr.	Kurztext / Langtext						Kostengruppe
▶	▷	**ø netto €**	◁	◀	[Einheit]	Ausf.-Dauer	Positionsnummer

40 Überbrückung erstellen, Gerüst KG **392**

Überbrückung in Gerüst aus Gitterträger erstellen, im Gerüstsystem, einschl. Gerüstbelag und Seitenschutz.
Gerüstart/Lastklasse: .....
Spannweite: bis 6,00 m
Höhe über Standfläche: .....
Einbauort: über **Eingang / Durchfahrt**

16€ 20€ **22€** 26€ 31€ [m] ⏱ 0,30h/m 001.000.101

41 Überbrückung abbauen, Gerüst KG **392**

Überbrückung in Gerüst aus Gitterträger abbauen, im Gerüstsystem, einschl. Gerüstbelag und Seitenschutz.
Gerüstart/Lastklasse: .....
Spannweite: bis 6,00 m
Höhe über Standfläche: .....
Einbauort: über **Eingang / Durchfahrt**

10€ 12€ **13€** 16€ 18€ [m] ⏱ 0,20h/m 001.000.102

42 Überbrückung, Gebrauchsüberlassung KG **392**

Gebrauchsüberlassung der Gerüstüberbrückung.
Ausführung: .....
Lastklasse: .....

0,4€ 1,0€ **1,3€** 2,3€ 4,0€ [mWo] – 001.000.016

43 Seitenschutz, Arbeitsgerüst KG **392**

Zusätzlicher Seitenschutz im Arbeitsgerüst, aus Systemteilen, Einbau bei einem Abstand von mehr als 0,30m zwischen Belag und Bauwerk.
Einbau**: wandseitig / .....**
Grundeinsatzzeit: 4 Wochen
Ausführung: **mit Geländer, Zwischenholm und Bordbrett / ohne Bordbrett**
Lagenanzahl: .....
Hinweis: Die Leistung ist nach neuer ATV DIN 18451 Gerüstarbeiten ohne Grundeinsatzzeit und getrennt in Aufbau, Gebrauchsüberlassung und Demontage auszuschreiben.

3€ 5€ **6€** 9€ 15€ [m] ⏱ 0,05h/m 001.000.023

44 Baustellenaufzug, bis 500kg KG **391**

Baustellenaufzug aufstellen, gebrauchsüberlassen und entfernen.
Grundeinsatzzeit: 4 Wochen
Traglast: ..... (bis 500 kg)
Abstand Entladestellen: 2,00 m
Förderhöhe: .....
Personenbeförderung: **mit / ohne**
Stromanschluss: .....
Hinweis: Die Leistung ist nach neuer ATV DIN 18451 Gerüstarbeiten ohne Grundeinsatzzeit und getrennt in Aufbau, Gebrauchsüberlassung und Demontage auszuschreiben.

2.881€ 3.608€ **4.030€** 4.714€ 5.441€ [St] ⏱ 12,00h/St 001.000.018

Kosten:
Stand 1.Quartal 2026
Bundesdurchschnitt

▶ min
▷ von
ø Mittel
◁ bis
◀ max

45 Bauaufzug, Gebrauchsüberlassung KG **391**

Gebrauchsüberlassung des in der vorigen Position beschriebenen Bauaufzugs.

460€ 549€ **584€** 589€ 736€ [StWo] – 001.000.044

46 Sondergerüstanker, WDVS KG **392**

Sondergerüstanker, konfektioniert für Einbau in WDV-System, zur Aufnahme der aus dem Gerüst auftretenden Zug-, Druck- und Querkräften.
Material: nichtrostender Stahl
Befestigung: gedübelt, thermisch getrennt
Untergrund: **Mauerwerk / gerissener Beton**
Abstand (Vorderkante Fassade bis Tragschale): bis ..... mm
Einbau nach: **vorgegebenem Ankerplan / Ausführung gem. Zeichnung**

9€ 13€ **14€** 14€ 17€ [St] ⏱ 0,10h/St 001.000.027

47 Sondergerüstanker, Verblendmauerwerk KG **392**

Sondergerüstanker und Ringösenschraube für Einbau in hinterlüftetes Verblendmauerwerk, zur Aufnahme der aus dem Gerüst auftretenden Zug-, Druck- und Querkräften, mit Kunststoff-Schutzstopfen, Gewinde M12.
Material: nichtrostender Stahl
Befestigung: gedübelt, thermisch getrennt
Untergrund: **Mauerwerk / gerissener Beton**
Schalen Abstand (Vorderkante Vormauerung bis Tragschale): bis ..... mm
Einbau nach: **vorgegebenem Ankerplan / Ausführung gem. Zeichnung**

39€ 50€ **55€** 60€ 74€ [St] ⏱ 0,10h/St 001.000.063

48 Fußgängertunnel, Gerüst KG **392**

Fußgängertunnel, als Erweiterung des vorbeschriebenen Fassadengerüsts, Abdeckung aus Gerüstbelägen und Folien, seitliche Bekleidung aus Brettern und Folien.
Grundeinsatzzeit: 4 Wochen
Bekleidung: **einseitig / zweiseitig**
Lichte Breite: .....
Lichte Höhe: .....
Hinweis: Die Leistung ist nach neuer ATV DIN 18451 Gerüstarbeiten ohne Grundeinsatzzeit und getrennt in Aufbau, Gebrauchsüberlassung und Demontage auszuschreiben.

24€ 42€ **47€** 60€ 83€ [m] ⏱ 0,80h/m 001.000.024

49 Schutzdach, Gerüst KG **392**

Schutzdach nach DIN 4420-1 an Arbeitsgerüst, mit seitlicher Bordwand, einschl. Abdeckung der Schutzdachbeplankung mit Rieselschutzfolie, überlappend verlegt.
Grundeinsatzzeit: 4 Wochen
Schutzdachbreite ist Gerüstbreite plus zusätzlich mind. 0,60 m
Nutzung: Sicherung von **Arbeitsbereichen / Fahrwegen**
Einbauort: ..... Gerüstebene
Höhe Bordwand: mind. 0,60 m
Material Bordwand: .....
Hinweis: Die Leistung ist nach neuer ATV DIN 18451 Gerüstarbeiten ohne Grundeinsatzzeit und getrennt in Aufbau, Gebrauchsüberlassung und Demontage auszuschreiben.

30€ 38€ **39€** 43€ 51€ [m] ⏱ 0,40h/m 001.000.029

Nr.	Kurztext / Langtext						Kostengruppe
▶	▷	ø netto €	◁	◀	[Einheit]	Ausf.-Dauer	Positionsnummer

50 Schutzdach, Gebrauchsüberlassung KG **392**

Gebrauchsüberlassung Schutzdach für die Dauer von ..... Wochen.
Ausführung: .....

0,2€	0,9€	**1,0€**	1,6€	2,6€	[mWo]	–	001.000.062

51 Wetterschutzdach, Systemteile KG **392**

Dachkonstruktion als Wetterschutz, aus Stahl-/Leichtmetall-Systemteilen, mind. 2,00m freier Arbeitsbereich, aufbauen, gebrauchsüberlassen und abbauen. Tragfähigkeits- und Standsicherheitsnachweis wird gesondert vergütet
Abdeckung aus: .....
Dachneigung: .....°
Schneelast: ..... kN/m²
Auflagerung auf: .....
OK Auflager: .... m
Spannweite: .....
Begehbar: **ja / nein**
Grundeinsatzzeit: 4 Wochen
Hinweis: Die Leistung ist nach neuer ATV DIN 18451 Gerüstarbeiten ohne Grundeinsatzzeit und getrennt in Aufbau, Gebrauchsüberlassung und Demontage auszuschreiben.

–	72€	**98€**	124€	–	[m²]	⏱ 0,25h/m²	001.000.064

52 Gerüstbekleidung, PE-Folie KG **392**

Bekleidung von Gerüsten mit Plane aus wetterfester, UV-stabilisierter, gitterverstärkter PE-Folie, als vollflächige Gerüstbekleidung, montieren, gebrauchsüberlassen, sowie wieder demontieren.
Grundeinsatzzeit: 4 Wochen
Nutzung: Schutz vor **Staubentwicklung / herabfallenden Teilen / Niederschlägen**
Reißkraft: **500 N / 750 N** je 5 cm
Anmerkung: Für das Einplanen des Gerüstes ist eine statische Berechnung als besondere Leistung notwendig.
Hinweis: Die Leistung ist nach neuer ATV DIN 18451 Gerüstarbeiten ohne Grundeinsatzzeit und getrennt in Aufbau, Gebrauchsüberlassung und Demontage auszuschreiben.

3€	5€	**5€**	6€	8€	[m²]	⏱ 0,08h/m²	001.000.050

53 Gerüstbekleidung, Staubschutznetz/Schutzgewebe KG **392**

Bekleidung von Gerüsten als vollflächige Gerüstbekleidung montieren, gebrauchsüberlassen, sowie wieder demontieren.
Grundeinsatzzeit: 4 Wochen
Bekleidung: randverstärktes **Staubschutznetz / Schutzgewebe**
Funktion: .....
Hinweis: Die Leistung ist nach neuer ATV DIN 18451 Gerüstarbeiten ohne Grundeinsatzzeit und getrennt in Aufbau, Gebrauchsüberlassung und Demontage auszuschreiben.

1€	3€	**4€**	5€	7€	[m²]	⏱ 0,04h/m²	001.000.017

54 Gerüstbekleidung, Gebrauchsüberlassung KG **392**

Gebrauchsüberlassung der vor beschriebenen Gerüstbekleidung, für die Dauer von ..... Wochen.

< 0,1€	0,1€	**0,2€**	0,2€	0,3€	[m²Wo]	–	001.000.060

Kosten:
Stand 1. Quartal 2026
Bundesdurchschnitt

▶ min
▷ von
ø Mittel
◁ bis
◀ max

55 Kabelbrücke, Strom-/Wasserleitung KG **392**

Kabelbrücke, montieren, gebrauchsüberlassen, sowie demontieren, mit Fachwerkträger zur Überspannung, Brücke aus zwei Feldern, unverrückbar und sturmsicher, Konstruktion einschl. notwendiger Beschilderungen und Leitmale nach RSA.
Grundeinsatzzeit: 4 Wochen
Nutzung: **Strom- / Wasserleitung**
Nutzbreite: .....
Überbrückungsbreite: .....
Durchfahrtshöhe: mind. 4,20 m
Stabilisierung: **verankert / ballastiert**
Einbauort: Querung einer öffentlichen Straße
Tragfähigkeits- und Standsicherheitsnachweis für die Brückenkonstruktion werden gesondert vergütet.
Hinweis: Die Leistung ist nach neuer ATV DIN 18451 Gerüstarbeiten ohne Grundeinsatzzeit und getrennt in Aufbau, Gebrauchsüberlassung und Demontage auszuschreiben.

▶	▷	ø netto €	◁	◀	[Einheit]	Ausf.-Dauer	Positionsnummer
1.407€	1.974€	**2.372€**	2.697€	3.525€	[St]	⏱ 10,00h/St	001.000.026

56 Statische Berechnung, Fassadengerüst KG **392**

Statische Berechnung, für vor beschriebenes Fassadengerüst, Ausführung gem. Sonderbeschreibung, inkl. Ausführungszeichnung, aufstellen und dreifach liefern.

▶	▷	ø netto €	◁	◀	[Einheit]	Ausf.-Dauer	Positionsnummer
803€	1.416€	**1.798€**	2.284€	3.287€	[St]	–	001.000.058

57 Stundensatz, Facharbeiter/-in

Stundenlohnarbeiten für Vorarbeiter/-in, Gesellin, Geselle, Facharbeiter/-in und Gleichgestellte sowie ähnliche Fachkräfte. Der Verrechnungssatz für die jeweilige Arbeitskraft umfasst sämtliche Aufwendungen wie Lohn- und Gehaltskosten, Lohn- und Gehaltsnebenkosten, lohngebundene und lohnabhängige Kosten, sonstige Sozialkosten, Gemeinkosten, Wagnis und Gewinn. Leistung nach besonderer Anordnung der Bauüberwachung. Anmeldung und Nachweis gem. VOB/B.

▶	▷	ø netto €	◁	◀	[Einheit]	Ausf.-Dauer	Positionsnummer
59€	69€	**73€**	78€	90€	[h]	⏱ 1,00h/h	001.000.052

58 Stundensatz, Helfer/-in

Stundenlohnarbeiten für Werker/-in, Helfer/-in und Gleichgestellte. Der Verrechnungssatz für die jeweilige Arbeitskraft umfasst sämtliche Aufwendungen wie Lohn- und Gehaltskosten, Lohn- und Gehaltsnebenkosten, lohngebundene und lohnabhängige Kosten, sonstige Sozialkosten, Gemeinkosten, Wagnis und Gewinn. Leistung nach besonderer Anordnung der Bauüberwachung. Anmeldung und Nachweis gem. VOB/B.

▶	▷	ø netto €	◁	◀	[Einheit]	Ausf.-Dauer	Positionsnummer
43€	58€	**64€**	69€	78€	[h]	⏱ 1,00h/h	001.000.053

002

Kosten:
Stand 1. Quartal 2026
Bundesdurchschnitt

► min
▷ von
ø Mittel
◁ bis
◄ max

Erdarbeiten — Preise €

Nr.	Positionen	Einheit	►	▷	ø brutto € / ø netto €	◁	◄
1	Aushub, Schlitzgraben/Suchgraben, T 1,75m	m	41	52	**57**	63	75
			35	44	**48**	53	63
2	Kabelbündel sichern	m	11	14	**14**	16	19
			9	12	**12**	13	16
3	Sichern von Leitungen/Kabeln	m	16	21	**23**	27	33
			13	18	**19**	22	27
4	Entwässerungsleitung, sichern	m	21	27	**29**	31	36
			18	23	**25**	26	31
5	Baugrubenaushub, bis 1,75m, lagern, GK1	m³	11	14	**16**	17	19
			9	12	**14**	14	16
6	Baugrubenaushub, bis 2,50m, lagern, GK1	m³	15	16	**20**	22	26
			13	13	**17**	18	22
7	Baugrubenaushub, bis 2,50m, abfahren, GK1	m³	22	28	**29**	33	40
			19	23	**25**	28	33
8	Baugrubenaushub, bis 3,50m, abfahren, GK1	m³	33	36	**42**	43	51
			28	30	**35**	36	43
9	Bodenabtrag, bis 40cm, entsorgen, GK1	m³	26	35	**38**	40	44
			22	29	**32**	34	37
10	Baugrubenaushub, Fels, bis 1,75m, lagern, GK1	m³	40	49	**52**	57	66
			34	41	**44**	48	56
11	Baugrubenaushub, Fels, entsorgen, GK1	m³	76	92	**103**	114	137
			64	77	**87**	96	115
12	Baugrubenaushub, Handschachtung, bis 1,75m, lagern, GK1	m³	110	122	**128**	141	166
			92	103	**108**	118	139
13	Baugrube sichern, Folienabdeckung	m²	3	5	**5**	6	7
			3	4	**4**	5	6
14	Fundamentaushub, bis 1,25m, seitlich lagern, GK1	m³	36	45	**49**	55	63
			30	38	**41**	46	53
15	Fundamentaushub, bis 1,25m, entsorgen, GK1	m³	52	53	**56**	62	80
			43	45	**47**	52	67
16	Fundamentaushub, bis 1,75m, entsorgen, GK1	m³	55	64	**68**	78	88
			46	54	**57**	66	74
17	Fundament, Hinterfüllung, Lagermaterial, bis 1,00m	m³	25	37	**39**	44	53
			21	31	**32**	37	45
18	Fundament, Hinterfüllung, Liefermaterial, bis 1,00m	m³	27	36	**43**	49	58
			23	30	**36**	41	49
19	Kabelgraben ausheben, bis 1,25m, lagern, GK1	m³	28	35	**39**	45	52
			24	30	**33**	37	44
20	Kabelgraben ausheben, bis 1,00m, entsorgen, GK1	m³	30	37	**42**	50	57
			25	31	**35**	42	48
21	Hindernisse beseitigen, Gräben	m³	88	114	**130**	152	197
			74	96	**109**	128	166
22	Aushub lagernd, entsorgen	m³	29	36	**39**	41	51
			24	30	**33**	35	43
23	Bodenaustausch, Liefermaterial	m³	41	50	**54**	67	88
			35	42	**45**	56	74
24	Bodenverbesserung, Liefermaterial	m³	32	48	**54**	62	89
			27	40	**45**	52	74

Nr.	Positionen	Einheit	▶	▷	ø brutto € / ø netto €	◁	◀
25	Planum, Baugrube	m²	2	3	**3**	4	5
			1	3	**3**	3	4
26	Planum, Wege/Fahrstraßen, verdichten	m²	2	2	**3**	4	5
			1	2	**2**	3	4
27	Gründungssohle verdichten, Baugrube	m²	1	3	**3**	4	5
			1	2	**3**	3	5
28	Lastplattendruckversuch, Baugrube	St	181	290	**309**	362	468
			152	244	**259**	304	393
29	Trennlage, Filtervlies	m²	2	4	**4**	5	6
			2	3	**4**	4	5
30	Trennlage, Bodenplatte, Folie, zweilagig	m²	2	3	**3**	5	8
			2	3	**3**	4	7
31	Kies 16/32, frei Baustelle, liefern	m³	63	70	**74**	76	82
			53	59	**62**	64	69
32	Rohrgraben verfüllen, Kies 0/32mm	m³	41	53	**57**	64	81
			35	44	**48**	54	68
33	Rohrgraben verfüllen, Boden, Liefermaterial	m³	57	67	**74**	78	88
			48	57	**62**	65	74
34	Leitungsgräben/Fundamente verfüllen, verdichten, Liefermaterial	m³	38	50	**57**	70	94
			32	42	**48**	59	79
35	Arbeitsräume verfüllen, verdichten, Liefermaterial	m³	39	47	**50**	53	62
			33	39	**42**	44	52
36	Leitungsgraben verfüllen, verdichten, Lagermaterial	m³	22	28	**29**	32	39
			19	24	**25**	27	33
37	Kabelgraben verfüllen, verdichten, Liefermaterial Sand 0/2	m	12	17	**20**	23	29
			10	14	**17**	19	24
38	Kabelschutzrohr, Kunststoff	m	11	13	**14**	15	17
			9	11	**12**	12	15
39	Zugdraht für Kabelschutzrohr	m	2	2	**2**	3	3
			1	2	**2**	2	3
40	Warnband, Leitungsgraben	m	0,7	1,5	**1,8**	2,1	2,9
			0,6	1,3	**1,5**	1,7	2,4
41	Stundensatz, Facharbeiter/-in	h	75	86	**90**	95	106
			63	72	**76**	80	89
42	Stundensatz, Helfer/-in	h	48	69	**78**	81	91
			40	58	**66**	68	76

Nr.	Kurztext / Langtext						Kostengruppe
►	▷	ø netto €	◁	◀	[Einheit]	Ausf.-Dauer	Positionsnummer

Kosten:
Stand 1. Quartal 2026
Bundesdurchschnitt

1 Aushub, Schlitzgraben/Suchgraben, T 1,75m KG **211**

Boden für Suchgraben ausheben zur Freilegung von Kabeln und Rohrleitungen, nach Abtrag der Oberflächenbefestigung, Handaushub ist einzukalkulieren. Aushub seitlich lagern, wieder verfüllen und verdichten, Material nicht schadstoffbelastet. Verbau wird gesondert vergütet. Laden und Abfuhr von überschüssigem Boden nach getrennter Position.
Aushubtiefe: bis 1,75 m
Sohlenbreite: bis 0,80 m
Sohlenlänge: bis 4,00 m
Aushubtiefe: ..... m
Sohlenbreite: .....m
Bodeneigenschaften und Kennwerte: .....
Baumaßnahmen der Geotechnischen Kategorie 1 DIN 4020
Homogenbereich: 1
Homogenbereich 1 oben: ..... m
Homogenbereich 1 unten: ..... m
Anzahl der Bodengruppen: ..... St
Bodengruppen DIN 18196: .....
Konsistenz DIN EN ISO 14688-1: .....

►	▷	ø	◁	◀	Einheit	Dauer	Positionsnummer
35€	44€	**48€**	53€	63€	[m]	⏱ 0,80h/m	009.000.001

2 Kabelbündel sichern KG **211**

Kabelbündel aus Elektrokabel, spannungsfrei geschaltet, sichern
Außendurchmesser: ..... mm
Leitungsachse unter Gelände: bis 1,25 m

►	▷	ø	◁	◀	Einheit	Dauer	Positionsnummer
9€	12€	**12€**	13€	16€	[m]	⏱ 0,25h/m	002.001.096

3 Sichern von Leitungen/Kabeln KG **211**

Kabelbündel sichern und spannungsfrei unterstützen.
Kabelbündel: **Elektrokabel / Entwässerungsleitung aus Steinzeugrohr / .....**
Kabel-/Leitungsdurchmesser: ..... mm
Einzellängen: über 5 bis 10 m
Höhenlage der Kabel-/Leitungsachse unter Gelände: bis 1,25 m

►	▷	ø	◁	◀	Einheit	Dauer	Positionsnummer
13€	18€	**19€**	22€	27€	[m]	⏱ 0,25h/m	002.001.189

4 Entwässerungsleitung, sichern KG **211**

Entwässerungsleitung aus Steinzeugrohr, außer Betrieb, sichern.
Nenndurchmesser: ..... mm
Leitungsachse unter Gelände: bis 1,25 m

►	▷	ø	◁	◀	Einheit	Dauer	Positionsnummer
18€	23€	**25€**	26€	31€	[m]	⏱ 0,25h/m	002.001.188

► min
▷ von
ø Mittel
◁ bis
◀ max

A 1 Baugrubenaushub, GK1 Beschreibung für Pos. **5-8**

Boden der Baugrube profilgerecht ausheben.
Aushub: nicht schadstoffbelastet
Gesamtbreite: ..... m
Gesamtlänge: ..... m
Baumaßnahmen der Geotechnischen Kategorie 1 DIN 4020
Homogenbereich: 1
Homogenbereich 1 oberer Horizont: ..... m
Homogenbereich 1 unterer Horizont: ..... m
Anzahl der Bodengruppen: ..... St
Bodengruppen DIN 18196: .....
Massenanteile der Steine DIN EN ISO 14688-1: über .....% bis .....%
Massenanteile der Blöcke DIN EN ISO 14688-1: über .....% bis .....%
Konsistenz DIN EN ISO 14688-1: .....
Lagerungsdichte: .....
Homogenbereiche lt.: .....

5 Baugrubenaushub, bis 1,75m, lagern, GK1 KG **311**

Wie Ausführungsbeschreibung A 1
Leistungsumfang: lösen, fördern, auf der Baustelle lagern
Gesamtabtragstiefe: bis 1,75 m
Förderweg: ..... m
Mengenermittlung nach Aufmaß an der Entnahmestelle

9€	12€	**14€**	14€	16€	[m³]	⏱ 0,10h/m³	002.001.106

6 Baugrubenaushub, bis 2,50m, lagern, GK1 KG **311**

Wie Ausführungsbeschreibung A 1
Leistungsumfang: lösen, fördern, auf der Baustelle lagern
Gesamtabtragstiefe: bis 2,50 m
Förderweg: ..... m
Mengenermittlung nach Aufmaß an der Entnahmestelle

13€	13€	**17€**	18€	22€	[m³]	⏱ 0,12h/m³	002.001.177

7 Baugrubenaushub, bis 2,50m, abfahren, GK1 KG **311**

Wie Ausführungsbeschreibung A 1
Leistungsumfang: lösen, fördern, mit LKW des AN zur zugelassenen Lagerstelle abfahren, dort lagenweise einarbeiten
Gesamtabtragstiefe: bis 2,50 m
Aushub: Aushub nicht schadstoffbelastet oder gefährlich
Lagerstätte (Bezeichnung/Ort): .....
Förderweg: bis ..... km
Mengenermittlung nach Aufmaß an der Entnahmestelle

19€	23€	**25€**	28€	33€	[m³]	⏱ 0,26h/m³	002.001.112

Nr.	Kurztext / Langtext						Kostengruppe
▶	▷	ø netto €	◁	◀	[Einheit]	Ausf.-Dauer	Positionsnummer

8 **Baugrubenaushub, bis 3,50m, abfahren, GK1** KG **311**

Wie Ausführungsbeschreibung A 1
Leistungsumfang: lösen, fördern, mit LKW des AN zur zugelassenen Lagerstelle abfahren, dort lagenweise einarbeiten
Gesamtabtragstiefe: bis 3,50 m
Aushub: Aushub nicht schadstoffbelastet oder gefährlich
Lagerstätte (Bezeichnung/Ort): .....
Förderweg: bis ..... km
Mengenermittlung nach Aufmaß an der Entnahmestelle

▶	▷	ø	◁	◀	Einheit	Ausf.-Dauer	Positionsnummer
28€	30€	**35€**	36€	43€	[m³]	⏱ 0,14h/m³	002.001.176

9 **Bodenabtrag, bis 40cm, entsorgen, GK1** KG **512**

Boden für befestigte Flächen in verschiedenen Schichtdicken lösen, laden, entsorgen.
Gesamtabtragstiefe: bis 40 cm
Förderweg: bis ..... km
Baumaßnahmen der Geotechnischen Kategorie 1 DIN 4020.
Homogenbereich: 1
Homogenbereich 1 oberer Horizont: ..... m
Homogenbereich 1 unterer Horizont: ..... m
Anzahl der Bodengruppen: ..... St
Bodengruppen DIN 18196: .....
Massenanteile der Steine DIN EN ISO 14688-1: über .....% bis .....%
Massenanteile der Blöcke DIN EN ISO 14688-1: über .....% bis .....%
Konsistenz DIN EN ISO 14688-1: .....
Lagerungsdichte: .....
Homogenbereiche lt.: .....
Abrechnung: **nach Verdrängung / auf Nachweisrapport / Wiegescheine der Deponie**

▶	▷	ø	◁	◀	Einheit	Ausf.-Dauer	Positionsnummer
22€	29€	**32€**	34€	37€	[m³]	⏱ 0,25h/m³	002.001.187

A 2 **Baugrubenaushub, Fels, GK1** Beschreibung für Pos. **10-11**

Felsigen Boden der Baugrube ausheben.
Gesamtbreite: ..... m
Gesamtlänge: ..... m
Baumaßnahmen der Geotechnischen Kategorie 1 DIN 4020
Homogenbereich: 1
Homogenbereich 1 oberer Horizont: ..... m
Homogenbereich 1 unterer Horizont: ..... m
Anzahl Gesteinsarten: .....
Gesteinsarten: .....
Veränderlichkeit DIN EN ISO 14689-1: .....
Geologische Struktur DIN EN ISO 14689-1: .....
Abstand Trennflächen DIN EN ISO 14689-1: .....
Trennflächen, Gesteinskörperform: ….
Fallrichtung Trennflächen: .....°
Fallwinkel Trennflächen: .....°
Homogenbereiche lt.: .....

Kosten:
Stand 1. Quartal 2026
Bundesdurchschnitt

▶ min
▷ von
ø Mittel
◁ bis
◀ max

Nr.	Kurztext / Langtext						Kostengruppe
▶	▷	ø netto €	◁	◀	[Einheit]	Ausf.-Dauer	Positionsnummer

10 Baugrubenaushub, Fels, bis 1,75m, lagern, GK1 KG **311**

Wie Ausführungsbeschreibung A 2
Leistungsumfang: lösen, fördern, auf der Baustelle lagern
Abrechnung: nach dem gelösten Boden, auch außerhalb des Profils
Aushubtiefe: bis 1,75 m
Mengenermittlung nach Aufmaß an der Entnahmestelle

34€ | 41€ | **44€** | 48€ | 56€ | [m3] | ⏱ 0,30h/m3 | 002.000.041

11 Baugrubenaushub, Fels, entsorgen, GK1 KG **311**

Wie Ausführungsbeschreibung A 2
Leistungsumfang: lösen, laden, fördern, entsorgen, inkl. Deponiegebühren und Entsorgungsnachweis
Gesamtabtragstiefe: ..... m
Abrechnung: Wiegescheine der Deponie
Mengenermittlung nach Aufmaß an der Entnahmestelle

64€ | 77€ | **87€** | 96€ | 115€ | [m3] | ⏱ 0,60h/m3 | 002.000.013

12 Baugrubenaushub, Handschachtung, bis 1,75m, lagern, GK1 KG **311**

Baugrubenaushub in Handschachtung, Aushub seitlich lagern.
Aushub: nicht schadstoffbelastet
Gesamtbreite: ..... m
Gesamtlänge: ..... m
Gesamtabtragstiefe: bis 1,75 m
Förderweg: ..... m
Baumaßnahmen der Geotechnischen Kategorie 1 DIN 4020
Homogenbereich: 1
Homogenbereich 1 oberer Horizont: ..... m
Homogenbereich 1 unterer Horizont: ..... m
Anzahl der Bodengruppen: ..... St
Bodengruppen DIN 18196: .....
Massenanteile der Steine DIN EN ISO 14688-1: über .....% bis .....%
Massenanteile der Blöcke DIN EN ISO 14688-1: über .....% bis .....%
Konsistenz DIN EN ISO 14688-1: .....
Lagerungsdichte: .....
Homogenbereiche lt.: .....
Mengenermittlung nach Aufmaß an der Entnahmestelle

92€ | 103€ | **108€** | 118€ | 139€ | [m3] | ⏱ 1,10h/m3 | 002.001.115

13 Baugrube sichern, Folienabdeckung KG **312**

Baugrubenwände (Böschungen) mit Planen abdecken, Planen gegen Witterung sichern und bis zum Auffüllen des Arbeitsraums bzw. Abschluss der Verbauarbeiten unterhalten und nach Aufforderung Folie aufnehmen und entsorgen, inkl. Entsorgungsgebühr.
Vorhaltezeit: .....

3€ | 4€ | **4€** | 5€ | 6€ | [m2] | ⏱ 0,05h/m2 | 002.000.042

Nr.	Kurztext / Langtext						Kostengruppe
►	▷	ø netto €	◁	◄	[Einheit]	Ausf.-Dauer	Positionsnummer

A 3 Fundamentaushub, GK1 — Beschreibung für Pos. **14-16**

Boden für Fundamente ausheben und Fundamentsohle planieren.
Aushub: nicht schadstoffbelastet
Gesamtbreite: ..... m
Gesamtlänge: ..... m
Gesamtabtragstiefe: bis ..... m
Förderweg: ..... m
Baumaßnahmen der Geotechnischen Kategorie 1 DIN 4020
Homogenbereich: 1
Homogenbereich 1 oberer Horizont: ..... m
Homogenbereich 1 unterer Horizont: ..... m
Anzahl der Bodengruppen: ..... St
Bodengruppen DIN 18196: .....
Massenanteile der Steine DIN EN ISO 14688-1: über .....% bis .....%
Massenanteile der Blöcke DIN EN ISO 14688-1: über .....% bis .....%
Konsistenz DIN EN ISO 14688-1: .....
Lagerungsdichte: .....
Homogenbereiche lt.: .....

Kosten:
Stand 1. Quartal 2026
Bundesdurchschnitt

14 Fundamentaushub, bis 1,25m, seitlich lagern, GK1 — KG **322**

Wie Ausführungsbeschreibung A 3
Leistungsumfang: lösen, fördern, auf der Baustelle lagern
Gesamtabtragstiefe: bis 1,25 m
Förderweg: ..... m
Mengenermittlung nach Aufmaß an der Entnahmestelle

►	▷	ø	◁	◄	Einheit	Ausf.-Dauer	Positionsnummer
30€	38€	**41€**	46€	53€	[m³]	⏱ 0,42 h/m³	002.001.179

15 Fundamentaushub, bis 1,25m, entsorgen, GK1 — KG **322**

Wie Ausführungsbeschreibung A 3
Leistungsumfang: lösen, fördern, zur Verwertungsanlage abfahren
Gesamtabtragstiefe: bis 1,25 m
Mengenermittlung nach Aufmaß an der Entnahmestelle

►	▷	ø	◁	◄	Einheit	Ausf.-Dauer	Positionsnummer
43€	45€	**47€**	52€	67€	[m³]	⏱ 0,40 h/m³	002.001.180

16 Fundamentaushub, bis 1,75m, entsorgen, GK1 — KG **322**

Wie Ausführungsbeschreibung A 3
Leistungsumfang: lösen, fördern, zur Verwertungsanlage abfahren
Gesamtabtragstiefe: bis 1,75 m
Mengenermittlung nach Aufmaß an der Entnahmestelle

►	▷	ø	◁	◄	Einheit	Ausf.-Dauer	Positionsnummer
46€	54€	**57€**	66€	74€	[m³]	⏱ 0,42 h/m³	002.001.184

► min
▷ von
ø Mittel
◁ bis
◄ max

17 Fundament, Hinterfüllung, Lagermaterial, bis 1,00m KG **322**

Hinterfüllung Einzel- und Streifenfundament. Gelagerten Aushub aufnehmen, profilgerecht verfüllen und verdichten.
Aushub: nicht schadstoffbelastet
Förderweg: bis ..... m
Aushubtiefe/Einbauhöhe: bis 1,00 m
Bodengruppen: .....
Bodenprofil: .....
Fundamentgröße: .....
Verdichtungsgrad: DPr mind. 97%

21€ 31€ **32€** 37€ 45€ [m³] ⏱ 0,35h/m³ 002.001.130

18 Fundament, Hinterfüllung, Liefermaterial, bis 1,00m KG **322**

Hinterfüllung Einzel- und Streifenfundament. Boden liefern, profilgerecht verfüllen und verdichten.
Aushubtiefe/Einbauhöhe: bis 1,00 m
Bodengruppen: .....
Bodenprofil: .....
Fundamentgröße: .....
Verdichtungsgrad: DPr mind. 97%

23€ 30€ **36€** 41€ 49€ [m³] ⏱ 0,30h/m³ 002.001.170

19 Kabelgraben ausheben, bis 1,25m, lagern, GK1 KG **511**

Boden für Kabelgraben profilgerecht lösen, Aushub seitlich lagern.
Aushub: nicht schadstoffbelastet
Förderweg: ..... m
Baumaßnahmen der Geotechnischen Kategorie 1 DIN 4020
Homogenbereich: 1
Homogenbereich 1 oberer Horizont: ..... m
Homogenbereich 1 unterer Horizont: ..... m
Anzahl der Bodengruppen: ..... St
Bodengruppen DIN 18196: .....
Massenanteile der Steine DIN EN ISO 14688-1: über .....% bis .....%
Massenanteile der Blöcke DIN EN ISO 14688-1: über .....% bis .....%
Konsistenz DIN EN ISO 14688-1: .....
Lagerungsdichte: .....
Homogenbereiche lt.: .....
Mengenermittlung nach Aufmaß an der Entnahmestelle
Gesamtabtragstiefe: bis 1,25 m
Sohlenbreite: bis 50 cm

24€ 30€ **33€** 37€ 44€ [m³] ⏱ 0,32h/m³ 002.001.171

000 001 002 006 008 009 010 012 013 014 016 017 018 020 021 022

Nr.	Kurztext / Langtext						Kostengruppe
▶	▷	ø netto €	◁	◀	[Einheit]	Ausf.-Dauer	Positionsnummer

Kosten:
Stand 1.Quartal 2026
Bundesdurchschnitt

20 Kabelgraben ausheben, bis 1,00m, entsorgen, GK1 — KG **511**

Boden für Kabelgraben profilgerecht lösen, Aushub ist zu entsorgen. Aushub nicht schadstoffbelastet oder gefährlich.
Gesamtabtragstiefe: bis 1,00 m
Sohlenbreite: bis 50 cm
Förderweg: ..... m
Baumaßnahmen der Geotechnischen Kategorie 1 DIN 4020
Homogenbereich: 1
Homogenbereich 1 oberer Horizont: ..... m
Homogenbereich 1 unterer Horizont: ..... m
Anzahl der Bodengruppen: ..... St
Bodengruppen DIN 18196: .....
Massenanteile der Steine DIN EN ISO 14688-1: über .....% bis .....%
Massenanteile der Blöcke DIN EN ISO 14688-1: über .....% bis .....%
Konsistenz DIN EN ISO 14688-1: .....
Lagerungsdichte: .....
Homogenbereiche lt.: .....
Abrechnung: **nach Verdrängung / auf Nachweisrapport / Wiegescheine der Deponie**

25€ | 31€ | **35€** | 42€ | 48€ | [m³] | ⏱ 0,32 h/m³ | 002.001.143

21 Hindernisse beseitigen, Gräben — KG **212**

Hindernis in Graben beseitigen und seitlich lagern, Hindernis aus Mauerwerk, einzelnen Steinen oder Fundamentresten aus Beton. Abfuhr und Entsorgung in gesonderter Position.
Grabenbreite: bis 0,80 m
Hindernis: unter 0,01 m³

74€ | 96€ | **109€** | 128€ | 166€ | [m³] | ⏱ 1,65 h/m³ | 002.000.014

22 Aushub lagernd, entsorgen — KG **311**

Überschüssigen Aushub, bauseits gelagert, laden, abfahren und auf zugelassenen Lagerstätte nach Wahl des Auftragnehmers lagenweise einarbeiten.
Bodengruppen: ..... DIN 18196
Aushub: nicht schadstoffbelastet
Zuordnung: .....
Verwertungsanlage (Bezeichnung/Ort/Fahrweg): .....
Lagergebühren werden vom AN übernommen
Abrechnung: **nach Verdrängung / auf Nachweisrapport / Wiegescheine der Deponie**

24€ | 30€ | **33€** | 35€ | 43€ | [m³] | ⏱ 0,34 h/m³ | 002.001.182

▶ min
▷ von
ø Mittel
◁ bis
◀ max

23 Bodenaustausch, Liefermaterial — KG **321**

Boden verbessern, Liefermaterial
Neuboden: z.B. kornabgestufter Kiessand (Bodengruppe GW/GU) - natürliche Gesteinskörnung
Verdichtung: 103% Proctordichte
Aushubtiefe: .....
Austauschfläche: .....
Geländeprofil: .....

35€ | 42€ | **45€** | 56€ | 74€ | [m³] | ⏱ 0,25 h/m³ | 002.000.022

Nr.	Kurztext / Langtext					Kostengruppe
▶	▷	ø netto €	◁	◀	[Einheit] Ausf.-Dauer	Positionsnummer

24 Bodenverbesserung, Liefermaterial KG **321**

Bodenverbesserung, durch Einarbeiten von Baustoffen, inkl. Verdichten, Boden und Ausführung gem. Bodengutachten (von AG zur Verfügung gestellt).
Baustoff: **Recycling-Kies 0/56 / Kalkschotter 5/30** - natürliche Gesteinskörnung
Schichtdicke: bis 30 cm
Verdichtungsgrad DPr: 95%
Verformungsmodul EV2: .....MN/m²

27€ 40€ **45€** 52€ 74€ [m³] ⏱ 0,14 h/m³ 002.000.038

25 Planum, Baugrube KG **311**

Planum in Baugrube herstellen.
Zulässige Abweichung der Sollhöhe: +/-2cm
Verformungsmodul EV2: .....MN/m²

1€ 3€ **3€** 3€ 4€ [m²] ⏱ 0,02 h/m² 002.000.021

26 Planum, Wege/Fahrstraßen, verdichten KG **530**

Planum von Wege/Fahrstraßen herstellen, Planum für den Belagsunterbau in den erforderlichen Gefällen nach Regelschnitten, Abrechnung nach Belagsfläche.
Zulässige Abweichung der Sollhöhe: +/-2 cm
Verformungsmodul: mind. EV2 45 MN/m²

1€ 2€ **2€** 3€ 4€ [m²] ⏱ 0,02 h/m² 002.000.035

27 Gründungssohle verdichten, Baugrube KG **311**

Gründungssohle verdichten, in Baugrube.
Verdichtungsgrad: DPr 97%
Bodengruppe: ..... DIN 18196

1€ 2€ **3€** 3€ 5€ [m²] ⏱ 0,02 h/m² 002.000.020

28 Lastplattendruckversuch, Baugrube KG **319**

Statischer Lastplattendruckversuch DIN 18134, Nachweis der geforderten Verdichtung des Bodens; Durchführung und Auswertung sowie Gerätestellung erfolgt durch ein neutrales Prüflabor nach Wahl des Auftragnehmers. Abrechnung je Versuch, inkl. aller Geräte, Honorare und Nebenkosten.

152€ 244€ **259€** 304€ 393€ [St] ⏱ 2,20 h/St 002.000.027

29 Trennlage, Filtervlies KG **325**

Filtervlies aus Geotextilien, als Trennlage, auf Erdplanum.
GRK-Klasse: .....
Überlappung: mind. 20 cm
Einbauort: Baugrube

2€ 3€ **4€** 4€ 5€ [m²] ⏱ 0,04 h/m² 002.000.029

30 Trennlage, Bodenplatte, Folie, zweilagig KG **329**

PE-Folie, in 2 Lagen, Überlappung 25cm, auf Filterschicht, unter Bodenplatte.
Folien-Dicke: je 0,3 mm

2€ 3€ **3€** 4€ 7€ [m²] ⏱ 0,03 h/m² 002.000.030

Nr.	Kurztext / Langtext						Kostengruppe
►	▷	ø netto €	◁	◄	[Einheit]	Ausf.-Dauer	Positionsnummer

31 Kies 16/32, frei Baustelle, liefern KG **325**

Liefern von Stoffen frei Baustelle. Abrechnung nach Lieferschein und Umrechnungstabelle ..... von t nach m³, (trockener, geschütteter Zustand).
Material: Kies 16/32 - natürliche Gesteinskörnung

53€	59€	**62€**	64€	69€	[m³]	–	002.001.185

32 Rohrgraben verfüllen, Kies 0/32mm KG **311**

Verfüllen von Rohrgraben schichtweise, inkl. Verdichten.
Einbaumaterial: Lieferkies 0/32 mm - natürliche Gesteinskörnung
Verdichtungsgrad: DPr mind. 97%
Einbauort: .....
Schichtdicke: ..... m

35€	44€	**48€**	54€	68€	[m³]	⏱ 0,35h/m³	009.001.080

33 Rohrgraben verfüllen, Boden, Liefermaterial KG **311**

Verfüllen von Rohrgraben, schichtweise, inkl. Verdichten.
Einbaumaterial: Lieferboden der Bodengruppe: .....
Verdichtungsgrad: DPr mind. 97%
Einbauort: .....
Schichtdicke: ..... m

48€	57€	**62€**	65€	74€	[m³]	⏱ 0,30h/m³	009.001.079

34 Leitungsgräben/Fundamente verfüllen, verdichten, Liefermaterial KG **311**

Verfüllen von Fundamenten und Leitungsgräben, schichtweise, inkl. Verdichten.
Einbaumaterial: Lieferboden der Bodengruppe: .....
Verdichtungsgrad: DPr mind. 97%
Einbauort: .....
Schichtdicke: ..... m

32€	42€	**48€**	59€	79€	[m³]	⏱ 0,28h/m³	002.000.026

35 Arbeitsräume verfüllen, verdichten, Liefermaterial KG **311**

Verfüllen von Arbeitsräumen, mit anzulieferndem Bodenmaterial, schichtweise einbauen, einschl. Fördern des Lagermaterials und verdichten.
Bodengruppe: **GU (Kies-Schluff-Gemisch) / .....** gem. Einzelbeschreibung
Verdichtungsgrad: DPr mind. 97%
Schichtdicke: ..... m

33€	39€	**42€**	44€	52€	[m³]	⏱ 0,30h/m³	002.000.024

36 Leitungsgraben verfüllen, verdichten, Lagermaterial KG **311**

Verfüllen von Fundamenten und Leitungen, profilgerecht verfüllen und verdichten.
Einbaumaterial: gelagerter Boden der Bodengruppe ....
Verdichtungsgrad: DPr mind. 97%
Einbauort: .....
Schichtdicke: ..... m
Förderweg: bis 50 m

19€	24€	**25€**	27€	33€	[m³]	⏱ 0,25h/m³	002.000.023

Kosten:
Stand 1. Quartal 2026
Bundesdurchschnitt

► min
▷ von
ø Mittel
◁ bis
◄ max

Nr.	Kurztext / Langtext						Kostengruppe
▶	▷	**ø netto €**	◁	◀	[Einheit]	Ausf.-Dauer	Positionsnummer

37 Kabelgraben verfüllen, verdichten, Liefermaterial Sand 0/2 KG **440**

Verfüllen von Kabelgraben, profilgerecht verfüllen und verdichten, mit anzulieferndem Kabelsand.
Einbaumaterial: Kabelsand - natürliche Gesteinskörnung
Körnung: 0/2 mm
Verdichtungsgrad: DPr mind. 97%
Schichtdicke: ..... m
Grabenbreite: ..... m

10€	14€	**17€**	19€	24€	[m]	⏱ 0,20h/m	002.001.086

38 Kabelschutzrohr, Kunststoff KG **556**

Kabelschutzrohr, in Graben, verbunden mit Doppelsteckmuffen.
Werkstoff: **PE / PVC-P**
Rohrgröße: DN.....
Verlegung in: **Erdreich / Beton**
Ausführung: **starr / biegsam**
Muffen: **sanddicht / wasserdicht**
Überdeckung: ..... m

9€	11€	**12€**	12€	15€	[m]	⏱ 0,22h/m	002.001.087

39 Zugdraht für Kabelschutzrohr KG **556**

Zugdraht in verlegtes Kabelschutzrohr einlegen.
Kabelschutzrohr: .....

1€	2€	**2€**	2€	3€	[m]	⏱ 0,02h/m	002.001.088

40 Warnband, Leitungsgraben KG **556**

Trassen-Warnband aus Verbundfolie liefern, alterungs- und kältebeständig, farbecht und mit dauerhaft lesbarer Beschriftung, im Zuge der Grabenverfüllung ca. 40cm mittig über Leitung verlegen.
Farbe: .....
Art der Leitung: .....

0,6€	1,3€	**1,5€**	1,7€	2,4€	[m]	⏱ 0,03h/m	002.000.051

41 Stundensatz, Facharbeiter/-in

Stundenlohnarbeiten für Facharbeiter/-in, Spezialfacharbeiter/-in, Vorarbeiter/-in und jeweils Gleichgestellte. Der Verrechnungssatz für die jeweilige Arbeitskraft umfasst sämtliche Aufwendungen wie Lohn- und Gehaltskosten, lohn- und gehaltsgebundene Kosten, Lohn- und Gehaltsnebenkosten, Gemeinkosten, Wagnis und Gewinn. Leistung nach besonderer Anordnung der Bauüberwachung. Anmeldung und Nachweis gem. VOB/B.

63€	72€	**76€**	80€	89€	[h]	⏱ 1,00h/h	002.001.094

42 Stundensatz, Helfer/-in

Stundenlohnarbeiten für Werker/-in, Fachwerker/-in und jeweils Gleichgestellte. Der Verrechnungssatz für die jeweilige Arbeitskraft umfasst sämtliche Aufwendungen wie Lohn- und Gehaltskosten, lohn- und gehaltsgebundene Kosten, Lohn- und Gehaltsnebenkosten, Gemeinkosten, Wagnis und Gewinn. Leistung nach besonderer Anordnung der Bauüberwachung. Anmeldung und Nachweis gem. VOB/B.

40€	58€	**66€**	68€	76€	[h]	⏱ 1,00h/h	002.001.095

006

Kosten:
Stand 1.Quartal 2026
Bundesdurchschnitt

► min
▷ von
ø Mittel
◁ bis
◀ max

Spezialtiefbauarbeiten — Preise €

Nr.	Positionen	Einheit	►	▷	ø brutto € / ø netto €	◁	◀
1	Graben-Normverbau, senkrecht, bis 3,0m	m²	48	53	**56**	67	71
			40	44	**47**	57	59
2	Grabenverbau, Dielen, senkrecht, bis 3,0m	m²	95	104	**109**	132	138
			80	88	**91**	111	116
3	Messung, Lärmpegel, Dokumentation	St	–	4.289	**4.376**	5.295	–
			–	3.604	**3.678**	4.450	–
4	Auf-/Umstellen Geräteeinheit	St	–	191	**196**	230	–
			–	160	**165**	193	–
5	Ramm- /Bohr-/Rüttelergebnisse, Dokumentation	St	–	3.004	**3.162**	3.794	–
			–	2.524	**2.657**	3.188	–
6	Gussrammpfähle, Mantelverpressung	m	156	171	**182**	196	219
			131	144	**153**	165	184
7	Bohrloch herstellen	m	99	140	**153**	177	214
			83	117	**129**	149	180
8	Verbauträger, Stahlprofile	t	1.530	1.830	**1.951**	2.194	2.679
			1.285	1.538	**1.639**	1.843	2.251
9	Baustelle einrichten, Geräteeinheit/Kolonne	St	15.685	26.704	**32.152**	37.216	55.735
			13.181	22.440	**27.019**	31.274	46.837
10	Träger einbinden, Beton	m	–	31	**32**	38	–
			–	26	**27**	32	–
11	Bohrloch verfüllen	m	–	21	**21**	25	–
			–	17	**18**	21	–
12	Verbauausfachung, Holzbohlen	m²	78	118	**143**	145	216
			66	100	**120**	122	181
13	Verbauausfachung, Spritzbeton	m²	–	36	**50**	60	–
			–	30	**42**	50	–
14	Verpressanker, Trägerbohlwand	m	–	112	**144**	161	–
			–	94	**121**	135	–
15	Verbauträger-/Bohrköpfe kappen	St	98	162	**182**	199	242
			83	136	**153**	167	204
16	Verbau, Trägerbohlwand, rückverankert	m²	226	312	**362**	413	519
			190	262	**304**	347	436
17	Verbau, Spundwand, Stahlprofile	m²	180	269	**299**	358	441
			152	226	**251**	301	370
18	Stillstand Geräteeinheit, inkl. Personal	h	601	741	**808**	887	1.043
			505	622	**679**	745	877
19	Stundensatz, Facharbeiter/-in	h	79	86	**88**	91	97
			66	72	**74**	76	81

Nr.	Kurztext / Langtext						Kostengruppe
▶	▷	ø netto €	◁	◀	[Einheit]	Ausf.-Dauer	Positionsnummer

1 Graben-Normverbau, senkrecht, bis 3,0m KG **411**

Senkrechter Normverbau für Graben herstellen, vorhalten und wieder entfernen.
Anzahl Bodengruppen: eine Bodengruppe
Bodengruppe 1: GU DIN 18196 (Kies-Schluff-Gemisch)
Vorhaltezeit: ..... Wochen
Höhe: bis 3,00 m
Sohlbreite: bis 1,50 m

▶	▷	ø netto €	◁	◀	[Einheit]	Ausf.-Dauer	Positionsnummer
40€	44€	**47€**	57€	59€	[m2]	⏱ 0,24h/m2	006.000.021

2 Grabenverbau, Dielen, senkrecht, bis 3,0m KG **411**

Senkrechter Verbau für Graben mit Kanaldielen herstellen, vorhalten und wieder entfernen.
Anzahl Bodengruppen: eine Bodengruppe
Bodengruppe 1: GU DIN 18196 (Kies-Schluff-Gemisch)
Vorhaltezeit: ..... Wochen
Höhe: bis 3,00 m
Sohlbreite: bis 1,50 m

▶	▷	ø netto €	◁	◀	[Einheit]	Ausf.-Dauer	Positionsnummer
80€	88€	**91€**	111€	116€	[m2]	⏱ 0,54h/m2	006.000.022

3 Messung, Lärmpegel, Dokumentation KG **312**

Durchführen und Dokumentation einer Lärmpegelmessung während der Rammarbeiten, auszuführen durch einen anerkannten Sachverständigen. Leistung inkl. An- und Abfahrt, Messung an verschiedenen Standorten, im Bereich der Lärmemission, inkl. Dokumentation und Beurteilung des Messergebnisses in schriftlicher Form.

▶	▷	ø netto €	◁	◀	[Einheit]	Ausf.-Dauer	Positionsnummer
–	3.604€	**3.678€**	4.450€	–	[St]	⏱ 0,50h/St	006.000.003

4 Auf-/Umstellen Geräteeinheit KG **312**

Auf- und Umstellen der Geräteeinheit von Einsatzstelle zu Einsatzstelle in betriebsbereitem Zustand. Leistung inkl. Einmessen des Ansatzpunkte. Fixpunkte werden bauseits zur Verfügung gestellt.
Geräteeinheit für: **Bohr- / Verpress- / Ramm- / Rüttelarbeiten**
Transportentfernung: bis 50 m

▶	▷	ø netto €	◁	◀	[Einheit]	Ausf.-Dauer	Positionsnummer
–	160€	**165€**	193€	–	[St]	⏱ 0,25h/St	006.000.004

5 Ramm- /Bohr-/Rüttelergebnisse, Dokumentation KG **312**

Dokumentation inkl. Erläuterungsbericht über die Ramm-/Bohr-/Rüttelergebnisse. Übergabe an den AG auf Datenträger.

▶	▷	ø netto €	◁	◀	[Einheit]	Ausf.-Dauer	Positionsnummer
–	2.524€	**2.657€**	3.188€	–	[St]	–	006.000.005

Nr.	Kurztext / Langtext					Kostengruppe
▶	▷	ø netto €	◁	◀	[Einheit] Ausf.-Dauer	Positionsnummer

6 Gussrammpfähle, Mantelverpressung KG **312**

Fertigteil-Rammpfahl aus duktilem Gusseisen nach DIN EN 545, inkl. Mantelverpressung und höhengenauem Ablängen.
Aufgemessen wird vom planmäßigen Ansatzpunkt bis zur planmäßigen Endtiefe.
Bodenzuordnung lt.: **Aufstellung / Bericht / Einzelbeschreibung**
Verpressmaterial: Betonsuspension bzw. Zementmörtel C ..../.....
Ansatz verpresste Betonmenge: bis ..... l/m
Geforderte Lastaufnahme: ..... kN je Pfahl
Pfahllänge: über ..... bis ..... m
Schaft-Außendurchmesser und Wandstärke gem. Anforderung und Zulassung.
Einbau senkrecht, ab Geländeoberfläche
Geotechnische Kategorie der Baumaßnahme: **1 / 2** DIN 4020

131€ 144€ **153€** 165€ 184€ [m] ⏱ 0,20h/m 006.000.006

Kosten:
Stand 1.Quartal 2026
Bundesdurchschnitt

7 Bohrloch herstellen KG **312**

Bohrlochherstellung, für Einstellen der Verbauträger.
Bodenzuordnung lt.: **Aufstellung / Bericht / Einzelbeschreibung**
Bohrloch-Durchmesser: ..... cm
Bohrlängen: ..... m
Bohrabstand: ...... m
Bohrgut: seitlich lagern
Anzahl Bodengruppen: eine Bodengruppe
Bodengruppe DIN 18196: .....

83€ 117€ **129€** 149€ 180€ [m] ⏱ 0,10h/m 006.000.007

8 Verbauträger, Stahlprofile KG **312**

Verbauträger, als verlorener Träger.
Bodenzuordnung lt.: **Aufstellung / Bericht / Einzelbeschreibung**
Material: Stahl nach DIN EN 10025
Stahlgüte: S235JR (+AR .....)
Trägerlänge: ..... m

1.285€ 1.538€ **1.639€** 1.843€ 2.251€ [t] – 006.000.008

9 Baustelle einrichten, Geräteeinheit/Kolonne KG **312**

Einmaliges Einrichten und Räumen der Baustelle mit allen zur Durchführung der Arbeiten und aller erforderlichen Geräte.
Art der Arbeiten: **Bohr- / Ramm- / Rüttelarbeiten**
Einheit: 1 Kolonne inkl. Gerät

13.181 22.440€ **27.019€** 31.274€ 46.837€ [St] ⏱ 2,00h/St 006.000.001

10 Träger einbinden, Beton KG **312**

Trägereinbindung und Fußauflager aus Ortbeton.
Betongüte: C20/25

– 26€ **27€** 32€ – [m] ⏱ 0,05h/m 006.000.009

▶ min
▷ von
ø Mittel
◁ bis
◀ max

Nr.	Kurztext / Langtext						Kostengruppe
▶	▷	ø netto €	◁	◀	[Einheit]	Ausf.-Dauer	Positionsnummer

11 Bohrloch verfüllen KG **312**

Bohrlochverfüllung
Material: **hydraulisch gebundener Siebschutt / .....**

–	17€	**18€**	21€	–	[m]	⏱ 0,04h/m	006.000.010

12 Verbauausfachung, Holzbohlen KG **312**

Holzausfachung des Verbaus liefern, einbauen und vorhalten. Ausfachung kraftschlüssig verkeilen und verlatten, Hilfsstoffe sind mit einzurechnen. Leistung inkl. komplettem Rückbau der Ausfachung.
Verbauart: **Graben / Baugrube**
Ausfachung: Nadelholzbohlen, Abmessung nach statischer und konstruktiver Vorgabe
Holzdicke: ca. ..... cm
Holzlänge bis: ..... m
Vorhaltezeit: bis zum Verfüllen der Baugrube (siehe Terminplan)

66€	100€	**120€**	122€	181€	[m²]	⏱ 0,35h/m²	006.000.011

13 Verbauausfachung, Spritzbeton KG **312**

Spritzbeton als Ausfachung des Verbaus, bewehrt, liefern und im Zuge der Aushubarbeiten zwischen den Verbauträgern einbauen und vorhalten. Bewehrung nach gesonderter Position.
Betongüte: Spritzbeton C20/25
Dicke: bis ..... cm
Vorhaltezeit: bis zum Verfüllen der Baugrube (siehe Terminplan)

–	30€	**42€**	50€	–	[m²]	⏱ 0,10h/m²	006.000.012

14 Verpressanker, Trägerbohlwand KG **312**

Verpressanker (Temporäranker) mit Nachverpresseinrichtungen, gem., DIN EN 1537 und den Zulassungsbescheiden bohren, einbauen, ggf. mehrmalig verpressen und vorspannen, inkl. Verrohrung und Verpressmörtel, freie Ankerlänge mit geeignetem Material setzungsfrei verfüllen, nach Fertigstellung des Untergeschosses Anker auf Anordnung der Bauleitung entspannen.
Bodenzuordnung lt.: **Aufstellung / Bericht / Einzelbeschreibung**
Einbaubereich: Trägerbohlwand, Bereich der Gurtungs-Konstruktion
Neigung: nach Plan
Ankerkraft - Bemessungswert: Pd bis ..... kN
Ankerlänge nach Plan: ca. ..... m
Ankerköpfe: **zurückbauen / verloren**
Bohrdurchmesser: ..... mm
Bodenaufbau und Bodengruppen lt. anliegender Verbau-Berechnung und Baugrundgutachten
Für die Ausführung werden vom AG folgende Unterlagen zur Verfügung gestellt:

- Verbau-Statik, Anlage-Nr. .....
- Baugrundgutachten, Anlage-Nr. .....
- Übersichtszeichnungen, Anlage-Nr. .....

–	94€	**121€**	135€	–	[m]	⏱ 0,40h/m	006.000.013

Nr.	Kurztext / Langtext						Kostengruppe
▶	▷	ø netto €	◁	◀	[Einheit]	Ausf.-Dauer	Positionsnummer

15 Verbauträger-/Bohrköpfe kappen KG **312**

Ramm-/Verdrängungs-Pfahlkopf auf Sollhöhe abbrennen/abstemmen, anfallende Stoffe aufnehmen, fördern und im Behälter des AG sammeln.
Material: **Stahl / Gusseisen / Beton**
Durchmesser: über ..... bis ..... mm
Abtragsdicke: bis 0,50 m
Zulässige Toleranz: +/-2 cm

83€	136€	**153€**	167€	204€	[St]	⏱ 0,50h/St	006.000.014

16 Verbau, Trägerbohlwand, rückverankert KG **312**

Baugrundverbau als rückverankerte Trägerbohlwand bohren, herstellen, vorhalten und zurückbauen. Bemessung, Bodenaufbau und Bodengruppen gem. anliegender Verbau-Berechnung und Baugrundgutachten.
Einbringgenauigkeit: max. 1%, lotrecht
- Bohrungen im notwendigen Durchmesser, auf die statisch erforderliche Tiefe; Bohrgut seitlich lagern

Gesamtlänge Bohrungen: ..... m
Einbindetiefe je Verbau-Stahlträgern: ..... m
- Verbau-Stahlträger

Doppel-U-Profil ..... / HEB ..... / HEA .....
Material: Stahl nach DIN EN 10025
Stahlgüte: .....
Einzellänge bis L= ..... m
Abstand B= ...... m
- Trägereinbindung mit Beton

Festigkeitsklasse: C .....
- Bohrlochverfüllung

Material: .....
- Verbau-Ausfachung

Nadelholzbohlen, D= ..... cm
Abmessung nach statisch und konstruktiver Vorgabe. Zusätzlich Vergurtungskonstruktion zum Übertragen der Ankerkräfte auf die Verbauwand, inkl. aller Materiallieferungen wie Konsolen, Längsträger, Ankerkopfunterkonstruktionen usw., in den statisch erforderlichen Dimensionen.
- Rückverankerung der Bohlwand, Ausführung gem. anliegender Verbau-Berechnung
- Anker lösen und Vergurtungskonstruktion ausbauen
- Ausfachung zurückbauen

Material: Stahl nach DIN EN 10025
Stahlgüte: S235JR (+AR .....)
Gesamtlänge Stahlträger: ..... m
Höhe verbaute Ansichtsfläche: ..... m
Abrechnung Trägerbohlwand: Ansichtsfläche (UK vorgegebene Baugrubensohle bis OK Verbau)
Vorhaltezeit: ..... Monate

190€	262€	**304€**	347€	436€	[m²]	⏱ 2,10h/m²	006.000.015

Kosten:
Stand 1.Quartal 2026
Bundesdurchschnitt

▶ min
▷ von
ø Mittel
◁ bis
◀ max

17 Verbau, Spundwand, Stahlprofile — KG **312**

Baugrubenverbau aus Spundwandprofilen aus Stahl. Einbau in hindernisfreien Boden durch alle Bodenschichten.
Bodenzuordnung lt.: **Aufstellung / Bericht / Einzelbeschreibung**
Verbautiefe: über 3 bis 6 m
Einbringgenauigkeit: max. 1%, lotrecht
Gesamteindringtiefe: bis 2,0 m
Spundwandprofil: .....
Widerstandsmoment Wy: über 400 bis 500 cm³/m
Vorhaltedauer: .....
Ausführung: gem. Statik und Zeichnung
Geotechnische Kategorie der Baumaßnahme: **1 / 2** DIN 4020

▶	▷	ø netto €	◁	◀	[Einheit]	Ausf.-Dauer	Positionsnummer
152€	226€	**251€**	301€	370€	[m²]	⏱ 1,15h/m²	006.000.042

18 Stillstand Geräteeinheit, inkl. Personal — KG **312**

Stillstand für Kolonne und Geräte, der nicht vom AN zu vertreten ist, bei **Bohr- / Ramm- / Verpress- / Rüttelarbeiten**

▶	▷	ø netto €	◁	◀	[Einheit]	Ausf.-Dauer	Positionsnummer
505€	622€	**679€**	745€	877€	[h]	⏱ 1,00h/h	006.000.018

19 Stundensatz, Facharbeiter/-in

Stundenlohnarbeiten für Kolonnenführer/-in, Facharbeiter/-in und Gleichgestellte (z.B. Spezialbaufacharbeiter/-in, Gesellin, Geselle, Maschinenführer/-in, Fahrer/-in). Der Verrechnungssatz für die jeweilige Arbeitskraft umfasst sämtliche Aufwendungen wie Lohn- und Gehaltskosten, lohn- und gehaltsgebundene Kosten, Lohn- und Gehaltsnebenkosten, Gemeinkosten, Wagnis und Gewinn. Leistung nach besonderer Anordnung der Bauüberwachung. Anmeldung und Nachweis gem. VOB/B.

▶	▷	ø netto €	◁	◀	[Einheit]	Ausf.-Dauer	Positionsnummer
66€	72€	**74€**	76€	81€	[h]	⏱ 1,00h/h	006.000.017

000
001
002
006
008
009
010
012
013
014
016
017
018
020
021
022

008

Kosten:
Stand 1. Quartal 2026
Bundesdurchschnitt

Wasserhaltungsarbeiten — Preise €

Nr.	Positionen	Einheit	►	▷	ø brutto € / ø netto €	◁	◄
1	Pumpensumpf, Betonfertigteil	St	303	643	**750**	861	1.177
			255	540	**630**	723	989
2	Tauchpumpe, Fördermenge bis 10m³/h	St	196	333	**392**	481	709
			165	280	**329**	404	596
3	Betrieb Tauchpumpe bis 10m³/h	h	4	10	**12**	13	15
			4	9	**10**	11	13
4	Saugpumpe, Fördermenge bis 20m³/h	St	265	548	**706**	883	1.178
			222	461	**593**	742	990
5	Betrieb Saugpumpe über 10m³/h	h	7	9	**10**	12	14
			6	8	**9**	10	12
6	Brunnenschacht, Grundwasserabsenkung	St	1.432	2.570	**2.762**	3.342	4.197
			1.203	2.159	**2.321**	2.808	3.527
7	Druckrohrleitung, DN100	m	17	22	**23**	28	34
			15	18	**20**	24	28
8	Saugleitung, DN100	m	13	20	**23**	30	37
			11	16	**20**	25	31
9	Stromaggregat, 10-30kVA	St	2.177	3.058	**3.465**	3.691	5.062
			1.829	2.570	**2.912**	3.102	4.254
10	Absetzbecken, Wasserhaltung	St	1.999	2.440	**3.224**	3.731	4.305
			1.680	2.050	**2.710**	3.135	3.617
11	Messeinrichtung, Wassermenge	St	269	488	**546**	634	941
			226	410	**458**	533	790
12	Wasserhaltung, Betrieb 10-20l/s	h	16	21	**23**	25	30
			14	18	**19**	21	25
13	Stundensatz, Facharbeiter/-in	h	68	76	**81**	84	90
			57	64	**68**	71	76

Nr. **Kurztext** / Langtext — Kostengruppe
► ▷ **ø netto €** ◁ ◄ [Einheit] Ausf.-Dauer Positionsnummer

1 Pumpensumpf, Betonfertigteil — KG **313**

Pumpensumpf aus Betonfertigteilringen herstellen, während der gesamten Bauzeit vorhalten und wieder entfernen, inkl. erforderlichem Aushub, seitlicher Lagerung und Wiederverfüllung.
Lage: innerhalb der Baugrube
Tiefe: bis 3,00 m
Durchmesser: DN1.000
Lichter Sohlenquerschnitt: bis 1,00 m²
Boden: Homogenbereich ....., mit einer Bodengruppe, Bodengruppe: ..... DIN 18196
- Steinanteil: bis .....% Massenanteil DIN EN ISO 14688-1
- Konsistenz DIN EN ISO 14688-1: .....
- Lagerungsdichte: .....

Aushubprofilprofil: .....

255€ 540€ **630€** 723€ 989€ [St] ⏱ 2,40h/St 008.000.002

► min
▷ von
ø Mittel
◁ bis
◄ max

Nr.	Kurztext / Langtext					Kostengruppe
▶	▷	**ø netto €**	◁	◀	[Einheit]	Ausf.-Dauer	Positionsnummer

2 Tauchpumpe, Fördermenge bis 10m³/h — KG **313**

Tauchpumpe mit Schwimmer an Druckrohrleitung anschließen, einbauen, vorhalten, betreiben und entfernen.
Fördermenge: 10 m³/h
Förderhöhe: bis 5,00 m
Einbauort: Pumpensumpf in Baugrube
Vorhaltedauer: ..... Wochen

165€ | 280€ | **329€** | 404€ | 596€ | [St] | ⏱ 2,00h/St | 008.000.003

3 Betrieb Tauchpumpe bis 10m³/h — KG **313**

Tauchpumpe betreiben, elektrischer Antrieb.
Förderhöhe: bis 5,00 m
Fördermenge: bis 10 m³/h

4€ | 9€ | **10€** | 11€ | 13€ | [h] | – | 008.000.005

4 Saugpumpe, Fördermenge bis 20m³/h — KG **313**

Saugpumpe mit Schwimmer an Druckrohrleitung anschließen, einbauen, vorhalten, betreiben und entfernen.
Fördermenge: über 10 bis 20 m³/h
Förderhöhe: bis 10,0 m
Einbauort: Pumpensumpf in Baugrube
Vorhaltedauer: ..... Wochen

222€ | 461€ | **593€** | 742€ | 990€ | [St] | ⏱ 2,00h/St | 008.000.004

5 Betrieb Saugpumpe über 10m³/h — KG **313**

Saugpumpe betreiben, elektrischer Antrieb.
Förderhöhe: bis 10,00 m
Fördermenge: bis 20 m³/h

6€ | 8€ | **9€** | 10€ | 12€ | [h] | – | 008.000.006

6 Brunnenschacht, Grundwasserabsenkung — KG **313**

Absenkung des Grundwasserspiegels, mittels Bohrungen samt Brunneneinbauten:

- Abteufen der verrohrten Brunnenbohrung, einschl. Ziehen der Bohrrohre, das Bohrgut ist abzutransportieren - anfallendes Bohrwasser ableiten und klären; Klarspülen der verrohrten Bohrlöcher
- Filterrohre mit Schlitzbrückenlochung und stufenloser Verbindung
- Filterkiespackung als Ummantelung und Sohlschichtung entsprechend dem vorhandenen Boden
- nach Vorhaltung gesamte Anlage wieder abbauen, inkl. Verfüllen der Bohrlöcher

Boden/Homogenbereich/Geländeprofil: siehe anliegendes Bodengutachten
Bohrlochlänge: ..... m
Bohrlochdurchmesser: ..... mm
Vorhaltedauer: ..... Wochen

1.203€ | 2.159€ | **2.321€** | 2.808€ | 3.527€ | [St] | ⏱ 12,00h/St | 008.000.007

000 001 002 006 008 009 010 012 013 014 016 017 018 020 021 022

Kosten:
Stand 1. Quartal 2026
Bundesdurchschnitt

Nr.	**Kurztext** / Langtext						Kostengruppe
▶	▷	**ø netto €**	◁	◀	[Einheit]	Ausf.-Dauer	Positionsnummer

7 Druckrohrleitung, DN100 — KG **313**

Druckrohrleitung betriebsfertig herstellen, vorhalten und wieder entfernen, inkl. aller notwendigen Formstücke, Anschlüsse und Armaturen.
Vorhaltedauer: ..... Wochen
Nenngröße: DN100

15€	18€	**20€**	24€	28€	[m]	⏱ 0,35h/m	008.000.008

8 Saugleitung, DN100 — KG **313**

Saugschläuche betriebsfertig herstellen, vorhalten und wieder entfernen, inkl. aller notwendigen Formstücke, Anschlüsse und Armaturen.
Vorhaltedauer: ..... Wochen
Nenngröße: DN100

11€	16€	**20€**	25€	31€	[m]	⏱ 0,12h/m	008.000.009

9 Stromaggregat, 10-30kVA — KG **313**

Stromaggregat für Betrieb von Wasserpumpen aufstellen, anschließen und abbauen; Betrieb nach gesonderter Abrechnung.
Leistung: 10-30 kVA

1.829€	2.570€	**2.912€**	3.102€	4.254€	[St]	⏱ 15,00h/St	008.000.001

10 Absetzbecken, Wasserhaltung — KG **313**

Absetzbecken für Reinigung von abgepumptem Grund- und Tagwasser aufbauen und wieder abbauen; inkl. Messeinrichtung und Feststellen des geförderten Wassers. Beseitigung abgesetztes Material nach gesonderter Leistung.
Volumen: 5,00 m^3
Durchflussmenge: ..... l/s

1.680€	2.050€	**2.710€**	3.135€	3.617€	[St]	⏱ 12,00h/St	008.000.011

11 Messeinrichtung, Wassermenge — KG **313**

Messeinrichtung einbauen, vorhalten und ausbauen. Protokollierung des abgepumpten Wassers als gesonderte Leistung.
Einbauort: nach Absetzmulde und vor Einleitung ins öffentliche Entwässerungsnetz
Vorhaltedauer: ..... Wochen

226€	410€	**458€**	533€	790€	[St]	⏱ 0,50h/St	008.000.015

12 Wasserhaltung, Betrieb 10-20l/s — KG **313**

Wasserhaltung / Grundwasserabsenkung betreiben, inkl. Betriebs- und Energiekosten.
Durchflussmenge: 10-20 l/s

14€	18€	**19€**	21€	25€	[h]	–	008.000.013

13 Stundensatz, Facharbeiter/-in

Stundenlohnarbeiten der Wasserhaltungsarbeiten, Vorarbeiter/-in, Facharbeiter/-in und Gleichgestellte (z.B.: Spezialfacharbeiter/-in, Gesellin, Geselle, Maschinenführer/-in, Fahrer/-in). Der Verrechnungssatz für die jeweilige Arbeitskraft umfasst sämtliche Aufwendungen wie Lohn- und Gehaltskosten, lohn- und gehaltsgebundene Kosten, Lohn- und Gehaltsnebenkosten, Gemeinkosten, Wagnis und Gewinn. Leistung nach besonderer Anordnung der Bauüberwachung. Anmeldung und Nachweis gem. VOB/B.

57€	64€	**68€**	71€	76€	[h]	⏱ 1,00h/h	008.000.014

▶ min
▷ von
ø Mittel
◁ bis
◀ max

009

Kosten:
Stand 1. Quartal 2026
Bundesdurchschnitt

Entwässerungskanalarbeiten — Preise €

Nr.	Positionen	Einheit	►	▷	ø brutto € / ø netto €	◁	◄
1	Abbruch, Gehwegfläche, bituminös	m²	20	33	**34**	40	51
			17	28	**29**	34	43
2	Asphalt schneiden	m	14	18	**20**	24	32
			12	15	**16**	20	27
3	Rohrgrabenaushub, bis 1,00m, lagern, GK1	m³	25	33	**38**	43	53
			21	28	**32**	36	44
4	Rohrgrabenaushub, bis 1,75m, lagern, GK1	m³	38	48	**49**	53	63
			32	41	**41**	45	53
5	Rohrgrabenaushub, bis 1,00m, abfahren, GK1	m³	41	49	**54**	58	66
			34	41	**45**	49	55
6	Rohrgrabenaushub, bis 1,75m, abfahren, GK1	m³	44	52	**56**	61	71
			37	44	**47**	52	60
7	Aushub, Rohrgraben, schwerer Fels	m³	73	82	**89**	117	160
			62	69	**75**	98	134
8	Handaushub, bis 1,25m	m³	81	106	**121**	136	162
			68	89	**102**	114	136
9	Erdaushub, Schacht DN1.000, bis 1,25m, Verbau	m³	45	54	**57**	65	78
			38	45	**48**	55	66
10	Erdaushub, Schacht DN1.000, bis 3,50m, Verbau	m³	64	80	**85**	95	109
			54	67	**72**	80	91
11	Ummantelung, Rohrleitung, Beton, herstellen	m	40	53	**59**	65	88
			34	44	**50**	54	74
12	Anschluss, Abwasser, Kanalnetz	St	459	663	**722**	912	1.334
			386	557	**607**	767	1.121
13	Abwasserkanal, Betonrohre DN400, herstellen	m	124	151	**168**	185	214
			104	127	**141**	155	180
14	Abwasserkanal, Steinzeug, DN100	m	36	49	**53**	62	73
			31	41	**45**	52	62
15	Abwasserkanal, Steinzeug, DN150	m	50	69	**80**	83	102
			42	58	**67**	70	85
16	Abwasserkanal, Steinzeug, DN200	m	55	90	**96**	103	119
			46	76	**81**	87	100
17	Formstück, Steinzeug, DN100, Bogen	St	41	47	**52**	53	56
			35	40	**43**	45	47
18	Formstück, Steinzeug, DN150, Bogen	St	49	66	**74**	89	111
			42	55	**62**	75	93
19	Formstück, Steinzeug, DN200, Bogen	St	108	125	**138**	145	166
			91	105	**116**	122	140
20	Formstück, Steinzeug, DN100, Abzweig	St	54	67	**73**	78	92
			45	56	**62**	66	77
21	Formstück, Steinzeug, DN150, Abzweig	St	63	91	**100**	112	138
			53	76	**84**	94	116
22	Formstück, Steinzeug, DN200, Abzweig	St	111	124	**126**	138	155
			93	104	**106**	116	130
23	Übergangsstück, Steinzeug, DN150/200	St	63	88	**99**	107	114
			53	74	**83**	90	96
24	Übergang, PE/PVC/Steinzeug auf Guss	St	39	54	**62**	71	83
			32	46	**52**	60	70

► min
▷ von
ø Mittel
◁ bis
◄ max

 Erläuterungen zu den Tabellen siehe Seite 56

Nr.	Positionen	Einheit	▶	▷	ø brutto € / ø netto €	◁	◀
25	Abwasserkanal, Steinzeug, DN100, inkl. Bettung	m	40	53	**59**	69	89
			33	45	**50**	58	75
26	Abwasserkanal, Steinzeug, DN150, inkl. Bettung	m	54	69	**83**	90	111
			45	58	**70**	75	93
27	Abwasserkanal, Steinzeug, DN200, inkl. Bettung	m	62	85	**100**	103	123
			52	72	**84**	87	103
28	Abwasserkanal, PVC-U, DN/ID100, inkl. Bettung	m	24	35	**39**	47	67
			20	30	**33**	40	56
29	Abwasserkanal, PVC-U, DN/ID150, inkl. Bettung	m	33	46	**52**	60	74
			28	38	**44**	51	62
30	Abwasserkanal, PVC-U, DN/ID200, inkl. Bettung	m	40	65	**76**	87	108
			33	54	**64**	74	91
31	Abwasserkanal, PVC-U, DN/ID100	m	19	30	**34**	38	51
			16	25	**28**	32	43
32	Abwasserkanal, PVC-U, DN/ID150	m	20	35	**43**	51	77
			16	29	**36**	43	64
33	Abwasserkanal, PVC-U, DN/ID200	m	28	49	**57**	68	93
			23	41	**48**	57	78
34	Formstück, PVC-U, DN/ID100, Abzweig	St	23	34	**40**	45	55
			20	29	**33**	38	47
35	Formstück, PVC-U, DN/ID150, Abzweig	St	30	45	**52**	58	71
			25	38	**44**	49	60
36	Formstück, PVC-U, DN/ID200, Abzweig	St	46	56	**59**	65	76
			38	47	**50**	55	64
37	Formstück, PVC-U, DN/ID100, Bogen	St	15	18	**20**	28	40
			13	15	**17**	23	33
38	Formstück, PVC-U, DN/ID150, Bogen	St	18	27	**30**	38	62
			15	23	**26**	32	52
39	Formstück, PVC-U, DN/ID200, Bogen	St	20	38	**43**	55	78
			17	32	**36**	46	66
40	Übergang, PVC-U auf Steinzeug/Beton	St	30	51	**59**	77	110
			25	43	**50**	65	92
41	Abwasserkanal, duktiles Gussrohr, DN/OD100	m	65	89	**95**	106	135
			55	75	**79**	89	114
42	Abwasserkanal duktiles Gussrohr, DN/OD150	m	139	169	**185**	235	290
			117	142	**156**	197	243
43	Abwasserleitung, duktiles Gussrohr, DN/OD200	m	198	288	**329**	356	413
			166	242	**276**	300	347
44	Formstück, duktiles Gussrohr, Bogen, DN/OD100	St	28	31	**32**	34	36
			23	26	**27**	28	30
45	Formstück, duktiles Gussrohr, Übergangsstück	St	97	140	**179**	183	218
			81	118	**150**	154	183
46	Formstück, duktiles Gussrohr, Abzweig, DN/OD100	St	36	47	**51**	57	74
			30	40	**43**	48	63
47	Standrohr, duktiles Gussrohr/Grauguss	St	92	133	**147**	159	193
			77	112	**124**	133	162
48	Abwasserkanal, PP-Rohre, DN/OD110	m	27	36	**40**	52	68
			23	30	**34**	44	57

Kosten:
Stand 1.Quartal 2026
Bundesdurchschnitt

▶ min
▷ von
ø Mittel
◁ bis
◀ max

Entwässerungskanalarbeiten — **Preise €**

Nr.	Positionen	Einheit	▶	▷	ø brutto € / ø netto €	◁	◀
49	Abwasserkanal, PP-Rohre, DN/OD150	m	31	48	**54**	64	90
			26	40	**45**	54	75
50	Abwasserkanal, PP-Rohre, DN/OD200	m	40	59	**73**	77	91
			33	50	**61**	65	76
51	Abwasserleitung, PE-HD-Rohre, DN/OD100	m	31	36	**38**	44	54
			26	30	**32**	37	45
52	Abwasserkanal, PE-HD-Rohre, DN/OD125	m	35	46	**50**	62	69
			30	39	**42**	52	58
53	Abwasserleitung, PE-HD-Rohre, DN/OD150	m	43	52	**56**	65	77
			36	44	**47**	54	65
54	Abwasserleitung, PE-HD-Rohre, DN/OD200	m	46	61	**69**	75	87
			39	51	**58**	63	73
55	Dichtheitsprüfung, Grundleitung, bis DN250	m	5	9	**10**	12	16
			4	7	**8**	10	13
56	Hofablauf, Polymerbeton, A15	St	333	402	**433**	452	534
			280	337	**364**	380	449
57	Straßenablauf, Polymerbeton, B125	St	372	501	**562**	588	696
			312	421	**473**	494	585
58	Straßenablauf, Polymerbeton, D400	St	501	654	**725**	830	1.032
			421	550	**609**	698	867
59	Bodenablauf, Gusseisen	St	180	310	**348**	406	615
			151	261	**292**	341	517
60	Reinigungsrohr, Putzstück, DN100	St	102	147	**168**	196	246
			85	124	**142**	165	207
61	Absperreinrichtung, Kanal, Gusseisen	St	226	408	**423**	466	580
			190	343	**355**	392	488
62	Rückstaudoppelverschluss, DN100, Kunststoff	St	289	464	**525**	525	845
			243	390	**441**	441	710
63	Schachtsohle, ausformen/Gerinne einbringen	St	255	367	**444**	447	537
			214	309	**374**	375	451
64	Schachtring, DN1.000, Beton, 250mm	St	153	196	**218**	242	294
			128	164	**183**	203	247
65	Schachtring, DN1.000, Beton, 500mm	St	160	228	**253**	294	387
			134	191	**213**	247	326
66	Schachthals, Kontrollschacht	St	172	255	**300**	336	432
			144	214	**252**	282	363
67	Steigeisen, Form A/B, Stahlbetonschacht	St	87	100	**101**	106	113
			73	84	**85**	89	95
68	Auflagering, DN625, Fertigteil	St	41	64	**75**	84	105
			35	54	**63**	70	89
69	Leitungsanschluss, Schacht	St	139	212	**242**	272	349
			117	179	**203**	229	293
70	Seitenzulauf zum Schacht	St	117	168	**183**	233	309
			98	141	**154**	195	260
71	Schachtabdeckung, Klasse A15	St	202	261	**299**	329	376
			170	220	**251**	276	316
72	Schachtabdeckung, Klasse D400	St	366	517	**567**	636	777
			307	434	**477**	534	653

Nr.	Positionen	Einheit	▶	▷	ø brutto € / ø netto €	◁	◀
73	Schmutzfangkorb, Schachtabdeckung	St	39	76	**86**	91	111
			33	64	**72**	77	93
74	Schachtabdeckung anpassen	St	75	140	**172**	214	314
			63	118	**144**	179	264
75	Kontrollschacht komplett, bis 3,5m, DN1.000	St	1.584	2.229	**2.651**	3.079	3.697
			1.331	1.874	**2.227**	2.588	3.106
76	Entwässerungsrinne, Klasse B125, Beton	m	145	211	**257**	265	353
			122	177	**216**	223	297
77	Entwässerungsrinne, Klasse C250, Beton	m	188	272	**303**	348	453
			158	229	**255**	292	380
78	Entwässerungsrinne, Klasse D400, Beton	m	225	365	**430**	536	766
			189	307	**361**	451	644
79	Abdeckung Entwässerungsrinne, Guss, C250	m	93	118	**128**	151	192
			78	99	**108**	127	162
80	Abdeckung Entwässerungsrinne Guss, D400	m	180	200	**212**	213	226
			152	168	**178**	179	190
81	Abdeckung Entwässerungsrinne, Schlitzaufsatz	m	82	128	**141**	150	195
			69	108	**119**	126	164
82	Kanalreinigung, Hochdruckspülgerät	m	4	6	**7**	9	17
			3	5	**6**	8	14
83	Kanalprüfung, Kamera	m	7	9	**9**	11	14
			6	7	**8**	9	11
84	Stundensatz, Facharbeiter/-in	h	62	83	**91**	96	106
			52	69	**77**	81	89
85	Stundensatz, Helfer/-in	h	71	77	**79**	82	87
			60	65	**67**	69	73

Nr. **Kurztext** / Langtext — Kostengruppe
▶ ▷ **ø netto €** ◁ ◀ [Einheit] Ausf.-Dauer Positionsnummer

1 Abbruch, Gehwegfläche, bituminös — KG **221**

Bituminös befestigte Flächen streifenförmig aufbrechen, anfallendes Material laden, abfahren und entsorgen, inkl. Schneidearbeiten des Belages und Deponiegebühren.
Belagsstärke: bis 15 cm
Streifenbreite: ca. 70-100 cm
Wichte: .....
Abfallschlüssel AVV: 170302
Deponie: nach Wahl des AN
nicht schadstoffbelastet

17€ 28€ **29€** 34€ 43€ [m²] ⏱ 0,40h/m² 009.000.003

2 Asphalt schneiden — KG **221**

Befestigte Asphalt-Flächen streifenförmig schneiden.
Belagsstärke: ca. 150 mm

12€ 15€ **16€** 20€ 27€ [m] ⏱ 0,16h/m 009.000.002

Nr.	Kurztext / Langtext						Kostengruppe
▶	▷	ø netto €	◁	◀	[Einheit]	Ausf.-Dauer	Positionsnummer

A 1 Rohrgrabenaushub, GK1 Beschreibung für Pos. **3-6**

Aushub Boden für Rohrgraben- und Schachtaushub, Gefälle gem. Entwässerungsplanung. Verbau wird gesondert vergütet.
Sohlenbreite: .....
Förderweg: ..... m
Baumaßnahmen der Geotechnischen Kategorie 1 DIN 4020
Homogenbereich: 1
Homogenbereich 1 oberer Horizont: ..... m
Homogenbereich 1 unterer Horizont: ..... m
Anzahl der Bodengruppen: ..... St
Bodengruppen DIN 18196: .....
Massenanteile der Steine DIN EN ISO 14688-1: über .....% bis .....%
Massenanteile der Blöcke DIN EN ISO 14688-1: über .....% bis .....%
Konsistenz DIN EN ISO 14688-1: .....
Lagerungsdichte: .....
Homogenbereiche lt.: .....
Förderweg: .....

Kosten:
Stand 1. Quartal 2026
Bundesdurchschnitt

3 Rohrgrabenaushub, bis 1,00m, lagern, GK1 KG **511**

Wie Ausführungsbeschreibung A 1
Leistungsumfang: lösen, fördern, auf der Baustelle lagern
Gesamtabtragstiefe: bis 1,00 m
Mengenermittlung nach Aufmaß an der Entnahmestelle

21€ 28€ **32€** 36€ 44€ [m³] ⏱ 0,32 h/m³ 009.001.127

4 Rohrgrabenaushub, bis 1,75m, lagern, GK1 KG **511**

Wie Ausführungsbeschreibung A 1
Leistungsumfang: lösen, fördern, auf der Baustelle lagern
Gesamtabtragstiefe: bis 1,75 m
Mengenermittlung nach Aufmaß an der Entnahmestelle

32€ 41€ **41€** 45€ 53€ [m³] ⏱ 0,34 h/m³ 002.000.070

5 Rohrgrabenaushub, bis 1,00m, abfahren, GK1 KG **511**

Wie Ausführungsbeschreibung A 1
Leistungsumfang: lösen, laden, abfahren
Gesamtabtragstiefe: bis 1,00 m
Mengenermittlung nach Aufmaß an der Entnahmestelle

34€ 41€ **45€** 49€ 55€ [m³] ⏱ 0,32 h/m³ 002.001.151

6 Rohrgrabenaushub, bis 1,75m, abfahren, GK1 KG **511**

Wie Ausführungsbeschreibung A 1
Leistungsumfang: lösen, laden, abfahren
Gesamtabtragstiefe: bis 1,75 m
Mengenermittlung nach Aufmaß an der Entnahmestelle

37€ 44€ **47€** 52€ 60€ [m³] ⏱ 0,34 h/m³ 002.001.150

▶ min
▷ von
ø Mittel
◁ bis
◀ max

Nr.	Kurztext / Langtext						Kostengruppe
▶	▷	ø netto €	◁	◀	[Einheit]	Ausf.-Dauer	Positionsnummer

7 Aushub, Rohrgraben, schwerer Fels KG **511**

Graben für Abwasserkanal, schwerer Fels. Lockerung ggf. mit geeignetem Werkzeug. Abrechnung nach dem gelöstem Boden, auch außerhalb des Profils.
Aushubtiefe: bis 1,75 m
Gesamtbreite: ..... m
Gesamtlänge: ..... m
Förderweg: ..... m
Mengenermittlung nach Aufmaß an der Entnahmestelle
Baumaßnahmen der Geotechnischen Kategorie 1 DIN 4020
Homogenbereich: 1
Homogenbereich 1 oberer Horizont: ..... m
Homogenbereich 1 unterer Horizont: ..... m
Anzahl Gesteinsarten: .....
Gesteinsarten: .....
Verwitterung und Veränderungen DIN EN ISO 14689: .....
Veränderlichkeit DIN EN ISO 14689-1: .....
Geologische Struktur DIN EN ISO 14689-1: .....
Abstand Trennflächen DIN EN ISO 14689-1: .....
Trennflächen, Gesteinskörperform: ....
Fallrichtung Trennflächen: .....°
Fallwinkel Trennflächen: .....°
Homogenbereiche lt.: .....

62€	69€	**75€**	98€	134€	[m³]	⏱ 0,55h/m³	009.000.007

8 Handaushub, bis 1,25m KG **511**

Handaushub von **Rohrgräben / Fundamenten / Vertiefungen**, Aushubmaterial seitlich lagern, Feinabtrag profilgerecht gem. Entwässerungs- oder Fundamentplänen, einschl. aller Nebenarbeiten.
Aushubtiefe: bis 1,25 m
Lichte Breite: ..... m
Boden: Homogenbereich 1, Bodengruppe: ..... DIN 18196

- Steinanteil: bis .....% Massenanteil DIN EN ISO 14688-1
- Konsistenz DIN EN ISO 14688-1: .....
- Lagerungsdichte: .....
- Homogenbereiche lt.: .....

Bauteil: .....

68€	89€	**102€**	114€	136€	[m³]	⏱ 1,20h/m³	009.000.006

000
001
002
006
008
009
010
012
013
014
016
017
018
020
021
022

Nr.	Kurztext / Langtext						Kostengruppe
►	▷	ø netto €	◁	◄	[Einheit]	Ausf.-Dauer	Positionsnummer

A 2 Erdaushub, Schacht DN1.000, Verbau, wiederverfüllen — Beschreibung für Pos. **9-10**

Aushub und Wiederverfüllen von Schachtgruben, im Außenbereich. Boden der Schächte profilgerecht ausheben, Aushub seitlich lagern, nach Versetzen und Abdichten des Schachtes mit Aushubmaterial wiederverfüllen und verdichten. Leistung einschl. Verbau, zusätzlicher Vertiefungen und Planieren der Grubensohle. Laden, Abfuhr und Entsorgung des überschüssigen Bodens, inkl. Deponiegebühren, nach getrennter Position, Nachweis nach Wiegeschein.
Aushubprofil: .....
Verdichtung Schachtsohle: DPr=95%
Verdichtung Verfüllung: DPr=100%
Förderweg Lager: bis 50 m
Geländeprofil: .....
Boden: Homogenbereich ....., Bodengruppe: ..... DIN 18196

- Steinanteil: bis .....% Massenanteil DIN EN ISO 14688-1
- Konsistenz DIN EN ISO 14688-1: .....
- Lagerungsdichte: .....
- Homogenbereiche lt.: .....
- nicht schadstoffbelastet

Kosten:
Stand 1. Quartal 2026
Bundesdurchschnitt

9 Erdaushub, Schacht DN1.000, bis 1,25m, Verbau — KG **511**

Wie Ausführungsbeschreibung A 2
Aushubtiefe: bis 1,25 m

►	▷	ø	◁	◄	Einheit	Ausf.-Dauer	Positionsnummer
38€	45€	**48€**	55€	66€	[m³]	⏱ 0,70 h/m³	002.001.162

10 Erdaushub, Schacht DN1.000, bis 3,50m, Verbau — KG **511**

Wie Ausführungsbeschreibung A 2
Aushubtiefe: bis 3,50 m

►	▷	ø	◁	◄	Einheit	Ausf.-Dauer	Positionsnummer
54€	67€	**72€**	80€	91€	[m³]	⏱ 1,95 h/m³	002.001.165

11 Ummantelung, Rohrleitung, Beton, herstellen — KG **511**

Ortbeton für Betonummantelung von Rohrleitung, unbewehrt, ohne Anforderung an die Frostsicherheit, inkl. Abschalung. Abrechnung nach Länge ummanteltes Rohr.
Betongüte: C8/10
Expositionsklasse: X0
Rohrgröße: DN100
Ummantelung: ca. 300 x 300 mm

►	▷	ø	◁	◄	Einheit	Ausf.-Dauer	Positionsnummer
34€	44€	**50€**	54€	74€	[m]	⏱ 0,20 h/m	009.000.061

12 Anschluss, Abwasser, Kanalnetz — KG **551**

Abwasseranschluss an den vorhandenen Anschlusskanal, mit erforderlichen Dichtungs- und Anschlussmaterialien, einschl. Anschlussöffnung herstellen. Freilegen Kanal, Erd- und Verfüllarbeiten in gesonderter Position.
Kanalnennweite: DN150
Anschluss: DN.....
Kanallage/Tiefe: .....

►	▷	ø	◁	◄	Einheit	Ausf.-Dauer	Positionsnummer
386€	557€	**607€**	767€	1.121€	[St]	⏱ 2,40 h/St	009.000.013

► min
▷ von
ø Mittel
◁ bis
◄ max

Nr.	Kurztext / Langtext						Kostengruppe
▶	▷	ø netto €	◁	◀	[Einheit]	Ausf.-Dauer	Positionsnummer

13 Abwasserkanal, Betonrohre DN400, herstellen KG **551**

Betonrohr für Abwasserkanal, Kreisquerschnitt, wandverstärkt mit Muffe, mit Gleitringdichtung, Verlegung in vorhandenem Graben mit Verbau, Bettungsschicht in gesonderter Position.
Grabentiefe: 1,75 bis 4,00 m
Betonrohr: KW-M
Nenngröße: DN400

104€ | 127€ | **141€** | 155€ | 180€ | [m] | ⏱ 1,40h/m | 009.000.014

A 3 Abwasserkanal, Steinzeugrohre, herstellen Beschreibung für Pos. **14-16**

Abwasserkanal aus Steinzeugrohren, Rohrverbindung mit Steckmuffe nach Verbindungssystem F, in vorhandenen Graben mit Verbau und Aussteifungen; Rohrbettung, Form- und Verbindungsstücke werden gesondert vergütet.

14 Abwasserkanal, Steinzeug, DN100 KG **551**

Wie Ausführungsbeschreibung A 3
Nenndurchmesser: DN100
Scheiteldruckkraft: FN 34
Grabentiefe: bis 4,00 m

31€ | 41€ | **45€** | 52€ | 62€ | [m] | ⏱ 0,30h/m | 009.000.015

15 Abwasserkanal, Steinzeug, DN150 KG **551**

Wie Ausführungsbeschreibung A 3
Nenngröße: DN150
Scheiteldruckkraft: FN 34
Grabentiefe: bis 4,00 m

42€ | 58€ | **67€** | 70€ | 85€ | [m] | ⏱ 0,40h/m | 009.000.016

16 Abwasserkanal, Steinzeug, DN200 KG **551**

Wie Ausführungsbeschreibung A 3
Nenngröße: DN200
Scheiteldruckkraft: FN 34
Grabentiefe: bis 4,00 m

46€ | 76€ | **81€** | 87€ | 100€ | [m] | ⏱ 0,50h/m | 009.000.017

A 4 Formstück, Steinzeugrohr, Bogen Beschreibung für Pos. **17-19**

Form- und Verbindungssystem F für Steinzeugrohre der Abwasserleitungen.
Formteil: Bogen mit Steckmuffe

17 Formstück, Steinzeug, DN100, Bogen KG **551**

Wie Ausführungsbeschreibung A 4
Bogenwinkel: **45 / .....°**
Nenngröße: DN100

35€ | 40€ | **43€** | 45€ | 47€ | [St] | ⏱ 0,30h/St | 009.000.066

Kosten:
Stand 1. Quartal 2026
Bundesdurchschnitt

Nr.	**Kurztext** / Langtext						Kostengruppe
▶	▷	**ø netto €**	◁	◀	[Einheit]	Ausf.-Dauer	Positionsnummer

18 **Formstück, Steinzeug, DN150, Bogen** KG **551**
Wie Ausführungsbeschreibung A 4
Bogenwinkel: **45 / .....°**
Nennweite: DN150

42€	55€	**62€**	75€	93€	[St]	⏱ 0,40h/St	009.000.068

19 **Formstück, Steinzeug, DN200, Bogen** KG **551**
Wie Ausführungsbeschreibung A 4
Bogenwinkel: **45 / .....°**
Nennweite: DN200

91€	105€	**116€**	122€	140€	[St]	⏱ 0,50h/St	009.000.069

A 5 **Formstück, Steinzeugrohr, Abzweig** Beschreibung für Pos. **20-22**
Form- und Verbindungssystem F für Steinzeugrohre der Abwasserleitungen.
Formteil: Abzweig mit Steckmuffe

20 **Formstück, Steinzeug, DN100, Abzweig** KG **551**
Wie Ausführungsbeschreibung A 5
Nennweite: DN100

45€	56€	**62€**	66€	77€	[St]	⏱ 0,30h/St	009.000.070

21 **Formstück, Steinzeug, DN150, Abzweig** KG **551**
Wie Ausführungsbeschreibung A 5
Nennweite: DN150

53€	76€	**84€**	94€	116€	[St]	⏱ 0,35h/St	009.000.072

22 **Formstück, Steinzeug, DN200, Abzweig** KG **551**
Wie Ausführungsbeschreibung A 5
Nennweite: DN200

93€	104€	**106€**	116€	130€	[St]	⏱ 0,40h/St	009.000.073

23 **Übergangsstück, Steinzeug, DN150/200** KG **551**
Übergangssystem F für Steinzeugrohre von Abwasserleitungen, mit Steckmuffe.
Übergang: DN150 nach DN200

53€	74€	**83€**	90€	96€	[St]	⏱ 0,30h/St	009.000.022

24 **Übergang, PE/PVC/Steinzeug auf Guss** KG **551**
Übergangssystem F von Abwasserleitungen.
Übergang von: **PE- / PVC-Rohr / Steinzeug** auf Gussrohre
Nennweite: DN100 nach DN100

32€	46€	**52€**	60€	70€	[St]	⏱ 0,30h/St	009.000.029

▶ min
▷ von
ø Mittel
◁ bis
◀ max

A 6 Abwasserkanal, Steinzeugrohre, inkl. Bettung herstellen Beschreibung für Pos. **25-27**

Abwasserkanal aus Steinzeugrohren, Rohrverbindung mit Steckmuffe, auf vorhandener Sohle, inkl. Bettung Typ 1, untere Rohrbettung aus gebrochenen Stoffen, obere Rohrbettung aus Sand.

25 Abwasserkanal, Steinzeug, DN100, inkl. Bettung KG **551**

Wie Ausführungsbeschreibung A 6
Nenngröße: DN100
Scheiteldruckkraft: **FN34 / FN28**
Rohrverbinder: **Typ F / E / .....**
Bettungsschicht unten: mind. 15 cm
Grabentiefe: 1,00 bis 1,25 m

33€ 45€ **50€** 58€ 75€ [m] ⏱ 0,30 h/m 009.001.091

26 Abwasserkanal, Steinzeug, DN150, inkl. Bettung KG **551**

Wie Ausführungsbeschreibung A 6
Nenngröße: DN150
Scheiteldruckkraft: **FN34 / FN28**
Rohrverbinder: **Typ F / E / .....**
Bettungsschicht unten: mind. 15 cm
Grabentiefe: 1,00 bis 1,25 m

45€ 58€ **70€** 75€ 93€ [m] ⏱ 0,35 h/m 009.001.093

27 Abwasserkanal, Steinzeug, DN200, inkl. Bettung KG **551**

Wie Ausführungsbeschreibung A 6
Nenngröße: DN200
Scheiteldruckkraft: **FN34 / FN28**
Rohrverbinder: **Typ F / E / .....**
Grabentiefe: 1,00 bis 1,25 m

52€ 72€ **84€** 87€ 103€ [m] ⏱ 0,37 h/m 009.001.094

A 7 Abwasserkanal, PVC-U, inkl. Bettung herstellen Beschreibung für Pos. **28-30**

Abwasserleitung aus PVC-U-Rohren, 100% recycelbar, mit Mehrlippendichtung, Rohrverbindung mit Steckmuffe, einschl. Schweiß- oder Klebe- sowie Dichtungsmaterial, auf vorhandener Sohle, inkl. unterer Rohrbettung aus gebrochenen Stoffen und oberer Rohrbettung aus Sand. Form- und Verbindungsstücke werden gesondert vergütet.

28 Abwasserkanal, PVC-U, DN/ID100, inkl. Bettung KG **551**

Wie Ausführungsbeschreibung A 7
Nenngröße: DN/ID100
Steifigkeitsklasse: SN 8 kN/m^2
Bettungsschicht unten: mind. 15 cm
Grabentiefe: 1,00 bis 1,25 m

20€ 30€ **33€** 40€ 56€ [m] ⏱ 0,27 h/m 009.001.095

000 001 002 006 008 **009** 010 012 013 014 016 017 018 020 021 022

Nr.	Kurztext / Langtext						Kostengruppe
▶	▷	ø netto €	◁	◀	[Einheit]	Ausf.-Dauer	Positionsnummer

29 **Abwasserkanal, PVC-U, DN/ID150, inkl. Bettung** — KG **551**

Wie Ausführungsbeschreibung A 7
Nenngröße: Nenngröße: DN/ID100
Steifigkeitsklasse: SN 8 kN/m²
Bettungsschicht unten: mind. 15 cm
Grabentiefe: 1,00 bis 1,25 m

▶	▷	ø netto €	◁	◀	[Einheit]	Ausf.-Dauer	Positionsnummer
28€	38€	**44€**	51€	62€	[m]	⏱ 0,30h/m	009.001.097

30 **Abwasserkanal, PVC-U, DN/ID200, inkl. Bettung** — KG **551**

Wie Ausführungsbeschreibung A 7
Nenngröße: DN/ID200
Steifigkeitsklasse: SN 8 kN/m²
Bettungsschicht unten: mind. 15 cm
Grabentiefe: 1,00 bis 1,25 m

▶	▷	ø netto €	◁	◀	[Einheit]	Ausf.-Dauer	Positionsnummer
33€	54€	**64€**	74€	91€	[m]	⏱ 0,32h/m	009.001.098

A 8 **Abwasserkanal, PVC-U, herstellen** — Beschreibung für Pos. **31-33**

Abwasserkanal aus PVC-U-Rohren, 100% recycelbar, mit Mehrlippendichtung, Rohrverbindung mit Steckmuffe, einschl. Schweiß- oder Klebe- sowie Dichtungsmaterial, in vorhandenem Graben. Form- und Verbindungsstücke, sowie Bettung und Verfüllung werden gesondert vergütet.

31 **Abwasserkanal, PVC-U, DN/ID100** — KG **551**

Wie Ausführungsbeschreibung A 8
Nenngröße: DN/ID100
Steifigkeitsklasse: SN 8 kN/m²
Grabentiefe: ..... m

▶	▷	ø netto €	◁	◀	[Einheit]	Ausf.-Dauer	Positionsnummer
16€	25€	**28€**	32€	43€	[m]	⏱ 0,25h/m	009.000.024

32 **Abwasserkanal, PVC-U, DN/ID150** — KG **551**

Wie Ausführungsbeschreibung A 8
Nenngröße: DN/ID150
Steifigkeitsklasse: SN 8 kN/m²
Grabentiefe: ..... m

▶	▷	ø netto €	◁	◀	[Einheit]	Ausf.-Dauer	Positionsnummer
16€	29€	**36€**	43€	64€	[m]	⏱ 0,27h/m	009.000.025

33 **Abwasserkanal, PVC-U, DN/ID200** — KG **551**

Wie Ausführungsbeschreibung A 8
Nenngröße: DN/ID200
Steifigkeitsklasse: SN 8 kN/m²
Grabentiefe: .....

▶	▷	ø netto €	◁	◀	[Einheit]	Ausf.-Dauer	Positionsnummer
23€	41€	**48€**	57€	78€	[m]	⏱ 0,30h/m	009.000.065

Kosten:
Stand 1.Quartal 2026
Bundesdurchschnitt

▶ min
▷ von
ø Mittel
◁ bis
◀ max

Nr.	Kurztext / Langtext						Kostengruppe
▶	▷	ø netto €	◁	◀	[Einheit]	Ausf.-Dauer	Positionsnummer

A 9 Formstück, PVC-U, Abzweig KGEA — Beschreibung für Pos. **34-36**

Abzweig KGEA mit Reduzierung, Formstück aus PVC-U, mit allgemeiner bauaufsichtlicher Zulassung, Anschluss an PVC-U-Muffe DIN EN 1401-1.

34 Formstück, PVC-U, DN/ID100, Abzweig — KG **551**

Wie Ausführungsbeschreibung A 9
Nennweite: DN/ID100

20€	29€	**33€**	38€	47€	[St]	⏱ 0,20h/St	009.001.099

35 Formstück, PVC-U, DN/ID150, Abzweig — KG **551**

Wie Ausführungsbeschreibung A 9
Nennweite: DN/ID150

25€	38€	**44€**	49€	60€	[St]	⏱ 0,20h/St	009.001.101

36 Formstück, PVC-U, DN/ID200, Abzweig — KG **551**

Wie Ausführungsbeschreibung A 9
Nennweite: DN/ID200

38€	47€	**50€**	55€	64€	[St]	⏱ 0,20h/St	009.001.102

A 10 Formstück, PVC-U, Bogen — Beschreibung für Pos. **37-39**

Form- und Verbindungsstücke von PVC-U-Rohren der Abwasserleitungen, mit Steckmuffe.
Formteil: Bogen KGB

37 Formstück, PVC-U, DN/ID100, Bogen — KG **551**

Wie Ausführungsbeschreibung A 10
Bogenwinkel: **45 / .....**°
Nennweite: DN/ID100

13€	15€	**17€**	23€	33€	[St]	⏱ 0,20h/St	009.000.077

38 Formstück, PVC-U, DN/ID150, Bogen — KG **551**

Wie Ausführungsbeschreibung A 10
Bogenwinkel: **45 / .....**°
Nennweite: DN/ID150

15€	23€	**26€**	32€	52€	[St]	⏱ 0,26h/St	009.000.079

39 Formstück, PVC-U, DN/ID200, Bogen — KG **551**

Wie Ausführungsbeschreibung A 10
Bogenwinkel: **45 / .....**°
Nennweite: DN/ID200

17€	32€	**36€**	46€	66€	[St]	⏱ 0,30h/St	009.000.080

Kosten:
Stand 1.Quartal 2026
Bundesdurchschnitt

Nr.	Kurztext / Langtext						Kostengruppe
▶	▷	ø netto €	◁	◀	[Einheit]	Ausf.-Dauer	Positionsnummer

40 Übergang, PVC-U auf Steinzeug/Beton KG **551**

Übergangsstücke KGR von PVC-U-Rohren der Abwasserleitungen auf Steinzeug- oder Betonrohre.
Nennweite ID: **DN100 nach DN100 / DN150 nach DN150**
Anschlussrohre: **Steinzeug / Betonrohr**

25€ | 43€ | **50€** | 65€ | 92€ | [St] | ⏱ 0,30h/St | 009.000.028

A 11 Abwasserkanal, duktiles Gussrohr herstellen Beschreibung für Pos. **41-43**

Abwasserkanal aus muffenlosen Rohren aus duktilem Gusseisen (SML), inkl. Pass-, Form- und Verbindungsstücken, innen mit zweifacher Zweikomponenten-Epoxid-Beschichtung, außen grundiert; Verbindung mit Gummimanschette und Spannhülse aus nichtrostendem Stahl. Auflager in nichtbindigem Boden, in vorhandenem Graben mit Verbau und Aussteifungen
Bettung: Typ .....

41 Abwasserkanal, duktiles Gussrohr, DN/OD100 KG **551**

Wie Ausführungsbeschreibung A 11
Durchmesser: DN/OD100
Auflagerwinkel: 90°
Grabentiefe: bis 1,75 m

55€ | 75€ | **79€** | 89€ | 114€ | [m] | ⏱ 0,32h/m | 009.000.030

42 Abwasserkanal duktiles Gussrohr, DN/OD150 KG **551**

Wie Ausführungsbeschreibung A 11
Durchmesser: DN/ID150
Auflagerwinkel: 90°
Grabentiefe: bis 1,75 m

117€ | 142€ | **156€** | 197€ | 243€ | [m] | ⏱ 0,50h/m | 009.000.031

43 Abwasserleitung, duktiles Gussrohr, DN/OD200 KG **551**

Wie Ausführungsbeschreibung A 11
Durchmesser: DN/OD200
Auflagerwinkel: 90°
Grabentiefe: bis 1,75 m

166€ | 242€ | **276€** | 300€ | 347€ | [m] | ⏱ 0,60h/m | 009.000.082

44 Formstück, duktiles Gussrohr, Bogen, DN/OD100 KG **551**

Form- und Verbindungsstücke der Abwasserleitungen aus duktilem Gussrohr.
Formteil: Bogen
Bogenwinkel: **45 / .....°**
Nennweite: DN/OD100

23€ | 26€ | **27€** | 28€ | 30€ | [St] | ⏱ 0,20h/St | 009.000.032

45 Formstück, duktiles Gussrohr, Übergangsstück KG **551**

Übergangsstücke von Abwasserleitungen aus duktilem Gussrohr.
Nennweite: DN/OD100

81€ | 118€ | **150€** | 154€ | 183€ | [St] | ⏱ 0,40h/St | 009.000.083

▶ min
▷ von
ø Mittel
◁ bis
◀ max

Nr.	Kurztext / Langtext						Kostengruppe
►	▷	ø netto €	◁	◀	[Einheit]	Ausf.-Dauer	Positionsnummer

46 Formstück, duktiles Gussrohr, Abzweig, DN/OD100 KG **551**

Abzweig von Abwasserleitungen aus duktilem Gussrohr.
Nennweite: DN/OD100

30€	40€	**43€**	48€	63€	[St]	⏱ 0,25h/St	009.000.084

47 Standrohr, duktiles Gussrohr/Grauguss KG **551**

Standrohr, rund, im Sockelbereich einbauen, Übergang zur Grundleitung herstellen, mit lösbaren Rohrschellen am Gebäude befestigen, inkl. Anschluss an Rohrleitungsnetz.
Material: **duktiles Guss- / Grauguss**-Rohr
Nenngröße: DN/ID .....
Oberfläche: **..... / schwarz**

77€	112€	**124€**	133€	162€	[St]	⏱ 0,30h/St	009.001.083

A 12 Abwasserkanal, PP-Rohre, herstellen Beschreibung für Pos. **48-50**

Abwasserkanal aus Polypropylen-Rohren (PP), mit EPDM-Dichtung, Rohrverbindung mit Steckmuffe, einschl. Schweiß- oder Klebe-, sowie Dichtungsmaterial, in vorhandenem Graben auf bauseitige Bettung Typ 1. Bettungsschicht oben und unten aus Sand.
Steifigkeitsklasse: SN 8 kN/m^2
Grabentief: 1,25 bis 1,75 m
Bettungsschicht unten: mind. 10 cm
Form- und Verbindungsstücke werden gesondert vergütet.

48 Abwasserkanal, PP-Rohre, DN/OD110 KG **551**

Wie Ausführungsbeschreibung A 12
Nenngröße: DN/OD110
Grabentiefe: bis 1,75

23€	30€	**34€**	44€	57€	[m]	⏱ 0,23h/m	009.001.104

49 Abwasserkanal, PP-Rohre, DN/OD150 KG **551**

Wie Ausführungsbeschreibung A 12
Nenngröße: DN/OD150
Grabentiefe: bis 1,75

26€	40€	**45€**	54€	75€	[m]	⏱ 0,23h/m	009.000.062

50 Abwasserkanal, PP-Rohre, DN/OD200 KG **551**

Wie Ausführungsbeschreibung A 12
Nenngröße: DN/OD200
Grabentiefe: bis 1,75

33€	50€	**61€**	65€	76€	[m]	⏱ 0,23h/m	009.001.105

Nr.	Kurztext / Langtext						Kostengruppe
►	▷	ø netto €	◁	◄	[Einheit]	Ausf.-Dauer	Positionsnummer

A 13 Abwasserkanal PE-HD-Rohre herstellen — Beschreibung für Pos. **51-54**

Abwasserkanal aus PE-Rohren, mit Mehrlippendichtung, Rohrverbindung mit Steckmuffe, einschl. Schweiß- oder Klebe- sowie Dichtungsmaterial, in vorhandenem Graben auf bauseitige Bettung Typ 1. Obere und untere Bettung aus Sand.
Bettungsdicke: mind. 15 cm
Steifigkeitsklasse: SN 4 kN/m²
Form- und Verbindungsstücke werden gesondert vergütet.

51 Abwasserleitung, PE-HD-Rohre, DN/OD100 — KG **551**

Wie Ausführungsbeschreibung A 13
Nenngröße: DN/ID110
Grabentiefe: bis 1,75

26€	30€	**32€**	37€	45€	[m]	⏱ 0,25h/m	009.001.106

Kosten:
Stand 1.Quartal 2026
Bundesdurchschnitt

52 Abwasserkanal, PE-HD-Rohre, DN/OD125 — KG **551**

Wie Ausführungsbeschreibung A 13
Nenngröße: DN/OD125
Grabentiefe: bis 1,75

30€	39€	**42€**	52€	58€	[m]	⏱ 0,35h/m	009.001.107

53 Abwasserleitung, PE-HD-Rohre, DN/OD150 — KG **551**

Wie Ausführungsbeschreibung A 13
Nenngröße: DN/OD160
Grabentiefe: bis 1,75

36€	44€	**47€**	54€	65€	[m]	⏱ 0,35h/m	009.001.108

54 Abwasserleitung, PE-HD-Rohre, DN/OD200 — KG **551**

Wie Ausführungsbeschreibung A 13
Nenngröße: DN/OD200
Grabentiefe: bis 1,75

39€	51€	**58€**	63€	73€	[m]	⏱ 0,37h/m	009.001.109

55 Dichtheitsprüfung, Grundleitung, bis DN250 — KG **551**

Dichtheitsprüfung von neu verlegten Grundleitungen, einschl. aller notwendigen Gerätschaften, Aufstellung eines Protokolls der Prüfung, sowie schadlose Entfernung aller Gerätschaften nach der Prüfung; Dokumentation der Prüfung per Prüfprotokoll.
Nennweite Grundleitungen: **bis DN200 / größer DN200**
Prüfung mittels: **Wasser / Luft**

4€	7€	**8€**	10€	13€	[m]	⏱ 0,20h/m	009.000.063

► min
▷ von
ø Mittel
◁ bis
◄ max

000 001 002 006 008 **009** 010 012 013 014 016 017 018 020 021 022

56 Hofablauf, Polymerbeton, A15 KG **551**

Hofablauf als Einlaufkastenkombination, mit Wasserspiegelgefälle, liefern und in Beton setzen. Einlaufkombination bestehend aus:

- Oberteil aus Polymerbeton P, anthrazitschwarz
- Abdeckrost und Kantenschutz aus GFK
- Unterteil aus Polymerbeton P, mit Schlammeimer aus Kunststoff

Nennweite: 10 cm
Abmessungen (L x B): 500 x 300 mm
Belastungsklasse: A15
Beton: Festigkeitsklasse C12/15, X0, WF
Dicke: 15 cm

280€ 337€ **364€** 380€ 449€ [St] ⏱ 1,30h/St 009.001.110

A 14 Straßenablauf, Polymerbeton Beschreibung für Pos. **57-58**

Straßenablauf als Einlaufkastenkombination, ohne Geruchsverschluss, mit Wasserspiegelgefälle, liefern und in Beton setzen. Einlaufkombination bestehend aus:

- Oberteil aus Polymerbeton P, anthrazitschwarz
- Abdeckrost und Kantenschutz aus GFK
- Unterteil aus Polymerbeton P, mit Schlammeimer aus Kunststoff nach DIN 4052

Beton: Festigkeitsklasse C12/15, X0, WF
Bettungsdicke: 15 cm

57 Straßenablauf, Polymerbeton, B125 KG **551**

Wie Ausführungsbeschreibung A 14
Nennweite: 10 cm
Abmessungen (L x B): 500 x 300 cm
Belastungsklasse: B125

312€ 421€ **473€** 494€ 585€ [St] ⏱ 1,56h/St 009.001.111

58 Straßenablauf, Polymerbeton, D400 KG **551**

Wie Ausführungsbeschreibung A 14
Nennweite: 10 cm
Abmessungen (L x B): 500 x 300 cm
Belastungsklasse: D400

421€ 550€ **609€** 698€ 867€ [St] ⏱ 2,80h/St 009.001.123

Nr.	Kurztext / Langtext						Kostengruppe
▶	▷	ø netto €	◁	◀	[Einheit]	Ausf.-Dauer	Positionsnummer

59 Bodenablauf, Gusseisen KG **551**

Bodenablauf mit Rückstauverschluss, mit handverriegelbarem Notverschluss, für fäkalienfreies Abwasser, dreh- und höhenverstellbar, mit Schlammeimer, Geruchsverschluss und Gitterrost.
Material Gehäuse: Gusseisen
Abflussleistung: 1,6 l/s
Rohranschluss: DN/ID 100
Durchmesser: 110 mm
Aufsatzstück: 197 x 197 mm
Höhe: ..... mm
Länge: ..... mm
Material Rost: nichtrostender Stahl - Werkstoff 1.4301
Belastungsklasse: K3

151€	261€	**292€**	341€	517€	[St]	⏱ 1,50h/St	009.001.126

60 Reinigungsrohr, Putzstück, DN100 KG **551**

Putzstück für Steinzeugleitungen, aus Guss, in Kontrollschacht, inkl. Eindichten und Betonbettung mit Zementglattstrich.
Nenngröße: DN100

85€	124€	**142€**	165€	207€	[St]	⏱ 0,30h/St	009.000.023

61 Absperreinrichtung, Kanal, Gusseisen KG **551**

Absperreinrichtung aus Gusseisen für Grundleitungsrohr, manuell nutzbar, einschl. Einbau aller Komponenten.
Nenngröße: DN100

190€	343€	**355€**	392€	488€	[St]	⏱ 0,70h/St	009.000.058

62 Rückstaudoppelverschluss, DN100, Kunststoff KG **551**

Rückstaudoppelverschluss für fäkalienfreies Abwasser, mit automatischen Rückstauklappen und Handbetätigung, mit Reinigungsöffnung, für den Einsatz in horizontaler, abwasserführender Leitung, einschl. Anschluss.
Werkstoff: Kunststoff
Nenngröße: DN100
Einsatzbereich: Typ 2

243€	390€	**441€**	441€	710€	[St]	⏱ 0,60h/St	009.001.112

63 Schachtsohle, ausformen/Gerinne einbringen KG **551**

Schachtsohle ausformen und Gerinne einbringen, gem. DWA-A 157, mit muffenlose Steinzeug-Halbschalen, eingebettet in Trassmörtel M 10
Rohrdurchmesser: DN.....

214€	309€	**374€**	375€	451€	[St]	⏱ 1,60h/St	009.001.084

Kosten:
Stand 1.Quartal 2026
Bundesdurchschnitt

▶ min
▷ von
ø Mittel
◁ bis
◀ max

A 15 Schachtring, DN1.000, Beton Beschreibung für Pos. **64-65**

Schachtring als Betonfertigteil, mit Steigeisen. Ringe mit Muffe, verbunden mit elastischen Dichteinlagen.
Schachttyp: .....
Durchmesser: DN1.000
Form: E, mit beidseitigem Steg
Steigmaß: 250 mm

64 Schachtring, DN1.000, Beton, 250mm KG **551**

Wie Ausführungsbeschreibung A 15
Bauhöhe: 250mm

128€ 164€ **183€** 203€ 247€ [St] ⏱ 0,60h/St 009.000.040

65 Schachtring, DN1.000, Beton, 500mm KG **551**

Wie Ausführungsbeschreibung A 15
Bauhöhe: 500mm

134€ 191€ **213€** 247€ 326€ [St] ⏱ 0,70h/St 009.000.041

66 Schachthals, Kontrollschacht KG **551**

Schachthals (Konus) für Kontrollschacht, als Betonfertigteil, mit Steigeisen. Hals mit Muffe, Schachtring verbunden mit elastischen Dichteinlagen.
Schachttyp: .....
Wanddicke:120 mm
Durchmesser: DN1.000/625 mm
Steigmaß: 250 mm

144€ 214€ **252€** 282€ 363€ [St] ⏱ 1,90h/St 009.000.042

67 Steigeisen, Form A/B, Stahlbetonschacht KG **551**

Steigeisen, geeignet für einläufige Steigeisengänge (Steigbügel), liefern und in runden und geraden Schacht aus Betonfertigteile einbauen, Leistung inkl. Stemmarbeiten und Befestigungsmaterial.
Form: **A / B**
Auftrittsbreite: mind. 300 mm
Material: Edelstahl - PP-ummantelt
Steigmaß: max. 280 mm
Schachtinnendurchmesser über ...... m

73€ 84€ **85€** 89€ 95€ [St] ⏱ 0,25h/St 009.001.121

68 Auflagering, DN625, Fertigteil KG **551**

Auflagering für höhenexakte Nivellierung der Schachtabdeckung.
Material: Stahlbetonfertigteil, aufgesetzt auf Konus bzw. weitere Auflageringe
Schachttyp: .....
Bauhöhe: **60 / 80 / .....** mm
Weite: DN625

35€ 54€ **63€** 70€ 89€ [St] ⏱ 0,10h/St 009.001.087

Nr.	Kurztext / Langtext						Kostengruppe
▶	▷	ø netto €	◁	◀	[Einheit]	Ausf.-Dauer	Positionsnummer

69 Leitungsanschluss, Schacht KG **551**

Anschluss der Abwasserkanalleitung an Abwasser-Sammelschacht aus Beton, Anschlussöffnung im Schachtkörper herstellen, inkl. Dichtungsarbeiten.
Kanalleitung: ......
Nenngröße: DN .....
Anschlusswinkel: 45°

117€	179€	**203€**	229€	293€	[St]	⏱ 1,95h/St	009.000.033

70 Seitenzulauf zum Schacht KG **551**

Seitenzulauf zum Schacht, Ausführung mit gelenkiger Rohreinbindung, Gerinneausführung nach den Grundsätzen des Arbeitsblatts DWA-A 157
Seitenzulauf: DN .....

98€	141€	**154€**	195€	260€	[St]	⏱ 1,10h/St	009.001.085

Kosten:
Stand 1. Quartal 2026
Bundesdurchschnitt

71 Schachtabdeckung, Klasse A15 KG **551**

Schachtabdeckung mit rundem Rahmen und Deckel aus Gusseisen, höhengerecht in Mörtel M10 versetzen.
Deckel: mit Lüftungsöffnungen
Belastungsklasse: A15
Größe: DN800

170€	220€	**251€**	276€	316€	[St]	⏱ 0,20h/St	009.001.115

72 Schachtabdeckung, Klasse D400 KG **551**

Schachtabdeckung mit rundem Rahmen, Deckel aus Gusseisen mit Lüftungsöffnungen und Betonfüllung, mit dämpfender Einlage, verschließbar, mit Schmutzfänger F, höhengerecht in Mörtel M10 versetzen.
Belastungsklasse: D400
Größe: DN800

307€	434€	**477€**	534€	653€	[St]	⏱ 0,25h/St	009.000.045

73 Schmutzfangkorb, Schachtabdeckung KG **551**

Schmutzfangkorb für Schachtabdeckung mit Lüftungsöffnung, **leichte / schwere** Ausführung aus verzinktem Stahlblech, Boden und Mantel aus einem Stück gezogen.
Durchmesser: **600 / .....** mm
Form: .....

33€	64€	**72€**	77€	93€	[St]	⏱ 0,10h/St	009.001.086

74 Schachtabdeckung anpassen KG **551**

Bestehende Schachtabdeckung von Revisions- und Kontrollschächten an neue Höhe anpassen.
Anpassungshöhe: bis 500 mm

63€	118€	**144€**	179€	264€	[St]	⏱ 2,40h/St	009.000.046

▶ min
▷ von
ø Mittel
◁ bis
◀ max

Nr.	Kurztext / Langtext						Kostengruppe
▶	▷	ø netto €	◁	◀	[Einheit]	Ausf.-Dauer	Positionsnummer

75 Kontrollschacht komplett, bis 3,5m, DN1.000 KG **551**

Kontrollschacht als komplette Leistung, rund, aus Fertigteilen, ohne Deckel:
- Schachtbettung aus Ortbeton
- Schachtunterteil für Kontrollschacht und Durchlaufschacht, Beton mit hohem Wassereindringwiderstand mit hohem Wassereindringwiderstand, mind. 25 cm hoch (über Rohrscheitel)
- Auftritt in Höhe des Rohrscheitels
- Schachtoberteil aus Betonfertigteilen, bestehend aus Schachtringen, Schachthals und Auflagerring
- Bauteilverbindung als Kompressionsdichtung mit Dichtringen aus Elastomeren, Dichtringe werkseitig fest eingebaut
- Außenwände beschichtet mit: ....., für Wassereinwirkungsklasse: .....
- Anschlüsse mit Muffe, für gelenkige Anbindung Zu- und Abläufe DN/ID......
- Schachtkörper mit Steigeisen
- Schachtsohle mit Gerinne gerade, Auskleidung Gerinne und Auftritt mit Halbschalen und Klinkerriemchen

Schachttyp: .....
Beton: Festigkeitsklasse C20/25
Dicke Bodenplatte: mind. 20 cm
Wanddicke: .....
Steigmaß Steigeisen: 333 mm
Schachttiefe: ..... m

1.331€ 1.874€ **2.227€** 2.588€ 3.106€ [St] ⏱ 12,00h/St 009.000.047

A 16 Entwässerungsrinne, Beton Beschreibung für Pos. **76-78**

Entwässerungsrinne für Regenwasser als Kastenrinne, mit Kantenschutz aus verzinktem Stahl sowie Abschlusskappen, inkl. Abgang und Abdeckung mit schraublos arretiertem Stegrost aus verzinktem Stahl, inkl. Fundamentbeton.

76 Entwässerungsrinne, Klasse B125, Beton KG **551**

Wie Ausführungsbeschreibung A 16
Belastungsklasse: B125
Nenngröße: .....
Rinnenkörper: aus **Stahlbeton / Kunstharzbeton / .....**
Rinnensohle: **ohne / mit** Gefälle
Abgang: **seitlich / waagerecht / mit Sinkkasten**

122€ 177€ **216€** 223€ 297€ [m] ⏱ 0,50h/m 009.001.118

77 Entwässerungsrinne, Klasse C250, Beton KG **551**

Wie Ausführungsbeschreibung A 16
Belastungsklasse: C250
Nenngröße: .....
Rinnenkörper: aus **Stahlbeton / Kunstharzbeton / .....**
Rinnensohle: **ohne / mit** Gefälle
Abgang: **seitlich / waagerecht / mit Sinkkasten**

158€ 229€ **255€** 292€ 380€ [m] ⏱ 0,50h/m 009.000.053

Nr.	Kurztext / Langtext						Kostengruppe
▶	▷	ø netto €	◁	◀	[Einheit]	Ausf.-Dauer	Positionsnummer

78 Entwässerungsrinne, Klasse D400, Beton KG **551**

Wie Ausführungsbeschreibung A 16
Belastungsklasse: D400
Nenngröße: .....
Rinnenkörper: aus **Stahlbeton / Kunstharzbeton / .....**
Rinnensohle: **ohne / mit** Gefälle
Abgang: **seitlich / waagerecht / mit Sinkkasten**

189€ | 307€ | **361€** | 451€ | 644€ | [m] | ⏱ 0,60h/m | 009.000.054

79 Abdeckung Entwässerungsrinne, Guss, C250 KG **551**

Abdeckung für Entwässerungsrinne, schraublos arretiert. Passend zu System.
Material: Gusseisen
Nennweite: .....
Belastungsklasse: C250
Ausführung: **Lochrost / Stegrost**

78€ | 99€ | **108€** | 127€ | 162€ | [m] | ⏱ 0,18h/m | 009.001.119

80 Abdeckung Entwässerungsrinne Guss, D400 KG **551**

Abdeckung für Entwässerungsrinne, schraublos arretiert. Passend zu System.
Material: Gusseisen
Nennweite: .....
Belastungsklasse: D400
Ausführung: **Lochrost / Stegrost**

152€ | 168€ | **178€** | 179€ | 190€ | [m] | ⏱ 0,18h/m | 009.001.120

81 Abdeckung Entwässerungsrinne, Schlitzaufsatz KG **551**

Abdeckung für Entwässerungsrinne, schraublos arretiert.
Material: Stahlguss
Nennweite: .....
Belastungsklasse: .....
Ausführung: als Schlitzaufsatz
Schlitzbreite: .....

69€ | 108€ | **119€** | 126€ | 164€ | [m] | ⏱ 0,15h/m | 009.000.055

82 Kanalreinigung, Hochdruckspülgerät KG **551**

Grundleitung zwischen zwei Prüfpunkten mit Hochdruckspülgerät durchspülen, Abfall aufsaugen, laden und entsorgen. Leistung inkl. aller erforderlichen Geräte, Aufstellung eines Protokolls über Beseitigung und Spülung sowie schadlosem Entfernen der Geräte nach der Prüfung.
Abwasserkanal aus: .....
Haltungslänge: ..... m
Rohrdurchmesser: bis DN.....
Nutzung Kanal: Mischwasser

3€ | 5€ | **6€** | 8€ | 14€ | [m] | ⏱ 0,10h/m | 009.000.057

Kosten:
Stand 1.Quartal 2026
Bundesdurchschnitt

▶ min
▷ von
ø Mittel
◁ bis
◀ max

Nr.	Kurztext / Langtext					Kostengruppe
▶ ▷	ø netto €	◁ ◀	[Einheit]	Ausf.-Dauer		Positionsnummer

83 Kanalprüfung, Kamera KG **551**

Kameraprüfung der neu verlegten Grundleitungen, mit Video-Aufzeichnung, inkl. Dokumentieren und Einmessen der Beschädigungen (Muffenversätze, Durchwurzelung, Einmündungen, Verstopfungen, Risse, Brüche, u.dgl.) der Grundleitungen und Aufstellen eines Video- und Prüfprotokolls sowie Übergeben der Unterlagen in einfacher Ausführung. Leistung einschl. aller erforderlichen Gerätschaften, Aufstellung eines Prüfprotokolls sowie schadlosem Entfernen der Gerätschaften nach der Prüfung.
Nennweite der Grundleitungen: **bis DN/ID 200 / über DN/ID 200 bis .....**

6€ 7€ **8€** 9€ 11€ [m] ⏱ 0,05h/m 009.000.059

84 Stundensatz, Facharbeiter/-in

Stundenlohnarbeiten für Facharbeiter/-in, Spezialfacharbeiter/-in, Vorarbeiter/-in und jeweils Gleichgestellte. Der Verrechnungssatz für die jeweilige Arbeitskraft umfasst sämtliche Aufwendungen wie Lohn- und Gehaltskosten, lohn- und gehaltsgebundene Kosten, Lohn- und Gehaltsnebenkosten, Gemeinkosten, Wagnis und Gewinn. Leistung nach besonderer Anordnung der Bauüberwachung. Anmeldung und Nachweis gem. VOB/B.

52€ 69€ **77€** 81€ 89€ [h] ⏱ 1,00h/h 009.000.089

85 Stundensatz, Helfer/-in

Stundenlohnarbeiten für Werker/-in, Fachwerker/-in und jeweils Gleichgestellte. Der Verrechnungssatz für die jeweilige Arbeitskraft umfasst sämtliche Aufwendungen wie Lohn- und Gehaltskosten, lohn- und gehaltsgebundene Kosten, Lohn- und Gehaltsnebenkosten, Gemeinkosten, Wagnis und Gewinn. Leistung nach besonderer Anordnung der Bauüberwachung. Anmeldung und Nachweis gem. VOB/B.

60€ 65€ **67€** 69€ 73€ [h] ⏱ 1,00h/h 009.000.090

Kosten:
Stand 1. Quartal 2026
Bundesdurchschnitt

▶ min
▷ von
ø Mittel
◁ bis
◀ max

Drän- und Versickerarbeiten — Preise €

Nr.	Positionen	Einheit	▶	▷	ø brutto € / ø netto €	◁	◀
1	Handaushub, Drängraben, GK1	m³	83	105	**111**	124	147
			70	88	**94**	104	123
2	Aushub, Drängraben, GK1, lagern	m³	30	37	**40**	43	49
			25	31	**33**	36	41
3	Aushub, Dränarbeiten, GK1, lagern/verfüllen	m³	41	45	**48**	56	65
			34	38	**40**	47	55
4	Filtervlies, Erdplanum/Frostschutz	m²	3	4	**5**	6	9
			3	4	**4**	5	7
5	Tragschicht, kapillarbrechend	m²	11	15	**17**	20	25
			9	13	**14**	16	21
6	Kiesfilter, Flächendränage zwischen Fundamenten	m³	47	78	**93**	105	128
			39	66	**78**	88	108
7	Dränleitung, PVC-U, DN100	m	10	15	**17**	19	26
			9	13	**14**	16	22
8	Dränleitung, PVC-U, DN150	m	17	22	**24**	27	32
			14	18	**20**	23	27
9	Dränleitung, PVC-U, DN200	m	22	29	**33**	39	48
			19	24	**28**	33	40
10	Formstück, Dränleitung, Abzweig	St	20	32	**41**	48	62
			17	27	**35**	40	52
11	Formstück, Dränleitung, Bogen	St	20	26	**28**	30	34
			16	21	**24**	25	29
12	Formstück, Dränleitung, Verschlussstück	St	6	10	**12**	17	26
			5	9	**10**	14	22
13	Formstück, Dränleitung, Verbindungsmuffe	St	15	23	**26**	30	40
			13	19	**22**	26	34
14	Formstück, Dränleitung, Reduzierstück	St	19	28	**32**	39	48
			16	23	**27**	33	41
15	Formstück, Dränleitung, T-Stück	St	17	25	**29**	35	45
			14	21	**24**	29	38
16	Anschluss, Dränleitung/Schacht	St	54	76	**87**	91	104
			45	64	**73**	77	88
17	Spülschacht PP, DN315	St	265	374	**423**	477	640
			223	314	**356**	401	538
18	Schachtverlängerung, PP, DN315	m	64	90	**102**	109	126
			54	76	**85**	91	106
19	Schachtabdeckung, Alu, mit Arretierung	St	123	156	**171**	188	199
			103	131	**144**	158	167
20	Schachtabdeckung, Guss, DN315, Klasse B	St	223	292	**303**	342	430
			187	246	**255**	287	361
21	Dichtung, Schachtdeckung	St	16	22	**26**	31	37
			13	18	**22**	26	31
22	Sickerpackung, Dränleitung	m³	64	84	**94**	108	143
			54	70	**79**	91	120
23	Sickerschacht, Betonfertigteile, B125	St	1.281	1.855	**2.116**	2.701	3.715
			1.076	1.559	**1.778**	2.270	3.122
24	Sickerschicht, Kies	m³	53	75	**86**	91	101
			45	63	**72**	76	85

Nr.	Positionen	Einheit	▶	▷	ø brutto € / ø netto €	◁	◀
25	Dränschicht, Dränmatten, Wand	m2	8	17	**21**	28	40
			6	14	**17**	23	34
26	Filter-/Dränageschicht, Vlies/Noppenbahn, Wand	m2	10	14	**16**	19	23
			8	12	**14**	16	19
27	Sickerschicht, Perimeterplatte, vlieskaschiert	m2	15	22	**25**	27	33
			13	19	**21**	22	28
28	Filter, Vlies, Dränkörper	m2	3	5	**5**	6	9
			3	4	**4**	5	8
29	Filterschicht, Kiessand, Wand	m3	71	83	**89**	94	102
			60	70	**74**	79	86
30	Grobkiesstreifen, Sockelbereich	m3	70	107	**119**	132	172
			59	90	**100**	111	144
31	Dränleitung spülen, Hochdruckgerät	m	4	5	**7**	12	16
			3	4	**6**	10	13
32	Stundensatz, Facharbeiter/-in	h	60	79	**89**	95	109
			50	66	**75**	80	91

Nr. **Kurztext** / Langtext — Kostengruppe
▶ ▷ **ø netto €** ◁ ◀ [Einheit] Ausf.-Dauer Positionsnummer

1 Handaushub, Drängraben, GK1 KG **311**

Handaushub von Drängraben, Aushubmaterial seitlich lagern, Feinabtrag profilgerecht gem. Dränageplanung, inkl. aller Nebenarbeiten.
Aushubtiefe: bis ..... m
Lichte Breite: ..... m
Geotechnische Kategorie: 1
Boden: Homogenbereich 1, Bodengruppe: ..... DIN 18196
Bodengruppe: ..... DIN 18196

- Steinanteil: bis .....% Massenanteil DIN EN ISO 14688-1
- Konsistenz DIN EN ISO 14688-1: .....
- Lagerungsdichte: .....
- Homogenbereiche lt.: .....

Bauteil: .....

70€ 88€ **94€** 104€ 123€ [m3] ⏱ 1,40h/m3 010.000.030

Kosten:
Stand 1. Quartal 2026
Bundesdurchschnitt

Nr.	Kurztext / Langtext						Kostengruppe
►	▷	ø netto €	◁	◀	[Einheit]	Ausf.-Dauer	Positionsnummer

2 Aushub, Drängraben, GK1, lagern KG **311**

Aushub Drängraben, Aushubmaterial profilgerecht lösen, seitlich lagern, gem. Dränageplanung, inkl. aller Nebenarbeiten.
Aushubtiefe: bis ..... m
Lichte Breite: ..... m
Geotechnische Kategorie: 1
Boden: Homogenbereich 1, Bodengruppe: ..... DIN 18196
- Steinanteil: bis .....% Massenanteil DIN EN ISO 14688-1
- Konsistenz DIN EN ISO 14688-1: .....
- Lagerungsdichte: .....
- Homogenbereiche lt.: .....

Bauteil: .....

25€ | 31€ | **33€** | 36€ | 41€ | [m³] | ⏱ 1,40 h/m³ | 010.000.049

3 Aushub, Dränarbeiten, GK1, lagern/verfüllen KG **311**

Boden für Gruben, Schächte, Kanäle u. dgl. profilgerecht lösen, laden, fördern und lagern; seitlich gelagerten Aushub nach Verlegen der Dränleitung wieder aufnehmen und lagenweise verfüllen, inkl. verdichten.
Aushubtiefe/Einbauhöhe: von ..... bis ..... m
Aushubprofil: .....
Sohlenbreite: .....
Förderweg: bis 50 m
Verfüllen Verdichtungsgrad: .....
Geotechnische Kategorie: 1
Boden: Homogenbereich 1, Bodengruppe: ..... DIN 18196
- Steinanteil: bis .....% Massenanteil DIN EN ISO 14688-1
- Konsistenz DIN EN ISO 14688-1: .....
- Lagerungsdichte: .....

Homogenbereiche lt.: .....

34€ | 38€ | **40€** | 47€ | 55€ | [m³] | ⏱ 0,30 h/m³ | 010.000.001

4 Filtervlies, Erdplanum/Frostschutz KG **326**

Filtervlies als Trennlage zwischen verdichtetem Erdplanum und Frostschutzschicht bzw. einzubauender Filterschicht, Stöße überlappt.
Material: .....
Flächengewicht: 125 g/m²
Dicke: mind. 1,1 mm
GRK-Klasse: 2
Dränleistung: 90 l/(s x m²)

3€ | 4€ | **4€** | 5€ | 7€ | [m²] | ⏱ 0,02 h/m² | 010.000.002

5 Tragschicht, kapillarbrechend KG **325**

Tragschicht, kapillarbrechend, unter Bodenplatte oder Fundament, schichtweise einbringen und verdichten, Oberfläche abgewalzt.
Körnung/Sieblinie: .....
Schichtdicke: i. M. 30 cm
Planum: +/-2 cm
Proctordichte: 103%
Material: **gebrochenes Mineralgemisch / Kies-Schotter-Gemisch / Recyclingstoffe**

9€ | 13€ | **14€** | 16€ | 21€ | [m²] | ⏱ 0,08 h/m² | 010.000.003

► min
▷ von
ø Mittel
◁ bis
◀ max

Nr.	Kurztext / Langtext						Kostengruppe
▶	▷	ø netto €	◁	◀	[Einheit]	Ausf.-Dauer	Positionsnummer

6 Kiesfilter, Flächendränage zwischen Fundamenten KG **326**

Füllmaterial für Filterschichten, zwischen Fundamenten.
Material: Filterkies - natürliche Gesteinskörnung
Körnung/Sieblinie: 8/16
Schichtdicke: mind. 15 cm

39€	66€	**78€**	88€	108€	[m³]	⏱ 0,60 h/m³	010.000.004

A 1 Dränleitung, PVC-U Beschreibung für Pos. **7-9**

Dränleitung aus PVC-Stangenrohren für Gebäudedränage mit Doppelsteckmuffen.
Dränrohr: PVC-U
Wassereintrittsfläche: mind. 80 cm²/m
Einbauort: **Arbeitsraum / Graben / Baugrube**

7 Dränleitung, PVC-U, DN100 KG **326**

Wie Ausführungsbeschreibung A 1
Typ/Form: .....
Nenngröße: DN100

9€	13€	**14€**	16€	22€	[m]	⏱ 0,10 h/m	010.000.033

8 Dränleitung, PVC-U, DN150 KG **326**

Wie Ausführungsbeschreibung A 1
Typ/Form: .....
Nenngröße: DN150

14€	18€	**20€**	23€	27€	[m]	⏱ 0,12 h/m	010.000.035

9 Dränleitung, PVC-U, DN200 KG **326**

Wie Ausführungsbeschreibung A 1
Typ/Form: .....
Nenngröße: DN200

19€	24€	**28€**	33€	40€	[m]	⏱ 0,13 h/m	010.000.037

10 Formstück, Dränleitung, Abzweig KG **326**

Form- und Verbindungsstücke für Dränageleitung, aus PVC-U Stangendränrohren mit Steckmuffe.
Formteil: Abzweig 45°
Durchmesser: DN.....
Rohrtyp: .....

17€	27€	**35€**	40€	52€	[St]	⏱ 0,25 h/St	010.000.041

11 Formstück, Dränleitung, Bogen KG **326**

Form- und Verbindungsstücke für Dränageleitung, PVC-Stangendränrohre, mit Steckmuffe.
Formteil: Bogen, ...°
Durchmesser: DN.....
Rohrtyp: .....

16€	21€	**24€**	25€	29€	[St]	⏱ 0,20 h/St	010.000.024

Nr.	Kurztext / Langtext						Kostengruppe
▶	▷	ø netto €	◁	◀	[Einheit]	Ausf.-Dauer	Positionsnummer

12 Formstück, Dränleitung, Verschlussstück KG **326**

Form- und Verbindungsstücke für Dränageleitung, PVC-Stangendränrohren (PVC-U), mit Steckmuffe.
Formteil: Verschlussstück
Durchmesser: DN.....
Rohrtyp: .....

5€	9€	**10€**	14€	22€	[St]	⏱ 0,14h/St	010.000.020

13 Formstück, Dränleitung, Verbindungsmuffe KG **326**

Form- und Verbindungsstücke für Dränageleitung, PVC-Stangendränrohren (PVC-U), mit Steckmuffe.
Formteil: Verbindungsmuffe
Rohrtyp: .....

13€	19€	**22€**	26€	34€	[St]	⏱ 0,14h/St	010.000.038

Kosten:
Stand 1. Quartal 2026
Bundesdurchschnitt

14 Formstück, Dränleitung, Reduzierstück KG **326**

Form- und Verbindungsstücke für Dränageleitung, PVC-Stangendränrohren (PVC-U), mit Steckmuffe.
Formteil: Reduzierstück
Rohrtyp: .....
Durchmesser: von DN..... auf DN.....

16€	23€	**27€**	33€	41€	[St]	⏱ 0,14h/St	010.000.039

15 Formstück, Dränleitung, T-Stück KG **326**

Form- und Verbindungsstücke für Dränageleitung, PVC-Stangendränrohren (PVC-U), mit Steckmuffe.
Formteil: Anschluss bzw. T-Stück
Rohrtyp: .....
Durchmesser: .....

14€	21€	**24€**	29€	38€	[St]	⏱ 0,25h/St	010.000.040

16 Anschluss, Dränleitung/Schacht KG **326**

Anschluss von Dränleitung aus PVC-U an vorhandenen Sickerschacht aus Betonringen, einschl. aller erforderlichen Dichtungs- und Anschlussmaterialien. Aushub- und Verfüllarbeiten in gesonderter Position.
Nenngröße: .....
Schachtgröße: DN.....

45€	64€	**73€**	77€	88€	[St]	⏱ 1,50h/St	010.000.019

▶ min
▷ von
ø Mittel
◁ bis
◀ max

17 Spülschacht PP, DN315 KG **326**

Spül- und Kontrollschacht aus Polypropylen, aufgehend, für Dränage, mit 3 Anschlüssen für Dränleitung, 1 PP-Abdeckung mit Arretierung, 1 Blindstopfen, sowie mit Sandfang.
Einbauort: an **Richtungswechsel / Tiefpunkt der Dränage-Ringleitung**
Nutzhöhe: ca. 0,80 m
Spülschachtgröße: DN315
Anschlüsse: **DN100 / ..... / DN200**
Blindstopfen: **DN100 / ..... / DN200**

223€	314€	**356€**	401€	538€	[St]	⏱ 0,30h/St	010.000.011

Nr.	Kurztext / Langtext						Kostengruppe
▶	▷	ø netto €	◁	◀	[Einheit]	Ausf.-Dauer	Positionsnummer

18 Schachtverlängerung, PP, DN315 KG **326**

Schachtverlängerung für Dränagespül- und Kontrollschacht, PP, aufgehend.
Nutzhöhe: ca. 0,8 m
Spülschachtgröße: DN315

54€	76€	**85€**	91€	106€	[m]	⏱ 0,10h/m	010.000.047

19 Schachtabdeckung, Alu, mit Arretierung KG **326**

Schachtabdeckung für Drainschacht, mit Rahmen, Deckel geschlossen, mit Arretierung.
Material: Aluminium
Schachtgröße: DN315
Belastungsklasse: .....

103€	131€	**144€**	158€	167€	[St]	⏱ 0,25h/St	010.000.042

20 Schachtabdeckung, Guss, DN315, Klasse B KG **326**

Schachtabdeckung für Drainschacht, mit Rahmen, Deckel geschlossen, mit Arretierung.
Material: Guss
Schachtgröße: DN315
Belastungsklasse: B125

187€	246€	**255€**	287€	361€	[St]	⏱ 0,25h/St	010.000.043

21 Dichtung, Schachtdeckung KG **326**

Profildichtung für Dränschacht, wasser- und gasdichter Verschluss.
Schachtgröße: DN315

13€	18€	**22€**	26€	31€	[St]	⏱ 0,05h/St	010.000.045

22 Sickerpackung, Dränleitung KG **326**

Sickerpackung für Ummantelung der Dränleitung.
Körnung: 8/16 nach DIN 4095
Material: Kies aus natürlicher Gesteinskörnung
Grabenbreite: .....

54€	70€	**79€**	91€	120€	[m³]	⏱ 0,30h/m³	010.000.005

Nr.	Kurztext / Langtext						Kostengruppe
▶	▷	ø netto €	◁	◀	[Einheit]	Ausf.-Dauer	Positionsnummer

23 Sickerschacht, Betonfertigteile, B125 KG **326**

Sickerschacht aus gelochten Betonfertigteil-Schachtringen, inkl. Sickerpackung, bestehend aus:

- Sauberkeitsschicht aus Kiessand 0/4, Schichtdicke 100 mm
- Schachtringe in Höhen von 250, 500 und 1.000 mm, mit Steigeisen
- Schachthals mit Steigeisen
- Auflagering
- Schachtaufsatz mit Rahmen und Deckel aus Gusseisen, mit Schmutzfänger sowie T-Stück
- eingesetztes Sickerrohr und Prallplatte
- inkl. Sickerpackung aus Kies aus natürlicher Gesteinskörnung

Sauberkeitsschicht: Körnung 0/32 mm
Schachtringe: DN1.000
Schachthals: DN1.000/625, H= 800 mm
Auflagering: DN625, H=100 mm
Sickerrohr: DN100
Sickerpackung: aus natürlichem Material, Körnung 32/64 mm, H= 1,00 m
Belastungsklasse: B125
Schachttiefe: bis 3,50 m

1.076€	1.559€	**1.778€**	2.270€	3.122€	[St]	⏱ 14,00h/St	010.000.009

24 Sickerschicht, Kies KG **326**

Sickerpackung aus Kies, für Schacht, inkl. Abdeckung mit Filtervlies.
Körnung: 32/63, natürliche Gesteinskörnung
Schachtgröße: DN.....
Schichthöhe: 1,00 m
Filtervlies: .....

45€	63€	**72€**	76€	85€	[m³]	⏱ 0,70h/m³	010.000.010

25 Dränschicht, Dränmatten, Wand KG **326**

Dränschicht mit Dränmatten aus vlieskaschiertem Kunststoff, auf vertikaler Bauwerksabdichtung.
Einbauort: erdberührte Wand
Arbeitshöhe: bis ..... m
Dränagesystem: .....

6€	14€	**17€**	23€	34€	[m²]	⏱ 0,14h/m²	010.000.013

26 Filter-/Dränageschicht, Vlies/Noppenbahn, Wand KG **335**

Dränage-, Schutz- und Filterschicht aus Kunststoffnoppenbahn mit Vlies und Gleitfolie, auf Bauwerksabdichtung.
Einbauort: erdberührte Wand
Arbeitshöhe: bis ..... m

8€	12€	**14€**	16€	19€	[m²]	⏱ 0,12h/m²	010.000.032

Kosten:
Stand 1. Quartal 2026
Bundesdurchschnitt

▶ min
▷ von
ø Mittel
◁ bis
◀ max

Nr.	Kurztext / Langtext						Kostengruppe
▶	▷	ø netto €	◁	◀	[Einheit]	Ausf.-Dauer	Positionsnummer

27 Sickerschicht, Perimeterplatte, vlieskaschiert KG **335**

Sickerschicht vor Außenwand, aus druckstabilen Polystyrol-Platten, profiliert, mit Vlieskaschierung, Einbau dicht gestoßen, auf senkrechte Bauwerksabdichtung kleben, Einstand in Kiesfilterschicht mind. 30cm.
Plattenmaterial: XPS/EPS
Nennwert Wärmeleitfähigkeit: 0,034 W/mK
Dränleistung: <0,3 l/(s x m)
Kante: umlaufend Stufenfalz
Anwendung: PW und Dränage DIN 4095
Einbauhöhe: **bis 4,00 / über 4,00** m
Plattendicke: **50 / 60 / 80** mm

13€	19€	**21€**	22€	28€	[m²]	⏱ 0,10h/m²	010.000.017

28 Filter, Vlies, Dränkörper KG **335**

Geotextilvlies als filterstabile Trennschicht zwischen Dränkörper und anstehendem Erdreich, vollständige Ummantelung des Dränkörpers, mit Überlappung.
Material: .....
Flächengewicht: ..... g/m²
Dicke: mind. ..... mm
GRK-Klasse: **2 / 3**

3€	4€	**4€**	5€	8€	[m²]	⏱ 0,10h/m²	010.000.016

29 Filterschicht, Kiessand, Wand KG **326**

Verfüllmaterial aus natürlichem Mineralstoff, humusfrei, lagenweise vor aufgehender Außenwand, inkl. Verdichten.
Material: Kiessand
Körnung: .....
Verfüllhöhe: .....

60€	70€	**74€**	79€	86€	[m³]	⏱ 0,50h/m³	010.000.014

30 Grobkiesstreifen, Sockelbereich KG **326**

Auffüllung aus gewaschenem Rundkies, umlaufend um das Gebäude sowie im Bereich von Lichtschächten, verlegt auf Filtervlies.
Körnung: 32/64 mm, natürliche Gesteinskörnung
Breite: ..... cm
Tiefe: ca. ..... cm
Anmerkung: Einbau erst nach Fertigstellung des Sockelputzes

59€	90€	**100€**	111€	144€	[m³]	⏱ 0,50h/m³	010.000.015

31 Dränleitung spülen, Hochdruckgerät KG **326**

Grundleitung zwischen zwei Prüfpunkten mit Hochdruckspülgerät durchspülen, inkl. aller notwendigen Gerätschaften, Erstellung eines Protokolls sowie schadloser Entfernung aller Gerätschaften nach Abschluss der Arbeiten.

3€	4€	**6€**	10€	13€	[m]	⏱ 0,08h/m	010.000.031

32 Stundensatz, Facharbeiter/-in

Stundenlohnarbeiten für Facharbeiter/-in, Spezialfacharbeiter/-in, Vorarbeiter/-in und jeweils Gleichgestellte. Der Verrechnungssatz für die jeweilige Arbeitskraft umfasst sämtliche Aufwendungen wie Lohn- und Gehaltskosten, lohn- und gehaltsgebundene Kosten, Lohn- und Gehaltsnebenkosten, Gemeinkosten, Wagnis und Gewinn. Leistung nach besonderer Anordnung der Bauüberwachung. Nachweis gem. §15 Nr. 3 VOB/B, Anmeldung gem. §2 Nr.10 VOB/B.

50€	66€	**75€**	80€	91€	[h]	⏱ 1,00h/h	010.000.048

012

Kosten:
Stand 1. Quartal 2026
Bundesdurchschnitt

► min
▷ von
ø Mittel
◁ bis
◄ max

Nr.	Positionen	Einheit	►	▷	ø brutto € / ø netto €	◁	◄
1	Querschnittsabdichtung, Mauerwerk bis 15cm	m	2	4	**4**	5	8
			1	3	**4**	4	7
2	Querschnittsabdichtung, Mauerwerk bis 24cm	m	3	7	**8**	9	14
			3	6	**6**	8	12
3	Querschnittsabdichtung, Mauerwerk bis 36,5cm	m	7	10	**11**	13	16
			6	8	**9**	11	14
4	Dämmstein, Mauerwerk, 11,5cm	m	39	51	**59**	67	85
			32	43	**50**	57	72
5	Dämmstein, Mauerwerk, 17,5cm	m	42	63	**71**	86	125
			36	53	**59**	72	105
6	Dämmstein, Mauerwerk, 24cm	m	58	82	**93**	116	169
			49	69	**78**	97	142
7	Dämmstein, KS Mauerwerk, 11,5cm	m	34	42	**45**	50	61
			29	36	**38**	42	51
8	Dämmstein, KS Mauerwerk 17,5cm	m	45	61	**67**	74	90
			38	52	**56**	62	75
9	Dämmstein, KS Mauerwerk, 24,0cm	m	58	75	**82**	91	104
			49	63	**69**	76	87
10	Innenwand, Mauerziegel, 11,5cm	m²	82	98	**99**	104	119
			69	83	**84**	87	100
11	Innenwand, Mauerziegel, 24cm, 5DF	m²	92	116	**127**	135	150
			77	98	**106**	113	126
12	Innenwand, HLz Planstein 11,5cm, 8DF	m²	64	81	**88**	96	114
			54	68	**74**	80	96
13	Innenwand, HLz Planstein 17,5cm, 12DF	m²	86	103	**110**	126	159
			72	86	**93**	106	134
14	Innenwand, HLz Planstein 24cm, 12DF	m²	100	122	**129**	148	200
			84	102	**109**	124	168
15	Innenwand, KS L 11,5cm, bis 3DF	m²	78	88	**93**	101	121
			65	74	**78**	85	102
16	Innenwand, KS L 17,5cm, 3DF	m²	90	104	**109**	119	139
			75	87	**92**	100	117
17	Innenwand, KS Sichtmauerwerk, 11,5cm, einseitig	m²	104	125	**135**	142	159
			87	105	**113**	119	133
18	Innenwand, KS Sichtmauerwerk 11,5cm, beidseitig	m²	125	147	**162**	176	195
			105	124	**136**	148	164
19	Innenwand, KS Planstein 11,5cm, 3DF	m²	64	83	**89**	94	108
			54	69	**75**	79	91
20	Innenwand, KS Planstein 17,5cm, 6DF	m²	76	98	**107**	117	145
			64	82	**90**	99	122
21	Innenwand, KS Planstein 24cm, 8DF	m²	85	113	**128**	135	153
			71	95	**107**	113	129
22	Innenwand, KS Rasterelement 11,5cm	m²	68	81	**83**	88	98
			57	68	**70**	74	83
23	Innenwand, KS Rasterelement 24cm	m²	102	124	**133**	149	190
			85	104	**112**	126	160
24	Innenwand, KS XL-Planelement 11,5cm	m²	68	83	**89**	92	104
			57	69	**75**	78	87

Nr.	Positionen	Einheit	▶	▷	ø brutto € / ø netto €	◁	◀
25	Innenwand, KS XL-Planelement 17,5cm	m²	82	100	**108**	115	135
			69	84	**90**	97	114
26	Innenwand, KS XL-Planelement 24cm	m²	101	124	**139**	155	190
			85	104	**117**	130	160
27	Innenwand, Porenbeton Planbauplatte 5cm, nichttragend	m²	64	69	**83**	87	97
			54	58	**69**	73	82
28	Innenwand, Porenbeton Planbauplatte 10cm, nichttragend	m²	79	92	**99**	114	124
			66	77	**83**	96	104
29	Innenwand, Porenbeton 11,5cm, nichttragend	m²	71	85	**91**	99	120
			59	71	**76**	83	101
30	Innenwand, Porenbeton 17,5cm, nichttragend	m²	78	98	**106**	113	130
			66	83	**89**	95	109
31	Innenwand, Porenbeton, 24cm	m²	105	123	**129**	133	147
			89	103	**108**	112	124
32	Innenwand, Gipswandbauplatte, 6cm, nichttragend	m²	67	78	**80**	91	103
			56	66	**67**	77	87
33	Innenwand, Gipswandbauplatte, 10cm, nichttragend	m²	74	86	**91**	98	110
			62	73	**77**	82	93
34	Brüstungsmauerwerk, Breite 11,5cm	m²	80	91	**98**	99	122
			67	77	**82**	84	103
35	Brüstungsmauerwerk, Breite 24,0cm	m²	89	131	**140**	152	172
			75	110	**117**	128	144
36	Brüstungsmauerwerk, Breite 36,5cm	m²	141	173	**190**	221	289
			118	146	**160**	186	243
37	Öffnungen, Mauerwerk bis 17,5cm, 1,01x2,13m	St	34	48	**54**	65	84
			28	40	**46**	55	70
38	Öffnungen, Mauerwerk bis 24cm, 1,01x2,13m	St	36	55	**66**	77	103
			30	46	**55**	64	86
39	Öffnungen, Mauerwerk bis 2,50m²	m²	11	14	**16**	20	27
			9	12	**13**	17	23
40	Fensteröffnung, Mauerwerk über 2,50m²	m²	11	15	**17**	23	29
			10	13	**14**	19	24
41	Öffnungen schließen, Mauerwerk	m²	122	153	**170**	199	256
			102	129	**143**	167	215
42	Türöffnung schließen, Mauerwerk	m²	98	153	**176**	235	315
			82	129	**148**	197	264
43	Aussparung schließen, bis 0,04m²	St	24	43	**54**	71	104
			20	36	**45**	60	87
44	Aussparung schließen, bis 0,25m²	St	26	57	**67**	83	119
			22	48	**56**	70	100
45	Aussparung schließen, bis 0,50m²	St	41	76	**93**	115	141
			34	64	**78**	96	119
46	Schacht, gemauert, Formteile	m	124	175	**199**	225	287
			104	147	**168**	189	241
47	Schachtwand, KS	m²	78	109	**125**	150	202
			65	91	**105**	126	170
48	Schachtwand, KS, Brandwand	m²	102	130	**146**	152	175
			86	110	**122**	128	147

000
001
002
006
008
009
010
012
013
014
016
017
018
020
021
022

Kosten:
Stand 1. Quartal 2026
Bundesdurchschnitt

► min
▷ von
ø Mittel
◁ bis
◄ max

Nr.	Positionen	Einheit	►	▷	ø brutto € / ø netto €	◁	◄
49	Öffnung überdecken, Ziegelsturz	m	33	38	**40**	45	58
			28	32	**33**	38	49
50	Öffnung überdecken, Flachstahl	m	13	18	**24**	28	31
			11	15	**21**	24	26
51	Öffnung überdecken, KS Sturz, 17,5cm	m	34	51	**58**	70	93
			29	43	**49**	59	78
52	Öffnung überdecken, KS Sturz, bis 24cm	m	50	61	**66**	80	95
			42	52	**55**	67	80
53	Öffnung überdecken, Betonsturz, 24cm	m	42	86	**104**	123	155
			35	73	**87**	103	130
54	Öffnung überdecken, Außenwand, Ziegelsturz, 36,5cm	m	64	82	**94**	99	118
			54	69	**79**	83	99
55	Laibung beimauern, Sichtmauerwerk	m	14	19	**21**	24	30
			12	16	**17**	20	25
56	Glattstrich, Laibungen/Brüstungen	m	7	11	**13**	16	21
			6	9	**11**	13	18
57	Schlitze herstellen, Mauerwerk	m	16	23	**26**	30	37
			14	19	**22**	25	31
58	Schlitze schließen, Mauerwerk	m	10	24	**29**	30	44
			9	20	**25**	26	37
59	Deckenrandabmauerung, Dämmung MW 80mm	m	23	28	**30**	33	43
			19	24	**25**	27	36
60	Dämmung, Ringanker, MW60mm	m	21	26	**27**	31	40
			18	22	**23**	26	34
61	Deckenanschluss, Mauerwerkswand	m	14	20	**22**	24	29
			11	17	**18**	20	25
62	Deckenanschlussfuge feuerhemmend	m	26	49	**66**	74	90
			22	41	**56**	62	75
63	Deckenanschluss gleitend, ohne Brandschutz	m	6	10	**12**	13	16
			5	8	**10**	11	14
64	Deckenanschluss gleitend, mit Brandschutz	m	11	42	**56**	63	90
			9	36	**47**	53	75
65	Mauerwerksanschluss stumpf	m	6	13	**17**	19	26
			5	11	**14**	16	22
66	Maueranschlussschiene, 25/15	m	13	20	**23**	27	35
			11	17	**19**	23	29
67	Maueranschlussschiene, 28/15	m	15	25	**29**	33	42
			13	21	**24**	28	35
68	Maueranschlussschiene, 38/17	m	23	34	**34**	41	54
			20	28	**29**	35	45
69	Maueranker, beim Aufmauern einlegen	St	1	3	**4**	5	7
			1	2	**3**	4	6
70	Mauerwerk verzahnen	m	13	18	**22**	23	30
			11	15	**19**	19	25
71	Außenwand, LHLz 24cm, tragend	m²	127	137	**139**	142	150
			107	115	**117**	120	126
72	Außenwand, LHLz 36,5cm, tragend	m²	152	180	**196**	214	248
			127	152	**165**	179	209

Nr.	Positionen	Einheit	▶	▷	ø brutto € ø netto €	◁	◀
73	Außenwand, LHLz 42,5cm, tragend	m²	193	221	**235**	249	294
			162	186	**198**	210	247
74	Außenwand, LHLz 36,5cm, tragend, gefüllt	m²	170	195	**205**	219	258
			143	164	**172**	184	217
75	Außenwand, LHLz 42,5cm, tragend, gefüllt	m²	201	236	**245**	263	307
			169	198	**206**	221	258
76	Außenwand, KS L-R 17,5cm, tragend	m²	75	98	**108**	117	146
			63	82	**90**	98	123
77	Außenwand, KS L-R 24cm, tragend	m²	103	125	**137**	148	176
			87	105	**115**	124	148
78	Außenwand, Betonsteine Hbn 17,5cm	m²	76	89	**96**	106	121
			64	75	**80**	89	102
79	Außenwand, Porenbeton 30cm, tragend	m²	121	132	**141**	145	156
			101	111	**118**	122	131
80	Mauerpfeiler, rechteckig, freitragend	m	73	113	**131**	154	211
			61	95	**110**	130	177
81	Kerndämmung, MW 035, 80mm, Außenwand	m²	23	26	**28**	30	37
			19	22	**24**	25	31
82	Kerndämmung, MW 035, 140mm, Außenwand	m²	43	49	**51**	56	65
			37	41	**43**	47	55
83	Gebäudetrennfugen, MW, 20mm, Außenwand	m²	11	13	**14**	14	16
			9	11	**12**	12	14
84	Gebäudetrennfugen, MW, 50mm, Außenwand	m²	21	29	**34**	40	48
			18	24	**28**	33	41
85	Deckenranddämmung, Mehrschichtleichtbauplatte	m	10	18	**23**	28	38
			8	15	**19**	23	32
86	Drahtanker, Hintermauerung/Tragschale	m²	6	13	**15**	17	22
			5	11	**13**	15	19
87	Verblendmauerwerk, Abfangung, Winkelkonsole	St	235	365	**412**	444	591
			198	307	**347**	373	497
88	Verblendmauerwerk, Abfangung Einzelkonsole	St	32	66	**83**	98	124
			27	56	**69**	82	104
89	Verblendmauerwerk, VMz, 115mm	m²	155	224	**251**	280	365
			130	188	**211**	235	307
90	Sparverblendung WDVS, Klinkerriemchen	m²	174	209	**221**	256	311
			146	176	**185**	215	261
91	Verblendmauerwerk, Betonsteine	m²	269	298	**320**	331	362
			226	250	**269**	278	304
92	Verblendmauerwerk, Kalksandsteine	m²	201	253	**283**	294	340
			169	212	**238**	247	286
93	Verblendmauerwerk, Öffnungen	m²	32	49	**59**	67	85
			26	41	**49**	57	71
94	Verblendmauerwerk, Rollschicht	m	34	70	**86**	94	115
			29	59	**72**	79	97
95	Mauerwerk abgleichen, 17,5cm	m	5	16	**20**	25	34
			4	14	**17**	21	29
96	Mauerwerk abgleichen, 24cm	m	7	18	**24**	29	39
			6	15	**20**	25	32

Mauerarbeiten — **Preise €**

Nr.	Positionen	Einheit	▶	▷	ø brutto € / ø netto €	◁	◀
97	Mauerwerk abgleichen, 36,5cm	m	8	21	**28**	39	53
			7	18	**23**	33	45
98	Ringanker, U-Schale, 11,5cm	m	37	56	**64**	66	75
			31	47	**54**	55	63
99	Ringanker, U-Schale, 24cm	m	45	65	**68**	76	92
			38	55	**57**	64	78
100	Ringanker, U-Schale, 36,5cm	m	62	74	**79**	93	119
			52	63	**67**	78	100
101	Ausmauerung, Sparren	m	39	58	**65**	78	105
			33	49	**54**	65	88
102	Schornstein, Formstein, einzügig	m	250	367	**420**	511	733
			210	308	**353**	430	616
103	Schornstein, Formsteine, zweizügig	m	364	470	**501**	570	680
			306	395	**421**	479	571
104	Schornsteinkopf, Mauerwerk	m²	299	407	**417**	461	529
			251	342	**350**	387	445
105	Schornsteinkopfabdeckung, Faserzement	St	399	676	**764**	903	1.187
			336	568	**642**	759	997
106	Ziegel-Elementdecke, ZST 1,0 - 22,5	m²	167	195	**213**	217	234
			140	164	**179**	182	196
107	Stundensatz, Facharbeiter/-in	h	74	85	**90**	96	108
			62	71	**76**	81	91
108	Stundensatz, Helfer/-in	h	57	74	**81**	84	92
			48	62	**68**	70	77

Kosten:
Stand 1. Quartal 2026
Bundesdurchschnitt

Nr. **Kurztext** / Langtext — Kostengruppe
▶ ▷ **ø netto €** ◁ ◀ [Einheit] Ausf.-Dauer Positionsnummer

A 1 Querschnittsabdichtung, Mauerwerk — Beschreibung für Pos. **1-3**

Querschnittsabdichtung in/unter Mauerwerkswänden aus Bitumenbahnen, gegen Bodenfeuchte und nichtdrückendes Wasser gem. DIN 18533; inkl. Abgleichen der Auflagerfläche. Zur Aufnahme von Querkräften geeignet, besandet, MSB-Q.

1 Querschnittsabdichtung, Mauerwerk bis 15cm — KG **342**

Wie Ausführungsbeschreibung A 1
Mauerdicke: bis 15 cm
Abdichtung: Bitumendichtungsbahn G 200 DD

1€ 3€ **4€** 4€ 7€ [m] ⏱ 0,04 h/m 012.000.093

2 Querschnittsabdichtung, Mauerwerk bis 24cm — KG **341**

Wie Ausführungsbeschreibung A 1
Mauerdicke: von 20 bis 24 cm
Abdichtung: Bitumendichtungsbahn G 200 DD

3€ 6€ **6€** 8€ 12€ [m] ⏱ 0,06 h/m 012.000.094

▶ min
▷ von
ø Mittel
◁ bis
◀ max

Nr.	Kurztext / Langtext						Kostengruppe
▶	▷	**ø netto €**	◁	◀	[Einheit]	Ausf.-Dauer	Positionsnummer

3 Querschnittsabdichtung, Mauerwerk bis 36,5cm KG **331**

Wie Ausführungsbeschreibung A 1
Mauerdicke: über 24 bis 36,5 cm
Abdichtung: Bitumendichtungsbahn G 200 DD

6€	8€	**9€**	11€	14€	[m]	⏱ 0,08h/m	012.000.095

A 2 Dämmstein, Mauerwerk Beschreibung für Pos. **4-6**

Dämmstein als Wärmedämmelement im Ziegelmauerwerk.
Steinart: .....
Steinhöhe: 113 mm
Brandverhalten: Klasse .....
Bauaufsichtliche Zulassung: .....

4 Dämmstein, Mauerwerk, 11,5cm KG **342**

Wie Ausführungsbeschreibung A 2
Einbauort: .....
Wanddicke: 11,5 cm
Druckfestigkeit: **6 / 20**
Bemessungswert der Wärmeleitfähigkeit: max. ..... W/(mK)
Nennwert der Wärmeleitfähigkeit: ..... W/(mK)

- horizontal: ..... W/(mK)
- vertikal: ..... W/(mK)

32€	43€	**50€**	57€	72€	[m]	⏱ 0,10h/m	012.000.067

5 Dämmstein, Mauerwerk, 17,5cm KG **341**

Wie Ausführungsbeschreibung A 2
Einbauort: .....
Wanddicke: 17,5 cm
Druckfestigkeit: **6 / 20**
Bemessungswert der Wärmeleitfähigkeit: max. ..... W/(mK)
Nennwert der Wärmeleitfähigkeit: ..... W/(mK)

- horizontal: ..... W/(mK)
- vertikal: ..... W/(mK)

36€	53€	**59€**	72€	105€	[m]	⏱ 0,12h/m	012.000.090

6 Dämmstein, Mauerwerk, 24cm KG **341**

Wie Ausführungsbeschreibung A 2
Einbauort: .....
Wanddicke: 24 cm
Druckfestigkeit: **6 / 20**
Bemessungswert der Wärmeleitfähigkeit: max. ..... W/(mK)
Nennwert der Wärmeleitfähigkeit: ..... W/(mK)

- horizontal: ..... W/(mK)
- vertikal: ..... W/(mK)

49€	69€	**78€**	97€	142€	[m]	⏱ 0,14h/m	012.000.089

000
001
002
006
008
009
010
012
013
014
016
017
018
020
021
022

Nr.	Kurztext / Langtext						Kostengruppe
▶	▷	ø netto €	◁	◀	[Einheit]	Ausf.-Dauer	Positionsnummer

A 3 Dämmstein, KS-Mauerwerk — Beschreibung für Pos. **7-9**

Dämmstein als Wärmedämmelement im KS Mauerwerk.
Steinart: KS ISO-Kimmstein
Rohdichteklasse: 1,2
Druckfestigkeit: 20
Steinhöhe: 113 mm
Brandverhalten: Klasse .....
Bauaufsichtliche Zulassung: .....

7 Dämmstein, KS Mauerwerk, 11,5cm — KG **342**

Wie Ausführungsbeschreibung A 3
Einbauort: .....
Wanddicke: 11,5 cm
Nennwert der Wärmeleitfähigkeit:
- horizontal: ..... W/(mK)
- vertikal: ..... W/(mK)

▶	▷	ø	◁	◀	[Einheit]	Ausf.-Dauer	Positionsnummer
29€	36€	**38€**	42€	51€	[m]	⏱ 0,14h/m	012.000.207

8 Dämmstein, KS Mauerwerk 17,5cm — KG **342**

Wie Ausführungsbeschreibung A 3
Einbauort: .....
Wanddicke: 17,5 cm
Nennwert der Wärmeleitfähigkeit:
- horizontal: ..... W/(mK)
- vertikal: ..... W/(mK)

▶	▷	ø	◁	◀	[Einheit]	Ausf.-Dauer	Positionsnummer
38€	52€	**56€**	62€	75€	[m]	⏱ 0,15h/m	012.000.208

9 Dämmstein, KS Mauerwerk, 24,0cm — KG **341**

Wie Ausführungsbeschreibung A 3
Einbauort: .....
Wanddicke: 24 cm
Nennwert der Wärmeleitfähigkeit:
- horizontal: ..... W/(mK)
- vertikal: ..... W/(mK)

▶	▷	ø	◁	◀	[Einheit]	Ausf.-Dauer	Positionsnummer
49€	63€	**69€**	76€	87€	[m]	⏱ 0,24h/m	012.000.209

Kosten:
Stand 1.Quartal 2026
Bundesdurchschnitt

▶ min
▷ von
ø Mittel
◁ bis
◀ max

10 Innenwand, Mauerziegel, 11,5cm KG **342**

Mauerwerk der Innenwand nach Normenreihe DIN EN 1996, aus Mauerziegel (Vollziegel), für späteren Putzauftrag, mit Stoßfugenvermörtelung.
Wanddicke: 11,5 cm
Wandhöhe: bis .....
Steinart: Mz
Festigkeitsklasse: 20 N/mm²
Rohdichteklasse: 1,6 kg/dm³
Format: .....
Normalmauermörtel Mörtelklasse: M 10
Einbauort: in allen Geschossen

69€ 83€ **84€** 87€ 100€ [m²] ⏱ 0,60h/m² 012.000.071

11 Innenwand, Mauerziegel, 24cm, 5DF KG **342**

Mauerwerk der Innenwand nach Normenreihe DIN EN 1996, aus Mauerziegel (Vollziegel), für späteren Putzauftrag, mit Stoßfugenvermörtelung.
Wanddicke: 24,0 cm
Wandhöhe: bis .....
Steinart: Mz
Festigkeitsklasse: 20 N/mm²
Rohdichteklasse: 1,6 kg/dm³
Format: 5 DF (307 x 240 x 113 mm)
Normalmauermörtel Mörtelklasse: M 10
Einbauort: in allen Geschossen

77€ 98€ **106€** 113€ 126€ [m²] ⏱ 0,65h/m² 012.000.139

12 Innenwand, HLz Planstein 11,5cm, 8DF KG **342**

Mauerwerk der Innenwand nach Normenreihe DIN EN 1996, aus Hochlochziegel, für späteren Putzauftrag, ohne Stoßfugenvermörtelung.
Wanddicke: 11,5 cm
Wandhöhe: bis .....
Steinart: HLz Planstein
Festigkeitsklasse: 8 N/mm²
Rohdichteklasse: 0,8 kg/dm³
Format: 8 DF (498 x 115 x 249 mm)
Dünnbettmörtel gem. Zulassung
Einbauort: in allen Geschossen

54€ 68€ **74€** 80€ 96€ [m²] ⏱ 0,40h/m² 012.000.199

000
001
002
006
008
009
010
012
013
014
016
017
018
020
021
022

Nr.	Kurztext / Langtext						Kostengruppe
▶	▷	**ø netto €**	◁	◀	[Einheit]	Ausf.-Dauer	Positionsnummer

13 Innenwand, HLz Planstein 17,5cm, 12DF KG **342**

Mauerwerk der Innenwand nach Normenreihe DIN EN 1996, aus Hochlochziegel, für späteren Putzauftrag, ohne Stoßfugenvermörtelung.
Wanddicke: 17,5 cm
Wandhöhe: bis .....
Steinart: HLz - Planstein
Festigkeitsklasse: 12 N/mm²
Rohdichteklasse: 0,9 kg/dm³
Format: 12 DF (498 x 175 x 249 mm)
Dünnbettmörtel gem. Zulassung
Einbauort: in allen Geschossen

▶	▷	ø	◁	◀	[Einheit]	Ausf.-Dauer	Positionsnummer
72€	86€	**93€**	106€	134€	[m²]	⏱ 0,45h/m²	012.000.140

Kosten:
Stand 1.Quartal 2026
Bundesdurchschnitt

14 Innenwand, HLz Planstein 24cm, 12DF KG **342**

Mauerwerk der Innenwand nach Normenreihe DIN EN 1996, aus Hochlochziegel, für späteren Putzauftrag, mit Stoßfugenvermörtelung.
Wanddicke: 24,0 cm
Wandhöhe: bis .....
Steinart: HLz Planstein
Festigkeitsklasse: 10-14 N/mm²
Rohdichteklasse: 0,8-1,4 kg/dm³
Format: 12 DF (373 x 240 x 249 mm)
Dünnbettmörtel gem. Zulassung
Einbauort: in allen Geschossen

▶	▷	ø	◁	◀	[Einheit]	Ausf.-Dauer	Positionsnummer
84€	102€	**109€**	124€	168€	[m²]	⏱ 0,65h/m²	012.000.141

15 Innenwand, KS L 11,5cm, bis 3DF KG **342**

Mauerwerk der Innenwand nach Normenreihe DIN EN 1996, aus Kalksandstein, für späteren Putzauftrag, mit Stoßfugenvermörtelung.
Wanddicke: 11,5 cm
Wandfunktion: **nichttragend / tragend**
Wandhöhe: bis .....
Steinart: KS L
Festigkeitsklasse: 12 N/mm²
Rohdichteklasse: **1,4 / 1,6** kg/dm³
Format: bis 3 DF (240 x 115 x 113 mm)
Normalmauermörtel Mörtelklasse: M 10
Einbauort: in allen Geschossen

▶	▷	ø	◁	◀	[Einheit]	Ausf.-Dauer	Positionsnummer
65€	74€	**78€**	85€	102€	[m²]	⏱ 0,40h/m²	012.000.200

▶ min
▷ von
ø Mittel
◁ bis
◀ max

16 **Innenwand, KS L 17,5cm, 3DF** KG **341**

Mauerwerk der Innenwand nach Normenreihe DIN EN 1996, aus Kalksandstein, inkl. Deckenanschluss, für späteren Putzauftrag, mit Stoßfugenvermörtelung.
Wanddicke: 17,5 cm
Wandfunktion: **nichttragend / tragend**
Wandhöhe: bis .....
Steinart: KS L
Festigkeitsklasse: 12 N/mm²
Rohdichteklasse: **1,4 / 1,6** kg/dm³
Format: 3 DF (240 x 175 x 113 mm)
Normalmauermörtel Mörtelklasse: M 10
Einbauort: in allen Geschossen

75€ 87€ **92€** 100€ 117€ [m²] ⏱ 0,30h/m² 012.000.201

17 **Innenwand, KS Sichtmauerwerk, 11,5cm, einseitig** KG **342**

Mauerwerk nach Normenreihe DIN EN 1996, als einseitiges Sichtmauerwerk aus Kalksandstein, Rückseite für Verputz, mit Stoßfugenvermörtelung und gleichmäßigen Fugendicken; Sichtseite nur mit ausgesuchten Steinen vom selben Lieferwerk, beim Aufmauern sind Steine aus mehreren Paketen zu mischen.
Wanddicke: 11,5 cm
Wandhöhe: bis .....
Steinart: **KS Vm / KS Vb**
Festigkeitsklasse: **16 / 20** N/mm²
Rohdichteklasse: 1,8 kg/dm³
Format: **DF / NF / 2 DF**
Normalmauermörtel Mörtelklasse: M 2,5
Verband: .....
Fugenbreite: Stoß 10 mm, Lager 12 mm
Einbauort: Wohnräume, in allen Geschossen

87€ 105€ **113€** 119€ 133€ [m²] ⏱ 0,62h/m² 012.000.006

18 **Innenwand, KS Sichtmauerwerk 11,5cm, beidseitig** KG **342**

Mauerwerk nach Normenreihe DIN EN 1996, als zweiseitiges Sichtmauerwerk aus Kalksandstein, mit Stoßfugenvermörtelung und gleichmäßigen Fugendicken. Sichtseite nur mit ausgesuchten Steinen vom selben Lieferwerk, beim Aufmauern sind Steine aus mehreren Paketen zu mischen.
Wanddicke: 11,5 cm
Wandhöhe: bis .....
Steinart: **KS Vm / KS Vb**
Festigkeitsklasse: **12 / 20** N/mm²
Rohdichteklasse: 1,8 kg/dm³
Format: .....
Normalmauermörtel Mörtelklasse: M 2,5
Verband: .....
Fugen: glatt gestrichen
Fugenbreite: Stoß 10 mm, Lager 12 mm
Einbauort: .....

105€ 124€ **136€** 148€ 164€ [m²] ⏱ 0,38h/m² 012.000.184

000 001 002 006 008 009 010 **012** 013 014 016 017 018 020 021 022

Nr.	Kurztext / Langtext						Kostengruppe
▶	▷	ø netto €	◁	◀	[Einheit]	Ausf.-Dauer	Positionsnummer

19 **Innenwand, KS Planstein 11,5cm, 3DF** KG **342**

Mauerwerk der Innenwand nach Normenreihe DIN EN 1996, aus Kalksandstein, für späteren Putzauftrag, mit Nut- und Feder-System, ohne Stoßfugenvermörtelung. Leistung inkl. dem Aufmauern der obersten Mauerschicht nach dem Ausschalen der darüber liegenden Decke.
Wanddicke: 11,5 cm
Wandhöhe: bis .....
Steinart: **KS-L-R- / KS-R-**Planstein
Festigkeitsklasse: 12 N/mm^2
Rohdichteklasse: 1,6 kg/dm^3
Format: 3 DF (240 x 115 x 113 mm)
Normalmauermörtel Mörtelklasse: M 10
Einbauort: in allen Geschossen

54€	69€	**75€**	79€	91€	[m^2]	⏱ 0,30h/m^2	012.000.078

Kosten:
Stand 1. Quartal 2026
Bundesdurchschnitt

20 **Innenwand, KS Planstein 17,5cm, 6DF** KG **341**

Mauerwerk der Innenwand nach Normenreihe DIN EN 1996, aus Kalksandstein, für späteren Putzauftrag, mit Nut- und Feder-System, ohne Stoßfugenvermörtelung.
Wanddicke: 17,5 cm
Wandfunktion: **nichttragend / tragend**
Wandhöhe: bis .....
Steinart: KS R Planstein
Festigkeitsklasse: 20 N/mm^2
Rohdichteklasse: **1,8 / 2,0** kg/dm^3
Format: 6 DF (248 x 175 x 248 mm)
Normalmauermörtel Mörtelklasse: M 10
Einbauort: in allen Geschossen

64€	82€	**90€**	99€	122€	[m^2]	⏱ 0,35h/m^2	012.000.097

21 **Innenwand, KS Planstein 24cm, 8DF** KG **341**

Mauerwerk der Innenwand nach Normenreihe DIN EN 1996, aus Kalksandstein, für späteren Putzauftrag, mit Nut- und Feder-System, ohne Stoßfugenvermörtelung.
Wanddicke: 24,0 cm
Wandfunktion: **nichttragend / tragend**
Wandhöhe: bis .....
Steinart: KS R Planstein
Festigkeitsklasse: 20 N/mm^2
Rohdichteklasse: **1,8 / 2,0** kg/dm^3
Format: 8 DF (248 x 240 x 248 mm)
Normalmauermörtel Mörtelklasse: M 10
Einbauort: in allen Geschossen

71€	95€	**107€**	113€	129€	[m^2]	⏱ 0,37h/m^2	012.000.098

▶ min
▷ von
ø Mittel
◁ bis
◀ max

A 4 **Innenwand, KS Rasterelement** Beschreibung für Pos. **22-23**

Mauerwerk der Innenwand nach Normenreihe DIN EN 1996, aus Kalksandstein, für späteren Putzauftrag, mit Nut- und Feder-System, ohne Stoßfugenvermörtelung.

22 **Innenwand, KS Rasterelement 11,5cm** KG **341**

Wie Ausführungsbeschreibung A 4
Wanddicke: 11,5 cm
Wandfunktion: **nichttragend / tragend**
Wandhöhe: bis .....
Steinart: KS XL-RE
Festigkeitsklasse: **16 / 20** N/mm^2
Rohdichteklasse: 2,0 kg/dm^3
Format: 16 DF (498 x 115 x 498 mm)
Normalmauermörtel Mörtelklasse: M 10
Einbauort: in allen Geschossen

57€ 68€ **70€** 74€ 83€ [m^2] ⏱ 0,37 h/m^2 012.000.143

23 **Innenwand, KS Rasterelement 24cm** KG **341**

Wie Ausführungsbeschreibung A 4
Wanddicke: 24 cm
Wandfunktion: **nichttragend / tragend**
Wandhöhe: bis .....
Steinart: KS XL-RE
Festigkeitsklasse: **16 / 20** N/mm^2
Rohdichteklasse: 2,0 kg/dm^3
Format: 498 x 240 x 498 mm
Normalmauermörtel Mörtelklasse: M 10
Einbauort: in allen Geschossen

85€ 104€ **112€** 126€ 160€ [m^2] ⏱ 0,37 h/m^2 012.000.146

A 5 **Innenwand, KS Planelement** Beschreibung für Pos. **24-26**

Mauerwerk der nichttragenden Innenwand nach Normenreihe DIN EN 1996, aus Kalksandstein, für späteren Putzauftrag, mit Nut- und Feder-System, ohne Stoßfugenvermörtelung.

24 **Innenwand, KS XL-Planelement 11,5cm** KG **342**

Wie Ausführungsbeschreibung A 5
Wanddicke:11,5 cm
Wandhöhe: bis .....
Steinart: KS XL-Planelement
Festigkeitsklasse: **16 / 20** N/mm^2
Rohdichteklasse: 2,0 kg/dm^3
Format: 998 x 115 x 498 mm
Normalmauermörtel Mörtelklasse: M 10
Einbauort: in allen Geschossen

57€ 69€ **75€** 78€ 87€ [m^2] ⏱ 0,36 h/m^2 012.000.148

Nr.	Kurztext / Langtext						Kostengruppe
▶	▷	ø netto €	◁	◀	[Einheit]	Ausf.-Dauer	Positionsnummer

25 **Innenwand, KS XL-Planelement 17,5cm** KG **341**

Wie Ausführungsbeschreibung A 5
Wanddicke: 17,5 cm
Wandhöhe: bis .....
Steinart: KS XL-Planelement
Festigkeitsklasse: **16 / 20** N/mm^2
Rohdichteklasse: **2,0 / 2,2** kg/dm^3
Format: 998 x 175 x 498 mm
Normalmauermörtel Mörtelklasse: M 10
Einbauort: in allen Geschossen

▶	▷	ø	◁	◀	Einheit	Ausf.-Dauer	Positionsnummer
69€	84€	**90€**	97€	114€	[m^2]	⏱ 0,36h/m^2	012.000.150

Kosten:
Stand 1. Quartal 2026
Bundesdurchschnitt

26 **Innenwand, KS XL-Planelement 24cm** KG **341**

Wie Ausführungsbeschreibung A 5
Wanddicke: 24 cm
Wandhöhe: bis .....
Steinart: KS XL-Planelement
Festigkeitsklasse: **16 / 20** N/mm^2
Rohdichteklasse: **2,0 / 2,2** kg/dm^3
Format: 998 x 240 x 498 mm
Normalmauermörtel Mörtelklasse: M 10
Einbauort: in allen Geschossen

▶	▷	ø	◁	◀	Einheit	Ausf.-Dauer	Positionsnummer
85€	104€	**117€**	130€	160€	[m^2]	⏱ 0,36h/m^2	012.000.152

A 6 **Innenwand, Porenbeton Planbauplatte, nichttragend** Beschreibung für Pos. **27-28**

Mauerwerk der nichttragenden Innenwand, aus Porenbeton Planbauplatte, für späteren Putzauftrag.

27 **Innenwand, Porenbeton Planbauplatte 5cm, nichttragend** KG **342**

Wie Ausführungsbeschreibung A 6
Wanddicke: 5 cm
Material: Porenbeton PPpl
Geschosshöhe: bis .....
Rohdichteklasse: **0,5 / 0,55**
Format: 624 x 50 x 249 mm
Stoßfugenvermörtelung: **mit / ohne**
Stoßfugenausbildung: .....
Lagerfugenausbildung: .....
Mörtel: Dünnbettmörtel M 10
Einbauort: in allen Geschossen

▶	▷	ø	◁	◀	Einheit	Ausf.-Dauer	Positionsnummer
54€	58€	**69€**	73€	82€	[m^2]	⏱ 0,30h/m^2	012.000.153

▶ min
▷ von
ø Mittel
◁ bis
◀ max

28 Innenwand, Porenbeton Planbauplatte 10cm, nichttragend KG **342**

Wie Ausführungsbeschreibung A 6
Wanddicke: 10 cm
Material: Porenbeton PPpl
Geschosshöhe: bis .....
Rohdichteklasse: **0,5 / 0,55**
Format: 624 x 100 x 249 mm
Stoßfugenvermörtelung: **mit / ohne**
Stoßfugenausbildung: .....
Lagerfugenausbildung: .....
Mörtel: Dünnbettmörtel M 10
Einbauort: in allen Geschossen

▶	▷	ø netto €	◁	◀	[Einheit]	Ausf.-Dauer	Positionsnummer
66€	77€	**83€**	96€	104€	[m2]	0,30 h/m2	012.000.155

29 Innenwand, Porenbeton 11,5cm, nichttragend KG **342**

Mauerwerk der nichttragenden Innenwand, aus Porenbeton Plansteinen, für späteren Putzauftrag.
Wanddicke: 11,5 cm
Geschosshöhe: bis .....
Festigkeitsklasse: N/mm2
Rohdichteklasse: kg/dm3
Format: 249 x 115 x 249 mm
Stoßfugenvermörtelung: **mit / ohne**
Stoßfugenausbildung: .....
Lagerfugenausbildung: .....
Mörtel: Dünnbettmörtel M 10
Einbauort: in allen Geschossen

▶	▷	ø netto €	◁	◀	[Einheit]	Ausf.-Dauer	Positionsnummer
59€	71€	**76€**	83€	101€	[m2]	0,30 h/m2	012.000.034

30 Innenwand, Porenbeton 17,5cm, nichttragend KG **342**

Mauerwerk der nichttragenden Innenwand, aus Porenbeton Plansteinen, für späteren Putzauftrag.
Wanddicke: 17,5 cm
Geschosshöhe: bis .....
Festigkeitsklasse: N/mm2
Rohdichteklasse: kg/dm3
Format: 249 x 175 x 249 mm
Stoßfugenvermörtelung: **mit / ohne**
Stoßfugenausbildung: .....
Lagerfugenausbildung: .....
Mörtel: Dünnbettmörtel M 10
Einbauort: in allen Geschossen

▶	▷	ø netto €	◁	◀	[Einheit]	Ausf.-Dauer	Positionsnummer
66€	83€	**89€**	95€	109€	[m2]	0,35 h/m2	012.000.079

Nr.	Kurztext / Langtext					Kostengruppe
▶	▷	ø netto €	◁	◀	[Einheit]	Ausf.-Dauer	Positionsnummer

31 Innenwand, Porenbeton, 24cm — KG **342**

Mauerwerk der Innenwand, aus Porenbeton Planelementen, für späteren Dünnputzauftrag.
Wanddicke: 24,0 cm
Geschosshöhe: bis 3,00 m
Steinart: PP
Festigkeitsklasse: ..... N/mm²
Rohdichteklasse: ..... kg/dm³
Format: 999 x 240 x 624 mm
Stoßfugenvermörtelung: **mit / ohne**
Stoßfugenausbildung: .....
Lagerfugenausbildung: .....
Mörtel: Dünnbettmörtel M 10
Einbauort: in allen Geschossen

Kosten:
Stand 1. Quartal 2026
Bundesdurchschnitt

▶	▷	ø	◁	◀	Einheit	Ausf.-Dauer	Positionsnummer
89€	103€	**108€**	112€	124€	[m²]	⏱ 0,35h/m²	012.000.035

A 7 Innenwand, Gipswandbauplatte, nichttragend — Beschreibung für Pos. **32-33**

Mauerwerk der nichttragenden Trennwand, aus Gipswandbauplatten, für späteren Putzauftrag, Stoßfugen eben abgezogen, inkl. Randanschlussstreifen nach DIN 4103-2.
Oberflächenqualität: Q2
Format: 666 x 500 mm
Brandverhalten: A1
Rohdichteklasse: **M / D**
Wasseraufnahmeklasse: **H3 / H2**
Einbauort: in allen Geschossen
Einbaubereich: **1 / 2**
Einbauhöhe: bis ..... m
Wandanschluss: .....
Mörtel: Gipskleber für Gipswandbauplatten

32 Innenwand, Gipswandbauplatte, 6cm, nichttragend — KG **342**

Wie Ausführungsbeschreibung A 7
Wanddicke: 6 cm
Feuerwiderstand: **F30 / EI30**
Schalldämm-Maß RwP: ..... dB

▶	▷	ø	◁	◀	Einheit	Ausf.-Dauer	Positionsnummer
56€	66€	**67€**	77€	87€	[m²]	⏱ 0,25h/m²	012.000.061

33 Innenwand, Gipswandbauplatte, 10cm, nichttragend — KG **342**

Wie Ausführungsbeschreibung A 7
Wanddicke: 10 cm
Feuerwiderstand: **F180 / EI180**
Schalldämm-Maß RwP: ..... dB

▶	▷	ø	◁	◀	Einheit	Ausf.-Dauer	Positionsnummer
62€	73€	**77€**	82€	93€	[m²]	⏱ 0,25h/m²	012.000.205

▶ min
▷ von
ø Mittel
◁ bis
◀ max

34 Brüstungsmauerwerk, Breite 11,5cm KG **359**

Brüstung aus Mauersteinen aufmauern.
Wanddicke: 11,5 cm
Steinart: **Mz / HLz**
Format: 2DF (240 x 115 x 113 mm)
Brüstungshöhe: bis 1,00 m
Einbauort: in allen Geschossen

67€ 77€ **82€** 84€ 103€ [m2] ⏱ 0,40h/m2 012.000.121

35 Brüstungsmauerwerk, Breite 24,0cm KG **359**

Brüstung aus Mauersteinen aufmauern.
Wanddicke: 24 cm
Steinart: **Mz / HLz**
Format: 4DF (240 x 240 x 113 mm)
Brüstungshöhe: bis 1,00 m
Einbauort: in allen Geschossen

75€ 110€ **117€** 128€ 144€ [m2] ⏱ 0,46h/m2 012.000.156

36 Brüstungsmauerwerk, Breite 36,5cm KG **359**

Brüstung aus Mauersteinen aufmauern.
Wanddicke: 36,5 cm
Steinart: **Mz / HLz**
Format: **kleinformatig / großformatig**
Brüstungshöhe: bis 1,00 m
Einbauort: in allen Geschossen

118€ 146€ **160€** 186€ 243€ [m2] ⏱ 0,80h/m2 012.000.127

37 Öffnungen, Mauerwerk bis 17,5cm, 1,01x2,13m KG **341**

Öffnung in Mauerwerkswand beim Aufmauern anlegen; Herstellen der Laibungen in getrennter Position.
Öffnungsart: **Türöffnung / Fensteröffnung**
Lichte Breite: 1,01 m
Lichte Höhe: 2,13 m
Wanddicke: 17,5 cm
Ausführung Wand: .....

28€ 40€ **46€** 55€ 70€ [St] ⏱ 0,27h/St 012.000.100

38 Öffnungen, Mauerwerk bis 24cm, 1,01x2,13m KG **341**

Öffnung in Mauerwerkswand beim Aufmauern anlegen; Herstellen der Laibungen in getrennter Position.
Öffnungsart: **Türöffnung / Fensteröffnung**
Lichte Breite: 1,01 m
Lichte Höhe: 2,13 m
Wanddicke: 24,0 cm
Ausführung Wand: .....

30€ 46€ **55€** 64€ 86€ [St] ⏱ 0,30h/St 012.000.101

000 001 002 006 008 009 010 **012** 013 014 016 017 018 020 021 022

Nr.	Kurztext / Langtext						Kostengruppe
▶	▷	ø netto €	◁	◀	[Einheit]	Ausf.-Dauer	Positionsnummer

39 Öffnungen, Mauerwerk bis 2,50m² KG **341**

Öffnung in Mauerwerkswand beim Aufmauern anlegen. Herstellen der Laibungen in getrennter Position.
Öffnungsart: .....
Öffnungsgröße: bis 2,5m²
Wanddicke: .....
Ausführung Wand: .....

▶	▷	ø	◁	◀	Einheit	Ausf.-Dauer	Positionsnummer
9€	12€	**13€**	17€	23€	[m²]	⏱ 0,12h/m²	012.000.185

40 Fensteröffnung, Mauerwerk über 2,50m² KG **341**

Öffnung in Mauerwerkswand beim Aufmauern anlegen. Herstellen der Laibungen in getrennter Position.
Öffnungsart: Fensteröffnung
Öffnungsgröße: über 2,5 m²
Wanddicke: .....
Ausführung Wand: .....

▶	▷	ø	◁	◀	Einheit	Ausf.-Dauer	Positionsnummer
10€	13€	**14€**	19€	24€	[m²]	⏱ 0,12h/m²	012.000.186

41 Öffnungen schließen, Mauerwerk KG **340**

Öffnung im Mauerwerk, sowie Mauerwerksnischen schließen, bündig mit Vorderkante der angrenzenden Bauteile, kraftschlüssiger Anschluss.
Mauerdicke: 11,5 cm
Format: 2 DF (240 x 115 x 113 mm)
Steinart: LD-Ziegel
Festigkeitsklasse: 12 N/mm²
Rohdichteklasse: 1,8
Normalmörtel: M 2,5
Einbauort: in allen Geschossen

▶	▷	ø	◁	◀	Einheit	Ausf.-Dauer	Positionsnummer
102€	129€	**143€**	167€	215€	[m²]	⏱ 1,10h/m²	012.000.115

42 Türöffnung schließen, Mauerwerk KG **340**

Türöffnung im Mauerwerk schließen, mit Hochlochziegeln, Mauerwerk verzahnt, bündig mit Vorderkante der angrenzenden Bauteile.
Mauerdicke: 11,5 cm
Format: 2 DF (240 x 115 x 113 mm)
Steinart: HLz
Festigkeitsklasse: 12 N/mm²
Rohdichteklasse: 1,8
Normalmörtel: M 2,5
Einbauort: in allen Geschossen

▶	▷	ø	◁	◀	Einheit	Ausf.-Dauer	Positionsnummer
82€	129€	**148€**	197€	264€	[m²]	⏱ 1,00h/m²	012.000.010

Kosten:
Stand 1. Quartal 2026
Bundesdurchschnitt

▶ min
▷ von
ø Mittel
◁ bis
◀ max

A 8 Aussparung schließen, Mauerwerksfläche Beschreibung für Pos. **43-45**

Aussparungen in Mauerwerksflächen schließen, mit Hochlochziegeln. Oberflächenausführung wie Wandfläche.
Bauteil: Innenwand
Arbeitshöhe: bis 3,50 m

43 Aussparung schließen, bis 0,04m² KG **340**

Wie Ausführungsbeschreibung A 8
Aussparungsgröße: bis 0,04 m²
Ausrichtung: **waagerecht / senkrecht**
Mauerdicke: 11,5 cm
Format: 2 DF (240 x 115 x 113 mm)
Steinart: HLz
Festigkeitsklasse: 12 N/mm²
Rohdichteklasse: 1,8
Normalmörtel: M 2,5
Einbauort/Geschoss: ......

20€ 36€ **45€** 60€ 87€ [St] ⏱ 0,20h/St 012.000.102

44 Aussparung schließen, bis 0,25m² KG **340**

Wie Ausführungsbeschreibung A 8
Aussparungsgröße: 0,04 bis 0,25 m²
Ausrichtung: **waagerecht / senkrecht**
Mauerdicke: 11,5 cm
Format: 2 DF (240 x 115 x 113 mm)
Steinart: HLz
Festigkeitsklasse: 12 N/mm²
Rohdichteklasse: 1,8 kg/dm³
Normalmörtel: M 2,5
Einbauort/Geschoss: ......

22€ 48€ **56€** 70€ 100€ [St] ⏱ 0,30h/St 012.000.103

45 Aussparung schließen, bis 0,50m² KG **340**

Wie Ausführungsbeschreibung A 8
Aussparungsgröße: 0,25 bis 0,50 m²
Ausrichtung: **waagerecht / senkrecht**
Mauerdicke: 11,5 cm
Format: 2 DF (240 x 115 x 113 mm)
Steinart: HLz
Festigkeitsklasse: 12 N/mm²
Rohdichteklasse: 1,8 kg/dm³
Normalmörtel: M 2,5
Einbauort/Geschoss: ......

34€ 64€ **78€** 96€ 119€ [St] ⏱ 0,60h/St 012.000.066

000
001
002
006
008
009
010
012
013
014
016
017
018
020
021
022

Nr.	Kurztext / Langtext						Kostengruppe
▶	▷	ø netto €	◁	◀	[Einheit]	Ausf.-Dauer	Positionsnummer

46 Schacht, gemauert, Formteile KG **342**

Schacht aus Fertigteil Formsteinen, in Montagebauweise gemauert, nichttragende Wand, inkl. Anarbeiten an begrenzende Bauteile und je 1 Öffnung pro Geschoss.
Formsteine: **Ziegel / Leichtbeton**
Ausführung: **einzügig / zweizügig**
Schachthöhe: .....
Querschnitt: .....
Einbauort/Geschoss: ......
Brandschutz: EI .....

▶	▷	ø	◁	◀	Einheit	Ausf.-Dauer	Positionsnummer
104€	147€	**168€**	189€	241€	[m]	⏱ 0,45h/m	012.000.123

47 Schachtwand, KS KG **342**

Schachtwand als Mauerwerk der tragenden Innenwand aus Kalksandstein nach erfolgten Installationen, als getrennter Arbeitsgang aufmauern. Oberste Steinlage ist gem. Brandschutzvorgabe auszuführen. Wand für einseitigen Putzauftrag vorgesehen.
Wanddicke: **11,5 / 17,5** cm
Steinart: KS L
Festigkeitsklasse: 12 N/mm^2
Rohdichteklasse: 1,8 kg/dm^3
Format: 2-3 DF (240 x 115/175 x 113 mm)
Mörtelklasse: Dünnbettmörtel M 10
Einbauort/Geschoss: ......
Brandschutz: REI .....
Arbeitshöhe: bis .....

▶	▷	ø	◁	◀	Einheit	Ausf.-Dauer	Positionsnummer
65€	91€	**105€**	126€	170€	[m^2]	⏱ 0,42h/m^2	012.000.068

48 Schachtwand, KS, Brandwand KG **342**

Schachtwand als Mauerwerk aus Kalksandstein, Ausführung als Brandwand; Wand für einseitigen Putzauftrag vorgesehen, oberste Steinlage gem. Brandschutzvorgabe ausführen.
Wanddicke: 17,5 cm
Bauteil: **tragend / nichttragend**
Steinart: KS L
Festigkeitsklasse: 12 N/mm^2
Rohdichteklasse: 1,8 kg/dm^3
Format: 3 DF (240 x 175 x 113 mm)
Normalmörtel: M 2,5
Einbauort/Geschoss: ......
Brandschutz: **tragende Wand REI-M 90 / nichttragende Wand EI-M 90**
Gebäudeklasse: ..... (gem. örtlicher Bauordnung)
Arbeitshöhe: bis .....

▶	▷	ø	◁	◀	Einheit	Ausf.-Dauer	Positionsnummer
86€	110€	**122€**	128€	147€	[m^2]	⏱ 0,45h/m^2	012.000.091

49 Öffnung überdecken, Ziegelsturz KG **342**

Öffnung in Ziegelmauerwerk mit Ziegelflachstürzen überdecken, Bemessung nach Zulassung bzw. Statik.
Mauerwerksbreite: .....
Sturzhöhe: **71 / 113** mm
Lichte Öffnungsweite: .....

▶	▷	ø	◁	◀	Einheit	Ausf.-Dauer	Positionsnummer
28€	32€	**33€**	38€	49€	[m]	⏱ 0,25h/m	012.000.069

Kosten:
Stand 1. Quartal 2026
Bundesdurchschnitt

▶ min
▷ von
ø Mittel
◁ bis
◀ max

50 Öffnung überdecken, Flachstahl KG **342**

Öffnung in nichttragenden Innenwänden aus Porenbeton- oder Gipswandbauplattenmauerwerk mit Flachstahl überdecken, Bemessung nach Zulassung bzw. Statik.
Mauerwerksbreite: .....
Lichte Öffnungsweite: .....
Flachstahl (B x D): ..... x ...... mm

11€	15€	**21€**	24€	26€	[m]	⏱ 0,20 h/m	012.000.225

51 Öffnung überdecken, KS Sturz, 17,5cm KG **341**

Öffnung mit Kalksandsteinsturz überdecken, tragend, Bemessung nach Zulassung bzw. Statik.
Wanddicke: 17,5 cm
Sturzquerschnitt: .....
Lichte Öffnungsweite: .....

29€	43€	**49€**	59€	78€	[m]	⏱ 0,30 h/m	012.000.075

52 Öffnung überdecken, KS Sturz, bis 24cm KG **341**

Öffnung mit Kalksandsteinsturz überdecken, tragend, Bemessung nach Zulassung bzw. Statik.
Wanddicke: bis 24 cm
Sturzquerschnitt: .....
Lichte Öffnungsweite: .....

42€	52€	**55€**	67€	80€	[m]	⏱ 0,32 h/m	012.000.221

53 Öffnung überdecken, Betonsturz, 24cm KG **341**

Fertigteilsturz aus Stahlbeton, bewehrt, über Öffnung in Mauerwerkswand, Bemessung nach Zulassung bzw. Statik.
Wanddicke: 24 cm
Sturzquerschnitt: .....
Lichte Öffnungsweite: .....
Oberfläche: .....
Kanten: **scharfkantig / Dreiecksleiste**

35€	73€	**87€**	103€	130€	[m]	⏱ 0,35 h/m	012.000.070

54 Öffnung überdecken, Außenwand, Ziegelsturz, 36,5cm KG **331**

Öffnung in Ziegelmauerwerk mit Wärmedämmziegelsturz überdecken, Bemessung nach Zulassung bzw. Statik, inkl. Wärmedämmung. Füllung mit Ortbeton und Bewehrung werden gesondert vergütet.
Breite: 36,5 cm
Höhe: 238 mm
Lichte Öffnungsweite: .....
Anschlag: **mit / ohne**
Material: LD-Ziegel
Wärmedämmung: .....
U-Wert: ..... W/(m²K)
Einbauort: .....

54€	69€	**79€**	83€	99€	[m]	⏱ 0,35 h/m	012.000.188

000
001
002
006
008
009
010
012
013
014
016
017
018
020
021
022

Nr.	Kurztext / Langtext						Kostengruppe
▶	▷	ø netto €	◁	◀	[Einheit]	Ausf.-Dauer	Positionsnummer

55 Laibung beimauern, Sichtmauerwerk KG **330**

Fensterlaibungen von Sichtmauerwerk beimauern, einseitige Sichtfläche.
Steinart: VMz
Format: NF (240 x 115 x 71 mm)
Laibungstiefe: bis 115 mm
Einbauort/Geschoss: .....

12€	16€	**17€**	20€	25€	[m]	⏱ 0,80h/m	012.000.051

56 Glattstrich, Laibungen/Brüstungen KG **330**

Glattstrich mit Mörtel, an Laibungen, Brüstungen und Stürzen, zur Erzielung eines ebenen und tragfähigen Untergrunds für die überputzbare Anschlussfolie.
Laibungstiefe: .....
Untergrund: .....
Mörtel: Kalkzement
Putzstärke: bis 5 mm

6€	9€	**11€**	13€	18€	[m]	⏱ 0,12h/m	012.000.189

57 Schlitze herstellen, Mauerwerk KG **341**

Vertikale Schlitze in Mauerwerk herstellen, Ausbruchmaterial aufnehmen und in Container des AN sammeln und abfahren. Deponierung, sowie schließen des Schlitzes wird gesondert vergütet.
Steinart: .....
Schlitztiefen: bis 80 mm
Schlitzbreite: .....
Arbeitshöhe: bis 1,5 m über Fußboden

14€	19€	**22€**	25€	31€	[m]	⏱ 0,20h/m	012.000.012

58 Schlitze schließen, Mauerwerk KG **341**

Schlitz schließen, Ausführung in Innenwand aus MW.
Untergrund: **Ziegel- / KS-Mauerwerk**
B x T: ..... x .....

9€	20€	**25€**	26€	37€	[m]	⏱ 0,20h/m	012.000.191

59 Deckenrandabmauerung, Dämmung MW 80mm KG **331**

Deckenrandausbildung mit Mauerstein und Mineralwolledämmung, auf monolithischem Mauerwerk.
Deckendicke: .....
Ziegeldicke: 60 mm
Mauerstein: .....
Dämmung: MW
Bemessungswert der Wärmeleitfähigkeit: max. ..... W/(mK)
Nennwert der Wärmeleitfähigkeit: 0,034 W/(mK)
Dämmdicke: 80 mm

19€	24€	**25€**	27€	36€	[m]	⏱ 0,20h/m	012.000.134

Kosten:
Stand 1. Quartal 2026
Bundesdurchschnitt

▶ min
▷ von
ø Mittel
◁ bis
◀ max

60 Dämmung, Ringanker, MW60mm KG **331**

Dämmung vor Ringanker, mit Mineralwolledämmung, auf Mauerwerk.
Dämmung: MW
Bemessungswert der Wärmeleitfähigkeit: max. ..... W/(mK)
Nennwert der Wärmeleitfähigkeit: 0,034 W/(mK)
Dämmdicke: 60 mm

18€ 22€ **23€** 26€ 34€ [m] ⏱ 0,20h/m 012.000.214

61 Deckenanschluss, Mauerwerkswand KG **342**

Deckenanschlussfuge von nichttragenden Mauerwerkswänden dicht verstopfen, mit nichtbrennbarem, mineralischem Faserdämmstoff, inkl. Fugen versiegeln.
Dämmstoff: MW
Brandverhalten: A1
Schmelzpunkt: mind. 1.000°C
Rohdichte: mind. 30 kg/m³
Wanddicke: .....
Wandhöhe: .....
Fugenverschluss: .....
Untergrund: .....

11€ 17€ **18€** 20€ 25€ [m] ⏱ 0,20h/m 012.000.014

62 Deckenanschlussfuge feuerhemmend KG **342**

Deckenanschluss von nichttragenden Mauerwerkswänden rauchdicht herstellen. Fugenverschluss mit Fugendichtmaterial, beidseitig dauerelastisch versiegeln mit überstreichbarem Baustoff.
Feuerwiderstand: **EI30 / EI60**
Wanddicke: 24 cm
Wandhöhe: .....
Fugenverschluss: .....
Untergrund: .....

22€ 41€ **56€** 62€ 75€ [m] ⏱ 0,10h/m 012.000.159

63 Deckenanschluss gleitend, ohne Brandschutz KG **342**

Gleitender Deckenanschluss des Mauerwerks, mit Anker und Ausbilden der Anschlussfuge.
Höhe: bis 2,75 m
Mauerwerk: .....
Wanddicke: **11,5 / 17,5** cm
Format: ..... DF

5€ 8€ **10€** 11€ 14€ [m] ⏱ 0,12h/m 012.000.194

64 Deckenanschluss gleitend, mit Brandschutz KG **342**

Gleitender Deckenanschluss des Mauerwerks, Anker und Ausbilden der Anschlussfuge.
Höhe: bis 2,75 m
Mauerwerk: .....
Wanddicke: **11,5 / 17,5** cm
Format: ..... DF
Brandschutzanforderungen: .....

9€ 36€ **47€** 53€ 75€ [m] ⏱ 0,16h/m 012.000.210

Nr.	Kurztext / Langtext						Kostengruppe
▶	▷	ø netto €	◁	◀	[Einheit]	Ausf.-Dauer	Positionsnummer

65 Mauerwerksanschluss stumpf KG **342**

Mauerwerksanschluss an vorhandenes Mauerwerk, stumpf stoßen, mittels Flachanker anschließen.
Steinart: .....
Steinformat/-höhe: .....
Mauerdicke: .....
Einbauort: Innenwand
Einbauhöhe: bis 2,75 m

5€	11€	**14€**	16€	22€	[m]	⏱ 0,20h/m	012.000.177

A 9 Maueranschlussschiene Beschreibung für Pos. **66-68**

Anschlussschiene für den Anschluss gemauerter Wände, in Lagerlänge, auf benötigtes Maß ablängen, ausgebrochene Vollschaumfüllung aufnehmen und in Container sammeln; inkl. 4 Stück Anschlussanker je m Maueranschluss.

Kosten:
Stand 1.Quartal 2026
Bundesdurchschnitt

66 Maueranschlussschiene, 25/15 KG **341**

Wie Ausführungsbeschreibung A 9
Profil/Typ: 25/15
Material: **verzinkter / nichtrostender** Stahl

11€	17€	**19€**	23€	29€	[m]	⏱ 0,20h/m	012.000.001

67 Maueranschlussschiene, 28/15 KG **341**

Wie Ausführungsbeschreibung A 9
Profil/Typ: 28/15
Material: **verzinkter / nichtrostender** Stahl

13€	21€	**24€**	28€	35€	[m]	⏱ 0,20h/m	012.000.160

68 Maueranschlussschiene, 38/17 KG **341**

Wie Ausführungsbeschreibung A 9
Profil/Typ: 38/17
Material: **verzinkter / nichtrostender** Stahl

20€	28€	**29€**	35€	45€	[m]	⏱ 0,20h/m	012.000.077

69 Maueranker, beim Aufmauern einlegen KG **341**

Maueranker beim Aufmauern einlegen in bauseitige Schiene, Anschluss des stumpf gestoßenen Mauerwerks.
vorh. Anschlussschiene: Profil/Typ .....
Material: Stahl **verzinkt / rostfrei**

1€	2€	**3€**	4€	6€	[St]	⏱ 0,04h/St	012.000.064

70 Mauerwerk verzahnen KG **341**

Mauerwerksanschluss an vorhandenes Mauerwerk durch Verzahnen, nichttragend.
Steinart: .....
Steinformat (B x L x H): ..... x ..... x .....
Mauerdicke: .....
Einbauort/Geschoss: **Innenwand / .....**
Einbauhöhe: bis 2,75 m

11€	15€	**19€**	19€	25€	[m]	⏱ 0,20h/m	012.000.050

▶ min
▷ von
ø Mittel
◁ bis
◀ max

Nr.	Kurztext / Langtext						Kostengruppe
▶	▷	ø netto €	◁	◀	[Einheit]	Ausf.-Dauer	Positionsnummer

A 10 Außenwand, LHLz, tragend — Beschreibung für Pos. **71-73**

Mauerwerk der tragenden Außenwand aus Leichthochlochziegel, ungefüllt, für Putzauftrag, ohne Stoßfugenvermörtelung, Steine mit Nut und Feder.
Ziegelart: PHLz - Planhochlochziegel
Arbeitshöhe: .....

71 Außenwand, LHLz 24cm, tragend — KG **331**

Wie Ausführungsbeschreibung A 10
Außenwand: zweischaliges Mauerwerk
Wanddicke: 24,0 cm
Wärmeleitfähigkeit Lambda R: ..... W/(mK)
Festigkeitsklasse: 6 N/mm^2
Rohdichteklasse: 0,65 kg/dm^3
Format: 10 DF (308 x 240 x 249 mm)
Dünnbettmörtel: M 10
Einbauort: in allen Geschossen

107€ 115€ **117€** 120€ 126€ [m^2] ⏱ 0,65h/m^2 012.000.202

72 Außenwand, LHLz 36,5cm, tragend — KG **331**

Wie Ausführungsbeschreibung A 10
Außenwand: monolithisch
Wanddicke: 36,5 cm
Wärmeleitfähigkeit Lambda R: ..... W/(mK)
Festigkeitsklasse: 6 N/mm^2
Rohdichteklasse: 0,6 kg/dm^3
Format: 12 DF (248 x 365 x 249 mm)
Dünnbettmörtel: M 10
Einbauort: in allen Geschossen

127€ 152€ **165€** 179€ 209€ [m^2] ⏱ 0,90h/m^2 012.000.203

73 Außenwand, LHLz 42,5cm, tragend — KG **331**

Wie Ausführungsbeschreibung A 10
Außenwand: monolithisch
Wanddicke: 42,5 cm
Wärmeleitfähigkeit Lambda R: ..... W/(mK)
Festigkeitsklasse: 6 N/mm^2
Rohdichteklasse: 0,65 kg/dm^3
Format: 14 DF (248 x 425 x 249 mm)
Dünnbettmörtel: M 10
Einbauort: in allen Geschossen

162€ 186€ **198€** 210€ 247€ [m^2] ⏱ 0,90h/m^2 012.000.165

Nr.	Kurztext / Langtext						Kostengruppe
▶	▷	ø netto €	◁	◀	[Einheit]	Ausf.-Dauer	Positionsnummer

A 11 Außenwand, LHLz, tragend, gefüllt Beschreibung für Pos. **74-75**

Mauerwerk der tragenden Außenwand aus Leichthochlochziegel, verfüllt, für Putzauftrag, ohne Stoßfugenvermörtelung, Steine mit Nut und Feder.
Ziegelart: Plan-Hochlochziegel mit Dämmfüllung
Arbeitshöhe: .....

74 Außenwand, LHLz 36,5cm, tragend, gefüllt KG **331**

Wie Ausführungsbeschreibung A 11
Wanddicke: 36,5 cm
Füllung: **Perlite / Mineralwolle**
Wärmeleitfähigkeit Lambda R: ..... W/(mK)
Festigkeitsklasse: **6 / 12** N/mm²
Rohdichteklasse: **0,55 / 0,80** kg/dm³
Format: 12 DF (248 x 365 x 249 mm)
Dünnbettmörtel: M 10
Einbauort: in allen Geschossen

143€	164€	**172€**	184€	217€	[m²]	⏱ 0,90h/m²	012.000.164

75 Außenwand, LHLz 42,5cm, tragend, gefüllt KG **331**

Wie Ausführungsbeschreibung A 11
Wanddicke: 42,5 cm
Füllung: **Perlite / Mineralwolle**
Wärmeleitfähigkeit Lambda R: ..... W/(mK)
Festigkeitsklasse: **6 / 12** N/mm²
Rohdichteklasse: **0,55 / 0,80** kg/dm³
Format: 14 DF (248 x 425 x 249 mm)
Dünnbettmörtel: M 10
Einbauort: in allen Geschossen

169€	198€	**206€**	221€	258€	[m²]	⏱ 0,90h/m²	012.000.166

A 12 Außenwand, KS L-R, tragend Beschreibung für Pos. **76-77**

Mauerwerk der tragenden Außenwand aus Kalksandstein KS L-R, für zweischaliges, hinterlüftetes Mauerwerk, für einseitigen Putzauftrag, ohne Stoßfugenvermörtelung, Steine mit Nut und Feder, Drahtanker in gesonderter Position.
Steinart: KS L-R
Arbeitshöhe: .....

76 Außenwand, KS L-R 17,5cm, tragend KG **331**

Wie Ausführungsbeschreibung A 12
Wandfunktion: **Hintermauerung / Tragschale**
Wanddicke: 17,5 cm
Festigkeitsklasse: 12 N/mm²
Rohdichteklasse: 1,6 kg/dm³
Format: 12 DF (373 x 175 x 248 mm)
Dünnbettmörtel: M 10
Einbauort: in allen Geschossen

63€	82€	**90€**	98€	123€	[m²]	⏱ 0,50h/m²	012.000.204

Kosten:
Stand 1. Quartal 2026
Bundesdurchschnitt

▶ min
▷ von
ø Mittel
◁ bis
◀ max

Nr.	Kurztext / Langtext						Kostengruppe
▶	▷	ø netto €	◁	◀	[Einheit]	Ausf.-Dauer	Positionsnummer

77 Außenwand, KS L-R 24cm, tragend KG **331**

Wie Ausführungsbeschreibung A 12
Wandfunktion: **Hintermauerung / Tragschale**
Wanddicke: 24,0 cm
Festigkeitsklasse: 12 N/mm²
Rohdichteklasse: 1,8 kg/dm³
Format: 8 DF (240 x 240 x 248 mm)
Dünnbettmörtel: M 10
Einbauort: in allen Geschossen

87€	105€	**115€**	124€	148€	[m²]	0,60h/m²	012.000.057

78 Außenwand, Betonsteine Hbn 17,5cm KG **331**

Mauerwerk der Außenwand aus Leichtbetonsteinen Hbn, für zweischaliges, hinterlüftetes Mauerwerk, für Putzauftrag, ohne Stoßfugenvermörtelung, Drahtanker in gesonderter Position.
Wandfunktion: **Hintermauerung / Tragschale**
Wanddicke: 17,5 cm
Steinart: Hbn
Festigkeitsklasse: 12 N/mm²
Rohdichteklasse: 1,6 kg/d,3
Format: 12 DF (248 x 175 x 238 mm)
Normalmauermörtel: M 5
Einbauort/Geschoss: .....
Arbeitshöhe: .....

64€	75€	**80€**	89€	102€	[m²]	0,50h/m²	012.000.058

79 Außenwand, Porenbeton 30cm, tragend KG **331**

Mauerwerk der tragende Außenwand aus Porenbeton-Plansteinen, für Mauerwerk und Putzauftrag, ohne Stoßfugenvermörtelung.
Wanddicke: 30,0 cm
Steinart: PP
Festigkeitsklasse: ..... N/mm²
Rohdichteklasse: ..... kg/dm³
Format: .....
Stoßfugenvermörtelung: **mit / ohne**
Stoßfugenausbildung: .....
Lagerfugenausbildung: .....
Dünnbettmörtel: M 10
Arbeitshöhe: .....
Einbauort: in allen Geschossen

101€	111€	**118€**	122€	131€	[m²]	0,40h/m²	012.000.080

000
001
002
006
008
009
010
012
013
014
016
017
018
020
021
022

Kosten:
Stand 1.Quartal 2026
Bundesdurchschnitt

Nr.	Kurztext / Langtext						Kostengruppe
▶	▷	ø netto €	◁	◀	[Einheit]	Ausf.-Dauer	Positionsnummer

80 Mauerpfeiler, rechteckig, freitragend KG **333**

Mauerpfeiler aus Mauerziegel, freitragend, rechteckiger Grundriss, mit Stoßfugenvermörtelung.
Querschnitt (L x B): ..... x .....
Steinart: .....
Festigkeitsklasse: 20 N/mm²
Rohdichteklasse: 1,8 kg/dm³
Format: ..... DF
Normalmauermörtel: M 5
Einbauort/Geschoss: .....
Arbeitshöhe: .....

61€	95€	**110€**	130€	177€	[m]	0,50h/m	012.000.046

A 13 Kerndämmung, Mineralwolle, Außenwand Beschreibung für Pos. **81-82**

Kerndämmung für zweischalige Außenwand, aus Mineralwolle, MW DIN EN 13162, einlagig, als Platte, Anwendungsgebiet DIN 4108-10 WZ, auf vorh. Drahtanker.
Brandverhalten: nicht brennbar, Klasse A
Arbeitshöhe: .....

81 Kerndämmung, MW 035, 80mm, Außenwand KG **330**

Wie Ausführungsbeschreibung A 13
Bemessungswert der Wärmeleitfähigkeit: max. 0,035 W/(mK)
Nennwert Wärmeleitfähigkeit: max. 0,034 W/(mK)
Gesamtdicke: 80 mm

19€	22€	**24€**	25€	31€	[m²]	0,12h/m²	012.000.168

82 Kerndämmung, MW 035, 140mm, Außenwand KG **330**

Wie Ausführungsbeschreibung A 13
Bemessungswert der Wärmeleitfähigkeit: max. 0,035 W/(mK)
Nennwert Wärmeleitfähigkeit: max. 0,034 W/(mK)
Gesamtdicke: 140 mm

37€	41€	**43€**	47€	55€	[m²]	0,16h/m²	012.000.120

A 14 Gebäudetrennfugen, Mineralwolle, Außenwand Beschreibung für Pos. **83-84**

Dämmung zwischen Haustrennwänden mit Schallschutzanforderung.
Dämmstoff: Mineralwolle - MW
Anwendung: WTH
Brandverhalten: A1, nicht brennbar
Bemessungswert der Wärmeleitfähigkeit: max. 0,035W/(mK)
Nennwert Wärmeleitfähigkeit: 0,034 W/(mK)
Dynamische Steifigkeit: SD = 18 MN/m³
Zusammendrückbarkeit: sh
Arbeitshöhe: .....

83 Gebäudetrennfugen, MW, 20mm, Außenwand KG **341**

Wie Ausführungsbeschreibung A 14
Dicke: 20 mm

9€	11€	**12€**	12€	14€	[m²]	0,14h/m²	012.000.072

▶ min
▷ von
ø Mittel
◁ bis
◀ max

84 Gebäudetrennfugen, MW, 50mm, Außenwand KG **341**

Wie Ausführungsbeschreibung A 14
Dicke: 50 mm

18€ 24€ **28€** 33€ 41€ [m2] ⏱ 0,15h/m2 012.000.092

85 Deckenranddämmung, Mehrschichtleichtbauplatte KG **351**

Dämmung Deckenrand mit Mehrschichtleichtbauplatten, in Schalung eingelegt und befestigt, dicht gestoßen.
Plattentyp: Mehrschichtleichtbauplatte mit Mineralwolledämmschicht - Typ: WW-C
Brandverhalten: schwer entflammbar - Klasse .....
Anwendungstyp: DI-dm
Bemessungswert der Wärmeleitfähigkeit: max. 0,035 W/(mK)
Nennwert Wärmeleitfähigkeit: 0,034 W/(mK)
Deckendicke: .....
Dämmdicke: .....
Einbauort/Geschoss: **Deckenrand / .....**

8€ 15€ **19€** 23€ 32€ [m] ⏱ 0,10h/m 012.000.073

86 Drahtanker, Hintermauerung/Tragschale KG **335**

Drahtanker für zweischaliges Mauerwerk, beim Aufmauern über Drahtanker darf keine Feuchte in die Dämmung geleitet werden.
Untergrund: **Mauerwerk aus ..... / Tragschale aus Stahlbeton**
Höhe über Gelände: bis 12,0 m
Schalenabstand: 160 mm
Arbeitshöhe: .....

5€ 11€ **13€** 15€ 19€ [m2] ⏱ 0,18h/m2 012.000.023

87 Verblendmauerwerk, Abfangung, Winkelkonsole KG **335**

Winkelkonsolanker zur Abfangung von Verblendmauerwerk, Element mit zwei Konsolrücken und Versatzmaß, mit allgemeiner bauaufsichtlicher Zulassung für den Konsolkopf, mit CE-Kennzeichen, versehen mit RAL Gütezeichen der Gütegemeinschaft Fassadenbefestigungstechnik e.V.
Material: nichtrostender Stahl
Höhenverstellbar: +/-35 mm
Winkellänge: .....
Versatzmaß: .....
Laststufe je Konsolrücken: ..... kN
Kragmaß: .....
Wandabstand: .....
Arbeitshöhe: .....

198€ 307€ **347€** 373€ 497€ [St] ⏱ 0,40h/St 012.000.130

Nr.	Kurztext / Langtext						Kostengruppe
▶	▷	ø netto €	◁	◀	[Einheit]	Ausf.-Dauer	Positionsnummer

Kosten:
Stand 1. Quartal 2026
Bundesdurchschnitt

88 Verblendmauerwerk, Abfangung Einzelkonsole — KG 335

Einzelkonsolanker zur Abfangung von Verblendmauerwerk, Element mit zwei Konsolrücken, mit allgemeiner bauaufsichtlicher Zulassung für den Konsolkopf, mit CE-Kennzeichen, versehen mit RAL Gütezeichen der Gütegemeinschaft Fassadenbefestigungstechnik e.V.
Material: nichtrostender Stahl
Höhenverstellbar: +/-35 mm
Winkellänge: .....
Laststufe je Konsolrücken: ..... kN
Kragmaß: .....
Wandabstand: .....
Arbeitshöhe: .....

▶	▷	ø	◁	◀	Einheit	Ausf.-Dauer	Positionsnummer
27€	56€	**69€**	82€	104€	[St]	⏱ 0,20h/St	012.000.174

89 Verblendmauerwerk, VMz, 115mm — KG 335

Verblendmauerwerk DIN EN 1996 vor Luftschicht und Dämmung, Schalenabstand 200mm, vor Außenwand, Drahtanker beim Aufmauern einlegen, mit Ergänzungssteinen, mit Stoßfugenvermörtelung und Fugenglattstrich, sowie Lüftungs- und Entwässerungsöffnungen. Dämmung und Drahtanker werden gesonderter vergütet.
Steinart: VMz
Oberfläche/Farbe: .....
Festigkeitsklasse: 20
Rohdichteklasse: 2,0
Format: NF (240 x 115 x 71 mm)
Normalmauermörtel: M 5
Arbeitshöhe: bis 3,5 m
Verband: .....
Verfugung: Fugenglattstrich, leicht zurückliegend
Angeb. Fabrikat: ..... **(Steinhersteller / Steinart / Format)**

▶	▷	ø	◁	◀	Einheit	Ausf.-Dauer	Positionsnummer
130€	188€	**211€**	235€	307€	[m²]	⏱ 0,95h/m²	012.000.024

90 Sparverblendung WDVS, Klinkerriemchen — KG 335

Klinkerriemchen als Sparverblendung des Wärmedämmverbundsystems, als geklebte Wetterschicht, nach Herstellervorgabe aufgebracht, inkl. Verfugung und Vorbehandlung des Untergrunds. Verblendung von Mauerpfeilern, Öffnungen anlegen und überdecken, Sturzausbildungen und Laibungen nach gesonderter Position.
Untergrund: Wärmedämmverbundsystem, d= .....
Steinart: Vormauerziegel VMz DIN 105-100
Oberfläche: .....
Farbe: .....
Format (L x B x H): **Waalformat WF 210 x 50 x ..... / Dünnformat DF 240 x 52 x ....** mm **/ ......**
Fugenbreite: **12,5 / 10,5 / .....** mm
Mörtel: Klasse M 2,5 DIN EN 998-2
Verband: .....
Verfugung: Fugenglattstrich, leicht zurückliegend
Angeb. Fabrikat: ..... **(Steinhersteller / Steinart / Format)**

▶	▷	ø	◁	◀	Einheit	Ausf.-Dauer	Positionsnummer
146€	176€	**185€**	215€	261€	[m²]	⏱ 0,80h/m²	012.000.132

▶ min
▷ von
ø Mittel
◁ bis
◀ max

91 Verblendmauerwerk, Betonsteine KG **335**

Verblendmauerwerk der Außenwand aus Beton-Modulsteinen, vor Luftschicht und Dämmung mit 200mm Abstand. Drahtanker beim Aufmauern einlegen, mit Ergänzungssteinen, mit Stoßfugenvermörtelung und Fugenglattstrich. Dämmung und Drahtanker werden gesonderter vergütet.
Steinart: Betonsteinverblender
Oberfläche/Farbe: **steingrau / weiß / .....**
Festigkeitsklasse: 20
Rohdichteklasse: 2,0
Format: 290 x 190 x 90 mm
Normalmauermörtel: M 5
Arbeitshöhe: bis 3,5 m
Verband: .....
Verfugung: Fugenglattstrich, leicht zurückliegend

226€ 250€ **269€** 278€ 304€ [m²] ⏱ 0,85h/m² 012.000.025

92 Verblendmauerwerk, Kalksandsteine KG **335**

Verblendmauerwerk aus Kalksandstein, als äußere hinterlüftete Schale des zweischaligen Mauerwerks, vor Mineralwolleplatten, Drahtanker beim Aufmauern einlegen, mit Stoßfugenvermörtelung; Fugenglattstrich bzw. Verfugung in gesonderter Position.
Verblenderschicht: 11,5 cm
Verband: .....
Steinart: KS Vb
Festigkeitsklasse: 20 N/mm²
Rohdichteklasse: 1,8 kg/dm³
Format: 2 DF (240 x 115 x 113 mm)
Normalmauermörtel: M 5
Farbe: **steingrau / weiß / .....**
Einbauhöhe: bis 4,00 m

169€ 212€ **238€** 247€ 286€ [m²] ⏱ 1,20h/m² 012.000.026

93 Verblendmauerwerk, Öffnungen KG **335**

Öffnung in Verblendmauerwerk mit Sichtbeton-Flachsturz herstellen, gem. Statikangaben des Herstellers.
Querschnitt Sturz (B x H): 115 x 113 mm
Lichte Öffnung: .....
Einbauort: .....
Arbeitshöhe: .....

26€ 41€ **49€** 57€ 71€ [m²] ⏱ 0,30h/m² 012.000.027

94 Verblendmauerwerk, Rollschicht KG **335**

Fensterbank als Rollschicht in Verblendmauerwerk herstellen, Steinformat mit Oberfläche und Farbe wie vor beschriebenes Verblendmauerwerk, einschl. Verfugung und Endstein geschlossen.
Ausführung: **waagerecht / geneigt mit .....°**

29€ 59€ **72€** 79€ 97€ [m] ⏱ 0,65h/m 012.000.059

000 001 002 006 008 009 010 012 013 014 016 017 018 020 021 022

Nr.	Kurztext / Langtext						Kostengruppe
►	▷	ø netto €	◁	◄	[Einheit]	Ausf.-Dauer	Positionsnummer

A 15 Mauerwerk abgleichen — Beschreibung für Pos. **95-97**

Abgleichen von geneigten Abschlüssen des Giebelmauerwerks, mit Beton, inkl. beidseitiger nichtsaugender, glatter Schalung.
Untergrund: abgetreppt, Mauerwerk aus .....
Oberfläche: abreiben
Betongüte: C20/25
Arbeitshöhe: .....

95 Mauerwerk abgleichen, 17,5cm — KG **331**

Wie Ausführungsbeschreibung A 15
Mauerdicke: 17,5 cm

4€	14€	**17€**	21€	29€	[m]	⏱ 0,20h/m	012.000.082

Kosten:
Stand 1.Quartal 2026
Bundesdurchschnitt

96 Mauerwerk abgleichen, 24cm — KG **331**

Wie Ausführungsbeschreibung A 15
Mauerdicke: 24,0 cm

6€	15€	**20€**	25€	32€	[m]	⏱ 0,25h/m	012.000.114

97 Mauerwerk abgleichen, 36,5cm — KG **331**

Wie Ausführungsbeschreibung A 15
Mauerdicke: 36,0 cm

7€	18€	**23€**	33€	45€	[m]	⏱ 0,28h/m	012.000.037

98 Ringanker, U-Schale, 11,5cm — KG **331**

Ringanker aus U-Schale, ohne integrierte Wärmedämmung; Füllung mit Beton und Bewehrung wird gesondert vergütet.
Wanddicke: 11,5 cm
Material: **Ziegel / Porenbeton / Kalksandstein**

31€	47€	**54€**	55€	63€	[m]	⏱ 0,20h/m	012.000.112

99 Ringanker, U-Schale, 24cm — KG **331**

Ringanker aus U-Schale; Füllung mit Beton und Bewehrung wird gesondert vergütet.
Wanddicke: 24,0 cm
Material: **Ziegel / Porenbeton / Kalksandstein**
Integrierte Wärmedämmung: **mit / ohne**

38€	55€	**57€**	64€	78€	[m]	⏱ 0,22h/m	012.000.043

100 Ringanker, U-Schale, 36,5cm — KG **331**

Ringanker aus U-Schale, Füllung mit Beton und Bewehrung wird gesondert vergütet.
Wanddicke: 36,5 cm
Material: **Ziegel / Porenbeton / Kalksandstein**
Integrierte Wärmedämmung: **mit / ohne**

52€	63€	**67€**	78€	100€	[m]	⏱ 0,25h/m	012.000.084

► min
▷ von
ø Mittel
◁ bis
◄ max

101 **Ausmauerung, Sparren** KG **332**

Mauerwerk zwischen Holzsparren, als Sparrenfußausmauerung, mit Hochlochziegel, inkl. Stoßfugenvermörtelung.
Wanddicke: 11,5 cm
Steinart: HLz
Festigkeitsklasse: 12 N/mm²
Rohdichteklasse: 1,2 kg/dm³
Format: 2DF (240 x 115 x 113 mm)
Normalmauermörtel: M 2,5
Arbeitshöhe: unter 1,5 m

33€ 49€ **54€** 65€ 88€ [m] ⏱ 0,30h/m 012.000.044

102 **Schornstein, Formstein, einzügig** KG **429**

Einzügiges Schornsteinsystem, mehrschalig, Montagebauweise, feuchteunempfindlich, für Gegenstrombetrieb und überdruckdicht. Leistung komplett inkl. aller erforderlichen Anschlüsse und Zubehörteile.
Abgasanlage: (Betriebsstoff, Bauweise, Temperaturklasse, Gasdichtheitsklasse, Nominaldruck, etc.) gem. Einzelbeschreibung
System bestehend aus:

- Keramikrohr
- Distanzhalter
- Dämmung
- Mantelstein
- Heizraumabluftschacht
- Sockelstein mit Kondensatablauf
- Reinigungsöffnungen (2 St)
- Anschlussöffnung

Ausführung: einzügig
Abzugsöffnungen: .....
Mantelstein: **Ziegel / Leichtbeton**
Abgasrohr: D= ..... mm
Abluftschacht: 10 x 25 cm
Schornsteinhöhe: bis 11,00 m
Arbeitshöhe: bis 3,50 m

210€ 308€ **353€** 430€ 616€ [m] ⏱ 1,50h/m 012.000.173

Nr. **Kurztext** / Langtext — Kostengruppe

▶ ▷ **ø netto €** ◁ ◀ [Einheit] Ausf.-Dauer Positionsnummer

103 Schornstein, Formsteine, zweizügig KG **429**

Zweizügiges Schornsteinsystem, mehrschalig, Montagebauweise, feuchteunempfindlich, für Gegenstrombetrieb und überdruckdicht. Leistung komplett inkl. aller erforderlichen Anschlüsse und Zubehörteile.
Abgasanlage: (Betriebsstoff, Bauweise, Temperaturklasse, Gasdichtheitsklasse, Nominaldruck, etc.) gem. Einzelbeschreibung
System bestehend aus:

- Keramikrohr
- Distanzhalter
- Dämmung
- Mantelstein
- Heizraumabluftschacht
- Sockelstein mit Kondensatabläufen
- Reinigungsöffnungen (je 2 St je Zug)
- Anschlussöffnung

Ausführung: zweizügig
Abzugsöffnungen: .....
Mantelstein: **Ziegel / Leichtbeton**
Abgasrohr 1: D= ..... mm
Abgasrohr 2: D= ..... mm
Abluftschacht: 10 x 25 cm
Schornsteinhöhe: bis 11,00 m
Arbeitshöhe: bis 3,50 m

306€ 395€ **421€** 479€ 571€ [m] ⏱ 1,50 h/m 012.000.029

104 Schornsteinkopf, Mauerwerk KG **429**

Schornsteinkopfmauerwerk aus Klinkerziegel KMZ, für Montageschornstein, auf vorhandener Kragplatte.
Ausführung: als **Aufmauerung / Ummauerung**
Mauerdicke: 11,5 cm
Schornsteinabmessung: .....
Steinart: KMz
Festigkeitsklasse: 28 N/mm^2
Rohdichteklasse: 1,6 kg/dm^3
Format: NF
Mörtelgruppe: M 5
Struktur: .....
Farbe: .....
Höhe über Dach: 0,70 m i.M.
Höhe unterhalb: .....

251€ 342€ **350€** 387€ 445€ [m^2] ⏱ 2,30 h/m^2 012.000.030

105 Schornsteinkopfabdeckung, Faserzement KG **429**

Stülpkopf aus beschichtetem Faserzement, passend zu Schornstein-System.
Ausführung: **im Ziegelmantelstein / im Leichtbetonmantelstein**
Struktur: .....
Farbe: .....

336€ 568€ **642€** 759€ 997€ [St] ⏱ 1,00 h/St 012.000.031

Kosten:
Stand 1. Quartal 2026
Bundesdurchschnitt

▶ min
▷ von
ø Mittel
◁ bis
◀ max

106 Ziegel-Elementdecke, ZST 1,0 - 22,5 KG **351**

Ziegelelementdecke, mit mittragenden Deckenziegeln inkl. prüffähigem Tragfähigkeitsnachweis und Verlegeplan sowie erforderlicher Montagejoche und Zwischenunterstützungen, Bemessung nach typengeprüften Traglasttabellen. Auf- und Vergussbeton, Bewehrung und Ausbilden von Durchbrüchen werden gesondert vergütet.
Deckensystem: .....
Deckenziegel: ZST 1,0-22,5
Elementbreiten: 0,50-2,50 m
Spannweite: .....
Nutzlast: .....
Deckendicke: .....
Schalldämmmaß (inkl. schwimm. Estrich + Putz): .....
Brandschutz: **F90A / REI 90**
Einbauort/Geschoss: ......
Arbeitshöhe über Standebene: .....

140€ 164€ **179€** 182€ 196€ [m²] ⏱ 0,70 h/m² 012.000.054

107 Stundensatz, Facharbeiter/-in

Stundenlohnarbeiten für Facharbeiter/-in, Spezialfacharbeiter/-in, Vorarbeiter/-in und jeweils Gleichgestellte. Der Verrechnungssatz für die jeweilige Arbeitskraft umfasst sämtliche Aufwendungen wie Lohn- und Gehaltskosten, lohn- und gehaltsgebundene Kosten, Lohn- und Gehaltsnebenkosten, Gemeinkosten, Wagnis und Gewinn. Leistung nach besonderer Anordnung des Auftraggebers. Nachweis und Anmeldung gem. VOB/B.

62€ 71€ **76€** 81€ 91€ [h] ⏱ 1,00 h/h 012.000.128

108 Stundensatz, Helfer/-in

Stundenlohnarbeiten für Werker/-in, Fachwerker/-in und jeweils Gleichgestellte. Der Verrechnungssatz für die jeweilige Arbeitskraft umfasst sämtliche Aufwendungen wie Lohn- und Gehaltskosten, lohn- und gehaltsgebundene Kosten, Lohn- und Gehaltsnebenkosten, Gemeinkosten, Wagnis und Gewinn. Leistung nach besonderer Anordnung des Auftraggebers. Nachweis und Anmeldung gem. VOB/B.

48€ 62€ **68€** 70€ 77€ [h] ⏱ 1,00 h/h 012.000.129

013

Kosten:
Stand 1.Quartal 2026
Bundesdurchschnitt

► min
▷ von
ø Mittel
◁ bis
◄ max

Nr.	Positionen	Einheit	►	▷	ø brutto € / ø netto €	◁	◄
1	Tragschicht, Schotter, 30cm	m²	15	24	**29**	29	42
			13	20	**24**	24	35
2	Trennlage, PE-Folie	m²	2	3	**3**	4	5
			1	2	**3**	3	5
3	Glasschotter, unter Bodenplatte, 30cm, verdichten	m³	140	176	**188**	218	275
			117	148	**158**	183	231
4	Sauberkeitsschicht, Beton, 5cm	m²	11	16	**17**	23	33
			10	13	**15**	20	28
5	Sauberkeitsschicht, Sand, 10cm	m²	8	12	**14**	18	25
			7	10	**12**	15	21
6	Rohrdurchführung, Kunststoff	St	33	69	**74**	88	112
			28	58	**62**	74	94
7	Gleitschicht, PE-Folie, zweilagig	m²	3	4	**5**	6	8
			2	4	**5**	5	7
8	Fundament, Ortbeton C30/37	m³	229	261	**276**	303	367
			192	219	**232**	255	308
9	Schalung, Fundament, verloren	m²	56	68	**72**	82	103
			47	57	**61**	69	86
10	Schalung, Fundament, rau	m²	33	56	**63**	76	113
			28	47	**53**	64	95
11	Unterfangung, Fundament	m³	344	540	**629**	666	1.034
			289	454	**528**	560	869
12	Aufzugsunterfahrt, Ortbeton C25/30	m³	277	372	**400**	601	922
			233	313	**336**	505	775
13	Bodenplatte, Ortbeton, C25/30, bis 35cm	m³	203	252	**272**	291	339
			171	212	**228**	244	285
14	Bodenplatte, Ortbeton, C25/30, bis 40cm	m³	208	251	**270**	301	361
			175	211	**227**	253	303
15	Bodenplatte, WU-Ortbeton C30/37, bis 35cm	m³	200	272	**302**	319	374
			168	228	**254**	268	315
16	Bodenplatte, WU-Ortbeton C30/37, 40cm	m³	208	294	**317**	367	434
			175	247	**267**	308	365
17	Randschalung, Bodenplatte, bis 30cm	m	11	18	**21**	24	31
			10	15	**18**	20	26
18	Randschalung, Bodenplatte, 40cm	m	14	21	**25**	28	37
			12	18	**21**	23	31
19	Fugenband, Blechband	m	28	36	**40**	47	63
			23	30	**33**	40	53
20	Fugenband, Blech, Formstück	St	41	74	**87**	96	129
			34	62	**73**	81	108
21	Fugenband, Kunststoff	m	31	43	**48**	54	71
			26	37	**40**	45	59
22	Fugenband, Kunststoff, Formstück	St	36	69	**86**	93	122
			30	58	**73**	79	102
23	Fugenband, Bewegungsfugen	m	39	56	**63**	71	94
			32	47	**53**	60	79
24	Fugenband, Injektionsschlauch	m	30	36	**40**	43	52
			25	30	**33**	36	43

Nr.	Positionen	Einheit	▶	▷	ø brutto € / ø netto €	◁	◀
25	Verpressung, Injektionsschlauch	m	35	56	**68**	81	104
			30	47	**57**	68	88
26	Innenwand, Ortbeton, C25/30, bis 25cm	m³	196	226	**246**	272	314
			165	190	**207**	228	263
27	Außenwand, Ortbeton, C25/30, bis 25cm	m³	186	233	**254**	277	327
			156	196	**213**	232	274
28	Außenwand, WU-Ortbeton, C25/30, bis 30cm	m³	221	260	**268**	306	385
			186	219	**225**	257	324
29	Außenwand, WU-Ortbeton, C30/37, bis 30cm	m³	235	277	**294**	328	384
			197	233	**247**	275	323
30	Schalung, Aufzugsschacht	m²	60	78	**85**	91	104
			50	66	**71**	77	88
31	Schalung, Wand, rau	m²	50	59	**62**	66	82
			42	49	**52**	55	69
32	Schalung, Wand, glatt	m²	37	57	**65**	74	100
			31	48	**54**	62	84
33	Schalung, Wand, SB3	m²	63	85	**90**	94	104
			53	71	**76**	79	88
34	Schalung, Dreiecksleiste	m	4	7	**8**	10	14
			4	6	**7**	8	11
35	Wandschalung, Tür 885mm	St	74	148	**174**	194	270
			62	124	**147**	163	227
36	Wandschalung, Tür 1.135mm	St	90	160	**192**	223	343
			76	134	**161**	188	288
37	Wandschalung, Tür 2.010mm	St	109	214	**263**	332	476
			92	180	**221**	279	400
38	Wandschalung, Fenster bis 2m²	St	83	148	**178**	256	420
			70	124	**149**	215	353
39	Wandschalung, Fenster bis 4m²	St	99	235	**345**	401	491
			83	197	**290**	337	413
40	Wandschalung, Stirnfläche	m	20	30	**35**	39	48
			17	25	**29**	33	40
41	Aussparung, bis 0,10m², Betonbauteile	St	22	49	**60**	81	133
			18	41	**50**	68	112
42	Öffnung, über 2,5m², Wand	m²	92	106	**112**	121	145
			77	89	**94**	102	122
43	Kernbohrung, Stb-Decke, Durchmesser 55-80 mm	St	205	249	**277**	315	346
			172	209	**232**	265	290
44	Kernbohrung, Stb-Decke, Durchmesser 115-130mm	St	231	274	**308**	354	385
			194	230	**259**	298	324
45	Kernbohrung, Stahlschnitte, 16-28mm	St	5	6	**7**	8	10
			4	5	**6**	7	8
46	Betonschneidearbeiten, bis 43cm	m	186	226	**251**	286	314
			156	190	**211**	240	264
47	Unterzug/Sturz, Stahlbeton C25/30	m³	198	262	**285**	340	451
			166	220	**240**	285	379
48	Schalung, Unterzug/Sturz	m²	78	111	**124**	139	176
			66	94	**104**	117	148

Betonarbeiten **Preise €**

Nr.	Positionen	Einheit	►	▷	ø brutto € / ø netto €	◁	◄
49	Konsole, Ortbeton, Sichtbeton	m³	211	360	**432**	499	623
			177	303	**363**	419	524
50	Stütze, Ortbeton, Schalung, bis 40x40cm	m	116	169	**196**	221	275
			98	142	**164**	185	231
51	Stütze, Ortbeton, Schalung, Sichtbeton, L-Form	m	125	167	**187**	275	427
			105	141	**157**	232	359
52	Stütze, Ortbeton, Schalung, Sichtbeton, T-Form	m	128	189	**215**	318	466
			108	159	**180**	267	391
53	Stütze, Stahlbeton C25/30, außen	m³	264	323	**351**	381	442
			221	271	**295**	320	371
54	Ortbeton, Stütze, C25/30, innen	m³	236	290	**311**	336	431
			199	243	**261**	282	362
55	Schalung, Stütze, rechteckig, rau	m²	71	104	**123**	141	189
			60	88	**103**	119	159
56	Schalung, Stütze, rechteckig, glatt	m²	78	117	**131**	154	209
			66	98	**110**	129	175
57	Schalung, Stütze, rund, glatt	m²	78	107	**122**	143	183
			65	90	**103**	120	153
58	Stb-Fertigteil, Stütze	St	930	2.703	**2.864**	3.296	4.627
			782	2.271	**2.407**	2.770	3.889
59	Decke, Ortbeton, C25/30, bis 35cm	m³	192	217	**226**	239	289
			162	183	**190**	201	243
60	Decke, Ortbeton, C25/30, bis 35cm, SB2	m³	206	238	**256**	258	295
			173	200	**215**	217	248
61	Balkonplatte, Ortbeton, C25/30, SB2	m³	244	276	**287**	290	345
			205	232	**241**	244	290
62	Schalung, Decken, glatt	m²	37	62	**69**	84	116
			31	52	**58**	71	97
63	Schalung, Dach, glatt	m²	46	63	**69**	82	116
			39	53	**58**	69	97
64	Flachdach, Ortbeton, C25/30, bis 35cm	m³	193	212	**221**	239	289
			162	179	**186**	201	243
65	Dämmung, Deckenrand, PS	m	11	14	**17**	19	23
			9	12	**14**	16	19
66	Überzug/Attika, Ortbeton, C25/30	m³	201	270	**307**	348	438
			169	227	**258**	292	368
67	Randschalung, Deckenplatte	m	17	24	**27**	32	48
			14	20	**23**	27	40
68	Unterzug, rechteckig, Ortbeton, Schalung	m	85	131	**147**	188	304
			72	110	**123**	158	256
69	Schalung, Ringbalken/Überzug/Attika, glatt	m²	68	94	**103**	116	144
			57	79	**86**	97	121
70	Stb-Fertigteilsturz, Breite 17,5cm	m	70	102	**116**	128	151
			59	86	**98**	108	127
71	Stb-Fertigteilsturz, Breite 11,5cm	m	44	64	**75**	84	99
			37	54	**63**	71	83
72	Stb-Fertigteilsturz, Breite 24cm	m	67	113	**136**	155	184
			56	95	**115**	130	155

Kosten:
Stand 1.Quartal 2026
Bundesdurchschnitt

► min
▷ von
ø Mittel
◁ bis
◄ max

Nr.	Positionen	Einheit	▶	▷	ø brutto € / ø netto €	◁	◀
73	Treppenlauf, Ortbeton, C35/37	m³	321	385	**410**	490	614
			269	323	**344**	411	516
74	Schalung, Treppenlauf/Stufen, gerade	m²	199	221	**227**	236	256
			168	185	**190**	199	215
75	Treppenpodest, Ortbeton, C30/37	m³	260	330	**355**	395	484
			219	277	**299**	332	407
76	Schalung, glatt, Treppenpodest	m²	73	126	**146**	161	203
			61	106	**123**	135	171
77	Stb-Fertigteil, Treppenpodest	St	1.220	2.361	**2.822**	3.407	4.941
			1.025	1.984	**2.371**	2.863	4.152
78	Stb-Fertigteil, Treppe, einläufig, 7 Stufen	St	1.085	1.771	**1.946**	2.157	3.065
			912	1.488	**1.635**	1.812	2.576
79	Stb-Fertigteil, Treppe, einläufig, 16 Stufen	St	2.938	3.830	**4.248**	4.593	5.357
			2.469	3.218	**3.570**	3.859	4.502
80	Blockstufe, Betonfertigteil	St	163	320	**388**	551	889
			137	269	**326**	463	747
81	Elementdecke, 18cm, inkl. Aufbeton	m²	72	104	**115**	130	160
			60	88	**97**	109	134
82	Elementdecke, 25cm, inkl. Aufbeton	m²	121	144	**155**	179	217
			102	121	**131**	150	182
83	Gleitfolie, Wandauflager	m	6	12	**15**	17	23
			5	10	**12**	14	19
84	Stb-Fertigteil, Balkonplatte	m²	204	268	**322**	343	392
			172	225	**271**	288	329
85	Stb-Fertigteil, Balkonbrüstung	m²	211	293	**317**	342	387
			177	246	**266**	287	326
86	Maschinenfundament, Ortbeton, Schalung, bis 3,0m²	m²	70	130	**173**	188	220
			59	110	**146**	158	185
87	Gefällebeton, C12/15, XC4/XF1	m²	36	44	**47**	50	57
			30	37	**39**	42	48
88	Kellerlichtschacht, Kunststoffelement	St	191	369	**433**	524	752
			160	310	**364**	441	632
89	Kellerlichtschacht, Betonfertigteil	St	385	984	**1.238**	1.571	2.266
			324	827	**1.040**	1.320	1.905
90	Kellerfenster, einflüglig bis 1,50m², in Schalung	St	354	482	**571**	609	702
			298	405	**480**	512	590
91	Kunststofffenster, einflüglig, 750x500mm, wasserdicht	St	1.749	1.900	**2.159**	2.504	2.849
			1.469	1.596	**1.814**	2.104	2.394
92	Kunststofffenster, einflüglig, 800x600mm, wasserdicht	St	2.212	2.403	**2.731**	3.167	3.604
			1.859	2.019	**2.295**	2.662	3.029
93	Kunststofffenster, einflüglig, 1.000x1.000mm, wasserdicht	St	2.690	2.922	**3.320**	3.852	4.383
			2.260	2.455	**2.790**	3.237	3.683
94	Fundamenterder, Stahlband	m	5	10	**11**	16	25
			5	8	**9**	14	21
95	Elektrogerätedose	St	7	15	**18**	24	39
			6	13	**15**	20	33
96	Elektroleerrohr, flexibel, DN25	m	5	12	**15**	31	58
			5	10	**12**	26	49

Betonarbeiten **Preise €**

Nr.	Positionen	Einheit	►	▷	**ø brutto €** / ø netto €	◁	◄
97	Leuchten-Einbaugehäuse/-Eingießtopf	St	73	124	**138**	150	194
			61	104	**116**	126	163
98	Hauseinführung/Wanddurchführung, Medien	St	257	662	**791**	1.089	1.669
			216	556	**664**	915	1.403
99	Deckenschlitz, Beton	m	15	32	**39**	48	72
			13	27	**33**	41	61
100	Wandaussparung schließen	m²	78	169	**225**	267	338
			66	142	**189**	225	284
101	Deckendurchbruch schließen, bis 250cm²	St	26	40	**46**	55	75
			22	33	**39**	46	63
102	Deckendurchbruch schließen, 500 bis 1.000cm²	St	31	53	**61**	71	91
			26	44	**52**	59	77
103	Deckendurchbruch schließen, 1.000 bis 2.500cm²	St	34	72	**82**	99	138
			28	60	**69**	83	116
104	Perimeterdämmung, Bodenplatte, XPS 035, 120mm	m²	35	51	**58**	70	82
			29	43	**49**	58	69
105	Perimeterdämmung, Bodenplatte, XPS 035, 200mm	m²	60	77	**92**	99	110
			50	65	**77**	84	92
106	Perimeterdämmung, Bodenplatte, XPS 035, bis 300mm	m²	96	132	**147**	166	203
			80	111	**124**	140	171
107	Perimeterdämmung, Wand, XPS 040, 120mm	m²	52	62	**75**	84	100
			44	52	**63**	71	84
108	Schaumglasdämmung, Bodenplatte, bis 100mm	m²	81	104	**117**	128	146
			68	88	**99**	107	123
109	Schaumglasdämmung, Bodenplatte, 120-140mm	m²	154	178	**185**	204	235
			129	149	**156**	171	198
110	Mehrschichtdämmplatte, 50mm, in Schalung	m²	37	49	**55**	60	72
			31	41	**47**	50	60
111	Trennwanddämmung, MW, schallbrückenfrei	m²	11	18	**19**	23	32
			9	15	**16**	19	27
112	Betonstahlmatten, BSt B500A/B500B	t	1.787	2.362	**2.661**	2.888	3.511
			1.502	1.985	**2.236**	2.427	2.951
113	Betonstabstahl, BSt B500B	t	1.703	2.422	**2.715**	2.983	3.717
			1.431	2.035	**2.281**	2.507	3.123
114	Bewehrungszubehör, Abstandshalter	kg	3	5	**5**	6	8
			3	4	**4**	5	7
115	Bewehrung, Gitterträger	t	2.414	2.743	**2.818**	3.006	3.317
			2.028	2.305	**2.368**	2.526	2.787
116	Bewehrungsstoß, 10-16mm	St	31	45	**51**	58	73
			26	38	**43**	48	61
117	Bewehrungsstoß, 22-28mm	St	63	86	**92**	99	121
			53	72	**78**	83	102
118	Klebeanker, M16	St	21	32	**37**	45	59
			17	27	**31**	38	49
119	Kopfbolzenleiste, Durchstanzbewehrung	St	21	45	**55**	75	127
			18	38	**47**	63	107
120	Kleineisenteile, Baustahl S235JR	kg	7	11	**12**	17	28
			6	9	**10**	15	24

Kosten:
Stand 1.Quartal 2026
Bundesdurchschnitt

► min
▷ von
ø Mittel
◁ bis
◄ max

Nr.	Positionen	Einheit	▶	▷	ø brutto € / ø netto €	◁	◀
121	Stahlkonstruktion, Profilstahl S235JR	kg	4	8	**10**	13	20
			4	7	**8**	11	17
122	Stahlkonstruktion, Baustahl S235JR(AR)	kg	9	15	**19**	21	32
			7	13	**16**	18	27
123	Stahlteile feuerverzinken	kg	2	3	**3**	4	5
			1	2	**3**	3	4
124	Kleineisenteile, nichtrostender Stahl	kg	22	39	**48**	62	82
			18	33	**40**	52	69
125	Ankerschiene 28/15	m	21	30	**35**	47	86
			18	25	**29**	39	72
126	Ankerschiene 38/17	m	25	49	**60**	71	94
			21	41	**50**	60	79
127	Bewehrungs-/Rückbiegeanschluss 55/85	m	18	34	**41**	49	72
			15	29	**35**	42	60
128	Bewehrungs-/Rückbiegeanschluss, 150/190	m	29	50	**57**	68	91
			24	42	**48**	57	77
129	Balkonanschluss, Wärmedämmelement	m	169	427	**496**	596	822
			142	359	**416**	501	690
130	TSD-Element, Anschluss, Treppenpodest//Wand	St	157	216	**238**	254	331
			132	181	**200**	214	278
131	Stundensatz, Helfer/-in	h	61	73	**80**	83	88
			51	62	**67**	69	74
132	Stundensatz, Facharbeiter/-in	h	70	84	**91**	94	105
			59	70	**76**	79	88

Nr.	**Kurztext** / Langtext						Kostengruppe
▶	▷	**ø netto €**	◁	◀	[Einheit]	Ausf.-Dauer	Positionsnummer

1 Tragschicht, Schotter, 30cm KG **325**

Tragschicht aus Schotter, auf vorhandenes Filtervlies unter Bodenplatte und Fundament, schichtweise einbringen und verdichten, Oberfläche eben abgewalzt (+/-3cm).
Schichtdicke i.M.: 30 cm
Proctordichte: 103%
Körnung: 0/45
Sieblinie: .....

13€ 20€ **24€** 24€ 35€ [m²] ⏱ 0,10h/m² 013.000.092

2 Trennlage, PE-Folie KG **325**

Trennlage aus PE-Folie, Stoßüberlappung ca. 15cm, Stöße gegen Verschieben sichern.
Foliendicke: 0,2 mm
Verlegung: **einlagig / zweilagig**
Untergrund: **Kiesfilter / Sauberkeitsschicht**

1€ 2€ **3€** 3€ 5€ [m²] ⏱ 0,02h/m² 013.000.001

000 001 002 006 008 009 010 012 013 014 016 017 018 020 021 022

Nr.	Kurztext / Langtext						Kostengruppe
►	▷	ø netto €	◁	◀	[Einheit]	Ausf.-Dauer	Positionsnummer

3 Glasschotter, unter Bodenplatte, 30cm, verdichten KG **325**

Schüttung aus Glasschaum-Granulat, lastabtragend und kapillarbrechend, auf vorhandenes Geotextil unter Bodenplatte und Fundament, schichtweise einbringen und verdichten, Oberfläche eben abgewalzt +/-3cm.
Dicke verdichtet: 30 cm
Nennwert der Wärmeleitfähigkeit: **0,08 / 0,11** W/(mK)

►	▷	ø	◁	◀	Einheit	Ausf.-Dauer	Positionsnummer
117€	148€	**158€**	183€	231€	[m³]	⏱ 0,80h/m³	013.000.091

4 Sauberkeitsschicht, Beton, 5cm KG **325**

Sauberkeitsschicht aus unbewehrtem Beton, unter Gründungsbauteilen.
Zuschlagstoff: natürliche Gesteinskörnung
Betongüte: **C8/10 / C12/15**
Dicke: 5 cm

►	▷	ø	◁	◀	Einheit	Ausf.-Dauer	Positionsnummer
10€	13€	**15€**	20€	28€	[m²]	⏱ 0,05h/m²	013.000.083

Kosten:
Stand 1. Quartal 2026
Bundesdurchschnitt

5 Sauberkeitsschicht, Sand, 10cm KG **325**

Sandbettung unter Bodenplattendämmung, auf profilgerechtem Planum, Sand eben abziehen und verdichten.
Körnung: .....
Verdichtungsgrad: mind. DPr 97%
Dicke: 10 cm
Nachfolgende Dämmung: .....

►	▷	ø	◁	◀	Einheit	Ausf.-Dauer	Positionsnummer
7€	10€	**12€**	15€	21€	[m²]	⏱ 0,06h/m²	013.000.098

6 Rohrdurchführung, Kunststoff KG **444**

Kunststoff-Leerrohr in Schalung von Ortbetonbauteilen einbauen.
Durchmesser: DN100
Rohrlänge: .....
Bauteil: .....
Angeb. Fabrikat: .....

►	▷	ø	◁	◀	Einheit	Ausf.-Dauer	Positionsnummer
28€	58€	**62€**	74€	94€	[St]	⏱ 0,20h/St	013.000.080

7 Gleitschicht, PE-Folie, zweilagig KG **325**

Gleitschicht, zweilagig, auf Sauberkeitsschicht. Stoßüberlappung ca. 15cm, Stöße gegen verschieben sichern.
Material: PE-Folie
Foliendicke: mind. 0,2 mm je Lage
Untergrund: Beton

►	▷	ø	◁	◀	Einheit	Ausf.-Dauer	Positionsnummer
2€	4€	**5€**	5€	7€	[m²]	⏱ 0,10h/m²	013.000.237

► min
▷ von
ø Mittel
◁ bis
◀ max

8 Fundament, Ortbeton C30/37 KG **322**

Fundament aus Ortbeton, unter GOK, mit Anforderung an Frostsicherheit, ohne Taumittel. Schalung und Bewehrung in gesonderter Position.
Festigkeitsklasse: C30/37
Expositionsklasse: XC2, XF1
Feuchtigkeitsklasse: WF
Zuschlagstoff: natürliche Gesteinskörnung
Untergrund: .....
Abmessung: .....

192€ 219€ **232€** 255€ 308€ [m³] ⏱ 0,80 h/m³ 013.000.239

9 Schalung, Fundament, verloren KG **322**

Verlorene Schalung, rau, für Einzel- und Streifenfundamente, Fundamentplatten und sonstige Abschalungen im Gründungsbereich.
Bauteil: .....
Schalung: .....

47€ 57€ **61€** 69€ 86€ [m²] ⏱ 0,60 h/m² 013.000.061

10 Schalung, Fundament, rau KG **322**

Schalung, rau, für Einzel- und Streifenfundamente, Fundamentplatten und sonstige Abschalungen im Gründungsbereich.
Bauteil: .....
Schalung: .....

28€ 47€ **53€** 64€ 95€ [m²] ⏱ 0,60 h/m² 013.000.006

11 Unterfangung, Fundament KG **393**

Unterfangung von Fundamenten aus Stahlbeton, nach DIN 4123 abschnittsweise, inkl. Mehraufwand beim Erdaushub durch das Anlegen von Stichgräben oder Schächten (Menge ist beim Baugrubenaushub erfasst), einschl. Arbeitsraumsicherung. Schalung und Bewehrung in gesonderter Position.
Festigkeitsklasse: C25/30
Expositionsklasse: XC2/XA1
Feuchtigkeitsklasse: WF
Zuschlagstoff: natürliche Gesteinskörnung
Unterfangungsdicke: bis 0,50 m
Unterfangungshöhe: bis 1,50 m
Breite Stichgräben: ca.1,25 m
Hinweis: Nach ATV DIN 18331 in VOB/C müssen Beton, Schalung und Bewehrung getrennt ausgeschrieben werden.

289€ 454€ **528€** 560€ 869€ [m³] ⏱ 6,60 h/m³ 013.000.007

12 Aufzugsunterfahrt, Ortbeton C25/30 KG **322**

Bewehrtes Bauteil der Aufzugsunterfahrt in Ortbeton, WU-Beton mit hohem Wassereindringwiderstand, Ausführung gem. Plänen. Schalung und Bewehrung in gesonderter Position.
Festigkeitsklasse: C25/30
Expositionsklassen: XC2
Feuchtigkeitsklasse: WF
Zuschlagstoff: natürliche Gesteinskörnung
Dicke: .....

233€ 313€ **336€** 505€ 775€ [m³] ⏱ 1,05 h/m³ 013.000.241

Nr.	Kurztext / Langtext					Kostengruppe
▶	▷	ø netto €	◁	◀	[Einheit] Ausf.-Dauer	Positionsnummer

13 Bodenplatte, Ortbeton, C25/30, bis 35cm KG **322**

Bodenplatte aus Ortbeton, unter GOK, ohne Frost, schwacher chem. Angriff, Schalung und Bewehrung in gesonderter Position.
Festigkeitsklasse: C25/30
Expositionsklasse: XC2/XA1
Feuchtigkeitsklasse: WF
Zuschlagstoff: natürliche Gesteinskörnung
Plattendicke: über 25-35 cm
Untergrund: waagerecht
Oberfläche: waagerecht

171€ 212€ **228€** 244€ 285€ [m³] ⏱ 0,80h/m³ 013.000.008

14 Bodenplatte, Ortbeton, C25/30, bis 40cm KG **322**

Bodenplatte aus Ortbeton, unter GOK, ohne Frost, schwacher chem. Angriff, Schalung und Bewehrung in gesonderter Position.
Festigkeitsklasse: C25/30
Expositionsklasse: XC2/XA1
Feuchtigkeitsklasse: WF
Zuschlagstoff: natürliche Gesteinskörnung
Plattendicke: über 35-40 cm
Untergrund: waagerecht
Oberfläche: waagerecht

175€ 211€ **227€** 253€ 303€ [m³] ⏱ 0,80h/m³ 013.000.262

15 Bodenplatte, WU-Ortbeton C30/37, bis 35cm KG **322**

Bodenplatte aus Ortbeton, unter GOK, WU-Beton, mit hohem Wassereindringwiderstand, Ausführung gem. Plänen. Schalung und Bewehrung in gesonderter Position.
Festigkeitsklasse: C30/37
Expositionsklassen: XC2/XA1/XF1
Feuchtigkeitsklasse: WF
Zuschlagstoff: natürliche Gesteinskörnung
Plattendicke: über 25-35 cm
Untergrund: waagerecht
Oberfläche: waagerecht

168€ 228€ **254€** 268€ 315€ [m³] ⏱ 1,00h/m³ 013.000.009

16 Bodenplatte, WU-Ortbeton C30/37, 40cm KG **322**

Bodenplatte aus Ortbeton, unter GOK, WU-Beton, mit hohem Wassereindringwiderstand, Ausführung gem. Plänen. Schalung und Bewehrung in gesonderter Position.
Festigkeitsklasse: C30/37
Expositionsklassen: XC2/XA1/XF1
Feuchtigkeitsklasse: WF
Zuschlagstoff: natürliche Gesteinskörnung
Dicke: 40 cm
Untergrund: waagerecht
Oberfläche: waagerecht

175€ 247€ **267€** 308€ 365€ [m³] ⏱ 1,00h/m³ 013.000.266

Kosten:
Stand 1.Quartal 2026
Bundesdurchschnitt

▶ min
▷ von
ø Mittel
◁ bis
◀ max

Nr.	Kurztext / Langtext						Kostengruppe
▶	▷	ø netto €	◁	◀	[Einheit]	Ausf.-Dauer	Positionsnummer

17 Randschalung, Bodenplatte, bis 30cm KG **322**

Randschalung der Bodenplatte, ohne Anforderungen an die Sichtfläche.
Plattendicke: bis 30 cm

10€ | 15€ | **18€** | 20€ | 26€ | [m] | ⏱ 0,10h/m | 013.000.025

18 Randschalung, Bodenplatte, 40cm KG **322**

Randschalung der Bodenplatte, ohne Anforderungen an die Sichtfläche.
Plattendicke: bis 40 cm

12€ | 18€ | **21€** | 23€ | 31€ | [m] | ⏱ 0,10h/m | 013.000.273

19 Fugenband, Blechband KG **331**

Fugenblech, **einseitig / beidseitig** beschichtet, eingelegt in Arbeitsfuge, zwischen Bauteilen, sowie zwischen zwei Betonierabschnitten, für dichte Ausführung der Betonarbeitsfugen, inkl. aller Befestigungsteile und Verbindungen.
Material: .....
Abmessung: .....
Einbauort: zwischen Bodenplatte und aufgehender Wand, sowie zwischen Wandbauteilen
Arbeitshöhe: ..... m

23€ | 30€ | **33€** | 40€ | 53€ | [m] | ⏱ 0,20h/m | 013.000.148

20 Fugenband, Blech, Formstück KG **331**

Formstück des vorbeschriebenen Fugenblechs.
Formstück: **Eckausführung / T-Stoß**

34€ | 62€ | **73€** | 81€ | 108€ | [St] | ⏱ 0,30h/St | 013.000.149

21 Fugenband, Kunststoff KG **351**

Fugenband, aus Kunststoff, eingelegt in Arbeitsfuge, zwischen Bauteilen, sowie zwischen zwei Betonierabschnitten, für dichte Ausführung der Betonarbeitsfugen, inkl. aller Befestigungsteile und Verbindungen.
Material: .....
Abmessung: .....
Einbauort: zwischen Bodenplatte und aufgehender Wand, sowie zwischen Wandbauteilen
Arbeitshöhe: ..... m

26€ | 37€ | **40€** | 45€ | 59€ | [m] | ⏱ 0,20h/m | 013.000.201

22 Fugenband, Kunststoff, Formstück KG **351**

Formstück des vorbeschriebenen Fugenbandes aus Kunststoff.
Formstück: **Eckausführung / T-Stoß**

30€ | 58€ | **73€** | 79€ | 102€ | [St] | ⏱ 0,30h/St | 013.000.202

23 Fugenband, Bewegungsfugen KG **331**

Abdichtung von Bewegungsfugen an außenliegenden Bauteilen bei drückendem Wasser mit Fugenband.
Einsatzbereich: DIN 18533
Wassereinwirkungsklasse: W2.2-E
Einbauort: zwischen Wandbauteilen
Arbeitshöhe: ..... m

32€ | 47€ | **53€** | 60€ | 79€ | [m] | ⏱ 0,25h/m | 013.000.150

Kosten:
Stand 1. Quartal 2026
Bundesdurchschnitt

Nr.	**Kurztext** / Langtext						Kostengruppe
▶	▷	**ø netto €**	◁	◀	[Einheit]	Ausf.-Dauer	Positionsnummer

24 Fugenband, Injektionsschlauch KG **331**

Injektionsschlauch, für Einfach- oder Mehrfachverpressung, eingelegt in Arbeitsfuge, zwischen Bauteilen, sowie zwischen zwei Betonierabschnitten, zum nachträglichen dichten Ausführung der Betonarbeitsfugen, inkl. aller Befestigungsteile und Verbindungen. Leistung ohne Verpressen.
Einbauort: zwischen Bodenplatte und aufgehender Wand, sowie zwischen Wandbauteilen
Dichtmittel: .....

▶	▷	ø	◁	◀	Einheit	Ausf.-Dauer	Positionsnummer
25€	30€	**33€**	36€	43€	[m]	⏱ 0,20h/m	013.000.151

25 Verpressung, Injektionsschlauch KG **331**

Verpressen der bauseitig verlegten Injektionsschläuche in Fugen. Ausführungszeitpunkt nach Angaben von Hersteller und Bauüberwachung (abhängig von Betonschwund und Bauwerkssetzung).
Einsatzbereich: DIN 18533
Wassereinwirkungsklasse: W2.2-E
Dichtmittel: .....
Dichtmittelverbrauch: ..... kg/m

▶	▷	ø	◁	◀	Einheit	Ausf.-Dauer	Positionsnummer
30€	47€	**57€**	68€	88€	[m]	⏱ 0,40h/m	013.000.152

26 Innenwand, Ortbeton, C25/30, bis 25cm KG **341**

Innenwand in Ortbeton, Normalbeton, als Sichtbeton, mit normalen Anforderungen, einschl. Muster-/Erprobungsflächen. Schalung und Bewehrung in gesonderten Positionen. Bauteil in trockener Umgebung, ohne Frostangriff.
Festigkeitsklasse: C25/30
Expositionsklassen: XC1
Feuchtigkeitsklasse: WO
Zuschlagstoff: natürliche Gesteinskörnung
Dicke: über 15 bis 25 cm
Wandhöhe: bis 3,00 m
Sichtbetonklasse: SB 2 gem. DBV-Merkblatt "Sichtbeton"

▶	▷	ø	◁	◀	Einheit	Ausf.-Dauer	Positionsnummer
165€	190€	**207€**	228€	263€	[m³]	⏱ 0,70h/m³	013.000.244

27 Außenwand, Ortbeton, C25/30, bis 25cm KG **331**

Außenwandbauteil, bewehrt, in Ortbeton, aus Sichtbeton; Bauteil wechselnd nass und trocken, ohne Tausalz; Schalung und Bewehrung in gesonderten Positionen.
Festigkeitsklasse: C25/30
Expositionsklasse: XC4/XF1
Zuschlagstoff: natürliche Gesteinskörnung
Wanddicke: 20-25 cm
Wandhöhe: bis 3,00 m
SB-Klasse: .....

▶	▷	ø	◁	◀	Einheit	Ausf.-Dauer	Positionsnummer
156€	196€	**213€**	232€	274€	[m³]	⏱ 0,80h/m³	013.000.231

▶ min
▷ von
ø Mittel
◁ bis
◀ max

28 Außenwand, WU-Ortbeton, C25/30, bis 30cm KG **331**

Außenwandbauteil, bewehrt, in Ortbeton, WU-Beton mit hohem Wassereindringwiderstand, Ausführung gem. Plänen, mit direkter Beregnung; Schalung und Bewehrung in gesonderten Positionen.
Betongüte: C25/30 WU
Expositionsklasse: XC4/XF1
Feuchtigkeitsklasse: WF
Zuschlagstoff: natürliche Gesteinskörnung
Wanddicke: bis 30 cm
Wandhöhe: bis 3,00 m
Oberfläche: nicht sichtbar bleibend
Schalhaut: .....

186€ 219€ **225€** 257€ 324€ [m³] ⏱ 0,90 h/m³ 013.000.012

29 Außenwand, WU-Ortbeton, C30/37, bis 30cm KG **331**

Außenwandbauteil, bewehrt, in Ortbeton, WU-Beton mit hohem Wassereindringwiderstand, Ausführung gem. Plänen, mit direkter Beregnung; Schalung und Bewehrung in gesonderten Positionen.
Betongüte: C30/37 WU
Expositionsklasse: XC4/XF1
Feuchtigkeitsklasse: WF
Zuschlagstoff: natürliche Gesteinskörnung
Wanddicke: bis 30 cm
Wandhöhe: bis 3,00 m
Oberfläche: nicht sichtbar bleibend
Schalhaut: .....

197€ 233€ **247€** 275€ 323€ [m³] ⏱ 0,90 h/m³ 013.000.261

30 Schalung, Aufzugsschacht KG **341**

Schalung des Aufzugschacht-Innenraums, als Kletterschalung.
Geschosshöhe: bis 3,50 m
Oberfläche: innen nicht sichtbar bleibend
Schalhaut: Sichtbetonklasse .....

50€ 66€ **71€** 77€ 88€ [m²] ⏱ 0,90 h/m² 013.000.153

31 Schalung, Wand, rau KG **331**

Schalung der Wand für Betonflächen.
Schalsystem: .....
Schalhaut: .....
Oberfläche: rau
Schalhautstöße: geordnet, stumpf, ohne zusätzliche Dichtung
Hüllrohr: Faserzement
Ankerlage: bündig
Bauteilhöhe: bis ..... m

42€ 49€ **52€** 55€ 69€ [m²] ⏱ 0,70 h/m² 013.000.013

000
001
002
006
008
009
010
012
013
014
016
017
018
020
021
022

Nr.	Kurztext / Langtext					Kostengruppe
►	▷	ø netto €	◁	◄	[Einheit]	Ausf.-Dauer	Positionsnummer

32 Schalung, Wand, glatt KG **331**

Schalung der Wand für sichtbar bleibende Betonflächen.
Anforderung: Klasse SB ..... gem. DBV-Merkblatt "Sichtbeton"
Schalsystem: **Träger- / Rahmenschalung**
Schalhaut: GF-Schalungsplatte
Oberfläche: .....
Beschichtung: .....
Schalhautstöße: geordnet, stumpf, mit zusätzlicher Dichtung
Hüllrohr: Faserzement
Verschluss der Ankerstellen: Stopfen aus Faserzement
Ankerlage: .....
Kanten: **scharfkantig / gefast / Dreikantleiste**
Bauteilhöhe: bis ..... m

31€ | 48€ | **54€** | 62€ | 84€ | [m²] | ⏱ 0,80 h/m² | 013.000.060

33 Schalung, Wand, SB3 KG **331**

Schalung der Wand für sichtbar bleibende Betonflächen.
Anforderung: Klasse SB 3 gem. DBV-Merkblatt "Sichtbeton"
Schalsystem: **Träger- / Rahmenschalung**
Schalhaut: .....
Oberfläche: .....
Beschichtung: .....
Schalhautstöße: geordnet, stumpf, mit zusätzlicher Dichtung
Hüllrohr: Faserzement
Verschluss der Ankerstellen: Stopfen aus Faserzement
Ankerlage: .....
Kanten: **scharfkantig / gefast / Dreikantleiste**
Bauteilhöhe: bis ..... m
Für die Ausführung werden vom AG folgende Unterlagen zur Verfügung gestellt:

- Entwurfszeichnungen, Plannr.: .....
- Übersichtszeichnungen, Plannr.: .....

53€ | 71€ | **76€** | 79€ | 88€ | [m²] | ⏱ 0,85 h/m² | 013.000.204

34 Schalung, Dreiecksleiste KG **331**

Eck- oder Kantenausbildung von Betonteilen, mittels Profilleiste in Schalung, Oberfläche glatt und nichtsaugend.
Leiste: Dreiecksleiste
Abmessung: 15 x 15 mm
Werkstoff: **Holz / Kunststoff**
Bauteil: **Ecke / Kante**

4€ | 6€ | **7€** | 8€ | 11€ | [m] | ⏱ 0,60 h/m | 013.000.066

Kosten:
Stand 1. Quartal 2026
Bundesdurchschnitt

► min
▷ von
ø Mittel
◁ bis
◄ max

A 1 Wandschalung, Tür Beschreibung für Pos. **35-37**

Türöffnung in Stahlbetonwand, inkl. Sturzausbildung, mit umlaufender glatter, nichtsaugender Schalung mit regelmäßigen Stößen und Nagelstellen, verbleibende Betonwarzen und Grate abgeschliffen.

35 Wandschalung, Tür 885mm KG **341**

Wie Ausführungsbeschreibung A 1
Kantenausbildung: **scharfkantig / Dreiecksleiste**
Öffnungsbreite: 0,885 m
Öffnungshöhe: .....
Wanddicke: **20 / 25** cm

62€ 124€ **147€** 163€ 227€ [St] ⏱ 1,50h/St 013.000.175

36 Wandschalung, Tür 1.135mm KG **341**

Wie Ausführungsbeschreibung A 1
Kantenausbildung: **scharfkantig / Dreiecksleiste**
Öffnungsbreite: 1,135 m
Öffnungshöhe: .....
Wanddicke: **20 / 25** cm

76€ 134€ **161€** 188€ 288€ [St] ⏱ 1,70h/St 013.000.177

37 Wandschalung, Tür 2.010mm KG **341**

Wie Ausführungsbeschreibung A 1
Kantenausbildung: **scharfkantig / Dreiecksleiste**
Öffnungsgröße: 2,01m
Öffnungshöhe: .....
Wanddicke: **20 / 25** cm

92€ 180€ **221€** 279€ 400€ [St] ⏱ 2,20h/St 013.000.133

A 2 Wandschalung, Fenster Beschreibung für Pos. **38-39**

Fensteröffnung in Stahlbetonwand, inkl. Sturzausbildung, mit umlaufender glatter, nichtsaugender Schalung mit regelmäßigen Stößen und Nagelstellen, verbleibende Betonwarzen und Grate abgeschliffen.

38 Wandschalung, Fenster bis 2m² KG **331**

Wie Ausführungsbeschreibung A 2
Kantenausbildung: **scharfkantig / Dreiecksleiste**
Öffnungsgröße: ..... (bis 2,00 m²)
Wanddicke: **20 / 25** cm

70€ 124€ **149€** 215€ 353€ [St] ⏱ 1,60h/St 013.000.016

39 Wandschalung, Fenster bis 4m² KG **331**

Wie Ausführungsbeschreibung A 2
Kantenausbildung: **scharfkantig / Dreiecksleiste**
Öffnungsgröße: ..... (bis 4,00 m²)
Wanddicke: **20 / 25** cm

83€ 197€ **290€** 337€ 413€ [St] ⏱ 2,40h/St 013.000.101

Nr.	Kurztext / Langtext						Kostengruppe
►	▷	ø netto €	◁	◀	[Einheit]	Ausf.-Dauer	Positionsnummer

Kosten:
Stand 1. Quartal 2026
Bundesdurchschnitt

40 Wandschalung, Stirnfläche KG **331**

Schalung an freiem Wandende, Stirnfläche.
Wanddicke: ..... cm
Schalungshaut: **nicht sichtbar / sichtbar bleibend**
Anforderung: Klasse SB.... gem. DBV-Merkblatt
Schalsystem: .....
Schalhaut: .....
Oberfläche: .....
Schalhautstöße: .....
Bauteilhöhe: ..... m

17€ | 25€ | **29€** | 33€ | 40€ | [m] | ⏱ 0,16 h/m | 013.000.188

41 Aussparung, bis 0,10m², Betonbauteile KG **351**

Aussparung in Betonbauteil, mit umlaufender, beidseitiger Kantenausbildung.
Kanten: .....
Abmessung:
Bauteildicke: .....
Oberfläche, Schalhaut: .....

18€ | 41€ | **50€** | 68€ | 112€ | [St] | ⏱ 0,30 h/St | 013.000.077

42 Öffnung, über 2,5m², Wand KG **351**

Wandöffnung in Ortbetonwand, inkl. Sturzausbildung, mit umlaufender Schalung, geeignet für sichtbar bleibende Betonflächen, mit besonderen Anforderungen.
Sichtbeton Klasse: SB ..... gem. DBV-Merkblatt
Kantenausbildung: **scharfkantig / Dreiecksleiste**
Öffnungsgröße: ..... m² (über 2,5 m²)
Wanddicke: ..... cm

77€ | 89€ | **94€** | 102€ | 122€ | [m²] | ⏱ 0,85 h/m² | 013.000.205

A 3 Kernbohrung, Stb-Decke Beschreibung für Pos. **43-44**

Kernbohrung in Stahlbetonbauteil, inkl. Bohrkern ausbauen, aufnehmen, Bohrabfall sammeln und abfahren. Deponierung wird gesondert vergütet.
Entfernung Deponie: ..... km
Bauteil: Decke
Dicke: .....
Ausrichtung: **senkrecht / schräg**
Einbauort/Geschoss: ......
Arbeitshöhe über Standebene: .....

43 Kernbohrung, Stb-Decke, Durchmesser 55-80 mm KG **351**

Wie Ausführungsbeschreibung A 3
Durchmesser: 55-80 mm
Bohrtiefe: .....

172€ | 209€ | **232€** | 265€ | 290€ | [St] | ⏱ 2,05 h/St | 013.000.224

► min
▷ von
ø Mittel
◁ bis
◀ max

44 Kernbohrung, Stb-Decke, Durchmesser 115-130mm KG **351**

Wie Ausführungsbeschreibung A 3
Durchmesser: 115-130 mm
Bohrtiefe: .....

194€	230€	**259€**	298€	324€	[St]	⏱ 2,45h/St	013.000.225

45 Kernbohrung, Stahlschnitte, 16-28mm KG **351**

Schnitte des Stabstahls als Mehrpreis zu Kernbohrungen.
Stahldurchmesser: 16-28 mm

4€	5€	**6€**	7€	8€	[St]	⏱ 0,05h/St	013.000.228

46 Betonschneidearbeiten, bis 43cm KG **351**

Schnitte in Stahlbetonbauteil, inkl. Ausschnitt ausbauen, aufnehmen, sammeln und abfahren. Deponierung wird gesondert vergütet.
Entfernung Deponie: ..... km
Bauteil: Decke
Untergrund: eben
Schnitttiefe: bis 43 cm
Ausrichtung: **rechtwinklig zum Bauteil / schräg**
Einbauort/Geschoss: .....
Arbeitshöhe über Standebene: .....

156€	190€	**211€**	240€	264€	[m]	⏱ 1,70h/m	013.000.229

47 Unterzug/Sturz, Stahlbeton C25/30 KG **351**

Unterzüge, Überzüge, Ringanker, Stürze, Konsolen und Riegel aus Stahlbeton, mit Ortbeton, vor Außenwetter geschützt (für Innen- und Außenwände); Schalung und Bewehrung in gesonderten Positionen.
Festigkeitsklasse: C25/30
Expositionsklasse: XC1
Zuschlagstoff: natürliche Gesteinskörnung
Querschnitt: .....
Länge: .....
Betonqualität: **Normalbeton / Sichtbeton, Klasse .....**
Arbeitshöhe: bis ..... m

166€	220€	**240€**	285€	379€	[m^3]	⏱ 0,90h/m^3	013.000.017

48 Schalung, Unterzug/Sturz KG **351**

Schalung für Unterzüge, Stürze und dgl., mit rechteckigem Querschnitt, glatt.
Oberfläche: **glatt, nichtsaugend / Sichtbeton Klasse .....**
Schalhaut: .....
Querschnitt: .....
Arbeitshöhe: 2,00-3,00 m

66€	94€	**104€**	117€	148€	[m^2]	⏱ 1,00h/m^2	013.000.018

Nr.	Kurztext / Langtext						Kostengruppe
▶	▷	ø netto €	◁	◀	[Einheit]	Ausf.-Dauer	Positionsnummer

49 Konsole, Ortbeton, Sichtbeton KG **351**

Konsolen / Auflager aus Stahlbeton, sichtbar, aus Ortbeton, vor Außenwetter geschützt (für Innen- und Außenwände). Schalung und Bewehrung in gesonderten Positionen.
Festigkeitsklasse: C25/30
Expositionsklasse: XC..... /XF.....
Zuschlagstoff: natürliche Gesteinskörnung
Anwendung als: .....
Wanddicke: 20-25 cm
Wandhöhe: bis 3,00 m
Sichtbetonklasse: SB .....
Für die Ausführung werden vom AG folgende Unterlagen zur Verfügung gestellt:
- Detailzeichnungen, Plannr.: .....

177€	303€	**363€**	419€	524€	[m³]	⏱ 1,80 h/m³	013.000.206

Kosten:
Stand 1. Quartal 2026
Bundesdurchschnitt

50 Stütze, Ortbeton, Schalung, bis 40x40cm KG **343**

Stütze aus Ortbeton als Sichtbeton, mit Schalung und Bewehrung.
Klasse Sichtbeton: .....
Querschnitt: ..... cm²
Festigkeitsklasse: C25/30
Expositionsklasse: XC1
Feuchtigkeitsklasse: WO
Zuschlagstoff: natürliche Gesteinskörnung
Bauteilhöhe: 2,80-3,00 m
Oberfläche: .....
Hinweis: Nach ATV DIN 18331 in VOB, Teil C müssen Beton, Schalung und Bewehrung getrennt ausgeschrieben werden.

98€	142€	**164€**	185€	231€	[m]	⏱ 0,95 h/m	013.000.208

51 Stütze, Ortbeton, Schalung, Sichtbeton, L-Form KG **343**

Stütze aus Ortbeton als Sichtbeton, mit Schalung und Bewehrung.
Klasse Sichtbeton: .....
Querschnitt: ..... cm²
Festigkeitsklasse: C25/30
Expositionsklasse: XC1
Feuchtigkeitsklasse: WO
Zuschlagstoff: natürliche Gesteinskörnung
Bauteilhöhe: 2,80-3,00 m
Oberfläche: .....
Hinweis: Nach ATV DIN 18331 in VOB, Teil C müssen Beton, Schalung und Bewehrung getrennt ausgeschrieben werden.

105€	141€	**157€**	232€	359€	[m]	⏱ 0,80 h/m	013.000.268

▶ min
▷ von
ø Mittel
◁ bis
◀ max

52 Stütze, Ortbeton, Schalung, Sichtbeton, T-Form KG **343**

Stütze aus Ortbeton als Sichtbeton, mit Schalung und Bewehrung.
Klasse Sichtbeton: .....
Querschnitt: ..... cm²
Festigkeitsklasse: C25/30
Expositionsklasse: XC1
Feuchtigkeitsklasse: WO
Zuschlagstoff: natürliche Gesteinskörnung
Bauteilhöhe: 2,80-3,00 m
Oberfläche: .....
Hinweis: Nach ATV DIN 18331 in VOB, Teil C müssen Beton, Schalung und Bewehrung getrennt ausgeschrieben werden.

108€	159€	**180€**	267€	391€	[m]	⏱ 0,80 h/m	013.000.269

53 Stütze, Stahlbeton C25/30, außen KG **333**

Stütze aus Stahlbeton, Ortbeton, im Außenbereich. Schalung und Bewehrung in gesonderten Positionen.
Festigkeitsklasse: C25/30
Expositionsklasse: XC4/XF1
Feuchtigkeitsklasse: WF
Zuschlagstoff: natürliche Gesteinskörnung
Querschnitte: .....
Oberfläche: .....

221€	271€	**295€**	320€	371€	[m³]	⏱ 1,20 h/m³	013.000.019

54 Ortbeton, Stütze, C25/30, innen KG **343**

Stützen aus Stahlbeton, Ortbeton, im Innenbereich. Schalung und Bewehrung in gesonderten Positionen.
Qualität: **nicht sichtbar / Sichtbeton Klasse .....**
Festigkeitsklasse: C25/30
Expositionsklasse: XC1
Feuchtigkeitsklasse: WO
Querschnitt: .....

199€	243€	**261€**	282€	362€	[m³]	⏱ 1,20 h/m³	013.000.250

55 Schalung, Stütze, rechteckig, rau KG **343**

Schalung für Stütze ohne Anforderung, mit rechteckigem Querschnitt.
Bauteilhöhe: 2,00-3,00 m
Oberfläche: rau
Schalhaut: nach Wahl des Bieters
Stützenquerschnitt: .....
Sichtbetonklasse: .....

60€	88€	**103€**	119€	159€	[m²]	⏱ 1,00 h/m²	013.000.020

000 001 002 006 008 009 010 012 **013** 014 016 017 018 020 021 022

Nr.	Kurztext / Langtext						Kostengruppe
►	▷	ø netto €	◁	◄	[Einheit]	Ausf.-Dauer	Positionsnummer

56 Schalung, Stütze, rechteckig, glatt KG **343**

Schalung für Stütze, Sichtbeton, mit rechteckigem Querschnitt.
Bauteilhöhe: 2,00-3,00 m
Oberfläche: glatt, ...
Schalhaut: absatzfrei, mit einheitlicher Farbtönung und porenlos
Stützenquerschnitt: .....
Sichtbetonklasse: .....

66€ | 98€ | **110€** | 129€ | 175€ | [m²] | ⏱ 1,10h/m² | 013.000.021

57 Schalung, Stütze, rund, glatt KG **343**

Schalung für Stütze, Sichtbeton, mit rundem Querschnitt, verlorene, nichtsaugende Schalung aus Papp-Schalrohren mit innerer Beschichtung.
Bauteilhöhe: 2,00-3,00 m
Oberfläche: glatt .....
Schalhaut: verlorene, nichtsaugende Schalung aus Papp-Schalrohr mit innerer Beschichtung
Stützendurchmesser: .....
Sichtbetonklasse: .....

65€ | 90€ | **103€** | 120€ | 153€ | [m²] | ⏱ 1,30h/m² | 013.000.022

58 Stb-Fertigteil, Stütze KG **343**

Fertigteilstütze aus Stahlbeton, inkl. Bewehrung, Montageankern. Gemäß statischer Bemessung.
Abmessung (L x B): ..... x .....
Bauteilhöhe: 2,80-3,00 m
Festigkeitsklasse: .....
Expositionsklasse: .....
Feuchtigkeitsklasse: W.....
Zuschlagstoff: natürliche Gesteinskörnung
Oberfläche: Sichtbetonklasse SB .....
Kanten: **scharfkantig / Dreiecksleiste**
Stützenfuß/-kopf: **gem. Skizze / gem. Systemdetail**
Bauteilhöhe: 2,80-3,00 m
Geschosshöhe: .....
Einbauort/Geschoss: .....

782€ | 2.271€ | **2.407€** | 2.770€ | 3.889€ | [St] | ⏱ 1,50h/St | 013.000.270

59 Decke, Ortbeton, C25/30, bis 35cm KG **351**

Decke aus Stahlbeton, mit Ortbeton, Bauteil in trockener Umgebung, ohne Frostangriff, Betonflächen oben waagerecht, unten sichtbar bleibend. Schalung und Bewehrung in gesonderten Positionen.
Festigkeitsklasse: C25/30
Expositionsklasse: XC1
Feuchtigkeitsklasse: WO
Zuschlagstoff: natürliche Gesteinskörnung
Oberfläche: .....
Deckenstärke: bis 35 cm

162€ | 183€ | **190€** | 201€ | 243€ | [m³] | ⏱ 0,80h/m³ | 013.000.023

Kosten:
Stand 1.Quartal 2026
Bundesdurchschnitt

► min
▷ von
ø Mittel
◁ bis
◄ max

60 Decke, Ortbeton, C25/30, bis 35cm, SB2 KG **351**

Decke aus Stahlbeton, mit Ortbeton, Bauteil in trockener Umgebung, ohne Frostangriff, Betonflächen oben waagerecht, geschalte Oberfläche in Sichtbeton, mit normalen Anforderungen. Schalung und Bewehrung in gesonderter Position.
Festigkeitsklasse: C25/30
Expositionsklassen: XC1
Feuchtigkeitsklasse: WO
Zuschlagstoff: natürliche Gesteinskörnung
Oberfläche: Sichtbeton Klasse SB2
Dicke: bis 35 cm

173€ 200€ **215€** 217€ 248€ [m³] ⏱ 0,80 h/m³ 013.000.235

61 Balkonplatte, Ortbeton, C25/30, SB2 KG **351**

Decke aus Stahlbeton, Kragplatte im Außenbereich, mit Ortbeton, Betonflächen oben waagerecht, geschalte Oberfläche in Sichtbeton. Schalung und Bewehrung in gesonderter Position.
Festigkeitsklasse: C25/30
Expositionsklassen: XC4
Feuchtigkeitsklasse: WF
Zuschlagstoff: natürliche Gesteinskörnung
Oberfläche: SB2
Schalhaut: .....
Deckenstärke: bis 30 cm
Abstützhöhe: bis ..... m

205€ 232€ **241€** 244€ 290€ [m³] ⏱ 0,82 h/m³ 013.000.236

62 Schalung, Decken, glatt KG **351**

Schalung der Deckenplatte, Oberfläche zum Auftrag einer Beschichtung.
Oberfläche: glatt .....
Schalhaut: .....
Höhe der Betonunterseite: bis 3,00 m

31€ 52€ **58€** 71€ 97€ [m²] ⏱ 0,80 h/m² 013.000.024

63 Schalung, Dach, glatt KG **361**

Schalung des Ortbetondachs, Oberfläche zum Auftrag einer Beschichtung.
Oberfläche: glatt .....
Schalhaut: .....
Höhe der Betonunterseite: bis 3,00 m

39€ 53€ **58€** 69€ 97€ [m²] ⏱ 0,80 h/m² 013.000.265

Kosten:
Stand 1. Quartal 2026
Bundesdurchschnitt

Nr.	**Kurztext** / Langtext						Kostengruppe
▶	▷	**ø netto €**	◁	◀	[Einheit]	Ausf.-Dauer	Positionsnummer

64 Flachdach, Ortbeton, C25/30, bis 35cm KG **361**

Flachdach aus Stahlbeton, mit Ortbeton, Bauteil in trockener Umgebung, ohne Frostangriff, Betonflächen oben waagerecht, unten sichtbar bleibend. Schalung und Bewehrung in gesonderten Positionen.
Festigkeitsklasse: C25/30
Expositionsklasse: XC1
Feuchtigkeitsklasse: WO
Zuschlagstoff: natürliche Gesteinskörnung
Oberfläche: .....
Dachstärke: bis 35 cm

▶	▷	ø	◁	◀	Einheit	Ausf.-Dauer	Positionsnummer
162€	179€	**186€**	201€	243€	[m³]	⏱ 0,80 h/m³	013.000.263

65 Dämmung, Deckenrand, PS KG **351**

Dämmung des Deckenrands aus extrudierten Polystyrol-Hartschaum-Dämmplatten, in Schalung eingelegt, inkl. Rückverankerung zur Deckenplatte.
Plattendicke: **35 / 50** mm
Höhe: ..... mm
Anwendungstyp: DAA - Druckfestigkeit **dm / ds**
Bemessungswert der Wärmeleitfähigkeit: max. 0,030 (W/mK)
Nennwert Wärmeleitfähigkeit: 0,029 W/(mK)
Brandverhalten: Klasse E nach DIN EN 13501-1

▶	▷	ø	◁	◀	Einheit	Ausf.-Dauer	Positionsnummer
9€	12€	**14€**	16€	19€	[m]	⏱ 0,20 h/m	013.000.075

66 Überzug/Attika, Ortbeton, C25/30 KG **331**

Überzug, Attika, Ringanker, Konsole u.dgl. in Ortbeton; Schalung und Bewehrung in gesonderten Positionen.
Festigkeitsklasse: C25/30
Expositionsklasse: XC4/XF1
Betonoberfläche: **unsichtbar / sichtbar bleibend (SB-Klasse .....)**
Querschnitt: .....

▶	▷	ø	◁	◀	Einheit	Ausf.-Dauer	Positionsnummer
169€	227€	**258€**	292€	368€	[m³]	⏱ 0,90 h/m³	013.000.026

67 Randschalung, Deckenplatte KG **351**

Randschalung der Deckenplatte.
Oberfläche Schalung: rau
Plattendicke: bis 30 cm

▶	▷	ø	◁	◀	Einheit	Ausf.-Dauer	Positionsnummer
14€	20€	**23€**	27€	40€	[m]	⏱ 0,10 h/m	013.000.102

68 Unterzug, rechteckig, Ortbeton, Schalung KG **331**

Unterzug aus Stahlbeton, in Ortbeton, mit Schalung, mit rechteckigem Querschnitt, im Innenbereich. Bewehrung in gesonderter Position. Abrechnung nach Lange des Unterzugs.
Festigkeitsklasse: C25/30
Expositionsklasse: XC1
Zuschlagstoff: natürliche Gesteinskörnung
Oberfläche Schalung: .....
Querschnitte: .....
Höhe Betonteile: 2,00-3,00 Hinweis*:*
Hinweis: Nach ATV DIN 18331 in VOB, Teil C müssen Beton, Schalung und Bewehrung getrennt ausgeschrieben werden.

▶	▷	ø	◁	◀	Einheit	Ausf.-Dauer	Positionsnummer
72€	110€	**123€**	158€	256€	[m]	⏱ 1,30 h/m	013.000.155

▶ min
▷ von
ø Mittel
◁ bis
◀ max

Nr.	Kurztext / Langtext					Kostengruppe
▶	▷	ø netto €	◁	◀	[Einheit] Ausf.-Dauer	Positionsnummer

69 Schalung, Ringbalken/Überzug/Attika, glatt KG **351**

Schalung der Überzüge, Aufkantungen und dgl., glatt, mit rechteckigem Querschnitt, Betonfläche sichtbar bleibend.
Höhe Betonunterseite: bis 2,50 m
Querschnitte: .....
Oberfläche Schalung: .....

57€ 79€ **86€** 97€ 121€ [m2] ⏱ 0,90h/m2 013.000.027

70 Stb-Fertigteilsturz, Breite 17,5cm KG **332**

Fertigteilsturz aus Stahlbeton, inkl. Bewehrung gem. statischer Bemessung, in nichttragender Wand.
Belastung: ..... kN/m
Sturzbreite: 17,5 cm
Überspannte Öffnungsbreite: max. 1,01m
Schalhaut: **rau / Sichtbeton, Klasse .....**
Kanten: **scharfkantig / Dreiecksleiste**

59€ 86€ **98€** 108€ 127€ [m] ⏱ 0,30h/m 013.000.211

71 Stb-Fertigteilsturz, Breite 11,5cm KG **331**

Fertigteilsturz aus Stahlbeton, inkl. Bewehrung gem. statischer Bemessung, in nichttragender Wand.
Belastung: ..... kN/m
Sturzbreite: 11,5 cm
Überspannte Öffnungsbreite: max. 1,01m
Schalhaut: **rau / Sichtbeton, Klasse .....**
Kanten: **scharfkantig / Dreiecksleiste**

37€ 54€ **63€** 71€ 83€ [m] ⏱ 0,30h/m 013.000.210

72 Stb-Fertigteilsturz, Breite 24cm KG **332**

Fertigteilsturz aus Stahlbeton, inkl. Bewehrung gem. statischer Bemessung, in nichttragender Wand.
Belastung: ..... kN/m
Sturzbreite: 24 cm
Überspannte Öffnungsbreite: max. 1,01m
Schalhaut: **rau / Sichtbeton, Klasse .....**
Kanten: **scharfkantig / Dreiecksleiste**

56€ 95€ **115€** 130€ 155€ [m] ⏱ 0,30h/m 013.000.212

73 Treppenlauf, Ortbeton, C35/37 KG **351**

Treppenlaufplatte aus Ortbeton, Stahlbeton, inkl. Stufen.
Festigkeitsklasse: C35/37
Expositionsklasse: XC1
Feuchtigkeitsklasse: WO
Zuschlagstoff: natürliche Gesteinskörnung
Treppenplattendicke: 25 cm
Treppenlaufbreite: .....
Oberflächenbehandlung: gescheibt
Stufen: 16 St
Steigungsverhältnis: ..... x .....
Einbauort/Geschoss: .....

269€ 323€ **344€** 411€ 516€ [m3] ⏱ 2,20h/m3 013.000.028

Nr.	Kurztext / Langtext						Kostengruppe
▶	▷	ø netto €	◁	◀	[Einheit]	Ausf.-Dauer	Positionsnummer

74 **Schalung, Treppenlauf/Stufen, gerade** KG **351**

Schalung ohne Anforderungen an Betonoberflächen, für gerade Treppenlaufplatte, inkl. Stufen.
Treppenlaufbreite: .....
Stufen: ..... St
Steigungsverhältnis: ..... x .....
Oberfläche: .....
Kanten: .....
Abstützhöhe: bis 3,00 m, waagerecht

▶	▷	ø	◁	◀	Einheit	Ausf.-Dauer	Positionsnummer
168€	185€	**190€**	199€	215€	[m²]	⏱ 1,50h/m²	013.000.029

75 **Treppenpodest, Ortbeton, C30/37** KG **351**

Treppenpodestplatte aus Stahlbeton, mit Ortbeton, Schalung und Bewehrung in gesonderter Position.
Festigkeitsklasse: C30/37
Expositionsklasse: XC1
Feuchtigkeitsklasse: WO
Zuschlagstoff: natürliche Gesteinskörnung
Podestplattendicke: ca. 25 cm
Oberflächenbehandlung: gescheibt
Einbauort/Geschoss: .....

▶	▷	ø	◁	◀	Einheit	Ausf.-Dauer	Positionsnummer
219€	277€	**299€**	332€	407€	[m³]	⏱ 1,80h/m³	013.000.030

76 **Schalung, glatt, Treppenpodest** KG **351**

Schalung der Deckenplatte, aus Schalungsplatten, Betonfläche sichtbar bleibend.
Oberfläche Schalhaut: .....
Höhe Betonunterseite: 2,50-3,00 m

▶	▷	ø	◁	◀	Einheit	Ausf.-Dauer	Positionsnummer
61€	106€	**123€**	135€	171€	[m²]	⏱ 1,00h/m²	013.000.031

77 **Stb-Fertigteil, Treppenpodest** KG **351**

Fertigteiltreppenpodest aus Stahlbeton. Ausbildung der Konsolen, Auflager, Schallentkopplung und Bewehrung in gesonderten Positionen.
Festigkeitsklasse: C .....
Expositionsklasse: XC1
Feuchtigkeitsklasse: WO
Zuschlagstoff: natürliche Gesteinskörnung
Abmessung: .....
Oberfläche Unterseite: Sichtbetonklasse SB .....
Oberfläche Oberseite: abgerieben und gespachtelt
Kanten: **scharfkantig / Dreiecksleiste**
Verkehrslast: **3,5 / 5,0** kN/m²
Auflagerausbildung: **gem. Skizze / gem. Systemdetail**
Einbauort/Geschoss: .....

▶	▷	ø	◁	◀	Einheit	Ausf.-Dauer	Positionsnummer
1.025€	1.984€	**2.371€**	2.863€	4.152€	[St]	⏱ 1,80h/St	013.000.213

Kosten:
Stand 1.Quartal 2026
Bundesdurchschnitt

▶ min
▷ von
ø Mittel
◁ bis
◀ max

78 Stb-Fertigteil, Treppe, einläufig, 7 Stufen KG **351**

Fertigteiltreppe aus Stahlbeton, einläufig, mit Konsolauflager, zur Auflage auf bauseitige Ortbetonpodeste, inkl. Schallentkopplung im Podestbereich. Ausbildung der Auflager und Bewehrung in gesonderten Positionen.
Festigkeitsklasse: .....
Expositionsklasse: XC1
Feuchtigkeitsklasse: WO
Zuschlagstoff: natürliche Gesteinskörnung
Treppenlaufbreite: 100 cm
Stufen: 7 St
Steigungsverhältnis: 16 bis 17,5 x 27 bis 28
Oberfläche Unterseite und Seiten: Sichtbetonklasse SB .....
Oberfläche Oberseite: abgerieben und gespachtelt
Kanten: **scharfkantig / Dreiecksleiste**
Verkehrslast: **3,5 / 5,0** kN/m^2
Auflagerausbildung: **gem. Skizze / gem. Systemdetail**
Einbauort/Geschoss: .....

912€ 1.488€ **1.635€** 1.812€ 2.576€ [St] ⏱ 1,40h/St 013.000.033

79 Stb-Fertigteil, Treppe, einläufig, 16 Stufen KG **351**

Fertigteiltreppe aus Stahlbeton, einläufig, mit Konsolauflager, zur Auflage auf bauseitige Ortbetonpodeste. Ausbildung der Auflager, Schallentkopplung und Bewehrung in gesonderten Positionen.
Festigkeitsklasse: C .....
Expositionsklasse: XC1
Feuchtigkeitsklasse: WO
Zuschlagstoff: natürliche Gesteinskörnung
Treppenlaufbreite: 100 cm
Stufen: 16
Steigungsverhältnis: 16 bis 17,5 x 27 bis 28
Oberfläche Unterseite und Seiten: Sichtbetonklasse SB .....
Oberfläche Oberseite: abgerieben und gespachtelt
Kanten: **scharfkantig / Dreiecksleiste**
Verkehrslast: **3,5 / 5,0** kN/m^2
Auflagerausbildung: **gem. Skizze / gem. Systemdetail**
Einbauort/Geschoss: .....

2.469€ 3.218€ **3.570€** 3.859€ 4.502€ [St] ⏱ 2,20h/St 013.000.214

80 Blockstufe, Betonfertigteil KG **544**

Blockstufen als Fertigteilstufen aus Stahlbeton, Schalungsmatrize nach Bemusterung, ohne Kiesnester und Löcher, Kanten scharfkantig, auf bauseitigem Fundament.
Festigkeitsklasse: C20/25
Expositionsklasse: XC4/XF1
Feuchtigkeitsklasse: WF
Zuschlagstoff: natürliche Gesteinskörnung
Stufengröße: 100 x 33 x 18 cm
Oberfläche Rutschfestigkeit: R11
Einbauort/Geschoss: **Innenbereich / Außenbereich**

137€ 269€ **326€** 463€ 747€ [St] ⏱ 0,90h/St 013.000.034

Nr.	Kurztext / Langtext					Kostengruppe
▶	▷	ø netto €	◁	◀	[Einheit] Ausf.-Dauer	Positionsnummer

A 4 Elementdecke, inkl. Aufbeton — Beschreibung für Pos. **81-82**

Element-Decke aus Halbfertigteilen, Untersicht der Decke sichtbar bleibend, bestehend aus einschaliger, bewehrter Fertigteilplatte und Aufbeton aus Ortbeton.
Zuschlagstoff: natürliche Gesteinskörnung
Bewehrung und flächenbündiges Verspachteln der Elementstöße in gesonderter Position.

81 Elementdecke, 18cm, inkl. Aufbeton — KG **351**

Wie Ausführungsbeschreibung A 4
Schalendicke: 5 cm
Oberfläche Schalhaut: Sichtbeton Klasse: .....
Element als Scheibe wirkend: **ja / nein**
Festigkeitsklasse: C30/37
Expositionsklasse: XC1
Plattendicke: 18 cm
Einbauort/Geschoss: .....

▶	▷	ø	◁	◀	Einheit	Ausf.-Dauer	Positionsnummer
60€	88€	**97€**	109€	134€	[m²]	0,60h/m²	013.000.036

82 Elementdecke, 25cm, inkl. Aufbeton — KG **351**

Wie Ausführungsbeschreibung A 4
Schalendicke: 5 cm
Oberfläche Schalhaut: Sichtbeton Klasse: .....
Element als Scheibe wirkend: **ja / nein**
Festigkeitsklasse: C30/37
Expositionsklasse: XC1
Plattendicke: 25 cm
Einbauort/Geschoss: .....

▶	▷	ø	◁	◀	Einheit	Ausf.-Dauer	Positionsnummer
102€	121€	**131€**	150€	182€	[m²]	0,65h/m²	013.000.251

83 Gleitfolie, Wandauflager — KG **361**

Gleitfolie auf Wänden als gleitende Auflagerung von Decken. Ausführung mit 2 Kunststoff-Folien, regeneratfrei, Gleitbeschichtung mit Spezialfett, zweiseitig kaschiert, bauaufsichtlich zugelassen.
Decke: .....
Spannweite: bis 6,00 m
Gleitreibungszahl ..... (0,05 bis 0,10)
Zul. Belastung: ...... N/mm²
Temperaturbereich: -30 bis +50°C
Arbeitshöhe: .....

▶	▷	ø	◁	◀	Einheit	Ausf.-Dauer	Positionsnummer
5€	10€	**12€**	14€	19€	[m]	0,10h/m	013.000.096

Kosten:
Stand 1. Quartal 2026
Bundesdurchschnitt

▶ min
▷ von
ø Mittel
◁ bis
◀ max

84 Stb-Fertigteil, Balkonplatte KG **351**

Balkonplatte aus Stahlbeton-Fertigteil, mit Gefälle abgezogen, Unterseite und Seitenansichten aus Sichtbeton, mit dreiseitig umlaufender Tropfnut aus Viertelstab, inkl. Bewehrungselemente gem. beiliegender Statik.
Festigkeitsklasse: C25/30
Expositionsklasse: XC4/XF1
Feuchtigkeitsklasse: WF
Zuschlagstoff: .....
Plattendicke: bis 24 cm
Oberflächenneigung: .....
Sichtbetonklasse: .....

172€ 225€ **271€** 288€ 329€ [m2] ⏱ 1,50 h/m2 013.000.081

85 Stb-Fertigteil, Balkonbrüstung KG **359**

Balkonbrüstung aus Stahlbeton-Fertigteil, mit dreiseitig umlaufender Tropfnut aus Viertelstab, inkl. flächenbündigem Verspachteln der Element-Stöße. Bewehrung in gesonderter Position.
Festigkeitsklasse: C25/30
Expositionsklasse: XC4/XF1
Feuchtigkeitsklasse: WF
Zuschlagstoff: .....
Brüstungsdicke: 20 cm
Abmessungen: .....
Oberfläche: Sichtbeton
Sichtbetonklasse: .....

177€ 246€ **266€** 287€ 326€ [m2] ⏱ 0,90 h/m2 013.000.157

86 Maschinenfundament, Ortbeton, Schalung, bis 3,0m2 KG **322**

Maschinenfundament im Innenraum aus Stahlbeton, mit Ortbeton und Schalung, auf bauseitiger Unterkonstruktion. Randschalung des Fundaments mit glatter, nichtsaugender Schalung, Kanten gefast, Oberfläche eben abgescheibt, Betonfläche sichtbar bleibend. Bewehrung nach gesonderter Position.
Abmessung: bis 3,00 m2
Bauhöhe: 25 cm
Festigkeitsklasse: C20/25
Expositionsklasse: XC1
Feuchtigkeitsklasse: WO
Zuschlagstoff: .....
Hinweis: Nach ATV DIN 18331 in VOB/C müssen Beton, Schalung und Bewehrung getrennt ausgeschrieben werden.

59€ 110€ **146€** 158€ 185€ [m2] ⏱ 0,42 h/m2 013.000.162

87 Gefällebeton, C12/15, XC4/XF1 KG **361**

Aufbetonschicht zur Herstellung von Gefälle, aus unbewehrtem Beton, Oberfläche abgezogen, nicht sichtbar bleibend. Schalung in gesonderter Position.
Festigkeitsklasse: C12/15
Expositionsklasse: XC/XF1
Zuschlagstoff: natürliche Gesteinskörnung
Schichtdicke: 100 mm
Untergrund: **eben / geneigt**
Neigung: .....
Einbausituation: **auf Abdichtung / auf Schutzschicht**

Nr.	Kurztext / Langtext						Kostengruppe
►	▷	ø netto €	◁	◀	[Einheit]	Ausf.-Dauer	Positionsnummer

Für die Ausführung werden vom AG folgende Unterlagen zur Verfügung gestellt:
- Entwurfszeichnungen, Plannr.: .....
- Übersichtszeichnungen, Plannr.: .....

30€	37€	**39€**	42€	48€	[m2]	⏱ 0,25h/m2	013.000.071

88 Kellerlichtschacht, Kunststoffelement KG **339**

Kellerlichtschacht aus glasfaserverstärktem Polyester mit integriertem, höhenverstellbarem Aufsatzelement, inkl. feuerverzinktem Abdeckrost mit integrierter Einrastsicherung, inkl. Befestigungsset.
Abdeckrost: .....
Abmessung Schacht: 80 x 60 cm
Schachthöhe: 95 cm
Höhenverstellbar bis: 25 cm
Entwässerungsöffnung: 60 mm
Angeb. Fabrikat: .....

160€	310€	**364€**	441€	632€	[St]	⏱ 1,10h/St	013.000.039

89 Kellerlichtschacht, Betonfertigteil KG **339**

Kellerlichtschacht aus Betonfertigteil, nach Maß gefertigt, als einteiliges Schachtelement inkl. Befestigungsmaterial.
Breite: .....
Bauhöhe: .....
Wandstärke: .....
Wandabstand: .....
Boden: **mit / ohne**
Ablauf: **mit / ohne**
Aussparung: **mit / ohne**
Hinterfüllplatte: **mit / ohne**
Höhe Hinterfüllplatte: .....
Mittelsteg: **mit / ohne**
Steigleiter für Notausstieg: **mit / ohne**
Gitterrost: .....
Befestigung: an Betonwand
Ausführung: **U-Lichtschacht / L-Lichtschacht / E-Lichtschacht**
Angeb. Fabrikat: .....

324€	827€	**1.040€**	1.320€	1.905€	[St]	⏱ 1,80h/St	013.000.040

Kosten:
Stand 1.Quartal 2026
Bundesdurchschnitt

► min
▷ von
ø Mittel
◁ bis
◀ max

90 Kellerfenster, einflüglig bis 1,50m², in Schalung KG **334**

Kellerfenster aus Wechselzarge und Fenstereinsatz, einflügelig, als Dreh-Kipp-Fenster mit Isolierglas, inkl. Schraubsystem zur nachträglichen Montage von Fenstereinsätzen.
Rahmen: Kunststoff, 3-Kammer-Profil
Dichtung: umlaufend, Gummiprofil
Wechselzarge: bis 120 x 100 cm
Wandstärke: .....
Farbe: weiß
Fenstergröße: passend zu Zarge
DIN-Richtung: **rechts / links**
Verglasung: 24 mm
Wärmeschutz: Ug = 1,1 W/(m²K)
Angeb. Fabrikat: .....

298€ 405€ **480€** 512€ 590€ [St] ⏱ 1,20h/St 013.000.134

A 6 Kellerfenster, Kunststoff, wasserdicht Beschreibung für Pos. **91-93**

Einflügliges Kunststofffenster, ohne Sprossen, aus Mehrkammerprofilen, mit Beschlag und Einhandbedienung, Drehkippfunktion, Aushebelschutz und konstanter Griffstellung in Kippstellung. Einbau in einschalige Wand aus Stahlbeton. Hochwasserdicht bis zu einem Wasserpegel von mindestens 130 cm ab Fensterunterkante und hochwasserbeständig bis zu einem Wasserpegel von mindestens 150cm gem. Richtlinie FE-07/1, geprüft und bestätigt vom ift Rosenheim, inkl. druckfester Dichtung und Andichtung an Wand. Leistung ohne Untergrundvorbereitung und Beiputzarbeiten.
Farbe: .....
Rahmendurchbiegung: .....
Festigkeitsklasse: .....
Rahmenbreite: ..... mm
Rahmendicke: .... mm
Rahmenprofil: .....
Verglasung: Isolierverglasung, dreischeibig
Schallschutz: .....
Einbruchhemmung: RC2 N
Anschlussfugen: .....
Beschläge: LM-eloxiert, verdeckt liegend
Bedienungskräfte: .....
Einbauort: .....

91 Kunststofffenster, einflüglig, 750x500mm, wasserdicht KG **334**

Wie Ausführungsbeschreibung A 6
Baurichtmaß (B x H): 750 x 500 mm
Uw-Wert: 1,3 W/(m²K)

1.469€ 1.596€ **1.814€** 2.104€ 2.394€ [St] ⏱ 3,20h/St 013.000.274

92 Kunststofffenster, einflüglig, 800x600mm, wasserdicht KG **334**

Wie Ausführungsbeschreibung A 6
Baurichtmaß (B x H): 750 x 500 mm
Uw-Wert: 1,3 W/(m²K)

1.859€ 2.019€ **2.295€** 2.662€ 3.029€ [St] ⏱ 3,30h/St 013.000.275

Nr.	Kurztext / Langtext						Kostengruppe
▶	▷	ø netto €	◁	◀	[Einheit]	Ausf.-Dauer	Positionsnummer

93 Kunststofffenster, einflüglig, 1.000x1.000mm, wasserdicht KG **334**

Wie Ausführungsbeschreibung A 6
Baurichtmaß (B x H): 1.000 x 1.000 mm
Ug-Wert: 1,3 W/(m²K)

2.260€ | 2.455€ | **2.790€** | 3.237€ | 3.683€ | [St] | ⏱ 3,40h/St | 013.000.276

94 Fundamenterder, Stahlband KG **446**

Fundamenterder DIN 18014, DIN EN 62561-2 (VDE 0185-561-2), unter Aufsicht Fachplaner verlegen, aus Bandstahl, in Fundamentlage, mit Bewehrung verschrauben, mit Abstandshaltern, inkl. Dokumentation.
Bandstahl: feuerverzinkt
Querschnitt: **30 x 3,5 / 26 x 4** mm
Freies Ende: ca. 1,50 m
Aufsicht durch: .....

5€ | 8€ | **9€** | 14€ | 21€ | [m] | ⏱ 0,10h/m | 013.000.043

Kosten:
Stand 1. Quartal 2026
Bundesdurchschnitt

95 Elektrogerätedose KG **444**

Elektroauslassdose in Ortbeton, aus Kunststoff, mit 4 Schraubdomen zur Gerätebefestigung. Geräte- und Geräteverbindungsdosen verdrehungssicher anreihbar mit Kombinationsabstand von 71mm, mit Leitungsübergang. Bei Kombinationen auch für Spreizbefestigung der Geräte geeignet. Dosen-Rückteil mit Aufnahme für Stützrohr. Auch als Verbindungsdosen mit Schraubdeckel verwendbar.
Abmessung: .....
Einbauhöhe: 53 mm
Abstand: 60 mm, zweiteilig
Markierungen: 2 St bis D= 25 mm
Flammwidrigkeit: 650°C nach VDE 0606
Schutzart: IP 3X
Angeb. Fabrikat: .....

6€ | 13€ | **15€** | 20€ | 33€ | [St] | ⏱ 0,10h/St | 013.000.079

96 Elektroleerrohr, flexibel, DN25 KG **444**

Flexibles Elektroleerrohr, inkl. Muffen und Bögen, in Schalung von Ortbetonbauteilen, Rohr in Teillängen, gewellt, mit Zugdraht, inkl. Einziehen und Sichern der Zugdrähte.
Außendurchmesser: 25 mm
Druckfestigkeit: Klasse 3 - mittel (750 N)
Schlagbeanspruchung: Klasse 3 - mittel
Gebrauchstemperatur: Klasse 1 (max. 60°C)
Einbaulängen: .....

5€ | 10€ | **12€** | 26€ | 49€ | [m] | ⏱ 0,10h/m | 013.000.045

▶ min
▷ von
ø Mittel
◁ bis
◀ max

97 Leuchten-Einbaugehäuse/-Eingießtopf KG **445**

Leuchten-Einbaugehäuse in Stahlbetonbauteil einbauen, ohne Lieferung.
Gehäusegröße: .....
Bauteil: .....

61€ | 104€ | **116€** | 126€ | 163€ | [St] | ⏱ 0,30h/St | 013.000.158

000
001
002
006
008
009
010
012
013
014
016
017
018
020
021
022

98 Hauseinführung/Wanddurchführung, Medien — KG **331**

Hauseinführung inkl. Dichtstück, zum Einbetonieren in Wände oder Decken oder zum Trockeneinbau in Kernbohrungen, bestehend aus spiralförmig verstärktem Schlauchstück und vormontierter Gummipressdichtung, eine Seite mit montierter Steckmuffe, Gegenseite mit lose beigelegter Kaltschrumpfmuffe, beidseitig mit PE-Deckel verschlossen, inkl. Zubehör, geeignet zur Paketbildung. Gas- und Wasserdichtheit bis 1,5 bar geprüft.
Bauteil: .....
Einbauart: .....
Gesamtlänge: 700 mm
Muffe für Durchmesser: 63 mm
Medien: .....

216€ 556€ **664€** 915€ 1.403€ [St] ⏱ 1,00h/St 013.000.044

99 Deckenschlitz, Beton — KG **351**

Schalen eines Schlitzes in Deckenbauteil, unterseitig, Kanten mit Dreiecksleiste, Schalmaterial nichtsaugend.
Ausrichtung: **waagerecht / senkrecht**
Querschnitt: .....

13€ 27€ **33€** 41€ 61€ [m] ⏱ 0,42h/m 013.000.159

100 Wandaussparung schließen — KG **341**

Schließen von Aussparungen in Betonwänden, mit Ortbeton, inkl. Bewehrung und Schalung, Oberfläche wie Wandfläche.
Betongüte: C25/30
Abmessungen: ..... x .....
Tiefe: 200-250 mm
Wanddicke: ..... mm
Ausrichtung: **waagerecht / senkrecht**
Arbeitshöhe: bis 3,50 m

66€ 142€ **189€** 225€ 284€ [m^2] ⏱ 1,20h/m^2 013.000.063

A 7 Deckendurchbruch schließen — Beschreibung für Pos. **101-103**

Aussparungen / Durchbrüche in Betondecken schließen, mit Ortbeton, inkl. Schalung, Oberfläche wie Deckenfläche.
Festigkeitsklasse: C20/25
Expositionsklasse: XC1
Feuchtigkeitsklasse: WO

101 Deckendurchbruch schließen, bis 250cm² — KG **351**

Wie Ausführungsbeschreibung A 7
Größe Aussparung: bis 250 cm^2
Deckendicke: 250 mm
Ausrichtung: waagerecht in der Decke
Arbeitshöhe: bis 3,50 m

22€ 33€ **39€** 46€ 63€ [St] ⏱ 0,40h/St 013.000.165

Nr.	Kurztext / Langtext						Kostengruppe
▶	▷	ø netto €	◁	◀	[Einheit]	Ausf.-Dauer	Positionsnummer

102 Deckendurchbruch schließen, 500 bis 1.000cm² KG **351**

Wie Ausführungsbeschreibung A 7
Größe Aussparung: über 500-1.000 cm²
Deckendicke: 250 mm
Ausrichtung: waagerecht in der Decke
Arbeitshöhe: bis 3,50

26€	44€	**52€**	59€	77€	[St]	⏱ 0,45h/St	013.000.164

103 Deckendurchbruch schließen, 1.000 bis 2.500cm² KG **351**

Wie Ausführungsbeschreibung A 7
Größe Aussparung: über 1.000 bis 2.500 cm²
Deckendicke: über 200 bis 250 mm
Ausrichtung: waagerecht in der Decke
Arbeitshöhe: bis 3,50 m

28€	60€	**69€**	83€	116€	[St]	⏱ 0,48h/St	013.000.233

A 8 Perimeterdämmung, Bodenplatte, XPS Beschreibung für Pos. **104-106**

Perimeterdämmung aus extrudierten Polystyrolplatten, als Wärmedämmung unter lastabtragender Bodenplatte aus Stahlbeton, bauaufsichtlich zugelassen.
Dämmstoff: XPS
Anwendungstyp: PB
Ausführung Kante: umlaufender Stufenfalz
Anwendung: Wassereinwirkungsklasse: W1-E (Bodenfeuchte und nichtdrückendes Wasser)
Druckbelastbarkeit: **dh / ds / dx**
Anwendungstyp: PB - .....
Bemessungswert der Wärmeleitfähigkeit: max. 0,035 (W/mK)
Nennwert Wärmeleitfähigkeit: 0,034 W/(mK)

104 Perimeterdämmung, Bodenplatte, XPS 035, 120mm KG **325**

Wie Ausführungsbeschreibung A 8
Dämmstoffdicke: 120 mm

29€	43€	**49€**	58€	69€	[m²]	⏱ 0,24h/m²	013.000.138

105 Perimeterdämmung, Bodenplatte, XPS 035, 200mm KG **325**

Wie Ausführungsbeschreibung A 8
Dämmstoffdicke: 200 mm

50€	65€	**77€**	84€	92€	[m²]	⏱ 0,30h/m²	013.000.183

106 Perimeterdämmung, Bodenplatte, XPS 035, bis 300mm KG **325**

Wie Ausführungsbeschreibung A 8
Dämmstoffdicke: bis 300 mm

80€	111€	**124€**	140€	171€	[m²]	⏱ 0,32h/m²	013.000.120

Kosten:
Stand 1.Quartal 2026
Bundesdurchschnitt

▶ min
▷ von
ø Mittel
◁ bis
◀ max

107 Perimeterdämmung, Wand, XPS 040, 120mm KG **335**

Perimeterdämmung aus extrudierten Polystyrolplatten, als äußere Wärmedämmung vor Wänden im Erdreich, geklebt.
Untergrund: .....
Wassereinwirkungsklasse: W1.2 -E (Bodenfeuchte und nichtdrückendes Wasser bei erdberührten Wänden mit Dränung)
Dämmstoff: XPS
Anwendungstyp: PW
Ausführung Kante: umlaufender Stufenfalz
Brandverhalten: Klasse E
Druckbelastbarkeit: **ds / dx**
Nennwert der Wärmeleitfähigkeit: 0,039 W/(mK)
Dämmstoffdicke: 120 mm

▶	▷	ø netto €	◁	◀	[Einheit]	Ausf.-Dauer	Positionsnummer
44€	52€	**63€**	71€	84€	[m²]	⏱ 0,32h/m²	013.000.145

108 Schaumglasdämmung, Bodenplatte, bis 100mm KG **325**

Wärmedämmung aus diffusionsdichten Schaumglas-Dämmplatten, hoch druckbelastbar, einlagig unter Bodenplatte, Platten mit versetzten, pressgestoßenen Fugen, verbleibende Fugen mit Sand füllen und eben abziehen.
Untergrund: .....
Wassereinwirkungsklasse: W1.1-E (Bodenfeuchte und nichtdrückendes Wasser bei Bodenplatten)
Anwendungstyp: PB - dh
Bemessungswert der Wärmeleitfähigkeit: max. 0,045 W/(mK)
Nennwert Wärmeleitfähigkeit: 0,044 W/(mK)
Brandverhalten: nicht brennbar, Klasse A1
Dämmstoffdicke: bis 100 mm
Schaumglasdämmplatten: **Zulassung / Bauartgenehmigung**

▶	▷	ø netto €	◁	◀	[Einheit]	Ausf.-Dauer	Positionsnummer
68€	88€	**99€**	107€	123€	[m²]	⏱ 0,15h/m²	013.000.078

109 Schaumglasdämmung, Bodenplatte, 120-140mm KG **325**

Wärmedämmung aus diffusionsdichten Schaumglas-Dämmplatten, hoch druckbelastbar, einlagig unter Bodenplatte, Platten mit versetzten, pressgestoßenen Fugen, verbleibende Fugen mit Sand füllen und eben abziehen.
Untergrund: .....
Wassereinwirkungsklasse: W1.1-E (Bodenfeuchte und nichtdrückendes Wasser bei Bodenplatten)
Anwendung bei: **Bodenfeuchte / drückendes Wasser**
Anwendungstyp: PB - dh
Bemessungswert der Wärmeleitfähigkeit: max. 0,045 (W/mK)
Nennwert Wärmeleitfähigkeit: 0,044 W/(mK)
Brandverhalten: nicht brennbar, Klasse A1
Dämmstoffdicke: **120 / 140** mm

▶	▷	ø netto €	◁	◀	[Einheit]	Ausf.-Dauer	Positionsnummer
129€	149€	**156€**	171€	198€	[m²]	⏱ 0,15h/m²	013.000.186

Nr.	Kurztext / Langtext						Kostengruppe
▶	▷	ø netto €	◁	◀	[Einheit]	Ausf.-Dauer	Positionsnummer

110 Mehrschichtdämmplatte, 50mm, in Schalung — KG **351**

Wärmedämmung aus Mehrschicht-Leichtbauplatten mit Dämmkern, dicht gestoßen, in Schalung einlegen.
Dämmplatten: WW-C
Schale: beidseitig, zementgebundene Holzwolle
Dämmkern: expandiertes Polystyrol - EPS
Bemessungswert der Wärmeleitfähigkeit: max. 0,040 W/(mK)
Nennwert Wärmeleitfähigkeit: 0,039 W/(mK)
Brandverhalten Platte: A1
Plattendicke: 50 mm
Dämmstoffdicke: 40 mm
Bauteil: .....

▶	▷	ø	◁	◀	Einheit	Ausf.-Dauer	Positionsnummer
31€	41€	**47€**	50€	60€	[m²]	⏱ 0,20h/m²	013.000.113

Kosten:
Stand 1. Quartal 2026
Bundesdurchschnitt

111 Trennwanddämmung, MW, schallbrückenfrei — KG **331**

Dämmung zwischen Haustrennwänden mit Schallschutzanforderung.
Dämmstoff: Mineralwolle - MW
Brandverhalten: nicht brennbar, A1
Anwendungsgebiet: WTH
Dynamische Steifigkeit: SD= ..... MN/m³
Zusammendrückbarkeit: **sh / sg**
Dämmstoffdicke: **20 / 30** mm

▶	▷	ø	◁	◀	Einheit	Ausf.-Dauer	Positionsnummer
9€	15€	**16€**	19€	27€	[m²]	⏱ 0,14h/m²	013.000.218

112 Betonstahlmatten, BSt B500A/B500B — KG **351**

Bewehrung aus Betonstahlmatten, in unterschiedlichen Mattenabmessungen.
Betonstahl: BSt **B500A / B500B**
Lieferform: **als Lagermatte (A) / als Listenmatte (A)**
Einbauort/Bauteil: .....

▶	▷	ø	◁	◀	Einheit	Ausf.-Dauer	Positionsnummer
1.502€	1.985€	**2.236€**	2.427€	2.951€	[t]	⏱ 0,18h/t	013.000.219

113 Betonstabstahl, BSt B500B — KG **351**

Bewehrung aus Betonstabstahl.
Betonstabstahl: BSt B500B
Durchmesser: .....
Längen: über ..... bis ..... m
Einbauort/Bauteil: .....

▶	▷	ø	◁	◀	Einheit	Ausf.-Dauer	Positionsnummer
1.431€	2.035€	**2.281€**	2.507€	3.123€	[t]	⏱ 0,25h/t	013.000.230

▶ min
▷ von
ø Mittel
◁ bis
◀ max

114 Bewehrungszubehör, Abstandshalter — KG **351**

Bewehrungszubehör aus Stahl (z.B. Unterstützungen) für Stahlbetonbauteile.
Schalungshaut: **nicht sichtbar / sichtbar**
Anforderung: Klasse SB.... gem. DBV-Merkblatt
Abrechnung nach Stahlliste

▶	▷	ø	◁	◀	Einheit	Ausf.-Dauer	Positionsnummer
3€	4€	**4€**	5€	7€	[kg]	⏱ 0,05h/kg	013.000.049

Nr.	Kurztext / Langtext						Kostengruppe
▶	▷	ø netto €	◁	◀	[Einheit]	Ausf.-Dauer	Positionsnummer

115 Bewehrung, Gitterträger KG **351**

Gitterträger als Bewehrung, aus **Betonstahl / Stahlband DIN 488-5**
Einbauort/Bauteil: .....

2.028€	2.305€	**2.368€**	2.526€	2.787€	[t]	⏱ 0,08h/t	013.000.220

116 Bewehrungsstoß, 10-16mm KG **351**

Bewehrungsstoß, als Betonstabstahlverbindung.
Stabdurchmesser: 10-16 mm
Verbindung: **geschraubt** / **geklemmt**
Einbauort/Bauteil: .....

26€	38€	**43€**	48€	61€	[St]	⏱ 0,20h/St	013.000.069

117 Bewehrungsstoß, 22-28mm KG **341**

Bewehrungsstoß, als Betonstabstahlverbindung.
Stabdurchmesser: 22-28 mm
Verbindung: **geschraubt** / **geklemmt**
Einbauort/Bauteil: .....

53€	72€	**78€**	83€	102€	[St]	⏱ 0,30h/St	013.000.126

118 Klebeanker, M16 KG **331**

Klebedübel-Set, aus Dübel, Gewindestange, Schraube und Unterlegscheibe, inkl. Bohrarbeiten.
Material: nichtrostender Stahl, Werkstoff .....
Dübelgröße: M16
Einbauort/Bauteil: .....
Arbeitshöhe: bis 3,50 m

17€	27€	**31€**	38€	49€	[St]	⏱ 0,10h/St	013.000.115

119 Kopfbolzenleiste, Durchstanzbewehrung KG **351**

Kopfbolzenleiste, als Durchstanzbewehrung im Stützenbereich von Flachdecken oder in Fundamentplatten, inkl. Klemmbügeln oder Abstandshalter.
Typ: .....
Ankerdurchmesser: .....
Ankerhöhe: .....
Ankeranzahl: .....
Länge: .....
Ankerabstände: ......
Einbauort/Bauteil: .....
Arbeitshöhe: bis 3,50 m

18€	38€	**47€**	63€	107€	[St]	⏱ 0,20h/St	013.000.129

Kosten:
Stand 1. Quartal 2026
Bundesdurchschnitt

Nr.	**Kurztext** / Langtext						Kostengruppe
▶	▷	**ø netto €**	◁	◀	[Einheit]	Ausf.-Dauer	Positionsnummer

120 Kleineisenteile, Baustahl S235JR — KG **351**

Profilstahlkonstruktion, als Unterstützung für schwere Bewehrung und als einbetonierter Profilstahl und sonstiger Konstruktionen, inkl. Zuschnitt, Grundierung und inkl. aller notwendigen Befestigungsmittel. Verzinken nach gesonderter Position.
Stahlsorte: S235JR (+AR.....), Werkstoff ......
Ausführungsklasse DIN EN 1090: EXC .....
Einbauort/Bauteil: .....
Abmessungen: .....
Für die Ausführung werden vom AG folgende Unterlagen zur Verfügung gestellt:

- Entwurfszeichnungen, Plannr.: .....
- Übersichtszeichnungen, Plannr.: .....
- Stahlliste, Plannr.: ......

6€	9€	**10€**	15€	24€	[kg]	⏱ 0,03h/kg	013.000.051

121 Stahlkonstruktion, Profilstahl S235JR — KG **333**

Profilstahlkonstruktion, zur Unterstützung für schwere Bewehrung und als einbetonierte Profilstähle und sonstiger Konstruktionen, inkl. Zuschnitt, Grundierung und inkl. aller notwendigen Befestigungsmittel. Verzinken nach gesonderter Position.
Stahlsorte: S235JR (+AR .....), Werkstoff: .....
Ausführungsklasse DIN EN 1090: EXC .....
Einbauort/Bauteil: .....
Abmessungen: .....
Für die Ausführung werden vom AG folgende Unterlagen zur Verfügung gestellt:

- Entwurfszeichnungen, Plannr.: .....
- Übersichtszeichnungen, Plannr.: .....
- Stahlliste, Plannr.: .....

4€	7€	**8€**	11€	17€	[kg]	⏱ 0,02h/kg	013.000.050

122 Stahlkonstruktion, Baustahl S235JR(AR) — KG **333**

Stahlkonstruktion aus Baustahl, für Konstruktionen, für Sondertragglieder inkl. Zuschnitt, Grundierung, Verschweißen, sowie Schweißnähte schleifen und aller notwendigen Befestigungsmittel. Verzinken nach gesonderter Position.
Stahlsorte: S235JR (+AR.....), Werkstoff ......
Ausführungsklasse DIN EN 1090: EXC .....
Einbauort/Bauteil: .....
Abmessungen: .....
Für die Ausführung werden vom AG folgende Unterlagen zur Verfügung gestellt:

- Entwurfszeichnungen, Plannr.: .....
- Übersichtszeichnungen, Plannr.: .....
- Stahlliste, Plannr.: ......

7€	13€	**16€**	18€	27€	[kg]	⏱ 0,05h/kg	013.000.052

123 Stahlteile feuerverzinken — KG **351**

Feuerverzinken von Stahlteilen,
Korrosivitätskategorie: mäßig - C3 (z.B. Stadt- und Industrieatmosphäre mit mäßiger Luftverunreinigung)
Schutzdauerklasse: sehr hoch - VH
Bauteil: Profil-Stahlträger

1€	2€	**3€**	3€	4€	[kg]	⏱ 0,01h/kg	013.000.053

▶ min
▷ von
ø Mittel
◁ bis
◀ max

Nr.	Kurztext / Langtext						Kostengruppe
▶	▷	ø netto €	◁	◀	[Einheit]	Ausf.-Dauer	Positionsnummer

124 Kleineisenteile, nichtrostender Stahl KG **351**

Kleineisenteile aus nichtrostendem Stahl, gem. beiliegender Stahlliste, inkl. Montage.
Werkstoff-Nummer: .....
Bauteil: .....
Abmessungen: .....

18€	33€	**40€**	52€	69€	[kg]	⏱ 0,15h/kg	013.000.054

A 10 Ankerschiene Beschreibung für Pos. **125-126**

Ankerschiene TA aus Stahl feuerverzinkt, kaltgewalzt.

125 Ankerschiene 28/15 KG **331**

Wie Ausführungsbeschreibung A 10
Ausführung: **feuerverzinkt / nichtrostender Stahl**, Werkstoffnummer: ......
Typ/Profil: 28/15

18€	25€	**29€**	39€	72€	[m]	⏱ 0,20h/m	013.000.055

126 Ankerschiene 38/17 KG **331**

Wie Ausführungsbeschreibung A 10
Ausführung: **feuerverzinkt / nichtrostender Stahl**, Werkstoffnummer: ......
Typ/Profil: 38/17

21€	41€	**50€**	60€	79€	[m]	⏱ 0,20h/m	013.000.056

A 11 Bewehrungs-/Rückbiegeanschluss Beschreibung für Pos. **127-128**

Bewehrungsanschluss oder Rückbiegeanschluss, einlagig, für Wände, in korrosionsfreier Ausführung inkl. Vollschaumfüllung, an Wandschalung befestigen, inkl. Entfernen der Gehäusedeckel sowie Rückbiegen der Anschlussbewehrung.

127 Bewehrungs-/Rückbiegeanschluss 55/85 KG **331**

Wie Ausführungsbeschreibung A 11
Stabdurchmesser: .....
Stababstand: ....., **ein- / zweireihig**
Gehäusebreite: **55 / 85**

15€	29€	**35€**	42€	60€	[m]	⏱ 0,22h/m	013.000.057

128 Bewehrungs-/Rückbiegeanschluss, 150/190 KG **331**

Wie Ausführungsbeschreibung A 11
Stabdurchmesser: .....
Stababstand: ....., **ein- / zweireihig**
Gehäusebreite: **150 / 190**

24€	42€	**48€**	57€	77€	[m]	⏱ 0,30h/m	013.000.110

Nr.	Kurztext / Langtext						Kostengruppe
▶	▷	ø netto €	◁	◀	[Einheit]	Ausf.-Dauer	Positionsnummer

129 Balkonanschluss, Wärmedämmelement KG **351**

Tragendes Wärmedämmelement, für unterstützte Balkone und Loggia-Platten, zur thermischen und trittschalltechnischen Trennung der Balkonplatte von der Deckenplatte bzw. dem Unterzug, querkraftverstärkter Typ.
Wärmedämmelement: Typ .....
Dämmung: EPS
Bemessungswert der Wärmeleitfähigkeit: max. 0,035 (W/mK)
Nennwert Wärmeleitfähigkeit: 0,034 W/(mK)
Dämmschichtdicke: **80 / 120** mm
Balkonplattendicke: .....
Betondeckung: .....
Elementlänge: 1,00 m
Einbauort/Geschoss: .....

▶	▷	ø	◁	◀	[Einheit]	Ausf.-Dauer	Positionsnummer
142€	359€	**416€**	501€	690€	[m]	⏱ 0,70h/m	013.000.059

Kosten:
Stand 1.Quartal 2026
Bundesdurchschnitt

130 TSD-Element, Anschluss, Treppenpodest//Wand KG **351**

Trittschalldämmelement, als Anschluss Treppenpodest und Wand.
Podestdicke: .... cm
Auflast: ..... kN/m²
Trittschallverbesserungsmaß: ..... dB
Baustoffklasse: normal entflammbar - B2
Einbauort/Geschoss: .....

▶	▷	ø	◁	◀	[Einheit]	Ausf.-Dauer	Positionsnummer
132€	181€	**200€**	214€	278€	[St]	⏱ 0,54h/St	013.000.070

131 Stundensatz, Helfer/-in

Stundenlohnarbeiten für Werker/-in, Helfer/-in und jeweils Gleichgestellte. Der Verrechnungssatz für die jeweilige Arbeitskraft - umfasst sämtliche Aufwendungen wie Lohn- und Gehaltskosten, lohn- und gehaltsgebundene Kosten, Lohn- und Gehaltsnebenkosten, Gemeinkosten, Wagnis und Gewinn. Leistung nach besonderer Anordnung des Auftraggebers. Nachweis und Anmeldung gem. VOB/B.

▶	▷	ø	◁	◀	[Einheit]	Ausf.-Dauer	Positionsnummer
51€	62€	**67€**	69€	74€	[h]	⏱ 1,00h/h	013.000.161

132 Stundensatz, Facharbeiter/-in

Stundenlohnarbeiten für Facharbeiter/-in, Spezialfacharbeiter/-in, Vorarbeiter/-in und jeweils Gleichgestellte. Der Verrechnungssatz für die jeweilige Arbeitskraft umfasst sämtliche Aufwendungen wie Lohn- und Gehaltskosten, lohn- und gehaltsgebundene Kosten, Lohn- und Gehaltsnebenkosten, Gemeinkosten, Wagnis und Gewinn. Leistung nach besonderer Anordnung des Auftraggebers. Nachweis und Anmeldung gem. VOB/B.

▶	▷	ø	◁	◀	[Einheit]	Ausf.-Dauer	Positionsnummer
59€	70€	**76€**	79€	88€	[h]	⏱ 1,00h/h	013.000.160

▶ min
▷ von
ø Mittel
◁ bis
◀ max

014

Kosten:
Stand 1. Quartal 2026
Bundesdurchschnitt

► min
▷ von
ø Mittel
◁ bis
◄ max

Nr.	Positionen	Einheit	►	▷	ø brutto € / ø netto €	◁	◄
1	Unterboden reinigen	m²	2	3	**4**	4	6
			1	3	**3**	4	5
2	Feuchtemessung	St	46	58	**62**	68	79
			39	49	**52**	57	66
3	Innenbelag, Terrazzoplatten	m²	161	189	**197**	198	239
			136	159	**165**	166	200
4	Innenbelag, Betonwerkstein	m²	135	152	**157**	175	213
			114	128	**132**	147	179
5	Innenbelag, Naturwerkstein, Granit	m²	188	234	**250**	264	312
			158	196	**210**	222	263
6	Innenbelag, Naturwerkstein, Marmor	m²	202	241	**247**	268	315
			170	202	**208**	225	264
7	Innenbelag, Naturwerkstein, Solnhofer Kalkstein	m²	146	214	**226**	243	286
			122	180	**190**	204	241
8	Innenbelag, Naturwerkstein, Schiefer	m²	124	156	**178**	186	201
			104	131	**149**	156	169
9	Innenbelag, Naturwerkstein, Travertin	m²	185	238	**265**	318	339
			156	200	**223**	267	285
10	Sockel, Naturwerkstein, magmatisches Gestein	m	23	36	**41**	50	69
			19	30	**34**	42	58
11	Randplatte, Naturwerkstein, innen	m	90	116	**130**	143	165
			76	97	**109**	120	138
12	Randplatte, Naturwerkstein, Treppenauge, innen	m	93	136	**160**	180	223
			78	115	**135**	151	187
13	Bodenprofil, Bewegungsfugen, Plattenbelag	m	35	65	**76**	82	104
			29	55	**64**	69	87
14	Trennschiene, Messing, innen	m	32	36	**38**	39	50
			27	30	**32**	33	42
15	Trennschiene, Aluminium, innen	m	29	35	**38**	46	63
			25	30	**32**	39	53
16	Trennschiene, nichtrostender Stahl, innen	m	29	41	**46**	53	73
			24	34	**38**	45	61
17	Fugenabdichtung, elastisch, Silikon	m	8	10	**11**	13	16
			7	9	**10**	11	13
18	Blockstufe, Naturwerkstein	m	212	326	**376**	454	648
			178	274	**316**	382	544
19	Blockstufe, Betonwerkstein	m	152	244	**282**	345	454
			128	205	**237**	290	382
20	Treppe, Naturwerkstein, Winkelstufe, 1,00m	St	147	207	**237**	272	326
			123	174	**199**	228	274
21	Treppenbelag, Naturwerkstein, Tritt-/Setzstufe	m	178	206	**220**	246	292
			150	173	**185**	207	246
22	Stufengleitschutzprofil, Treppe	m	28	32	**33**	34	38
			24	27	**28**	28	32
23	Rillenfräsung, Stufenkante	m	39	43	**47**	62	67
			33	36	**40**	52	57
24	Aufmerksamkeitsstreifen, Stufenkante, PU-Einzelrippen	m	–	50	**55**	70	–
			–	42	**46**	59	–

Nr.	Positionen	Einheit	▶	▷	ø brutto € / ø netto €	◁	◀
25	Aufmerksamkeitsstreifen, Stufenkante, Klebeband	m	–	9	**11**	13	–
			–	8	**9**	11	–
26	Aufmerksamkeitsstreifen, Trittstufe, Klebeband	m	–	6	**7**	9	–
			–	5	**6**	7	–
27	Verblendmauerwerk, Granit/Basalt, außen	m²	385	621	**725**	749	958
			323	522	**609**	629	805
28	Kerndämmung, zweischalige Außenwand	m²	34	48	**53**	59	79
			29	41	**44**	49	66
29	Trockenmauerwerk, Naturwerksteine	m²	272	417	**478**	558	743
			229	351	**401**	469	625
30	Bohrung, Plattenbelag	St	21	27	**32**	36	45
			17	22	**27**	30	38
31	Ausklinkung, Plattenbelag	St	15	28	**31**	40	60
			13	23	**26**	34	50
32	Kanten bearbeiten, Plattenbelag	m	10	18	**21**	27	37
			8	15	**18**	23	31
33	Schrägschnitte, Plattenbelag	m	38	49	**51**	61	76
			32	41	**43**	51	64
34	Rundschnittbogen, Plattenbelag	m	50	61	**71**	80	108
			42	51	**60**	68	90
35	Fries, Plattenbelag	m	66	113	**130**	146	182
			55	95	**109**	123	153
36	Trittschalldämmung, Randstreifen, MW	m²	6	13	**16**	20	28
			5	11	**13**	17	24
37	Erstreinigung, Bodenbelag	m²	6	15	**19**	23	39
			5	13	**16**	19	33
38	Sitzquader, Naturstein	St	310	520	**577**	761	1.047
			261	437	**485**	640	880
39	Betonwerksteinbeläge fluatieren	m²	5	7	**8**	11	16
			4	6	**7**	10	13
40	Mauerabdeckung, Naturwerkstein, außen	m	64	121	**139**	156	195
			54	102	**116**	131	164
41	Fensterbank, Naturwerkstein, innen	m	47	75	**85**	94	121
			40	63	**71**	79	102
42	Fensterbank, Naturwerkstein, außen	m	90	131	**144**	161	205
			75	110	**121**	136	172
43	Fensterbank, Betonwerkstein, außen	m	88	104	**116**	135	156
			74	88	**97**	114	131
44	Leitsystem, innen, Rippenfliesen, Edelstahl, 3 Rippen	m	–	201	**223**	285	–
			–	169	**187**	240	–
45	Leitsystem, innen, Rippenfliesen, Edelstahl, 7 Rippen	m	–	249	**280**	361	–
			–	209	**235**	303	–
46	Leitsystem, Rippenfliese/Begleitstreifen, Edelstahl, 200mm	m	–	269	**309**	392	–
			–	226	**260**	330	–
47	Leitsystem, Rippenfliese/Begleitstreifen, Edelstahl, 400mm	m	–	283	**341**	427	–
			–	238	**287**	359	–
48	Kontraststreifen, Noppenfliesen, Edelstahl, 300mm	m	–	73	**83**	105	–
			–	62	**69**	88	–

Kosten:
Stand 1. Quartal 2026
Bundesdurchschnitt

Natur-, Betonwerksteinarbeiten **Preise €**

Nr.	Positionen	Einheit	►	▷	**ø brutto €** / ø netto €	◁	◄
49	Kontraststreifen, Noppenfliesen, Edelstahl, 600mm	m	–	76	**86**	110	–
			–	64	**72**	92	–
50	Edelstahlrippen, 16mm, Streifen, dreireihig	m	–	278	**324**	402	–
			–	234	**272**	337	–
51	Edelstahlrippen, 35mm, Streifen, dreireihig	m	–	287	**330**	412	–
			–	241	**277**	347	–
52	Kunststoffrippen, 16mm, Streifen, dreireihig	m	–	75	**84**	105	–
			–	63	**71**	89	–
53	Kunststoffrippen, 35mm, Streifen, dreireihig	m	–	90	**99**	125	–
			–	75	**83**	105	–
54	Aufmerksamkeitsfeld, 600x600, Noppenfliesen, Edelstahl	St	–	398	**457**	581	–
			–	334	**384**	488	–
55	Aufmerksamkeitsfeld, 1.200x1.200, Noppenfliesen, Edelstahl	St	–	1.050	**1.236**	1.532	–
			–	883	**1.039**	1.288	–
56	Aufmerksamkeitsfeld, 600x600, Noppen, Edelstahl	St	–	706	**803**	1.019	–
			–	594	**674**	857	–
57	Aufmerksamkeitsfeld, 900x900, Noppen, Edelstahl	St	–	1.518	**1.650**	2.128	–
			–	1.275	**1.386**	1.788	–
58	Aufmerksamkeitsfeld, 600x600, Noppen, Kunststoff	St	–	329	**370**	477	–
			–	277	**311**	401	–
59	Aufmerksamkeitsfeld, 900x900, Noppen, Kunststoff	St	–	605	**695**	876	–
			–	508	**584**	736	–
60	Stundensatz, Facharbeiter/-in	h	69	84	**92**	96	104
			58	71	**77**	81	87
61	Stundensatz, Helfer/-in	h	59	70	**76**	79	88
			49	59	**64**	67	74

Nr.	**Kurztext** / Langtext						Kostengruppe
►	▷	**ø netto €**	◁	◄	[Einheit]	Ausf.-Dauer	Positionsnummer

1 **Unterboden reinigen** KG **324**

Unterboden von groben Verschmutzungen reinigen, sammeln und in Container des AG lagern. Abfall weder schadstoffbelastet noch gefährlich.
Dicke: .....

1€	3€	**3€**	4€	5€	[m²]	⏱ 0,03 h/m²	014.000.001

2 **Feuchtemessung** KG **353**

Feuchtemessung des Untergrunds als Prüfung der Belegreife, über die Prüfpflicht des Auftragnehmers hinaus. Messung mit CM-Prüfinstrument, Preis je Prüfung inkl. Protokollierung und Übergabe an den Auftraggeber.

39€	49€	**52€**	57€	66€	[St]	⏱ 0,25 h/St	014.000.088

► min
▷ von
ø Mittel
◁ bis
◄ max

3 Innenbelag, Terrazzoplatten KG **353**

Bodenbelag aus mineralischen Kunststeinplatten im Innenbereich, einschichtig, im Verband auf Dickbett mit Verfugung mit Fugenmörtel.
Einbauort: .....
Untergrund: .....
Kunststeinplatten: Terrazzo
Verlegeart: .....
Mörtel: 30 mm
Fugenanordnung: .....
Fugenbreite: 3 mm
Plattenformat (B x L): ..... x .....
Plattendicke: .....
Farbe/Textur: .....
Oberfläche: .....
Angeb. Stein/Lieferant: .....

▶	▷	ø netto €	◁	◀	[Einheit]	Ausf.-Dauer	Positionsnummer
136€	159€	**165€**	166€	200€	[m²]	⏱ 1,50 h/m²	014.000.045

4 Innenbelag, Betonwerkstein KG **353**

Bodenbelag aus Betonwerksteinplatten im Innenbereich, einschichtig, als kalibrierte Platte, im Verband auf Dickbett mit Verfugung mit Fugenmörtel.
Einbauort: .....
Untergrund: .....
Mörtel: 30 mm
Verlegeart: .....
Fugenanordnung: .....
Fugenbreite: 3 mm
Plattenformat (B x L): ..... x .....
Plattendicke: .....
Farbe/Textur: .....
Oberfläche: feingeschliffen
Angeb. Stein/Lieferant: .....

▶	▷	ø netto €	◁	◀	[Einheit]	Ausf.-Dauer	Positionsnummer
114€	128€	**132€**	147€	179€	[m²]	⏱ 1,10 h/m²	014.000.026

Nr.	Kurztext / Langtext							Kostengruppe
►	▷	ø netto €	◁	◄		[Einheit]	Ausf.-Dauer	Positionsnummer

5 Innenbelag, Naturwerkstein, Granit KG **353**

Bodenbelag aus Naturwerkstein im Innenbereich, im Verband auf Dünnbett mit Fugenmörtel.
Einbauort: .....
Untergrund: waagerecht
Gesteinsart: Granit
Handelsname: .....
Farbe/Textur: .....
Verlegeart: .....
Mörtel: .....
Fugenanordnung: .....
Fugenmörtel: .....
Plattenformat (B x L): ..... x .....
Plattendicke: bis 30 mm
Oberfläche: poliert
Angeb. Stein: .....
Steinbruch: .....

►	▷	ø	◁	◄	[Einheit]	Ausf.-Dauer	Positionsnummer
158€	196€	**210€**	222€	263€	[m²]	⏱ 1,10h/m²	014.000.061

6 Innenbelag, Naturwerkstein, Marmor KG **353**

Bodenbelag aus Naturwerkstein im Innenbereich, im Verband auf Dünnbett mit Fugenmörtel.
Einbauort: .....
Untergrund: waagerecht
Gesteinsart: Marmor
Handelsname: .....
Farbe/Textur: .....
Verlegeart: .....
Mörtel: .....
Fugenanordnung: .....
Fugenmörtel: .....
Plattenformat (B x L): ..... x .....
Plattendicke: 10 mm
Oberfläche: poliert
Angeb. Stein: .....
Steinbruch: .....

►	▷	ø	◁	◄	[Einheit]	Ausf.-Dauer	Positionsnummer
170€	202€	**208€**	225€	264€	[m²]	⏱ 1,10h/m²	014.000.062

Kosten:
Stand 1. Quartal 2026
Bundesdurchschnitt

► min
▷ von
ø Mittel
◁ bis
◄ max

7 Innenbelag, Naturwerkstein, Solnhofer Kalkstein KG **353**

Bodenbelag aus Naturwerkstein im Innenbereich, im Verband auf Dickbett mit Fugenmörtel.
Einbauort: .....
Untergrund: waagerecht
Steinart: Solnhofer Kalkstein
Farbe/Textur: .....
Verlegeart: .....
Mörtel: .....
Fugenanordnung: .....
Fugenmörtel: .....
Plattenformat (B x L): ..... x .....
Plattendicke: bis 25 mm
Oberfläche: gebürstet
Rutschhemmung: .....
Angeb. Stein: .....

122€	180€	**190€**	204€	241€	[m²]	⏱ 1,20 h/m²	024.000.043

8 Innenbelag, Naturwerkstein, Schiefer KG **353**

Bodenbelag aus Naturwerkstein im Innenbereich, im Verband auf Mittelbett mit Fugenmörtel.
Einbauort: .....
Untergrund: waagerecht
Steinart: Schiefer
Farbe/Textur: .....
Verlegeart: .....
Mörtel: .....
Fugenanordnung: .....
Fugenmörtel: .....
Plattenformat (B x L): 30 x 30 cm
Plattendicke: 10 mm
Oberfläche: spaltrau
Rutschhemmung: .....
Angeb. Stein: .....
Steinbruch: .....

104€	131€	**149€**	156€	169€	[m²]	⏱ 1,10 h/m²	014.000.055

Nr.	Kurztext / Langtext							Kostengruppe
▶	▷	**ø netto €**	◁	◀		[Einheit]	Ausf.-Dauer	Positionsnummer

9 Innenbelag, Naturwerkstein, Travertin KG **353**

Bodenbelag aus Naturwerkstein im Innenbereich, im Verband auf Mittelbett mit Fugenmörtel.
Einbauort: .....
Untergrund: waagerecht
Gesteinsart: Travertin
Handelsname: .....
Farbe/Textur: .....
Verlegeart: .....
Mörtel: .....
Fugenanordnung: .....
Fugenmörtel: .....
Plattenformat (B x L): ..... x .....
Plattendicke: ca. 1,5 mm
Oberfläche: geschliffen
Rutschhemmung: .....
Angeb. Stein: .....
Steinbruch: .....

▶	▷	ø	◁	◀	Einheit	Ausf.-Dauer	Positionsnummer
156€	200€	**223€**	267€	285€	[m²]	⏱ 1,20 h/m²	014.000.056

10 Sockel, Naturwerkstein, magmatisches Gestein KG **353**

Sockelleiste aus Naturwerkstein, Magmatisches Gestein, vorstehend an Wänden im Innenbereich, auf Dünnbett, mit Verfugung auf Flächenbelag abgestimmt.
Querschnitt: 80 x 15 mm
Plattendicke: bis 15 mm
Gesteinsart: Magmatisches Gestein
Handelsname: .....
Oberfläche: feingeschliffen
Kanten: .....

▶	▷	ø	◁	◀	Einheit	Ausf.-Dauer	Positionsnummer
19€	30€	**34€**	42€	58€	[m]	⏱ 0,25 h/m	014.000.023

11 Randplatte, Naturwerkstein, innen KG **353**

Randplatte aus Naturwerkstein, ein Kopf sichtbar, im Innenbereich, auf Dünnbett mit Verfugung.
Einbauort: .....
Untergrund: Zementestrich
Gesteinsart: Magmatisches Gestein
Handelsname: .....
Plattenbreite: 280 mm
Plattendicke: ..... mm
Oberfläche: .....
Kanten: .....

▶	▷	ø	◁	◀	Einheit	Ausf.-Dauer	Positionsnummer
76€	97€	**109€**	120€	138€	[m]	⏱ 0,40 h/m	014.000.032

Kosten:
Stand 1. Quartal 2026
Bundesdurchschnitt

▶ min
▷ von
ø Mittel
◁ bis
◀ max

12 Randplatte, Naturwerkstein, Treppenauge, innen KG **353**

Randplatte aus Naturwerkstein, Platte an den Rändern ca. 10mm auskragend, Kopf sichtbar, im Innenbereich, auf Dünnbett mit Verfugung.
Einbauort: Treppenauge
Untergrund: Betontreppe ....
Gesteinsart: Magmatisches Gestein
Handelsname: ....
Plattenbreite: 280 mm
Plattendicke: .....
Oberfläche: .....
Kanten: .....

78€ 115€ **135€** 151€ 187€ [m] ⏱ 0,60h/m 014.000.033

13 Bodenprofil, Bewegungsfugen, Plattenbelag KG **353**

Bewegungsfuge in Bodenbelag nach IVD-Merkblatt Nr. 1, mit elastischem Fugendichtstoff PW und Fugenabdeckprofil aus Aluminium.
Volumenschwund: ≤5%
Fugenbreite: über 5 bis 10 mm
Fugentiefe bis 10 mm

29€ 55€ **64€** 69€ 87€ [m] ⏱ 0,14h/m 014.000.035

14 Trennschiene, Messing, innen KG **353**

Trennschiene aus Metall in Werkstein-Bodenbelag, im Innenbereich.
Einbauort: .....
Untergrund: .....
Material: Messing
Oberfläche: .....

27€ 30€ **32€** 33€ 42€ [m] ⏱ 0,12h/m 014.000.036

15 Trennschiene, Aluminium, innen KG **353**

Trennschiene aus Metall in Werkstein-Bodenbelag, im Innenbereich.
Einbauort: .....
Untergrund: .....
Material: Aluminium
Oberfläche: .....

25€ 30€ **32€** 39€ 53€ [m] ⏱ 0,12h/m 014.000.037

16 Trennschiene, nichtrostender Stahl, innen KG **353**

Trennschiene aus Metall in Werkstein-Bodenbelag, im Innenbereich.
Einbauort: .....
Untergrund: .....
Material: nichtrostender Stahl
Oberfläche: .....

24€ 34€ **38€** 45€ 61€ [m] ⏱ 0,12h/m 014.000.038

000
001
002
006
008
009
010
012
013
014
016
017
018
020
021
022

Kosten:
Stand 1. Quartal 2026
Bundesdurchschnitt

Nr.	Kurztext / Langtext							Kostengruppe
▶	▷	ø netto €	◁	◀	[Einheit]	Ausf.-Dauer		Positionsnummer

17 Fugenabdichtung, elastisch, Silikon KG **353**

Fuge in Bodenbelag mit elastischem Fugendichtstoff schließen.
Volumenschwund: ≤15%
Zulässige Gesamtverformung: 12,5%
Fugenbreite: über 5-10 mm
Fugentiefe: bis 10 mm

7€ | 9€ | **10€** | 11€ | 13€ | [m] | ⏱ 0,05h/m | 014.000.039

18 Blockstufe, Naturwerkstein KG **544**

Blockstufe aus Naturwerkstein, im Außenbereich, auf Untergrund aus Stahlbeton in Zementmörtel.
Einbauort: .....
Gesteinsart: .....
Farbe/Textur: .....
Stufenabmessung (L x B x H): 1.200 x 350 x 160 mm
Oberfläche: .....
Rutschgefahr: R9
Kantenausbildung: .....
Angeb. Stein: .....
Steinbruch: .....

178€ | 274€ | **316€** | 382€ | 544€ | [m] | ⏱ 0,60h/m | 014.000.018

19 Blockstufe, Betonwerkstein KG **544**

Blockstufe aus Betonwerkstein, zweischichtig, im Außenbereich, auf Untergrund aus Stahlbeton in Zementmörtel.
Einbauort: .....
Plattenart: .....
Farbe/Textur: .....
Stufenabmessung (L x B x H): 1.200 x 350 x 160 mm
Oberfläche: .....
Rutschgefahr: R9
Kantenausbildung: .....
Angeb. Stein/Lieferant: .....
Ausführung nach Muster des AG

128€ | 205€ | **237€** | 290€ | 382€ | [m] | ⏱ 0,60h/m | 014.000.019

20 Treppe, Naturwerkstein, Winkelstufe, 1,00m KG **544**

Treppenstufe als Winkelstufe aus Naturwerkstein, auf Betonuntergrund, in Zementmörtel und mit Verfugung.
Einbauort: .....
Gesteinsart: .....
Farbe/Textur: .....
Stufenabmessung (L x B x H): 1.000 x 290 x 175 mm
Materialdicke: 40 mm
Oberfläche: .....
Kantenausbildung: .....
Angeb. Stein: .....
Steinbruch: .....

123€ | 174€ | **199€** | 228€ | 274€ | [St] | ⏱ 0,55h/St | 014.000.020

▶ min
▷ von
ø Mittel
◁ bis
◀ max

Nr.	Kurztext / Langtext						Kostengruppe
▶	▷	ø netto €	◁	◀	[Einheit]	Ausf.-Dauer	Positionsnummer

21 Treppenbelag, Naturwerkstein, Tritt-/Setzstufe KG **353**

Treppenstufe als Tritt- und Setzstufe aus Naturwerkstein, auf Betonuntergrund, in Zementmörtel und mit Verfugung. Trittstufe überkragend und Setzstufe stumpf gestoßen.
Einbauort: .....
Gesteinsart: .....
Farbe/Textur: .....
Stufenabmessung (L x B x H): 1.000 x 290 x 175 mm
Materialdicke: Trittstufe 30 mm, Setzstufe 20 mm
Sichtbare Köpfe: .....
Oberfläche: .....
Kantenausbildung: .....
Angeb. Stein: .....
Steinbruch: .....

150€ 173€ **185€** 207€ 246€ [m] ⏱ 0,60 h/m 014.000.021

22 Stufengleitschutzprofil, Treppe KG **353**

Stufengleitschutzprofil in Stufenvorderkante einlassen, Profil nach Mustervorlage.
Profil: rutschhemmendes Kunststoff-Profil
Breite: ca. 20 mm
Farbe: schwarz
Steinart: **Naturstein / Betonwerkstein**
Abstand von Vorderkante: ..... mm

24€ 27€ **28€** 28€ 32€ [m] ⏱ 0,20 h/m 014.000.022

23 Rillenfräsung, Stufenkante KG **353**

Rillenfräsungen in der Plattenoberfläche an Stufenvorderkante als taktiles Erkennungsmerkmal gem. DIN 18040 und DIN 32984.
Ausführungsort: .....
Ausführung: 4 parallele Rillen
Abmessung (B x T): 20 x 2 mm
Steinart: **Naturstein / Betonwerkstein**
Abstand von Vorderkante: .....

33€ 36€ **40€** 52€ 57€ [m] ⏱ 0,20 h/m 014.000.060

24 Aufmerksamkeitsstreifen, Stufenkante, PU-Einzelrippen KG **353**

Rutschsicherer Aufmerksamkeitsstreifen auf Treppenstufen, als taktiles Erkennungsmerkmal gem. DIN 18040 und DIN 32984, auf Natursteinbelag mit geklebten Einzelrippen, im Kontrast zu Belag.
Anwendungsbereich: Treppen
Ausführungsort: .....
Ausführung: dreireihig
Untergrund: .....
Material: Kunststoffrippen, Polyurethan
Höhe: .....
Format (B x L): ..... x .....
Abstand von Vorderkante: .....
Farbe: .....

– 42€ **46€** 59€ – [m] ⏱ 0,35 h/m 014.000.064

000 001 002 006 008 009 010 012 013 014 016 017 018 020 021 022

Nr.	Kurztext / Langtext						Kostengruppe
►	▷	ø netto €	◁	◄	[Einheit]	Ausf.-Dauer	Positionsnummer

25 Aufmerksamkeitsstreifen, Stufenkante, Klebeband KG **353**

Rutschsicherer Aufmerksamkeitsstreifen auf Treppenstufen, als taktiles Erkennungsmerkmal auf Natursteinbelag, mit geklebten Markierungsbändern, im Kontrast zu Belag.
Anwendungsbereich: Treppen
Ausführungsort: .....
Ausführung: einreihig
Untergrund: .....
Material: selbstklebendes Band
Breite: 50 mm
Abstand von Vorderkante: .....
Farbe: .....

►	▷	ø	◁	◄	Einheit	Ausf.-Dauer	Positionsnummer
–	8€	**9€**	11€	–	[m]	⏱ 0,05h/m	014.000.084

Kosten:
Stand 1. Quartal 2026
Bundesdurchschnitt

26 Aufmerksamkeitsstreifen, Trittstufe, Klebeband KG **353**

Rutschsicherer Aufmerksamkeitsstreifen auf Treppenstufen, als taktiles Erkennungsmerkmal auf Natursteinbelag, mit geklebten Markierungsbändern, im Kontrast zu Belag.
Anwendungsbereich: Treppen
Ausführungsort: .....
Ausführung: einreihig
Untergrund: .....
Material: selbstklebendes Band
Breite: 25 mm
Abstand von Vorderkante: .....
Farbe: .....

►	▷	ø	◁	◄	Einheit	Ausf.-Dauer	Positionsnummer
–	5€	**6€**	7€	–	[m]	⏱ 0,05h/m	014.000.085

27 Verblendmauerwerk, Granit/Basalt, außen KG **335**

Verblendmauerwerk aus Naturwerkstein vor Außenwand, als regelmäßiges Schichtmauerwerk, mit Drahtankern und Luftschicht vor Wärmedämmung.
Gesteinsart: **Granit / Basalt**
Steinformat: 240 x 115 x 190 mm
Kanten: .....
Fugen: .....
Abstand Verblendmauerwerk: ....
Verankerung: .....
Mörtelgruppe: NM IIa
Sichtflächen: .....
Einbauhöhen: bis .....
Angeb. Stein: .....
Steinbruch: .....

►	▷	ø	◁	◄	Einheit	Ausf.-Dauer	Positionsnummer
323€	522€	**609€**	629€	805€	[m²]	⏱ 0,80h/m²	014.000.005

► min
▷ von
ø Mittel
◁ bis
◄ max

Nr.	**Kurztext** / Langtext					Kostengruppe
▶	▷	**ø netto €**	◁	◀	[Einheit] Ausf.-Dauer	Positionsnummer

28 Kerndämmung, zweischalige Außenwand KG **335**

Kerndämmung für zweischalige Außenwand, mit oder ohne Luftschicht, einlagig, Mineralwolleplatte, versetzt gestoßen, verlegt auf vorhandenen Drahtankern.
Dämmstoff: MW
Anwendungsgebiet: WZ
Bemessungswert der Wärmeleitfähigkeit: max. 0,035 W/(mK)
Nennwert der Wärmeleitfähigkeit: 0,034 (W/mK)
Brandverhalten: A1
Gesamtdicke: .....

29€ 41€ **44€** 49€ 66€ [m2] ⏱ 0,12 h/m2 014.000.006

29 Trockenmauerwerk, Naturwerksteine KG **543**

Trockenmauerwerk aus Natursteinen, nicht verwittertes Material.
Steinart: **Sandstein / Kalkstein / Granit / Schiefer**
Mauerverband: **Bruchstein- / Schichten- / Quadermauerwerk**
Steinformate (B x H): ..... - ...... x ..... - ..... (von-bis)
Mauerbreite: .....
Mauerhöhe .....
Einbauort: Außenbereich, auf bauseitiges Fundament
Steinbruch: .....

229€ 351€ **401€** 469€ 625€ [m2] ⏱ 1,90 h/m2 014.000.051

30 Bohrung, Plattenbelag KG **353**

Bohrungen im Natursteinplattenbelag.
Belag: **Bodenbelag / Wandbelag**
Bohrung: Durchmesser 25 mm
Steinart: .....
Plattendicke: .....

17€ 22€ **27€** 30€ 38€ [St] ⏱ 0,20 h/St 014.000.028

31 Ausklinkung, Plattenbelag KG **353**

Ausklinkung in Naturstein- oder Betonwerksteinbelag.
Belag: **Bodenbelag / Wandbelag**
Größe Ausklinkung: .....
Steinart: .....
Belagdicke: .....

13€ 23€ **26€** 34€ 50€ [St] ⏱ 0,18 h/St 014.000.029

32 Kanten bearbeiten, Plattenbelag KG **353**

Kanten an Platte als eckige Fase.
Plattenbelag: **Boden / Wand**
Steinart: .....
Plattendicke: .....

8€ 15€ **18€** 23€ 31€ [m] ⏱ 0,18 h/m 014.000.030

Nr.	Kurztext / Langtext						Kostengruppe
▶	▷	ø netto €	◁	◀	[Einheit]	Ausf.-Dauer	Positionsnummer

33 **Schrägschnitte, Plattenbelag** — KG **353**

Gehrungsschnitte an Platte mit Bearbeitung.
Plattenbelag: **Boden / Wand**
Steinart: .....
Plattendicke: .....
Schnittwinkel: .....

▶	▷	ø	◁	◀	Einheit	Ausf.-Dauer	Positionsnummer
32€	41€	**43€**	51€	64€	[m]	⏱ 0,40h/m	014.000.031

34 **Rundschnittbogen, Plattenbelag** — KG **353**

Rundschnitte an Platte mit Bearbeitung.
Plattenbelag: **Boden / Wand**
Steinart: .....
Plattendicke: .....
Schnittradius: .....

▶	▷	ø	◁	◀	Einheit	Ausf.-Dauer	Positionsnummer
42€	51€	**60€**	68€	90€	[m]	⏱ 0,50h/m	014.000.049

35 **Fries, Plattenbelag** — KG **353**

Fries in Bodenbelag aus Naturstein, im Innenbereich, im Dünnbettmörtel verlegt, inkl. Verfugung.
Plattenformat (B x L): 280 x 500 mm
Plattendicke: 20 mm
Gesteinsart. .....
Oberfläche: .....
Einbauort: .....
Angeb. Stein: .....
Steinbruch: .....

▶	▷	ø	◁	◀	Einheit	Ausf.-Dauer	Positionsnummer
55€	95€	**109€**	123€	153€	[m]	⏱ 0,40h/m	014.000.034

36 **Trittschalldämmung, Randstreifen, MW** — KG **353**

Trittschalldämmung für lotrechte Nutzlasten aus Mineralwolle.
Untergrund: .....
Dämmstoff: MW DES-sh
Lieferdicke: 25 mm
Zusammendrückbarkeit: .....
Steifigkeit: .... MN/m²

▶	▷	ø	◁	◀	Einheit	Ausf.-Dauer	Positionsnummer
5€	11€	**13€**	17€	24€	[m²]	⏱ 0,60h/m²	014.000.042

37 **Erstreinigung, Bodenbelag** — KG **353**

Reinigen von Böden im Innenbereich, Belag aus Naturwerksteinplatten.
Steinart: .....
Oberfläche: .....

▶	▷	ø	◁	◀	Einheit	Ausf.-Dauer	Positionsnummer
5€	13€	**16€**	19€	33€	[m²]	⏱ 0,25h/m²	014.000.050

Kosten:
Stand 1.Quartal 2026
Bundesdurchschnitt

▶ min
▷ von
ø Mittel
◁ bis
◀ max

38 **Sitzquader, Naturstein** KG **561**

Sitzquader aus Naturstein, vorgefertigt, Ausführung entsprechend Musterfläche und Auswahl durch den Auftraggeber. Vergütung Musterfläche nach gesonderter Position.
Einbauort: .....
Bettung: ......
Steinformat (L x B x H): ..... x ..... x .....
Steinart: .....
Farbe/Textur: .....
Steinbruch: .....
Kanten .....
Oberflächen: **Strahlen mit ..... / Scharieren / Stocken**
Einbauort: Außenbereich, auf bauseitiges Fundament
Steinbruch des angebotenen Materials: .....

261€ 437€ **485€** 640€ 880€ [St] ⏱ 1,10h/St 014.000.052

39 **Betonwerksteinbeläge fluatieren** KG **353**

Zusätzliche Oberflächenbehandlung von Betonwerksteinflächen durch Fluatieren mit Härtefluat.
Bauteil: **Boden / Wand**
Einbauort: **innen / außen**
Steinoberfläche: .....
Auftragmenge: .....

4€ 6€ **7€** 10€ 13€ [m²] ⏱ 0,10h/m² 014.000.041

40 **Mauerabdeckung, Naturwerkstein, außen** KG **543**

Mauerabdeckung aus Naturwerkstein mit einseitiger Wassernase, im Außenbereich mit Neigung im Mörtelbett verlegt, inkl. Verfugung.
Einbauort: .....
Untergrund: .....
Mauerdicke: .....
Plattenmaterial: **Sandstein / Granit**
Plattenformat (B x L): ..... x .....
Plattendicke: ca. 30 mm
Oberfläche: .....
Kanten: .....
Angeb. Stein: .....

54€ 102€ **116€** 131€ 164€ [m] ⏱ 0,20h/m 014.000.017

Nr.	Kurztext / Langtext						Kostengruppe
▶	▷	**ø netto €**	◁	◀	[Einheit]	Ausf.-Dauer	Positionsnummer

Kosten:
Stand 1. Quartal 2026
Bundesdurchschnitt

41 Fensterbank, Naturwerkstein, innen KG **334**

Fensterbank aus Naturwerkstein, einschichtig, innen, einteilig, vordere Kantenfläche voll und 2 Seitenflächen teilweise sichtbar, stumpfer Anschluss an Fensterrahmen, mit leichtem Gefälle in Mörtelbett verlegen und verfugen.
Dicke: 25-30mm
Breite: bis 250 mm
Auskragung: .....
Einzellänge: bis .....
Gesteinsart: **Granit / Sandstein**
Handelsname: .....
Oberfläche: .....
Sichtbare Kanten: gefast
Angeb. Stein: .....
Steinbruch: .....

▶	▷	ø	◁	◀	Einheit	Ausf.-Dauer	Positionsnummer
40€	63€	**71€**	79€	102€	[m]	⏱ 0,42h/m	014.000.087

42 Fensterbank, Naturwerkstein, außen KG **334**

Fensterbank aus Naturwerkstein, außen, einteilig mit Wassernase, vordere Kantenfläche voll und 2 Seitenflächen teilweise sichtbar, stumpfer Anschluss an Fensterrahmen, in Mörtelbett verlegen und verfugen.
Dicke: 3 cm
Breite: bis 300 mm
Auskragung: .....
Einzellänge: bis .....
Gesteinsart: **Granit / Sandstein**
Handelsname: .....
Oberfläche: .....
Sichtbare Kanten: gefast
Angeb. Stein: .....
Steinbruch: .....

▶	▷	ø	◁	◀	Einheit	Ausf.-Dauer	Positionsnummer
75€	110€	**121€**	136€	172€	[m]	⏱ 0,45h/m	014.000.007

43 Fensterbank, Betonwerkstein, außen KG **334**

Fensterbank aus Betonwerkstein, einschichtig, außen, einteilig mit Wassernase, vordere Kantenfläche voll und 2 Seitenflächen teilweise sichtbar, stumpfer Anschluss an Fensterrahmen, mit leichtem Gefälle in Mörtelbett verlegen und verfugen.
Dicke: 5 cm
Breite: bis 300 mm
Auskragung: .....
Oberfläche: .....
Sichtbare Kanten: gefast
Angeb. Fabrikat/Lieferant: .....

▶	▷	ø	◁	◀	Einheit	Ausf.-Dauer	Positionsnummer
74€	88€	**97€**	114€	131€	[m]	⏱ 0,45h/m	014.000.008

▶ min
▷ von
ø Mittel
◁ bis
◀ max

A 1 Leitsystem, Rippenfliesen, Edelstahl Beschreibung für Pos. **44-45**

Bodenindikatoren als taktiles Blindenleitsystem nach DIN 18040 und DIN 32984, aus Rippenfliesen in Edelstahl, auf Feinsteinzeug, im Innenbereich, zwischen Platten als Natursteinbelag.
Einbauort: .....
Untergrund: .....
Natursteinbelag: .....
Rippenfliese: Edelstahl, auf Feinsteinzeug-Fliese
Dicke: bis 12 mm

44 Leitsystem, innen, Rippenfliesen, Edelstahl, 3 Rippen KG **353**

Wie Ausführungsbeschreibung A 1
Fliesenabmessung: ca. 122 x 600 mm
Rippenanzahl: 3

– 169€ **187€** 240€ – [m] ⏱ 0,25h/m 014.000.066

45 Leitsystem, innen, Rippenfliesen, Edelstahl, 7 Rippen KG **353**

Wie Ausführungsbeschreibung A 1
Fliesenabmessung: ca. 298 x 600 mm
Rippenanzahl: 7

– 209€ **235€** 303€ – [m] ⏱ 0,27h/m 014.000.067

A 2 Leitsystem, Rippenfliese/Begleitstreifen, Edelstahl Beschreibung für Pos. **46-47**

Bodenindikatoren als taktiles Blindenleitsystem aus Rippenfliesen nach DIN 18040 und DIN 32984, mit Kontraststreifen aus Noppenfliesen, in Edelstahl auf Feinsteinzeug, im Innenbereich, zwischen Platten als Natursteinbelag.
Einbauort: .....
Untergrund: .....
Natursteinbelag: .....
Rippenfliese: Edelstahl, auf Fliese
Dicke: bis 12 mm

46 Leitsystem, Rippenfliese/Begleitstreifen, Edelstahl, 200mm KG **353**

Wie Ausführungsbeschreibung A 2
Fliesenformat: ca. 200 x 600 mm
Rippenanzahl: 3

– 226€ **260€** 330€ – [m] ⏱ 0,27h/m 014.000.072

47 Leitsystem, Rippenfliese/Begleitstreifen, Edelstahl, 400mm KG **353**

Wie Ausführungsbeschreibung A 2
Fliesenformat: ca. 400 x 600 mm
Rippenanzahl: 7

– 238€ **287€** 359€ – [m] ⏱ 0,30h/m 014.000.073

Nr.	Kurztext / Langtext						Kostengruppe
▶	▷	ø netto €	◁	◀	[Einheit]	Ausf.-Dauer	Positionsnummer

A 3 Kontraststreifen, Noppenfliesen, Edelstahl — Beschreibung für Pos. **48-49**

Kontraststreifen für Leitsystem mit Noppenfliesen nach DIN 18040 und DIN 32975, aus Edelstahl, auf Feinsteinzeug, im Innenbereich, zwischen Platten als Natursteinbelag.
Gesamtdicke: 12 mm
Anschlüsse: **gerade / schräg**

48 Kontraststreifen, Noppenfliesen, Edelstahl, 300mm — KG **353**

Wie Ausführungsbeschreibung A 3
Format: ca. 300 x 50 mm

▶	▷	ø	◁	◀	Einheit	Ausf.-Dauer	Positionsnummer
–	62€	**69€**	88€	–	[m]	⏱ 0,16h/m	014.000.068

Kosten:
Stand 1. Quartal 2026
Bundesdurchschnitt

49 Kontraststreifen, Noppenfliesen, Edelstahl, 600mm — KG **353**

Wie Ausführungsbeschreibung A 3
Format: ca. 600 x 50 mm

▶	▷	ø	◁	◀	Einheit	Ausf.-Dauer	Positionsnummer
–	64€	**72€**	92€	–	[m]	⏱ 0,18h/m	014.000.069

A 4 Edelstahlrippen, Streifen, dreireihig — Beschreibung für Pos. **50-51**

Rutschsicherer **Aufmerksamkeitsstreifen / Leitstreifen** nach DIN 18040 und DIN 32984, auf Natursteinbelag mit geklebten Einzelrippen.
Anwendungsbereich: ....., innen
Material: nichtrostender Stahl, Werkstoff ......
Höhe: 3 mm
Querschnitt: trapezförmig, mit gerundeten Kanten
Schnitttiefe: .....
Profil: .....

50 Edelstahlrippen, 16mm, Streifen, dreireihig — KG **353**

Wie Ausführungsbeschreibung A 4
Einzelrippen: dreireihig
Format: 280 x 16 mm

▶	▷	ø	◁	◀	Einheit	Ausf.-Dauer	Positionsnummer
–	234€	**272€**	337€	–	[m]	⏱ 0,25h/m	014.000.074

51 Edelstahlrippen, 35mm, Streifen, dreireihig — KG **353**

Wie Ausführungsbeschreibung A 4
Einzelrippen: dreireihig
Format: 280 x 35 mm

▶	▷	ø	◁	◀	Einheit	Ausf.-Dauer	Positionsnummer
–	241€	**277€**	347€	–	[m]	⏱ 0,28h/m	014.000.075

▶ min
▷ von
ø Mittel
◁ bis
◀ max

A 5 Kunststoffrippen, Streifen, dreireihig Beschreibung für Pos. **52-53**

Rutschsicherer **Aufmerksamkeitsstreifen / Leitstreifen**, nach DIN 18040 und DIN 32984, auf Natursteinbelag mit geklebten Einzelrippen.
Anwendungsbereich: ....., innen
Material: Kunststoffrippen, Polyurethan
Höhe: 3,3 mm
Querschnitt: trapezförmig, mit gerundeten Kanten
Schnitttiefe: .....
Profil: .....
Farbe: schwarz

52 Kunststoffrippen, 16mm, Streifen, dreireihig KG **353**

Wie Ausführungsbeschreibung A 5
Einzelrippen: dreireihig
Format: 295 x 16 mm

– 63€ **71€** 89€ – [m] ⏱ 0,25h/m 014.000.076

53 Kunststoffrippen, 35mm, Streifen, dreireihig KG **353**

Wie Ausführungsbeschreibung A 5
Einzelrippen: dreireihig
Format: 295 x 35 mm

– 75€ **83€** 105€ – [m] ⏱ 0,28h/m 014.000.077

A 6 Aufmerksamkeitsfeld, Noppenfliesen, Edelstahl Beschreibung für Pos. **54-55**

Bodenindikatoren als taktiles Aufmerksamkeitsfeld, nach DIN 18040 und DIN 32984, aus Noppenfliesen, in Edelstahl auf Feinsteinzeug, im Innenbereich, zwischen Platten als Natursteinbelag.
Einbauort: .....
Untergrund: .....
Natursteinbelag: .....
Rippenfliese: Edelstahl, auf Fliese
Dicke: bis 12 mm

54 Aufmerksamkeitsfeld, 600x600, Noppenfliesen, Edelstahl KG **353**

Wie Ausführungsbeschreibung A 6
Fliesenformat: 300 x 300 mm
Feldfläche: 600 x 600 mm (= 4 Fliesen)

– 334€ **384€** 488€ – [St] ⏱ 0,35h/St 014.000.070

55 Aufmerksamkeitsfeld, 1.200x1.200, Noppenfliesen, Edelstahl KG **353**

Wie Ausführungsbeschreibung A 6
Fliesenformat: ca. 300 x 300 mm
Feldfläche: 1.200 x 1.200 mm (= 16 Fliesen)

– 883€ **1.039€** 1.288€ – [St] ⏱ 1,20h/St 014.000.071

000 001 002 006 008 009 010 012 013 **014** 016 017 018 020 021 022

Nr.	Kurztext / Langtext						Kostengruppe
▶	▷	ø netto €	◁	◀	[Einheit]	Ausf.-Dauer	Positionsnummer

A 7 Aufmerksamkeitsfeld, Noppen, Edelstahl — Beschreibung für Pos. **56-57**

Bodenindikatoren als taktiles Aufmerksamkeitsfeld nach DIN 18040 und DIN 32984, aus diagonal verlegten Einzelnoppen mit rutschhemmender Oberfläche im Innenbereich.
Einbauort: .....
Belagsart: .....
Material: nichtrostender Stahl, Werkstoff-Nr. ......
Durchmesser: 35 mm
Dicke: 5 mm

56 Aufmerksamkeitsfeld, 600x600, Noppen, Edelstahl — KG **353**

Wie Ausführungsbeschreibung A 7
Feldfläche: 600 x 600 mm
Noppen: 145 St

▶	▷	ø	◁	◀	Einheit	Ausf.-Dauer	Positionsnummer
–	594€	**674€**	857€	–	[St]	⏱ 1,00h/St	014.000.078

57 Aufmerksamkeitsfeld, 900x900, Noppen, Edelstahl — KG **353**

Wie Ausführungsbeschreibung A 7
Feldfläche: 900 x 900 mm
Noppen: 313 St

▶	▷	ø	◁	◀	Einheit	Ausf.-Dauer	Positionsnummer
–	1.275€	**1.386€**	1.788€	–	[St]	⏱ 1,80h/St	014.000.079

A 8 Aufmerksamkeitsfeld, Noppen, Kunststoff — Beschreibung für Pos. **58-59**

Bodenindikatoren als taktiles Aufmerksamkeitsfeld, nach DIN 18040 und DIN 32984, aus diagonal verlegten Einzelnoppen in Kunststoff mit rutschhemmender Oberfläche im Innenbereich.
Einbauort: .....
Belagsart: .....
Durchmesser: 25 mm
Dicke: 3,5 mm

58 Aufmerksamkeitsfeld, 600x600, Noppen, Kunststoff — KG **353**

Wie Ausführungsbeschreibung A 8
Feldfläche: 600 x 600 mm
Noppen: 198 St

▶	▷	ø	◁	◀	Einheit	Ausf.-Dauer	Positionsnummer
–	277€	**311€**	401€	–	[St]	⏱ 1,00h/St	014.000.080

59 Aufmerksamkeitsfeld, 900x900, Noppen, Kunststoff — KG **353**

Wie Ausführungsbeschreibung A 8
Feldfläche: 900 x 900 mm
Noppen: 446 St

▶	▷	ø	◁	◀	Einheit	Ausf.-Dauer	Positionsnummer
–	508€	**584€**	736€	–	[St]	⏱ 1,80h/St	014.000.081

Kosten:
Stand 1. Quartal 2026
Bundesdurchschnitt

▶ min
▷ von
ø Mittel
◁ bis
◀ max

60 Stundensatz, Facharbeiter/-in

Stundenlohnarbeiten für Vorarbeiter/-in, Facharbeiter/-in und jeweils Gleichgestellte. Der Verrechnungssatz für die jeweilige Arbeitskraft umfasst sämtliche Aufwendungen wie Lohn- und Gehaltskosten, Lohn- und Gehaltsnebenkosten, Zuschläge, lohngebundene und lohnabhängige Kosten, sonstige Sozialkosten, Gemeinkosten, Wagnis und Gewinn. Leistung nach besonderer Anordnung der Bauüberwachung. Anmeldung und Nachweis gem. VOB/B.

58€ 71€ **77€** 81€ 87€ [h] ⏱ 1,00h/h 014.000.053

61 Stundensatz, Helfer/-in

Stundenlohnarbeiten für Werker/-in, Helfer/-in und jeweils Gleichgestellte. Der Verrechnungssatz für die jeweilige Arbeitskraft umfasst sämtliche Aufwendungen wie Lohn- und Gehaltskosten, Lohn- und Gehaltsnebenkosten, Zuschläge, lohngebundene und lohnabhängige Kosten, sonstige Sozialkosten, Gemeinkosten, Wagnis und Gewinn. Leistung nach besonderer Anordnung der Bauüberwachung. Anmeldung und Nachweis gem. VOB/B.

49€ 59€ **64€** 67€ 74€ [h] ⏱ 1,00h/h 014.000.054

016

Kosten:
Stand 1.Quartal 2026
Bundesdurchschnitt

► min
▷ von
ø Mittel
◁ bis
◀ max

Zimmer- und Holzbauarbeiten — Preise €

Nr.	Positionen	Einheit	►	▷	ø brutto € / ø netto €	◁	◀
1	Lieferung, Bauschnittholz, Nadelholz, C24	m³	503	688	**746**	853	1.201
			422	578	**627**	717	1.009
2	Lieferung, Bauschnittholz, Laubholz, D30	m³	1.869	2.059	**2.209**	2.232	2.422
			1.571	1.731	**1.857**	1.876	2.036
3	Lieferung, Konstruktionsvollholz Si, C24	m³	676	824	**870**	949	1.186
			568	692	**731**	797	996
4	Lieferung, Balkenschichtholz Si, C24	m³	859	1.049	**1.064**	1.150	1.304
			721	881	**894**	966	1.096
5	Lieferung, Brettschichtholz, GL24c/GL28c, Industriequalität	m³	996	1.176	**1.248**	1.322	1.600
			837	988	**1.049**	1.111	1.345
6	Lieferung, Brettschichtholz, GL24c / GL28c, Sichtqualität	m³	1.046	1.253	**1.365**	1.477	1.657
			879	1.053	**1.147**	1.241	1.392
7	Lieferung, Holzstütze, BSH, GL24c / GL28c	m³	1.153	1.400	**1.446**	1.491	1.710
			969	1.176	**1.215**	1.253	1.437
8	Lieferung, Bohle, Nadelholz, S13	m	10	13	**15**	16	19
			9	11	**13**	14	16
9	Abbund/Aufstellen, Dachkonstruktion, Bauschnittholz/KVH	m	10	15	**17**	21	29
			9	13	**14**	18	25
10	Abbund/Verlegen, Deckenkonstruktion, Bauschnittholz/KVH	m	10	13	**15**	17	26
			9	11	**12**	14	22
11	Abbund/Aufstellen, Wandkonstruktion, Bauschnittholz/KVH	m	9	12	**14**	17	26
			7	10	**12**	14	22
12	Abbund/Aufstellen, Dachkonstruktion, BSH	m	15	22	**24**	30	44
			12	18	**20**	25	37
13	Abbund/Aufstellen, Deckenkonstruktion BSH	m	15	20	**23**	26	33
			12	17	**19**	22	28
14	Abbund/Aufstellen, Stütze BSH	m	11	16	**19**	21	27
			9	14	**16**	18	23
15	Lieferung/Montage, Holzstegträger, Nadelholz	m	34	41	**43**	48	69
			29	34	**37**	40	58
16	Stegverstärkung, Holzstegträger, beidseitig	St	15	17	**18**	18	20
			12	15	**15**	15	17
17	Lasche, Holzstegträger, einseitig	St	15	17	**17**	19	21
			12	14	**14**	16	17
18	Wechsel, Kamindurchdringung	St	25	50	**54**	74	107
			21	42	**46**	62	90
19	Schrägschnitt, Sparren	St	4	9	**11**	12	16
			3	7	**9**	10	14
20	Hobeln, Bauschnittholz	m	3	5	**6**	8	13
			2	4	**5**	7	11
21	Fasen, Holzbauteil	m	0,5	1,9	**2,7**	3,0	5,0
			0,4	1,6	**2,2**	2,5	4,2
22	Profilieren, Balkenkopf	St	7	13	**14**	20	30
			5	11	**12**	17	26
23	Zwischensparrendämmung MW, DZ, 160mm	m²	24	28	**34**	37	39
			20	24	**28**	31	32
24	Zwischensparrendämmung MW, DZ, 220mm	m²	32	38	**41**	45	54
			27	32	**34**	38	45

Nr.	Positionen	Einheit	►	▷	ø brutto € / ø netto €	◁	◄
25	Zwischensparrendämmung WF, DZ, 180mm	m²	34	39	**41**	44	46
			29	32	**35**	37	38
26	Zwischensparrendämmung WF, DZ, 220mm	m²	40	44	**47**	50	52
			33	37	**40**	42	44
27	Zwischensparrendämmung, Zellulose, DZ, 100mm	m²	11	17	**19**	22	26
			9	15	**16**	19	22
28	Zwischensparrendämmung, Zellulose, DZ, 160mm	m²	18	27	**31**	35	42
			15	23	**26**	30	35
29	Zwischensparrendämmung, Zellulose, DZ, 200mm	m²	22	34	**39**	44	52
			18	29	**32**	37	44
30	Zwischensparrendämmung, Zellulose, DZ, 300mm	m²	35	46	**52**	56	69
			30	39	**44**	47	58
31	Gefachdämmung, Zellulose, WH	m³	123	148	**157**	175	223
			103	124	**132**	147	188
32	Dachschalung, gespundete Bretter, gehobelt, 24mm	m²	22	30	**36**	38	42
			19	26	**30**	32	36
33	Dachschalung, Bretter gehobelt, 24mm	m²	32	36	**39**	44	50
			27	30	**33**	37	42
34	Dachschalung, Rauspund, bis 28mm	m²	29	34	**37**	42	56
			24	29	**31**	35	47
35	Dachschalung, Spanplatte, bis 25mm	m²	27	32	**36**	41	55
			23	27	**30**	34	46
36	Dachschalung, Kehle, Rauspund, 24mm	m²	35	39	**42**	46	55
			29	33	**35**	39	47
37	Dachschalung, Traufe, Bretter gehobelt, 24mm	m	20	25	**28**	32	40
			17	21	**24**	27	34
38	Schrägschnitt, Schalung	m	6	8	**10**	10	13
			5	7	**8**	9	11
39	Traufbohle, konisch	m	10	14	**16**	18	24
			9	12	**13**	15	20
40	Stellbrett, zwischen Sparren	m	19	26	**29**	34	45
			16	22	**25**	29	37
41	Bauteilanschluss, Dichtungsband, vorkomprimiert	m	3	5	**6**	8	11
			2	4	**5**	6	9
42	Unterspannung, belüftetes Dach	m²	7	10	**11**	12	15
			6	8	**9**	10	13
43	Dampfbremse, Dach, sd >10m	m²	8	13	**16**	22	32
			7	11	**13**	18	27
44	Trennlage, Abdichtungsbahn	m	2	4	**5**	7	13
			1	3	**4**	6	11
45	Nivellierschwelle, Wandelemente	m	19	28	**31**	36	50
			16	23	**26**	30	42
46	Anschluss, Bodenplatte, luftdicht	m	10	14	**16**	18	20
			8	12	**14**	15	17
47	Außenwand, Holzrahmen, 160mm, Dämmung, Bekleidungen	m²	167	202	**212**	223	249
			141	170	**178**	188	210
48	Außenwand, Holzrahmen, 200mm, Dämmung, Bekleidungen	m²	189	214	**224**	246	294
			159	180	**188**	206	247

Kosten:
Stand 1. Quartal 2026
Bundesdurchschnitt

Nr.	Positionen	Einheit	►	▷	ø brutto € / ø netto €	◁	◀
49	Außenwand, Holzrahmen, 240mm, Dämmung, Bekleidungen	m²	194	232	**249**	278	318
			163	195	**209**	234	267
50	Außenwand, Holztafel, tragend, für Holzfassade	m²	–	201	**240**	305	–
			–	169	**202**	256	–
51	Außenwand, Holztafel, tragend, für Putzbekleidung	m²	–	209	**249**	316	–
			–	176	**209**	265	–
52	Außenwand, Brettstapel, tragend, 120mm	m²	150	161	**173**	190	212
			126	135	**145**	160	178
53	Außenwand, Brettstapel, tragend, 160mm	m²	219	235	**252**	277	310
			184	197	**212**	233	261
54	Außenwand, Brettstapel, tragend, 200mm	m²	289	309	**332**	365	408
			243	259	**279**	307	343
55	Außenwand, Brettsperrholz, tragend, bis 85mm	m²	153	168	**174**	179	188
			128	141	**146**	150	158
56	Außenwand, Brettsperrholz, tragend, bis 100mm	m²	174	182	**184**	187	192
			146	153	**154**	157	161
57	Außenwand, Brettsperrholz, tragend, bis 120mm	m²	177	204	**209**	221	259
			149	171	**176**	186	218
58	Außenwand, Brettsperrholz, tragend, bis 160mm	m²	226	241	**260**	285	319
			190	203	**218**	240	268
59	Außenwand, Holzstegträger, tragend, OSB, Zellulose, WF	m²	238	277	**292**	323	376
			200	233	**246**	272	316
60	Außenwandbekleidung, gespundete Bretter, 24mm	m²	110	125	**136**	152	188
			92	105	**115**	128	158
61	Außenwandbekleidung, Boden-Deckel-Schalung, 24mm	m²	122	141	**152**	168	204
			103	119	**128**	141	171
62	Außenwandbekleidung, Stülpschalung, 24mm	m²	104	122	**130**	146	180
			88	102	**109**	123	151
63	Außenbekleidung, Laibungsbrett, 24mm	m	16	28	**36**	43	58
			13	24	**30**	36	49
64	Innenbekleidung, Trockenbereich, OSB/2, 18mm	m²	19	27	**34**	38	45
			16	23	**29**	32	38
65	Innenbekleidung, Trockenbereich, OSB/3, 15mm	m²	22	31	**36**	38	44
			19	26	**30**	32	37
66	Innenbekleidung, Trockenbereich, OSB/3, 22mm	m²	32	38	**41**	44	52
			27	32	**35**	37	43
67	Innenbekleidung, Feuchtebereich, OSB/4, 22mm	m²	33	43	**47**	52	61
			28	36	**39**	44	51
68	Innenbekleidung, Sperrholz, 22mm	m²	44	63	**72**	79	102
			37	53	**61**	67	86
69	Innenbekleidung, Furnierschichtholz	m²	54	71	**78**	83	98
			46	60	**65**	70	82
70	Innenbekleidung, Dreischichtplatte	m²	56	78	**81**	91	109
			47	65	**68**	76	92
71	Gefachdämmung, MW, WH, 160mm	m²	–	23	**26**	33	–
			–	19	**22**	28	–
72	Gefachdämmung, MW, WH, 200mm	m²	22	29	**32**	34	40
			19	24	**27**	29	34

► min
▷ von
ø Mittel
◁ bis
◀ max

Nr.	Positionen	Einheit	►	▷	ø brutto € / ø netto €	◁	◄
73	Außenwanddämmung, WF, WAB, 60mm	m²	39	47	**49**	54	61
			33	39	**41**	46	51
74	Außenwanddämmung, WF, WAB, 80mm	m²	43	50	**55**	57	62
			36	42	**46**	48	52
75	Außenwanddämmung, WDVS, WF, WAB, 60mm	m²	57	62	**64**	67	72
			48	52	**54**	56	60
76	Außenwanddämmung, WDVS, WF, WAB, 200mm	m²	–	91	**106**	135	–
			–	77	**89**	113	–
77	Innenwand, Holzrahmen, 12cm, Dämmung, beplankt	m²	118	125	**137**	154	175
			99	105	**115**	129	147
78	Innenwand, Holzrahmen, 20cm, Dämmung, beplankt	m²	152	160	**176**	197	226
			127	135	**148**	166	190
79	Innenwand, Holzrahmen, nichttragend, 10cm, MW, beplankt	m²	91	95	**95**	98	103
			77	80	**80**	82	87
80	Innenwand, Holzrahmen, nichttragend, 10cm, WF, beplankt	m²	97	109	**110**	112	120
			81	92	**93**	94	101
81	Innenwand, Holzrahmen, nichttragend, 12cm, Zellulose, beplankt	m²	84	89	**98**	110	126
			71	75	**82**	92	105
82	Innenwand, Holzrahmen, nichttragend, 12cm, MW, beplankt	m²	103	109	**120**	134	154
			87	92	**101**	113	129
83	Türöffnung, Innenwand, Holztafel, 875x2.000mm	St	33	46	**52**	66	85
			27	39	**44**	55	72
84	Türöffnung, Innenwand, Holztafel, 1.000x2.000mm	St	43	57	**67**	84	119
			36	48	**56**	70	100
85	Ausschnitt, Holzwerkstoffplatte, bis 2,5m	St	13	21	**27**	29	35
			11	17	**23**	24	29
86	Innenwand, Brettsperrholz, nichttragend, 80mm	m²	93	109	**122**	133	154
			78	92	**102**	112	130
87	Innenwand, Brettsperrholz, tragend,100mm	m²	120	138	**144**	153	175
			101	116	**121**	128	147
88	Innenwand, Brettsperrholz, tragend, 120mm	m²	139	154	**163**	184	210
			116	130	**137**	155	177
89	Öffnung, Massivholzelement, bis 0,5m²	St	52	65	**74**	86	103
			43	55	**62**	73	87
90	Öffnung, Massivholzelement, bis 2,5m²	St	62	78	**88**	103	124
			52	65	**74**	87	104
91	Öffnung, Holztafel, bis 2,5m²	St	37	60	**61**	65	82
			31	51	**51**	55	69
92	Öffnung, Holztafel, bis 5m²	St	82	204	**224**	278	344
			69	171	**189**	234	289
93	Decke, Hohlkastenelemente, bis 250mm	m²	277	293	**322**	361	400
			233	246	**271**	303	336
94	Massivholzdecke, Brettstapel, bis 140mm, gehobelt	m²	150	168	**178**	179	191
			126	141	**149**	151	160

Kosten:
Stand 1. Quartal 2026
Bundesdurchschnitt

► min
▷ von
ø Mittel
◁ bis
◀ max

Nr.	Positionen	Einheit	►	▷	ø brutto € / ø netto €	◁	◀
95	Massivholzdecke, Brettstapel, 200mm, gehobelt	m²	146	200	**220**	230	265
			123	168	**185**	193	222
96	Decke, Brettsperrholz, 160mm	m²	159	191	**202**	207	255
			134	160	**170**	174	214
97	Decke, Brettsperrholz, 240mm	m²	223	275	**284**	296	348
			188	231	**239**	249	292
98	Fußbodeneinschub, gespundete Bretter, 24 mm	m²	38	57	**66**	74	93
			32	48	**56**	62	78
99	Rieselschutz, Glasvlies	m²	4	6	**7**	9	12
			3	5	**6**	8	10
100	Schüttung, Decke, Sand	m²	14	20	**21**	23	34
			12	17	**18**	19	29
101	Schüttung, Decke, Splitt	m²	21	25	**35**	38	49
			18	21	**30**	32	41
102	Deckenschalung, OSB, bis 25mm	m²	24	33	**37**	40	46
			21	28	**31**	34	39
103	Deckenschalung, Sperrholzplatte, bis 24mm	m²	46	57	**63**	68	82
			38	48	**53**	58	69
104	Fußboden, gespundete Bretter, gehobelt, bis 28mm	m²	54	61	**66**	75	84
			46	51	**56**	63	71
105	Fußboden, gespundete Bretter, gehobelt, bis 40mm	m²	65	72	**79**	90	100
			54	61	**66**	75	84
106	Wangentreppe, gerade, einläufig, eingestemmt, o. Setzstufen	St	6.566	7.177	**7.584**	7.829	8.956
			5.518	6.031	**6.373**	6.579	7.526
107	Wangentreppe, gerade, einläufig, aufgesattelt, Tritt- und Setzstufe	St	9.389	12.127	**13.713**	14.590	16.955
			7.890	10.191	**11.523**	12.260	14.248
108	Wangentreppe, halbgewendelt, einläufig, eingestemmt, o. Setzstufen	St	9.924	10.684	**11.016**	11.408	12.612
			8.340	8.978	**9.257**	9.587	10.598
109	Einschubtreppe, gedämmt	St	974	1.437	**1.625**	1.703	3.140
			818	1.208	**1.365**	1.431	2.639
110	Einschubtreppe, EI30	St	987	1.544	**1.685**	2.860	4.752
			829	1.297	**1.416**	2.403	3.993
111	Scherentreppe, Aluminium	St	1.248	2.515	**2.695**	2.918	3.603
			1.049	2.114	**2.265**	2.452	3.027
112	Windrispenband, 40x2mm	m	3	8	**9**	10	14
			2	6	**7**	9	11
113	Verbindung, Winkelverbinder/Knagge	kg	4	10	**12**	15	24
			3	8	**10**	13	20
114	Verankerung Schwelle, Profilanker	St	4	9	**11**	15	24
			4	7	**9**	12	20
115	Stabdübel, nichtrostender Stahl	St	2	5	**6**	11	20
			2	4	**5**	9	16
116	Gewindestange, M12, feuerverzinkt	St	6	17	**20**	28	46
			5	14	**17**	24	39

Nr.	Positionen	Einheit	▶	▷	ø brutto € / ø netto €	◁	◀
117	Dachflächenfenster, Schwingflügel, Holz, bis 1m²	St	1.057	1.389	**1.590**	1.725	1.950
			888	1.167	**1.336**	1.449	1.638
118	Dachflächenfenster, Schwingflügel, Holz, bis 1,85m²	St	1.503	1.774	**1.896**	1.938	2.759
			1.263	1.491	**1.593**	1.629	2.318
119	Dachflächenfenster, Schwingflügel, Kunststoff, bis 1,85m²	St	1.442	1.612	**1.676**	1.743	1.884
			1.212	1.355	**1.408**	1.465	1.583
120	Schutzabdeckung, Steildach, Folie	m²	4	8	**9**	11	15
			3	6	**8**	10	13
121	Stundensatz, Facharbeiter/-in	h	82	90	**93**	98	108
			69	76	**78**	82	91
122	Stundensatz, Helfer/-in	h	68	76	**80**	81	86
			57	64	**67**	68	72

Nr. **Kurztext** / Langtext — Kostengruppe

▶ ▷ **ø netto €** ◁ ◀ [Einheit] Ausf.-Dauer Positionsnummer

1 Lieferung, Bauschnittholz, Nadelholz, C24 — KG **361**

Lieferung von Bauschnittholz, Nadelholz.
Holzart: .....
Material: Bauschnittholz nach DIN EN 14081-1
Festigkeitsklasse nach DIN EN 338: C24
Holzfeuchte Bauschnittholz: ≤20%
Holzhausbau: 15% +/-3%
Maßtoleranzklasse nach DIN EN 336: 2
Baumkante: <10% der kleinsten Querschnittsseite, im sichtbaren Bereich scharfkantig
Oberfläche: .....
Querschnitt (B x H): ..... x ..... mm
Einzellänge: bis ..... m, gem. Holzliste des AG

422€ 578€ **627€** 717€ 1.009€ [m³] – 016.001.127

2 Lieferung, Bauschnittholz, Laubholz, D30 — KG **361**

Lieferung von Bauschnittholz, Laubholz, nach DIN EN 14081-1.
Holzart: Eiche
Gebrauchsklasse: GK0, nach DIN 68800-1
Festigkeitsklasse: D30 nach DIN EN 338
Holzfeuchte: ≤.....%
Oberfläche: .....
Querschnitt (B x H): ..... x .....mm
Einzellänge: bis ..... m, gem. Holzliste des AG

1.571€ 1.731€ **1.857€** 1.876€ 2.036€ [m³] – 016.000.058

000 001 002 006 008 009 010 012 013 014 016 017 018 020 021 022

Kosten:
Stand 1. Quartal 2026
Bundesdurchschnitt

Nr.	**Kurztext** / Langtext							Kostengruppe
▶	▷	**ø netto €**	◁	◀	[Einheit]	Ausf.-Dauer		Positionsnummer

3 Lieferung, Konstruktionsvollholz Si, C24 KG **361**

Lieferung von Konstruktionsvollholz (KVH) Si (für den sichtbaren Bereich), Nadelholz.
Holzart: .....
Material: Konstruktionsvollholz (KVH) nach DIN EN 15497
Festigkeitsklasse nach DIN EN 338: C24
Holzfeuchte: 15% +/-3%
Maßtoleranzklasse nach DIN EN 336: 2, aus güteüberwachter Produktion
Einschnittart: herzgetrennt
Oberfläche: gehobelt und gefast
Querschnitt (B x H): ..... x ..... mm
Einzellänge: bis 13,0 m, gem. Holzliste des AG

568€ 692€ **731€** 797€ 996€ [m3] – 016.000.002

4 Lieferung, Balkenschichtholz Si, C24 KG **361**

Lieferung Balkenschichtholz (Duobalken) Si (für den sichtbaren Bereich), Nadelholz.
Holzart: .....
Material: Balkenschichtholz (Duobalken) nach DIN EN 14080 sowie nach Zulassung Z-9.1-440
Festigkeitsklasse nach DIN EN 338: C24
Holzfeuchte: 15% +/-3%
Maßtoleranzklasse nach DIN EN 336: 2
Querschnitt (B x H): ..... x ..... mm
Einzellänge: bis 13,0 m, gem. Holzliste des AG

721€ 881€ **894€** 966€ 1.096€ [m3] – 016.001.113

5 Lieferung, Brettschichtholz, GL24c/GL28c, Industriequalität KG **361**

Lieferung von Brettschichtholz (BSH), Nadelholz.
Holzart: .....
Material: Brettschichtholz (BSH) nach DIN EN 14080
Festigkeitsklasse nach DIN EN 338: **GL24c / GL28c**
Holzfeuchte: ≤15%
Oberflächenqualität: Industriequalität (gem. BS-Holz-MB)
Breite: 60 bis 200 mm
Höhe: 120 bis 400 mm
Einzellänge: bis 24,0 m, gem. Holzliste des AG

837€ 988€ **1.049€** 1.111€ 1.345€ [m3] – 016.000.003

6 Lieferung, Brettschichtholz, GL24c / GL28c, Sichtqualität KG **361**

Lieferung von Brettschichtholz (BSH), Nadelholz.
Holzart: ....
Material: Brettschichtholz (BSH) nach DIN EN 14080
Festigkeitsklasse: **GL24c / GL28c**
Holzfeuchte: ≤15%
Oberflächenqualität: Sichtqualität (gem. BS-Holz-MB)
Breite: 60 bis 200 mm
Höhe: 120 bis 400 mm
Einzellänge: bis 24,00 m, gem. Holzliste des AG

879€ 1.053€ **1.147€** 1.241€ 1.392€ [m3] – 016.001.114

▶ min
▷ von
ø Mittel
◁ bis
◀ max

Nr.	Kurztext / Langtext						Kostengruppe
▶	▷	**ø netto €**	◁	◀	[Einheit]	Ausf.-Dauer	Positionsnummer

7 Lieferung, Holzstütze, BSH, GL24c / GL28c KG **333**

Lieferung von Holzstütze in Brettschichtholz (BSH), Nadelholz.
Holzart: .....
Material: Brettschichtholz (BSH) nach DIN EN 14080
Festigkeitsklasse: **GL 24c / GL28c**
Holzfeuchte: 15% +/-3%
Nutzungsklasse nach DIN EN 1995-1-1: NKL .....
Gebrauchsklasse nach DIN 68800-1: GK .....
Oberflächenqualität: ..... (gem. BS-Holz-MB)
Querschnitt (B x H): 200 x 200 mm
Einzellänge: bis 4,0 m, gem. Holzliste des AG

▶	▷	ø netto €	◁	◀	[Einheit]	Ausf.-Dauer	Positionsnummer
969€	1.176€	**1.215€**	1.253€	1.437€	[m³]	–	016.000.056

8 Lieferung, Bohle, Nadelholz, S13 KG **351**

Lieferung von Bohle, aus Nadelholz.
Holzart: .....
Material: Bohle nach DIN EN 14081-1
Sortierklasse nach DIN 4074-1: S13
Holzfeuchte Bauschnittholz: ≤20%
Oberfläche: allseitig gehobelt
Querschnitt (B x H): ..... x ..... mm
Einzellänge: bis ..... m, gem. Holzliste des AG

▶	▷	ø netto €	◁	◀	[Einheit]	Ausf.-Dauer	Positionsnummer
9€	11€	**13€**	14€	16€	[m]	⏱ 0,10h/m	016.000.151

9 Abbund/Aufstellen, Dachkonstruktion, Bauschnittholz/KVH KG **361**

Abbinden und Aufstellen der Dachkonstruktion aus Bauschnittholz/Konstruktionsvollholz (KVH). Anschlüsse nach statischer Berechnung und Konstruktionszeichnungen.
Material: **Bauschnittholz nach DIN EN 14081-1 / Konstruktionsvollholz (KVH) nach DIN EN 15497**
Querschnitt (B x H): bis 200 x 300 mm
Einzellänge: bis ..... m

▶	▷	ø netto €	◁	◀	[Einheit]	Ausf.-Dauer	Positionsnummer
9€	13€	**14€**	18€	25€	[m]	⏱ 0,22h/m	016.001.128

10 Abbund/Verlegen, Deckenkonstruktion, Bauschnittholz/KVH KG **361**

Abbinden und Verlegen der Deckenkonstruktion aus Bauschnittholz/Konstruktionsvollholz (KVH). Anschlüsse nach statischer Berechnung und Konstruktionszeichnungen.
Material: **Bauschnittholz nach DIN EN 14081-1 / Konstruktionsvollholz (KVH) nach DIN EN 15497**
Querschnitt (B x H): bis 140 x 240 mm
Einzellänge: bis ..... m

▶	▷	ø netto €	◁	◀	[Einheit]	Ausf.-Dauer	Positionsnummer
9€	11€	**12€**	14€	22€	[m]	⏱ 0,20h/m	016.000.086

Kosten:
Stand 1. Quartal 2026
Bundesdurchschnitt

▶ min
▷ von
ø Mittel
◁ bis
◀ max

Nr.	**Kurztext** / Langtext						Kostengruppe
▶	▷	**ø netto €**	◁	◀	[Einheit]	Ausf.-Dauer	Positionsnummer

11 Abbund/Aufstellen, Wandkonstruktion, Bauschnittholz/KVH KG **361**

Abbinden und Aufstellen oder Verlegen der Wandkonstruktion Bauschnittholz/Konstruktionsvollholz (KVH). Anschlüsse nach statischer Berechnung und Konstruktionszeichnungen.
Holzart: .....
Material: **Bauschnittholz nach DIN EN 14081-1 / Konstruktionsvollholz (KVH) nach DIN EN 15497**
Querschnitt (B x H): bis 100 x 200 mm
Einzellänge: bis 13,00 m

▶	▷	ø	◁	◀	Einheit	Ausf.-Dauer	Positionsnummer
7€	10€	**12€**	14€	22€	[m]	⏱ 0,20h/m	016.001.232

12 Abbund/Aufstellen, Dachkonstruktion, BSH KG **361**

Abbinden und Aufstellen oder Verlegen der Dachkonstruktion aus Brettschichtholz. Anschlüsse nach statischer Berechnung und Konstruktionszeichnungen.
Holzart: .....
Material: Brettschichtholz nach DIN EN 14080
Querschnitt (B x H): bis 100 x 400 mm
Einzellänge: bis 13,00 m

▶	▷	ø	◁	◀	Einheit	Ausf.-Dauer	Positionsnummer
12€	18€	**20€**	25€	37€	[m]	⏱ 0,25h/m	016.000.005

13 Abbund/Aufstellen, Deckenkonstruktion BSH KG **361**

Abbinden und Aufstellen oder Verlegen der Deckenkonstruktion aus Brettschichtholz. Anschlüsse nach statischer Berechnung und Konstruktionszeichnungen.
Holzart: .....
Material: Brettschichtholz nach DIN EN 14080
Querschnitt (B x H): bis 100 x 400 mm
Einzellänge: bis 13,00 m

▶	▷	ø	◁	◀	Einheit	Ausf.-Dauer	Positionsnummer
12€	17€	**19€**	22€	28€	[m]	⏱ 0,25h/m	016.001.227

14 Abbund/Aufstellen, Stütze BSH KG **361**

Abbinden und Aufstellen von Stützen aus Brettschichtholz. Anschlüsse nach statischer Berechnung und Konstruktionszeichnungen.
Holzart: .....
Material: Brettschichtholz nach DIN EN 14080
Querschnitt (B x H): bis 240 x 240 mm
Einzellänge: bis ..... m

▶	▷	ø	◁	◀	Einheit	Ausf.-Dauer	Positionsnummer
9€	14€	**16€**	18€	23€	[m]	⏱ 0,25h/m	016.001.233

15 Lieferung/Montage, Holzstegträger, Nadelholz KG **361**

Liefern, Abbinden und Montage von Holzstegträgern gem. Zulassung. Ausführung gem. Zeichnungen und Einzelbeschreibung.
Ständertyp: .....
Material Gurt: **Nadelholz C24 / Furnierschichtholz (LVL)**
Material Steg: **OSB-Platte / Holzfaserplatte**
Holzfeuchte: 9% +/-2%
Trägerhöhe: bis 500 mm
Gurtbreite: ..... mm
Stegbreite: ...... mm
Einzellänge: bis 13,00 m

▶	▷	ø	◁	◀	Einheit	Ausf.-Dauer	Positionsnummer
29€	34€	**37€**	40€	58€	[m]	⏱ 0,25h/m	016.000.085

Nr.	Kurztext / Langtext						Kostengruppe
▶	▷	**ø netto €**	◁	◀	[Einheit]	Ausf.-Dauer	Positionsnummer

16 Stegverstärkung, Holzstegträger, beidseitig KG **361**

Stegverstärkung: Holzstegträger nach Detail
Trägerhöhe: ..... mm
Ausführung: beidseitig
Material: .....
Dicke: ..... mm
Detail: .....

12€ | 15€ | **15€** | 15€ | 17€ | [St] | ⏱ 0,10h/St | 016.001.166

17 Lasche, Holzstegträger, einseitig KG **361**

Lasche: Anschluss Sparren an Firstpfette nach Detail
Ausführung: einseitig
Dicke: ..... mm
Detail: .....

12€ | 14€ | **14€** | 16€ | 17€ | [St] | ⏱ 0,05h/St | 016.001.167

18 Wechsel, Kamindurchdringung KG **361**

Auswechslung für Kamindurchdringung
Ausführung: flächenbündig
Einbauort: **Dach / Geschossdecke**
Kaminabmessung (B x H): ..... x ..... mm
Sparren/Balkenhöhe (H): ..... mm
Material Wechsel: .....

21€ | 42€ | **46€** | 62€ | 90€ | [St] | ⏱ 0,30h/St | 016.001.122

19 Schrägschnitt, Sparren KG **361**

Schrägschnitt für Querschnittsprofilierung der Sparrenknöpfe, mit wechselnden Schnittwinkeln.
Schnitttiefe: bis 20 cm

3€ | 7€ | **9€** | 10€ | 14€ | [St] | ⏱ 0,20h/St | 016.000.036

20 Hobeln, Bauschnittholz KG **361**

Hobeln von Bauschnittholz, allseitig.
Profilquerschnitt: .....
Bauteil: .....

2€ | 4€ | **5€** | 7€ | 11€ | [m] | ⏱ 0,08h/m | 016.000.006

21 Fasen, Holzbauteil KG **361**

Fasen von Bauschnittholz.
Profilquerschnitt: .....
Bauteil: .....

0,4€ | 1,6€ | **2,2€** | 2,5€ | 4,2€ | [m] | ⏱ 0,04h/m | 016.001.115

000 001 002 006 008 009 010 012 013 014 **016** 017 018 020 021 022

Kosten:
Stand 1. Quartal 2026
Bundesdurchschnitt

▶ min
▷ von
ø Mittel
◁ bis
◀ max

Nr.	Kurztext / Langtext						Kostengruppe
▶	▷	ø netto €	◁	◀	[Einheit]	Ausf.-Dauer	Positionsnummer

22 Profilieren, Balkenkopf — KG **361**

Profilieren von Balkenköpfen aus Bauschnittholz.
Profilquerschnitt: .....
Bauteil: .....

5€	11€	**12€**	17€	26€	[St]	⏱ 0,12h/St	016.001.116

A 1 Zwischensparrendämmung, MW, DZ — Beschreibung für Pos. **23-24**

Zwischensparrendämmung mit Mineralwolle.
Dämmstoff: Mineralwolle (MW) nach DIN EN 13162
Anwendungsgebiet nach DIN 4108-10: DZ
Bemessungswert der Wärmeleitfähigkeit: ..... W/(mK)
Nennwert Wärmeleitfähigkeit: ..... W/(mK)
Brandverhalten: Baustoffklasse A1
Sparrenabstand e: ..... mm

23 Zwischensparrendämmung MW, DZ, 160mm — KG **363**

Wie Ausführungsbeschreibung A 1
Dämmschichtdicke: 160 mm

20€	24€	**28€**	31€	32€	[m²]	⏱ 0,20h/m²	016.000.133

24 Zwischensparrendämmung MW, DZ, 220mm — KG **363**

Wie Ausführungsbeschreibung A 1
Dämmschichtdicke: 220 mm

27€	32€	**34€**	38€	45€	[m²]	⏱ 0,25h/m²	016.000.136

A 2 Zwischensparrendämmung WF, DZ — Beschreibung für Pos. **25-26**

Zwischensparrendämmung aus Holzweichfaser.
Dämmstoff: Holzfaserdämmstoff (WF) nach DIN EN 13171
Anwendungsgebiet nach DIN 4108-10: DZ
Bemessungswert der Wärmeleitfähigkeit: ..... W/(mK)
Nennwert Wärmeleitfähigkeit: ..... W/(mK)
Brandverhalten: Baustoffklasse B2
Sparrenabstand e: ..... mm

25 Zwischensparrendämmung WF, DZ, 180mm — KG **363**

Wie Ausführungsbeschreibung A 2
Dämmschichtdicke: 180 mm

29€	32€	**35€**	37€	38€	[m²]	⏱ 0,24h/m²	016.000.128

26 Zwischensparrendämmung WF, DZ, 220mm — KG **363**

Wie Ausführungsbeschreibung A 2
Dämmschichtdicke: 220 mm

33€	37€	**40€**	42€	44€	[m²]	⏱ 0,25h/m²	016.000.139

A 3 Zwischensparrendämmung, Zellulose, DZ Beschreibung für Pos. **27-30**

Zwischensparrendämmung mit Zellulose.
Dämmstoff: Zelluloseeinblasdämmung nach ETA
Anwendungsgebiet nach DIN 4108-10: DZ
Bemessungswert der Wärmeleitfähigkeit: ..... W/(mK)
Nennwert Wärmeleitfähigkeit: ..... W/(mK)
Brandverhalten: Baustoffklasse B2
Sparrenabstand e: ..... mm

27 Zwischensparrendämmung, Zellulose, DZ, 100mm KG **363**

Wie Ausführungsbeschreibung A 3
Dämmschichtdicke: 100 mm

9€	15€	**16€**	19€	22€	[m²]	⏱ 0,10h/m²	016.001.104

28 Zwischensparrendämmung, Zellulose, DZ, 160mm KG **363**

Wie Ausführungsbeschreibung A 3
Dämmschichtdicke: 160 mm

15€	23€	**26€**	30€	35€	[m²]	⏱ 0,10h/m²	016.001.106

29 Zwischensparrendämmung, Zellulose, DZ, 200mm KG **363**

Wie Ausführungsbeschreibung A 3
Dämmschichtdicke: 200 mm

18€	29€	**32€**	37€	44€	[m²]	⏱ 0,14h/m²	016.000.123

30 Zwischensparrendämmung, Zellulose, DZ, 300mm KG **363**

Wie Ausführungsbeschreibung A 3
Dämmschichtdicke: 300 mm

30€	39€	**44€**	47€	58€	[m²]	⏱ 0,20h/m²	016.000.127

31 Gefachdämmung, Zellulose, WH KG **332**

Wärmedämmung Außenwand in Holztafelbauweise mit Zellulose.
Dämmstoff: Zelluloseeinblasdämmung nach ETA
Anwendungsgebiet nach DIN 4108-10: WH
Bemessungswert der Wärmeleitfähigkeit: ..... W/(mK)
Nennwert der Wärmeleitfähigkeit: ..... W/(mK)
Brandverhalten: Baustoffklasse B2
Rippenabstand: ..... mm
Dämmstoffdicke: ..... mm

103€	124€	**132€**	147€	188€	[m³]	⏱ 0,60h/m³	016.001.165

000
001
002
006
008
009
010
012
013
014
016
017
018
020
021
022

Nr.	Kurztext / Langtext						Kostengruppe
▶	▷	ø netto €	◁	◀	[Einheit]	Ausf.-Dauer	Positionsnummer

32 Dachschalung, gespundete Bretter, gehobelt, 24mm KG **363**

Dachschalung als Unterlage für Deckung, aus gespundeten Brettern, einseitig sichtbar, Befestigung nach statischer Berechnung auf Holzuntergrund.
Material: gespundete Bretter nach DIN 4072
Sortierung nach DIN 4074-1: S10
Profil: gespundet, Nut und Feder
Oberfläche: einseitig gehobelt
Brettdicke: mind. 24 mm
Federmaß: bis 146 mm

19€ | 26€ | **30€** | 32€ | 36€ | [m²] | ⏱ 0,28 h/m² | 016.000.007

33 Dachschalung, Bretter gehobelt, 24mm KG **363**

Dachschalung als Unterlage für Deckung, aus Brettern, einseitig sichtbar, Befestigung nach statischer Berechnung auf Holzuntergrund.
Material: Bretter nach DIN EN 14081-1
Sortierung nach DIN 4074-1: S10
Oberfläche: einseitig gehobelt
Brettdicke: 24 mm
Brettbreite: bis 160 mm

27€ | 30€ | **33€** | 37€ | 42€ | [m²] | ⏱ 0,25 h/m² | 016.000.110

34 Dachschalung, Rauspund, bis 28mm KG **363**

Dachschalung als Unterlage für Deckung, aus Rauspund, Befestigung nach statischer Berechnung auf Holzuntergrund.
Material: Rauspund nach DIN 4072
Sortierung nach DIN 4074-1: S10
Brettdicke: bis 28 mm
Brettbreite: bis 146 mm

24€ | 29€ | **31€** | 35€ | 47€ | [m²] | ⏱ 0,25 h/m² | 016.000.008

35 Dachschalung, Spanplatte, bis 25mm KG **363**

Dachschalung als Unterlage für Deckung aus kunstharzgebundenen Spanplatten, einseitig sichtbar, mit PMDI-Verklebung, Befestigung nach statischer Berechnung auf Holzuntergrund.
Material: Spanplatte nach DIN EN 312
Plattentyp: P5
Plattendicke: bis 25 mm
Nutzungsklasse nach DIN EN 1995-1-1: NKL 2

23€ | 27€ | **30€** | 34€ | 46€ | [m²] | ⏱ 0,20 h/m² | 016.001.101

36 Dachschalung, Kehle, Rauspund, 24mm KG **363**

Dachschalung der Kehle, als Unterlage für Deckung, aus Rauspund, Befestigung mit Nägeln auf Holzuntergrund.
Bretter: nach DIN 4072
Brettdicke: 24 mm
Federmaß: bis: 146 mm

29€ | 33€ | **35€** | 39€ | 47€ | [m²] | ⏱ 0,20 h/m² | 016.001.098

Kosten:
Stand 1. Quartal 2026
Bundesdurchschnitt

▶ min
▷ von
ø Mittel
◁ bis
◀ max

Nr.	Kurztext / Langtext						Kostengruppe
▶	▷	ø netto €	◁	◀	[Einheit]	Ausf.-Dauer	Positionsnummer

37 Dachschalung, Traufe, Bretter gehobelt, 24mm KG **363**

Dachschalung der Traufe, als Unterlage für Dachdeckung, einseitig sichtbar bleibend, Befestigung nach statischer Berechnung auf Holzuntergrund.
Material: Bretter nach DIN EN 14081-1
Sortierung nach DIN 4074-1: S10
Oberfläche: einseitig gehobelt
Güteklasse nach DIN 68365: 2
Federmaß: bis: 146 mm

17€	21€	**24€**	27€	34€	[m]	⏱ 0,35h/m	016.000.021

38 Schrägschnitt, Schalung KG **361**

Schrägschnitt für Schalung.
Bauteil: .....
Material: .....
Dicke: ..... mm

5€	7€	**8€**	9€	11€	[m]	⏱ 0,02h/m	016.001.130

39 Traufbohle, konisch KG **363**

Traufbohle, parallel besäumt, Befestigung nach statischer Berechnung auf Holzuntergrund.
Holzart: .....
Material: Bohle nach DIN EN 14081-1
Sortierklasse nach DIN 4074: .....
Gebrauchsklasse nach DIN 68800-1: GK .....
Nutzungsklasse nach DIN EN 1995-1-1: NKL .....
Oberfläche: gehobelt
Querschnitt (B x H): ..... x ..... mm
Einzellänge: bis ..... m, gem. Holzliste des AG

9€	12€	**13€**	15€	20€	[m]	⏱ 0,10h/m	016.001.119

40 Stellbrett, zwischen Sparren KG **363**

Stellbrett zwischen Sparren der Dachkonstruktion, parallel besäumt, Befestigung auf Holzuntergrund.
Holzart: .....
Material: Bretter nach DIN EN 14081-1
Sortierklasse nach DIN 4074: .....
Gebrauchsklasse nach DIN 68800-1: GK0
Güteklasse nach DIN 68365: 2
Oberfläche: gehobelt
Brettdicke: ..... mm
Brettbreite: ..... mm

16€	22€	**25€**	29€	37€	[m]	⏱ 0,04h/m	016.000.152

Kosten:
Stand 1.Quartal 2026
Bundesdurchschnitt

▶ min
▷ von
ø Mittel
◁ bis
◀ max

Nr.	**Kurztext** / Langtext						Kostengruppe
▶	▷	**ø netto €**	◁	◀	[Einheit]	Ausf.-Dauer	Positionsnummer

41 Bauteilanschluss, Dichtungsband, vorkomprimiert KG **361**

Bauteilanschluss im Außenbereich, mit vorkomprimierten Fugendichtband, inkl. Fugen reinigen und ggf. grundieren.
Einbauort: .....
Beanspruchungsgruppe nach DIN 18452: BG1
Schlagregendichtheit nach DIN EN 1027: mind. 600 PA
Fugenbreite: bis 15 mm

2€ | 4€ | **5€** | 6€ | 9€ | [m] | ⏱ 0,04h/m | 016.000.034

42 Unterspannung, belüftetes Dach KG **363**

Unterspannung belüfteter Dächer mit Polypropylenfolie (PP), Klasse nach ZVDH-Produktdatenblatt, nahtgesichert, gespannt auf Sparren befestigt.
Material: Polypropylenfolie (PP) nach DIN EN 13859-1
Klassifizierung: **UDB / USB/ UDB-eA** nach Produktdatenblatt des ZVDH/
Zusatzmaßnahmen Klasse: **1 / 2 / 3/ 4/ 5**
Dachneigung: .....°
sd-Wert: <0,3 m
Brandverhalten: Baustoffklasse B1

6€ | 8€ | **9€** | 10€ | 13€ | [m²] | ⏱ 0,08h/m² | 016.001.120

43 Dampfbremse, Dach, sd >10m KG **364**

Dampfbremse als diffusionshemmende Schicht 10m < sd ≤ 100m, raumseitig unter Sparren befestigt, Nähte und Stöße verkleben/ verschweißen.
sd-Wert: ..... m

7€ | 11€ | **13€** | 18€ | 27€ | [m²] | ⏱ 0,08h/m² | 016.000.065

44 Trennlage, Abdichtungsbahn KG **361**

Trennlage unter Holzwänden
Untergrund: .....
Material: .....
Bauteilbreite: .....mm

1€ | 3€ | **4€** | 6€ | 11€ | [m] | ⏱ 0,08h/m | 016.000.047

45 Nivellierschwelle, Wandelemente KG **331**

Nivellierschwelle unter Holz-Wandelementen, vollflächig und kraftschlüssig unterfüttert, Befestigung nach statischer Berechnung.
Holzart: .....
Material: Konstruktionsvollholz (KVH) nach DIN EN 15497 (oder glw.)
Festigkeitsklasse nach DIN EN 338: C24
Gebrauchsklasse nach DIN 68800-1: GK 0
Abstand zu GOK gem. DIN 68800-2, 5.2.1.3: .....
Holzfeuchte: 15% +/-3%
Querschnitt (B x H): ..... x ..... mm
Untergrund: .....

16€ | 23€ | **26€** | 30€ | 42€ | [m] | ⏱ 0,11h/m | 016.001.143

Nr.	Kurztext / Langtext						Kostengruppe
▶	▷	**ø netto €**	◁	◀	[Einheit]	Ausf.-Dauer	Positionsnummer

46 **Anschluss, Bodenplatte, luftdicht** KG **331**

Luftdichter Anschluss der Außenwand an Bodenplatte, inkl. Untergrundvorbehandlung.
Anschluss: Stahlbeton auf Holzwerkstoff
Bauteile: .....
Luftdichte Ausbildung der Fugen durch: .....

8€	12€	**14€**	15€	17€	[m]	⏱ 0,10h/m	016.001.141

A 4 **Außenwand, Holzrahmen, Dämmung, Bekleidungen** Beschreibung für Pos. **47-49**

Teilvorgefertigte Holzrahmenwand entsprechend den bautechnischen Vorgaben, Bauteilaufbau von innen nach außen. Herstellung und Ausführung nach DIN 1052-11, inkl. Dämmung und Bekleidung. Einbringen Dämmstoff und schließen der Holzwand erfolgt nachträglich auf der Baustelle.
Beplankung: OSB-Platten nach DIN EN 300 als aussteifende Beplankung, inkl. luftdichter Abklebung von Stößen, Ecken und Anschlüssen
Plattentyp: OSB/3
Plattendicke: 15mm, Befestigung nach statischen Vorgaben
Holzrahmenkonstruktion aus Konstruktionsvollholz (KVH) herstellen
Material: Konstruktionsvollholz (KVH) nach DIN EN 15497
Festigkeitsklasse nach DIN EN 338: C24
Holzfeuchte: ≤15% +/-3%
Wärmedämmschicht
Holzfaserdämmung als nicht aussteifende äußere wasserabweisende Beplankung mit umlaufender Nut- und Federprofilierung, winddicht montieren.
Material: Holzfaserdämmung hydrophobiert (WF) nach DIN EN 13171
Anwendungsgebiet nach DIN 4108-10: WAB

47 **Außenwand, Holzrahmen, 160mm, Dämmung, Bekleidungen** KG **337**

Wie Ausführungsbeschreibung A 4
Rippenquerschnitt (B x H): 60 x 160 mm
Rippenabstand e: **625 / 833 mm**
Dämmstoff: **Mineralwolle (MW) nach DIN EN 13162 / Zelluloseeinblasdämmung** nach Zulassung
Dämmstoffdicke: 160 mm
Bemessungswert der Wärmeleitfähigkeit: max. ..... W/(mK)
Nennwert der Wärmeleitfähigkeit: ..... W/(mK)

141€	170€	**178€**	188€	210€	[m²]	⏱ 0,80h/m²	016.000.025

48 **Außenwand, Holzrahmen, 200mm, Dämmung, Bekleidungen** KG **337**

Wie Ausführungsbeschreibung A 4
Rippenquerschnitt (B x H): 60 x 200 mm
Rippenabstand e: **625 / 833 mm**
Dämmstoff: **Mineralwolle (MW) nach DIN EN 13162 / Zelluloseeinblasdämmung** nach Zulassung
Dämmstoffdicke: 200 mm
Bemessungswert der Wärmeleitfähigkeit: max. ..... W/(mK)
Nennwert der Wärmeleitfähigkeit: ..... W/(mK)

159€	180€	**188€**	206€	247€	[m²]	⏱ 0,80h/m²	016.001.156

000 001 002 006 008 009 010 012 013 014 **016** 017 018 020 021 022

Nr.	Kurztext / Langtext						Kostengruppe
▶	▷	ø netto €	◁	◀	[Einheit]	Ausf.-Dauer	Positionsnummer

49 **Außenwand, Holzrahmen, 240mm, Dämmung, Bekleidungen** KG **337**

Wie Ausführungsbeschreibung A 4
Rippenquerschnitt (B x H): 100 x 240 mm
Rippenabstand e: **625 / 833 mm**
Dämmstoff: **Mineralwolle (MW) nach DIN EN 13162 / Zelluloseeinblasdämmung** nach Zulassung
Dämmstoffdicke: 240 mm
Bemessungswert der Wärmeleitfähigkeit: max. ..... W/(mK)
Nennwert der Wärmeleitfähigkeit: ..... W/(mK)

▶	▷	ø	◁	◀	Einheit	Ausf.-Dauer	Positionsnummer
163€	195€	**209€**	234€	267€	[m²]	⏱ 0,80h/m²	016.001.173

50 **Außenwand, Holztafel, tragend, für Holzfassade** KG **331**

Vorgefertigte Holztafelbauwand entsprechend den bautechnischen Vorgaben, Bauteilaufbau von innen nach außen. Herstellung und Ausführung nach DIN 1052-11. Gefachdämmung wird separat erfasst.
Beplankung: OSB-Platten nach DIN EN 300 als aussteifende Beplankung, inkl. luftdichter Abklebung von Stößen, Ecken und Anschlüssen
Plattentyp: OSB/3
Plattendicke: 15mm, Befestigung nach statischen Vorgaben
Holzrahmenkonstruktion aus Konstruktionsvollholz (KVH) herstellen
Material: Konstruktionsvollholz (KVH) nach DIN EN 15497
Festigkeitsklasse nach DIN EN 338: C24
Holzfeuchte: ≤15% +/-3%
Rippenquerschnitt (B x H): ..... x ..... mm
Rippenabstand e: ..... mm
Holzfaserdämmung als nicht aussteifende äußere wasserabweisende Beplankung mit umlaufender Nut- und Federprofilierung, winddicht montieren.
Material: Holzfaserdämmung hydrophobiert (WF) nach DIN EN 13171
Dämmstoffdicke: ..... mm
Wärmeleitfähigkeit: ..... W/(mK)
Anwendungsgebiet nach DIN 4108-10: WAB

▶	▷	ø	◁	◀	Einheit	Ausf.-Dauer	Positionsnummer
–	169€	**202€**	256€	–	[m²]	⏱ 0,15h/m²	016.001.228

Kosten:
Stand 1. Quartal 2026
Bundesdurchschnitt

▶ min
▷ von
ø Mittel
◁ bis
◀ max

Nr.	Kurztext / Langtext						Kostengruppe
▶	▷	ø netto €	◁	◀	[Einheit]	Ausf.-Dauer	Positionsnummer

51 Außenwand, Holztafel, tragend, für Putzbekleidung KG **331**

Vorgefertigte Holztafelbauwand entsprechend den bautechnischen Vorgaben, mit außenseitigem Wärmedämmverbundsystem (WDVS), Bauteilaufbau von innen nach außen. Herstellung und Ausführung nach DIN 1052-11. Gefachdämmung sowie das Armieren und Verputzen sind separat zu erfassen.
Beplankung: OSB-Platten nach DIN EN 300 als aussteifende Beplankung einschl. luftdichter Abklebung von Stößen, Ecken und Anschlüssen
Plattentyp: OSB/3
Plattendicke: 15mm, Befestigung nach statischen Vorgaben
Holzrahmenkonstruktion aus Konstruktionsvollholz (KVH) herstellen
Material: Konstruktionsvollholz (KVH) nach DIN EN 15497
Festigkeitsklasse nach DIN EN 338: C24
Holzfeuchte: ≤15% +/-3%
Rippenquerschnitt (B x H): ..... x ..... mm
Rippenabstand e: ..... mm
Holzfaserdämmplatte als Putzträgerplatte gem. abZ und Verarbeitungsrichtlinie des Herstellers.
Material: Holzfaserdämmung (WF) nach DIN EN 13171
Anwendungsgebiet nach DIN 4108-10: WAB
Wärmeleitfähigkeit: ..... W/(mK)
Dämmstoffdicke: .....

–	176€	**209€**	265€	–	[m²]	⏱ 0,15h/m²	016.001.229

A 5 Außenwand, Brettstapel, tragend Beschreibung für Pos. **52-54**

Außenwand aus Brettstapelelementen, tragend und aussteifend, Nadelholz, technisch getrocknet. Aussparungen, Anschlussausformungen und Verbindungsmittel gem. Einzelbeschreibung und Planung.
Material: Brettstapelholz nach Zulassung oder ETA
Gebrauchsklasse nach DIN 68800-1: GK0
Nutzungsklasse nach DIN EN 1995-1-1: NKL 1
Verbindungsart: **Hartholzdübel / Nägel**
Elementlängen: ..... m

52 Außenwand, Brettstapel, tragend, 120mm KG **331**

Wie Ausführungsbeschreibung A 5
Dicke: bis 120 mm

126€	135€	**145€**	160€	178€	[m²]	⏱ 0,20h/m²	016.001.187

53 Außenwand, Brettstapel, tragend, 160mm KG **331**

Wie Ausführungsbeschreibung A 5
Dicke: bis 160 mm

184€	197€	**212€**	233€	261€	[m²]	⏱ 0,20h/m²	016.001.158

54 Außenwand, Brettstapel, tragend, 200mm KG **331**

Wie Ausführungsbeschreibung A 5
Dicke: bis 200 mm

243€	259€	**279€**	307€	343€	[m²]	⏱ 0,20h/m²	016.001.188

Nr.	Kurztext / Langtext						Kostengruppe
▶	▷	**ø netto €**	◁	◀	[Einheit]	Ausf.-Dauer	Positionsnummer

A 6 **Außenwand, Brettsperrholz, tragend** — Beschreibung für Pos. **55-58**

Außenwand aus Brettsperrholzelementen, tragend und aussteifend, Nadelholz, technisch getrocknet. Aussparungen, Anschlussausformungen und Verbindungsmittel gem. Einzelbeschreibung und Planung.
Material: Brettsperrholz nach Zulassung oder ETA
Gebrauchsklasse nach DIN 68800-1: GK0
Nutzungsklasse nach DIN EN 1995-1-1: NKL 1
Verbindungsart: .....
Elementlängen: ..... m

55 **Außenwand, Brettsperrholz, tragend, bis 85mm** — KG **331**

Wie Ausführungsbeschreibung A 6
Plattendicke: bis 85 mm

▶	▷	ø	◁	◀	Einheit	Ausf.-Dauer	Positionsnummer
128€	141€	**146€**	150€	158€	[m²]	⏱ 0,20h/m²	016.001.196

56 **Außenwand, Brettsperrholz, tragend, bis 100mm** — KG **331**

Wie Ausführungsbeschreibung A 6
Plattendicke: bis 100 mm

▶	▷	ø	◁	◀	Einheit	Ausf.-Dauer	Positionsnummer
146€	153€	**154€**	157€	161€	[m²]	⏱ 0,20h/m²	016.001.197

57 **Außenwand, Brettsperrholz, tragend, bis 120mm** — KG **331**

Wie Ausführungsbeschreibung A 6
Plattendicke: bis 120 mm

▶	▷	ø	◁	◀	Einheit	Ausf.-Dauer	Positionsnummer
149€	171€	**176€**	186€	218€	[m²]	⏱ 0,20h/m²	016.001.189

58 **Außenwand, Brettsperrholz, tragend, bis 160mm** — KG **331**

Wie Ausführungsbeschreibung A 6
Plattendicke: bis 160 mm

▶	▷	ø	◁	◀	Einheit	Ausf.-Dauer	Positionsnummer
190€	203€	**218€**	240€	268€	[m²]	⏱ 0,20h/m²	016.001.199

Kosten:
Stand 1. Quartal 2026
Bundesdurchschnitt

▶ min
▷ von
ø Mittel
◁ bis
◀ max

59 Außenwand, Holzstegträger, tragend, OSB, Zellulose, WF — KG 337

Außenwand als tragende Holzkonstruktion aus Stegträgern, entsprechend den bautechnischen Vorgaben, liefern und montieren.
Bauteilaufbau von innen nach außen. Befestigung gem. Statik.
Beplankung: OSB-Platten nach DIN EN 300 als aussteifende Beplankung einschl. luftdichter Abklebung von Stößen, Ecken und Anschlüssen
Plattentyp: OSB/3
Plattendicke: 15mm, Befestigung nach statischen Vorgaben
Tragende Konstruktion aus Holzstegträger herstellen.
Holzfeuchte: 9% +/-2%
Nutzungsklasse nach DIN EN 1995-1-1: NKL 1
Gebrauchsklasse nach DIN 68800-1: GK 0
Elementbreite: ..... mm
Elementlänge: ..... mm
Gefachdämmung mit Zellulose ausblasen
Dämmstoff: Zelluloseeinblasdämmung nach ETA
Bemessungswert der Wärmeleitfähigkeit: ..... W/(mK)
Nennwert Wärmeleitfähigkeit: ..... W/(mK)
Brandverhalten: Baustoffklasse B2
Sparrenabstand: ..... mm
Außenwanddämmung hinter Außenwandbekleidung. Holzfaserdämmplatte als nicht aussteifende, äußere, wasserabweisende Beplankung.
Dämmstoff: Holzfaserdämmplatte (WF) nach DIN EN 13171
Anwendungsgebiet nach DIN 4108-10: WAB
Bemessungswert der Wärmeleitfähigkeit: ..... W/(mK)
Nennwert der Wärmeleitfähigkeit: ..... W/(mK)
Brandverhalten: Baustoffklasse B2
Rippenabstand: ..... mm

▶	▷	ø netto €	◁	◀	[Einheit]	Ausf.-Dauer	Positionsnummer
200€	233€	**246€**	272€	316€	[m²]	⏱ 1,30 h/m²	016.000.066

60 Außenwandbekleidung, gespundete Bretter, 24mm — KG 335

Außenwandbekleidung mit gespundeten Brettern, sichtbar befestigt mit Edelstahlschrauben, auf Holzuntergrund.
Holzart: .....
Material: gespundete Bretter
Güteklasse nach DIN 68365: 2
Profil: gespundet, Nut und Feder
Oberfläche: einseitig gehobelt
Ausbildung der Brettkanten: gefast
Brettdicke: mind. 24 mm
Brettbreite: bis 200 mm
Holzfeuchte: bis 20%
Verlegerichtung: waagerecht
Arbeitshöhe: ..... m

▶	▷	ø netto €	◁	◀	[Einheit]	Ausf.-Dauer	Positionsnummer
92€	105€	**115€**	128€	158€	[m²]	⏱ 0,70 h/m²	016.001.152

Nr.	Kurztext / Langtext						Kostengruppe
►	▷	ø netto €	◁	◄	[Einheit]	Ausf.-Dauer	Positionsnummer

61 Außenwandbekleidung, Boden-Deckel-Schalung, 24mm KG **335**

Außenwandbekleidung als Boden-Deckel-Schalung, sichtbar befestigt mit Edelstahlschrauben, auf Holzuntergrund.
Holzart: .....
Material: Bretter
Güteklasse nach DIN 68365: 2
Oberfläche: gehobelt
Ausbildung der Brettkanten: parallel besäumt
Bodenbretter (B x D): ..... x 24 mm
Deckbretter (B x D): ..... x 24 mm
Holzeinbaufeuchte: bis 20%
Verlegerichtung: senkrecht
Arbeitshöhe: ..... m

103€	119€	**128€**	141€	171€	[m²]	⏱ 0,64 h/m²	016.001.153

Kosten:
Stand 1. Quartal 2026
Bundesdurchschnitt

62 Außenwandbekleidung, Stülpschalung, 24mm KG **335**

Außenwandbekleidung als Stülpschalung, sichtbar befestigt mit Edelstahlschrauben, auf Holzuntergrund.
Holzart: .....
Material: Bretter
Güteklasse nach DIN 68365: 2
Oberfläche: gehobelt
Ausbildung der Brettkanten: parallel besäumt
Bretterabmessung (B x D): ..... x 24 mm
Holzeinbaufeuchte: bis 20%
Verlegerichtung: waagerecht
Arbeitshöhe: ..... m

88€	102€	**109€**	123€	151€	[m²]	⏱ 0,76 h/m²	016.001.151

63 Außenbekleidung, Laibungsbrett, 24mm KG **335**

Bekleidung der Laibung, im Außenbereich, aus Brettern, Sichtseiten gehobelt.
Holzart: .....
Material: Bretter
Güteklasse nach DIN 68365: 2
Oberfläche: einseitig gehobelt
Laibungstiefe: ..... mm
Brettdicke: ..... mm
Holzeinbaufeuchte: bis 20%
Hinweis: Verschleißbauteil

13€	24€	**30€**	36€	49€	[m]	⏱ 0,06 h/m	016.000.156

► min
▷ von
ø Mittel
◁ bis
◄ max

64 Innenbekleidung, Trockenbereich, OSB/2, 18mm KG **336**

Innenbekleidung mit OSB-Platten, mit Befestigung nach statischer Berechnung und Konstruktionszeichnung, auf Unterkonstruktion aus Holz.
Material: OSB-Platten nach DIN EN 300
Plattentyp: OSB/2
Plattendicke: 18 mm
Verwendung: Trockenbereich
Nutzungsklasse nach DIN EN 1995-1-1: NKL 1

16€ 23€ **29€** 32€ 38€ [m2] ⏱ 0,20 h/m2 016.000.150

65 Innenbekleidung, Trockenbereich, OSB/3, 15mm KG **336**

Innenbekleidung, tragend, mit OSB-Platten, mit Befestigung nach statischer Berechnung und Konstruktionszeichnung, auf Unterkonstruktion aus Holz.
Material: OSB-Platten nach DIN EN 300
Plattentyp: OSB/3
Plattendicke: 15 mm
Verwendung: Trockenbereich
Nutzungsklasse nach DIN EN 1995-1-1: NKL 1

19€ 26€ **30€** 32€ 37€ [m2] ⏱ 0,20 h/m2 016.000.084

66 Innenbekleidung, Trockenbereich, OSB/3, 22mm KG **336**

Innenbekleidung, tragend, mit OSB-Platten, mit Befestigung nach statischer Berechnung und Konstruktionszeichnung, auf Unterkonstruktion aus Holz.
Material: OSB-Platten nach DIN EN 300
Plattentyp: OSB/3
Plattendicke: 22 mm
Verwendung: Trockenbereich
Nutzungsklasse nach DIN EN 1995-1-1: NKL 1

27€ 32€ **35€** 37€ 43€ [m2] ⏱ 0,22 h/m2 016.000.101

67 Innenbekleidung, Feuchtebereich, OSB/4, 22mm KG **336**

Innenbekleidung, tragend, mit OSB-Platten, mit Befestigung nach statischer Berechnung und Konstruktionszeichnung, auf Unterkonstruktion aus Holz.
Material: OSB-Platten nach DIN EN 300
Plattentyp: OSB/4
Plattendicke: 22 mm
Verwendung: Feuchtebereich
Nutzungsklasse nach DIN EN 1995-1-1: NKL 2

28€ 36€ **39€** 44€ 51€ [m2] ⏱ 0,22 h/m2 016.000.075

000 001 002 006 008 009 010 012 013 014 **016** 017 018 020 021 022

Kosten:
Stand 1. Quartal 2026
Bundesdurchschnitt

Nr.	Kurztext / Langtext						Kostengruppe
▶	▷	ø netto €	◁	◀	[Einheit]	Ausf.-Dauer	Positionsnummer

68 Innenbekleidung, Sperrholz, 22mm — KG **336**

Innenbekleidung, tragend, mit Sperrholzplatten, mit Befestigung nach statischer Berechnung und Konstruktionszeichnung, auf Unterkonstruktion aus Holz.
Material: Sperrholzplatten nach DIN EN 636-1
Plattendicke: 22 mm
Verwendung: Trockenbereich
Nutzungsklasse nach DIN EN 1995-1-1: NKL 1

▶	▷	ø	◁	◀	Einheit	Ausf.-Dauer	Positionsnummer
37€	53€	**61€**	67€	86€	[m²]	⏱ 0,26 h/m²	016.000.010

69 Innenbekleidung, Furnierschichtholz — KG **336**

Innenbekleidung, tragend, mit Furnierschichtholzplatten LVL, Befestigung mit Klammern, auf Unterkonstruktion aus Holz.
Material: Furnierschichtholzplatten LVL nach DIN EN 14374 bzw. Zulassung
Plattentyp: LVL/1
Plattendicke: ..... mm
Verwendung: Trockenbereich
Nutzungsklasse nach DIN EN 1995-1-1: NKL 1
Oberfläche: .....

▶	▷	ø	◁	◀	Einheit	Ausf.-Dauer	Positionsnummer
46€	60€	**65€**	70€	82€	[m²]	⏱ 0,33 h/m²	016.000.063

70 Innenbekleidung, Dreischichtplatte — KG **336**

Innenbekleidung mit Massivholzplatten (Dreischichtplatte), Befestigung mit Schrauben, auf Unterkonstruktion aus Holz.
Material: Massivholzplatten (Dreischichtplatte) nach DIN EN 13353 oder allgemein bauaufsichtlicher Zulassung
Plattentyp: SWP/1
Plattendicke: 26 mm
Erscheinungsklasse nach DIN EN 13017: A/A
Verwendung: Trockenbereich
Nutzungsklasse nach DIN EN 1995-1-1: NKL 1

▶	▷	ø	◁	◀	Einheit	Ausf.-Dauer	Positionsnummer
47€	65€	**68€**	76€	92€	[m²]	⏱ 0,38 h/m²	016.000.096

A 7 Gefachdämmung, MW, WH — Beschreibung für Pos. **71-72**

Außenwanddämmung zwischen Wandkonstruktion aus Holz
Material: Mineralwolle (MW) nach DIN EN 13162
Anwendungsgebiet nach DIN 4108-10: WH
Bemessungswert der Wärmeleitfähigkeit: ..... W/(mK)
Nennwert der Wärmeleitfähigkeit: ..... W/(mK)
Brandverhalten: Baustoffklasse A1
Rippenabstand: ..... mm

71 Gefachdämmung, MW, WH, 160mm — KG **335**

Wie Ausführungsbeschreibung A /
Dämmstoffdicke: 160 mm

▶	▷	ø	◁	◀	Einheit	Ausf.-Dauer	Positionsnummer
–	19€	**22€**	28€	–	[m²]	⏱ 0,22 h/m²	016.001.171

▶ min
▷ von
ø Mittel
◁ bis
◀ max

Nr.	Kurztext / Langtext						Kostengruppe
▶	▷	**ø netto €**	◁	◀	[Einheit]	Ausf.-Dauer	Positionsnummer

72 Gefachdämmung, MW, WH, 200mm KG **335**

Wie Ausführungsbeschreibung A 7
Dämmstoffdicke: 200 mm

19€	24€	**27€**	29€	34€	[m²]	⏱ 0,22 h/m²	016.000.143

A 8 Außenwanddämmung, WF, WAB Beschreibung für Pos. **73-74**

Außenwanddämmung hinter Außenwandbekleidung. Holzfaserplatte als nicht aussteifende äußere wasserabweisende Beplankung mit umlaufender Nut- und Federprofilierung liefern und nach Herstellerangaben winddicht montieren.
Material: Holzfaserdämmplatte (WF) nach DIN EN 13171
Anwendungsgebiet nach DIN 4108-10: WAB
Bemessungswert der Wärmeleitfähigkeit: ..... W/(mK)
Nennwert der Wärmeleitfähigkeit: ..... W/(mK)
Brandverhalten: Baustoffklasse B2
Rippenabstand: ..... mm
Arbeitshöhe: ..... m

73 Außenwanddämmung, WF, WAB, 60mm KG **335**

Wie Ausführungsbeschreibung A 8
Dämmstoffdicke: 60 mm

33€	39€	**41€**	46€	51€	[m²]	⏱ 0,22 h/m²	016.001.142

74 Außenwanddämmung, WF, WAB, 80mm KG **335**

Wie Ausführungsbeschreibung A 8
Dämmstoffdicke: 80 mm

36€	42€	**46€**	48€	52€	[m²]	⏱ 0,22 h/m²	016.000.153

A 9 Außenwanddämmung, WDVS, WF, WAB Beschreibung für Pos. **75-76**

Außenwanddämmung als Putzträger mit bauaufsichtlichen Verwendbarkeitsnachweis aus Holzweichfaserdämmung entsprechend Herstellerangaben verarbeiten.
Unterkonstruktion: Holz
Material: Holzfaserdämmstoff (WF) nach DIN EN 13171
Anwendungsgebiet nach DIN 4108-10: WAB
Bemessungswert der Wärmeleitfähigkeit: ..... W/(mK)
Nennwert der Wärmeleitfähigkeit: ..... W/(mK)
Brandverhalten: Baustoffklasse B2
Rippenabstand: ..... mm

75 Außenwanddämmung, WDVS, WF, WAB, 60mm KG **335**

Wie Ausführungsbeschreibung A 9
Dämmstoffdicke: 60 mm

48€	52€	**54€**	56€	60€	[m²]	⏱ 0,22 h/m²	016.001.198

76 Außenwanddämmung, WDVS, WF, WAB, 200mm KG **335**

Wie Ausführungsbeschreibung A 9
Dämmstoffdicke: 200 mm

–	77€	**89€**	113€	–	[m²]	⏱ 0,30 h/m²	016.000.145

000 001 002 006 008 009 010 012 013 014 016 017 018 020 021 022

Nr.	Kurztext / Langtext						Kostengruppe
▶	▷	ø netto €	◁	◀	[Einheit]	Ausf.-Dauer	Positionsnummer

A 10 Innenwand, Holzrahmen, tragend, Dämmung, beplankt — Beschreibung für Pos. **77-78**

Innenwand als Holzrahmenkonstruktion, tragend, aus Konstruktionsvollholz, teilvorgefertigt mit aussteifender Beplankung aus OSB-Platten, mit Wärmedämmung zwischen Rahmenkonstruktion. Leistung inkl. Verbindung der Elemente untereinander. Anschluss an vorhandene Bauteile wird gesondert vergütet. Ausführung gem. Zeichnung und Einzelbeschreibung.
Elementhöhe: bis 3,0 m
Rippen: Nadelholz nach DIN 4074-1, DIN EN 14081-1 und DIN 20000-5
Festigkeitsklasse: C24
Rippenabstand e: 625 mm
Dämmstoff: **Mineralwolle (MW) nach DIN EN 13162 / Zelluloseeinblasdämmung (abZ**)
Anwendungstyp: WH
Bemessungswert der Wärmeleitfähigkeit: max. ..... W/(mK)
Nennwert der Wärmeleitfähigkeit: ..... W/(mK)
Bekleidung(en): OSB-Platten nach DIN EN 13986

Kosten:
Stand 1. Quartal 2026
Bundesdurchschnitt

77 Innenwand, Holzrahmen, 12cm, Dämmung, beplankt — KG **342**

Wie Ausführungsbeschreibung A 10
Dämmstoffdicke: 120 mm

99€	105€	**115€**	129€	147€	[m²]	⏱ 0,65h/m²	016.001.178

78 Innenwand, Holzrahmen, 20cm, Dämmung, beplankt — KG **342**

Wie Ausführungsbeschreibung A 10
Dämmstoffdicke: 200 mm

127€	135€	**148€**	166€	190€	[m²]	⏱ 0,65h/m²	016.001.180

A 11 Innenwand, Holzrahmen, nichttragend, Dämmung, beplankt — Beschreibung für Pos. **79-82**

Innenwand als Holzrahmenkonstruktion, nichttragend, aus Konstruktionsvollholz, teilvorgefertigt mit aussteifender Beplankung, mit Wärmedämmung zwischen Rahmenkonstruktion. Leistung inkl. Verbindung der Elemente untereinander. Anschluss an vorhandene Bauteile wird gesondert vergütet. Ausführung gem. Zeichnung und Einzelbeschreibung.
Elementhöhe: bis 3,00 m
Rippen: Nadelholz nach DIN 4074-1, DIN EN 14081-1 und DIN 20000-5
Festigkeitsklasse: C24
Beplankung: OSB-Platten nach DIN EN 13986

79 Innenwand, Holzrahmen, nichttragend, 10cm, MW, beplankt — KG **342**

Wie Ausführungsbeschreibung A 11
Rippenabstand: ..... mm
Regelquerschnitt (B x H): 60 x 100mm
Wärmedämmschicht: Mineralwolle (MW) nach DIN EN 13162
Bemessungswert Wärmeleitfähigkeit: ..... W/(mK)
Nennwert Wärmeleitfähigkeit: ..... W/(mK)
Dämmstoffdicke: 100 mm
Elementhöhe: ..... m

77€	80€	**80€**	82€	87€	[m²]	⏱ 0,65h/m²	016.000.023

▶ min
▷ von
ø Mittel
◁ bis
◀ max

80 Innenwand, Holzrahmen, nichttragend, 10cm, WF, beplankt KG **342**

Wie Ausführungsbeschreibung A 11
Rippenabstand: ..... mm
Regelquerschnitt (B x H): 60 x 100mm
Wärmedämmschicht: Holzfaserdämmstoff (WF) nach DIN 13171
Bemessungswert Wärmeleitfähigkeit: ..... W/(mK)
Nennwert Wärmeleitfähigkeit: ..... W/(mK)
Dämmstoffdicke: 100 mm
Elementhöhe: ..... m

81€ 92€ **93€** 94€ 101€ [m²] ⏱ 0,65h/m² 016.001.175

81 Innenwand, Holzrahmen, nichttragend, 12cm, Zellulose, beplankt KG **342**

Wie Ausführungsbeschreibung A 11
Rippenabstand: ..... mm
Regelquerschnitt (B x H): 60 x 120 mm
Wärmedämmschicht: Zelluloseeinblasdämmung nach ETA
Bemessungswert Wärmeleitfähigkeit: ..... W/(mK)
Nennwert Wärmeleitfähigkeit: ..... W/(mK)
Elementhöhe: ..... m

71€ 75€ **82€** 92€ 105€ [m²] ⏱ 0,65h/m² 016.001.176

82 Innenwand, Holzrahmen, nichttragend, 12cm, MW, beplankt KG **342**

Wie Ausführungsbeschreibung A 11
Rippenabstand: ..... mm
Regelquerschnitt (B x H): 60 x 120mm
Wärmedämmschicht: Mineralwolle (MW) nach DIN EN 13162
Bemessungswert Wärmeleitfähigkeit: ..... W/(mK)
Nennwert Wärmeleitfähigkeit: ..... W/(mK)
Dämmstoffdicke: 120 mm
Elementhöhe: ..... m

87€ 92€ **101€** 113€ 129€ [m²] ⏱ 0,65h/m² 016.001.144

A 12 Türöffnung, Innenwand, Holztafel Beschreibung für Pos. **83-84**

Türöffnung in einer Innenwand in Holztafelbauweise, mit Beplankungen und Bekleidungen, inkl. Einbau der Füllhölzer und Wechsel.
Wanddicke: ..... mm
Wandschichten: .....

83 Türöffnung, Innenwand, Holztafel, 875x2.000mm KG **340**

Wie Ausführungsbeschreibung A 12
Baurichtmaß (B x H): 875 x 2.000 mm

27€ 39€ **44€** 55€ 72€ [St] ⏱ 1,10h/St 016.001.139

84 Türöffnung, Innenwand, Holztafel, 1.000x2.000mm KG **340**

Wie Ausführungsbeschreibung A 12
Baurichtmaß (B x H): 1.000 x 2.000 mm

36€ 48€ **56€** 70€ 100€ [St] ⏱ 1,10h/St 016.000.104

000 001 002 006 008 009 010 012 013 014 016 017 018 020 021 022

Nr.	Kurztext / Langtext						Kostengruppe
▶	▷	ø netto €	◁	◀	[Einheit]	Ausf.-Dauer	Positionsnummer

85 Ausschnitt, Holzwerkstoffplatte, bis 2,5m KG **345**

Ausschnitt für rechteckige Öffnung in Holzwerkstoffplatte.
Abmessung Öffnung: bis 2,50 m²
Plattendicke: bis 20 mm
Ausführung: einlagig

▶	▷	ø	◁	◀	Einheit	Ausf.-Dauer	Positionsnummer
11€	17€	**23€**	24€	29€	[St]	⏱ 0,10h/St	016.001.157

A 13 Innenwand, Brettsperrholz, tragend Beschreibung für Pos. **86-88**

Innenwand aus Brettsperrholzelementen, tragend und aussteifend oder nichttragend. Aussparungen, Anschlussausformungen und Verbindungsmittel gem. Einzelbeschreibung und Planung.
Material: Brettsperrholz nach Zulassung oder ETA
Gebrauchsklasse nach DIN 68800-1: GK0
Nutzungsklasse nach DIN EN 1995-1-1: NKL 1
Verbindungsart: .....
Elementlänge: ..... m

Kosten:
Stand 1. Quartal 2026
Bundesdurchschnitt

86 Innenwand, Brettsperrholz, nichttragend, 80mm KG **341**

Wie Ausführungsbeschreibung A 13
Ausführung: nichttragend
Elementdicke: 80 mm

▶	▷	ø	◁	◀	Einheit	Ausf.-Dauer	Positionsnummer
78€	92€	**102€**	112€	130€	[m²]	⏱ 0,20h/m²	016.001.190

87 Innenwand, Brettsperrholz, tragend,100mm KG **341**

Wie Ausführungsbeschreibung A 13
Ausführung: tragend
Elementdicke: 100 mm

▶	▷	ø	◁	◀	Einheit	Ausf.-Dauer	Positionsnummer
101€	116€	**121€**	128€	147€	[m²]	⏱ 0,20h/m²	016.001.160

88 Innenwand, Brettsperrholz, tragend, 120mm KG **341**

Wie Ausführungsbeschreibung A 13
Ausführung: tragend
Elementdicke: 120 mm

▶	▷	ø	◁	◀	Einheit	Ausf.-Dauer	Positionsnummer
116€	130€	**137€**	155€	177€	[m²]	⏱ 0,20h/m²	016.001.191

89 Öffnung, Massivholzelement, bis 0,5m² KG **351**

Herstellen planmäßiger Aussparungen/Öffnung in Massivholzelement, inkl. erforderlicher Randprofilierung.
Bauteil: .....
Abmessung: bis 0,50 m²
Elementdicke: bis 200 mm

▶	▷	ø	◁	◀	Einheit	Ausf.-Dauer	Positionsnummer
43€	55€	**62€**	73€	87€	[St]	⏱ 0,70h/St	016.001.112

▶ min
▷ von
ø Mittel
◁ bis
◀ max

Nr.	Kurztext / Langtext						Kostengruppe
►	▷	ø netto €	◁	◄	[Einheit]	Ausf.-Dauer	Positionsnummer

90 Öffnung, Massivholzelement, bis 2,5m² KG **351**

Herstellen planmäßiger Aussparungen/Öffnung in Massivholzelement, inkl. erforderlicher Randprofilierung.
Bauteil: .....
Abmessung: über 0,50 bis 2,50 m²
Elementdicke: bis 200 mm

52€	65€	**74€**	87€	104€	[St]	⏱ 0,90h/St	016.001.138

91 Öffnung, Holztafel, bis 2,5m² KG **351**

Herstellen planmäßiger Aussparungen/Öffnungen in Holztafel, inkl. Füllhölzer/Wechsel als Fassung für rechteckige Öffnungen.
Bauteil: .....
Abmessung: bis 2,50 m²
Bauteildicke: ..... mm

31€	51€	**51€**	55€	69€	[St]	⏱ 1,10h/St	016.001.161

92 Öffnung, Holztafel, bis 5m² KG **351**

Herstellen planmäßiger Aussparungen/Öffnungen in Holztafel, inkl. Füllhölzer/Wechsel als Fassung für rechteckige Öffnungen.
Bauteil: .....
Abmessung: bis 5,00 m²
Bauteildicke: ..... mm

69€	171€	**189€**	234€	289€	[St]	⏱ 3,30h/St	016.001.162

93 Decke, Hohlkastenelemente, bis 250mm KG **351**

Decke aus Hohlkastenelementen nach Zulassung. Ausführung gem. Zeichnung und Einzelbeschreibung.
Fabrikat: .....
Zulassung: ....
Bauteilverbindung: .....
Elementlängen: ..... m
Elementbreite: ..... mm
Zulassung: .....
Bauteilverbindung: .....
Elementlängen: ....
Elementbreite: .....
Dicke: 250 mm

233€	246€	**271€**	303€	336€	[m²]	⏱ 0,26h/m²	016.001.231

A 15 Massivholzdecke, Brettstapel, gehobelt Beschreibung für Pos. **94-95**

Decke aus Brettstapelelementen, Nadelholz, technisch getrocknet, ohne chemischen Holzschutz. Aussparungen, Anschlussausformungen und Verbindungsmittel gem. Einzelbeschreibung und Planung.
Zulassung: .....
Gebrauchsklasse: GK0 nach DIN 68800
Holzbauteilverbindung: **Hartholzdübel / Nägel**
Oberfläche: Sichtseite gehobelt
Elementlängen: .....

000
001
002
006
008
009
010
012
013
014
016
017
018
020
021
022

Kosten:
Stand 1. Quartal 2026
Bundesdurchschnitt

Nr.	**Kurztext** / Langtext						Kostengruppe
►	▷	**ø netto €**	◁	◀	[Einheit]	Ausf.-Dauer	Positionsnummer

94 **Massivholzdecke, Brettstapel, bis 140mm, gehobelt** KG **351**

Wie Ausführungsbeschreibung A 15
Elementdicke: bis 140 mm

126€	141€	**149€**	151€	160€	[m²]	⏱ 0,20h/m²	016.001.109

95 **Massivholzdecke, Brettstapel, 200mm, gehobelt** KG **351**

Wie Ausführungsbeschreibung A 15
Elementdicke: 200 mm

123€	168€	**185€**	193€	222€	[m²]	⏱ 0,22h/m²	016.001.182

A 16 **Decke, Brettsperrholz** Beschreibung für Pos. **96-97**

Decke aus Brettsperrholzelementen. Aussparungen, Anschlussausformungen und Verbindungsmittel gem. Einzelbeschreibung und Planung.
Material: Brettsperrholz nach Zulassung oder ETA
Gebrauchsklasse nach DIN 68800-1: GK0
Nutzungsklasse nach DIN EN 1995-1-1: NKL 1
Verbindungsart: .....
Oberfläche: Sichtseite gehobelt
Elementlänge: ..... m

96 **Decke, Brettsperrholz, 160mm** KG **351**

Wie Ausführungsbeschreibung A 16
Elementdicke: bis 160 mm

134€	160€	**170€**	174€	214€	[m²]	⏱ 0,20h/m²	016.001.184

97 **Decke, Brettsperrholz, 240mm** KG **351**

Wie Ausführungsbeschreibung A 16
Elementdicke: 240 mm

188€	231€	**239€**	249€	292€	[m²]	⏱ 0,20h/m²	016.001.186

98 **Fußbodeneinschub, gespundete Bretter, 24 mm** KG **351**

Fußbodeneinschub aus gespundeten Brettern aus Nadelholz, befestigt auf Auflager aus Holz.
Material: gespundete Bretter nach DIN 14081-1
Balkenabstand: bis 800 mm
Auflager: .....
Schalungsdicke: 24 mm

32€	48€	**56€**	62€	78€	[m²]	⏱ 0,35h/m²	016.000.030

99 **Rieselschutz, Glasvlies** KG **351**

Rieselschutz für Mineralwolledämmung, von unten auf ebene Flächen, aus Glasvlies.
Einbauort: .....
Farbton: .....
Angeb. Fabrikat: .....

3€	5€	**6€**	8€	10€	[m²]	⏱ 0,10h/m²	016.000.057

► min
▷ von
ø Mittel
◁ bis
◀ max

Nr.	Kurztext / Langtext						Kostengruppe
▶	▷	ø netto €	◁	◀	[Einheit]	Ausf.-Dauer	Positionsnummer

100 Schüttung, Decke, Sand KG **351**

Schüttung aus Sand, trocken, zwischen **Sparren / Balken**.
Sparrenabstand: ca. 0,60 m
Schichtdicke: 60 mm
Körnung 0,6 mm

12€ | 17€ | **18€** | 19€ | 29€ | [m2] | ⏱ 0,16h/m2 | 016.000.106

101 Schüttung, Decke, Splitt KG **351**

Schüttung aus Splitt, trocken, zwischen Deckenbalken.
Balkenabstand: ca. 600 mm
Schichtdicke: 60 mm
Körnung: 2 bis 4 mm

18€ | 21€ | **30€** | 32€ | 41€ | [m2] | ⏱ 0,16h/m2 | 016.000.107

102 Deckenschalung, OSB, bis 25mm KG **363**

Deckenschalung aus OSB-Platten, Befestigung auf Balkenlage.
Material: OSB-Platte nach DIN EN 300
Plattentyp: OSB/3, Befestigung nach statischen Vorgaben
Plattendicke: ..... mm (bis 25 mm)

21€ | 28€ | **31€** | 34€ | 39€ | [m2] | ⏱ 0,20h/m2 | 016.001.099

103 Deckenschalung, Sperrholzplatte, bis 24mm KG **353**

Deckenschalung mit Sperrholzplatte, ohne Anforderungen an die Sichtbarkeit, Befestigung auf Balkenlage.
Material: Sperrholzplatten nach DIN EN 636-1
Plattendicke: ..... mm (bis 24 mm)

38€ | 48€ | **53€** | 58€ | 69€ | [m2] | ⏱ 0,22h/m2 | 016.000.037

104 Fußboden, gespundete Bretter, gehobelt, bis 28mm KG **353**

Bodenbelag aus gespundeten Brettern, gehobelt, sichtbar auf Balkenlage befestigt.
Material: gespundete Bretter nach DIN 4072
Sortierung nach DIN 4074-1: S10
Profil: gespundet, Nut und Feder
Oberfläche: einseitig gehobelt
Bretterdicke: ..... mm (bis 28 mm)
Brettbreite: ..... mm

46€ | 51€ | **56€** | 63€ | 71€ | [m2] | ⏱ 0,24h/m2 | 016.001.168

105 Fußboden, gespundete Bretter, gehobelt, bis 40mm KG **353**

Bodenbelag aus gespundeten Brettern, gehobelt, sichtbar auf Balkenlage befestigt.
Material: gespundete Bretter nach DIN 4072
Sortierung nach DIN 4074-1: S10
Profil: gespundet, Nut und Feder
Oberfläche: einseitig gehobelt
Brettdicke: ..... mm (bis 40 mm)
Brettbreite: ..... mm

54€ | 61€ | **66€** | 75€ | 84€ | [m2] | ⏱ 0,64h/m2 | 016.001.164

000
001
002
006
008
009
010
012
013
014
016
017
018
020
021
022

Nr.	Kurztext / Langtext						Kostengruppe
►	▷	ø netto €	◁	◄	[Einheit]	Ausf.-Dauer	Positionsnummer

106 **Wangentreppe, gerade, einläufig, eingestemmt, o. Setzstufen** KG **352**

Wangentreppe aus Holz, innen, im Trockenbereich, gerade, einläufig, Stufen eingestemmt mit Unterschneidung, ohne Setzstufen, befestigt an Antritt und Austritt. Geländer wird in gesonderter Position vergütet.
Einbauort: Betondecke
Nutzlast: 3 kN/m²
Holzart: Eiche
Oberfläche: geölt
Stufendicke: 40 mm
Steigungen: 15
Steigungsverhältnis: 175 x 280 mm
Laufbreite: 800 mm
Untersicht: .....

5.518€ 6.031€ **6.373€** 6.579€ 7.526€ [St] ⏱ 20,00h/St 016.000.048

Kosten:
Stand 1. Quartal 2026
Bundesdurchschnitt

107 **Wangentreppe, gerade, einläufig, aufgesattelt, Tritt- und Setzstufe** KG **352**

Wangentreppe aus Holz, innen, im Trockenbereich, gerade, einläufig, mit aufgesattelten Tritt- und Setzstufen, befestigt an Antritt und Austritt. Geländer wird in gesonderter Position vergütet.
Einbauort: Betondecke
Nutzlast: 3 kN/m²
Holzart: Eiche
Oberfläche: geölt
Stufendicke: 40 mm
Steigungen: 15
Steigungsverhältnis: 175 x 280 mm
Laufbreite: 800 mm
Untersicht: .....

7.890€ 10.191€ **11.523€** 12.260€ 14.248€ [St] ⏱ 20,00h/St 016.001.146

108 **Wangentreppe, halbgewendelt, einläufig, eingestemmt, o. Setzstufen** KG **352**

Wangentreppe aus Holz, innen, im Trockenbereich, halbgewendelt, einläufig, Stufen eingestemmt mit Unterschneidung, ohne Setzstufen, befestigt an Antritt und Austritt. Geländer wird in gesonderter Position vergütet.
Einbauort: Betondecke
Nutzlast: 3 kN/m²
Holzart: Eiche
Oberfläche: geölt
Stufendicke: 40 mm
Steigungen: 15
Steigungsverhältnis: 175 x 280 mm
Laufbreite: 800 mm
Untersicht: .....

8.340€ 8.978€ **9.257€** 9.587€ 10.598€ [St] ⏱ 20,00h/St 016.001.147

► min
▷ von
ø Mittel
◁ bis
◄ max

109 Einschubtreppe, gedämmt KG **352**

Einschubtreppe aus Holz, zweiteilig, einschiebbar, von oben und unten zu öffnen, mit einseitigem Handlauf und Lukenkasten, sowie wärmegedämmtem Deckel, vorgerichtet für Bekleidung von unten.
Stufen aus Hartholz
Einbauort: .....
Dämmwert: ..... W/(m^{2}K)
Luftdichtheitsklasse: .....
Oberflächen: .....
Raumhöhe: bis 2,75 m
Rohbauöffnungsmaß: 700 x 1.400 mm
Kastenhöhe: 180 mm

818€ 1.208€ **1.365€** 1.431€ 2.639€ [St] ⏱ 3,80h/St 016.001.096

110 Einschubtreppe, EI30 KG **352**

Einschubtreppe aus Holz, zweiteilig, einschiebbar, von oben und unten zu öffnen, mit einseitigem Handlauf und Lukenkasten, sowie wärmegedämmtem Deckel, vorgerichtet für Bekleidung von unten.
Stufen aus Hartholz.
Einbauort: .....
Dämmwert: ..... W/(m^{2}K)
Luftdichtheitsklasse: .....
Feuerwiderstand: **EI30 von unten / von oben und unten**
Oberflächen: .....
Raumhöhe: bis 2,75 m
Rohbauöffnungsmaß: 700 x 1.400 mm
Kastenhöhe: 180 mm

829€ 1.297€ **1.416€** 2.403€ 3.993€ [St] ⏱ 5,00h/St 016.000.049

111 Scherentreppe, Aluminium KG **359**

Scherentreppe aus Aluminium, einschiebbar, von oben und unten zu öffnen, mit einseitigem Handlauf und Lukenkasten, sowie wärmegedämmtem Deckel, vorgerichtet für Bekleidung von unten.
Stufen: Metall
Einbauort: .....
Dämmwert: ..... W/(m^{2}K)
Luftdichtheitsklasse: .....
Oberflächen: .....
Raumhöhe: bis 2,75 m
Rohbauöffnungsmaß: 700 x 700 mm
Kastenhöhe: 180 mm

1.049€ 2.114€ **2.265€** 2.452€ 3.027€ [St] ⏱ 2,50h/St 016.001.095

112 Windrispenband, 40x2mm KG **361**

Windrispenband zur Diagonalaussteifung, inkl. Befestigung mit Rillennägel.
Abmessung: 40 x **1,5 / 2** mm
Ankernägel: 4 x 40 bis 4 x 60 mm

2€ 6€ **7€** 9€ 11€ [m] ⏱ 0,05h/m 016.000.044

Kosten:
Stand 1. Quartal 2026
Bundesdurchschnitt

Nr.	**Kurztext** / Langtext						Kostengruppe
►	▷	**ø netto €**	◁	◄	[Einheit]	Ausf.-Dauer	Positionsnummer

113 Verbindung, Winkelverbinder/Knagge KG **361**

Verbindung mit Stahlblechformteil. Leistung inkl. Verbindungsmittel nach Zulassung.
Material: feuerverzinkter Stahl
Formteil: **Winkelverbinder / Knagge**
Formteil: **mit / ohne** Rippenverstärkung
Typ/Länge: **90 / 105 / .....**
Einzelgewicht: bis 0,3 kg
Verbindung: **genagelt / geschraubt** nach Angaben Statik
Einbauort: .....
Untergrund: .....

►	▷	ø	◁	◄	[Einheit]	Ausf.-Dauer	Positionsnummer
3€	8€	**10€**	13€	20€	[kg]	⏱ 0,14h/kg	016.000.050

114 Verankerung Schwelle, Profilanker KG **361**

Verankerung von Holzschwellen an vorhandener Ankerschiene, mit Profilanker, einschl. Verbindungsmittel nach statischer Berechnung.
Mindestlastaufnahme der Verbindung: 0,48 kN
Ankerschienenprofil: 28 x 15 mm
Befestigung an Holz mit: 4 Ankernägel 4 x 40 mm

►	▷	ø	◁	◄	[Einheit]	Ausf.-Dauer	Positionsnummer
4€	7€	**9€**	12€	20€	[St]	⏱ 0,12h/St	016.000.071

115 Stabdübel, nichtrostender Stahl KG **361**

Stabdübel, Oberfläche an den Enden gefast, inkl. mehrschnittige Bohrung durch 20mm starkes Stahlblech-Bauteil.
Material: nichtrostender Stahl
Werkstoffnummer: 1.4571
Länge: bis 80 mm
Durchmesser: 12 mm

►	▷	ø	◁	◄	[Einheit]	Ausf.-Dauer	Positionsnummer
2€	4€	**5€**	9€	16€	[St]	⏱ 0,05h/St	016.000.027

116 Gewindestange, M12, feuerverzinkt KG **361**

Gewindestange, in Holzbauteil, inkl. Bohrung im Bauteil, zwei Unterlegscheiben und Muttern.
Oberfläche: feuerverzinkt
Größe: M12
Länge: 1.000 mm

►	▷	ø	◁	◄	[Einheit]	Ausf.-Dauer	Positionsnummer
5€	14€	**17€**	24€	39€	[St]	⏱ 0,10h/St	016.000.028

117 Dachflächenfenster, Schwingflügel, Holz, bis 1m² KG **362**

Dachflächenfenster als Schwingflügel, Öffnung manuell, aus Nadelholz, beschichtet. Verglasung aus Mehrscheibenisolierglas, Verglasung mit Hagel- und Sonnenschutz. Außenabdeckung aus beschichtetem Aluminium. Der Eindeckrahmen wird gesondert vergütet.
Wärmeschutz: Uw bis 1,4 W/(m²K)
Schalldämmung: SSK 1 (Rw 25 bis 29 dB)
Abmessung: bis 1,00 m²

►	▷	ø	◁	◄	[Einheit]	Ausf.-Dauer	Positionsnummer
888€	1.167€	**1.336€**	1.449€	1.638€	[St]	⏱ 1,90h/St	016.000.045

► min
▷ von
ø Mittel
◁ bis
◄ max

Nr.	Kurztext / Langtext						Kostengruppe
▶	▷	ø netto €	◁	◀	[Einheit]	Ausf.-Dauer	Positionsnummer

118 Dachflächenfenster, Schwingflügel, Holz, bis 1,85m² KG **362**

Dachflächenfenster als Schwingflügel, Öffnung manuell, aus Nadelholz, beschichtet. Verglasung aus Mehrscheibenisolierglas, Verglasung mit Hagel- und Sonnenschutz. Außenabdeckung aus beschichtetem Aluminium. Der Eindeckrahmen wird gesondert vergütet.
Wärmeschutz: Uw bis 1,4 W/(m²K)
Schalldämmung: SSK 1 (Rw 25 bis 29 dB)
Abmessung: bis 1,85 m²

1.263€ | 1.491€ | **1.593€** | 1.629€ | 2.318€ | [St] | ⏱ 2,20h/St | 016.000.125

119 Dachflächenfenster, Schwingflügel, Kunststoff, bis 1,85m² KG **362**

Dachflächenfenster als Schwingflügel, Öffnung manuell, aus Kunststoff, Verglasung aus Mehrscheibenisolierglas, Verglasung mit Hagel- und Sonnenschutz. Außenabdeckung aus beschichtetem Aluminium. Der Eindeckrahmen wird gesondert vergütet.
Wärmeschutz: Uw bis1,4 W/(m²K)
Schalldämmung: SSK 1 (Rw 25 bis 29 dB)
Abmessung: bis 1,85 m²

1.212€ | 1.355€ | **1.408€** | 1.465€ | 1.583€ | [St] | ⏱ 2,20h/St | 016.001.155

120 Schutzabdeckung, Steildach, Folie KG **397**

Schutzabdeckung der Dachfläche mit Kunststoff-Folie, herstellen und beseitigen.
Dachfläche: Steildach
Foliendicke: 0,5 mm
Arbeitshöhe: ..... m
Vorhaltedauer: .....

3€ | 6€ | **8€** | 10€ | 13€ | [m²] | ⏱ 0,05h/m² | 016.000.055

121 Stundensatz, Facharbeiter/-in

Stundenlohnarbeiten für Vorarbeiter/-in, Facharbeiter/-in und Gleichgestellte. Verrechnungssatz für die jeweilige Arbeitskraft inkl. aller Aufwendungen wie Lohn- und Gehaltskosten, Lohn- und Gehaltsnebenkosten, Zuschläge, lohngebundene und lohnabhängige Kosten, sonstige Sozialkosten, Gemeinkosten, Wagnis und Gewinn. Leistung nach besonderer Anordnung der Bauüberwachung. Anmeldung und Nachweis gem. VOB/B.

69€ | 76€ | **78€** | 82€ | 91€ | [h] | ⏱ 1,00h/h | 016.000.147

122 Stundensatz, Helfer/-in

Stundenlohnarbeiten für Werker/-in, Fachwerker/-in und jeweils Gleichgestellte. Der Verrechnungssatz für die jeweilige Arbeitskraft umfasst sämtliche Aufwendungen wie Lohn- und Gehaltskosten, lohn- und gehaltsgebundene Kosten, Lohn- und Gehaltsnebenkosten, Gemeinkosten, Wagnis und Gewinn. Leistung nach besonderer Anordnung der Bauüberwachung. Nachweis und Anmeldung gem. VOB/B.

57€ | 64€ | **67€** | 68€ | 72€ | [h] | ⏱ 1,00h/h | 016.000.148

017

Kosten:
Stand 1. Quartal 2026
Bundesdurchschnitt

► min
▷ von
ø Mittel
◁ bis
◀ max

Stahlbauarbeiten — Preise €

Nr.	Positionen	Einheit	►	▷	ø brutto € / ø netto €	◁	◀
1	Profilstahl-Konstruktion, Profile UNP/UPE, feuerverzinkt	kg	4	6	**7**	8	9
			3	5	**6**	7	8
2	Profilstahl-Konstruktion, Profile IPE, feuerverzinkt	kg	5	6	**7**	8	9
			4	5	**6**	6	7
3	Profilstahl-Konstruktion, Profile HEA 160, feuerverzinkt	kg	4	5	**6**	7	10
			3	4	**5**	6	8
4	Rundstahl, Zugstab, feuerverzinkt	kg	7	9	**10**	12	19
			5	8	**8**	10	16
5	Stahlstütze, Rohrprofil, rund	kg	5	9	**10**	12	15
			4	7	**9**	10	13
6	Stahlstütze, Rohrprofil, eckig	kg	6	10	**12**	13	16
			5	8	**10**	11	13
7	Kopf-/Fußplatte, Stahlblech	kg	6	10	**11**	15	22
			5	8	**9**	13	19
8	Trapezblechdach, Stahlblech	m²	40	51	**57**	62	76
			34	43	**48**	52	64
9	Trapezblechdach, Randverstärkung, Übergangsblech	m	24	38	**45**	47	69
			20	32	**37**	39	58
10	Trapezblechdach, Dachausschnitt	St	62	118	**138**	161	199
			52	100	**116**	135	167
11	Bohrungen, Stahlblech, Durchmesser bis 30mm	St	8	15	**15**	17	23
			7	13	**13**	14	20
12	Gitterroste, verzinkt, rutschhemmend, verankert	m²	133	170	**180**	201	246
			111	143	**152**	169	207
13	Verzinken, Stahlprofile	kg	0,9	1,4	**1,7**	1,9	2,6
			0,7	1,1	**1,4**	1,6	2,2
14	Brandschutzbeschichtung, R30, Stahlbauteile	m²	80	108	**115**	121	141
			67	91	**96**	102	118
15	Brandschutzbeschichtung, Stahlbauteile, Decklack	m²	17	33	**43**	43	73
			15	28	**36**	36	62
16	Stundensatz, Facharbeiter/-in	h	89	97	**100**	103	110
			75	81	**84**	86	92
17	Stundensatz, Helfer/-in	h	64	72	**76**	80	86
			54	60	**64**	67	72

1 Profilstahl-Konstruktion, Profile UNP/UPE, feuerverzinkt KG **351**

Stahlträger aus Walzprofil U nach DIN EN 10279, als Träger der Deckenkonstruktion, inkl. aller Kopfplatten, Aussteifungen, Bohrungen, Verbindungsmittel und Schweißnähte. Inkl. Bohrungen für Verschraubung mit bauseitigen Anschlüssen.
Einbauort: ..... / Einbauhöhe: .....
Profile: **UNP** ..... **/ UPE** .....
Konstruktion der Ausführungsklasse DIN EN 1090: EXC .....
Material: Stahl nach DIN EN 10025-2
Güte: S235JR - Werkstoff Nr. 1.0038
Masse Stahlprofil: ..... kg/m
Oberfläche: feuerverzinkt
Baustellenverbindungen: geschraubt
Für die Ausführung werden vom AG folgende Unterlagen zur Verfügung gestellt:

- Entwurfszeichnungen, Plannr.: .....
- Übersichtszeichnungen, Plannr.: .....
- statische Berechnung mit Positionsplänen, Plannr.: .....

3€	5€	**6€**	7€	8€	[kg]	⏱ 0,02h/kg	017.000.001

2 Profilstahl-Konstruktion, Profile IPE, feuerverzinkt KG **351**

Stahlträger aus Walzprofil nach DIN EN 10279, als Träger der Deckenkonstruktion, inkl. aller Kopfplatten, Steifen, Bohrungen, Verbindungsmittel und Schweißnähte. Inkl. Bohrungen für Verschraubung mit bauseitigen Anschlüssen.
Einbauort: Decke / Einbauhöhe: .....
Profil: IPE .....
Konstruktion der Ausführungsklasse DIN EN 1090: EXC .....
Material: Stahl nach DIN EN 10025
Güte: S235JR - Werkstoff-Nr. 1.0038
Masse Stahlprofil: ..... kg/m
Oberfläche: feuerverzinkt
Baustellenverbindungen: geschraubt
Für die Ausführung werden vom AG folgende Unterlagen zur Verfügung gestellt:

- Entwurfszeichnungen, Plannr.: .....
- Übersichtszeichnungen, Plannr.: .....
- statische Berechnung mit Positionsplänen, Plannr.: .....

4€	5€	**6€**	6€	7€	[kg]	⏱ 0,02h/kg	017.000.016

3 Profilstahl-Konstruktion, Profile HEA 160, feuerverzinkt KG **351**

Stahlträger aus Walzprofil nach DIN EN 10034, als Träger der Deckenkonstruktion, inkl. aller Kopfplatten, Steifen, Bohrungen, Verbindungsmittel und Schweißnähte. Inkl. Bohrungen für Verschraubung mit bauseitigen Anschlüssen.
Einbauort: ..... / Einbauhöhe: .....
Profil: HEA 160
Konstruktion der Ausführungsklasse DIN EN 1090: EXC .....
Material: Stahl nach DIN EN 10027-1
Güte: S235JR - Werkstoff-Nr. 1.0038
Masse Stahlprofil: 30,4 kg/m
Oberfläche: feuerverzinkt
Baustellenverbindungen: geschraubt

Nr.	Kurztext / Langtext						Kostengruppe
►	▷	ø netto €	◁	◄	[Einheit]	Ausf.-Dauer	Positionsnummer

Für die Ausführung werden vom AG folgende Unterlagen zur Verfügung gestellt:
- Entwurfszeichnungen, Plannr.: .....
- Übersichtszeichnungen, Plannr.: .....
- statische Berechnung mit Positionsplänen, Plannr.: .....

3€ | 4€ | **5€** | 6€ | 8€ | [kg] | ⏱ 0,02h/kg | 017.000.017

4 Rundstahl, Zugstab, feuerverzinkt KG **361**

Zugstange aus Rund-Stabstahl nach DIN EN 10060 mit Gewindeschloss, als Diagonalaussteifungssystem, inkl. aller Anschlussbleche, Steifen, Bohrungen, Verbindungsmittel, Schweißnähte. Inkl. Bohrungen für Verschraubung mit bauseitigen Anschlüssen.
Einbauort: ..... / Einbauhöhe: .....
Durchmesser: .....
Einzellänge: .....
Konstruktion der Ausführungsklasse DIN EN 1090: EXC .....
Material: Stahl nach DIN EN 10025-2
Güte: Stabstahl mit Grenzzugkraft von ..... kN
Masse Stahlprofil: ..... kg/m
Oberfläche: feuerverzinkt
Baustellenverbindungen: geschraubt
Für die Ausführung werden vom AG folgende Unterlagen zur Verfügung gestellt:
- Entwurfszeichnungen, Plannr.: .....
- Übersichtszeichnungen, Plannr.: .....
- statische Berechnung mit Positionsplänen, Plannr.: .....

5€ | 8€ | **8€** | 10€ | 16€ | [kg] | ⏱ 0,04h/kg | 017.000.002

A 1 Stahlstützen Beschreibung für Pos. **5-6**

Rohrprofil nach DIN EN 10210 / DIN EN 10219, als Stahlstütze der Deckenkonstruktion, inkl. aller Anschlussbleche, Steifen, Bohrungen, Verbindungsmittel, Schweißnähte, inkl. Bohrungen für Verschraubung mit bauseitigen Anschlüssen.
Einbauort: ..... / Einbauhöhe: .....
Einzellänge: .....
Konstruktion der Ausführungsklasse DIN EN 1090: EXC .....
Material: Stahl DIN 10025-2
Güte: S235 J2 (+N .....) - Werkstoff-Nr. 1.0117
Masse Stahlprofil: 15,0 kg/m
Oberfläche: feuerverzinkt
Baustellenverbindungen: geschraubt und geschweißt

5 Stahlstütze, Rohrprofil, rund KG **333**

Wie Ausführungsbeschreibung A 1
Durchmesser: 114,3 mm
Wandungsdicke: 4,0 mm

4€ | 7€ | **9€** | 10€ | 13€ | [kg] | ⏱ 0,20h/kg | 017.000.003

6 Stahlstütze, Rohrprofil, eckig KG **333**

Wie Ausführungsbeschreibung A 1
Abmessung: 100 x 100 mm
Wandungsdicke: 4,0 mm

5€ | 8€ | **10€** | 11€ | 13€ | [kg] | ⏱ 0,20h/kg | 017.000.026

Kosten:
Stand 1.Quartal 2026
Bundesdurchschnitt

► min
▷ von
ø Mittel
◁ bis
◄ max

7 **Kopf-/Fußplatte, Stahlblech** KG **351**

Kopf-/Fußplatte aus Stahlblech, inkl. aller Bohrungen, Verbindungsmittel, Schweißnähte, inkl. Bohrungen für Verschraubung mit bauseitigen Anschlüssen.
Bauteil: .....
Einbauort: .....
Einbauhöhe: .....
Material: Stahl S235JR DIN EN 10025-2, Werkstoff-Nr 1.0038
Abmessungen (L x B x T): ..... x ..... x .....
Oberflächenbehandlung und Korrosionsschutz werden gesondert vergütet.

5€ 8€ **9€** 13€ 19€ [kg] ⏱ 0,02h/kg 017.000.005

8 **Trapezblechdach, Stahlblech** KG **363**

Stahltrapezblech für einschaliges, ebenes Flachdach, befestigt auf bauseitigem Untergrund, in den Längsstößen verbunden, mit eingelassenem Flachstahl. Inkl. aller Verbindungsmittel, inkl. Ausbildung der Längs- und Querstöße.
Einbauort: .....
Einbauhöhe: bis 6,00 m
Stat. System: **Einfeld- / Zweifeld- / Dreifeld- / Fünffeldträger** (mit biegesteifem Stoß) in Positivlage
Stützweite: 3,00 bis 4,00 m
Ständige Last ohne Blecheigengewicht: ..... kN/m²
Verkehrslast: ..... kN/m²
Schneelast: ..... kN/m²
Horizontallast: ..... kN/m²
Durchbiegung: max. l/300
Material: Stahlblech DIN EN 10346 S320GD
Blechstärke: 0,88 mm
Profil: 161,5/250 mm (Höhe/Rippenbreite)
Korrosivitätskategorie DIN EN ISO 12944-2: .....
Korrosionsschutz: Klasse II
Oberfläche: **sendzimirverzinkt, beidseitig / Bandbeschichtung, beidseitig, RAL .....**
Dachneigung: bis 10°
Für die Ausführung werden vom AG folgende Unterlagen zur Verfügung gestellt:

- Entwurfszeichnungen, Plannr.: .....
- Übersichtszeichnungen, Plannr.: .....
- statische Berechnung mit Positionsplänen, Plannr.: .....

34€ 43€ **48€** 52€ 64€ [m²] ⏱ 0,15h/m² 017.000.006

9 **Trapezblechdach, Randverstärkung, Übergangsblech** KG **363**

Randverstärkung der Trapezblechdeckung an Attika, aus bandverzinkten Formblechen, inkl. Verbindung mit Trapezblechdeckung mit nichtrostenden Befestigungsmitteln. Inkl. Ausbildung der Längs- und Querstöße. Sonderteile und Ecken in getrennter Position.
Untergrund: Stahlbeton
Material: Stahl-Blech
Blechstärke: 0,88 mm
Zuschnitt: 333 mm
Kantungen: dreifach
Oberfläche: **sendzimirverzinkt, beidseitig / Bandbeschichtung, beidseitig, RAL .....**
Querneigung: **mit / ohne**
Traufhöhe: bis 6,00 m

20€ 32€ **37€** 39€ 58€ [m] ⏱ 0,20h/m 017.000.008

Nr.	Kurztext / Langtext						Kostengruppe
▶	▷	**ø netto €**	◁	◀	[Einheit]	Ausf.-Dauer	Positionsnummer

10 Trapezblechdach, Dachausschnitt KG **363**

Dachausschnitt herstellen in Trapezprofil, Werkstoff und Korrosionsschutz wie vor beschriebene Tragschale, oberseitig mit Verstärkungsblech, Ausführung nach DIN EN 1090-4.
Blechdicke: bis 1 mm
Form: rechteckig
Ausschnitt-Abmessung: ..... mm

52€	100€	**116€**	135€	167€	[St]	⏱ 0,15h/St	017.000.024

11 Bohrungen, Stahlblech, Durchmesser bis 30mm KG **359**

Bohrungen in Stahlblechen, Stegen oder Flanschen von Stahlträgern oder -stützen, für Installationsleitungen.
Ausführung: **in der Werkstatt / auf der Baustelle**
Durchmesser: bis 30 mm
Materialstärke: ..... mm

7€	13€	**13€**	14€	20€	[St]	⏱ 0,20h/St	017.000.010

12 Gitterroste, verzinkt, rutschhemmend, verankert KG **339**

Gitterrostbelag als Treppenpodestabdeckung, rutschhemmend und abhebesicher, auf bauseitiger Stahlkonstruktion; inkl. Bohrungen und Verbindungsmitteln für Verschraubung mit den herzustellenden Anschlüssen.
Einbauort: .....
Gitterrost-Außenmaß (B x L): 500 x 1.000 mm
Maschenteilung: 30 x 10 mm
Tragstab: 30 x 3 mm
Randstab/Einfassung: umlaufend, Profil 30 x 3 mm
Oberfläche: verzinkt
Anforderung: R9
Für die Ausführung werden vom AG folgende Unterlagen zur Verfügung gestellt:
- Entwurfszeichnungen, Plannr.: .....
- Übersichtszeichnungen, Plannr.: .....
- statische Berechnung mit Positionsplänen, Plannr.: .....

111€	143€	**152€**	169€	207€	[m²]	⏱ 0,45h/m²	017.000.015

13 Verzinken, Stahlprofile KG **333**

Korrosionsschutz für Stahlkonstruktion, inkl. Entrostung; bei der Montage beschädigte Stellen sind vom AN entsprechend zu behandeln
Bauteil: IPE-Träger
Ausführungsart: Stückverzinkung nach DASt-Richtlinie 022 (mit DIN EN ISO 1461)
Korrosivitätskategorie: C5
Schutzdauer: Klasse H (hoch= 10 < 20 Jahre)

0,7€	1,1€	**1,4€**	1,6€	2,2€	[kg]	⏱ 0,01h/kg	017.000.004

Kosten:
Stand 1.Quartal 2026
Bundesdurchschnitt

▶ min
▷ von
ø Mittel
◁ bis
◀ max

14 **Brandschutzbeschichtung, R30, Stahlbauteile** KG **333**

Brandschutzbeschichtung von Stahlbauteilen, wasserbasierende Beschichtung, gem. Zulassung aufbringen. Inkl. Vorbehandlung, Grundierung und Deckbeschichtung.
Einbauort: **Innenraum / Arbeitshöhe: .....**
Stahlkonstruktion: **Stahlträger / Fachwerkbinder / Stützen**
Beschichtungsverfahren: **Pinsel / Rolle / Spritzverfahren**
Farbton: **RAL / NCS**
Herstellerfarbkarte: .....
Gef. Feuerwiderstand: R30

67€ 91€ **96€** 102€ 118€ [m2] ⏱ 0,30h/m2 017.000.013

15 **Brandschutzbeschichtung, Stahlbauteile, Decklack** KG **333**

Brandschutzbeschichtung auf Stahl, im Innenbereich, als Decklack.
Einbauort: .....
Stahlkonstruktion: **Stahlträger / Fachwerkbinder / Stützen**
Profile und Abmessungen: .....
Beschichtungsverfahren: **Pinsel / Rolle / Spritzverfahren**
Farbton: **RAL / NCS**
Herstellerfarbkarte: .....
Gef. Feuerwiderstand: **R30 / R60 / R90**
Beschichtungsstoff: .....
Arbeitshöhe: .....

15€ 28€ **36€** 36€ 62€ [m2] ⏱ 0,20h/m2 017.000.014

16 **Stundensatz, Facharbeiter/-in**

Stundenlohnarbeiten für Vorarbeiter/-in, Facharbeiter/-in und jeweils Gleichgestellte. Leistung nach besonderer Anordnung der Bauüberwachung. Der Verrechnungssatz für die jeweilige Arbeitskraft umfasst sämtliche Aufwendungen wie Lohn- und Gehaltskosten, Lohn- und Gehaltsnebenkosten, Zuschläge, lohngebundene und lohnabhängige Kosten, sonstige Sozialkosten, Gemeinkosten, Wagnis und Gewinn. Leistung nach besonderer Anordnung der Bauüberwachung. Anmeldung und Nachweis gem. VOB/B.

75€ 81€ **84€** 86€ 92€ [h] ⏱ 1,00h/h 017.000.022

17 **Stundensatz, Helfer/-in**

Stundenlohnarbeiten für Werker/-in, Helfer/-in und jeweils Gleichgestellte. Leistung nach besonderer Anordnung der Bauüberwachung. Der Verrechnungssatz für die jeweilige Arbeitskraft umfasst sämtliche Aufwendungen wie Lohn- und Gehaltskosten, Lohn- und Gehaltsnebenkosten, Zuschläge, lohngebundene und lohnabhängige Kosten, sonstige Sozialkosten, Gemeinkosten, Wagnis und Gewinn.

54€ 60€ **64€** 67€ 72€ [h] ⏱ 1,00h/h 017.000.023

018

Kosten:
Stand 1. Quartal 2026
Bundesdurchschnitt

► min
▷ von
ø Mittel
◁ bis
◄ max

Nr.	Positionen	Einheit	►	▷	ø brutto € / ø netto €	◁	◄
1	Untergrund reinigen	m²	1	3	**4**	6	10
			1	3	**3**	5	8
2	Voranstrich, Abdichtung, Betonbodenplatte	m²	2	4	**5**	7	10
			1	3	**4**	6	9
3	Wandanschluss, Bitumen-Dichtbahn	m	6	9	**10**	11	14
			5	8	**9**	9	12
4	Wandanschluss, Dickbeschichtung	m	12	15	**18**	24	29
			10	13	**15**	20	24
5	Dichtungsanschluss, Anschweißflansch	St	14	25	**30**	35	45
			12	21	**25**	29	38
6	Dichtungsanschluss, Klemm-/Klebeflansch	St	30	57	**69**	81	113
			25	48	**58**	68	95
7	Perimeterdämmung, XPS, bis 60mm, Fundament	m²	29	43	**47**	51	66
			25	36	**39**	43	55
8	Perimeterdämmung, XPS bis 100mm, Bodenplatte	m²	31	39	**45**	50	58
			26	33	**38**	42	49
9	Perimeterdämmung, XPS bis 150mm, Bodenplatte	m²	45	53	**56**	58	66
			38	45	**47**	49	56
10	Perimeterdämmung, XPS bis 240mm, Bodenplatte	m²	77	87	**89**	92	103
			65	73	**75**	77	87
11	Perimeterdämmung, XPS 100mm, Wand	m²	45	54	**57**	62	70
			38	46	**48**	52	59
12	Perimeterdämmung, XPS 160mm, Wand	m²	48	62	**69**	77	92
			41	52	**58**	65	77
13	Perimeterdämmung, XPS 240mm, Wand	m²	–	71	**83**	104	–
			–	60	**70**	87	–
14	Perimeterdämmung, CG, 120mm, Wand	m²	121	132	**138**	155	173
			102	111	**116**	131	146
15	Perimeterdämmung, CG, 200mm, Wand	m²	162	173	**184**	206	232
			136	146	**155**	173	195
16	Trennlage, PE-Folie, unter Bodenplatte	m²	2	3	**3**	4	6
			2	3	**3**	4	5
17	Querschnittsabdichtung, G200DD, Mauerwerk 11,5cm	m	2	4	**4**	6	8
			2	3	**4**	5	7
18	Querschnittsabdichtung, G200DD, Mauerwerk 36,5cm	m	9	14	**15**	22	30
			7	12	**13**	18	25
19	Bodenabdichtung, Bodenfeuchte, G200DD	m²	19	23	**25**	26	28
			16	19	**21**	22	23
20	Bodenabdichtung, Bodenfeuchte, PMBC	m²	41	45	**45**	52	57
			34	37	**38**	44	48
21	Bodenabdichtung, Bodenfeuchte, MDS	m²	46	50	**53**	59	65
			39	42	**44**	50	55
22	Bodenabdichtung, Bodenfeuchte, PV200 DD	m²	36	39	**40**	45	50
			30	32	**33**	38	42
23	Bodenabdichtung, Bodenfeuchte, PYE G200S4	m²	35	38	**40**	46	50
			30	32	**34**	38	42

Nr.	Positionen	Einheit	►	▷	ø brutto € / ø netto €	◁	◄
24	Bodenabdichtung, gegen mäßige Einwirkung von drückendem Wasser, PMBC	m²	57	62	**65**	74	82
			48	52	**55**	62	69
25	Hohlkehle, Mörtel	m	6	11	**13**	17	27
			5	9	**11**	14	22
26	Voranstrich, Wandabdichtung	m²	3	5	**7**	8	12
			2	4	**6**	6	10
27	Wandabdichtung, Bodenfeuchte, MDS	m²	39	42	**44**	49	54
			33	35	**37**	41	45
28	Wandabdichtung, Bodenfeuchte, PMBC	m²	46	50	**52**	59	65
			39	42	**44**	50	54
29	Wandabdichtung, nichtdrückendes Wasser, MDS	m²	43	46	**49**	55	60
			36	39	**41**	46	50
30	Wandabdichtung, nichtdrückendes Wasser, KSP	m²	38	44	**48**	54	57
			32	37	**40**	45	48
31	Wandabdichtung, drückendes Wasser, PYE-PV200S5	m²	42	46	**49**	54	60
			36	38	**41**	45	50
32	Wandabdichtung, drückendes Wasser, G200DD/PYE-PV200DD	m²	56	60	**63**	71	78
			47	50	**53**	60	66
33	Wandabdichtung, drückendes Wasser, R500N Kupfer	m²	65	70	**75**	84	91
			55	59	**63**	70	77
34	Wandabdichtung, drückendes Wasser, R500N Kupfer, dreilagig	m²	79	86	**89**	102	112
			67	72	**75**	86	94
35	Fugenabdichtung, Wand, Feuchte, Dichtmasse	m	16	18	**21**	23	26
			14	15	**17**	19	21
36	Fugenabdichtung, Wand, Feuchte, Fugenband	m	42	47	**53**	60	66
			35	39	**45**	50	55
37	Fugenabdichtung, Wand, Feuchte, Kunststoffbahn	m	27	30	**35**	39	43
			23	26	**29**	33	36
38	Fugenabdichtung, Bodenplatte, Feuchte, Schweißbahn, PYE-PV200S5	m	38	43	**48**	54	60
			32	36	**41**	46	50
39	Fugenabdichtung, Bodenplatte, Feuchte, KSP-Streifen	m	27	30	**34**	38	42
			22	25	**28**	32	35
40	Fugenabdichtung, Wand, drückendes Wasser, Schweißbahn	m	32	36	**42**	46	51
			27	30	**35**	39	43
41	Bewegungsfuge, Wand, drückendes Wasser, Kupferband	m	37	41	**48**	53	59
			31	35	**40**	45	49
42	Bewegungsfuge, Wand, drückendes Wasser, Kunststoffbahn	m	34	37	**42**	48	53
			28	31	**36**	41	44
43	Bewegungsfuge, Wand, drückendes Wasser, Kupferband/Bitumen	m	45	50	**57**	63	70
			38	42	**48**	53	59

000
001
002
006
008
009
010
012
013
014
016
017
018
020
021
022

Abdichtungsarbeiten **Preise €**

Nr.	Positionen	Einheit	►	▷	ø brutto € / ø netto €	◁	◄
44	Bewegungsfuge, Decke, drückendes Wasser, vierstegiges Fugenband	m	51	57	**65**	73	80
			43	48	**54**	61	68
45	Bewegungsfuge, drückendes Wasser, Los-Festflansch	m	62	69	**78**	88	97
			52	58	**66**	74	82
46	Abdichtungsanschluss, Decke, Anschweißflansch DN100	St	17	31	**41**	51	71
			14	26	**35**	43	60
47	Abdichtungsanschluss, Anschweißflansch DN250	St	29	50	**64**	76	103
			25	42	**53**	64	86
48	Dränschicht, EPS-Polystyrolplatte/Vlies	m²	15	27	**33**	43	60
			12	23	**28**	36	50
49	Sickerschicht, Kunststoffnoppenbahn/Vlies	m²	7	12	**15**	18	24
			6	10	**13**	15	20
50	Filtervlies, Schutzschicht	m²	3	5	**7**	7	9
			3	5	**6**	6	8
51	Rohrdurchführung, Faserzementrohr	St	307	680	**844**	1.259	2.298
			258	572	**709**	1.058	1.931
52	Dichtsatz, Rohrdurchführung	St	107	240	**315**	357	418
			90	202	**265**	300	351
53	Stundensatz, Facharbeiter/-in	h	79	90	**96**	103	114
			66	76	**81**	86	96
54	Stundensatz, Helfer/-in	h	63	74	**80**	85	92
			53	62	**68**	71	77

Kosten:
Stand 1. Quartal 2026
Bundesdurchschnitt

Nr. **Kurztext** / Langtext — Kostengruppe
► ▷ **ø netto €** ◁ ◄ [Einheit] Ausf.-Dauer Positionsnummer

1 Untergrund reinigen KG **324**

Betondecke von Staub, groben Verschmutzungen und losen Teilen besenrein abkehren, Schutt aufnehmen, sammeln und entsorgen. Abfall ist nicht gefährlich, nicht schadstoffbelastet.

1€ 3€ **3€** 5€ 8€ [m²] ⏱ 0,02 h/m² 018.000.001

2 Voranstrich, Abdichtung, Betonbodenplatte KG **324**

Voranstrich bzw. Haftgrund für Bitumendichtbahn, auf gereinigte, oberflächentrockene Bodenflächen, vollflächig.
Haftgrund: **kalt streichbarer Bitumen-Voranstrich / Bitumen-Emulsion**
Verbrauch: 300 g/m²
Einbauort: vorgereinigte Stahlbeton-Bodenplatte

1€ 3€ **4€** 6€ 9€ [m²] ⏱ 0,03 h/m² 018.000.002

► min
▷ von
ø Mittel
◁ bis
◄ max

Nr.	Kurztext / Langtext						Kostengruppe
▶	▷	**ø netto €**	◁	◀	[Einheit]	Ausf.-Dauer	Positionsnummer

3 Wandanschluss, Bitumen-Dichtbahn KG **325**

Abdichtungsanschluss der vorbeschriebenen Bitumenbahn an aufgehende Bauteile, an Übergang zwischen **Bodenplatte / Sohle** und aufgehender Wand, rechtwinklig, Abdichtung geklebt.
Wassereinwirkungsklasse: .....
Rissklasse: .....
Rissüberbrückungsklasse: .....
Unterlage: .....
Ausführung: .....

5€	8€	**9€**	9€	12€	[m]	⏱ 0,08 h/m	018.000.004

4 Wandanschluss, Dickbeschichtung KG **325**

Abdichtungsanschluss der Bitumendickbeschichtung an aufgehende Bauteile, an Übergang zwischen **Bodenplatte / Sohle** und aufgehender Wand, rechtwinklig.
Wassereinwirkungsklasse: .....
Rissklasse: .....
Rissüberbrückungsklasse: .....
Abdichtung: Dickbeschichtung ......
Unterlage: .....
Ausführung: .....

10€	13€	**15€**	20€	24€	[m]	⏱ 0,10 h/m	018.000.046

5 Dichtungsanschluss, Anschweißflansch KG **324**

Abdichtungsanschluss an Durchdringungen, mit vorh. Anschweißflansch, inkl. Dichtungsbeilage.
Wassereinwirkungsklasse: W1.1-E
Rissklasse: .....
Rissüberbrückungsklasse: .....
Durchdringung: DN.....
Einbauort: Bodenplatte

12€	21€	**25€**	29€	38€	[St]	⏱ 0,20 h/St	018.000.005

6 Dichtungsanschluss, Klemm-/Klebeflansch KG **324**

Abdichtungsanschluss an Durchdringungen mit vorh. Klemm- oder Klebeflansch.
Wassereinwirkungsklasse: W1.1-E
Rissklasse: .....
Rissüberbrückungsklasse: .....
Durchdringung: DN100
Flanschart: .....
Einbauort: Bodenplatte

25€	48€	**58€**	68€	95€	[St]	⏱ 0,40 h/St	018.000.006

Nr.	Kurztext / Langtext						Kostengruppe
▶	▷	ø netto €	◁	◀	[Einheit]	Ausf.-Dauer	Positionsnummer

7 Perimeterdämmung, XPS, bis 60mm, Fundament KG **325**

Perimeterdämmung aus extrudierten Polystyrol-Hartschaumplatten, als Wärmedämmung an Fundamenten im Erdreich, geklebt, mit umlaufendem Stufenfalz, dicht gestoßen.
Untergrund: abgedichtete Stahlbeton-Fundamente und -Außenwände
Wassereinwirkungsklasse: .....
Dämmstoff: XPS
Anwendungstyp: PW - .....
Druckbelastbarkeit: **dh / ds / dx**
Dämmstoffdicke: 60 mm
Ausführung Kante: umlaufender Stufenfalz
Einbauort: Stahlbeton-Fundamente

25€ | 36€ | **39€** | 43€ | 55€ | [m²] | ⏱ 0,10 h/m² | 018.000.022

Kosten:
Stand 1. Quartal 2026
Bundesdurchschnitt

A 1 Perimeterdämmung, XPS, Bodenplatte Beschreibung für Pos. **8-10**

Perimeterdämmung aus extrudierten Polystyrol-Hartschaumplatten, als Wärmedämmung unterhalb der Bodenplatte, mit umlaufendem Stufenfalz, Platten dicht gestoßen.
Untergrund: .....
Dämmstoff: XPS
Anwendungstyp: PB
Wassereinwirkungsklasse: .....
Druckbelastbarkeit: **dh / ds / dx**
Bemessungswert Wärmeleitfähigkeit: ..... W/(mK)
Nennwert Wärmeleitfähigkeit: ..... W/(mK)

8 Perimeterdämmung, XPS bis 100mm, Bodenplatte KG **325**

Wie Ausführungsbeschreibung A 1
Dämmstoffdicke: bis 100 mm

26€ | 33€ | **38€** | 42€ | 49€ | [m²] | ⏱ 0,10 h/m² | 018.000.032

9 Perimeterdämmung, XPS bis 150mm, Bodenplatte KG **325**

Wie Ausführungsbeschreibung A 1
Dämmstoffdicke: bis 150 mm

38€ | 45€ | **47€** | 49€ | 56€ | [m²] | ⏱ 0,11 h/m² | 018.000.033

10 Perimeterdämmung, XPS bis 240mm, Bodenplatte KG **325**

Wie Ausführungsbeschreibung A 1
Dämmstoffdicke: über bis 240 mm

65€ | 73€ | **75€** | 77€ | 87€ | [m²] | ⏱ 0,12 h/m² | 018.000.034

▶ min
▷ von
ø Mittel
◁ bis
◀ max

Nr.	Kurztext / Langtext						Kostengruppe
▶	▷	ø netto €	◁	◀	[Einheit]	Ausf.-Dauer	Positionsnummer

A 2 Perimeterdämmung, XPS, Wand — Beschreibung für Pos. **11-13**

Perimeterdämmung aus extrudierten Polystyrol-Hartschaumplatten, als Wärmedämmung vor Wänden im Erdreich, geklebt, Platten mit umlaufendem Stufenfalz, dicht gestoßen.
Untergrund: abgedichtete Stahlbeton-Fundamente und -Außenwände
Dämmstoff: XPS
Anwendungstyp: PW
Wassereinwirkungsklasse: .....
Druckbelastbarkeit: **dh / ds / dx**
Nennwert Wärmeleitfähigkeit: ..... W/(mK)
Bemessungswert Wärmeleitfähigkeit: ..... (W/mK)

11 Perimeterdämmung, XPS 100mm, Wand — KG **335**

Wie Ausführungsbeschreibung A 2
Dämmstoffdicke: 100 mm

38€	46€	**48€**	52€	59€	[m²]	⏱ 0,25h/m²	018.000.083

12 Perimeterdämmung, XPS 160mm, Wand — KG **335**

Wie Ausführungsbeschreibung A 2
Dämmstoffdicke: 160 mm

41€	52€	**58€**	65€	77€	[m²]	⏱ 0,28h/m²	018.000.031

13 Perimeterdämmung, XPS 240mm, Wand — KG **335**

Wie Ausführungsbeschreibung A 2
Dämmstoffdicke: 240 mm

–	60€	**70€**	87€	–	[m²]	⏱ 0,28h/m²	018.000.090

A 3 Perimeterdämmung, CG, Wand — Beschreibung für Pos. **14-15**

Perimeterdämmung aus Schaumglas, als Wärmedämmung vor Wänden im Erdreich, punktförmig geklebt, Platten mit umlaufendem Stufenfalz, dicht gestoßen.
Untergrund: abgedichtete Stahlbeton-Fundamente und -Außenwände
Dämmstoff: CG
Anwendungstyp: PW
Wassereinwirkungsklasse: .....
Druckbelastbarkeit: **ds / dx**
Bemessungswert Wärmeleitfähigkeit: ..... W/(mK)
Nennwert Wärmeleitfähigkeit: ..... W/(mK)

14 Perimeterdämmung, CG, 120mm, Wand — KG **335**

Wie Ausführungsbeschreibung A 3
Dämmschichtdicke: 120 mm

102€	111€	**116€**	131€	146€	[m²]	⏱ 0,25h/m²	018.000.047

15 Perimeterdämmung, CG, 200mm, Wand — KG **335**

Wie Ausführungsbeschreibung A 3
Dämmschichtdicke: 200 mm

136€	146€	**155€**	173€	195€	[m²]	⏱ 0,28h/m²	018.000.050

Kosten:
Stand 1. Quartal 2026
Bundesdurchschnitt

▶ min
▷ von
ø Mittel
◁ bis
◀ max

Nr. **Kurztext** / Langtext — Kostengruppe
▶ ▷ **ø netto €** ◁ ◀ [Einheit] Ausf.-Dauer Positionsnummer

16 Trennlage, PE-Folie, unter Bodenplatte KG **325**

Trennlage aus PE-Folie, einlagig, Stoßüberlappung ca.15cm, Stöße gegen Verschieben sichern.
Foliendicke: 0,2 mm
Untergrund: .....

▶	▷	ø netto €	◁	◀	[Einheit]	Ausf.-Dauer	Positionsnummer
2€	3€	**3€**	4€	5€	[m2]	⏱ 0,03 h/m2	018.000.008

A 4 Querschnittsabdichtung, G200DD, Mauerwerk Beschreibung für Pos. **17-18**

Abdichtung aus bitumenverträglicher Bahn, einlagig, gegen aufsteigende Feuchtigkeit **in / unter** Mauerwerkswänden, mit seitlichem Überstand und Überdeckung von je mind. 20cm. Inkl. Abgleichen der Auflagerfläche.
Abdichtung: G 200 DD, MSB-Q
Wassereinwirkungsklasse: W4-E
Rissklasse: .....
Rissüberbrückungsklasse: .....

17 Querschnittsabdichtung, G200DD, Mauerwerk 11,5cm KG **342**

Wie Ausführungsbeschreibung A 4
Mauerdicke: bis 11,5 cm

▶	▷	ø netto €	◁	◀	[Einheit]	Ausf.-Dauer	Positionsnummer
2€	3€	**4€**	5€	7€	[m]	⏱ 0,04 h/m	018.000.035

18 Querschnittsabdichtung, G200DD, Mauerwerk 36,5cm KG **331**

Wie Ausführungsbeschreibung A 4
Mauerdicke: bis 36,5 cm

▶	▷	ø netto €	◁	◀	[Einheit]	Ausf.-Dauer	Positionsnummer
7€	12€	**13€**	18€	25€	[m]	⏱ 0,08 h/m	018.000.038

19 Bodenabdichtung, Bodenfeuchte, G200DD KG **324**

Abdichtung von Bodenplatten gegen Bodenfeuchte und nichtdrückendes Wasser.
Wassereinwirkungsklasse: **W1.1-E / W1.2-E**
Rissklasse Untergrund: R1-E (geringe Anforderung)
Rissüberbrückungsklasse: RÜ1-E (≤0,2 mm)
Raumnutzungsklasse: **RN1-E / RN2-E**
Unterlage: Betonbodenflächen mit Bitumenvoranstrich
Abdichtung: G200DD, einlagig, BA
Einbauort: Bodenplatte

▶	▷	ø netto €	◁	◀	[Einheit]	Ausf.-Dauer	Positionsnummer
16€	19€	**21€**	22€	23€	[m2]	⏱ 0,20 h/m2	018.000.086

20 Bodenabdichtung, Bodenfeuchte, PMBC KG **325**

Abdichtung von Bodenflächen gegen Bodenfeuchte mit kunststoffmodifizierter Bitumendickbeschichtung (PMBC) als Spachtelmasse in zwei Arbeitsgängen.
Wassereinwirkungsklasse: **W1.1-E / W1.2-E**
Rissklasse Untergrund: R1-E (geringe Anforderung)
Rissüberbrückungsklasse: RÜ1-E (≤0,2 mm)
Raumnutzungsklasse: **RN1-E / RN2-E**
Untergrund: Beton
Lage: Kellersohle
Trockenschichtdicke: mind. 3 mm

▶	▷	ø netto €	◁	◀	[Einheit]	Ausf.-Dauer	Positionsnummer
34€	37€	**38€**	44€	48€	[m2]	⏱ 0,16 h/m2	018.000.051

Nr.	Kurztext / Langtext						Kostengruppe
▶	▷	ø netto €	◁	◀	[Einheit]	Ausf.-Dauer	Positionsnummer

21 **Bodenabdichtung, Bodenfeuchte, MDS** KG **325**

Abdichtung von Bodenplatten gegen Bodenfeuchte und nichtdrückendes Wasser mit rissüberbrückender mineralischer Schlämme (MDS).
Wassereinwirkungsklasse: **W1.1-E / W1.2-E**
Rissklasse Untergrund: R1-E (geringe Anforderung)
Rissüberbrückungsklasse: RÜ1-E (≤0,2 mm)
Raumnutzungsklasse: **RN1-E / RN2-E**
Untergrund: Beton
Lage: Kellersohle
Trockenschichtdicke: mind. 2 mm

39€ | 42€ | **44€** | 50€ | 55€ | [m²] | ⏱ 0,18 h/m² | 018.000.053

22 **Bodenabdichtung, Bodenfeuchte, PV200 DD** KG **325**

Abdichtung von Bodenplatten gegen Bodenfeuchte und nichtdrückendes Wasser mit Bitumen-Dachdichtungsbahn.
Wassereinwirkungsklasse: **W1.1-E / W1.2-E**
Rissklasse Untergrund: R1-E (geringe Anforderung)
Rissüberbrückungsklasse: RÜ1-E (≤0,2 mm)
Raumnutzungsklasse: **RN1-E / RN2-E**
Untergrund: Beton
Dichtungsbahn: PV 200 DD

30€ | 32€ | **33€** | 38€ | 42€ | [m²] | ⏱ 0,17 h/m² | 018.000.054

23 **Bodenabdichtung, Bodenfeuchte, PYE G200S4** KG **325**

Abdichtung von Bodenplatten gegen Bodenfeuchte und nichtdrückendes Wasser mit Elastomerbitumen-Schweißbahn.
Wassereinwirkungsklasse: **W1.1-E / W1.2-E**
Rissklasse Untergrund: R1-E (geringe Anforderung)
Rissüberbrückungsklasse: RÜ1-E (≤0,2 mm)
Raumnutzungsklasse: **RN1-E / RN2-E**
Untergrund: Beton
Lage: Kellersohle
Dichtungsbahn: PYE G 200 S4
Anwendungstyp DIN/TS 20000-202 BA

30€ | 32€ | **34€** | 38€ | 42€ | [m²] | ⏱ 0,17 h/m² | 018.000.055

24 **Bodenabdichtung, gegen mäßige Einwirkung von drückendem Wasser, PMBC** KG **325**

Abdichtung erdberührter Bodenplatten gegen mäßige Einwirkung von drückendem Wasser, mäßige Beanspruchung, mit kunststoffmodifizierter Bitumendickbeschichtung als (PMBC) Spachtelmasse in zwei Arbeitsgängen mit Gewebeeinlage.
Wassereinwirkungsklasse: W2.1-E
Rissklasse: R2-E (mäßige Anforderung)
Rissüberbrückungsklasse: RÜ3-E (bis 1 mm)
Raumnutzungsklasse: **RN1-E / RN2-E**
Untergrund: Beton
Trockenschichtdicke: mind. 4 mm

48€ | 52€ | **55€** | 62€ | 69€ | [m²] | ⏱ 0,22 h/m² | 018.000.057

Nr.	Kurztext / Langtext						Kostengruppe
▶	▷	**ø netto €**	◁	◀	[Einheit]	Ausf.-Dauer	Positionsnummer

25 Hohlkehle, Mörtel KG **335**

Hohlkehle/Dichtungskehle aus kunststoffmodifiziertem Mörtel zwischen Fundament und Wand, inkl. Grundierung, Hohlkehle gerundet, in die Flächenabdichtung eingebunden.
Material: .....

▶	▷	ø	◁	◀	Einheit	Ausf.-Dauer	Positionsnummer
5€	9€	**11€**	14€	22€	[m]	⏱ 0,13h/m	018.000.014

26 Voranstrich, Wandabdichtung KG **335**

Voranstrich bzw. Haftgrund für Wandabdichtung, auf gereinigte oberflächentrockene Wandfläche, vollflächig.
Haftgrund: **Bitumenlösung / Bitumen-Emulsion**
Bauteil: erdberührte Außenwand, mit Dränung
Untergrund: .....

▶	▷	ø	◁	◀	Einheit	Ausf.-Dauer	Positionsnummer
2€	4€	**6€**	6€	10€	[m2]	⏱ 0,08h/m2	018.000.015

Kosten:
Stand 1. Quartal 2026
Bundesdurchschnitt

27 Wandabdichtung, Bodenfeuchte, MDS KG **335**

Außenabdichtung von erdberührten Wänden mit Dränung gegen Bodenfeuchte und nichtdrückendes Wasser, mit rissüberbrückender mineralischer Schlämme (MDS), in zwei Arbeitsgängen.
Wassereinwirkungsklasse: **W1.1-E / W1.2-E**
Rissklasse Untergrund: R1-E (geringe Anforderung)
Rissüberbrückungsklasse: RÜ1-E (bis 0,2 mm)
Raumnutzungsklasse: **RN1-E / RN2-E**
Untergrund: Beton
Trockenschichtdicke: mind. 2 mm

▶	▷	ø	◁	◀	Einheit	Ausf.-Dauer	Positionsnummer
33€	35€	**37€**	41€	45€	[m2]	⏱ 0,17h/m2	018.000.061

28 Wandabdichtung, Bodenfeuchte, PMBC KG **335**

Außenabdichtung von erdberührten Wänden mit Dränung gegen Bodenfeuchte und nichtdrückendes Wasser, mit kunststoffmodifizierter Bitumendickbeschichtung als (PMBC) Spachtelmasse in zwei Arbeitsgängen.
Wassereinwirkungsklasse: W1.2-E
Rissklasse: R2-E (mäßige Anforderung)
Rissüberbrückungsklasse: RÜ2-E
Raumnutzungsklasse: **RN1-E / RN2-E**
Untergrund: Mauerwerk
Trockenschichtdicke: mind. 3 mm

▶	▷	ø	◁	◀	Einheit	Ausf.-Dauer	Positionsnummer
39€	42€	**44€**	50€	54€	[m2]	⏱ 0,15h/m2	018.000.062

29 Wandabdichtung, nichtdrückendes Wasser, MDS KG **335**

Außenabdichtung von erdberührten Wänden mit Dränung gegen Bodenfeuchte und nichtdrückendes Wasser mit rissüberbrückender mineralischer Dichtungsschlämme MDS.
Rissklasse: R1-E (geringe Anforderung)
Rissüberbrückungsklasse: RÜ2-E
Raumnutzungsklasse: **RN1-E / RN2-E**
Untergrund: **Beton / Mauerwerk**
Trockenschichtdicke: mind. 2 mm

▶	▷	ø	◁	◀	Einheit	Ausf.-Dauer	Positionsnummer
36€	39€	**41€**	46€	50€	[m2]	⏱ 0,17h/m2	018.000.064

▶ min
▷ von
ø Mittel
◁ bis
◀ max

Nr.	Kurztext / Langtext						Kostengruppe
▶	▷	ø netto €	◁	◀	[Einheit]	Ausf.-Dauer	Positionsnummer

30 Wandabdichtung, nichtdrückendes Wasser, KSP KG **335**

Außenabdichtung von erdberührten Wänden mit Dränung gegen Bodenfeuchte und nichtdrückendes Wasser, mit kaltselbstklebenden Polymerbitumenbahn mit Trägereinlage.
Wassereinwirkungsklasse: W1.2-E
Rissklasse: R2-E (mäßige Anforderung)
Rissüberbrückungsklasse: RÜ2-E
Raumnutzungsklasse: **RN1-E / RN2-E**
Untergrund: Mauerwerk
Ausführung: PYE KTG KSP 2,8, einlagig, BA

32€ | 37€ | **40€** | 45€ | 48€ | [m²] | ⏱ 0,16 h/m² | 018.000.089

31 Wandabdichtung, drückendes Wasser, PYE-PV200S5 KG **335**

Außenabdichtung von erdberührten Wänden gegen drückendes Wasser mit Polymerbitumen-Schweißbahn.
Wassereinwirkungsklasse: W2.1-E
Rissklasse: R1-E (mäßige Anforderung)
Rissüberbrückungsklasse: RÜ3-E (hohe Rissüberbrückung)
Raumnutzungsklasse: RN1-E
Untergrund: Mauerwerk
Abdichtung: PYE-PV200 S5, zweilagig
Anwendungstyp DIN/TS 20000-202 BA
Eintauchtiefe: bis 3,00 m

36€ | 38€ | **41€** | 45€ | 50€ | [m²] | ⏱ 0,24 h/m² | 018.000.068

32 Wandabdichtung, drückendes Wasser, G200DD/PYE-PV200DD KG **335**

Außenabdichtung von erdberührten Wänden gegen drückendes Wasser mit Polymerbitumen-Schweißbahn.
Wassereinwirkungsklasse: W2.1-E
Rissklasse: R2-E (mäßige Anforderung)
Rissüberbrückungsklasse: RÜ3-E (hohe Rissüberbrückung)
Raumnutzungsklasse: RN1-E
Untergrund: Mauerwerk
Abdichtung: G 200 DD und PYE PV 200 DD, zweilagig
Anwendungstyp DIN/TS 20000-202 BA
Eintauchtiefe: bis 3,00 m

47€ | 50€ | **53€** | 60€ | 66€ | [m²] | ⏱ 0,30 h/m² | 018.000.067

33 Wandabdichtung, drückendes Wasser, R500N Kupfer KG **335**

Außenabdichtung von erdberührten Wänden gegen drückendes Wasser mit nackten Bitumenbahnen und Metallbändern.
Wassereinwirkungsklasse: W2.2-E
Rissklasse: R2-E (mäßige Anforderung)
Rissüberbrückungsklasse: RÜ4-E (sehr hohe Rissüberbrückung)
Raumnutzungsklasse: RN2-E
Untergrund: Mauerwerk
Abdichtung: R500N, zweilagig, mit Kupferband .....
Eintauchtiefe: >4,00 m

55€ | 59€ | **63€** | 70€ | 77€ | [m²] | ⏱ 0,28 h/m² | 018.000.070

000
001
002
006
008
009
010
012
013
014
016
017
018
020
021
022

Kosten:
Stand 1. Quartal 2026
Bundesdurchschnitt

Nr.	Kurztext / Langtext						Kostengruppe
▶	▷	ø netto €	◁	◀	[Einheit]	Ausf.-Dauer	Positionsnummer

34 Wandabdichtung, drückendes Wasser, R500N Kupfer, dreilagig KG **335**

Außenabdichtung von erdberührten Wänden gegen drückendes Wasser mit nackten Bitumenbahnen.
Wassereinwirkungsklasse: W2.2-E
Rissklasse: R2-E (mäßige Anforderung)
Rissüberbrückungsklasse: RÜ4-E (sehr hohe Rissüberbrückung)
Raumnutzungsklasse: RN1-E
Untergrund: Mauerwerk
Abdichtung: R500N, dreilagig, + 1 Lage Kupferband Dicke 0,1 mm
Eintauchtiefe: >4,00 m

67€ 72€ **75€** 86€ 94€ [m²] ⏱ 0,32 h/m² 018.000.071

35 Fugenabdichtung, Wand, Feuchte, Dichtmasse KG **325**

Abdichtung von Fugen mit elastischer Dichtungsmasse, flexibler mineralischer Dichtschlämme und Gewebeband. Leistung mit Fugenvorbereitung und Hinterfüllprofil.
Bauteil: erdberührte Außenwand.
Wassereinwirkungsklasse: W1-E (Bodenfeuchte, nichtdrückendes Wasser)
Untergrund: .....
Fugenbreite: 15 mm
Bewegung: .....
Fugentyp: .....
Verformungsklasse: .....

14€ 15€ **17€** 19€ 21€ [m] ⏱ 0,13 h/m 018.000.072

36 Fugenabdichtung, Wand, Feuchte, Fugenband KG **325**

Abdichtung über Fugen mit elastischem Fugenband.
Bauteil: erdberührte Außenwand
Wassereinwirkungsklasse: W1.1-E (Bodenfeuchte, nichtdrückendes Wasser)
Untergrund: .....
Fugenbreite: .....
Bewegung: .....
Fugentyp: .....
Verformungsklasse: .....

35€ 39€ **45€** 50€ 55€ [m] ⏱ 0,17 h/m 018.000.073

37 Fugenabdichtung, Wand, Feuchte, Kunststoffbahn KG **325**

Abdichtung über Fugen mit bitumenverträglichen Streifen aus Kunststoff-Dichtungsbahnen. Dichtungsbahn mit Vlies-/Gewebekaschierung zum Einbetten in Bitumendickbeschichtung.
Bauteil: erdberührte Außenwand.
Wassereinwirkungsklasse: W1.1-E (Bodenfeuchte, nichtdrückendes Wasser)
Untergrund: .....
Fugenbreite: .....
Verformungsklasse: .....
Anwendungstyp: DIN/TS 20000-202 BA
Fugentyp: .....

23€ 26€ **29€** 33€ 36€ [m] ⏱ 0,20 h/m 018.000.074

▶ min
▷ von
ø Mittel
◁ bis
◀ max

38 Fugenabdichtung, Bodenplatte, Feuchte, Schweißbahn, PYE-PV200S5 KG **325**

Abdichtung über Fugen auf Bodenplatten mit Polymerbitumen-Schweißbahn. Flächenabdichtung an beiden Seiten der Abdichtung mit Bitumen-Schweißbahnen über der Fuge verstärken.
Bauteil: Bodenplatte
Wassereinwirkungsklasse: W1.1-E (Bodenfeuchte)
Untergrund: .....
Fugentyp: .....
Verformungsklasse: .....
Schweißbahn: Schweißbahn: PYE - PV 200 S5, BA
Bahnenbreite: 300 mm

32€ 36€ **41€** 46€ 50€ [m] ⏱ 0,30 h/m 018.000.075

39 Fugenabdichtung, Bodenplatte, Feuchte, KSP-Streifen KG **325**

Abdichtung über Bewegungsfugen mit kaltselbstklebender Polymerbitumenbahn. Flächenabdichtung an beiden Seiten der Abdichtung mit Streifen über der Fuge verstärken.
Bauteil: Bodenplatte
Wassereinwirkungsklasse: W1.1-E (Bodenfeuchte)
Untergrund: .....
Fugentyp: I
Verformungsklasse: .....
Bitumenbahn: PYE KTG KSP 2,8, einlagig
Anwendungstyp: DIN/TS 20000-202 BA
Bahnenbreite: 300 mm

22€ 25€ **28€** 32€ 35€ [m] ⏱ 0,20 h/m 018.000.076

40 Fugenabdichtung, Wand, drückendes Wasser, Schweißbahn KG **325**

Abdichtung über Fugen mit Schweißbahn. Flächenabdichtung an beiden Seiten der Abdichtung mit Bitumen-Schweißbahnen über der Fuge verstärken.
Bauteil: erdberührte Außenwand
Wassereinwirkungsklasse: W2-E (drückendes Wasser)
Untergrund: .....
Fugentyp: .....
Verformungsklasse: .....
Schweißbahn: PYE-PV 200 S5
Anwendungstyp: DIN/TS 20000-202 BA
Bahnenbreite: 300 mm

27€ 30€ **35€** 39€ 43€ [m] ⏱ 0,30 h/m 018.000.077

Kosten:
Stand 1. Quartal 2026
Bundesdurchschnitt

Nr.	Kurztext / Langtext						Kostengruppe
▶	▷	ø netto €	◁	◀	[Einheit]	Ausf.-Dauer	Positionsnummer

41 Bewegungsfuge, Wand, drückendes Wasser, Kupferband KG **325**

Abdichtung über Bewegungsfugen mit kalottengeriffeltem Kupferband. Flächenabdichtung an beiden Seiten der Abdichtung mit Streifen über der Fuge verstärken.
Bauteil: erdberührte Außenwand
Wassereinwirkungsklasse: W2-E (drückendes Wasser)
Fugentyp: I
Verformungsklasse: .....
Kupferband: 0,2 mm, CU-DHP
Bahnenbreite: 300 mm

31€ | 35€ | **40€** | 45€ | 49€ | [m] | ⏱ 0,30 h/m | 018.000.078

42 Bewegungsfuge, Wand, drückendes Wasser, Kunststoffbahn KG **325**

Abdichtung über Bewegungsfugen mit Kunststoffbahn. Flächenabdichtung an beiden Seiten der Abdichtung mit Streifen über der Fuge verstärken.
Bauteil: erdberührte Außenwand
Wassereinwirkungsklasse: W2-E (drückendes Wasser)
Anwendungstyp DIN/TS 20000-202 BA
Fugentyp: I
Verformungsklasse: .....
Kunststoffbahn: .....
Bahnendicke: 2,0 mm
Bahnenbreite: 300 mm

28€ | 31€ | **36€** | 41€ | 44€ | [m] | ⏱ 0,30 h/m | 018.000.079

43 Bewegungsfuge, Wand, drückendes Wasser, Kupferband/Bitumen KG **325**

Abdichtung über Bewegungsfugen mit kalottengeriffeltem Kupferband und Schutzlage aus aufgeschweißter Bitumenbahn.
Bauteil: erdberührte Außenwand
Wassereinwirkungsklasse: W2-E (drückendes Wasser)
Fugentyp: I
Verformungsklasse: .....
Kunststoffbahn: .....
Kupferband: CU-DHP 0,1 mm
Bitumenbahn: G 200 S4
Anwendungstyp: DIN/TS 20000-202 BA
Bahnenbreite: 300 mm

38€ | 42€ | **48€** | 53€ | 59€ | [m] | ⏱ 0,30 h/m | 018.000.080

44 Bewegungsfuge, Decke, drückendes Wasser, vierstegiges Fugenband KG **325**

Abdichtung über Bewegungsfugen mit vierstegigen, verschweißten Fugenbändern. Flächenabdichtung mit lose verlegten Kunststoffbahnen.
Bauteil: Terrasse bzw. Tiefgarage
Wassereinwirkungsklasse: W2-E (drückendes Wasser)
Fugentyp: I
Verformungsklasse: .....
Breite Fugenband: ....

43€ | 48€ | **54€** | 61€ | 68€ | [m] | ⏱ 0,30 h/m | 018.000.081

▶ min
▷ von
ø Mittel
◁ bis
◀ max

Nr.	Kurztext / Langtext						Kostengruppe
▶	▷	ø netto €	◁	◀	[Einheit]	Ausf.-Dauer	Positionsnummer

45 Bewegungsfuge, drückendes Wasser, Los-Festflansch KG **325**

Abdichtung über Bewegungsfugen mit Los-Festflansch in doppelter Ausführung.
Bauteil: .....
Wassereinwirkungsklasse: W2-E (drückendes Wasser)
Fugentyp: II
Verformungsklasse: .....
Flanschbreite: ....

52€	58€	**66€**	74€	82€	[m]	⏱ 0,50h/m	018.000.082

46 Abdichtungsanschluss, Decke, Anschweißflansch DN100 KG **335**

Abdichtungsanschluss an Bauteil-Durchdringungen, für Rohrleitungen mit Anschweißflansch.
Bauteil: Deckenflächen
Wassereinwirkungsklasse: W3-E (nichtdrückendes Wasser auf erdüberschütteten Decken)
Durchdringung: DN100
Abdichtungssystem: .....

14€	26€	**35€**	43€	60€	[St]	⏱ 0,24h/St	018.000.019

47 Abdichtungsanschluss, Anschweißflansch DN250 KG **335**

Abdichtungsanschluss an Durchdringungen, inkl. Dichtungsbeilage, für Rohrleitungen mit Anschweißflansch.
Bauteil: .....
Wassereinwirkungsklasse: W1-E (Bodenfeuchte und nichtdrückendes Wasser)
Durchdringung: bis DN250
Abdichtungssystem: .....

25€	42€	**53€**	64€	86€	[St]	⏱ 0,50h/St	018.000.021

48 Dränschicht, EPS-Polystyrolplatte/Vlies KG **335**

Sickerschicht vor Außenwand, aus druckstabilen Polystyrol-Platten, profiliert, mit Vlieskaschierung, Einbau dicht gestoßen, punktförmig auf senkrechte Bauwerksabdichtung kleben, Einstand in Kiesfilterschicht mind. 30cm.
Wassereinwirkungsklasse: W1.2-E (nichtdrückendes Wasser, mit Dränung)
Abdichtungssystem: .....
Einbauhöhe: bis 3,00 m
Plattenmaterial: EPS
Plattendicke: bis 65 mm
Bemessungswert der Wärmeleitfähigkeit: max. 0,035 W/(mK)
Nennwert Wärmeleitfähigkeit: 0,034 W/mK
Anwendung: PW und Dränage DIN 4095
Dränleistung: <0,3 l/(s x m)
Kante: umlaufend Stufenfalz

12€	23€	**28€**	36€	50€	[m²]	⏱ 0,18h/m²	018.000.023

000 001 002 006 008 009 010 012 013 014 016 017 018 020 021 022

Nr.	Kurztext / Langtext						Kostengruppe
►	▷	ø netto €	◁	◄	[Einheit]	Ausf.-Dauer	Positionsnummer

Kosten:
Stand 1. Quartal 2026
Bundesdurchschnitt

49 Sickerschicht, Kunststoffnoppenbahn/Vlies — KG 335

Sickerschicht aus druckstabiler Kunststoffnoppenbahn mit Filtervlieskaschierung, Bahnen dicht gestoßen, auf senkrechte Bauwerksabdichtung, mind. 30cm in Kiesfilter eingebunden.
Bauteil: erdverbundene Außenwand
Abdichtungssystem: .....
Material: PE, d= 8 mm
Dränleistung: <1,2 l/(s x m)

►	▷	ø	◁	◄	Einheit	Ausf.-Dauer	Positionsnummer
6€	10€	**13€**	15€	20€	[m²]	0,12 h/m²	018.000.024

50 Filtervlies, Schutzschicht — KG 335

Filtervliesmatten, als senkrechte Schutzschicht vor Dämmplatten, Schutzplatten und Sickerplatten. Die Matten oben bis über OK/Erdreich führen.

►	▷	ø	◁	◄	Einheit	Ausf.-Dauer	Positionsnummer
3€	5€	**6€**	6€	8€	[m²]	0,10 h/m²	018.000.091

51 Rohrdurchführung, Faserzementrohr — KG 411

Außenwand-Durchführung als Futterrohr/Hüllrohr aus Faserzement, für Medienrohr, mit Los- und Festflansch einseitig zum Einklemmen der Abdichtung.
Bauteil: Außenwand gegen Erdreich
Wassereinwirkungsklasse: W1.2-E (nichtdrückendes Wasser, mit Dränung)
Rissklasse: .....
Rissüberbrückungsklasse: .....
Raumnutzungsklasse: RN2-E
Abdichtungssystem: .....
Untergrund: Beton
Wanddicke: **25 / 30** cm
Baulänge: über 200 bis 300 mm
Nenngröße: DN**100 / 125 / 150**

►	▷	ø	◁	◄	Einheit	Ausf.-Dauer	Positionsnummer
258€	572€	**709€**	1.058€	1.931€	[St]	1,00 h/St	009.000.034

52 Dichtsatz, Rohrdurchführung — KG 411

Abdichten des Ringraumes durch Dichtring aus Elastomeren (EPDM).
Bauteil: **Wand- / Deckendurchführung**
Werkstoff Rohrdurchführung: .....
Anwendung: ..... (z.B. für 1 Kabel mit Außendurchmesser 24-48 mm)

►	▷	ø	◁	◄	Einheit	Ausf.-Dauer	Positionsnummer
90€	202€	**265€**	300€	351€	[St]	0,35 h/St	009.000.035

53 Stundensatz, Facharbeiter/-in

Stundenlohnarbeiten für Vorarbeiter/-in, Gesellin, Geselle, Facharbeiter/-in und Gleichgestellte, sowie ähnliche Fachkräfte. Der Verrechnungssatz für die jeweilige Arbeitskraft umfasst sämtliche Aufwendungen wie Lohn- und Gehaltskosten, lohn- und gehaltsgebundene Kosten, Lohn- und Gehaltsnebenkosten, Gemeinkosten, Wagnis und Gewinn. Leistung nach besonderer Anordnung der Bauüberwachung. Anmeldung und Nachweis gem. VOB/B.

►	▷	ø	◁	◄	Einheit	Ausf.-Dauer	Positionsnummer
66€	76€	**81€**	86€	96€	[h]	1,00 h/h	018.000.043

► min
▷ von
ø Mittel
◁ bis
◄ max

Nr.	Kurztext / Langtext						Kostengruppe
▶	▷	ø netto €	◁	◀	[Einheit]	Ausf.-Dauer	Positionsnummer

54 Stundensatz, Helfer/-in

Stundenlohnarbeiten für Werker/-in, Helfer/-in und Gleichgestellte. Leistung nach besonderer Anordnung der Bauüberwachung. Der Verrechnungssatz für die jeweilige Arbeitskraft umfasst sämtliche Aufwendungen wie Lohn- und Gehaltskosten, Lohn- und Gehaltsnebenkosten, Zuschläge, lohngebundene und lohnabhängige Kosten, sonstige Sozialkosten, Gemeinkosten, Wagnis und Gewinn.

53€	62€	**68€**	71€	77€	[h]	⏱ 1,00h/h	018.000.044

020

Kosten:
Stand 1. Quartal 2026
Bundesdurchschnitt

► min
▷ von
ø Mittel
◁ bis
◄ max

Nr.	Positionen	Einheit	►	▷	ø brutto € / ø netto €	◁	◄
1	Zwischensparrendämmung, MW, 140mm	m²	28	31	**32**	36	37
			23	26	**27**	30	31
2	Zwischensparrendämmung, MW, 220mm	m²	33	39	**48**	51	55
			28	33	**41**	43	46
3	Zwischensparrendämmung, WF, 180mm	m²	56	64	**65**	71	75
			47	54	**55**	60	63
4	Zwischensparrendämmung, WF, 240m	m²	69	76	**79**	88	94
			58	64	**67**	74	79
5	Aufsparrendämmung, DAD, PUR, 140mm	m²	86	96	**98**	109	113
			72	80	**83**	92	95
6	Aufsparrendämmung, DAD, PUR, 180mm	m²	96	106	**112**	123	130
			81	89	**94**	104	109
7	Einblasdämmung, Zellulosefaser	m³	128	162	**168**	175	197
			107	136	**141**	147	165
8	Unterdeckung, Behelfsdeckung, Bitumenbahn V13	m²	8	11	**12**	14	17
			7	10	**10**	11	14
9	Vordeckung, unter Stehfalzdeckung	m²	12	13	**14**	14	15
			10	11	**11**	12	13
10	Unterdeckung, WF, bis 22mm, auf Sparren	m²	26	30	**32**	34	38
			22	25	**27**	29	32
11	Unterdeckung, WF, bis 35mm, auf Sparren	m²	35	42	**42**	44	49
			29	35	**35**	37	41
12	Unterdeckung, unbelüftetes Dach	m²	8	10	**11**	13	17
			7	9	**9**	11	15
13	Unterspannung, belüftetes Dach	m²	7	9	**11**	12	15
			6	8	**9**	10	12
14	Dampfsperre, Anschluss	m	5	9	**11**	14	20
			4	8	**9**	12	17
15	Luftdichtheitsschicht, Dampfbremse	m²	8	12	**13**	17	27
			6	10	**11**	14	23
16	Dampfbremse, unter Dachsparren	m²	9	13	**15**	16	20
			8	11	**13**	14	17
17	Anschluss, Dampfsperre/- bremse, Klebeband	m	8	14	**16**	24	37
			7	11	**14**	21	31
18	Konterlattung, 30x50mm, Dach	m	4	4	**5**	5	5
			3	4	**4**	4	5
19	Konterlattung, 40x60mm, Dach	m	4	5	**6**	7	9
			4	4	**5**	6	7
20	Traglattung, 30x50mm, Dachziegel/Betondachstein	m²	10	13	**14**	16	20
			8	11	**11**	13	17
21	Traglattung, 40x60mm, Dachziegel/Betondachstein	m²	13	15	**15**	17	20
			11	12	**13**	15	17
22	Traglattung, 30x50mm	m²	15	19	**21**	25	29
			13	16	**18**	21	24
23	Nagelabdichtung, Konterlattung	m	3	4	**5**	7	9
			3	4	**5**	6	7
24	Kantholz, Nadelholz S10TS, scharfkantig	m	14	18	**20**	23	28
			11	15	**17**	19	24

Nr.	Positionen	Einheit	▶	▷	ø brutto € ø netto €	◁	◀
25	Dachschalung, Nadelholz, Rauspund 24mm	m²	27	35	**41**	47	61
			23	30	**34**	40	51
26	Dachschalung, Nadelholz, Rauspund 28mm	m²	27	38	**44**	49	59
			23	32	**37**	41	49
27	Dachschalung, Holzspanplatte P5, bis 25mm	m²	31	38	**41**	44	52
			26	32	**34**	37	43
28	Dachschalung, Holzspanplatte P7, bis 25mm	m²	32	39	**42**	48	61
			27	33	**35**	41	51
29	Traufbohle, Nadelholz, bis 60/240mm	m	12	16	**17**	20	26
			10	13	**14**	17	21
30	Trauf-/Ortgangschalung, N+F, bis 28mm, gehobelt	m²	39	49	**52**	60	72
			32	41	**44**	50	61
31	Ortgangbrett, Windbrett, bis 28mm, gehobelt	m	21	35	**40**	44	53
			18	29	**33**	37	44
32	Insektenschutzgitter, Traufe	m	7	12	**14**	17	28
			6	10	**11**	15	23
33	Zahnleiste, Nadelholz, gehobelt	m	30	51	**65**	70	89
			25	43	**54**	59	75
34	Dachdeckung, Hohlfalzziegel	m²	42	51	**55**	58	62
			35	43	**46**	49	52
35	Dachdeckung, Glattziegel	m²	39	48	**50**	53	63
			33	40	**42**	45	53
36	Dachdeckung, Biberschwanzziegel	m²	58	69	**75**	79	91
			49	58	**63**	67	77
37	Dachdeckung, Betondachsteine	m²	32	40	**44**	48	59
			27	34	**37**	40	50
38	Dachdeckung, Dachsteine, eben	m²	38	44	**46**	49	54
			32	37	**39**	41	46
39	Dachdeckung, Faserzement, Wellplatte	m²	54	60	**61**	63	68
			45	50	**51**	53	57
40	Dachdeckung, Faserzementplatten, Doppeldeckung	m²	–	94	**110**	133	–
			–	79	**92**	112	–
41	Dachdeckung, Faserzement, Deutsche Deckung	m²	–	116	**133**	163	–
			–	97	**112**	137	–
42	Dachdeckung, Holzschindeln	m²	116	152	**165**	176	216
			97	128	**139**	148	182
43	Dachdeckung, Schiefer	m²	127	146	**148**	162	192
			107	123	**124**	136	161
44	Dachdeckung, Bitumenschindeln	m²	39	48	**54**	62	85
			33	40	**45**	52	71
45	Ortgang, Ziegeldeckung, Formziegel	m	46	64	**72**	80	104
			38	54	**61**	68	88
46	Ortgang, Biberschwanzdeckung, Formziegel	m	50	70	**77**	91	118
			42	59	**65**	76	100
47	Kehle eingebunden, Biberschwanz	m	84	99	**116**	127	146
			71	84	**97**	107	122
48	Ortgang, Dachsteindeckung, Formziegel	m	42	61	**65**	74	104
			35	51	**55**	62	88

Kosten:
Stand 1.Quartal 2026
Bundesdurchschnitt

► min
▷ von
ø Mittel
◁ bis
◀ max

Dachdeckungsarbeiten — Preise €

Nr.	Positionen	Einheit	►	▷	ø brutto € / ø netto €	◁	◀
49	Ortgang, Schiefer	m	47	54	**55**	61	71
			39	45	**47**	51	60
50	First, Firstziegel, mörtellos, inkl. Lüfter	m	57	83	**94**	101	116
			48	70	**79**	85	97
51	First, Firstziegel, vermörtelt	m	56	76	**94**	102	115
			47	64	**79**	86	96
52	First, Firststein, geklammert, Dachstein	m	47	78	**88**	100	123
			40	65	**74**	84	104
53	Pultdachabschluss, Abschlussziegel	m	69	104	**119**	132	175
			58	88	**100**	111	147
54	Pultdachanschluss, Metallblech Z333	m	31	54	**72**	76	86
			26	46	**61**	64	73
55	Grateindeckung, Ziegel, mörtellos	m	77	99	**105**	112	138
			65	83	**88**	94	116
56	Grateindeckung, Ziegel, vermörtelt	m	84	105	**116**	120	142
			71	89	**97**	101	120
57	Gratdeckung, Schiefer	m	29	34	**40**	44	75
			25	29	**34**	37	63
58	Durchgangsziegel, Dunstrohr, DN100	St	157	229	**247**	270	325
			132	192	**207**	227	273
59	Durchgangselement, Dunstrohr, Kunststoff, DN100	St	96	124	**136**	158	201
			81	104	**114**	133	169
60	Durchgangselement, Solarleitung	St	63	139	**163**	231	375
			53	117	**137**	194	315
61	Lüfterelement, Dachziegel	St	25	33	**38**	42	49
			21	28	**32**	35	41
62	Durchgangselement, Antenne, Formziegel	St	101	161	**181**	207	258
			85	135	**152**	174	217
63	Tonziegel, Reserve	St	4	6	**7**	9	15
			3	5	**6**	8	13
64	Wandanschluss Ziegel/Dachstein	m	20	33	**41**	46	61
			16	28	**35**	38	51
65	Ziegel beidecken, Dachdeckung	m	13	21	**25**	30	37
			11	18	**21**	25	31
66	Verklammerung, Dachdeckung	m²	4	7	**9**	12	17
			4	6	**8**	10	14
67	Wandbekleidung Holzschindel	m²	146	206	**236**	293	397
			123	173	**198**	246	334
68	Eckausbildung Holzschindelbekleidung	m	17	38	**40**	46	67
			14	32	**34**	38	57
69	Randanschluss Holzschindelbekleidung	m	17	33	**47**	51	67
			14	28	**40**	43	57
70	Dachfenster/Dachausstieg	St	534	851	**873**	1.043	1.408
			448	716	**733**	876	1.184
71	Dachflächenfenster, gedämmt, Holz, lasiert	St	931	1.474	**1.682**	1.964	2.621
			782	1.239	**1.413**	1.651	2.202

Nr.	Positionen	Einheit	▶	▷	ø brutto € / ø netto €	◁	◀
72	Stundensatz, Facharbeiter/-in	h	83	93	**98**	102	110
			70	78	**82**	85	92
73	Stundensatz, Helfer/-in	h	55	69	**78**	82	91
			46	58	**66**	69	77

Nr.	**Kurztext** / Langtext						Kostengruppe
▶	▷	**ø netto €**	◁	◀	[Einheit]	Ausf.-Dauer	Positionsnummer

A 1 Zwischensparrendämmung, MW — Beschreibung für Pos. **1-2**

Wärmedämmung zwischen Sparren bzw. Holzbalken, aus Mineralwolle.
Anwendung: DZ
Dämmstoff: MW
Brandverhalten: .....

1 Zwischensparrendämmung, MW, 140mm — KG **361**

Wie Ausführungsbeschreibung A 1
Bemessungswert der Wärmeleitfähigkeit: max. 0,032 (W/mK)
Nennwert der Wärmeleitfähigkeit: 0,031 W/(mK)
Dämmschichtdicke: 140 mm
Balkenabstand: ..... mm
Einbauort: .....

23€	26€	**27€**	30€	31€	[m2]	⏱ 0,20 h/m2	020.000.079

2 Zwischensparrendämmung, MW, 220mm — KG **361**

Wie Ausführungsbeschreibung A 1
Bemessungswert der Wärmeleitfähigkeit: max. 0,032 (W/mK)
Nennwert der Wärmeleitfähigkeit: 0,031 (W/mK)
Dämmschichtdicke: 220 mm
Balkenabstand: ..... mm
Einbauort: .....

28€	33€	**41€**	43€	46€	[m2]	⏱ 0,25 h/m2	020.000.042

Nr.	Kurztext / Langtext						Kostengruppe
►	▷	ø netto €	◁	◄	[Einheit]	Ausf.-Dauer	Positionsnummer

A 2 **Zwischensparrendämmung, WF** — Beschreibung für Pos. **3-4**

Wärmedämmung zwischen Sparren bzw. Holzbalken, aus Holzfasern.
Anwendung: DZ
Dämmstoff: WF
Brandverhalten: .....

3 **Zwischensparrendämmung, WF, 180mm** — KG **361**

Wie Ausführungsbeschreibung A 2
Bemessungswert der Wärmeleitfähigkeit: max. 0,035 (W/mK)
Nennwert der Wärmeleitfähigkeit: 0,033 (W/mK)
Dämmschichtdicke: 180 mm
Balkenabstand: ..... mm
Einbauort: .....

47€	54€	**55€**	60€	63€	[m²]	⏱ 0,24h/m²	020.000.085

4 **Zwischensparrendämmung, WF, 240m** — KG **361**

Wie Ausführungsbeschreibung A 2
Bemessungswert der Wärmeleitfähigkeit: max. 0,035 (W/mK)
Nennwert der Wärmeleitfähigkeit: 0,033 (W/mK)
Dämmschichtdicke: 240 mm
Balkenabstand: ..... mm
Einbauort: .....

58€	64€	**67€**	74€	79€	[m²]	⏱ 0,25h/m²	020.000.088

A 3 **Aufsparrendämmung DAD, PUR** — Beschreibung für Pos. **5-6**

Aufsparrendämmung, aus Polyurethan-Hartschaumplatten, Platten umlaufend mit Stufenfalz.
Untergrund: auf Sparren
Dämmstoff: PUR (PIR)
Anwendung: DAD
Brandverhalten: .....

5 **Aufsparrendämmung, DAD, PUR, 140mm** — KG **363**

Wie Ausführungsbeschreibung A 3
Bemessungswert der Wärmeleitfähigkeit max. 0,027 W/(mK)
Nennwert der Wärmeleitfähigkeit: 0,026 W/(mK)
Sparrenabstand: ca. 600 mm
Dämmstoffdicke: 140 mm
Kaschierung: UDB, als Behelfsdeckung, sd-Wert ≤0,1 m

72€	80€	**83€**	92€	95€	[m²]	⏱ 0,22h/m²	020.000.091

Kosten:
Stand 1. Quartal 2026
Bundesdurchschnitt

► min
▷ von
ø Mittel
◁ bis
◄ max

Nr.	Kurztext / Langtext						Kostengruppe
▶	▷	ø netto €	◁	◀	[Einheit]	Ausf.-Dauer	Positionsnummer

6 Aufsparrendämmung, DAD, PUR, 180mm KG **363**

Wie Ausführungsbeschreibung A 3
Bemessungswert der Wärmeleitfähigkeit: max. 0,027 W/(mK)
Nennwert der Wärmeleitfähigkeit: 0,026 W/(mK)
Sparrenabstand: ca. 600 mm
Dämmstoffdicke: 180 mm
Kaschierung: UDB, als Behelfsdeckung, sd-Wert ≤0,1 m

81€	89€	**94€**	104€	109€	[m²]	⏱ 0,22 h/m²	020.000.093

7 Einblasdämmung, Zellulosefaser KG **363**

Wärmedämmung aus Zellulosefasern, zwischen Sparren und Wandpfosten; Einblasdämmung.
Sparren-/Pfostenabstand: bis 90 cm
Querschnitt Sparren (B x H): 80 x 240 mm
Dämmstoff: WF
Anwendung: DZ
Dämmstoffdicke: 240 mm
Bemessungswert der Wärmeleitfähigkeit max. 0,040 W/(mK)
Nennwert der Wärmeleitfähigkeit: 0,038 W/(mK)
Brandverhalten: E - normal entflammbar

107€	136€	**141€**	147€	165€	[m³]	⏱ 0,60 h/m³	020.000.069

8 Unterdeckung, Behelfsdeckung, Bitumenbahn V13 KG **363**

Unterdeckung für belüftete, überdeckte Dächer, Klasse UDB-A als Behelfsdeckung, Bitumenbahn mit Glasvlieseinlage.
Bahnenart: V13
Überdeckung: mind. 80 mm (Dachfläche)
Anschlüsse an Durchdringungen und Bauteile als gesonderte Position

7€	10€	**10€**	11€	14€	[m²]	⏱ 0,08 h/m²	020.000.036

9 Vordeckung, unter Stehfalzdeckung KG **363**

Vordeckung aus Bitumenbahn mit Glasvlieseinlage, unter Stehfalzdeckungen.
Bahnenart: V13
Verlegung: horizontal
Überdeckung: mind. 80 mm (Dachfläche)

10€	11€	**11€**	12€	13€	[m²]	⏱ 0,08 h/m²	020.000.077

10 Unterdeckung, WF, bis 22mm, auf Sparren KG **363**

Unterdeckung aus poröser Holzfaserplatte auf Sparren.
Unterdeckplatte: UDP-A, Klasse 5
Frei bewitterbar: bis 3 Monate
Plattenart: WF
Nennwert der Wärmeleitfähigkeit: .....
Brandverhalten: E
Plattendicke: 22 mm
Ränder: verfalzt
Dachneigung: .....°
Untergrund: Holz

22€	25€	**27€**	29€	32€	[m²]	⏱ 0,16 h/m²	020.000.003

Nr.	Kurztext / Langtext						Kostengruppe
▶	▷	ø netto €	◁	◀	[Einheit]	Ausf.-Dauer	Positionsnummer

Kosten:
Stand 1.Quartal 2026
Bundesdurchschnitt

11 Unterdeckung, WF, bis 35mm, auf Sparren — KG **363**

Unterdeckung aus poröser Holzfaserplatte auf Sparren.
Unterdeckplatte: UDP-A, Klasse 5
Frei bewitterbar: bis 3 Monate
Plattenart: WF
Nennwert der Wärmeleitfähigkeit: .....
Brandverhalten: E
Plattendicke: bis 35 mm
Ränder: verfalzt
Dachneigung: .....°
Untergrund: Holz

▶	▷	ø	◁	◀	Einheit	Ausf.-Dauer	Positionsnummer
29€	35€	**35€**	37€	41€	[m²]	⏱ 0,16h/m²	020.001.103

12 Unterdeckung, unbelüftetes Dach — KG **363**

Unterspannung für belüftete Dächer, frei gespannt, als Behelfsdeckung nach ZVDH-Produktdatenblatt, aus Polyurethanfolie (PUR) mit Verstärkung aus Polyestergewebe, auf Sparren, verlegen und befestigen.
Frei bewitterbar: ..... Wochen
Unterspannbahn: USB, Klasse 5
Brandverhalten: Klasse E
Unterspannbahn Typ: PUR-Folie, gewebeverstärkt
Dachneigung: .....°
Untergrund: Holz

▶	▷	ø	◁	◀	Einheit	Ausf.-Dauer	Positionsnummer
7€	9€	**9€**	11€	15€	[m²]	⏱ 0,08h/m²	020.001.115

13 Unterspannung, belüftetes Dach — KG **363**

Unterspannung für belüftete Dächer, frei hängend hinterlüftet, als Behelfsdeckung nach ZVDH-Produktdatenblatt, aus Polyurethanfolie (PUR) mit Verstärkung aus Polyestergewebe, auf Sparren, durchhängend verlegen und befestigen.
Frei bewitterbar: ..... Wochen
Unterspannbahn: USB-A, Klasse 6
Brandverhalten: Klasse F
Unterspannbahn Typ: PUR-Folie, gewebeverstärkt
Dachneigung: .....°
Untergrund: Holz

▶	▷	ø	◁	◀	Einheit	Ausf.-Dauer	Positionsnummer
6€	8€	**9€**	10€	12€	[m²]	⏱ 0,08h/m²	020.000.001

14 Dampfsperre, Anschluss — KG **363**

Dampfsperre, Anschlüsse Luftdicht herstellen, unterseitig an Sparren.
Werkstoff: Polyamid

▶	▷	ø	◁	◀	Einheit	Ausf.-Dauer	Positionsnummer
4€	8€	**9€**	12€	17€	[m]	⏱ 0,06h/m	020.000.064

15 Luftdichtheitsschicht, Dampfbremse — KG **363**

Dampfbremse als Luftdichtheits- und diffusionshemmende Schicht für unbelüftetes Dach, unterseitig an Sparren befestigt, Nähte und Stöße verkleben.
Werkstoff: .....
sd-Wert: über 0,5 bis kleiner 100 m

▶	▷	ø	◁	◀	Einheit	Ausf.-Dauer	Positionsnummer
6€	10€	**11€**	14€	23€	[m²]	⏱ 0,08h/m²	020.000.002

▶ min
▷ von
ø Mittel
◁ bis
◀ max

Nr.	**Kurztext** / Langtext						Kostengruppe
▶	▷	**ø netto €**	◁	◀	[Einheit]	Ausf.-Dauer	Positionsnummer

16 Dampfbremse, unter Dachsparren KG **363**

Luftdichtungs- und Dampfbremsbahn, überlappend verlegt, Nähte und Stöße luftdicht verbinden.
Dampfbremsbahn: Polyethylenfolie, 0,2 mm
sd-Wert: .....
Untergrund: Holzsparren, Montage von unten

8€	11€	**13€**	14€	17€	[m2]	⏱ 0,08 h/m2	020.000.037

17 Anschluss, Dampfsperre/- bremse, Klebeband KG **363**

Anschluss der Dampfsperre- und Luftdichtheitsschicht an Durchdringungen und Einbauten, mit geeignetem Klebe-/Dichtmittel, inkl. Nebenarbeiten.
Anschluss an: .....
Dampfbremse: .....
Dichtband: .....
Untergrund: Beton

7€	11€	**14€**	21€	31€	[m]	⏱ 0,08 h/m	020.000.043

18 Konterlattung, 30x50mm, Dach KG **363**

Konterlattung zur Hinterlüftung der Dacheindeckung, aus Nadelholz, Befestigung mit korrosionsgeschützten Schrauben oder Nägeln.
Sortierklasse: S10
Festigkeitsklasse DIN EN 338: C27 M
Holzquerschnitt: 30 x 50 mm
Oberfläche: **allseitig gehobelt / sägerau**
Sparrenabstand: .....
Untergrund: .....

3€	4€	**4€**	4€	5€	[m]	⏱ 0,04 h/m	020.000.004

19 Konterlattung, 40x60mm, Dach KG **363**

Konterlattung zur Hinterlüftung der Dacheindeckung, aus Nadelholz, Befestigung mit korrosionsgeschützten Schrauben oder Nägeln.
Sortierklasse: S10
Festigkeitsklasse DIN EN 338: C24 M
Querschnitt: 40 x 60 mm
Abstand: 600 mm
Untergrund: Holz

4€	4€	**5€**	6€	7€	[m]	⏱ 0,05 h/m	020.000.076

Nr.	Kurztext / Langtext						Kostengruppe
►	▷	ø netto €	◁	◄	[Einheit]	Ausf.-Dauer	Positionsnummer

20 Traglattung, 30x50mm, Dachziegel/Betondachstein KG **363**

Dachlattung aus Nadelholz, für Dachziegel- oder Betondachsteindeckung, Befestigung mit korrosionsgeschützten Schrauben bzw. Nägeln.
Sortierklasse: S10
Festigkeitsklasse DIN EN 338: C27 M
Abstand: ca. 330 mm
Sparrenabstand: .....
Dachdeckung: .....
Dachfläche: eben
Dachneigung: .....°
Lattenquerschnitt: 30 x 50 mm
Untergrund: Holz

8€	11€	**11€**	13€	17€	[m²]	⏱ 0,06 h/m²	020.000.005

21 Traglattung, 40x60mm, Dachziegel/Betondachstein KG **363**

Dachlattung aus Nadelholz, für Dachziegel- oder Betondachsteindeckung, Befestigung mit korrosionsgeschützten Schrauben bzw. Nägeln.
Sortierklasse: S10
Festigkeitsklasse DIN EN 338: C24 M
Abstand: ca. 330 mm
Sparrenabstand: ..... mm
Dachdeckung: .....
Dachfläche: eben
Dachneigung: .....°
Lattenquerschnitt: 40 x 60 mm
Untergrund: Holz

11€	12€	**13€**	15€	17€	[m²]	⏱ 0,08 h/m²	020.000.071

22 Traglattung, 30x50mm KG **363**

Dachlattung aus Nadelholz, Befestigung mit korrosionsgeschützten Schrauben bzw. Nägeln.
Sortierklasse: S10
Festigkeitsklasse DIN EN 338: C27 M
Abstand: ca. 150 mm
Sparrenabstand: ..... mm
Dachdeckung: .....
Dachfläche: eben
Dachneigung: .....°
Lattenquerschnitt: 30 x 50 mm
Untergrund: Holz

13€	16€	**18€**	21€	24€	[m²]	⏱ 0,10 h/m²	020.000.006

23 Nagelabdichtung, Konterlattung KG **363**

Konterlattung mit zusätzlicher Nageldichtung, auf Unterdeckung/Unterspannung, mit korrosionsgeschützten Befestigungsmitteln.
Lattenquerschnitt: 40 x 60 mm,
Dichtmaterial: selbstklebender, elastischer Dichtstreifen
Unterdeckung: .....

3€	4€	**5€**	6€	7€	[m]	⏱ 0,01 h/m	020.000.053

Kosten:
Stand 1. Quartal 2026
Bundesdurchschnitt

► min
▷ von
ø Mittel
◁ bis
◄ max

Nr.	Kurztext / Langtext						Kostengruppe
▶	▷	**ø netto €**	◁	◀	[Einheit]	Ausf.-Dauer	Positionsnummer

24 Kantholz, Nadelholz S10TS, scharfkantig KG **361**

Kantholz aus Bauschnittholz.
Holzart: Kiefer,
Festigkeitsklasse: C24
Holzgüte: S10
Oberfläche: scharfkantig, allseitig gehobelt
Querschnitt (B x H): 60 x 120 mm
Einzellänge: bis 8,00 m, gem. Holzliste des AG
Chem. Holzschutz: ohne
Gebrauchsklasse: .....
Einbau: sichtbar
Einbauort: Carport

11€ 15€ **17€** 19€ 24€ [m] ⏱ 0,10h/m 020.000.073

25 Dachschalung, Nadelholz, Rauspund 24mm KG **363**

Dachschalung als Rauspund, Unterlage für Deckung, mechanisch befestigt mit korrosionsgeschützten Schrauben bzw. Nägeln.
Holzart: Nadelholz, Sortierklasse: S10
Schalungsdicke: 24 mm
Brettbreite: 80-160 mm
Chem. Holzschutz: **ohne / mit**
Gebrauchsklasse: .....
Untergrund: Holz

23€ 30€ **34€** 40€ 51€ [m²] ⏱ 0,25h/m² 020.000.049

26 Dachschalung, Nadelholz, Rauspund 28mm KG **363**

Dachschalung als Rauspund, Unterlage für Deckung, mechanisch befestigt mit korrosionsgeschützten Schrauben bzw. Nägeln.
Holzart: Nadelholz, Sortierklasse: S10
Schalungsdicke: 28 mm
Brettbreite: 80-160 mm
Chem. Holzschutz: **ohne / mit**
Gebrauchsklasse: .....
Untergrund: Holz

23€ 32€ **37€** 41€ 49€ [m²] ⏱ 0,27h/m² 020.000.038

27 Dachschalung, Holzspanplatte P5, bis 25mm KG **363**

Dachschalung als Unterlage für Deckung, aus kunstharzgebundenen Holzspanplatten, mechanisch befestigt.
Einsatzbereich: tragend, Feuchtbereich
Plattentyp: P5
Plattendicke: 25 mm
Kante: .....
Untergrund: Holz

26€ 32€ **34€** 37€ 43€ [m²] ⏱ 0,20h/m² 020.000.063

Nr.	Kurztext / Langtext						Kostengruppe
▶	▷	ø netto €	◁	◀	[Einheit]	Ausf.-Dauer	Positionsnummer

28 Dachschalung, Holzspanplatte P7, bis 25mm KG **363**

Dachschalung als Unterlage für Deckung, aus kunstharzgebundenen Holzspanplatten, mechanisch befestigt.
Einsatzbereich: tragend, Feuchtbereich
Plattentyp: P7
Plattendicke: 25 mm
Kante: .....
Untergrund: Holz

▶	▷	ø	◁	◀	Einheit	Ausf.-Dauer	Positionsnummer
27€	33€	**35€**	41€	51€	[m²]	⏱ 0,20h/m²	020.001.104

29 Traufbohle, Nadelholz, bis 60/240mm KG **363**

Traufbohle, trapezförmig, auf Holzkonstruktion, einschl. Höhenausgleich bis 30mm, Befestigung mit korrosionsgeschützten Nägeln.
Holzart: Nadelholz
Abmessung: Höhe 20-60 mm, Breite 160-240 mm
Oberfläche: .....
Chem. Holzschutz: .....
Gebrauchsklasse: .....
Sortierklasse: .....
Einbau: **sichtbar / unsichtbar**

▶	▷	ø	◁	◀	Einheit	Ausf.-Dauer	Positionsnummer
10€	13€	**14€**	17€	21€	[m]	⏱ 0,10h/m	020.000.035

30 Trauf-/Ortgangschalung, N+F, bis 28mm, gehobelt KG **363**

Dachschalung an Traufe, Nadelholz, gespundet, sichtbar bleibend, mit chem. Holzschutz, Vergütung nach gesonderter Position.
Schalungsdicke: 24 mm
Oberfläche: einseitig gehobelt
Gebrauchsklasse: 2
Untergrund: Holz

▶	▷	ø	◁	◀	Einheit	Ausf.-Dauer	Positionsnummer
32€	41€	**44€**	50€	61€	[m²]	⏱ 0,30h/m²	020.000.051

31 Ortgangbrett, Windbrett, bis 28mm, gehobelt KG **363**

Ortgangbrett aus Nadelholz, Unterseite mit schrägem Anschnitt als Tropfkante.
Holzart: Kiefer
Sortierklasse: S10
Güteklasse: 1
Brettdicke: 28 mm
Breite: ca. 120 mm
Oberfläche: parallel besäumt, gehobelt
Chem. Holzschutz: ohne
Gebrauchsklasse: .....
Untergrund: Holz

▶	▷	ø	◁	◀	Einheit	Ausf.-Dauer	Positionsnummer
18€	29€	**33€**	37€	44€	[m]	⏱ 0,20h/m	020.000.008

32 Insektenschutzgitter, Traufe KG **363**

Insektenschutz an Zuluftöffnung der Traufe.
Breite: ca. 150 mm
Material: Metall, ...

▶	▷	ø	◁	◀	Einheit	Ausf.-Dauer	Positionsnummer
6€	10€	**11€**	15€	23€	[m]	⏱ 0,05h/m	020.000.009

Kosten:
Stand 1. Quartal 2026
Bundesdurchschnitt

▶ min
▷ von
ø Mittel
◁ bis
◀ max

Nr.	Kurztext / Langtext						Kostengruppe
▶	▷	ø netto €	◁	◀	[Einheit]	Ausf.-Dauer	Positionsnummer

33 Zahnleiste, Nadelholz, gehobelt KG **363**

Zahnleiste aus Nadelholz, am Ortgang passgenau zur Dachdeckung, Unterseite mit schrägem Anschnitt als Tropfkante, Oberseite profiliert.
Holzart: Fichte
Sortierklasse: S10
Güteklasse: 1
Dicke: 30 mm
Breite: 120 mm
Oberfläche: parallel besäumt, gehobelt
Chem. Holzschutz: ohne
Gebrauchsklasse: .....
Dachdeckung: .....
Deckweite: .....

25€ | 43€ | **54€** | 59€ | 75€ | [m] | ⏱ 0,30 h/m | 020.000.010

34 Dachdeckung, Hohlfalzziegel KG **363**

Dachdeckung mit Hohlfalzziegeln, auf vorhandene Lattung.
Falzziegel-Form: .....
Oberfläche: .....
Farbton: naturfarben, rot
Verlegung: .....
Dachneigung: über 40 bis 45°
Dachform: .....
Frostwiderstand: B
Hagelwiderstand: Klasse .....

35€ | 43€ | **46€** | 49€ | 52€ | [m²] | ⏱ 0,30 h/m² | 020.001.108

35 Dachdeckung, Glattziegel KG **363**

Dachdeckung mit Glattziegeln, auf vorhandene Lattung.
Form: Standardformat, **kleiner / gleich** 10 St/m²
Oberfläche: .....
Farbton: naturfarben, rot
Verlegung: .....
Dachneigung: über 40 bis 45°
Dachform: .....
Frostwiderstand: B
Hagelwiderstand: Klasse .....

33€ | 40€ | **42€** | 45€ | 53€ | [m²] | ⏱ 0,30 h/m² | 020.001.111

000
001
002
006
008
009
010
012
013
014
016
017
018
020
021
022

Nr.	Kurztext / Langtext						Kostengruppe
►	▷	ø netto €	◁	◄	[Einheit]	Ausf.-Dauer	Positionsnummer

36 **Dachdeckung, Biberschwanzziegel** KG **363**

Dachdeckung mit Biberschwanzziegeln, auf vorhandene Lattung.
Deckungsart: Doppeldeckung
Form: gerader Schnitt
Format: 180 x 380 mm
Oberfläche: .....
Farbton: naturfarben, rot
Verlegung: .....
Dachneigung: über 40 bis 45°
Dachform: .....
Frostwiderstand: B
Hagelwiderstand: Klasse .....

►	▷	ø	◁	◄	Einheit	Ausf.-Dauer	Positionsnummer
49€	58€	**63€**	67€	77€	[m²]	⏱ 0,35h/m²	020.001.112

37 **Dachdeckung, Betondachsteine** KG **363**

Dachdeckung mit Betondachsteinen, auf vorhandene Lattung.
Dachstein-Form: mit symmetrischen Mittelwulst
Format: 330 x 400 mm, ... St/m²
Oberfläche: matt
Farbe: rot
Vorderkante: regelmäßig
Profilhöhe: .....
Verlegung: .....
Dachneigung: über 35 bis 40°
Dachform: .....
Hagelwiderstand: Klasse .....

►	▷	ø	◁	◄	Einheit	Ausf.-Dauer	Positionsnummer
27€	34€	**37€**	40€	50€	[m²]	⏱ 0,25h/m²	020.000.013

38 **Dachdeckung, Dachsteine, eben** KG **363**

Dachdeckung mit Betondachsteinen, auf vorhandene Lattung.
Dachstein-Form: eben
Format: 330 x 420 mm, ... St/m²
Oberfläche: matt
Farbe: .....
Vorderkante: abgerundete Schnittkante
Profilhöhe: .....
Verlegung: .....
Dachneigung: über 35 bis 40°
Dachform: .....
Hagelwiderstand: Klasse .....

►	▷	ø	◁	◄	Einheit	Ausf.-Dauer	Positionsnummer
32€	37€	**39€**	41€	46€	[m²]	⏱ 0,30h/m²	020.001.124

Kosten:
Stand 1. Quartal 2026
Bundesdurchschnitt

► min
▷ von
ø Mittel
◁ bis
◄ max

39 Dachdeckung, Faserzement, Wellplatte KG **363**

Dachdeckung mit Faserzement-Wellplatten, auf vorhandene Pfetten, Stöße mit Dichtband hinterlegt, dauerplastischer Kitt in der Höhenüberdeckung, mechanisch befestigt mit verzinkten Schrauben, mind. 50mm.
Untergrund: Holz
Pfettenabstand: .....
Profil: 177 x 51
Zahl der Wellen: Profil 5
Produkttyp: .....
Profilhöhe: 51 mm
Bruchlast/Biegemoment: .....
Brandverhalten: A1
Hagelwiderstand: Klasse .....
Farbe: .....
Dachneigung: .....
Sparrenlänge: 10,0 m

▶	▷	ø netto €	◁	◀	[Einheit]	Ausf.-Dauer	Positionsnummer
45€	50€	**51€**	53€	57€	[m²]	⏱ 0,20h/m²	020.000.039

40 Dachdeckung, Faserzementplatten, Doppeldeckung KG **363**

Dachdeckung mit Faserzement-Dachplatten, auf vorhandene Lattung, mechanisch befestigt.
Untergrund: Holz
Lattenabstand: .....
Deckungsart: Doppeldeckung
Form: vollkantig
Format: 20 x 40 cm
Oberfläche: glatt
Bruchlast/Biegemoment: .....
Brandverhalten: A1
Hagelwiderstand: Klasse .....
Farbe: anthrazit
Dachneigung: .....

▶	▷	ø netto €	◁	◀	[Einheit]	Ausf.-Dauer	Positionsnummer
–	79€	**92€**	112€	–	[m²]	⏱ 0,60h/m²	020.001.113

41 Dachdeckung, Faserzement, Deutsche Deckung KG **363**

Dachdeckung mit Faserzement-Dachplatten, mechanisch befestigt.
Unterkonstruktion: .....
Deckungsart: Deutsche Deckung
Form: Bogenschnitt
Format: .....
Oberfläche: glatt
Farbe: anthrazit
Hagelwiderstand: Klasse .....
Dachform: .....
Dachneigung: .....

▶	▷	ø netto €	◁	◀	[Einheit]	Ausf.-Dauer	Positionsnummer
–	97€	**112€**	137€	–	[m²]	⏱ 0,65h/m²	020.001.114

Nr.	Kurztext / Langtext						Kostengruppe
►	▷	ø netto €	◁	◄	[Einheit]	Ausf.-Dauer	Positionsnummer

42 **Dachdeckung, Holzschindeln** KG **363**

Dachdeckung aus gespaltenen Holzschindeln auf Schalung, Verlegung gem. Verlegeplan, mit korrosionsbeständigen Befestigungsmitteln.
Verband: .....
Deckung: .....
Holzart: .....
Güteklasse: 1
Spaltung: .....
Form: .....
Schindellänge/Reihenabstand: ..... / ..... mm
Mindestdicke: ..... mm
Breite: ..... mm
Oberfläche: spaltrau
Unterseite: **gefast / rechtwinklig**
Dachneigung: .....°
Höhe: über Gelände bis ..... m

97€	128€	**139€**	148€	182€	[m2]	⏱ 0,85h/m2	020.001.116

43 **Dachdeckung, Schiefer** KG **363**

Dachdeckung mit Schiefer, mit korrosionsgeschützten Befestigungsmitteln.
Deckung: Rechteck-Doppeldeckung
Format/Hieb: 40 x 40 cm
Ursprung Schiefer: .....
Karbonatgehalt: >5% Masseanteil
Frost-Tau-Wechsel-Beständigkeit: W1
Temperatur-Wechsel-Beständigkeit: T1
Säurebeständigkeit: S2
Verlegung: geschraubt
Dachneigung: >50-55°
Dachform: .....

107€	123€	**124€**	136€	161€	[m2]	⏱ 0,80h/m2	020.000.040

44 **Dachdeckung, Bitumenschindeln** KG **363**

Dachdeckung mit Bitumenschindeln, mechanisch befestigt mit korrosionsbeständigen Breitkopfstiften. Anschlüsse, Abschlüsse und Anarbeiten an Dachdurchdringungen in gesonderten Positionen.
Unterlage: Holzschalung und Vordeckung
Schindelform: rechteckig
Dicke: über 3 mm
Einlage: Glasvlies
Material: Bitumen
Format: 1.000 x 330 mm
Farbe: blauschwarz
Oberfläche: mineralisches Granulat
Dachneigung: >15-20°
Länge: bis 10,0 m

33€	40€	**45€**	52€	71€	[m2]	⏱ 0,30h/m2	020.000.044

Kosten:
Stand 1. Quartal 2026
Bundesdurchschnitt

► min
▷ von
ø Mittel
◁ bis
◄ max

45 Ortgang, Ziegeldeckung, Formziegel KG **363**

Ortgang der Dachfläche mit Formziegel, passend zur vorhandener Dachdeckung, mechanisch befestigen.
Dachdeckung: .....
Deckung der Ortgangkanten: Doppelwulstziegel
Oberfläche: .....
Farbe: .....
Verlegung: .....
Dachneigung: .....°

38€ 54€ **61€** 68€ 88€ [m] ⏱ 0,10 h/m 020.000.014

46 Ortgang, Biberschwanzdeckung, Formziegel KG **363**

Ortgang der Dachfläche mit Formsteinen, passend zur vorhandenen Betonstein-Dachdeckung, mechanisch befestigen.
Deckung der Ortgangkanten: mit Schlusssteinen
Oberfläche/Form: .....
Verlegung: trocken verlegt
Dachneigung: .....°

42€ 59€ **65€** 76€ 100€ [m] ⏱ 0,16 h/m 020.000.015

47 Kehle eingebunden, Biberschwanz KG **363**

Kehlausbildung für vor beschriebenes Biberschwanzdach, gem. Fachregeln eindecken, mit allen Nebenarbeiten.
Deckungsart: .....
Ausführung: eingebundene Kehlen, gleichhüftig
Breite Kehle: 3 Ziegel breit
Befestigung: Schraubstifte und Draht
Neigung: .....°

71€ 84€ **97€** 107€ 122€ [m] ⏱ 0,35 h/m 020.001.099

48 Ortgang, Dachsteindeckung, Formziegel KG **363**

Ortgang der Dachfläche mit Formsteinen, passend zur vorhandenen Betonsteindachdeckung.
Deckung der Ortgangkanten: mit Schlusssteinen
Oberfläche/Form: .....
Verlegung: trocken verlegt
Dachneigung: .....°

35€ 51€ **55€** 62€ 88€ [m] ⏱ 0,18 h/m 020.000.016

49 Ortgang, Schiefer KG **363**

Ortgangdeckung mit Überstand, für vor beschriebenes Schieferdach. Mit Anfangort und Endort als Doppelort gedeckt, entsprechend aktuell gültiger Fachregeln.
Dachdeckung: .....
Ortausbildung: eingebunden
Anfangort: Anfangortstichstein, Anfangortstein, ggf. Anfangortzwischenstein
Doppelort: kleiner und großer Endortstein

39€ 45€ **47€** 51€ 60€ [m] ⏱ 0,40 h/m 020.001.098

Kosten:
Stand 1. Quartal 2026
Bundesdurchschnitt

▶ min
▷ von
ø Mittel
◁ bis
◀ max

Nr.	Kurztext / Langtext						Kostengruppe
▶	▷	**ø netto €**	◁	◀	[Einheit]	Ausf.-Dauer	Positionsnummer

50 First, Firstziegel, mörtellos, inkl. Lüfter KG **363**

Firstdeckung mit konischen Formziegeln, passend zur Deckung, inkl. Anfängerziegel, Lüfterelement, Firstlatte und Lattenhalter.
Dachdeckung: .....
Dachneigung: .....°
Befestigung: .....

48€ | 70€ | **79€** | 85€ | 97€ | [m] | ⏱ 0,35h/m | 020.000.018

51 First, Firstziegel, vermörtelt KG **363**

Firstdeckung mit konischen Formziegeln, passend zur Deckung. Ziegel vermörtelt und zusätzlich gesichert, einschl. Anfängerziegel, Latte, Lattenhalter. Mörtel der Ziegelfarbe angepasst.
Dachneigung: .....°
Befestigung: .....

47€ | 64€ | **79€** | 86€ | 96€ | [m] | ⏱ 0,32h/m | 020.000.019

52 First, Firststein, geklammert, Dachstein KG **363**

Firstdeckung mit konischen Formsteinen, passend zur Deckung, inkl. Anfängerstein, Lüfterelement, Firstlatte und Lattenhalter.
Dachdeckung: .....
Dachneigung: .....°

40€ | 65€ | **74€** | 84€ | 104€ | [m] | ⏱ 0,36h/m | 020.000.020

53 Pultdachabschluss, Abschlussziegel KG **363**

Pultfirstdeckung mit Pultfirstziegeln, bei oberen Abschlüssen von Pultdächern, ohne Verblechung, passend zur Deckung, inkl. Pult-Ortgangziegel, Lüfterelement, Firstlatte und Lattenhalter.
Dachdeckung: .....
Dachneigung: .....°

58€ | 88€ | **100€** | 111€ | 147€ | [m] | ⏱ 0,15h/m | 020.000.021

54 Pultdachanschluss, Metallblech Z333 KG **363**

Firstdeckung mit Abdeckblech, passend zur Dachdeckung, mechanisch befestigt, inkl. Holzleiste S10, 60x60mm.
Metallblech: Titanzink
Blechdicke: 0,7 mm
Zuschnitt: ca. 333 mm
Kantungen: vierfach
Oberfläche: .....

26€ | 46€ | **61€** | 64€ | 73€ | [m] | ⏱ 0,25h/m | 020.000.022

55 Grateindeckung, Ziegel, mörtellos KG **363**

Gratdeckung mit konischen Formziegeln, passend zur Dachdeckung, mörtellos, Gratlatte und Gratlattenhalter, inkl. Anfängerziegel mechanischer Befestigung und Gratband.
Gratneigung: .....°
Befestigung: .....

65€ | 83€ | **88€** | 94€ | 116€ | [m] | ⏱ 0,35h/m | 020.000.023

Nr.	**Kurztext** / Langtext						Kostengruppe
▶	▷	**ø netto €**	◁	◀	[Einheit]	Ausf.-Dauer	Positionsnummer

56 Grateindeckung, Ziegel, vermörtelt KG **363**

Gratdeckung mit Formziegeln, passend zur Dachdeckung, vermörtelt, einschl. Anfängerziegel und Mörtel in Ziegelfarbe.
Gratneigung: .....°
Befestigung: .....

71€ | 89€ | **97€** | 101€ | 120€ | [m] | ⏱ 0,32h/m | 020.000.024

57 Gratdeckung, Schiefer KG **363**

Gratdeckung mit Überstand, passend zur Schieferdeckung, beidseitig mit Anfangort und Endort als Doppelort gedeckt.
Dachdeckung: Altdeutsche Deckung, normaler Hieb
Ortausbildung: eingebunden
Anfangort: Anfangortstichstein, Anfangortstein, ggf. Anfangortzwischenstein
Doppelort: kleiner und großer Endortstein
Gratneigung: .....°

25€ | 29€ | **34€** | 37€ | 63€ | [m] | ⏱ 0,45h/m | 020.001.097

58 Durchgangsziegel, Dunstrohr, DN100 KG **363**

Dunstrohr-Formziegel, passend zur Dachdeckung, mit schlagregensicherem Dunstrohraufsatz.
Material: Ton
Dunstrohr: DN100
Farbe/Oberfläche: passend zur Dacheindeckung

132€ | 192€ | **207€** | 227€ | 273€ | [St] | ⏱ 0,45h/St | 020.000.025

59 Durchgangselement, Dunstrohr, Kunststoff, DN100 KG **363**

Dunstrohr-Durchgangsformstück, einstellbar auf Dachneigung, mit schlagregensicherer Abdeckhaube.
Material: Kunststoff
Dunstrohr: DN100
Farbe: passend zur Dachziegel-Deckung

81€ | 104€ | **114€** | 133€ | 169€ | [St] | ⏱ 0,30h/St | 020.000.026

60 Durchgangselement, Solarleitung KG **363**

Durchgangselement/Formziegel für Solarleitung
Material: passend zur Dacheindeckung
Typ: .....

53€ | 117€ | **137€** | 194€ | 315€ | [St] | ⏱ 0,25h/St | 020.001.119

61 Lüfterelement, Dachziegel KG **363**

Lüfterziegel, passend zur Ziegel-Dachdeckung, inkl. Lüftungsprofil (Insektenschutz) aus korrosionsgeschütztem Material.
Freier Lüftungsquerschnitt: .....
Baustoff: **Keramik / Kunststoff**

21€ | 28€ | **32€** | 35€ | 41€ | [St] | ⏱ 0,01h/St | 020.000.027

62 Durchgangselement, Antenne, Formziegel KG **363**

Formziegel (Antennenziegel) für Leitungsdurchgang, passend zur Ziegel-Dachdeckung, Einbau in Dachaufbau, Durchgang eines Antennenfußes.
Material: Ton, mit Aufsatz aus PVC

85€ | 135€ | **152€** | 174€ | 217€ | [St] | ⏱ 0,40h/St | 020.000.028

Nr.	Kurztext / Langtext						Kostengruppe
▶	▷	ø netto €	◁	◀	[Einheit]	Ausf.-Dauer	Positionsnummer

63 Tonziegel, Reserve KG **363**

Reserveziegel, passend zur Dachdeckung, liefern und nach Vorgabe durch den Auftraggeber im Gebäude lagern.

3€ | 5€ | **6€** | 8€ | 13€ | [St] | – | 020.000.029

64 Wandanschluss Ziegel/Dachstein KG **363**

Anarbeiten der Dachdeckung an aufgehende Wand, inkl. erforderlicher Zuschneide- oder Fräsarbeiten. Anschlussbleche nach gesonderter Position.
Dachdeckung: **Ziegel / Dachstein**
Bauteilanschluss: aufgehende Wand, trocken verlegt

16€ | 28€ | **35€** | 38€ | 51€ | [m] | ⏱ 0,35 h/m | 020.001.120

Kosten:
Stand 1. Quartal 2026
Bundesdurchschnitt

65 Ziegel beidecken, Dachdeckung KG **363**

Beidecken der Ziegeleindeckung.
Bauteilanschluss: .....
Deckung: .....

11€ | 18€ | **21€** | 25€ | 31€ | [m] | ⏱ 0,20 h/m | 020.000.030

66 Verklammerung, Dachdeckung KG **363**

Dachdeckung im Flächenbereich zusätzlich sturmsicher verklammern. Klammeranzahl gem. Regelwerk des Deutschen Dachdeckerhandwerks DDH.
Deckung: .....
Windzone: **1 / 2 / 3 / 4**
Gebäudehöhe: .....
Gebäudelage: .....
Verklammerung: .....
Befestigung: **korrosionsgeschützt / nichtrostend**

4€ | 6€ | **8€** | 10€ | 14€ | [m²] | ⏱ 0,06 h/m² | 020.000.031

67 Wandbekleidung Holzschindel KG **335**

Fassadenbekleidung als vorgehängte, hinterlüftete Fassade aus gespaltenen Holzschindeln nach DIN 18516-1 auf vorhandene Holzschalung, mit nichtrostenden Befestigungsmitteln.
Holzart: Rotzeder
Güteklasse: 1
Spaltung: mit Hand
Form: keilförmig
Reihenabstand: ..... mm
Abmessung: ..... x ..... mm
Mindestdicke am Fuß: 8 mm
Oberfläche: spaltrau
Unterseite: gefast
Verlegung gem. Verlegeplan: im .....-Verband als Dreifachdeckung
Wandhöhe: über Gelände bis ..... m
Für die Ausführung werden vom AG folgende Unterlagen zur Verfügung gestellt:
- Entwurfszeichnungen, Plannr.: .....
- Übersichtszeichnungen, Plannr.: .....

123€ | 173€ | **198€** | 246€ | 334€ | [m²] | ⏱ 1,50 h/m² | 020.001.100

▶ min
▷ von
ø Mittel
◁ bis
◀ max

Nr.	**Kurztext** / Langtext						Kostengruppe
▶	▷	**ø netto €**	◁	◀	[Einheit]	Ausf.-Dauer	Positionsnummer

68 Eckausbildung Holzschindelbekleidung KG **335**

Außenecke, passend zur Bekleidung aus Holzschindeln, mit profiliertem Holz-Eckprofil, Profil gem. anliegender Skizze.
Abmessung: ..... x ..... mm
Oberfläche: allseitig gehobelt
Befestigung: korrosionsbeständige Schrauben

▶	▷	ø netto €	◁	◀	[Einheit]	Ausf.-Dauer	Positionsnummer
14€	32€	**34€**	38€	57€	[m]	⏱ 0,30h/m	020.001.101

69 Randanschluss Holzschindelbekleidung KG **335**

Seitlicher Abschluss, passend zur Bekleidung aus Holzschindeln, gem. anliegender Skizze.
Abmessung: ..... x ..... mm

▶	▷	ø netto €	◁	◀	[Einheit]	Ausf.-Dauer	Positionsnummer
14€	28€	**40€**	43€	57€	[m]	⏱ 0,27h/m	020.001.102

70 Dachfenster/Dachausstieg KG **362**

Dachausstiegs-Fenster aus Kunststoff, inkl. Eindeckrahmen, bestehend aus:

- Fenster mit stufenlosem 180°-Öffnungswinkel und Schwingfunktion
- Anschlag oben, Öffnungsgriff unten
- mit Sicherheitsöffnung und Teleskop-Montageschienen
- profilierte rutschsichere Trittfläche
- Blend- und Eindeckrahmen aus Polyurethan, wärmegedämmt
- inkl. dichtem Anschluss an Fensterrahmen und innenseitiger Luft-/Dampfsperre

Einbauort: Dachfläche, Neigung .....°
Dachdeckung mit: Falzziegel
Bauphysik Fenster:
Wärmeschutz: Uw .....
Schalldämmung: Rw,R ......
Nennmaß (L x B): ..... x ..... mm
Verglasung: .....
Hagelwiderstand: Klasse ....
Oberfläche: ......
Oberfläche Eindeckrahmen: .....

▶	▷	ø netto €	◁	◀	[Einheit]	Ausf.-Dauer	Positionsnummer
448€	716€	**733€**	876€	1.184€	[St]	⏱ 1,80h/St	020.000.033

Nr.	Kurztext / Langtext						Kostengruppe
►	▷	ø netto €	◁	◄	[Einheit]	Ausf.-Dauer	Positionsnummer

71 Dachflächenfenster, gedämmt, Holz, lasiert KG **362**

Dachflächenfenster aus Nadelholz, lasiert, als Klapp-Schwing-Fenster, inkl. Eindeck- und Dämmrahmen bestehend aus:

- Fenster mit stufenlosem 45°-Öffnungswinkel und stufenloser Schwingfunktion, Öffnungsgriff unten, mit Lüftungsklappe und Luftfilter, und manuelle Öffnung
- Außenabdeckung aus Aluminium, einbrennlackiert
- Eindecken mit Nocken
- Verglasung bestehend aus Mehrscheiben-Isolierverglasung mit Hagel- und Sonnenschutzfunktion
- Dämmrahmen aus ..... mit Anschlussausbildung zur Dachdämmung
- Anschlussschürze aus diffusionsoffenem Material mit Wasserableitrinne

Einbauort: Dachfläche, Neigung .....°
Deckung mit: gefälzte Betondachsteine
Bauphysik Fenster
Wärmeschutz: Uw .....
Schalldämmung: SSK 1 (RW 25 - 29 dB)
Einbruchhemmung: RC 2
Blendrahmen-Außenmaß: 1.340 x 1.400 mm
Oberfläche: 2-K-PU-Beschichtung
Farbe.....
Oberfläche Eindeckrahmen: .....

782€	1.239€	**1.413€**	1.651€	2.202€	[St]	⏱ 6,25h/St	020.000.034

72 Stundensatz, Facharbeiter/-in

Stundenlohnarbeiten für Vorarbeiter/-in, Facharbeiter/-in und Gleichgestellte. Leistung nach besonderer Anordnung der Bauüberwachung. Anmeldung und Nachweis gem. VOB/B.

70€	78€	**82€**	85€	92€	[h]	⏱ 1,00h/h	020.001.095

73 Stundensatz, Helfer/-in

Stundenlohnarbeiten für Werker/-in, Helfer/-in und Gleichgestellte. Leistung nach besonderer Anordnung der Bauüberwachung. Anmeldung und Nachweis gem. VOB/B.

46€	58€	**66€**	69€	77€	[h]	⏱ 1,00h/h	020.001.096

Kosten:
Stand 1.Quartal 2026
Bundesdurchschnitt

► min
▷ von
ø Mittel
◁ bis
◄ max

Kosten:
Stand 1. Quartal 2026
Bundesdurchschnitt

► min
▷ von
ø Mittel
◁ bis
◄ max

Nr.	Positionen	Einheit	►	▷	ø brutto € ø netto €	◁	◄
1	Voranstrich, Dampfsperre	m²	1	3	**4**	5	8
			0,9	2,4	**3,0**	4,0	6,9
2	Trennlage/untere Lage, V13, auf Holz	m²	3	6	**7**	8	12
			2	5	**6**	7	10
3	Trennlage/untere Lage, G200 DD, auf Holz	m²	11	15	**16**	18	22
			9	12	**14**	16	19
4	Dampfsperre hochführen, aufgehende Bauteile	m	5	8	**10**	12	17
			4	7	**8**	10	14
5	Trennlage/Ausgleichsschicht, PE-Folie	m²	1	4	**5**	7	11
			0,9	3,6	**4,6**	6,2	9,2
6	Dampfsperre, auf Beton	m²	12	16	**19**	21	30
			10	14	**16**	18	26
7	Dampfsperre, Alu-Verbundfolie, mind. 1.500m	m²	3	8	**10**	13	21
			2	7	**8**	11	18
8	Wärmedämmung DAA, EPS 035, bis 80mm	m²	22	27	**30**	33	40
			19	23	**25**	27	33
9	Wärmedämmung DAA, EPS 035, bis 140mm	m²	30	39	**42**	48	61
			25	33	**35**	41	52
10	Wärmedämmung DAA, EPS 035, bis 240mm	m²	38	52	**61**	66	81
			32	43	**51**	55	68
11	Wärmedämmung DAA, PUR 024 bis 120mm, kaschiert	m²	33	42	**45**	49	59
			28	35	**38**	41	49
12	Wärmedämmung DAA, PUR 024, 180mm, kaschiert	m²	58	73	**82**	94	131
			49	61	**69**	79	110
13	Wärmedämmung DAA, CG 045, 140mm	m²	113	140	**149**	171	209
			95	117	**125**	144	176
14	Wärmedämmung DUK, XPS 040, 140mm	m²	39	58	**60**	72	92
			33	49	**51**	61	77
15	Wärmedämmung DAA, MW 038, 160mm	m²	–	43	**49**	59	–
			–	36	**41**	49	–
16	Übergang, Dämmkeil, EPS-Hartschaum, 60x60mm	m	2	5	**6**	9	16
			2	4	**5**	8	13
17	Unterkonstruktion, Kantholz, bis 100x60mm	m	11	15	**17**	19	23
			9	12	**14**	16	19
18	Unterkonstruktion, Holzbohlen, 40x120mm	m	24	29	**31**	35	41
			20	25	**26**	29	35
19	Fugenabdichtung, Silikon	m	3	6	**7**	10	12
			2	5	**6**	8	10
20	Bewegungsfuge, Typ I, Schleppstreifen, Bitumenbahn	m	38	48	**52**	60	78
			32	40	**44**	50	66
21	Dachabdichtung PYE G200, S4/S5, untere Lage	m²	15	19	**21**	23	28
			13	16	**18**	19	23
22	Dachabdichtung PYE PV200 S5, obere Lage	m²	19	26	**29**	40	63
			16	22	**25**	33	53
23	Dachabdichtung PYE PV 200 S5 Cu01, Wurzelschutz, obere Lage	m²	35	44	**45**	47	57
			29	37	**38**	40	48

Nr.	Positionen	Einheit	▶	▷	ø brutto € / ø netto €	◁	◀
24	Dachabdichtung PYE PV 200 S5, Wurzelschutz, obere Lage	m²	22	30	**35**	39	59
			19	26	**29**	33	49
25	Dachabdichtung zweilagig, Polymerbitumen-Schweißbahnen	m²	35	44	**47**	52	59
			29	37	**40**	43	50
26	Wandanschluss, gedämmt EPS 035, zweilagige Abdichtung	m	37	50	**57**	71	97
			31	42	**48**	60	82
27	Attikaabschluss, gedämmt, zweilagige Abdichtung	m	38	63	**78**	88	108
			32	53	**65**	74	91
28	Dachabdichtung, Kunststoffbahn, PVC 1,5mm, einlagig	m²	–	39	**44**	54	–
			–	33	**37**	45	–
29	Dachabdichtung, Kunststoffbahn, FPO, einlagig	m²	37	43	**49**	56	63
			31	36	**41**	47	53
30	Dachabdichtung, Kunststoffbahn, PIB, einlagig	m²	50	58	**62**	64	72
			42	48	**52**	54	61
31	Dachabdichtung, Kunststoffbahn, EVA, einlagig, 1,5mm	m²	29	39	**44**	49	60
			24	33	**37**	41	50
32	Wandabschluss, Dachdichtung, EPDM	m	44	56	**56**	57	66
			37	47	**47**	48	55
33	Windsogsicherung, Dachabdichtung	m²	9	14	**16**	19	24
			7	12	**13**	16	20
34	Wandanschluss, gedämmt, Kunststoffbahn, einlagig	m	32	54	**62**	79	117
			27	46	**52**	66	98
35	Attikaanschluss, Kunststoffbahn, einlagig	m	26	47	**58**	65	78
			22	39	**48**	54	66
36	Balkonabdichtung, zweilagig, PYE PV 200 S5 u. PYE G200 S5	m²	47	55	**58**	68	80
			39	46	**49**	57	67
37	Wandanschluss, Abdichtung, Balkon, zweilagig	m	31	55	**68**	85	114
			26	46	**57**	72	96
38	Flüssigabdichtung, PMMA, 2,1mm	m²	–	79	**91**	111	–
			–	67	**77**	93	–
39	Flüssigabdichtung, PU-Harz/Vlies, 2,1mm	m²	–	133	**152**	186	–
			–	111	**128**	156	–
40	Abdichtungsanschluss, Fenstertür, Abdeckblech	m	53	79	**85**	105	137
			44	66	**72**	89	115
41	Wandanschluss, Dachabdichtung, Aluminiumprofil	m	16	24	**27**	32	40
			13	20	**23**	27	34
42	Notüberlauf, Attika, DN 100, Freispiegel	St	151	311	**369**	610	996
			127	261	**310**	513	837
43	Flachdachablauf, mit Kiesfang, UP-GF, DN70, Freispiegel	St	139	190	**219**	267	337
			117	159	**184**	224	283
44	Flachdachablauf, mit Kiesfang, PUR, DN100, Druckstrom	St	162	282	**326**	426	649
			136	237	**274**	358	546
45	Aufstockelement, bauseitigen Dachablauf	St	88	112	**131**	152	209
			74	94	**110**	128	176
46	FD-Dunstrohreinfassung, bis 150mm	St	81	143	**165**	185	233
			68	120	**139**	156	196

000
001
002
006
008
009
010
012
013
014
016
017
018
020
021
022

Nr.	Positionen	Einheit	►	▷	ø brutto € / ø netto €	◁	◄
47	Durchführung andichten, Anschweißflansch	St	36	61	**77**	91	112
			30	52	**65**	76	94
48	Blitzschutzdurchführung, Formteil, D=100	St	42	60	**68**	92	132
			35	50	**57**	77	111
49	Leitungseinfassung, Flachdach, Klemmanschluss	St	51	113	**133**	208	372
			43	95	**111**	175	313
50	Lichtkuppel, zweischalig, rund, Aufsetzkranz, 800mm	St	951	1.892	**2.326**	2.671	3.325
			799	1.590	**1.955**	2.245	2.794
51	Lichtkuppel, zweischalig, rechteckig, Aufsetzkranz, 1.200x1.200mm, RWA	St	1.358	2.157	**2.389**	3.111	4.318
			1.142	1.812	**2.008**	2.614	3.628
52	Anschluss Flachdachdichtung an Lichtkuppel	St	174	243	**282**	365	522
			146	204	**237**	306	438
53	Schutzmatte, Gummigranulat, Dachdichtung	m²	12	19	**22**	28	45
			10	16	**18**	24	38
54	Kiesschüttung, 16/32, Dach	m²	9	18	**21**	32	63
			8	15	**18**	27	53
55	Trennlage, PE-Folie, Dach	m²	3	5	**7**	8	12
			3	4	**5**	7	10
56	Stundensatz, Facharbeiter/-in	h	69	89	**95**	100	111
			58	75	**80**	84	93
57	Stundensatz, Helfer/-in	h	54	72	**81**	87	97
			45	61	**68**	73	81

Kosten:
Stand 1. Quartal 2026
Bundesdurchschnitt

Nr. **Kurztext** / Langtext — Kostengruppe
► ▷ **ø netto €** ◁ ◄ [Einheit] Ausf.-Dauer Positionsnummer

1 Voranstrich, Dampfsperre — KG **363**

Voranstrich bzw. Haftgrund für Dampfsperre aus Bitumenbahnen, vollflächig, auf oberflächentrockene Fläche.
Ausführung: Bitumenemulsion
Untergrund: Beton
Neigung: .....

0,9€ 2,4€ **3,0€** 4,0€ 6,9€ [m²] ⏱ 0,04h/m² 021.000.003

2 Trennlage/untere Lage, V13, auf Holz — KG **363**

Trennlage oder Vordeckung, aus Bitumenbahn mit Glasvlieseinlage, Nähte überlappend, im Nahtbereich mechanisch befestigt.
Funktion: .....
Untergrund: Holzwerkstoff aus .....
Ausführung Bahn: V13
Einbauort: Dach
Neigung: .....

2€ 5€ **6€** 7€ 10€ [m²] ⏱ 0,10h/m² 021.000.004

► min
▷ von
ø Mittel
◁ bis
◄ max

Nr.	Kurztext / Langtext						Kostengruppe
▶	▷	ø netto €	◁	◀	[Einheit]	Ausf.-Dauer	Positionsnummer

3 Trennlage/untere Lage, G200 DD, auf Holz KG **363**

Trennlage oder Vordeckung, Bitumenbahn mit Glasvlieseinlage, Nähte überlappend, im Nahtbereich mechanisch befestigt.
Funktion: .....
Untergrund: Holz oder Holzwerkstoff aus .....
Ausführung Bahn: Bitumen-Dachdichtungsbahn - G 200 DD mit Glasgewebeeinlage 200 g/m²
Einbauort: Dach
Neigung: .....

9€	12€	**14€**	16€	19€	[m²]	⏱ 0,10h/m²	021.000.054

4 Dampfsperre hochführen, aufgehende Bauteile KG **363**

Hochführen der Dampfsperre aus Bitumenbahn an aufgehenden Bauteilen, bis **OK Wärmedämmung / Dämmkeil,** starr anschließen.
Bauteil: Außenwand, Attika
Untergrund: Beton
Dampfsperre: Bitumenbahn V60S4

4€	7€	**8€**	10€	14€	[m]	⏱ 0,10h/m	021.000.055

5 Trennlage/Ausgleichsschicht, PE-Folie KG **363**

Trennlage / Ausgleichsschicht, lose verlegt unter der lose verlegten Kunststoff-Dampfsperre.
Bahnentyp: PE-Folie, 0,2 mm
Untergrund: Betondecke

0,9€	3,6€	**4,6€**	6,2€	9,2€	[m²]	⏱ 0,02h/m²	021.000.146

6 Dampfsperre, auf Beton KG **363**

Dampfsperre aus Bitumenschweißbahn mit Metalleinlage, Stöße und Nähte verschweißt.
Untergrund: Betondecke mit Bitumenvoranstrich
Einbauort: Flachdach, nicht belüftet
Bahnentyp: .....
Verklebung: punkt- oder streifenweise
sd-Wert: mind. 1.500 m

10€	14€	**16€**	18€	26€	[m²]	⏱ 0,10h/m²	021.000.005

7 Dampfsperre, Alu-Verbundfolie, mind. 1.500m KG **363**

Dampfsperre aus Aluminium-Verbundfolie, selbstklebend, Stöße überlappend.
Untergrund: Betondecke
Einbauort: Flachdach, nicht belüftet
Bahnentyp: Alu-Verbundfolie
Verklebung: selbstklebend
sd-Wert: mind. 1.500 m
Einbauort: .....

2€	7€	**8€**	11€	18€	[m²]	⏱ 0,04h/m²	021.000.007

000
001
002
006
008
009
010
012
013
014
016
017
018
020
021
022

Nr.	Kurztext / Langtext						Kostengruppe
►	▷	ø netto €	◁	◄	[Einheit]	Ausf.-Dauer	Positionsnummer

A 1 Wärmedämmung DAA, EPS 035 — Beschreibung für Pos. **8-10**

Wärmedämmung aus Polystyrol-Hartschaumplatten, für nichtbelüftetes Flachdach, einlagig und dicht gestoßen verlegen, streifenweise geklebt.
Untergrund: Dampfsperre
Dämmstoff: EPS
Anwendungstyp: DAA - dm
Brandverhaltensklasse: .....

8 Wärmedämmung DAA, EPS 035, bis 80mm — KG **363**

Wie Ausführungsbeschreibung A 1
Plattenrand: umlaufend gefalzt
Bemessungswert der Wärmeleitfähigkeit: max. 0,035 W/(mK)
Nennwert der Wärmeleitfähigkeit: 0,034 W/(mK)
Dämmstoffdicke: über 60 bis 80 mm
Angeb. Fabrikat: .....

►	▷	ø	◁	◄	[Einheit]	Ausf.-Dauer	Positionsnummer
19€	23€	**25€**	27€	33€	[m²]	⏱ 0,14 h/m²	021.000.008

9 Wärmedämmung DAA, EPS 035, bis 140mm — KG **363**

Wie Ausführungsbeschreibung A 1
Plattenrand: umlaufend gefalzt
Bemessungswert der Wärmeleitfähigkeit: max. 0,035 W/(mK)
Nennwert der Wärmeleitfähigkeit: 0,034 W/(mK)
Dämmstoffdicke: über 80 bis 140 mm

►	▷	ø	◁	◄	[Einheit]	Ausf.-Dauer	Positionsnummer
25€	33€	**35€**	41€	52€	[m²]	⏱ 0,14 h/m²	021.000.009

10 Wärmedämmung DAA, EPS 035, bis 240mm — KG **363**

Wie Ausführungsbeschreibung A 1
Plattenrand: umlaufend gefalzt
Bemessungswert der Wärmeleitfähigkeit: max. 0,035 W/(mK)
Nennwert der Wärmeleitfähigkeit: 0,034 W/(mK)
Dämmstoffdicke: 240 mm

►	▷	ø	◁	◄	[Einheit]	Ausf.-Dauer	Positionsnummer
32€	43€	**51€**	55€	68€	[m²]	⏱ 0,15 h/m²	021.000.096

Kosten:
Stand 1. Quartal 2026
Bundesdurchschnitt

► min
▷ von
ø Mittel
◁ bis
◄ max

A 2 Wärmedämmung DAA, PUR FD 024, kaschiert Beschreibung für Pos. **11-12**

Wärmedämmung aus Polyurethan-Hartschaumplatten mit beidseitiger Kaschierung aus Aluminium, für nichtbelüftetes Flachdach, einlagig und dicht gestoßen verlegen, streifenweise geklebt, Stöße der Kaschierung überlappt und verklebt.
Untergrund: Dampfsperre aus .....
Einbauort: Flachdach
Dämmstoff: PUR
Anwendungstyp: DAA - dh (Wert der Druckbelastbarkeit nach Leistungserklärung/CE-Kennzeichnung des Produkts bei einer Stauchung von 10%)
Brandverhaltensklasse: .....

11 Wärmedämmung DAA, PUR 024 bis 120mm, kaschiert KG **363**

Wie Ausführungsbeschreibung A 2
Plattenrand: umlaufend gefalzt
Bemessungswert der Wärmeleitfähigkeit: max. 0,024 W/(mK)
Nennwert der Wärmeleitfähigkeit: 0,023 W/(mK)
Dämmstoffdicke: **80 / 100 / 120** mm

28€ 35€ **38€** 41€ 49€ [m²] ⏱ 0,14h/m² 021.000.010

12 Wärmedämmung DAA, PUR 024, 180mm, kaschiert KG **363**

Wie Ausführungsbeschreibung A 2
Plattenrand: umlaufend gefalzt
Bemessungswert der Wärmeleitfähigkeit: max. 0,024 W/(mK)
Nennwert der Wärmeleitfähigkeit: 0,023 W/(mK)
Dämmstoffdicke: 180 mm

49€ 61€ **69€** 79€ 110€ [m²] ⏱ 0,18h/m² 021.000.097

13 Wärmedämmung DAA, CG 045, 140mm KG **363**

Wärmedämmung aus Schaumglas-Dämmplatten, hoch druckbelastbar, einlagig dicht stoßen und mit Heißbitumen vollflächig verkleben, Platten mit versetzten, pressgestoßenen und bitumengefüllten Fugen, inkl. Deckaufstrich aus Heißbitumen.
Untergrund: Rohbetondecke
Einbauort: Flachdach
Dämmstoff: CG
Anwendungstyp: DAA - ds
Bemessungswert der Wärmeleitfähigkeit: max. 0,045 W/(mK)
Nennwert der Wärmeleitfähigkeit: 0,044 W/(mK)
Brandverhaltensklasse: A1, nicht brennbar
Dämmstoffdicke: 140 mm
Plattenrand: ohne Profil

95€ 117€ **125€** 144€ 176€ [m²] ⏱ 0,25h/m² 021.000.013

Nr.	Kurztext / Langtext						Kostengruppe
▶	▷	**ø netto €**	◁	◀	[Einheit]	Ausf.-Dauer	Positionsnummer

14 Wärmedämmung DUK, XPS 040, 140mm KG **363**

Wärmedämmung aus extrudierten Polystyrol-Hartschaumplatten, für Umkehrdach, oberhalb der Dachabdichtung lose verlegt, einlagig.
Untergrund: Dachabdichtung mit Trennlage
Einbauort: Flachdach, Gefälle .....°
Nutzung: .....
Dämmstoff: XPS
Anwendungstyp: DUK - ds
Bemessungswert der Wärmeleitfähigkeit: max. 0,040 W/(mK)
Nennwert der Wärmeleitfähigkeit: 0,039 W/(mK)
Brandverhaltensklasse: E, normal entflammbar
Dämmstoffdicke: bis 140 mm
Plattenrand: umlaufend profiliert

▶	▷	ø	◁	◀	Einheit	Ausf.-Dauer	Positionsnummer
33€	49€	**51€**	61€	77€	[m²]	⏱ 0,20h/m²	021.000.062

15 Wärmedämmung DAA, MW 038, 160mm KG **363**

Wärmedämmung aus Mineralwolle-Dämmplatten, für nichtbelüftetes Flachdach, dicht gestoßen und punktweise verklebt, einlagig.
Untergrund: Dampfsperre aus .....
Einbauort: Flachdach
Dämmstoff: MW
Anwendungstyp: DAA-dm
Bemessungswert der Wärmeleitfähigkeit: max. 0,037 W/(mK)
Nennwert der Wärmeleitfähigkeit: 0,036 W/(mK)
Brandverhaltensklasse: A1, nicht brennbar
Dämmstoffdicke: 160 mm
Plattenrand: ohne Profil

▶	▷	ø	◁	◀	Einheit	Ausf.-Dauer	Positionsnummer
–	36€	**41€**	49€	–	[m²]	⏱ 0,22h/m²	021.000.099

16 Übergang, Dämmkeil, EPS-Hartschaum, 60x60mm KG **363**

Dämmkeil aus Hartschaum, am Anschluss der Flachdachdämmung an aufgehenden Bauteilen, Ecken mit Gehrungsschnitt.
Dämmstoff: EPS
Zuschnittwinkel: 45°
Abmessung: 60 x 60 mm

▶	▷	ø	◁	◀	Einheit	Ausf.-Dauer	Positionsnummer
2€	4€	**5€**	8€	13€	[m]	⏱ 0,04h/m	021.000.014

Kosten:
Stand 1. Quartal 2026
Bundesdurchschnitt

▶ min
▷ von
ø Mittel
◁ bis
◀ max

Nr.	Kurztext / Langtext						Kostengruppe
▶	▷	**ø netto €**	◁	◀	[Einheit]	Ausf.-Dauer	Positionsnummer

17 Unterkonstruktion, Kantholz, bis 100x60mm KG **363**

Unterkonstruktion aus Kantholz, für Flachdach, Befestigung mit korrosionsgeschützten Befestigungsmitteln. Chem. Holzschutz wird gesondert vergütet.
Einbauort: **Dachaufbau / Attika / Brüstung**
Funktion: .....
Untergrund: .....
Holzart: Nadelholz
Sortierklasse: S10 DIN 4074-1
Querschnitt (H x B): 60 x 100 mm
Gebrauchsklasse: 3.1
Oberfläche: .....

9€ | 12€ | **14€** | 16€ | 19€ | [m] | ⏱ 0,10h/m | 021.000.015

18 Unterkonstruktion, Holzbohlen, 40x120mm KG **363**

Unterkonstruktion aus Holzbohle, für Flachdach, Befestigung mit korrosionsgeschützten Befestigungsmitteln. Chem. Holzschutz wird gesondert vergütet.
Einbauort: Attika
Funktion: .....
Untergrund: .....
Holzart: Nadelholz
Festigkeitsklasse: C24 DG DIN EN 14081-1
Querschnitt (H x B): 40 x 120 mm
Gebrauchsklasse: 3.1
Oberfläche: .....

20€ | 25€ | **26€** | 29€ | 35€ | [m] | ⏱ 0,20h/m | 021.000.016

19 Fugenabdichtung, Silikon KG **363**

Elastische Verfugung mit Silikon, inkl. notwendiger Flankenvorbehandlung an den Anschlussflächen und Hinterlegen der Fugenhohlräume mit geeignetem Hinterstopfmaterial.
Fugebreite: min. 6 mm
Fugendicke: min. 10 mm

2€ | 5€ | **6€** | 8€ | 10€ | [m] | ⏱ 0,05h/m | 021.000.017

20 Bewegungsfuge, Typ I, Schleppstreifen, Bitumenbahn KG **363**

Bewegungsfuge für Flachdachaufbau, Ausbildung mit Schleppstreifen der Dachdichtungsbahnen.
Fugentyp: I
Fugenbewegung: max. 5 mm
Aufbau Flachdach: .....
Breite Schleppstreifen: 200 mm

32€ | 40€ | **44€** | 50€ | 66€ | [m] | ⏱ 0,35h/m | 021.000.141

000
001
002
006
008
009
010
012
013
014
016
017
018
020
021
022

Nr.	Kurztext / Langtext						Kostengruppe
▶	▷	**ø netto €**	◁	◀	[Einheit]	Ausf.-Dauer	Positionsnummer

21 Dachabdichtung PYE G200, S4/S5, untere Lage KG **363**

Untere Lage der Dachabdichtung, für nicht genutzte Dächer, aus Polymerbitumen-Schweißbahn, Stöße überlappend, verschweißen.
Flachdachgefälle: über 2%
Untergrund: EPS-Gefälledämmung
Bahnenart: PYE-G 200 **S4 / S5**
Eigenschaftsklasse: E1 - DIN 18351
Anwendungstyp: DU
Höhe Dachrand über Grund: ..... m

▶	▷	ø	◁	◀	Einheit	Ausf.-Dauer	Positionsnummer
13€	16€	**18€**	19€	23€	[m2]	⏱ 0,12h/m2	021.000.019

22 Dachabdichtung PYE PV200 S5, obere Lage KG **363**

Obere Lage der Dachabdichtung, für **nicht genutzte / genutzte** Dächer, aus Polymerbitumen-Schweißbahn, Stöße überlappend, verschweißen.
Flachdachgefälle: über 2%
Untergrund: Bitumenbahn
Bahnenart: PYE-PV 200 S5
Eigenschaftsklasse: E1 - DIN 18351
Anwendungstyp: DO
Brandverhaltensklasse: E
Höhe Dachrand über Grund: .....

▶	▷	ø	◁	◀	Einheit	Ausf.-Dauer	Positionsnummer
16€	22€	**25€**	33€	53€	[m2]	⏱ 0,14h/m2	021.000.020

23 Dachabdichtung PYE PV 200 S5 Cu01, Wurzelschutz, obere Lage KG **363**

Obere Lage der Dachabdichtung als Wurzelschutzbahn, aus Polymerbitumen-Schweißbahn, Stöße überlappend, verschweißen.
Flachdachgefälle: über 2%
Untergrund: PYE-Schweißbahn
Bahnenart: PYE-PV 200 S5+Cu01
Eigenschaftsklasse: E1 - DIN 18351
Anwendungstyp: DO
Brandverhaltensklasse: E
Höhe der Attika über Grund: .....

▶	▷	ø	◁	◀	Einheit	Ausf.-Dauer	Positionsnummer
29€	37€	**38€**	40€	48€	[m2]	⏱ 0,20h/m2	021.000.021

24 Dachabdichtung PYE PV 200 S5, Wurzelschutz, obere Lage KG **363**

Obere Lage der Dachabdichtung als Wurzelschutzbahn, aus Polymerbitumen-Schweißbahn, Stöße überlappend, verschweißen.
Flachdachgefälle: über 2%
Untergrund: PYE-Schweißbahn
Bahnenart: PYE-PV 200 S5
Eigenschaftsklasse: E1 - DIN 18351
Anwendungstyp: DO
Brandverhaltensklasse: E
Höhe der Attika über Grund: .....

▶	▷	ø	◁	◀	Einheit	Ausf.-Dauer	Positionsnummer
19€	26€	**29€**	33€	49€	[m2]	⏱ 0,20h/m2	021.000.110

Kosten:
Stand 1. Quartal 2026
Bundesdurchschnitt

▶ min
▷ von
ø Mittel
◁ bis
◀ max

25 Dachabdichtung zweilagig, Polymerbitumen-Schweißbahnen KG **363**

Dachabdichtung aus Polymerbitumenbahnen, zweilagig, Stöße überlappend, verschweißen.
Flachdachgefälle: über 2%
Untergrund: EPS-Gefälledämmung
1.Untere Lage: PYE-G 200 S4/S5
Anwendungstyp: DU/E1 - DIN 18531
2.Obere Lage: PYE-PV200 S5
Anwendungstyp: DO/E1 - DIN 18531
Höhe Attika über Grund: .....

29€ 37€ **40€** 43€ 50€ [m²] ⏱ 0,25h/m² 021.000.065

26 Wandanschluss, gedämmt EPS 035, zweilagige Abdichtung KG **363**

Dachabdichtung DIN 18531 gegen nichtdrückendes Wasser für hohe Beanspruchung, durchwurzelungsfest nach FLL-Verfahren, für genutzte Dachflächen mit Begrünung.
Neigung: mind. 2%
Anwendungsklasse Flachdach: K1
Unterlage: Beton
Abdichtung zweilagig
1. Untere Lage: PV 200 DD mit Polyestervlieseinlage 200/250 g/m²
Anwendungstyp: DU, in Polymer-Bitumen vollflächig vergossen
Eigenschaftsklasse: E1
punkt- /streifenweise kleben
2. Obere Lage: PYE - PV 200 S5 mit Polyestervlieseinlage 200/250 g/m²
Anwendungstyp DO, vollflächig schweißen
Bemessungswert der Wärmeleitfähigkeit: max. 0,035 W/(mK)
Nennwert Wärmeleitfähigkeit: 0,034 W/(mK)

31€ 42€ **48€** 60€ 82€ [m] ⏱ 0,40h/m 021.000.022

27 Attikaabschluss, gedämmt, zweilagige Abdichtung KG **363**

Anschluss der Dachabdichtung aus Polymerbitumenbahnen an aufgehende Bauteile, zweilagige, wie Flächenabdichtung, einschl.:

- hochgeführte Wärmedämmung aus Polystyrol-Hartschaumplatte
- Kantholz als oberer Abschluss der Dämmung
- Dämmstoffkeil
- Klemmschiene aus Aluminium als mechanischer Befestigung am oberen Rand des Anschlusses
- Schutz aus Überhangstreifen/Abdeckprofil, inkl. elastischer Versiegelung der Anschlussfuge

Höhe ü. OK Dachbelag: mind. 150 mm
Aufgehendes Bauteil: Wand, aus .....
Abdichtungsbahnen Typ: **DU/E2 und DO/E1** bzw. **DU/E1 und DO/E1**
Einwirkungsklasse: IA
Wärmedämmung: EPS 035, 80 mm
Bemessungswert der Wärmeleitfähigkeit: max. 0,035 W/(mK)
Nennwert Wärmeleitfähigkeit: 0,034 W/(mK)
Dämmkeil: EPS 035, 60 x 60 mm
Nadelholz, Festigkeitsklasse: S10, 80 x 60 mm
Überhangblech: **Titanzink / Aluminium / .....**, Z = 250 mm, dreifach gekantet

32€ 53€ **65€** 74€ 91€ [m] ⏱ 0,30h/m 021.000.023

Nr.	Kurztext / Langtext						Kostengruppe
▶	▷	ø netto €	◁	◀	[Einheit]	Ausf.-Dauer	Positionsnummer

28 Dachabdichtung, Kunststoffbahn, PVC 1,5mm, einlagig KG **363**

Dachabdichtung für nicht genutztes Dach aus Kunststoffbahn, einlagig, mit Verstärkungslage, beidseitig beschichtet mit thermoplastischem Elastomer, Naht- und Stoßverbindungen verschweißen, Bahn lose verlegen und mechanisch befestigt. Mechanische Befestigung wird in gesonderter Position vergütet.
Untergrund: Dämmung aus .....
Einwirkungsklasse: IA
Flachdachgefälle: mind. 2%
Bahnenart: PVC-P (PVC-P-NB-V-GV), mit Verstärkungslage, beidseitig beschichtet mit thermoplastischem Elastomer
Bahnendicke: 1,5 mm
Eigenschaftsklasse: E1
Anwendungstyp: DE
Brandverhaltensklasse: E
Höhe Attika über Grund: .....

▶	▷	ø	◁	◀	Einheit	Ausf.-Dauer	Positionsnummer
–	33€	**37€**	45€	–	[m²]	⏱ 0,18h/m²	021.000.113

29 Dachabdichtung, Kunststoffbahn, FPO, einlagig KG **363**

Dachabdichtung für nicht genutztes Dach aus Kunststoffbahn, einlagig, Naht- und Stoßverbindungen verschweißen, Bahn lose verlegen und mechanisch befestigt. Mechanische Befestigung wird in gesonderter Position vergütet.
Untergrund: Dämmung aus .....
Einwirkungsklasse: IA
Flachdachgefälle: mind. 2%
Bahnenart: FPO, mit Glasvlieseinlage, beidseitig beschichtet mit thermoplastischem Elastomer
Bahnendicke: 2,0 mm
Eigenschaftsklasse: E1
Anwendungstyp: DE
Brandverhaltensklasse: E
Höhe Attika über Grund: .....

▶	▷	ø	◁	◀	Einheit	Ausf.-Dauer	Positionsnummer
31€	36€	**41€**	47€	53€	[m²]	⏱ 0,14h/m²	021.000.114

30 Dachabdichtung, Kunststoffbahn, PIB, einlagig KG **363**

Dachabdichtung für nicht genutztes Dach aus Kunststoffbahn, einlagig, Naht- und Stoßverbindungen verschweißen, Bahn lose verlegen und mechanisch befestigt. Mechanische Befestigung wird in gesonderter Position vergütet.
Untergrund: Dämmung aus .....
Einwirkungsklasse: IA,
Flachdachgefälle: mind. 2%
Bahnenart: PIB-BV-K-PV, beidseitig beschichtet mit thermoplastischem Elastomer
Bahnendicke: 1,5 mm
Eigenschaftsklasse: E1
Anwendungstyp: DE
Brandverhaltensklasse: E
Höhe Attika über Grund: .....

▶	▷	ø	◁	◀	Einheit	Ausf.-Dauer	Positionsnummer
42€	48€	**52€**	54€	61€	[m²]	⏱ 0,18h/m²	021.000.115

Kosten:
Stand 1. Quartal 2026
Bundesdurchschnitt

▶ min
▷ von
ø Mittel
◁ bis
◀ max

31 **Dachabdichtung, Kunststoffbahn, EVA, einlagig, 1,5mm** KG **363**

Dachabdichtung für nicht genutztes Dach aus Kunststoffbahn, einlagig und wurzelfest nach FLL-Richtlinien, Naht- und Stoßverbindungen selbstklebend, Bahn lose verlegen und mechanisch befestigt, inkl. korrosionsbeständige Befestiger.
Untergrund: Dämmung aus .....
Einwirkungsklasse: IA
Flachdachgefälle: mind. 2%
Bahnenart: Ethylen-Vinyl-Acetat Terpolymer - EVA-BV-SK
Bahnendicke: 1,5 mm
Eigenschaftsklasse: E1
Anwendungstyp: DE
Brandverhaltensklasse: E
Höhe Attika über Grund: .....

24€ 33€ **37€** 41€ 50€ [m²] ⏱ 0,14h/m² 021.000.024

32 **Wandabschluss, Dachdichtung, EPDM** KG **363**

Wandanschluss der Dachabdichtung mit Elastomerbahnen, Ethylen-Propylen-Dien-Kautschuk (EPDM) DIN EN 13956, bitumenverträglich, vollflächig kleben und durch Nageln mechanisch befestigen.
Anschluss: starr
Höhe über Belag: bis 50 cm

37€ 47€ **47€** 48€ 55€ [m] ⏱ 0,10h/m 021.000.144

33 **Windsogsicherung, Dachabdichtung** KG **363**

Mechanische Befestigung der einlagigen Kunststoff-Dachdichtung, linear, Anzahl und Anordnung der Befestiger gem. Verlegeplan, befestigt durch Dämmung in den tragfähigen Untergrund, mit korrosionsbeständigem Material.
Untergrund: .....
Windzone: .....
Befestigungsbereich: **Eckbereich / Randbereich / Feldmitte**
Befestigungen: Schienen

7€ 12€ **13€** 16€ 20€ [m²] ⏱ 0,08h/m² 021.000.045

000 001 002 006 008 009 010 012 013 014 016 017 018 020 **021** 022

Nr.	Kurztext / Langtext						Kostengruppe
►	▷	ø netto €	◁	◄	[Einheit]	Ausf.-Dauer	Positionsnummer

Kosten:
Stand 1. Quartal 2026
Bundesdurchschnitt

34 Wandanschluss, gedämmt, Kunststoffbahn, einlagig KG **363**

Anschluss der Dachabdichtung aus Kunststoffbahnen an aufgehende Bauteile, einlagig, einschl.:

- hochgeführte Wärmedämmung aus Polyurethan, kaschiert, mind. 200 mm über wasserführender Schicht
- Kantholz als oberer Abschluss der Dämmung
- Dämmstoffkeile
- Klemmprofil aus Aluminium zur mechanischen oberen Befestigung der Kunststoffbahn
- elastische Versiegelung der Anschlussfuge
- Abdeckprofil aus Metallblech über Dämmung, Kantholz und Klemmprofil

Aufgehendes Bauteil: **Wand / Brüstung**
Untergrund: **Leichtbeton / Beton / Ziegelmauerwerk**
Abdichtungsbahn: .....
Wärmedämmung: PUR, 60 mm
Bemessungswert der Wärmeleitfähigkeit: max. 0,025 W/(mK)
Nennwert Wärmeleitfähigkeit: 0,034 W/(mK)
Nennwert der Wärmeleitfähigkeit: 0,024 W/(mK)
Dämmkeil: PUR 60 x 60 mm
Kantholz: S10 80 x 60 mm
Klemmschiene: Aluminium, natur
Abdeckprofil: **Titanzink / Kupfer / .....**
Zuschnitt: Z300, vierfach gekantet
Flachdachgefälle: >2°
Höhe Attika über Grund: .....
Angeb. Fabrikat: .....

27€	46€	**52€**	66€	98€	[m]	⏱ 0,45h/m	021.000.025

35 Attikaanschluss, Kunststoffbahn, einlagig KG **363**

Anschluss der Dachabdichtung an Attika, einlagige Kunststoffbahn, Ausführung wie Flächenabdichtung, einschl.:

- Wärmedämmung aus PUR Hartschaumplatte hochführen bis UK bauseitige Holzwerkstoffplatte
- Dämmstoffkeil,
- Dachdichtungsbahn hochführen und Attika-Aufsicht abdecken

Aufgehendes Bauteil: Attika, aus .....
Zuschnitt (H x B): ..... x .....
Anwendungskategorie Flachdach: **K1 / K2** DIN 18531
Abdichtungsbahnen Typ: DE
Einwirkungsklasse: IA
Wärmedämmung: PUR 025, 80 mm
Bemessungswert der Wärmeleitfähigkeit: max. 0,025 W/(mK)
Nennwert Wärmeleitfähigkeit: 0,024 W/(mK)
Dämmkeil: EPS 035, 60 x 60 mm
Attikaabdeckung mit Halterung werden gesondert vergütet.

22€	39€	**48€**	54€	66€	[m]	⏱ 0,40h/m	021.000.026

► min
▷ von
ø Mittel
◁ bis
◄ max

Nr.	Kurztext / Langtext						Kostengruppe
▶	▷	**ø netto €**	◁	◀	[Einheit]	Ausf.-Dauer	Positionsnummer

36 Balkonabdichtung, zweilagig, PYE PV 200 S5 u. PYE G200 S5 KG **353**

Abdichtung von Balkonflächen aus Bitumenschweißbahnen, zweilagig, Stöße überlappend; inkl. Voranstrich.
Untergrund: Stahlbetonbalkonplatte
Voranstrich: **Bitumen / Emulsion**, 300 g/m²
Untere Lage: PYE-PV 200 S5, DU-E1 DIN 18531, punkt-/streifenweise schweißen
Obere Lage: PYE-G 200 S5, DO-E1 DIN 18531, vollflächig schweißen
Einwirkungsklasse: IA
Balkongefälle: >2%
Einbauort: in allen Geschossen

39€	46€	**49€**	57€	67€	[m²]	⏱ 0,25h/m²	021.000.042

37 Wandanschluss, Abdichtung, Balkon, zweilagig KG **353**

Anschluss der Balkonabdichtung aus Bitumenbahnen an aufgehende Bauteile, zweilagige Ausführung wie Flächenabdichtung, einschl.:

- hochgeführte Wärmedämmung aus Polystyrol-Hartschaumplatte
- Dämmstoffkeil
- Anschluss mind. 150 mm über Oberkante Belag
- Klemmprofil aus Aluminium, natur, mechanische obere Befestigung der Abdichtung
- Schutz aus Abdeckprofil aus Metallblech, inkl. elastische Versiegelung der Anschlussfuge

Aufgehendes Bauteil: Wand, aus .....
Abdichtungsbahnen Typ: **DU/E2 und DO/E1** bzw. **DU/E1 und DO/E1**
Einwirkungsklasse: IA
Wärmedämmung: EPS 035, 80 mm
Bemessungswert der Wärmeleitfähigkeit: max. 0,035 W/(mK)
Nennwert Wärmeleitfähigkeit: 0,034 W/(mK)
Dämmkeil: EPS, 60 x 60 mm
Abdeckprofil: **Titanzink / Aluminium / .....**, Z=250 mm, dreifach gekantet

26€	46€	**57€**	72€	96€	[m]	⏱ 0,50h/m	021.000.043

38 Flüssigabdichtung, PMMA, 2,1mm KG **363**

Abdichtung mit zweikomponentigen Polymethylacrylat-Harz und Vlies, für nicht genutzte Dachflächen, mit Wurzelfestigkeit nach FLL-Richtlinien, lösemittelfrei und UV-stabil. Verarbeitung nach Verarbeitungsrichtlinien bzw. Herstellerrichtlinien und technischen Informationen.
Einbauort: .....
Dachneigung: mind. 2%
Einwirkungsklasse: IA
Eigenschaftsklasse: E1
Dauerhaftigkeit: W3 (25 Jahre)
Temperaturbeständigkeit: TL4 (-30°C) - TH4 (+90°C)
Brandverhalten: E und B ROOF (t1) - DIN EN 13501-1 und -5
Schichtdicke: mind. 2,1 mm
Vlies: Polyethylen, mind. 110 g/m²
Farbton: **grüngrau / gelbgrau**
Ökol. Anforderung: 80% der Harze aus nachwachsenden Rohstoffen

–	67€	**77€**	93€	–	[m²]	⏱ 0,20h/m²	021.000.121

000 001 002 006 008 009 010 012 013 014 016 017 018 020 **021** 022

Nr.	Kurztext / Langtext						Kostengruppe
▶	▷	ø netto €	◁	◀	[Einheit]	Ausf.-Dauer	Positionsnummer

39 Flüssigabdichtung, PU-Harz/Vlies, 2,1mm KG **363**

Abdichtung mit zweikomponentigen Polymethylacrylat-Harz und Vlies, für nicht genutzte Dachflächen, mit Wurzelfestigkeit nach FLL-Richtlinien, lösemittelfrei und UV-stabil. Verarbeitung nach Verarbeitungsrichtlinien bzw. Herstellerrichtlinien und technischen Informationen.
Einbauort: .....
Dachneigung: mind. 2%
Einwirkungsklasse: IA
Eigenschaftsklasse: E1
Dauerhaftigkeit: W3 (25 Jahre)
Temperaturbeständigkeit: TL4 (-30°C) - TH4 (+90°C)
Brandverhalten: E und B ROOF (t1) - DIN EN 13501-1 und -5
Schichtdicke: mind. 2,1 mm
Vlies: Polyethylen, mind. 110 g/m²
Farbton: **grüngrau / gelbgrau**
Ökol. Anforderung: 80% der Harze aus nachwachsenden Rohstoffen

– 111€ **128€** 156€ – [m²] ⏱ 0,40h/m² 021.000.084

40 Abdichtungsanschluss, Fenstertür, Abdeckblech KG **363**

Hochführen der Dachabdichtung und anschließen an Fenstertürprofil, Befestigung am unterem Querrahmen, mit Klemmprofil aus Metall und Überhangblech. Inkl. Versiegelung der obenliegenden Fuge mit elastischem Dichtungsband.
Einbauort: .....
Art der Abdichtung: Bitumen-Dachdichtungsbahn, zweilagig
Klemmprofil: Aluminium, natur
Überhangprofil: Aluminium, Z ..... mm, ...fach gekantet

44€ 66€ **72€** 89€ 115€ [m] ⏱ 0,60h/m 021.000.049

41 Wandanschluss, Dachabdichtung, Aluminiumprofil KG **363**

Wandanschlussprofil aus stranggepresstem Aluminiumblech, für den Anschluss der Abdichtungsbahnen an aufgehendem Bauteil, Stöße hinterlegt, inkl. elastischer Versiegelung der obenliegenden Fuge.
Einbauort: .....
Material: Aluminium
Oberfläche: eloxiert .....
Art der Abdichtung: ......, ...lagig

13€ 20€ **23€** 27€ 34€ [m] ⏱ 0,20h/m 021.000.028

42 Notüberlauf, Attika, DN 100, Freispiegel KG **363**

Notüberlauf Attika, mit Gefällestrecke und eingeschäumter Anschlussmanschette, mit Klebeflansch. Anschließen der Dachbahnen wird gesondert vergütet.
Dachdichtungsbahn: .....
Entwässerungsart: Freispiegel
Nenngröße: DN 100
Material: .....
Abflussvermögen: ca. ..... l/s
Attikabreite: ..... m

127€ 261€ **310€** 513€ 837€ [St] ⏱ 0,80h/St 021.000.060

Kosten:
Stand 1.Quartal 2026
Bundesdurchschnitt

▶ min
▷ von
ø Mittel
◁ bis
◀ max

43 **Flachdachablauf, mit Kiesfang, UP-GF, DN70, Freispiegel** KG **363**

Flachdachablauf, mehrteilig, zum Anschluss an Abwasserleitung, mit Aufstockelement, stufenlos höhenverstellbar, mit Dichtringen und Anschlussmanschetten für Dampfsperre und Abdichtung, mit Kiesfang, Nivellierstück und Balkonrost. Anschließen der Dachbahnen wird gesondert vergütet.
Einbauort: .....
Dampfsperre: .....
Dachdichtungsbahn: .....
Dämmstoffstärke: ..... mm
Baustoff: glasfaserverstärkter Kunststoff UP-GF
Nenngröße: DN70
Abgang Bauteil: wärmegedämmt
Anschlusskragen: .....
Entwässerungsart: Freispiegel
Abflussvermögen: ..... l/s
Heizung: .....

117€ 159€ **184€** 224€ 283€ [St] ⏱ 0,65h/St 021.000.036

44 **Flachdachablauf, mit Kiesfang, PUR, DN100, Druckstrom** KG **363**

Flachdachablauf, mehrteilig, zum Anschluss an Abwasserleitung, mit Aufstockelement, stufenlos höhenverstellbar, mit Dichtringen und Anschlussmanschetten für Dampfsperre und Abdichtung, mit Kiesfang, Nivellierstück und Balkonrost. Anschließen der Dachbahnen wird gesondert vergütet.
Einbauort: .....
Dampfsperre: .....
Dachdichtungsbahn: .....
Dämmstoffstärke: ..... mm
Baustoff: Polyurethan - PUR
Nenngröße: DN100
Abgang Bauteil: wärmegedämmt
Anschlusskragen: .....
Entwässerungsart: Druckströmung
Abflussvermögen: ..... l/s
Heizung: .....

136€ 237€ **274€** 358€ 546€ [St] ⏱ 0,70h/St 021.000.035

45 **Aufstockelement, bauseitigen Dachablauf** KG **363**

Aufstockelement für Flachdachablauf, zur Überbrückung der Dämmschicht, mit stufenlos einstellbarem Höhenausgleichstück, Dichtring, Dichtmanschetten und Schraubflansch zum Einklemmen von Dachdichtungsbahnen. Anschließen der Dachbahnen wird gesondert vergütet.
Einbauort: .....
Dampfsperre: .....
Dachdichtungsbahn: .....
Entwässerungsart: Freispiegel
Nennweite: **DN70 / DN100**
Dämmstoffdicke: **80 / ..... / 300** mm
Baustoff: **Gusseisen / Polyurethan**

74€ 94€ **110€** 128€ 176€ [St] ⏱ 0,30h/St 021.000.061

000 001 002 006 008 009 010 012 013 014 016 017 018 020 **021** 022

Nr.	Kurztext / Langtext						Kostengruppe
▶	▷	ø netto €	◁	◀	[Einheit]	Ausf.-Dauer	Positionsnummer

46 FD-Dunstrohreinfassung, bis 150mm KG **363**

Dunstrohreinfassung, wärmegedämmt, mit regensicherer Abdeckung, inkl. anschließen an Flachdachabdichtung, Klemmring und elastische Versiegelung.
Nennweite: 100-150 mm
Einbauort: .....

▶	▷	ø	◁	◀	Einheit	Ausf.-Dauer	Positionsnummer
68€	120€	**139€**	156€	196€	[St]	⏱ 0,40h/St	021.000.037

47 Durchführung andichten, Anschweißflansch KG **363**

Anschluss der Dachabdichtung, an Stab-/Rohrdurchführung, mit **Anschweiß- / Klebeflansch**.
Dachabdichtung: Bitumenbahn
Nennweite: bis DN 100
Ausführung nach Herstellervorgabe.

▶	▷	ø	◁	◀	Einheit	Ausf.-Dauer	Positionsnummer
30€	52€	**65€**	76€	94€	[St]	⏱ 0,18h/St	021.000.147

48 Blitzschutzdurchführung, Formteil, D=100 KG **363**

Anschluss Dachabdichtung an Blitzschutzdurchführung, mit Anschweiß-/Klebeflansch, für Material der Dachdichtung.
Dachabdichtung: Bitumenbahn
Durchmesser: bis 100 mm

▶	▷	ø	◁	◀	Einheit	Ausf.-Dauer	Positionsnummer
35€	50€	**57€**	77€	111€	[St]	⏱ 0,15h/St	021.000.145

49 Leitungseinfassung, Flachdach, Klemmanschluss KG **363**

Leitungsdurchführung für Flachdach, zweiteilig, mit Manschette und Dichtring. Anarbeiten und anschließen des Dachaufbaus an Durchführung wird getrennt vergütet.
Nenngröße Durchführung: DN100
Material: nichtrostender Stahl
Werkstoffnummer: .....
Dicke: 0,7 mm
Länge: 150 mm

▶	▷	ø	◁	◀	Einheit	Ausf.-Dauer	Positionsnummer
43€	95€	**111€**	175€	313€	[St]	⏱ 0,30h/St	021.000.038

50 Lichtkuppel, zweischalig, rund, Aufsetzkranz, 800mm KG **362**

Lichtkuppel für Flachdach, mit runder, zweischaliger Oberlichthaube, lichtdurchlässig und opal weiß, und Aluminium-Einfass-rahmen, mit nichtrostenden Öffnungseinrichtung und wärmegedämmtem Aufsetzkranz.
Untergrund: Stahlbeton
Funktion: Lüftung
wirksame Abzugsfläche: Aw = ... m²
Kuppel: zweischalig lichtdurchlässig, opal-weiß, Acrylglas
Kuppelgröße: Durchmesser 800-1.200 mm
Aufsatzkranz: Glasfaserkunststoff - UP-GF, Höhe ca. 500 mm, abgewickelte Fläche ca. ..... m²
Anschluss an Dachabdichtung gem. Flächenabdichtung mit Anschlussbahnen

Kosten:
Stand 1. Quartal 2026
Bundesdurchschnitt

▶ min
▷ von
ø Mittel
◁ bis
◀ max

Wärmedämmung:
- Kuppel U-Wert: ..... W/(m²K)
- Aufsetzkranz U-Wert: ..... W/(m²K)

Schalldämmwert: ..... dB
Einbruchsicherheit: RC .....
Hagelwiderstand: Klasse .....
Brandverhaltensklasse: C-s2, d0
Dachaufbau: .....

799€ | 1.590€ | **1.955€** | 2.245€ | 2.794€ | [St] | ⏱ 4,75h/St | 021.000.040

51 Lichtkuppel, zweischalig, rechteckig, Aufsetzkranz, 1.200x1.200mm, RWA KG **362**

Lichtkuppel für Flachdach, mit runder, zweischaliger Oberlichthaube, mit Aluminium-Einfassrahmen, mit nichtrostenden Öffnungseinrichtung und wärmegedämmtem Aufsetzkranz.
Untergrund: Stahlbeton
Funktion: RWA - Anlage, Rauchableitung
wirksame Abzugsfläche: Aw = 1,08 m²
Kuppel: zweischalig, lichtdurchlässig, klar-farblos, Acrylglas
Kuppelgröße: 1.200 x 1.200 mm
Aufsatzkranz: Glasfaserkunststoff - UP-GF, Höhe ca. 500 mm, abgewickelte Fläche ca. ..... m²
Anschlussdichtung: .....
Wärmedämmung:
- Kuppel U-Wert: ..... W/(m²K)
- Aufsetzkranz U-Wert: ..... W/(m²K)

Schalldämmwert: ..... dB
Hagelwiderstand: Klasse .....
Einbruchwiderstand: RC .....
Brandverhaltensklasse: C-s2, d0
Dachaufbau: .....

1.142€ | 1.812€ | **2.008€** | 2.614€ | 3.628€ | [St] | ⏱ 5,50h/St | 021.000.041

52 Anschluss Flachdachdichtung an Lichtkuppel KG **363**

Lichtkuppel anschließen an Dachabdichtung, mit Eckausbildungen und Verfugen der Anschlussoberkante mit Dichtungsmasse.
Einbauort: Flachdach
Dachabdichtung: Bitumenbahnen
Kuppelgröße (L x B): 1.000 x 1.000 mm
Höhe der Einfassung: 500 mm
Anschlussprofil: Klebeflansch

146€ | 204€ | **237€** | 306€ | 438€ | [St] | ⏱ 0,80h/St | 021.000.122

53 Schutzmatte, Gummigranulat, Dachdichtung KG **363**

Bautenschutzmatte, Schutzlage über Dachabdichtung verrottungsfest, bitumenbeständig, Matten stumpf stoßen und lose verlegen.
Material: Polyurethan-Kautschuk (Gummischrotmatte)
Mattendicke: ca. 10 mm
Einbauort: Flachdach

10€ | 16€ | **18€** | 24€ | 38€ | [m²] | ⏱ 0,10h/m² | 021.000.030

Kosten:
Stand 1.Quartal 2026
Bundesdurchschnitt

Nr.	Kurztext / Langtext						Kostengruppe
▶	▷	**ø netto €**	◁	◀	[Einheit]	Ausf.-Dauer	Positionsnummer

54 Kiesschüttung, 16/32, Dach KG **363**

Kiesschüttung, aus gewaschenem Rollkies.
Unterlage: Bautenschutzmatte
Körnung: 16/32 mm
Streifenbreite: ca. 50 cm
Schütthöhe i.M: bis 140 mm
Einbauort: begrüntes Flachdach
Höhe über Grund: ..... m

8€	15€	**18€**	27€	53€	[m²]	⏱ 0,16 h/m²	021.000.032

55 Trennlage, PE-Folie, Dach KG **363**

Schutzlage über Dachdichtung, lose verlegt, mit Nahtüberlappung.
Material: 0,2 mm PE-Folie
Einbauort: begrüntes Flachdach
Höhe über Grund: ..... m

3€	4€	**5€**	7€	10€	[m²]	⏱ 0,03 h/m²	021.000.031

56 Stundensatz, Facharbeiter/-in

Stundenlohnarbeiten für Vorarbeiter/-in, Facharbeiter/-in und Gleichgestellte. Leistung nach besonderer Anordnung der Bauüberwachung. Anmeldung und Nachweis gem. VOB/B.

58€	75€	**80€**	84€	93€	[h]	⏱ 1,00 h/h	021.000.078

57 Stundensatz, Helfer/-in

Stundenlohnarbeiten für Werker/-in, Helfer/-in und Gleichgestellte. Leistung nach besonderer Anordnung der Bauüberwachung. Anmeldung und Nachweis gem. VOB/B.

45€	61€	**68€**	73€	81€	[h]	⏱ 1,00 h/h	021.000.079

▶ min
▷ von
ø Mittel
◁ bis
◀ max

022

Kosten:
Stand 1. Quartal 2026
Bundesdurchschnitt

Nr.	Positionen	Einheit	►	▷	ø brutto € / ø netto €	◁	◄
1	Kleintierschutz, Metall	m	10	16	**19**	22	28
			8	14	**16**	18	23
2	Kleintierschutz, Kunststoff	m	6	9	**12**	13	17
			5	8	**10**	11	15
3	Traufblech, Titanzink, Z 333	m	21	29	**31**	37	56
			18	24	**26**	31	47
4	Traufblech, Kupfer, Z 333	m	25	35	**40**	45	64
			21	30	**33**	38	54
5	Traufblech, Aluminium, Z 333	m	22	27	**31**	35	42
			19	23	**26**	29	35
6	Traufblech, Eckausbildung	St	24	30	**37**	45	50
			20	25	**31**	38	42
7	Dachrinne, Titanzink, Z 250	m	37	45	**49**	53	62
			31	38	**42**	45	52
8	Dachrinne, Titanzink, Z 400	m	49	58	**62**	66	79
			42	49	**52**	56	66
9	Dachrinne, Titanzink, Kastenrinne, bis Z 333	m	46	54	**57**	64	81
			38	46	**48**	54	68
10	Dachrinne, Kupfer, bis Z 333	m	47	57	**62**	64	73
			40	48	**52**	54	61
11	Dachrinne, Aluminium, bis Z 333	m	50	57	**60**	64	73
			42	48	**51**	54	61
12	Rinnenstutzen, Titanzink	St	23	34	**38**	44	58
			19	29	**32**	37	49
13	Rinnenstutzen, Kupfer	St	33	52	**53**	59	72
			27	44	**44**	50	61
14	Wasserfangkasten, Titanzink	St	118	171	**186**	226	311
			99	144	**157**	190	261
15	Wasserfangkasten, Kupfer	St	132	254	**276**	311	488
			111	213	**232**	262	410
16	Wasserspeier, bis DN100	St	129	191	**219**	264	367
			108	161	**184**	222	308
17	Rinnenendstück, Rinnenboden, Titanzink	St	7	12	**15**	18	25
			6	10	**12**	15	21
18	Rinnenendstück, Rinnenboden, Kupfer	St	9	13	**15**	22	32
			7	11	**13**	18	27
19	Eckausbildung Dachrinne	St	45	60	**67**	81	108
			38	50	**56**	68	91
20	Rinnenwinkel außen, Dachrinne, Titanzink	St	40	51	**55**	64	78
			33	43	**46**	54	65
21	Rinnenwinkel außen, Dachrinne, Kupfer	St	39	59	**67**	83	108
			33	50	**57**	70	91
22	Rinnenwinkel innen, Dachrinne, Titanzink	St	39	49	**53**	60	72
			33	41	**44**	51	61
23	Rinnenwinkel innen, Dachrinne, Kupfer	St	39	62	**70**	86	108
			33	52	**58**	72	91
24	Fallrohr, Titanzink, DN100	m	31	42	**47**	53	73
			26	36	**39**	45	62

► min
▷ von
ø Mittel
◁ bis
◄ max

Nr.	Positionen	Einheit	►	▷	ø brutto € / ø netto €	◁	◄
25	Fallrohr, Kupfer, DN100	m	39	63	**65**	72	94
			33	53	**55**	60	79
26	Fallrohr, Aluminium, DN100	m	44	57	**59**	71	94
			37	48	**50**	60	79
27	Fallrohrabzweig, Titanzink, DN80/DN100	St	40	57	**62**	65	77
			34	47	**52**	55	65
28	Fallrohrbogen, Titanzink, bis DN100	St	15	23	**26**	30	43
			12	19	**22**	25	36
29	Fallrohrbogen, Kupfer, bis DN100	St	22	37	**38**	46	65
			18	31	**32**	39	54
30	Etagen-/Sockelknie, Regenfallrohr	St	30	39	**42**	46	56
			25	33	**36**	39	47
31	Standrohrkappe, Fallrohr, Titanzink	St	5	11	**13**	16	22
			4	9	**11**	13	18
32	Fallrohrklappe, Fallrohr, Titanzink/Kupfer	St	42	62	**69**	74	92
			35	52	**58**	62	77
33	Fallrohrschelle, WDVS	St	11	18	**21**	25	32
			10	15	**17**	21	27
34	Laubfangkorb, Abläufe, Kupfer	St	8	11	**12**	16	22
			6	9	**10**	13	19
35	Standrohr, Guss/SML	St	86	100	**107**	116	141
			72	84	**90**	98	119
36	Standrohr, Titanzink	St	93	133	**141**	167	217
			78	112	**118**	140	182
37	Notüberlauf, Flachdach	St	141	230	**282**	363	526
			119	193	**237**	305	442
38	Traufstreifen, Kupfer, Z 333	m	23	40	**44**	53	71
			19	34	**37**	44	60
39	Traufstreifen, Titanzink, Z 333	m	21	31	**34**	44	61
			17	26	**29**	37	51
40	Traufe, Verbundblech, bis Z 500	m	47	68	**77**	92	117
			39	57	**65**	77	98
41	Kiesfangleiste, Lochblech	m	21	34	**37**	42	56
			18	28	**31**	35	47
42	Blechkehle, Titanzink, bis Z 667	m	40	54	**61**	80	121
			33	45	**51**	67	102
43	Blechkehle, Kupfer, bis Z 667	m	48	81	**89**	145	209
			40	68	**75**	122	175
44	Ortgangblech, Titanzink, Z 500	m	33	54	**63**	76	115
			28	45	**53**	64	97
45	Ortgangblech, Kupfer, Z 333	m	38	55	**65**	108	154
			32	46	**55**	91	130
46	Ortgangblech, Verbundblech, Z 500	m	28	43	**49**	70	117
			24	36	**41**	59	98
47	Attika-/Dachrand-UK, Holzbohle, Holzschutz	m	14	25	**32**	37	48
			12	21	**27**	31	40
48	Attika-UK, Mehrschichtplatte	m	32	40	**43**	47	63
			27	33	**36**	39	53

Kosten:
Stand 1. Quartal 2026
Bundesdurchschnitt

▶ min
▷ von
ø Mittel
◁ bis
◀ max

Klempnerarbeiten **Preise €**

Nr.	Positionen	Einheit	▶	▷	ø brutto € / ø netto €	◁	◀
49	Attikaabdeckung, Titanzink, bis Z 700	m	48	80	**95**	120	186
			40	67	**80**	101	157
50	Attikaabdeckung, Kupfer, bis Z 700	m	101	127	**139**	152	188
			85	106	**116**	127	158
51	Attikaabdeckung, Aluminium, bis Z 700	m	58	89	**105**	129	189
			48	75	**88**	108	158
52	Firstanschlussblech, Titanzink, gekantet, Z 500	m	52	70	**80**	101	133
			44	59	**67**	85	112
53	Wandanschlussblech, Titanzink, Z 500	m	32	48	**55**	68	101
			27	40	**46**	57	85
54	Wandanschlussblech, Kupfer, Z 500	m	35	69	**80**	104	147
			30	58	**67**	88	124
55	Firsthaube, mehrfach gekantet	m	45	93	**113**	139	194
			38	78	**95**	117	163
56	Überhangblech, Titanzink/Kupfer, bis Z 200	m	17	30	**36**	44	62
			14	25	**30**	37	52
57	Überhangblech, Titanzink/Kupfer, bis Z 400	m	29	38	**44**	50	68
			24	32	**37**	42	57
58	Wandanschluss, Verbundblech, Z 500	m	40	62	**70**	92	130
			34	52	**58**	77	110
59	Fassadenrinne, Stahlblech	m	164	226	**255**	307	408
			138	190	**214**	258	343
60	Wandanschluss, Nocken, Titanzink	m	34	49	**57**	71	87
			29	42	**48**	60	73
61	Fensterbankabdeckung, Titanzink, Z 250	m	43	62	**68**	80	109
			36	52	**57**	68	92
62	Fensterbankabdeckung, Kupfer, Z 250	m	49	69	**73**	94	125
			41	58	**62**	79	105
63	Schornsteinbekleidung, Winkel-/Stehfalzdeckung, Titanzink	m²	181	222	**244**	259	342
			152	187	**205**	218	287
64	Schornsteinverwahrung, Kupfer	St	185	278	**325**	339	432
			156	233	**273**	285	363
65	Dachfenster /-oberlicht einfassen	St	448	522	**548**	628	773
			377	439	**461**	528	649
66	Walzbleianschluss, Blechstreifen	m²	56	74	**93**	101	116
			47	63	**78**	85	98
67	Trennlage, Blechflächen, V13	m²	6	12	**15**	17	24
			5	10	**13**	15	20
68	Trennlage, Kunststoffbahn, Gespinstlage	m²	13	17	**19**	20	24
			11	14	**16**	17	20
69	Gaubendeckung, Doppelstehfalz, Titanzink/Kupfer	m²	103	158	**185**	241	332
			86	133	**156**	202	279
70	Gaubendeckung, Doppelstehfalz, Edelstahl	m²	154	160	**200**	220	300
			129	134	**168**	185	252
71	Dachdeckung, Doppelstehfalz, Titanzink	m²	96	142	**167**	192	240
			80	119	**141**	161	202
72	Dachdeckung, Doppelstehfalz, Kupfer	m²	111	179	**198**	208	258
			93	151	**166**	175	217

Klempnerarbeiten **Preise €**

Nr.	Positionen	Einheit	►	▷	ø brutto € / ø netto €	◁	◄
73	Dachdeckung, Bandblech, Aluminium	m²	63	105	**106**	122	144
			53	89	**89**	103	121
74	Anschluss Blechdach, Titanzink	m	58	77	**87**	96	109
			49	65	**73**	80	91
75	Anschluss Blechdach, Kupfer	m	–	90	**100**	110	–
			–	75	**84**	92	–
76	Traufe, Blechdach, Titanzink	m	28	45	**50**	63	86
			23	38	**42**	53	73
77	Traufe, Blechdach, Kupfer	m	–	56	**69**	94	–
			–	47	**58**	79	–
78	Ortgang, Blechdach, Titanzink	m	36	58	**75**	78	94
			30	49	**63**	66	79
79	Ortgang, Blechdach, Kupfer	m	–	89	**100**	111	–
			–	75	**84**	93	–
80	Fassadenbekleidung, Bandblechscharen, Titanzink	m²	98	138	**156**	164	195
			82	116	**131**	138	164
81	Fassadenbekleidung, Bandblechscharen, Kupfer	m²	–	199	**221**	268	–
			–	167	**186**	225	–
82	Schneefangrohr, Stehfalzdeckung	m	37	60	**73**	78	91
			31	50	**62**	66	76
83	Schneefangrohr, Rundprofil	m	48	69	**77**	101	143
			41	58	**64**	85	120
84	Schneefanggitter, Titanzink	m	45	54	**57**	70	90
			38	45	**48**	59	76
85	Schneefanggitter, Kupfer	m	66	87	**95**	130	171
			56	73	**80**	109	143
86	Sicherheitsdachhaken, verzinkt	St	18	26	**29**	33	41
			15	22	**25**	28	35
87	Sicherheitstritt, Standgitter	St	93	126	**141**	150	171
			78	106	**118**	126	144
88	Dachleiter, Aluminium	St	148	350	**424**	530	724
			124	294	**357**	445	609
89	Stundensatz, Facharbeiter/-in	h	76	86	**89**	96	107
			64	73	**75**	81	90
90	Stundensatz, Helfer/in	h	61	72	**77**	84	97
			51	61	**65**	70	82

Nr. **Kurztext** / Langtext Kostengruppe
► ▷ **ø netto €** ◁ ◄ [Einheit] Ausf.-Dauer Positionsnummer

1 **Kleintierschutz, Metall** KG **363**

Kleintierschutz an der Traufe, aus Metall, passend zur Dachdeckung, freier Querschnitt gem. Klempnerfachregel des ZVSHK.
Untergrund: Holzunterkonstruktion
Breite: bis 150 mm

8€ 14€ **16€** 18€ 23€ [m] ⏱ 0,10h/m 022.000.006

Nr.	Kurztext / Langtext				[Einheit]	Ausf.-Dauer	Kostengruppe Positionsnummer
▶	▷	ø netto €	◁	◀			

2 Kleintierschutz, Kunststoff KG **363**

Kleintierschutz als Kammleiste an der Traufe, aus Kunststoff passend zur Dachdeckung, freier Querschnitt gem. Klempnerfachregel des ZVSHK.
Untergrund: Holzunterkonstruktion
Breite: .....

5€ | 8€ | **10€** | 11€ | 15€ | [m] | ⏱ 0,10h/m | 022.000.156

A 1 Traufblech Beschreibung für Pos. **3-5**

Traufblech als Einhängeblech, am Übergang von Dachfläche zu Dachrinne, mit Tropfkante, an den Stößen lose überlappt, aus Metallblech, verdeckt befestigen mit Haften, auf Holzuntergrund, mit Tropfkante, inkl. Befestigungsmittel.

Kosten:
Stand 1.Quartal 2026
Bundesdurchschnitt

3 Traufblech, Titanzink, Z 333 KG **363**

Wie Ausführungsbeschreibung A 1
Material: Titanzink
Blechdicke: 0,7 mm
Zuschnitt: 333 mm
Kantungen: .....
Oberfläche: .....
Tropfkante: **gekantet / mit Wulst**

18€ | 24€ | **26€** | 31€ | 47€ | [m] | ⏱ 0,20h/m | 022.000.007

4 Traufblech, Kupfer, Z 333 KG **363**

Wie Ausführungsbeschreibung A 1
Material: Kupfer
Blechdicke: 0,7mm
Zuschnitt: 333 mm
Kantungen: .....
Oberfläche: .....
Tropfkante: **gekantet / mit Wulst**

21€ | 30€ | **33€** | 38€ | 54€ | [m] | ⏱ 0,25h/m | 022.000.008

5 Traufblech, Aluminium, Z 333 KG **363**

Wie Ausführungsbeschreibung A 1
Material: Aluminium
Blechdicke: 0,7mm
Zuschnitt: 333 mm
Kantungen: .....
Oberfläche: .....
Tropfkante: **gekantet / mit Wulst**

19€ | 23€ | **26€** | 29€ | 35€ | [m] | ⏱ 0,20h/m | 022.000.058

▶ min
▷ von
ø Mittel
◁ bis
◀ max

6 Traufblech, Eckausbildung KG **363**

Eckausbildung für Traufblech, verdeckt befestigen mit Haftstreifen, inkl. Befestigungsmittel.
Untergrund: Holz
Material: .....
Winkel: 90°
Oberfläche: .....

20€ 25€ **31€** 38€ 42€ [St] ⏱ 0,25h/St 022.000.089

A 2 Dachrinne Titanzink Beschreibung für Pos. **7-8**

Dachrinne als Halbrundrinne, vorgehängt, mit Wulst und Falz, sowie Stoßverbindung, Rinne verlegt im Gefälle, inkl. geeigneter Rinnenhalter und Befestigungsmittel.
Material: Titanzink
Einbauort: Steildach

7 Dachrinne, Titanzink, Z 250 KG **363**

Wie Ausführungsbeschreibung A 2
Blechdicke: 0,7 mm
Zuschnitt: 250 mm
Oberfläche: .....
Einhängung: ....

31€ 38€ **42€** 45€ 52€ [m] ⏱ 0,30h/m 022.000.009

8 Dachrinne, Titanzink, Z 400 KG **363**

Wie Ausführungsbeschreibung A 2
Blechdicke: 0,7 mm
Zuschnitt: 400 mm
Oberfläche: .....
Einhängung: ....

42€ 49€ **52€** 56€ 66€ [m] ⏱ 0,30h/m 022.000.010

9 Dachrinne, Titanzink, Kastenrinne, bis Z 333 KG **363**

Dachrinne als kastenförmige Hängedachrinne mit Rinnenwulst und Falz, im Gefälle, vorgehängt mit Rinnenhaltern auf Holz.
Einbauort: geneigtes Dach
Material: Titanzink
Blechdicke: 0,7 mm
Zuschnitt: 333 mm
Oberfläche: .....
Einhängung: ....

38€ 46€ **48€** 54€ 68€ [m] ⏱ 0,34h/m 022.000.011

Nr.	Kurztext / Langtext						Kostengruppe
▶	▷	ø netto €	◁	◀	[Einheit]	Ausf.-Dauer	Positionsnummer

A 3 Dachrinne, Halbrund — Beschreibung für Pos. **10-11**

Dachrinne als Halbrundrinne, vorgehängt, mit Wulst und Falz, sowie Stoßverbindung, Rinne verlegt im Gefälle, inkl. Rinnenhalter und Befestigungsmittel.
Untergrund: Holz
Einbauort: Steildach

10 Dachrinne, Kupfer, bis Z 333 — KG **363**

Wie Ausführungsbeschreibung A 3
Material: Kupfer
Blechdicke: 0,7 mm
Zuschnitt: 333 mm
Oberfläche: .....
Einhängung: ....

▶	▷	ø	◁	◀	[Einheit]	Ausf.-Dauer	Positionsnummer
40€	48€	**52€**	54€	61€	[m]	⏱ 0,30h/m	022.000.012

11 Dachrinne, Aluminium, bis Z 333 — KG **363**

Wie Ausführungsbeschreibung A 3
Material: Aluminium
Blechdicke: 0,7 mm
Zuschnitt: 333 mm
Oberfläche: .....
Einhängung: ....

▶	▷	ø	◁	◀	[Einheit]	Ausf.-Dauer	Positionsnummer
42€	48€	**51€**	54€	61€	[m]	⏱ 0,30h/m	022.000.059

A 4 Rinnenstutzen — Beschreibung für Pos. **12-13**

Rinnenstutzen, in Dachrinne und Fallrohr eingepasst, inkl. aller notwendigen Anpass- und Fügearbeiten.

12 Rinnenstutzen, Titanzink — KG **363**

Wie Ausführungsbeschreibung A 4
Material: Titanzink
Form: **G / S / zylindrisch**
Nenngröße: .....
Oberfläche: .....
Fallrohr: rund

▶	▷	ø	◁	◀	[Einheit]	Ausf.-Dauer	Positionsnummer
19€	29€	**32€**	37€	49€	[St]	⏱ 0,15h/St	022.000.013

13 Rinnenstutzen, Kupfer — KG **363**

Wie Ausführungsbeschreibung A 4
Material: Kupfer
Form: **G / S / zylindrisch**
Nenngröße: .....
Oberfläche: .....
Fallrohr: rund

▶	▷	ø	◁	◀	[Einheit]	Ausf.-Dauer	Positionsnummer
27€	44€	**44€**	50€	61€	[St]	⏱ 0,15h/St	022.000.014

Kosten:
Stand 1. Quartal 2026
Bundesdurchschnitt

▶ min
▷ von
ø Mittel
◁ bis
◀ max

A 5 Wasserfangkasten Beschreibung für Pos. **14-15**

Wasserfangkasten für Fallrohre, in Dachrinne und Fallrohr eingepasst, inkl. aller notwendigen Anpass- und Fügearbeiten.

14 Wasserfangkasten, Titanzink KG **363**

Wie Ausführungsbeschreibung A 5
Material: Titanzink
Nenngröße: .....
Oberfläche: .....
Ornament: .....
Fallrohr/Rinne: **rund / rechteckig**

99€ 144€ **157€** 190€ 261€ [St] ⏱ 0,60h/St 022.000.015

15 Wasserfangkasten, Kupfer KG **363**

Wie Ausführungsbeschreibung A 5
Material: Kupfer
Nenngröße: .....
Oberfläche: .....
Ornament: .....
Fallrohr/Rinne: **rund / rechteckig**

111€ 213€ **232€** 262€ 410€ [St] ⏱ 0,60h/St 022.000.097

16 Wasserspeier, bis DN100 KG **363**

Wasserspeier, angeschlossen an Abdichtung. Anschluss **an Dachrinne / durch Attika**.
Material: **Kupfer- / Zink- / Edelstahl- / Alu-**Blech
Blechdicke: .....
Nennweite: DN100
Attikabreite: .....
Form: .....
Oberfläche: .....
Einbauort: **Dachrinne / Attikablech**

108€ 161€ **184€** 222€ 308€ [St] ⏱ 0,35h/St 022.000.050

A 6 Rinnenendstück, Rinnenboden Beschreibung für Pos. **17-18**

Rinnenendstück für Dachrinne, passend zur Dachrinne, in Rinnenquerschnitt eingepasst und gefügt.

17 Rinnenendstück, Rinnenboden, Titanzink KG **363**

Wie Ausführungsbeschreibung A 6
Material: Titanzink
Oberfläche: .....
Nenngröße Rinne: .....

6€ 10€ **12€** 15€ 21€ [St] ⏱ 0,10h/St 022.000.016

Nr.	Kurztext / Langtext						Kostengruppe
▶	▷	ø netto €	◁	◀	[Einheit]	Ausf.-Dauer	Positionsnummer

18 Rinnenendstück, Rinnenboden, Kupfer KG **363**

Wie Ausführungsbeschreibung A 6
Material: Kupfer
Oberfläche: .....
Nenngröße Rinne: .....

7€	11€	**13€**	18€	27€	[St]	0,10h/St	022.000.017

19 Eckausbildung Dachrinne KG **363**

Eckausbildung, passend zur vorgehängten Dachrinne.
Ecke: Innen- und Außenecke
Winkel: .....°
Material: .....
Ausführung: **Außenwinkel / Innenwinkel**

38€	50€	**56€**	68€	91€	[St]	0,30h/St	022.000.087

Kosten:
Stand 1.Quartal 2026
Bundesdurchschnitt

20 Rinnenwinkel außen, Dachrinne, Titanzink KG **363**

Rinnenwinkel als Außenwinkel, passend zur vorgehängten Dachrinne, inkl. aller notwendigen Anpass- und Fügearbeiten.
Rinnentyp: Halbrundrinne, mit Wulst und Falz
Winkel: 90°
Material: Titanzink
Nenngröße: .....
Oberfläche: .....

33€	43€	**46€**	54€	65€	[St]	0,05h/St	022.000.157

21 Rinnenwinkel außen, Dachrinne, Kupfer KG **363**

Rinnenwinkel als Außenwinkel, passend zur vorgehängten Dachrinne, inkl. aller notwendigen Anpass- und Fügearbeiten.
Rinnentyp: Halbrundrinne, mit Wulst und Falz
Winkel: 90°
Material: Kupfer
Nenngröße: .....
Oberfläche: .....

33€	50€	**57€**	70€	91€	[St]	0,06h/St	022.000.158

22 Rinnenwinkel innen, Dachrinne, Titanzink KG **363**

Rinnenwinkel innen, Dachrinne, passend zur vorgehängten Dachrinne, inkl. aller notwendigen Anpass- und Fügearbeiten.
Rinnentyp: Halbrundrinne, mit Wulst und Falz
Winkel: 90°
Material: Titanzink
Blechdicke: .....
Nenngröße: .....
Oberfläche: .....

33€	41€	**44€**	51€	61€	[St]	0,05h/St	022.000.159

▶ min
▷ von
ø Mittel
◁ bis
◀ max

23 Rinnenwinkel innen, Dachrinne, Kupfer KG **363**

Rinnenwinkel innen, Dachrinne, passend zur vorgehängten Dachrinne, inkl. aller notwendigen Anpass- und Fügearbeiten.
Rinnentyp: Halbrundrinne, mit Wulst und Falz
Winkel: 90°
Material: Kupfer
Nenngröße: .....
Oberfläche: .....

33€	52€	**58€**	72€	91€	[St]	⏱ 0,06h/St	022.000.160

A 7 Fallrohr, Metallblech, rund Beschreibung für Pos. **24-26**

Regenfallrohr, rund, aus Metallblech, befestigt mittels Rohrschellen und Schraubstift.

24 Fallrohr, Titanzink, DN100 KG **363**

Wie Ausführungsbeschreibung A 7
Material: Titanzink
Blechdicke: 0,7 mm
Nenngröße: DN100
Oberfläche: .....
Befestigungsuntergrund: .....
Verankerungstiefe: .....

26€	36€	**39€**	45€	62€	[m]	⏱ 0,21h/m	022.000.167

25 Fallrohr, Kupfer, DN100 KG **363**

Wie Ausführungsbeschreibung A 7
Material: Kupfer
Blechdicke: .....
Nenngröße: DN100
Oberfläche: .....
Befestigungsuntergrund: .....
Verankerungstiefe: .....

33€	53€	**55€**	60€	79€	[m]	⏱ 0,20h/m	022.000.020

26 Fallrohr, Aluminium, DN100 KG **363**

Wie Ausführungsbeschreibung A 7
Material: Aluminium
Blechdicke: 0,7 mm
Nenngröße: DN100
Oberfläche: .....
Befestigungsuntergrund: .....
Verankerungstiefe: .....

37€	48€	**50€**	60€	79€	[m]	⏱ 0,20h/m	022.000.062

000
001
002
006
008
009
010
012
013
014
016
017
018
020
021
022

Nr. **Kurztext** / Langtext — Kostengruppe

► ▷ **ø netto €** ◁ ◀ [Einheit] Ausf.-Dauer Positionsnummer

27 **Fallrohrabzweig, Titanzink, DN80/DN100** KG **363**

Fallrohrabzweig, rund, aus Metallblech, verbunden mit Fallrohr.
Material: Titanzink
Blechdicke: 0,7 mm
Nenngröße: **DN80 / DN100**
Anschlusswinkel: .....°
Oberfläche: .....

34€ 47€ **52€** 55€ 65€ [St] ⏱ 0,08h/St 022.000.161

A 9 **Fallrohrbogen** Beschreibung für Pos. **28-29**

Fallrohrbogen, rund, verbunden mit Fallrohr.

Kosten:
Stand 1.Quartal 2026
Bundesdurchschnitt

28 **Fallrohrbogen, Titanzink, bis DN100** KG **363**

Wie Ausführungsbeschreibung A 9
Material: Titanzink
Blechdicke: 0,7 mm
Nenngröße: bis DN100
Bogenwinkel: .....°
Oberfläche: .....

12€ 19€ **22€** 25€ 36€ [St] ⏱ 0,10h/St 022.000.021

29 **Fallrohrbogen, Kupfer, bis DN100** KG **363**

Wie Ausführungsbeschreibung A 9
Material: Kupfer
Blechdicke: 0,7 mm
Nenngröße: bis DN100
Bogenwinkel: .....°
Anschlüsse: gelötet
Oberfläche: .....

18€ 31€ **32€** 39€ 54€ [St] ⏱ 0,10h/St 022.000.022

30 **Etagen-/Sockelknie, Regenfallrohr** KG **363**

Etagen-/Sockelknie, rund, aus Metallblech, mit Fallrohr verbunden.
Material: .....
Blechdicke: .....
Nenngröße: bis DN100
Ausladung: ..... mm
Oberfläche: .....

25€ 33€ **36€** 39€ 47€ [St] ⏱ 0,16h/St 022.000.063

31 **Standrohrkappe, Fallrohr, Titanzink** KG **363**

Standrohrkappe für Standrohre, passend zum angeschlossenen Fallrohr.
Material: Titanzink
Oberfläche: .....
Ausführung: **mit / ohne Muffe**

4€ 9€ **11€** 13€ 18€ [St] ⏱ 0,10h/St 022.000.025

► min
▷ von
ø Mittel
◁ bis
◀ max

Nr.	Kurztext / Langtext						Kostengruppe
▶	▷	**ø netto €**	◁	◀	[Einheit]	Ausf.-Dauer	Positionsnummer

32 Fallrohrklappe, Fallrohr, Titanzink/Kupfer KG **363**

Fallrohrklappe, passend zum Fallrohr.
Material: **Titanzink / Kupfer**
Oberfläche: .....
Laubfang: **mit / ohne**

35€	52€	**58€**	62€	77€	[St]	⏱ 0,15h/St	022.000.026

33 Fallrohrschelle, WDVS KG **363**

Rohrschellen mit Schraubstift für Fallrohr DN100.
Material: .....
Untergrund: .....
Dämmdicke WDVS: .....

10€	15€	**17€**	21€	27€	[St]	⏱ 0,12h/St	022.000.155

34 Laubfangkorb, Abläufe, Kupfer KG **363**

Laubfangkorb, für Dachrinnen-Ablauf.
Material: Kupferdraht
Oberfläche: .....
Ablaufgröße: .....

6€	9€	**10€**	13€	19€	[St]	⏱ 0,06h/St	022.000.027

35 Standrohr, Guss/SML KG **363**

Standrohr, rund, im Sockelbereich der Dachentwässerung, als Übergang zur Grundleitung, Standrohr mit Rohrschellen am Gebäude befestigt, inkl. Anschluss an Rohrleitungsnetz.
Material: **Gussrohr / SML-Rohr**
Form: **rund / rechteckig**
Nenngröße: DN.....
Oberfläche: .....
Revisionsöffnung: **mit / ohne**

72€	84€	**90€**	98€	119€	[St]	⏱ 0,36h/St	022.000.023

36 Standrohr, Titanzink KG **363**

Standrohr abgestimmt auf Fallrohr, vor Gebäudesockel einbauen, mit runder Revisionsöffnung einschl. Deckel und Schrauben, mit Muffe, wasserdicht verbunden mit Fallrohr.
Material: Titanzink
Form: **rund / rechteckig**
Nenngröße: DN.....
Materialstärke: ..... mm

78€	112€	**118€**	140€	182€	[St]	⏱ 0,36h/St	022.000.024

Nr.	Kurztext / Langtext						Kostengruppe
▶	▷	ø netto €	◁	◀	[Einheit]	Ausf.-Dauer	Positionsnummer

37 Notüberlauf, Flachdach KG **363**

Notüberlauf in Attika, außenseitig mit Tropfnase, innenseitig mit Kragen, inkl. Anschluss an Dachdichtung.
Anschlussart/Eindichtung: .....
Abdichtung Dachfläche: .....
Einbau: waagerecht
Gefälle: .....°
Material: .....
Materialdicke: ....
Anstauhöhe: .....
Abflussleistung: .....
Form: **rund / rechteckig**
Abmessung: .....
Länge: ..... mm
Oberfläche: .....

119€	193€	**237€**	305€	442€	[St]	⏱ 0,80h/St	022.000.069

A 11 Traufblech/Traufstreifen Beschreibung für Pos. **38-39**

Traufstreifen aus Metallblech, mit Tropfkante, befestigt mit Haftstreifen auf Holzunterkonstruktion, an den Stößen lose überlappt, inkl. Befestigungsmittel. Ecken in gesonderter Position.

38 Traufstreifen, Kupfer, Z 333 KG **363**

Wie Ausführungsbeschreibung A 11
Material: Kupfer
Blechdicke: 0,7 mm
Zuschnitt: ca. 333 mm
Kantungen: dreifach gekantet
Oberfläche: .....

19€	34€	**37€**	44€	60€	[m]	⏱ 0,15h/m	022.000.029

39 Traufstreifen, Titanzink, Z 333 KG **363**

Wie Ausführungsbeschreibung A 11
Material: Titanzink
Blechdicke: 0,7 mm
Zuschnitt: ca. 333 mm
Kantungen: dreifach gekantet
Oberfläche: .....

17€	26€	**29€**	37€	51€	[m]	⏱ 0,15h/m	022.000.028

Kosten:
Stand 1.Quartal 2026
Bundesdurchschnitt

▶ min
▷ von
ø Mittel
◁ bis
◀ max

40 Traufe, Verbundblech, bis Z 500 KG **363**

Einlaufblech/Traufblech als Verbundblech, folienkaschiertes, verzinktes Stahlblech, auf Holzunterkonstruktion, an den Stößen überlappt, unter 10° Dachneigung mit Falzen verbunden. Endausbildungen und Ecken in gesonderter Position.
Blechdicke: .....
Zuschnitt: bis 500 mm
Kantungen: .....
Oberfläche: .....
Dachneigung .....°

39€ 57€ **65€** 77€ 98€ [m] ⏱ 0,35h/m 022.000.072

41 Kiesfangleiste, Lochblech KG **363**

Kiesfangleiste, als Abschluss im Randbereich der Kiesschüttung, mit Montagehaltern fixiert, inkl. Anschluss an die Dachabdichtung.
Material: **verzinktes Stahlblech / Aluminiumblech / nichtrostendes Stahlblech**
Ausführung: gelocht
Abmessung: .....
Einbauort: Gründach

18€ 28€ **31€** 35€ 47€ [m] ⏱ 0,10h/m 022.000.053

A 12 Blechkehle Beschreibung für Pos. **42-43**

Kehle aus Metallblech, mit seitlichem Wasserfalz, überlappend verlegt, befestigt auf Holzunterkonstruktion, inkl. Befestigungsmittel.

42 Blechkehle, Titanzink, bis Z 667 KG **363**

Wie Ausführungsbeschreibung A 12
Material: Titanzink
Blechdicke: .....
Ausführung: .....
Zuschnitt: bis 667 mm
Oberfläche: .....
Dachneigung: .....°

33€ 45€ **51€** 67€ 102€ [m] ⏱ 0,20h/m 022.000.030

43 Blechkehle, Kupfer, bis Z 667 KG **363**

Wie Ausführungsbeschreibung A 12
Material: Kupfer
Blechdicke: .....
Ausführung: .....
Zuschnitt: bis 667 mm
Oberfläche: .....
Dachneigung: .....°

40€ 68€ **75€** 122€ 175€ [m] ⏱ 0,20h/m 022.000.031

Nr.	Kurztext / Langtext						Kostengruppe
►	▷	ø netto €	◁	◄	[Einheit]	Ausf.-Dauer	Positionsnummer

A 13 Ortgangblech — Beschreibung für Pos. **44-45**

Ortgangverblechung, Nahtausbildung überlappt, verdeckt befestigt mit Vorstoßblechen auf Holzunterkonstruktion, inkl. Befestigungsmittel.

44 Ortgangblech, Titanzink, Z 500 — KG **363**

Wie Ausführungsbeschreibung A 13
Material: Titanzink
Blechdicke: 0,7 mm
Ausführung: **gefalzt / glatt / .....**
Zuschnitt: 500 mm
Oberfläche: .....
Dachneigung: .....°

►	▷	ø	◁	◄	[Einheit]	Ausf.-Dauer	Positionsnummer
28€	45€	**53€**	64€	97€	[m]	⏱ 0,20h/m	022.000.032

Kosten:
Stand 1. Quartal 2026
Bundesdurchschnitt

45 Ortgangblech, Kupfer, Z 333 — KG **363**

Wie Ausführungsbeschreibung A 13
Material: Kupfer
Blechdicke: 0,7 mm
Ausführung: **gefalzt / glatt / .....**
Zuschnitt: 333 mm
Oberfläche: .....
Dachneigung: .....°

►	▷	ø	◁	◄	[Einheit]	Ausf.-Dauer	Positionsnummer
32€	46€	**55€**	91€	130€	[m]	⏱ 0,20h/m	022.000.033

46 Ortgangblech, Verbundblech, Z 500 — KG **363**

Dachrandverblechung, aus folienkaschiertem Verbundblech, mit Tropfkante, zum Anschluss an Dachabdichtung aus Kunststoffbahnen, auf Holzunterkonstruktion, inkl. Befestigungsmittel, an den Stößen verbunden, ggf. mit Schiebenähten.
Einbauort: Flachdach
Blechdicke: .....
Zuschnitt: bis 500 mm
Kantungen: .....
Oberfläche: .....

►	▷	ø	◁	◄	[Einheit]	Ausf.-Dauer	Positionsnummer
24€	36€	**41€**	59€	98€	[m]	⏱ 0,16h/m	022.000.054

► min
▷ von
ø Mittel
◁ bis
◄ max

47 Attika-/Dachrand-UK, Holzbohle, Holzschutz KG **363**

Holzbohle als Unterkonstruktion auf Dachrand, Attika oder für Mauerabdeckung.
Befestigung: sichtbar, im Abstand von e= ..... cm
Gebäudehöhe: **bis 10 / über 10 bis 18 / über 18 bis 25 / über 25** m
Windzone: .....
Untergrund: **Holz / Beton**
Material: Nadelholz, Sortierklasse S13 K, visuell sortiert
Zuschnitt: konisch
Dicke: 40 mm
Breite: ..... mm
Oberfläche: scharfkantig, allseitig auf Fertigmaß gehobelt
Einbau auf: .....
chem. Holzschutz: Iv, P, W
Gebrauchsklasse: GK 3.1.

▶	▷	ø netto €	◁	◀	[Einheit]	Ausf.-Dauer	Positionsnummer
12€	21€	**27€**	31€	40€	[m]	⏱ 0,18h/m	022.000.083

48 Attika-UK, Mehrschichtplatte KG **363**

Mehrschichtplatte als Unterkonstruktion auf Attika oder für Mauerabdeckung.
Material: Furnierholzplatte nach DIN EN 14 374
Holzart: .....
Befestigung: sichtbar, im Abstand von e= ..... cm
Gebäudehöhe: **bis 10 / über 10 bis 18 / über 18 bis 25 / über 25** m
Windzone: .....
Untergrund: **Holz / Beton**
Mehrschichtplatte als Unterkonstruktion auf Attika oder für Mauerabdeckung.
Einbau auf: .....
Verwendungsbereich: Außenbereich
Dicke: **20 / 26 / .....** mm
Breite: ..... mm

▶	▷	ø netto €	◁	◀	[Einheit]	Ausf.-Dauer	Positionsnummer
27€	33€	**36€**	39€	53€	[m]	⏱ 0,15h/m	022.000.165

Nr. **Kurztext** / Langtext | Kostengruppe
► ▷ **ø netto €** ◁ ◄ [Einheit] Ausf.-Dauer Positionsnummer

A 14 Attikaabdeckung, Metallblech Beschreibung für Pos. **49-51**

Attika- oder Mauerabdeckung aus Metallblech, verdeckt befestigt, inkl. Haftstreifen und Befestigungsmittel, an den Längsstößen verbunden, ggf. mittels Schiebenähten.

49 Attikaabdeckung, Titanzink, bis Z 700 KG **363**

Wie Ausführungsbeschreibung A 14
Material: Titanzink
Blechdicke: 0,7 mm
Zuschnitt: bis 700 mm
Kantungen: .....
Oberfläche: .....
Bauteil: **Attika / Mauer**
Attika-/Mauerlänge: .....
Attika-/Mauerbreite: .....
Querneigung: .....°
Untergrund: **Stahlbeton / Mauerwerk / Holzwerkstoffplatte**
Gebäudehöhe: ..... m
Windzone: .....

40€ 67€ **80€** 101€ 157€ [m] ⏱ 0,40 h/m 022.000.034

50 Attikaabdeckung, Kupfer, bis Z 700 KG **363**

Wie Ausführungsbeschreibung A 14
Material: Kupfer
Blechdicke: 0,7 mm
Zuschnitt: bis 700 mm
Kantungen: .....
Oberfläche: .....
Bauteil: **Attika / Mauer**
Attika-/Mauerlänge: .....
Attika-/Mauerbreite: .....
Querneigung: .....°
Untergrund: **Stahlbeton / Mauerwerk / Holzwerkstoffplatte**
Gebäudehöhe: ..... m
Windzone: .....

85€ 106€ **116€** 127€ 158€ [m] ⏱ 0,45 h/m 022.000.035

Kosten:
Stand 1. Quartal 2026
Bundesdurchschnitt

► min
▷ von
ø Mittel
◁ bis
◄ max

51 **Attikaabdeckung, Aluminium, bis Z 700** KG **363**

Wie Ausführungsbeschreibung A 14
Material: Aluminium
Blechdicke: 0,7 mm
Zuschnitt: bis 700 mm
Kantungen: .....
Oberfläche: .....
Bauteil: **Attika / Mauer**
Attika-/Mauerlänge: .....
Attika-/Mauerbreite: .....
Querneigung: .....°
Untergrund: **Stahlbeton / Mauerwerk / Holzwerkstoffplatte**
Gebäudehöhe: ..... m
Windzone: .....

48€ 75€ **88€** 108€ 158€ [m] ⏱ 0,45h/m 022.000.120

52 **Firstanschlussblech, Titanzink, gekantet, Z 500** KG **363**

Firstanschlussblech, auf Holzunterkonstruktion, inkl. Befestigungsmittel.
Material: Titanzink
Blechdicke: .....
Zuschnitt: bis 500 mm
Kantungen: .....
Oberfläche: .....
Dachneigung: .....°

44€ 59€ **67€** 85€ 112€ [m] ⏱ 0,30h/m 022.000.073

A 15 **Wandanschluss, Metalldach** Beschreibung für Pos. **53-54**

Wandanschluss aus Metallblech, als Schutz der Dachabdichtung an aufgehenden Bauteilen, an den Stößen verbunden, inkl. Abdichtung der oben liegenden Fuge zwischen Wandbelag und Blechstreifen.

53 **Wandanschlussblech, Titanzink, Z 500** KG **363**

Wie Ausführungsbeschreibung A 15
Material: Titanzink
Blechdicke: 0,7 mm
Zuschnitt: 500 mm
Kantungen: .....
Oberfläche: .....
Untergrund: .....

27€ 40€ **46€** 57€ 85€ [m] ⏱ 0,35h/m 022.000.038

Nr.	Kurztext / Langtext						Kostengruppe
▶	▷	ø netto €	◁	◀	[Einheit]	Ausf.-Dauer	Positionsnummer

Kosten:
Stand 1. Quartal 2026
Bundesdurchschnitt

54 Wandanschlussblech, Kupfer, Z 500 KG **363**

Wie Ausführungsbeschreibung A 15
Material: Kupfer
Blechdicke: 0,7 mm
Zuschnitt: 500 mm
Kantungen: .....
Oberfläche: .....
Untergrund: .....

30€	58€	**67€**	88€	124€	[m]	⏱ 0,35h/m	022.000.039

55 Firsthaube, mehrfach gekantet KG **363**

Firstabdeckung bzw. Firsthaube aus Metallblech, auf Holzunterkonstruktion, inkl. Befestigungsmittel.
Material: .....
Blechdicke: .....
Zuschnitt: .....
Kantungen: .....
Oberfläche: .....
Dachneigung: .....°

38€	78€	**95€**	117€	163€	[m]	⏱ 0,50h/m	022.000.074

A 16 Überhangblech, Metalldach Beschreibung für Pos. **56-57**

Überhangstreifen für Wandanschluss der Dachabdichtung, aus Metallblech, mit Tropfkante, an den Stößen verbunden, ggf. mit Schiebenähten, inkl. elastischer Abdichtung der oben liegenden Fuge zwischen Wandbelag und Blechstreifen.

56 Überhangblech, Titanzink/Kupfer, bis Z 200 KG **363**

Wie Ausführungsbeschreibung A 16
Material: **Titanzink / Kupfer**
Blechdicke: 0,7 mm
Zuschnitt: bis 200 mm
Kantungen: .....
Oberfläche: .....
Anschluss an: **Putzprofil / Profilschiene**
Untergrund: **Stahlbeton / Mauerwerk**

14€	25€	**30€**	37€	52€	[m]	⏱ 0,15h/m	022.000.036

▶ min
▷ von
ø Mittel
◁ bis
◀ max

57 Überhangblech, Titanzink/Kupfer, bis Z 400 KG **363**

Wie Ausführungsbeschreibung A 16
Material: **Titanzink / Kupfer**
Blechdicke: 0,7 mm
Zuschnitt: bis 400 mm
Kantungen: .....
Oberfläche: .....
Anschluss an: **Putzprofil / Profilschiene**
Untergrund: **Stahlbeton / Mauerwerk**

24€	32€	**37€**	42€	57€	[m]	⏱ 0,20h/m	022.000.037

58 Wandanschluss, Verbundblech, Z 500 KG **363**

Wandanschluss aus Verbundblech, als Anschluss für einlagige Dachdichtungsbahn aus Kunststoff an aufgehenden Bauteilen, an den Stößen verbunden, inkl. elastischer Abdichtung der oben liegenden Fuge zwischen Wandbelag und Blechstreifen.
Material: folienkaschiertes Verbundblech
Blechdicke: .....
Dachdichtungsbahn: .....
Zuschnitt: 500 mm
Kantungen: .....
Oberfläche: .....
Untergrund: .....

34€ 52€ **58€** 77€ 110€ [m] ⏱ 0,35h/m 022.000.055

59 Fassadenrinne, Stahlblech KG **363**

Fassaden-/Terrassenrinne, begehbar und rollstuhlbefahrbar, gegen Ausheben gesichert, bestehend aus:

- beidseitiger Kiesleiste
- geschlossenem Rinnenboden
- Dränschlitzen 3-5 mm
- eingepasstem Rost

Rinne stufenlos höhenverstellbar bis 80 mm
Endstücke und Ecken nach gesonderter Position
Material: Stahl, verzinkt
Belastungsklasse: L 15
Rinnenbreite: .....
Rinnenhöhe: .....
Maschenweite 30 x 10 mm
Abflussleistung: ..... l/sm

138€ 190€ **214€** 258€ 343€ [m] ⏱ 0,80h/m 022.000.064

60 Wandanschluss, Nocken, Titanzink KG **363**

Wandanschluss aus unterlegten Nockenblechen. Endausbildungen und Ecken in gesonderter Position.
Untergrund: .....
Dachdeckung: .....
Material: Titanzink
Blechdicke: .....
Nockengröße: .....
Oberfläche: .....

29€ 42€ **48€** 60€ 73€ [m] ⏱ 0,25h/m 022.000.040

Nr.	Kurztext / Langtext							Kostengruppe
▶	▷	ø netto €	◁	◀	[Einheit]	Ausf.-Dauer		Positionsnummer

A 17 Fensterbankabdeckung Beschreibung für Pos. **61-62**

Fensterbankabdeckung aus Metallblech, mit seitlichen Abschlüssen, mit hinterer Aufkantung und vorderer Abkantung mit gefalzter Tropfkante, an den Stößen verbunden, ggf. mittels Schiebenähten, verdeckt befestigt, inkl. Befestigungsmittel.

61 Fensterbankabdeckung, Titanzink, Z 250 KG **334**

Wie Ausführungsbeschreibung A 17
Material: Titanzink-Blech
Blechdicke: .....
Zuschnitt: 250 mm
Kantungen: .....
Oberfläche: .....
Tropfkante: **gekantet / mit Wulst**
Untergrund: .....

36€ | 52€ | **57€** | 68€ | 92€ | [m] | ⏱ 0,30h/m | 022.000.041

62 Fensterbankabdeckung, Kupfer, Z 250 KG **334**

Wie Ausführungsbeschreibung A 17
Material: Kupfer-Blech
Blechdicke: .....
Zuschnitt: 250 mm
Kantungen: .....
Oberfläche: .....
Tropfkante: **gekantet / mit Wulst**
Untergrund: .....

41€ | 58€ | **62€** | 79€ | 105€ | [m] | ⏱ 0,30h/m | 022.000.042

63 Schornsteinbekleidung, Winkel-/Stehfalzdeckung, Titanzink KG **363**

Metallblechbekleidung des Schornsteins, mit Winkel-Stehfalzdeckung als hinterlüftete Konstruktion, mit UK aus Metallprofilen und Mineralwolle-Dämmung, inkl. sämtlicher Befestigungsmittel.
Material: Titanzink-Blech
Blechdicke: .....
Bandbreite: .....
Oberfläche: .....
Dachneigung: .....°

152€ | 187€ | **205€** | 218€ | 287€ | [m²] | ⏱ 1,00h/m² | 022.000.044

Kosten:
Stand 1. Quartal 2026
Bundesdurchschnitt

▶ min
▷ von
ø Mittel
◁ bis
◀ max

64 Schornsteinverwahrung, Kupfer — KG **363**

Einfassung von Dacheinbauten, aus Metallblech, traufseitig mit Brustblech, seitlich mit Winkelblechen, firstseitig mit Nackenblechen, überlappend, inkl. Befestigungsmittel, Überhangblech und elastischer Abdichtung der oben liegenden Fuge zwischen Wandbelag und Einfassung.
Bauteil: Schornstein
Grundrisslänge: .....
Grundrissbreite: .....
Material: Kupfer
Blechdicke: .....
Zuschnitt: .....
Zuschnitt Überhangblech: .....
Oberfläche: .....
Dachneigung: .....°
Anschlusshöhe: mind. 150 mm
Untergrund: Holzkonstruktion

156€ | 233€ | **273€** | 285€ | 363€ | [St] | ⏱ 1,20h/St | 022.000.065

65 Dachfenster /-oberlicht einfassen — KG **362**

Einfassung von Dachfenster, aus Metallblech, traufseitig mit Brustblech, seitlich mit Winkelblechen, firstseitig mit Nackenblechen, überlappend verlegt, inkl. Befestigungsmittel
Abmessung Dachfenster/Oberlicht (B x L): ..... x ..... mm
Dachfläche Neigung .....°
Dachdeckung aus: ......
Deckmaß (B x L): ..... x ..... mm

377€ | 439€ | **461€** | 528€ | 649€ | [St] | ⏱ 1,50h/St | 022.000.166

66 Walzbleianschluss, Blechstreifen — KG **363**

Anschluss an aufgehendes Bauteil mit Walzbleistreifen, inkl. Überhangstreifen.
Material: Walzblei
Blechdicke: .....
Zuschnitt: **250 / 400** mm
Überhangstreifen: Material: ....., Z...., ...fach gekantet
Dachneigung: .....°
Anschlusshöhe: mind. 150 mm
Untergrund: .....

47€ | 63€ | **78€** | 85€ | 98€ | [m²] | ⏱ 0,40h/m² | 022.000.056

67 Trennlage, Blechflächen, V13 — KG **363**

Trennlage für Metallblechdeckung, aus Bitumen-Dachbahn mit Glasvlieseinlage, auch als Vor- und Notdeckung geeignet, Bahnenstöße überlappt, auf Holzschalung genagelt.
Dachdeckung: Stehfalzdeckung
Dachneigung: .....°
Trennlage: V13 besandet
Anmerkung: Bei Titanzinkdeckung ist unter 15° eine Dränagebahn bzw. strukturierte Trennlage einzubauen.

5€ | 10€ | **13€** | 15€ | 20€ | [m²] | ⏱ 0,06h/m² | 022.000.047

Nr.	Kurztext / Langtext						Kostengruppe
▶	▷	ø netto €	◁	◀	[Einheit]	Ausf.-Dauer	Positionsnummer

68 Trennlage, Kunststoffbahn, Gespinstlage KG **363**

Trennlage, strukturiert, diffusionsoffen, unter Metallblechdeckung auf Holzschalung befestigt.
Dachdeckung: Metall-Stehfalzdeckung
Dachneigung: unter 15°
Trennlage: Kunststoff-Faservlies mit
Kunststoffgespinstlage
Höhe: ca. 8mm
Brandverhalten: Klasse E
Widerstand Wasserdurchgang: W1
Wasserdampfdurchlässigkeit: ≤0,1

11€	14€	**16€**	17€	20€	[m²]	⏱ 0,08h/m²	022.000.170

Kosten:
Stand 1.Quartal 2026
Bundesdurchschnitt

A 20 Gaubendeckung, Doppelstehfalz Beschreibung für Pos. **69-70**

Metallblechdeckung auf Dachgauben, aus Metallblech, als Doppelstehfalzdeckung, Falze gekantet.

69 Gaubendeckung, Doppelstehfalz, Titanzink/Kupfer KG **363**

Wie Ausführungsbeschreibung A 20
Material: **Titanzink / Kupfer**
Blechdicke: .....
Bandbreite: .....
Oberfläche: .....
Dachneigung: .....°
Untergrund: Holzschalung mit Trennlage

86€	133€	**156€**	202€	279€	[m²]	⏱ 1,00h/m²	022.000.049

70 Gaubendeckung, Doppelstehfalz, Edelstahl KG **363**

Wie Ausführungsbeschreibung A 20
Material: nichtrostendes Stahlblech, Werkstoff Nr.: .....
Blechdicke: .....
Bandbreite: .....
Oberfläche: .....
Dachneigung: .....°
Untergrund: Holzschalung mit Trennlage

129€	134€	**168€**	185€	252€	[m²]	⏱ 1,20h/m²	022.000.066

▶ min
▷ von
ø Mittel
◁ bis
◀ max

A 21 Dachdeckung, Metallblech, Doppelstehfalz Beschreibung für Pos. **71-72**

Blechdachdeckung als Doppel-Stehfalzdeckung. Falze mit Dichtbändern für flach geneigte Dächer.

71 Dachdeckung, Doppelstehfalz, Titanzink KG **363**

Wie Ausführungsbeschreibung A 21
Untergrund: Holzschalung mit Trennlage
Material: Titanzinkblech
Blechdicke: .....
Bandbreite: .....
Oberfläche: .....
Dachneigung: .....°

80€	119€	**141€**	161€	202€	[m²]	⏱ 0,85h/m²	022.000.045

72 **Dachdeckung, Doppelstehfalz, Kupfer** KG **363**

Wie Ausführungsbeschreibung A 21
Material: Kupfer
Blechdicke: .....
Bandbreite: .....
Oberfläche: .....
Dachneigung: .....°
Untergrund: Holzschalung mit Trennlage

93€ | 151€ | **166€** | 175€ | 217€ | [m²] | ⏱ 0,80h/m² | 022.000.046

73 **Dachdeckung, Bandblech, Aluminium** KG **363**

Blechdachdeckung mit selbsttragenden, gefalzten Band-Elementen aus Aluminium.
Blechdicke: .....
Bandbreite: .....
Oberfläche: .....
Dachneigung: .....°
Untergrund: Holzpfetten

53€ | 89€ | **89€** | 103€ | 121€ | [m²] | ⏱ 0,70h/m² | 022.000.057

A 22 **Anschlüsse Blechdach** Beschreibung für Pos. **74-75**

Anschluss der Blechdachdeckung an aufgehende Bauteile, verdeckt befestigt.

74 **Anschluss Blechdach, Titanzink** KG **363**

Wie Ausführungsbeschreibung A 22
Deckungsart: **Stehfalz / Winkelfalz / Doppelstehfalz**
Material: Titanzink
Blechdicke: .....
Bahnenbreite: .....
Anschluss: **parallel / im Winkel von .....**° zur Verlegerichtung
Dachneigung: .....

49€ | 65€ | **73€** | 80€ | 91€ | [m] | ⏱ 0,38h/m | 022.000.084

75 **Anschluss Blechdach, Kupfer** KG **363**

Wie Ausführungsbeschreibung A 22
Deckungsart: **Stehfalz / Winkelfalz / Doppelstehfalz**
Material: Kupfer
Blechdicke: .....
Bahnenbreite: .....
Anschluss: **parallel / im Winkel von .....**° zur Verlegerichtung
Dachneigung: .....
Untergrund: Holzschalung mit Trennlage

– | 75€ | **84€** | 92€ | – | [m] | ⏱ 0,38h/m | 022.000.140

Nr.	Kurztext / Langtext					Kostengruppe
▶	▷	ø netto €	◁	◀	[Einheit] Ausf.-Dauer	Positionsnummer

A 23 Traufe, Blechdach — Beschreibung für Pos. **76-77**

Traufen eindecken, Bandblechdachdeckung, mit Traufblech, durchlaufend befestigt mit Haften. Falze umgelegt.
Untergrund: Holzschalung mit Trennlage

76 Traufe, Blechdach, Titanzink — KG **363**

Wie Ausführungsbeschreibung A 23
Deckungsart: **Stehfalz / Winkelfalz / Doppelstehfalz**
Material: Titanzink
Blechdicke: .....
Zuschnitt: .....
Kantungen: .....
Dachneigung: .....°
Traufe: **gekantet / mit Wulst**

23€ | 38€ | **42€** | 53€ | 73€ | [m] | ⏱ 0,30h/m | 022.000.085

77 Traufe, Blechdach, Kupfer — KG **363**

Wie Ausführungsbeschreibung A 23
Deckungsart: **Stehfalz / Winkelfalz / Doppelstehfalz**
Material: Kupfer
Blechdicke: .....
Zuschnitt: .....
Kantungen: .....
Dachneigung: .....°
Traufe: **gekantet / mit Wulst**

– | 47€ | **58€** | 79€ | – | [m] | ⏱ 0,30h/m | 022.000.143

A 24 Ortgang, Blechdach — Beschreibung für Pos. **78-79**

Ortgang der Metallblechdeckung eindecken, verdeckt befestigt mit Haften. Falze umgelegt, Anschluss mit Dichtungsband.
Untergrund: Holzschalung mit Trennlage.

78 Ortgang, Blechdach, Titanzink — KG **363**

Wie Ausführungsbeschreibung A 24
Deckungsart: .....
Material: Titanzink
Blechdicke: .....
Zuschnitt: .....
Kantungen: .....
Dachneigung: .....°
Untergrund: Holzschalung mit Trennlage
Für die Ausführung werden vom AG folgende Unterlagen zur Verfügung gestellt:
- Entwurfszeichnungen, Plannr.: .....
- Übersichtszeichnungen, Plannr.: .....

30€ | 49€ | **63€** | 66€ | 79€ | [m] | ⏱ 0,32h/m | 022.000.086

Kosten:
Stand 1. Quartal 2026
Bundesdurchschnitt

▶ min
▷ von
ø Mittel
◁ bis
◀ max

79 **Ortgang, Blechdach, Kupfer** KG **363**

Wie Ausführungsbeschreibung A 24
Deckungsart: .....
Material: Kupfer
Blechdicke: .....
Zuschnitt: .....
Kantungen: .....
Dachneigung: .....°
Untergrund: Holzschalung mit Trennlage
Für die Ausführung werden vom AG folgende Unterlagen zur Verfügung gestellt:

- Entwurfszeichnungen, Plannr.: .....
- Übersichtszeichnungen, Plannr.: .....

▶	▷	ø netto €	◁	◀	[Einheit]	Ausf.-Dauer	Positionsnummer
–	75€	**84€**	93€	–	[m]	⏱ 0,32h/m	022.000.146

A 25 **Fassadenbekleidung, Bandblech** Beschreibung für Pos. **80-81**

Fassadenbekleidung aus Metallblech, mit Bandblechscharen, senkrecht verlegt, mit Haften unsichtbar befestigen.
Untergrund: Holzschalung mit Trennlage

80 **Fassadenbekleidung, Bandblechscharen, Titanzink** KG **363**

Wie Ausführungsbeschreibung A 25
Deckungsart: **Stehfalz / Winkelfalz / Doppelstehfalz**
Material: Titanzink
Blechdicke: .....
Bandbreite: .....
Oberfläche: .....
Dachneigung: .....°
Untergrund: Holzschalung mit Trennlage
Angeb. Fabrikat: .....
Für die Ausführung werden vom AG folgende Unterlagen zur Verfügung gestellt:

- Verlegeplan, Plannr.: .....
- Übersichtszeichnungen, Plannr.: .....

▶	▷	ø netto €	◁	◀	[Einheit]	Ausf.-Dauer	Positionsnummer
82€	116€	**131€**	138€	164€	[m²]	⏱ 1,20h/m²	022.000.067

81 **Fassadenbekleidung, Bandblechscharen, Kupfer** KG **363**

Wie Ausführungsbeschreibung A 25
Deckungsart: **Stehfalz / Winkelfalz / Doppelstehfalz**
Material: Kupfer
Blechdicke: .....
Bandbreite: .....
Oberfläche: .....
Dachneigung: .....°
Untergrund: Holzschalung mit Trennlage
Angeb. Fabrikat: .....
Für die Ausführung werden vom AG folgende Unterlagen zur Verfügung gestellt:

- Verlegeplan, Plannr.: .....
- Übersichtszeichnungen, Plannr.: .....

▶	▷	ø netto €	◁	◀	[Einheit]	Ausf.-Dauer	Positionsnummer
–	167€	**186€**	225€	–	[m²]	⏱ 1,20h/m²	022.000.149

000 001 002 006 008 009 010 012 013 014 016 017 018 020 021 **022**

Nr.	Kurztext / Langtext						Kostengruppe
►	▷	**ø netto €**	◁	◀	[Einheit]	Ausf.-Dauer	Positionsnummer

82 Schneefangrohr, Stehfalzdeckung KG **369**

Schneefangrohr passend zur Stehfalzdeckung, inkl. Halteprofilen, geklemmt, inkl. Anpassen der Dachdeckung.
Schneelastzone: .....
Gebäudehöhe über NN: ..... m
Dachneigung: .....
Länge oberhalb der Schneefangkonstruktion: ..... m
Sparrenabstand: ..... cm
Ausführung: .....

31€	50€	**62€**	66€	76€	[m]	⏱ 0,25h/m	022.000.068

83 Schneefangrohr, Rundprofil KG **369**

Schneefangrohr passend zur Dachdeckung, inkl. Halteprofilen, in Holz-Dachkonstruktion befestigen.
Dachdeckung: .....
Schneelastzone: .....
Gebäudehöhe über NN: ..... m
Dachneigung: .....
Länge oberhalb der Schneefangkonstruktion: ..... m
Sparrenabstand: ..... cm
Ausführung: .....
Befestigungsabstand: ca. 80 cm

41€	58€	**64€**	85€	120€	[m]	⏱ 0,25h/m	022.000.002

84 Schneefanggitter, Titanzink KG **369**

Schneefanggitter, passend zur Dachdeckung, mit verstärkten Stützen und zusätzlicher Traglatte, in Holz- Dachkonstruktion befestigen.
Schneelastzone: .....
Gebäudehöhe über NN: ..... m
Dachneigung: .....
Länge oberhalb der Schneefangkonstruktion: ..... m
Material: Titanzink
Dachdeckung: .....
Gitterhöhe: bis 200 mm
Befestigungsabstand: ..... cm

38€	45€	**48€**	59€	76€	[m]	⏱ 0,25h/m	022.000.003

85 Schneefanggitter, Kupfer KG **369**

Schneefanggitter, passend zur Dachdeckung, mit verstärkten Stützen, mit zusätzlicher Traglatte, in Holz-Dachkonstruktion befestigen.
Schneelastzone: .....
Gebäudehöhe über NN: ..... m
Dachneigung: .....
Länge oberhalb der Schneefangkonstruktion: ..... m
Material: Kupfer
Dachdeckung: .....
Gitterhöhe: bis 200 mm
Befestigungsabstand: ..... cm

56€	73€	**80€**	109€	143€	[m]	⏱ 0,25h/m	022.000.004

Kosten:
Stand 1. Quartal 2026
Bundesdurchschnitt

► min
▷ von
ø Mittel
◁ bis
◀ max

86 Sicherheitsdachhaken, verzinkt KG **369**

Sicherheitsdachhaken, in Holz-Dachkonstruktion verankert, inkl. Anpassarbeiten der Dachdeckung, Haken mit Einhängelasche.
Material: verzinkter Stahl
Ausführung: Typ B
Abmessung: 25 x 6 mm

15€	22€	**25€**	28€	35€	[St]	⏱ 0,15h/St	022.000.001

87 Sicherheitstritt, Standgitter KG **369**

Sicherheitstritt für Schornsteinfeger, aus Standgitter und Auflagerbügeln, an Dachlattung mit zusätzlicher Unterstützung befestigen, passend zur Dachdeckung.
Trittlänge: ca. 41 cm
Dachdeckung: .....

78€	106€	**118€**	126€	144€	[St]	⏱ 0,35h/St	022.000.005

88 Dachleiter, Aluminium KG **369**

Sicherheits-Dachleiter, an bauseitigem Sicherheitsdachhaken fixieren.
Material: Aluminium
Oberfläche: .....
Dachneigung: .....°
Leiterbreite: ca. 350 mm
Leiterlänge: .....

124€	294€	**357€**	445€	609€	[St]	⏱ 0,20h/St	022.000.075

89 Stundensatz, Facharbeiter/-in

Stundenlohnarbeiten für Vorarbeiter/-in, Gesellin, Geselle, Facharbeiter/-in und Gleichgestellte, sowie ähnliche Fachkräfte. Der Verrechnungssatz für die jeweilige Arbeitskraft umfasst sämtliche Aufwendungen wie Lohn- und Gehaltskosten, lohn- und gehaltsgebundene Kosten, Lohn- und Gehaltsnebenkosten, Gemeinkosten, Wagnis und Gewinn. Leistung nach besonderer Anordnung der Bauüberwachung. Anmeldung und Nachweis gem. VOB/B.

64€	73€	**75€**	81€	90€	[h]	⏱ 1,00h/h	022.000.077

90 Stundensatz, Helfer/in

Stundenlohnarbeiten für Werker/-in, Helfer/-in und Gleichgestellte. Der Verrechnungssatz für die jeweilige Arbeitskraft umfasst sämtliche Aufwendungen wie Lohn- und Gehaltskosten, lohn- und gehaltsgebundene Kosten, Lohn- und Gehaltsnebenkosten, Gemeinkosten, Wagnis und Gewinn. Leistung nach besonderer Anordnung der Bauüberwachung. Anmeldung und Nachweis gem. VOB/B.

51€	61€	**65€**	70€	82€	[h]	⏱ 1,00h/h	022.000.078

000 001 002 006 008 009 010 012 013 014 016 017 018 020 021 022

B Ausbau

023

Kosten:
Stand 1. Quartal 2026
Bundesdurchschnitt

► min
▷ von
ø Mittel
◁ bis
◀ max

Nr.	Positionen	Einheit	►	▷	ø brutto € / ø netto €	◁	◀
1	Schutzabdeckung	m²	3	6	**7**	9	12
			3	5	**6**	7	10
2	Untergrund prüfen	m²	0,3	1,0	**1,2**	1,6	2,6
			0,3	0,8	**1,0**	1,4	2,2
3	Haftbrücke, Betonfläche, für Gipsputze	m²	2	5	**6**	9	16
			2	4	**5**	8	13
4	Haftbrücke, Betonfläche, für Kalk-/Kalkzementputz	m²	3	7	**9**	11	16
			2	6	**8**	10	13
5	Installationsschlitz schließen, spachteln	m	8	17	**21**	30	51
			6	14	**17**	25	42
6	Putzarmierung, Glasfasergewebe, innen, Teilbereich	m	2	3	**4**	5	6
			2	3	**4**	4	5
7	Putzträger, Metallgittergewebe	m²	11	18	**22**	26	37
			9	15	**18**	22	31
8	Putzträger verzinkt, Fachwerk	m	5	12	**15**	17	23
			4	10	**13**	14	20
9	Ausgleichsputz, bis 10mm	m²	8	14	**17**	19	24
			6	12	**14**	16	21
10	Ausgleichsputz, bis 20mm	m²	10	20	**23**	26	31
			9	17	**19**	21	26
11	Unterputzprofil, verzinkt, innen	m	5	8	**10**	12	17
			4	7	**8**	10	14
12	Unterputzprofil, nichtrostender Stahl, innen	m	10	13	**14**	16	19
			8	11	**12**	14	16
13	Kantenprofil, verzinkt	m	3	6	**7**	9	13
			3	5	**6**	8	11
14	Kantenprofil, Aluminium	m	5	9	**11**	12	16
			4	8	**9**	10	13
15	Kantenprofil, Kunststoff	m	4	10	**12**	14	18
			3	8	**10**	11	15
16	Kantenprofil, nichtrostender Stahl	m	6	12	**15**	17	22
			5	10	**13**	14	18
17	Abschlussprofil, innen, verzinkt	m	3	9	**11**	13	17
			3	7	**9**	11	14
18	Abschlussprofil, innen, nichtrostender Stahl	m	10	15	**16**	21	30
			8	13	**14**	18	25
19	Kalkzementputz, Innenwand, einlagig, Q3, abgezogen	m²	23	27	**29**	32	37
			19	23	**25**	27	31
20	Kalk-Gipsputz, Innenwand, einlagig, Q3, gefilzt	m²	21	25	**27**	30	36
			18	21	**23**	25	30
21	Mehrdicke, 5mm, Putz	m²	4	7	**9**	10	13
			3	6	**7**	9	11
22	Mehrdicke, 10mm, Putz	m²	5	11	**11**	13	18
			4	9	**9**	11	15
23	Putz, Laibung, innen, bis 150mm	m	6	10	**12**	16	24
			5	9	**10**	13	20
24	Kalkzementputz, Laibung, innen, 250-400mm	m	13	22	**25**	29	37
			11	18	**21**	24	31

Nr.	Positionen	Einheit	▶	▷	ø brutto € / ø netto €	◁	◀
25	Ebenheit, Mehrpreis Q3	m²	5	6	**6**	7	7
			4	5	**5**	6	6
26	Kalk-Gipsputz, innen, linear einlagig Q2	m	9	12	**13**	15	19
			7	10	**11**	13	16
27	Gipsputz, Innenwand, einlagig, Q3	m²	19	24	**27**	31	36
			16	21	**23**	26	30
28	Gipsputz, Innenwand, Dünnlage, Q3, geglättet	m²	13	20	**25**	28	35
			11	17	**21**	24	29
29	Gipsputz B1, innen, Q2, geglättet, längenorientiert	m	6	12	**15**	18	27
			5	10	**12**	15	22
30	Lehmputz, Innenwand, einlagig, gefilzt	m²	32	41	**41**	43	48
			27	34	**34**	36	40
31	Lehmputz, Innenwand, zweilagig	m²	55	69	**71**	75	81
			46	58	**60**	63	68
32	Beiputzen, Tür-/Türzarge	m	9	15	**17**	20	26
			7	13	**14**	17	22
33	Stuckprofil, innen	m	58	86	**102**	149	202
			49	73	**86**	125	170
34	Putzbänder, Faschen, Putzdekor	m	11	20	**23**	30	41
			9	17	**20**	25	34
35	Trennschnitt, Wand/Deckenübergang	m	1	2	**3**	4	6
			1	2	**3**	3	5
36	Kalk-Gipsputz, Decken, einlagig, Q3, geglättet	m²	22	30	**33**	38	50
			18	25	**27**	32	42
37	Gipsputz, Decken, einlagig, Q2, geglättet	m²	21	24	**27**	27	32
			18	20	**23**	23	27
38	Gipsputz, Decken, einlagig, Q3, geglättet	m²	22	27	**31**	32	36
			18	23	**26**	27	31
39	WDVS, MW 035, 120mm, Silikat-Reibeputz	m²	117	128	**134**	140	153
			98	108	**112**	118	128
40	WDVS, MW 035, 180mm, Silikat-Reibeputz	m²	139	152	**163**	173	184
			117	127	**137**	145	155
41	WDVS, EPS, 120mm, Silikat-Reibeputz	m²	111	119	**122**	126	138
			94	100	**102**	106	116
42	WDVS, EPS, 180mm, Silikat-Reibeputz	m²	139	148	**154**	170	182
			117	125	**130**	143	153
43	WDVS, Wärmedämmung, EPS 035, 180mm	m²	68	75	**80**	84	88
			57	63	**67**	71	74
44	WDVS, Wärmedämmung, EPS 035, 300mm	m²	104	128	**134**	146	158
			88	108	**113**	122	133
45	WDVS, Wärmedämmung, MW 035, 160mm	m²	84	96	**102**	108	121
			70	81	**86**	91	101
46	WDVS, Wärmedämmung, MW 035, 200mm	m²	95	109	**116**	123	137
			80	92	**98**	103	115
47	WDVS, Brandbarriere, 200mm	m	9	16	**18**	23	35
			7	13	**16**	19	29
48	WDVS, Montagequader, Druckplatte	St	39	77	**96**	126	205
			33	65	**81**	106	173

Kosten:
Stand 1. Quartal 2026
Bundesdurchschnitt

Nr.	Positionen	Einheit	►	▷	ø brutto € / ø netto €	◁	◄
49	WDVS, Dübelung, Wärmedämmung	m²	8	17	**21**	24	34
			7	15	**17**	20	29
50	WDVS, Armierungsputz, Glasfasereinlage	m²	23	29	**31**	34	42
			19	24	**26**	29	35
51	WDVS, Kantenausbildung, Profil	m	6	10	**12**	14	22
			5	9	**10**	12	18
52	WDVS, Sockeldämmung, XPS	m²	55	72	**76**	90	112
			46	60	**64**	76	94
53	WDVS, Sockelprofil	m	12	19	**22**	26	33
			10	16	**18**	22	28
54	WDVS, Fensteranschluss	m	5	9	**10**	12	15
			4	7	**8**	10	13
55	WDVS, Laibungsausbildung	m	24	30	**34**	35	40
			20	25	**28**	29	33
56	WDVS, Kompriband BG1	m	4	6	**6**	7	8
			3	5	**5**	6	7
57	Mineralischer Oberputz, WDVS	m²	20	24	**26**	27	30
			16	20	**22**	23	25
58	Oberputz, Dispersions-Silikatputz, WDVS	m²	26	33	**35**	38	44
			22	28	**29**	32	37
59	Oberputz, organisch, Silikonharz, WDVS	m²	20	27	**30**	31	36
			17	23	**25**	26	30
60	Sockelputz, zweilagig, Kalkzementmörtel CS III - wasserhemmend	m²	31	47	**55**	60	83
			26	40	**47**	50	69
61	Außenputz, zweilagig, Wand, mineralisch	m²	40	51	**55**	57	63
			33	42	**46**	48	53
62	Außenputz, zweilagig, Wand, organischer Oberputz	m²	26	29	**31**	37	45
			21	24	**26**	31	37
63	Schlämmputz, außen, einlagig, Kalkzementmörtel	m²	15	21	**25**	27	30
			13	17	**21**	23	25
64	Außenputz, zweilagig, Laibungen 300mm	m	12	24	**28**	32	41
			10	20	**23**	27	34
65	Abschlussprofil, Außenputz 15mm, verzinkter Stahl	m	10	12	**14**	15	17
			8	10	**11**	13	15
66	Verblendmauerwerk, Klinkerriemchen	m²	180	208	**223**	239	260
			151	175	**187**	201	219
67	Fensteranschluss, Putzprofil	m	7	9	**11**	12	15
			5	8	**9**	10	13
68	Dämmung, Kellerdecke, EPS 040, bis 140mm	m²	72	77	**83**	91	108
			61	64	**70**	76	91
69	Dämmung, Kellerdecke, MW 035, bis 140mm	m²	92	97	**105**	115	143
			78	82	**88**	97	120
70	Mehrschichtplatte WW-C, EPS, Decke, 50mm	m²	34	51	**56**	67	87
			28	43	**47**	56	73
71	Mehrschichtplatte WW-C, EPS, Decke, 75mm	m²	44	62	**71**	85	110
			37	53	**60**	71	93

► min
▷ von
ø Mittel
◁ bis
◄ max

Nr.	Positionen	Einheit	▶	▷	ø brutto € / ø netto €	◁	◀
72	Gerüstankerlöcher schließen	St	2	5	**6**	8	12
			2	4	**5**	7	10
73	Stundensatz, Facharbeiter/-in	h	69	81	**86**	90	101
			58	68	**72**	76	85
74	Stundensatz, Helfer/-in	h	55	70	**78**	81	88
			46	59	**65**	68	74

Nr. **Kurztext** / Langtext — Kostengruppe

▶ ▷ **ø netto €** ◁ ◀ [Einheit] Ausf.-Dauer Positionsnummer

1 Schutzabdeckung KG **397**

Schutzabdeckung von Fenstern und anderen Bauteilen. Abdeckung während der Putzarbeiten und WDVS-Arbeiten vorhalten, nach Ende der Arbeiten restlos entfernen und entsorgen.
Arbeitshöhe: 1,50 m bis 3,50 m über der Standfläche des hierfür erforderlichen Gerüstes

3€ 5€ **6€** 7€ 10€ [m2] ⏱ 0,02 h/m2 023.000.188

2 Untergrund prüfen KG **335**

Untergrund von verputzten Wandflächen akustisch (Klopfprobe oder Hohlstellensonde) auf Schad- und Hohlstellen prüfen, Schadstellen und Rissverläufe markieren.
Bauteil: Innenwand
Arbeitshöhe: 1,50 m bis 3,50 m über der Standfläche des hierfür erforderlichen Gerüstes

0,3€ 0,8€ **1,0€** 1,4€ 2,2€ [m2] ⏱ 0,01 h/m2 023.000.048

3 Haftbrücke, Betonfläche, für Gipsputze KG **336**

Haftbrücke auf Betonfläche, Innenwand, für Gipsputz, auf organischer Basis, quarzgefüllt, pigmentiert, wasserverdünnbar.
Arbeitshöhe: 1,50 m bis 3,50 m über der Standfläche des hierfür erforderlichen Gerüstes

2€ 4€ **5€** 8€ 13€ [m2] ⏱ 0,05 h/m2 023.000.003

4 Haftbrücke, Betonfläche, für Kalk-/Kalkzementputz KG **336**

Haftbrücke auf Betonfläche, Innenwand, für Kalk- und Kalkzementputze, mineralisch, kunststoffvergütet.
Arbeitshöhe: 1,50 m bis 3,50 m über der Standfläche des hierfür erforderlichen Gerüstes

2€ 6€ **8€** 10€ 13€ [m2] ⏱ 0,05 h/m2 023.000.078

Kosten:
Stand 1. Quartal 2026
Bundesdurchschnitt

Nr.	**Kurztext** / Langtext						Kostengruppe
►	▷	**ø netto €**	◁	◄	[Einheit]	Ausf.-Dauer	Positionsnummer

5 Installationsschlitz schließen, spachteln KG **345**

Wandschlitz auffüllen, als Untergrundvorbereitung für neuen Deckputz, in mehreren Arbeitsgängen, wie folgt:

- Fläche mit Mineralwolle ausstopfen
- Schlitz überspannen mit vollflächigem verzinktem Putzträger
- Putzträger mit geeignetem Grundputz verputzen
- Fläche komplett feinspachteln

Leistung inkl. aller für die Schlitzauffüllung notwendigen Materialien.
Putzart: .....
Schlitz (B x T): ..... x .....
Deckputz: .....
Angeb. Fabrikat: .....

►	▷	ø	◁	◄	Einheit	Ausf.-Dauer	Positionsnummer
6€	14€	**17€**	25€	42€	[m]	⏱ 0,20 h/m	023.000.051

6 Putzarmierung, Glasfasergewebe, innen, Teilbereich KG **345**

Putzarmierung, in rissegefährdetem Bereich, eingebettet in Armierungsputz, Stöße überlappt.
Material: Glasfasergewebe
Bauteil: Wand, innen
Breite: bis 50 cm
Arbeitshöhe: bis 3,50 m

►	▷	ø	◁	◄	Einheit	Ausf.-Dauer	Positionsnummer
2€	3€	**4€**	4€	5€	[m]	⏱ 0,10 h/m	023.000.082

7 Putzträger, Metallgittergewebe KG **345**

Putzträger aus Metallgittergewebe, vollflächig verlegt, zur Überdeckung von nachträglich verschlossenen Längsschlitzen in Beton- und Mauerwerkswänden, sowie an Betondecken und an Übergängen von Beton und Mauerwerk.
Material: verzinkter Stahl
Bauteil: Wand, innen
Arbeitshöhe: bis 3,50 m

►	▷	ø	◁	◄	Einheit	Ausf.-Dauer	Positionsnummer
9€	15€	**18€**	22€	31€	[m²]	⏱ 0,14 h/m²	023.000.010

8 Putzträger verzinkt, Fachwerk KG **345**

Putzträger über Fachwerkholzbalken, Ausführung wie folgt:

- Holzbalken mit Bitumenbahn überlappend belegen
- Putzträger aus verzinktem Drahtgitter aus Stahl über Balken spannen und auf Putzuntergrund befestigen

Spannweite: 500 mm
Arbeitshöhe: bis 3,50 m

►	▷	ø	◁	◄	Einheit	Ausf.-Dauer	Positionsnummer
4€	10€	**13€**	14€	20€	[m]	⏱ 0,15 h/m	023.000.059

9 Ausgleichsputz, bis 10mm KG **345**

Ausgleichsputz als Unterputz, auf unebenen Untergrund, Oberfläche entsprechend aufzubringendem Unter- bzw. Oberputz plan ziehen und horizontal aufkämmen. Standzeit mindestens 1 Tag pro mm.
Untergrund: Mauerwerk, **stark / schwach** saugend
Mörteldicke: 5 bis 10 mm
Mörtel: Kalkzement-Normalputzmörtel
Arbeitshöhe: 1,50 m bis 3,50 m über der Standfläche des hierfür erforderlichen Gerüstes

►	▷	ø	◁	◄	Einheit	Ausf.-Dauer	Positionsnummer
6€	12€	**14€**	16€	21€	[m²]	⏱ 0,20 h/m²	023.000.047

► min
▷ von
ø Mittel
◁ bis
◄ max

Nr.	**Kurztext** / Langtext						Kostengruppe
▶	▷	**ø netto €**	◁	◀	[Einheit]	Ausf.-Dauer	Positionsnummer

10 Ausgleichsputz, bis 20mm — KG **345**

Ausgleichsputz als Unterputz, auf unebenen Untergrund, Oberfläche entsprechend aufzubringendem Unter- bzw. Oberputz plan ziehen und horizontal aufkämmen. Standzeit mindestens 1 Tag pro mm.
Untergrund: Mauerwerk, **stark / schwach** saugend
Mörteldicke: über 10 bis 20 mm
Mörtel: Kalkzement-Normalputzmörtel
Arbeitshöhe: 1,50 m bis 3,50 m über der Standfläche des hierfür erforderlichen Gerüstes

9€ | 17€ | **19€** | 21€ | 26€ | [m²] | ⏱ 0,22 h/m² | 023.000.009

11 Unterputzprofil, verzinkt, innen — KG **345**

Unterputzprofil mit geeignetem Ansetzmörtel anbringen.
Putzdicke: bis 15 mm
Profil-Nr.: .....
Material: verzinkter Stahl

4€ | 7€ | **8€** | 10€ | 14€ | [m] | ⏱ 0,08 h/m | 023.000.011

12 Unterputzprofil, nichtrostender Stahl, innen — KG **345**

Unterputzprofil mit geeignetem Ansetzmörtel anbringen.
Putzdicke: bis 15 mm
Profil-Nr.: .....
Material: nichtrostender Stahl

8€ | 11€ | **12€** | 14€ | 16€ | [m] | ⏱ 0,08 h/m | 023.000.083

13 Kantenprofil, verzinkt — KG **345**

Kantenprofil mit geeignetem Ansetzmörtel anbringen.
Putzdicke: .....
Profil-Nr.: .....
Material: verzinkter Stahl

3€ | 5€ | **6€** | 8€ | 11€ | [m] | ⏱ 0,06 h/m | 023.000.085

14 Kantenprofil, Aluminium — KG **345**

Kantenprofil mit geeignetem Ansetzmörtel anbringen.
Putzdicke: .....
Profil-Nr.: .....
Material: Aluminium

4€ | 8€ | **9€** | 10€ | 13€ | [m] | ⏱ 0,06 h/m | 023.000.173

15 Kantenprofil, Kunststoff — KG **345**

Kantenprofil mit geeignetem Ansetzmörtel anbringen.
Putzdicke: .....
Profil-Nr.: .....
Material: Kunststoff

3€ | 8€ | **10€** | 11€ | 15€ | [m] | ⏱ 0,10 h/m | 023.000.087

Kosten:
Stand 1. Quartal 2026
Bundesdurchschnitt

Nr.	Kurztext / Langtext					Kostengruppe
▶	▷	**ø netto €**	◁	◀	[Einheit]	Ausf.-Dauer	Positionsnummer

16 Kantenprofil, nichtrostender Stahl KG **345**

Kantenprofil mit geeignetem Ansetzmörtel anbringen.
Putzdicke: .....
Profil-Nr.: .....
Material: nichtrostender Stahl

5€ | 10€ | **13€** | 14€ | 18€ | [m] | ⏱ 0,06 h/m | 023.000.086

17 Abschlussprofil, innen, verzinkt KG **345**

Putzan- und -abschlussprofil zu angrenzenden Bauteilen
Putzdicke: ca. 10-15 mm
Profil-Nr.: .....
Material: verzinkter Stahl

3€ | 7€ | **9€** | 11€ | 14€ | [m] | ⏱ 0,09 h/m | 023.000.014

18 Abschlussprofil, innen, nichtrostender Stahl KG **345**

Putzan- und -abschlussprofil zu angrenzenden Bauteilen
Putzdicke: ca. 10-15 mm
Profil-Nr.: .....
Material: nichtrostender Stahl

8€ | 13€ | **14€** | 18€ | 25€ | [m] | ⏱ 0,09 h/m | 023.000.088

19 Kalkzementputz, Innenwand, einlagig, Q3, abgezogen KG **345**

Einlagiger Innenputz, geeignet für matte, fein strukturierte Beschichtungen oder fein strukturierte Bekleidungen oder Beläge aus Feinkeramik und großformatige Fliesen.
Putzart: Kalkzementputz
Druckfestigkeitsklasse: CS II
Putzdicke: 10 mm
Untergrund: .....
Oberfläche: Q3 - abgezogen
Arbeitshöhe: 1,50 m bis 3,50 m über Standfläche des hierfür erforderlichen Gerüsts

19€ | 23€ | **25€** | 27€ | 31€ | [m²] | ⏱ 0,20 h/m² | 023.000.133

20 Kalk-Gipsputz, Innenwand, einlagig, Q3, gefilzt KG **345**

Einlagiger Innenputz, geeignet für matte, **nicht strukturierte / nicht gefüllte** Beschichtungen.
Putzart: Kalkgipsputz B3
Putzdicke: 10 mm
Untergrund: .....
Oberfläche: Q3 - gefilzt
Arbeitshöhe: 1,50 m bis 3,50 m über Standfläche des hierfür erforderlichen Gerüsts

18€ | 21€ | **23€** | 25€ | 30€ | [m²] | ⏱ 0,20 h/m² | 023.000.134

▶ min
▷ von
ø Mittel
◁ bis
◀ max

Nr.	Kurztext / Langtext						Kostengruppe
▶	▷	ø netto €	◁	◀	[Einheit]	Ausf.-Dauer	Positionsnummer

21 Mehrdicke, 5mm, Putz KG **345**

Mehrdicke für einlagigen Putz an Wandflächen.
Putzart: .....
Mehrdicke: bis 5 mm

3€	6€	**7€**	9€	11€	[m2]	⏱ 0,07 h/m2	023.000.135

22 Mehrdicke, 10mm, Putz KG **345**

Mehrdicke für einlagigen Putz an Wandflächen.
Putzart: .....
Mehrdicke: bis 10 mm

4€	9€	**9€**	11€	15€	[m2]	⏱ 0,09 h/m2	023.000.136

A 1 Putz, Laibung, innen Beschreibung für Pos. **23-24**

Laibungen mit Putz an Öffnungen, Aussparungen oder Nischen verputzen, Gewebeeckwinkel, APU-Profil bzw. Fugendichtband in gesonderten Positionen.
Oberfläche: Q2, abgezogen

23 Putz, Laibung, innen, bis 150mm KG **336**

Wie Ausführungsbeschreibung A 1
Putzart: .....
Oberfläche: .....
Laibungstiefe: bis 150 mm
Arbeitshöhe: bis 3,50 m

5€	9€	**10€**	13€	20€	[m]	⏱ 0,13 h/m	023.000.138

24 Kalkzementputz, Laibung, innen, 250-400mm KG **336**

Wie Ausführungsbeschreibung A 1
Putzart: Kalkzementputz
Druckfestigkeitsklasse: CS II
Laibungstiefe: über 250-400 mm
Arbeitshöhe: bis 3,50 m

11€	18€	**21€**	24€	31€	[m]	⏱ 0,20 h/m	023.000.139

25 Ebenheit, Mehrpreis Q3 KG **345**

Erhöhte Anforderung an die Ebenheit des Putzsystems, gem. DIN 18202 Tab. 3 Zeile 7. Leistung inkl. Putzlehren.
Putzart: .....
Oberflächenqualität: Q3
Arbeitshöhe: 1,50 m bis 3,50 m über Standfläche des hierfür erforderlichen Gerüsts

4€	5€	**5€**	6€	6€	[m2]	⏱ 0,05 h/m2	023.000.091

023
024
025
026
027
028
029
030
031
032
033
034
036
037
038
039

Nr.	Kurztext / Langtext						Kostengruppe
►	▷	ø netto €	◁	◀	[Einheit]	Ausf.-Dauer	Positionsnummer

26 Kalk-Gipsputz, innen, linear einlagig Q2 KG **345**

Einlagiger Kalk-Gipsputz, Innenwand, für Oberputze mit Körnung >1,0mm, mittel- bis grobstrukturierte Beläge und matte, gefüllte Beschichtungen.
Putzmörtelklasse: B3
Bauteil: Laibung
Laibungstiefe: bis 300 mm
Untergrund: .....
Putzdicke: 15 mm
Oberflächenqualität: Q2 - geglättet
Arbeitshöhe: bis 3,50 m über Standfläche des hierfür erforderlichen Gerüsts

7€ 10€ **11€** 13€ 16€ [m] ⏱ 0,22 h/m 023.000.220

Kosten:
Stand 1. Quartal 2026
Bundesdurchschnitt

27 Gipsputz, Innenwand, einlagig, Q3 KG **345**

Einlagiger Gipsputz, Innenwand, für Raufasertapete (Körnung fein) oder matte, **nicht gefüllte / nicht strukturierte** Beschichtung.
Untergrund: .....
Putzdicke: 15 mm
Oberflächenqualität: Q3 - **geglättet / gefilzt**
Putzart: Gipsputz B1
Arbeitshöhe: 1,50 m bis 3,50 m über Standfläche des hierfür erforderlichen Gerüsts

16€ 21€ **23€** 26€ 30€ [m²] ⏱ 0,23 h/m² 023.000.175

28 Gipsputz, Innenwand, Dünnlage, Q3, geglättet KG **345**

Gips-Dünnputz auf Wänden, innen, nach dem Ansteifen abglätten, für feinstrukturierte Beläge und matte, fein strukturierte Beschichtungen.
Untergrund: .....
Putzdicke: 3-5 mm
Oberflächenqualität: Q3 - geglättet
Dünnputz: C6/20/2
Arbeitshöhe: 1,50 m bis 3,50 m über Standfläche des hierfür erforderlichen Gerüsts

11€ 17€ **21€** 24€ 29€ [m²] ⏱ 0,20 h/m² 023.000.072

29 Gipsputz B1, innen, Q2, geglättet, längenorientiert KG **336**

Einlagiger Gipsputz, innen, für mittel- bis grobstrukturierte Bekleidungen, z.B. Raufasertapeten mit Körnung RM oder RG nach BFS-Info und matte, gefüllte Beschichtungen, die mit langfloriger Farbrolle oder mit Strukturrolle aufgetragen werden.
Untergrund: .....
Bauteil: Laibung
Tiefe: 150 mm
Putzart: Gipsmörtel B1
Putzdicke: 15 mm
Oberflächenqualität: Q2 - geglättet
Arbeitshöhe: 1,50 m bis 3,50 m über Standfläche des hierfür erforderlichen Gerüsts

5€ 10€ **12€** 15€ 22€ [m] ⏱ 0,12 h/m 023.000.024

► min
▷ von
ø Mittel
◁ bis
◀ max

Nr.	Kurztext / Langtext						Kostengruppe
▶	▷	**ø netto €**	◁	◀	[Einheit]	Ausf.-Dauer	Positionsnummer

30 Lehmputz, Innenwand, einlagig, gefilzt KG **345**

Lehmputz, einlagig, Innenwand, maschinengängig.
Untergrund: .....
Putzdicke: 10 mm
Körnung: bis ..... mm
Druckfestigkeitsklasse: S II
Oberfläche: gefilzt
Oberbelag: .....
Arbeitshöhe: 1,50 m bis 3,50 m über Standfläche des hierfür erforderlichen Gerüsts

▶	▷	ø netto €	◁	◀	[Einheit]	Ausf.-Dauer	Positionsnummer
27€	34€	**34€**	36€	40€	[m²]	⏱ 0,25 h/m²	023.000.040

31 Lehmputz, Innenwand, zweilagig KG **345**

Lehmputz, zweilagig, auf Innenwand, Ausführung gem. Regeln "Lehmputz auf Innenwand".
Untergrund: .....
Unterputz: Lehmputz, 10 mm
Oberputz: Lehmputz, Körnung 3 mm
Druckfestigkeitsklasse: S **I / II**
Oberfläche: gerieben
Arbeitshöhe: 1,50 m bis 3,50 m über Standfläche des hierfür erforderlichen Gerüsts

▶	▷	ø netto €	◁	◀	[Einheit]	Ausf.-Dauer	Positionsnummer
46€	58€	**60€**	63€	68€	[m²]	⏱ 0,42 h/m²	023.000.186

32 Beiputzen, Tür-/Türzarge KG **345**

Stahlzarge nachträglich einputzen, an Flächenputz angleichen.
Breite Wandbereich: bis 300 mm
Stahlzargenprofil: .....
Putz: Gipsmörtel, 15 mm
Oberflächenqualität: Q2 - ......

▶	▷	ø netto €	◁	◀	[Einheit]	Ausf.-Dauer	Positionsnummer
7€	13€	**14€**	17€	22€	[m]	⏱ 0,10 h/m	023.000.058

33 Stuckprofil, innen KG **345**

Vorgefertigtes Stuckprofil, als Gesims.
Oberfläche: poliert und profiliert
Einbau: Übergang Wand zu Decke
Untergrund: vorbereitet, als aufgerauter Unterputz
Profilbreite: bis 150 mm
Profil-Nr.: .....
Arbeitshöhe: bis 3,50 m

▶	▷	ø netto €	◁	◀	[Einheit]	Ausf.-Dauer	Positionsnummer
49€	73€	**86€**	125€	170€	[m]	⏱ 0,50 h/m	023.000.041

34 Putzbänder, Faschen, Putzdekor KG **335**

Putzfaschen an Fensteröffnungen, außen.
Breite: ca. 100 mm
Putz: ......
Putzdicke: 15 mm
Arbeitshöhe: bis 3,50 m

▶	▷	ø netto €	◁	◀	[Einheit]	Ausf.-Dauer	Positionsnummer
9€	17€	**20€**	25€	34€	[m]	⏱ 0,20 h/m	023.000.042

Nr.	Kurztext / Langtext						Kostengruppe
▶	▷	**ø netto €**	◁	◀	[Einheit]	Ausf.-Dauer	Positionsnummer

35 Trennschnitt, Wand/Deckenübergang KG **335**

Trennschnitt des frisch verputzten Bauteils, am Übergang zwischen Wand und Decke.
Arbeitshöhe: bis 3,50 m

1€	2€	**3€**	3€	5€	[m]	⏱ 0,01 h/m	023.000.163

36 Kalk-Gipsputz, Decken, einlagig, Q3, geglättet KG **354**

Einlagiger Kalkgips-Leichtputz, an Deckenflächen, innen, für Beschichtung oder mittel bis grob strukturierte Bekleidung.
Untergrund: .....
Putzart: Leicht-Kalkgipsmörtel B6
Putzdicke: 15 mm
Oberflächenqualität: Q3 - geglättet
Arbeitshöhe: 1,50 m bis 3,50 m über Standfläche des hierfür erforderlichen Gerüsts

18€	25€	**27€**	32€	42€	[m²]	⏱ 0,25 h/m²	023.000.102

37 Gipsputz, Decken, einlagig, Q2, geglättet KG **354**

Einlagiger Gipsleichtputz, an Deckenflächen, innen, für mittel bis grob strukturierte Bekleidung und matte, gefüllte Beschichtung.
Untergrund: .....
Putzart: Leicht-Gipsmörtel B4
Putzdicke: 10 mm
Oberflächenqualität: Q2 - geglättet
Arbeitshöhe: 1,50 m bis 3,50 m über Standfläche des hierfür erforderlichen Gerüsts

18€	20€	**23€**	23€	27€	[m²]	⏱ 0,25 h/m²	023.000.218

38 Gipsputz, Decken, einlagig, Q3, geglättet KG **354**

Einlagiger Gipsputz, an Deckenflächen innen, für fein strukturierte Bekleidung und matte, fein strukturierte Beschichtung.
Untergrund: .....
Putzart: Gipsmörtel B1
Putzdicke: 10 mm
Oberflächenqualität: Q3 - geglättet
Arbeitshöhe: 1,50 m bis 3,50 m über Standfläche des hierfür erforderlichen Gerüsts

18€	23€	**26€**	27€	31€	[m²]	⏱ 0,28 h/m²	023.000.177

Kosten:
Stand 1. Quartal 2026
Bundesdurchschnitt

▶ min
▷ von
ø Mittel
◁ bis
◀ max

Nr.	Kurztext / Langtext						Kostengruppe
▶	▷	**ø netto €**	◁	◀	[Einheit]	Ausf.-Dauer	Positionsnummer

A 2 WDVS, MW, Silikat-Reibeputz — Beschreibung für Pos. **39-40**

Wärmedämm-Verbundsystem, alle Teile auf das System abgestimmt, bauaufsichtlich zugelassen, aus Mineralwolle-Lamellenplatten, einlagig, auf tragfähigen Untergrund der Außenwand dicht gestoßen geklebt und gedübelt, Armierungsputz aus mineralischem Werktrockenmörtel, inkl. Armierungsgewebe. Oberputz aus Silikatputz, einschl. Grundierung, in Reibeputz-Struktur.
Dämmstoff: MW
Brandverhalten: A1 - nicht brennbar
Anwendung: WAP - zh
Bauwerkshöhe: .....
Windlastzone: .....

39 WDVS, MW 035, 120mm, Silikat-Reibeputz — KG **335**

Wie Ausführungsbeschreibung A 2
Untergrund: .....
Bemessungswert der Wärmeleitfähigkeit: max. 0,035 W/(mK)
Nennwert der Wärmeleitfähigkeit: 0,034 W/(mK)
Dämmplattendicke: 120 mm
Plattenrand: stumpf
Armierungs-Putzdicke: ca. 5 mm
Oberputz - Körnung: 3 mm
Arbeitshöhe: 1,50 m bis 3,50 m über Standfläche des hierfür erforderlichen Gerüsts

98€	108€	**112€**	118€	128€	[m²]	⏱ 1,00h/m²	023.000.140

40 WDVS, MW 035, 180mm, Silikat-Reibeputz — KG **335**

Wie Ausführungsbeschreibung A 2
Untergrund: .....
Bemessungswert der Wärmeleitfähigkeit: max. 0,035 W/(mK)
Nennwert der Wärmeleitfähigkeit: 0,034 W/(mK)
Dämmplattendicke: 180 mm
Plattenrand: stumpf
Armierungs-Putzdicke: ca. 5 mm
Oberputz - Körnung: 3 mm
Arbeitshöhe: 1,50 m bis 3,50 m über Standfläche des hierfür erforderlichen Gerüsts

117€	127€	**137€**	145€	155€	[m²]	⏱ 1,00h/m²	023.000.181

Nr.	Kurztext / Langtext						Kostengruppe
▶	▷	ø netto €	◁	◀	[Einheit]	Ausf.-Dauer	Positionsnummer

A 3 WDVS, EPS, Silikat-Reibeputz — Beschreibung für Pos. **41-42**

Wärmedämm-Verbundsystem, bauaufsichtlich zugelassen, alle Teile auf das System abgestimmt, aus Polystyrol-Hartschaumplatte, einlagig, auf tragfähigen Untergrund der Außenwand dicht gestoßen geklebt und gedübelt, Armierungsputz aus mineralischem Werktrockenmörtel, inkl. Armierungsgewebe. Oberputz aus Silikatputz, einschl. Grundierung, in Reibeputz-Struktur.
Dämmstoff: EPS, HBCD-frei
Brandverhalten: schwer entflammbar
Bauwerkshöhe: .....
Windlastzone: .....

41 WDVS, EPS, 120mm, Silikat-Reibeputz — KG **335**

Wie Ausführungsbeschreibung A 3
Untergrund: .....
Bemessungswert der Wärmeleitfähigkeit: max. 0,035 W/(mK)
Nennwert der Wärmeleitfähigkeit: 0,034 W/(mK)
Dämmplattendicke: 120 mm
Plattenrand: Stufenfalz
Armierungs-Putzdicke: 6 bis 8 mm
Oberputz - Körnung: 3 mm
Arbeitshöhe: 1,50 m bis 3,50 m über Standfläche des hierfür erforderlichen Gerüsts

▶	▷	ø	◁	◀	Einheit	Ausf.-Dauer	Positionsnummer
94€	100€	**102€**	106€	116€	[m²]	⏱ 0,95h/m²	023.000.108

42 WDVS, EPS, 180mm, Silikat-Reibeputz — KG **335**

Wie Ausführungsbeschreibung A 3
Untergrund: .....
Bemessungswert der Wärmeleitfähigkeit: max. 0,035 W/(mK)
Nennwert der Wärmeleitfähigkeit: 0,034 W/(mK)
Dämmplattendicke: 180 mm
Plattenrand: Stufenfalz
Armierungs-Putzdicke: 6 bis 8 mm
Oberputz - Körnung: 3 mm
Arbeitshöhe: 1,50 m bis 3,50 m über Standfläche des hierfür erforderlichen Gerüsts

▶	▷	ø	◁	◀	Einheit	Ausf.-Dauer	Positionsnummer
117€	125€	**130€**	143€	153€	[m²]	⏱ 1,00h/m²	023.000.185

Kosten:
Stand 1.Quartal 2026
Bundesdurchschnitt

▶ min
▷ von
ø Mittel
◁ bis
◀ max

A 4 WDVS, Wärmedämmung, EPS 035
Beschreibung für Pos. **43-44**

Wärmedämmung aus Polystyrol-Hartschaumplatten, für Wärmedämm-Verbundsystem, geklebt und konstruktiv gedübelt.
Dämmstoff: EPS, HBCD-frei
Anwendung: WAP
Brandverhalten: schwer entflammbar
Bauwerkshöhe: .....
Windlast: .....

43 WDVS, Wärmedämmung, EPS 035, 180mm
KG **335**

Wie Ausführungsbeschreibung A 4
Untergrund: .....
Bemessungswert der Wärmeleitfähigkeit: max. 0,035 W/(mK)
Nennwert der Wärmeleitfähigkeit: 0,034 W/(mK)
Plattenrand: stumpf
Plattendicke: 180 mm
Arbeitshöhe: 1,50 m bis 3,50 m über Standfläche des hierfür erforderlichen Gerüsts

57€ 63€ **67€** 71€ 74€ [m2] ⏱ 0,32h/m2 023.000.195

44 WDVS, Wärmedämmung, EPS 035, 300mm
KG **335**

Wie Ausführungsbeschreibung A 4
Untergrund: .....
Bemessungswert der Wärmeleitfähigkeit: max. 0,035 W/(mK)
Nennwert der Wärmeleitfähigkeit: 0,034 W/(mK)
Plattenrand: stumpf
Plattendicke: 300 mm
Arbeitshöhe: 1,50 m bis 3,50 m über Standfläche des hierfür erforderlichen Gerüsts

88€ 108€ **113€** 122€ 133€ [m2] ⏱ 0,35h/m2 023.000.124

A 5 WDVS, Wärmedämmung, Mineralwolle
Beschreibung für Pos. **45-46**

Wärmedämmung aus Mineralwolle-Platten, für Wärmedämm-Verbundsystem, geklebt und durch Armierungsgewebe gedübelt.
Untergrund: ....
Dämmstoff: MW
Anwendung: WAP
Bemessungswert der Wärmeleitfähigkeit: max. 0,035 W/(mK)
Nennwert der Wärmeleitfähigkeit: 0,034 W/(mK)
Zugfestigkeit: .....
Brandverhalten: nicht brennbar
Bauwerkshöhe: .....
Windlast: .....

45 WDVS, Wärmedämmung, MW 035, 160mm
KG **335**

Wie Ausführungsbeschreibung A 5
Plattenrand: stumpf
Plattendicke: 160 mm
Arbeitshöhe: 1,50 m bis 3,50 m über Standfläche des hierfür erforderlichen Gerüsts

70€ 81€ **86€** 91€ 101€ [m2] ⏱ 0,38h/m2 023.000.113

023 024 025 026 027 028 029 030 031 032 033 034 036 037 038 039

Kosten:
Stand 1. Quartal 2026
Bundesdurchschnitt

Nr.	Kurztext / Langtext						Kostengruppe
▶	▷	**ø netto €**	◁	◀	[Einheit]	Ausf.-Dauer	Positionsnummer

46 WDVS, Wärmedämmung, MW 035, 200mm — KG **335**

Wie Ausführungsbeschreibung A 5
Plattenrand: stumpf
Plattendicke: 200 mm
Arbeitshöhe: 1,50 m bis 3,50 m über Standfläche des hierfür erforderlichen Gerüsts

▶	▷	ø	◁	◀	Einheit	Ausf.-Dauer	Positionsnummer
80€	92€	**98€**	103€	115€	[m2]	⏱ 0,40h/m2	023.000.115

47 WDVS, Brandbarriere, 200mm — KG **335**

Brandbarriere im Wärmedämm-Verbundsystem, aus Mineralwolle-Lamellenplatten, linienartig in Flächendämmung integriert, auf tragfähigen Untergrund der Außenwand.
Dämmstoff: MW
Bemessungswert der Wärmeleitfähigkeit max. 0,035 W/(mK)
Nennwert der Wärmeleitfähigkeit: 0,034 W/(mK)
Brandverhalten: nicht brennbar
Plattendicke: 200 mm
Streifenbreite: 200 mm
Einbauort: **Sturzbereich / durchlaufender Brandriegel**
Flächendämmung: EPS-Platten, schwer entflammbar
Arbeitshöhe: bis 3,50 m

▶	▷	ø	◁	◀	Einheit	Ausf.-Dauer	Positionsnummer
7€	13€	**16€**	19€	29€	[m]	⏱ 0,20h/m	023.000.146

48 WDVS, Montagequader, Druckplatte — KG **335**

Montagequader aus druckbeständigem Hartschaum oberflächenbündig integriert in WDVS, für wärmebrückenfreie Befestigung von Lasten.
Lasten/Druckkraft: 0,15 N/mm2
Dämmstoffstärke: 140 mm
Material: PUR-Hartschaum
Bemessungswert der Wärmeleitfähigkeit: ..... W/(mK)
Nennwert Wärmeleitfähigkeit: ..... W/(mK)
Abmessung: 198 x 198 mm
Arbeitshöhe: bis 3,50 m

▶	▷	ø	◁	◀	Einheit	Ausf.-Dauer	Positionsnummer
33€	65€	**81€**	106€	173€	[St]	⏱ 0,80h/St	023.000.166

49 WDVS, Dübelung, Wärmedämmung — KG **335**

Wärmedämmschicht des Wärmedämm-Verbundsystems dübeln, aus PS-Hartschaumplatten, auf nicht tragfähigen Untergründen, Dübel bauaufsichtlich zugelassen.
Dämmplattendicke: .....
Dübelanzahl: .....
Gebäudehöhe: .....
Windzone: .....
Arbeitshöhe: bis 3,50 m

▶	▷	ø	◁	◀	Einheit	Ausf.-Dauer	Positionsnummer
7€	15€	**17€**	20€	29€	[m2]	⏱ 0,10h/m2	023.000.034

▶ min
▷ von
ø Mittel
◁ bis
◀ max

Nr.	**Kurztext** / Langtext						Kostengruppe
▶	▷	**ø netto €**	◁	◀	[Einheit]	Ausf.-Dauer	Positionsnummer

50 WDVS, Armierungsputz, Glasfasereinlage KG **335**

Armierungsputz für Wärmedämm-Verbundsystem, inkl. Bewehrung aus Armierungsgewebe, Armierungsgewebe in Armierungsputz einbetten, Gewebestöße überlappend.
Untergrund: Dämmplatten aus .....
Armierungsputz: mineralischem Werktrockenmörtel
Putzdicke: 6 bis 8 mm
Putzfarbe: .....
Arbeitshöhe: bis 3,50 m

19€	24€	**26€**	29€	35€	[m²]	⏱ 0,18h/m²	023.000.037

51 WDVS, Kantenausbildung, Profil KG **335**

Kantenausbildung in Wärmedämm-Verbundsystem, mit Kantenprofil, eingebettet in Armierungsschicht.
Eckprofil: aus **Kunststoff / Leichtmetall**
Schenkelbreite/Profil: 100 x 230 mm
Flächendämmung: .....
Arbeitshöhe: bis 3,50 m

5€	9€	**10€**	12€	18€	[m]	⏱ 0,13h/m	023.000.045

52 WDVS, Sockeldämmung, XPS KG **335**

Sockeldämmung, abgestimmt auf das getrennt beschriebene WDVS, auf bauseitigen Untergrund geklebt, angearbeitet an Sockelabschlussprofil.
Material: XPS
Anwendung: PW - dh
Brandverhalten: schwer entflammbar
Dicke: .....
Sockelhöhe: .....
Profil: .....

46€	60€	**64€**	76€	94€	[m²]	⏱ 0,15h/m²	023.000.167

53 WDVS, Sockelprofil KG **335**

Sockelabschlussprofil des Wärmedämm-Verbundsystems, für Abschluss Flächendämmung und Anschluss Sockeldämmung, mit Tropfkante, über Gelände, Profil vollflächig in Armierungsschicht eingebettet.
Material: Leichtmetall
Dämmstoffdicke: 140 mm

10€	16€	**18€**	22€	28€	[m]	⏱ 0,20h/m	023.000.116

54 WDVS, Fensteranschluss KG **334**

Fensteranschluss des Wärmedämm-Verbundsystems: Heranführen aller Systemschichten an Fenster, inkl. Abschlussprofil und Dichtband.
Material: .....
Flächendämmung: .....
Oberputz-Stärke: .....

4€	7€	**8€**	10€	13€	[m]	⏱ 0,12h/m	023.000.053

Kosten:
Stand 1. Quartal 2026
Bundesdurchschnitt

Nr.	**Kurztext** / Langtext						Kostengruppe
▶	▷	**ø netto €**	◁	◀	[Einheit]	Ausf.-Dauer	Positionsnummer

55 WDVS, Laibungsausbildung KG **334**

Gedämmte Fensterlaibungen, für vor beschriebenes Wärmedämm-Verbundsystem, inkl. Dämmplatte, Gewebe, Armierungsschicht und Oberputz. Eckausbildung, Fenster-/Türanschluss mit Anputzprofil und Fugendichtband, werden gesondert vergütet.
Untergrund: .....
Laibungstiefe: .....
Dämmdicke: .....

20€	25€	**28€**	29€	33€	[m]	⏱ 0,15 h/m	023.000.164

56 WDVS, Kompriband BG1 KG **335**

Fugenabdichtung für vor beschriebenes Wärmedämm-Verbundsystem, mit Fugendichtband BG1, im Übergang begrenzender Bauteile, inkl. Trennschnitt.
Fugendichtband: 5-10 mm

3€	5€	**5€**	6€	7€	[m]	⏱ 0,03 h/m	023.000.200

57 Mineralischer Oberputz, WDVS KG **335**

Oberputz, mineralisch, für Wärmedämm-Verbundsystem, auf Armierungsputz, inkl. Grundierung.
Putzart: .....
Korngröße: 3 mm
Struktur: Reibeputz
Untergrund Dämmstoff: .....
Untergrund Armierungsputz: .....
Arbeitshöhe: 1,50 m bis 3,50 m über Standfläche des hierfür erforderlichen Gerüsts

16€	20€	**22€**	23€	25€	[m²]	⏱ 0,25 h/m²	023.000.049

58 Oberputz, Dispersions-Silikatputz, WDVS KG **335**

Oberputz, Dispersions-Silikatputz, für Wärmedämm-Verbundsystem, auf Armierungsputz, inkl. Grundierung.
Putzart: .....
Korngröße: 3 mm
Struktur: Reibeputz
Untergrund Dämmstoff: .....
Untergrund Armierungsputz: .....
Arbeitshöhe: 1,50 m bis 3,50 m über Standfläche des hierfür erforderlichen Gerüsts

22€	28€	**29€**	32€	37€	[m²]	⏱ 0,26 h/m²	023.000.216

59 Oberputz, organisch, Silikonharz, WDVS KG **335**

Oberputz, organisch, für Wärmedämm-Verbundsystem, auf Armierungsputz, inkl. Grundierung und algizide und fungizide Zusatzstoffe.
Putzart: Silikonharzputz
Korngröße: 3 mm
Struktur: Reibeputz
Untergrund Dämmstoff: .....
Untergrund Armierungsputz: .....
Arbeitshöhe: 1,50 m bis 3,50 m über Standfläche des hierfür erforderlichen Gerüsts

17€	23€	**25€**	26€	30€	[m²]	⏱ 0,28 h/m²	023.000.141

▶ min
▷ von
ø Mittel
◁ bis
◀ max

Nr.	**Kurztext** / Langtext						Kostengruppe
▶	▷	**ø netto €**	◁	◀	[Einheit]	Ausf.-Dauer	Positionsnummer

60 Sockelputz, zweilagig, Kalkzementmörtel CS III - wasserhemmend KG **335**

Sockelputz an Außenwand als Unterputz, Armierungslage wird gesondert vergütet.
Untergrund: .....
Mörtel: Kalkzementmörtel
Druckfestigkeit: CS III
Putzdicke: nach DIN 18550-2
kapillare Wasseraufnahme: Wc 1, wasserhemmend
Sockelhöhe: .....

26€ | 40€ | **47€** | 50€ | 69€ | [m²] | ⏱ 0,32h/m² | 023.000.193

61 Außenputz, zweilagig, Wand, mineralisch KG **335**

Putzsystem auf Außenwänden, mineralisch, bestehend aus Unterputz und Oberputz.
Untergrund: Ziegelmauerwerk
Unterputz: Kalkzementputzmörtel, CS II
Unterputzdicke: 20 mm
Oberputz: Normalmörtel GP
Druckfestigkeit: CS II
kapillare Wasseraufnahme: Wc1, wasserhemmend
Körnung Oberputz: 3,0 mm
Farbton: .....
Struktur: gerieben
Arbeitshöhe: 1,50 m bis 3,50 m über Standfläche des hierfür erforderlichen Gerüsts

33€ | 42€ | **46€** | 48€ | 53€ | [m²] | ⏱ 0,48h/m² | 023.000.036

62 Außenputz, zweilagig, Wand, organischer Oberputz KG **335**

Putzsystem auf Außenwänden, bestehend aus mineralischem Unterputz und organischem Oberputz, Kunstharzputz, außen, mit algizider und fungizider Filmkonservierung.
Untergrund: .....
Unterputz: Kalkzementputz, CS II, D=15 mm
Oberputz: Dispersionsputz
Struktur: Kratzputzstruktur
Korngröße: 2,0 mm
Wasserdampfdiffusion: V1
kapillare Wasseraufnahme: W2
Farbton: nach Bemusterung, durch den Auftraggeber
Arbeitshöhe: 1,50 m bis 3,50 m über Standfläche des hierfür erforderlichen Gerüsts

21€ | 24€ | **26€** | 31€ | 37€ | [m²] | ⏱ 0,25h/m² | 023.000.112

63 Schlämmputz, außen, einlagig, Kalkzementmörtel KG **335**

Schlämmputz, einlagig, an Außenwandflächen aus Ziegelmauerwerk, glatt, wenig saugend.
Putz: Kalkzementputzmörtel
Druckfestigkeit: CS II
Kapillare Wasseraufnahme: W2 - wasserhemmend
Putzdicke: 2-5 mm
Arbeitshöhe: 1,50 m bis 3,50 m über Standfläche des hierfür erforderlichen Gerüsts

13€ | 17€ | **21€** | 23€ | 25€ | [m²] | ⏱ 0,18h/m² | 023.000.044

Nr.	Kurztext / Langtext						Kostengruppe
►	▷	ø netto €	◁	◄	[Einheit]	Ausf.-Dauer	Positionsnummer

Kosten:
Stand 1. Quartal 2026
Bundesdurchschnitt

64 Außenputz, zweilagig, Laibungen 300mm — KG **335**

Zweilagiger Außenputz, in Fensterlaibungen. Gewebeeckwinkel, APU-Profil oder Fugendichtband in gesonderter Position.
Untergrund: Mauerwerk, saugfähig, rau
Unterputz: Normalputzmörtel GP, CS II
Oberputz: Edelputzmörtel CS II
Oberfläche: gerieben
Körnung: 2,5 mm
Kapillare Wasseraufnahme: W1 - wasserhemmend
Laibungstiefe: 300 mm
Farbton: nach Bemusterung, durch den Auftraggeber
Arbeitshöhe: bis 3,50 m

10€	20€	**23€**	27€	34€	[m]	⏱ 0,22 h/m	023.000.046

65 Abschlussprofil, Außenputz 15mm, verzinkter Stahl — KG **335**

Abschlussprofil nach DIN EN 13658-2 für den Außenputz.
Profil: verzinkter Stahl
Putzdicke: 15 mm

8€	10€	**11€**	13€	15€	[m]	⏱ 0,08 h/m	023.000.155

66 Verblendmauerwerk, Klinkerriemchen — KG **335**

Sparverblendung mit Klinkerriemchen als geklebte Wetter-/ Sichtschicht, nach Herstellervorgabe aufgebracht, inkl. Vorbehandlung des Untergrunds und Verfugung. Verblendung von Mauerpfeilern, Öffnungen anlegen und überdecken sowie Sturzausbildungen und Laibungen nach gesonderter Position.
Untergrund: .....
Verblendung: **VMz / KMz**
Format (L x H): 240 x 52 mm
Fugenbreite: .....
Verlegeart: Im Verband
Mörtelklasse: M 2,5 DIN EN 998-2
Farbton: .....
Oberfläche: .....
Arbeitshöhe: 1,50 m bis 3,50 m über Standfläche des hierfür erforderlichen Gerüsts

151€	175€	**187€**	201€	219€	[m²]	⏱ 0,90 h/m²	023.000.189

67 Fensteranschluss, Putzprofil — KG **335**

Anputz-Profil aus verzinktem Stahl, mit Kunststoffkante, Übergang zu angrenzendem Fensterprofil.
Einbaubereich: außen, Fensterlaibung
Putzdicke: 15 mm
Profil-Nr.: .....
Ausführung: **dicht / schlagregendicht**

5€	8€	**9€**	10€	13€	[m]	⏱ 0,10 h/m	023.000.063

► min
▷ von
ø Mittel
◁ bis
◄ max

Nr.	Kurztext / Langtext						Kostengruppe
▶	▷	**ø netto €**	◁	◀	[Einheit]	Ausf.-Dauer	Positionsnummer

68 Dämmung, Kellerdecke, EPS 040, bis 140mm KG **354**

Wärmedämmung aus HBCD-freien Polystyrolhartschaumplatten, als Untersicht der Kellerdecke, dicht gestoßen verklebt und ggf. gedübelt.
Dämmstoff: EPS
Anwendung: DI
Oberfläche: .....
Bemessungswert der Wärmeleitfähigkeit: max. 0,035 W/(mK)
Nennwert der Wärmeleitfähigkeit: 0,039 W/(mK)
Brandverhalten: .....
Plattenrand: ohne Profil
Plattendicke: 140 mm
Arbeitshöhe: bis 3,50 m

▶	▷	ø netto €	◁	◀	[Einheit]	Ausf.-Dauer	Positionsnummer
61€	64€	**70€**	76€	91€	[m2]	⏱ 0,32h/m2	023.000.148

69 Dämmung, Kellerdecke, MW 035, bis 140mm KG **354**

Wärmedämmung aus Mineralwolleplatten, als Untersicht der Kellerdecke, dicht gestoßen verklebt und ggf. gedübelt.
Dämmstoff: MW
Anwendung: DI
Oberfläche: .....
Bemessungswert der Wärmeleitfähigkeit: max. 0,035 W/(mK)
Nennwert der Wärmeleitfähigkeit: 0,034 W/(mK)
Dämmplattendicke: 140 mm
Brandverhalten: nicht brennbar
Plattenrand: ohne Profil
Arbeitshöhe: bis 3,50 m

▶	▷	ø netto €	◁	◀	[Einheit]	Ausf.-Dauer	Positionsnummer
78€	82€	**88€**	97€	120€	[m2]	⏱ 0,32h/m2	023.000.149

70 Mehrschichtplatte WW-C, EPS, Decke, 50mm KG **335**

Wärmedämmung aus Holzwolle-Mehrschichtplatten WW-C mit Polystyroldämmkern, auf Bauteilen dicht gestoßen verklebt und ggf. gedübelt.
Bauteil: Decke
Untergrund: Stahlbeton, schalungsrau
Dämmstoff: EPS
Anwendung: DI
Brandverhalten: schwer entflammbar
Bemessungswert der Wärmeleitfähigkeit: max. 0,035 W/(mK)
Nennwert der Wärmeleitfähigkeit: 0,034 W/(mK)
Dämmschichtdicke EPS: 40 mm
Dicke Holzwolle: 2 x 5 mm
Plattenrand: .....
Arbeitshöhe: bis 3,50 m

▶	▷	ø netto €	◁	◀	[Einheit]	Ausf.-Dauer	Positionsnummer
28€	43€	**47€**	56€	73€	[m2]	⏱ 0,30h/m2	023.000.152

Nr.	Kurztext / Langtext						Kostengruppe
►	▷	ø netto €	◁	◄	[Einheit]	Ausf.-Dauer	Positionsnummer

71 Mehrschichtplatte WW-C, EPS, Decke, 75mm KG **335**

Wärmedämmung aus Holzwolle-Mehrschicht-Leichtbauplatten WW-C mit Polystyrol-Dämmkern, auf Bauteilen dicht gestoßen verklebt und ggf. gedübelt.
Bauteil: Decke
Untergrund: Stahlbeton, schalungsrau
Dämmstoff: EPS
Anwendung: DI
Brandverhalten: schwer entflammbar
Bemessungswert der Wärmeleitfähigkeit: max. 0,035 W/(mK)
Nennwert der Wärmeleitfähigkeit: 0,034 W/(mK)
Dämmschichtdicke EPS: 65 mm
Dicke Holzwolle: 2 x 5 mm
Plattenrand: .....
Arbeitshöhe: bis 3,50 m

37€ 53€ **60€** 71€ 93€ [m²] ⏱ 0,33 h/m² 023.000.151

72 Gerüstankerlöcher schließen KG **335**

Dübellöcher der Gerüstanker, im Zuge des Abbaus des Gerüstes, schließen und Oberfläche nahtlos angleichen und beschichten, Dämmverschluss der Löcher und Beschichtung mit Oberputz, Art und Ausführung abgestimmt auf das verwendete WDVS-System, dessen Putzstruktur und Beschichtung.

2€ 4€ **5€** 7€ 10€ [St] ⏱ 0,15 h/St 023.000.168

73 Stundensatz, Facharbeiter/-in

Stundenlohnarbeiten für Vorarbeiter/-in, Facharbeiter/-in und Gleichgestellte. Der Verrechnungssatz für die jeweilige Arbeitskraft umfasst sämtliche Aufwendungen wie Lohn- und Gehaltskosten, Lohn- und Gehaltsnebenkosten, Zuschläge, lohngebundene und lohnabhängige Kosten, sonstige Sozialkosten, Gemeinkosten, Wagnis und Gewinn. Leistung nach besonderer Anordnung der Bauüberwachung. Anmeldung und Nachweis gem. VOB/B.

58€ 68€ **72€** 76€ 85€ [h] ⏱ 1,00 h/h 023.000.153

74 Stundensatz, Helfer/-in

Stundenlohnarbeiten für Werker/-in, Helfer/-in und Gleichgestellte. Der Verrechnungssatz für die jeweilige Arbeitskraft umfasst sämtliche Aufwendungen wie Lohn- und Gehaltskosten, Lohn- und Gehaltsnebenkosten, Zuschläge, lohngebundene und lohnabhängige Kosten, sonstige Sozialkosten, Gemeinkosten, Wagnis und Gewinn. Leistung nach besonderer Anordnung der Bauüberwachung. Anmeldung und Nachweis gem. VOB/B.

46€ 59€ **65€** 68€ 74€ [h] ⏱ 1,00 h/h 023.000.154

Kosten:
Stand 1. Quartal 2026
Bundesdurchschnitt

► min
▷ von
ø Mittel
◁ bis
◄ max

Kosten:
Stand 1. Quartal 2026
Bundesdurchschnitt

► min
▷ von
ø Mittel
◁ bis
◀ max

Fliesen- und Plattenarbeiten — Preise €

Nr.	Positionen	Einheit	►	▷	ø brutto € / ø netto €	◁	◀
1	Feuchtemessung	St	46	58	**62**	68	79
			39	49	**52**	57	66
2	Untergrund prüfen, Haftzugfestigkeit	St	31	39	**41**	46	52
			26	33	**34**	39	44
3	Untergrund reinigen, Boden	m²	1	2	**2**	3	5
			1,0	1,6	**1,8**	2,5	4,1
4	Haftbrücke, Fliesenbelag	m²	2	5	**5**	8	11
			2	4	**4**	6	9
5	Voranstrich, Fliesenbelag	m²	1	3	**4**	5	7
			1	3	**3**	4	6
6	Verbundabdichtung, Wand	m²	15	22	**25**	30	41
			12	19	**21**	25	35
7	Verbundabdichtung, Boden	m²	12	21	**25**	28	38
			10	17	**21**	24	32
8	Verbundabdichtung, Kunststoffbahn, Boden	m²	18	22	**25**	27	31
			15	18	**21**	23	26
9	Verbundabdichtung, Kunststoffbahn, Wand	m²	20	25	**27**	30	33
			17	21	**23**	25	28
10	Verbundabdichtung, Reaktionsharz	m²	32	39	**44**	52	56
			27	32	**37**	44	47
11	Verbundabdichtung, Dichtungsschlämme	m²	23	27	**31**	37	40
			19	23	**26**	31	33
12	Innenecken, Verbundabdichtung, Dichtband	m	6	12	**13**	15	23
			5	10	**11**	13	19
13	Dichtmanschette, Rohre	St	6	11	**13**	16	21
			5	9	**11**	13	18
14	Dichtmanschette, Bodenablauf	St	17	29	**35**	41	55
			14	25	**29**	34	46
15	Revisionstür, 30x30	St	29	57	**69**	90	130
			24	48	**58**	76	109
16	Trennschiene, Aluminium	m	14	20	**21**	25	35
			12	16	**18**	21	29
17	Trennschiene, Messing	m	16	24	**28**	32	42
			14	21	**23**	27	36
18	Trennschiene, nichtrostender Stahl	m	18	27	**31**	39	59
			15	22	**26**	33	50
19	Eckschutzschiene, Aluminium	m	19	22	**24**	28	35
			16	19	**20**	23	29
20	Eckschutzschiene, nichtrostender Stahl	m	14	26	**30**	38	56
			12	22	**26**	32	47
21	Eckschutzschiene, Kunststoff	m	10	14	**16**	18	27
			8	12	**13**	15	23
22	Wandfliesen, 10x10	m²	72	92	**100**	108	135
			61	77	**84**	90	113
23	Wandfliesen, 10x20	m²	93	107	**118**	130	148
			78	90	**99**	109	125
24	Wandfliesen, 15x15	m²	86	98	**109**	121	137
			72	82	**91**	101	115

Nr.	Positionen	Einheit	►	▷	ø brutto € / ø netto €	◁	◄
25	Wandfliesen, 20x20	m²	71	84	**91**	102	138
			59	70	**76**	86	116
26	Wandfliesen, 25x33	m²	76	86	**89**	101	115
			64	72	**75**	85	96
27	Wandfliesen, 30x30	m²	90	105	**109**	114	132
			76	88	**91**	96	111
28	Wandfliesen, 30x60	m²	95	116	**125**	134	151
			80	97	**105**	113	127
29	Wandfliesen, 60x60	m²	144	163	**171**	184	210
			121	137	**143**	154	176
30	Sockelfliesen, Fliesenbelag	m	15	24	**27**	31	41
			12	20	**23**	26	34
31	Kehlsockel, Fliesenbelag	m	29	42	**47**	52	64
			24	35	**40**	43	53
32	Bordüre, Fliesen	m	17	28	**31**	35	45
			14	23	**26**	29	37
33	Bodenfliesen, 10x10	m²	84	122	**142**	158	191
			70	103	**119**	133	161
34	Bodenfliesen, 30x30	m²	71	94	**101**	116	145
			60	79	**85**	97	122
35	Bodenfliesen, 60x60	m²	101	142	**161**	186	235
			85	119	**135**	156	197
36	Bodenfliesen, 20x20, strukturiert	m²	95	109	**123**	143	153
			80	91	**104**	120	129
37	Bodenfliesen, 30x30, strukturiert	m²	99	113	**125**	145	159
			83	95	**105**	122	133
38	Bodenfliesen, 30x30, R11	m²	106	124	**133**	138	152
			89	104	**111**	116	128
39	Bodenfliesen, Großküche, 20x20, R12	m²	81	98	**111**	125	138
			68	82	**93**	105	116
40	Bodenfliesen, Großküche, 30x30, R12, V4	m²	114	142	**150**	166	195
			96	120	**126**	140	164
41	Treppenbelag, Tritt- und Setzstufe	m	155	187	**193**	205	228
			130	157	**162**	172	192
42	Sockelfliesenbeläge, Treppen	m	25	34	**38**	44	55
			21	29	**32**	37	46
43	Bodenfliesen, BIa-Feinsteinzeug, bis 20x20	m²	78	96	**104**	122	152
			65	81	**87**	102	128
44	Bodenfliesen, BIIa/BIIb-Steinzeug, glasiert, bis 20x20	m²	70	98	**113**	123	155
			59	83	**95**	104	130
45	Bodenfliesen, AI/AII-Spaltplatte, frostsicher, bis 20x20	m²	86	117	**123**	139	176
			73	99	**103**	117	148
46	Bodenfliesen, AI/AII-Klinker, frostsicher, bis 20x20	m²	90	109	**115**	138	179
			75	92	**97**	116	150
47	Begleitstreifen, Kontraststreifen, Steinzeug, innen	m	–	90	**101**	128	–
			–	75	**85**	108	–
48	Aufmerksamkeitsfeld, Noppenfliesen, Steinzeug, innen	St	–	303	**348**	435	–
			–	254	**292**	366	–

023
024
025
026
027
028
029
030
031
032
033
034
036
037
038
039

Nr.	Positionen	Einheit	►	▷	ø brutto € / ø netto €	◁	◄
49	Leitsystem, Rippenfliesen, Steinzeug, innen	m	–	111	**129**	164	–
			–	93	**108**	138	–
50	Wandfliesen, BIII-Steingut, glasiert, bis 20x20	m²	73	95	**105**	115	133
			61	80	**88**	97	112
51	Wandfliesen, BIIa/BIIb-Steinzeug, glasiert, bis 20x20	m²	75	106	**117**	126	144
			63	89	**99**	106	121
52	Duschwannenträger einfliesen	St	47	61	**72**	92	132
			40	51	**60**	77	111
53	Badewannenträger einfliesen	St	101	122	**133**	173	219
			85	102	**111**	146	184
54	Gehrungsschnitt, Fliesen	m	8	16	**19**	23	33
			7	14	**16**	20	28
55	Mattenrahmen, Edelstahl, 150x120	St	502	580	**717**	853	1.025
			421	488	**602**	716	861
56	Mattenrahmen, Edelstahl, 200x200	St	513	806	**958**	1.068	1.667
			431	677	**805**	898	1.401
57	Sauberlaufsystem, Rahmen, bis 2,00m²	St	411	830	**1.001**	1.309	1.744
			345	698	**841**	1.100	1.465
58	Sauberlaufsystem, Rahmen, über 2,00m²	St	1.610	2.309	**2.776**	2.903	3.174
			1.353	1.940	**2.333**	2.440	2.667
59	Elastische Verfugung, Fliesen, Silikon	m	6	8	**9**	10	15
			5	7	**8**	9	13
60	Elastoplastische Verfugung, Fliesen, Acryl	m	8	11	**12**	16	18
			7	10	**10**	13	15
61	Elastische Verfugung, Fliesen, chemisch beständig	m	10	13	**14**	18	19
			9	11	**11**	15	16
62	Bewegungsfugen, Fliesenbelag, Profil	m	29	35	**39**	44	48
			24	29	**33**	37	40
63	Randstreifen abschneiden	m	0,5	1,4	**1,8**	2,6	4,2
			0,4	1,2	**1,5**	2,2	3,5
64	Fliesen anarbeiten, Stützen	m	32	38	**40**	46	51
			27	32	**34**	39	43
65	Stundensatz, Facharbeiter/-in	h	74	86	**91**	94	103
			62	72	**76**	79	87
66	Stundensatz, Helfer/-in	h	55	70	**76**	82	96
			46	58	**64**	69	81

Kosten:
Stand 1.Quartal 2026
Bundesdurchschnitt

► min
▷ von
ø Mittel
◁ bis
◄ max

Nr. **Kurztext** / Langtext — Kostengruppe
► ▷ **ø netto €** ◁ ◄ [Einheit] Ausf.-Dauer Positionsnummer

1 Feuchtemessung KG **353**

Feuchtemessung des Fliesenuntergrunds als Prüfung der Belegreife, über die Prüfpflicht des Auftragnehmers hinaus. Messung mit CM-Prüfinstrument, Preis je Prüfung inkl. Protokollierung und Übergabe an den Auftraggeber.

39€ 49€ **52€** 57€ 66€ [St] ⏱ 0,25h/St 024.000.061

Nr.	Kurztext / Langtext						Kostengruppe
▶	▷	**ø netto €**	◁	◀	[Einheit]	Ausf.-Dauer	Positionsnummer

2 Untergrund prüfen, Haftzugfestigkeit KG **353**

Fliesenuntergrund durch Haftzugprüfung prüfen. Preis je Prüfung inkl. Protokollierung und Übergabe an den Auftraggeber.
Hinweis: Vergütet nur, wenn über die Prüfpflicht des Auftragnehmers hinausgehende Leistung.

26€ | 33€ | **34€** | 39€ | 44€ | [St] | ⏱ 0,50 h/St | 024.000.066

3 Untergrund reinigen, Boden KG **353**

Reinigen des Untergrundes von grober Verschmutzung, aufgenommene Stoffe sammeln, in vom AG gestellten Behälter lagern. Abfall ist nicht gefährlich, nicht schadstoffbelastet.
Behältergröße bis 0,05 m^3

1,0€ | 1,6€ | **1,8€** | 2,5€ | 4,1€ | [m^2] | ⏱ 0,04 h/m^2 | 024.000.001

4 Haftbrücke, Fliesenbelag KG **353**

Haftbrücke für Fliesenbelag/Verbundabdichtung.
Bauteil: **Wand / Boden**
Untergrund: .....
Haftbrücke: .....

2€ | 4€ | **4€** | 6€ | 9€ | [m^2] | ⏱ 0,05 h/m^2 | 024.000.005

5 Voranstrich, Fliesenbelag KG **353**

Voranstrich für Fliesenbelag.
Bauteil: **Wand / Boden**
Untergrund: .....
Voranstrichmittel: .....

1€ | 3€ | **3€** | 4€ | 6€ | [m^2] | ⏱ 0,05 h/m^2 | 024.000.004

6 Verbundabdichtung, Wand KG **345**

Abdichtung im Verbund mit Wandbekleidung aus Fliesen, im Dünnbettverfahren.
Untergrund: .....
Abdichtung: .....
Rissklasse: R1-I
Abdichtungsart: AIV-F
Einwirkungsklasse: W1-I DIN EN 18534
Einbauort: .....
Angeb. Fabrikat: .....

12€ | 19€ | **21€** | 25€ | 35€ | [m^2] | ⏱ 0,20 h/m^2 | 024.000.007

7 Verbundabdichtung, Boden KG **353**

Abdichtung im Verbund mit Bodenbelag aus Fliesen, im Dünnbettverfahren.
Untergrund: .....
Abdichtung: .....
Rissklasse: R1-I
Abdichtungsart: AIV-F
Einwirkungsklasse: W1-I DIN EN 18534
Einbauort: .....
Angeb. Fabrikat: .....

10€ | 17€ | **21€** | 24€ | 32€ | [m^2] | ⏱ 0,20 h/m^2 | 024.000.008

Kosten:
Stand 1. Quartal 2026
Bundesdurchschnitt

Nr.	**Kurztext** / Langtext						Kostengruppe
▶	▷	**ø netto €**	◁	◀	[Einheit]	Ausf.-Dauer	Positionsnummer

8 Verbundabdichtung, Kunststoffbahn, Boden KG **353**

Abdichtung im Verbund mit Bodenbelag aus Fliesen, im Dünnbettverfahren, mit beidseitig vlieskaschierten Kunststoffbahnen.
Untergrund: .....
Rissklasse: R1-I
Abdichtungsart: AIV-B
Einwirkungsklasse: W2-I DIN EN 18534
Einbauort: .....
Angeb. Fabrikat: .....

15€ 18€ **21€** 23€ 26€ [m²] ⏱ 0,20 h/m² 024.000.067

9 Verbundabdichtung, Kunststoffbahn, Wand KG **345**

Abdichtung im Verbund mit Wandbekleidung aus Fliesen, im Dünnbettverfahren, mit beidseitig vlieskaschierten Kunststoffbahnen.
Untergrund: .....
Rissklasse: R1-I
Abdichtungsart: AIV-B
Einwirkungsklasse: W2-I DIN EN 18534
Einbauort: .....
Angeb. Fabrikat: .....

17€ 21€ **23€** 25€ 28€ [m²] ⏱ 0,20 h/m² 024.000.068

10 Verbundabdichtung, Reaktionsharz KG **353**

Abdichtung im Verbund mit Bodenbelag,mit sehr hoher Wassereinwirkung, Abdichtung in Verbindung mit Fliesenbelag, mit Reaktionsharz.
Untergrund: .....
Rissklasse: R1-I
Abdichtungsart: AIV-F
Einwirkungsklasse: W3-I DIN EN 18534
Trockenschichtdicke: mind. 1 mm
Einbauort: Innenraum **Boden / Wand**
Angeb. Fabrikat: .....

27€ 32€ **37€** 44€ 47€ [m²] ⏱ 0,25 h/m² 024.000.011

11 Verbundabdichtung, Dichtungsschlämme KG **353**

Innenraum-Verbundabdichtung an Flächen mit geringer Wassereinwirkung, Abdichtung in Verbindung mit Fliesenbelag, mit rissüberbrückenden Dichtungsschlämmen.
Untergrund: .....
Einwirkungsklasse: W0-I DIN EN 18534
Rissklasse: R1-I
Trockenschichtdicke: mind. 2 mm
Einbauort: Innenraum **Boden / Wand**
Angeb. Fabrikat: .....

19€ 23€ **26€** 31€ 33€ [m²] – 024.000.124

▶ min
▷ von
ø Mittel
◁ bis
◀ max

Nr.	Kurztext / Langtext						Kostengruppe
▶	▷	ø netto €	◁	◀	[Einheit]	Ausf.-Dauer	Positionsnummer

12 Innenecken, Verbundabdichtung, Dichtband KG **353**

Anschluss der Verbundabdichtung in Innenecken an Übergang von Wand und Boden mit elastischer Dichtbandeinlage.
Einwirkungsklasse: .....
Bandbreite: .....

5€	10€	**11€**	13€	19€	[m]	⏱ 0,10h/m	024.000.009

13 Dichtmanschette, Rohre KG **353**

Anschluss der Innenabdichtung an Rohrdurchdringungen, mit Dichtmanschetten.
Einwirkungsklasse: .....
Durchdringung: bis D= 42 mm
Einbauort: **Wand / Boden**

5€	9€	**11€**	13€	18€	[St]	⏱ 0,16h/St	024.000.010

14 Dichtmanschette, Bodenablauf KG **324**

Anschluss der Innenabdichtung an Bodeneinlauf, mit Dichtmanschetten.
Einwirkungsklasse: .....
Durchdringung: bis D= 100 mm

14€	25€	**29€**	34€	46€	[St]	⏱ 0,18h/St	024.000.012

15 Revisionstür, 30x30 KG **345**

Revisionstür mit Rahmen und Fliesen, Einbau in Wandbekleidung, Klappe ohne sichtbaren Verschluss, Einbau- und Klapprahmen aus Aluminium, Öffnen der Klappe durch leichtes Andrücken, Ausführung mit Fangarmsicherung.
Brandschutz: F0
Untergrund: .....
Plattendicke: ..... mm
Klappengröße: 30 x 30 cm

24€	48€	**58€**	76€	109€	[St]	⏱ 0,20h/St	024.000.062

A 2 Trennschiene Beschreibung für Pos. **16-18**

Trennschiene in Fliesenbelag
Schienenhöhe: bis 6 mm

16 Trennschiene, Aluminium KG **353**

Wie Ausführungsbeschreibung A 2
Untergrund: .....
Material: Aluminium
Einbauort: **Abschluss / Übergang**
Anker: **mit / ohne**

12€	16€	**18€**	21€	29€	[m]	⏱ 0,10h/m	024.000.018

023
024
025
026
027
028
029
030
031
032
033
034
036
037
038
039

Kosten:
Stand 1. Quartal 2026
Bundesdurchschnitt

Nr.	**Kurztext** / Langtext						Kostengruppe
►	▷	**ø netto €**	◁	◀	[Einheit]	Ausf.-Dauer	Positionsnummer

17 Trennschiene, Messing KG **353**

Wie Ausführungsbeschreibung A 2
Untergrund: .....
Material: Messing
Einbauort: **Abschluss / Übergang**
Anker: **mit / ohne**

14€	21€	**23€**	27€	36€	[m]	⏱ 0,10 h/m	024.000.017

18 Trennschiene, nichtrostender Stahl KG **353**

Wie Ausführungsbeschreibung A 2
Untergrund: .....
Material: nichtrostender Stahl, Werkstoff .....
Einbauort: **Abschluss / Übergang**
Anker: **mit / ohne**

15€	22€	**26€**	33€	50€	[m]	⏱ 0,10 h/m	024.000.019

A 3 Eckschutzschiene Beschreibung für Pos. **19-21**

Eckschutzschiene, mit Anker, in Wandbelag aus Fliesen, an Ecken und Abschlüssen.
Abmessung/Höhe: abgestimmt auf Fliesendicke
Schienenhöhe: bis 8 mm

19 Eckschutzschiene, Aluminium KG **345**

Wie Ausführungsbeschreibung A 3
Material: Aluminium
Untergrund: .....
Einbauort: **Außenecke / Fliesenabschluss**
Form: .....
Oberfläche: matt, eloxiert

16€	19€	**20€**	23€	29€	[m]	⏱ 0,12 h/m	024.000.050

20 Eckschutzschiene, nichtrostender Stahl KG **345**

Wie Ausführungsbeschreibung A 3
Material: nichtrostender Stahl, Werkstoff-Nr. .....
Untergrund: .....
Einbauort: **Außenecke / Fliesenabschluss**
Form: .....
Oberfläche: matt, geschliffen

12€	22€	**26€**	32€	47€	[m]	⏱ 0,12 h/m	024.000.020

► min
▷ von
ø Mittel
◁ bis
◀ max

Nr.	Kurztext / Langtext						Kostengruppe
▶	▷	ø netto €	◁	◀	[Einheit]	Ausf.-Dauer	Positionsnummer

21 **Eckschutzschiene, Kunststoff** KG **345**

Wie Ausführungsbeschreibung A 3
Material: Hartkunststoff
Untergrund: .....
Einbauort: **Außenecke / Fliesenabschluss**
Form: .....
Oberfläche/Farbe: .....

8€ | 12€ | **13€** | 15€ | 23€ | [m] | ⏱ 0,12h/m | 024.000.021

A 4 **Wandfliesen** Beschreibung für Pos. **22-29**

Wandbekleidung aus frostbeständigen Fliesen in zementhaltigem Dünnbettmörtel und mit Fugenmörtel. Arbeitshöhe der zu bearbeitenden oder zu bekleidenden Fläche bis 3,5m über der Standfläche des hierfür erforderlichen Gerüstes.

22 **Wandfliesen, 10x10** KG **345**

Wie Ausführungsbeschreibung A 4
Untergrund: .....
Material: **Steinzeug / Feinsteinzeug**
Gruppe: .....
Fliesendicke: .....
Fliesenformat: 10 x 10 cm
Oberfläche: **glasiert / unglasiert**
Farbton: uni, ...
Verlegung: .....

61€ | 77€ | **84€** | 90€ | 113€ | [m²] | ⏱ 0,90h/m² | 024.000.022

23 **Wandfliesen, 10x20** KG **345**

Wie Ausführungsbeschreibung A 4
Untergrund: .....
Material: **Steinzeug / Feinsteinzeug**
Gruppe: .....
Fliesendicke: .....
Fliesenformat: 10 x 20 cm
Oberfläche: **glasiert / unglasiert**
Farbton: uni, ...
Verlegung: .....

78€ | 90€ | **99€** | 109€ | 125€ | [m²] | ⏱ 0,90h/m² | 024.000.069

023 024 025 026 027 028 029 030 031 032 033 034 036 037 038 039

Kosten:
Stand 1. Quartal 2026
Bundesdurchschnitt

Nr.	Kurztext / Langtext						Kostengruppe
▶	▷	ø netto €	◁	◀	[Einheit]	Ausf.-Dauer	Positionsnummer

24 Wandfliesen, 15x15 KG **345**

Wie Ausführungsbeschreibung A 4
Untergrund: .....
Material: **Steinzeug / Feinsteinzeug**
Gruppe: .....
Fliesendicke: .....
Fliesenformat: 15 x 15 cm
Oberfläche: **glasiert / unglasiert**
Farbton: uni, ...
Verlegung: .....

▶	▷	ø	◁	◀	Einheit	Ausf.-Dauer	Positionsnummer
72€	82€	**91€**	101€	115€	[m²]	⏱ 0,85 h/m²	024.000.070

25 Wandfliesen, 20x20 KG **345**

Wie Ausführungsbeschreibung A 4
Untergrund: .....
Material: **Steinzeug / Feinsteinzeug**
Gruppe: .....
Fliesendicke: .....
Fliesenformat: 20 x 20 cm
Oberfläche: **glasiert / unglasiert**
Farbton: uni, ...
Verlegung: .....

▶	▷	ø	◁	◀	Einheit	Ausf.-Dauer	Positionsnummer
59€	70€	**76€**	86€	116€	[m²]	⏱ 0,80 h/m²	024.000.023

26 Wandfliesen, 25x33 KG **345**

Wie Ausführungsbeschreibung A 4
Untergrund: .....
Material: **Steinzeug / Feinsteinzeug**
Gruppe: .....
Fliesendicke: .....
Fliesenformat: 25 x 33 cm
Oberfläche: **glasiert / unglasiert**
Farbton: uni, ...
Verlegung: .....

▶	▷	ø	◁	◀	Einheit	Ausf.-Dauer	Positionsnummer
64€	72€	**75€**	85€	96€	[m²]	⏱ 0,80 h/m²	024.000.073

27 Wandfliesen, 30x30 KG **345**

Wie Ausführungsbeschreibung A 4
Untergrund: .....
Material: **Steinzeug / Feinsteinzeug**
Gruppe: .....
Fliesendicke: .....
Fliesenformat: 30 x 30 cm
Oberfläche: **glasiert / unglasiert**
Farbton: uni, ...
Verlegung: .....

▶	▷	ø	◁	◀	Einheit	Ausf.-Dauer	Positionsnummer
76€	88€	**91€**	96€	111€	[m²]	⏱ 0,90 h/m²	024.000.024

▶ min
▷ von
ø Mittel
◁ bis
◀ max

Nr.	Kurztext / Langtext						Kostengruppe
▶	▷	**ø netto €**	◁	◀	[Einheit]	Ausf.-Dauer	Positionsnummer

28 Wandfliesen, 30x60 KG **345**

Wie Ausführungsbeschreibung A 4
Untergrund: .....
Material: **Steinzeug / Feinsteinzeug**
Gruppe: .....
Fliesendicke: .....
Fliesenformat: 30 x 60 cm
Oberfläche: **glasiert / unglasiert**
Farbton: uni, ...
Verlegung: .....

80€	97€	**105€**	113€	127€	[m²]	⏱ 0,95h/m²	024.000.125

29 Wandfliesen, 60x60 KG **345**

Wie Ausführungsbeschreibung A 4
Untergrund: .....
Material: **Steinzeug / Feinsteinzeug**
Gruppe: .....
Fliesendicke: .....
Fliesenformat: 60 x 60 cm
Oberfläche: **glasiert / unglasiert**
Farbton: uni, ...
Verlegung: .....

121€	137€	**143€**	154€	176€	[m²]	⏱ 1,00h/m²	024.000.126

30 Sockelfliesen, Fliesenbelag KG **353**

Sockel aus frostbeständigen Fliesen in zementhaltigem Dünnbettmörtel mit farblich abgestimmter Verfugung.
Untergrund: .....
Material: **Steinzeug / Feinsteinzeug**
Gruppe: ......
Fliesendicke: .....
Fliesenformat: .....
Verlegung: .....
Oberfläche: **glasiert / unglasiert**
Farbton: .....

12€	20€	**23€**	26€	34€	[m]	⏱ 0,14h/m	024.000.026

31 Kehlsockel, Fliesenbelag KG **353**

Kehlsockel aus frostbeständigen Fliesen in zementhaltigem Dünnbettmörtel mit farblich abgestimmter Verfugung.
Untergrund: .....
Material: **Steinzeug / Feinsteinzeug**
Gruppe: ......
Fliesenformat: .....
Oberfläche: **glasiert / unglasiert**
Farbton: .....

24€	35€	**40€**	43€	53€	[m]	⏱ 0,18h/m	024.000.027

Nr.	Kurztext / Langtext						Kostengruppe
▶	▷	ø netto €	◁	◀	[Einheit]	Ausf.-Dauer	Positionsnummer

32 **Bordüre, Fliesen** KG **345**

Bordüre (Dekorband) aus Fliesen in zementhaltigem Dünnbettmörtel mit farblich abgestimmter Verfugung.
Untergrund: .....
Material: **Steinzeug / Feinsteinzeug**
Gruppe: ......
Fliesenformat: .....
Oberfläche: **glasiert / unglasiert**
Farbton: .....

▶	▷	ø netto €	◁	◀	[Einheit]	Ausf.-Dauer	Positionsnummer
14€	23€	**26€**	29€	37€	[m]	⏱ 0,10h/m	024.000.028

A 5 **Bodenfliesen** Beschreibung für Pos. **33-35**

Bodenbelag aus frostbeständigen Fliesen in zementhaltigem Dünnbettmörtel mit farblich abgestimmter Verfugung.
Einbauort: .....

Kosten:
Stand 1.Quartal 2026
Bundesdurchschnitt

33 **Bodenfliesen, 10x10** KG **353**

Wie Ausführungsbeschreibung A 5
Untergrund: .....
Material: **Steinzeug / Feinsteinzeug**
Gruppe: .....
Nennmaß: 10 x 10 cm
Fliesendicke: .....
Oberfläche: **glasiert / unglasiert**
Rutschhemmung: .....
Farbton: .....
Verlegung: .....
Angeb. Fabrikat: .....

▶	▷	ø netto €	◁	◀	[Einheit]	Ausf.-Dauer	Positionsnummer
70€	103€	**119€**	133€	161€	[m²]	⏱ 1,00h/m²	024.000.029

34 **Bodenfliesen, 30x30** KG **353**

Wie Ausführungsbeschreibung A 5
Untergrund: .....
Material: **Steinzeug / Feinsteinzeug**
Gruppe: .....
Nennmaß: 30 x 30 cm
Fliesendicke: .....
Oberfläche: **glasiert / unglasiert**
Rutschhemmung: .....
Farbton: .....
Verlegung: .....
Angeb. Fabrikat: .....

▶	▷	ø netto €	◁	◀	[Einheit]	Ausf.-Dauer	Positionsnummer
60€	79€	**85€**	97€	122€	[m²]	⏱ 0,70h/m²	024.000.032

▶ min
▷ von
ø Mittel
◁ bis
◀ max

Nr.	Kurztext / Langtext						Kostengruppe
▶	▷	**ø netto €**	◁	◀	[Einheit]	Ausf.-Dauer	Positionsnummer

35 Bodenfliesen, 60x60 KG **353**

Wie Ausführungsbeschreibung A 5
Untergrund: .....
Material: **Steinzeug / Feinsteinzeug**
Gruppe: .....
Nennmaß: 60 x 60 cm
Fliesendicke: .....
Oberfläche: **glasiert / unglasiert**
Rutschhemmung: .....
Farbton: .....
Verlegung: .....
Angeb. Fabrikat: .....

85€	119€	**135€**	156€	197€	[m²]	⏱ 0,70h/m²	024.000.127

A 6 Bodenfliesen, strukturiert Beschreibung für Pos. **36-37**

Bodenbelag aus frostbeständigen Fliesen mit strukturierter Oberfläche in zementhaltigem Dünnbettmörtel mit farblich abgestimmter Verfugung.
Einbauort: .....

36 Bodenfliesen, 20x20, strukturiert KG **353**

Wie Ausführungsbeschreibung A 6
Untergrund: .....
Material: **Steinzeug / Feinsteinzeug**
Gruppe: .....
Nennmaß: 20 x 20 cm
Fliesendicke: .....
Rutschhemmung: .....
Verlegung: .....
Angeb. Fabrikat: .....

80€	91€	**104€**	120€	129€	[m²]	⏱ 0,80h/m²	024.000.089

37 Bodenfliesen, 30x30, strukturiert KG **353**

Wie Ausführungsbeschreibung A 6
Untergrund: .....
Material: **Steinzeug / Feinsteinzeug**
Gruppe: .....
Nennmaß: 30 x 30 cm
Fliesendicke: .....
Rutschhemmung: .....
Verlegung: .....
Angeb. Fabrikat: .....

83€	95€	**105€**	122€	133€	[m²]	⏱ 0,80h/m²	024.000.090

Kosten:
Stand 1.Quartal 2026
Bundesdurchschnitt

Nr.	**Kurztext** / Langtext						Kostengruppe
▶	▷	**ø netto €**	◁	◀	[Einheit]	Ausf.-Dauer	Positionsnummer

38 **Bodenfliesen, 30x30, R11** KG **353**

Bodenbelag aus frostbeständigen Fliesen mit profilierter Oberfläche und Anforderung an Rutschgefahr, in zementhaltigem Dünnbettmörtel mit farblich abgestimmter Verfugung.
Einbauort: .....
Untergrund: .....
Material: **Steinzeug / Feinsteinzeug**
Gruppe: Ia
Nennmaß: 30 x 30 cm
Fliesendicke: .....
Rutschhemmung: R11
Verdrängungsraum: .....
Oberfläche: unglasiert
Verlegung: .....
Angeb. Fabrikat: .....

▶	▷	ø	◁	◀	Einheit	Ausf.-Dauer	Positionsnummer
89€	104€	**111€**	116€	128€	[m2]	⏱ 0,75h/m2	024.000.114

39 **Bodenfliesen, Großküche, 20x20, R12** KG **353**

Öl- und säurebeständiger Bodenbelag aus frostbeständigen Fliesen mit profilierter Oberfläche und Anforderung an Rutschgefahr, in Dünnbettmörtel aus Reaktionsharz mit farblich abgestimmter Verfugung aus Reaktionsharzmörtel.
Einbauort: Großküche
Untergrund: .....
Material: **Steinzeug / Feinsteinzeug**
Gruppe: **BIa / BIb**
Nennmaß: 20 x 20 cm
Fliesendicke: .....
Rutschhemmung: R12
Verdrängungsraum: V4
Oberfläche: unglasiert
Verlegung: .....
Angeb. Fabrikat: .....

▶	▷	ø	◁	◀	Einheit	Ausf.-Dauer	Positionsnummer
68€	82€	**93€**	105€	116€	[m2]	⏱ 0,80h/m2	024.000.091

40 **Bodenfliesen, Großküche, 30x30, R12, V4** KG **353**

Öl- und säurebeständiger Bodenbelag aus frostbeständigen Fliesen mit profilierter Oberfläche und Anforderung an Rutschgefahr, in Dünnbettmörtel aus Reaktionsharz mit farblich abgestimmter Verfugung aus Reaktionsharzmörtel.
Einbauort: Großküche
Untergrund: .....
Material: **Steinzeug / Feinsteinzeug**
Gruppe: **BIa / BIb**
Nennmaß: 30 x 30 cm
Fliesendicke: .....
Rutschhemmung: R12
Verdrängungsraum: V4
Oberfläche: unglasiert
Verlegung: .....
Angeb. Fabrikat: .....

▶	▷	ø	◁	◀	Einheit	Ausf.-Dauer	Positionsnummer
96€	120€	**126€**	140€	164€	[m2]	⏱ 0,75h/m2	024.000.092

▶ min
▷ von
ø Mittel
◁ bis
◀ max

Nr.	Kurztext / Langtext						Kostengruppe
▶	▷	**ø netto €**	◁	◀	[Einheit]	Ausf.-Dauer	Positionsnummer

41 Treppenbelag, Tritt- und Setzstufe KG **353**

Stufenbelag mit trockengepressten Fliesen, frostbeständig, Vorderkante mit Rillenfräsung, im Dünnbett mit zementhaltigem Mörtel, sowie Verfugung mit zementhaltigem Fugenmörtel.
Untergrund: .....
Steigungsverhältnis: ..... x .....
Material: **Feinsteinzeug / Keramik**
Gruppe: Bla
Nennmaß: ..... x .....
Fliesendicke: .....
Rutschhemmung: .....
Verdrängungsraum: .....
Oberfläche: .....
Verlegung: .....
Angeb. Fabrikat: .....

130€	157€	**162€**	172€	192€	[m]	⏱ 1,30h/m	024.000.034

42 Sockelfliesenbeläge, Treppen KG **353**

Sockel für Stufenbelag aus frostbeständigen Fliesen in zementhaltigem Mörtel mit farblich abgestimmter Verfugung.
Untergrund: .....
Material: **Feinsteinzeug / Keramik**
Gruppe: Bla
Nennmaß: ..... x .....
Fliesendicke: .....
Oberfläche: **glasiert / unglasiert**
Verlegung: .....
Mörtel: **Dickbettmörtel / Dünnbettmörtel**

21€	29€	**32€**	37€	46€	[m]	⏱ 0,20h/m	024.000.035

43 Bodenfliesen, Bla-Feinsteinzeug, bis 20x20 KG **353**

Bodenbelag aus frostbeständigen Fliesen aus Feinsteinzeug in zementhaltigem Dünnbettmörtel mit farblich abgestimmter Verfugung.
Einbauort: **Innen- / Außenbereich**
Untergrund: .....
Gruppe: Bla
Nennmaß: bis 20 x 20 cm
Fliesendicke: .....
Rutschhemmung: .....
Oberfläche: unglasiert
Farbton: .....
Verlegung: .....
Angeb. Fabrikat: .....

65€	81€	**87€**	102€	128€	[m²]	⏱ 0,70h/m²	024.000.053

Nr.	Kurztext / Langtext						Kostengruppe
►	▷	ø netto €	◁	◄	[Einheit]	Ausf.-Dauer	Positionsnummer

44 Bodenfliesen, BIIa/BIIb-Steinzeug, glasiert, bis 20x20 KG **353**

Bodenbelag aus frostbeständigen Fliesen aus Steinzeug in zementhaltigem Dünnbettmörtel mit farblich abgestimmter Verfugung.
Einbauort: **Innen- / Außenbereich**
Untergrund: .....
Gruppe: **BIIa / BIIb**
Nennmaß: bis 20 x 20 cm
Fliesendicke: .....
Rutschhemmung: .....
Oberfläche: glasiert
Farbton: .....
Verlegung: .....
Angeb. Fabrikat: .....

59€ | 83€ | **95€** | 104€ | 130€ | [m²] | ⏱ 0,70 h/m² | 024.000.054

45 Bodenfliesen, AI/AII-Spaltplatte, frostsicher, bis 20x20 KG **353**

Bodenbelag aus frostbeständigen Fliesen aus Spaltplatten in zementhaltigem Dünnbettmörtel mit farblich abgestimmter Verfugung.
Einbauort: Außenbereich
Untergrund: .....
Gruppe: **AI / AII**
Nennmaß: bis 20 x 20 cm
Fliesendicke: .....
Rutschhemmung: .....
Oberfläche: **glasiert / unglasiert**
Farbton: .....
Verlegung: .....
Angeb. Fabrikat: .....

73€ | 99€ | **103€** | 117€ | 148€ | [m²] | ⏱ 0,90 h/m² | 024.000.056

46 Bodenfliesen, AI/AII-Klinker, frostsicher, bis 20x20 KG **353**

Bodenbelag aus frostbeständigen Fliesen aus Klinkerplatten in zementhaltigem Dünnbettmörtel mit farblich abgestimmter Verfugung.
Einbauort: Außenbereich
Untergrund: .....
Gruppe: **AI / AII**
Nennmaß: bis 20 x 20 cm
Fliesendicke: .....
Rutschhemmung: .....
Oberfläche: **glasiert / unglasiert**
Farbton: .....
Verlegung: .....
Angeb. Fabrikat: .....

75€ | 92€ | **97€** | 116€ | 150€ | [m²] | ⏱ 0,70 h/m² | 024.000.057

Kosten:
Stand 1. Quartal 2026
Bundesdurchschnitt

► min
▷ von
ø Mittel
◁ bis
◄ max

47 Begleitstreifen, Kontraststreifen, Steinzeug, innen KG **353**

Kontrastreicher Begleitstreifen zum Leitsystem mit unglasierten Steinzeugfliesen im Innenbereich.
Einbauort: .....
Untergrund: .....
Fliesenabmessung: 30 x 30 cm
Dicke: 12 mm
Oberfläche: R11
Farbe: .....
Verlegung: Dünnbett
Angeb. Fabrikat: .....

▶	▷	ø netto €	◁	◀	[Einheit]	Ausf.-Dauer	Positionsnummer
–	75€	**85€**	108€	–	[m]	⏱ 0,24h/m	024.000.116

48 Aufmerksamkeitsfeld, Noppenfliesen, Steinzeug, innen KG **353**

Bodenindikatoren als taktiles Aufmerksamkeitsfeld, nach DIN 18040 und DIN 32984, aus Noppenfliesen mit unglasierten Steinzeugfliesen im Innenbereich.
Einbauort: .....
Untergrund: .....
Fliesenabmessung: 30 x 30 cm
Dicke: 14 mm
Oberfläche: R10
Farbe: .....
Verlegung: Dünnbett
Feldfläche: 90 x 90 cm
Angeb. Fabrikat: .....

▶	▷	ø netto €	◁	◀	[Einheit]	Ausf.-Dauer	Positionsnummer
–	254€	**292€**	366€	–	[St]	⏱ 0,70h/St	024.000.117

49 Leitsystem, Rippenfliesen, Steinzeug, innen KG **353**

Bodenindikatoren als taktiles Blindenleitsystem, nach DIN 18040 und DIN 32984, aus Rippenfliesen in Reihe verlegt im Innenbereich.
Einbauort: .....
Untergrund: .....
Fliese: Feinsteinzeug, unglasiert
Fliesenabmessung: 30 x 30 cm
Dicke: 14 mm
Oberfläche: mind. R11
Farbe: .....
Verlegung: Dünnbett
Angeb. Fabrikat: .....

▶	▷	ø netto €	◁	◀	[Einheit]	Ausf.-Dauer	Positionsnummer
–	93€	**108€**	138€	–	[m]	⏱ 0,22h/m	024.000.115

Nr.	Kurztext / Langtext						Kostengruppe
►	▷	ø netto €	◁	◄	[Einheit]	Ausf.-Dauer	Positionsnummer

50 Wandfliesen, BIII-Steingut, glasiert, bis 20x20 KG **345**

Wandbelag aus nicht frostbeständigen Fliesen aus Steingut in zementhaltigem Dünnbettmörtel mit farblich abgestimmter Verfugung. Arbeitshöhe der zu bearbeitenden oder zu bekleidenden Fläche bis 3,5m über der Standfläche des hierfür erforderlichen Gerüstes.
Einbauort: Innenbereich
Untergrund: .....
Gruppe: BIII
Nennmaß: bis 20 x 20 cm
Fliesendicke: .....
Oberfläche: glasiert
Farbton: .....
Verlegung: .....
Angeb. Fabrikat: .....

►	▷	ø	◁	◄	Einheit	Ausf.-Dauer	Positionsnummer
61€	80€	**88€**	97€	112€	[m²]	0,75h/m²	024.000.055

51 Wandfliesen, BIIa/BIIb-Steinzeug, glasiert, bis 20x20 KG **345**

Wandbelag aus frostbeständigen Fliesen aus Steinzeug in zementhaltigem Dünnbettmörtel mit farblich abgestimmter Verfugung.
Einbauort: **Innen- / Außenbereich**
Untergrund: .....
Arbeitshöhe: bis 3,5 m
Gruppe: **BIIa / BIIb**
Nennmaß: bis 20 x 20 cm
Fliesendicke: .....
Oberfläche: glasiert
Farbton: .....
Verlegung: .....
Angeb. Fabrikat: .....

►	▷	ø	◁	◄	Einheit	Ausf.-Dauer	Positionsnummer
63€	89€	**99€**	106€	121€	[m²]	0,70h/m²	024.000.119

52 Duschwannenträger einfliesen KG **345**

Bekleidung der Stirnseite Duschtassenträger mit Fliesen in zementhaltigem Dünnbettmörtel mit Verfugung.
Abmessung zu bekleidende Fläche (B x H): ..... x .....
Fliesen: .....
Nennmaß Fliesen: ..... x .....
Fliesendicke: .....
Oberfläche: .....
Farbe: .....

►	▷	ø	◁	◄	Einheit	Ausf.-Dauer	Positionsnummer
40€	51€	**60€**	77€	111€	[St]	0,25h/St	024.000.098

Kosten:
Stand 1. Quartal 2026
Bundesdurchschnitt

► min
▷ von
ø Mittel
◁ bis
◄ max

Nr.	Kurztext / Langtext						Kostengruppe
▶	▷	ø netto €	◁	◀	[Einheit]	Ausf.-Dauer	Positionsnummer

53 Badewannenträger einfliesen KG **345**

Bekleidung der Stirn- und Längsseite Badewannenträger mit Fliesen in zementhaltigem Dünnbettmörtel mit farblich abgestimmter Verfugung.
Abmessung zu bekleidende Fläche (B x H): ..... x .....
Fliesen: .....
Nennmaß Fliesen: ..... x .....
Fliesendicke: .....
Oberfläche: .....
Farbe: .....

85€ 102€ **111€** 146€ 184€ [St] ⏱ 0,40h/St 024.000.064

54 Gehrungsschnitt, Fliesen KG **353**

Schrägschnitt für Fliesen, alle Winkel.
Fliesenart: .....
Fliesengröße: ..... x ......
Fliesendicke: .....

7€ 14€ **16€** 20€ 28€ [m] ⏱ 0,20h/m 024.000.047

A 7 Mattenrahmen, Edelstahl Beschreibung für Pos. **55-56**

Mattenrahmen aus nichtrostendem Stahl für Sauberlaufsystem.
Untergrund: .....

55 Mattenrahmen, Edelstahl, 150x120 KG **353**

Wie Ausführungsbeschreibung A 7
Rahmengröße: ca. 150 x 120 cm
Angeb. Fabrikat: .....

421€ 488€ **602€** 716€ 861€ [St] ⏱ 0,45h/St 024.000.101

56 Mattenrahmen, Edelstahl, 200x200 KG **353**

Wie Ausführungsbeschreibung A 7
Rahmengröße: ca. 200 x 200 cm
Angeb. Fabrikat: .....

431€ 677€ **805€** 898€ 1.401€ [St] ⏱ 0,50h/St 024.000.037

023
024
025
026
027
028
029
030
031
032
033
034
036
037
038
039

Nr.	Kurztext / Langtext						Kostengruppe
▶	▷	ø netto €	◁	◀	[Einheit]	Ausf.-Dauer	Positionsnummer

A 8 Sauberlaufsystem, Rahmen — Beschreibung für Pos. **57-58**

Sauberlaufsystem aus Mattenrahmen und eingelegtem Reinstreifen. Mattenrahmen aus Aluminium, Reinstreifen mit Träger aus Aluminium und abwechselnden Gummistreifen und Bürstenleisten.
Untergrund: .....
Einsatz: **innen / außen**
Belastung: .....

57 Sauberlaufsystem, Rahmen, bis 2,00m² — KG **353**

Wie Ausführungsbeschreibung A 8
Anlagengröße: bis 2,00 m²
Anlagenhöhe: bis 27 mm
Winkelrahmen: bis 30 x 30 x 3 mm
Angeb. Fabrikat: .....

▶	▷	ø	◁	◀	Einheit	Ausf.-Dauer	Positionsnummer
345€	698€	**841€**	1.100€	1.465€	[St]	⏱ 0,60h/St	024.000.038

58 Sauberlaufsystem, Rahmen, über 2,00m² — KG **353**

Wie Ausführungsbeschreibung A 8
Anlagengröße: über 2,00 m²
Anlagenhöhe: bis 27mm
Winkelrahmen: bis 30 x 30 x 3 mm
Angeb. Fabrikat: .....

▶	▷	ø	◁	◀	Einheit	Ausf.-Dauer	Positionsnummer
1.353€	1.940€	**2.333€**	2.440€	2.667€	[St]	⏱ 1,40h/St	024.000.039

59 Elastische Verfugung, Fliesen, Silikon — KG **345**

Fuge mit elastischem Dichtstoff und Hinterfüllprofil schließen.
Dichtstoff: Silikon
Fugentyp: .....
Fugenbreite: .....
Fugentiefe: .....
Farbe: .....

▶	▷	ø	◁	◀	Einheit	Ausf.-Dauer	Positionsnummer
5€	7€	**8€**	9€	13€	[m]	⏱ 0,06h/m	024.000.040

60 Elastoplastische Verfugung, Fliesen, Acryl — KG **345**

Fuge mit elastoplastischem Dichtstoff und Hinterfüllprofil schließen.
Dichtstoff: Acryl
Fugentyp: .....
Fugenbreite: .....
Fugentiefe: .....
Farbe: .....

▶	▷	ø	◁	◀	Einheit	Ausf.-Dauer	Positionsnummer
7€	10€	**10€**	13€	15€	[m]	⏱ 0,06h/m	024.000.102

Kosten:
Stand 1.Quartal 2026
Bundesdurchschnitt

▶ min
▷ von
ø Mittel
◁ bis
◀ max

Nr.	Kurztext / Langtext						Kostengruppe
▶	▷	ø netto €	◁	◀	[Einheit]	Ausf.-Dauer	Positionsnummer

61 Elastische Verfugung, Fliesen, chemisch beständig KG **345**

Fuge mit elastischen Dichtstoff und Hinterfüllprofil, chemisch beständig, schließen.
Dichtstoff: Silikon
Fugentyp: .....
Fugenbreite: .....
Fugentiefe: .....
Farbe: .....

9€	11€	**11€**	15€	16€	[m]	⏱ 0,06h/m	024.000.103

62 Bewegungsfugen, Fliesenbelag, Profil KG **345**

Bewegungsfuge mit Kunststoffprofil aus PVC, mit Dichtmasse aus Weichkunststoff.
Fugenbreite: .....
Fugentiefe: .....
Farbe: nach Bemusterung

24€	29€	**33€**	37€	40€	[m]	⏱ 0,14h/m	024.000.105

63 Randstreifen abschneiden KG **353**

Randdämmstreifen oberhalb Bodenbelag abschneiden, sammeln, aufnehmen und Abfall entsorgen, inkl. Deponiegebühren.
Streifenmaterial: .....

0,4€	1,2€	**1,5€**	2,2€	3,5€	[m]	⏱ 0,01h/m	024.000.049

64 Fliesen anarbeiten, Stützen KG **353**

Anpassen des Bodenbelags aus Fliesen an Stütze.
Stütze: .....
Fliesenart: .....
Gruppe: .....
Fliesenformat: ..... x .....
Fliesendicke: .....
Radius Rundung: .....

27€	32€	**34€**	39€	43€	[m]	⏱ 0,33h/m	024.000.108

65 Stundensatz, Facharbeiter/-in

Stundenlohnarbeiten für Vorarbeiter/-in, Facharbeiter/-in und Gleichgestellte. Der Verrechnungssatz für die jeweilige Arbeitskraft umfasst sämtliche Aufwendungen wie Lohn- und Gehaltskosten, Lohn- und Gehaltsnebenkosten, Zuschläge, lohngebundene und lohnabhängige Kosten, sonstige Sozialkosten, Gemeinkosten, Wagnis und Gewinn. Leistung nach besonderer Anordnung der Bauüberwachung. Anmeldung und Nachweis gem. VOB/B.

62€	72€	**76€**	79€	87€	[h]	⏱ 1,00h/h	024.000.059

66 Stundensatz, Helfer/-in

Stundenlohnarbeiten für Werker/-in, Helfer/-in und Gleichgestellte. Der Verrechnungssatz für die jeweilige Arbeitskraft umfasst sämtliche Aufwendungen wie Lohn- und Gehaltskosten, Lohn- und Gehaltsnebenkosten, Zuschläge, lohngebundene und lohnabhängige Kosten, sonstige Sozialkosten, Gemeinkosten, Wagnis und Gewinn. Leistung nach besonderer Anordnung der Bauüberwachung. Anmeldung und Nachweis gem. VOB/B.

46€	58€	**64€**	69€	81€	[h]	⏱ 1,00h/h	024.000.060

025

Kosten:
Stand 1. Quartal 2026
Bundesdurchschnitt

Estricharbeiten | **Preise €**

Nr.	Positionen	Einheit	►	▷	ø brutto € / ø netto €	◁	◄
1	Untergrundreinigung, Estricharbeiten	m²	0,7	1,4	**1,7**	2,5	3,9
			0,6	1,2	**1,4**	2,1	3,3
2	Haftbrücke, Betonplatte	m²	3	5	**6**	9	13
			3	4	**5**	7	11
3	Estrich abstellen, bis 70mm	m	6	10	**12**	15	23
			5	9	**10**	12	19
4	Bodenabdichtung, Bodenfeuchte, Bitumenbahn	m²	13	17	**19**	20	24
			11	14	**16**	17	20
5	Ausgleichsschüttung gebunden, 10mm	m²	5	6	**6**	6	7
			4	5	**5**	5	6
6	Ausgleichsschüttung gebunden, bis 30mm	m²	7	13	**17**	19	22
			6	11	**14**	16	18
7	Ausgleichsschüttung gebunden, Rohdecke	m³	134	171	**205**	226	252
			113	144	**172**	190	212
8	Trittschalldämmung MW 15-5mm DES	m²	5	8	**9**	10	14
			4	6	**7**	9	12
9	Trittschalldämmung MW 30-5mm DES	m²	8	12	**14**	16	23
			6	10	**12**	14	19
10	Trittschalldämmung EPS 20-2mm 045 DES sm	m²	4	6	**7**	12	18
			3	5	**6**	10	15
11	Trittschalldämmung EPS 30-3mm 045 DES sm	m²	5	8	**9**	16	25
			4	7	**8**	13	21
12	Wärmedämmung, Estrich EPS 40mm DEO	m²	9	12	**15**	16	21
			8	10	**12**	14	18
13	Wärmedämmung, Estrich EPS 100mm DEO	m²	15	19	**20**	23	30
			12	16	**17**	20	25
14	Wärmedämmung, Estrich EPS 200mm DEO	m²	35	45	**46**	52	65
			29	38	**38**	44	55
15	Wärmedämmung, Estrich PUR 60mm DEO	m²	21	26	**33**	36	46
			18	22	**28**	30	38
16	Wärmedämmung, Estrich PUR 80mm DEO	m²	24	30	**38**	42	53
			20	25	**32**	35	44
17	Wärmedämmung, Estrich EPB bis 40mm DEO	m²	20	23	**24**	25	29
			17	20	**20**	21	25
18	Wärmedämmung, Estrich CG bis 70mm DEO	m²	39	68	**74**	79	89
			33	57	**62**	67	75
19	Trennlage, Dämmung, Estrich	m²	1,0	1,6	**1,9**	2,8	4,7
			0,8	1,3	**1,6**	2,4	3,9
20	Trennlage, Dämmung, Gussasphalt	m²	1	2	**2**	3	3
			1,0	1,7	**2,0**	2,3	2,7
21	Randdämmstreifen, Polystyrol	m	1	2	**2**	3	5
			0,9	1,5	**1,8**	2,9	4,6
22	Randdämmstreifen, PE-Schaum	m	0,7	1,4	**1,8**	2,7	5,2
			0,6	1,2	**1,5**	2,2	4,4
23	Estrich, CT C25 F4 S45	m²	22	25	**27**	29	34
			18	21	**23**	24	28
24	Estrich, CT C25 F4 S70	m²	30	34	**35**	38	44
			25	28	**30**	32	37

► min
▷ von
ø Mittel
◁ bis
◄ max

Nr.	Positionen	Einheit	▶	▷	ø brutto € / ø netto €	◁	◀
25	Heizestrich, CT C25 F4 S65 H45	m²	24	29	**31**	34	40
			20	25	**26**	28	34
26	Estrich, CT C40 F7, modifiziert	m²	34	42	**43**	47	53
			29	35	**37**	40	45
27	Estrich, CA C25 S45	m²	22	27	**29**	32	38
			19	23	**25**	27	32
28	Heizestrich, CA C25 S65 H45	m²	28	32	**33**	35	41
			23	27	**28**	29	34
29	Estrich, CAF C25 F4 S45	m²	22	26	**28**	32	38
			19	22	**24**	27	32
30	Heizestrich, CAF C25 F4 S65 H45	m²	25	31	**34**	35	39
			21	26	**28**	30	33
31	Estrich, AS IC10 S25	m²	42	52	**57**	61	70
			35	44	**48**	51	58
32	Estrich, CT C25 F4 V45	m²	21	25	**27**	28	30
			18	21	**23**	24	25
33	Estrich glätten, maschinell	m²	2	4	**6**	8	10
			2	4	**5**	6	9
34	Sinterschicht abschleifen, Boden	m²	2	3	**3**	4	5
			2	3	**3**	3	5
35	Scheinfugen schneiden, schließen	m	12	17	**18**	21	31
			10	14	**15**	18	26
36	Bewegungsfuge, elastische Dichtmasse	m	7	10	**12**	13	20
			6	9	**10**	11	17
37	Bewegungsfuge, Metallprofil	m	46	81	**93**	101	168
			39	68	**78**	85	141
38	Aussparung, Mattenrahmen	St	38	87	**125**	130	165
			32	73	**105**	109	138
39	Markierung, Messstellen	St	5	8	**9**	11	14
			4	6	**8**	9	12
40	Messung, Feuchte, Estrich	St	41	60	**63**	75	93
			34	50	**53**	63	78
41	Stundensatz, Facharbeiter/-in	h	73	83	**88**	94	109
			61	69	**74**	79	91
42	Stundensatz, Helfer/-in	h	63	70	**74**	79	87
			53	59	**62**	66	73

Nr. **Kurztext** / Langtext — Kostengruppe

▶ ▷ **ø netto €** ◁ ◀ [Einheit] Ausf.-Dauer Positionsnummer

1 Untergrundreinigung, Estricharbeiten KG **353**

Untergrund von groben Verschmutzungen reinigen, aufgenommene Stoffe in Behältnis des AN sammeln, abfahren und entsorgen. Abfall ist nicht gefährlich, nicht schadstoffbelastet.
Untergrund: Beton

0,6€ 1,2€ **1,4€** 2,1€ 3,3€ [m²] ⏱ 0,02 h/m² 025.000.001

Nr.	Kurztext / Langtext						Kostengruppe
►	▷	ø netto €	◁	◀	[Einheit]	Ausf.-Dauer	Positionsnummer

2 Haftbrücke, Betonplatte KG **353**

Haftbrücke für Zementestrich als Verbundestrich.
Bauteil: Boden
Untergrund: Stahlbeton
Haftbrücke: .....

3€	4€	**5€**	7€	11€	[m²]	0,05h/m²	025.000.093

3 Estrich abstellen, bis 70mm KG

Randschalung für Estrich.
Estrichdicke: bis 70 mm

5€	9€	**10€**	12€	19€	[m]	0,10h/m	025.000.035

Kosten:
Stand 1.Quartal 2026
Bundesdurchschnitt

4 Bodenabdichtung, Bodenfeuchte, Bitumenbahn KG **324**

Abdichtung der erdberührten Bodenplatte mit Bitumenschweißbahnen, einlagig, gegen Bodenfeuchte.
Einbauort: .....
Untergrund: Betonboden mit Voranstrich
Bitumenbahn: G 200 S4
Anwendungstyp: BA
Wassereinwirkungsklasse: W1-E
Rissklasse: R1-E
Rissüberbrückungsklasse: RÜ1-E
Raumnutzungsklasse: .....

11€	14€	**16€**	17€	20€	[m²]	0,12h/m²	025.000.003

5 Ausgleichsschüttung gebunden, 10mm KG **353**

Ausgleichsschüttung auf Rohdecke, gebundene Form.
Funktion: Flächenausgleich
Nutzlast: ..... kN/m²
Dicke i.M.: 10 mm

4€	5€	**5€**	5€	6€	[m²]	0,03h/m²	024.000.051

6 Ausgleichsschüttung gebunden, bis 30mm KG **353**

Ausgleichsschüttung auf Rohdecke, gebundene Form.
Funktion: Flächenausgleich
Nutzlast: ..... kN/m²
Dicke i.M.: 30 mm

6€	11€	**14€**	16€	18€	[m²]	0,06h/m²	025.000.004

► min
▷ von
ø Mittel
◁ bis
◀ max

7 Ausgleichsschüttung gebunden, Rohdecke KG **353**

Ausgleichsschüttung auf Rohdecke, gebundene Form.
Funktion: **Flächenausgleich / Auffüllung**
Nutzlast: ..... kN/m²
Mehrhöhe: im Mittel .....
Abrechnung nach Volumen m³

113€	144€	**172€**	190€	212€	[m³]	0,18h/m³	025.000.028

A 1 **Trittschalldämmung MW, DES** Beschreibung für Pos. **8-9**

Trittschalldämmschicht aus Mineralwolle unter schwimmenden Estrich.
Untergrund: Rohdecke
Dämmstoff: MW-TSD
Anwendungstyp: DES

8 **Trittschalldämmung MW 15-5mm DES** KG **353**

Wie Ausführungsbeschreibung A 1
Bemessungswert der Wärmeleitfähigkeit: max. 0,045 W/(mK)
Nennwert Wärmeleitfähigkeit: 0,044 W/(mK)
Dämmstoffdicke: 15-5 mm
Druckbelastbarkeit: sh
Nutzlast: ..... kN/m²
Dynamische Steifigkeit: .....

4€ 6€ **7€** 9€ 12€ [m²] ⏱ 0,04 h/m² 025.000.047

9 **Trittschalldämmung MW 30-5mm DES** KG **353**

Wie Ausführungsbeschreibung A 1
Bemessungswert der Wärmeleitfähigkeit: max. 0,045 W/(mK)
Nennwert Wärmeleitfähigkeit: 0,043 W/(mK)
Dämmstoffdicke: 30-5 mm
Druckbelastbarkeit: sh
Nutzlast: ..... kN/m²
Dynamische Steifigkeit: .....

6€ 10€ **12€** 14€ 19€ [m²] ⏱ 0,05 h/m² 025.000.048

A 2 **Trittschalldämmung EPS, 045 DES sm** Beschreibung für Pos. **10-11**

Trittschalldämmschicht aus Polystyroldämmplatten unter schwimmenden Estrich.
Untergrund: Rohdecke
Dämmstoff: EPS
Anwendungstyp: DES

10 **Trittschalldämmung EPS 20-2mm 045 DES sm** KG **353**

Wie Ausführungsbeschreibung A 2
Bemessungswert der Wärmeleitfähigkeit: max. 0,045 W/(mK)
Nennwert Wärmeleitfähigkeit: 0,043 W/(mK)
Dämmstoffdicke: 20-2 mm
Druckbelastbarkeit: sm
Nutzlast: ..... kN/m²
Dynamische Steifigkeit: .....

3€ 5€ **6€** 10€ 15€ [m²] ⏱ 0,04 h/m² 025.000.050

023 024 **025** 026 027 028 029 030 031 032 033 034 036 037 038 039

Nr.	Kurztext / Langtext						Kostengruppe
►	▷	**ø netto €**	◁	◄	[Einheit]	Ausf.-Dauer	Positionsnummer

11 Trittschalldämmung EPS 30-3mm 045 DES sm — KG **353**

Wie Ausführungsbeschreibung A 2
Nennwert Wärmeleitfähigkeit: 0,045 W/mK
Bemessungswert der Wärmeleitfähigkeit: .....
Dämmstoffdicke: 30-3 mm
Druckbelastbarkeit: sm
Nutzlast: ..... kN/m²
Dynamische Steifigkeit: .....

4€	7€	**8€**	13€	21€	[m²]	⏱ 0,04 h/m²	025.000.051

A 3 Wärmedämmung, Estrich EPS, DEO — Beschreibung für Pos. **12-14**

Wärmedämmschicht aus Polystyroldämmplatten unter schwimmendem Estrich.
Untergrund: .....
Dämmstoff: EPS
Anwendungstyp: DEO

Kosten:
Stand 1. Quartal 2026
Bundesdurchschnitt

12 Wärmedämmung, Estrich EPS 40mm DEO — KG **353**

Wie Ausführungsbeschreibung A 3
Bemessungswert der Wärmeleitfähigkeit: max. 0,040 W/(mK)
Nennwert Wärmeleitfähigkeit: 0,037 W/(mK)
Dämmstoffdicke: 40 mm

8€	10€	**12€**	14€	18€	[m²]	⏱ 0,05 h/m²	025.000.042

13 Wärmedämmung, Estrich EPS 100mm DEO — KG **353**

Wie Ausführungsbeschreibung A 3
Bemessungswert der Wärmeleitfähigkeit: max. 0,040 W/(mK)
Nennwert Wärmeleitfähigkeit: 0,037 W/(mK)
Dämmstoffdicke: 100 mm

12€	16€	**17€**	20€	25€	[m²]	⏱ 0,07 h/m²	025.000.045

14 Wärmedämmung, Estrich EPS 200mm DEO — KG **353**

Wie Ausführungsbeschreibung A 3
Bemessungswert der Wärmeleitfähigkeit: max. 0,040 W/(mK)
Nennwert Wärmeleitfähigkeit: 0,037 W/(mK)
Dämmstoffdicke: 200 mm, zweilagig

29€	38€	**38€**	44€	55€	[m²]	⏱ 0,07 h/m²	025.000.090

► min
▷ von
ø Mittel
◁ bis
◄ max

A 4 Wärmedämmung, Estrich PUR, DEO Beschreibung für Pos. **15-16**

Wärmedämmschicht aus kaschierten Polyurethandämmplatten unter schwimmenden Estrich.
Untergrund: .....
Dämmstoff: PUR, Aluminiumkaschierung
Anwendungstyp: DEO - dh

15 Wärmedämmung, Estrich PUR 60mm DEO KG **353**

Wie Ausführungsbeschreibung A 4
Bemessungswert der Wärmeleitfähigkeit: max. 0,025 W/(mK)
Nennwert Wärmeleitfähigkeit: 0,024 W/(mK)
Dämmstoffdicke: 60 mm

18€ 22€ **28€** 30€ 38€ [m²] ⏱ 0,08 h/m² 025.000.055

16 Wärmedämmung, Estrich PUR 80mm DEO KG **353**

Wie Ausführungsbeschreibung A 4
Bemessungswert der Wärmeleitfähigkeit: max. 0,025 W/(mK)
Nennwert Wärmeleitfähigkeit: 0,024 W/(mK)
Dämmstoffdicke: 80 mm

20€ 25€ **32€** 35€ 44€ [m²] ⏱ 0,08 h/m² 025.000.056

17 Wärmedämmung, Estrich EPB bis 40mm DEO KG **353**

Wärmedämmschicht aus Perlitedämmplatten, unter schwimmenden Estrich.
Untergrund: Rohdecke
Dämmstoff: expandierte Perlite
Bemessungswert der Wärmeleitfähigkeit: max. ..... W/(mK)
Nennwert Wärmeleitfähigkeit: 0,037 W/(mK)
Anwendungstyp: DEO - .....
Dämmstoffdicke: 40 mm

17€ 20€ **20€** 21€ 25€ [m²] ⏱ 0,08 h/m² 025.000.009

18 Wärmedämmung, Estrich CG bis 70mm DEO KG **353**

Wärmedämmschicht unter Estrich aus Schaumglasdämmplatten vollflächig in Heißbitumen eingebettet.
Untergrund: .....
Dämmstoff: CG
Nennwert Wärmeleitfähigkeit: 0,041 W/(mK)
Bemessungswert der Wärmeleitfähigkeit: max. 0,042 W/(mK)
Dämmstoffdicke: 70 mm

33€ 57€ **62€** 67€ 75€ [m²] ⏱ 0,14 h/m² 025.000.010

19 Trennlage, Dämmung, Estrich KG **353**

Abdeckung aus PE-Folie auf Dämmschichten, mit Stoßüberlappung, als Unterlage für Estrich.
Folie: 0,2 mm

0,8€ 1,3€ **1,6€** 2,4€ 3,9€ [m²] ⏱ 0,03 h/m² 025.000.011

Nr.	**Kurztext** / Langtext						Kostengruppe
▶	▷	**ø netto €**	◁	◀	[Einheit]	Ausf.-Dauer	Positionsnummer

20 Trennlage, Dämmung, Gussasphalt KG **353**

Abdeckung auf Dämmschichten, mit Stoßüberlappung, als Unterlage für Gussasphaltestrich.
Trennlage: **Rippenpappe / Rohfilzpappe**

▶	▷	ø	◁	◀	Einheit	Ausf.-Dauer	Positionsnummer
1,0€	1,7€	**2,0€**	2,3€	2,7€	[m²]	⏱ 0,03 h/m²	025.000.012

21 Randdämmstreifen, Polystyrol KG **353**

Randdämmstreifen für schwimmenden Estrich an Wänden und aufgehenden Bauteilen. Ausführung mit Überstand über Estrich und die Lage der Trittschalldämmung einbeziehend.
Material: Polystyrol
Einbauhöhe: .....
Form: .....

▶	▷	ø	◁	◀	Einheit	Ausf.-Dauer	Positionsnummer
0,9€	1,5€	**1,8€**	2,9€	4,6€	[m]	⏱ 0,02 h/m	025.000.023

Kosten:
Stand 1. Quartal 2026
Bundesdurchschnitt

22 Randdämmstreifen, PE-Schaum KG **353**

Randdämmstreifen für schwimmenden Estrich an Wänden und aufgehenden Bauteilen. Ausführung mit Überstand über Estrich und die Lage der Trittschalldämmung einbeziehend.
Material: Polyethylen-Schaum, ca. 10 mm
Einbauhöhe: .....
Form: .....

▶	▷	ø	◁	◀	Einheit	Ausf.-Dauer	Positionsnummer
0,6€	1,2€	**1,5€**	2,2€	4,4€	[m]	⏱ 0,02 h/m	025.000.036

23 Estrich, CT C25 F4 S45 KG **353**

Zementestrich als schwimmender Estrich für Bodenbelag auf Dämmschicht mit Abdeckung.
Einbauort: .....
Untergrund: eben
Nutzlast: ..... kN/m²
Estrichart: CT
Druckfestigkeitsklasse: C25
Biegezugfestigkeitsklasse: F4
Estrichdicke: 45 mm
Oberfläche: .....

▶	▷	ø	◁	◀	Einheit	Ausf.-Dauer	Positionsnummer
18€	21€	**23€**	24€	28€	[m²]	⏱ 0,20 h/m²	025.000.013

24 Estrich, CT C25 F4 S70 KG **353**

Zementestrich als schwimmender Estrich für Bodenbelag auf Dämmschicht mit Abdeckung.
Einbauort: .....
Untergrund: eben
Nutzlast: ..... kN/m²
Estrichart: CT
Druckfestigkeitsklasse: C25
Biegezugfestigkeitsklasse: F4
Estrichdicke: 70 mm

▶	▷	ø	◁	◀	Einheit	Ausf.-Dauer	Positionsnummer
25€	28€	**30€**	32€	37€	[m²]	⏱ 0,25 h/m²	025.000.041

▶ min
▷ von
ø Mittel
◁ bis
◀ max

25 Heizestrich, CT C25 F4 S65 H45 KG **353**

Zementestrich als Heizestrich in Bauart A, für Bodenbelag auf Dämmschicht mit Abdeckung. Leistung inkl. Aufheizen und Abheizen des Fußbodenaufbaus sowie protokollieren des Vorgangs und CM-Messung als Nachweis.
Einbauort: .....
Untergrund: eben
Nutzlast: ..... kN/m²
Estrichart: CT
Druckfestigkeitsklasse: C25
Biegezugfestigkeitsklasse: F4
Estrichdicke: 65 mm
Rohrüberdeckung: 45 mm
Rohrdurchmesser: .....

20€ 25€ **26€** 28€ 34€ [m²] ⏱ 0,25 h/m² 025.000.034

26 Estrich, CT C40 F7, modifiziert KG **353**

Kunstharzmodifizierter Zementestrich als Verbundestrich, Oberfläche von Hand glätten.
Einbauort: .....
Untergrund: eben
Nutzlast: ..... kN/m²
Estrichart: CT, kunstharzmodifiziert
Druckfestigkeitsklasse: C40
Biegezugfestigkeitsklasse: F7
Verschleißwiderstandsklasse: .....
Estrichdicke: 30 mm

29€ 35€ **37€** 40€ 45€ [m²] ⏱ 0,30 h/m² 025.000.019

27 Estrich, CA C25 S45 KG **353**

Calciumsulfatestrich als schwimmender Estrich, für Bodenbelag auf Dämmschicht mit Abdeckung.
Einbauort: .....
Untergrund: eben
Nutzlast: ..... kN/m²
Estrichart: CA
Druckfestigkeitsklasse: C25
Biegezugfestigkeitsklasse: F4
Estrichdicke: 45 mm

19€ 23€ **25€** 27€ 32€ [m²] ⏱ 0,20 h/m² 025.000.014

Nr.	Kurztext / Langtext					Kostengruppe
▶	▷	ø netto €	◁	◀	[Einheit]	Ausf.-Dauer	Positionsnummer

28 **Heizestrich, CA C25 S65 H45** KG **353**

Calciumsulfatestrich als Heizestrich in Bauart A, für Bodenbelag auf Dämmschicht mit Abdeckung. Leistung inkl. Aufheizen und Abheizen des Fußbodenaufbaus sowie Protokollieren des Vorgangs und CM-Messung als Nachweis.
Einbauort: .....
Untergrund: eben
Nutzlast: ..... kN/m²
Estrichart: CA
Druckfestigkeitsklasse: C25
Biegezugfestigkeitsklasse: F4
Estrichdicke: 65 mm
Rohrüberdeckung: 45 mm
Rohrdurchmesser: .....

▶	▷	ø	◁	◀	Einheit	Ausf.-Dauer	Positionsnummer
23€	27€	**28€**	29€	34€	[m²]	⏱ 0,22 h/m²	025.000.016

Kosten:
Stand 1. Quartal 2026
Bundesdurchschnitt

29 **Estrich, CAF C25 F4 S45** KG **353**

Calciumsulfatestrich als Fließestrich, für Bodenbelag auf Dämmschicht mit Abdeckung.
Einbauort: .....
Untergrund: eben
Nutzlast: ..... kN/m²
Estrichart: CAF
Druckfestigkeitsklasse: C25
Biegezugfestigkeitsklasse: F4
Estrichdicke: 45 mm

▶	▷	ø	◁	◀	Einheit	Ausf.-Dauer	Positionsnummer
19€	22€	**24€**	27€	32€	[m²]	⏱ 0,20 h/m²	025.000.030

30 **Heizestrich, CAF C25 F4 S65 H45** KG **353**

Calciumsulfatestrich als Fließestrich in Bauart A, für Bodenbelag auf Dämmschicht mit Abdeckung. Leistung inkl. Aufheizen und Abheizen des Fußbodenaufbaus sowie Protokollieren des Vorgangs und CM-Messung als Nachweis.
Einbauort: .....
Untergrund: eben
Nutzlast: ..... kN/m²
Estrichart: CAF
Druckfestigkeitsklasse: C25
Biegezugfestigkeitsklasse: F4
Estrichdicke: 65 mm
Rohrüberdeckung: 45 mm
Rohrdurchmesser: .....

▶	▷	ø	◁	◀	Einheit	Ausf.-Dauer	Positionsnummer
21€	26€	**28€**	30€	33€	[m²]	⏱ 0,25 h/m²	025.000.029

▶ min
▷ von
ø Mittel
◁ bis
◀ max

Nr.	Kurztext / Langtext						Kostengruppe
▶	▷	ø netto €	◁	◀	[Einheit]	Ausf.-Dauer	Positionsnummer

31 Estrich, AS IC10 S25 KG **353**

Gussasphaltestrich als schwimmender Estrich, für Bodenbelag auf Dämmschicht mit Abdeckung.
Einbauort: .....
Untergrund: eben
Nutzlast: ..... kN/m²
Estrichart: AS
Härteklasse: IC 10
Estrichdicke: 25 mm

35€	44€	**48€**	51€	58€	[m²]	⏱ 0,35 h/m²	025.000.015

32 Estrich, CT C25 F4 V45 KG **353**

Zementestrich für Beschichtung, im Verbund mit Untergrund.
Einbauort: .....
Untergrund: eben
Nutzlast: ..... kN/m²
Estrichart: CT
Druckfestigkeitsklasse: C25
Biegezugfestigkeitsklasse: F4
Estrichdicke: 45 mm
Oberfläche: geglättet

18€	21€	**23€**	24€	25€	[m²]	⏱ 0,20 h/m²	025.000.022

33 Estrich glätten, maschinell KG **324**

Glätten der Frischbetonoberfläche, maschinell, an der Oberseite waagerechter Bauteile, als flächenfertiger Nutzboden.
Estrich: .....
Anforderungen: .....

2€	4€	**5€**	6€	9€	[m²]	⏱ 0,02 h/m²	025.000.021

34 Sinterschicht abschleifen, Boden KG **353**

Mineralische Sinterschicht entfernen, aufgenommene Stoffe sammeln, laden sowie abfahren und entsorgen. Abfall ist nicht gefährlich, nicht schadstoffbelastet. Entsorgung wird gesondert vergütet.
Untergrund: .....

2€	3€	**3€**	3€	5€	[m²]	⏱ 0,04 h/m²	025.000.017

35 Scheinfugen schneiden, schließen KG **353**

Herstellen und Schließen von Scheinfugen in Estrich nach DIN EN 13318. Einschneiden in den frischen Estrichmörtel und kraftschlüssig mit Kunstharz schließen.
Estrich: .....
Fugenbreite: .....
Fugentiefe: .....

10€	14€	**15€**	18€	26€	[m]	⏱ 0,12 h/m	025.000.073

023
024
025
026
027
028
029
030
031
032
033
034
036
037
038
039

Nr.	Kurztext / Langtext						Kostengruppe
▶	▷	ø netto €	◁	◀	[Einheit]	Ausf.-Dauer	Positionsnummer

36 Bewegungsfuge, elastische Dichtmasse KG **353**

Bewegungsfuge nach DIN EN 13318, in Estrich mit elastischen Dichtstoff und Hinterfüllprofil.
Fugentyp: .....
Fugenbreite: .....
Fugentiefe: .....
Farbe: .....

6€	9€	**10€**	11€	17€	[m]	⏱ 0,12h/m	025.000.020

37 Bewegungsfuge, Metallprofil KG **353**

Bewegungsfuge in Estrich nach DIN EN 13318, aus Aluminium und Bewegungsfugenprofil.
Fugenbreite: .....
Profilhöhe: .....
Angeb. Fabrikat: .....

39€	68€	**78€**	85€	141€	[m]	⏱ 0,20h/m	025.000.038

38 Aussparung, Mattenrahmen KG **353**

Aussparung im Zementestrich für Einbau eines Winkelrahmens.
Abmessung (B x L): bis 100 x 120 cm
Höhe: .....

32€	73€	**105€**	109€	138€	[St]	⏱ 0,30h/St	025.000.075

39 Markierung, Messstellen KG **353**

Messstellenmarkierung zur Ermittlung der Restfeuchte eines Heizestrichs anlegen.

4€	6€	**8€**	9€	12€	[St]	⏱ 0,10h/St	025.000.059

40 Messung, Feuchte, Estrich KG **353**

Feuchtigkeitsmessung nach dem CM-Verfahren, Ausführung auf Anordnung des AG.
Estrich: .....

34€	50€	**53€**	63€	78€	[St]	⏱ 0,50h/St	025.000.060

41 Stundensatz, Facharbeiter/-in

Stundenlohnarbeiten für Vorarbeiter/-in, Gesellin/Geselle, Facharbeiter/-in und Gleichgestellte, sowie ähnliche Fachkräfte. Der Verrechnungssatz für die jeweilige Arbeitskraft umfasst sämtliche Aufwendungen wie Lohn- und Gehaltskosten, Lohn- und Gehaltsnebenkosten, Zuschläge, lohngebundene und lohnabhängige Kosten, sonstige Sozialkosten, Gemeinkosten, Wagnis und Gewinn. Leistung nach besonderer Anordnung der Bauüberwachung. Anmeldung und Nachweis gem. VOB/B.

61€	69€	**74€**	79€	91€	[h]	⏱ 1,00h/h	025.000.061

42 Stundensatz, Helfer/-in

Stundenlohnarbeiten für Arbeitskräfte ohne Facharbeiterqualifikation (Helfer/-in, Hilfsarbeiter/-in). Der Verrechnungssatz für die jeweilige Arbeitskraft umfasst sämtliche Aufwendungen wie Lohn- und Gehaltskosten, Lohn und Gehaltsnebenkosten, Zuschläge, lohngebundene und lohnabhängige Kosten, sonstige Sozialkosten, Gemeinkosten, Wagnis und Gewinn. Leistung nach besonderer Anordnung der Bauüberwachung. Anmeldung und Nachweis gem. VOB/B.

53€	59€	**62€**	66€	73€	[h]	⏱ 1,00h/h	025.000.062

Kosten:
Stand 1. Quartal 2026
Bundesdurchschnitt

▶ min
▷ von
ø Mittel
◁ bis
◀ max

026

Kosten:
Stand 1.Quartal 2026
Bundesdurchschnitt

► min
▷ von
ø Mittel
◁ bis
◄ max

Nr.	Positionen	Einheit	►	▷	ø brutto € ø netto €	◁	◄
1	Haustürelement, Holz, einflüglig bis 2,5m²	St	2.767	3.925	**4.297**	4.883	6.270
			2.325	3.299	**3.611**	4.103	5.269
2	Haustürelement, Holz, einflüglig, Seitenteil, bis 3,5m²	St	3.400	5.100	**5.789**	6.556	8.528
			2.857	4.286	**4.865**	5.509	7.166
3	Haustürelement, Holz, mehrteilig, bis 5,0m²	St	4.862	6.815	**7.640**	9.066	11.988
			4.085	5.727	**6.420**	7.618	10.074
4	Haustürelement, Kunststoff, einflüglig, bis 2,5m²	St	–	2.895	**4.270**	5.142	–
			–	2.433	**3.588**	4.321	–
5	Haustürelement, Kunststoff, einflüglig, Seitenteil, bis 3,5m²	St	–	4.204	**5.686**	7.113	–
			–	3.533	**4.778**	5.977	–
6	Haustürelement, Kunststoff, mehrteilig bis 5,0m²	St	4.670	5.697	**6.227**	7.017	9.296
			3.925	4.787	**5.233**	5.896	7.811
7	Haustürelement, Holz, Passivhaus, einflüglig, bis 2,5m²	St	4.164	4.986	**5.406**	5.701	6.211
			3.499	4.190	**4.542**	4.790	5.219
8	Haustürelement, Passivhaus, zweiflüglig	St	–	9.763	**11.138**	14.793	–
			–	8.204	**9.360**	12.431	–
9	Seitenteil, Holz, verglast, Haustür, bis 1,1m²	St	1.249	1.495	**1.643**	1.889	2.070
			1.049	1.256	**1.380**	1.588	1.739
10	Seitenteil, Kunststoff, verglast, Haustür, bis 1,1m²	St	999	1.196	**1.315**	1.459	1.630
			840	1.005	**1.105**	1.226	1.370
11	Metall-Türelement, Nebeneingang, einflüglig, bis 2,5m²	St	1.353	2.906	**3.606**	4.199	5.674
			1.137	2.442	**3.031**	3.529	4.768
12	Holzfenster, einflüglig, zweischeibig, bis 0,7m²	St	510	557	**582**	655	749
			428	468	**489**	550	629
13	Holzfenster, einflüglig, zweischeibig, über 0,7m²	St	777	855	**902**	916	970
			653	719	**758**	770	815
14	Holzfenster, einflüglig, dreischeibig, über 1,0-3,0m²	St	684	856	**913**	987	1.119
			575	720	**767**	829	940
15	Holzfenster, einflüglig, dreischeibig, Passivhaus, bis 1,0m²	St	991	1.168	**1.250**	1.321	1.486
			833	982	**1.050**	1.110	1.249
16	Holzfenster, mehrteilig, dreischeibig, Passivhaus, über 2,5m²	St	1.962	3.003	**3.407**	3.774	4.678
			1.648	2.524	**2.863**	3.172	3.931
17	Holzfenstertür, einflüglig, dreischeibig, Passivhaus, bis 2,5m²	St	1.969	2.427	**2.683**	3.098	3.646
			1.654	2.039	**2.255**	2.603	3.064
18	Holz-Alu-Fenster, einflüglig, zweischeibig, bis 0,7m²	St	723	847	**919**	992	1.152
			608	711	**772**	834	968
19	Holz-Alu-Fenster, einflüglig, zweischeibig, bis 1,7m²	St	1.046	1.168	**1.234**	1.286	1.391
			879	982	**1.037**	1.081	1.169
20	Holz-Alu-Fenster, einflüglig, dreischeibig, bis 0,7m²	St	927	1.053	**1.091**	1.157	1.284
			779	885	**917**	972	1.079
21	Holz-Alu-Fenster, einflüglig, dreischeibig, bis 2,0m²	St	1.070	1.299	**1.394**	1.485	1.680
			899	1.091	**1.171**	1.248	1.411
22	Holz-Alu-Fenstertür, einflüglig, zweischeibig, bis 2,5m²	St	1.318	1.905	**2.080**	2.234	2.811
			1.107	1.601	**1.748**	1.877	2.362
23	Holzfenster, mehrteilig, dreischeibig, über 2,5m²	St	1.565	2.291	**2.525**	3.356	5.312
			1.315	1.925	**2.122**	2.820	4.464

Nr.	Positionen	Einheit	▶	▷	ø brutto € / ø netto €	◁	◀
24	Holz-Alu-Fenster, zweiflüglig, zweischeibig, bis 4,5m²	St	2.014	3.121	**3.496**	4.185	5.670
			1.692	2.623	**2.938**	3.517	4.765
25	Kunststofffenster, einflüglig, dreischeibig, bis 0,7m²	St	477	513	**529**	563	632
			401	432	**444**	473	531
26	Kunststofffenster, einflüglig, dreischeibig, bis 1,70m²	St	566	636	**668**	776	1.010
			476	535	**561**	652	848
27	Kunststofffenster, mehrteilig, zweischeibig, bis 1,7m²	St	721	868	**986**	1.049	1.161
			606	730	**828**	882	976
28	Kunststofffenster, mehrteilig, zweischeibig, über 1,70m²	St	835	1.259	**1.510**	1.719	2.183
			701	1.058	**1.269**	1.444	1.835
29	Kunststofffenster, einflüglig, zweischeibig, bis 0,70m²	St	354	451	**480**	525	622
			297	379	**403**	441	523
30	Kunststofffenster, einflüglig, zweischeibig, bis 1,70m²	St	417	536	**585**	603	657
			351	450	**492**	507	552
31	Kunststofffenster, mehrteilig, dreischeibig, über 1,70m²	St	1.427	1.687	**1.852**	1.902	2.083
			1.199	1.417	**1.556**	1.599	1.751
32	Kunststofffenster, einflüglig, dreischeibig, Passivhaus	St	715	793	**939**	1.080	1.594
			601	666	**789**	907	1.340
33	Holz-Alu-Fenster, einflüglig, dreischeibig, Passivhaus, bis 1,70m²	St	–	1.321	**1.547**	1.952	–
			–	1.110	**1.300**	1.640	–
34	Metall-Glas-Fenster, einflüglig, zweischeibig, bis 2,00m²	St	861	1.324	**1.485**	1.800	2.412
			724	1.113	**1.248**	1.513	2.027
35	Metall-Glas-Fenster, zweiflüglig, zweischeibig, bis 4,5m²	St	1.912	2.963	**3.348**	4.074	5.530
			1.606	2.490	**2.813**	3.424	4.647
36	Metall-Glas-Fenster, mehrteilig, zweischeibig außen, 5,00m²	St	3.038	4.497	**5.073**	7.561	11.570
			2.553	3.779	**4.263**	6.354	9.723
37	Metall-Glas-Fenstertür, einflüglig, zweischeibig	St	2.790	4.174	**4.770**	5.375	6.629
			2.344	3.508	**4.009**	4.517	5.570
38	Pfosten-Riegel-Fassade, Holz/Holz-Aluminium	m²	687	1.057	**1.224**	1.459	1.914
			577	888	**1.028**	1.226	1.608
39	Pfosten-Riegel-Fassade, Metall	m²	582	1.010	**1.244**	1.580	2.321
			489	848	**1.045**	1.328	1.950
40	Einsatzelement, Tür, PR-Fassade	St	1.532	3.497	**4.054**	5.621	8.464
			1.287	2.939	**3.407**	4.724	7.113
41	Einsatzelement, Fenster, PR-Fassade	St	596	972	**1.217**	1.441	1.956
			501	817	**1.022**	1.211	1.644
42	Einsatzelement, Paneel, PR-Fassade	m²	220	359	**371**	391	453
			184	302	**311**	329	381
43	Sicherheitsglas, Mehrpreis, PR-Fassade	m²	90	106	**113**	133	179
			75	89	**95**	112	150
44	Fensterbank, außen, Aluminium, beschichtet	m	28	52	**60**	71	95
			23	44	**51**	60	79
45	Türschwelle, außen, Aluminium, rutschsicher	m	–	100	**117**	151	–
			–	84	**98**	127	–
46	Abdichtung, Fensteranschluss	m	6	12	**14**	17	23
			5	10	**11**	14	20

Nr.	Positionen	Einheit	▶	▷	ø brutto € / ø netto €	◁	◀
47	RAL-Anschluss, Fenster	m	–	38	**48**	61	–
			–	32	**41**	51	–
48	Stundensatz, Facharbeiter/-in	h	82	92	**96**	101	113
			69	77	**80**	85	95
49	Stundensatz, Helfer/-in	h	67	76	**78**	82	92
			56	63	**66**	69	77

Kosten:
Stand 1.Quartal 2026
Bundesdurchschnitt

Nr. **Kurztext** / Langtext — Kostengruppe
▶ ▷ **ø netto €** ◁ ◀ [Einheit] Ausf.-Dauer Positionsnummer

1 Haustürelement, Holz, einflüglig bis 2,5m² KG **334**

Hauseingangstürelement aus Holz, einflüglig, Drehflügeltür, aus Türblatt, Zarge, Bändern, Türgriff, Bodendichtung und Verriegelung, vorgerichtet für Profilzylinder. Leistung inkl. Einbau in Rohbau und Ausstopfen der Fuge mit Mineralwolle. Äußere und innere Abdichtungen nach gesonderter Position.
Material/Profilsystem: **Holz / IV.....**
Anschlag: DIN **rechts / links,** nach innen öffnend, doppelt gefälzt
Lichtes Rohbaumaß (B x H): ..... x .....
Anforderungen:
- Wärmeschutz, Ud= 1,3 W/(m²K)
- Einbruchhemmung: Klasse RC .....

Türblatt:
- wärmegedämmte mehrschichtige Konstruktion
- mit Dämmstoffeinlage
- Türblattdicke: .....
- Beplankung: Nadelholz, astfrei, Holzart: .....
- Kantenprofil/Anleimer: .....

Zarge:
- Holz-Blockrahmen
- Profil: .....
- Kante: **eckig / rund**
- verdeckte Befestigung, innenseitige Abdeckleisten, dreiseitig
- Hinterfüllung des Zargenhohlraums mit Mineralwolle
- Türschwelle thermisch getrennt

Bänder/Beschläge:
- Bänder: ..... St, Stahl vernickelt
- .....fache Verriegelung
- Drücker-Knauf-Wechselgarnitur für Hauseingangstüren auf Rosetten
- Material: Aluminium, Klasse ES 2, mit Zylinderziehschutz

Schloss/Zubehör:
- Schloss für Hausabschlusstüren, Klasse 3, vorgerichtet für Profilzylinder
- Falzdichtung: dreiseitig umlaufend
- Bodendichtung: automatisch absenkbar
- Stulp aus nichtrostendem Stahl
- elektromagnetischer Türöffner mit Tagesfalle
- Spion

▶ min
▷ von
ø Mittel
◁ bis
◀ max

Oberflächen:
- Holzprofile: **lasierend / deckend** beschichtet, Farbe: .....
- sichtbare Aluminiumteile: anodisch oxidiert, E6, Farbton: natur
- sichtbare Edelstahlteile: gebürstet

Montage:
- Wandaufbau im Anschlussbereich: einschalig
- Untergrund: .....
- Einbauebene: .....

Einbauort: **Geschoss / Raum**: .....
Zeichnung, Plan-Nr.: .....
Hinweis: Position ggf. mit Anforderungen zu Windlast, Luftdurchlässigkeit, Schlagregendichtheit, Schalldämmmaß, mechanische Festigkeit und Bedienkräften erweitern.

2.325€ 3.299€ **3.611€** 4.103€ 5.269€ [St] ⏱ 5,50h/St 026.000.029

2 Haustürelement, Holz, einflüglig, Seitenteil, bis 3,5m² KG **334**

Hauseingangstürelement aus Holz, einflüglig, Drehflügeltür, aus Türblatt, mit Seitenteil verglast mit Sicherheitsglas, Zarge, Bändern, Türgriff, Bodendichtung und Verriegelung, vorgerichtet für Profilzylinder. Leistung inkl. Einbau in Rohbau und Ausstopfen der Fuge mit Mineralwolle. Äußere und innere Abdichtungen nach gesonderter Position.
Material/Profilsystem: **Holz / IV.....**
Anschlag: DIN **rechts / links,** nach innen öffnend, doppelt gefälzt
Lichtes Rohbaumaß (B x H): ..... x .....
Seitenteilgröße: bis 500 x 2.200 mm

Anforderungen:
- Wärmeschutz, Ud= 1,3 W/(m²K)
- Einbruchhemmung: Klasse RC .....

Türblatt:
- wärmegedämmte mehrschichtige Konstruktion
- mit Dämmstoffeinlage
- Türblattdicke: .....
- Beplankung: Nadelholz, astfrei, Holzart: .....
- Kantenprofil/Anleimer: .....

Zarge:
- Holz-Blockrahmen
- Profil: .....
- Kante: **eckig / rund**
- verdeckte Befestigung, innenseitige Abdeckleisten, dreiseitig
- Hinterfüllung des Zargenhohlraums mit Mineralwolle
- Türschwelle thermisch getrennt

Bänder/Beschläge:
- Bänder: ..... St, Stahl vernickelt
- .....fache Verriegelung
- Drücker-Knauf-Wechselgarnitur für Hauseingangstüren auf Rosetten
- Material: Aluminium, Klasse ES 2, mit Zylinderziehschutz

023 024 025 026 027 028 029 030 031 032 033 034 036 037 038 039

Nr.	Kurztext / Langtext						Kostengruppe
►	▷	ø netto €	◁	◀	[Einheit]	Ausf.-Dauer	Positionsnummer

Schloss/Zubehör:
- Schloss für Hausabschlusstüren, Klasse 3, vorgerichtet für Profilzylinder
- Falzdichtung: dreiseitig umlaufend
- Bodendichtung: automatisch absenkbar
- Stulp aus nichtrostendem Stahl
- elektromagnetischer Türöffner mit Tagesfalle
- Spion

Oberflächen:
- Holzprofile: **lasierend / deckend** beschichtet, Farbe: .....
- sichtbare Aluminiumteile: anodisch oxidiert, E6, Farbton: natur
- sichtbare Edelstahlteile: gebürstet

Montage:
- Wandaufbau im Anschlussbereich: einschalig
- Untergrund: .....
- Einbauebene: .....

Einbauort: **Geschoss / Raum**: .....
Zeichnung, Plan-Nr.: .....
Hinweis: Position ggf. mit Anforderungen zu Windlast, Luftdurchlässigkeit, Schlagregendichtheit, Schalldämmmaß, mechanische Festigkeit und Bedienkräften erweitern.

2.857€ 4.286€ **4.865€** 5.509€ 7.166€ [St] ⏱ 6,50h/St 026.000.056

3 Haustürelement, Holz, mehrteilig, bis 5,0m² KG **334**

Hauseingangstürelement aus Holz, zweiflüglig, Drehflügeltür, aus Geh- und Standflügel, Zarge, Bändern, Türgriff, Bodendichtung, Verriegelung, vorgerichtet für Profilzylinder. Leistung inkl. Einbau in Rohbau und Ausstopfen der Fuge mit Mineralwolle. Äußere und innere Abdichtungen nach gesonderter Position.
Material/Profilsystem: **Holz / IV.....**
Anschlag: DIN **rechts / links**, nach innen öffnend, doppelt gefälzt
Lichtes Rohbaumaß (B x H): ..... x .....
Teilung: senkrecht
Feld 1: Gehflügel, Breite: .....
Feld 2: Stehflügel mit Anschlag, Breite: .....
Anforderungen:
- Wärmeschutz, Ud= 1,3 W/(m²K)
- Einbruchhemmung: Klasse RC .....

Türblatt:
- wärmegedämmte mehrschichtige Konstruktion
- mit Dämmstoffeinlage
- Türblattdicke: .....
- Beplankung: Nadelholz, astfrei, Holzart: .....
- Kantenprofil/Anleimer: .....

Zarge:
- Holz-Blockrahmen
- Profil: .....
- Kante: **eckig / rund**
- verdeckte Befestigung, innenseitige Abdeckleisten, dreiseitig
- Hinterfüllung des Zargenhohlraums mit Mineralwolle
- Türschwelle thermisch getrennt

Kosten:
Stand 1.Quartal 2026
Bundesdurchschnitt

► min
▷ von
ø Mittel
◁ bis
◀ max

Bänder/Beschläge:

- Bänder: ..... St, Stahl vernickelt
- .....fache Verriegelung, Stehflügel mit ..... -Riegel
- Drücker-Knauf-Wechselgarnitur für Hauseingangstüren auf Rosetten
- Material: Aluminium, Klasse ES 2, mit Zylinderziehschutz

Schloss/Zubehör:

- Schloss für Hausabschlusstüren, Klasse 3, vorgerichtet für Profilzylinder
- Falzdichtung: dreiseitig umlaufend
- Bodendichtung: automatisch absenkbar
- Stulp aus nichtrostendem Stahl
- elektromagnetischer Türöffner mit Tagesfalle
- Spion

Oberflächen:

- Holzprofile: **lasierend / deckend** beschichtet, Farbe: .....
- sichtbare Aluminiumteile: anodisch oxidiert, E6, Farbton: natur
- sichtbare Edelstahlteile: gebürstet

Montage:

- Wandaufbau im Anschlussbereich: einschalig
- Untergrund: .....
- Einbauebene: .....

Einbauort: **Geschoss / Raum**: .....
Zeichnung, Plan-Nr.: .....
Hinweis: Position ggf. mit Anforderungen zu Windlast, Luftdurchlässigkeit, Schlagregendichtheit, Schalldämmmaß, mechanische Festigkeit und Bedienkräften erweitern.

4.085€ 5.727€ **6.420€** 7.618€ 10.074€ [St] ⏱ 11,00h/St 026.000.001

4 Haustürelement, Kunststoff, einflüglig, bis 2,5m² KG **334**

Hauseingangstürelement aus Kunststoff, einflüglig, Drehflügeltür, aus Türblatt und Zarge, mit Bändern, Türgriff, Bodendichtung und Verriegelung, vorgerichtet für Profilzylinder. Leistung inkl. Einbau in Rohbau und Ausstopfen der Fuge mit Mineralwolle. Äußere und innere Abdichtungen nach gesonderter Position.
Material/Profilsystem: **PVC-U / .....**
Anschlag: **flächenversetzt / -bündig**, DIN **rechts / links**, nach innen öffnend
Lichtes Rohbaumaß (B x H): ..... x .....
Anforderungen:

- Wärmeschutz, Ud≤ 1,3 W/(m²K)
- Einbruchhemmung: Klasse RC .....

Türblatt:

- Paneel mit zweifacher Beplankung Kunststoff, Dämmkern aus Mineralwolle und Dampfsperre
- Oberfläche:.....
- mit Wetterschenkel
- mit Glasausschnitt (B x H): ..... x .....
- Füllung: Isolier-Verglasung, **2x VSG / 2x ESG**, Ug= ..... W/(m²K), Psi= ..... W/(mK), Lichtdurchlässigkeit 75-80%

Zarge:

- Profil: .....
- verdeckte Befestigung, innenseitige Abdeckleisten, dreiseitig
- Hinterfüllung des Zargenhohlraums mit Mineralwolle
- Türschwelle thermisch getrennt

023 024 025 026 027 028 029 030 031 032 033 034 036 037 038 039

Kosten:
Stand 1.Quartal 2026
Bundesdurchschnitt

Nr.	**Kurztext** / Langtext						Kostengruppe
▶	▷	**ø netto €**	◁	◀	[Einheit]	Ausf.-Dauer	Positionsnummer

Bänder/Beschläge:

- Bänder: ..... Stück, Stahl vernickelt
- .....fache Verriegelung
- Drücker-Knauf-Wechselgarnitur für Hauseingangstüren auf Rosetten
- Material: Aluminium, Klasse ES 2, mit Zylinderziehschutz

Schloss/Zubehör:

- Schloss für Hausabschlusstüren, Klasse 3, vorgerichtet für Profilzylinder
- Falzdichtung: dreiseitig umlaufend
- Bodendichtung: automatisch absenkbar
- Stulp aus nichtrostendem Stahl

Oberflächen:

- Rahmen- und Flügelprofil **weiß / mit farbiger Folienbeschichtung** in **gleichem / unterschiedlichem** Farbton
- sichtbare Aluminiumteile: anodisch oxidiert, E6, Farbton: natur
- sichtbare Edelstahlteile: gebürstet

Montage:

- Wandaufbau im Anschlussbereich: .....
- Untergrund: .....
- Einbauebene: .....

Einbauort: **Geschoss / Raum**: .....
Zeichnung, Plan-Nr.: .....
Hinweis: Position ggf. mit Anforderungen zu Windlast, Luftdurchlässigkeit, Schlagregendichtheit, Schalldämmmaß, mechanische Festigkeit und Bedienkräften erweitern.

–	2.433€	**3.588€**	4.321€	–	[St]	⏱ 5,50h/St	026.000.048

5 **Haustürelement, Kunststoff, einflüglig, Seitenteil, bis 3,5m²** KG **334**

Hauseingangstürelement aus Kunststoff, einflüglig, Drehflügeltür, aus Türblatt und Zarge, mit Seitenteil verglast mit Sicherheitsglas, mit Bändern, Türgriff, Bodendichtung und Verriegelung, vorgerichtet für Profilzylinder. Leistung inkl. Einbau in Rohbau und Ausstopfen der Fuge mit Mineralwolle. Äußere und innere Abdichtungen nach gesonderter Position.
Material/Profilsystem: **PVC-U / .....**
Anschlag: **flächenversetzt / -bündig**, DIN **rechts / links**, nach innen öffnend
Lichtes Rohbaumaß (B x H): ..... x .....
Seitenteilgröße: bis 500 x 2.200 mm
Anforderungen:

- Wärmeschutz, Ud≤ 1,3 W/(m²K)
- Einbruchhemmung: Klasse RC .....

Türblatt:

- Paneel mit zweifacher Beplankung Kunststoff, Dämmkern aus Mineralwolle und Dampfsperre
- Oberfläche:.....
- mit Wetterschenkel
- mit Glasausschnitt (B x H): ..... x .....
- Füllung: Isolier-Verglasung, **2x VSG / 2x ESG**, Ug= ..... W/(m²K), Psi =..... W/(mK) Lichtdurchlässigkeit 75-80%

Zarge:

- Profil: .....
- verdeckte Befestigung, innenseitige Abdeckleisten, dreiseitig
- Hinterfüllung des Zargenhohlraums mit Mineralwolle
- Türschwelle thermisch getrennt

▶ min
▷ von
ø Mittel
◁ bis
◀ max

Bänder/Beschläge:
- Bänder: ..... St, Stahl vernickelt
- .....fache Verriegelung
- Drücker-Knauf-Wechselgarnitur für Hauseingangstüren auf Rosetten
- Material: Aluminium, Klasse ES 2, mit Zylinderziehschutz

Schloss/Zubehör:
- Schloss für Hausabschlusstüren, Klasse 3, vorgerichtet für Profilzylinder
- Falzdichtung: dreiseitig umlaufend
- Bodendichtung: automatisch absenkbar
- Stulp aus nichtrostendem Stahl

Oberflächen:
- Rahmen- und Flügelprofil **weiß / mit farbiger Folienbeschichtung** in **gleichem / unterschiedlichem** Farbton: .....
- sichtbare Aluminiumteile: anodisch oxidiert, E6, Farbton: natur
- sichtbare Edelstahlteile: gebürstet

Montage:
- Wandaufbau im Anschlussbereich: .....
- Untergrund: .....
- Einbauebene: .....

Einbauort: **Geschoss / Raum**: .....
Zeichnung, Plan-Nr.: .....
Hinweis: Position ggf. mit Anforderungen zu Windlast, Luftdurchlässigkeit, Schlagregendichtheit, Schalldämmmaß, mechanische Festigkeit und Bedienkräften erweitern.

▶	▷	ø netto €	◁	◀	[Einheit]	Ausf.-Dauer	Positionsnummer
–	3.533€	**4.778€**	5.977€	–	[St]	⏱ 6,50h/St	026.000.057

6 Haustürelement, Kunststoff, mehrteilig bis 5,0m² KG **334**

Hauseingangstürelement aus Kunststoff, mehrteilig, Drehflügeltür, aus Türblatt und Rahmenelement mit Fest-Verglasung, mit Bändern, Türgriff, Bodendichtung und Verriegelung, vorgerichtet für Profilzylinder. Leistung inkl. Einbau in Rohbau und Ausstopfen der Fuge mit Mineralwolle. Äußere und innere Abdichtungen nach gesonderter Position.
Material/Profilsystem: **PVC-U / .....**
Anschlag: **flächenversetzt / -bündig**, DIN **rechts / links**, nach innen öffnend
Lichtes Rohbaumaß (B x H): ..... x .....
Teilung: senkrecht
Feld 1: Türelement, verglast, Drehflügel (B): .....
Feld 2: festverglast (B): .....
Anforderungen:
- Wärmeschutz, Ud= 1,3 W/(m²K)
- Einbruchhemmung: Klasse RC .....

Türblatt:
- Paneel mit zweifacher Beplankung Kunststoff, Dämmkern aus Mineralwolle und Dampfsperre
- Oberfläche: .....
- mit Wetterschenkel

Seitenfeld:
- mit Glasausschnitt (B x H): ..... x .....
- Füllung: Isolier-Verglasung, **2x VSG / 2x ESG**, Ug= ..... W/(m²K), Psi= ..... W/(mK) Lichtdurchlässigkeit 75-80%

Zarge/Rahmen:
- Profil: .....
- verdeckte Befestigung, innenseitige Abdeckleisten, dreiseitig Hinterfüllung des Zargenhohlraums mit Mineralwolle
- Türschwelle thermisch getrennt

Bänder/Beschläge:

- Bänder: ..... St, Stahl vernickelt
- .....fache Verriegelung
- Drücker-Knauf-Wechselgarnitur für Hauseingangstüren auf Rosetten
- Material: Aluminium, Klasse ES 2, mit Zylinderziehschutz

Schloss/Zubehör:

- Schloss für Hausabschlusstüren, Klasse 3, vorgerichtet für Profilzylinder
- Falzdichtung: dreiseitig umlaufend
- Bodendichtung: automatisch absenkbar
- Stulp aus nichtrostendem Stahl

Oberflächen:

- Rahmen- und Flügelprofil **weiß / mit farbiger Folienbeschichtung** in **gleichem / unterschiedlichem** Farbton: .....
- sichtbare Aluminiumteile: anodisch oxidiert, E6, Farbton: natur
- sichtbare Edelstahlteile: gebürstet

Montage:

- Wandaufbau im Anschlussbereich: .....
- Untergrund: .....
- Einbauebene: .....

Einbauort: **Geschoss / Raum**: .....
Zeichnung, Plan-Nr.: .....
Hinweis: Position ggf. mit Anforderungen zu Windlast, Luftdurchlässigkeit, Schlagregendichtheit, Schalldämmmaß, mechanische Festigkeit und Bedienkräften erweitern.

3.925€ 4.787€ **5.233€** 5.896€ 7.811€ [St] ⏱ 8,00h/St 026.000.002

7 Haustürelement, Holz, Passivhaus, einflüglig, bis 2,5m² KG **334**

Hauseingangstürelement aus Holz, einflüglig, Drehflügeltür, aus Türblatt, Zarge, Bändern, Türgriff, Bodendichtung und Verriegelung, vorgerichtet für Profilzylinder. Leistung inkl. Einbau in Rohbau und Ausstopfen der Fuge mit Mineralwolle. Äußere und innere Abdichtungen nach gesonderter Position.
Lichtes Rohbaumaß (B x H): ..... x .....
Material/Profilsystem: **Holz / .....**
Anschlag: DIN **rechts / links**, nach innen öffnend, mehrfach gefälzt
Anforderungen:

- Wärmeschutz, Ud= 0,8 W/(m²K)
- Einbruchhemmung: Klasse RC .....

Türblatt:

- wärmegedämmte mehrschichtige Konstruktion
- mit Dämmstoffeinlage
- Türblattdicke: .....
- Beplankung: Nadelholz, astfrei, Holzart .....
- Kantenprofil/Anleimer: .....

Zarge:

- Holz-Blockrahmen, Verbundkonstruktion
- Profil: .....
- verdeckte Befestigung, innenseitige Abdeckleisten, dreiseitig
- Hinterfüllung des Zargenhohlraums mit Mineralwolle
- Türschwelle thermisch getrennt

Kosten:
Stand 1.Quartal 2026
Bundesdurchschnitt

► min
▷ von
ø Mittel
◁ bis
◄ max

Bänder/Beschläge:

- Bänder: ..... St, Stahl vernickelt
- .....fache Verriegelung
- Drücker-Knauf-Wechselgarnitur für Hauseingangstüren auf Rosetten
- Material: Aluminium, Klasse ES 2, mit Zylinderziehschutz

Schloss/Zubehör:

- Schloss für Hausabschlusstüren, Klasse 3, vorgerichtet für Profilzylinder
- Falzdichtung: dreiseitig umlaufend
- Bodendichtung: automatisch absenkbar
- Stulp aus nichtrostendem Stahl
- elektromagnetischer Türöffner mit Tagesfalle
- Spion

Oberflächen:

- Holzprofile: **lasierend / deckend** beschichtet, Farbe: .....
- sichtbare Aluminiumteile: anodisch oxidiert, E6, Farbton: natur
- sichtbare Edelstahlteile: gebürstet

Montage:

- Wandaufbau im Anschlussbereich: .....
- Untergrund: .....
- Einbauebene: .....

Einbauort: **Geschoss / Raum**: .....
Zeichnung, Plan-Nr.: .....
Hinweis: Position ggf. mit Anforderungen zu Windlast, Luftdurchlässigkeit, Schlagregendichtheit, Schalldämmmaß, mechanische Festigkeit und Bedienkräften erweitern.

3.499€ 4.190€ **4.542€** 4.790€ 5.219€ [St] ⏱ 5,80h/St 026.000.038

8 Haustürelement, Passivhaus, zweiflüglig KG **334**

Hauseingangstürelement, zweiflüglig, Drehflügeltür, aus Geh- und Standflügel, Zarge, Bändern, Türgriff, Bodendichtung, Verriegelung, vorgerichtet für Profilzylinder. Leistung inkl. Einbau in Rohbau und Ausstopfen der Fuge mit Mineralwolle. Äußere und innere Abdichtungen nach gesonderter Position.
Lichtes Rohbaumaß (B x H): ..... x .....
Standflügel (B): .....
Gehflügel (B): .....
Material: **Holz / PVC-U**
Profilsystem: .....
Anschlag: DIN **rechts / links**, nach innen öffnend
Anforderungen:

- Wärmeschutz, Ud= 0,8 W/(m^{2}K)
- Einbruchhemmung: Klasse RC .....

Türblatt:

- wärmegedämmte mehrschichtige Konstruktion
- mit Dämmstoffeinlage
- Türblattdicke: .....
- Oberfläche: .....

Zarge/Rahmen:

- Profil: .....
- verdeckte Befestigung, innenseitige Abdeckleisten, dreiseitig
- Hinterfüllung des Zargenhohlraums mit Mineralwolle
- Türschwelle thermisch getrennt,

023
024
025
026
027
028
029
030
031
032
033
034
036
037
038
039

Nr.	Kurztext / Langtext						Kostengruppe
▶	▷	ø netto €	◁	◀	[Einheit]	Ausf.-Dauer	Positionsnummer

Bänder/Beschläge:

- Bänder: ..... St, Stahl vernickelt
- .....fache Verriegelung
- Stehflügel mit .....-Riegel
- Drücker-Knauf-Wechselgarnitur für Hauseingangstüren auf Rosetten
- Material: Aluminium, Klasse ES 2, mit Zylinderziehschutz

Schloss/Zubehör:

- Schloss für Hausabschlusstüren, Klasse 3, vorgerichtet für Profilzylinder
- Falzdichtung: dreiseitig umlaufend
- Bodendichtung: automatisch absenkbar
- Stulp aus nichtrostendem Stahl
- elektromagnetischer Türöffner mit Tagesfalle
- Spion

Oberflächen:

- Holzprofile: **lasierend / deckend** beschichtet, Farbe: .....
- Kunststoffprofile: **..... / mit farbiger Folienbeschichtung** Farbton: .....
- sichtbare Aluminiumteile: anodisch oxidiert, E6, Farbton: natur
- sichtbare Edelstahlteile: gebürstet

Montage:

- Wandaufbau im Anschlussbereich: .....
- Untergrund: .....
- Einbauebene: .....

Einbauort: **Geschoss / Raum**: .....
Zeichnung, Plan-Nr.: .....
Hinweis: Position ggf. mit Anforderungen zu Windlast, Luftdurchlässigkeit, Schlagregendichtheit, Schalldämmmaß, mechanische Festigkeit und Bedienkräften erweitern.

▶	▷	ø	◁	◀	[Einheit]	Ausf.-Dauer	Positionsnummer
–	8.204€	**9.360€**	12.431€	–	[St]	⏱ 8,50h/St	026.000.052

9 Seitenteil, Holz, verglast, Haustür, bis 1,1m² KG **334**

Seitenteil für Hauseingangstür aus Holz, verglast mit Sicherheitsglas.
Seitenteilgröße (B x H): bis 500 x 2.200 mm
Verglasung: Isolierverglasung aus .....
U-Wert: ..... W/(m²K)
Rahmen-Profil/Holzart: .....
Oberfläche: **lasierend / deckend** beschichtet, Farbe: .....

▶	▷	ø	◁	◀	[Einheit]	Ausf.-Dauer	Positionsnummer
1.049€	1.256€	**1.380€**	1.588€	1.739€	[St]	⏱ 1,40h/St	027.000.111

10 Seitenteil, Kunststoff, verglast, Haustür, bis 1,1m² KG **334**

Seitenteil für Hauseingangstür aus wärmegedämmten Kunststoffprofilen, verwindungsfrei, verglast mit Sicherheitsglas.
Seitenteilgröße (B x H): bis 500 x 2.200 mm
Verglasung: Isolierverglasung aus .....
U-Wert: ..... W/(m²K)
Rahmen-Profil: .....
Oberfläche: **weiß / mit farbiger Folienbeschichtung** in **gleichem / unterschiedlichem** Farbton: .....

▶	▷	ø	◁	◀	[Einheit]	Ausf.-Dauer	Positionsnummer
840€	1.005€	**1.105€**	1.226€	1.370€	[St]	⏱ 1,40h/St	027.000.112

Kosten:
Stand 1.Quartal 2026
Bundesdurchschnitt

▶ min
▷ von
ø Mittel
◁ bis
◀ max

11 Metall-Türelement, Nebeneingang, einflüglig, bis 2,5m² KG **334**

Kellereingangstüranlage aus Metallkonstruktion, einflüglig, Drehflügeltür, aus Türflügel und Zarge, mit Bändern, Türgriff, Bodendichtung und Verriegelung, vorgerichtet für Profilzylinder. Leistung inkl. Einbau in Rohbau und Ausstopfen der Fuge mit Mineralwolle. Äußere und innere Abdichtungen nach gesonderter Position.
Lichtes Rohbaumaß (B x H): ..... x .....
Wanddicke: .....
Bodeneinstand: .....
Anschlag: DIN **rechts / links**, **nach außen / innen** öffnend
Anforderungen:

- Außentür
- Klimaklasse: .....
- mechanische Festigkeit: .....
- Einbruchhemmung: Klasse RC .....
- Wärmeschutz: Ud= ..... W/(m²K)
- Schalldämmmaß Rw = ... dB

Zarge:

- Z-Zarge aus Stahl t = ... mm, mit Gegenzarge
- verdeckte Befestigung, Maueranker
- eingeschweißte Bandtaschen
- Hinterfüllung des Zargenhohlraums mit Mineralwolle

Türflügel:

- Volltürblatt, d= ....., Stahlblech t = ...
- Füllung aus Mineralwolle
- dreiseitig **gefälzt / flächenbündig**
- mit Glasausschnitt (B x H): ..... x .....
- Füllung: zweifach Isolierverglasung, Ug = ... W/(m²K), Psi = ... W/(mK) Lichtdurchlässigkeit 75 bis 80%, innenseitige Glasleisten, vierseitig

Bänder/Beschläge:

- Federbänder: 2 St, Mat. Edelstahl
- Drücker-Knauf-Wechselgarnitur für Hauseingangstüren auf Rosetten
- Material: Edelstahl, Klasse ..... mit Zylinderziehschutz

Schloss/Zubehör:

- Schloss für Hausabschlusstüren, Klasse ....., vorgerichtet für Profilzylinder
- Falzdichtung: Silikonprofil, umlaufend
- Stulp aus nichtrostendem Stahl

Oberflächen:

- Türblatt endbeschichtet, verzinkt grundiert und Farb-Beschichtung **Nasslack / PES-Pulverbeschichtung**
- Korrosionsbelastung: C3
- Farbe: .....

Montage/Einbauort

- Einbauebene: in Dämmebene, ca. ..... vor Wandöffnung

Zeichnungen, Plan-Nr.: .....

Kosten:
Stand 1. Quartal 2026
Bundesdurchschnitt

► min
▷ von
ø Mittel
◁ bis
◄ max

Nr.	**Kurztext** / Langtext						Kostengruppe
►	▷	**ø netto €**	◁	◄	[Einheit]	Ausf.-Dauer	Positionsnummer

Montage:
- Untergrund: Stahlbeton, einschalig, im Anschlussbereich mit WDVS
- Einbauebene: in Dämmebene, ca. ..... vor Wandöffnung

Einbauort: **Geschoss / Raum**: .....
Zeichnung, Plan-Nr.: .....
Hinweis: Position ggf. mit Anforderungen zu Windlast, Luftdurchlässigkeit, Schlagregendichtheit, Schalldämmmaß, mechanische Festigkeit und Bedienkräften erweitern.

1.137€	2.442€	**3.031€**	3.529€	4.768€	[St]	⏱ 5,00h/St	026.000.005

A 1 Holzfenster, einflüglig, zweischeibig — Beschreibung für Pos. **12-13**

Einflügliges Drehflügelfenster aus Holz, aus Fenster- und Flügelrahmen, Dreh- Kipp-Beschlagsgarnitur mit Fenstergriff. Leistung inkl. Einbau in Rohbau und Ausstopfen der Fuge mit Mineralwolle. Äußere und innere Abdichtungen nach gesonderter Position.
Holzart: .....
Profilsystem: IV..... mit **Mittel- und innere Überschlagdichtung / Anschlagdichtung**, mit Wetterschenkel
Rahmen/Flügel: **flächenversetzt / bündig**
Anschluss unten: an Fensterbank **außen / innen**
Anschluss oben: an Rollladenkasten
Anforderungen:
- Wärmeschutz Uw= 1,3 W/(m²K)
- Gesamtenergiedurchlass: .....%
- Einbruchhemmung: Widerstandsklasse **RC-2 (Erdgeschoss) / RC-1-N (Obergeschoss)**

Füllung/Ausfachung:
- Zweifach-Isolierverglasung
- Lichtdurchlässigkeit 75 bis 80%

Beschlag/Zubehör:
- Dreh-Kipp-Beschlag, **verdeckt liegend / aufliegend** eingebaut, mit Fehlbedienungssperre
- Fenstergriff: Aluminium mit Rosette, Befestigung verdeckt, Einhandbedienung
- Alu-Schutzschiene des Wetterschenkels, mit Endkappen, Profil: .....

Oberflächen:
- Holzprofile: **transparent / lasierend / deckend** beschichtet, imprägniert
- Rahmen- und Flügelprofil **weiß / ..... in gleichem / unterschiedlichem** Farbton
- Aluminium-Oberflächen, anodisch oxidiert, E6, natur
- Stahloberfläche: verzinkt, chromatiert

Montage:
- Wandaufbau im Anschlussbereich: .....
- Untergrund: .....
- Einbauebene: .....

Einbauort: **Geschoss / Raum**: .....
Zeichnung, Plan-Nr.: .....
Hinweis: Position ggf. mit Anforderungen zu Windlast, Luftdurchlässigkeit, Schlagregendichtheit, Schalldämmmaß, mechanische Festigkeit und Bedienkräften erweitern.

12 Holzfenster, einflüglig, zweischeibig, bis 0,7m² — KG **334**

Wie Ausführungsbeschreibung A 1
Lichtes Rohbaumaß (B x H): ..... x .....
Fenstergröße: bis 0,70 m²

428€	468€	**489€**	550€	629€	[St]	⏱ 1,80h/St	026.000.009

Nr.	Kurztext / Langtext						Kostengruppe
▶	▷	**ø netto €**	◁	◀	[Einheit]	Ausf.-Dauer	Positionsnummer

13 Holzfenster, einflüglig, zweischeibig, über 0,7m² KG **334**

Wie Ausführungsbeschreibung A 1
Lichtes Rohbaumaß (B x H): ..... x .....
Fenstergröße: über 0,70 m²

653€	719€	**758€**	770€	815€	[St]	⏱ 1,80 h/St	026.000.055

14 Holzfenster, einflüglig, dreischeibig, über 1,0-3,0m² KG **334**

Einflügliges Drehflügelfenster aus Holz, aus Fenster- und Flügelrahmen, Dreh- Kipp-Beschlaggarnitur mit Fenstergriff. Leistung inkl. Einbau in Rohbau und Ausstopfen der Fuge mit Mineralwolle. Äußere und innere Abdichtungen nach gesonderter Position.
Holzart: .....
Profilsystem: IV..... mit **Mittel- und innere Überschlagdichtung / Anschlagdichtung**, mit Wetterschenkel
Rahmen/Flügel: **flächenversetzt / bündig**
Anschluss unten: an Fensterbank **außen / innen**
Anschluss oben: an Rollladenkasten
Anforderungen:

- Wärmeschutz Uw= 1,0 W/(m²K)
- Gesamtenergiedurchlass: .....%
- Einbruchhemmung: Widerstandsklasse **RC-2 (Erdgeschoss) / RC-1-N (Obergeschoss)**

Füllung/Ausfachung:

- Dreifach-Isolierverglasung
- Lichtdurchlässigkeit 75-80%

Beschlag/Zubehör:

- Dreh-Kipp-Beschlag, **verdeckt liegend / aufliegend** eingebaut, mit Fehlbedienungssperre
- Fenstergriff: Aluminium mit Rosette, Befestigung verdeckt, Einhandbedienung
- Alu-Schutzschiene des Wetterschenkels, mit Endkappen, Profil: .....

Oberflächen:

- Holzprofile: **transparent / lasierend / deckend** beschichtet, imprägniert
- Rahmen- und Flügelprofil **weiß / ..... in gleichem / unterschiedlichem** Farbton
- Aluminium-Oberflächen, anodisch oxidiert, E6, natur
- Stahloberfläche: verzinkt, chromatiert

Montage:

- Wandaufbau im Anschlussbereich: .....
- Untergrund: .....
- Einbauebene: .....

Einbauort: **Geschoss / Raum**: .....
Zeichnung, Plan-Nr.: .....
Lichtes Rohbaumaß (B x H): ..... x .....
Fenstergröße: über 1,00 m²
Hinweis: Position ggf. mit Anforderungen zu Windlast, Luftdurchlässigkeit, Schlagregendichtheit, Schalldämmmaß, mechanische Festigkeit und Bedienkräften erweitern.

575€	720€	**767€**	829€	940€	[St]	⏱ 1,80 h/St	026.000.060

Nr.	Kurztext / Langtext						Kostengruppe
►	▷	ø netto €	◁	◀	[Einheit]	Ausf.-Dauer	Positionsnummer

Kosten:
Stand 1. Quartal 2026
Bundesdurchschnitt

► min
▷ von
ø Mittel
◁ bis
◀ max

15 Holzfenster, einflüglig, dreischeibig, Passivhaus, bis 1,0m² KG **334**

Einflügliges Drehflügelfenster aus Holz, für Passivhaus, aus Fenster- und Flügelrahmen, Dreh- Kipp-Beschlag mit Fenstergriff. Leistung inkl. Einbau in Rohbau und Ausstopfen der Fuge mit Mineralwolle. Äußere und innere Abdichtungen nach gesonderter Position.
Holzart: .....
Profilsystem: ..... mit **Mittel- und innere Überschlagdichtung / Anschlagdichtung**, mit Wetterschenkel
Rahmen/Flügel: **flächenversetzt / bündig**
Anschluss unten: an Fensterbank **außen / innen**
Anschluss oben: an Rollladenkasten
Lichtes Rohbaumaß (B x H): ..... x .....
Anforderungen:

- Wärmeschutz Uw≥ 0,8 W/(m²K)
- Gesamtenergiedurchlass: .....%
- Einbruchhemmung: Widerstandsklasse **RC-2 (Erdgeschoss) / RC-1-N (Obergeschoss)**

Füllung/Ausfachung:

- Dreifach-Isolierverglasung
- Lichtdurchlässigkeit 75-80%

Beschlag/Zubehör:

- Dreh-Kipp-Beschlag, **verdeckt liegend / aufliegend** eingebaut, mit Fehlbedienungssperre
- Fenstergriff: Aluminium mit Rosette, Befestigung verdeckt, Einhandbedienung
- Alu-Schutzschiene des Wetterschenkels, mit Endkappen, Profil: .....

Oberflächen:

- Holzprofile: **transparent / lasierend / deckend** beschichtet, imprägniert
- Rahmen- und Flügelprofil **weiß / ...... in gleichem / unterschiedlichem** Farbton
- Aluminium-Oberflächen, anodisch oxidiert, E6, natur
- Stahloberfläche: verzinkt, chromatiert

Montage:

- Wandaufbau im Anschlussbereich: .....
- Untergrund: .....
- Einbauebene: .....

Einbauort: **Geschoss / Raum**: .....
Zeichnung, Plan-Nr.: .....
Hinweis: Position ggf. mit Anforderungen zu Windlast, Luftdurchlässigkeit, Schlagregendichtheit, Schalldämmmaß, mechanische Festigkeit und Bedienkräften erweitern.

►	▷	ø	◁	◀	Einheit	Ausf.-Dauer	Positionsnummer
833€	982€	**1.050€**	1.110€	1.249€	[St]	⏱ 1,80h/St	026.000.034

16 Holzfenster, mehrteilig, dreischeibig, Passivhaus, über 2,5m² KG **334**

Mehrteiliges Drehflügelfenster aus Holz, für Passivhaus, aus Fenster- und Flügelrahmen, Pfosten und Riegel, Beschlagsgarnituren, Fenstergriffen und Öffnungsgestängen. Leistung inkl. Einbau in Rohbau und Ausstopfen der Fuge mit Mineralwolle. Äußere und innere Abdichtungen nach gesonderter Position.
Holzart: .....
Profilsystem: ..... mit **Mittel- und innere Überschlagdichtung / Anschlagdichtung**, mit Wetterschenkel
Rahmen/Flügel: **flächenversetzt / bündig**
Anschluss unten: an Fensterbank **außen / innen**
Anschluss oben: an Rollladenkasten
Lichtes Rohbaumaß (B x H): ..... x .....

Teilung: senkrecht und waagerecht
- Feld 1: Dreh-Kipp (B x H): ..... x .....
- Feld 2: Dreh-Kipp (B x H): ..... x .....
- Feld 3: Kipp (B x H): ..... x .....
- Feld 4: Kipp (B x H): ..... x .....

Anforderungen:
- Wärmeschutz Uw= 0,8 W/(m²K)
- Gesamtenergiedurchlass: ....%
- Einbruchhemmung: Widerstandsklasse **RC-2 (Erdgeschoss) / RC-1-N (Obergeschoss)**

Füllung/Ausfachung:
- Dreifach-Isolierverglasung,
- Lichtdurchlässigkeit 75-80%

Beschlag/Zubehör:
- Dreh-Kipp-Beschlag, **verdeckt liegend / aufliegend** eingebaut, mit Fehlbedienungssperre
- Fenstergriff: Aluminium mit Rosette, Befestigung verdeckt, Einhandbedienung
- OL-Beschlag, sichtbar, mit Öffnungsgestänge und Griff
- Alu-Schutzschiene des Wetterschenkels, mit Endkappen, Profil: .....

Oberflächen:
- Holzprofile: **transparent / lasierend / deckend** beschichtet, imprägniert
- Rahmen- und Flügelprofil **weiß / ...... in gleichem / unterschiedlichem** Farbton
- Aluminium-Oberfläche anodisch oxidiert, E6, natur
- Stahloberfläche: verzinkt, chromatiert

Einbauort: .....

Montage:
- Wandaufbau im Anschlussbereich: .....
- Untergrund: .....
- Einbauebene: .....

Einbauort: **Geschoss / Raum**: .....
Zeichnung, Plan-Nr.: .....
Hinweis: Position ggf. mit Anforderungen zu Windlast, Luftdurchlässigkeit, Schlagregendichtheit, Schalldämmmaß, mechanische Festigkeit und Bedienkräften erweitern.

1.648€ 2.524€ **2.863€** 3.172€ 3.931€ [St] ⏱ 3,20h/St 026.000.042

17 **Holzfenstertür, einflüglig, dreischeibig, Passivhaus, bis 2,5m²** KG **334**

Einflüglige Drehflügel-Fenstertür aus Holz, für Passivhaus, aus Fenster- und Flügelrahmen, Dreh- Kipp-Beschlag mit Fenstergriff. Leistung inkl. Einbau in Rohbau und Ausstopfen der Fuge mit Mineralwolle. Äußere und innere Abdichtungen nach gesonderter Position.
Holzart: .....
Profilsystem: ..... mit **Mittel- und innere Überschlagdichtung / Anschlagdichtung**, mit Wetterschenkel
Rahmen / Flügel: **flächenversetzt / bündig**
Anschluss unten: an Fensterbank: **außen / innen**
Anschluss oben: an Rollladenkasten
Lichtes Rohbaumaß (B x H): ..... x .....

Anforderungen:
- Wärmeschutz Uw= 0,8 W/(m²K)
- Gesamtenergiedurchlass: .....%
- Windlast, Prüfdruck ....., Klasse .....
- Rahmendurchbiegung: B
- Luftdurchlässigkeit, Klasse .....
- Schlagregendichtheit, Klasse .....
- Schalldämm-Maß: Rw ..... dB
- Mechanische Festigkeit: Klasse .....
- Einbruchhemmung: Widerstandsklasse **RC-2 (Erdgeschoss) / RC-1-N (Obergeschoss)**
- Bedienungskräfte: Klasse .....

Füllung/Ausfachung:
- Dreifach-Isolierverglasung
- Lichtdurchlässigkeit 75-80%

Beschlag/Zubehör:
- Dreh-Kipp-Beschlag, **verdeckt liegend / aufliegend** eingebaut, mit Fehlbedienungssperre
- Fenstergriff: Aluminium mit Rosette, Befestigung verdeckt, Einhandbedienung
- Öffnungsbegrenzer im Fensterfalz
- Systembodenschwelle: Aluminium-Formteil,
- Alu-Schutzschiene des Wetterschenkels, mit Endkappen, Profil: .....

Oberflächen:
- Holzprofile: **transparent / lasierend / deckend** beschichtet, imprägniert
- Rahmen- und Flügelprofil **weiß / ...... in gleichem / unterschiedlichem** Farbton
- Aluminium-Oberfläche anodisch oxidiert, E6, natur
- Stahloberfläche: verzinkt, chromatiert

Montage:
- Wandaufbau im Anschlussbereich: .....
- Untergrund: .....
- Einbauebene: .....-

Einbauort: **Geschoss / Raum**: .....
Zeichnung, Plan-Nr.: .....

1.654€ 2.039€ **2.255€** 2.603€ 3.064€ [St] ⏱ 2,60h/St 026.000.039

Kosten:
Stand 1.Quartal 2026
Bundesdurchschnitt

A 3 Holz-Alu-Fenster, einflüglig, zweischeibig

Beschreibung für Pos. **18-19**

Einflügliges Drehflügelfenster aus Holz-Alu-Konstruktion, aus Fenster- und Flügelrahmen, Dreh- Kipp-Beschlagsgarnitur, mit Fenstergriff. Leistung inkl. Einbau in Rohbau und Ausstopfen der Fuge mit Mineralwolle. Äußere und innere Abdichtungen nach gesonderter Position.
Holzart: .....
Deckschale: Aluminium
Profilsystem: ..... mit **Mittel- und innere Überschlagdichtung / Anschlagdichtung**, mit Wetterschenkel
Anschluss unten: an Fensterbank **außen / innen**
Anschluss oben: an Rollladenkasten

Anforderungen:
- Wärmeschutz Uw= 1,3 W/(m²K)
- Gesamtenergiedurchlass: ....%
- Einbruchhemmung: Widerstandsklasse **RC-2 (Erdgeschoss) / RC-1-N (Obergeschoss)**

Füllung/Ausfachung:
- Zweifach-Isolierverglasung
- Lichtdurchlässigkeit 75-80%

► min
▷ von
ø Mittel
◁ bis
◄ max

Beschlag/Zubehör:
- Dreh-Kipp-Beschlag, verdeckt liegend, mit Fehlbedienungssperre
- Fenstergriff: Aluminium mit Rosette, Befestigung verdeckt, Einhandbedienung

Oberflächen:
- Holzprofile innen: **transparent / lasierend / deckend beschichtet**, imprägniert
- Deckschale - Aluminium: PES-pulverbeschichtet, Schichtdicke / Korrosionsbelastung: **..... / C3**
- Rahmen- und Flügelprofil **weiß / .....** in **gleichem / unterschiedlichem** Farbton
- Aluminium sichtbar, anodisch oxidiert, E6, natur
- Stahloberfläche: verzinkt, chromatiert

Montage:
- Wandaufbau im Anschlussbereich: .....
- Untergrund: .....
- Einbauebene: .....

Einbauort: **Geschoss / Raum**: .....
Zeichnung, Plan-Nr.: .....
Hinweis: Position ggf. mit Anforderungen zu Windlast, Luftdurchlässigkeit, Schlagregendichtheit, Schalldämmmaß, mechanische Festigkeit und Bedienkräften erweitern.

18 Holz-Alu-Fenster, einflüglig, zweischeibig, bis 0,7m² KG **334**

Wie Ausführungsbeschreibung A 3
Lichtes Rohbaumaß (B x H): ..... x .....
Fenstergröße: bis 0,70 m²

608€	711€	**772€**	834€	968€	[St]	⏱ 1,80h/St	026.000.012

19 Holz-Alu-Fenster, einflüglig, zweischeibig, bis 1,7m² KG **334**

Wie Ausführungsbeschreibung A 3
Lichtes Rohbaumaß (B x H): ..... x .....
Fenstergröße: 0,70 bis 1,70 m²

879€	982€	**1.037€**	1.081€	1.169€	[St]	⏱ 2,60h/St	026.000.013

A 4 Holz-Alu-Fenster, einflüglig, dreischeibig Beschreibung für Pos. **20-21**

Einflügliges Drehflügelfenster aus Holz-Alu-Konstruktion, aus Fenster- und Flügelrahmen, Dreh- Kipp-Beschlagsgarnitur, mit Fenstergriff. Leistung inkl. Einbau in Rohbau und Ausstopfen der Fuge mit Mineralwolle. Äußere und innere Abdichtungen nach gesonderter Position.
Holzart: .....
Deckschale: Aluminium
Profilsystem: ..... mit **Mittel- und innere Überschlagdichtung / Anschlagdichtung**, mit Wetterschenkel
Anschluss unten: an Fensterbank: **außen / innen**
Anschluss oben: an Rollladenkasten
Anforderungen:
- Wärmeschutz Uw= 1,0 W/(m²K)
- Gesamtenergiedurchlass: ....%
- Einbruchhemmung: Widerstandsklasse **RC-2 (Erdgeschoss) / RC-1-N (Obergeschoss)**

Füllung/Ausfachung:
- Dreifach-Isolierverglasung
- Lichtdurchlässigkeit 75-80%

023 024 025 **026** 027 028 029 030 031 032 033 034 036 037 038 039

Nr. **Kurztext** / Langtext — Kostengruppe
► ▷ **ø netto €** ◁ ◄ [Einheit] Ausf.-Dauer Positionsnummer

Beschlag/Zubehör:
- Dreh-Kipp-Beschlag, verdeckt liegend, mit Fehlbedienungssperre
- Fenstergriff: Aluminium mit Rosette, Befestigung verdeckt, Einhandbedienung

Oberflächen:
- Holzprofile innen: **transparent / lasierend / deckend beschichtet**, imprägniert
- Deckschale - Aluminium: PES-pulverbeschichtet, Schichtdicke / Korrosionsbelastung: **..... / C3**
- Rahmen- und Flügelprofil **weiß / .....** in **gleichem / unterschiedlichem** Farbton
- Aluminium sichtbar, anodisch oxidiert, E6, natur
- Stahloberfläche: verzinkt, chromatiert

Montage:
- Wandaufbau im Anschlussbereich: .....
- Untergrund: .....
- Einbauebene: .....

Einbauort: **Geschoss / Raum**: .....
Zeichnung, Plan-Nr.: .....
Hinweis: Position ggf. mit Anforderungen zu Windlast, Luftdurchlässigkeit, Schlagregendichtheit, Schalldämmmaß, mechanische Festigkeit und Bedienkräften erweitern.

Kosten:
Stand 1.Quartal 2026
Bundesdurchschnitt

20 **Holz-Alu-Fenster, einflüglig, dreischeibig, bis 0,7m²** KG **334**
Wie Ausführungsbeschreibung A 4
Lichtes Rohbaumaß (B x H): ..... x .....
Fenstergröße: bis 0,70 m²

►	▷	ø	◁	◄	Einheit	Ausf.-Dauer	Positionsnummer
779€	885€	**917€**	972€	1.079€	[St]	⏱ 1,80h/St	026.000.061

21 **Holz-Alu-Fenster, einflüglig, dreischeibig, bis 2,0m²** KG **334**
Wie Ausführungsbeschreibung A 4
Lichtes Rohbaumaß (B x H): ..... x .....
Fenstergröße: 0,7 bis 2,00m²

►	▷	ø	◁	◄	Einheit	Ausf.-Dauer	Positionsnummer
899€	1.091€	**1.171€**	1.248€	1.411€	[St]	⏱ 2,60h/St	026.000.062

22 **Holz-Alu-Fenstertür, einflüglig, zweischeibig, bis 2,5m²** KG **334**
Einflüglige Drehflügel-Fenstertür aus Holz-Alu-Konstruktion, aus Fenster- und Flügelrahmen, Beschlagsgarnitur mit Fenstergriff. Leistung inkl. Bohrungen und Verbindungsmitteln für die Verschraubung mit den bauseitigen Anschlüssen.
Holzart: .....
Deckschale: Aluminium
Profilsystem: ..... mit **Mittel- und innere Überschlagdichtung / Anschlagdichtung**, mit Wetterschenkel
Rahmen/Flügel: **flächenversetzt / bündig**
Anschluss unten: an Fensterbank **außen / innen**
Anschluss oben: an Rollladenkasten
Lichtes Rohbaumaß (B x H): ..... x .....
Teilung: senkrecht
- Feld 1: Dreh-Kipp, (B x H): ..... x .....

Anforderungen:
- Wärmeschutz Uw= 1,3 W/(m²K)
- Gesamtenergiedurchlass: .....%
- Einbruchhemmung: Widerstandsklasse **RC-2 (Erdgeschoss) / RC-1-N (Obergeschoss)**

► min
▷ von
ø Mittel
◁ bis
◄ max

Füllung/Ausfachung:
- Zweifach-Isolierverglasung, innen VSG, außen ESG
- Lichtdurchlässigkeit 75-80%

Beschlag/Zubehör:
- Dreh-Kipp-Beschlag, **verdeckt liegend/ aufliegend**, mit Fehlbedienungssperre
- Fenstergriff: Aluminium mit Rosette, Befestigung verdeckt, Einhandbedienung
- Fenstertür-Ziehgriff, Aluminium
- Systembodenschwelle: Aluminium-Formteil
- Wetterschutzschiene aus Aluminium

Oberflächen:
- Holzprofile innen: **transparent / lasierend / deckend beschichtet**, imprägniert
- Deckschale - Aluminium: PES-pulverbeschichtet, Schichtdicke / Korrosionsbelastung: **..... / C3**
- Rahmen- und Flügelprofil **weiß / ...... in gleichem / unterschiedlichem** Farbton
- Aluminium sichtbar, anodisch oxidiert, E6, natur
- Stahloberfläche: verzinkt, chromatiert

Montage:
- Wandaufbau im Anschlussbereich: .....
- Untergrund: .....
- Einbauebene: .....

Einbauort: **Geschoss / Raum**: .....
Zeichnung, Plan-Nr.: .....
Hinweis: Position ggf. mit Anforderungen zu Windlast, Luftdurchlässigkeit, Schlagregendichtheit, Schalldämmmaß, mechanische Festigkeit und Bedienkräften erweitern.

1.107€ 1.601€ **1.748€** 1.877€ 2.362€ [St] ⏱ 3,80h/St 026.000.030

23 Holzfenster, mehrteilig, dreischeibig, über 2,5m² KG **334**

Drehflügelfenster aus Holz, mehrteilig, aus Fenster- und Flügelrahmen, mit Beschlagsgarnituren, Fenstergriffe und Öffnungsgestängen. Leistung inkl. Einbau in Rohbau und Ausstopfen der Fuge mit Mineralwolle. Äußere und innere Abdichtungen nach gesonderter Position.
Holzart: .....
Profilsystem: ..... mit **Mittel- und innere Überschlagsdichtung / Anschlagdichtung**, mit Wetterschenkel
Rahmen/Flügel: **flächenversetzt / bündig**
Anschluss unten: an Fensterbank: **außen / innen**
Anschluss oben: an Rollladenkasten
Lichtes Rohbaumaß (B x H): ..... x .....
Teilung: senkrecht und waagerecht
- Feld 1: Dreh-Kipp (B x H): ..... x .....
- Feld 2: Dreh-Kipp (B x H): ..... x .....
- Feld 3: Kipp (B x H): ..... x .....
- Feld 4: Kipp (B x H): ..... x .....

Anforderungen:
- Wärmeschutz Uw= 1,1 W/(m²K)
- Gesamtenergiedurchlass: .....%
- Einbruchhemmung: Widerstandsklasse **RC-2 (Erdgeschoss) / RC-1-N (Obergeschoss)**

Füllung/Ausfachung:
- Dreifach-Isolierverglasung
- Lichtdurchlässigkeit 75-80%

Nr.	Kurztext / Langtext						Kostengruppe
▶	▷	ø netto €	◁	◀	[Einheit]	Ausf.-Dauer	Positionsnummer

Kosten:
Stand 1. Quartal 2026
Bundesdurchschnitt

Beschlag/Zubehör:
- Dreh-Kipp-Beschläge, **verdeckt liegend / aufliegend** eingebaut, mit Fehlbedienungssperre
- Fenstergriff: Aluminium mit Rosette, Befestigung verdeckt, Einhandbedienung
- OL-Beschlag, aufliegend, mit Öffnungsgestänge und Griff
- Alu-Schutzschiene des Wetterschenkels, mit Endkappen, Profil: .....

Oberflächen:
- Holzprofile: **transparent / lasierend / deckend** beschichtet, imprägniert
- Rahmen- und Flügelprofil **weiß / ..... in gleichem / unterschiedlichem** Farbton
- Aluminium-Oberfläche anodisch oxidiert, E6, natur
- Stahloberfläche: verzinkt, chromatiert

Montage:
- Wandaufbau im Anschlussbereich: .....
- Untergrund: .....
- Einbauebene: .....

Einbauort: **Geschoss / Raum**: .....
Zeichnung, Plan-Nr.: .....
Hinweis: Position ggf. mit Anforderungen zu Windlast, Luftdurchlässigkeit, Schlagregendichtheit, Schalldämmmaß, mechanische Festigkeit und Bedienkräften erweitern.

1.315€	1.925€	**2.122€**	2.820€	4.464€	[St]	⏱ 3,00h/St	026.000.011

24 Holz-Alu-Fenster, zweiflüglig, zweischeibig, bis 4,5m² KG **334**

Zweiflügliges Drehflügelfenster aus Holz-Alu-Konstruktion, aus einem Fenster- und zwei Flügelrahmen, Beschlagsgarnitur mit Fenstergriff. Leistung inkl. Einbau in Rohbau und Ausstopfen der Fuge mit Mineralwolle. Äußere und innere Abdichtungen nach gesonderter Position.
Holzart: .....
Deckschale: Aluminium
Profilsystem: ..... mit **Mittel- und innere Überschlagdichtung / Anschlagdichtung**, mit Wetterschenkel
Rahmen/Flügel: **flächenversetzt / bündig**
Anschluss unten: an Fensterbank **außen / innen**
Anschluss oben: an Rollladenkasten
Lichtes Rohbaumaß (B x H): ..... x ..... (bis ca. 4,50 m²)
Teilung: senkrecht
Feld 1: Dreh-Kipp (B): .....
Feld 2: Dreh, mit Anschlag (B): .....
Anforderungen:
- Wärmeschutz Uw= 1,3 W/(m²K)
- Gesamtenergiedurchlass: .....%
- Einbruchhemmung: Widerstandsklasse **RC-2 (Erdgeschoss) / RC-1-N (Obergeschoss)**

Füllung/Ausfachung:
- Zweifach-Isolierverglasung,
- Lichtdurchlässigkeit 75-80%

Beschlag/Zubehör:
- Dreh-Kipp-Beschlag, **verdeckt liegend / aufliegend**, mit Fehlbedienungssperre
- Fenstergriff: Aluminium mit Rosette, Befestigung verdeckt, Einhandbedienung

▶ min
▷ von
ø Mittel
◁ bis
◀ max

Oberflächen:
- Holzprofile innen: **transparent / lasierend / deckend** beschichtet, imprägniert
- Deckschale:
- Aluminium: PES-pulverbeschichtet, Schichtdicke / Korrosionsbelastung: **..... / C3**
- Rahmen- und Flügelprofil **weiß / ..... in gleichem / unterschiedlichem** Farbton
- Aluminium sichtbar, anodisch oxidiert, E6, natur
- Stahloberfläche: verzinkt, chromatiert

Montage:
- Wandaufbau im Anschlussbereich: .....
- Untergrund: .....
- Einbauebene: .....

Einbauort: **Geschoss / Raum**: .....
Zeichnung, Plan-Nr.: .....
Hinweis: Position ggf. mit Anforderungen zu Windlast, Luftdurchlässigkeit, Schlagregendichtheit, Schalldämmmaß, mechanische Festigkeit und Bedienkräften erweitern.

1.692€ 2.623€ **2.938€** 3.517€ 4.765€ [St] ⏱ 3,20h/St 026.000.014

A 5 Kunststofffenster, einflüglig, dreischeibig Beschreibung für Pos. **25-26**

Einflügliges Drehflügelfenster aus Kunststoff, aus Fenster- und Flügelrahmen, Dreh- Kipp-Beschlagsgarnitur mit Fenstergriff. Leistung inkl. Einbau in Rohbau und Ausstopfen der Fuge mit Mineralwolle. Äußere und innere Abdichtungen nach gesonderter Position.
Material: Polyvinylchlorid (PVC-U), mit bleifreien Stabilisatoren
Profilsystem: Mehrkammerprofilsystem mit Stahlverstärkung, mit **Mitteldichtung / Anschlagdichtung**, mit Wetterschenkel
Rahmen/Flügel: **flächenversetzt / bündig**
Anschluss unten: an Fensterbank: **außen / innen**
Anschluss oben: an Rollladenkasten
Anforderungen:
- Wärmeschutz Uw= 1,3 W/(m^{2}K)
- Gesamtenergiedurchlass: .....%
- Einbruchhemmung: Widerstandsklasse **RC-2 (Erdgeschoss) / RC-1-N (Obergeschoss)**

Füllung/Ausfachung:
- Dreifach-Isolierverglasung,
- Lichtdurchlässigkeit 75-80%

Beschlag/Zubehör:
- Dreh-Kipp-Beschlag, **verdeckt liegend / aufliegend** eingebaut, mit Fehlbedienungssperre
- Fenstergriff: Aluminium mit Rosette, Befestigung verdeckt, Einhandbedienung

Oberflächen:
- Rahmen- und Flügelprofil **weiß / mit Folienbeschichtung Dekor / Farbe: ....., in gleichem / unterschiedlichem** Farbton
- Aluminium-Oberflächen, anodisch oxidiert, E6, natur
- Stahloberfläche: verzinkt, chromatiert

Nr. **Kurztext** / Langtext — Kostengruppe
▶ ▷ **ø netto €** ◁ ◀ [Einheit] Ausf.-Dauer Positionsnummer

Montage:
- Wandaufbau im Anschlussbereich: .....
- Untergrund: .....
- Einbauebene: .....

Einbauort: **Geschoss / Raum**: .....
Zeichnung, Plan-Nr.: .....
Hinweis: Position ggf. mit Anforderungen zu Windlast, Luftdurchlässigkeit, Schlagregendichtheit, Schalldämmmaß, mechanische Festigkeit und Bedienkräften erweitern.

25 **Kunststofffenster, einflüglig, dreischeibig, bis 0,7m²** KG **334**
Wie Ausführungsbeschreibung A 5
Lichtes Rohbaumaß (B x H): ..... x .....
Fenstergröße: bis 0,70 m²

▶	▷	ø netto €	◁	◀	[Einheit]	Ausf.-Dauer	Positionsnummer
401€	432€	**444€**	473€	531€	[St]	⏱ 1,60h/St	026.000.063

26 **Kunststofffenster, einflüglig, dreischeibig, bis 1,70m²** KG **334**
Wie Ausführungsbeschreibung A 5
Lichtes Rohbaumaß (B x H): ..... x .....
Fenstergröße: 0,70 bis 1,70 m²

▶	▷	ø netto €	◁	◀	[Einheit]	Ausf.-Dauer	Positionsnummer
476€	535€	**561€**	652€	848€	[St]	⏱ 1,60h/St	026.000.064

A 6 **Kunststofffenster, mehrteilig, Zweifach-Isolierglas** Beschreibung für Pos. **27-28**
Drehflügelfenster aus Kunststoff, mehrteilig, aus Fenster- und Flügelrahmen, Dreh- Kipp-Beschlagsgarnituren und Fenstergriffen, OL-Kipp-Beschlagsgarnituren mit Öffnungsgestängen und Griffen. Leistung inkl. Einbau in Rohbau und Ausstopfen der Fuge mit Mineralwolle. Äußere und innere Abdichtungen nach gesonderter Position.
Holzart: .....
Profilsystem: ..... mit **Mittel- und innere Überschlagdichtung / Anschlagdichtung**, mit Wetterschenkel
Rahmen/Flügel: **flächenversetzt / bündig**
Anschluss unten: an Fensterbank **außen / innen**
Anschluss oben: an Rollladenkasten
Anforderungen:
- Wärmeschutz Uw= 1,3 W/(m²K)
- Gesamtenergiedurchlass: .....%
- Einbruchhemmung: Widerstandsklasse **RC-2 (Erdgeschoss) / RC-1-N (Obergeschoss)**

Füllung/Ausfachung:
- Zweifach-Isolierverglasung,
- Lichtdurchlässigkeit 75-80%

Beschlag/Zubehör:
- Dreh-Kipp-Beschlag, **verdeckt liegend / aufliegend** eingebaut, mit Fehlbedienungssperre
- Fenstergriff: Aluminium mit Rosette, Befestigung verdeckt, Einhandbedienung
- OL-Beschlag, aufliegend eingebaut, mit Öffnungsgestänge

Oberflächen:
- Rahmen und Flügelprofil **weiß / mit Folienbeschichtung Dekor / Farbe ....., in gleichem / unterschiedlichem** Farbton
- Aluminium-Oberflächen, anodisch oxidiert, E6, natur
- Stahloberfläche: verzinkt, chromatiert

Kosten:
Stand 1.Quartal 2026
Bundesdurchschnitt

▶ min
▷ von
ø Mittel
◁ bis
◀ max

Montage:
- Wandaufbau im Anschlussbereich: .....
- Untergrund: .....
- Einbauebene: .....

Einbauort: **Geschoss / Raum**: .....
Zeichnung, Plan-Nr.: .....
Hinweis: Position ggf. mit Anforderungen zu Windlast Luftdurchlässigkeit, Schlagregendichtheit, Schalldämmmaß, mechanische Festigkeit und Bedienkräften erweitern.

27 Kunststofffenster, mehrteilig, zweischeibig, bis 1,7m² KG **334**

Wie Ausführungsbeschreibung A 6
Lichtes Rohbaumaß (B x H): ..... x .....
Teilung: senkrecht und waagerecht
- Feld 1: Dreh-Kipp (B x H): ..... x .....
- Feld 2: Dreh-Kipp (B x H): ..... x .....
- Feld 3: Kipp (B x H): ..... x .....
- Feld 4: Kipp (B x H): ..... x .....

Fenstergröße: bis 1,70 m²

▶	▷	ø netto €	◁	◀	[Einheit]	Ausf.-Dauer	Positionsnummer
606€	730€	**828€**	882€	976€	[St]	⏱ 2,00h/St	026.000.033

28 Kunststofffenster, mehrteilig, zweischeibig, über 1,70m² KG **334**

Wie Ausführungsbeschreibung A 6
Lichtes Rohbaumaß (B x H): ..... x .....
Teilung: senkrecht und waagerecht
- Feld 1: Dreh-Kipp (B x H): ..... x .....
- Feld 2: Dreh-Kipp (B x H): ..... x ......
- Feld 3: Kipp (B x H): ..... x .....
- Feld 4: Kipp (B x H): ..... x .....

Fenstergröße: über 1,70 m²

▶	▷	ø netto €	◁	◀	[Einheit]	Ausf.-Dauer	Positionsnummer
701€	1.058€	**1.269€**	1.444€	1.835€	[St]	⏱ 3,50h/St	026.000.008

A 7 Kunststofffenster, einflüglig, zweischeibig Beschreibung für Pos. **29-30**

Einflügliges Drehflügelfenster aus Kunststoff, aus Fenster- und Flügelrahmen, Dreh- Kipp-Beschlagsgarnitur mit Fenstergriff. Leistung inkl. Einbau in Rohbau und Ausstopfen der Fuge mit Mineralwolle. Äußere und innere Abdichtungen nach gesonderter Position.
Material: Polyvinylchlorid (PVC-U), mit bleifreien Stabilisatoren
Profilsystem: Mehrkammerprofilsystem mit Stahlverstärkung, mit **Mitteldichtung / Anschlagdichtung**, mit Wetterschenkel
Rahmen/Flügel: **flächenversetzt / bündig**
Anschluss unten: an Fensterbank **außen / innen**
Anschluss oben: an Rollladenkasten
Lichtes Rohbaumaß (B x H): siehe Unterposition
Anforderungen:
- Wärmeschutz Uw= 1,3 W/(m²K)
- Gesamtenergiedurchlass: .....%
- Einbruchhemmung: Widerstandsklasse **RC-2 (Erdgeschoss) / RC-1-N (Obergeschoss)**

Füllung/Ausfachung:
- Zweifach-Isolierverglasung,
- Lichtdurchlässigkeit 75-80%

Nr.	Kurztext / Langtext						Kostengruppe
▶	▷	ø netto €	◁	◀	[Einheit]	Ausf.-Dauer	Positionsnummer

Beschlag/Zubehör:

- Dreh-Kipp-Beschlag, **verdeckt liegend / aufliegend** eingebaut, mit Fehlbedienungssperre
- Fenstergriff: Aluminium mit Rosette, Befestigung verdeckt, Einhandbedienung

Oberflächen:

- Rahmen- und Flügelprofil **weiß / mit Folienbeschichtung Dekor / Farbe ....., in gleichem / unterschiedlichem** Farbton
- Aluminium-Oberflächen, anodisch oxidiert, E6, natur
- Stahloberfläche: verzinkt, chromatiert

Montage:

- Wandaufbau im Anschlussbereich: .....
- Untergrund: .....
- Einbauebene: .....

Einbauort: **Geschoss / Raum**: .....
Zeichnung, Plan-Nr.: .....
Hinweis: Position ggf. mit Anforderungen zu Windlast, Luftdurchlässigkeit, Schlagregendichtheit, Schalldämmmaß, mechanische Festigkeit und Bedienkräften erweitern.

Kosten:
Stand 1. Quartal 2026
Bundesdurchschnitt

29 Kunststofffenster, einflüglig, zweischeibig, bis 0,70m² KG **334**

Wie Ausführungsbeschreibung A 7
Lichtes Rohbaumaß (B x H): ..... x .....
Fenstergröße: bis 0,70 m²

297€ | 379€ | **403€** | 441€ | 523€ | [St] | ⏱ 1,60 h/St | 026.000.006

30 Kunststofffenster, einflüglig, zweischeibig, bis 1,70m² KG **334**

Wie Ausführungsbeschreibung A 7
Lichtes Rohbaumaß (B x H): ..... x .....
Fenstergröße: 0,70 bis 1,70 m²

351€ | 450€ | **492€** | 507€ | 552€ | [St] | ⏱ 1,60 h/St | 026.000.007

31 Kunststofffenster, mehrteilig, dreischeibig, über 1,70m² KG **334**

Drehflügelfenster aus Kunststoff, mehrteilig, aus Fenster- und Flügelrahmen, Dreh- Kipp-Beschlagsgarnituren und Fenstergriffen, OL-Kipp-Beschlagsgarnituren mit Öffnungsgestängen und Griffen. Leistung inkl. Einbau in Rohbau und Ausstopfen der Fuge mit Mineralwolle. Äußere und innere Abdichtungen nach gesonderter Position.
Holzart: .....
Profilsystem: ..... mit **Mittel- und innere Überschlagsdichtung / Anschlagdichtung**, mit Wetterschenkel
Rahmen/Flügel: **flächenversetzt / bündig**
Anschluss unten: an Fensterbank **außen / innen**
Anschluss oben: an Rollladenkasten
Anforderungen:

- Wärmeschutz Uw= 1,3 W/(m²K)
- Gesamtenergiedurchlass: .....%
- Einbruchhemmung: Widerstandsklasse **RC-2 (Erdgeschoss) / RC-1-N (Obergeschoss)**

Füllung/Ausfachung:

- Dreifach-Isolierverglasung,
- Lichtdurchlässigkeit 75-80%

▶ min
▷ von
ø Mittel
◁ bis
◀ max

Beschlag/Zubehör:

- Dreh-Kipp-Beschlag, **verdeckt liegend / aufliegend** eingebaut, mit Fehlbedienungssperre
- Fenstergriff: Aluminium mit Rosette, Befestigung verdeckt, Einhandbedienung
- OL-Beschlag, aufliegend eingebaut, mit Öffnungsgestänge

Oberflächen:

- Rahmen- und Flügelprofil **weiß / mit Folienbeschichtung Dekor/Farbe** ....., **in gleichem / unterschiedlichem** Farbton
- Aluminium-Oberflächen, anodisch oxidiert, E6, natur
- Stahloberfläche: verzinkt, chromatiert

Montage:

- Wandaufbau im Anschlussbereich: .....
- Untergrund: .....
- Einbauebene: .....

Einbauort: **Geschoss / Raum**: .....
Zeichnung, Plan-Nr.: .....
Hinweis: Position ggf. mit Anforderungen zu Windlast, Luftdurchlässigkeit,Schlagregendichtheit, Schalldämmmaß, mechanische Festigkeit und Bedienkräften erweitern.
Lichtes Rohbaumaß (B x H): ..... x .....
Teilung: senkrecht und waagerecht

- Feld 1: Dreh-Kipp (B x H): ..... x .....
- Feld 2: Dreh-Kipp (B x H): ..... x .....
- Feld 3: Kipp (B x H): ..... x .....
- Feld 4: Kipp (B x H): ..... x .....

Fenstergröße: über 1,70 m^2

1.199€ 1.417€ **1.556€** 1.599€ 1.751€ [St] ⏱ 3,50h/St 026.000.065

32 **Kunststofffenster, einflüglig, dreischeibig, Passivhaus** KG **334**

Einflügliges Drehflügelfenster aus Kunststoff, für Passivhaus, aus Fenster- und Flügelrahmen, Dreh- Kipp-Beschlag mit Fenstergriff. Leistung inkl. Anschluss an Rohbau und Ausstopfen der Fuge mit Mineralwolle. Äußere und innere Abdichtungen nach gesonderter Position.
Material: Polyvinylchlorid (PVC-U), mit bleifreien Stabilisatoren
Profilsystem: Mehrkammerprofil mit Stahlverstärkung, mit **Mitteldichtung / Anschlagdichtung**
Rahmen/Flügel: **flächenversetzt / bündig**
Anschluss unten: an Fensterbank **außen / innen**
Anschluss oben: an Rollladenkasten
lichtes Rohbaumaß (B x H): ..... x .....
Anforderungen:

- Wärmeschutz Uw= 0,8 W/(m^2K)
- Gesamtenergiedurchlass: .....%
- Einbruchhemmung: Widerstandsklasse **RC-2 (Erdgeschoss) / RC-1-N (Obergeschoss)**

Füllung/Ausfachung:

- Dreifach-Isolierverglasung
- Lichtdurchlässigkeit 75-80%

Beschlag/Zubehör:

- Dreh-Kipp-Beschlag, **verdeckt liegend / aufliegend** eingebaut, mit Fehlbedienungssperre
- Fenstergriff mit Rosette, Einhandbedienung, aus Aluminium eloxiert, Befestigung verdeckt

Nr.	Kurztext / Langtext						Kostengruppe
▶	▷	ø netto €	◁	◀	[Einheit]	Ausf.-Dauer	Positionsnummer

Oberflächen:

- Rahmen- und Flügelprofil **weiß / mit Folienbeschichtung Dekor / Farbe ....., in gleichem / unterschiedlichem** Farbton
- Aluminium-Oberfläche anodisch oxidiert, E6, natur
- Stahloberfläche: verzinkt, chromatiert

Montage:

- Wandaufbau im Anschlussbereich: .....
- Untergrund: .....
- Einbauebene: .....

Einbauort: **Geschoss / Raum**: .....
Zeichnung, Plan-Nr.: .....
Hinweis: Position ggf. mit Anforderungen zu Windlast, Luftdurchlässigkeit, Schlagregendichtheit, Schalldämmmaß, mechanische Festigkeit und Bedienkräften erweitern.

Kosten:
Stand 1. Quartal 2026
Bundesdurchschnitt

▶	▷	ø	◁	◀	[Einheit]	Ausf.-Dauer	Positionsnummer
601€	666€	**789€**	907€	1.340€	[St]	⏱ 1,60 h/St	026.000.035

33 Holz-Alu-Fenster, einflüglig, dreischeibig, Passivhaus, bis 1,70m² KG **334**

Einflüglige Drehflügel-Fenstertür aus Holz-Alu-Konstruktion, aus Fenster- und Flügelrahmen, Beschlagsgarnitur mit Fenstergriff. Leistung inkl. Bohrungen und Verbindungsmitteln für die Verschraubung mit den bauseitigen Anschlüssen.
Holzart: .....
Deckschale: Aluminium
Profilsystem: ..... mit **Mittel- und innere Überschlagsdichtung / Anschlagdichtung**, mit Wetterschenkel
Rahmen/Flügel: **flächenversetzt / bündig**
Anschluss unten: an Fensterbank **außen / innen**
Anschluss oben: an Rollladenkasten
Lichtes Rohbaumaß (B x H): ..... x ..... (bis ca. 1,70 m²)
Anforderungen:

- Wärmeschutz Uw= 0,8 W/(m²K)
- Gesamtenergiedurchlass: .....%
- Einbruchhemmung: Widerstandsklasse **RC-2 (Erdgeschoss) / RC-1-N (Obergeschoss)**

Füllung/Ausfachung:

- Dreifach-Isolierverglasung, innen VSG, außen ESG
- Lichtdurchlässigkeit 75-80%

Beschlag/Zubehör:

- Dreh-Kipp-Beschlag, **verdeckt liegend / aufliegend** mit Fehlbedienungssperre
- Fenstergriff mit Rosette, Einhandbedienung, aus Aluminium, Befestigung verdeckt
- Fenstertür-Ziehgriff, Aluminium,
- Systembodenschwelle: Aluminium-Formteil
- Wetterschutzschiene aus Aluminium

Oberflächen:

- Holzprofile innen: **transparent / lasierend / deckend** beschichtet, imprägniert
- Deckschale - Aluminium: PES-pulverbeschichtet, Schichtdicke/Korrosionsbelastung: **..... / C3**
- Rahmen- und Flügelprofil **weiß / ...... in gleichem / unterschiedlichem** Farbton
- Aluminium sichtbar, anodisch oxidiert, E6, natur
- Stahloberfläche: verzinkt, chromatiert

▶ min
▷ von
ø Mittel
◁ bis
◀ max

Montage:

- Wandaufbau im Anschlussbereich: .....
- Untergrund: .....
- Einbauebene: .....

Einbauort: **Geschoss / Raum**: .....
Zeichnung, Plan-Nr.: .....
Hinweis: Position ggf. mit Anforderungen zu Windlast, Luftdurchlässigkeit, Schlagregendichtheit, Schalldämmmaß, mechanische Festigkeit und Bedienkräften erweitern.

–	1.110€	**1.300€**	1.640€	–	[St]	⏱ 2,10h/St	026.000.051

34 Metall-Glas-Fenster, einflüglig, zweischeibig, bis 2,00m² KG **334**

Einflügliges Drehflügelfenster aus Metallprofil, aus Fenster- und Flügelrahmen, Dreh-Kipp-Beschlagsgarnitur mit Fenstergriff. Leistung inkl. Einbau in Rohbau und Ausstopfen der Fuge mit Mineralwolle. Äußere und innere Abdichtungen nach gesonderter Position.
Rahmenmaterial: Aluminium
Profilsystem: ..... mit **Mittel- und innere Überschlagdichtung / Anschlagdichtung**, mit Wetterschenkel
Rahmen/Flügel: **flächenversetzt / bündig**
Anschluss unten: an Fensterbank **außen / innen**
Anschluss oben: an Rollladenkasten
Lichtes Rohbaumaß (B x H): ..... x ..... (bis ca. 2,00 m²)
Anforderungen:

- Wärmeschutz Uw= 1,3 W/(m²K)
- Gesamtenergiedurchlass: .....%
- Einbruchhemmung: Widerstandsklasse **RC-2 (Erdgeschoss) / RC-1-N (Obergeschoss)**

Füllung/Ausfachung:

- Zweifach-Isolierverglasung,
- Lichtdurchlässigkeit 75-80%

Beschlag/Zubehör:

- Dreh-Kipp-Beschlag, **verdeckt liegend / aufliegend**, mit Fehlbedienungssperre
- Fenstergriff: Aluminium mit Rosette, Befestigung verdeckt, Einhandbedienung

Oberflächen:

- Fensterprofile: PES-pulverbeschichtet, Schichtdicke/Korrosionsbelastung: **..... / C3**, Farbton: .....
- Rahmen- und Flügelprofil in **gleichem / unterschiedlichem** Farbton
- Aluminium sichtbar, anodisch oxidiert, C-0
- Stahloberfläche: verzinkt, chromatiert

Montage:

- Wandaufbau im Anschlussbereich: .....
- Untergrund: .....
- Einbauebene: .....

Einbauort: **Geschoss / Raum**: .....
Zeichnung, Plan-Nr.: .....
Hinweis: Position ggf. mit Anforderungen zu Windlast, Luftdurchlässigkeit, Schlagregendichtheit, Schalldämmmaß, mechanische Festigkeit und Bedienkräften erweitern.

724€	1.113€	**1.248€**	1.513€	2.027€	[St]	⏱ 2,00h/St	026.000.015

Nr.	Kurztext / Langtext						Kostengruppe
►	▷	ø netto €	◁	◀	[Einheit]	Ausf.-Dauer	Positionsnummer

Kosten:
Stand 1. Quartal 2026
Bundesdurchschnitt

35 Metall-Glas-Fenster, zweiflüglig, zweischeibig, bis 4,5m² KG **334**

Zweiflügliges Drehflügelfenster aus Metallprofil, aus einem Fenster- und zwei Flügelrahmen, Beschlagsgarnitur mit Fenstergriff. Leistung inkl. Einbau in Rohbau und Ausstopfen der Fuge mit Mineralwolle. Äußere und innere Abdichtungen nach gesonderter Position.
Rahmenmaterial: Aluminium
Profilsystem: Mehrkammerprofil mit **Mitteldichtung / Anschlagdichtung**
Rahmen/Flügel: **flächenversetzt / bündig**
Anschluss unten: an Fensterbank **außen / innen**
Anschluss oben: an Rollladenkasten
Lichtes Rohbaumaß (B x H): ..... x ..... (bis ca. 4,50 m²)
Teilung: senkrecht
Feld 1: Dreh-Kipp (B): .....
Feld 2: Dreh, mit Anschlag (B): .....
Anforderungen:

- Wärmeschutz Uw= 1,3 W/(m²K)
- Gesamtenergiedurchlass: .....%
- Einbruchhemmung: Widerstandsklasse **RC-2 (Erdgeschoss) / RC-1-N (Obergeschoss)**

Füllung/Ausfachung:

- Zweifach-Isolierverglasung,
- Lichtdurchlässigkeit 75 bis 80%

Beschlag/Zubehör:

- Dreh-Kipp-Beschlag für zweiflügliges Fenster, **verdeckt liegend / aufliegend**, mit Fehlbedienungssperre
- Fenstergriff: Aluminium mit Rosette, Befestigung verdeckt, Einhandbedienung

Oberflächen:

- Fensterprofile: **nasslackiert / PES-pulverbeschichtet**
- Schichtdicke / Korrosionsbelastung: **..... / C3**
- Rahmen- und Flügelprofil **weiß / .....** in **gleichem / unterschiedlichem** Farbton
- Aluminium sichtbar, anodisch oxidiert, C-0
- Stahloberfläche: verzinkt, chromatiert

Montage:

- Wandaufbau im Anschlussbereich: .....
- Untergrund: .....
- Einbauebene: .....

Einbauort: **Geschoss / Raum**: .....
Zeichnung, Plan-Nr.: .....
Hinweis: Position ggf. mit Anforderungen zu Windlast, Luftdurchlässigkeit, Schlagregendichtheit, Schalldämmmaß, mechanische Festigkeit und Bedienkräfte

1.606€ 2.490€ **2.813€** 3.424€ 4.647€ [St] ⏱ 4,00h/St 026.000.016

36 Metall-Glas-Fenster, mehrteilig, zweischeibig außen, 5,00m² KG **334**

Mehrteiliges Drehflügelfenster aus Metallprofil, aus einem Fenster- und zwei Flügelrahmen, Beschlagsgarnitur mit Fenstergriff. Leistung inkl. Einbau in Rohbau und Ausstopfen der Fuge mit Mineralwolle. Äußere und innere Abdichtungen nach gesonderter Position.
Rahmenmaterial: Aluminium
Profilsystem: Mehrkammerprofil mit **Mitteldichtung / Anschlagdichtung**
Rahmen/Flügel: **flächenversetzt / bündig**
Anschluss unten: an Fensterbank **außen / innen**
Anschluss oben: .....
Lichtes Rohbaumaß (B x H): ..... x ..... (ca. 5,00 m²)

► min
▷ von
ø Mittel
◁ bis
◀ max

Teilung: senkrecht und waagerecht
- Feld 1: Dreh-Kipp (B x H): ..... x .....
- Feld 2: Dreh-Kipp (B x H): ..... x .....
- Feld 3: Kipp (B x H): ..... x .....
- Feld 4: Kipp (B x H): ..... x .....

Anforderungen:
- Wärmeschutz Uw= 1,3 W/(m2K)
- Gesamtenergiedurchlass: .....%

Einbruchhemmung: Widerstandsklasse **RC-2 (Erdgeschoss) / RC-1-N (Obergeschoss)**
Füllung/Ausfachung:
- Zweifach-Isolierverglasung
- Lichtdurchlässigkeit 75-80%

Beschlag/Zubehör:
- Mat.: Aluminium, Befestigung verdeckt
- Dreh-Kipp-Beschläge, **verdeckt liegend / aufliegend** eingebaut, mit Fehlbedienungssperre
- Fenstergriff mit Rosette, Einhandbedienung
- OL-Beschlag, aufliegend, mit Öffnungsgestänge und Griff

Oberflächen:
- Fensterprofile: **nasslackiert / PES-pulverbeschichtet**, Schichtdicke / Korrosionsbelastung: **..... / C3**
- Rahmen- und Flügelprofil **weiß / ......** in **gleichem / unterschiedlichem** Farbton
- Aluminium sichtbar, anodisch oxidiert, C-0
- Stahloberfläche: verzinkt, chromatiert

Montage:
- Wandaufbau im Anschlussbereich: .....
- Untergrund: .....
- Einbauebene: .....

Einbauort: **Geschoss / Raum**: .....
Zeichnung, Plan-Nr.: .....
Hinweis: Position ggf. mit Anforderungen zu Windlast, Luftdurchlässigkeit, Schlagregendichtheit, Schalldämmmaß, mechanische Festigkeit und Bedienkräften erweitern.

2.553€ 3.779€ **4.263€** 6.354€ 9.723€ [St] ⏱ 4,40h/St 026.000.032

37 Metall-Glas-Fenstertür, einflüglig, zweischeibig KG **334**

Einflüglige Drehflügel-Fenstertür in Metall-Konstruktion, aus Fenster- und Flügelrahmen, Dreh-Kipp-Beschlagsgarnitur mit Fenstergriff. Leistung inkl. Einbau in Rohbau und Ausstopfen der Fuge mit Mineralwolle. Äußere und innere Abdichtungen nach gesonderter Position.
Rahmen-Material: Aluminium
Profilsystem: ..... mit **Mittel- und innere Überschlagsdichtung / Anschlagdichtung**
Rahmen/Flügel: **flächenversetzt / bündig**
Anschluss unten: an Fensterbank: **außen / innen**
Anschluss oben: an Rollladenkasten
Lichtes Rohbaumaß (B x H): ..... x .....
Anforderungen:
- Wärmeschutz Uw= 1,3 W/(m2K)
- Gesamtenergiedurchlass: .....%
- Einbruchhemmung: Widerstandsklasse **RC-2 (Erdgeschoss) / RC-1-N (Obergeschoss)**

Nr.	**Kurztext** / Langtext					Kostengruppe
▶	▷	**ø netto €**	◁	◀	[Einheit]	Ausf.-Dauer	Positionsnummer

Füllung/Ausfachung:

- Zweifach-Isolierverglasung, innen VSG, außen ESG
- Lichtdurchlässigkeit 75-80%

Beschlag/Zubehör:

- Dreh-Kipp-Beschlag, **verdeckt liegend / aufliegend**, mit Fehlbedienungssperre
- Fenstergriff: Aluminium mit Rosette, Befestigung verdeckt, Einhandbedienung
- Ziehgriff außen: Aluminium
- Systembodenschwelle: Aluminium-Formteil

Oberflächen:

- Fensterprofile: PES-pulverbeschichtet, Schichtdicke/ Korrosionsbelastung: **..... / C3**
- Rahmen- und Flügelprofil **weiß / ......** in **gleichem / unterschiedlichem** Farbton
- Aluminium sichtbar, anodisch oxidiert, C-0
- Stahloberfläche: verzinkt, chromatiert

Montage:

- Wandaufbau im Anschlussbereich: .....
- Untergrund: .....
- Einbauebene: .....

Einbauort: **Geschoss / Raum**: .....
Zeichnung, Plan-Nr.: .....
Hinweis: Position ggf. mit Anforderungen zu Windlast, Luftdurchlässigkeit, Schlagregendichtheit, Schalldämmmaß, mechanische Festigkeit und Bedienkräften erweitern.

2.344€ 3.508€ **4.009€** 4.517€ 5.570€ [St] ⏱ 3,80h/St 026.000.031

Kosten:
Stand 1. Quartal 2026
Bundesdurchschnitt

38 Pfosten-Riegel-Fassade, Holz/Holz-Aluminium — KG **334**

Paneel für Einsatz in beschriebener Pfosten-Riegel-Fassade. Leistung inkl. Lieferung und Einbau aller Komponenten.
Paneelmaterial: **Metall- / Glas-Metall**
Elementgröße (B x H): ..... x .....
Paneeldicke: .....
Art/Form:

- Innenblech t= ..... mm, **Aluminium / Stahlblech** verzinkt, umlaufend zweifach gekantet
- Außenblech: t= ..... mm **Aluminium / Stahlblech, inkl. erforderlicher Aussteifungen / ESG-H, rückseitig farbemailliert / beschichtet**
- Füllung Paneelkern: ....., Raumgewicht mind. ..... kg/m^3
- Paneelhersteller: .....

Anforderungen:

- Schallschutz Rw= ..... dB
- Wärmeschutz Up= ..... W/(m^{2}K)

Oberfläche:

- außen/innen: **Nasslackierung / PES-Pulverbeschichtung / Aluminium-Rahmenoberfläche, anodisch oxidiert, C-0**
- Schichtdicke/Korrosionsbelastung: **..... / C3**
- Farbton: .....

Einbauebene: bündig mit VK Fassade
Einbauort: **Geschoss / PR-Fassade**: .....
Zeichnung, Plan-Nr.: .....

577€ 888€ **1.028€** 1.226€ 1.608€ [m^2] ⏱ 2,50h/m^2 026.000.017

▶ min
▷ von
ø Mittel
◁ bis
◀ max

39 Pfosten-Riegel-Fassade, Metall KG **334**

Pfosten-Riegel-Konstruktion aus Metallprofilen für mehrgeschossige Fassade, selbsttragend, wärmegedämmt, aus Tragprofil, innerem und äußerem Anpressprofil mit Dichtungen und Abdeckprofil, geeignet für **versetzten / bündigen** Einbau von Öffnungselementen. Leistung inkl. Bohrungen und Verbindungsmitteln für die Verschraubung mit den bauseitigen Anschlüssen und Einbau aller Komponenten. Anschlüsse an begrenzende Bauteile, Öffnungselemente und Paneele nach gesonderter Position.
Lichtes Rohbaumaß (B x H): ..... x .....
Aufteilung/Form: mehrteilig, mit durchlaufendem Pfosten .....
Profilausbildung:
Ansichtsbreite des Profils: **50 / 60** mm
Profiltiefe: ..... mm
Bautiefe des Tragprofils: ..... mm
Bautiefe des Riegelprofils: ..... mm
Form der Deckleiste: **rechteckig / U-förmig**, Abmessung: .....
Rahmenmaterial
- Tragprofil aus Metall, Material **Stahl / Aluminium**
- Wärmedurchgang Rahmen Uf= ..... W/(m²K)

Anforderungen:
- Wärmeschutz Ucw= ..... W/(m²K)
- Gesamtenergiedurchlass: .....%
- Windlast: .....
- Rahmendurchbiegung: B
- Luftdurchlässigkeit: Klasse: .....
- Schlagregendichtheit: Klasse: .....
- Schalldämm-Maß: Rw ..... dB
- Stoßfestigkeit: Klasse .....

Glasfüllung:
- **transparent, Isolierverglasung / Sonnenschutz- / Wärmeschutzverglasung, zweifach**
- Wärmedurchgang Glas Ug= ..... W/(m²K)
- Wärmedurchgang Glasrand Psi= ..... W/(mK)
- Lichtdurchlässigkeit: .....%
- Abstandhalter: **Aluminium / Edelstahl / Kunststoff**

Oberflächen:
- Tragprofil und Deckleiste in **gleichem / unterschiedlichem** Farbton
- äußere Pressleiste: **Nasslackierung / Pulverbeschichtung, RAL- / NCS,** Farbe: .....

Montage:
- Wandaufbau im Anschlussbereich: mehrschalig, hinterlüftete Konstruktion
- Untergrund: Stahlbeton
- Einbauebene: .....

Einbauort: **Geschoss / Fassade .....**
Zeichnung, Plan-Nr.: .....

489€	848€	**1.045€**	1.328€	1.950€	[m²]	⏱ 2,50 h/m²	026.000.018

40 Einsatzelement, Tür, PR-Fassade KG **334**

Türanlage wärmegedämmt, Drehflügeltür, für Einsatz in beschriebener Pfosten-Riegel-Fassade, aus thermisch getrennten Rohrrahmenprofilen, ein- und zweiflüglig.
Profilsystem: .....
Elementmaß (B x H): ..... x .....
Grund- und Türkonstruktion: .....

Nr.	Kurztext / Langtext						Kostengruppe
▶	▷	ø netto €	◁	◀	[Einheit]	Ausf.-Dauer	Positionsnummer

Aufteilung/Form:
- zweiteilig, aus Zarge und Türflügel, DIN **rechts / links,** nach **innen / außen** aufschlagend
- doppelte Anschlagdichtung seitlich und oben, beidseitig mit umlaufender Schattenfuge b= ..... mm

Rahmen:
- Rohrrahmen aus Aluminium, Mehrkammerprofilsystem, mit thermischer Trennung, mit **Mitteldichtung / Anschlagdichtung**

Füllung/Ausfachung:
- transparent, Isolierverglasung, zweifach
- Lichtdurchlässigkeit 75-80%

Nutzung/Anforderungen:
- Klimaklasse: .....
- Nutzungskategorie DIN EN 1192: Klasse 3-4
- Beanspruchungsgruppe: Klasse .....
- Schalldämmmaß Rw,R: ..... dB
- Wärmeschutz Ud= ..... W/(m²K)
- Gesamtenergiedurchlass: .....%
- Luftdurchlässigkeit: Klasse .....
- Schlagregendichtheit: Klasse .....
- Einbruchhemmung: Widerstandsklasse RC .....
- Bedienungskräfte: Klasse .....

Beschlag/Zubehör:
- Türgriff aus Aluminium, Einhandbedienung, eloxiert, Befestigung verdeckt liegend
- Öffnungsbegrenzer

Oberflächen:
- Rahmen- und Flügelprofil in **gleichem / unterschiedlichem** Farbton
- Beschichtung aus **Nasslackierung / PES-Pulverbeschichtung**, **RAL- / NCS**-Farbton nach Mustervorlage
- Schichtdicke/Korrosionsbelastung: **..... / C3**
- Aluminium sichtbar, anodisch oxidiert, C-0

Montage:
- im Schwellenbereich ist mindestens eine Dichtung einzusetzen
- Einbauebene: bündig mit VK Fassade

Einbauort: **Geschoss / Fassade / Raum .....**
Zeichnung, Plan-Nr.: .....

1.287€ 2.939€ **3.407€** 4.724€ 7.113€ [St] ⏱ 4,50h/St 026.000.019

Kosten:
Stand 1.Quartal 2026
Bundesdurchschnitt

▶ min
▷ von
ø Mittel
◁ bis
◀ max

41 Einsatzelement, Fenster, PR-Fassade KG **334**

Fensterelement mit Dreh-Kippfunktion, für Einsatz in beschriebener Pfosten-Riegel-Fassade. Leistung inkl. Bohrungen und Verbindungsmittel für den Einbau, Einbau aller Komponenten und Gangbarmachen des Fensters.
Material: **Holz / Aluminium**
Abmessung (B x H): ..... x .....
Wärmeschutz Uw= 1,3 W/(m²K)
Beschlag und Griff: .....
Füllung: Zweifach-Isolierverglasung, Lichtdurchlässigkeit 75-80%
Einbauebene: bündig mit VK Fassade
Einbauort: **Geschoss / PR-Fassade .....**
Zeichnung, Plan-Nr.: .....

501€ 817€ **1.022€** 1.211€ 1.644€ [St] ⏱ 2,00h/St 026.000.020

42 **Einsatzelement, Paneel, PR-Fassade** KG **334**

Paneel für Einsatz in beschriebener Pfosten-Riegel-Fassade inkl. erforderlicher Aussteifungen. Leistung inkl. Lieferung und Einbau aller Komponenten.
Paneelmaterial: **Metall- / Glas-Metall**
Elementgröße (B x H): ..... x .....
Paneeldicke: .....
Art/Form:

- Innenblech t= ..... mm, **Aluminium / Stahlblech** verzinkt, umlaufend zweifach gekantet
- Außenblech t= ..... mm, Aluminium beschichtet
- Füllung Paneelkern: ....., Raumgewicht mind. ..... kg/m³
- Paneelhersteller: .....

Anforderung:

- Schallschutz Rw= ..... dB
- Wärmeschutz Up= ..... W/(m²K)

Oberfläche:

- außen/innen: .....
- Schichtdicke/Korrosionsbelastung: **..... / C3**
- Farbton: .....

Einbauebene: bündig mit VK Fassade
Einbauort: **Geschoss / PR-Fassade**: .....
Zeichnung, Plan-Nr.: .....

▶	▷	ø netto €	◁	◀	[Einheit]	Ausf.-Dauer	Positionsnummer
184€	302€	**311€**	329€	381€	[m²]	⏱ 0,80 h/m²	026.000.021

43 **Sicherheitsglas, Mehrpreis, PR-Fassade** KG **334**

Isolierverglasung als Sicherheitsglas für den Einsatz in vor beschriebener Pfosten-Riegel-Fassade, montiert im Brüstungsbereich der Fassade als absturzsichernde Verglasung DIN 18008-4, inkl. Befestigung mit Glashalteleisten und Dichtstoff. Preis als Mehrpreis zur Systemverglasung.
Einbau in: Pfosten-Riegel-Fassade
Art/Form:

- Innenscheibe: **ESG / VSG**, t= ..... mm
- Scheibenzwischenraum: d= ..... mm
- Außenscheiben: **ESG / VSG**, t= ..... mm
- Glashersteller: .....

Anforderung:

- transparent
- Wärmedurchgang Glas Ug= ..... W/(m²K)
- Wärmedurchgang Glasrand Psi= ..... W/(mK)
- Lichtdurchlässigkeit ca. 75%
- Schallschutz: Rw= ..... dB

Einbaulage: .....
Einbauort: **Geschoss / PR-Fassade**: .....
Zeichnung, Plan-Nr.: .....

▶	▷	ø netto €	◁	◀	[Einheit]	Ausf.-Dauer	Positionsnummer
75€	89€	**95€**	112€	150€	[m²]	⏱ 0,50 h/m²	026.000.022

Nr. **Kurztext** / Langtext — Kostengruppe

▶ ▷ **ø netto €** ◁ ◀ [Einheit] Ausf.-Dauer Positionsnummer

44 Fensterbank, außen, Aluminium, beschichtet — KG **334**

Fensterbank aus Aluminium-Strangpressprofil, außen, verdeckt befestigt, Unterstopfen mit Mineralwolle, mit Bordstücken mit Bewegungsausgleich, eingebaut im Gefälle von mind. 8%, Profil entdröhnt, mit Schutz gegen Abheben.
Profilsystem: .....
Ausladung: .....
Fensterbanklänge: .....
Abwicklung: .....
Kantungen: .....
Oberfläche: anodisch oxidiert
Farbton: C-0, natur
Einbauort: .....
Einbauhöhe: .....
Montage
- Wandaufbau im Anschlussbereich: einschalig mit WDVS
- Untergrund: Stahlbeton

Einbauort: **Geschoss / Fassade**: .....

▶	▷	ø netto €	◁	◀	[Einheit]	Ausf.-Dauer	Positionsnummer
23€	44€	**51€**	60€	79€	[m]	⏱ 0,30h/m	026.000.023

45 Türschwelle, außen, Aluminium, rutschsicher — KG **334**

Türschwellenabdeckung aus Aluminium, eloxiert mit Gleitabschluss, verdeckt befestigt, mit Antidröhn, mit hinterer Aufkantung und Wasserfalz, mit Tropfkante.
Länge: .....
Zuschnittsbreite: .....
Kantung: .....
Oberfläche: rutschsicher, ...
Untergrund: .....
Einbauort: .....

▶	▷	ø netto €	◁	◀	[Einheit]	Ausf.-Dauer	Positionsnummer
–	84€	**98€**	127€	–	[m]	⏱ 0,30h/m	026.000.058

46 Abdichtung, Fensteranschluss — KG **334**

Luftdichte und schlagregendichte Anschlüsse an Fensterprofile, Einbau an Fugeninnen- und außenseite, Material innen mit höherem Diffusionswiderstand als außen. Außen als diffusionsoffenes Klebeband. Klebeband befestigt auf der Stirnseite des Fensterprofils. Leistung inkl. Material und Nebenarbeiten.
Innenseite: .....
Außenseite: .....
Anschluss: .....
Angeb. Fabrikat: .....

▶	▷	ø netto €	◁	◀	[Einheit]	Ausf.-Dauer	Positionsnummer
5€	10€	**11€**	14€	20€	[m]	⏱ 0,10h/m	026.000.036

Kosten:
Stand 1. Quartal 2026
Bundesdurchschnitt

▶ min
▷ von
ø Mittel
◁ bis
◀ max

Nr.	Kurztext / Langtext						Kostengruppe
▶	▷	**ø netto €**	◁	◀	[Einheit]	Ausf.-Dauer	Positionsnummer

47 RAL-Anschluss, Fenster KG **334**

RAL-Anschluss des Fensters an Massivwand, inkl. Ausstopfen der Fuge mit Mineralwolle.
Ausführung: Laibungsmontage, stumpfer Anschluss, bündig mit Vorderkante der Wandöffnung
Fenstergewicht: .....
vertikale Nutzlast: Klasse 2 (P=400 N)
Gebäudehöhe: .....
Windzone: .....
Untergrund: .....

▶	▷	ø netto €	◁	◀	[Einheit]	Ausf.-Dauer	Positionsnummer
–	32€	**41€**	51€	–	[m]	⏱ 0,17h/m	026.000.054

48 Stundensatz, Facharbeiter/-in

Stundenlohnarbeiten für Vorarbeiter/-in, Facharbeiter/-in und Gleichgestellte. Verrechnungssatz für die jeweilige Arbeitskraft inkl. aller Aufwendungen wie Lohn- und Gehaltskosten, Lohn- und Gehaltsnebenkosten, Zuschläge, lohngebundene und lohnabhängige Kosten, sonstige Sozialkosten, Gemeinkosten, Wagnis und Gewinn. Leistung nach besonderer Anordnung der Bauüberwachung. Anmeldung und Nachweis gem. VOB/B.

▶	▷	ø netto €	◁	◀	[Einheit]	Ausf.-Dauer	Positionsnummer
69€	77€	**80€**	85€	95€	[h]	⏱ 1,00h/h	026.000.043

49 Stundensatz, Helfer/-in

Stundenlohnarbeiten für Werker/-in, Helfer/-in und Gleichgestellte. Verrechnungssatz für die jeweilige Arbeitskraft inkl. aller Aufwendungen wie Lohn- und Gehaltskosten, Lohn- und Gehaltsnebenkosten, Zuschläge, lohngebundene und lohnabhängige Kosten, sonstige Sozialkosten, Gemeinkosten, Wagnis und Gewinn. Leistung nach besonderer Anordnung der Bauüberwachung. Anmeldung und Nachweis gem. VOB/B.

▶	▷	ø netto €	◁	◀	[Einheit]	Ausf.-Dauer	Positionsnummer
56€	63€	**66€**	69€	77€	[h]	⏱ 1,00h/h	026.000.044

027

Kosten:
Stand 1.Quartal 2026
Bundesdurchschnitt

Nr.	Positionen	Einheit	►	▷	ø brutto € / ø netto €	◁	◄
1	Türblatt, einflüglig, Röhrenspan, HPL, 875x2.000/2.125	St	253	353	**563**	640	876
			213	297	**473**	538	736
2	Türblatt, einflüglig, Röhrenspan, HPL, 1.000x2.000/2.125	St	283	403	**632**	649	911
			237	339	**531**	545	766
3	Türblatt, einflüglig, Vollspan, 875x2.000/2.125	St	340	565	**667**	801	1.003
			286	475	**561**	673	843
4	Türblatt, einflüglig, Vollspan, 1.000x2.000/2.125	St	383	587	**728**	943	1.209
			322	493	**612**	793	1.016
5	Innentürblatt, Vollspan, zweiflüglig	St	1.223	1.547	**1.745**	1.763	2.337
			1.028	1.300	**1.466**	1.482	1.964
6	Stahleckzarge, innen, 875x2.000/2.125	St	200	236	**254**	287	330
			168	198	**213**	241	278
7	Stahleckzarge, innen, 1.000x2.000/2.125	St	202	238	**266**	304	333
			169	200	**224**	255	280
8	Umfassungszarge Stahl, innen, 750x2.000/2.125	St	218	301	**354**	375	414
			183	253	**297**	315	348
9	Umfassungszarge Stahl, innen, 1.000x2.000/2.125	St	287	410	**459**	505	618
			241	344	**385**	425	519
10	Umfassungszarge Holz, innen, 750x2.000/2.125	St	244	313	**341**	401	504
			205	263	**287**	337	424
11	Umfassungszarge Holz, innen, 1.000x2.000/2.125	St	475	537	**589**	603	666
			399	451	**495**	507	559
12	Innentür, rauchdicht, S200-C5, einflüglig, 875x2.000/2.125	St	568	919	**1.044**	1.352	1.789
			478	772	**878**	1.137	1.504
13	Innentür, rauchdicht, S200-C5, einflüglig, 1.000x2.000/2.125	St	1.083	1.452	**1.569**	1.770	3.101
			910	1.221	**1.318**	1.488	2.606
14	Innentür, EI2 30-SaC5, einflüglig, 875x2.000/2.125	St	1.489	2.271	**2.512**	3.329	4.978
			1.252	1.908	**2.111**	2.797	4.183
15	Innentür, EI2 30-SaC5, einflüglig 1.000x2.000/2.125	St	1.888	2.877	**3.105**	3.683	5.301
			1.587	2.417	**2.610**	3.095	4.455
16	Innentür, Röhrenspan, einflüglig, 875x2.000/2.125	St	541	809	**909**	1.115	1.522
			454	680	**764**	937	1.279
17	Innentür, Röhrenspan, einflüglig, 1.000x2.000/2.125	St	598	901	**1.015**	1.277	1.752
			503	757	**853**	1.073	1.472
18	Innentür, zweiflüglig, Röhrenspan	St	1.951	2.923	**3.245**	4.023	5.385
			1.639	2.456	**2.727**	3.381	4.525
19	Schiebetürelement, innen, einflüglig, 1.510x2.135	St	1.033	1.652	**1.872**	2.285	3.277
			868	1.388	**1.573**	1.920	2.754
20	Ganzglas-Türblatt, innen	St	641	982	**1.172**	1.552	2.208
			539	825	**985**	1.304	1.855
21	Anschlussdichtung, Tür	St	8	9	**11**	12	14
			6	8	**9**	10	12
22	Anschlagschiene Tür, Aluminium	St	37	43	**48**	53	59
			31	36	**40**	44	50
23	Anschlagschiene, Tür, Messing	St	49	59	**65**	73	83
			41	50	**55**	61	70
24	Fensterbank, innen, Holz, bis 875mm	St	83	107	**122**	140	166
			70	90	**102**	118	139

► min
▷ von
ø Mittel
◁ bis
◄ max

Nr.	Positionen	Einheit	►	▷	ø brutto € / ø netto €	◁	◄
25	Fensterbank, innen, Holz, über 875 bis 1.500mm	St	114	154	**173**	208	269
			96	130	**146**	175	226
26	Fensterbank, innen, Holz, über 1.500 bis 2.500mm	St	197	280	**333**	360	420
			166	235	**280**	302	353
27	Holz-/Abdeckleisten, Fichte	m	23	37	**45**	56	81
			19	31	**38**	47	68
28	Verfugung, elastisch	m	8	11	**12**	14	23
			7	9	**10**	12	19
29	Bodentreppe, gedämmt	St	786	1.032	**1.158**	1.500	2.049
			660	867	**973**	1.261	1.722
30	Bodentreppe, EI30	St	1.877	2.215	**2.951**	3.825	5.651
			1.577	1.861	**2.480**	3.214	4.748
31	Unterkonstruktion, Innenwandbekleidung	m^2	42	51	**66**	71	100
			35	43	**55**	60	84
32	Innenwandbekleidung, Sperrholz	m^2	140	236	**261**	294	404
			118	198	**219**	247	340
33	Innenwandbekleidung, Sperrholzplatten, mit UK	m^2	158	302	**376**	431	613
			133	254	**316**	362	515
34	Innenwandbekleidung, Dekorspanplatte, mit UK	m^2	193	245	**272**	300	343
			163	206	**229**	252	289
35	Schalung, Spanplatten	m^2	44	103	**125**	145	208
			37	86	**105**	122	175
36	Unterkonstruktion, Trennwand	m^2	–	125	**144**	168	–
			–	105	**121**	141	–
37	Trennwandsystem Büro, Tragprofile/Paneele	m^2	211	254	**320**	429	726
			177	213	**269**	361	610
38	Trennwand, Spanplatten/HPL, Rahmen	m^2	–	289	**330**	374	–
			–	243	**277**	314	–
39	Trennwandanlage, Spanplatten/Melamin	m^2	–	274	**316**	335	–
			–	230	**266**	282	–
40	Trennwandanlage, HPL Kompaktplatten	m^2	135	248	**297**	370	509
			113	209	**250**	311	428
41	Schamwand Urinal	St	182	292	**344**	560	869
			153	246	**289**	470	730
42	Unterkonstruktion, Prallwand	m^2	46	71	**78**	86	104
			39	60	**66**	72	87
43	Prallwandbekleidung, ballwurfsicher	m^2	71	138	**167**	187	230
			59	116	**141**	157	193
44	Akustikvliesabdeckung, schwarz	m^2	7	11	**13**	16	21
			6	9	**11**	13	18
45	Geräteraumschwingtor, Metall/Holz	St	3.187	5.306	**6.005**	7.049	9.450
			2.678	4.459	**5.046**	5.924	7.942
46	Sporthallentür, zweiflüglig	St	6.716	9.121	**9.998**	12.489	16.639
			5.644	7.665	**8.402**	10.495	13.982
47	Garderobenleiste	m	82	174	**216**	237	335
			69	146	**181**	199	282
48	Garderobenschrank	St	452	693	**804**	883	1.118
			380	583	**676**	742	940

Tischlerarbeiten **Preise €**

Nr.	Positionen	Einheit	►	▷	ø brutto € / ø netto €	◁	◄
49	Einbauküche, melaminharzbeschichtet	St	2.285	4.939	**6.096**	7.333	9.727
			1.920	4.150	**5.123**	6.162	8.174
50	Teeküche, melaminharzbeschichtet	St	2.594	5.883	**6.924**	9.136	13.890
			2.180	4.944	**5.818**	7.677	11.673
51	Unterschrank, Küche, bis 600mm	St	300	597	**736**	906	1.281
			252	501	**619**	761	1.077
52	Oberschrank, Küche	St	240	386	**413**	480	604
			202	324	**347**	403	508
53	Treppenstufe, Holz	St	116	217	**268**	373	678
			98	182	**225**	314	569
54	Handlauf-Profil, Holz	m	48	83	**92**	113	159
			40	70	**77**	95	133
55	Geländer, gerade, Rundstabholz	m	333	529	**583**	685	928
			280	444	**490**	575	780
56	Stundensatz, Facharbeiter/-in	h	75	90	**97**	102	114
			63	75	**82**	86	96
57	Stundensatz, Helfer/-in	h	56	68	**74**	80	91
			47	57	**62**	67	76

Kosten:
Stand 1.Quartal 2026
Bundesdurchschnitt

Nr. **Kurztext** / Langtext — Kostengruppe
► ▷ **ø netto €** ◁ ◄ [Einheit] Ausf.-Dauer Positionsnummer

A 1 Innentürblatt, einflüglig, Röhrenspan, HPL — Beschreibung für Pos. **1-2**

Innentürblatt aus Holzwerkstoff mit Kern aus Röhrenspanplatte, mit Anschlagfalz, als Drehflügeltür.
Einsatzbereich: **Wohnung / Objektbereich**
Material: .....
Türblattdicke: 42 mm
Deckplatte: HPL .....
Oberfläche: .....
Kantenausbildung: Massivholz-Anleimer, verdeckt
Anforderungen:
- Anwendungsbereich: **Normalraum / Feuchtraum / Nassraum**

Zubehör:
- ..... St dreiteilige Bänder, H= ..... mm, Stahl vernickelt
- PZ-Schloss
- Türdrückergarnitur auf Rosetten, Aluminium, mit Stift ..... mm
- Drückerhöhe: **1.050 / 850 mm barrierefrei**

Anschlag: DIN **rechts / links**

1 Türblatt, einflüglig, Röhrenspan, HPL, 875x2.000/2.125 — KG **344**

Wie Ausführungsbeschreibung A 1
Türblatt für Baurichtmaß (B x H): 875 x **2.000 / 2.125** mm
Einbauort: **Geschoss / Raum**: .....

213€ | 297€ | **473€** | 538€ | 736€ | [St] | ⏱ 0,10h/St | 027.000.060

► min
▷ von
ø Mittel
◁ bis
◄ max

2 **Türblatt, einflüglig, Röhrenspan, HPL, 1.000x2.000/2.125** KG **344**

Wie Ausführungsbeschreibung A 1
Türblatt für Baurichtmaß (B x H): 1.000 x **2.000 / 2.125** mm
Einbauort: **Geschoss / Raum**: .....

237€ 339€ **531€** 545€ 766€ [St] ⏱ 0,15h/St 027.000.061

A 2 **Innentürblatt, einflüglig, Vollspan** Beschreibung für Pos. **3-4**

Innentürblatt aus Holzwerkstoff mit Kern aus Vollspanplatte, mit Anschlagfalz, als Drehflügeltür.
Einsatzbereich: **Wohnung / Objektbereich**
Material: .....
Türblattdicke: .....
Deckplatte: Hochdruck-Schichtpressstoffplatten
Oberfläche: .....
Kantenausbildung: Massivholz-Anleimer, verdeckt
Anforderungen:

- Anwendungsbereich: **Normalraum / Feuchtraum / Nassraum**

Zubehör:

- ..... St dreiteilige Bänder, H= ..... mm, Stahl vernickelt
- PZ-Schloss
- Türdrückergarnitur auf Rosetten, Aluminium, mit Stift ..... mm
- Drückerhöhe: **1.050** mm **/ 850** mm **barrierefrei**

3 **Türblatt, einflüglig, Vollspan, 875x2.000/2.125** KG **344**

Wie Ausführungsbeschreibung A 2
Türblatt für Baurichtmaß (B x H): 875 x **2.000 / 2.125** mm
Anschlag: DIN **rechts / links**
Einbauort: **Geschoss / Raum**: .....

286€ 475€ **561€** 673€ 843€ [St] ⏱ 0,20h/St 027.000.063

4 **Türblatt, einflüglig, Vollspan, 1.000x2.000/2.125** KG **344**

Wie Ausführungsbeschreibung A 2
Türblatt für Baurichtmaß (B x H): 1.000 x **2.000 / 2.125** mm
Anschlag: DIN **rechts / links**
Einbauort: **Geschoss / Raum**: .....

322€ 493€ **612€** 793€ 1.016€ [St] ⏱ 0,20h/St 027.000.064

5 **Innentürblatt, Vollspan, zweiflüglig** KG **344**

Innentürblatt aus Holzwerkstoff mit Kern aus Vollspanplatte, mit Anschlagfalz, als zweiflügelige Drehflügeltür.
Baurichtmaß (B x H): ..... x .....
Gehflügel (B): ..... mm
Einsatzbereich: **Wohnung / Objektbereich**
Form/Material:

- Türblattdicke: 50 mm
- Rahmen, dreiseitig gefälzt
- Kantenausbildung: Massivholz-Anleimer, verdeckt, ...
- Deckplatte: Hochdruck-Schichtpressstoffplatten, beidseitig
- Einlage/Füllung: Vollspan-Einlage
- emissionsfreie Materialien

Nr.	Kurztext / Langtext						Kostengruppe
▶	▷	**ø netto €**	◁	◀	[Einheit]	Ausf.-Dauer	Positionsnummer

Anforderungen:
- Anwendungsbereich: **Normal- / Feucht- / Nassraum**

Zubehör:
- ..... St dreiteilige Bänder, Höhe ..... mm, Stahl vernickelt
- PZ-Schloss
- Türdrückergarnitur auf Rosetten, Aluminium, mit Stift ..... mm
- Drückerhöhe: **1.050** mm **/ 850** mm **barrierefrei**

Oberfläche:
- Decklage: Furnier, Holzart .....
- Beschichtung: **transparent lackiert / gebeizt und transparent lackiert / unbehandelt**

Einbauort: **Geschoss / Raum**: .....

Kosten:
Stand 1. Quartal 2026
Bundesdurchschnitt

▶	▷	ø	◁	◀	Einheit	Ausf.-Dauer	Positionsnummer
1.028€	1.300€	**1.466€**	1.482€	1.964€	[St]	⏱ 0,30h/St	027.000.037

A 3 Eckzarge Stahl, innen — Beschreibung für Pos. **6-7**

Eckzarge aus Stahl für Türblatt mit gefälzten Türflügel, einflüglig, vorgerichtet für Bänder.
Falztiefe: .....
Aufteilung/Form:
- dreiseitig umlaufendes Profil
- Zarge einteilig für nachträglichen Einbau

Zarge:
- Blechdicke: 1,5 / 2,0 mm
- Ecken verschweißt
- Zargenprofil .....

Bänder/Beschläge:
- Bänder: 2 St dreidimensional einstellbar
- Drückerhöhe: **1.050** mm **/ 850** mm **barrierefrei**

Zubehör:
- Falzdichtung: dreiseitig umlaufende Dichtung EPDM (APTK)
- Farbe: .....

Oberflächen:
- verzinkt

Befestigung: **verschraubt / mit Anker**

6 Stahleckzarge, innen, 875x2.000/2.125 — KG **344**

Wie Ausführungsbeschreibung A 3
Baurichtmaß (B x H): 875 x **2.000 / 2.125** mm
Gegenzarge: **ohne / mit**
Anschlag: DIN **rechts / links** Wanddicke: .....
Untergrund: Mauerwerk, beidseitig verputzt
Einbauort: **Geschoss / Raum**: .....

▶	▷	ø	◁	◀	Einheit	Ausf.-Dauer	Positionsnummer
168€	198€	**213€**	241€	278€	[St]	⏱ 1,20h/St	027.000.098

▶ min
▷ von
ø Mittel
◁ bis
◀ max

7 **Stahleckzarge, innen, 1.000x2.000/2.125** KG **344**

Wie Ausführungsbeschreibung A 3
Baurichtmaß (B x H): 1.000 x **2.000 / 2.125** mm
Gegenzarge: **ohne / mit**
Anschlag: DIN **rechts / links** Wanddicke: .....
Untergrund: Mauerwerk, beidseitig verputzt
Einbauort: **Geschoss / Raum**: .....

169€	200€	**224€**	255€	280€	[St]	⏱ 1,30h/St	027.000.099

A 4 **Umfassungszarge Stahl, innen** Beschreibung für Pos. **8-9**

Umfassungszarge aus Stahl für Türblatt mit gefälzten Türflügel, einflüglig, vorgerichtet für Bänder.
Falztiefe: .....
Aufteilung/Form:

- dreiseitig umlaufendes Profil
- Zarge **einteilig / zweiteilig für nachträglichen Einbau**
- Zarge **ohne / mit** beidseitiger Schattennut aus Aluprofil

Zarge:

- Blechdicke: **1,5 / 2,0** mm
- Ecken verschweißt
- Zargenspiegel ....
- Zargenprofil .....

Bänder/Beschläge:

- Bänder: ..... St, dreidimensional einstellbar
- eingebautes Schließblech, vernickelt
- Drückerhöhe: **1.050** mm **/ 850** mm **barrierefrei**

Zubehör:

- Falzdichtung: dreiseitig umlaufende Dichtung EPDM (APTK)
- Farbe: .....

Oberflächen:

- verzinkt

Befestigung: **verschraubt / mit Anker**

8 **Umfassungszarge Stahl, innen, 750x2.000/2.125** KG **344**

Wie Ausführungsbeschreibung A 4
Baurichtmaß (B x H): 750 x **2.000 / 2.125** mm
Maulweite Zarge: .....
Anschlag: DIN **rechts / links**
Untergrund: Mauerwerk, beidseitig verputzt
Einbauort: **Geschoss / Raum**: .....

183€	253€	**297€**	315€	348€	[St]	⏱ 1,10h/St	027.000.068

023 024 025 026 027 028 029 030 031 032 033 034 036 037 038 039

Nr.	Kurztext / Langtext						Kostengruppe
▶	▷	ø netto €	◁	◀	[Einheit]	Ausf.-Dauer	Positionsnummer

9 Umfassungszarge Stahl, innen, 1.000x2.000/2.125 KG **344**

Wie Ausführungsbeschreibung A 4
Baurichtmaß (B x H): 1.000 x **2.000 / 2.125** mm
Maulweite Zarge: .....
Anschlag: DIN **rechts / links**
Untergrund: Mauerwerk, beidseitig verputzt
Einbauort: **Geschoss / Raum**: .....

▶	▷	ø	◁	◀	Einheit	Ausf.-Dauer	Positionsnummer
241€	344€	**385€**	425€	519€	[St]	⏱ 1,10h/St	027.000.070

A 5 Umfassungszarge Holz, innen Beschreibung für Pos. **10-11**

Umfassungszarge aus Holzwerkstoff, für Türblatt mit gefälzten Türflügel, einflüglig, vorgerichtet für Bänder.
Befestigung: **verschraubt / mit Anker**
Falztiefe: .....
Zarge:

- Futterzarge, mehrteilig, aus Holzwerkstoff
- Zargenspiegel .....
- Zargenprofil .....

Bänder/Beschläge:

- Bänder: ..... St, dreidimensional einstellbar
- eingebautes Schließblech, vernickelt
- Drückerhöhe: **1.050** mm / **850** mm **barrierefrei**

Zubehör:

- Falzdichtung: dreiseitig umlaufende Dichtung EPDM (APTK)

Oberfläche:

- Holzflächen: .....

10 Umfassungszarge Holz, innen, 750x2.000/2.125 KG **344**

Wie Ausführungsbeschreibung A 5
Baurichtmaß (B x H): 750 x **2.000 / 2.125** mm
Maulweite Zarge: .....
Anschlag: DIN **rechts / links**
Untergrund: Mauerwerk, beidseitig verputzt
Einbauort: **Geschoss / Raum**: .....

▶	▷	ø	◁	◀	Einheit	Ausf.-Dauer	Positionsnummer
205€	263€	**287€**	337€	424€	[St]	⏱ 1,10h/St	027.000.065

11 Umfassungszarge Holz, innen, 1.000x2.000/2.125 KG **344**

Wie Ausführungsbeschreibung A 5
Baurichtmaß (B x H): 1.000 x **2.000 / 2.125** mm
Maulweite Zarge: .....
Anschlag: DIN **rechts / links**
Untergrund: Mauerwerk, beidseitig verputzt
Einbauort: **Geschoss / Raum**: .....

▶	▷	ø	◁	◀	Einheit	Ausf.-Dauer	Positionsnummer
399€	451€	**495€**	507€	559€	[St]	⏱ 1,10h/St	027.000.067

Kosten:
Stand 1.Quartal 2026
Bundesdurchschnitt

▶ min
▷ von
ø Mittel
◁ bis
◀ max

A 6 Innentür, rauchdicht, S200-C5 Beschreibung für Pos. **12-13**

Innentürelement mit Türblatt aus Holzwerkstoff und Zarge aus Stahlblech, rauchdicht und selbstschließend, einflüglig, als Drehtür. Inkl. Bänder, Obentürschließer, Türgriffe und Verriegelung, vorgerichtet für Profilzylinder. Oberflächen, Türblatt und Kanten, Zargenform, Füllungen, Falzdichtungen, Absenkdichtung, Bänder, Türgriffe und Verriegelung gem. Einzelbeschreibung.
Anschlag: DIN **rechts / links**
Anforderung Brandschutz:
- Klasse: S200 – selbstschließende Eigenschaften: C5
- Zulassung: .....

Anforderung Türelement:
- Klimaklasse DIN EN 1121: II
- Beanspruchungsgruppe DIN EN 1192: Klasse 2 - Büroräume
- Einbruchhemmung DIN EN 1627: .....
- Schalldämmmaß Rw,R: ..... dB
- Geltungsbereich DIN 16580: Normalraum

Anforderung Zarge:
- Umfassungszarge
- Material: Stahl, 2,0 mm
- mit Bodeneinstand

12 Innentür, rauchdicht, S200-C5, einflüglig, 875x2.000/2.125 KG **344**

Wie Ausführungsbeschreibung A 6
Baurichtmaß (B x H): 875 x **2.000 / 2.125** mm
Maulweite Zarge: .....
Untergrund: .....
Einbauort: **Geschoss / Raum**: .....

478€ 772€ **878€** 1.137€ 1.504€ [St] ⏱ 2,80h/St 027.000.049

13 Innentür, rauchdicht, S200-C5, einflüglig, 1.000x2.000/2.125 KG **344**

Wie Ausführungsbeschreibung A 6
Baurichtmaß (B x H): 1.000 x **2.000 / 2.125** mm
Maulweite Zarge: .....
Untergrund: .....
Einbauort: **Geschoss / Raum**: .....

910€ 1.221€ **1.318€** 1.488€ 2.606€ [St] ⏱ 2,80h/St 027.000.050

A 7 Innentür, EI2 30-SaC5, einflüglig Beschreibung für Pos. **14-15**

Innentürelement mit Türblatt aus Holzwerkstoff und Zarge aus Stahlblech, feuerhemmend und selbstschließend, einflüglig, als Drehtür. Inkl. Bänder, Obentürschließer, Türgriffe und Verriegelung, vorgerichtet für Profilzylinder. Oberflächen, Türblatt und Kanten, Zargenform, Füllungen, Falzdichtungen, Bänder, Türgriffe und Verriegelung gem. Einzelbeschreibung.
Anforderung Brandschutz:
- Klasse: EI2 30-Sa - selbstschließende Eigenschaften C5

Anforderung Türelement:
- Klimaklasse DIN EN 1121: II
- Beanspruchungsgruppe DIN EN 1192: Klasse 2 - Büroräume
- Einbruchhemmung DIN EN 1627: .....
- Schalldämmmaß Rw,R: ..... dB
- Geltungsbereich DIN 16580: Normalraum

023 024 025 026 027 028 029 030 031 032 033 034 036 037 038 039

Nr. **Kurztext** / Langtext — Kostengruppe
▶ ▷ **ø netto €** ◁ ◀ [Einheit] Ausf.-Dauer Positionsnummer

Anforderung Zarge:
- Umfassungszarge
- Material: Stahl, 2,0 mm
- mit Bodeneinstand

14 **Innentür, EI2 30-SaC5, einflüglig, 875x2.000/2.125** KG **344**

Wie Ausführungsbeschreibung A 7
Baurichtmaß (B x H): 875 x **2.000 / 2.125** mm
Maulweite Zarge: .....
Anschlag: DIN **rechts / links**
Untergrund: .....
Einbauort: **Geschoss / Raum**: .....

▶	▷	ø	◁	◀	Einheit	Ausf.-Dauer	Positionsnummer
1.252€	1.908€	**2.111€**	2.797€	4.183€	[St]	⏱ 3,00h/St	027.000.052

Kosten:
Stand 1. Quartal 2026
Bundesdurchschnitt

15 **Innentür, EI2 30-SaC5, einflüglig 1.000x2.000/2.125** KG **344**

Wie Ausführungsbeschreibung A 7
Baurichtmaß (B x H): 1.000 x **2.000 / 2.125** mm
Maulweite Zarge: .....
Anschlag: DIN **rechts / links**
Untergrund: .....
Einbauort: **Geschoss / Raum**: .....

▶	▷	ø	◁	◀	Einheit	Ausf.-Dauer	Positionsnummer
1.587€	2.417€	**2.610€**	3.095€	4.455€	[St]	⏱ 3,00h/St	027.000.053

A 8 **Innentür, Röhrenspan, einflüglig** Beschreibung für Pos. **16-17**

Innentürelement aus Türblatt aus Holzwerkstoff mit Kern aus Röhrenspanplatte, inkl. Zarge mit Anschlagfalz, als Drehflügeltür. Oberflächen, Türblatt und Kanten, Zargenform, Füllungen, Falzdichtungen, Bänder, Türgriffe und Verriegelung gem. Einzelbeschreibung.
Zarge: .....
Anforderungen
- Klimaklasse: I
- mechanische Beanspruchungsgruppe DIN EN 1192: 2: mittlere Beanspruchung
- Schallschutz DIN 4109 und VDI 2719: Rwp= ..... dB
- Geltungsbereich RAL RG 426 Teil 3: **Normalraum / Feuchtraum / Nassraum**

Oberflächen:
- Türblatt: .....
- Kanten: .....
- Zarge: .....

▶ min
▷ von
ø Mittel
◁ bis
◀ max

16 **Innentür, Röhrenspan, einflüglig, 875x2.000/2.125** KG **344**

Wie Ausführungsbeschreibung A 8
Baurichtmaß (B x H): 875 x **2.000 / 2.125** mm
Maulweite Zarge: .....
Anschlag: DIN **rechts / links**
Untergrund: .....
Einbauort: **Geschoss / Raum**: .....

▶	▷	ø	◁	◀	Einheit	Ausf.-Dauer	Positionsnummer
454€	680€	**764€**	937€	1.279€	[St]	⏱ 1,50h/St	027.000.055

17 Innentür, Röhrenspan, einflüglig, 1.000x2.000/2.125 KG **344**

Wie Ausführungsbeschreibung A 8
Baurichtmaß (B x H): 1.000 x **2.000 / 2.125** mm
Maulweite Zarge: .....
Anschlag: DIN **rechts / links**
Untergrund: .....
Einbauort: **Geschoss / Raum**: .....

▶	▷	ø netto €	◁	◀	[Einheit]	Ausf.-Dauer	Positionsnummer
503€	757€	**853€**	1.073€	1.472€	[St]	⏱ 1,50h/St	027.000.056

18 Innentür, zweiflüglig, Röhrenspan KG **344**

Innentürelement aus Türblatt aus Holzwerkstoff mit Kern aus Röhrenspanplatte, inkl. Zarge mit Anschlagfalz, als zweiflüglige Drehflügeltür. Oberflächen, Zargenform, Füllungen, Falzdichtungen, Bänder, Türgriffe und Verriegelung gem. Einzelbeschreibung.
Anschlag: DIN **rechts / links**
Baurichtmaß (B x H): ..... x .....
Geflügel (B): .....
Maulweite Zarge: .....
Zarge: .....
Anforderungen:

- Klimaklasse: I
- mechanische Beanspruchungsgruppe DIN EN 1192: 2: mittlere Beanspruchung
- Schallschutz DIN 4109 und VDI 2719: Rwp= ..... dB
- Geltungsbereich RAL RG 426 Teil 3: **Normalraum / Feuchtraum / Nassraum**

Oberflächen:

- Türblatt: .....
- Kanten: .....
- Zarge: .....

Untergrund: .....
Einbauort: **Geschoss / Raum**: .....

▶	▷	ø netto €	◁	◀	[Einheit]	Ausf.-Dauer	Positionsnummer
1.639€	2.456€	**2.727€**	3.381€	4.525€	[St]	⏱ 4,00h/St	027.000.006

19 Schiebetürelement, innen, einflüglig, 1.510x2.135 KG **344**

Schiebetür mit Kern aus Röhrenspan und Decklagen aus Hochdruck-Schichtpressstoffplatten, einflüglig. Einbau in bauseitiges Montagewandelement mit Laufschiene und Laufwagen, Schiebetürblatt inkl. Riegel-Einsteckschloss mit Klappring, Griffmuscheln beidseitig, mit Bodenführung, montiert auf Fertigbelag, inkl. gangbar machen der Türanlage.
Elementgröße: 1.510 x 2.135 mm
Einsatzbereich: .....
Ständertiefe: **75 / 100** mm
Fertigwanddicke: **100 / 125 / 150** mm
Anforderungen:

- bewertetes Schalldämmmaß Rw,R = ... dB
- Anwendungsbereich: **Normalraum / Feuchtraum / Nassraum**

Form/Material:

- dreiseitig gefälzter Rahmen mit verdecktem Massivholz-Anleimer
- Material: .....
- Türblattdicke: 42 mm
- emissionsfreie Materialien
- Deckplatte: HPL ..... mm

Nr.	Kurztext / Langtext						Kostengruppe
▶	▷	ø netto €	◁	◀	[Einheit]	Ausf.-Dauer	Positionsnummer

Oberfläche:
- glatt, Furnier .....
- Beschichtung: **transparent lackiert / gebeizt und transparent lackiert**
- Farbe/Beizton: .....

Einbauort: **Geschoss / Raum**: .....

868€	1.388€	**1.573€**	1.920€	2.754€	[St]	⏱ 2,40h/St	027.000.021

20 Ganzglas-Türblatt, innen KG **344**

Ganzglastürblatt mit Band, Schloss und Drücker, Einbau in bauseitige Normzarge, inkl. Einbau aller Komponenten und gangbar machen der Türanlage.
Türblattgröße für Baurichtmaß (B x H): **625 / 750 / 875 / 1.000** x **2.000 / 2.125**
Einsatzbereich: **Wohnbereich / Objektbereich / Sondertür**
Anschlag: **rechts / links**
Profil/Art:
- Einscheibensicherheitsglas d = **8 / 10 /12** mm
- Glasfläche: **neutral / strukturiert / satiniert**
- Bohrungen Schlosskasten: **horizontal / vertikal**
- Bohrungen Bänder: **horizontal /vertikal**
- Falztiefe: ..... mm
- Kanten gefast, geschliffen und poliert

Zubehör:
- Beschlagform (Schlosskasten und Bänder): **eckig / rund**
- ..... St Spezial-Bänder mit Edelstahl-Bolzen (für Feuchträume) für ..... kg Flügelgewicht
- Glastürschloss nach DIN 18251, Klasse 3, vorgerichtet für Profil-Zylinder
- Wechselgarnitur mit Rundformdrücker und Drehknauf - Funktion, Edelstahl
- Stift: ..... mm
- untere Türschiene zum Aufstecken, Höhe .....

Oberfläche:
- Türschloss Aluminium E6EV1

Einbauort: **Geschoss / Raum**: .....

539€	825€	**985€**	1.304€	1.855€	[St]	⏱ 0,20h/St	027.000.016

21 Anschlussdichtung, Tür KG **344**

Anschlussdichtung der Tür mit komprimiertem Dichtband.
Fugenbreite: bis 10 mm
Dichtband: .....
Mauerwerk: .....

6€	8€	**9€**	10€	12€	[St]	⏱ 0,10h/St	027.000.107

22 Anschlagschiene Tür, Aluminium KG **344**

Anschlagschiene aus Metallwinkel, mit Abstandhalter, Klemmanker und Dichtungsprofil, in Türzarge einrichten.
Werkstoff: Aluminium
Profil: bis 40 x 40 x 3 mm

31€	36€	**40€**	44€	50€	[St]	⏱ 0,30h/St	027.000.108

Kosten:
Stand 1.Quartal 2026
Bundesdurchschnitt

▶ min
▷ von
ø Mittel
◁ bis
◀ max

23 Anschlagschiene, Tür, Messing KG **344**

Anschlagschiene aus Metallwinkel, mit Abstandhalter, Klemmanker und Dichtungsprofil, in Türzarge einrichten.
Werkstoff: Messing
Profil: bis 40 x 40 x 3 mm

▶	▷	ø netto €	◁	◀	[Einheit]	Ausf.-Dauer	Positionsnummer
41€	50€	**55€**	61€	70€	[St]	⏱ 0,30h/St	027.000.109

A 9 Fensterbank, innen, Holz Beschreibung für Pos. **24-26**

Fensterbank, innen, auf Ausgleichhölzern aus Sperrholz oder Hartfaserplatten, befestigt im Mauerwerk. Anschluss an aufgehende Bauteile mit transparenter Silikonfuge.

24 Fensterbank, innen, Holz, bis 875mm KG **344**

Wie Ausführungsbeschreibung A 9
Material: .....
Plattendicke: .....
Oberfläche: furniert, transparent lackiert
Holzart Furnier: .....
Kanten: **gerundet / gefast**
Einzellänge: bis 875 mm
Tiefe: .....
Einbauort: **Geschoss / Raum**: .....

▶	▷	ø netto €	◁	◀	[Einheit]	Ausf.-Dauer	Positionsnummer
70€	90€	**102€**	118€	139€	[St]	⏱ 0,25h/St	027.000.072

25 Fensterbank, innen, Holz, über 875 bis 1.500mm KG **344**

Wie Ausführungsbeschreibung A 9
Material: .....
Plattendicke: .....
Oberfläche: furniert, transparent lackiert
Holzart Furnier: .....
Kanten: **gerundet / gefast**
Einzellänge: bis 875 bis 1.500 m
Tiefe: .....
Einbauort: **Geschoss / Raum**: .....

▶	▷	ø netto €	◁	◀	[Einheit]	Ausf.-Dauer	Positionsnummer
96€	130€	**146€**	175€	226€	[St]	⏱ 0,30h/St	027.000.073

26 Fensterbank, innen, Holz, über 1.500 bis 2.500mm KG **344**

Wie Ausführungsbeschreibung A 9
Material: .....
Plattendicke: .....
Oberfläche: furniert, transparent lackiert
Holzart Furnier: .....
Kanten: **gerundet / gefast**
Einzellänge: über 1.500 bis 2.500 m
Tiefe: .....
Einbauort: **Geschoss / Raum**: .....

▶	▷	ø netto €	◁	◀	[Einheit]	Ausf.-Dauer	Positionsnummer
166€	235€	**280€**	302€	353€	[St]	⏱ 0,35h/St	027.000.074

Nr.	Kurztext / Langtext						Kostengruppe
▶	▷	**ø netto €**	◁	◀	[Einheit]	Ausf.-Dauer	Positionsnummer

27 Holz-/Abdeckleisten, Fichte KG **344**

Deckleisten, sichtbar bleibend, im Innenbereich.
Material: Fichte
Abmessung: 20 x 50 mm
Einzellängen: 2800 mm
Klassensortierung: Klasse J2
Flächenkategorie: Offene Flächen mit durchsichtiger Behandlung
Oberfläche: Sichtseiten gehobelt und feingeschliffen
Kanten: allseitig gefast
Eckstöße: **stumpf gestoßen / Gehrung**
Befestigung: nicht sichtbar, Befestigungslöcher mit Holzstopfen verschlossen
Untergrund: .....

19€	31€	**38€**	47€	68€	[m]	⏱ 0,10h/m	027.000.023

28 Verfugung, elastisch KG **344**

Elastische Verfugung mit 1-Komponenten-Dichtstoff, Fuge glatt gestrichen, inkl. notwendiger Flankenvorbehandlung an den Anschlussflächen und Hinterlegen der Fugenhohlräume mit geeignetem Hinterstopfmaterial.
Material: **Silikonbasis / Acrylbasis**
Fugenbreite: .....

7€	9€	**10€**	12€	19€	[m]	⏱ 0,05h/m	027.000.017

29 Bodentreppe, gedämmt KG **359**

Einschubtreppe zwischen bauseitiger Konstruktion, gedämmt, von oben und unten zu öffnen, vorgerüstet für Profilzylinder, mit Stufen aus Hartholz, Deckel vorgerichtet für bauseitige Bekleidung von unten.
Decken-Öffnung (L x B): **600 / 700** mm
Aufteilung/Form: **zwei- / dreiteilig**
Handlauf: **mit / ohne**
Schutzgeländer: **mit / ohne**
Oberflächen: beschichtet mit .....
Dämmwert: U= ..... W/(m^{2}K)
Dichtwert: a= ..... m^3/hm
Raumhöhe: .....
Kastenhöhe: .....
Untergrund: vorh. Konstruktion aus **Gebälk / Spanplattenschalung**
Einbauort: **Geschoss / Raum**: .....

660€	867€	**973€**	1.261€	1.722€	[St]	⏱ 2,40h/St	027.000.076

Kosten:
Stand 1. Quartal 2026
Bundesdurchschnitt

▶ min
▷ von
ø Mittel
◁ bis
◀ max

30 **Bodentreppe, EI30** KG **359**

Einschubtreppe zwischen bauseitiger Konstruktion, mit Brandschutzanforderungen, von oben und unten zu öffnen, vorgerüstet für Profilzylinder, mit Stufen aus Hartholz, Deckel vorgerichtet für bauseitige Bekleidung von unten.
Decken-Öffnung (L x B): **600 / 700** mm
Aufteilung/Form: **zwei- / dreiteilig**
Handlauf: **mit / ohne**
Schutzgeländer: **mit / ohne**
Oberflächen: beschichtet mit .....
Dämmwert: U= ..... W/(m²K)
Dichtwert: a= ..... m³/hm
Feuerwiderstandsklasse: EI30
Einbauort: .....
Raumhöhe: .....
Kastenhöhe: .....
Untergrund: vorh. Konstruktion aus **Gebälk / Spanplattenschalung**
Einbauort: **Geschoss / Raum**: .....

1.577€ 1.861€ **2.480€** 3.214€ 4.748€ [St] ⏱ 2,40h/St 027.000.077

31 **Unterkonstruktion, Innenwandbekleidung** KG **345**

Unterkonstruktion der Innenwandbekleidung aus Holz.
Material: Nadelholz
Sortierklasse: S10
Querschnitt: 50 x 30 mm
Montage: **horizontal / vertikal**
Abstand Unterkonstruktion: .....
Untergrund: Mauerwerk
Arbeitshöhe: bis .....
Einbauort: **Geschoss / Raum**: .....

35€ 43€ **55€** 60€ 84€ [m²] ⏱ 0,35h/m² 027.000.025

32 **Innenwandbekleidung, Sperrholz** KG **345**

Wandbekleidung aus Sperrholzplatten, im Innenbereich, Sichtseite in A-Qualität, sichtbar befestigen mit korrosionsgeschützten Schrauben.
Deckfurnier bzw. Gütemerkmal der Sichtseite: I
Erscheinungsklasse: A
Befestigung: sichtbar
Dicke: 15 mm
Untergrund: Holz
Arbeitshöhe: bis .....
Einbauort: **Geschoss / Raum**: .....

118€ 198€ **219€** 247€ 340€ [m²] ⏱ 0,35h/m² 027.000.026

023 024 025 026 **027** 028 029 030 031 032 033 034 036 037 038 039

Nr.	Kurztext / Langtext					Kostengruppe
▶	▷	ø netto €	◁	◀	[Einheit]	Ausf.-Dauer	Positionsnummer

33 **Innenwandbekleidung, Sperrholzplatten, mit UK** KG **345**

Wandbekleidung aus Sperrholzplatten im Innenbereich, Sichtseite in A-Qualität, mit Unterkonstruktion aus sägerauer Lattung, mit korrosionsgeschützten Schrauben auf Rohwand befestigen; inkl. ggf. hinterfüttern.
Deckfurnier bzw. Gütemerkmal der Sichtseite: I
Erscheinungsklasse: A
Befestigung: sichtbar
Plattendicke: ......
Lattenquerschnitt: .....
Raster: .....
Dübelabstand: .....
Arbeitshöhe: bis .....
Untergrund UK: .....
Einbauort: **Geschoss / Raum**: .....

133€ | 254€ | **316€** | 362€ | 515€ | [m²] | ⏱ 0,55h/m² | 027.000.028

Kosten:
Stand 1.Quartal 2026
Bundesdurchschnitt

34 **Innenwandbekleidung, Dekorspanplatte, mit UK** KG **345**

Wandbekleidung aus Dekorspanplatten DIN EN 312, im Innenausbau, Trockenbereich, Sichtseite mit Dekorlage, inkl. Unterkonstruktion aus sägerauer Lattung, mit korrosionsgeschützten Schrauben auf Rohwand befestigen, inkl. ggf. hinterfüttern.
Plattentyp: P2 - Spanplatte DIN EN 312
Dicke: 18 mm
Oberfläche: Dekorlage ....
Profil/Kante: .....
Lattenquerschnitt: .....
Raster: .....
Dübelabstand: .....
Arbeitshöhe: bis .....
Untergrund UK: .....
Einbauort: **Geschoss / Raum**: .....

163€ | 206€ | **229€** | 252€ | 289€ | [m²] | ⏱ 0,55h/m² | 027.000.119

35 **Schalung, Spanplatten** KG **344**

Schalung aus kunstharzgebundenen Spanplatten, als Unterlage für Bekleidungen, Befestigung mit Schrauben.
Plattentyp: **P7 / P5** DIN EN 312
Dicke: 22 mm
Profil/Kante: Nut-Feder
Arbeitshöhe: bis .....
Untergrund: Holz
Einbauort:
- **Boden / Wand / Steildach**
- **Geschoss / Raum**: .....

37€ | 86€ | **105€** | 122€ | 175€ | [m²] | ⏱ 0,30h/m² | 027.000.027

▶ min
▷ von
ø Mittel
◁ bis
◀ max

Nr.	Kurztext / Langtext					Kostengruppe
▶	▷	ø netto €	◁	◀	[Einheit]	Ausf.-Dauer	Positionsnummer

36 Unterkonstruktion, Trennwand KG **346**

Unterkonstruktion für nichttragende innere Trennwand als Montagewand, aus verzinkten Stahlblechstützen- und Querprofilen, montiert zwischen Decken-, Wand- und Bodenprofilen aus pulverbeschichteten Stahlblechen, auf Estrich.
Wandhöhe: bis 3,00 m
Wanddicke: 100 mm
Modulbreite: **900 / 1.200** mm bei vertikaler Linienführung, 1800 mm bei horizontaler Linienführung
Nachfolgende Beplankung: **einlagig / zweilagig**
Arbeitshöhe: bis 3,0 m
Untergrund: .....
Einbauort: **Geschoss / Raum**: .....

– 105€ **121€** 141€ – [m²] ⏱ 0,40 h/m² 027.000.048

37 Trennwandsystem Büro, Tragprofile/Paneele KG **346**

Modulares Trennwandsystem für Büroräume, mit Grundkonstruktion aus verzinkten Stahlblechstützen- und Querprofilen, montiert zwischen Decken-, Wand- und Bodenprofilen, aus pulverbeschichteten Stahlblechen, wie folgt:
- Glaselemente mit Stahl- oder Aluminiumglasrahmen mit Einfach- oder Doppelverglasung
- Türelemente aus Aluminiumzargen für Einzel- oder Doppeltüren mit stumpf einschlagendem Türblatt, Edelstahl-Rollentürbändern, PZ-Schloss und Aluminium-Türdrückergarnitur
- wahlweise mit Trennwandfüllung bei opaken Flächen mit 40 mm Mineralwolle
- Modulbreite **900 / 1.200** mm bei vertikaler Linienführung, 1800 mm bei horizontaler Linienführung
- Fugenabdeckung mit Variantprofilen mit Füllstreifen oder verzinkten Hutprofile mit PVC-Abdeckleisten

Elementhöhe: .....
Elementdicke: .....
Beplankung: **2 x 13 mm Dekorspanplatten / beschichtete Stahlblechpaneele**
Farbe: .....
Schallschutz: **Vollwände bis Rw,P= 42dB / Doppelverglasungen bis Rw,P = 36dB / Türen in den Schallschutzklassen 1 und 2**
Brandschutz: **Vollwand EI30 / Verglasung E30**
Arbeitshöhe: bis .....
Untergrund: .....
Einbauort: **Geschoss / Raum**: .....

177€ 213€ **269€** 361€ 610€ [m²] ⏱ 1,40 h/m² 027.000.029

38 Trennwand, Spanplatten/HPL, Rahmen KG **346**

Trennwand aus Holzspanplatten DIN EN 13986 mit HPL-Deckflächen, mit sichtbarer Rahmenkonstruktion aus Aluminiumprofilen und Systembeschlägen.
Füße aus Aluminium mit trittsicherer Abdeckrosette
Einsatzbereich: .....
Trennwandhöhe: .....
Bodenfreistellung: .....
Trennwanddicke: 40 mm
Metallprofile: .....
Arbeitshöhe: bis .....
Untergrund: .....
Einbauort: **Geschoss / Raum**: .....

– 243€ **277€** 314€ – [m²] ⏱ 1,70 h/m² 027.000.137

023 024 025 026 027 028 029 030 031 032 033 034 036 037 038 039

Nr.	Kurztext / Langtext						Kostengruppe
▶	▷	ø netto €	◁	◀	[Einheit]	Ausf.-Dauer	Positionsnummer

Kosten:
Stand 1.Quartal 2026
Bundesdurchschnitt

▶ min
▷ von
ø Mittel
◁ bis
◀ max

39 Trennwandanlage, Spanplatten/Melamin — KG **346**

Sanitärtrennwandanlage aus Holzspanplatten DIN EN 13986 mit Melaminharzbeschichtung, mit sichtbarer Rahmenkonstruktion aus Aluminiumprofilen und Systembeschlägen, Füße aus Aluminium mit trittsicherer Abdeckrosette.
Einsatzbereich: .....
Trennwandhöhe: .....
Bodenfreistellung: .....
Trennwanddicke: 28 mm
Metallprofile: .....
Zwischenwände: .....
Türelemente: .....
Einbauort: **Geschoss / Raum**: .....

▶	▷	ø	◁	◀	Einheit	Ausf.-Dauer	Positionsnummer
–	230€	**266€**	282€	–	[m²]	⏱ 1,70h/m²	027.000.138

40 Trennwandanlage, HPL Kompaktplatten — KG **346**

Sanitärtrennwandanlage aus HPL Kompaktplatten DIN EN 438-7, mit sichtbarer Rahmenkonstruktion aus Aluminiumprofilen und Systembeschlägen, Füße aus Aluminium mit trittsicherer Abdeckrosette.
Einsatzbereich: .....
Trennwandhöhe: .....
Bodenfreistellung: ..... mm
Trennwanddicke: 13 mm
Oberfläche: .....
Metallprofile: .....
Zwischenwände: .....
Türelemente: .....
Untergrund: .....
Einbauort: **Geschoss / Raum**: .....

▶	▷	ø	◁	◀	Einheit	Ausf.-Dauer	Positionsnummer
113€	209€	**250€**	311€	428€	[m²]	⏱ 1,70h/m²	027.000.031

41 Schamwand Urinal — KG **346**

Schamwand liefern und montieren. Ausführung und Oberflächen hergestellt im System der WC-Trennwandanlagen, Farbe abgestimmt auf die eingebauten Trennwände, wie vor beschrieben.
Abmessung (B x H): ..... x .....
Untergrund: .....
Einbauort: **Geschoss / Raum**: .....

▶	▷	ø	◁	◀	Einheit	Ausf.-Dauer	Positionsnummer
153€	246€	**289€**	470€	730€	[St]	⏱ 1,40h/St	027.000.081

42 Unterkonstruktion, Prallwand — KG **346**

Unterkonstruktion für Prallwand, mit Kraftabbau aus Grundlattung, Schwinglattung und Montagelattung.
Anforderungsprofil: Prüfung gem. FA Bau Nr. 390
Ballwurfsicherheit: **ja / nein**
Grundlattung:

- aus Massivholzriegeln, an Metallwinkelaufständerung, zur Schaffung von Hinterlüftungsraum
- Mindestquerschnitt: 40 x 60 mm
- Festigkeitsklasse: **C30 / C24**
- Sortierklasse: S13
- Güteklasse: **I / II**
- Achsabstand: ca. 700 mm

Schwinglattung:
- quer zur Aufstandslattung verlaufend
- als durchgehender Streifen aus siebenfach verleimtem Sperrholz, BFU-verleimt (B x H): ca. 60 x 12 mm
- im Achsabstand von ca. 485 mm auf der Grundlattung montiert

Montagelattung:
- quer zur Schwinglattung verlaufend
- als durchgehender Streifen aus siebenfach verleimtem Sperrholz, BFU-verleimt (B x H): ca. 60 x 12 mm
- im Achsabstand von ca. 350 mm auf Schwinglattung montiert

Arbeitshöhe: bis .....
Untergrund: .....
Einbauort: **Geschoss / Raum**: .....

▶	▷	ø netto €	◁	◀	[Einheit]	Ausf.-Dauer	Positionsnummer
39€	60€	**66€**	72€	87€	[m2]	⏱ 0,20 h/m2	027.000.032

43 Prallwandbekleidung, ballwurfsicher KG **345**

Ballwurf- und anprallsichere Wandbekleidung mit Furnierschichtholzplatte auf Unterkonstruktion.

Abmessungen:
- Plattenbreite: .....
- Längeneinteilung: Platten in diversen Einzellängen (max. Länge von ..... mm)
- Dicke: **20 / 26** mm
- Fugenbreite: max. .....

Qualität:
- Sichtqualität
- Oberflächengüte: **E / I / II**
- Erscheinungsklasse: **0 / A**
- Holzart Furnier: .....

Oberfläche:
- Längskanten fein geschliffen sowie gerundet (Radius max. 3 mm), anschließend lackiert
- Stirnkanten rechtwinklig besäumt, geschliffen sowie gebrochen
- Furnierverlauf: horizontal

Verwendungsbereich: **Trockenbereich / Feuchtbereich / Außenbereich**

Verleimung:
- baubiologisch einwandfrei, Emissionsklasse E 0

Befestigung:
- sichtbare Verschraubung mit Linsen-Senkkopfschrauben, Oberfläche verzinkt und hell bichromatisiert, höhengleich und splitterfrei montiert
- Verbrauch: 4 Schrauben/m2, max. Schraubabstand: .....
- Verdeckte Befestigung ist aus Gründen der Revisionsfähigkeit ausdrücklich untersagt

Verlegehöhe: max. .... mm über OK FFB
Arbeitshöhe: bis .....
Untergrund: .....
Einbauort: **Geschoss / Raum**: .....

▶	▷	ø netto €	◁	◀	[Einheit]	Ausf.-Dauer	Positionsnummer
59€	116€	**141€**	157€	193€	[m2]	⏱ 0,40 h/m2	027.000.033

023 024 025 026 027 028 029 030 031 032 033 034 036 037 038 039

Kosten:
Stand 1. Quartal 2026
Bundesdurchschnitt

Nr.	Kurztext / Langtext						Kostengruppe
►	▷	ø netto €	◁	◄	[Einheit]	Ausf.-Dauer	Positionsnummer

44 Akustikvliesabdeckung, schwarz KG **345**

Akustisch wirksamer Vliesstoff, in Decken und Wänden.
Material: Rohglasvlies
Baustoffklasse: A2
Flächengewicht: 75-80 g/m²
Luftdurchlässigkeit: 2.300 l/m²/s
Farbe: schwarz
Einbauort: .....

►	▷	ø	◁	◄	[Einheit]	Ausf.-Dauer	Positionsnummer
6€	9€	**11€**	13€	18€	[m²]	⏱ 0,10 h/m²	027.000.035

45 Geräteraumschwingtor, Metall/Holz KG **344**

Geräteraumtor in Prallwand, als Rahmenkonstruktion, komplette Anlage einschl. Blendrahmen, bestehend aus:

- 2 Seitenpfosten, 1 Querverbinder (Torstock) in verleimter Holzrahmenkonstruktion, Sichtseiten gehobelt und geschliffen
- Torrahmen als Schwingtorrahmen aus Gitterrahmenkonstruktion aus Stahlrechteckrohr

Torgröße (B x H): ca. 4.500 x 2.850 mm
Rahmendicke: mind. 56 mm
Beschichtung Stahlteile: .....
Untergrund: .....
Einbauort: **Geschoss / Raum**: .....

►	▷	ø	◁	◄	[Einheit]	Ausf.-Dauer	Positionsnummer
2.678€	4.459€	**5.046€**	5.924€	7.942€	[St]	⏱ 4,50 h/St	027.000.036

46 Sporthallentür, zweiflüglig KG **344**

Sporthallen-Türelement, zweiflüglig, geeignet für kraftabbauende Anforderungen in Sporthalle, Element bestehend aus:

- Türzarge und zwei Türflügeln
- zwei vertikale Seitenzargen, ein horizontaler Zargenverbinder, zusätzliche horizontale Aussteifungstraverse
- zwei Türflügelrahmen, mit Schall- u. Wärmedämmung durch vollflächige Kernfüllung der Rahmenfelder mittels MDF-Platten, sowie Anpressdichtung
- Aufdoppelung hallenseitig aus Sperrholzplatte
- Hallengegenseite aus Spanplatte mit Schichtstoffplatte, Kantenbelegung in Buche
- Beschläge: zwei Bänder pro Türflügel, ein Einsteckschloss, ein Treibriegel, eine Bodenschließmulde, eine Treibriegelstange, ein Turnhallenbeschlag mit Drückergarnitur, zwei Bodentürstopper und feststehendem Bauteil
- Montage aller Teile nicht sichtbar

Baurichtmaß (B x H): 2.500 x 2.350 mm
Sperrholzplatte: 12 mm BFU-20
Spanplatte: 19 mm
Untergrund: .....
Einbauort: **Geschoss / Raum**: .....

►	▷	ø	◁	◄	[Einheit]	Ausf.-Dauer	Positionsnummer
5.644€	7.665€	**8.402€**	10.495€	13.982€	[St]	⏱ 8,00 h/St	027.000.039

► min
▷ von
ø Mittel
◁ bis
◄ max

47 **Garderobenleiste** KG **381**

Garderobenleiste mit integrierten Garderobenhaken, Leiste aus profiliertem Rundstabprofil, in aufgehender Wand mittels Dübeln und Schrauben unsichtbar befestigt.
Rundstahl: D = 42 mm
Material: **Esche / Eiche / Buche**
Oberfläche: transparent DD-lackiert
Haken: **Einzel- / Doppelhaken**
Material: **Edelstahl / Aluminium**
Oberfläche: .....
Länge: .....
Wandabstand: .....
Anzahl Haken: .....
Arbeitshöhe: .....
Untergrund: .....
Einbauort: **Geschoss / Raum**: .....

69€ 146€ **181€** 199€ 282€ [m] ⏱ 0,40h/m 027.000.038

48 **Garderobenschrank** KG **381**

Garderoben-Wertschrank GS- und TÜV-geprüft, liefern und auf zu liefernder Unterkonstruktion montieren.
Konstruktion bestehend aus:

- Korpus aus HPL-Vollkernplatten und Aluminiumprofilen in Steckbauweise
- Material wasserbeständig, reinigungsfreundlich und fäulnissicher
- Oberfläche kratz- und schlagbeständig
- Tür aus HPL-Vollkernplatte, Ecken abgerundet, Radius 5 mm
- Türbänder aus Edelstahl 1.430, stabile Ausführung
- Tür mit Türstopper und Öffnungsbegrenzer. Ausrüstung mit: 1 Wertfach oben (Höhe innen= ..... mm), darunter 1 Garderobenteil (Höhe innen= ..... mm) mit Kleiderstange und ..... Haken
- **Nummerierung / Stahlblechsockel / untergebaute Sitzbank / untergebaute Aufbewahrungsbox** als gesonderte Option

Schließung: **Sicherheits-Zylinder-Hebel-Schloss als Hauptschließanlage / Münzpfandschloss für den Einwurf von 1 Euro als Hauptschließanlage**
Farbe: nach Musterkarte und Wahl durch den Bauherrn (mind. ..... Wahlfarben)
Montage Schränke: auf Sockelkonstruktion aus Aluminium
Konstruktion mit verstellbaren Schraubfüßen: h=100-150 mm
Oberfläche: **pulverbeschichtet Farbe wie Schrankanlage / eloxiert C.....**
Höhe: ..... mm
Tiefe: 525 mm
Breite: 300 mm
Untergrund: .....
Einbauort: **Geschoss / Raum**: .....

380€ 583€ **676€** 742€ 940€ [St] ⏱ 0,55h/St 027.000.082

Kosten:
Stand 1.Quartal 2026
Bundesdurchschnitt

Nr.	**Kurztext** / Langtext					Kostengruppe
▶	▷	**ø netto €**	◁	◀	[Einheit]	Ausf.-Dauer	Positionsnummer

49 Einbauküche, melaminharzbeschichtet KG **381**

Einbauküche mit Arbeitsplatte, Hochschrank, Unter- und Oberschränken aus melaminharzbeschichteten Holzwerkstoffplatten.
Arbeitshöhe: ca. 860 mm
Tiefe: ca. 630 mm
Bestehend aus:

- drei Unterschränke: 600 x 600 mm
- ein Unterschrank: 1.200 x 600 mm
- ein Hochschrank: 600 x 2.150 mm
- eine Arbeitsplatte: 3.000 x 630 mm
- fünf Oberschränke: 600 x 680 mm

Ausführung:

- ein Unterschrank mit seitlicher Sichtseite, bündig mit Arbeitsplatte, mit fünf Auszügen, inkl. zwei Besteckeinsätzen und fünf Griffstangen ca. 580 mm
- ein Unterschrank, für integrierbaren Backofen mit Schaltkasten für Kochfeld, unten mit feststehender Blende
- ein Unterschrank, für integrierbare Spülmaschine
- ein Spülen-Unterschrank, mit zwei Türen; Blende vor Spülbecken, Abfallsammler mit selbst öffnendem Deckel für getrennte Müllsortierung (3 Behälter), zwei Griffstangen
- ein Hochschrank, unten eine Türe und zwei Fachböden, oben vorgerichtet für integrierbaren Kühlschrank, inkl. Dekorblende, UK Kühlschrank-Türe = OK Arbeitsplatte, zwei Griffstangen
- vier Oberschränke, davon 1 Oberschrank mit Sichtseite, Schränke jeweils mit 2 Fachböden und Tür, ohne Griffstangen, die Türen und die Sichtseiten unten ca. 15 mm überstehend
- ein Oberschrank, vorgerüstet für integrierbaren Dunstabzug, innenliegender Blende des Abzugs und Regalfächern, eine Türe mit Griffstange
- eine Rückwand zwischen Unter- und Oberschrank, ca. 30 mm vor der Betonwand geführt, inkl. Unterkonstruktion
- eine Arbeitsplatte, bündig mit Unterschrank, inkl. zweier Ausschnitte für Spül- und Abtropfbecken und Kochfeld, Sichtkante zweiseitig (vorne und seitlich) mit Multiplex-Anleimer; Sockel, inkl. Zuluft-Lüftungsgitter für Kühlschrank Be- und Entlüftung

Oberflächen:

- alle Korpusse: melaminharzbeschichtet
- Arbeitsplatte: melaminharzbeschichtet
- Farbe: .....

Einbauort: **Geschoss / Raum**: .....

▶	▷	ø netto €	◁	◀	[Einheit]	Ausf.-Dauer	Positionsnummer
1.920€	4.150€	**5.123€**	6.162€	8.174€	[St]	⏱ 7,50h/St	027.000.042

▶ min
▷ von
ø Mittel
◁ bis
◀ max

50 Teeküche, melaminharzbeschichtet KG **381**

Teeküche mit Arbeitsplatte, Unter- und Oberschränken aus melaminharzbeschichteten Holzwerkstoffplatten.
Arbeitshöhe: ca. 860 mm
Tiefe: ca. 630 mm
Bestehend aus:

- 4 Unterschränke: 600 x 600 mm
- 1 Arbeitsplatte: 2.400 x 630 mm
- 4 Oberschränke: 600 x 380 mm

Ausführung:

- ein Unterschrank mit seitlicher Sichtseite, bündig mit Arbeitsplatte, mit fünf Auszügen, inkl. zwei Besteckeinsätzen und 5 Griffstangen
- ein Unterschrank mit seitlicher Sichtseite, für Kochfeld mit integriertem Schaltkasten, unten mit feststehender Blende, ein Tür und Abfallsammler mit selbst öffnendem Deckel für getrennte Müllsortierung (3 Behälter), eine Griffstange
- ein Unterschrank, für integrierbare Spülmaschine
- vier Oberschränke, davon ein Oberschrank mit Sichtseite, Schränke jeweils mit zwei Fachböden und Tür, ohne Griffstangen, die Türen und die Sichtseiten unten ca. 15 mm überstehend, ein Oberschrank vorgerüstet für integrierbaren Dunstabzug, mit innenliegender Blende des Abzugs und Regalfächern
- eine Arbeitsplatte als Dreischichtplatte, seitlich bündig mit Unterschränken, inkl. einem Ausschnitt für Kochfeld, Sichtkante zweiseitig (vorne und seitlich) mit Multiplex-Anleimer; Sockel

Oberflächen:

- alle Korpusse: melaminharzbeschichtet, Farbe: .....
- Arbeitsplatte: Dekor .....

Einbauort: **Geschoss / Raum**: .....

2.180€ 4.944€ **5.818€** 7.677€ 11.673€ [St] ⏱ 6,00h/St 027.000.041

51 Unterschrank, Küche, bis 600mm KG **381**

Unterschrank für Küche, vorn und seitlich Sichtseiten, unten mit feststehender Blende, mit 3 Einlege-Fachböden sowie einer Tür mit Griffstange.
Material: Gütespanplatte
Oberflächen: melaminharzbeschichtet
Farbe: .....
Schrankgröße: 600 x 600 mm
Arbeitshöhe: 860 mm
Griffstange: 550 mm
Vorgerichet für: Kochfeld mit integriertem Schaltkasten

252€ 501€ **619€** 761€ 1.077€ [St] ⏱ 0,60h/St 027.000.043

52 Oberschrank, Küche KG **381**

Oberschrank für Küche, vorn und seitlich Sichtseiten, mit 3 Einlege-Fachböden sowie einer Tür mit Griffstange.
Material: Gütespanplatte
Oberflächen: melaminharzbeschichtet
Farbe: .....
Schrankgröße: 600 x 450 mm
Schrankhöhe: 700 mm
Griffstange: 500 mm
Untergrund: .....

202€ 324€ **347€** 403€ 508€ [St] ⏱ 1,00h/St 027.000.044

Nr.	Kurztext / Langtext						Kostengruppe
▶	▷	**ø netto €**	◁	◀	[Einheit]	Ausf.-Dauer	Positionsnummer

53 **Treppenstufe, Holz** KG **353**

Treppenstufe aus Massivholz, feingehobelt und geschliffen, auf bauseitiger Stahlbetonunterkonstruktion, schallentkoppelt verlegt, unsichtbar befestigt, Vorderkante gerundet. Endstufen nach gesonderter Position.
Material: Eiche massiv, d= 42 mm
Setzstufen: ..... mm **Untertritt / bündig ohne Untertritt**
Stufenbreite: .....
Trittstufe Tiefe: .....
Setzstufe Höhe: ....
Oberfläche: transparent beschichtet
Steigungsverhältnis Treppe: ..... x .....

98€	182€	**225€**	314€	569€	[St]	⏱ 0,14h/St	027.000.045

Kosten:
Stand 1. Quartal 2026
Bundesdurchschnitt

54 **Handlauf-Profil, Holz** KG **359**

Holz-Handlauf aus Massivholz, steigend und eben, in verschiedenen Längen, Stab unten gefräst, für Anschluss an bauseitiges Stahl-Tragprofil, Befestigung von unten mit Senkkopfschrauben. Wandlaufhalter, Rundungen und Abkröpfung/Gehrung nach gesonderter Position.
Einbau: **außen / innen**
Material: Buche
Durchmesser Handlauf: **30 / 40** mm
Oberfläche: **geschliffen und poliert, natur / transparent lackiert**
Nutmaß: ca. 20 x 5 mm
Untergrund: .....

40€	70€	**77€**	95€	133€	[m]	⏱ 0,25h/m	027.000.046

55 **Geländer, gerade, Rundstabholz** KG **359**

Geländer als Holzkonstruktion mit Handlauf aus geformtem Vollholzprofil und Füllung aus senkrechten Vollstäben, auf bauseitige Treppenwangen, Befestigungen des Handlaufs an den Enden an die aufgehenden Wände mittels Schrauben und Dübeln.
Gesamthöhe: ca. 1,00 m
Länge: .....
Geländerform: .....
Material Handlauf und Füllstäbe: **Eiche / Buche**
Handlauf: Rundstab D= 42,4 mm
Senkrechte Füllstäbe: Rundstab D= ..... mm
Oberflächen: **geschliffen und poliert / transparent lackiert**
Untergrund: .....

280€	444€	**490€**	575€	780€	[m]	⏱ 0,70h/m	027.000.047

56 **Stundensatz, Facharbeiter/-In**

Stundenlohnarbeiten für Vorarbeiter/-in, Facharbeiter/-in und Gleichgestellte. Verrechnungssatz für die jeweilige Arbeitskraft inkl. aller Aufwendungen wie Lohn- und Gehaltskosten, Lohn- und Gehaltsnebenkosten, Zuschläge, lohngebundene und lohnabhängige Kosten, sonstige Sozialkosten, Gemeinkosten, Wagnis und Gewinn. Leistung nach besonderer Anordnung der Bauüberwachung. Anmeldung und Nachweis gem. VOB/B.

63€	75€	**82€**	86€	96€	[h]	⏱ 1,00h/h	027.000.079

▶ min
▷ von
ø Mittel
◁ bis
◀ max

Nr.	Kurztext / Langtext						Kostengruppe
▶	▷	**ø netto €**	◁	◀	[Einheit]	Ausf.-Dauer	Positionsnummer

57 Stundensatz, Helfer/-in

Stundenlohnarbeiten für Werker/-in, Helfer/-in und Gleichgestellte. Verrechnungssatz für die jeweilige Arbeitskraft inkl. aller Aufwendungen wie Lohn- und Gehaltskosten, Lohn- und Gehaltsnebenkosten, Zuschläge, lohngebundene und lohnabhängige Kosten, sonstige Sozialkosten, Gemeinkosten, Wagnis und Gewinn. Leistung nach besonderer Anordnung der Bauüberwachung. Anmeldung und Nachweis gem. VOB/B.

47€	57€	**62€**	67€	76€	[h]	⏱ 1,00h/h	027.000.080

028

Kosten:
Stand 1.Quartal 2026
Bundesdurchschnitt

Nr.	Positionen	Einheit	►	▷	ø brutto € / ø netto €	◁	◄
1	Feuchtemessung	St	46	58	**62**	68	79
			39	49	**52**	57	66
2	Untergrund reinigen	m²	0,7	1,2	**1,4**	1,9	2,9
			0,6	1,0	**1,2**	1,6	2,5
3	Sinterschicht abschleifen	m²	1	2	**3**	4	6
			1	2	**2**	3	5
4	Zementestrich anschleifen	m²	2	3	**3**	3	4
			1	2	**2**	3	4
5	Untergrund prüfen, Haftzugfestigkeit	St	32	39	**42**	47	53
			27	33	**35**	39	45
6	Untergrund vorstreichen, Haftgrund	m²	2	3	**4**	5	6
			2	3	**3**	4	5
7	Trennlage, Baumwollfilz	m²	2	4	**6**	7	9
			2	4	**5**	6	8
8	Unterlage, Rippenpappe	m²	3	5	**6**	7	9
			3	4	**5**	6	8
9	Unterlage, Korkschrotpappe	m²	–	10	**15**	18	–
			–	8	**13**	15	–
10	Unterboden, Holzspanplatte P2, 28mm	m²	–	44	**52**	69	–
			–	37	**44**	58	–
11	Blindboden, Nadelholz	m²	35	55	**69**	71	82
			29	46	**58**	59	69
12	Dielenbodenbelag, Fichte, 24mm	m²	231	256	**279**	304	326
			194	215	**234**	255	274
13	Dielenbodenbelag, Lärche, 24mm	m²	234	259	**285**	308	330
			196	218	**239**	258	278
14	Dielenbodenbelag, Ahorn, 22mm	m²	256	278	**309**	337	361
			215	233	**259**	283	304
15	Dielenbodenbelag, Esche, 22mm	m²	210	228	**256**	277	300
			176	192	**215**	232	252
16	Dielenbodenbelag, Eiche, 22mm	m²	196	213	**240**	259	283
			165	179	**201**	217	238
17	Stabparkett, Eiche, 22mm	m²	124	141	**153**	163	179
			104	119	**129**	137	150
18	Stabparkett, Buche, 22mm	m²	130	157	**160**	161	180
			109	132	**135**	135	151
19	Vollholzparkett, Hochkantlamellen, Eiche, bis 12mm	m²	81	97	**103**	109	120
			68	81	**86**	92	101
20	Fertigparkett, Ahorn, 14mm, versiegelt	m²	91	117	**130**	134	148
			76	98	**109**	113	124
21	Fertigparkett, Eiche 14mm, versiegelt	m²	123	137	**151**	175	190
			104	115	**127**	147	159
22	Fertigparkett, Esche, 14mm, versiegelt	m²	117	129	**140**	161	178
			98	109	**118**	136	150
23	Fertigparkett, Buche, 14mm, versiegelt	m²	111	123	**136**	155	171
			93	104	**114**	130	144
24	Lamparkett, Eiche, 10mm	m²	91	135	**184**	207	260
			76	114	**155**	174	219

► min
▷ von
ø Mittel
◁ bis
◄ max

Nr.	Positionen	Einheit	►	▷	ø brutto € / ø netto €	◁	◄
25	Lamparkett, Ahorn, 10mm	m³	–	135	**191**	214	–
			–	113	**161**	180	–
26	Lamparkett, Esche, 10mm	m²	–	129	**181**	204	–
			–	108	**152**	171	–
27	Mosaikparkett, Eiche, 8mm	m²	67	87	**98**	107	140
			56	73	**82**	90	118
28	Mosaikparkett, Esche, 8mm	m²	–	111	**130**	141	–
			–	93	**109**	119	–
29	Mosaikparkett, Buche, 8mm	m²	–	110	**121**	140	–
			–	92	**102**	118	–
30	Holzpflaster, bis 50mm	m²	118	138	**141**	148	158
			99	116	**118**	124	133
31	Vollholzparkett schleifen	m²	15	19	**21**	23	30
			12	16	**18**	19	26
32	Vollholzparkett beschichten	m²	17	23	**25**	31	41
			14	19	**21**	26	34
33	Randstreifen abschneiden	m	0,5	0,7	**0,8**	1,0	1,5
			0,4	0,6	**0,7**	0,9	1,3
34	Randabschluss, Korkstreifen, Dehnfuge	m	6	10	**11**	13	18
			5	8	**9**	11	15
35	Sockelleiste, Buche	m	12	16	**18**	21	25
			10	14	**15**	17	21
36	Sockelleiste, Eiche	m	14	18	**20**	22	27
			11	15	**17**	19	23
37	Sockelleiste, Ahorn	m	14	18	**19**	23	28
			12	15	**16**	19	24
38	Eckausbildung, vorgefertigt, Sockelleiste	St	0,9	2,6	**3,0**	3,9	5,4
			0,7	2,1	**2,5**	3,3	4,6
39	Parkettbelag anarbeiten, gerade	m	8	16	**19**	21	28
			7	13	**16**	18	24
40	Parkettbelag anarbeiten, schräg	m	14	17	**19**	23	30
			11	15	**16**	19	25
41	Aussparung, Parkett	St	25	45	**53**	61	80
			21	38	**45**	51	67
42	Trennschiene, Metall	m	19	28	**31**	37	54
			16	23	**26**	32	46
43	Übergangsprofil/Abdeckschiene, nichtrostender Stahl	m	21	32	**36**	40	51
			18	26	**31**	34	43
44	Übergangsprofil/Abdeckschiene, Aluminium	m	20	31	**36**	40	50
			17	26	**30**	34	42
45	Übergangsprofil/Abdeckschiene, Messing	m	21	33	**39**	48	65
			17	27	**32**	41	55
46	Verfugung, elastisch, Silikon, bis 10mm	m	7	10	**11**	13	16
			6	8	**9**	11	13
47	Erstpflege, Parkettbelag	m²	3	6	**7**	9	14
			2	5	**6**	8	12
48	Schutzabdeckung, Platten/Folie	m²	4	6	**7**	8	9
			3	5	**6**	7	8

Nr.	Positionen	Einheit	►	▷	ø brutto € / ø netto €	◁	◄
49	Stundensatz, Facharbeiter/-in	h	75	85	**88**	92	99
			63	72	**74**	77	83
50	Stundensatz, Helfer/-in	h	60	68	**73**	77	84
			50	57	**61**	65	71

Nr. **Kurztext** / Langtext — Kostengruppe
► ▷ **ø netto €** ◁ ◄ [Einheit] Ausf.-Dauer Positionsnummer

Kosten:
Stand 1. Quartal 2026
Bundesdurchschnitt

1 Feuchtemessung KG **353**

Feuchtemessung des Untergrunds als Prüfung der Belegreife, über die Prüfpflicht des Auftragnehmers hinaus. Messung mit CM-Prüfinstrument, Preis je Prüfung inkl. Protokollierung und Übergabe an den Auftraggeber.

39€ | 49€ | **52€** | 57€ | 66€ | [St] | ⏱ 0,25 h/St | 028.000.082

2 Untergrund reinigen KG **353**

Untergrund von groben Verschmutzungen reinigen, anfallende Stoffe aufnehmen, in Behältnis des AN sammeln, abfahren und entsorgen. Abfall ist nicht gefährlich, nicht schadstoffbelastet.

0,6€ | 1,0€ | **1,2€** | 1,6€ | 2,5€ | [m²] | ⏱ 0,02 h/m² | 028.000.001

3 Sinterschicht abschleifen KG **353**

Sinterschicht von Calciumsulfatestrichen abschleifen, Staub absaugen, sortieren und in Container des AN lagern. Inkl. Abfahren und Entsorgen auf Nachweis.
Geforderte Ebenheit: Tabelle 3 **Zeile 3 / Zeile 4** DIN 18202

1€ | 2€ | **2€** | 3€ | 5€ | [m²] | ⏱ 0,06 h/m² | 028.000.072

4 Zementestrich anschleifen KG **353**

Zementestrich anschleifen als Vorbereitung für Bodenverlegung, Schleifgut sammeln, aufnehmen sortieren und in Container des AN lagern. Inkl. Abfahren und Entsorgen auf Nachweis.
Estrichoberfläche: .....
Geforderte Ebenheit: Tabelle 3 **Zeile 3 / Zeile 4** DIN 18202

1€ | 2€ | **2€** | 3€ | 4€ | [m²] | ⏱ 0,06 h/m² | 028.000.071

5 Untergrund prüfen, Haftzugfestigkeit KG **353**

Untergrund des Parkettbelags durch Haftzugprüfung prüfen. Preis je Prüfung inkl. Protokollierung und Übergabe an den Auftraggeber.
Untergrund: .....
Hinweis: Nur über Prüfpflicht des Auftragnehmers hinausgehende Leistung.

27€ | 33€ | **35€** | 39€ | 45€ | [St] | ⏱ 0,50 h/St | 028.000.067

6 Untergrund vorstreichen, Haftgrund KG **353**

Voranstrich für Verklebung der Parkettbeläge.
Untergrund: .....

2€ | 3€ | **3€** | 4€ | 5€ | [m²] | ⏱ 0,03 h/m² | 028.000.004

► min
▷ von
ø Mittel
◁ bis
◄ max

Nr.	**Kurztext** / Langtext						Kostengruppe
▶	▷	**ø netto €**	◁	◀	[Einheit]	Ausf.-Dauer	Positionsnummer

7 Trennlage, Baumwollfilz KG **353**

Trennlage auf Estrich aus Baumwollfilz, einlagig, unter nachfolgenden Bodenbelag.
Estrich: .....
Dicke Trennlage: 6 mm
Angeb. Fabrikat: .....

2€	4€	**5€**	6€	8€	[m²]	⏱ 0,03h/m²	028.000.006

8 Unterlage, Rippenpappe KG **353**

Unterlage für Bodenbelag aus Rippenpappe, auf Zementestrich.
Dicke: 2,5 mm

3€	4€	**5€**	6€	8€	[m²]	⏱ 0,04h/m²	028.000.049

9 Unterlage, Korkschrotpappe KG **353**

Unterlage aus gepressten Korkbahnen, auf Estrich.
Dicke: 3,2 mm

–	8€	**13€**	15€	–	[m²]	⏱ 0,05h/m²	028.000.050

10 Unterboden, Holzspanplatte P2, 28mm KG **353**

Unterboden für Parkettbelag, aus kunstharzgebundenen Holzspanplatten, mit Nut-Feder-Verbindung, für schwimmende Verlegung, Platten verleimen und mechanisch befestigen.
Untergrund: Holzkonstruktion
Plattentyp: P2
Emissionsklasse: E1
Plattendicke: 28 mm

–	37€	**44€**	58€	–	[m²]	⏱ 0,26h/m²	028.000.053

11 Blindboden, Nadelholz KG **353**

Blindboden aus gespundeter, einseitig gehobelter Schalung, auf Deckenbalken, als Untergrund für Parkettbelag.
Holzart: .....
Güteklasse: .....
Brettdicke: 24 mm
Brettbreite: .....

29€	46€	**58€**	59€	69€	[m²]	⏱ 0,45h/m²	028.000.025

A 2 Dielenbodenbelag, Nadelholz Beschreibung für Pos. **12-13**

Fußbodenbelag aus massiven Nadelholzdielen DIN EN 13990, gehobelt und geschliffen, parallel zur Wand im Verband verlegen; mit Parkettklebstoff und regelmäßigem Stoß, unter Beachtung der TRGS 610.

12 Dielenbodenbelag, Fichte, 24mm KG **353**

Wie Ausführungsbeschreibung A 2
Holzart: Fichte PCAB
Sortierung: .....
Feuchtegehalt: .....
Dicke: 24 mm
Format (B x L): ..... x .....

194€	215€	**234€**	255€	274€	[m²]	⏱ 0,95h/m²	028.000.078

023 024 025 026 027 **028** 029 030 031 032 033 034 036 037 038 039

Nr.	Kurztext / Langtext					Kostengruppe
▶	▷	ø netto €	◁	◀	[Einheit]	Ausf.-Dauer	Positionsnummer

13 Dielenbodenbelag, Lärche, 24mm KG **353**

Wie Ausführungsbeschreibung A 2
Holzart: Lärche LADC
Sortierung: .....
Feuchtegehalt: .....
Dicke: 24 mm
Format (B x L): ..... x .....

▶	▷	ø netto €	◁	◀	[Einheit]	Ausf.-Dauer	Positionsnummer
196€	218€	**239€**	258€	278€	[m²]	⏱ 0,95h/m²	028.000.070

A 3 Dielenboden, Laubholz Beschreibung für Pos. **14-16**

Fußbodenbelag aus massiven Laubholzdielen DIN EN 13629, gehobelt und geschliffen, parallel zur Wand im Verband, mit regelmäßigem Stoß, mit Parkettklebstoff, unter Beachtung der TRGS 610, verlegen.

Kosten:
Stand 1. Quartal 2026
Bundesdurchschnitt

14 Dielenbodenbelag, Ahorn, 22mm KG **353**

Wie Ausführungsbeschreibung A 3
Holzart: Ahorn
Sortierung: .....
Feuchtegehalt: .....
Dicke: 22 mm
Format (B x L): ..... x .....

▶	▷	ø netto €	◁	◀	[Einheit]	Ausf.-Dauer	Positionsnummer
215€	233€	**259€**	283€	304€	[m²]	⏱ 0,95h/m²	028.000.079

15 Dielenbodenbelag, Esche, 22mm KG **353**

Wie Ausführungsbeschreibung A 3
Holzart: Esche FXEX
Sortierung: .....
Feuchtegehalt: .....
Dicke: 22 mm
Format (B x L): ..... x .....

▶	▷	ø netto €	◁	◀	[Einheit]	Ausf.-Dauer	Positionsnummer
176€	192€	**215€**	232€	252€	[m²]	⏱ 0,95h/m²	028.000.080

16 Dielenbodenbelag, Eiche, 22mm KG **353**

Wie Ausführungsbeschreibung A 3
Holzart: Eiche QCXE
Sortierung: .....
Feuchtegehalt: .....
Dicke: 22 mm
Format (B x L): ..... x .....

▶	▷	ø netto €	◁	◀	[Einheit]	Ausf.-Dauer	Positionsnummer
165€	179€	**201€**	217€	238€	[m²]	⏱ 0,95h/m²	028.000.007

▶ min
▷ von
ø Mittel
◁ bis
◀ max

Nr.	Kurztext / Langtext					Kostengruppe
▶	▷	ø netto €	◁	◀	[Einheit]	Ausf.-Dauer	Positionsnummer

A 4 Stabparkett, 22mm Beschreibung für Pos. **17-18**

Parkett aus Massivholz-Elementen (Parkettstäben) mit Nut und Feder, mit Parkettklebstoff unter Beachtung der TRGS 617 verlegen. Oberfläche nach dem Verlegen schleifen.

17 Stabparkett, Eiche, 22mm KG **353**

Wie Ausführungsbeschreibung A 4
Einbauort: .....
Untergrund: .....
Holzart: Eiche QCXE
Sortierung: .....
Fußboden-Heizung: .....
Anordnung/Optik: .....
Stoßausbildung: .....
Parkettformat (B x L): ..... x .....
Dicke: 22 mm
Farbe/Struktur: festgelegt von AG, nach Bemusterung

104€ 119€ **129€** 137€ 150€ [m²] ⏱ 0,70h/m² 028.000.034

18 Stabparkett, Buche, 22mm KG **353**

Wie Ausführungsbeschreibung A 4
Einbauort: .....
Untergrund: .....
Holzart: Buche FASY, gedämpft
Sortierung: .....
Fußboden-Heizung: .....
Anordnung/Optik: .....
Stoßausbildung: .....
Format (B x L): ..... x .....
Dicke: 22 mm
Farbe/Struktur: festgelegt von AG, nach Bemusterung

109€ 132€ **135€** 135€ 151€ [m²] ⏱ 0,70h/m² 028.000.035

19 Vollholzparkett, Hochkantlamellen, Eiche, bis 12mm KG **353**

Vollholzparkett mit Hochkantlamellen, mit Parkettklebstoff unter Beachtung der TRGS 610 verlegen. Oberfläche nach dem Verlegen schleifen.
Einbauort: .....
Untergrund: .....
Holzart: Eiche QCXR
Sortierung: .....
Fußboden-Heizung: .....
Anordnung/Optik: .....
Parkettformat (B x L): ..... x .....
Dicke: bis 22 mm
Farbe/Struktur: festgelegt von AG, nach Bemusterung

68€ 81€ **86€** 92€ 101€ [m²] ⏱ 0,60h/m² 028.000.032

023 024 025 026 027 028 029 030 031 032 033 034 036 037 038 039

Nr.	Kurztext / Langtext						Kostengruppe
►	▷	ø netto €	◁	◄	[Einheit]	Ausf.-Dauer	Positionsnummer

A 6 Mehrschicht-/Fertigparkett, versiegelt Beschreibung für Pos. **20-23**

Mehrschichtparkettelemente (Fertigparkett) in Dielenform, werksseitig versiegelt, mit Parkettklebstoff unter Beachtung der TRGS 610 verlegen.

20 Fertigparkett, Ahorn, 14mm, versiegelt KG **353**

Wie Ausführungsbeschreibung A 6
Einbauort: .....
Untergrund: .....
Holzart: Ahorn
Sortierung: .....
Fußboden-Heizung: .....
Anordnung/Optik: .....
Stoßausbildung: .....
Parkettformat (B x L): ..... x .....
Dicke: 14 mm
Nutzschicht: mind. 2,5 mm
Farbe/Struktur: festgelegt von AG, nach Bemusterung

76€	98€	**109€**	113€	124€	[m2]	⏱ 0,40h/m2	028.000.013

21 Fertigparkett, Eiche 14mm, versiegelt KG **353**

Wie Ausführungsbeschreibung A 6
Einbauort: .....
Untergrund: .....
Holzart: Eiche OCXE
Sortierung: .....
Fußboden-Heizung: .....
Anordnung/Optik: .....
Stoßausbildung: .....
Parkettformat (B x L): ..... x .....
Dicke: 14 mm
Nutzschicht: mind. 2,5 mm
Farbe/Struktur: festgelegt von AG, nach Bemusterung

104€	115€	**127€**	147€	159€	[m2]	⏱ 0,40h/m2	028.000.058

Kosten:
Stand 1. Quartal 2026
Bundesdurchschnitt

► min
▷ von
ø Mittel
◁ bis
◄ max

Nr.	Kurztext / Langtext						Kostengruppe
▶	▷	ø netto €	◁	◀	[Einheit]	Ausf.-Dauer	Positionsnummer

22 Fertigparkett, Esche, 14mm, versiegelt KG **353**

Wie Ausführungsbeschreibung A 6
Einbauort: .....
Untergrund: .....
Holzart: Esche FXEX
Sortierung: .....
Fußboden-Heizung: .....
Anordnung/Optik: .....
Stoßausbildung: .....
Parkettformat (B x L): ..... x .....
Dicke: 14 mm
Nutzschicht: mind. 2,5 mm
Farbe/Struktur: festgelegt von AG, nach Bemusterung

▶	▷	ø netto €	◁	◀	[Einheit]	Ausf.-Dauer	Positionsnummer
98€	109€	**118€**	136€	150€	[m2]	⏱ 0,40h/m2	028.000.059

23 Fertigparkett, Buche, 14mm, versiegelt KG **353**

Wie Ausführungsbeschreibung A 6
Einbauort: .....
Untergrund: .....
Holzart: Buche FASY
Sortierung: .....
Fußboden-Heizung: .....
Anordnung/Optik: .....
Stoßausbildung: .....
Parkettformat (B x L): ..... x .....
Dicke: 14 mm
Nutzschicht: mind. 2,5 mm
Farbe/Struktur: festgelegt von AG, nach Bemusterung

▶	▷	ø netto €	◁	◀	[Einheit]	Ausf.-Dauer	Positionsnummer
93€	104€	**114€**	130€	144€	[m2]	⏱ 0,40h/m2	028.000.060

A 7 Lamparkett, 10mm Beschreibung für Pos. **24-26**

Lamparkett (Dünnparkett) mit Parkettklebstoff unter Beachtung der TRGS 610 verlegen. Oberfläche nach dem Verlegen schleifen.

24 Lamparkett, Eiche, 10mm KG **353**

Wie Ausführungsbeschreibung A 7
Einbauort: .....
Untergrund: .....
Holzart: Eiche QCXE
Sortierung: .....
Fußboden-Heizung: .....
Parkettformat (B x L): ..... x .....
Dicke: 10 mm
Farbe/Struktur: festgelegt von AG, nach Bemusterung

▶	▷	ø netto €	◁	◀	[Einheit]	Ausf.-Dauer	Positionsnummer
76€	114€	**155€**	174€	219€	[m2]	⏱ 0,65h/m2	028.000.036

Kosten:
Stand 1. Quartal 2026
Bundesdurchschnitt

Nr.	Kurztext / Langtext						Kostengruppe
▶	▷	ø netto €	◁	◀	[Einheit]	Ausf.-Dauer	Positionsnummer

25 Lamparkett, Ahorn, 10mm KG **353**

Wie Ausführungsbeschreibung A 7
Einbauort: .....
Untergrund: .....
Holzart: Ahorn
Sortierung: .....
Fußboden-Heizung: .....
Parkettformat (B x L): ..... x .....
Dicke: 10 mm
Farbe/Struktur: festgelegt von AG, nach Bemusterung

▶	▷	ø	◁	◀	Einheit	Ausf.-Dauer	Positionsnummer
–	113€	**161€**	180€	–	[m³]	⏱ 0,65h/m³	028.000.061

26 Lamparkett, Esche, 10mm KG **353**

Wie Ausführungsbeschreibung A 7
Einbauort: .....
Untergrund: .....
Holzart: Esche FXEX
Sortierung: .....
Fußboden-Heizung: .....
Parkettformat (B x L): ..... x .....
Dicke: 10 mm
Farbe/Struktur: festgelegt von AG, nach Bemusterung

▶	▷	ø	◁	◀	Einheit	Ausf.-Dauer	Positionsnummer
–	108€	**152€**	171€	–	[m²]	⏱ 0,65h/m²	028.000.062

A 8 Mosaikparkett, 8mm, Beschreibung für Pos. **27-29**

Parkett aus Mosaikparkettelementen, mit Parkettklebstoff unter Beachtung der TRGS 610 verlegen. Oberfläche nach dem Verlegen schleifen.

27 Mosaikparkett, Eiche, 8mm KG **353**

Wie Ausführungsbeschreibung A 8
Einbauort: .....
Untergrund: .....
Holzart: Eiche QCXE
Sortierung: .....
Fußboden-Heizung: .....
Parkettformat (B x L): ..... x .....
Dicke: 8 mm
Farbe/Struktur: festgelegt von AG, nach Bemusterung

▶	▷	ø	◁	◀	Einheit	Ausf.-Dauer	Positionsnummer
56€	73€	**82€**	90€	118€	[m²]	⏱ 0,50h/m²	028.000.037

▶ min
▷ von
ø Mittel
◁ bis
◀ max

28 Mosaikparkett, Esche, 8mm KG **353**

Wie Ausführungsbeschreibung A 8
Einbauort: .....
Untergrund: .....
Holzart: Esche FXEX
Sortierung: .....
Fußboden-Heizung: .....
Parkettformat (B x L): ..... x .....
Dicke: 8 mm
Farbe/Struktur: festgelegt von AG, nach Bemusterung

▶	▷	ø netto €	◁	◀	[Einheit]	Ausf.-Dauer	Positionsnummer
–	93€	**109€**	119€	–	[m²]	⏱ 0,50 h/m²	028.000.063

29 Mosaikparkett, Buche, 8mm KG **353**

Wie Ausführungsbeschreibung A 8
Einbauort: .....
Untergrund: .....
Holzart: Buche, FASY gedämpft
Sortierung: .....
Fußboden-Heizung: .....
Parkettformat (B x L): ..... x .....
Dicke: 8 mm
Farbe/Struktur: festgelegt von AG, nach Bemusterung

▶	▷	ø netto €	◁	◀	[Einheit]	Ausf.-Dauer	Positionsnummer
–	92€	**102€**	118€	–	[m²]	⏱ 0,50 h/m²	028.000.064

30 Holzpflaster, bis 50mm KG **353**

Holzpflaster im Verband, vollflächig verklebt, unter Beachtung der TRGS 610 verlegen. Oberfläche nach dem Verlegen schleifen.
Einbauort: .....
Untergrund: .....
Holzart: .....
Format (B x H): ..... x .....
Dicke: bis 50 mm
Farbe/Struktur: festgelegt von AG, nach Bemusterung

▶	▷	ø netto €	◁	◀	[Einheit]	Ausf.-Dauer	Positionsnummer
99€	116€	**118€**	124€	133€	[m²]	⏱ 0,85 h/m²	028.000.044

31 Vollholzparkett schleifen KG **353**

Parkettböden für Oberflächenbehandlung schleifen und reinigen, inkl. Schleifgut entsorgen.
Schleifkörnung: bis Körnung 180
Parkett: .....
Holzart: .....

▶	▷	ø netto €	◁	◀	[Einheit]	Ausf.-Dauer	Positionsnummer
12€	16€	**18€**	19€	26€	[m²]	⏱ 0,15 h/m²	028.000.010

32 Vollholzparkett beschichten KG **353**

Geschliffene Rohböden mit Vollholz-Parkettoberfläche beschichten.
Beschichtung: .....
Parkett: .....
Angeb. Fabrikat: .....

▶	▷	ø netto €	◁	◀	[Einheit]	Ausf.-Dauer	Positionsnummer
14€	19€	**21€**	26€	34€	[m²]	⏱ 0,20 h/m²	028.000.011

Nr.	Kurztext / Langtext						Kostengruppe
▶	▷	**ø netto €**	◁	◀	[Einheit]	Ausf.-Dauer	Positionsnummer

33 Randstreifen abschneiden KG **353**

Abschneiden des Überstandes des Randdämmstreifens für Bodenbelagsarbeiten.
Werkstoff Randstreifen: .....

▶	▷	ø	◁	◀	Einheit	Ausf.-Dauer	Positionsnummer
0,4€	0,6€	**0,7€**	0,9€	1,3€	[m]	⏱ 0,01h/m	028.000.023

34 Randabschluss, Korkstreifen, Dehnfuge KG **353**

Sichtbar bleibende Randfuge in Parkettfußboden, mit Kork, einschl. Fugenvorbereitung und -hinterfüllung, Fugenbreite bis 10mm

▶	▷	ø	◁	◀	Einheit	Ausf.-Dauer	Positionsnummer
5€	8€	**9€**	11€	15€	[m]	⏱ 0,10h/m	028.000.020

35 Sockelleiste, Buche KG **353**

Sockelleiste mit gerundetem Viertelstab, Stöße und Stirnseiten schräg abgeschnitten.
Untergrund: .....
Holzart: Buche FASY
Profil: 14 x 14 mm
Oberfläche: farblos matt lackiert
Befestigung: Nägel

▶	▷	ø	◁	◀	Einheit	Ausf.-Dauer	Positionsnummer
10€	14€	**15€**	17€	21€	[m]	⏱ 0,08h/m	028.000.014

36 Sockelleiste, Eiche KG **353**

Sockelleiste mit Rechteckprofil, Stöße und Stirnseiten schräg abgeschnitten.
Holzart: Eiche QCXE
Profil: ..... x .....
Oberfläche: farblos matt lackiert
Befestigung: Senkkopfschrauben, verdübelt

▶	▷	ø	◁	◀	Einheit	Ausf.-Dauer	Positionsnummer
11€	15€	**17€**	19€	23€	[m]	⏱ 0,08h/m	028.000.015

37 Sockelleiste, Ahorn KG **353**

Sockelleiste mit gerundetem Schmetterlings-Profil, Stöße und Stirnseiten schräg abgeschnitten.
Holzart: Ahorn
Profil: 25 x 25 mm
Oberfläche: farblos matt lackiert
Befestigung: Nägel

▶	▷	ø	◁	◀	Einheit	Ausf.-Dauer	Positionsnummer
12€	15€	**16€**	19€	24€	[m]	⏱ 0,08h/m	028.000.016

38 Eckausbildung, vorgefertigt, Sockelleiste KG **353**

Eckausbildung der Sockelleiste, Ausführung mit vorgefertigten Innen- und Außenecken.
Leistenprofil: ..... x .....
Holzart: .....
Höhe: .....
Holzdicke: .....

▶	▷	ø	◁	◀	Einheit	Ausf.-Dauer	Positionsnummer
0,7€	2,1€	**2,5€**	3,3€	4,6€	[St]	⏱ 0,02h/St	028.000.045

Kosten:
Stand 1. Quartal 2026
Bundesdurchschnitt

▶ min
▷ von
ø Mittel
◁ bis
◀ max

Nr.	Kurztext / Langtext						Kostengruppe
▶	▷	**ø netto €**	◁	◀	[Einheit]	Ausf.-Dauer	Positionsnummer

39 Parkettbelag anarbeiten, gerade — KG **353**

Parkettbelag an nicht mit Leisten überdeckte Anschlüsse anarbeiten, wie Randfriese, raumhohe Fenster, Treppenaugen, etc.
Parkett: .....
Parkettdicke: .....

7€	13€	**16€**	18€	24€	[m]	⏱ 0,25h/m	028.000.017

40 Parkettbelag anarbeiten, schräg — KG **353**

Parkettbelag anarbeiten an nicht parallel zur Verlegerichtung verlaufende lineare Bauteile.
Parkettart: **Hochkantlamelle / Stabparkett / Fertigparkett / .....**
Dicke: .....

11€	15€	**16€**	19€	25€	[m]	⏱ 0,25h/m	028.000.046

41 Aussparung, Parkett — KG **353**

Öffnung oder Aussparung in Parkett herstellen.
Format: rechteckig
Abmessung: ..... x .....
Parkett: .....

21€	38€	**45€**	51€	67€	[St]	⏱ 0,30h/St	028.000.027

42 Trennschiene, Metall — KG **353**

Trennschiene aus Metall in Holzbodenbelag.
Material: .....
Schenkellänge: ..... x .....
Einbauort: Bodenbelagswechsel
Anker: .....
Untergrund: .....
Belag/Parkett: .....

16€	23€	**26€**	32€	46€	[m]	⏱ 0,12h/m	028.000.021

A 9 Übergangsprofil/Abdeckschiene — Beschreibung für Pos. **43-45**

Abdeckschienen aus leicht gerundetem Profil, im Bereich des Belagwechsels unter dem Türblatt befestigen.

43 Übergangsprofil/Abdeckschiene, nichtrostender Stahl — KG **353**

Wie Ausführungsbeschreibung A 9
Material: nichtrostender Stahl
Oberfläche: .....
Belag/Parkett: .....

18€	26€	**31€**	34€	43€	[m]	⏱ 0,12h/m	028.000.039

44 Übergangsprofil/Abdeckschiene, Aluminium — KG **353**

Wie Ausführungsbeschreibung A 9
Material: Aluminium, eloxiert
Oberfläche: .....
Belag/Parkett: .....

17€	26€	**30€**	34€	42€	[m]	⏱ 0,12h/m	028.000.040

Nr.	Kurztext / Langtext						Kostengruppe
►	▷	ø netto €	◁	◄	[Einheit]	Ausf.-Dauer	Positionsnummer

45 Übergangsprofil/Abdeckschiene, Messing — KG **353**

Wie Ausführungsbeschreibung A 9
Material: Messing
Oberfläche: .....
Belag/Parkett: .....

17€	27€	**32€**	41€	55€	[m]	⏱ 0,12h/m	028.000.041

46 Verfugung, elastisch, Silikon, bis 10mm — KG **353**

Bewegungsfuge in vollflächig verklebtem Parkettfußboden füllen, mit elastischem Dichtstoff.
Fugenbreite: bis 10 mm

6€	8€	**9€**	11€	13€	[m]	⏱ 0,05h/m	028.000.022

Kosten:
Stand 1.Quartal 2026
Bundesdurchschnitt

47 Erstpflege, Parkettbelag — KG **353**

Erstpflege des Parkettbelags, Leistungsausführung innerhalb einer Woche nach Aufforderung durch die Bauleitung des Architekten.
Angestrebte Rutschhemmung: .....

2€	5€	**6€**	8€	12€	[m²]	⏱ 0,03h/m²	028.000.024

48 Schutzabdeckung, Platten/Folie — KG **353**

Parkettböden mit gewebeverstärkter Folie vor Beschädigungen der verlegten Böden schützen und abschließend wieder beseitigen.
Schutzabdeckung: Holzplatte und PE-Folie

3€	5€	**6€**	7€	8€	[m²]	⏱ 0,05h/m²	028.000.030

49 Stundensatz, Facharbeiter/-in

Stundenlohnarbeiten für Vorarbeiter/-in, Facharbeiter/-in und Gleichgestellte (z.B. Spezialbaufacharbeiter/-in, Baufacharbeiter/-in, Obermonteur/-in, Monteur/-in, Geselle/Gesellin, Maschinenführer/-in, Fahrer/-in und ähnliche Fachkräfte). Verrechnungssatz für die jeweilige Arbeitskraft inkl. aller Aufwendungen wie Lohn- und Gehaltskosten, Lohn- und Gehaltsnebenkosten, Zuschläge, lohngebundene und lohnabhängige Kosten, sonstige Sozialkosten, Gemeinkosten, Wagnis und Gewinn. Leistung nach besonderer Anordnung der Bauüberwachung. Anmeldung und Nachweis gem. VOB/B.

63€	72€	**74€**	77€	83€	[h]	⏱ 1,00h/h	028.000.042

50 Stundensatz, Helfer/-in

Stundenlohnarbeiten für Werker/-in, Helfer/-in und Gleichgestellte. Verrechnungssatz für die jeweilige Arbeitskraft inkl. aller Aufwendungen wie Lohn- und Gehaltskosten, Lohn- und Gehaltsnebenkosten, Zuschläge, lohngebundene und lohnabhängige Kosten, sonstige Sozialkosten, Gemeinkosten, Wagnis und Gewinn. Leistung nach besonderer Anordnung der Bauüberwachung. Anmeldung und Nachweis gem. VOB/B.

50€	57€	**61€**	65€	71€	[h]	⏱ 1,00h/h	028.000.043

► min
▷ von
ø Mittel
◁ bis
◄ max

029

Kosten:
Stand 1. Quartal 2026
Bundesdurchschnitt

Nr.	Positionen	Einheit	▶	▷	ø brutto € / ø netto €	◁	◀
1	Fenstergriff, Aluminium	St	24	40	**46**	53	70
			20	34	**38**	44	59
2	Fenstergriff, Aluminium, abschließbar	St	36	80	**100**	120	179
			30	67	**84**	101	150
3	Drückergarnitur, Wohnungstür, Metall	St	195	285	**313**	344	423
			164	239	**263**	289	356
4	Drückergarnitur, Wohnungstür, Stahl-Nylon	St	47	77	**93**	113	158
			40	65	**78**	95	133
5	Drückergarnitur, Objekttür, Aluminium	St	76	110	**130**	156	202
			64	93	**110**	131	170
6	Drückergarnitur, niro	St	128	260	**299**	377	535
			107	218	**251**	317	450
7	Drückergarnitur, Objekttür, niro, barrierefrei	St	–	502	**564**	694	–
			–	422	**474**	583	–
8	Drückergarnitur, Objekttür, niro, Ellenbogenbetätigung	St	–	542	**623**	753	–
			–	455	**523**	633	–
9	WC-Garnitur, Objektbereich, Aluminium	St	46	90	**110**	130	172
			39	76	**92**	109	144
10	WC-Garnitur, Objektbereich, Edelstahl	St	75	196	**218**	258	367
			63	165	**183**	217	309
11	Stoßgriff, Tür, Aluminium	St	187	397	**501**	717	1.077
			157	334	**421**	603	905
12	Obentürschließer, einflüglige Tür	St	316	455	**492**	628	997
			266	383	**414**	528	838
13	Obentürschließer, zweiflüglige Tür	St	692	1.059	**1.258**	1.495	1.972
			581	890	**1.057**	1.256	1.657
14	Bodentürschließer, einflüglige Tür	St	673	730	**814**	907	1.022
			565	613	**684**	763	858
15	Obentürschließer Innentür, ohne BS Anforderung	St	248	285	**309**	348	401
			208	240	**260**	293	337
16	Türantrieb, kraftbetätigte Tür, einflüglig	St	4.100	5.944	**6.752**	7.862	10.031
			3.446	4.995	**5.674**	6.607	8.430
17	Türantrieb, kraftbetätigte Tür, zweiflüglig	St	4.258	7.387	**8.686**	10.227	13.316
			3.578	6.207	**7.299**	8.594	11.190
18	Elektrischer Türantrieb	St	3.972	4.734	**5.442**	5.986	6.965
			3.338	3.978	**4.573**	5.030	5.853
19	Sensorleiste, Türblatt	St	726	979	**1.072**	1.228	1.595
			610	823	**901**	1.032	1.340
20	Fingerschutz, Türkante	St	131	247	**295**	359	478
			110	208	**248**	302	401
21	Türöffner elektrisch	St	124	235	**260**	379	631
			104	198	**219**	319	530
22	Fluchttürsicherung, elektrische Verriegelung	St	1.206	1.625	**1.933**	1.997	2.643
			1.013	1.366	**1.625**	1.678	2.221
23	Türstopper, Wandmontage	St	31	50	**56**	68	99
			26	42	**47**	57	84
24	Türstopper, Bodenmontage	St	21	41	**47**	62	96
			18	34	**39**	52	81

▶ min
▷ von
ø Mittel
◁ bis
◀ max

Nr.	Positionen	Einheit	►	▷	ø brutto € / ø netto €	◁	◄
25	Türspion, Aluminium	St	19	39	**47**	75	111
			16	33	**39**	63	93
26	Lüftungsprofil, Fenster	St	134	255	**301**	337	488
			112	214	**253**	283	410
27	Lüftungsgitter, Türblatt	St	43	70	**82**	108	177
			36	59	**69**	90	148
28	Halb-Schließzylinder	St	35	72	**86**	111	174
			30	61	**72**	93	147
29	Doppel-Schließzylinder	St	42	90	**106**	141	244
			35	75	**89**	118	205
30	Profilzylinderverlängerung, je 5mm	St	4	7	**8**	10	14
			3	6	**7**	9	12
31	Profilzylinderverlängerung, je 10mm	St	4	8	**9**	12	18
			3	6	**8**	10	15
32	Profilblindzylinder	St	16	26	**30**	45	70
			13	22	**25**	38	59
33	Generalhaupt-, Generalschlüssel	St	10	18	**21**	29	45
			9	15	**18**	24	37
34	Gruppen-, Hauptschlüssel	St	6	12	**14**	19	29
			5	10	**12**	16	24
35	Schlüssel, Buntbart	St	10	17	**19**	22	32
			8	14	**16**	19	27
36	Schlüsselschrank, wandhängend	St	141	381	**517**	606	1.197
			118	320	**435**	509	1.006
37	Riegelschloss	St	96	196	**248**	264	318
			81	164	**209**	222	267
38	Absenkdichtung, Tür	St	93	174	**203**	308	468
			78	146	**171**	259	394
39	Hausbriefkasten, Aufputz	St	1.867	2.051	**2.195**	2.230	2.316
			1.569	1.723	**1.844**	1.874	1.946
40	WC-Schild, taktil, Kunststoff	St	–	67	**77**	96	–
			–	56	**64**	81	–
41	WC-Schild, taktil, Aluminium	St	–	90	**101**	127	–
			–	76	**85**	107	–
42	Handlaufbeschriftung, taktil, Alu, 36,5/43, Blinden-/Profilschrift	St	–	70	**81**	100	–
			–	59	**68**	84	–
43	Handlaufbeschriftung, taktil, Alu, 36,5/173, Blinden-/Profilschrift	St	–	120	**138**	173	–
			–	101	**116**	146	–

Kosten:
Stand 1. Quartal 2026
Bundesdurchschnitt

Nr.	**Kurztext** / Langtext						Kostengruppe
▶	▷	**ø netto €**	◁	◀	[Einheit]	Ausf.-Dauer	Positionsnummer

1 Fenstergriff, Aluminium KG **334**

Fenstergriff, als RAL-geprüfte Konstruktion, inkl. Rosette. 4-Punkt-Kugelrastung, spürbarer Positionierung.
Ausführung: Dreh-Kipp-Griff
Form/Typ: .....
Benutzerkategorie DIN EN 1906: Klasse 2
Befestigung: unsichtbar
Dauerhaftigkeit DIN EN 1906: **6 / 7**
Rosette: **oval / eckig**
Material: Aluminium
Oberfläche: naturfarbig
Angeb. Fabrikat: .....

20€	34€	**38€**	44€	59€	[St]	⏱ 0,28h/St	029.000.013

2 Fenstergriff, Aluminium, abschließbar KG **334**

Fenstergriff, abschließbar, als RAL-geprüfte Konstruktion, Kugelrastung für spürbare Positionierung, inkl. Stift, Rosette und 3 Schlüssel.
Ausführung: Dreh-Kipp-Griff
Form/Typ: .....
Benutzerkategorie DIN EN 1906: Klasse 2
Befestigung: unsichtbar
Dauerhaftigkeit DIN EN 1906: **6 / 7**
Rosette: **oval / eckig**
Material: Aluminium
Oberfläche: .....
Angeb. Fabrikat: .....

30€	67€	**84€**	101€	150€	[St]	⏱ 0,30h/St	029.000.040

3 Drückergarnitur, Wohnungstür, Metall KG **344**

Drückergarnitur aus Metall, RAL-geprüfte Konstruktion, inkl. Drückerstift und Rosette mit Hochhaltefeder.
Türtyp: Wohnungstür
Türblattdicke: .....
Ausführung: **Normal- / Wechselgarnitur**
Form/Typ: .....
Gebrauchskategorie DIN EN 1906: Klasse .....
Sicherheit Klasse .....
Einbruchschutz: Klasse .....
Korrosionsbeständigkeit: Klasse .....
Befestigung: unsichtbar
Dauerhaftigkeit DIN EN 1906: **6 / 7**
Rosette: **rund / oval / eckig** für **Buntbart / PZ**
Material: **nichtrostender Stahl / Aluminium**
Oberfläche: .....
Angeb. Fabrikat: .....

164€	239€	**263€**	289€	356€	[St]	⏱ 0,30h/St	029.000.004

▶ min
▷ von
ø Mittel
◁ bis
◀ max

4 Drückergarnitur, Wohnungstür, Stahl-Nylon KG **344**

Drückergarnitur aus Stahlkern mit Nylonoberfläche, als RAL-geprüfte Konstruktion, inkl. Drückerstift und Rosette mit Hochhaltefeder.
Türtyp: Wohnungstür
Türblattdicke: .....
Ausführung: **Normal- / Wechselgarnitur**
Form/Typ: .....
Gebrauchskategorie DIN EN 1906: Klasse .....
Sicherheit Klasse .....
Einbruchschutz: Klasse .....
Korrosionsbeständigkeit: Klasse .....
Befestigung: unsichtbar
Dauerhaftigkeit DIN EN 1906: **6 / 7**
Rosette: **rund / oval / eckig** für **Buntbart / PZ**
Material: Kern aus Stahl, Oberfläche aus Nylon
Farbe: .....
Angeb. Fabrikat: .....

40€ 65€ **78€** 95€ 133€ [St] ⏱ 0,30h/St 029.000.014

5 Drückergarnitur, Objekttür, Aluminium KG **344**

Drückergarnitur aus Aluminium, für Objektbereich, RAL-geprüfte Konstruktion, inkl. Drückerstift 9mm und Rosette mit Hochhaltefeder, Feuerschutzbeschlag, ohne Panikfunktion.
Türtyp: .....
Türblattdicke: .....
Ausführung: **Normal- / Wechselgarnitur**
Form/Typ: .....
Gebrauchskategorie DIN EN 1906: Klasse .....
Sicherheit Klasse .....
Einbruchschutz: Klasse .....
Korrosionsbeständigkeit: Klasse .....
Befestigung: unsichtbar
Dauerhaftigkeit DIN EN 1906: **6 / 7**
Rosette für PZ: **rund / oval / eckig**
Material: **nichtrostender Stahl / Aluminium**
Angeb. Fabrikat: .....

64€ 93€ **110€** 131€ 170€ [St] ⏱ 0,30h/St 029.000.007

Nr.	Kurztext / Langtext					Kostengruppe
▶	▷	ø netto €	◁	◀	[Einheit]	Ausf.-Dauer	Positionsnummer

6 Drückergarnitur, niro KG **344**

Drückergarnitur aus nichtrostendem Stahl; für Objektbereich, RAL-geprüfte Konstruktion, inkl. Drückerstift und Rosette mit Hochhaltefeder, Feuerschutzbeschlag, ohne Panikfunktion.
Türtyp: .....
Türblattdicke: .....
Ausführung: **Normal- / Wechselgarnitur**
Form/Typ: .....
Gebrauchskategorie DIN EN 1906: Klasse .....
Sicherheit Klasse .....
Einbruchschutz: Klasse .....
Korrosionsbeständigkeit: Klasse .....
Befestigung: unsichtbar
Dauerhaftigkeit DIN EN 1906: **6 / 7**
Rosette für: **rund / oval / eckig**
Material: nichtrostender Stahl, Werkstoff: .....
Oberfläche: **matt gebürstet / spiegelpoliert / .....**
Angeb. Fabrikat: .....

▶	▷	ø	◁	◀	Einheit	Ausf.-Dauer	Positionsnummer
107€	218€	**251€**	317€	450€	[St]	0,30h/St	029.000.008

7 Drückergarnitur, Objekttür, niro, barrierefrei KG **344**

Drückergarnitur aus nichtrostendem Stahl, Anordnung auf 850mm Höhe, für Handbetätigung aus Rollstuhl, inkl. Drückerstift und Langschild.
Türtyp: Objekttür - Verwaltung
Türblattdicke: .....
Ausführung: Wechselgarnitur mit Langschild
Abstand: .....
Form/Typ: .....
Gebrauchskategorie DIN EN 1906: Klasse .....
Sicherheit Klasse .....
Einbruchschutz: Klasse .....
Korrosionsbeständigkeit: Klasse .....
Befestigung: unsichtbar
Dauerhaftigkeit DIN EN 1906: **6 / 7**
Material: **nichtrostender Stahl, Werkstoff: .....**
Oberfläche: **matt gebürstet / spiegelpoliert / .....**
Angeb. Fabrikat: .....

▶	▷	ø	◁	◀	Einheit	Ausf.-Dauer	Positionsnummer
–	422€	**474€**	583€	–	[St]	0,30h/St	029.000.041

Kosten:
Stand 1.Quartal 2026
Bundesdurchschnitt

▶ min
▷ von
ø Mittel
◁ bis
◀ max

8 Drückergarnitur, Objekttür, niro, Ellenbogenbetätigung KG **344**

Drückergarnitur aus nichtrostendem Stahl, zur Hand- und Ellenbogenbetätigung, als RAL-geprüfte Konstruktion, inkl. Drückerstift und Langschild.
Türtyp: Objekttür - Pflegebereich
Türblattdicke: .....
Ausführung: Drückergarnitur
Form/Typ: .....
Gebrauchskategorie DIN EN 1906: Klasse .....
Sicherheit Klasse .....
Einbruchschutz: Klasse .....
Korrosionsbeständigkeit: Klasse .....
Befestigung: unsichtbar
Dauerhaftigkeit DIN EN 1906: **6 / 7**
Langschild: .....
Material: nichtrostender Stahl
Werkstoff: .....
Oberfläche: **matt gebürstet / spiegelpoliert / .....**
Angeb. Fabrikat: .....

▶	▷	ø netto €	◁	◀	[Einheit]	Ausf.-Dauer	Positionsnummer
–	455€	**523€**	633€	–	[St]	⏱ 0,30h/St	029.000.042

9 WC-Garnitur, Objektbereich, Aluminium KG **344**

WC-Garnitur aus Aluminium, als RAL-geprüfte Konstruktion, einschl. Drückerstift und Rosette. Präzise Einhaltung der Montageposition und minimiertes Spiel.
Türtyp: Objektbereich
Türblattdicke: .....
Ausführung: WC-Garnitur mit beidseitigem Drücker und frei/besetzt Anzeige
Ausrichtung: DIN **links/ rechts**
Form/Typ: .....
Gebrauchskategorie DIN EN 1906: Klasse .....
Sicherheit Klasse .....
Einbruchschutz: Klasse .....
Korrosionsbeständigkeit: Klasse .....
Befestigung: unsichtbar
Dauerhaftigkeit DIN EN 1906: **6 / 7**
Rosette: **rund / oval / eckig**
Material: Aluminium
Oberfläche: **eloxiert / anodisiert**
Farbton: **Hellsilber / Dunkelbronze**
Angeb. Fabrikat: .....

▶	▷	ø netto €	◁	◀	[Einheit]	Ausf.-Dauer	Positionsnummer
39€	76€	**92€**	109€	144€	[St]	⏱ 0,35h/St	029.000.015

Nr.	Kurztext / Langtext						Kostengruppe
►	▷	ø netto €	◁	◄	[Einheit]	Ausf.-Dauer	Positionsnummer

Kosten:
Stand 1.Quartal 2026
Bundesdurchschnitt

10 WC-Garnitur, Objektbereich, Edelstahl KG **344**

WC-Garnitur aus nichtrostendem Stahl, RAL-geprüfte Konstruktion, mit präziser Einhaltung der Montageposition und minimiertem Spiel, inkl. Drückerstift und Rosette.
Türtyp: Objektbereich: .....
Türblattdicke: .....
Ausführung: WC-Garnitur mit beidseitigem Drücker
Ausrichtung: DIN **links/ rechts**
Form/Typ: .....
Gebrauchskategorie DIN EN 1906: Klasse .....
Sicherheit Klasse .....
Einbruchschutz: Klasse .....
Korrosionsbeständigkeit: Klasse .....
Befestigung: unsichtbar
Dauerhaftigkeit DIN EN 1906: **6 / 7**
Rosette: **oval / eckig**
Material: Edelstahl
Oberfläche: **matt gebürstet / spiegelpoliert**
Angeb. Fabrikat: .....

63€	165€	**183€**	217€	309€	[St]	⏱ 0,50h/St	029.000.016

11 Stoßgriff, Tür, Aluminium KG **344**

Stoßgriff für Türen, verdeckt verschraubt, mit Rosette.
Grifflänge: .... mm
Griffdurchmesser: 30 mm
Türblattdicke: .....
Material: Aluminium
Oberfläche: **eloxiert / anodisiert**
Farbton: .....
Angeb. Fabrikat: .....

157€	334€	**421€**	603€	905€	[St]	⏱ 0,60h/St	029.000.017

12 Obentürschließer, einflüglige Tür KG **344**

Obentürschließer DIN EN 1154 für Rauch-/Feuerschutztür, einflüglig, mit Zulassung.
Art/Form: Basisschließer und Normalgestänge
Anforderungen:
- Schließergröße EN 2-4
- Schließgeschwindigkeit und Endanschlag von vorn einstellbar über Ventil
- Sicherheitsventil gegen Überlastung
- Normalgestänge, für DIN links und DIN rechts, Normalmontage (Türblatt) auf der Bandseite und Kopfmontage (Sturz) auf der Bandgegenseite

Für Türflügelbreite: max. 1.100 mm
Öffnungswinkel: max. 180°
Feststellbereich ca. 70-150°
Oberfläche: .....
Angeb. Fabrikat/Typ: .....

266€	383€	**414€**	528€	838€	[St]	⏱ 1,50h/St	029.000.009

► min
▷ von
ø Mittel
◁ bis
◄ max

13 Obentürschließer, zweiflüglige Tür KG **344**

Obentürschließer für zweiflüglige Türanlage, mit mechanischer Feststellung.
Art/Form: Basisschließer und Normalgestänge
Anforderungen:

- mit integrierter mechanischer Schließfolgeregelung
- von vorn einstellbare Schließkraft, Schließergröße EN 2-6
- Schließgeschwindigkeit und Endanschlag mit von vorne regulierbarer Öffnungsdämpfung mit optischer Größenanzeige
- Sicherheitsventil gegen Überlastung
- Normalmontage auf Türblatt oder auf Bandseite, mit Montageplatte

Oberfläche: .....
Angeb. Fabrikat/Typ: .....

581€ 890€ **1.057€** 1.256€ 1.657€ [St] ⏱ 2,00h/St 029.000.018

14 Bodentürschließer, einflüglige Tür KG **344**

Bodentürschließer für Drehflügeltür, mit Endanschlag, Schließgeschwindigkeit einstellbar, mit fixer Öffnungsdämpfung.
Einbau in bauseitig hergestellte Vertiefung Bodenaufbau
Türtyp: Innentür
Schließkraft Größe nach DIN EN 1154: .....
Bauhöhe: 42 mm
Feststellung: **ohne Feststellung / mit Feststellung .....**
Material Deckplatte: .....
Oberfläche/Farbe: .....
Angeb. Fabrikat: .....

565€ 613€ **684€** 763€ 858€ [St] ⏱ 2,00h/St 029.000.019

15 Obentürschließer Innentür, ohne BS Anforderung KG **344**

Obentürschließer für Innentür, einflüglig, mit einstellbarer Geschwindigkeit und Gleitschiene, für Türen ohne Brandschutzanforderung.
Türgröße: .....
Art der Tür: .....
Angeb. Fabrikat/Typ: .....

208€ 240€ **260€** 293€ 337€ [St] ⏱ 0,50h/St 027.000.114

16 Türantrieb, kraftbetätigte Tür, einflüglig KG **344**

Drehtür-Automatik nach DIN 18650 / EN 16005, für kraftbetätigte, barrierefreie Türanlage, einflüglig, für bauseitige Anschlagtür, als geräuscharmer elektromechanischer Drehtürantrieb für Innen- und Außentür, mit Montageplattensatz. Ausrüstung der Türflügels mit Sensorleiste, Notschalter, Flächentaster, Türöffner, integrierter Öffnungsbegrenzer und Programmschalter in gesonderter Position.
Ausführung:

- drückend oder ziehend
- Montage: **Türblattmontage / Kopfmontage** auf **Band-/Bandgegenseite** mit Gleitschiene
- Digitale Steuerung (Kategorie 2 - DIN EN 954-1 und Performance Level "d" - DIN EN ISO 13849-1)

Bauhöhe: 70 mm
Türblattabmessung (B x H): ..... x .....
Angeb. Fabrikat/Typ: .....

3.446€ 4.995€ **5.674€** 6.607€ 8.430€ [St] ⏱ 2,50h/St 029.000.035

023 024 025 026 027 028 **029** 030 031 032 033 034 036 037 038 039

Nr.	Kurztext / Langtext						Kostengruppe
▶	▷	ø netto €	◁	◀	[Einheit]	Ausf.-Dauer	Positionsnummer

Kosten:
Stand 1. Quartal 2026
Bundesdurchschnitt

17 Türantrieb, kraftbetätigte Tür, zweiflüglig KG **344**

Drehtür-Automatik nach DIN 18650 / EN 16005, für kraftbetätigte, barrierefreie Türanlage, zweiflüglig, für bauseitige Anschlagtür, als geräuscharmer elektromechanischer Drehtürantrieb für Innen- und Außentür, mit Montageplattensatz. Ausrüstung der Türflügels mit Sensorleiste, Notschalter, Flächentaster, Türöffner, integrierter Öffnungsbegrenzer und Programmschalter in gesonderter Position.
Ausführung:

- drückend oder ziehend
- Montage: **Türblattmontage / Kopfmontage** auf **Band-/Bandgegenseite** mit Gleitschiene
- Digitale Steuerung (Kategorie 2 - DIN EN 954-1 und Performance Level "d" - DIN EN ISO 13849-1)

Bauhöhe: .....
Türblattabmessung (B x H): ..... x .....
Angeb. Fabrikat/Typ: .....

3.578€	6.207€	**7.299€**	8.594€	11.190€	[St]	⏱ 3,00h/St	029.000.036

18 Elektrischer Türantrieb KG **344**

Antrieb für einflüglige Tür, elektrisch, mit Bewegungsmeldern, Tastern, Sicherheitseinrichtung und Einstellungsmöglichkeiten.
Tür: ......
Flügelgewicht: .....
Türbreite: .....
Tiefe der Laibung: .....
Angeb. Fabrikat/Typ: .....

3.338€	3.978€	**4.573€**	5.030€	5.853€	[St]	⏱ 5,30h/St	027.000.116

19 Sensorleiste, Türblatt KG **344**

Sensorleiste, geprüft nach DIN 18650 / EN 16005, auf dem Türblatt montiert, zur Absicherung des Schwenkbereiches der Tür in Öffnungs- und Schließrichtung pro Türflügel sind 2 Stück Sensorleisten anzubieten. Die Nebenschließkantenabsicherung im Bereich der Türbänder erfolgt aufgrund der durchgeführten Sicherheitsanalyse: **bauseitig / durch den Türhersteller**. Anlenkelement mit Sensorik integriert, zur platzsparenden Montage von Sensor und Gestänge bzw. Gleitschiene in einer Ebene geprüft nach DIN 18650 / EN 16005, auf dem Türblatt montiert.
Türflügelbreite: 1125 mm
Sensorleiste für Innen- und Außentüren und für alle Bodenverhältnisse (z.B. Reinstreifenmatte, Metallschiene, dunkle und absorbierende Böden, glänzende und nasse Fliesen, Gitterroste), mit integrierter Wandausblendung und Energiesparmodus
Ausführung:

- GC GR, mit integriertem, zweiteiligem Gleitschienenprofil
- Adapter für die Integration der Sensorleiste mit dem Gestänge

Abrechnung je Türflügel (2 Sensorleisten je Türflügel)
Angeb. Fabrikat .....

610€	823€	**901€**	1.032€	1.340€	[St]	⏱ 1,00h/St	029.000.047

▶ min
▷ von
ø Mittel
◁ bis
◀ max

20 **Fingerschutz, Türkante** KG **344**

Fingerschutz zur Sicherung der Türkante. Ausführung für **handbetätigte / kraftbetätigte** Türflügel. Sicherung unsichtbar befestigt.
Montage: **Bandseite / Gegenbandseite**
Material: **Aluminium, eloxiert / farbbeschichtet RAL .....**
Ausführung: feuerhemmend
Länge: bis 2.500 mm
Angeb. Fabrikat: ......

110€ 208€ **248€** 302€ 401€ [St] ⏱ 0,30h/St 029.000.037

21 **Türöffner elektrisch** KG **344**

Türöffner elektrisch, zur Freigabe der Tür, 24 V DC, 100% Einschaltdauer und Riegelschaltkontakt zur Abschaltung des Antriebs bei verriegelter Tür mit Fallen Riegel-Schloss (1 Stück pro Antrieb)
Angeb. Fabrikat: .....

104€ 198€ **219€** 319€ 530€ [St] ⏱ 0,30h/St 029.000.048

22 **Fluchttürsicherung, elektrische Verriegelung** KG **344**

Fluchttürsicherung zur Sicherung einer Tür im Verlauf von Flucht- und Rettungswegen mit elektrischer Verriegelung gem. EltVTR. Geeignet zum Anschluss an Drehtürantriebe, Motorschlösser, Brandmeldeanlagen, Einbruchmeldeanlagen sowie zur Weiterleitung von Meldungen an die Gebäudeleittechnik, u.v.m.
System bestehend aus:
Türzentrale in Bus-Technik mit integrierter Steuerung, Nottasten Hinweisschild und Netzteil. Geprüft nach EltVTR.
Ausstattung:
Steuerung mit beleuchteter Nottaste
LED-Anzeigen für die Betriebszustände:

- Tür **verriegelt / entriegelt / kurzzeitentriegelt**
- Tür **offen / geschlossen**
- Alarm, Voralarm, Störung

Farbige Klemmen zur Unterscheidung der Anschlüsse für die Peripherie. Flächig zu betätigende, barrierefreie Schlaghaube mit Sabotageschutz.
Integriertes Nottasten-Hinweisschild, unbeleuchtet
Netzteil:

- Netzspannung 230 V AC
- Betriebsspannung 24 V DC
- Ausgangsstrom max. 650 mA (bei AP-Zentralen)
- Ausgangsstrom max. 600 mA (bei UP-Zentralen)

Anschlüsse:
3 programmierbare Eingänge zum Anschluss von Zeitschaltuhr, Brandmeldeanlage, Einbruchmeldeanlage, Zutrittskontrolle, Schlösser mit Zylinderkontakt u.v.m.
Funktion: High aktiv, Low aktiv und Deaktiv je Zustand wählbar
2 programmierbare Ausgänge zum Anschluss von Drehtürantrieb, Motorschloss, Drückersperrschloss, zusätzlichem Türöffner, optischer oder akustischer Alarmanzeige u.v.m.
Funktion: Öffner, Schließer und Deaktiv je Zustand wählbar

Eingang für indirekte Freischaltung durch externe Nottasten

- Eingang für Beleuchtung des Nottasten-Hinweisschildes
- Eingang für externen Schlüsseltaster zur Steuerung der Betriebsarten
- Eingang für Rückmeldung des Türzustands
- Eingang für Rückmeldung des Verriegelungszustands

Vorgerichtet zur Vernetzung über BUS mit Visualisierungssoftware
Tableau TE 220/TTE 220 und OPC-Schnittstelle OPC 220
Funktionen:

- Abbruch und Nachtriggern in Verbindung mit Kurzzeitentriegelung
- Kombination mit Drehtürantrieben ohne zusätzliche Komponenten möglich
- EMA, - BMA Signale sowie der Zeitschaltuhr können über den BUS an alle Teilnehmer einer BUS-Linie weitergeleitet werden, jeweils 5 Gruppen möglich
- integrierte Schleusenfunktion (Aktiv, Passiv und kombiniert), 10 Gruppen möglich
- Weiterleitung von Systemzuständen an GLT über potenzialfreie Ausgänge
- Weiterleitung von Sammelmeldungen wie Türzustand, Alarm und Verriegelt an GLT
- integrierter Summer zu akustischen Signalisierung bei Alarmen und Voralarm
- integrierte Wochenzeitschaltuhr
- Alarmspeicher mit Datum und Uhrzeit
- automatische Speicherung des Betriebszustandes und der Nutzerdaten nach Netzausfällen bis zu 24 h

System bestehend aus den Einzelkomponenten:

- TZ 320 UP Steuerungseinheit
- NET 320, Netzteil
- FWS 320, Fluchtwegschild
- dreifach-Rahmen
- Aufputzmontage
- Verwendung für Türen: **einflüglig / zweiflüglig**
- kontaktloser Kartenleser (RFID)
- Leserreichweiten 3 cm (Key) bis 8 cm (Card)
- Zur Montage in verschiedene Schalterprogramme
- optische und akustische Anzeige, 3 LEDs (rot, grün, orange)
- Signalgeber
- Sabotageerkennung
- Schutzart in Abhängigkeit der Schalterprogramme unterschiedlichster Hersteller
- Spannungsversorgung 8-30 V DC
- Stromaufnahme max. 100 mA / 24 V
- Umgebungstemperatur -25°C bis +60°C
- (B x H x T): ca. 50 x 50 x 43 mm
- Zur Integration in dreifach-Rahmen der Türzentrale
- Verkabelung durch AN Elektro

Angeb. Fabrikat: .....

►	▷	ø	◁	◄	Einheit	Ausf.-Dauer	Positionsnummer
1.013€	1.366€	**1.625€**	1.678€	2.221€	[St]	⏱ 1,50h/St	029.000.049

Kosten:
Stand 1. Quartal 2026
Bundesdurchschnitt

► min
▷ von
ø Mittel
◁ bis
◄ max

23 Türstopper, Wandmontage KG **344**

Wand-Türstopper mit schwarzem Gummipuffer, befestigt mit korrosionsgeschützter Schraube.
Untergrund: .....
Einbaubereich **Außenbereich / Innenbereich**
Gehäuse: nichtrostender Stahl, Werkstoff .....
Oberfläche: **poliert / gebürstet**
Form: **rund / eckig**
Angeb. Fabrikat: .....

▶	▷	ø netto €	◁	◀	[Einheit]	Ausf.-Dauer	Positionsnummer
26€	42€	**47€**	57€	84€	[St]	⏱ 0,10h/St	029.000.010

24 Türstopper, Bodenmontage KG **344**

Boden-Türstopper mit schwarzem Gummipuffer, befestigt mit korrosionsgeschützter Schraube.
Untergrund: .....
Einbaubereich **Außenbereich / Innenbereich**
Gehäuse: nichtrostender Stahl, Werkstoff .....
Oberfläche: **poliert / gebürstet**
Form: **rund / eckig**
Angeb. Fabrikat: .....

▶	▷	ø netto €	◁	◀	[Einheit]	Ausf.-Dauer	Positionsnummer
18€	34€	**39€**	52€	81€	[St]	⏱ 0,15h/St	029.000.011

25 Türspion, Aluminium KG **344**

Türspion mit Linsensystem, inkl. Deckklappe, Einbau in vorhandene Öffnung
Türblattdicke: .....
Einbauhöhe: **..... / Eignung für Rollstuhlfahrer**
Rohrdurchmesser: 15 mm
Material: Aluminium
Oberfläche: **anodisiert / eloxiert**
Farbton: .....
Angeb. Fabrikat: .....

▶	▷	ø netto €	◁	◀	[Einheit]	Ausf.-Dauer	Positionsnummer
16€	33€	**39€**	63€	93€	[St]	⏱ 0,15h/St	029.000.020

26 Lüftungsprofil, Fenster KG **334**

Lüftungsprofil für Fenster, als schallgedämmte Nachströmöffnung, rahmenintegriert, bestehend aus Innenteil, Luftkanal und Wetterschutzgitter.
Fensterrahmen: **Vollprofil / Hohlprofil**
Profiltiefe: .....
Luftrichtung: Zuluft
Volumenstrom: mind. ..... m³/h
Material: stranggepresstes Aluminium und Kunststoff
Farbe: weiß, ähnlich RAL 9010
Filterart: Staub- und Insektenfilter
Filterklasse: G2
Normschallpegeldifferenz: Dn,w 40dB
Schalldämmmaß: Rw 34dB
Angeb. Fabrikat: .....

▶	▷	ø netto €	◁	◀	[Einheit]	Ausf.-Dauer	Positionsnummer
112€	214€	**253€**	283€	410€	[St]	⏱ 0,35h/St	029.000.022

Nr.	Kurztext / Langtext						Kostengruppe
▶	▷	ø netto €	◁	◀	[Einheit]	Ausf.-Dauer	Positionsnummer

27 Lüftungsgitter, Türblatt KG **344**

Lüftungsgitter in Holz-Türblatt, als Überströmöffnung zwischen Wohnräumen, stufenlos regulierbar und verschließbar; Komplettsystem bestehend aus Rahmen und Gitter, inkl. beidseitiger elastischer Verfugung.
Freier Querschnitt: A= ..... cm^2
Rahmengröße: .....
Farbe: weiß
Material: **Aluminium / Kunststoff**
Angeb. Fabrikat: .....

36€ | 59€ | **69€** | 90€ | 148€ | [St] | ⏱ 0,15h/St | 029.000.026

28 Halb-Schließzylinder KG **344**

Profil-Halbzylinder, Sicherheitsstufe gem. beiliegendem Schließkonzept, mit je 6 Stiftzuhaltungen, inkl. vernickelter Stulpschraube und je 3 Schlüsseln.
Variantenklasse: .....
Grundlänge: ..... / .....
Schließart: **verschieden- / gleichschließend**
Material: Messing, matt vernickelt
Farbe: .....
Angeb. Fabrikat: .....

30€ | 61€ | **72€** | 93€ | 147€ | [St] | ⏱ 0,13h/St | 029.000.002

29 Doppel-Schließzylinder KG **344**

Profil-Doppelzylinder, Sicherheitsstufe gem. beiliegendem Schließkonzept, mit je 6 Stiftzuhaltungen, inkl. vernickelter Stulpschraube und je 3 Schlüsseln.
Variantenklasse: .....
Grundlänge: ..... / .....
Schließart: **verschieden- / gleichschließend**
Material: Messing, matt vernickelt
Farbe: .....
Angeb. Fabrikat: .....

35€ | 75€ | **89€** | 118€ | 205€ | [St] | ⏱ 0,15h/St | 029.000.001

30 Profilzylinderverlängerung, je 5mm KG **344**

Verlängerung des Profilzylinders je Seite und angefangene 5mm.

3€ | 6€ | **7€** | 9€ | 12€ | [St] | – | 029.000.038

31 Profilzylinderverlängerung, je 10mm KG **344**

Verlängerung des Profilzylinders je Seite und angefangene 10mm.

3€ | 6€ | **8€** | 10€ | 15€ | [St] | – | 029.000.012

32 Profilblindzylinder KG **344**

Profilblindzylinder, inkl. vernickelter Stulpschraube.
Grundlänge: ..... / .....
Material: Messing, matt vernickelt
Angeb. Fabrikat: .....

13€ | 22€ | **25€** | 38€ | 59€ | [St] | ⏱ 0,15h/St | 029.000.003

Kosten:
Stand 1. Quartal 2026
Bundesdurchschnitt

▶ min
▷ von
ø Mittel
◁ bis
◀ max

Nr.	**Kurztext** / Langtext						Kostengruppe
▶	▷	**ø netto €**	◁	◀	[Einheit]	Ausf.-Dauer	Positionsnummer

33 Generalhaupt-, Generalschlüssel KG **344**

Generalhauptschlüssel für Profilzylinder der Schließanlage. Schlüssel **bei gleichzeitiger Bestellung mit der Schließanlage / als Nachlieferung.**

9€	15€	**18€**	24€	37€	[St]	–	029.000.027

34 Gruppen-, Hauptschlüssel KG **344**

Gruppen-, Hauptschlüssel für Profilzylinder der beschriebenen Schließanlage; Schlüssel als **gleichzeitige Bestellung mit der Schließanlage / als Nachlieferung**.

5€	10€	**12€**	16€	24€	[St]	–	029.000.028

35 Schlüssel, Buntbart KG **344**

Buntbart-BB-Schlüssel für Türschlösser Klasse 1, gleichschließend.
Material: Messing verchromt, poliert

8€	14€	**16€**	19€	27€	[St]	–	029.000.006

36 Schlüsselschrank, wandhängend KG **344**

Schlüsselkasten mit Tür und Zylinderschloss, Türöffnung: >90°, inkl. farbig sortiertem Musterbeutel mit Schlüsselanhängern und Indexblatt zur Selbstbeschriftung, an Wand befestigt.
Material: .....
Oberfläche: .....
Für Schlüsselanzahl: .....
Angeb. Fabrikat/Typ: .....

118€	320€	**435€**	509€	1.006€	[St]	⏱ 0,80h/St	029.000.024

37 Riegelschloss KG **344**

Montage von Einsteck-Riegelschloss in Türblatt, inkl. aller Bohr- und Fräsarbeiten, vorgerichtet für Profil-Halbzylinder.

81€	164€	**209€**	222€	267€	[St]	⏱ 0,15h/St	029.000.030

38 Absenkdichtung, Tür KG **344**

Absenkdichtung an Innentür, zum Abdichten von Boden-Luftspalten, band- und schlossseitig auslösend, Anschlag mit stirnseitigen Befestigungswinkeln, inkl. Druckplatten für Normfalz und PVC-Dichtprofil.
Spaltweite: bis .....
Art der Tür: **Zimmertür / Schallschutztür Rw: .....**
Nutmaß (B x H): ..... x .....
Schalldämmwert: .....

78€	146€	**171€**	259€	394€	[St]	⏱ 0,20h/St	029.000.031

023
024
025
026
027
028
029
030
031
032
033
034
036
037
038
039

Nr.	Kurztext / Langtext						Kostengruppe
▶	▷	ø netto €	◁	◀	[Einheit]	Ausf.-Dauer	Positionsnummer

Kosten:
Stand 1. Quartal 2026
Bundesdurchschnitt

39 Hausbriefkasten, Aufputz — KG **610**

Briefkasten als Außenbriefkasten DIN EN 13724, **mit / ohne Zeitungsfach**, Aufputzmontage.
Material: nichtrostender Stahl, Werkstoff .....
Oberfläche: geschliffen Korn 240
Einwurföffnung: Typ 1
Einwurfschlitz: Größe 1
Schließung: 2 gleichschließende Schlüssel
Befestigungsmaterial: 4 Schrauben mit Wanddübel
Untergrund: **Stahlbeton / Mauerwerk**, verputzt, 20 mm
Angeb. Fabrikat/Typ: .....

▶	▷	ø	◁	◀	Einheit	Ausf.-Dauer	Positionsnummer
1.569€	1.723€	**1.844€**	1.874€	1.946€	[St]	⏱ 0,80h/St	029.000.039

40 WC-Schild, taktil, Kunststoff — KG **344**

WC-Schild mit Piktogramm und taktiler Beschriftung in Brailleschrift.
Einbauort: .....
Befestigung: .....
Material: Polyamid
Abmessung: 200 x 100 mm
Oberfläche: .....
Design: .....
Angeb. Fabrikat: .....

▶	▷	ø	◁	◀	Einheit	Ausf.-Dauer	Positionsnummer
–	56€	**64€**	81€	–	[St]	⏱ 0,10h/St	029.000.043

41 WC-Schild, taktil, Aluminium — KG **344**

WC-Schild mit Piktogramm und taktiler Beschriftung in Brailleschrift.
Einbauort: .....
Befestigung: .....
Material: Aluminium, eloxiert
Abmessung: 150 x 150 mm
Design: .....
Angeb. Fabrikat: .....

▶	▷	ø	◁	◀	Einheit	Ausf.-Dauer	Positionsnummer
–	76€	**85€**	107€	–	[St]	⏱ 0,10h/St	029.000.051

A 1 Handlaufbeschriftung, taktil, Alu, Braille/Profilschrift — Beschreibung für Pos. **42-43**

Taktile Handlaufbeschriftung aus Aluminiumschild mit Blinden- und Profilschrift.
Anwendungsbereich: **innen / außen**
Handlauf: .....
Befestigung: geklebt
Form: **flach / rund**
Qualität: eloxiert nach EV1
Farbe: silberfarben

42 Handlaufbeschriftung, taktil, Alu, 36,5/43, Blinden-/Profilschrift — KG **359**

Wie Ausführungsbeschreibung A 1
Abmessung (H x L): 36,5 x 43 mm
Beschriftung: bis 5 Zeichen

▶	▷	ø	◁	◀	Einheit	Ausf.-Dauer	Positionsnummer
–	59€	**68€**	84€	–	[St]	⏱ 0,10h/St	029.000.044

▶ min
▷ von
ø Mittel
◁ bis
◀ max

Nr.	Kurztext / Langtext						Kostengruppe
▶	▷	**ø netto €**	◁	◀	[Einheit]	Ausf.-Dauer	Positionsnummer

43 **Handlaufbeschriftung, taktil, Alu, 36,5/173, Blinden-/Profilschrift** KG **359**

Wie Ausführungsbeschreibung A 1
Abmessung (H x L): 36,5 x 173 mm
Beschriftung: bis 12 Zeichen

–	101€	**116€**	146€	–	[St]	⏱ 0,10h/St	029.000.046

023
024
025
026
027
028
029
030
031
032
033
034
036
037
038
039

030

Kosten:
Stand 1. Quartal 2026
Bundesdurchschnitt

Rollladenarbeiten — Preise €

Nr.	Positionen	Einheit	►	▷	ø brutto € / ø netto €	◁	◄
1	Rollladenkasten	m	89	104	**109**	113	139
			75	87	**91**	95	117
2	Deckel, Rollladenkasten	m	33	43	**46**	51	61
			28	36	**38**	43	52
3	Vorbaurollladen, Führungsschiene, Gurtwickler	St	272	500	**574**	715	1.058
			229	420	**483**	600	889
4	Rollladen, Führungsschiene, Gurtwickler	St	188	340	**393**	471	668
			158	286	**330**	396	561
5	Elektromotor, Rollladen	St	208	285	**299**	354	464
			175	239	**251**	298	390
6	Jalousie/Raffstore/Lamellen, außen, elektrisch	St	495	775	**878**	999	1.334
			416	651	**738**	840	1.121
7	Fallarmmarkise, Acrylgarngewebe, 3,0m²	St	768	865	**932**	997	1.099
			645	727	**783**	838	923
8	Gelenkarmmarkise, Terrassenmarkise, bis 15m²	St	2.797	3.818	**4.380**	4.648	5.531
			2.351	3.208	**3.681**	3.905	4.648
9	Verdunkelung, innen, bis 3,50m²	St	229	341	**383**	462	591
			193	287	**322**	388	497
10	Schiebeladen, zweiteilig, Metall/Holz, manuell, bis 4m²	St	1.220	1.788	**1.924**	2.171	2.778
			1.025	1.503	**1.617**	1.825	2.335
11	Fensterladen, Holz, zweiteilig	St	464	1.011	**1.191**	1.505	2.301
			390	849	**1.001**	1.265	1.934
12	Windwächter-Anlage, Sonnenschutz	St	721	1.272	**1.495**	1.711	2.312
			606	1.069	**1.256**	1.438	1.943
13	Sonnenschutz-Wetterstation	St	1.070	1.795	**2.220**	2.524	2.984
			899	1.508	**1.866**	2.121	2.507
14	Rollgitteranlage, elektrisch, 6,0-10m²	St	7.480	9.539	**10.168**	11.155	12.666
			6.285	8.016	**8.544**	9.374	10.644
15	Rolltoranlage, elektrisch	St	5.614	13.736	**14.748**	16.315	21.412
			4.718	11.543	**12.393**	13.710	17.994
16	Stundensatz, Facharbeiter/-in	h	86	94	**95**	97	103
			72	79	**80**	82	86
17	Stundensatz, Helfer/-in	h	54	67	**72**	76	84
			46	56	**61**	64	71

► min
▷ von
ø Mittel
◁ bis
◄ max

1 Rollladenkasten KG **338**

Rollladenkasten, tragend, vorbereitet für den Einbau von gurtbetriebenem Rollladen-Element aus Welle und Panzer/Behang.
Befestigungsuntergrund: .....
Fensterbreite: .....
Wanddicke: .....
Dämmung: **ohne / mit**
Kastenmaterial: **Leichtbeton / Kunststoff**
Dämmstoff: PUR
Bemessungswert der Wärmeleitfähigkeit: max. ..... W/(mK)
Nennwert Wärmeleitfähigkeit: 0,025 W/(mK)
Dämmstoffdicke: ..... mm
Oberflächen: außen für WDVS, innen für Putz
Arbeitshöhe: bis 3,50 m

75€ 87€ **91€** 95€ 117€ [m] ⏱ 0,30h/m 030.000.001

2 Deckel, Rollladenkasten KG **338**

Deckel für Rollladenkasten, bestehend aus Abdeckplatte und aufgeklebter Wärmedämmschicht, als sichtbare, revisionierbare Abdeckung in bestehende Öffnung.
Kastengröße (B x H): ..... x .....
Material: Deckel aus Hart-PVC, PUR-Dämmstoff
Bemessungswert der Wärmeleitfähigkeit: max. ..... W/(mK)
Nennwert der Wärmeleitfähigkeit: 0,025 W/(mK)
Dämmstoffdicke: ..... mm
Oberfläche: Farbe nach Musterkarte
Arbeitshöhe: bis 3,50 m

28€ 36€ **38€** 43€ 52€ [m] ⏱ 0,05h/m 030.000.002

3 Vorbaurollladen, Führungsschiene, Gurtwickler KG **338**

Rollladen als Einzelrollladen Vorbauelement, aus dreiseitig geschlossenem Kasten, mit abnehmbaren Revisionsdeckel, Behang/ Panzer. Welle und Antrieb durch handbetriebenen Gurtaufzug, inkl. Aufbaugurtwickler innen, schwenkbar, Behangstäbe schallreduzierend gelagert für geräuscharmen Lauf.
Anforderung:

- Windwiderstand: Klasse **1 / 2**
- Einbruchhemmung: RC2
- Lebensdauerklasse 3 nach DIN EN 13659:2009-01
- revisionierbar

U-Wert: ..... W/(m²K)
Luftschalldämmung: Rw 40dB
Dämmung: **ohne / mit**, Dämmstoffdicke: ..... mm
Kastengröße (B x H x T): ..... x ..... x .....
Fenstergröße (B x H): ..... x .....
Behanghöhe (Fensterhöhe + Kastenhöhe): ......
Kastenecken: **gerundet / scharfkantig**
Materialien:

- Kasten: Aluminium
- Welle: Stahlrohr, verzinkt
- Behang: **Aluminium / PVC-U** - Hohlkammerprofil, Körper ausgeschäumt
- Führungsschiene: **Kunststoff / Aluminium**

023 024 025 026 027 028 029 030 031 032 033 034 036 037 038 039

Nr.	Kurztext / Langtext						Kostengruppe
►	▷	ø netto €	◁	◀	[Einheit]	Ausf.-Dauer	Positionsnummer

Oberfläche und Farbe:

- Behang: .....
- Führungsschiene: .....

Untergrund: .....
Arbeitshöhe: bis 3,50 m
Angeb. Fabrikat: .....

229€	420€	**483€**	600€	889€	[St]	⏱ 0,80h/St	030.000.003

4 Rollladen, Führungsschiene, Gurtwickler KG **338**

Rollladen als Einzelrollladen, in bauseitigen Kasten eingesetzt, aus einteiliger Welle, Behang, Behangstäbe nichtrostend, verbunden für schallreduzierten Lauf, Führungsschienen mit Gurt und wandintegriertem Gurtaufzug mit Einlasswickler. Inkl. Abdeckplatte und Hochhebesicherung.
Einbau Gurtwickler: in verputzte Wandfläche
Anforderung:
Windwiderstand: Klasse **1 / 2**
Einbruchhemmung: Klasse RC 2
Dämmung: **ohne / mit**
Dämmstoffdicke: ..... mm
Kastengröße (B x H x T): ..... x ..... x .....
Fenstergröße (B x H): ..... x .....
Behanghöhe (Fensterhöhe + Kastenhöhe): ......
Materialien:

- Abdeckplatte: **Kunststoff / Aluminium**
- Welle: Stahlrohr, verzinkt
- Behang: **Aluminium / PVC-U** - Hohlkammerprofil, Körper ausgeschäumt
- Führungsschiene: **Kunststoff / Aluminium**

Untergrund: .....
Arbeitshöhe: bis 3,50 m
Angeb. Fabrikat: .....

158€	286€	**330€**	396€	561€	[St]	⏱ 0,60h/St	030.000.004

5 Elektromotor, Rollladen KG **338**

Elektromotor für Rollladenantrieb, Anschluss durch das Gewerk Elektroarbeiten. Der Entfall von Gurt und Gurtwickler ist im Preis zu berücksichtigen. Die Motorleistung ist entsprechend Behanggröße zu dimensionieren.
Kasten (H): .....
Fenstergröße (B x H): ..... x .....
Behanghöhe (Fensterhöhe + Kastenhöhe): ......
Material Behang: **Aluminium / Kunststoff / .....**
Arbeitshöhe: bis 3,50 m

175€	239€	**251€**	298€	390€	[St]	⏱ 0,20h/St	030.000.005

Kosten:
Stand 1. Quartal 2026
Bundesdurchschnitt

► min
▷ von
ø Mittel
◁ bis
◀ max

6 Jalousie/Raffstore/Lamellen, außen, elektrisch KG **338**

Außenjalousie-Anlage, mit Kegelrad-Getriebe, elektrisch betrieben, inkl. Blenden und seitlicher Führung auf Fensterrahmen, Behang aus konkav-konvex geformten, wetterbeständigen Lamellen, Behang geräuscharm geführt, Lamellen nichtrostend mit Kunststoffband verbunden, Oberschiene als stranggepresstes Profil, Unterschiene als Hohlprofil. Heben, Senken und Verstellen der Lamellen durch Elektromotor. Anschluss über mitzuliefernde Steckerkupplung, Nennspannung 220 V, Nennleistung abgestimmt auf Anlagengröße, Zuleitung und Anschluss an Steckerkupplung durch Gewerk Elektroarbeiten.

Abmessungen:
- Fenstergröße (B x H): ..... x .....
- Wetterschutzblende (B x H x T): ..... x ..... x .....
- Seitenblende (B x H): ..... x .....
- Behang (B x H): ...... x .....

Anforderung:
- Windwiderstand: Klasse **1 / 2**
- Einbruchhemmung: Klasse RC 2
- Lebensdauerklasse 3 nach DIN EN 13659
- revisionierbar

Material/Teile:
- Behang: Lamellen aus Aluminium, **gebördelt / ungebördelt**, Lamellendicke 0,22-0,30 mm
- Lamellenbreite (B): ......
- Führung: **stranggepresste Alu-Schiene inkl. Abstandhalter / Niro-Führungsseil inkl. Spannseilhalter** für Montage auf Fensterrahmen
- Lamelle: **mit Führungsnippeln für Schienen / gestanzt für Seilführung**
- Lamellenstanzungen: **nicht geöst / geöst**
- Unterschiene: Stahl, verzinkt

Oberflächen:
- Lamellen/Behang: einbrennlackiert
- Schienen und Blenden: **naturfarben / pulverbeschichtet,** Farbton: .....
- Kunststoffteile: schwarz

Untergrund: .....
Arbeitshöhe: bis 3,50 m
Angeb. Fabrikat: .....

416€ 651€ **738€** 840€ 1.121€ [St] ⏱ 1,80h/St 030.000.006

Nr.	Kurztext / Langtext						Kostengruppe
▶	▷	ø netto €	◁	◀	[Einheit]	Ausf.-Dauer	Positionsnummer

7 Fallarmmarkise, Acrylgarngewebe, 3,0m² KG **338**

Fallarmmarkise DIN EN 13561, als Einzelanlage, Montage an Außenwand/Fassade.
Behanggröße (B x H): 1.200 x 2.500 mm (von Mitte Welle bis Unterkante Unterschiene)
Fläche Behang: ca. 3,0 m²
Markise bestehend aus:

- Behang: Acrylgarngewebe, genäht, Dessin und Farbton nach Standardfächer des AN, ohne Volant/-rollo
- Abdeckung als Halbrundblende, aus Aluminium, anodisiert
- Fallarm aus Aluminium, anodisiert, Länge über 100 bis 125 cm
- Oberschiene als C-Profil aus Aluminium, anodisiert,
- Antrieb durch Kurbel mit Endbegrenzung, Bedienkraftklasse 1, mit Kurbelhalter, mit Kegelradgetriebe, Kurbel und -stange aus Aluminium, eloxiert
- Gelenkplatte

Windwiderstand: Klasse **1 / 2**
Einbruchhemmung: Klasse RC ....
Untergrund: **Mauerwerk / Stahlbeton mit WDVS Dämmung = ...**
Arbeitshöhe: bis 3,50 m
Angeb. Fabrikat: .....

645€	727€	**783€**	838€	923€	[St]	⏱ 2,20h/St	030.000.019

8 Gelenkarmmarkise, Terrassenmarkise, bis 15m² KG **338**

Gelenkarmmarkise liefern und montieren. Anlage bestehend aus korrosionsgeschützten Konsolen für Befestigung der Anlage, Verankerung im Untergrund.
Einbau: **Wand / Decke**
Regenschutzhaube: .....
Gelenkarme aus stranggepresstem Aluminium-Profil: Form: .....
Ausfall-Profil: Form: .....
Tuchwelle aus: .....
Tragrohr aus: .....
Aluminiumteile: pulverbeschichtet ähnlich RAL .....
Abmessung Anlage - ausgefahren (L x B): ..... x .....
Betrieb: **elektrisch / Kurbelbetrieb**
Bespannung/Behang: **Acrylfaser / Polyester**, imprägniert, lichtecht und UV-beständig
Windwiderstandsklasse: .....
Farbe/Muster: nach Mustervorlage und Wahl des Bauherrn
Preisgruppe: .....
Untergrund: .....
Arbeitshöhe: bis 3,50 m
Angebot. Fabrikat Markise: .....
Angebot. Fabrikat Motor: .....

2.351€	3.208€	**3.681€**	3.905€	4.618€	[St]	⏱ 3,00h/St	030.000.017

Kosten:
Stand 1.Quartal 2026
Bundesdurchschnitt

▶ min
▷ von
ø Mittel
◁ bis
◀ max

9 **Verdunkelung, innen, bis 3,50m²** KG **338**

Verdunkelungsanlage, innen, in bauseitigen Kasten, bestehend aus Behang, seitlichen Führungsschienen, einteiliger Welle, Fallstab und Gurt, Behang lichtdicht, mit schallreduziertem Lauf, sowie mit wandintegriertem Gurtaufzug mit Einlasswickler, inkl. Abdeckplatte.
Öffnungsgröße (B x H): ..... x .....
Einbau Gurtwickler: verputzte Wandfläche
Rohbaurichtmaß Kasten (B x H x T): ..... x ..... x .....
Fensterhöhe: .....
Lichtdichtheit: .....
Bedienkraftklasse: .....
Material:

- Abdeckplatte: **Kunststoff / Aluminium**
- Behang: Textilgewebe mit Aussteifungen gegen Faltenwurf
- Führungs-/Lichtschutzschiene aus Stahlblech
- Fallstab aus Stahl mit elastischem Kunststoff-Dichtprofil
- Welle: Stahlrohr, verzinkt
- Einfallschiene: **Stahl / Aluminium**

Oberflächen:

- Behang: lichtdicht schwarz
- Fallstab und Einfallschiene: einbrennlackiert schwarz
- Kunststoffteile: schwarz

Untergrund: .....
Arbeitshöhe: bis 3,50 m
Angeb. Fabrikat: .....

193€	287€	**322€**	388€	497€	[St]	⏱ 0,50h/St	030.000.008

10 **Schiebeladen, zweiteilig, Metall/Holz, manuell, bis 4m²** KG **338**

Schiebeladen, als Jalousieladen, zweiteilig, mit Schiebebeschlägen, Führung, oberer Tragschiene und unterer Führungsschiene, Laden geräuscharm geführt, Füllung nichtrostend in Rahmen befestigt, Tragschiene mit Arretierungen und Endpuffer vor Außenflucht, einschl. aller Beschläge und Verriegelung.
Öffnungsgröße (B x H): ..... x .....
Untergrund: WDVS mit Mauerwerk, Dämmstoffdicke: .....
Windwiderstand: Klasse **1 / 2**
Einbruchwiderstand: Klasse RC2
Führung: Alu-Strangpress-Profil .....
Rahmen Schiebeladen: Rohrprofil aus **Aluminium / Stahl**, Ecken verschweißt und verschliffen
Füllung Schiebeladen: **Stahlblech / Lamellen aus Nadelholz, Douglasie / Lärche** Unterseite profiliert, Lamellenbreite 45 mm, Lamellendicke 20-25 mm, Lamellen **feststehend / beweglich**
Trag- und Führungsschiene: **Aluminium- / Edelstahl**-Flachprofil

Nr.	Kurztext / Langtext						Kostengruppe
►	▷	ø netto €	◁	◀	[Einheit]	Ausf.-Dauer	Positionsnummer

Oberflächen:
- Holzflächen: gehobelt und geschliffen, lasierend, offenporig beschichtet
- Aluminiumteile: **pulverbeschichtet / E6**, C1 - natur
- Stahlblech: pulverbeschichtet
- Farben: .....
- Edelstahlteile: matt

Bedienung: manuell
Untergrund: .....
Arbeitshöhe: bis 3,50 m
Angeb. Fabrikat: .....

1.025€	1.503€	**1.617€**	1.825€	2.335€	[St]	⏱ 3,00h/St	030.000.009

Kosten:
Stand 1.Quartal 2026
Bundesdurchschnitt

11 Fensterladen, Holz, zweiteilig — KG **338**

Fensterladen, paarweise, manuell bedient, bestehend aus Rahmen inkl. Füllung, Beschlägen mit Verankerung in Außenwänden, Feststeller und Verriegelungen, Füllung aus Holzlamellen, wetterbeständig beschichtet, Laden geräuscharm geführt, Lamellen nichtrostend in Rahmen befestigt.
Windwiderstand: Klasse **1 / 2**
Einbruchwiderstand: Klasse **RC2 / RC .....**
Dämmung: **ohne / mit**
Dämmstoffdicke: .....
Öffnungsgröße (B x H): ..... x .....
Ladengröße (Paar) (B x H): ..... x .....
Material und Form:
Rahmen Fensterladen und Füllung: Holzprofil 40 x 40 mm, profiliert
Holzart: **Douglasie / Lärche / Eiche**
- Füllung Fensterladen Holzprofil, Schmalseiten und Unterseite profiliert, Ecken stabil verbunden und verschliffen

Sortierklasse: S10
Holzart: **Douglasie / Lärche / Eiche**
Lamellenbreite: 45 mm
Lamellendicke: 20-25 mm
Einbauhöhe: **bis 3,00 / über 3,00** m
Angeb. Fabrikat: .....

390€	849€	**1.001€**	1.265€	1.934€	[St]	⏱ 2,50h/St	030.000.010

12 Windwächter-Anlage, Sonnenschutz — KG **338**

Windwächter-Anlage für Sonnenschutzanlage bzw. Markise, Montage an exponierter Stelle der Außenwand, vorgerichtet für bauseitigen Verkabelungsanschluss, inkl. Steuerung für Einbau in bauseitigen Schaltschrank.
Beschreibung Anlage: .....
Dämmung: **ohne / mit**
Dämmstoffdicke: ..... mm
Oberfläche: **pulverbeschichtet / einbrennlackiert**
Farbe: .....
Untergrund: .....
Arbeitshöhe: bis 3,50 m
Angeb. Fabrikat: .....

606€	1.069€	**1.256€**	1.438€	1.943€	[St]	⏱ 0,35h/St	030.000.011

► min
▷ von
ø Mittel
◁ bis
◀ max

Nr.	Kurztext / Langtext						Kostengruppe
▶	▷	ø netto €	◁	◀	[Einheit]	Ausf.-Dauer	Positionsnummer

13 Sonnenschutz-Wetterstation KG **338**

Sonnenschutz-Wetterstation, aus kompaktem, massivem, witterungs- und UV-beständigem Kunststoff. Anschluss am Messwertgeber steckbar, über vier-adrige Anschlussleitung. Leitung bis max. 200m verlängerbar.
Folgende Messwerte erfassend:

- Sonneneinstrahlung getrennt nach Himmelsrichtungen
- Erfassung der Dämmerung ohne zusätzlichen Messwertgeber
- Beheizbare Niederschlagssensorfläche, unter 15°C selbstständig zuschaltend

Spannungsversorgung: 24 V DC über die Sonnenschutzzentrale, ohne zusätzliche Netzteile
Abmessungen Anlage (B x H x T): ..... x ..... x ..... mm
Untergrund: .....
Arbeitshöhe: bis 3,50 m
Angeb. Fabrikat: .....

899€	1.508€	**1.866€**	2.121€	2.507€	[St]	⏱ 0,30h/St	030.000.018

14 Rollgitteranlage, elektrisch, 6,0-10m² KG **334**

Rollgitter-Anlage mit allen notwendigen Zubehörteilen, in bauseitige Öffnung; stabiles und einbruchhemmendes Rollgitter mit Motorbedienung und elektronischer Steuerung, Anlage mit Körperschalldämmung für leisen Lauf, Führungsschienen mit Einlage für materialschonenden Betrieb, Rollgitterkasten aus Leichtmetall-Formteil, Anlage mit einbruchhemmender Hochschiebesicherung, mit Notbedienung.
Einbruchwiderstand: Klasse RC .....
Abmessung Rollgitter: .....
Verfügbarer Querschnitt: .....
Material und Form:

- Gitter: **Flachstahl- / Aluminium-Wabe**, 155 x 120 mm, Gewicht ..... kg/m²
- Antriebswelle aus Stahl, achteckig
- Führungsschiene aus Aluminium, stranggepresst
- Rollgitter-Kasten: **Aluminium- / Stahlblech-Formteil**, mehrfach gekantet, mit seitlichen Blenden
- Endstab aus stranggepresstem Aluminium mit Gummi-Abschlussprofil

Oberflächen:

- Aluminiumteile: E6, **C1 - natur / pulverbeschichtet**
- Schienen und Blenden: pulverbeschichtet, Farbe: .....

Bedienung der Anlage:

- Notbedienung als Handkurbel
- Deckenzugtaster mit Kette, montiert innen
- Schlüsselschalter als **Aufputz- / Unterputzschalter**, **außen / innen und außen**
- Handsender

Steuerung:

- **240 V / 24 V** Sicherheits-Kleinspannung
- Schutzart IP54, "Tor zu" in Totmannschaltung (Dauerdruck) mit Drucktastern "Auf-Halt-Zu"
- selbstüberwachende, elektromechanische Schließkantensicherung
- betriebsfertig verkabelt, mit CEE-Stecker

Einbausituation: ....
Arbeitshöhe: bis .....
Angeb. Fabrikat: .....

6.285€	8.016€	**8.544€**	9.374€	10.644€	[St]	⏱ 9,00h/St	030.000.012

023 024 025 026 027 028 029 **030** 031 032 033 034 036 037 038 039

Nr.	Kurztext / Langtext					Kostengruppe
▶	▷	ø netto €	◁	◀	[Einheit]	Ausf.-Dauer	Positionsnummer

Kosten:
Stand 1. Quartal 2026
Bundesdurchschnitt

15 Rolltoranlage, elektrisch — KG 334

Rolltoranlage mit allen notwendigen Zubehörteilen, in bauseitige Öffnung, Rolltor mit Motorbedienung und elektronischer Steuerung, Anlage mit Körperschalldämmung für leisen Lauf, Führungsschienen mit Einlage für materialschonenden Betrieb, Rolltorkasten aus Leichtmetall-Formteil, Anlage mit einbruchhemmender Hochschiebesicherung, mit Notbedienung.
Windwiderstand: Klasse **1 / 2**
Einbruchwiderstand: Klasse RC .....
Abmessung Rolltor: .....
Verfügbarer Querschnitt: .....
Material und Form:

- Stäbe/Panzer: Aluminium-Hohlprofil, Dicke **14 / 18** mm, Deckfläche **55 / 75** mm, Gewicht ..... kg/m²
- Antriebswelle aus Stahl, achteckig
- Führungsschiene aus Aluminium, stranggepresst
- Rolltor-Kasten: **Aluminium- / Stahlblechformteil**, mehrfach gekantet, mit seitlichen Blenden
- Endstab aus stranggepresstem Aluminium mit Gummi-Abschlussprofil

Oberflächen:

- Aluminiumteile: E6, C1 - **natur / pulverbeschichtet**
- Schienen und Blenden: pulverbeschichtet, Farbe: .....

Bedienung der Anlage:

- Notbedienung als Handkurbel
- Deckenzugtaster mit Kette, montiert innen
- Schlüsselschalter als **Aufputz- / Unterputzschalter, außen / innen**
- Handsender

Steuerung:

- **240 V / 24 V** Sicherheits-Kleinspannung
- Schutzart IP54, "Tor zu" in Totmannschaltung (Dauerdruck) mit Drucktastern "Auf-Halt-Zu" - selbstüberwachende, elektromechanische Schließkantensicherung
- betriebsfertig verkabelt, mit CEE-Stecker

Einbausituation: .....
Arbeitshöhe: bis .....
Angeb. Fabrikat: .....

▶	▷	ø	◁	◀	Einheit	Ausf.-Dauer	Positionsnummer
4.718€	11.543€	**12.393€**	13.710€	17.994€	[St]	⏱ 12,00h/St	030.000.013

16 Stundensatz, Facharbeiter/-in

Stundenlohnarbeiten für Vorarbeiter/-in, Facharbeiter/-in und Gleichgestellte. Der Verrechnungssatz für die jeweilige Arbeitskraft umfasst sämtliche Aufwendungen wie Lohn- und Gehaltskosten, Lohn- und Gehaltsnebenkosten, Zuschläge, lohngebundene und lohnabhängige Kosten, sonstige Sozialkosten, Gemeinkosten, Wagnis und Gewinn. Leistung nach besonderer Anordnung der Bauüberwachung. Anmeldung und Nachweis gem. VOB/B.

▶	▷	ø	◁	◀	Einheit	Ausf.-Dauer	Positionsnummer
72€	79€	**80€**	82€	86€	[h]	⏱ 1,00h/h	030.000.014

17 Stundensatz, Helfer/-in

Stundenlohnarbeiten für Werker/-in, Helfer/-in und Gleichgestellte. Der Verrechnungssatz für die jeweilige Arbeitskraft umfasst sämtliche Aufwendungen wie Lohn- und Gehaltskosten, Lohn- und Gehaltsnebenkosten, Zuschläge, lohngebundene und lohnabhängige Kosten, sonstige Sozialkosten, Gemeinkosten, Wagnis und Gewinn. Leistung nach besonderer Anordnung der Bauüberwachung. Anmeldung und Nachweis gem. VOB/B.

▶	▷	ø	◁	◀	Einheit	Ausf.-Dauer	Positionsnummer
46€	56€	**61€**	64€	71€	[h]	⏱ 1,00h/h	030.000.015

▶ min
▷ von
ø Mittel
◁ bis
◀ max

031

Kosten:
Stand 1. Quartal 2026
Bundesdurchschnitt

Nr.	Positionen	Einheit	►	▷	ø brutto € / ø netto €	◁	◄
1	Handlauf, Stahl, außen, verzinkt, Rundrohr: 33,7	m	55	73	**84**	98	119
			47	61	**70**	82	100
2	Handlauf, Stahl, außen, verzinkt, Rundrohr: 42,4	m	71	97	**106**	121	145
			59	82	**89**	102	122
3	Handlauf, nichtrostend, Rundrohr 33,7	m	68	119	**165**	182	243
			57	100	**139**	153	204
4	Handlauf, nichtrostend, Rundrohr 42,4	m	78	144	**170**	190	237
			66	121	**143**	160	200
5	Handlauf, nichtrostend, Rundrohr 48,3	m	111	160	**200**	259	331
			93	134	**168**	218	278
6	Handlauf, Stahl, gebogen	m	172	210	**233**	262	296
			145	176	**196**	221	249
7	Handlauf, Holz, rund	m	72	129	**143**	159	206
			60	108	**120**	133	173
8	Handlaufhalter, Stahl, Wand	St	54	84	**104**	129	166
			46	71	**87**	109	140
9	Handlauf, Enden	St	21	37	**42**	43	57
			18	31	**35**	36	47
10	Handlauf, Bogenstück	St	37	68	**84**	85	112
			31	57	**71**	72	94
11	Handlauf, Ecken/Gehrungen	St	35	59	**71**	74	85
			30	50	**59**	62	71
12	Brüstungsgeländer, Fenstertür	St	469	695	**823**	911	1.119
			394	584	**692**	765	940
13	Schutzgitter, Fenster	St	382	449	**498**	572	672
			321	377	**418**	480	565
14	Brüstungs-/Treppengeländer, Flachstahlfüllung	m	404	564	**641**	728	953
			340	474	**538**	612	801
15	Brüstungs-/Treppengeländer, Lochblechfüllung	m	374	489	**547**	647	802
			314	411	**459**	543	674
16	Geländerausfachung, Stahlseil, nichtrostend	m	19	28	**37**	38	45
			16	24	**31**	32	38
17	Brüstung, VSG-Ganzglas/Edelstahl	m	1.446	1.758	**1.825**	1.976	2.220
			1.215	1.478	**1.533**	1.660	1.866
18	Stahl-Umfassungszarge, 875x2.000/2.125	St	275	356	**404**	463	583
			231	299	**340**	389	490
19	Stahl-Umfassungszarge, 1.000x2.000/2.125	St	302	472	**555**	632	783
			254	397	**466**	531	658
20	Stahltür, einflüglig, 1.000x2.130	St	803	1.488	**1.799**	2.538	3.784
			675	1.251	**1.512**	2.133	3.180
21	Stahltür, zweiflüglig	St	2.167	3.368	**4.068**	4.627	5.791
			1.821	2.830	**3.419**	3.888	4.866
22	Stahltür, Rauchschutz, 875x2.000/2.125	St	1.739	2.106	**2.826**	3.502	3.787
			1.461	1.770	**2.375**	2.943	3.182
23	Stahltür, Rauchschutz, 1.000x2.000/2.125	St	1.964	2.527	**3.341**	3.510	3.916
			1.651	2.123	**2.808**	2.950	3.291
24	Stahltür, Rauchschutz, 1250x2.000/2.125	St	2.716	3.548	**4.121**	4.712	5.646
			2.282	2.982	**3.463**	3.960	4.744

► min
▷ von
ø Mittel
◁ bis
◄ max

Nr.	Positionen	Einheit	►	▷	ø brutto € ø netto €	◁	◄
25	Stahltür, Rauchschutz, zweiflüglig	St	6.825	8.595	**9.480**	11.756	15.428
			5.735	7.222	**7.966**	9.879	12.965
26	Stahltür, Brandschutz, EI2 30, 875x2.125	St	1.053	1.420	**1.610**	2.123	2.640
			885	1.193	**1.353**	1.784	2.219
27	Stahltür, Brandschutz, EI2 30, 1.000x2.125	St	1.276	1.656	**1.815**	2.095	2.809
			1.072	1.392	**1.525**	1.761	2.360
28	Stahltür, Brandschutz, EI2 30, 1.250x2.125	St	1.800	2.467	**2.683**	3.545	4.992
			1.513	2.073	**2.254**	2.979	4.195
29	Stahltür, Brandschutz, EI2 90, 875x2.125	St	–	2.250	**2.671**	3.100	–
			–	1.891	**2.244**	2.605	–
30	Stahltür, Brandschutz, EI2 90, 1.000x2.125	St	2.377	3.201	**4.206**	4.785	5.081
			1.997	2.690	**3.534**	4.021	4.270
31	Stahltür, Brandschutz, EI2 90, zweiflüglig	St	5.345	6.372	**7.050**	7.445	8.207
			4.491	5.355	**5.925**	6.256	6.896
32	Stahltür, Brandschutz, EI2 30, zweiflüglig	St	2.833	4.180	**4.775**	5.285	6.913
			2.381	3.512	**4.013**	4.441	5.809
33	Rohrrahmentür, Glasfüllung, EI2 30-S200C5, zweiflüglig, mehrteilig	St	8.656	13.050	**15.052**	16.996	21.230
			7.274	10.966	**12.649**	14.282	17.840
34	Stahlrahmen, Rolltor, grundiert	St	3.275	3.881	**4.153**	4.654	5.259
			2.752	3.261	**3.490**	3.911	4.420
35	Rolltor, Leichtmetall, außen	St	5.721	12.899	**15.733**	17.624	23.167
			4.808	10.840	**13.221**	14.810	19.468
36	Rollgitteranlage, elektrisch	St	7.480	9.406	**10.223**	11.488	13.762
			6.285	7.904	**8.591**	9.654	11.565
37	Sektional-/Falttor, Leichtmetall, Hallentor, gedämmt	St	3.061	4.972	**5.730**	7.293	10.420
			2.572	4.179	**4.815**	6.128	8.757
38	Garagen-Schwingtor, hand-/kraftbetätigt	St	1.651	3.834	**4.902**	6.673	9.323
			1.387	3.222	**4.119**	5.608	7.834
39	Außenwandbekleidung, Wellblech, MW, UK	m²	127	191	**218**	287	370
			107	160	**183**	241	311
40	Außenwandbekleidung, Glattblech, beschichtet	m²	146	312	**354**	421	546
			123	262	**297**	354	459
41	Vordach, Trägerprofile/VSG	St	2.071	4.121	**5.247**	6.159	7.720
			1.740	3.463	**4.409**	5.176	6.488
42	Deckenabschluss, Flachstahl	m	91	143	**159**	185	236
			77	120	**134**	156	198
43	Estrichabschluss, Winkelstahl	m	83	144	**165**	189	236
			70	121	**139**	159	198
44	Aluminiumprofile, Stahlkonstruktion	m	31	47	**58**	70	87
			26	40	**49**	58	73
45	Auflagerwinkel, Gitterroste, Stahl, außen	m	27	47	**57**	60	71
			23	39	**48**	51	60
46	Gitterroste, Stahl, verzinkt	m²	122	256	**321**	370	470
			103	215	**270**	311	395
47	Trittstufe, Gitterrost, Außenbereich	St	73	118	**138**	143	221
			61	99	**116**	121	185

Kosten:
Stand 1.Quartal 2026
Bundesdurchschnitt

Nr.	Positionen	Einheit	►	▷	ø brutto € / ø netto €	◁	◄
48	Stahltreppe, gerade, einläufig, innen, Trittbleche	St	3.719	5.880	**7.045**	8.767	12.255
			3.126	4.942	**5.920**	7.367	10.298
49	Stahltreppe, gerade, mehrläufig, innen, Trittbleche	St	5.585	11.304	**13.155**	13.964	17.843
			4.694	9.499	**11.055**	11.734	14.994
50	Spindeltreppe, Stahl, 100cm, innen, Trittroste	St	5.727	6.880	**7.642**	8.114	10.083
			4.813	5.781	**6.422**	6.818	8.473
51	Steigleiter, Stahl, verzinkt, bis 5,00m	St	278	800	**875**	1.238	1.869
			234	673	**736**	1.041	1.570
52	Steigleiter, Seitenholm, Rückenschutz	St	1.934	3.077	**3.671**	4.922	6.888
			1.625	2.586	**3.085**	4.136	5.789
53	Kellertrennwandsystem, verzinkte Metalllamellen	m²	45	59	**66**	72	81
			38	50	**56**	60	68
54	Kellertrennwandsystem, Gittergewebe	m²	117	135	**152**	162	180
			98	113	**128**	136	151
55	Briefkastenanlage, freistehend, bis 8 WE	St	2.626	3.660	**4.294**	5.085	6.357
			2.207	3.076	**3.609**	4.273	5.342
56	Briefkasten, Stahlblech, Wand	St	799	855	**979**	1.098	1.395
			671	719	**823**	923	1.172
57	Stundensatz, Facharbeiter/-in	h	81	88	**92**	95	104
			68	74	**77**	80	87
58	Stundensatz, Helfer/-in	h	69	74	**75**	76	83
			58	62	**63**	64	70

Nr. **Kurztext** / Langtext — Kostengruppe
► ▷ **ø netto €** ◁ ◄ [Einheit] Ausf.-Dauer Positionsnummer

A 1 Handlauf, außen, Stahl, verzinktem, Rundrohr

Beschreibung für Pos. **1-2**

Handlauf aus verzinktem Stahlrundrohr, außen, Handlauf steigend, in verschiedenen Längen, befestigt mit Konsolen an aufgehender Wand. Rohrkappen und Abkröpfung/Gehrung in gesonderter Position.
Einbauort: .....
Material: Stahl nach DIN EN 10025
Güte: S235JR+AR
Material Konsolen: Stahl
Mindestabstand: 50 mm
Oberfläche: feuerverzinkt
Korrosivitätskategorie DIN EN 12944: Klasse C3
Schutzdauerklasse: **L = < 7 Jahre / M = 7 < 15 Jahre / H = 15 < 25 Jahre / VH= > 25 Jahre**

1 Handlauf, Stahl, außen, verzinkt, Rundrohr: 33,7

KG **359**

Wie Ausführungsbeschreibung A 1
Durchmesser: 33,7 mm
Wanddicke: 2,0 mm

47€ 61€ **70€** 82€ 100€ [m] ⏱ 0,35h/m 031.000.045

► min
▷ von
ø Mittel
◁ bis
◄ max

Nr.	Kurztext / Langtext						Kostengruppe
▶	▷	ø netto €	◁	◀	[Einheit]	Ausf.-Dauer	Positionsnummer

2 Handlauf, Stahl, außen, verzinkt, Rundrohr: 42,4 KG **359**

Wie Ausführungsbeschreibung A 1
Durchmesser: 42,4 mm
Wanddicke: 2,0 mm

59€	82€	**89€**	102€	122€	[m]	⏱ 0,35h/m	031.000.046

A 2 Handlauf, außen, nichtrostend, Rundrohr Beschreibung für Pos. **3-5**

Handlauf aus Rundrohr aus nichtrostendem Stahl, im Außenbereich, Handlauf steigend, in verschiedenen Längen, befestigt mit Konsolen an aufgehender Wand. Rohrkappen und Abkröpfung/Gehrung in gesonderter Position.
Einbauort: .....
Materialwerkstoff-Nr.: .....
Ausladung Mindestabstand: 50 mm
Oberfläche: **geschliffen mit Korn ca. ..... / gebürstet / blank**

3 Handlauf, nichtrostend, Rundrohr 33,7 KG **359**

Wie Ausführungsbeschreibung A 2
Durchmesser: 33,7 mm
Wanddicke: 2,0 mm

57€	100€	**139€**	153€	204€	[m]	⏱ 0,35h/m	031.000.047

4 Handlauf, nichtrostend, Rundrohr 42,4 KG **359**

Wie Ausführungsbeschreibung A 2
Durchmesser: 42,4 mm
Wanddicke: 2,0 mm

66€	121€	**143€**	160€	200€	[m]	⏱ 0,35h/m	031.000.048

5 Handlauf, nichtrostend, Rundrohr 48,3 KG **359**

Wie Ausführungsbeschreibung A 2
Durchmesser: 48,3 mm
Wanddicke: 2,0 mm

93€	134€	**168€**	218€	278€	[m]	⏱ 0,35h/m	031.000.049

6 Handlauf, Stahl, gebogen KG **359**

Handlauf, wie vor beschrieben, Ausführung des Handlaufs in gebogener Form, eben und ansteigend.
Biege-Radius: .....

145€	176€	**196€**	221€	249€	[m]	⏱ 0,40h/m	031.000.004

7 Handlauf, Holz, rund KG **359**

Handlauf aus Holz, steigend, in verschiedenen Längen. Wandlaufhalter, Rohrkappen und Abkröpfung/Gehrung in gesonderten Positionen.
Material: Eiche
Durchmesser: .....
Oberfläche: geschliffen und poliert, natur
Einbauort: innen

60€	108€	**120€**	133€	173€	[m]	⏱ 0,32h/m	031.000.002

023 024 025 026 027 028 029 030 031 032 033 034 036 037 038 039

Nr.	Kurztext / Langtext						Kostengruppe
▶	▷	**ø netto €**	◁	◀	[Einheit]	Ausf.-Dauer	Positionsnummer

8 Handlaufhalter, Stahl, Wand KG **359**

Handlaufhalter, aus Flachstahl-Rosette und an Handlauf mittels abgekröpftem Rundstahl von unten angeschweißt, inkl. Befestigungselemente aus nichtrostendem Stahl.
Einbauort: alle Geschosse
Untergrund: .....
Einbauort: .....
Einbau in: **Normalraum / Feuchtraum / Nassraum**
Material: Stahl nach DIN EN 10025
Güte: S 235 JR + AR
Wandhalter: Rundstahl **12 / 16** mm
Wandabstand: 50 mm
Rosette: Flachstahl 10 mm, rund D =100 mm, zwei Bohrungen
Oberfläche: **grundiert / verzinkt** für nachfolgende Beschichtung

Kosten:
Stand 1.Quartal 2026
Bundesdurchschnitt

46€	71€	**87€**	109€	140€	[St]	⏱ 0,30h/St	031.000.006

9 Handlauf, Enden KG **359**

Rohrende für Handlauf
Rohrprofil: **26,6 / 33,7 / 42,4 / 60** mm
Wanddicke: .....
Ausführung Rohrende: **flache Kappe / gewölbte Kappe / gekröpfte 90°**

18€	31€	**35€**	36€	47€	[St]	⏱ 0,20h/St	031.000.007

10 Handlauf, Bogenstück KG **359**

Bogen als Übergang des Handlaufs an Ecken bzw. am Übergang von ansteigendem zu ebenem Handlauf.
Bogen: **30 / 45 / 90**°

31€	57€	**71€**	72€	94€	[St]	⏱ 0,25h/St	031.000.008

11 Handlauf, Ecken/Gehrungen KG **359**

Eck- / Übergangswinkel des Handlaufs, an Ecken bzw. am Übergang von ansteigendem zu ebenem Handlauf.
Gehrung Winkel: **30 / 45 / 90**°

30€	50€	**59€**	62€	71€	[St]	⏱ 0,20h/St	031.000.009

12 Brüstungsgeländer, Fenstertür KG **359**

Brüstungsgeländer vor Fenstertür, als Absturzsicherung, inkl. Bohrungen und Befestigungsmaterial aus nichtrostendem Stahl.
Für die Ausführung werden vom AG Zeichnungen und statische Berechnungen zur Verfügung gestellt.
Anforderungen gem. **Bauordnung / Technische Regeln für Arbeitsstätten (ASR) / Vorgabe des Versicherers**
Abmessung (L x H): ..... x ..... mm
Höhe: ..... m über OKFF
Material: **Flachstahl / Breitflachstahl** nach DIN EN 10058 bzw. DIN 59200, Qualität: S235JR - Werkstoff-Nr. 1.0038
OK Geländer: mind. ..... m über FFB
Abstand zum Fensterprofil max. ..... mm

▶ min
▷ von
ø Mittel
◁ bis
◀ max

Form:
- Rahmen aus Flachstahl 40 x 10 mm
- Füllung aus senkrechten Stäben aus Flachstahl (B x H): 40 x 10 mm
- Abstand Stäbe: d= ..... mm

Einbauort: ..... - Geschoss
Absturzhöhe: ..... m
Nutzung: **öffentliches Gebäude / Gewerbegebäude / Wohngebäude**
Oberfläche: ......
Montage:
- mittels angeschweißter Stahllaschen
- verdeckte Befestigung des Brüstungsgeländer **in der Fensterlaibung / auf vorgerichtetem Fensterprofil**

Befestigungsuntergrund:
Laibung der Wandöffnung aus **WDVS auf Stahlbeton / Mauerwerk / .....** bzw. Fensterprofil aus **Kunststoff / Holz / .....**

394€ 584€ **692€** 765€ 940€ [St] ⏱ 3,50h/St 031.000.072

13 **Schutzgitter, Fenster** KG **334**

Schutzgitter als Einbruchschutz für Fenster, inkl. Klebedübel und Befestigungsmaterial aus nichtrostendem Stahl. Für die Ausführung werden vom AG Zeichnungen und statische Berechnungen zur Verfügung gestellt.
Material: **Flachstahl / Breitflachstahl** nach DIN EN 10058 bzw. DIN 59200
Qualität: S235JR
Abmessung (L x B): ..... x ..... mm
Form: Rahmen aus Flachstahl ..... x ..... mm
Befestigung: verdeckt, in Laibung mit .... angeschweißten Stahllaschen
Füllung aus **Rundstahl / Flachstahl** D/t= ..... mm
Oberfläche: feuerverzinkt
Untergrund: **Stahlbeton / Mauerwerk / .....**

321€ 377€ **418€** 480€ 565€ [St] ⏱ 2,80h/St 031.000.066

14 **Brüstungs-/Treppengeländer, Flachstahlfüllung** KG **359**

Treppengeländer als Stahlkonstruktion, mit Handlauf aus nichtrostendem Stahl und Füllung aus senkrechten Stäben aus Flachmaterial, montiert neben den Treppenläufen, in allen Geschossen. Für die Ausführung werden vom AG Zeichnungen und statische Berechnungen zur Verfügung gestellt.
Konstruktion der Ausführungsklasse DIN EN 1090: EXC .....
Anforderungen gem. **Bauordnung / Technische Regeln für Arbeitsstätten (ASR) / Vorgabe des Versicherers**
Abmessungen:
Höhe: ..... m über **OKFF / Vorderkante Stufe**
Gesamthöhe: ca. ..... m, Abstand zu VK-Bodenbelag max. ..... mm
Form:
- Geländer: .....fach im Winkel von .....° abgekantet
- ..... Stützen mit Befestigungen unten
- ..... Befestigungen des Handlaufs an den Enden

Material/Befestigung:
- Handlauf: Rohr D = 42,4 mm, Material nichtrostender Stahl, Werkstoff: .....
- Rohrenden mit Kappen geschlossen
- Geländerpfosten: T-Stahlprofil ..... mm
- Befestigungsteile (B x L x T): Stegblech: ..... x ..... x ..... mm, Ankerplatte: ..... x ..... x ..... mm je Befestigung ..... Dübel:
- im Außenbereich und in Feuchträumen alle Befestigungselemente aus nichtrostendem Stahl
- Geländerrahmen: Ober-, Untergurt aus Flachstahl ..... x ..... x ..... mm, Geländerstützen verschweißt
- Geländerfüllung: senkrechte Stäbe aus Flachstahl ..... x ..... x ..... mm, alle 120 mm senkrecht eingeschweißt

023
024
025
026
027
028
029
030
031
032
033
034
036
037
038
039

Oberflächen:

- nichtrostender Stahl: fein geschliffen, Korn ca. 240
- Stahlteile: **feuerverzinkt / verzinkt und deckend beschichtet,** Farbe: .....

Einbauort/Montage:

- **öffentliches Gebäude / Gewerbegebäude / Wohnhaus** in allen Geschossen
- **Normalraum / Feuchtraum / Nassraum**
- Befestigungsuntergrund Handlaufenden: HLz-Mauerwerk mit WDVS
- Befestigungsuntergrund Stahlbeton-Balkonplatte: Sichtbeton

▶	▷	ø	◁	◀	Einheit	Ausf.-Dauer	Positionsnummer
340€	474€	**538€**	612€	801€	[m]	⏱ 2,50h/m	031.000.010

Kosten:
Stand 1. Quartal 2026
Bundesdurchschnitt

15 Brüstungs-/Treppengeländer, Lochblechfüllung — KG **359**

Treppengeländer als Stahlkonstruktion, mit Handlauf und Füllung aus Lochblech, montiert neben den Treppenläufen.
Für die Ausführung werden vom AG Zeichnungen und statische Berechnungen zur Verfügung gestellt.
Anforderungen gem. **Bauordnung / Technische Regeln für Arbeitsstätten (ASR) / Vorgabe des Versicherers**
Abmessungen:
Höhe: ..... m über **OKFF / Vorderkante Stufe**
Gesamthöhe ca. ..... m, Abstand zu VK-Bodenbelag: ..... mm
Form:

- Geländer: .....fach im Winkel von .....° abgekantet
- Stützen mit Befestigungen unten: ..... St
- Befestigungen des Handlaufs an den Enden: ..... St

Material/Befestigung:

- Handlauf: Rohr D = 33,7 mm, Material nichtrostender Stahl
- Rohrenden mit Kappen geschlossen
- Geländerpfosten: T-Stahlprofil ..... mm
- Befestigungsteile (B x L x T): Stegblech ..... x ..... x ..... mm, Ankerplatte ..... x ..... x ..... mm, Befestigung mit Klebedübel M12 je ..... St
- im Außenbereich und in Feuchträumen alle Befestigungselemente aus nichtrostendem Stahl
- Geländerrahmen: Ober-, Untergurt aus Flachstahl ..... x ..... x ..... mm, Geländerstützen verschweißt
- Geländerfüllung: Lochblech t = 1,5 mm, Quadratlockung, Lochung ..... x ..... mm, Lochanteil ca. .....%, eingepasst in Flachstahlrahmen

Oberflächen:

- nichtrostender Stahl: fein geschliffen, Korn ca. 240
- Stahlteile: **feuerverzinkt / verzinkt und deckend beschichtet,** Farbe: .....

Einbauort/Montage:

- **öffentliches Gebäude / Gewerbegebäude / Wohnhaus** in allen Geschossen
- **Normalraum / Feuchtraum / Nassraum**
- Befestigungsuntergrund Handlaufenden: HLz-Mauerwerk mit WDVS
- Befestigungsuntergrund Stahlbeton-Balkonplatte: Sichtbeton

▶	▷	ø	◁	◀	Einheit	Ausf.-Dauer	Positionsnummer
314€	411€	**459€**	543€	674€	[m]	⏱ 2,30h/m	031.000.011

▶ min
▷ von
ø Mittel
◁ bis
◀ max

16 **Geländerausfachung, Stahlseil, nichtrostend** KG **359**

Geländerausfachung aus Seil aus nichtrostendem Stahl, angeschlossen an Geländerpfosten, einseitig mit Öse, Gegenseite mit Schraubverbindung, inkl. Spannschloss und Seilfixierung links und rechts der Pfosten.
Material: nichtrostender Stahl, Werkstoff-Nr.: 1.4......
Seil: 4 mm, **Spiralseil / Litzenseil**
Seillänge: .....
Ausführung:

- Seilende mit Anpressgewinde für Anschluss Seilspanner
- Seilende mit Anpresskopf mit **Öse / Gabel**
- Spannschlossgehäuse als Wantenspanner, Links-/Rechtsgewinde, einseitig Gabel mit Außengewinde

Montage:

- Seilausfachung waagerecht zwischen bauseitige Profilstahl-Pfosten einbauen, inkl. Bohrungen und Befestigungsstifte mit Sicherungsringen

Hinweis: Die Geländer-Konstruktion muss gegen Überklettern durch gesonderte Maßnahme gesichert werden, siehe Geländer-Richtlinie BVM 2019-04.

16€ 24€ **31€** 32€ 38€ [m] ⏱ 0,15h/m 031.000.012

17 **Brüstung, VSG-Ganzglas/Edelstahl** KG **359**

Glasbrüstung, Kategorie B - DIN 18008-4, tragend, absturzsichernd, linienförmig gelagert. Bearbeitung der Glaskanten wird gesondert vergütet.
Für die Ausführung werden vom AG Zeichnungen und statische Berechnungen zur Verfügung gestellt.
Anforderungen gem. **Bauordnung / Technische Regeln für Arbeitsstätten (ASR) / Vorgabe des Versicherers**
Abmessungen:
Glasscheibe, regelhaft geteilt, ... m
Höhe: ..... m über OK FFB
Gesamthöhe Konstruktion ca. ..... m
Ausführung mit:

- Klemmkonstruktion, am unteren Rand linienförmig gelagert,
- Handlauf aus nichtrostendem Stahl, oberen Glasrand abdeckend, Oberfläche: matt
- Einfachverglasung aus Verbund-Sicherheitsglas (VSG), aus teilvorgespanntem Glas, Floatglas, zweischeibig
- zwischengelagerter Folie, Dicke: ..... mm

Untergrund: Stahlbeton

1.215€ 1.478€ **1.533€** 1.660€ 1.866€ [m] ⏱ 5,50h/m 031.000.013

Nr.	Kurztext / Langtext					Kostengruppe
►	▷	ø netto €	◁	◀	[Einheit] Ausf.-Dauer	Positionsnummer

A 3 Stahl-Umfassungszarge Beschreibung für Pos. **18-19**

Umfassungszarge nach DIN 18111-1, aus Stahlblech, mit umlaufender Schattennut, zweiseitig.
Stahlblech Nenndicke: S = 1,5 mm
Ausführung: **einteilig / zweiteilig**
Drückerhöhe: 1.050 mm
Zargenspiegel: .....
Türblatt: stumpf gefälzt
Dicke Türblatt: 40 mm +/-2 mm
Dichtungsprofil DIN EN 12365-1: Lippendichtungsprofil, aus ....., Farbe: .....
Oberfläche: **verzinkt / rostschützend grundiert für Beschichtung**
Hinterfüllung Zargenhohlraum: .....

Kosten:
Stand 1. Quartal 2026
Bundesdurchschnitt

18 Stahl-Umfassungszarge, 875x2.000/2.125 KG **344**

Wie Ausführungsbeschreibung A 3
Einbauort/Einbauhöhe: .....
Baurichtmaß (B x H): 875 x **2.000 / 2.125** mm
Vorgerichtet für Bänder je Flügel: 2 St
Maulweite/Wanddicke: .....
Anschlag: DIN **rechts / links**
Fußbodeneinstand: .....
Untergrund: Mauerwerk

231€ 299€ **340€** 389€ 490€ [St] ⏱ 1,10h/St 031.000.052

19 Stahl-Umfassungszarge, 1.000x2.000/2.125 KG **344**

Wie Ausführungsbeschreibung A 3
Einbauort/Einbauhöhe: .....
Baurichtmaß (B x H): 1.000 x **2.000 / 2.125** mm
Vorgerichtet für Bänder je Flügel: 2 St
Maulweite/Wanddicke: .....
Anschlag: DIN **rechts / links**
Fußbodeneinstand: .....
Untergrund: Mauerwerk

254€ 397€ **466€** 531€ 658€ [St] ⏱ 1,10h/St 031.000.053

20 Stahltür, einflüglig, 1.000x2.130 KG **344**

Außentürelement aus Metallkonstruktion, einflüglig, Türelement aus Türflügel und Zarge eingebaut in Massivwand, inkl. Bohrungen und Verbindungsmittel und Einbau aller Komponenten und Gangbarmachen der Türanlage.
Baurichtmaß (B x H): 1.000 x 2.125 mm
Klimaklasse: .....
Mechanische Festigkeit: .....
Einbruchhemmung: Klasse RC ....., DIN EN 1627
Wärmeschutz: Ud = ... W/(m²K) DIN EN ISO 10077
Schalldämmmaß Rw = ... dB DIN 4109 und VDI 2719
Luftdurchlässigkeit: .....
Windklasse: .....
Bodeneinstand: .....
Profilsystem: .....
Anschlag: DIN **rechts / links**, nach **außen / innen** aufschlagend

► min
▷ von
ø Mittel
◁ bis
◀ max

Zarge:
- Z-Zarge aus Stahl t = ... mm, **mit / ohne** Gegenzarge
- verdeckte Befestigung, Maueranker
- eingeschweißte Bandtaschen
- Hinterfüllung des Zargenhohlraums
- Abdichtung außenseitig mit vorkomprimiertem Dichtband zwischen Zarge und Bauwerk, raumseitig umlaufend mit überstreichbarem Dichtstoff, Farbton passend zur Türblattfarbe

Türflügel:
- Volltürblatt, d = 50 mm, Stahlblech t = ... mm
- Füllung aus Mineralwolle Ut = ... W/(m²K)
- dreiseitig **gefälzt / flächenbündig**
- Flügelprofil: Tiefe = ... mm, Ansichtsbreite = ... mm
- Füllung: zweifach Isolierverglasung (B x H): ..... x ....., 2x ESG, Ug = ... W/(m²K), Psi = ... W/(mK), Lichtdurchlässigkeit 75 bis 80%, innenseitige Glasleisten, vierseitig

Bänder/Beschläge:
- Federbänder: 2 St, aus nichtrostendem Stahl
- Drücker-Knauf-Wechselgarnitur für Hauseingangstüren auf Rosetten, aus nichtrostendem Stahl, Klasse ES2, mit Zylinderziehschutz

Schloss/Zubehör:
- Schloss für Hausabschlusstüren, Klasse 3, vorgerichtet für Profilzylinder, mit 6 Stiftzuhaltungen, Zylindergehäuse und Zylinderkern aus Messing, matt vernickelt, mit Aufbohrschutz, Länge ..... mm, inkl. ..... Schlüssel, in vorgerichtete Schlösser einbauen, inkl. gangbar machen
- Falzdichtung: **elastische Dämpfungs- / Dichtungsprofile** aus **APTK / EPDM umlaufend**
- Stulp aus nichtrostendem Stahl
- Türstopper, Aluminium mit schwarzer Gummieinlage, montiert auf .....
- Türschwelle barrierefrei nach DIN 18040

Oberflächen:
- Stahlblech: **verzinkt grundiert / verzinkt, grundiert und Farb-Beschichtung Nasslack / Pulverbeschichtung**, Farbe: .....
- nichtrostende Stahlteile: gebürstet

Montage:
- Wandaufbau im Anschlussbereich: Massivwand, außen WDVS, innen Putz
- Montage Zarge: an Normalbeton, in Wandöffnungen mit stumpfem Anschlag

675€ 1.251€ **1.512€** 2.133€ 3.180€ [St] ⏱ 2,40h/St 031.000.015

21 **Stahltür, zweiflüglig** KG **344**

Außentürelement aus Metallkonstruktion, zweiflüglig, Türelement bestehend aus Zarge, Stand- und Geh-Türflügel, eingebaut in Massivwand, inkl. Bohrungen und Verbindungsmittel und Einbau aller Komponenten und Gangbarmachen der Türanlage.
Einbauort: .....
Baurichtmaß (B x H): ..... x 2.125 mm
Klimaklasse: .....
mechanische Festigkeit: .....
Einbruchhemmung: Klasse RC ..... DIN EN 1627 bis 1630
Wärmeschutz: Ud = ... W/(m²K) DIN EN ISO 10077
Schalldämmmaß Rw = ... dB DIN 4109 und VDI 2719
Windklasse: .....
Bodeneinstand: .....
Profilsystem: .....
Anschlag: nach **außen / innen** aufschlagend

Anforderungen:
- Außentür
- Klimaklasse: .....
- mechanische Festigkeit .....
- Bedienkräfte: .....
- Einbruchhemmung: Klasse RC .....
- Wärmeschutz: Ud = ... W/(m²K)
- Schalldämmmaß Rw = ... dB

Zarge:
- Z-Zarge aus Stahl t = ... mm, **mit / ohne** Gegenzarge
- verdeckte Befestigung, Maueranker
- eingeschweißte Bandtaschen
- Hinterfüllung des Zargenhohlraums
- Abdichtung außenseitig mit vorkomprimiertem Dichtband zwischen Zarge und Bauwerk, raumseitig umlaufend mit überstreichbarem Dichtstoff, Farbton passend zur Türblattfarbe

Türflügel:
- Gehflügel (B): ....., DIN **links / rechts**
- Volltürblatt, d = 50 mm, Stahlblech t = ... mm
- Füllung aus Mineralwolle Ut = ... W/(m²K)
- dreiseitig **gefälzt / flächenbündig**
- Flügelprofil: Tiefe = ... mm, Ansichtsbreite = ... mm
- Füllung: zweifach Isolierverglasung (B x H) = ... x ....., 2x ESG, Ug = ... W/(m²K), Psi = ... W/(mK), Lichtdurchlässigkeit 75 bis 80%, innenseitige Glasleisten, vierseitig

Bänder/Beschläge:
- Federbänder: 2 St, nichtrostender Stahl
- Drücker-Knauf-Wechselgarnitur auf Rosetten für Hauseingangstüren, aus nichtrostendem Stahl, Klasse ES2, mit Zylinderziehschutz

Schloss/Zubehör:
- Schloss für Hausabschlusstüren, Klasse 3, vorgerichtet für Profilzylinder, mit 6 Stiftzuhaltungen, Zylindergehäuse und Zylinderkern aus Messing, matt vernickelt, mit Aufbohrschutz, Länge ..... mm, inkl. ..... Schlüssel, in vorgerichtete Schlösser einbauen, inkl. gangbar machen
- Falzdichtung: **elastische Dämpfungs- / Dichtungsprofile** aus **APTK / EPDM**, umlaufend
- Stulp aus nichtrostendem Stahl
- Türstopper, Aluminium mit schwarzer Gummieinlage, montiert auf .....
- Türschwelle barrierefrei nach DIN 18040

Oberflächen:
- Stahlblech: **verzinkt grundiert / verzinkt, grundiert und Farb-Beschichtung Nasslack / Pulverbeschichtung**, Farbe: .....
- nichtrostende Stahlteile: gebürstet

Montage:
- Wandaufbau im Anschlussbereich: Massivwand außen WDVS, innen Putz
- Montage Zarge: an Normalbeton, in Wandöffnungen mit stumpfem Anschlag

Geltungsbereich: **Normalraum / Feuchtraum / Nassraum**

1.821€ 2.830€ **3.419€** 3.888€ 4.866€ [St] ⏱ 3,40 h/St 031.000.016

Kosten:
Stand 1. Quartal 2026
Bundesdurchschnitt

▶ min
▷ von
ø Mittel
◁ bis
◀ max

023
024
025
026
027
028
029
030
031
032
033
034
036
037
038
039

A 4 **Stahltür, Rauchschutz** Beschreibung für Pos. **22-24**

Stahltür- Rauchschutztürelement, typengeprüft nach DIN EN 16034, einflüglig, mit Zulassung für den Anwendungsfall.
Element bestehend aus:
Zarge und Türblatt, selbstschließende Drehtür, Einbau gem. Zulassung in Innenwand, inkl. Bohrungen und Verbindungsmittel für die Verschraubung mit den bauseitigen Anschlüssen. Einbau aller Komponenten und gangbar machen, sowie Kennzeichnung mit geeignetem Kennzeichnungsschild.
Anforderung Rauchschutz:

- **dicht- + selbstschließend SaC(...) / rauchdicht + selbstschließend S200C(...)**
- Selbstschließende Eigenschaften: **C1 / .... / C5**
- Zulassung: CE-Kennzeichnung

Anforderungen Innentür:

- Klimaklasse DIN EN 1121: I = Innentür zwischen klimatisierten Räumen
- mechanische Beanspruchungsgruppe DIN EN 1192: M, mittlere Beanspruchung = Verwaltungsgebäude
- Bedienkräfte: .....
- Einbruchhemmung DIN EN 1627: RC 1 N
- Schallschutz: Schalldämmmaß Rwp = ... dB nach DIN 4109 und VDI 2719

Geltungsbereich: **Normalraum / Feuchtraum / Nassraum**
Türblatt:

- Blattdicke: 50 mm, Stahlblech t = ... mm
- Füllung aus Mineralwolle Ut = ... W/(m²K)
- dreiseitig gefälzt / flächenbündig
- Flügelprofil: Tiefe = ... mm, Ansichtsbreite = ... mm
- Türelement schwellenlos, **mit automatischer Absenkdichtung / mit Halbrundprofil und Auflaufdichtung / mit Schwellenanschlag** (Bodenversatz)

Zarge:

- Maulweite: ..... mm
- Ansichtsbreite: ..... mm

Umfassungszarge aus Stahl t= 2 mm

- verdeckte Befestigung, Maueranker
- eingeschweißte Bandtaschen
- Hinterfüllung des Zargenhohlraums
- verdeckte Befestigung

Bänder/Beschläge:

- ..... St Dreirollenbänder je Flügel, dreidimensional verstellbar, Bandhöhe ca.120/160 mm, Stahl vernickelt

Drücker:

- FS-/RD-Drückergarnitur DIN 18273 für Rauchschutztüren
- Benutzungskategorie: Klasse 3
- Dauerhaftigkeit: Klasse 6
- Sicherheit für Personen: Klasse 1 – öffentlicher Bereich
- Einbruchsicherheit: Mäßig einbruchhemmend (Klasse 2)
- Material: **Aluminium mit Stahlkern / nichtrostender Stahl Werkstoff 1.4401**

Schloss/Zubehör:

- Einsteckschloss nach DIN 18251 vorgerichtet für PZ inkl. werkseitigem PZ Blindzylinder
- Falzdichtung: dreiseitig umlaufende Brandschutzdichtung in Grau
- Rauchschutz mit Bodendichtung, automatisch absenkbar
- Stulp aus nichtrostendem Stahl
- Schutzbeschlag: **Schild / Rosette**, Klasse ES **2 / 3**, mit Zylinderziehschutz

Nr.	Kurztext / Langtext					Kostengruppe
▶	▷	**ø netto €**	◁	◀	[Einheit]	Ausf.-Dauer	Positionsnummer

Türschließung:

- Gleitschienen-Obentürschließer DIN EN 1154
- Montage: **bandseitig / gegenbandseitig**

Oberflächen:

- Stahlprofile: **verzinkt grundiert / chromatiert, grundiert und Farbbeschichtung Nasslack / Pulverbeschichtung**, Farbe: .....
- Aluminiumteile: pulverbeschichtet, Farbe: **..... / silber eloxiert E6/C0**
- nichtrostende Stahlteile: gebürstet

Montage/Einbauort/Verankerungsgrund:

- **Erdgeschoss / .....**
- Wandaufbau im Anschlussbereich: .....
- Montage gem. Einbauanleitung der Zulassung
- Abdichten und Versiegeln der Anschlussfugen mit Brandschutz-Silikon-Fugendichtstoff, Farbton: .....

Kosten:
Stand 1. Quartal 2026
Bundesdurchschnitt

22 Stahltür, Rauchschutz, 875x2.000/2.125 KG **344**

Wie Ausführungsbeschreibung A 4
Einbauort: .....
Baurichtmaß (B x H): 875 x **2.000 / 2.125** mm
Anschlag: DIN **rechts / links**

1.461€ 1.770€ **2.375€** 2.943€ 3.182€ [St] ⏱ 2,60 h/St 031.000.055

23 Stahltür, Rauchschutz, 1.000x2.000/2.125 KG **344**

Wie Ausführungsbeschreibung A 4
Einbauort: .....
Baurichtmaß (B x H): 1.000 x **2.000 / 2.125** mm
Anschlag: DIN **rechts / links**

1.651€ 2.123€ **2.808€** 2.950€ 3.291€ [St] ⏱ 2,80 h/St 031.000.056

24 Stahltür, Rauchschutz, 1250x2.000/2.125 KG **344**

Wie Ausführungsbeschreibung A 4
Einbauort: .....
Baurichtmaß (B x H): 1250 x **2.000 / 2.125** mm
Anschlag: DIN **rechts / links**

2.282€ 2.982€ **3.463€** 3.960€ 4.744€ [St] ⏱ 2,90 h/St 031.000.057

▶ min
▷ von
ø Mittel
◁ bis
◀ max

25 Stahltür, Rauchschutz, zweiflüglig KG **344**

Stahl-Rauchschutztürelement, typengeprüft nach DIN EN 16034, zweiflüglig.
Element bestehend aus: Zarge und Türblätter, selbstschließend, Einbau in Innenwand, inkl. Bohrungen und Verbindungsmittel für die Verschraubung mit den bauseitigen Anschlüssen. Einbau aller Komponenten und gangbar machen und Kennzeichnung mit geeignetem Kennzeichnungsschild.
Einbauort: .....
Baurichtmaß (B x H): ..... x **2.000 / 2.125** mm
Anforderung Rauchschutz:

- **dicht- + selbstschließend SaC(...) / rauchdicht + selbstschließend S200C(...)**
- Selbstschließende Eigenschaften: **C1 / ..... / C5 (offen stehend gehalten / ...... / sehr häufige Betätigung)**
- Zulassung: CE-Kennzeichnung

Anforderungen Innentür:
- Klimaklasse DIN EN 1121: .....
- mechanische Beanspruchungsgruppe DIN EN 1192: .....
- Bedienkräfte: .....
- Einbruchhemmung DIN EN 1627: RC 1 N
- Schallschutz: Schalldämmmaß Rwp =..... dB nach DIN 4109 und VDI 2719

Geltungsbereich: **Normalraum / Feuchtraum / Nassraum**

Türflügel:
- Gehflügel (B): ..... DIN **rechts / links**
- Blattdicke: 50 mm, Stahlblech t = ... mm
- Füllung aus Mineralwolle Ut = ... W/(m^{2}K)
- doppelt gefälzt, flächenbündig
- Flügelprofil: Tiefe = ... mm, Ansichtsbreite = ... mm
- Türelement barrierefrei nach DIN 18040, mit automatischer Absenkdichtung

Zarge:
- Maulweite: .....
- Ansichtsbreite: ..... mm

Umfassungszarge aus Stahl t= 2 mm
- verdeckte Befestigung, Maueranker
- eingeschweißte Bandtaschen
- Hinterfüllung des Zargenhohlraums
- verdeckte Befestigung

Bänder/Beschläge:
- ..... St Dreirollenbänder je Flügel, dreidimensional verstellbar

Drücker:
- FS-/RD-Drückergarnitur DIN 18273 für Rauchschutztüren
- Benutzungskategorie: Klasse 3
- Dauerhaftigkeit: Klasse 6
- Sicherheit für Personen: Klasse 1 – öffentlicher Bereich
- Einbruchsicherheit: Mäßig einbruchhemmend (Klasse 2)
- Material: **Aluminium mit Stahlkern / Edelstahl Werkstoff 1.4401**

Schloss/Zubehör:
- Einsteckschloss nach DIN 18251 vorgerichtet für PZ inkl. werkseitigem PZ Blindzylinder
- Falzdichtung: dreiseitig umlaufende Brandschutzdichtung in grau
- Rauchschutz mit Bodendichtung, automatisch absenkbar
- Stulp aus nichtrostendem Stahl
- Schutzbeschlag: **Schild / Rosette**, Klasse ES **2 / 3**, mit Zylinderziehschutz

Türschließung:
- Türschließer mit Schließfolgeregelung und Mitnehmerklappe
- **Gleitschienen-Obentürschließer DIN EN 1154 / mit automatischem Türantrieb / Türfeststellanlage mit integriertem Rauchmelder / mit Fluchttürfunktion-Trafo-Wechselfunktion**
- Montage: **bandseitig / gegenbandseitig**

Oberflächen:
- Stahlprofile: **verzinkt grundiert / chromatiert, grundiert und Farbbeschichtung Nasslack / Pulverbeschichtung,** Farbe: .....
- Aluminiumteile: **pulverbeschichtet, Farbe: .... / silber eloxiert E6/C0**
- nichtrostende Stahlteile: gebürstet

023 024 025 026 027 028 029 030 **031** 032 033 034 036 037 038 039

Montage/Einbauort/Verankerungsgrund:
- **Erdgeschoss / .....**
- Wandaufbau im Anschlussbereich: .....
- Montage gem. Einbauanleitung
- Abdichten und Versiegeln der Anschlussfugen mit Brandschutz-Silikon-Fugendichtstoff, Farbton: .....

5.735€ 7.222€ **7.966€** 9.879€ 12.965€ [St] ⏱ 3,90h/St 031.000.040

A 5 Stahltür, Brandschutz, EI2 30 Beschreibung für Pos. **26-28**

Stahl-Brandschutztür, feuerhemmend, typengeprüft nach DIN EN 16034, einflüglig.
Element bestehend aus: Zarge und Türblatt, selbstschließende Drehtür, Einbau in Innenwand, inkl. Bohrungen und Verbindungsmittel für die Verschraubung mit den bauseitigen Anschlüssen. Einbau aller Komponenten und gangbar machen der Türanlage.
Anforderung Brandschutz:
- **feuerhemmend + rauchdicht + selbstschließend EI2 30-S200C(...) / feuerhemmend + dicht- + selbstschließend EI2 30-SaC(...)**
- Selbstschließende Eigenschaften: **C1 / ..... / C5** (**offen stehend gehalten / ...... / sehr häufige Betätigung**)
- Zulassung: CE-Kennzeichnung
- Feuerwiderstandsklasse DIN EN 13501-2: .....

Anforderungen Innentür:
- Klimaklasse DIN EN 1121: I = Innentür zwischen klimatisierten Räumen
- mechanische Beanspruchungsgruppe DIN EN 1192: M, mittlere Beanspruchung = Verwaltungsgebäude
- Bedienkräfte: .....
- Einbruchhemmung DIN EN 1627: RC 1 N
- Schallschutz: Schalldämmmaß Rwp = ... dB nach DIN 4109 und VDI 2719

Geltungsbereich: **Normalraum / Feuchtraum / Nassraum**

Türflügel:
- Volltürblatt, d= 50mm, Stahlblech t=1,5 mm
- Füllung aus Mineralwolle nach DIN EN 13162 Ut= ..... W/(m^2K)
- doppelt gefälzt, flächenbündig
- Flügelprofil: Tiefe = ..., Ansichtsbreite = ...
- Türelement barrierefrei DIN 18040, mit automatischer Absenkdichtung

Zarge:
- Maulweite: .....
- Ansichtsbreite: .....

Umfassungszarge aus Stahl t= 2 mm
- verdeckte Befestigung, Maueranker
- eingeschweißte Bandtaschen
- Hinterfüllung des Zargenhohlraums
- verdeckte Befestigung

Bänder/Beschläge:
- ..... St Dreirollenbänder je Flügel, dreidimensional verstellbar

Drücker:
- FS-/RD-Drückergarnitur DIN 18273 für Brandschutz-/Rauchschutztüren
- Benutzungskategorie: Klasse 3
- Dauerhaftigkeit: Klasse 6
- Sicherheit für Personen: Klasse 1 – öffentlicher Bereich
- Einbruchsicherheit: Mäßig einbruchhemmend (Klasse 2)
- Material: **Aluminium mit Stahlkern / nichtrostender Stahl Werkstoff 1.4401**

Kosten:
Stand 1. Quartal 2026
Bundesdurchschnitt

► min
▷ von
ø Mittel
◁ bis
◄ max

Schloss/Zubehör:
- Einsteckschloss nach DIN 18251 für Wohnungsabschluss, vorgerichtet für Profilzylinder
- Falzdichtung: dreiseitig umlaufende Brandschutzdichtung in Grau
- Rauchschutz mit Bodendichtung, automatisch absenkbar
- Stulp aus nichtrostendem Stahl
- Schutzbeschlag: **Schild / Rosette**, Klasse ES **2 / 3**, mit Zylinderziehschutz
- Türstopper aus Aluminium mit schwarzer Gummieinlage, montiert auf .....

Türschließung:
- Gleitschienen-Obentürschließer DIN EN 1154 **mit automatischem Türantrieb / Türfeststellanlage und integriertem Rauchmelder / mit Fluchttürfunktion-Trafo-Wechselfunktion**
- Montage: **bandseitig / gegenbandseitig**

Oberflächen:
- Stahlprofile: **verzinkt grundiert / chromatiert, grundiert und Farbbeschichtung Nasslack / Pulverbeschichtung**, Farbe: .....
- Aluminiumteile: **farblos natur, eloxiert E6 EV1 / silberfarbig**
- Edelstahlteile: gebürstet

Montage/Einbauort/Verankerungsgrund:
- **Erdgeschoss / .....**
- Wandaufbau im Anschlussbereich: .....
- Montage gem. Einbauanleitung der Zulassung
- Abdichten und Versiegeln der Anschlussfugen mit Brandschutz-Silikon-Fugendichtstoff, Farbton: .....

26 **Stahltür, Brandschutz, EI2 30, 875x2.125** KG **344**

Wie Ausführungsbeschreibung A 5
Einbauort: .....
Baurichtmaß (B x H): 875 x 2.125 mm
Anschlag: DIN **rechts / links**
Oberfläche: **verzinkt grundiert / chromatiert, grundiert und Farbbeschichtung Nasslack / Pulverbeschichtung**
Farbe: .....
Befestigungsuntergrund: Beton

885€ 1.193€ **1.353€** 1.784€ 2.219€ [St] ⏱ 3,20h/St 031.000.058

27 **Stahltür, Brandschutz, EI2 30, 1.000x2.125** KG **344**

Wie Ausführungsbeschreibung A 5
Baurichtmaß (B x H): 1.000 x 2.125 mm
Anschlag: DIN **rechts / links**
Oberfläche: **verzinkt grundiert / chromatiert, grundiert und Farbbeschichtung Nasslack / Pulverbeschichtung**
Farbe: .....
Befestigungsuntergrund: Beton

1.072€ 1.392€ **1.525€** 1.761€ 2.360€ [St] ⏱ 3,40h/St 031.000.059

Nr.	Kurztext / Langtext						Kostengruppe
▶	▷	ø netto €	◁	◀	[Einheit]	Ausf.-Dauer	Positionsnummer

28 **Stahltür, Brandschutz, EI2 30, 1.250x2.125** KG **344**

Wie Ausführungsbeschreibung A 5
Einbauort: .....
Baurichtmaß (B x H): 1.250 x 2.125 mm
Anschlag: DIN **rechts / links**
Oberfläche: **verzinkt grundiert / chromatiert, grundiert und Farbbeschichtung Nasslack / Pulverbeschichtung**
Farbe: .....
Befestigungsuntergrund: Beton

▶	▷	ø	◁	◀	[Einheit]	Ausf.-Dauer	Positionsnummer
1.513€	2.073€	**2.254€**	2.979€	4.195€	[St]	⏱ 3,60h/St	031.000.061

A 6 **Stahltür, Brandschutz, EI2 90** Beschreibung für Pos. **29-30**

Stahl-Brandschutztür, feuerhemmend, typengeprüft nach DIN EN 16034, einflüglig. Element bestehend aus selbstschließende Drehtür, Einbau in Innenwand, inkl. Bohrungen und Verbindungsmittel für die Verschraubung mit den bauseitigen Anschlüssen. Einbau aller Komponenten und gangbar machen der Türanlage.
Anforderung Brandschutz:

- feuerbeständig + dicht- + selbstschließend EI2 90-SaC(...)
- Selbstschließende Eigenschaften: **C1 / ..... / C5 (offen stehend gehalten / ...... / sehr häufige Betätigung)**
- Feuerwiderstandsklasse DIN EN 13501-2: .....

Anforderungen Innentür:

- Klimaklasse DIN EN 1121: I = Innentür zwischen klimatisierten Räumen
- mechanische Beanspruchungsgruppe DIN EN 1192: M, mittlere Beanspruchung = Verwaltungsgebäude
- Bedienkräfte: .....
- Einbruchhemmung DIN EN 1627: RC 1 N
- Schallschutz: Schalldämmmaß Rwp =..... dB nach DIN 4109 und VDI 2719

Geltungsbereich: **Normalraum / Feuchtraum / Nassraum**
Türflügel:

- Volltürblatt, d= ..... mm, Stahlblech t= 1,5 mm
- Füllung aus Mineralwolle nach DIN EN 13162 Ut=..... W/(m^2K)
- doppelt gefälzt, **flächenbündig / .....**
- Öffnungsflügel **rechts / links** angeschlagen
- Flügelprofil: Tiefe = ... mm, Ansichtsbreite = ... mm
- **Türelement schwellenlos, mit automatischer Absenkdichtung / mit Halbrundprofil und Auflaufdichtung / mit Schwellenanschlag (Bodenversatz)**

Zarge:

- Maulweite: .....
- Ansichtsbreite: ..... mm

Umfassungszarge aus Stahl t= 2 mm

- verdeckte Befestigung, Maueranker
- eingeschweißte Bandtaschen
- Hinterfüllung des Zargenhohlraums

Bänder/Beschläge:

- ..... St Dreirollenbänder je Flügel, dreidimensional verstellbar

Kosten:
Stand 1.Quartal 2026
Bundesdurchschnitt

▶ min
▷ von
ø Mittel
◁ bis
◀ max

Drücker:
- FS-/RD-Drückergarnitur DIN 18273 für Brandschutz-/Rauchschutztüren
- Benutzungskategorie: Klasse 3
- Dauerhaftigkeit: Klasse 6
- Sicherheit für Personen: Klasse 1 – öffentlicher Bereich
- Einbruchsicherheit: Mäßig einbruchhemmend (Klasse 2)
- Material: Aluminium mit Stahlkern / nichtrostender Stahl Werkstoff 1.4401

Schloss/Zubehör:
- Einsteckschloss nach DIN 18251, Typ ....., vorgerichtet für Profilzylinder
- Falzdichtung: dreiseitig umlaufende Brandschutzdichtung in grau
- Türschwelle barrierefrei DIN 18040
- Rauchschutz mit Bodendichtung, automatisch absenkbar
- Stulp aus nichtrostendem Stahl
- Schutzbeschlag: **Schild / Rosette, Klasse ES 2 / 3, mit Zylinderziehschutz**

Türschließung:
- Gleitschienen-Obentürschließer DIN EN 1154 **mit automatischem Türantrieb / Türfeststellanlage und integriertem Rauchmelder / mit Fluchttürfunktion-Trafo-Wechselfunktion**
- Montage: **bandseitig / gegenbandseitig**

Oberflächen:
- Stahlprofile: **verzinkt grundiert / chromatiert, grundiert und Farbbeschichtung Nasslack / Pulverbeschichtung**, Farbe: .....
- Aluminiumteile: farblos natur, eloxiert E6 EV1 oder silberfarbig
- nichtrostende Stahlteile: gebürstet

Montage/Einbau:
- Untergrund: Beton
- Wandaufbau im Anschlussbereich: .....
- Abdichten und Versiegeln der Anschlussfugen mit Brandschutz-Silikon-Fugendichtstoff, Farbton: .....

29 **Stahltür, Brandschutz, EI2 90, 875x2.125** KG **344**

Wie Ausführungsbeschreibung A 6
Einbauort: .....
Baurichtmaß Türöffnung (B x H): 875 x 2.125 mm
Anschlag: DIN **rechts / links**
Oberfläche: **verzinkt grundiert / chromatiert, grundiert und Farbbeschichtung Nasslack / Pulverbeschichtung**
Farbe: .....
Befestigungsuntergrund: Beton

▶	▷	ø netto €	◁	◀	[Einheit]	Ausf.-Dauer	Positionsnummer
–	1.891€	**2.244€**	2.605€	–	[St]	⏱ 3,20h/St	031.000.062

30 **Stahltür, Brandschutz, EI2 90, 1.000x2.125** KG **344**

Wie Ausführungsbeschreibung A 6
Einbauort: .....
Baurichtmaß Türöffnung (B x H): 1.000 x 2.125 mm
Anschlag: DIN **rechts / links**
Oberfläche: **verzinkt grundiert / chromatiert, grundiert und Farbbeschichtung Nasslack / Pulverbeschichtung**
Farbe: .....
Befestigungsuntergrund: Beton

▶	▷	ø netto €	◁	◀	[Einheit]	Ausf.-Dauer	Positionsnummer
1.997€	2.690€	**3.534€**	4.021€	4.270€	[St]	⏱ 3,40h/St	031.000.063

Nr.	Kurztext / Langtext					Kostengruppe
▶	▷	ø netto €	◁	◀	[Einheit] Ausf.-Dauer	Positionsnummer

31 Stahltür, Brandschutz, EI2 90, zweiflüglig KG **344**

Feuerbeständiges Stahl-Feuerschutztürelement, typengeprüft nach DIN EN 16034, zweiflüglig. Element bestehend aus selbstschließenden zweiflügeligen Drehtüren mit Schließfolgeregelung, Einbau in Innenwand, inkl. Bohrungen und Verbindungsmittel für die Verschraubung mit den bauseitigen Anschlüssen. Einbau aller Komponenten und gangbar machen der Türanlage.
Einbauort: .....
Baurichtmaß (B x H): ..... x.....
Anforderung Brandschutz:

- feuerbeständig + dicht- + selbstschließend EI2 90-SaC(...)
- Selbstschließende Eigenschaften: **C1 / ..... / C5 (offen stehend gehalten / ...... / sehr häufige Betätigung)**
- Zulassung: CE-Kennzeichnung
- Feuerwiderstandsklasse DIN EN 13501-2: .....

Anforderungen Innentür:

- Klimaklasse DIN EN 1121: I = Innentür zwischen klimatisierten Räumen
- mechanische Beanspruchungsgruppe DIN EN 1192: M, mittlere Beanspruchung = Verwaltungsgebäude
- Bedienkräfte: .....
- Einbruchshemmung DIN EN 1627: RC 1 N
- Schallschutz: Schalldämmmaß Rwp = ... dB nach DIN 4109 und VDI 2719

Geltungsbereich: **Normalraum / Feuchtraum / Nassraum**

Türflügel:

- Volltürblatt, d= 50 mm, Stahlblech t=1,5 mm
- Füllung aus Mineralwolle nach DIN EN 13162 Ut= ..... W/(m²K)
- doppelt gefälzt, flächenbündig
- Öffnungsflügel **rechts / links** angeschlagen
- Flügelprofil: Tiefe = ...mm, Ansichtsbreiten = ... mm
- Türelement barrierefrei DIN 18040, mit automatischer Absenkdichtung

Zarge:

- Maulweite: ..... mm
- Ansichtsbreite: ..... mm
- Umfassungszarge aus Stahl t= 2 mm
- verdeckte Befestigung, Maueranker
- eingeschweißte Bandtaschen
- Hinterfüllung des Zargenhohlraums

Bänder/Beschläge

- ..... St Dreirollenbänder je Flügel, dreidimensional verstellbar, Bandhöhe ca. **120 / 160** mm, Stahl vernickelt

Drücker:

- FS-/RD-Drückergarnitur DIN 18273 für Brandschutz-/Rauchschutztüren
- Benutzungskategorie: Klasse 3
- Dauerhaftigkeit: Klasse 6
- Sicherheit für Personen: Klasse 1 – öffentlicher Bereich
- Einbruchsicherheit: Mäßig einbruchhemmend (Klasse 2)
- Material: **Aluminium mit Stahlkern / nichtrostender Stahl Werkstoff 1.4401**

Schloss/Zubehör:

- Einsteckschloss nach DIN 18251 für Wohnungsabschluss, alternativ werkseitiger Einbau eines Blindzylinders
- Falzdichtung: dreiseitig umlaufende Brandschutzdichtung in grau
- Rauchschutz mit Bodendichtung, automatisch absenkbar
- Stulp aus nichtrostendem Stahl
- Schutzbeschlag: **Schild / Rosette, Klasse ES 2 / 3, mit Zylinderziehschutz**

Kosten:
Stand 1.Quartal 2026
Bundesdurchschnitt

▶ min
▷ von
ø Mittel
◁ bis
◀ max

Türschließung:
- Türschließer mit Schließfolgeregelung und Mitnehmerklappe
- Gleitschienen-Obentürschließer DIN EN 1154 mit Schließfolgeregelung **/ mit automatischem Türantrieb / Türfeststellanlage mit integriertem Rauchmelder / mit Fluchttürfunktion-Trafo-Wechselfunktion**
- Montage: **bandseitig / gegenbandseitig**

Oberflächen:
- Stahlprofile: **verzinkt grundiert / chromatiert, grundiert und Farbbeschichtung Nasslack / Pulverbeschichtung**, Farbe: .....
- Aluminiumteile: **farblos natur, eloxiert E6 EV1 oder silberfarbig**
- nichtrostende Stahlteile: gebürstet

Montage/Einbauort/Verankerungsgrund:
- **Erdgeschoss/ .....**
- Wandaufbau im Anschlussbereich: .....
- Montage gem. Einbauanleitung
- Abdichten und Versiegeln der Anschlussfugen mit Brandschutz-Silikon-Fugendichtstoff, Farbton: .....

4.491€ 5.355€ **5.925€** 6.256€ 6.896€ [St] ⏱ 4,60h/St 031.000.043

32 Stahltür, Brandschutz, EI2 30, zweiflüglig KG **344**

Feuerhemmende Stahl-Feuerschutztürelement, typengeprüft nach DIN EN 16034, zweiflüglig. Element bestehend aus selbstschließender Drehtür mit Schließfolgeregelung, Einbau in Innenwand, inkl. Bohrungen und Verbindungsmittel für die Verschraubung mit den bauseitigen Anschlüssen. Einbau aller Komponenten und gangbar machen und, Kennzeichnung mit geeignetem Kennzeichnungsschild.

Baurichtmaß (B x H): ..... x .....

Anforderung Brandschutz:
- **feuerhemmend + rauchdicht + selbstschließend EI2 30-S200C(...) / feuerhemmend + dicht- + selbstschließend EI2 30-SaC(...)**
- Selbstschließende Eigenschaften: **C1 / ..... / C5 (offen stehend gehalten / ...... / sehr häufige Betätigung)**
- Zulassung: CE-Kennzeichnung
- Feuerwiderstandsklasse DIN EN 13501-2: .....

Anforderungen Innentür:
- Klimaklasse DIN EN 1121: I = Innentür zwischen klimatisierten Räumen
- mechanische Beanspruchungsgruppe DIN EN 1192: M, mittlere Beanspruchung = Verwaltungsgebäude
- Bedienkräfte: .....
- Einbruchshemmung DIN EN 1627: RC 1 N
- Schallschutz: Schalldämmmaß Rwp =..... dB nach DIN 4109 und VDI 2719

Geltungsbereich: **Normalraum / Feuchtraum / Nassraum**

Türflügel:

Volltürblatt, d= 50 mm, Stahlblech t=1,5 mm
- Füllung aus Mineralwolle nach DIN EN 13162 Ut=..... W/(m^2K)
- doppelt gefälzt, flächenbündig
- Anschlag: DIN **rechts / links**
- Flügelprofil: Tiefe = ... mm, Ansichtsbreiten = ... mm
- **Türelement schwellenlos, mit automatischer Absenkdichtung / mit Halbrundprofil und Auflaufdichtung / mit Schwellenanschlag (Bodenversatz)**

Zarge:
- Maulweite: ..... mm
- Ansichtsbreite: ..... mm

Nr.	Kurztext / Langtext						Kostengruppe
▶	▷	ø netto €	◁	◀	[Einheit]	Ausf.-Dauer	Positionsnummer

Umfassungszarge aus Stahl t= 2 mm
- verdeckte Befestigung, Maueranker
- eingeschweißte Bandtaschen
- Hinterfüllung des Zargenhohlraums

Bänder/Beschläge:
- ..... St Dreirollenbänder je Flügel, dreidimensional verstellbar, Bandhöhe ca. **120 / 160** mm, Stahl vernickelt

Drücker:
- FS-/RD-Drückergarnitur DIN 18273 für Brandschutz-/Rauchschutztüren
- Benutzungskategorie: Klasse 3
- Dauerhaftigkeit: Klasse 6
- Sicherheit für Personen: Klasse 1 – öffentlicher Bereich
- Einbruchsicherheit: Mäßig einbruchhemmend (Klasse 2)
- Material: **Aluminium mit Stahlkern / Edelstahl Werkstoff 1.4401**

Schloss/Zubehör:
- Einsteckschloss nach DIN 18251 für Wohnungsabschluss, alternativ werkseitiger Einbau eines Blindzylinders
- Falzdichtung: dreiseitig umlaufende Brandschutzdichtung in grau
- Rauchschutz mit Bodendichtung, automatisch absenkbar
- Stulp aus nichtrostendem Stahl
- Schutzbeschlag: **Schild / Rosette**, Klasse ES **2 / 3**, mit Zylinderziehschutz

Türschließung:
- Türschließer mit Schließfolgeregelung,
- Gleitschienen-Obentürschließer DIN EN 1154 mit Schließfolgeregelung **/ mit automatischem Türantrieb / Türfeststellanlage mit integriertem Rauchmelder / mit Fluchttürfunktion-Trafo-Wechselfunktion**
- Montage: **bandseitig / gegenbandseitig**

Oberflächen:
- Stahlprofile: **verzinkt grundiert / chromatiert, grundiert und Farbbeschichtung Nasslack / Pulverbeschichtung,** Farbe: .....
- Aluminiumteile: Pulverbeschichtung
- Farbe: **.... / silber eloxiert E6/C0**
- Edelstahlteile: gebürstet

Montage/Einbauort/Verankerungsgrund:
- **Erdgeschoss / .....**
- Wandaufbau im Anschlussbereich: .....
- Montage gem. Einbauanleitung
- Abdichten und Versiegeln der Anschlussfugen mit Brandschutz-Silikon-Fugendichtstoff, Farbton: .....

Angeb. Fabrikat: .....

▶ min	▷ von	ø Mittel	◁ bis	◀ max	Einheit	Ausf.-Dauer	Positionsnummer
2.381€	3.512€	**4.013€**	4.441€	5.809€	[St]	⏱ 5,40h/St	031.000.041

Kosten:
Stand 1. Quartal 2026
Bundesdurchschnitt

▶ min
▷ von
ø Mittel
◁ bis
◀ max

33 Rohrrahmentür, Glasfüllung, EI2 30-S200C5, zweiflüglig, mehrteilig KG **344**

Brandschutztür, feuerhemmend, typengeprüft nach DIN EN 16034 als Rohrrahmenkonstruktion mit Glasfüllung, zweiflüglig, mehrteilig. Element bestehend aus selbstschließende Drehtür, Einbau in Innenwand, inkl. Bohrungen und Verbindungsmittel für die Verschraubung mit den bauseitigen Anschlüssen. Einbau aller Komponenten und gangbar machen der Türanlage.
Material: **Stahlrohr / Aluminiumrohr**
Baurichtmaß (B x H): ..... x .....
- Gehflügel als Drehtür: (B x H): ..... x ....., DIN **rechts / links**
- Stehflügel als **Drehflügel / feststehender Flügel** (B x H): ..... x .....
- Oberlicht: **geteilt / durchgehend** über Türflügel

Anforderung Brandschutz:

- **feuerhemmend + rauchdicht + selbstschließend EI2 30-C (D) / feuerhemmend + dicht- + selbstschließend EI2 30-C (D)**
- Selbstschließende Eigenschaften: **C1 / ..... / C5 (offen stehend gehalten / ...... / sehr häufige Betätigung)**
- Feuerwiderstandsklasse DIN EN 13501-2: .....
- Füllungen: Brandschutzverglasung **EI30 / EW 30 / E30**
- **Türelement schwellenlos, mit automatischer Absenkdichtung / mit Halbrundprofil und Auflaufdichtung / mit Schwellenanschlag (Bodenversatz)**

Anforderungen Innentür:

- Klimaklasse DIN EN 1121: I = Innentür zwischen klimatisierten Räumen
- mechanische Beanspruchungsgruppe DIN EN 1192: M, mittlere Beanspruchung = Verwaltungsgebäude
- Bedienkräfte: .....
- Einbruchhemmung DIN EN 1627: RC 1 N
- Schallschutz: Schalldämmmaß Rwp =..... dB nach DIN 4109 und VDI 2719

Geltungsbereich: **Normalraum / Feuchtraum / Nassraum**

Bänder/Beschläge:

- ..... St Dreirollenbänder je Flügel, dreidimensional verstellbar

Drücker:

- FS-/RD-Drückergarnitur DIN 18273 für Brandschutz-/Rauchschutztüren
- Benutzungskategorie: Klasse 3
- Dauerhaftigkeit: Klasse 6
- Sicherheit für Personen: Klasse 1 – öffentlicher Bereich
- Einbruchsicherheit: Mäßig einbruchhemmend (Klasse 2)

Schloss/Zubehör:

- Einsteckschloss nach DIN 18251, Typ ....., vorgerichtet für Profilzylinder
- Falzdichtung: dreiseitig umlaufende Brandschutzdichtung in grau
- Türschwelle barrierefrei DIN 18040
- Rauchschutz mit Bodendichtung, automatisch absenkbar
- Stulp aus nichtrostendem Stahl
- Schutzbeschlag: **Schild / Rosette, Klasse ES 2 / 3, mit Zylinderziehschutz**

Türschließung:

- Gleitschienen-Obentürschließer DIN EN 1154 **mit Schließfolgeregelung / mit automatischem Türantrieb / Türfeststellanlage und integriertem Rauchmelder / mit Fluchttürfunktion-Trafo-Wechselfunktion**
- Montage: **bandseitig / gegenbandseitig**

Oberflächen: .....

Farbe: .....

- Aluminiumteile: farblos natur, eloxiert E6 EV1 oder silberfarbig
- nichtrostende Stahlteile: gebürstet

Montage/Einbau:

- Untergrund: **Beton / Mauerwerk / .....**
- Wandaufbau im Anschlussbereich: .....
- Abdichten und Versiegeln der Anschlussfugen mit Brandschutz-Silikon-Fugendichtstoff, Farbton: .....

Rohrrahmen (Hersteller/Typ): .....
Glas/Füllung (Hersteller/Typ): .....
Aufteilung s. Plan Nr: .....

7.274€ 10.966€ **12.649€** 14.282€ 17.840€ [St] ⏱ 5,20h/St 031.000.042

023 024 025 026 027 028 029 030 031 032 033 034 036 037 038 039

Kosten:
Stand 1. Quartal 2026
Bundesdurchschnitt

Nr.	Kurztext / Langtext						Kostengruppe
▶	▷	ø netto €	◁	◀	[Einheit]	Ausf.-Dauer	Positionsnummer

34 Stahlrahmen, Rolltor, grundiert — KG **334**

Stahlrahmen für einteiliges Rolltor, im bauseitigen Untergrund verankert.
Einbauort/-situation: ....
Baurichtmaß Öffnung (B x H): ..... x .....
Konstruktion: gem. Einzelbeschreibung
Material: Stahl S235JR+Ar
Oberfläche: Rostschutz grundiert, für Beschichtung
Untergrund: **Stahlbeton / Mauerwerk**

▶	▷	ø	◁	◀	Einheit	Ausf.-Dauer	Positionsnummer
2.752€	3.261€	**3.490€**	3.911€	4.420€	[St]	⏱ 3,60h/St	031.000.032

35 Rolltor, Leichtmetall, außen — KG **334**

Leichtmetall-Rolltoranlage nach ASR A1.7 Türen und Tore (für kraftbetätigte Türen und Tore) und DIN EN 13241 als Hallentor mit Rolltorführungsschienen, Welle und Rolltorpanzer, wärmegedämmt, elektromechanischem Antrieb nach DIN VDE 0700 Teil 238, inkl. Verkabelungen, Fangeinrichtung, Bohrungen und Verbindungsmittel für die Verschraubung mit den bauseitigen Anschlüssen.
Baurichtmaß (B x H): ...... x .....
Gef. Durchgangshöhe: .....
Wärmeschutz: Uw-Wert: ..... W/(m²K) nach DIN EN ISO 10077-1, DIN V 4108-4
Windlast, Prüfdruck **P1 / P2 / P3**, Klasse ..... nach DIN EN 12210
Schlagregendichtheit, Klasse ..... nach DIN EN 12208
Schalldämmmaß: Rw, R 24 dB nach DIN 4109
Einbruchhemmung: Widerstandsklasse ..... nach DIN EN 1627
Panzer: Aluminium-Hohlprofil, wärmegedämmt, mit unterem Abschlussprofil mit Gummi-Abschlussprofil
Führungsschienen: Stahl, verzinkt, einteilig, mit verschleißfesten Gleiteinlagen
Welle: Stahlrohr, verzinkt
Material/Montage:

- Befestigung der Führungsschienen an bauseitigen Untergrund mit Dübelmontage
- Befestigung der Wellenlager an bauseitigen Untergrund mit Dübelmontage

Untergrund: Stahlbeton
Einbauort/-situation: .....

▶	▷	ø	◁	◀	Einheit	Ausf.-Dauer	Positionsnummer
4.808€	10.840€	**13.221€**	14.810€	19.468€	[St]	⏱ 8,00h/St	031.000.021

36 Rollgitteranlage, elektrisch — KG **334**

Rollgitter-Anlage mit allen notwendigen Zubehörteilen, in bauseitige Öffnung; stabiles und einbruchhemmendes Rollgitter mit Motorbedienung und elektronischer Steuerung, Anlage mit Körperschalldämmung für leisen Lauf, Führungsschienen mit Einlage für materialschonenden Betrieb, Rollgitterkasten aus Leichtmetall-Formteil, Anlage mit einbruchhemmender Hochschiebesicherung, mit Notbedienung.
Einbruchwiderstand: Klasse RC .....
Baurichtmaß (B x H): ..... x .....
Gef. Durchgangshöhe: .....
Material und Form:

- Gitter: **Flachstahl- / Aluminium-Wabe**, 155 x 120 mm, Berechnungsgewicht .... kg/m²
- Antriebswelle aus Stahl, achteckig
- Führungsschiene aus Aluminium, stranggepresst
- Rollgitter-Kasten: **Aluminium- / Stahlblech-Formteil**, mehrfach gekantet, mit seitlichen Blenden
- Endstab aus stranggepresstem Aluminium mit Gummi-Abschlussprofil

▶ min
▷ von
ø Mittel
◁ bis
◀ max

Oberflächen:
- Stahlteile feuerverzinkt
- Aluminiumteile: E6, C1 - **natur / pulverbeschichtet**
- Schienen und Blenden: pulverbeschichtet
- Farbe: .....

Bedienung der Anlage:
- Notbedienung als Handkurbel
- Deckenzugtaster mit Kette, montiert innen
- Schlüsselschalter als **Aufputz- / Unterputzschalter**, **außen / innen und außen**
- Handsender

Steuerung:
- **240 V / 24 V** Sicherheits-Kleinspannung
- Schutzart IP54, "Tor zu" in Totmannschaltung (Dauerdruck) mit Drucktastern "Auf-Halt-Zu"
- selbstüberwachende, elektromechanische Schließkantensicherung
- betriebsfertig verkabelt, mit CEE-Stecker

Material/Montage:
- Befestigung der Führungsschienen an bauseitigen Untergrund mit Dübelmontage
- Befestigung der Wellenlager an bauseitigen Untergrund mit Dübelmontage

Untergrund: Stahlbeton
Einbauort/-situation: .....

6.285€ 7.904€ **8.591€** 9.654€ 11.565€ [St] ⏱ 9,00h/St 031.000.076

37 **Sektional-/Falttor, Leichtmetall, Hallentor, gedämmt** KG **334**

Leichtmetall-Sektionaltor, als Hallentor nach ASR A1.7 Türen und Tore (für kraftbetätigte Türen und Tore) und DIN EN 13241, wärmegedämmt, mit Führungsschienen, Umlenkung, elektromechanischem Antrieb nach DIN VDE 0700 Teil 238, inkl. Verkabelungen, Bohrungen und Verbindungsmittel für die Verschraubung mit den bauseitigen Anschlüssen. Für die Ausführung werden vom AG Zeichnungen und statische Berechnungen zur Verfügung gestellt.
Baurichtmaß Öffnung: (B x H): ...... x .....
Gef. Durchgangshöhe (B x H): ..... x .....
Wärmeschutz: Uw-Wert = ... W/(m²K) nach DIN EN ISO 10077-1, DIN V 4108-4
Windlast, Prüfdruck **P1 / P2 / P3**, Klasse ..... nach DIN EN 12210
Schlagregendichtheit, Klasse ..... nach DIN EN 12208
Schalldämmmaß: Rw, R 24 dB nach DIN 4109
Einbruchhemmung: Widerstandsklasse ..... nach DIN EN 1627
Paneel: Aluminium, doppelwandig, PUR-ausgeschäumt, unteres Abschlussprofil
Führungsschienen: mit verschleißfesten Gleiteinlagen
Zubehör:
- Torantrieb elektromechanisch, links oder rechts angeschlagen, Aufsteckantrieb 400 V Drehspannung, IP54, Nothandkurbel und integrierte Fangvorrichtung
- Torsteuerung als Totmannsteuerung, mit ..... St Drucktaster
- Torbedienung und mit ..... St Schlüsselschalter
- Rollkasten aus farbbeschichtetem Alu-Blech
- Einbruchsicherung mit **Schloss / elektromechanischer Sicherung gegen Anheben**
- Bodendichtung aus EPDM-Lippenprofil
- Sturzgegendichtung aus EPDM-Lippenprofil

Oberflächen:
- Stahlteile: feuerverzinkt
- Aluminiumteile: anodisch oxidiert, **Pulver- / Nasslackbeschichtung**

Nr.	Kurztext / Langtext						Kostengruppe
►	▷	**ø netto €**	◁	◄	[Einheit]	Ausf.-Dauer	Positionsnummer

Material/Montage:
- Befestigung der Führungsschienen mit Dübelmontage
- Befestigung der Wellenlager mit Dübelmontage

Untergrund: Stahlbeton
Einbauort/-situation: ..... / Einbau hinter Sturzprofil an Deckenplatte

2.572€ 4.179€ **4.815€** 6.128€ 8.757€ [St] ⏱ 5,00h/St 031.000.022

38 Garagen-Schwingtor, hand-/kraftbetätigt KG **334**

Schwingtor-Anlage nach DIN EN 1324 als Garagenabschluss, aus Rahmen und Schwingtorblatt, außenseitig beplankt mit senkrechter, gehobelter und feingeschliffener Schalung aus nordischer Fichte, mit Anschlagdämpfung und Öffnungshilfe im Handbetrieb, ruhiger Torlauf durch zwei kugelgelagerte Laufrollen in verzinkten Deckenlaufschienen mit Anschlagbegrenzung aus Gummi. Hubeinrichtung fein justier- und austauschbar, einschl. Bohrungen und Verbindungsmittel für die Verschraubung mit den bauseitigen Anschlüssen. Für die Ausführung werden vom AG Zeichnungen und statische Berechnungen zur Verfügung gestellt.
Baurichtmaß Öffnung: ..... m
Bauart: nach DIN EN 12604, Schutz vor Quetsch- und Scherstellen
Mindestabstände: 25 mm in allen Bereichen der Hubeinrichtung
Absturzsicherung: Multifederpaket, flexible Abdichtprofile
Betätigung: **handbetätigtes Tor / kraftbetätigtes Tor** zusammen mit Antrieb
Torzarge: aus Stahl mit Blendbrett
Torblattrahmen: verwindungsfreie Profilstahlrohre, auf Gehrung stumpf geschweißt, völlig geschlossen
- Hubeinrichtung, mit wartungsfreien Gleitlagern

Schloss:
- Verschluss: **durch 2 seitliche Schließriegel / 3 Punkt-Verriegelung bei elektrisch betätigtem Tor**
- Schloss vorgerichtet für Einbau eines bauseitigen Profilzylinders
- Türgriff mit Langschild, vernickelt Neusilber, mit Lochung für PZ

Beplankung:
- außenseitig beplankt mit senkrechter, gehobelter und feingeschliffener Nordische-Fichte-Schalung t = 21 mm und waagerechte Sockelleiste als Schutz gegen aufsteigende Feuchtigkeit, Deckbreite der Beplankungsprofile d = 120 mm
- Befestigung der Beplankung spannungsfrei durch Holzschraubleisten, Schwellenschiene, schraubbar, aus nichtrostendem Stahl

Oberflächen Holz:
- Profilschalung Nordische Fichte: **Grundlasur und Endlasur / endlackiert nach RAL .....**, Farbton: .....

Oberfläche Stahl:
- feuerverzinkt
- Korrosivitätskategorie DIN EN ISO 12944: Klasse **C1 / C2**
- Korrosionsschutz für Zeitraum Klasse: **L < 7 Jahre / M = 7 < 15 Jahre / H = 15 < 25 Jahre / VH > 25 Jahre**

Farbton: .....
Material/Montage:
- Befestigung Rahmen mit Dübelmontage

Untergrund: Stahlbeton

1.387€ 3.222€ **4.119€** 5.608€ 7.834€ [St] ⏱ 4,80h/St 031.000.023

Kosten:
Stand 1.Quartal 2026
Bundesdurchschnitt

► min
▷ von
ø Mittel
◁ bis
◄ max

39 Außenwandbekleidung, Wellblech, MW, UK KG **335**

Außenwandbekleidung mit Wellprofilen aus Stahl, Typ W18/76 nach DIN EN 508-1, bandverzinkt und beschichtet, mit Mineralfaserdämmung und Aluminium-Unterkonstruktion; sämtliche Materialien in nichtbrennbarer Ausführung. Fenstersturz und Laibungen nach gesonderter Position. Für die Ausführung werden vom AG Zeichnungen und statische Berechnungen zur Verfügung gestellt.
Profilplatten: L= ca. 4500 mm, Verlegung horizontal
Unterkonstruktion: ca. alle 650 mm befestigt, Profil einstellbar zur Aufnahme der bauseitigen Toleranzen bis ..... mm
Hinterlüftungsschicht: mind. 20 mm
Dämmung: Mineralwolle MW, Typ WAB, Wärmeleitfähigkeit: 0,035 W/(mK)
Brandverhalten: A1
Dämmschichtdicke ..... mm, einlagig, zwischen Z-Profilen
Material/Montage
- Befestigung der Unterkonstruktion aus Z-Profile am Untergrund erfolgt mit Rahmendübeln
- Wellblech-Plattenstöße überlappend, regelhafte und exakte Befestigung auf UK mit Aluminiumschrauben d = 6,5 mm
- Unterer und oberer Abschluss, sowie Anschlüsse und Eckausbildung, Ausklinkungen, eventuell erforderliche Ergänzungskonstruktionen bei Außen- und Innenecken

Oberflächen:
- Wellblech-Oberfläche: Sichtseite farbbeschichtet RAL ....., Rückseite RAL .....

Einbauort:
- verputzte Außenwände mit Wandhöhe bis .....
- bauseitiger Untergrund: Hochlochziegel, Stahlbeton im Deckenbereich.

▶	▷	ø netto €	◁	◀	[Einheit]	Ausf.-Dauer	Positionsnummer
107€	160€	**183€**	241€	311€	[m²]	⏱ 0,40 h/m²	031.000.024

40 Außenwandbekleidung, Glattblech, beschichtet KG **335**

Außenwandbekleidung mit Glattblech, auf bauseitiger Unterkonstruktion aus Aluminium-Profil; sämtliche Materialien in nichtbrennbarer Ausführung. Fenstersturz und Laibungen nach gesonderter Position. Für die Ausführung werden vom AG Zeichnungen und statische Berechnungen zur Verfügung gestellt.
Art/Form:
- äußere Bekleidung mit Stahl-Glattblech t = 3 mm
- Oberfläche: verzinkt und .....-beschichtet
- Plattenformat (B x H): ..... x .....
- Verlegung **vertikal / horizontal**

Material/Montage:
- Unterkonstruktion ca. alle 650 mm sichtbar befestigt, regelhafte und exakte Befestigung auf UK mit Aluminiumschrauben d = 6,5 mm
- Unterer und oberer Abschluss, sowie Anschlüsse und Eckausbildung, Ausklinkungen, eventuell erforderliche Ergänzungskonstruktionen bei Außen- und Innenecken

Oberflächen:
- Glattblech-Oberfläche: Sichtseite farbbeschichtet RAL ....., Rückseite RAL .....

Einbauort:
- Außenwände mit Wandhöhe bis 7,00 m
- bauseitiger Untergrund: .....

▶	▷	ø netto €	◁	◀	[Einheit]	Ausf.-Dauer	Positionsnummer
123€	262€	**297€**	354€	459€	[m²]	⏱ 0,50 h/m²	031.000.033

Nr.	Kurztext / Langtext					Kostengruppe
►	▷	**ø netto €**	◁	◀	[Einheit] Ausf.-Dauer	Positionsnummer

Kosten:
Stand 1.Quartal 2026
Bundesdurchschnitt

41 Vordach, Trägerprofile/VSG KG **339**

Vordachkonstruktion, zur Aufnahme von VSG-Verglasung gem. DIN 18008-3, Konstruktion aus zwei Konsolen und zwei Hohlprofil-Querträger zur Aufnahme der vorgebohrten Verglasung. Für die Ausführung werden vom AG Zeichnungen und statische Berechnungen zur Verfügung gestellt.
Konstruktion der Ausführungsklasse DIN EN 1090: EXC .....
Abmessung (B x L): ....., Neigung: .....°
Scheibengröße (B x L): .....
Auflagerung Verglasung: Neoprenlager, punktförmige Halterung, ... St
Querträger: Hohlprofil .... x ...., t= ..... mm
Konsolen: ..... St, befestigt an aufgehender Wand
Material: Stahl nach DIN EN 10025. Güte: S235JR (+AR .....)
Stegblech (B x L x T): ..... x ..... x ..... mm
Ankerplatte (B x L x T): ..... x ..... x ..... mm, Dübel und Befestigung gem. anliegender statischer Berechnung
Befestigungsmittel: nichtrostender Stahl
Oberflächen: **verzinkt und deckend beschichtet / feuerverzinkt**

- Korrosivitätskategorie DIN EN ISO 12944: Klasse **C1 / C2**
- Korrosionsschutz für Zeitraum Klasse: **L < Jahre / M = 7 < 15 Jahre / H = 15 < 25 Jahre**

Farbe: .....
Einbauort:

- Außenwand, wärmegedämmt, WDVS, Dämmung 160mm
- Einbauhöhe: bis 5,00 m
- Untergrund: **Mauerwerk / Stahlbeton**

1.740€ 3.463€ **4.409€** 5.176€ 6.488€ [St] ⏱ 4,50h/St 031.000.067

42 Deckenabschluss, Flachstahl KG **353**

Anschlagschiene aus scharfkantigem Flachstahl, mit punktförmigen Halterungen, als Randschiene für Estrichabstellung am Deckenrand, Innenbereich. Für die Ausführung werden vom AG Zeichnungen und statische Berechnungen zur Verfügung gestellt.
Abmessung:

- Höhe Flachstahl: H= ..... mm
- Dicke Flachstahl: T= 8 mm
- Halterungen: ca. alle 300 mm mit angeschweißtem Winkelprofil

Montage:

- befestigt mit feuerverzinkten Schrauben **M8 / M10** und Dübel, alle ..... m

Oberflächen:

- rostschützend **grundiert / feuerverzinkt**

Einbauort:

- Deckenrand im 1.OG
- Untergrund: Stahlbeton
- Einbauhöhe: ..... m

77€ 120€ **134€** 156€ 198€ [m] ⏱ 0,35h/m 031.000.025

► min
▷ von
ø Mittel
◁ bis
◀ max

43 Estrichabschluss, Winkelstahl — KG 353

Anschlagschiene aus scharfkantigem Winkelprofil, als Randschiene für Estrichabstellung am Deckenrand, Innenbereich. Für die Ausführung werden vom AG Zeichnungen und statische Berechnungen zur Verfügung gestellt.
Abmessung:
- ungleichmäßiger Winkelstahl: 100 x 65 mm
- Dicke Winkelstahl: t = 7 mm
- Halterungen: ca. alle 300 mm mit Bohrung im kurzen Flansch

Montage:
- befestigt mit feuerverzinkten Schrauben M8 und Dübel, l= 50 mm, auf Stahlbeton-Decke

Oberflächen: feuerverzinkt

Einbauort:
- Estrichabstellung vor Fassade im EG
- Untergrund: Stahlbeton
- Einbauhöhe: ..... m

Für die Ausführung werden vom AG folgende Unterlagen zur Verfügung gestellt: .....

▶	▷	ø netto €	◁	◀	[Einheit]	Ausf.-Dauer	Positionsnummer
70€	121€	**139€**	159€	198€	[m]	⏱ 0,40h/m	031.000.026

44 Aluminiumprofile, Stahlkonstruktion — KG 335

Aluminiumprofil, montiert auf Stahlkonstruktion und sichtbar befestigt mit CrNi-Schrauben.
Beschreibung der Konstruktion: .....
ggf. mit Angabe der Ausführungsklasse DIN EN 1090: EXC .....
Profil: .....
Material: Aluminium
Oberfläche: **natur / eloxiert E6/C0 / eloxiert E6/C35**
Profil: Schenkellänge (B x L): ..... x .....

▶	▷	ø netto €	◁	◀	[Einheit]	Ausf.-Dauer	Positionsnummer
26€	40€	**49€**	58€	73€	[m]	⏱ 0,20h/m	031.000.034

45 Auflagerwinkel, Gitterroste, Stahl, außen — KG 353

Auflagerwinkel aus scharfkantigem Winkelprofil, für Gitterroste als geschlossener Rahmen. Für die Ausführung werden vom AG Zeichnungen und statische Berechnungen zur Verfügung gestellt.
Konstruktion der Ausführungsklasse DIN EN 1090: EXC .....
Abmessung:
- Rahmenmaß: geeignet für Bauhöhe Gitterrost H= ..... mm
- Rahmengröße: .....
- Halterungen: ca. alle ..... mm mit Bohrung im kurzen Flansch

Montage:
- befestigt im Außenbereich mit nichtrostenden Schrauben M8 und Dübel, Abstand L= ca. ..... mm, seitlich an die Kellerlicht-Schachtwände
- je Seite mind. 2 Befestigungsstellen

Oberflächen: feuerverzinkt

Einbauort:
- Lichtschächte im UG
- Lichtschachthöhe: .....

▶	▷	ø netto €	◁	◀	[Einheit]	Ausf.-Dauer	Positionsnummer
23€	39€	**48€**	51€	60€	[m]	⏱ 0,20h/m	031.000.027

Nr.	Kurztext / Langtext						Kostengruppe
▶	▷	ø netto €	◁	◀	[Einheit]	Ausf.-Dauer	Positionsnummer

46 Gitterroste, Stahl, verzinkt KG **353**

Gitterrostbeläge, rutschhemmend, abhebesicher als Podestfläche auf bauseitiger Stahlkonstruktion, einschl. Bohrungen und feuerverzinkten Verbindungsmitteln für die Verschraubung mit den herzustellenden Anschlüssen. Für die Ausführung werden vom AG Zeichnungen und statische Berechnungen zur Verfügung gestellt.
Konstruktion der Ausführungsklasse DIN EN 1090: EXC .....
lichtes Gitterrost-Außenmaß (B x L): ..... x .....
Art/Form:

- Gitterrost, Maschenteilung 33,3 x 11,1 mm
- Tragstab: 30 x 3 mm
- Randstab/Einfassung: umlaufend mit Profil 30 x 3 mm

Anforderungen:

- rutschhemmend **R9 / R10 / R11**

Montage:

- auf bauseitige Stahlkonstruktion, eingepasst und befestigt mit geeigneten feuerverzinkten Gitterrostbefestigungen

Oberflächen: feuerverzinkt
Einbauort:

- ..... Geschoss
- Einbauhöhe: .....

103€	215€	**270€**	311€	395€	[m²]	⏱ 0,25h/m²	031.000.028

47 Trittstufe, Gitterrost, Außenbereich KG **351**

Trittstufe Wangentreppe, Außenbereich, aus Stahlrahmen und Gitterrost, seitlich verschraubt.
Material: Winkelrahmen aus Stahlblech
Einlage: Gitterrost, Maschenweite 30 x 30 mm
Stufenbreite: 1,00 m
Treppenauftritt: 280 mm
Oberflächen: feuerverzinkt

61€	99€	**116€**	121€	185€	[St]	⏱ 0,25h/St	031.000.080

48 Stahltreppe, gerade, einläufig, innen, Trittbleche KG **351**

Freitragende Stahlwangentreppe nach DIN 18065, über ein Geschoss führend; einschl. Bohrungen und verzinkten Verbindungsmitteln für die Verschraubung mit den bauseitigen Anschlüssen. Geländer nach gesonderter Position. Für die Ausführung werden vom AG Zeichnungen und statische Berechnungen zur Verfügung gestellt.
Abmessungen:

- Geschosshöhe: 2.750 mm
- Stützweite: .....
- Stufen: 16 St
- Steigungsverhältnis: 17,2 x 28 cm
- Wangenhöhe: 280 mm
- Treppenbreite: 1,0 m
- nutzbare Treppenlaufbreite: .....
- Fußbodenaufbau unten: H=100 mm, oben: H=75 mm

Art/Form:

- Ausführungsklasse nach DIN EN 1090: .....
- Nutzlast: 3 kN/m² DIN EN 1991-1
- Material: Stahl S235JR DIN EN 10025-2, Werkstoff-Nr 1.0038
- Wange aus Breitflachstahl H 280 x T 18 mm, am oberen Ende abgewinkelt zum Anschluss an Geschossdecke
- Tritt- und Setzstufe als z-förmig abgewinkeltes Stahlblech

Kosten:
Stand 1. Quartal 2026
Bundesdurchschnitt

▶ min
▷ von
ø Mittel
◁ bis
◀ max

Profil:
- **Tränenblech / Riffelblech**, verzinkt, Abwicklung je Stufe ca. 370 mm, an Wangen angeschweißt
- letzte Stufe im Übergang zum Fußboden als Stahlblech, jedoch Abwicklung ca. 600 mm

Anschlüsse/Montage:
- oberer Anschluss an Deckenstirn aus Stahlbeton, Dicke inkl. FB: ....., mittels Stahllasche als Wangenanschluss, geschraubten Verbindung,
- unterer Anschluss aufgesetzt auf Stahlbeton, punktförmig gelagert mit Stahllaschen, geschraubte Verbindung, Dübelmontage

Oberflächen: feuerverzinkt

Einbauort:
- Innen, Trockenbereich
- zwischen 1. und 2. Geschoss
- Einbauhöhe: .....

▶	▷	ø netto €	◁	◀	[Einheit]	Ausf.-Dauer	Positionsnummer
3.126€	4.942€	**5.920€**	7.367€	10.298€	[St]	⏱ 7,50h/St	031.000.029

49 Stahltreppe, gerade, mehrläufig, innen, Trittbleche KG **351**

Freitragende Stahlwangentreppe nach DIN 18065, mehrläufig; inkl. Bohrungen und verzinkten Verbindungsmitteln für die Verschraubung mit den bauseitigen Anschlüssen. Geländer nach gesonderter Position. Für die Ausführung werden vom AG Zeichnungen und statische Berechnungen zur Verfügung gestellt.

Abmessungen:
- Stützweiten: .....
- Geschosshöhe: .....
- Treppenbreite: 1,0 m
- nutzbare Treppenlaufbreite: .....
- Stufen: ..... St
- Steigungsverhältnis: 17,2 x 28 cm
- Wangenhöhe: 280 mm
- Fußbodenaufbau unten: H= 100 mm, oben: H= 75 mm

Art/Form:
- Ausführungsklasse nach DIN EN 1090: .....
- Nutzlast: 3 kN/m^2
- Material: Stahl S235JR DIN EN 10025-2, Werkstoff-Nr 1.0038
- Wange als Breitflachstahl H 280 x T 18 mm, am oberen Ende abgewinkelt zum Anschluss an Geschossdecke
- Tritt- und Setzstufe als z-förmig abgewinkeltes Stahlblech

Profil:
- **Tränenblech / Riffelblech**, verzinkt, Abwicklung je Stufe ca. 370 mm, an Wangen angeschweißt
- letzte Stufe im Übergang zum Fußboden als Stahlblech, jedoch Abwicklung ca. 600 mm

Anschlüsse/Montage:
- oberer Anschluss an Deckenstirn aus Stahlbeton, Dicke inkl. FB: 315mm, mittels Stahllasche als Wangenanschluss, geschraubten Verbindung
- unterer Anschluss aufgesetzt auf Stahlbeton, punktförmig gelagert mit Stahllaschen, geschraubte Verbindung, Dübelmontage

Oberflächen: feuerverzinkt

023 024 025 026 027 028 029 030 031 032 033 034 036 037 038 039

Nr.	Kurztext / Langtext						Kostengruppe
▶	▷	ø netto €	◁	◀	[Einheit]	Ausf.-Dauer	Positionsnummer

Einbauort:
- Innenraum - Trockenbereich
- zwischen 1. und 2. Geschoss
- Einbauhöhe: bis .... m

▶	▷	ø netto €	◁	◀	[Einheit]	Ausf.-Dauer	Positionsnummer
4.694€	9.499€	**11.055€**	11.734€	14.994€	[St]	⏱ 8,50h/St	031.000.044

50 Spindeltreppe, Stahl, 100cm, innen, Trittroste KG **351**

Spindeltreppenanlage nach DIN 18065, einschl. Bohrungen und verzinkten Verbindungsmitteln für die Verschraubung mit den bauseitigen Anschlüssen. Geländer nach gesonderter Position. Für die Ausführung werden vom AG Zeichnungen und statische Berechnungen zur Verfügung gestellt.

Abmessung:
- lichtes Rohbaurichtmaß Treppenloch: .....
- Treppendurchmesser: D = ... mm
- Geschosshöhe: 2,80 m
- Stufen: ..... St
- Steigung: .....
- Austrittpodest (L x B): 1,00 x 1,00 m
- Wange aus Breitflachstahl t= 10 mm,
- nutzbare Laufbreite: 100 cm
- Fußbodenaufbau unten: H: 100 mm, oben: H: 75 mm

Art/Form:
- Ausführungsklasse nach DIN EN 1090: .....
- Nutzlast: 3,0 kN/m^2
- Standrohr, nahtlos gezogenes Stahlrohr
- Standrohrüberstand ca. 1.000 mm für Anschluss Geländer
- quadratische Bodenplatte aus Flachstahl ....., mit vier Bohrungen M20
- Spindel-Stufen mit Flachstahleinfassung
- 1 Zwischen- und 1 Austritt-Podest mit Unterkonstruktion
- Belag und Stufen mit rutschhemmenden Press-Gitterrosten
- Maschung: 30 x 30 mm, Befestigung: .....

Anschlüsse/Montage:
- oberer Anschluss an Deckenstirn aus Stahlbeton, Dicke inkl. FB: 315 mm, mittels Stahllasche, geschraubter Verbindung, Dübelmontage
- unterer Anschluss aufgesetzt auf Stahlbeton, punktförmig gelagert, geschraubte Verbindung, Dübelmontage

Oberflächen: feuerverzinkt

Einbauort:
- Innenraum - Trockenbereich
- zwischen EG und 1. Obergeschoss
- Einbauhöhe: .....

▶	▷	ø netto €	◁	◀	[Einheit]	Ausf.-Dauer	Positionsnummer
4.813€	5.781€	**6.422€**	6.818€	8.473€	[St]	⏱ 7,50h/St	031.000.077

Kosten:
Stand 1.Quartal 2026
Bundesdurchschnitt

▶ min
▷ von
ø Mittel
◁ bis
◀ max

51 **Steigleiter, Stahl, verzinkt, bis 5,00m** KG **339**

Steigleiter mit Seitenholm, inkl. Bohrungen, Klebedübel und Verbindungsmittel. Für die Ausführung werden vom AG Zeichnungen und statische Berechnungen zur Verfügung gestellt.
Verwendungszweck:
Steigleiter **für Wartungs- und Kontrollzwecke nach DIN 18799-1 / für Maschinenzugänge nach DIN EN ISO 14122-1 / als Not- oder Feuerleiter an Gebäuden nach DIN 14094-1**
Ausführungsklasse nach DIN EN 1090: .....
Maße:
- Holme: Rohr D = 48,3 mm
- Sprossen: Rechteckrohr 25 x 25 x 1,5 mm
- lichte Weite: 400 mm, äußere Leiterbreite: 500 mm
- Wandabstand: 200 mm
- Leiterlänge/Aufstiegshöhe: bis 5,00 m

Material:
- **Stahl S235JR, feuerverzinkt / nichtrostender Stahl Werkstoff 1.4571 / Leichtmetall farblos eloxiert E6/C0**

Zubehör:
- Attika-Übersteigteil mit 2 Stufen Abstieg, 1 St

Montage:
- alle 2,00 m am Holm befestigt, inkl. aller notwendigen nichtrostenden Verankerungsmittel

Einbauort: Außenbereich
Befestigungsgrund: **Stahlbetonwand / Mauerwerkswand**

234€ 673€ **736€** 1.041€ 1.570€ [St] ⏱ 1,80h/St 031.000.031

52 **Steigleiter, Seitenholm, Rückenschutz** KG **339**

Steigleiter mit Seitenholm und Rückenschutz, inkl. Bohrungen, Klebedübel und Verbindungsmittel. Für die Ausführung werden vom AG Zeichnungen und statische Berechnungen zur Verfügung gestellt.
Verwendungszweck:
Steigleiter für Wartungs- und Kontrollzwecke nach DIN 18799-1
Ausführungsklasse nach DIN EN 1090: .....
Abmessung:
- Holme: Rohr D = 48,3 mm
- Sprossen: Rundrohr D 20 mm
- lichte Weite: 400 mm, äußere Leiterbreite: 500 mm
- Wandabstand: 200 mm
- Leiterlänge/Aufstiegshöhe: über 5,00 m

Zubehör:
- Rückenschutzkorb, ab 3,0 m Leiterhöhe
- Zusteigepodest, für mehrzügige Leiter, ... St, ggf. Ruhepodest
- Attika-Übersteigteil mit 2 Stufen Abstieg, 1 St

Material: Leichtmetall – Aluminium
Montage:
- alle 2,00 m am Holm befestigt, inkl. nichtrostenden Verankerungsmittel

Oberfläche: feuerverzinkt
Untergrund: Stahlbetonwand

Nr.	Kurztext / Langtext						Kostengruppe
▶	▷	**ø netto €**	◁	◀	[Einheit]	Ausf.-Dauer	Positionsnummer

Einbauort:
- Außenraum
- Arbeitshöhe: ..... m

1.625€	2.586€	**3.085€**	4.136€	5.789€	[St]	⏱ 2,10h/St	031.000.035

53 Kellertrennwandsystem, verzinkte Metalllamellen KG **346**

Kellertrennwandsystem aus Stahlprofilen und Stahllamellen, vernietet mit Pfosten, Montage des Trennwandsystems mit Dübel und nichtrostenden Schrauben.
Lamellen: ca. 110 mm breit
Blechdicke: 0,63 mm
Pfosten: L-Profil 40 x 40 mm
Bodenabstand: 50 mm
Raumhöhe: von 2,50 bis 2,70m
Untergrund:
- Decke: Betondecke mit Dämmung 100mm
- Boden: beschichteter Estrich t= 55mm

Oberflächen: feuerverzinkt
Türen werden in getrennter Position vergütet.
Ausführung/Aufteilung: gem. Plannr. ....
Angeb. Fabrikat/Typ: ......

38€	50€	**56€**	60€	68€	[m2]	⏱ 0,25h/m2	031.000.078

54 Kellertrennwandsystem, Gittergewebe KG **346**

Kellertrennwandsystem aus Stahlgitter und Befestigungskonstruktion der Trennwandfüllung aus Teleskopstützen 30x30mm, befestigt an Boden und Decke, im Abstand von ca. 1.000mm. Montage des Trennwandsystems mit 50mm Bodenabstand.
Raumhöhe: von 2,50 bis 2,70 m
Untergrund:
- Decke: Betondecke mit Dämmung 100 mm
- Boden: beschichteter Estrich t= 55 mm

Oberflächen: feuerverzinkt
Türen werden in getrennter Position vergütet.
Produkt: Typ ...... Fa. ......, o. glw. Art.

98€	113€	**128€**	136€	151€	[m2]	–	031.000.082

Kosten:
Stand 1.Quartal 2026
Bundesdurchschnitt

▶ min
▷ von
ø Mittel
◁ bis
◀ max

55 Briefkastenanlage, freistehend, bis 8 WE — KG **561**

Briefkastenanlage nach DIN EN 13724 als freistehende Anlage aus verzinktem Stahlblech, bestehend aus Unterkonstruktion und Gehäuse, Layout/Gestaltung nach Angaben des AG/Architekten, Anlage mittig geteilt, eine Hälfte mit Briefkästen, andere Hälfte mit Klingelschildern, Beleuchtung und Rufstelle/Lautsprecher. Elektrischer Anschluss, Erdarbeiten und Stahlbetonfundament in gesonderten Positionen. Für die Ausführung werden vom AG Zeichnungen und statische Berechnungen zur Verfügung gestellt.
Ausführung
- Unterkonstruktion als Rechteckrohrständer: 80 x 40 mm
- Anzahl Briefkästen: .....
- Kastengröße: .....
- Klappe und Einwurf (B x H): 230-280 x 30-35 mm
- Anzahl beleuchtete Klingeltaster mit Namensschild: .....
- eine Sprechstelle als Gitter mit Lautsprecher
- Beschriftung: dunkle Buchstaben auf beschichtetem Grund
- Oberfläche Stahlblech: Sichtseite farbbeschichtet RAL ....., nicht sichtbare Teile in Standardfarbe
- Anlagengröße: .....

Angeb. Fabrikat: .....

2.207€ 3.076€ **3.609€** 4.273€ 5.342€ [St] ⏱ 1,20h/St 031.000.039

56 Briefkasten, Stahlblech, Wand — KG **561**

Durchwurf-Briefkasten nach DIN EN 13724, aus verzinktem Stahlblech, Einbau in Wand, bestehend aus Gehäuse, Einwurfschlitz und Entnahmetür, mit Namens-Einschubleiste, mit Klingelknopf, Beleuchtung und Rufstelle/Lautsprecher. Elektrischer Anschluss in gesonderten Position. Für die Ausführung werden vom AG Zeichnungen und statische Berechnungen zur Verfügung gestellt.
Ausführung:
- Kastengröße: .....
- Klappe und Einwurf (B x H): 230-280 x 30-35 mm
- Verriegelung mit Zylinderschloss, 3 Schlüssel
- beleuchteter Klingeltaster mit Namensschild: .....
- Sprechstelle als Gitter mit Lautsprecher
- Beschriftung: dunkle Buchstaben auf beschichtetem Grund
- Oberfläche Stahlblech: Sichtseite farbbeschichtet RAL ....., nicht sichtbare Teile in Standardfarbe
- Anlagengröße: .....

Angeb. Fabrikat: .....

671€ 719€ **823€** 923€ 1.172€ [St] ⏱ 25,00h/St 031.000.075

57 Stundensatz, Facharbeiter/-in

Stundenlohnarbeiten für Vorarbeiter/-in, Facharbeiter/-in und Gleichgestellte. Leistung nach besonderer Anordnung der Bauüberwachung. Der Verrechnungssatz für die jeweilige Arbeitskraft umfasst sämtliche Aufwendungen wie Lohn- und Gehaltskosten, Lohn- und Gehaltsnebenkosten, Zuschläge, lohngebundene und lohnabhängige Kosten, sonstige Sozialkosten, Gemeinkosten, Wagnis und Gewinn. Leistung nach besonderer Anordnung der Bauüberwachung. Anmeldung und Nachweis gem. VOB/B.

68€ 74€ **77€** 80€ 87€ [h] ⏱ 1,00h/h 031.000.064

58 Stundensatz, Helfer/-in

Stundenlohnarbeiten für Werker/-in, Helfer/-in und Gleichgestellte. Leistung nach besonderer Anordnung der Bauüberwachung. Der Verrechnungssatz für die jeweilige Arbeitskraft umfasst sämtliche Aufwendungen wie Lohn- und Gehaltskosten, Lohn- und Gehaltsnebenkosten, Zuschläge, lohngebundene und lohnabhängige Kosten, sonstige Sozialkosten, Gemeinkosten, Wagnis und Gewinn.

58€ 62€ **63€** 64€ 70€ [h] ⏱ 1,00h/h 031.000.065

032

Kosten:
Stand 1.Quartal 2026
Bundesdurchschnitt

Nr.	Positionen	Einheit	▶	▷	ø brutto € / ø netto €	◁	◀
1	Verglasung, Floatglas, 6mm	m²	97	103	**107**	112	123
			82	87	**90**	94	103
2	Verglasung, Floatglas, 8mm	m²	115	129	**134**	143	172
			97	109	**113**	120	145
3	Verglasung, ESG-Glas, 8mm	m²	144	188	**206**	220	246
			121	158	**173**	185	206
4	Verglasung, ESG-Glas,10mm	m²	216	250	**278**	281	315
			181	210	**234**	236	265
5	Verglasung, VSG-Glas, 8mm	m²	123	179	**211**	243	299
			103	150	**177**	205	251
6	Verglasung, VSG-Glas, 10mm	m²	204	227	**255**	291	326
			171	191	**214**	244	274
7	Isolierverglasung, Pfosten-Riegel-Fassade	m²	318	470	**527**	563	647
			267	395	**443**	473	544
8	Duschabtrennung, Glas	St	1.804	2.383	**2.594**	2.893	3.272
			1.516	2.003	**2.179**	2.431	2.750
9	Brandschutzverglasung, Innenwände	m²	279	615	**663**	715	941
			235	517	**557**	601	791
10	Brandschutzglas, EI30 Fenster	m²	624	640	**716**	799	1.007
			524	537	**602**	671	846
11	Profilbauverglasung, einschalig	m²	122	135	**139**	144	161
			102	113	**117**	121	136
12	Profilbauverglasung, zweischalig	m²	210	306	**329**	352	451
			176	257	**276**	296	379
13	Vordachverglasung, Sicherheitsglas	St	214	340	**396**	430	530
			180	285	**333**	362	445
14	Geländerfüllung, VSG-Glas	m²	206	336	**378**	416	548
			173	282	**318**	349	460
15	Sichtschutzfolie, geklebt	m²	61	96	**115**	152	206
			51	81	**97**	128	173
16	Stundensatz, Facharbeiter/-in	h	71	89	**95**	99	106
			60	75	**80**	83	89

▶ min
▷ von
ø Mittel
◁ bis
◀ max

Nr. **Kurztext** / Langtext — Kostengruppe
▶ ▷ **ø netto €** ◁ ◀ [Einheit] Ausf.-Dauer Positionsnummer

A 1 Verglasung, Einfachglas Beschreibung für Pos. **1-2**

Einfachverglasung, inkl. Einbau und Glasdichtung.
Verglasungsfläche: Fenster
Rahmenmaterial: .....
Befestigung: .....
Verglasungssystem: .....
Farbwirkung: neutral
Versiegelung: beidseitig
Dichtstoffgruppe: .....
Verglasung: Floatglas

Nr.	**Kurztext** / Langtext						Kostengruppe
▶	▷	**ø netto €**	◁	◀	[Einheit]	Ausf.-Dauer	Positionsnummer

1 Verglasung, Floatglas, 6mm KG **334**

Wie Ausführungsbeschreibung A 1
Scheibendicke: 6 mm
Scheibengröße: .....

82€	87€	**90€**	94€	103€	[m²]	⏱ 0,47 h/m²	032.000.022

2 Verglasung, Floatglas, 8mm KG **334**

Wie Ausführungsbeschreibung A 1
Scheibendicke: 8 mm
Scheibengröße: .....

97€	109€	**113€**	120€	145€	[m²]	⏱ 0,47 h/m²	032.000.023

A 2 Verglasung, Einscheibensicherheitsglas Beschreibung für Pos. **3-4**

Einscheiben-Sicherheitsverglasung, einschl. Befestigung mit Glashalteleisten und Dichtstoff.
Ausführung nach Zeichnung: .....
Verglasungsfläche: .....
Rahmen: .....
Material: .....
Befestigungsleisten: .....
Verglasungssystem: .....
Farbwirkung: neutral
Versiegelung: beidseitig
Dichtstoffgruppe: mind. C - elastisch bleibend
Verglasung: ESG

3 Verglasung, ESG-Glas, 8mm KG **334**

Wie Ausführungsbeschreibung A 2
Scheibendicke: 8 mm
Scheibengröße: .....

121€	158€	**173€**	185€	206€	[m²]	⏱ 0,50 h/m²	032.000.026

4 Verglasung, ESG-Glas,10mm KG **334**

Wie Ausführungsbeschreibung A 2
Scheibendicke: 10mm
Scheibengröße: .....

181€	210€	**234€**	236€	265€	[m²]	⏱ 0,50 h/m²	032.000.027

Nr.	Kurztext / Langtext						Kostengruppe
▶	▷	ø netto €	◁	◀	[Einheit]	Ausf.-Dauer	Positionsnummer

A 3 Verglasung, Verbundsicherheitsglas — Beschreibung für Pos. **5-6**

Verbund-Sicherheitsverglasung, einschl. Befestigung mit Glashalteleisten und Dichtstoff.
Ausführung nach Zeichnung: .....
Verglasungsfläche: .....
Tragkonstruktion: .....
Material: .....
Befestigungsart: .....
Kantenausbildung: .....
Verglasungssystem: Va3
Dichtstoff: .....
Verglasung: VSG - zweischeibig mit Folieneinlage
Widerstandsklasse: A 1

Kosten:
Stand 1. Quartal 2026
Bundesdurchschnitt

5 Verglasung, VSG-Glas, 8mm — KG **334**

Wie Ausführungsbeschreibung A 3
Scheibendicke: 8 mm
Scheibengröße: 1,0-2,0 m²

▶	▷	ø	◁	◀	Einheit	Ausf.-Dauer	Positionsnummer
103€	150€	**177€**	205€	251€	[m²]	0,70h/m²	032.000.029

6 Verglasung, VSG-Glas, 10mm — KG **334**

Wie Ausführungsbeschreibung A 3
Scheibendicke: 10 mm
Scheibengröße: 1,0-2,0 m²

▶	▷	ø	◁	◀	Einheit	Ausf.-Dauer	Positionsnummer
171€	191€	**214€**	244€	274€	[m²]	0,75h/m²	032.000.030

7 Isolierverglasung, Pfosten-Riegel-Fassade — KG **337**

Mehrscheiben-Isolierverglasung inkl. Einbau der Glashalteprofile, Deckschalen, Dichtprofile oder Verfugung.
Bauteil: Pfosten-Riegel-Fassade
Scheibengrößen (B x H): ..... x .....
Fassadensystem:

- Rahmenmaterial: .....
- Glaspressleisten aus .....

Technische Daten Verglasung:

- .....-Scheiben-Isolierverglasung
- Ug-Wert: ..... W/(m²K)
- g-Wert: .....%
- Psi-Wert Glasrandverbund: .....
- Schallschutz: Klasse ....., ... dB
- Lichtdurchlässigkeit TL: .....%
- Lichtreflexion außen TR: .....%
- allg. Farbwiedergabe: .....
- Verglasungssystem: Pressleistenverglasung
- Farbe: .....

▶	▷	ø	◁	◀	Einheit	Ausf.-Dauer	Positionsnummer
267€	395€	**443€**	473€	544€	[m²]	1,40h/m²	032.000.002

▶ min
▷ von
ø Mittel
◁ bis
◀ max

Nr.	Kurztext / Langtext						Kostengruppe
▶	▷	**ø netto €**	◁	◀	[Einheit]	Ausf.-Dauer	Positionsnummer

8 Duschabtrennung, Glas KG **412**

Duschabtrennung nach DIN EN 14428, aus Seitenteil und Drehtür, als Ganzglaskonstruktion, mit geschliffenen Kanten. Glasscheibe raumhoch, unten und oben gehalten, mit Anschluss an zu fliesende Wandflächen als stumpfer Stoß. Drücker und Glashalter im System.
Abmessung (B x H): ..... x .....
Ausführung: ESG **10 / 12** mm
Oberfläche: **Klarglas / satiniert**
Flügel: **links / rechts** angeschlagen
Bänder: .....
Schloss: .....
Drückergarnitur: ......
Angeb. Fabrikat: .....

▶	▷	ø netto €	◁	◀	[Einheit]	Ausf.-Dauer	Positionsnummer
1.516€	2.003€	**2.179€**	2.431€	2.750€	[St]	⏱ 3,00h/St	032.000.018

9 Brandschutzverglasung, Innenwände KG **346**

Brandschutzverglasung, für festverglaste Profilsysteme, inkl. Einbau der Glashalteprofile, Deckschalen, Dichtprofile oder Verfugung.
Scheibengröße (B x H): ..... x .....
Verglasung: Verbundglas
Anwendung: innen
Feuerwiderstandsklasse: **EI30 / EI60 / EI90**
Zulassung Verglasung: .....
Prüfnummer/Prüfinstitut: .....

▶	▷	ø netto €	◁	◀	[Einheit]	Ausf.-Dauer	Positionsnummer
235€	517€	**557€**	601€	791€	[m²]	⏱ 0,80h/m²	032.000.006

10 Brandschutzglas, EI30 Fenster KG **344**

Einscheiben-Brandschutzverglasung, Einbau in Fenster in vorhandenen Rahmen, inkl. Glashalteleisten und beidseitige Glasdichtung. Einbau in Fenster
Anwendung: **innen / außen**
Scheibengröße (B x H): ..... x .....
Gesamtnenndicke: ca. 16 mm
Verglasung: Verbundglas, mehrschichtig
Feuerwiderstandsklasse: EI30
Zulassung Verglasung: .....
Prüfnummer/Prüfinstitut: .....
Rahmenmaterial: .....
Glashalteleisten aus: .....

▶	▷	ø netto €	◁	◀	[Einheit]	Ausf.-Dauer	Positionsnummer
524€	537€	**602€**	671€	846€	[m²]	⏱ 0,60h/m²	032.000.037

Nr.	Kurztext / Langtext						Kostengruppe
►	▷	ø netto €	◁	◄	[Einheit]	Ausf.-Dauer	Positionsnummer

11 **Profilbauverglasung, einschalig** KG **332**

Profilbauverglasung, U-förmige Glasplatten, DIN EN 572-2 oder bauaufsichtlich zugelassen. Einbau inkl. Systemprofile, Polster- und Dichtungsprofile. Sonderprofile, Öffnungen, Lüftungsflügel und Fensterbänke nach gesonderter Position.
Einbau der Glaselemente: einschalig
Zulassung Verglasung: .....
Untergrund: .....
Verglasung aus: **Klar- / Ornamentglas**
Längsdrähte: **mit / ohne**
Glasdicke: T= **6 / 7** mm
Glasfarbe: .....
Sonstige Glaseigenschaften: .....
U-Wert der Konstruktion: ..... W/(m²K)
g-Wert: .....
Lichttransmission: .....%
Ansichtsfläche (B x H): ..... x .....
Einbauhöhe: .....
Einbauort: Innenbereich

►	▷	ø	◁	◄	[Einheit]	Ausf.-Dauer	Positionsnummer
102€	113€	**117€**	121€	136€	[m²]	⏱ 2,10h/m²	032.000.036

12 **Profilbauverglasung, zweischalig** KG **332**

Profilbauverglasung, zweischalig, U-förmige Glasplatten, DIN EN 572-2 oder bauaufsichtlich zugelassen. Einbau inkl. Systemprofile, Polster- und Dichtungsprofile. Sonderprofile, Öffnungen, Lüftungsflügel und Fensterbänke nach gesonderter Position.
Einbau der Glaselemente: als Isolierverglasung, zweischalig
Zulassung Verglasung: .....
Untergrund: .....
Verglasung aus: Wärmeschutz- und Sonnenschutzglas
Längsdrähte: **mit / ohne**
Profil-Abmessung: **B232 / B262 / B331 / B498 x H41 / H60** mm
Glasdicken: t= 7 mm
Glasfarbe: .....
Sonstige Glaseigenschaften: .....
Ug-Wert der Konstruktion: 1,8 W/(m²K)
g-Wert: 0,45
Lichttransmission: 41%
Rahmen: thermisch getrennte Alu-Systemprofile, anodisch eloxiert C-0
Ansichtsfläche (B x H): ..... x .....
Einbauhöhe: .....
Einbauort: Außenwand

►	▷	ø	◁	◄	[Einheit]	Ausf.-Dauer	Positionsnummer
176€	257€	**276€**	296€	379€	[m²]	⏱ 2,80h/m²	032.000.040

Kosten:
Stand 1.Quartal 2026
Bundesdurchschnitt

► min
▷ von
ø Mittel
◁ bis
◄ max

Nr.	**Kurztext** / Langtext						Kostengruppe
▶	▷	**ø netto €**	◁	◀	[Einheit]	Ausf.-Dauer	Positionsnummer

13 Vordachverglasung, Sicherheitsglas KG **362**

Vordachverglasung mit Sicherheitsglas, Scheiben vorgebohrt für punktförmige Halterung, Auflagerung auf Neoprenlager auf zugelassener Gesamtkonstruktion.
Rahmenmaterial: **Aluminium / Stahl**
Verglasung: Verbundsicherheitsglas aus **TVG / ESG**
Scheibengröße (B x L): ..... x .....
Scheibendicke: .....
Neigung Verglasungsfläche: ca. .....°
Farbwirkung: .....
Scheibenrand: fein geschliffen
Bohrungen: ..... St
Haltebereich: Verguss falls erforderlich, mit Neopren-Unterlage
Befestigung: Schrauben, nichtrostender Stahl

180€	285€	**333€**	362€	445€	[St]	⏱ 0,35h/St	032.000.009

14 Geländerfüllung, VSG-Glas KG **359**

Verbund-Sicherheitsverglasung in bestehende Konstruktionen als durchwurfhemmende Sonderverglasung nach DIN EN 356, inkl. Einbau der Klemmprofile.
Widerstandsklasse: **RC 2 / .....** DIN EN 1627
Rahmenmaterial: .....
Glashalteleisten aus: .....
Verglasung: VSG
Scheibendicke: nach Anforderung und Prüfzeugnis
Folie: **farblos / matt**
Anforderung: durchwurfhemmend, P4A, DIN EN 356
Verglasungssystem: **Vf3 / .....**
Farbwirkung: neutral, Weißglas
Dichtstoffgruppe: mind. C - elastisch bleibend, DIN 18545-2
Gesamtabmessung Geländer (L x H): ..... x .....
Scheibengröße (B x H): ..... x .....

173€	282€	**318€**	349€	460€	[m²]	⏱ 0,70h/m²	032.000.013

15 Sichtschutzfolie, geklebt KG **334**

Sichtschutzfolie mit gleichmäßiger Lichtstreuung, auf bestehende Verglasung einseitig innen aufkleben.
Folie: PVC
Foliendicke: 80 nm
Beschichtung: matt, UV- und kratzbeständig
Solarenergietransmissionsgrad: .....%
Solarenergieabsorptionsgrad: .....%
Solarenergiereflektionsgrad: .....%
UV-Transmission: .....%
Sichtbare Lichttransmission: ca. 66%
Sichtbare Lichtreflektion: .....%
Brandschutzanforderungen: .....
Abmessung (B x H): ..... x .....

51€	81€	**97€**	128€	173€	[m²]	⏱ 0,15h/m²	032.000.039

Nr.	Kurztext / Langtext						Kostengruppe
▶	▷	**ø netto €**	◁	◀	[Einheit]	Ausf.-Dauer	Positionsnummer

16 Stundensatz, Facharbeiter/-in

Stundenlohnarbeiten für Vorarbeiter/-in, Facharbeiter/-in und Gleichgestellte. Der Verrechnungssatz für die jeweilige Arbeitskraft umfasst sämtliche Aufwendungen wie Lohn- und Gehaltskosten, Lohn- und Gehaltsnebenkosten, Zuschläge, lohngebundene und lohnabhängige Kosten, sonstige Sozialkosten, Gemeinkosten, Wagnis und Gewinn. Leistung nach besonderer Anordnung der Bauüberwachung. Anmeldung und Nachweis gem. VOB/B.

60€	75€	**80€**	83€	89€	[h]	⏱ 1,00h/h	032.000.016

Kosten:
Stand 1.Quartal 2026
Bundesdurchschnitt

▶ min
▷ von
ø Mittel
◁ bis
◀ max

033

Kosten:
Stand 1. Quartal 2026
Bundesdurchschnitt

▶ min
▷ von
ø Mittel
◁ bis
◀ max

Baureinigungsarbeiten — **Preise €**

Nr.	Positionen	Einheit	▶	▷	ø brutto € / ø netto €	◁	◀
1	Baureinigung, während Bauzeit	m²	1	2	**3**	3	5
			1,0	2,0	**2,6**	2,9	4,3
2	Treppen/Podeste reinigen	m²	1	2	**2**	3	4
			0,9	1,8	**2,0**	2,3	3,4
3	Bodenbelag reinigen, Hartbeläge	m²	0,8	1,7	**2,1**	2,7	4,0
			0,7	1,4	**1,7**	2,3	3,3
4	Bodenbelag reinigen, Betonflächen	m²	0,8	1,9	**2,2**	3,1	5,1
			0,7	1,6	**1,8**	2,6	4,3
5	Bodenbelag reinigen, Parkett, Holzdielen	m²	0,7	1,8	**2,3**	3,6	6,7
			0,5	1,6	**2,0**	3,0	5,6
6	Bodenbelag reinigen, Fliesen/Platten	m²	1,0	1,9	**2,3**	4,0	7,0
			0,8	1,6	**1,9**	3,4	5,8
7	Bodenbelag reinigen, Teppich	m²	0,5	1,6	**1,6**	2,6	4,3
			0,5	1,3	**1,4**	2,2	3,6
8	Glasflächen reinigen, Fassadenelemente	m²	3	5	**6**	10	15
			2	4	**5**	8	12
9	Wandflächen reinigen, beschichtet	m²	1	3	**3**	4	5
			1	2	**3**	3	4
10	Wandbelag reinigen, Fliesen	m²	0,6	1,5	**1,8**	3,3	6,7
			0,5	1,2	**1,5**	2,7	5,6
11	Wandbelag reinigen, Hartbeläge; Holz, Schichtstoff	m²	0,7	1,6	**1,9**	2,6	4,0
			0,6	1,4	**1,6**	2,2	3,4
12	Türen reinigen	St	2	5	**6**	8	14
			1	4	**5**	7	11
13	Heizkörper reinigen	m²	1	2	**3**	3	4
			1	2	**2**	3	3
14	Waschtisch/Duschwanne reinigen	St	1	4	**5**	8	11
			0,9	3,8	**4,4**	6,5	9,5
15	WC-Schüssel/Urinal reinigen	St	2	4	**5**	6	9
			2	4	**5**	5	7
16	Handläufe reinigen	m	0,4	1,0	**1,2**	1,8	2,3
			0,4	0,8	**1,0**	1,5	2,0
17	Geländer reinigen	m	0,7	1,9	**2,4**	3,3	5,2
			0,6	1,6	**2,1**	2,8	4,4
18	Einzelfenster reinigen	St	1	6	**8**	11	17
			1	5	**7**	9	14
19	Sonnenschutz reinigen	m²	–	5	**5**	6	–
			–	4	**4**	5	–
20	Aufzugsanlage reinigen	St	42	60	**73**	87	106
			36	50	**61**	74	89
21	Technikraum reinigen	m²	1,0	3,2	**3,5**	4,5	6,0
			0,8	2,7	**3,0**	3,7	5,1
22	Baureinigung, Außenbereich	m²	0,5	1,0	**1,2**	1,4	2,1
			0,4	0,8	**1,0**	1,2	1,8
23	Stundensatz, Facharbeiter/-in	h	46	54	**57**	66	78
			38	45	**48**	56	65
24	Stundensatz. Helfer/-in	h	36	45	**48**	52	60
			30	38	**40**	44	50

Nr.	Kurztext / Langtext						Kostengruppe
▶	▷	ø netto €	◁	◀	[Einheit]	Ausf.-Dauer	Positionsnummer

1 Baureinigung, während Bauzeit KG **397**

Böden, aus Beton, reinigen während der Bauzeit, von grober Verschmutzung durch Bauschutt, aufgenommene Stoffe sortieren, sammeln, und zur Entsorgung im bauseits gestellten Container fördern. Entsorgung nach gesonderter Position. Abfall ist nicht gefährlich, nicht schadstoffbelastet.

1,0€ 2,0€ **2,6€** 2,9€ 4,3€ [m2] ⏱ 0,05h/m2 033.000.018

2 Treppen/Podeste reinigen KG **397**

Treppen (Tritt- und Setzstufe) und Podeste reinigen, Rückstände von Beton- und Malerarbeiten vorsichtig mit Spatel entfernen, sowie gründliches Abkehren bzw. Absaugen der Treppenläufe. Kratzspuren sind zu vermeiden. Gründliches Schrubben und Wischen sämtlicher Bodenflächen mit einem auf den Belag abgestimmten und vom Hersteller empfohlenen Reinigungs- und Pflegemittel. Entfernen des Zementschleiers auf allen Fliesenbelägen und aller Verunreinigungen sowie Aufkleber. Auf die dauerelastischen Verfugungen ist besondere Rücksicht zu nehmen. Nachreinigung durch nasses Aufwischen und trockenes Nachwischen der Treppengeländer, Brüstungen und Handläufe bis zur Erreichung einer streifenfreien Oberfläche.

0,9€ 1,8€ **2,0€** 2,3€ 3,4€ [m2] ⏱ 0,04h/m2 033.000.019

3 Bodenbelag reinigen, Hartbeläge KG **397**

Feinreinigung des Bodenbelags, inkl. Sockelleisten, mit einem, auf den Belag abgestimmten und vom Hersteller empfohlenen, Reinigungs- und Pflegemittel. Reinigen bis zum Erlangen einer vollständig schmutzfreien Oberfläche. Leistung inkl. Entfernen aller Verunreinigungen und Aufkleber. Bodenbeläge verlegt in allen Geschossen.
Belag: **Linoleum / Kunststoff / Kautschuk / Kunststofflaminat / Vinyl**

0,7€ 1,4€ **1,7€** 2,3€ 3,3€ [m2] ⏱ 0,04h/m2 033.000.001

4 Bodenbelag reinigen, Betonflächen KG **397**

Feinreinigung von Betonböden mit Oberflächenbeschichtung, inkl. Sockelleisten, mit einem auf den Belag abgestimmten und vom Hersteller empfohlenen Reinigungs- und Pflegemittel, Reinigen bis zum Erlangen einer vollständig schmutzfreien Oberfläche. Leistung inkl. Entfernen aller Verunreinigungen und Aufkleber. Bodenbeläge verlegt in allen Geschossen.
Beschichtung: **Kunstharz / Acryl / Ölfarbe / .....**

0,7€ 1,6€ **1,8€** 2,6€ 4,3€ [m2] ⏱ 0,03h/m2 033.000.002

5 Bodenbelag reinigen, Parkett, Holzdielen KG **397**

Feinreinigung von Holzböden mit Oberflächenbeschichtung, inkl. Sockelleisten, mit einem auf den Belag abgestimmten und vom Hersteller empfohlenen Reinigungs- und Pflegemittel, Reinigen bis zum Erlangen einer vollständig schmutzfreien Oberfläche. Leistung inkl. Entfernen aller Verunreinigungen und Aufkleber. Bodenbeläge verlegt in allen Geschossen.
Beschichtung: **Öl-Kunstharzsiegel / Wasserlack / PU-Wassersiegel / Spezial-Hartwachs / .....**

0,5€ 1,6€ **2,0€** 3,0€ 5,6€ [m2] ⏱ 0,05h/m2 033.000.003

6 Bodenbelag reinigen, Fliesen/Platten KG **397**

Feinreinigung von Fliesen- oder Plattenbelag, inkl. Sockelleisten, durch Wischen mit einem auf den Belag abgestimmten Reinigungsmittel, Reinigen bis zum Erlangen einer vollständig schmutzfreien Oberfläche. Leistung inkl. Entfernen des Zementschleiers und Entfernen aller Verunreinigungen und Aufkleber. Auf die dauerelastischen Verfugungen ist besondere Rücksicht zu nehmen. Bodenbeläge verlegt in allen Geschossen.
Material**: Naturstein / Kunststein**
Oberfläche: **glasiert / unglasiert**

0,8€ 1,6€ **1,9€** 3,4€ 5,8€ [m2] ⏱ 0,04h/m2 033.000.004

023 024 025 026 027 028 029 030 031 032 033 034 036 037 038 039

Nr.	Kurztext / Langtext						Kostengruppe
▶	▷	ø netto €	◁	◀	[Einheit]	Ausf.-Dauer	Positionsnummer

7 Bodenbelag reinigen, Teppich KG **397**

Feinreinigung von textilem Bodenbelag, inkl. Sockel, Reinigen mittels Vakuum- bzw. Bürstsaugen bis zum Erlangen einer vollständig schmutzfreien Oberfläche. Leistung inkl. Entfernen aller Verunreinigungen. Bodenbeläge verlegt in allen Geschossen.
Faser: **Kunstfaser / Naturfaser**
Teppichart: **Velour / Nadelfilz / Schlingenware**
Struktur: **hochflorig / feinflorig / .....**
Sockel: **Kunststoffprofil / Kernsockelprofil mit textilem Belag / Holzsockelleiste**

0,5€ 1,3€ **1,4€** 2,2€ 3,6€ [m²] ⏱ 0,03h/m² 033.000.005

8 Glasflächen reinigen, Fassadenelemente KG **397**

Reinigung der verglasten Fassadenelemente durch Einwaschen mit einem Strip und einem Fensterwischer abziehen, unter Hinzunahme von geeignetem Reinigungsmittel, danach die Randbereiche trocken ledern und polieren bis zum Erlangen einer vollständig sauberen und trockenen Oberfläche.
Abrechnung der einfachen Ansichtsfläche der zu reinigenden Bauteile:

- Reinigen der Glasflächen ESG, VSG nach Herstellerangaben
- Reinigen der beschichteten Rahmen- und Konstruktionsprofile, aller Beschläge, Verdunkelungs- und Sonnenschutz-Elemente
- Reinigen der Fensterbänke und inkl. aller Schutz- und Abdeckbleche

Reinigungsbereich: **nur außen / innen und außen / nur innen**
Arbeitshöhe: bis .....
Arbeit von **innen / vom bauseits bereitgestellten Gerüst / vom bauseits bereitgestellten Hubsteiger**
Abgrenzung zu anderen Bauteilen: .....
Passantenschutz notwendig: **ja / nein**
Reinigungsart: **Erstreinigung / Unterhaltsreinigung**

2€ 4€ **5€** 8€ 12€ [m²] ⏱ 0,10h/m² 033.000.007

9 Wandflächen reinigen, beschichtet KG **397**

Reinigen von Wänden / Stützen im Innenbereich, durch Wischen, Saugen oder Kehren.
Bauteile: .....
Oberflächen: **Gipsplatten / Beschichtung ..... / Tapete ..... mit Beschichtung .....**
Arbeitshöhe: bis .....

1€ 2€ **3€** 3€ 4€ [m²] ⏱ 0,05h/m² 033.000.021

10 Wandbelag reinigen, Fliesen KG **397**

Feinreinigung von Wandbelägen aus Fliesen oder Platten, in allen Geschossen, mit einem geeigneten Reinigungsmittel, Reinigen bis zum Erlangen einer vollständig schmutzfreien Oberfläche. Leistung inkl. Entfernen aller Verunreinigungen und Aufkleber. Auf die dauerelastischen Verfugungen ist besondere Rücksicht zu nehmen.
Material: **Naturstein / Kunststein**
Oberfläche: **glasiert / unglasiert**
Arbeitshöhe: bis .....

0,5€ 1,2€ **1,5€** 2,7€ 5,6€ [m²] ⏱ 0,03h/m² 033.000.008

Kosten:
Stand 1. Quartal 2026
Bundesdurchschnitt

▶ min
▷ von
ø Mittel
◁ bis
◀ max

Nr.	Kurztext / Langtext						Kostengruppe
▶	▷	ø netto €	◁	◀	[Einheit]	Ausf.-Dauer	Positionsnummer

11 Wandbelag reinigen, Hartbeläge; Holz, Schichtstoff KG **397**

Feinreinigung von Wandbekleidungen, mit einem geeigneten und vom Hersteller empfohlenen Reinigungs- und Pflegemittel, Reinigen bis zum Erlangen einer vollständig schmutzfreien Oberfläche. Leistung inkl. Reinigen der Beschläge und Entfernen aller Verunreinigungen und Aufkleber.
Bekleidungshöhe: bis .....
Oberfläche: **beschichtet / unbeschichtet**
Wandbekleidung: **Hartbelag / Holz / Schichtstoff / .....**
Arbeitshöhe: bis .....

0,6€	1,4€	**1,6€**	2,2€	3,4€	[m²]	⏱ 0,03 h/m²	033.000.009

12 Türen reinigen KG **397**

Feinreinigung von Türelementen aus Zargen und Türblatt (allseitig), mit einem geeigneten und vom Hersteller empfohlenen Reinigungs- und Pflegemittel, bis zum Erlangen einer vollständig schmutzfreien Oberfläche. Leistung inkl. Reinigen der Beschläge und Entfernen aller Verunreinigungen und Aufkleber.
Türabmessung (B x H): ..... x .....
Maulweite Zarge: .....
Oberfläche: **lackbeschichtet / Schichtstoff / unbeschichtet / Glas**
Materialien: **Metall / Holz / Glasfüllung .....**
Arbeitshöhe: bis .....

1€	4€	**5€**	7€	11€	[St]	⏱ 0,10 h/St	033.000.010

13 Heizkörper reinigen KG **397**

Feinreinigung von Heizkörpern, mit einem geeigneten Reinigungsmittel, bis zum Erlangen einer vollständig schmutzfreien Oberfläche. Leistung inkl. Reinigen der Armatur, Halterung und Zuleitung und Entfernen aller Verunreinigungen und Aufkleber, sowie ggf. Aufnehmen und Entsorgen der bauseitigen Schutzfolien.
Abmessung Heizkörper (B x H): ..... x .....
Oberfläche: lackbeschichtet
Bauform: **Platten- / Röhrenheizkörper / .....**

1€	2€	**2€**	3€	3€	[m²]	⏱ 0,04 h/m²	033.000.011

14 Waschtisch/Duschwanne reinigen KG **397**

Erstreinigung von Sanitäreinrichtungen, mit einem geeigneten und vom Hersteller empfohlenen Reinigungs- und Pflegemittel, bis zum Erlangen einer vollständig schmutzfreien Oberfläche. Leistung inkl. Reinigen der Armaturen, Zu- und Abläufe und Halterungen, sowie Entfernen aller Verunreinigungen und Aufkleber.
Einbauteil: **Waschbecken / Duschwanne**
Material: **Keramik / emailliertes Stahlblech / Kunststoff**
Oberfläche: **matt / hochglänzend**

0,9€	3,8€	**4,4€**	6,5€	9,5€	[St]	⏱ 0,10 h/St	033.000.012

15 WC-Schüssel/Urinal reinigen KG **397**

Erstreinigung von wandhängenden Sanitäreinrichtungen, mit einem geeigneten Reinigungsmittel, bis zum Erlangen einer vollständig schmutzfreien Oberfläche. Leistung inkl. Reinigen der Armaturen, Zu- und Abläufe, Deckel und Halterungen, sowie Entfernen aller Verunreinigungen und Aufkleber.
Einbauteil: **WC-Schüssel / Urinal**
Material: Keramik
Oberfläche: **matt / hochglänzend**

2€	4€	**5€**	5€	7€	[St]	⏱ 0,08 h/St	033.000.013

Nr.	Kurztext / Langtext						Kostengruppe
▶	▷	ø netto €	◁	◀	[Einheit]	Ausf.-Dauer	Positionsnummer

16 Handläufe reinigen KG **397**

Feinreinigung von Einrichtungen, mit einem geeigneten Reinigungsmittel, bis zum Erlangen einer vollständig schmutzfreien Oberfläche. Leistung inkl. Reinigen der Halterungen, sowie Entfernen aller Verunreinigungen und Aufkleber.
Teil: **Rohrleitungen / Handläufe**
Material: **lackiertes Stahlrohr / Edelstahl / Holzprofil**
Oberfläche: **matt / hochglänzend**

▶	▷	ø	◁	◀	Einheit	Ausf.-Dauer	Positionsnummer
0,4€	0,8€	**1,0€**	1,5€	2,0€	[m]	⏱ 0,02 h/m	033.000.014

17 Geländer reinigen KG **397**

Feinreinigung von Geländern, bestehend aus Handlauf, Ober- und Untergurt sowie Füllung, mit einem geeigneten Reinigungsmittel, bis zum Erlangen einer vollständig schmutzfreien Oberfläche. Leistung inkl. Reinigen der Halterungen, sowie Entfernen aller Verunreinigungen und Aufkleber.
Abmessung Geländer (B x H): ..... x .....
Bauart: **Rundstäbe / Flachstäbe / Metallblech**
Material: **lackierter Stahl / Edelstahl / beschichtete Holzkonstruktion**
Oberfläche: **matt / hochglänzend**

▶	▷	ø	◁	◀	Einheit	Ausf.-Dauer	Positionsnummer
0,6€	1,6€	**2,1€**	2,8€	4,4€	[m]	⏱ 0,04 h/m	033.000.016

Kosten:
Stand 1. Quartal 2026
Bundesdurchschnitt

18 Einzelfenster reinigen KG **397**

Reinigung eines mehrteiligen Einzelfensters. Reinigen aller Fensterflügel und Festverglasungen, Innen- und Außenflächen, Paneel-, Glas- und Rahmenflächen, Beschläge, Fugen und Dichtungen durch nass wischen mit einem abgestimmten Reinigungsmittel, danach trocken ledern und polieren bis zum Erlangen einer vollständig schmutzfreien Oberflächen. Leistung inkl. zerstörungsfreier Entfernung aller Aufkleber, sowie inkl. erhöhtem Aufwand für verfestigte Verschmutzungen der Außenseiten.
Rahmenmaterial: **Kunststoff / Holz / Holz-Alu / Aluminium**
Fenstergröße (B x H): ..... x .....
Arbeitshöhe: bis .....
Arbeit von **innen / vom Gerüst / von Hubsteiger**
Abgrenzung zu anderen Bauteilen: .....
Passantenschutz notwendig: **ja / nein**

▶	▷	ø	◁	◀	Einheit	Ausf.-Dauer	Positionsnummer
1€	5€	**7€**	9€	14€	[St]	⏱ 0,12 h/St	033.000.020

19 Sonnenschutz reinigen KG **397**

Reinigung von außenliegendem Sonnenschutz, mit einem geeigneten Reinigungsmittel, bis zum Erlangen einer vollständig schmutzfreien und trockenen Oberfläche. Leistung inkl. reinigen der Führungsprofile, Schutzabdeckung, Halterung und aller Beschläge.
Behanggröße (B x H): max. ..... x ......
Arbeitshöhe: .....
Arbeitsebene: **vom Flachdach / vom Gerüst / von Hubsteiger**
Art d. Reinigung: **Erstreinigung / Unterhaltsreinigung**

▶	▷	ø	◁	◀	Einheit	Ausf.-Dauer	Positionsnummer
–	4€	**4€**	5€	–	[m²]	⏱ 0,07 h/m²	033.000.017

▶ min
▷ von
ø Mittel
◁ bis
◀ max

Nr.	Kurztext / Langtext						Kostengruppe
►	▷	ø netto €	◁	◄	[Einheit]	Ausf.-Dauer	Positionsnummer

20 Aufzugsanlage reinigen KG **397**

Reinigung der Aufzugskabine inkl. aller Haltestellen aus verschiedenen Oberflächen mit vom Hersteller zugelassenen Reinigungsmitteln bis zum Erlangen einer vollständig schmutzfreien und trockenen Oberfläche.
Anzahl der Haltestellen: ..... St
Grundfläche Aufzug: ..... m²
Beschreibung Wandfläche: .....
Beschreibung Bodenbelag: .....
Leistung inkl. Reinigung der Unterfahrt und sämtliche Geräte.

36€ 50€ **61€** 74€ 89€ [St] ⏱ 11,00 h/St 033.000.030

21 Technikraum reinigen KG **397**

Reinigung des Technikraumes, mit einem geeigneten Reinigungsmittel, bis zum Erlangen einer vollständig schmutzfreien und trockenen Oberfläche. Leistung: Reinigen der Böden, Wände und Decken, sowie der kompletten Ausstattung, Befestigungsprofile, Halterung und aller Beschläge und Armaturen - gem. anliegender Einzelbeschreibung.
Raumgröße (L x B): ..... x .....
Arbeitshöhe: .....
Arbeitsebene: .....
Art d. Reinigung: **Feinreinigung / Unterhaltsreinigung**

0,8€ 2,7€ **3,0€** 3,7€ 5,1€ [m²] ⏱ 0,06 h/m² 033.000.032

22 Baureinigung, Außenbereich KG **397**

Beseitigung von Bauschutt aller Art im Außenbereich; z.B. Papierabfälle, Reste von Isolierungen, Bodenbelagsreste, Verpackungsmaterial, Mörtelreste und dergleichen. Schutt sammeln, aufnehmen und im bauseitigen Container deponieren, sortiert nach Art. Entsorgung nach gesonderter Position.
Förderlänge (L): bis .....

0,4€ 0,8€ **1,0€** 1,2€ 1,8€ [m²] ⏱ 0,02 h/m² 033.000.015

23 Stundensatz, Facharbeiter/-in

Stundenlohnarbeiten für Vorarbeiter/-in, Facharbeiter/-in und Gleichgestellte. Verrechnungssatz für die jeweilige Arbeitskraft inkl. aller Aufwendungen wie, Lohn- und Lohnnebenkosten, Zuschläge sonstige Sozialkosten, Gemeinkosten, Wagnis und Gewinn. Leistung nach besonderer Anordnung der Bauüberwachung. Anmeldung und Nachweis gem. VOB/B.

38€ 45€ **48€** 56€ 65€ [h] ⏱ 1,00 h/h 033.000.028

24 Stundensatz. Helfer/-in

Stundenlohnarbeiten für Werker/-in, Helfer/-in und Gleichgestellte. Verrechnungssatz für die jeweilige Arbeitskraft inkl. aller Aufwendungen wie, Lohn- und Lohnnebenkosten, Zuschläge, sonstige Sozialkosten, Gemeinkosten, Wagnis und Gewinn. Leistung nach besonderer Anordnung der Bauüberwachung. Anmeldung und Nachweis gem. VOB/B.

30€ 38€ **40€** 44€ 50€ [h] ⏱ 1,00 h/h 033.000.029

023
024
025
026
027
028
029
030
031
032
033
034
036
037
038
039

Kosten:
Stand 1. Quartal 2026
Bundesdurchschnitt

▶ min
▷ von
ø Mittel
◁ bis
◀ max

Nr.	Positionen	Einheit	▶	▷	**ø brutto €** ø netto €	◁	◀
1	Bauteile abdecken, abkleben	m²	2	4	**4**	6	10
			1	3	**4**	5	9
2	Boden abdecken, Vlies	m²	0,8	2,3	**3,0**	4,0	6,3
			0,6	2,0	**2,5**	3,4	5,3
3	Boden abdecken, Platten	m²	2	4	**5**	6	11
			2	4	**4**	5	9
4	Untergrund reinigen	m²	0,7	1,7	**2,3**	3,1	5,6
			0,5	1,5	**1,9**	2,6	4,7
5	Stoßfuge schließen, Fertigteildecke	m	5	9	**10**	12	17
			5	7	**8**	10	14
6	Spachtelung, Gipsplatten	m²	5	9	**11**	12	14
			4	7	**9**	10	12
7	Spachtelung, Betonflächen	m²	5	11	**13**	16	23
			5	9	**11**	14	20
8	Grundierung, Gipsplatten	m²	2	2	**3**	3	5
			1	2	**2**	3	4
9	Grundierung, Betonflächen, innen	m²	1	3	**4**	4	7
			1	3	**3**	4	5
10	Erstbeschichtung, innen, Dispersion, sb	m²	4	7	**8**	9	14
			3	6	**7**	8	11
11	Erstbeschichtung, innen, Putz rau, Dispersion sb	m²	6	9	**9**	12	16
			5	7	**8**	10	14
12	Erstbeschichtung, innen, Dispersion, wb	m²	5	8	**8**	11	16
			4	6	**7**	9	14
13	Erstbeschichtung, innen, Putz rau, Dispersion wb	m²	5	9	**10**	12	18
			4	7	**8**	10	15
14	Erstbeschichtung, Raufasertapete, Dispersion wb	m²	5	6	**7**	8	9
			4	5	**6**	6	8
15	Erstbeschichtung, Raufasertapete, Dispersion sb	m²	5	5	**6**	8	9
			4	5	**5**	6	8
16	Erstbeschichtung, Glasgewebe, Dispersion	m²	8	9	**10**	10	13
			6	8	**8**	9	11
17	Erstbeschichtung, Dispersionssilikatfarbe, innen, weiß	m²	5	8	**9**	11	16
			4	7	**8**	10	13
18	Erstbeschichtung, Silikatfarbe, Putzflächen, innen	m²	7	10	**10**	12	14
			5	8	**9**	10	12
19	Erstbeschichtung, Silikatfarbe, innen, linear	m	2	4	**4**	4	5
			2	3	**3**	4	4
20	Erstbeschichtung, Dispersionssilikatfarbe, Sichtbeton innen, linear	m	2	3	**4**	4	4
			2	3	**3**	3	3
21	Erstbeschichtung, Dispersion, Sichtmauerwerk, innen	m²	5	8	**8**	9	12
			4	7	**7**	8	10
22	Erstbeschichtung, Kalkfarbe, innen	m²	7	13	**13**	16	22
			6	11	**11**	14	18
23	Streichputz, innen	m²	9	15	**18**	19	23
			7	13	**15**	16	20

Nr.	Positionen	Einheit	►	▷	ø brutto € / ø netto €	◁	◄
24	Erstbeschichtung, Silikatfarbe, Außenputz	m²	12	16	**19**	22	26
			10	14	**16**	18	22
25	Erstbeschichtung, Dispersionsfarbe, Außenputz	m²	10	16	**17**	20	26
			8	14	**15**	17	22
26	Erstbeschichtung, Silikonharz, Außenbauteil	m²	–	23	**27**	31	–
			–	19	**22**	26	–
27	Imprägnierung, Sichtbetonwand, außen	m²	5	9	**13**	14	17
			4	8	**11**	12	14
28	Graffiti-Schutz, Wand	m²	25	40	**49**	62	90
			21	34	**41**	52	76
29	Bodenbeschichtung, innen, Beton, Acryl	m²	16	22	**24**	26	33
			13	18	**20**	22	28
30	Bodenbeschichtung, innen, Beton, Epoxid	m²	17	30	**33**	47	67
			14	25	**28**	39	56
31	Erstbeschichtung, Holzleisten, Alkydharzlack	m	6	9	**12**	12	17
			5	8	**10**	10	14
32	Erstbeschichtung, Stützen/Balken, Alkydharzlack	m	13	18	**18**	19	23
			11	15	**16**	16	19
33	Erstbeschichtung, Laibung/Bretter, Alkydharzlack	m	13	16	**16**	18	20
			11	13	**13**	15	17
34	Erstbeschichtung, Geländer, Holz, Alkydharzlack	m	11	19	**22**	27	37
			9	16	**18**	22	31
35	Erstbeschichtung, Holzleisten, Acryl	m	6	10	**11**	13	17
			5	8	**9**	11	14
36	Erstbeschichtung, Stützen/Balken, Acryl	m	13	18	**18**	18	21
			11	15	**15**	15	18
37	Erstbeschichtung, Laibung/Bretter, Acryl	m	13	15	**16**	17	20
			11	13	**13**	14	17
38	Erstbeschichtung, Geländer, Holz, Acryl	m	11	18	**21**	22	30
			9	15	**17**	19	25
39	Erstbeschichtung, Holzfenster, deckend	m²	32	41	**45**	51	63
			27	34	**38**	43	53
40	Schlussbeschichtung, Holzfenster/Tür	m²	13	18	**21**	24	28
			11	15	**18**	20	24
41	Holzimprägnierung, holzverfärbende Pilze	m²	3	5	**6**	8	10
			2	4	**5**	7	9
42	Erstbeschichtung, Lasur, Holzbauteil außen	m²	11	23	**27**	32	49
			9	19	**23**	27	41
43	Erstbeschichtung, Lasur, Holzbauteil maßhaltig, innen	m²	14	21	**24**	28	35
			12	18	**20**	24	30
44	Erstbeschichtung, Holzbauteil, außen, deckend	m²	32	39	**41**	47	59
			27	32	**34**	40	49
45	Erstbeschichtung, Stahlflächen, außen	m²	20	32	**45**	53	68
			16	27	**38**	45	57
46	Erstbeschichtung, Stahlprofil verzinkt, innen	m²	19	30	**35**	52	56
			16	26	**29**	44	47
47	Erstbeschichtung, Stahlprofil, außen	m	10	15	**17**	20	25
			9	13	**14**	17	21

Maler- und Lackierarbeiten - Beschichtungen **Preise €**

Nr.	Positionen	Einheit	▶	▷	ø brutto € / ø netto €	◁	◀
48	Erstbeschichtung, Metallgeländer, innen	m	22	41	**47**	54	73
			19	34	**40**	46	62
49	Erstbeschichtung, Metallgeländer, außen	m	35	51	**58**	83	140
			29	43	**49**	70	118
50	Schlussbeschichtung, grundierter Röhrenheizkörper	m²	15	21	**22**	26	32
			12	18	**19**	22	27
51	Erstbeschichtung, Heizungsrohrleitung	m	5	7	**8**	13	26
			4	6	**7**	11	22
52	Erstbeschichtung, Stahlblech, längenorientiert	m	9	15	**18**	26	38
			8	13	**16**	22	32
53	Erstbeschichtung, Stahlblech, flächig	m²	25	36	**41**	56	81
			21	30	**35**	47	68
54	Erstbeschichtung, Lüftungsrohr, Stahl	m²	22	30	**36**	47	64
			19	25	**30**	39	53
55	Erstbeschichtung, Stahlzarge	m	11	17	**18**	23	33
			9	14	**15**	20	28
56	Brandschutzbeschichtung, R30, Stahlbauteile	m²	36	90	**105**	127	179
			30	75	**88**	107	151
57	Decklack, Brandschutzbeschichtungen, Stahlteile	m²	16	19	**21**	28	35
			13	16	**18**	23	29
58	Brandschutzbeschichtung Rund-/Profilstahl	m	35	64	**70**	78	98
			30	54	**58**	66	83
59	Fugenabdichtung, Acryl	m	2	4	**5**	6	10
			2	3	**4**	5	8
60	Fugenabdichtung elastisch, Silikon	m	5	7	**8**	8	9
			5	6	**6**	7	7
61	Stundensatz, Facharbeiter/-in	h	69	82	**87**	92	100
			58	69	**73**	77	84
62	Stundensatz, Helfer/-in	h	44	61	**66**	72	87
			37	51	**55**	61	73

Kosten:
Stand 1. Quartal 2026
Bundesdurchschnitt

Nr. **Kurztext** / Langtext — Kostengruppe
▶ ▷ **ø netto €** ◁ ◀ [Einheit] Ausf.-Dauer Positionsnummer

1 Bauteile abdecken, abkleben — KG **397**

Bauteile mit Folie abdecken und abkleben, als Vorbereitung der Beschichtung. Nach erfolgter Beschichtung entfernen und komplett entsorgen.
Bauteil: .....

1€ | 3€ | **4€** | 5€ | 9€ | [m²] | ⏱ 0,03 h/m² | 034.000.080

2 Boden abdecken, Vlies — KG **397**

Böden während Malerarbeiten vollflächig abdecken und abkleben, gegen Verschmutzung, inkl. Entfernen der Schutzmaßnahme nach Abschluss der Arbeiten.
Material: rutschsicheres Abdeckvlies
Zu schützender Bodenbelag: .....

0,6€ | 2,0€ | **2,5€** | 3,4€ | 5,3€ | [m²] | ⏱ 0,03 h/m² | 034.000.049

▶ min
▷ von
ø Mittel
◁ bis
◀ max

Nr.	Kurztext / Langtext						Kostengruppe
▶	▷	**ø netto €**	◁	◀	[Einheit]	Ausf.-Dauer	Positionsnummer

3 Boden abdecken, Platten KG **397**

Böden während Malerarbeiten vollflächig abdecken, zum Schutz vor mechanischen Beschädigungen, inkl. Entfernen der Schutzmaßnahme nach Abschluss der Arbeiten.
Material: Hartfaserplatte, 3 mm
zu schützender Bodenbelag: .....

2€	4€	**4€**	5€	9€	[m²]	⏱ 0,08 h/m²	034.000.050

4 Untergrund reinigen KG **345**

Reinigen des Untergrunds (Wand- und Deckenflächen) von grobem Schmutz und losen Bestandteilen. Material sammeln, fördern und in Behältnis des AG lagern.
Untergrund: **Putz / Mauerwerk / Beton**

0,5€	1,5€	**1,9€**	2,6€	4,7€	[m²]	⏱ 0,03 h/m²	034.000.004

5 Stoßfuge schließen, Fertigteildecke KG **354**

Stoßfuge von Betonfertigteil-Decken auffüllen, als Untergrundvorbereitung für Tapezierarbeiten, Höhenunterschiede beispachteln.
Fugenbreite: .....
Kanten: .....
Material: kunststoffmodifizierter Pulverspachtel
Arbeitshöhe: .....

5€	7€	**8€**	10€	14€	[m]	⏱ 0,08 h/m	034.000.066

6 Spachtelung, Gipsplatten KG **345**

Spachtelung von vorhandenen Gipsplattenflächen, ganzflächig, sichtbare Befestigungsmittel und Plattenfugen verspachteln und Spachtelflächen schleifen.
Material: .....
Qualitätsstufe: .....
Arbeitshöhe: .....

4€	7€	**9€**	10€	12€	[m²]	⏱ 0,10 h/m²	034.000.012

7 Spachtelung, Betonflächen KG **345**

Ganzflächiges Spachteln und Schleifen von Wand- und Deckenflächen, als Untergrundvorbereitung für Neubeschichtung.
Material: .....
Untergrund: Beton
Arbeitshöhe: .....

5€	9€	**11€**	14€	20€	[m²]	⏱ 0,14 h/m²	034.000.010

8 Grundierung, Gipsplatten KG **345**

Wandflächen aus Gipsplatten vorbereiten und grundieren mit Haftgrund, geeignet für ..... .
Höhe der Bauteile: .....
Arbeitshöhe: .....

1€	2€	**2€**	3€	4€	[m²]	⏱ 0,03 h/m²	034.000.013

023 024 025 026 027 028 029 030 031 032 033 **034** 036 037 038 039

Nr.	Kurztext / Langtext						Kostengruppe
▶	▷	ø netto €	◁	◀	[Einheit]	Ausf.-Dauer	Positionsnummer

9 Grundierung, Betonflächen, innen KG **345**

Grundbeschichtung mit Haftgrund für Betonflächen im Innenbereich, wasserverdünnbar, geeignet für späteren Schlussbeschichtung mit Dispersion.
Untergrund: schalungsrauer Beton, innen
Arbeitshöhe: .....

▶	▷	ø	◁	◀	Einheit	Ausf.-Dauer	Positionsnummer
1€	3€	**3€**	4€	5€	[m²]	⏱ 0,03 h/m²	034.000.014

10 Erstbeschichtung, innen, Dispersion, sb KG **345**

Erstbeschichtung von Wänden und Decken, Dispersionsfarbe, lösemittel- und weichmacherfrei nach VDL-Richtlinie 01 mit Grund- und Schlussbeschichtung.
Untergrund: mineralisch, ...
Oberfläche: .....
Körnung: .....
Nassabriebklasse: R-Klasse 2
Farbe: weiß
Glanzgrad: .....
Angeb. Fabrikat: .....

▶	▷	ø	◁	◀	Einheit	Ausf.-Dauer	Positionsnummer
3€	6€	**7€**	8€	11€	[m²]	⏱ 0,12 h/m²	034.000.016

11 Erstbeschichtung, innen, Putz rau, Dispersion sb KG **345**

Erstbeschichtung von Wänden und Decken, Dispersionsfarbe, lösemittel- und weichmacherfrei nach VDL-Richtlinie 01 mit Grund- und Schlussbeschichtung.
Untergrund: Putz, ...
Oberfläche: rau
Körnung: .....
Nassabriebklasse: R-Klasse 2
Farbe: weiß
Glanzgrad: .....
Angeb. Fabrikat: .....

▶	▷	ø	◁	◀	Einheit	Ausf.-Dauer	Positionsnummer
5€	7€	**8€**	10€	14€	[m²]	⏱ 0,13 h/m²	034.000.084

12 Erstbeschichtung, innen, Dispersion, wb KG **345**

Erstbeschichtung von Wänden und Decken, Dispersionsfarbe, lösemittel- und weichmacherfrei nach VDL-Richtlinie 01 mit Grund- und Schlussbeschichtung.
Untergrund: mineralisch, ...
Oberfläche: .....
Körnung .....
Nassabriebklasse: R-Klasse 3
Farbe: weiß
Glanzgrad: .....
Angeb. Fabrikat: .....

▶	▷	ø	◁	◀	Einheit	Ausf.-Dauer	Positionsnummer
4€	6€	**7€**	9€	14€	[m²]	⏱ 0,12 h/m²	034.000.017

Kosten:
Stand 1. Quartal 2026
Bundesdurchschnitt

▶ min
▷ von
ø Mittel
◁ bis
◀ max

Nr.	Kurztext / Langtext						Kostengruppe
►	▷	ø netto €	◁	◀	[Einheit]	Ausf.-Dauer	Positionsnummer

13 Erstbeschichtung, innen, Putz rau, Dispersion wb KG **345**

Erstbeschichtung von Wänden und Decken, Dispersionsfarbe, lösemittel- und weichmacherfrei nach VDL-Richtlinie 01 mit Grund- und Schlussbeschichtung.
Untergrund: Putz, ...
Oberfläche: rau
Körnung: .....
Nassabriebklasse: R-Klasse 3
Farbe: weiß
Glanzgrad: .....
Arbeitshöhe: .....

4€ 7€ **8€** 10€ 15€ [m²] ⏱ 0,13 h/m² 034.000.087

14 Erstbeschichtung, Raufasertapete, Dispersion wb KG **345**

Erstbeschichtung von Wänden und Decken, Dispersionsfarbe, lösemittel- und weichmacherfrei nach VDL-Richtlinie 01 mit Grund- und Schlussbeschichtung.
Untergrund: Raufasertapete
Struktur: .....
Nassabriebklasse: .....
Farbe: weiß
Glanzgrad: .....
Angeb. Fabrikat: .....

4€ 5€ **6€** 6€ 8€ [m²] ⏱ 0,10 h/m² 037.000.005

15 Erstbeschichtung, Raufasertapete, Dispersion sb KG **345**

Erstbeschichtung von Wänden und Decken, mit Dispersionsfarbe, lösemittel- und weichmacherfrei nach VDL-Richtlinie 01, mit Grund- und Schlussbeschichtung.
Untergrund: Raufasertapete
Struktur: .....
Nassabriebklasse: .....
Farbe: weiß
Glanzgrad: .....
Arbeitshöhe: .....

4€ 5€ **5€** 6€ 8€ [m²] ⏱ 0,10 h/m² 034.000.088

16 Erstbeschichtung, Glasgewebe, Dispersion KG **345**

Erstbeschichtung von Wänden und Decken, mit Dispersionsfarbe, lösemittel- und weichmacherfrei nach VDL-Richtlinie 01, mit Grund- und Schlussbeschichtung.
Untergrund: Glasgewebe
Struktur: .....
Nassabriebklasse: .....
Farbe: weiß
Glanzgrad: .....
Arbeitshöhe: .....

6€ 8€ **8€** 9€ 11€ [m²] ⏱ 0,14 h/m² 037.000.008

Kosten:
Stand 1. Quartal 2026
Bundesdurchschnitt

Nr.	Kurztext / Langtext						Kostengruppe
▶	▷	**ø netto €**	◁	◀	[Einheit]	Ausf.-Dauer	Positionsnummer

17 **Erstbeschichtung, Dispersionssilikatfarbe, innen, weiß** KG **345**

Erstbeschichtung mit Dispersionssilikatfarbe auf Decken und Wandflächen, innen, Farbe lösemittel- und weichmacherfrei nach VDL-Richtlinie 01, diffusionsfähig. Ausführung aus Grund-, Zwischen- und Schlussbeschichtung.
Untergrund: .....
Nassabriebklasse: R-Klasse .....
Farbton: .....
Glanzgrad: .....
Arbeitshöhe: .....

4€ | 7€ | **8€** | 10€ | 13€ | [m2] | ⏱ 0,14 h/m2 | 034.000.018

18 **Erstbeschichtung, Silikatfarbe, Putzflächen, innen** KG **345**

Erstbeschichtung mit Silikatfarbe, auf Wand- oder Deckenfläche, innen, Farbe mit mineralischen Füllstoffen und anorganischen Farbpigmenten, mit hoher Diffusionsfähigkeit, Ausführung aus Grund-, Zwischen- und Schlussbeschichtung.
Untergrund: .....
Nassabriebklasse: R-Klasse 3
Sd-Wert: 0,01 m, Klasse I
Farbton: .....
Glanzgrad: .....
Arbeitshöhe: .....

5€ | 8€ | **9€** | 10€ | 12€ | [m2] | ⏱ 0,18 h/m2 | 034.000.070

19 **Erstbeschichtung, Silikatfarbe, innen, linear** KG **345**

Erstbeschichtung mit Silikatfarbe, auf längenorientierte Bauteile, innen, Farbe mit mineralischen Füllstoffen und anorganischen Farbpigmenten, mit hoher Diffusionsfähigkeit. Ausführung aus Grund-, Zwischen- und Schlussbeschichtung.
Bauteil: .....
Untergrund: .....
Bauteilbreite: bis 30 cm
Nassabriebklasse: R-Klasse 3
Sd-Wert: 0,01 m, Klasse I
Brandverhalten: A2-s1-d0
Farbton: .....
Glanzgrad: .....
Arbeitshöhe: .....

2€ | 3€ | **3€** | 4€ | 4€ | [m] | ⏱ 0,08 h/m | 034.000.071

20 **Erstbeschichtung, Dispersionssilikatfarbe, Sichtbeton innen, linear** KG **345**

Erstbeschichtung mit Dispersionssilikat-Farbe, lösemittel-/weichmacherfrei nach VDL-Richtlinie 01, auf Sichtbetonflächen von längenorientierten Bauteilen, innen, Farbe mit mineralischen Füllstoffen und anorganischen Farbpigmenten. Bestehend aus Grund-, Zwischen- und Schlussbeschichtung.
Bauteil: .....
Betonoberfläche: .....
Bauteilbreite: bis 30 cm
Farbton: .....
Farbcode: .....
Glanzgrad: .....
Arbeitshöhe: .....

2€ | 3€ | **3€** | 3€ | 3€ | [m] | ⏱ 0,07 h/m | 034.000.069

▶ min
▷ von
ø Mittel
◁ bis
◀ max

Nr.	**Kurztext** / Langtext						Kostengruppe
►	▷	**ø netto €**	◁	◄	[Einheit]	Ausf.-Dauer	Positionsnummer

21 Erstbeschichtung, Dispersion, Sichtmauerwerk, innen KG **345**

Erstbeschichtung mit Dispersionsfarbe, auf Sichtmauerwerk, innen, lösemittel- und weichmacherfrei nach VDL-Richtlinie 01, bestehend aus Grund-, Zwischen- und Schlussbeschichtung.
Bauteil: .....
Untergrund: .....
Farbton: .....
Farbcode: .....
Glanzgrad: .....
Nassabrieb: .....
Arbeitshöhe: .....

4€	7€	**7€**	8€	10€	[m²]	⏱ 0,18h/m²	034.000.021

22 Erstbeschichtung, Kalkfarbe, innen KG **345**

Erstbeschichtung mit Kalkfarbe, auf Wand- und Deckenflächen mit Putz, innen, nass in nass gestrichen zur Vermeidung von Ansätzen, bestehend aus Grund-, Zwischen- und Schlussbeschichtung.
Bauteil: .....
Untergrund: .....
Farbton: .....
Arbeitshöhe: .....

6€	11€	**11€**	14€	18€	[m²]	⏱ 0,20h/m²	034.000.072

23 Streichputz, innen KG **345**

Streichputz, innen, als Zwischen-, und Schlussbeschichtung mit streich- und rollfähigem, gut füllendem, organisch gebundenem Material.
Struktur: **feinkörnig / grobkörnig**
Farbe: .....
Preisgruppe: .....
Glanzgrad: .....
Bauteil: .....
Arbeitshöhe: .....

7€	13€	**15€**	16€	20€	[m²]	⏱ 0,22h/m²	034.000.081

24 Erstbeschichtung, Silikatfarbe, Außenputz KG **335**

Erstbeschichtung von Wänden mit Putz, außen, mit Silikatfarbe, bestehend aus Grund-, Zwischen- und Schlussbeschichtung.
Außenputz: .....
Körnung: .....
Farbton: .....
Farbcode: .....
Arbeitshöhe: .....

10€	14€	**16€**	18€	22€	[m²]	⏱ 0,20h/m²	034.000.023

023 024 025 026 027 028 029 030 031 032 033 034 036 037 038 039

Kosten:
Stand 1. Quartal 2026
Bundesdurchschnitt

Nr.	**Kurztext** / Langtext						Kostengruppe
►	▷	**ø netto €**	◁	◀	[Einheit]	Ausf.-Dauer	Positionsnummer

25 Erstbeschichtung, Dispersionsfarbe, Außenputz KG **335**

Erstbeschichtung von Wänden mit Putz, außen, Dispersionsfarbe, mit Grund-, Zwischen- und Schlussbeschichtung.
Untergrund: .....
Durchlässigkeit für Wasser: Klasse W3 (niedrig)
Wasserdampf-Diffusionsstromdichte: Klasse V1 (hoch)
Körnung: .....
Glanzgrad: .....
Farbton: .....
Arbeitshöhe: .....

►	▷	ø	◁	◀	Einheit	Ausf.-Dauer	Positionsnummer
8€	14€	**15€**	17€	22€	[m²]	⏱ 0,18 h/m²	034.000.094

26 Erstbeschichtung, Silikonharz, Außenbauteil KG **335**

Erstbeschichtung von Wänden mit Putz, außen, mit Silikonharz, mit Grund-, Zwischen- und Schlussbeschichtung.
Untergrund: ...
Durchlässigkeit für Wasser: Klasse W3 (niedrig)
Wasserdampf-Diffusionsstromdichte: Klasse V1 (hoch)
Körnung: .....
Glanzgrad: .....
Farbton: .....
Farbcode: .....
Arbeitshöhe: .....

►	▷	ø	◁	◀	Einheit	Ausf.-Dauer	Positionsnummer
–	19€	**22€**	26€	–	[m²]	⏱ 0,22 h/m²	034.000.097

27 Imprägnierung, Sichtbetonwand, außen KG **335**

Imprägnierung von Betonwandflächen im Außenbereich, mit farbloser Beton-Hydrophobierung, bis zur Sättigung aufbringen, vorzugsweise im Flutverfahren.
Untergrund: Betonfläche
Oberfläche: glatt geschalt, normal saugend
Beschichtungsstoff: .....
Arbeitshöhe: .....

►	▷	ø	◁	◀	Einheit	Ausf.-Dauer	Positionsnummer
4€	8€	**11€**	12€	14€	[m²]	⏱ 0,08 h/m²	034.000.025

28 Graffiti-Schutz, Wand KG **335**

Graffiti-Schutzbeschichtung auf senkrechter Wandfläche, inkl. Grundreinigung der Flächen.
Untergrund: .....
Oberfläche: .....
Beschichtungsstoff: .....
Farbton: .....
Arbeitshöhe: .....

►	▷	ø	◁	◀	Einheit	Ausf.-Dauer	Positionsnummer
21€	34€	**41€**	52€	76€	[m²]	⏱ 0,24 h/m²	034.000.055

► min
▷ von
ø Mittel
◁ bis
◀ max

Nr.	Kurztext / Langtext						Kostengruppe
►	▷	**ø netto €**	◁	◄	[Einheit]	Ausf.-Dauer	Positionsnummer

29 Bodenbeschichtung, innen, Beton, Acryl KG **324**

Erstbeschichtung auf Bodenfläche, im Innenbereich, aus Acrylharzlack, mit Grundierung, Zwischenbeschichtung und Schlussbeschichtung, inkl. farbloser Versiegelung.
Untergrund: normal saugende Betonflächen
Versiegelung: .....
Farbe: .....

13€	18€	**20€**	22€	28€	[m2]	⏱ 0,18h/m2	034.000.026

30 Bodenbeschichtung, innen, Beton, Epoxid KG **324**

Erstbeschichtung auf Bodenfläche, im Innenbereich aus 2-K-Beschichtung auf Epoxidharzbasis, AgBB-geprüft, mit Grundierung, Zwischenbeschichtung und Schlussbeschichtung, einschl. farbloser Versiegelung.
Untergrund: normal saugende Betonflächen
Versiegelung: .....
Farbe: .....

14€	25€	**28€**	39€	56€	[m2]	⏱ 0,18h/m2	034.000.027

A 1 Erstbeschichtung, Holz, linear, Alkydharzlack Beschreibung für Pos. **31-34**

Erstbeschichtung auf lineare Bauteile, aus Alkydharzlack, mit Grundbeschichtung und Schlussbeschichtung.
Farbe: .....
Arbeitshöhe: .....

31 Erstbeschichtung, Holzleisten, Alkydharzlack KG **364**

Wie Ausführungsbeschreibung A 1
Profil: Holzleisten

5€	8€	**10€**	10€	14€	[m]	⏱ 0,10h/m	034.000.029

32 Erstbeschichtung, Stützen/Balken, Alkydharzlack KG **364**

Wie Ausführungsbeschreibung A 1
Profil: **Holzstützen / Balken**

11€	15€	**16€**	16€	19€	[m]	⏱ 0,10h/m	034.000.105

33 Erstbeschichtung, Laibung/Bretter, Alkydharzlack KG **364**

Wie Ausführungsbeschreibung A 1
Bauteil: **Laibung / Firstbrett / Ortgangbrett**

11€	13€	**13€**	15€	17€	[m]	⏱ 0,10h/m	034.000.106

34 Erstbeschichtung, Geländer, Holz, Alkydharzlack KG **364**

Wie Ausführungsbeschreibung A 1
Profil: Geländerstäbe, Ober- und Untergurt

9€	16€	**18€**	22€	31€	[m]	⏱ 0,12h/m	034.000.107

Nr.	Kurztext / Langtext						Kostengruppe
►	▷	**ø netto €**	◁	◄	[Einheit]	Ausf.-Dauer	Positionsnummer

A 2 Erstbeschichtung, Holz, linear, Acrylharzlack Beschreibung für Pos. **35-38**

Erstbeschichtung auf lineare Bauteile, aus Acrylharzlack, mit Grundbeschichtung und Schlussbeschichtung.
Farbe: .....
Arbeitshöhe: .....

35 Erstbeschichtung, Holzleisten, Acryl KG **364**

Wie Ausführungsbeschreibung A 2
Profil: Holzleisten

5€	8€	**9€**	11€	14€	[m]	⏱ 0,10h/m	034.000.119

36 Erstbeschichtung, Stützen/Balken, Acryl KG **364**

Wie Ausführungsbeschreibung A 2
Profil: **Holzstützen / Balken**

11€	15€	**15€**	15€	18€	[m]	⏱ 0,10h/m	034.000.120

37 Erstbeschichtung, Laibung/Bretter, Acryl KG **364**

Wie Ausführungsbeschreibung A 2
Bauteil: **Laibung / Firstbrett / Ortgangbrett**

11€	13€	**13€**	14€	17€	[m]	⏱ 0,10h/m	034.000.122

38 Erstbeschichtung, Geländer, Holz, Acryl KG **364**

Wie Ausführungsbeschreibung A 2
Profil: Geländerstäbe, Ober- und Untergurt

9€	15€	**17€**	19€	25€	[m]	⏱ 0,12h/m	034.000.121

39 Erstbeschichtung, Holzfenster, deckend KG **334**

Erstbeschichtung für Holzfenster und Fenstertüren, aus Alkydharzlack, mit Grundbeschichtung, zweifach Zwischenbeschichtung und Schlussbeschichtung.
Holzart: **Fichte / Kiefer / Hemlock**
Farbe: .....
Arbeitshöhe: .....

27€	34€	**38€**	43€	53€	[m²]	⏱ 0,60h/m²	034.000.030

40 Schlussbeschichtung, Holzfenster/Tür KG **334**

Schlussbeschichtung für Holzfenster und Fenstertür, aus Alkydharzlack.
Holzart: .....
Farbe: .....
Arbeitshöhe: .....

11€	15€	**18€**	20€	24€	[m²]	⏱ 0,20h/m²	034.000.031

Kosten:
Stand 1.Quartal 2026
Bundesdurchschnitt

► min
▷ von
ø Mittel
◁ bis
◄ max

Nr.	**Kurztext** / Langtext						Kostengruppe
▶	▷	**ø netto €**	◁	◀	[Einheit]	Ausf.-Dauer	Positionsnummer

41 Holzimprägnierung, holzverfärbende Pilze KG **335**

Imprägnierung für sichtbar bleibendes Holzbauteil, im Außenbereich, vorbeugend wirksam gegen Bläuepilze und andere holzverfärbende Pilze, aufbringen vor Einbau, inkl. säubern der Holzoberfläche, Beschichtung allseitig auftragen, stark saugende Stellen mehrfach.
Bauteil: .....
Gebrauchsklasse DIN 68800-1: 3.1
Prüfprädikat: .....
Arbeitshöhe: .....

2€ 4€ **5€** 7€ 9€ [m2] ⏱ 0,08 h/m2 034.000.034

42 Erstbeschichtung, Lasur, Holzbauteil außen KG **364**

Erstbeschichtung auf unbehandeltem Holzbauteil im Außenbereich, mit Acrylharzlasur, mit Holzimprägnierung, Zwischenbeschichtung und Schlussbeschichtung.
Untergrund: unbeschichtete, begrenzt maßhaltige Holzbauteile
Holzart: .....
Farbton: .....
Glanzgrad: .....
Arbeitshöhe: .....

9€ 19€ **23€** 27€ 41€ [m2] ⏱ 0,25 h/m2 034.000.035

43 Erstbeschichtung, Lasur, Holzbauteil maßhaltig, innen KG **345**

Erstbeschichtung auf unbehandeltem Holzbauteil im Innenbereich, mit wasserverdünnbarer Acrylharzlasur, mit Grundbeschichtung und schichtbildender Schlussbeschichtung.
Untergrund: maßhaltige Holzbauteile
Holzoberfläche: .....
Holzart: .....
Farbe: .....
Glanzgrad: .....
Arbeitshöhe: .....

12€ 18€ **20€** 24€ 30€ [m2] ⏱ 0,22 h/m2 034.000.020

44 Erstbeschichtung, Holzbauteil, außen, deckend KG **335**

Erstbeschichtung, deckend, von unbehandeltem Holzbauteil im Außenbereich, mit wasserverdünnbarem Acryllack, mit Holzimprägnierung, Zwischen- und Schlussbeschichtung.
Untergrund: unbeschichtete, begrenzt maßhaltige Holzbauteile
Holzoberfläche: .....
Holzart: .....
Farbe: .....
Glanzgrad: .....
Arbeitshöhe: .....

27€ 32€ **34€** 40€ 49€ [m2] ⏱ 0,28 h/m2 034.000.036

Kosten:
Stand 1. Quartal 2026
Bundesdurchschnitt

Nr.	Kurztext / Langtext						Kostengruppe
▶	▷	ø netto €	◁	◀	[Einheit]	Ausf.-Dauer	Positionsnummer

45 Erstbeschichtung, Stahlflächen, außen KG **359**

Erstbeschichtung auf unbeschichteter Stahlfläche, außen, aus Alkydharzlack, mit Grund-, Zwischen- und Schlussbeschichtung. Korrosionsschutz nach gesonderter Position.
Bauteil: .....
Farbe: .....
Glanzgrad: .....
Arbeitshöhe: .....

16€ | 27€ | **38€** | 45€ | 57€ | [m²] | ⏱ 0,30h/m² | 034.000.065

46 Erstbeschichtung, Stahlprofil verzinkt, innen KG **359**

Erstbeschichtung auf grundierten Stahlprofilen, innen, mit Grund- und Schlussbeschichtung mit Alkydharzlack.
Bauteil: .....
Farbe: .....
Glanzgrad: .....
Arbeitshöhe: .....

16€ | 26€ | **29€** | 44€ | 47€ | [m²] | ⏱ 0,18h/m² | 034.000.104

47 Erstbeschichtung, Stahlprofil, außen KG **359**

Erstbeschichtung auf verzinktem Stahlprofilen, außen, mit Grund- und Schlussbeschichtung. Untergrundvorbereitung und Korrosionsschutzbeschichtung nach gesonderter Position.

- Grundbeschichtung mit wasserverdünnbarem 2-Komponenten-Reaktionsharzbeschichtungsstoff für Zinkuntergründe
- Schlussbeschichtung mit deckendem Alkydharzlack

Untergrund: verzinkte Geländerkonstruktion
Farbe: .....
Glanzgrad: .....
Arbeitshöhe: .....

9€ | 13€ | **14€** | 17€ | 21€ | [m] | ⏱ 0,20h/m | 034.000.040

48 Erstbeschichtung, Metallgeländer, innen KG **359**

Erstbeschichtung auf unbeschichteten Stahlgeländer verzinkt, innen, aus Alkydharzlack, mit Grund- und Schlussbeschichtung.
Geländer: .....
Farbe: .....
Glanzgrad: .....
Arbeitshöhe: .....

19€ | 34€ | **40€** | 46€ | 62€ | [m] | ⏱ 0,40h/m | 034.000.108

49 Erstbeschichtung, Metallgeländer, außen KG **359**

Erstbeschichtung auf unbeschichteten Stahlgeländer verzinkt, außen, aus Alkydharzlack, mit Grundierung, Zwischen- und Schlussbeschichtung.
Geländer: .....
Farbe: .....
Glanzgrad: .....
Arbeitshöhe: .....

29€ | 43€ | **49€** | 70€ | 118€ | [m] | ⏱ 0,40h/m | 034.000.059

▶ min
▷ von
ø Mittel
◁ bis
◀ max

Nr.	Kurztext / Langtext					Kostengruppe
▶	▷	**ø netto €**	◁	◀	[Einheit]	Ausf.-Dauer	Positionsnummer

50 Schlussbeschichtung, grundierter Röhrenheizkörper KG **423**

Schlussbeschichtung, auf werksseitig grundiertem Röhrenheizkörper, Alkydharzlack- Schlussbeschichtung.
Heizkörper: .....
Farbe: .....
Glanzgrad: .....

12€ | 18€ | **19€** | 22€ | 27€ | [m2] | ⏱ 0,20h/m2 | 034.000.038

51 Erstbeschichtung, Heizungsrohrleitung KG **422**

Erstbeschichtung von grundierten Heizrohrleitungen, aus Alkydharzlack, mit Grund- und Schlussbeschichtung.
Rohrdurchmesser: .....
Farbe: .....
Glanzgrad: .....
Arbeitshöhe: .....

4€ | 6€ | **7€** | 11€ | 22€ | [m] | ⏱ 0,06h/m | 034.000.037

52 Erstbeschichtung, Stahlblech, längenorientiert KG **461**

Erstbeschichtung auf unbeschichtetem Stahlblech verzinkt, innen, aus Alkydharzlack, mit Grund-, Zwischen- und Schlussbeschichtung.
Bauteil: .....
Abwicklung: bis max. 500 mm
Farbe: .....
Glanzgrad: .....
Arbeitshöhe: .....

8€ | 13€ | **16€** | 22€ | 32€ | [m] | ⏱ 0,10h/m | 034.000.041

53 Erstbeschichtung, Stahlblech, flächig KG **345**

Erstbeschichtung auf unbeschichtetem Stahlblech verzinkt, innen, aus Alkydharzlack, mit Grund-, Zwischen- und Schlussbeschichtung.
Bauteil: .....
Oberfläche: .....
Farbe: .....
Glanzgrad: .....
Arbeitshöhe: .....

21€ | 30€ | **35€** | 47€ | 68€ | [m2] | ⏱ 0,30h/m2 | 034.000.042

54 Erstbeschichtung, Lüftungsrohr, Stahl KG **431**

Erstbeschichtung auf verzinktem Stahlblech, innen, aus Alkydharzlack, mit Grund-, Zwischen- und Schlussbeschichtung.
Bauteil: .....
Oberfläche: .....
Farbe: .....
Glanzgrad: .....
Arbeitshöhe: .....

19€ | 25€ | **30€** | 39€ | 53€ | [m2] | ⏱ 0,28h/m2 | 034.000.043

Nr.	Kurztext / Langtext						Kostengruppe
▶	▷	ø netto €	◁	◀	[Einheit]	Ausf.-Dauer	Positionsnummer

55 Erstbeschichtung, Stahlzarge KG **344**

Erstbeschichtung auf grundierter Stahlzarge, innen, aus Alkydharzlack - Schlussbeschichtung.
Zargenprofil: .....
Farbe: .....
Glanzgrad: .....
Arbeitshöhe: .....

9€	14€	**15€**	20€	28€	[m]	⏱ 0,25h/m	034.000.044

56 Brandschutzbeschichtung, R30, Stahlbauteile KG **361**

Brandschutzbeschichtung auf Stahlflächen, innen, auf Wasser basierendem Beschichtungssystem, gem. Zulassung aufbringen, inkl. Vorbehandlung, Grundierung und Schlussbeschichtung.
Stahlbauteil: **Träger / Fachwerkbinder / Stütze**
Beschichtungsverfahren: .....
Farbton: .....
Gef. Feuerwiderstand: R30
Einbauort: .....
Arbeitshöhe: .....

30€	75€	**88€**	107€	151€	[m²]	⏱ 0,50h/m²	034.000.045

57 Decklack, Brandschutzbeschichtungen, Stahlteile KG **333**

Brandschutzbeschichtung auf Stahlflächen, mit Grundierung und Schlussbeschichtung.
Stahlbauteil: **Träger / Fachwerkbinder / Stütze**
Abmessung: .....
Beschichtungsverfahren: .....
Farbton: .....
Gef. Feuerwiderstand: .....
Beschichtungsstoff: .....
Einbauort: .....
Arbeitshöhe: .....

13€	16€	**18€**	23€	29€	[m²]	⏱ 0,15h/m²	034.000.046

58 Brandschutzbeschichtung Rund-/Profilstahl KG **345**

Brandschutzbeschichtung auf Stahlprofilen, auf Wasser basierendem Beschichtungssystem, innen, gem. Zulassung, mit Grund- und Deckbeschichtung.
Profil und Abmessung: .....
Beschichtungsverfahren: .....
Farbton: .....
Gef. Feuerwiderstand: .....
Einbauort: .....
Arbeitshöhe: .....

30€	54€	**58€**	66€	83€	[m]	⏱ 0,30h/m	034.000.064

Kosten:
Stand 1. Quartal 2026
Bundesdurchschnitt

▶ min
▷ von
ø Mittel
◁ bis
◀ max

Nr.	Kurztext / Langtext						Kostengruppe
►	▷	**ø netto €**	◁	◄	[Einheit]	Ausf.-Dauer	Positionsnummer

59 Fugenabdichtung, Acryl KG **345**

Fugenabdichtung mit anstrichverträglichem Ein-Komponenten-Dichtstoff auf Acryldispersionsbasis, inkl. notwendiger Flankenvorbehandlung an den Anschlussflächen und Hinterlegen der Fugenhohlräume mit Hinterfüllmaterial, Fuge glatt gestrichen.
Fugenbreite: bis **8 / 12** mm
Arbeitshöhe: .....

2€	3€	**4€**	5€	8€	[m]	⏱ 0,04h/m	034.000.047

60 Fugenabdichtung elastisch, Silikon KG **345**

Fugenabdichtung mit Ein-Komponenten-Dichtstoff auf Silikonbasis, inkl. notwendiger Flankenvorbehandlung an den Anschlussflächen und Hinterlegen der Fugenhohlräume mit Hinterfüllmaterial, Fuge glatt gestrichen.
Fugenbreite: bis **8 / 12** mm
Arbeitshöhe: .....

5€	6€	**6€**	7€	7€	[m]	⏱ 0,05h/m	034.000.048

61 Stundensatz, Facharbeiter/-in

Stundenlohnarbeiten für Vorarbeiter/-in, Gesellin/Geselle, Facharbeiter/-in und Gleichgestellte, sowie ähnliche Fachkräfte. Der Verrechnungssatz für die jeweilige Arbeitskraft umfasst sämtliche Aufwendungen wie Lohn- und Gehaltskosten, Lohn- und Gehaltsnebenkosten, Zuschläge, lohngebundene und lohnabhängige Kosten, sonstige Sozialkosten, Gemeinkosten, Wagnis und Gewinn. Leistung nach besonderer Anordnung der Bauüberwachung. Anmeldung und Nachweis gem. VOB/B.

58€	69€	**73€**	77€	84€	[h]	⏱ 1,00h/h	034.000.078

62 Stundensatz, Helfer/-in

Stundenlohnarbeiten für Arbeitskräfte ohne Facharbeiterqualifikation (Helfer/-innen, Hilfsarbeiter/-innen, Ungelernte, Angelernte). Der Verrechnungssatz für die jeweilige Arbeitskraft umfasst sämtliche Aufwendungen wie Lohn- und Gehaltskosten, Lohn- und Gehaltsnebenkosten, Zuschläge, lohngebundene und lohnabhängige Kosten, sonstige Sozialkosten, Gemeinkosten, Wagnis und Gewinn. Leistung nach besonderer Anordnung der Bauüberwachung. Anmeldung und Nachweis gem. VOB/B.

37€	51€	**55€**	61€	73€	[h]	⏱ 1,00h/h	034.000.079

036

Kosten:
Stand 1. Quartal 2026
Bundesdurchschnitt

▶ min
▷ von
ø Mittel
◁ bis
◀ max

Nr.	Positionen	Einheit	▶	▷	ø brutto € / ø netto €	◁	◀
1	Randstreifen abschneiden	m	0,4	0,7	**0,8**	1,2	2,0
			0,3	0,6	**0,7**	1,0	1,7
2	Untergrund prüfen, Oberflächenzugfestigkeit	St	32	39	**42**	47	52
			27	33	**36**	40	44
3	Sinterschicht abschleifen, Calciumsulfatestrich	m²	1	2	**3**	4	6
			1,0	2,0	**2,7**	3,4	4,9
4	Untergrund reinigen	m²	0,6	1,2	**1,4**	2,1	3,7
			0,5	1,0	**1,2**	1,8	3,1
5	Boden kugelstrahlen	m²	3	5	**7**	7	12
			3	5	**5**	6	10
6	Voranstrich, Bodenbelag	m²	1	3	**3**	4	6
			1	2	**3**	3	5
7	Sportboden, Doppelschwinger, Holz	m²	44	68	**80**	91	112
			37	57	**67**	77	94
8	Sportboden, Nutzschicht, Linoleum	m²	43	47	**50**	54	61
			36	40	**42**	46	51
9	Gerätehülsenabdeckung, mit Rahmen/Deckel	St	59	87	**93**	103	130
			49	73	**78**	87	109
10	Spielfeldmarkierung	m	5	6	**6**	6	7
			4	5	**5**	5	6
11	Textiler Belag, Nadelvlies	m²	39	47	**51**	59	77
			33	40	**43**	50	65
12	Textiler Belag, Kugelgarn	m²	55	69	**73**	96	130
			46	58	**61**	81	109
13	Textiler Belag, Naturhaar-Polyamidgemisch	m²	53	72	**75**	81	99
			44	60	**63**	68	83
14	Textiler Belag, Tuftingteppich	m²	63	69	**72**	80	99
			53	58	**61**	67	83
15	Textiler Belag, Kunstfaser/Web-Teppich	m²	50	61	**64**	69	80
			42	51	**54**	58	67
16	Textiler Belag, Naturfaser/Wolle/Sisal	m²	91	99	**103**	110	119
			76	83	**87**	93	100
17	Korkunterlage, Linoleum	m²	21	25	**28**	30	36
			18	21	**24**	25	30
18	Linoleumbelag, 2,5mm	m²	33	49	**54**	62	80
			28	41	**45**	52	67
19	Linoleumbelag, 3,2/4,0mm	m²	46	56	**61**	67	83
			39	47	**51**	56	69
20	Linoleumbahnen verschweißen	m²	2	3	**3**	4	6
			1	2	**3**	4	5
21	Bodenbelag, PVC, 2,0mm	m²	33	45	**51**	58	71
			27	38	**43**	49	60
22	Bodenbelag, PVC, 2,5mm	m²	38	55	**58**	66	88
			32	46	**48**	55	74
23	Bodenbelag, PVC, 3,0mm	m²	41	58	**65**	73	92
			34	49	**55**	61	77
24	Bodenbelag, PVC, Schaumstoff, 4,0 bis 4,5mm	m²	44	61	**70**	80	99
			37	51	**59**	68	83

Nr.	Positionen	Einheit	▶	▷	ø brutto € / ø netto €	◁	◀
25	PVC-Bahnen verschweißen	m²	1	3	**3**	3	5
			1	2	**3**	3	4
26	Bodenbelag, Kautschuk, 2,0mm	m²	54	74	**81**	86	103
			45	62	**68**	73	86
27	Bodenbelag, Kautschukplatten, bis 3,2mm	m²	75	93	**99**	116	149
			63	78	**83**	98	125
28	Bodenbelag, Naturkorkparkett, 12mm	m²	54	69	**80**	85	104
			45	58	**67**	72	88
29	Bodenbelag, Laminat, schwimmend, 7,2mm	m²	43	52	**59**	67	78
			36	44	**50**	56	65
30	Bodenbelag, Laminat, schwimmend 8,3mm	m²	47	62	**63**	70	84
			39	52	**53**	58	70
31	Bodenbeläge verlegen	m²	18	23	**26**	27	39
			15	19	**22**	23	33
32	Treppenstufe, elastischer Bodenbelag	St	42	69	**75**	77	131
			35	58	**63**	65	110
33	Treppenstufe, textiler Belag	St	39	56	**64**	72	98
			33	47	**54**	61	82
34	Treppenstufe, Laminat	St	–	41	**48**	53	–
			–	35	**41**	44	–
35	Treppenkante, Kunststoffprofil	m	20	28	**30**	34	42
			17	23	**25**	29	35
36	Treppenkante, Aluminiumprofil	m	–	31	**39**	49	–
			–	26	**33**	41	–
37	Treppenkante, Messingprofil	m	39	55	**62**	77	89
			33	46	**52**	65	75
38	Fußabstreifer, Reinstreifen	St	849	1.531	**1.868**	2.101	2.908
			714	1.287	**1.570**	1.765	2.443
39	Fußabstreifer, Kokosfasermatte	m²	177	283	**289**	310	390
			149	238	**243**	261	328
40	Rohrdurchführung anarbeiten, Bodenbelag	St	4	7	**7**	8	11
			4	6	**6**	7	9
41	Bodenbelag anarbeiten, Stützen	St	–	10	**16**	21	–
			–	8	**13**	17	–
42	Trennschiene, Aluminium	m	17	19	**20**	21	24
			14	16	**17**	18	20
43	Trennschiene, nichtrostender Stahl	m	24	28	**29**	31	37
			21	24	**24**	26	31
44	Übergangsprofil, Aluminium	m	14	21	**24**	25	30
			12	17	**20**	21	25
45	Dehnfugenprofil, Aluminium	m	26	43	**50**	63	90
			22	36	**42**	53	75
46	Verfugung, elastisch, Silikon	m	4	7	**7**	9	14
			4	6	**6**	8	12
47	Sockelausbildung, Holzleiste	m	11	16	**18**	22	34
			10	13	**15**	19	28
48	Sockelausbildung, textiler Belag	m	6	9	**10**	14	21
			5	7	**8**	11	17

Nr.	Positionen	Einheit	►	▷	ø brutto € / ø netto €	◁	◄
49	Sockelausbildung, Sporthalle	m	–	75	**89**	114	–
			–	63	**75**	96	–
50	Sockelausbildung, PVC	m	6	8	**9**	10	14
			5	7	**7**	9	12
51	Sockelausbildung, Lino-/Kautschuk	m	11	16	**18**	27	40
			9	13	**15**	22	34
52	Sockelausbildung, Aluminiumprofil	m	19	24	**27**	33	40
			16	20	**23**	28	33
53	Erstpflege, Bodenbelag	m²	1	3	**4**	8	15
			1	3	**4**	7	13
54	Schutzabdeckung, Bodenbelag, Hartfaserplatte	m²	7	9	**10**	10	12
			6	7	**8**	9	10
55	Schutzabdeckung, Kunststofffolie	m²	3	4	**5**	5	6
			3	4	**4**	4	5
56	Stundensatz, Facharbeiter/-in	h	73	85	**89**	92	102
			61	72	**75**	77	86
57	Stundensatz, Helfer/-in	h	65	71	**73**	76	82
			54	60	**61**	64	69

Kosten:
Stand 1.Quartal 2026
Bundesdurchschnitt

Nr. **Kurztext** / Langtext — Kostengruppe
► ▷ **ø netto €** ◁ ◄ [Einheit] Ausf.-Dauer Positionsnummer

1 Randstreifen abschneiden — KG **353**

Abschneiden des Überstandes des Randdämmstreifens, für Bodenbelagarbeiten.
Randdämmstreifen: PE-Schaum

0,3€ 0,6€ **0,7€** 1,0€ 1,7€ [m] ⏱ 0,01 h/m 036.000.069

2 Untergrund prüfen, Oberflächenzugfestigkeit — KG **353**

Prüfen der Oberflächenzugfestigkeit, an vorbereitetem Untergrund, Prüfflächen durch Ringnut begrenzen, Protokollieren der Ergebnisse durch Eintragen in vom AG gestellte Pläne.
Untergrund: Beton
Hinweis: Nur über Prüfpflicht des Auftragnehmers hinausgehende Leistung!

27€ 33€ **36€** 40€ 44€ [St] ⏱ 0,50 h/St 036.000.068

► min
▷ von
ø Mittel
◁ bis
◄ max

3 Sinterschicht abschleifen, Calciumsulfatestrich — KG **353**

Anschleifen und Absaugen des Untergrundes aus Calciumsulfatestrich, für Bodenbelagarbeiten.

1,0€ 2,0€ **2,7€** 3,4€ 4,9€ [m²] ⏱ 0,05 h/m² 036.000.044

4 Untergrund reinigen — KG **353**

Bodenbeläge von groben Verschmutzungen und losen Teilen reinigen, sammeln und Schutt entsorgen, inkl. Deponiegebühr.

0,5€ 1,0€ **1,2€** 1,8€ 3,1€ [m²] ⏱ 0,04 h/m² 036.000.002

Nr.	Kurztext / Langtext						Kostengruppe
▶	▷	ø netto €	◁	◀	[Einheit]	Ausf.-Dauer	Positionsnummer

5 Boden kugelstrahlen KG **353**

Verschmutzten Untergrund zur Aufnahme eines neuen Bodenbelags bis auf einen tragfähigen Grund strahlen, anschließend Fläche staubfrei absaugen.
Strahlverfahren: **Sand- / Kugelstrahlen**
Untergrund: Zementestrich
Abtragsdicke: ca.5 mm

3€	5€	**5€**	6€	10€	[m2]	⏱ 0,10h/m2	036.000.007

6 Voranstrich, Bodenbelag KG **353**

Voranstrich für nachfolgende Bodenbeläge, vollflächig auf oberflächentrockene Flächen.
Untergrund: .....-Estrich

1€	2€	**3€**	3€	5€	[m2]	⏱ 0,05h/m2	036.000.005

7 Sportboden, Doppelschwinger, Holz KG **324**

Lastverteilerschicht für Sportboden, als flächenelastische Doppelschwinger, mit Blindboden, Schwing- und Zwischenlage sowie Auflager aus Holz, mit Prüfzeugnis.
Aufbauhöhe: .....
Höhenausgleich: .....
Untergrund: .....
Holzart: .....
Angeb. Fabrikat: .....

37€	57€	**67€**	77€	94€	[m2]	⏱ 0,20h/m2	036.000.010

8 Sportboden, Nutzschicht, Linoleum KG **324**

Sportboden-Oberbelag auf Lastverteilerschicht, geklebt, Oberbelag sporthallengeeignet, für starke Beanspruchung, inkl. Verfugen der Bahnenstöße mit Schmelzdraht. Herstellen von Durchdringungen im Bereich der Sportgerätehülsen und Belegen der Abdeckungen nach gesonderter Position.
Oberbelag: Linoleum
Brandverhalten Klasse: .....
Dicke: **3,2 / 4,0** mm
Nutzschichtdicke: ca. 2,4 mm
Farbe: .....
Dispersions-Kleber: D .....
Emissionen: EC.....
Angeb. Fabrikat: .....

36€	40€	**42€**	46€	51€	[m2]	⏱ 0,16h/m2	036.000.011

9 Gerätehülsenabdeckung, mit Rahmen/Deckel KG **324**

Gerätehülsenabdeckung, inkl. Bodenbelag, Rahmen aus Metall, runder Deckel, wasserfest.
Metallrahmen: .....
Durchmesser: über 120 bis 180 mm

49€	73€	**78€**	87€	109€	[St]	⏱ 0,90h/St	036.000.014

023 024 025 026 027 028 029 030 031 032 033 034 036 037 038 039

Nr.	Kurztext / Langtext						Kostengruppe
▶	▷	ø netto €	◁	◀	[Einheit]	Ausf.-Dauer	Positionsnummer

10 Spielfeldmarkierung KG **324**

Spielfeldmarkierung nach den Vorschriften der nationalen und internationalen Sportverbände. Ausführung nach genehmigtem und freigegebenem Sportgeräte-Einrichtungsplan.

▶	▷	ø netto €	◁	◀	[Einheit]	Ausf.-Dauer	Positionsnummer
4€	5€	**5€**	5€	6€	[m]	⏱ 0,05h/m	036.000.013

11 Textiler Belag, Nadelvlies KG **353**

Textiler Bodenbelag aus Kunstfasern, als Nadelvliesbelag, für gewerblichen Anwendungsbereich mit starker Beanspruchung, vollflächig geklebt. Durchdringungen, elektrisch leitende Verklebung und Metallnetz nach gesonderter Position.
Belagdicke: 3,5 mm
Bahnenbreite: 200 cm
Untergrund: fertig gespachtelt
Beanspruchungsklasse: 33
Komfortklasse: LC 1, einfach
Trittschallverbesserung: bis 22 dB
Wärmedurchlasswiderstand: 0,12 m^2K/W
Ableitwiderstand: ..... Ohm
Aufladungsspannung: max. 2 kV (antistatisch)
Brandverhalten: Bfl-s1
Eignungen Stuhlrollen: Typ H
Eignung Fußbodenheizung: .....
Nutzschicht: Polyamid, vermischt mit anderen Fasern
Oberfläche: grobfaserig, ...
Farbe: .....
Rücken: PAC-Vlies
Verklebung: Dispersionskleber D.....
Emissionen: .....
Einbauort: .....
Angeb. Fabrikat: .....

▶	▷	ø netto €	◁	◀	[Einheit]	Ausf.-Dauer	Positionsnummer
33€	40€	**43€**	50€	65€	[m^2]	⏱ 0,18h/m^2	036.000.015

Kosten:
Stand 1.Quartal 2026
Bundesdurchschnitt

▶ min
▷ von
ø Mittel
◁ bis
◀ max

12 Textiler Belag, Kugelgarn KG **353**

Textiler Bodenbelag aus Kunstfasern, als Polvlies-(Kugelgarn)belag, für gewerblichen Anwendungsbereich mit starker Beanspruchung, vollflächig geklebt. Durchdringungen, elektrisch leitende Verklebung und Metallnetz nach gesonderter Position.
Belagdicke: 5,5 mm
Bahnenbreite: 200 cm
Untergrund: fertig gespachtelt
Beanspruchungsklasse: 33
Komfortklasse: LC 2, gut
Trittschallverbesserung: 20 dB
Wärmedurchlasswiderstand: 0,08 m²K/W
Ableitwiderstand: ..... Ohm
Aufladungsspannung: max. 2 kV (antistatisch)
Brandverhalten: Cfl-s1
Eignungen Stuhlrollen: Typ H
Eignung Fußbodenheizung: ja
Nutzschicht: Faserkugel aus Polyamid, vermischt mit anderen Fasern
Oberfläche: Kugelgarn - Struktur 21
Farbe: .....
Rücken: latexiert
Verklebung: Dispersionskleber D1
Emissionen: EC1
Einbauort: .....
Angeb. Fabrikat: .....

46€	58€	**61€**	81€	109€	[m²]	⏱ 0,18 h/m²	036.000.072

Nr.	Kurztext / Langtext						Kostengruppe
►	▷	ø netto €	◁	◄	[Einheit]	Ausf.-Dauer	Positionsnummer

13 Textiler Belag, Naturhaar-Polyamidgemisch KG **353**

Textiler Bodenbelag als Teppich, aus Natur-Kunstfasergemisch, für privaten Anwendungsbereich, vollflächig geklebt. Durchdringungen, elektrisch leitende Verklebung und Metallnetz nach gesonderter Position.
Belagdicke: ca. 5 mm
Belagbreite: 200 cm
Untergrund: fertig gespachtelt
Beanspruchungsklasse: **21 / 22 / 22+ / 23**
Komfortklasse: LC4, luxuriös
Trittschallverbesserung: mind. 22 dB
Wärmedurchlasswiderstand: 0,10 m²K/W
Ableitwiderstand: ..... Ohm
Aufladungsspannung: .....
Brandverhalten: Cfl-s1
Eignungen Stuhlrollen: Typ H
Eignung Fußbodenheizung: nein
Nutzschicht: Naturhaar-Polyamidgemisch
Polmaterial: 40% Natur-Ziegenhaar, 60% Polyamid 6
Oberfläche: **feinfasrig meliert / .....**
Farbe: .....
Lichtechtheit: 5
Wasserechtheit: 4-5
Rücken: Schwerbeschichtung
Verklebung: Dispersionskleber D.....
Emissionen: .....
Einbauort: .....
Angeb. Fabrikat: .....

44€	60€	**63€**	68€	83€	[m²]	⏱ 0,18h/m²	036.000.074

Kosten:
Stand 1. Quartal 2026
Bundesdurchschnitt

► min
▷ von
ø Mittel
◁ bis
◄ max

14 Textiler Belag, Tuftingteppich KG **353**

Textiler Bodenbelag aus Kunstfasergemisch, als Tuftingteppich, für privaten Anwendungsbereich, vollflächig geklebt. Durchdringungen, elektrisch leitende Verklebung und Metallnetz nach gesonderter Position.
Belagdicke: ca. 7 mm
Bahnenbreite: 400 cm
Untergrund: fertig gespachtelt
Beanspruchungsklasse: 23
Komfortklasse: LC3
Trittschallverbesserung: mind. 24 dB
Wärmedurchlasswiderstand: 0,11 m^2K/W
Ableitwiderstand: 10 hoch 9 Ohm
Aufladungsspannung: .....
Brandverhalten: Cfl-s1
Eignungen Stuhlrollen: Typ H
Eignung Fußbodenheizung: nein
Nutzschicht: 100% Polyamid
Polmaterial: PA
Oberfläche: Schlinge, 1/10"
Farbe: .....
Lichtechtheit: 5
Wasserechtheit: 4
Rücken: Textilrücken
Verklebung: Dispersionskleber D.....
Emissionen: .....
Einbauort: .....
Angeb. Fabrikat: .....

▶	▷	ø netto €	◁	◀	[Einheit]	Ausf.-Dauer	Positionsnummer
53€	58€	**61€**	67€	83€	[m^2]	⏱ 0,18h/m^2	036.000.017

023
024
025
026
027
028
029
030
031
032
033
034
036
037
038
039

Nr.	Kurztext / Langtext						Kostengruppe
►	▷	ø netto €	◁	◄	[Einheit]	Ausf.-Dauer	Positionsnummer

15 Textiler Belag, Kunstfaser/Web-Teppich KG **353**

Textiler Bodenbelag als Webteppich, aus Kunstfasergemisch, für privaten Anwendungsbereich, vollflächig geklebt. Durchdringungen, elektrisch leitende Verklebung und Metallnetz nach gesonderter Position.
Belagdicke: ca. 4,5 mm
Bahnenbreite: 400 cm
Untergrund: fertig gespachtelt
Beanspruchungsklasse: 23
Komfortklasse: LC3
Trittschallverbesserung: mind. 22 dB
Wärmedurchlasswiderstand: 0,12 m^2K/W
Ableitwiderstand: 10 Ohm
Aufladungsspannung: .....
Brandverhalten: Cfl-s1
Eignungen Stuhlrollen: Typ H
Eignung Fußbodenheizung: nein
Trägermaterial: 100% PES-Vlies
Nutzschicht: Polyamidgemisch
Polmaterial: 100% Polyamid
Oberfläche: Web-Schlinge, ...-gemustert
Farbe: .....
Lichtechtheit: 5
Wasserechtheit: 4
Rücken: latexiert
Verklebung: Dispersionskleber D.....
Emissionen: .....
Einbauort: .....
Angeb. Fabrikat: .....

►	▷	ø	◁	◄	[Einheit]	Ausf.-Dauer	Positionsnummer
42€	51€	**54€**	58€	67€	[m^2]	⏱ 0,18 h/m^2	036.000.016

Kosten:
Stand 1. Quartal 2026
Bundesdurchschnitt

► min
▷ von
ø Mittel
◁ bis
◄ max

16 Textiler Belag, Naturfaser/Wolle/Sisal KG **353**

Textiler Bodenbelag als Webteppich, aus Naturfaser, für privaten Anwendungsbereich, vollflächig geklebt. Durchdringungen, elektrisch leitende Verklebung und Metallnetz nach gesonderter Position.
Belagdicke: ca......
Bahnenbreite: 400 cm
Untergrund: fertig gespachtelt
Beanspruchungsklasse: 23
Komfortklasse: LC2
Trittschallverbesserung: mind. ..... dB
Wärmedurchlasswiderstand: ..... m^2K/W
Ableitwiderstand: .... Ohm
Aufladungsspannung: .....
Brandverhalten: Efl-s1
Eignungen Stuhlrollen: Typ H
Eignung Fußbodenheizung: ja
Trägermaterial: .....
Nutzschicht: **Sisal / Wolle / .....**
Oberfläche: gewebt, ...-gemustert
Farbe: .....
Lichtechtheit: 5
Wasserechtheit: 4
Rücken: latexiert
Verklebung: Dispersionskleber D.....
Emissionen: .....
Einbauort: .....
Angeb. Fabrikat: .....

76€	83€	**87€**	93€	100€	[m^2]	⏱ 0,18 h/m^2	036.000.018

17 Korkunterlage, Linoleum KG **353**

Unterlage für Bodenbelag aus gepressten Korkbahnen, auf Untergrund verkleben.
Untergrund: fertig gespachtelt
Oberbelag: Linoleum
Korkplattendicke: 2 mm
Brandverhalten: .....
Verklebung: .....
Emissionen: .....
Einbauort: .....

18€	21€	**24€**	25€	30€	[m^2]	⏱ 0,12 h/m^2	036.000.019

Kosten:
Stand 1. Quartal 2026
Bundesdurchschnitt

► min
▷ von
ø Mittel
◁ bis
◄ max

Nr.	**Kurztext** / Langtext						Kostengruppe
►	▷	**ø netto €**	◁	◄	[Einheit]	Ausf.-Dauer	Positionsnummer

18 **Linoleumbelag, 2,5mm** KG **353**

Bodenbelag aus Linoleum-Bahnen, stuhlrollengeeignet, permanent antistatisch, zigarettenglutbeständig, für öffentlichen/gewerblichen Anwendungsbereich. Herstellen von Durchdringungen und elektrisch leitende Verklebung und Metallnetz nach gesonderter Position.
Belagdicke: 2,5 mm
Bahnenbreite: 200 cm
Untergrund: fertig gespachtelt
Beanspruchungsklasse: 34
Komfortklasse: LC2,
Trittschallverbesserung: mind. 5 dB
Ableitwiderstand: .... Ohm, antistatisch
Aufladungsspannung: max. 2 kV
Brandverhalten: Cfl-s1
Eignungen Stuhlrollen: Typ W
Eignung Fußbodenheizung: ja
Bewertungsgruppe Rutschgefahr: .....
Oberfläche: marmoriert
Farbe: .....
Lichtechtheit: .....
Emissionen: .....
Einbauort: .....
Angeb. Fabrikat: .....

28€	41€	**45€**	52€	67€	[m²]	⏱ 0,17 h/m²	036.000.020

19 **Linoleumbelag, 3,2/4,0mm** KG **353**

Bodenbelag aus Linoleum-Bahnen, stuhlrollengeeignet, permanent antistatisch, zigarettenglutbeständig, für öffentlichen/gewerblichen Anwendungsbereich. Herstellen von Durchdringungen und elektrisch leitende Verklebung und Metallnetz nach gesonderter Position.
Belagdicke: **3,2 / 4,0** mm
Bahnenbreite: 200 cm
Untergrund: fertig gespachtelt
Beanspruchungsklasse: **34 / 42 / 43**
Trittschallverbesserung: mind. 6 dB
Ableitwiderstand: .... Ohm, antistatisch
Aufladungsspannung: max. 2 kV
Brandverhalten: Cfl-s1
Eignungen Stuhlrollen: Typ W
Eignung Fußbodenheizung: ja
Bewertungsgruppe Rutschgefahr: .....
Oberfläche: .....
Farbe: .....
Lichtechtheit: .....
Emissionen: .....
Einbauort: .....
Angeb. Fabrikat: .....

39€	47€	**51€**	56€	69€	[m²]	⏱ 0,17 h/m²	036.000.021

Nr.	Kurztext / Langtext						Kostengruppe
▶	▷	**ø netto €**	◁	◀	[Einheit]	Ausf.-Dauer	Positionsnummer

20 Linoleumbahnen verschweißen KG **353**

Belagsnähte des Linoleumbelags fräsen und thermisch verschweißen, mittels Schweißschnur.
Belagdicke: 2,5 mm
Nahtbreite: 4 mm
Farbe: .....

1€	2€	**3€**	4€	5€	[m2]	⏱ 0,02 h/m2	036.000.022

21 Bodenbelag, PVC, 2,0mm KG **353**

Bodenbelag aus Kunststoffbahnen aus homogenem PVC, stuhlrollengeeignet, permanent antistatisch, für gewerblichen/industriellen Anwendungsbereich. Herstellen von Durchdringungen, elektrisch leitende Verklebung und Metallnetz, nach gesonderter Position.
Belagdicke: 2,0 mm
Bahnenbreite: 200 cm
Untergrund: fertig gespachtelt
Beanspruchungsklasse: **34 / 43**
Trittschallverbesserung: mind. 4 dB
Ableitwiderstand: .... Ohm, antistatisch
Aufladungsspannung: max. 2 kV
Brandverhalten: Bfl-s1
Eignung Stuhlrollen: Typ W
Eignung Fußbodenheizung: ja
Rutschhemmung: R10
Oberfläche/Dekor: .....
Farbe: .....
Lichtechtheit: .....
Emissionen: .....
Einbauort: .....
Angeb. Fabrikat: .....

27€	38€	**43€**	49€	60€	[m2]	⏱ 0,17 h/m2	036.000.060

023
024
025
026
027
028
029
030
031
032
033
034
036
037
038
039

Nr.	Kurztext / Langtext						Kostengruppe
▶	▷	ø netto €	◁	◀	[Einheit]	Ausf.-Dauer	Positionsnummer

Kosten:
Stand 1. Quartal 2026
Bundesdurchschnitt

22 Bodenbelag, PVC, 2,5mm — KG **353**

Bodenbelag aus Kunststoffbahnen aus PVC mit partikelbasiertem erhöhten Gleitwiderstand, stuhlrollengeeignet, permanent antistatisch, für gewerblichen/industriellen Anwendungsbereich. Herstellen von Durchdringungen, elektrisch leitende Verklebung und Metallnetz, nach gesonderter Position.
Belagdicke: 2,5 mm
Bahnenbreite: 200 cm
Untergrund: fertig gespachtelt
Beanspruchungsklasse: 43
Trittschallverbesserung: mind. 4 dB
Ableitwiderstand: .... Ohm, antistatisch
Aufladungsspannung: max. 2 kV
Brandverhalten: Bfl-s1
Eignung Stuhlrollen: Typ W
Eignung Fußbodenheizung: ja
Rutschhemmung: R10
Oberfläche/Dekor: .....
Farbe: .....
Lichtechtheit: .....
Emissionen: .....
Einbauort: .....
Angeb. Fabrikat: .....

▶	▷	ø	◁	◀	Einheit	Ausf.-Dauer	Positionsnummer
32€	46€	**48€**	55€	74€	[m²]	⏱ 0,17 h/m²	036.000.083

23 Bodenbelag, PVC, 3,0mm — KG **353**

Bodenbelag aus Kunststoffbahnen aus homogenem PVC, stuhlrollengeeignet, permanent antistatisch, für gewerblichen/industriellen Anwendungsbereich. Herstellen von Durchdringungen, elektrisch leitende Verklebung und Metallnetz, nach gesonderter Position.
Belagdicke: 3,0 mm
Bahnenbreite: 200 cm
Untergrund: fertig gespachtelt
Beanspruchungsklasse: **34 / 43**
Trittschallverbesserung: mind. ..... dB
Ableitwiderstand: .... Ohm, antistatisch
Aufladungsspannung: max. 2 kV
Brandverhalten: Bfl-s1
Eignung Stuhlrollen: Typ W
Eignung Fußbodenheizung: ja
Rutschhemmung: R10
Oberfläche/Dekor: .....
Farbe: .....
Lichtechtheit: .....
Emissionen: .....
Einbauort: .....
Angeb. Fabrikat: .....

▶	▷	ø	◁	◀	Einheit	Ausf.-Dauer	Positionsnummer
34€	49€	**55€**	61€	77€	[m²]	⏱ 0,17 h/m²	036.000.023

▶ min
▷ von
ø Mittel
◁ bis
◀ max

24 Bodenbelag, PVC, Schaumstoff, 4,0 bis 4,5mm KG **353**

Bodenbelag aus Polyvinylchlorid (PVC)-Bahnen, mit Trägerschicht aus Schaumstoff, stuhlrollengeeignet, permanent antistatisch, für gewerblichen Anwendungsbereich. Herstellen von Durchdringungen, elektrisch leitende Verklebung und Metallnetz nach gesonderter Position.
Belagdicke: 4,0 bis 4,5 mm
Nutzschichtdicke: ..... mm
Bahnenbreite: ..... cm
Untergrund: fertig gespachtelt
Beanspruchungsklasse: **33 / 43**
Trittschallverbesserung: mind. ..... dB
Brandverhalten: Bfl-s1
Eignung Stuhlrollen: Typ W
Eignung Fußbodenheizung: ja
Rutschhemmung: R .....
Oberfläche/Dekor: .....
Farbe: ....
Lichtechtheit: .....
Emissionen: .....
Einbauort: .....
Angeb. Fabrikat: .....

►	▷	ø netto €	◁	◄	[Einheit]	Ausf.-Dauer	Positionsnummer
37€	51€	**59€**	68€	83€	[m2]	⏱ 0,20h/m2	036.000.075

25 PVC-Bahnen verschweißen KG **353**

Belagsnähte des PVC-Belags fräsen und thermisch verschweißen, mittels Schweißschnur.
Nahtbreite: 4 mm
Farbe: .....

►	▷	ø netto €	◁	◄	[Einheit]	Ausf.-Dauer	Positionsnummer
1€	2€	**3€**	3€	4€	[m2]	⏱ 0,03h/m2	036.000.024

Kosten:
Stand 1. Quartal 2026
Bundesdurchschnitt

► min
▷ von
ø Mittel
◁ bis
◄ max

Nr. **Kurztext** / Langtext Kostengruppe
► ▷ **ø netto €** ◁ ◄ [Einheit] Ausf.-Dauer Positionsnummer

26 **Bodenbelag, Kautschuk, 2,0mm** KG **353**

Bodenbelag aus Kautschuk in Bahnen, für gewerblichen Anwendungsbereich mit sehr starker Beanspruchung, vollflächig geklebt.
Untergrund: fertig gespachtelt
Bahnenbreite: ..... cm
Beanspruchungsklasse: 34
Aufladungsspannung: max. 2 kV (antistatisch)
Trittschallverbesserung: 4 bis 6 dB
Brandverhalten. CFL-s1
Eignung: Stuhlrollen, Typ W
Eignung Fußbodenheizung: ja
Rutschhemmung: R9
Nutzschicht: homogen
Oberfläche/Dekor: granulatgemustert, strukturiert
Farbe: .....
Lichtechtheit: .....
Verklebung: Dispersionskleber D.....
Emissionen: .....
Einbauort: .....
Angeb. Fabrikat: .....
Belagdicke: 2,0 mm

45€ 62€ **68€** 73€ 86€ [m2] ⏱ 0,18 h/m2 036.000.061

27 **Bodenbelag, Kautschukplatten, bis 3,2mm** KG **353**

Bodenbelag aus Kautschuk-Platten, für gewerblichen Anwendungsbereich mit sehr starker Beanspruchung, stuhlrollengeeignet, UV-beständig, permanent antistatisch, zigarettenglutbeständig, vollflächig geklebt.
Untergrund: fertig gespachtelt
Materialstärke: 2,7-3,2 mm
Plattenformat: 100 x 100 cm
Beanspruchungsklasse: 34
Aufladungsspannung: max. 2 kV (antistatisch)
Trittschallverbesserung: bis 12 dB
Brandverhalten: BfL-s1
Eignung: Stuhlrollen, Typ W
Eignung Fußbodenheizung: ja
Rutschhemmung: R10
Nutzschicht: homogen
Oberfläche/Dekor: Noppen, 0,5mm, verlegt im Fugenschnitt
Farbe: .....
Lichtechtheit: .....
Verklebung: .....
Emissionen: .....
Einbauort: .....
Angeb. Fabrikat: .....

63€ 78€ **83€** 98€ 125€ [m2] ⏱ 0,20 h/m2 036.000.025

28 Bodenbelag, Naturkorkparkett, 12mm — KG **353**

Bodenbelag aus mehrschichtigem Naturkork-Fertigparkett, aus Kork-HDF-Kork-Verbundplatte, für privaten Anwendungsbereich mit intensiver Beanspruchung, ohne Verklebung.
Untergrund: fertig gespachtelt
Materialstärken: 3,0-6,0-3,0 (mm)
Plattenformat: ..... x ..... cm
Beanspruchungsklasse: 23
Aufladungsspannung: max. 2 kV (antistatisch)
Trittschallverbesserung: bis 17 dB
Brandverhalten: EfL-s1
Eignung: Stuhlrollen, Typ W
Rutschhemmung: R9
Nutzschicht: homogen
Muster/Farbe/Korkart: .....
Oberfläche: Acryllack-Beschichtung
Verbindung: mechanisch verriegelt
Emissionen: EC1
Einbauort: .....
Angeb. Fabrikat: .....

45€ 58€ **67€** 72€ 88€ [m²] ⏱ 0,24h/m² 036.000.026

29 Bodenbelag, Laminat, schwimmend, 7,2mm — KG **353**

Bodenbelag aus mehrschichtigem Laminat, HDF-Trägerplatte, für Wohnbereich mit starker Beanspruchung, ohne Verklebung.
Untergrund: fertig gespachtelt
Materialstärken: 7,2 mm
Plattenformat: ..... cm
Beanspruchungsklasse: 23
Trittschallverbesserung: bis ..... dB
Brandverhalten: Dfl-s1
Eignung: Stuhlrollen, Typ W
Eignung Fußbodenheizung: ja
Rutschhemmung: R9
Nutzschicht: homogen
Muster/Farbe/Dekor: .....
Oberfläche: Melaminharzbeschichtung
Lichtechtheit: .....
Verbindung: mechanisch verriegelt
Emissionen: .....
Einbauort: .....
Angeb. Fabrikat: .....

36€ 44€ **50€** 56€ 65€ [m²] ⏱ 0,30h/m² 036.000.063

Nr.	Kurztext / Langtext						Kostengruppe
▶	▷	ø netto €	◁	◀	[Einheit]	Ausf.-Dauer	Positionsnummer

30 Bodenbelag, Laminat, schwimmend 8,3mm KG **353**

Bodenbelag aus mehrschichtigem Laminat, HDF-Trägerplatte, für gewerblichen Anwendungsbereich mit mäßiger Beanspruchung, ohne Verklebung.
Untergrund: fertig gespachtelt
Materialstärken: 8,3 mm
Plattenformat: ..... cm
Beanspruchungsklasse: 31
Trittschallverbesserung: bis ..... dB
Brandverhalten: Dfl-s1
Eignung: Stuhlrollen, Typ W
Eignung Fußbodenheizung: ja
Rutschhemmung: R9
Nutzschicht: homogen
Muster/Farbe/Dekor: .....
Oberfläche: Melaminharzbeschichtung
Lichtechtheit: .....
Verbindung: mechanisch verriegelt
Emissionen: .....
Einbauort: .....
Angeb. Fabrikat: .....

▶	▷	ø	◁	◀	[Einheit]	Ausf.-Dauer	Positionsnummer
39€	52€	**53€**	58€	70€	[m²]	⏱ 0,30h/m²	036.000.064

31 Bodenbeläge verlegen KG **353**

Bauseitig gestellten Bodenbelag verlegen.
Befestigung: verkleben
Untergrund: gespachtelter Zementestrich
Bodenbelag: .....

▶	▷	ø	◁	◀	[Einheit]	Ausf.-Dauer	Positionsnummer
15€	19€	**22€**	23€	33€	[m²]	⏱ 0,18h/m²	036.000.046

32 Treppenstufe, elastischer Bodenbelag KG **353**

Elastischer Belag für gerade Treppe.
Belag aus: Trittstufen-, Setzstufenbelag und Kantenprofil
Untergrund: Stahlbeton, grundiert
Belag: .....
Profil: .....
Steigungsverhältnis: 17,5 x 28,0 cm
Stufenbreite: .....
Farbe: .....
Befestigung: verkleben
Angeb. Fabrikat: .....

▶	▷	ø	◁	◀	[Einheit]	Ausf.-Dauer	Positionsnummer
35€	58€	**63€**	65€	110€	[St]	⏱ 0,35h/St	036.000.027

Kosten:
Stand 1. Quartal 2026
Bundesdurchschnitt

▶ min
▷ von
ø Mittel
◁ bis
◀ max

33 Treppenstufe, textiler Belag — KG **353**

Textiler Belag für gerade Treppe.
Belag aus: Trittstufenbelag und Kantenprofil
Untergrund: Stahlbeton, grundiert
Belag: .....
Beanspruchungsklasse: .....
Profil: .....
Steigungsverhältnis: 17,5 x 28,0 cm
Stufenbreite: .....
Farbe: .....
Befestigung: verkleben
Angeb. Fabrikat: .....

▶	▷	ø netto €	◁	◀	[Einheit]	Ausf.-Dauer	Positionsnummer
33€	47€	**54€**	61€	82€	[St]	⏱ 0,35h/St	036.000.028

34 Treppenstufe, Laminat — KG **353**

Belag für gerade Treppe aus Laminat.
Belag aus: Trittstufenbelag und Kantenprofil
Untergrund: Stahlbeton, grundiert
Belag: Laminat
Profil: .....
Belagdicke: .....
Kantenschutz: .....
Steigungsverhältnis: 17,5 x 28,0 cm
Stufenbreite: .....
Farbe: .....
Befestigung: verkleben
Angeb. Fabrikat: .....

▶	▷	ø netto €	◁	◀	[Einheit]	Ausf.-Dauer	Positionsnummer
–	35€	**41€**	44€	–	[St]	⏱ 0,25h/St	036.000.065

A 2 Treppenkante, Kunststoffprofil — Beschreibung für Pos. **35-37**

Kantenprofil für Trittstufe.
Untergrund: .....
Profil: Längsrillen, Schenkellänge bis 45 mm
Belagsdicke: .....
Stufenbreite: .....
Farbe: .....
Befestigung: verkleben

35 Treppenkante, Kunststoffprofil — KG **353**

Wie Ausführungsbeschreibung A 2
Material: Kunststoff

▶	▷	ø netto €	◁	◀	[Einheit]	Ausf.-Dauer	Positionsnummer
17€	23€	**25€**	29€	35€	[m]	⏱ 0,15h/m	036.000.029

36 Treppenkante, Aluminiumprofil — KG **353**

Wie Ausführungsbeschreibung A 2
Material: Aluminium

▶	▷	ø netto €	◁	◀	[Einheit]	Ausf.-Dauer	Positionsnummer
–	26€	**33€**	41€	–	[m]	⏱ 0,19h/m	036.000.066

Kosten:
Stand 1.Quartal 2026
Bundesdurchschnitt

Nr.	Kurztext / Langtext						Kostengruppe
▶	▷	ø netto €	◁	◀	[Einheit]	Ausf.-Dauer	Positionsnummer

37 Treppenkante, Messingprofil — KG **353**

Wie Ausführungsbeschreibung A 2
Material: Messing

33€	46€	**52€**	65€	75€	[m]	⏱ 0,19h/m	036.000.076

38 Fußabstreifer, Reinstreifen — KG **324**

Fußabstreiferanlage aus Rahmen und Gliedermatte eingelegt in Metallrahmen; mit Reinstreifen, aufrollbar, geräuschdämmend und quer unterspülbar, Einbau einschl. Nivellieren auf OK Fertigfußboden und aller notwendigen Befestigungsmittel.
Einsatzbereich: .....
Belastung: normale bis starke Lauffrequentierung, Rollstuhleignung
Untergrund: .....
Rahmenmaterial: .....
Anlagengröße: .....
Anlagenhöhe: .....
Trägermaterial: Aluminium
Profil: profiliertes Gummiprofil
Stegabstand: .....
Angeb. Fabrikat: .....

714€	1.287€	**1.570€**	1.765€	2.443€	[St]	⏱ 0,15h/St	036.000.030

39 Fußabstreifer, Kokosfasermatte — KG **324**

Fußabstreifer aus Kokos, Rücken PVC-kaschiert, in bauseitige Aussparung im Fußboden.
Abmessung: .....
Materialstärke: .....
Angeb. Fabrikat: .....

149€	238€	**243€**	261€	328€	[m²]	⏱ 0,10h/m²	036.000.043

40 Rohrdurchführung anarbeiten, Bodenbelag — KG **353**

Oberbelag an Rohrdurchführung anarbeiten.
Oberbelag: .....
Dicke: .....
Durchführung: rund
Durchmesser: 42 mm

4€	6€	**6€**	7€	9€	[St]	⏱ 0,05h/St	036.000.031

41 Bodenbelag anarbeiten, Stützen — KG **353**

Oberbelag an Stützen anarbeiten.
Oberbelag: .....
Dicke: .....
Stützenquerschnitt: .....

–	8€	**13€**	17€	–	[St]	⏱ 0,08h/St	036.000.067

▶ min
▷ von
ø Mittel
◁ bis
◀ max

Nr.	Kurztext / Langtext						Kostengruppe
▶	▷	**ø netto €**	◁	◀	[Einheit]	Ausf.-Dauer	Positionsnummer

42 Trennschiene, Aluminium KG **353**

Aluminium-Trennschiene in Bodenbelag.
Bodenbelag: .....
Profilgröße: .....
Einbauort: .....
Angeb. Fabrikat: .....

14€	16€	**17€**	18€	20€	[m]	⏱ 0,08h/m	036.000.078

43 Trennschiene, nichtrostender Stahl KG **353**

Trennschiene aus nichtrostendem Stahl in Bodenbelag.
Bodenbelag: .....
Profilgröße: .....
Einbauort: .....
Angeb. Fabrikat: .....

21€	24€	**24€**	26€	31€	[m]	⏱ 0,08h/m	036.000.079

44 Übergangsprofil, Aluminium KG **353**

Befestigen mit Dübeln und Schrauben.
Material: Aluminium
Breite: .....

12€	17€	**20€**	21€	25€	[m]	⏱ 0,15h/m	036.000.048

45 Dehnfugenprofil, Aluminium KG **353**

Bewegungsfugenprofil aus L-Profil, in Belaghöhe auf bauseitigen Estrich montieren, Bodenbelag oberflächenbündig anarbeiten.
Bodenbelag: .....
Einbauort: .....
Profilgröße: .....
Material: Aluminium
Oberfläche: .....
Angeb. Fabrikat: .....

22€	36€	**42€**	53€	75€	[m]	⏱ 0,20h/m	036.000.033

46 Verfugung, elastisch, Silikon KG **353**

Elastische Verfugung mit Einkomponenten-Dichtstoff auf Silikonbasis, Fuge glatt gestrichen, inkl. notwendiger Flankenvorbehandlung an den Anschlussflächen und Hinterlegen der Fugenhohlräume mit geeignetem Hinterstopfmaterial.

4€	6€	**6€**	8€	12€	[m]	⏱ 0,04h/m	036.000.034

47 Sockelausbildung, Holzleiste KG **353**

Sockelleisten an aufgehenden Wandflächen, mit Holz-Profil, Stöße und Stirnseiten schräg abgeschnitten und Schnittkanten sauber geschliffen, Ecken mit Gehrungsschnitten.
Material: .....
Profil: ca. 60 x 16 mm
Oberfläche: stoßfest farblos lackiert
Befestigung: verdübelt, mit nichtrostenden Senkkopf-Schrauben

10€	13€	**15€**	19€	28€	[m]	⏱ 0,08h/m	036.000.035

Kosten:
Stand 1. Quartal 2026
Bundesdurchschnitt

Nr.	**Kurztext** / Langtext						Kostengruppe
▶	▷	**ø netto €**	◁	◀	[Einheit]	Ausf.-Dauer	Positionsnummer

48 Sockelausbildung, textiler Belag KG **353**

Sockelleisten an aufgehenden Wandflächen, für textilen Belag, Ecken mit Gehrungsschnitten.
Material: PVC
Leistenhöhe: ca. 60 mm
Belag: .....
Farbe: .....
Befestigung: verdübelt, mit nichtrostenden Senkkopf-Schrauben

5€	7€	**8€**	11€	17€	[m]	⏱ 0,04 h/m	036.000.036

49 Sockelausbildung, Sporthalle KG **353**

Sportboden-Sockelleiste, senkrecht, hinterlüftet, aus Hartholz mit Dichtungslippe.
Holz: .....
Breite: über 25 bis 30 mm
Höhe: über 60 bis 80 mm
Oberfläche: transparent beschichtet
Befestigung: Schrauben, Dübel

–	63€	**75€**	96€	–	[m]	⏱ 0,10 h/m	036.000.037

50 Sockelausbildung, PVC KG **353**

Sockelleisten an aufgehenden Wandflächen aus PVC, inkl. Verschweißen der Übergänge und Stöße, Ecken mit Gehrungsschnitten.
Material: PVC, hart
Leistenhöhe: ca. 60 mm
Belag: .....
Farbe: .....
Befestigung: verdübelt, mit nichtrostenden Senkkopf-Schrauben

5€	7€	**7€**	9€	12€	[m]	⏱ 0,04 h/m	036.000.038

51 Sockelausbildung, Lino-/Kautschuk KG **353**

Sockelleisten an aufgehenden Wandflächen aus Linoleum, inkl. Verschweißen der Übergänge und Stöße, Ecken mit Gehrungsschnitten.
Material: Linoleum
Leistenhöhe: ca. 60 mm
Belag: .....
Farbe: .....
Befestigung: verdübelt, mit nichtrostenden Senkkopf-Schrauben

9€	13€	**15€**	22€	34€	[m]	⏱ 0,08 h/m	036.000.039

52 Sockelausbildung, Aluminiumprofil KG **324**

Sockelleisten an aufgehenden Wandflächen aus Linoleum, inkl. Verschweißen der Übergänge und Stöße, Ecken mit Gehrungsschnitten.
Material: Aluminium
Profilhöhe: 70 mm
Farbe/Oberfläche: eloxiert, natur, gebürstet
Befestigung: verdübelt, mit nichtrostenden Senkkopf-Schrauben

16€	20€	**23€**	28€	33€	[m]	⏱ 0,08 h/m	036.000.080

▶ min
▷ von
ø Mittel
◁ bis
◀ max

Nr.	Kurztext / Langtext						Kostengruppe
►	▷	ø netto €	◁	◄	[Einheit]	Ausf.-Dauer	Positionsnummer

53 Erstpflege, Bodenbelag KG **324**

Erstpflege des Oberbelags, mit Pflegemitteln abgestimmt auf benötigte Oberflächeneigenschaften. Arbeiten innerhalb einer Woche nach Aufforderung durch die Bauleitung des Architekten ausführen.

1€ | 3€ | **4€** | 7€ | 13€ | [m²] | ⏱ 0,02 h/m² | 036.000.040

54 Schutzabdeckung, Bodenbelag, Hartfaserplatte KG **397**

Bodenbelag mit Hartfaserplatten zum Schutz vor mechanischen Beschädigungen für nachfolgende Arbeiten vollflächig abdecken und abkleben, inkl. Entfernen und Entsorgen nach Abschluss der Arbeiten.

6€ | 7€ | **8€** | 9€ | 10€ | [m²] | ⏱ 0,10 h/m² | 036.000.041

55 Schutzabdeckung, Kunststofffolie KG **397**

Bodenbelag mit fester Kunststofffolie zum Schutz vor Verschmutzung für nachfolgende Arbeiten vollflächig abdecken und Stöße verkleben, inkl. Entfernen und Entsorgen nach Abschluss der Arbeiten.
Folie: PE-Folie, 0,5 mm

3€ | 4€ | **4€** | 4€ | 5€ | [m²] | ⏱ 0,03 h/m² | 036.000.049

56 Stundensatz, Facharbeiter/-in

Stundenlohnarbeiten für Facharbeiter/-in, Spezialfacharbeiter/-in, Vorarbeiter/-in und jeweils Gleichgestellte. Verrechnungssatz für die jeweilige Arbeitskraft inkl. aller Aufwendungen wie Lohn- und Gehaltskosten, Lohn- und Gehaltsnebenkosten, Zuschläge, lohngebundene und lohnabhängige Kosten, sonstige Sozialkosten, Gemeinkosten, Wagnis und Gewinn. Leistung nach besonderer Anordnung der Bauüberwachung. Nachweis und Anmeldung gem. VOB/B.

61€ | 72€ | **75€** | 77€ | 86€ | [h] | ⏱ 1,00 h/h | 036.000.050

57 Stundensatz, Helfer/-in

Stundenlohnarbeiten für Werker/-in, Fachwerker/-in und jeweils Gleichgestellte. Leistung nach besonderer Anordnung der Bauüberwachung. Verrechnungssatz für die jeweilige Arbeitskraft inkl. aller Aufwendungen wie Lohn- und Gehaltskosten, Lohn- und Gehaltsnebenkosten, Zuschläge, lohngebundene und lohnabhängige Kosten, sonstige Sozialkosten, Gemeinkosten, Wagnis und Gewinn. Nachweis und Anmeldung gem. VOB/B.

54€ | 60€ | **61€** | 64€ | 69€ | [h] | ⏱ 1,00 h/h | 036.000.051

037

Kosten:
Stand 1. Quartal 2026
Bundesdurchschnitt

► min
▷ von
ø Mittel
◁ bis
◄ max

Tapezierarbeiten **Preise €**

Nr.	Positionen	Einheit	►	▷	ø brutto € / ø netto €	◁	◄
1	Schutzabdeckung, Inneneinrichtung	m²	2	3	**3**	5	6
			2	3	**3**	4	5
2	Schutzabdeckung, Boden, Hartfaserplatte	m²	2	6	**8**	9	11
			2	5	**7**	7	9
3	Schutzabdeckung, Boden, Vlies	m²	2	4	**4**	5	6
			2	3	**4**	4	5
4	Schutzabdeckung, Boden, Pappe	m²	3	5	**5**	6	9
			3	4	**4**	5	8
5	Gipsplattenflächen vorbehandeln, spachteln/grundieren	m²	1,0	1,9	**2,0**	2,6	3,6
			0,8	1,6	**1,7**	2,2	3,1
6	Vorbehandlung Untergrund, Fluat	m²	1	3	**4**	5	8
			1,0	2,6	**3,5**	4,1	6,4
7	Grundbeschichtung, Gipsplattenflächen	m²	0,8	2,4	**3,2**	6,1	9,7
			0,6	2,0	**2,7**	5,1	8,2
8	Raufasertapete, fein/weiß, Decke	m²	6	8	**9**	11	15
			5	7	**8**	9	12
9	Raufasertapete, grob/weiß, Decke	m²	7	10	**11**	14	18
			6	8	**9**	12	15
10	Raufasertapete, fein/weiß, Wand	m²	6	9	**10**	14	20
			5	7	**9**	11	17
11	Raufasertapete, grob/weiß, Wand	m²	6	9	**11**	14	21
			5	8	**9**	12	17
12	Raufasertapete, Dispersion	m²	11	13	**14**	17	22
			9	11	**12**	14	18
13	Glasgewebe, fein, Wand	m²	8	12	**14**	15	18
			7	10	**12**	13	15
14	Glasgewebe, grob, Wand	m²	9	14	**16**	18	21
			8	12	**13**	15	18
15	Glasgewebe, fein, Decke	m²	10	15	**17**	18	22
			9	12	**15**	15	19
16	Glasgewebe, grob, Decke	m²	10	14	**17**	19	22
			8	12	**14**	16	19
17	Glasgewebe, Dispersion	m²	17	22	**25**	28	36
			14	19	**21**	24	30
18	Prägetapete, Wand	m²	18	26	**31**	39	49
			15	22	**26**	33	41
19	Fugenabdichtung, Acryl, anstrichverträglich	m	2	4	**4**	7	10
			2	3	**4**	6	9

Nr.	Kurztext / Langtext						Kostengruppe
▶	▷	ø netto €	◁	◀	[Einheit]	Ausf.-Dauer	Positionsnummer

1 Schutzabdeckung, Inneneinrichtung KG **397**

Schutzabdeckung von Einrichtungsgegenständen, für Tapezierarbeiten, inkl. vorhalten, wieder entfernen und entsorgen, Ränder überlappt und staubdicht verschlossen durch Abkleben.
Material: Folie
Dicke: 0,3 mm
Arbeitshöhe: .....

2€ | 3€ | **3€** | 4€ | 5€ | [m2] | ⏱ 0,05 h/m2 | 037.000.013

2 Schutzabdeckung, Boden, Hartfaserplatte KG **397**

Schutzabdeckung von Böden liefern, herstellen, vorhalten, wieder entfernen und entsorgen, Ränder überlappt und staubdicht verschlossen durch Abkleben.
Abdeckung: Hartfaserplatte
Dicke: 5 mm

2€ | 5€ | **7€** | 7€ | 9€ | [m2] | ⏱ 0,12 h/m2 | 037.000.014

A 1 Schutzabdeckung, Boden Beschreibung für Pos. **3-4**

Schutzabdeckung von Böden, für Tapezierarbeiten, inkl. vorhalten, wieder entfernen und entsorgen, Ränder überlappt und staubdicht verschlossen durch Abkleben.

3 Schutzabdeckung, Boden, Vlies KG **397**

Wie Ausführungsbeschreibung A 1
Abdeckung: Vlies
Masse: 200 g/m2
Vorhaltedauer: 4 Wochen

2€ | 3€ | **4€** | 4€ | 5€ | [m2] | ⏱ 0,04 h/m2 | 037.000.052

4 Schutzabdeckung, Boden, Pappe KG **397**

Wie Ausführungsbeschreibung A 1
Abdeckung: Pappe
Vorhaltedauer: 4 Wochen

3€ | 4€ | **4€** | 5€ | 8€ | [m2] | ⏱ 0,04 h/m2 | 037.000.031

5 Gipsplattenflächen vorbehandeln, spachteln/grundieren KG **345**

Wand- und Deckenflächen aus Gipsplatten spachteln, schleifen und grundieren, als Untergrundvorbehandlung für die Tapezierung.
Oberflächenqualität: .....
Grundierungsstoff: .....
Arbeitshöhe: .....

0,8€ | 1,6€ | **1,7€** | 2,2€ | 3,1€ | [m2] | ⏱ 0,02 h/m2 | 037.000.033

6 Vorbehandlung Untergrund, Fluat KG **345**

Unterlage für Wandbespannung vorbereiten, Neutralisieren mit Fluat.
Untergrund: Putzflächen, pH-Wert >8
Raumhöhe: .....
Angeb. Fabrikat: .....

1,0€ | 2,6€ | **3,5€** | 4,1€ | 6,4€ | [m2] | ⏱ 0,01 h/m2 | 037.000.043

Kosten:
Stand 1. Quartal 2026
Bundesdurchschnitt

Nr.	Kurztext / Langtext						Kostengruppe
▶	▷	ø netto €	◁	◀	[Einheit]	Ausf.-Dauer	Positionsnummer

7 Grundbeschichtung, Gipsplattenflächen KG **345**

Wand- und Deckenflächen aus Gipsplatten vorbereiten und grundieren.
Einbauort: .....
Raumhöhe: 3,00m
Oberbelag: **Malervlies / .....**

▶	▷	ø	◁	◀	Einheit	Ausf.-Dauer	Positionsnummer
0,6€	2,0€	**2,7€**	5,1€	8,2€	[m²]	0,04 h/m²	037.000.050

8 Raufasertapete, fein/weiß, Decke KG **345**

Raufasertapete, aus Papierlagen mit strukturbildenden Holzspänen, auf vorbereitete Flächen auf Stoß kleben, zur nachfolgenden Beschichtung mit Dispersionsfarbe.
Einbauort: Decke
Wandhöhe: .....
Untergrund: .....
Struktur: RF - gem. BFS-Info 05-01
Arbeitshöhe: .....

▶	▷	ø	◁	◀	Einheit	Ausf.-Dauer	Positionsnummer
5€	7€	**8€**	9€	12€	[m²]	0,12 h/m²	037.000.035

9 Raufasertapete, grob/weiß, Decke KG **345**

Raufasertapete, aus Papierlagen mit strukturbildenden Holzspänen, auf vorbereitete Flächen auf Stoß kleben, zur nachfolgenden Beschichtung mit Dispersionsfarbe.
Einbauort: Decke
Wandhöhe: .....
Untergrund: .....
Struktur: RG - gem. BFS-Info 05-01
Arbeitshöhe: .....

▶	▷	ø	◁	◀	Einheit	Ausf.-Dauer	Positionsnummer
6€	8€	**9€**	12€	15€	[m²]	0,12 h/m²	037.000.036

10 Raufasertapete, fein/weiß, Wand KG **345**

Raufasertapete, aus Papierlagen mit strukturbildenden Holzspänen, auf vorbereitete Flächen auf Stoß kleben, zur nachfolgenden Beschichtung mit Dispersionsfarbe.
Einbauort: Wand
Raumhöhe: .....
Untergrund: .....
Struktur: RF - gem. BFS-Info 05-01
Arbeitshöhe: .....

▶	▷	ø	◁	◀	Einheit	Ausf.-Dauer	Positionsnummer
5€	7€	**9€**	11€	17€	[m²]	0,12 h/m²	037.000.037

11 Raufasertapete, grob/weiß, Wand KG **345**

Raufasertapete, aus Papierlagen mit strukturbildenden Holzspänen, auf vorbereitete Flächen auf Stoß kleben, zur nachfolgenden Beschichtung mit Dispersionsfarbe.
Einbauort: Wand
Raumhöhe: .....
Untergrund: .....
Struktur: RG - gem. BFS-Info 05-01
Arbeitshöhe: .....

▶	▷	ø	◁	◀	Einheit	Ausf.-Dauer	Positionsnummer
5€	8€	**9€**	12€	17€	[m²]	0,12 h/m²	037.000.038

▶ min
▷ von
ø Mittel
◁ bis
◀ max

12 Raufasertapete, Dispersion KG **345**

Raufasertapete und nachfolgende Dispersions-Beschichtung, auf Wand- oder Deckenflächen, einschl. Grundierung, Raufasertapete auf Stoß kleben.
Untergrund: .....
Material: Raufaser aus Papierlagen
Struktur: Holzspan
Oberfläche: **fein / mittel / grob**
Körnung: .....
Dispersionsfarbe: lösemittel- und weichmacherfrei
Nassabriebklasse: R-Klasse **3 / 2**
Beschichtungsgänge: **einmal / zweimal**
Farbe: **weiß / farbig**
Farbcode: **RAL / NCS**
Glanzgrad: **glänzend / mittlerer Glanz / matt / stumpfmatt**
Arbeitshöhe: 2,75 m

▶	▷	ø netto €	◁	◀	[Einheit]	Ausf.-Dauer	Positionsnummer
9€	11€	**12€**	14€	18€	[m²]	⏱ 0,24h/m²	037.000.006

13 Glasgewebe, fein, Wand KG **345**

Glasgewebe auf vorbereitete Flächen auf Stoß kleben, zur nachfolgenden Beschichtung mit Dispersionsfarbe.
Einbauort: Wand
Raumhöhe: .....
Material: .....
Belag: Glasgewebe
Untergrund: .....
Oberfläche: fein
Arbeitshöhe: .....

▶	▷	ø netto €	◁	◀	[Einheit]	Ausf.-Dauer	Positionsnummer
7€	10€	**12€**	13€	15€	[m²]	⏱ 0,14h/m²	037.000.039

14 Glasgewebe, grob, Wand KG **345**

Glasgewebe auf vorbereitete Flächen auf Stoß kleben, zur nachfolgenden Beschichtung mit Dispersionsfarbe.
Einbauort: Wand
Raumhöhe: .....
Material: .....
Belag: Glasgewebe
Untergrund: .....
Oberfläche: grob
Arbeitshöhe: .....

▶	▷	ø netto €	◁	◀	[Einheit]	Ausf.-Dauer	Positionsnummer
8€	12€	**13€**	15€	18€	[m²]	⏱ 0,14h/m²	037.000.040

Nr.	Kurztext / Langtext						Kostengruppe
▶	▷	ø netto €	◁	◀	[Einheit]	Ausf.-Dauer	Positionsnummer

15 Glasgewebe, fein, Decke KG **354**

Glasgewebe auf vorbereitete Flächen auf Stoß kleben, zur nachfolgenden Beschichtung mit Dispersionsfarbe.
Einbauort: Decke
Raumhöhe: .....
Material: .....
Belag: Glasgewebe
Untergrund: .....
Oberfläche: fein
Arbeitshöhe: .....

▶	▷	ø	◁	◀	Einheit	Ausf.-Dauer	Positionsnummer
9€	12€	**15€**	15€	19€	[m²]	⏱ 0,14h/m²	037.000.041

Kosten:
Stand 1.Quartal 2026
Bundesdurchschnitt

16 Glasgewebe, grob, Decke KG **354**

Glasgewebe auf vorbereitete Flächen auf Stoß kleben, zur nachfolgenden Beschichtung mit Dispersionsfarbe.
Einbauort: Decke
Raumhöhe: .....
Material: .....
Belag: Glasgewebe
Untergrund: .....
Oberfläche: grob
Arbeitshöhe: .....

▶	▷	ø	◁	◀	Einheit	Ausf.-Dauer	Positionsnummer
8€	12€	**14€**	16€	19€	[m²]	⏱ 0,14h/m²	037.000.042

17 Glasgewebe, Dispersion KG **345**

Glasgewebe und nachfolgende Dispersions-Beschichtung, auf Wand- oder Deckenflächen, einschl. Grundierung, Glasgewebe auf Stoß kleben.
Untergrund: .....
Bauteil: .....
Material: .....
Oberfläche: **fein / mittel / grob**
Struktur: .....
Dispersionsfarbe: lösemittel- und weichmacherfrei
Nassabriebklasse: R-Klasse **3 / 2**
Beschichtungsgänge: **einmal / zweimal**
Farbe: **weiß / farbig**
Farbcode: **RAL / NCS**
Glanzgrad: **glänzend / mittlerer Glanz / matt / stumpfmatt**
Raumhöhe: .....
Arbeitshöhe: .....

▶	▷	ø	◁	◀	Einheit	Ausf.-Dauer	Positionsnummer
14€	19€	**21€**	24€	30€	[m²]	⏱ 0,20h/m²	037.000.009

▶ min
▷ von
ø Mittel
◁ bis
◀ max

18 Prägetapete, Wand KG **345**

Prägetapete, auf vorbereitete Flächen auf Stoß kleben, zur nachfolgenden Beschichtung mit Dispersionsfarbe.
Einbauort: Wände
Raumhöhe: .....
Untergrund: .....
Material: .....
Art, Form: Prägetapete, gem. beiliegendem Muster / Hersteller-Nr. .....
Ansatz: **ansatzfrei / gerade / versetzt / gestürzt / horizontal**
Rapport: .....
Rollenbreite: **53 / .....**
Verarbeitung: **Kleistertechnik / Wandklebetechnik / Vorkleisterung**
Entfernung: **restlos abziehbar / spaltbar abziehbar / nass**
Arbeitshöhe: .....

15€ 22€ **26€** 33€ 41€ [m2] ⏱ 0,15h/m2 037.000.017

19 Fugenabdichtung, Acryl, anstrichverträglich KG **345**

Verfugung mit anstrichverträglichem Ein-Komponenten-Dichtstoff auf Acryldispersionsbasis, inkl. notwendiger Flankenvorbehandlung an den Anschlussflächen und Hinterlegen der Fugenhohlräume mit Hinterfüllmaterial, Fuge geglättet.
Untergrund: **Putz / Gipsplattenflächen**
Farbton: weiß
Fugenbreite: bis .....
Arbeitshöhe: .....

2€ 3€ **4€** 6€ 9€ [m] ⏱ 0,10h/m 037.000.012

Kosten:
Stand 1. Quartal 2026
Bundesdurchschnitt

► min
▷ von
ø Mittel
◁ bis
◄ max

Nr.	Positionen	Einheit	►	▷	ø brutto € / ø netto €	◁	◄
1	Unterkonstruktion, Holzlattung	m²	9	14	**15**	17	22
			8	11	**13**	15	18
2	Unterkonstruktion, Holz, zweilagig, 30x50mm	m²	13	22	**25**	32	45
			11	19	**21**	27	38
3	Unterkonstruktion, Holz, 2x80/40mm	m²	45	52	**54**	60	71
			38	44	**45**	51	60
4	Unterkonstruktion, Rauspund	m²	36	45	**49**	53	76
			30	38	**41**	44	64
5	Unterkonstruktion, Aluminium, VHF	m²	74	91	**100**	130	188
			62	76	**84**	109	158
6	Fassadendämmung, MW 035, 120mm, kaschiert	m²	29	38	**41**	47	62
			24	32	**34**	39	52
7	Fassadendämmung, MW 035, 160mm, kaschiert	m²	33	48	**55**	66	87
			28	40	**46**	56	73
8	Fassadendämmung, Brandbarriere	m²	34	39	**41**	49	56
			29	33	**35**	41	47
9	Winddichtung, Polyestervlies	m²	11	15	**17**	19	21
			10	13	**14**	16	18
10	Fassadenbekleidung, Holz, Fasenbretter, Feder	m²	119	137	**147**	167	204
			100	115	**124**	140	172
11	Fassadenbekleidung, Holz, Boden-Deckelschalung	m²	131	153	**164**	177	201
			110	128	**138**	149	169
12	Fassadenbekleidung, Holz, Stülpschalung	m²	104	124	**131**	150	178
			88	104	**110**	126	150
13	Fassadenbekleidung, HPL-Platte	m²	217	244	**256**	262	285
			182	205	**215**	221	240
14	Fassadenbekleidung, Harzkompositplatten	m²	280	292	**329**	370	471
			235	246	**276**	311	396
15	Fassadenbekleidung, zementgebundene Spanplatte	m²	189	208	**231**	265	307
			159	175	**194**	223	258
16	Fassadenbekleidung, Faserzementplatten	m²	89	98	**106**	125	143
			75	82	**89**	105	120
17	Fassadenbekleidung, Faserzement-Tafeln	m²	193	216	**228**	244	280
			162	182	**191**	205	236
18	Fassadenbekleidung, Faserzement-Stülpdeckung	m²	175	201	**211**	219	239
			147	169	**177**	184	201
19	Fassadenbekleidung, Metall, Bandblech	m²	98	138	**152**	161	195
			82	116	**128**	135	164
20	Fassadenbekleidung, Metall, Wellblech	m²	79	95	**101**	105	115
			66	80	**85**	88	97
21	Fassadenbekleidung, Aluminiumverbundplatten	m²	218	281	**316**	405	552
			183	236	**266**	340	464
22	Fassadenbekleidung, Schindeln	m²	125	170	**209**	221	247
			105	143	**175**	186	208
23	Fassadenbekleidung, Ziegelplatten	m²	160	243	**275**	291	332
			135	204	**231**	245	279
24	Fensterbank, Aluminium, außen	m	43	73	**84**	91	107
			37	61	**70**	77	90

Nr.	Positionen	Einheit	►	▷	ø brutto € / ø netto €	◁	◄
25	Laibungsbekleidung, Fenster/Tür	m	43	65	**72**	80	107
			36	55	**60**	67	90
26	Außeneck, Aluprofil	m	17	44	**59**	73	97
			15	37	**50**	62	82
27	Attikaabdeckung, Aluminiumblech	m	55	119	**155**	187	266
			46	100	**130**	157	224
28	Dauergerüstanker, Fassade	St	37	63	**67**	81	104
			31	53	**56**	68	87
29	Stundensatz, Facharbeiter/-in	h	88	97	**101**	104	111
			74	81	**85**	87	93
30	Stundensatz, Helfer/in	h	59	71	**82**	84	91
			49	60	**69**	71	77

Nr. **Kurztext** / Langtext — Kostengruppe

► ▷ **ø netto €** ◁ ◄ [Einheit] Ausf.-Dauer Positionsnummer

1 Unterkonstruktion, Holzlattung KG **335**

Traglattung aus Holzlatten, für vorgehängte, hinterlüftete Fassadenbekleidung, inkl. Befestigungsmittel.
Fassadenbekleidung: .....
Befestigungsgrund: .....
Ebenheit der Bekleidungsfläche DIN 18202: .....
Holzart: Nadelholz
Sortierklasse: S10
Festigkeitsklasse DIN EN 338: **C27 / 24** M
Festigkeitsklasse: .....
Lattenquerschnitt: **30 x 50 / 40 x 60** mm
Lattenabstand: .....
Arbeitshöhe: .....

8€ 11€ **13€** 15€ 18€ [m2] ⏱ 0,12h/m2 038.000.003

2 Unterkonstruktion, Holz, zweilagig, 30x50mm KG **335**

Unterkonstruktion aus senkrechter und waagerechter Lattung, für vorgehängte, hinterlüftete Fassadenbekleidung, inkl. Befestigungsmittel.
Fassadenbekleidung: .....
Befestigungsgrund: .....
Ebenheit der Bekleidungsfläche DIN 18202: .....
Holzart: Nadelholz
Sortierklasse: S10
Festigkeitsklasse DIN EN 338: C27 M
Holzschutz: Gebrauchsklasse .....
Festigkeitsklasse: .....
Lattenquerschnitte: 30 x 50 mm
Lattenabstände: .....
Arbeitshöhe: .....

11€ 19€ **21€** 27€ 38€ [m2] ⏱ 0,16h/m2 038.000.010

Kosten:
Stand 1. Quartal 2026
Bundesdurchschnitt

Nr.	Kurztext / Langtext						Kostengruppe
▶	▷	ø netto €	◁	◀	[Einheit]	Ausf.-Dauer	Positionsnummer

3 Unterkonstruktion, Holz, 2x80/40mm KG **335**

Unterkonstruktion aus senkrechter und waagerechter Lattung, hochkant montiert, für vorgehängte, hinterlüftete Fassadenbekleidung, inkl. Befestigungsmittel.
Fassadenbekleidung: .....
Befestigungsgrund: .....
Ebenheit der Bekleidungsfläche DIN 18202: .....
Holzart: Nadelholz
Sortierklasse: S10
Festigkeitsklasse DIN EN 338: C24 M
Holzschutz: Gebrauchsklasse .....
Festigkeitsklasse: .....
Lattenquerschnitte: 80/40 mm
Lattenabstände: .....
Arbeitshöhe: .....

▶	▷	ø	◁	◀	Einheit	Ausf.-Dauer	Positionsnummer
38€	44€	**45€**	51€	60€	[m²]	⏱ 0,16 h/m²	038.000.054

4 Unterkonstruktion, Rauspund KG **335**

Holzschalung als Unterlage für vorgehängte, hinterlüftete Fassadenbekleidung, aus Rauspund mit chem. Holzschutz, Befestigung entspr. dem Anwendungsfall, geeignet für den Außenbereich.
Holzart: Nadelholz
Brettdicke: 24 mm
Schalung: Rauspund
Holzschutz: Gebrauchsklasse .....
Befestigungsgrund: Holz
Befestigung gem.: **..... / anliegender statischer Bemessung**
Verlegung: **waagerecht / senkrecht**
Arbeitshöhe: .....

▶	▷	ø	◁	◀	Einheit	Ausf.-Dauer	Positionsnummer
30€	38€	**41€**	44€	64€	[m²]	⏱ 0,30 h/m²	038.000.011

5 Unterkonstruktion, Aluminium, VHF KG **335**

Unterkonstruktion aus justierbaren Wandwinkeln und Tragprofilen, für vorgehängte, hinterlüftete Außenwandbekleidung, Befestigung mit Dübeln und Schrauben. Profilarten und -abstände, Abmessungen von Fest- und Gleitpunkten sowie alle Verbindungs- und Verankerungsmittel gem. statischer Berechnung.
Befestigungsgrund: .....
Ebenheit der Bekleidungsfläche DIN 18202: .....
Bekleidung: großformatige Wandtafeln
Verlegung: ......
Befestigung: **verdeckt / sichtbar**
Abstand UK bis VK Bekleidung: .....
Material: Aluminium
Arbeitshöhe: .....

▶	▷	ø	◁	◀	Einheit	Ausf.-Dauer	Positionsnummer
62€	76€	**84€**	109€	158€	[m²]	⏱ 0,24 h/m²	038.000.012

▶ min
▷ von
ø Mittel
◁ bis
◀ max

A 1 Fassadendämmung, Mineralwolle, kaschiert Beschreibung für Pos. **6-7**

Wärmedämmung der vorgehängten, hinterlüfteten Fassade, aus Mineralwolle mit einseitiger, schwarzer Vlieskaschierung, zwischen Unterkonstruktion hinter Bekleidung.
Unterkonstruktion: .....
Dämmstoff: MW
Anwendung: WAB-zg
Brandverhalten Klasse: A1 - nicht brennbar

6 Fassadendämmung, MW 035, 120mm, kaschiert KG **335**

Wie Ausführungsbeschreibung A 1
Bemessungswert der Wärmeleitfähigkeit: max. 0,035 W/(mK)
Nennwert Wärmeleitfähigkeit: 0,034 W/(mK)
Dämmschichtdicke: 120 mm
Einbaulage: .....
Arbeitshöhe: .....

24€ 32€ **34€** 39€ 52€ [m²] ⏱ 0,24 h/m² 038.000.031

7 Fassadendämmung, MW 035, 160mm, kaschiert KG **335**

Wie Ausführungsbeschreibung A 1
Bemessungswert der Wärmeleitfähigkeit: max. 0,035 W/(mK)
Nennwert Wärmeleitfähigkeit: 0,034 W/(mK)
Dämmschichtdicke: 160 mm
Einbaulage: .....
Arbeitshöhe: .....

28€ 40€ **46€** 56€ 73€ [m²] ⏱ 0,24 h/m² 038.000.032

8 Fassadendämmung, Brandbarriere KG **335**

Brandbarriere/Brandsperre DIN 18516-1, für vorgehängte hinterlüftete Außenwandbekleidung, Überdeckung vertikal oder horizontal des Brandabschnittes.
Material: Mineralwolle, MW DIN EN 13162, Anwendungsgebiet DIN 4108-10 WAB
Nennwert Wärmeleitfähigkeit: 0,038 W/(m²K)
Brandverhalten: Klasse A1 - nichtbrennbar
Schmelzpunkt: ≥1.000°C
Dämmschichtdicke: .....
Breite: 200 mm
Arbeitshöhe: .....

29€ 33€ **35€** 41€ 47€ [m²] ⏱ 0,15 h/m² 038.000.049

Nr.	Kurztext / Langtext						Kostengruppe
►	▷	ø netto €	◁	◄	[Einheit]	Ausf.-Dauer	Positionsnummer

9 Winddichtung, Polyestervlies KG **335**

Winddichtung der vorgehängten, hinterlüfteten Fassadenbekleidung, mit Unterspannbahn aus armiertem Polyestervlies, UV-beständig und diffusionsoffen. Anschlüsse an durchdringende Bauteile nach gesonderter Position.
Unterspannbahn: .....
Sd-Wert: ≤0,1 m
Reißfestigkeit: >250 N/50 mm
Wassersäule: >200 mm
Brandverhalten Klasse: **E / .....**
Farbe: schwarz
Arbeitshöhe: ....

►	▷	ø	◁	◄	[Einheit]	Ausf.-Dauer	Positionsnummer
10€	13€	**14€**	16€	18€	[m²]	⏱ 0,12 h/m²	038.000.013

Kosten:
Stand 1. Quartal 2026
Bundesdurchschnitt

10 Fassadenbekleidung, Holz, Fasenbretter, Feder KG **335**

Fassadenbekleidung mit Fasenbretter und langer Feder, aus Nadelholz, als waagerechte Bekleidung.
Unterkonstruktion: .....
Holzart: .....
Brettdicke: 24 mm
Brettbreite: .....
Oberfläche: gehobelt
Kante: .....
Befestigung: .....
Arbeitshöhe: ....

►	▷	ø	◁	◄	[Einheit]	Ausf.-Dauer	Positionsnummer
100€	115€	**124€**	140€	172€	[m²]	⏱ 0,70 h/m²	038.000.055

11 Fassadenbekleidung, Holz, Boden-Deckelschalung KG **335**

Fassadenbekleidung mit senkrechter Boden-Deckel-Schalung aus Nadelholz, auf Unterkonstruktion, sichtbar befestigt.
Unterkonstruktion: .....
Holzart: .....
Brettdicke: 24 mm
Abmessung Bodenbretter: .....
Abmessung Deckelbretter: .....
Oberfläche: gehobelt
Kante: .....
Befestigung: .....
Arbeitshöhe: .....

►	▷	ø	◁	◄	[Einheit]	Ausf.-Dauer	Positionsnummer
110€	128€	**138€**	149€	169€	[m²]	⏱ 0,64 h/m²	038.000.004

► min
▷ von
ø Mittel
◁ bis
◄ max

Nr.	Kurztext / Langtext						Kostengruppe
▶	▷	ø netto €	◁	◀	[Einheit]	Ausf.-Dauer	Positionsnummer

12 Fassadenbekleidung, Holz, Stülpschalung KG **335**

Fassadenbekleidung mit waagerechter Stülpschalung aus Nadelholz, auf Unterkonstruktion, sichtbar befestigt.
Unterkonstruktion: .....
Holzart: .....
Brettdicke: 24 mm
Deck-/Ansichtsbreite: .....
Oberfläche: gehobelt
Kante: .....
Befestigung: .....
Arbeitshöhe: .....

▶	▷	ø netto €	◁	◀	[Einheit]	Ausf.-Dauer	Positionsnummer
88€	104€	**110€**	126€	150€	[m2]	0,76h/m2	038.000.005

13 Fassadenbekleidung, HPL-Platte KG **335**

Fassadenbekleidung aus Hochdruck-Schichtstoffpress-Tafeln (HPL), als vorgehängte, hinterlüftete Fassade, auf vorhandener Unterkonstruktion, Befestigung sichtbar.
Unterkonstruktion: **Holz-UK / Aluminium-UK**
Plattentyp: .....
Brandverhalten: .....
Tafeldicke: 8 mm
Tafelgröße: .....
Zuschnitt aus Tafelgröße: .....
Oberfläche: .....
Farbe: ähnlich RAL .....
Befestigung: nichtrostende **Klammern / Schrauben/ Nieten**
Farbton Befestigung: **Kopf lackiert in RAL ..... / Kopf Stahl natur**
Einbauort/Fassade: .....
Arbeitshöhe: .....

▶	▷	ø netto €	◁	◀	[Einheit]	Ausf.-Dauer	Positionsnummer
182€	205€	**215€**	221€	240€	[m2]	0,75h/m2	038.000.015

14 Fassadenbekleidung, Harzkompositplatten KG **335**

Fassadenbekleidung aus faserverstärkten Harzkompositplatten, als vorgehängte, hinterlüftete Fassade, auf vorhandener Unterkonstruktion, Befestigung sichtbar.
Unterkonstruktion: Aluminium-UK
Plattentyp: .....
Brandverhalten: .....
Tafeldicke: .....
Tafelgröße: .....
Zuschnitt aus Tafelgröße: .....
Oberfläche: .....
Farbe: ähnlich RAL .....
Befestigung: Befestigungselemente, kopfbeschichtet
Einbauort/Fassade: .....
Arbeitshöhe: .....

▶	▷	ø netto €	◁	◀	[Einheit]	Ausf.-Dauer	Positionsnummer
235€	246€	**276€**	311€	396€	[m2]	0,75h/m2	038.000.034

023 024 025 026 027 028 029 030 031 032 033 034 036 037 **038** 039

Nr.	Kurztext / Langtext						Kostengruppe
▶	▷	ø netto €	◁	◀	[Einheit]	Ausf.-Dauer	Positionsnummer

15 Fassadenbekleidung, zementgebundene Spanplatte KG **335**

Fassadenbekleidung aus zementgebundene Spanplatten, als vorgehängte, hinterlüftete Fassade, auf vorhandener Unterkonstruktion, Befestigung sichtbar.
Unterkonstruktion: Holz-UK
Plattentyp: .....
Brandverhalten: .....
Tafeldicke: .....
Tafelgröße: .....
Zuschnitt aus Tafelgröße: .....
Oberfläche: beschichtet
Farbe: ähnlich RAL .....
Befestigung: Befestigungselemente, kopfbeschichtet
Einbauort/Fassade: .....
Arbeitshöhe: .....

159€	175€	**194€**	223€	258€	[m²]	⏱ 0,75h/m²	038.000.035

16 Fassadenbekleidung, Faserzementplatten KG **335**

Fassadenbekleidung aus kleinformatigen Faserzementplatten, als vorgehängte, hinterlüftete Fassade, auf vorhandener Unterkonstruktion.
Unterkonstruktion: .....
Tafel-Typ: .....
Brandverhalten: A1 - nicht brennbar
Deckungsart: .....
Tafeldicke: .....
Plattengröße: ..... x .....
Fugenausbildung: .....
Oberfläche: .....
Oberflächenschutz: .....
Kantenausbildung: .....
Farbe: .....
Befestigung: .....
Einbauort/Fassade: .....
Arbeitshöhe: .....

75€	82€	**89€**	105€	120€	[m²]	⏱ 0,48h/m²	038.000.036

Kosten:
Stand 1. Quartal 2026
Bundesdurchschnitt

▶ min
▷ von
ø Mittel
◁ bis
◀ max

Nr.	Kurztext / Langtext						Kostengruppe
▶	▷	ø netto €	◁	◀	[Einheit]	Ausf.-Dauer	Positionsnummer

17 Fassadenbekleidung, Faserzement-Tafeln KG **335**

Fassadenbekleidung aus großformatigen Faserzement-Tafeln, als vorgehängte, hinterlüftete Fassade, auf vorhandener Unterkonstruktion.
Unterkonstruktion: .....
Plattentyp: .....
Brandverhalten: A1 - nicht brennbar
Tafeldicke: 8 mm
Tafelgröße: 3.100 x 1.500 / 1.250 mm
Zuschnitt aus Tafelgröße: .....
Fugenbreite: .....
Oberfläche: körnig, seidig matt
Oberflächenschutz: Reinacrylatbeschichtung mit Oberflächenversiegelung
Kantenausbildung: .....
Farbe: .....
Befestigung: sichtbar mit Schrauben
Farbe Befestigungsmittel: kopfbeschichtet
Einbauort/Fassade: .....
Arbeitshöhe: .....

162€	182€	**191€**	205€	236€	[m²]	⏱ 0,50h/m²	038.000.037

18 Fassadenbekleidung, Faserzement-Stülpdeckung KG **335**

Fassadenbekleidung aus großformatigen Faserzement-Tafeln, als vorgehängte, hinterlüftete Fassade, als Stülpdeckung mit senkrechte Fugen und hinterlegen Fugenband, in der Überdeckung befestigt, auf vorhandene Unterkonstruktion.
Unterkonstruktion: Holz-UK
Plattentyp: .....
Brandverhalten: A1 - nicht brennbar
Tafeldicke: 10 mm
Tafelgröße: .....
Zuschnitt aus Tafelgröße: .....
Fugenbreite: .....
Oberfläche: strukturiert
Oberflächenschutz: deckend beschichtet
Kantenausbildung: .....
Farbe: .....
Befestigung: in der Überdeckung
Einbauort/Fassade: .....
Arbeitshöhe: .....

147€	169€	**177€**	184€	201€	[m²]	⏱ 0,46h/m²	038.000.038

Nr.	**Kurztext** / Langtext						Kostengruppe
▶	▷	**ø netto €**	◁	◀	[Einheit]	Ausf.-Dauer	Positionsnummer

19 Fassadenbekleidung, Metall, Bandblech KG **335**

Fassadenbekleidung aus Metallblech, als vorgehängte, hinterlüftete Fassade, senkrecht verlegt, unsichtbar befestigen, auf vorhandener Unterkonstruktion.
Untergrund: Holzschalung mit Trennlage
Deckungsart: **Stehfalz / Winkelfalz / Doppelstehfalz**
Material: Titanzinkblech
Blechdicke: .....
Deckungsart: **Stehfalz / Winkelstehfalz**
Bänderbreite: **670 mm für Achsmaß 600 mm / 570 mm für Achsmaß 500 mm**
Oberfläche: **walzblank / vorbewittert**
Befestigung: nichtrostend und unsichtbar mit **Haften / Klammern / Schrauben**
Einbauort/Fassade: .....
Arbeitshöhe: .....

82€	116€	**128€**	135€	164€	[m2]	⏱ 0,45h/m2	038.000.009

20 Fassadenbekleidung, Metall, Wellblech KG **335**

Fassadenbekleidung aus Wellblech-Fassadenplatten, als vorgehängte, hinterlüftete Fassade, vertikal auf vorhandene Metall-Unterkonstruktion, Längs- und Querstöße überlappend, Befestigung sichtbar auf Wellenberg; Konstruktion mit unterem Einhängeblech.
Unterkonstruktion: .....
Plattentyp: Stahl-Wellblech, Profil 18/76 mm
Blechdicke: .....
Tafelbreite: .....
Oberfläche: feuerverzinkt, beschichtet
Oberseite: Korrosionsschutzklasse K III
Unterseite: Korrosionsschutzklasse K II
Farbton: .....
Hafte: geschraubt
Einhängeblech: ca. 250 mm, d = 0,8 mm
Einbauort/Fassade: .....
Arbeitshöhe: .....

66€	80€	**85€**	88€	97€	[m2]	⏱ 0,30h/m2	038.000.007

Kosten:
Stand 1. Quartal 2026
Bundesdurchschnitt

▶ min
▷ von
ø Mittel
◁ bis
◀ max

Nr.	Kurztext / Langtext						Kostengruppe
▶	▷	ø netto €	◁	◀	[Einheit]	Ausf.-Dauer	Positionsnummer

21 Fassadenbekleidung, Aluminiumverbundplatten KG **335**

Fassadenbekleidung aus Aluminiumverbundplatten, als vorgehängte, hinterlüftete Fassade inkl. justierbare Unterkonstruktion, Befestigung nicht sichtbar.
Befestigungsuntergrund: ......
Unterkonstruktion: Aluminium-UK, zweilagig
Schalenabstand: .....
Ebenheit der Bekleidungsfläche DIN 18202: .....
Plattentyp: Alu-Verbund-Platte
Brandverhalten: A2 -s1, d0 (nichtbrennbar)
Tafeldicke: .....
Tafelgröße: .....
Oberfläche: bandbeschichtet, für Außenanwendung
Farbe: .....
Befestigung: **nichtrostende Klammern / Befestigungswinkel**
Farbton Befestigung: **lackiert in RAL ..... / eloxiert natur**
Einbauort/Fassade: .....
Arbeitshöhe: .....

183€ 236€ **266€** 340€ 464€ [m²] ⏱ 0,75h/m² 038.000.041

22 Fassadenbekleidung, Schindeln KG **335**

Fassadenbekleidung aus Schindeln, als vorgehängte, hinterlüftete Fassade, auf vorhandener Unterkonstruktion, mit Befestigungsmitteln aus nichtrostendem Stahl.
Unterkonstruktion: mehrlagige Holz-UK
Schindelmaterial: **Schiefer / gespaltene Holzschindeln**
Materialspezifikation: .....
Schindelform: **Bogenschnitt rechts / Bogenschnitt links / rechteckig / Segmentbogen**
Schindeldicke: .....
Schindelgröße: .....
Deckungsart: .....
Überdeckung: **Einfach- / Doppel- / Dreifachdeckung**
Befestigung: unsichtbar, im Bereich der Überdeckung
Einbauort/Fassade: .....
Arbeitshöhe: .....

105€ 143€ **175€** 186€ 208€ [m²] ⏱ 1,00h/m² 038.000.008

023 024 025 026 027 028 029 030 031 032 033 034 036 037 038 039

Kosten:
Stand 1. Quartal 2026
Bundesdurchschnitt

Nr.	**Kurztext** / Langtext						Kostengruppe
▶	▷	**ø netto €**	◁	◀	[Einheit]	Ausf.-Dauer	Positionsnummer

23 Fassadenbekleidung, Ziegelplatten KG **335**

Fassadenbekleidung aus waagerecht verlegten Ziegelplatten, als vorgehängte, hinterlüftete Fassade, auf vorhandener Unterkonstruktion, Befestigung mit Aluminium-Federprofil und Spezial-Plattenhalter.
Unterkonstruktion: Alu-UK
Befestigungsuntergrund: .....
Ziegeltyp: .....
Ziegeldicke: .....
Ziegelformat: .....
Oberfläche/Farbe: .....
Fugenausbildung: .....
Befestigung: nicht sichtbar, im Bereich der Überdeckung
Einbauort/Fassade: .....
Arbeitshöhe: .....

▶	▷	ø	◁	◀	Einheit	Ausf.-Dauer	Positionsnummer
135€	204€	**231€**	245€	279€	[m²]	⏱ 0,40 h/m²	038.000.017

24 Fensterbank, Aluminium, außen KG **334**

Fensterbank aus Aluminiumstrangpressprofil, außen, mit Bordstücken mit Bewegungsausgleich, eingebaut im Gefälle von mind. 8%, Profil entdröhnt, mit Schutz gegen Abheben.
Profilsystem: .....
Dicke: .....
Untergrund: .....
Ausladung: .....
Fensterbanklänge: .....
Abwicklung: .....
Kantungen: .....
Oberfläche: eloxiert
Farbton: .....
Einbauort/Fassade: .....
Arbeitshöhe: .....

▶	▷	ø	◁	◀	Einheit	Ausf.-Dauer	Positionsnummer
37€	61€	**70€**	77€	90€	[m]	⏱ 0,40 h/m	038.000.021

25 Laibungsbekleidung, Fenster/Tür KG **334**

Laibungsbekleidung der vorgehängten, hinterlüfteten Fassade, inkl. Unterkonstruktion, Zuschnitt der Platten bzw. Tafeln, sowie Befestigung.
Bereich: **Fensterlaibung / Türlaibung**
Unterkonstruktion: Aluminium-UK
Befestigungsuntergrund: ......
Plattentyp: .....
Tafeldicke: .....
Tafelgröße: .....
Laibungstiefe: ....
Oberfläche: .....
Farbe: .....
Befestigung: **nichtrostende Klammern / Befestigungswinkel**
Farbton Befestigung: **lackiert in RAL ..... / eloxiert natur**
Einbauort/Fassade: .....
Arbeitshöhe: .....

▶	▷	ø	◁	◀	Einheit	Ausf.-Dauer	Positionsnummer
36€	55€	**60€**	67€	90€	[m]	⏱ 0,35 h/m	038.000.042

▶ min
▷ von
ø Mittel
◁ bis
◀ max

Nr.	**Kurztext** / Langtext						Kostengruppe
▶	▷	**ø netto €**	◁	◀	[Einheit]	Ausf.-Dauer	Positionsnummer

26 Außeneck, Aluprofil KG **335**

Außenecke mit sichtbar bleibendem Aluminium-Formteil.
Unterkonstruktion: .....
Form: .....
Kantung: ..... St
Zuschnitt: .....
Oberfläche: **nasslackiert / chromatiert und pulverbeschichtet**
Klimazone: .....
Farbton: .....
Einbauort/Fassade: .....
Arbeitshöhe: .....

15€	37€	**50€**	62€	82€	[m]	⏱ 0,20h/m	038.000.045

27 Attikaabdeckung, Aluminiumblech KG **335**

Attikaabdeckung mit Aluminiumblech, inkl. erforderliche Stoßverbinder und Unterkonstruktion.
Windzone: .....
Geländekategorie: .....
Gebäudehöhe: .....
Dicke: 2 mm
Kantungen: ..... St
Abwicklung ca. .....
Oberfläche: **anodisch eloxiert / nasslackiert / chromatiert und pulverbeschichtet**
Farbton: .....
Einbauort/Fassade: .....
Detail siehe Anlagen/Plan-Nr.: .....

46€	100€	**130€**	157€	224€	[m]	⏱ 0,45h/m	038.000.046

28 Dauergerüstanker, Fassade KG **392**

Dauergerüstanker DIN 4426 für Befestigung von Gerüsten an vorgehängten, hinterlüfteten Fassadenbekleidungen, geeignet für Wartungs- und Instandhaltungsarbeiten der Fassade, die äußere Schale zerstörungsfrei durch die Fuge durchdringend, zur Aufnahme der aus dem Gerüst auftretenden Zug-, Druck- und Querkräfte, mit Kunststoff-Schutzstopfen.
Gewindegröße: M12
Lastklasse: .....
Material: nichtrostender Stahl
Befestigung: gedübelt, thermisch getrennt
Untergrund: **Mauerwerk / gerissener Beton**
Schalen Abstand (VK Bekleidung bis Tragschale): bis .....
Einbau nach: **vorgegebenem Ankerplan / Ausführung gem. Zeichnung**
Einbauort/Fassade: .....
Arbeitshöhe: .....

31€	53€	**56€**	68€	87€	[St]	⏱ 0,10h/St	038.000.022

Nr.	Kurztext / Langtext						Kostengruppe
►	▷	ø netto €	◁	◀	[Einheit]	Ausf.-Dauer	Positionsnummer

29 Stundensatz, Facharbeiter/-in

Stundenlohnarbeiten für Vorarbeiter/-in, Facharbeiter/-in und Gleichgestellte. Der Verrechnungssatz für die jeweilige Arbeitskraft umfasst sämtliche Aufwendungen wie Lohn- und Gehaltskosten, Lohn- und Gehaltsnebenkosten, Zuschläge, lohngebundene und lohnabhängige Kosten, sonstige Sozialkosten, Gemeinkosten, Wagnis und Gewinn. Leistung nach besonderer Anordnung der Bauüberwachung. Anmeldung und Nachweis gem. VOB/B.

74€	81€	**85€**	87€	93€	[h]	⏱ 1,00h/h	038.000.019

30 Stundensatz, Helfer/in

Stundenlohnarbeiten für Werker/-in, Helfer/-in und Gleichgestellte (z.B. Baufachwerker/-in, Helfer/-in, Hilfsmonteur/-in, Ungelernte/-r, Angelernte/-r). Der Verrechnungssatz für die jeweilige Arbeitskraft umfasst sämtliche Aufwendungen wie Lohn- und Gehaltskosten, Lohn- und Gehaltsnebenkosten, Zuschläge, lohngebundene und lohnabhängige Kosten, sonstige Sozialkosten, Gemeinkosten, Wagnis und Gewinn. Leistung nach besonderer Anordnung der Bauüberwachung. Anmeldung und Nachweis gem. VOB/B.

49€	60€	**69€**	71€	77€	[h]	⏱ 1,00h/h	038.000.020

Kosten:
Stand 1.Quartal 2026
Bundesdurchschnitt

► min
▷ von
ø Mittel
◁ bis
◀ max

039

Kosten:
Stand 1. Quartal 2026
Bundesdurchschnitt

Nr.	Positionen	Einheit	►	▷	ø brutto € / ø netto €	◁	◄
1	Unterdecke, abgehängt, Mineralfaserplatte 15mm	m²	35	50	**57**	63	83
			29	42	**48**	53	70
2	Wandanschluss, Decke, Mineralplatte	m	5	8	**9**	10	13
			4	7	**7**	8	11
3	Anschnitt, schräg, Mineralplatte	m	10	14	**16**	22	31
			8	12	**13**	18	26
4	Metall-Kassettendecke, abgehängt	m²	89	103	**110**	117	128
			75	87	**92**	98	108
5	Metall-Paneeldecke, abgehängt	m²	83	109	**114**	127	157
			70	91	**96**	106	132
6	Deckenbekleidung GKB, einlagig, Federschiene	m²	66	71	**73**	79	92
			55	60	**61**	66	78
7	Unterdecke, abgehängt, GKB, einlagig	m²	53	67	**72**	78	99
			45	56	**60**	65	84
8	Unterdecke, abgehängt, gelochte Gipsplatten	m²	85	101	**109**	115	128
			71	85	**91**	96	108
9	Unterdecke, abgehängt, GKB/GF, zweilagig	m²	74	99	**106**	122	153
			62	83	**89**	102	128
10	Unterdecke, abgehängt, F90A/EI90, selbsttragend	m²	135	188	**214**	257	353
			113	158	**180**	216	297
11	Unterdecke, Verstärkung UK, OSB	m²	10	15	**16**	23	30
			8	12	**14**	19	25
12	Unterdecke, UK, Federschiene	m²	13	19	**27**	33	43
			11	16	**23**	28	36
13	Unterdecke, UK, Weitspannträger	m²	24	29	**32**	32	39
			20	24	**27**	27	33
14	Wandanschluss, Schattennutprofil, Unterdecke	m	8	17	**20**	23	34
			7	14	**17**	20	29
15	Verblendung, Deckensprung, Unterdecke	m	33	53	**62**	76	101
			27	45	**52**	64	85
16	Öffnungen/Ausschnitte, bis DN200, Unterdecke	St	8	15	**19**	22	28
			7	13	**16**	18	23
17	Aussparung, Langfeldleuchte, Unterdecke	m	12	27	**33**	38	54
			10	22	**28**	32	45
18	Bekleidung, Dachschräge, GF, einlagig, Holz-UK	m²	59	64	**72**	88	95
			50	54	**61**	74	80
19	Bekleidung, Dachschräge, GK, zweilagig, Holz-UK	m²	73	79	**90**	109	118
			61	67	**76**	92	99
20	Bekleidung Dachschräge, GF, Holz-UK, MW-Dämmung	m²	85	95	**107**	129	139
			72	80	**90**	108	116
21	Bekleidung Dachschräge, GF, Holz-UK	m²	66	74	**84**	101	110
			56	62	**70**	85	92
22	Bekleidung Dachschräge, Zementplatte, Feuchtraum, Holz-UK	m²	114	125	**140**	168	180
			96	105	**118**	142	151
23	Montagewand, Holz-UK, 110mm, GK, zweilagig, MW 40mm, EI30	m²	111	122	**127**	139	163
			93	102	**107**	117	137

► min
▷ von
ø Mittel
◁ bis
◄ max

Nr.	Positionen	Einheit	►	▷	ø brutto € / ø netto €	◁	◄
24	Montagewand, Metall-UK, 100mm GK, zweilagig, MW 40mm, EI30	m²	62	89	**100**	115	139
			52	75	**84**	97	117
25	Montagewand, Metall-UK, 150mm, GK zweilagig, MW 40mm, EI30	m²	84	113	**121**	138	174
			70	95	**101**	116	146
26	Montagewand, Metall-UK, 100mm, GK DF zweilagig, MW 50mm, EI90	m²	91	119	**132**	151	195
			76	100	**111**	127	164
27	Montagewand, Metall-UK, 200mm, GK zweilagig, doppeltes Ständerwerk, MW 80 mm	m²	116	139	**149**	163	197
			98	117	**125**	137	165
28	Innenwand, Gipswandbauplatte, Mauerwerk	m²	85	98	**101**	107	120
			72	82	**85**	90	101
29	Anschluss, Montagewand, Dachschräge	m	12	15	**17**	18	21
			10	12	**14**	15	18
30	Anschluss, gleitend, Montagewand	m	12	22	**25**	29	41
			10	18	**21**	25	34
31	Montagewand, Ecken, Kantenprofil	m	8	12	**13**	17	25
			7	10	**11**	14	21
32	Montagewand, freies Wandende	m	11	22	**27**	34	47
			10	19	**23**	28	40
33	Montagewand, T-Anschluss	m	10	16	**18**	22	30
			8	13	**15**	19	25
34	Montagewand, Sockelunterschnitt	m	5	11	**12**	16	23
			4	9	**10**	13	19
35	Türöffnung, Montagewand	St	48	81	**95**	118	171
			40	68	**80**	99	143
36	Fensteröffnung, Montagewand	St	44	97	**121**	166	241
			37	82	**101**	139	202
37	Türzargen, Aluminium beschichtet	St	172	263	**291**	379	623
			145	221	**245**	318	524
38	Türzargen, Umfassungszarge, einbauen	St	57	92	**105**	146	213
			48	77	**88**	123	179
39	Revisionsklappe 30x30	St	51	93	**106**	132	177
			43	78	**89**	111	148
40	Revisionsklappe 40x60	St	77	110	**129**	157	224
			64	93	**108**	132	188
41	Revisionsöffnung/-klappe, eckig, Brandschutz EI90	St	367	540	**606**	684	891
			309	454	**509**	575	749
42	Montagewand, Verstärkung UK, OSB	m	12	25	**28**	33	47
			10	21	**24**	28	39
43	Montagewand, Verstärkung UK, UA-Profile	m	9	17	**19**	21	29
			8	14	**16**	18	24
44	Tragständer/Traverse, wandhängende Lasten	St	50	85	**94**	108	162
			42	72	**79**	91	136
45	Vorsatzschale, GK/GF	m²	58	70	**75**	90	132
			49	59	**63**	76	111

Trockenbauarbeiten — **Preise €**

Nr.	Positionen	Einheit	►	▷	ø brutto € / ø netto €	◁	◄
46	Vorsatzschale, Feuchträume	m^2	69	86	**90**	105	136
			58	72	**76**	88	114
47	Vorsatzschale, GK/GF, Schallschutz, R>50dB	m^2	56	78	**85**	103	132
			47	66	**72**	86	111
48	Schachtwand, GK, EI 90	m^2	78	104	**116**	142	191
			66	88	**97**	120	160
49	Verkofferung/Bekleidung, Rohrleitungen, Abwicklung 800mm	m	71	93	**103**	120	163
			60	78	**87**	101	137
50	Trockenputz, Gipsverbundplatte	m^2	52	69	**76**	88	110
			43	58	**64**	74	92
51	Trockenputz, GK A/H2	m^2	33	46	**52**	61	91
			28	39	**43**	51	76
52	Bekleidung GK/GF, einlagig, auf UK	m^2	28	38	**40**	44	54
			23	32	**34**	37	45
53	Bekleidung GK/ GF, doppelt, auf UK	m^2	61	72	**77**	81	91
			52	61	**65**	68	76
54	Bekleidung Gipsplatte, einseitig, auf UK, EI90	m^2	79	130	**157**	172	245
			66	110	**132**	144	206
55	Anschluss, Wandbekleidung GK/GF, Dachschräge	m	6	9	**12**	13	16
			5	7	**10**	11	13
56	Bekleidung GK/GF, Lüftungskanal	m^2	74	111	**123**	126	154
			62	93	**103**	106	130
57	Laibung, Fenster, GF	m	25	29	**31**	36	47
			21	25	**26**	31	40
58	Laibung, Fenster, GK Typ A	m	17	26	**31**	34	41
			14	22	**26**	29	35
59	Laibung, Dachfenster, Gipsverbundplatte, 20mm	m	39	59	**70**	96	128
			33	49	**59**	81	108
60	GK, imprägniert	m^2	3	5	**6**	7	11
			3	4	**5**	6	10
61	Dampfsperre, Trockenbau	m^2	7	11	**13**	18	33
			6	9	**11**	15	28
62	Mineralwolledämmung, zwischen Sparren	m^2	22	32	**36**	43	55
			19	27	**30**	36	46
63	Dämmschicht, zwischen UK, bis 60mm	m^2	11	15	**17**	23	33
			9	12	**14**	19	27
64	Doppelboden, Plattenbelag/Unterkonstruktion	m^2	146	259	**287**	344	503
			122	217	**241**	289	423
65	Revisionsöffnung, Doppelboden	St	67	119	**126**	150	193
			57	100	**106**	126	162
66	Trockenestrich, Spanplatten, 25mm, einlagig	m^2	42	57	**61**	70	85
			35	48	**51**	59	72
67	Trockenestrich, GF Platten, 18mm, einlagig	m^2	39	49	**56**	63	74
			33	42	**47**	53	62
68	Trockenestrich, GF Platten, 12,5mm, zweilagig	m^2	–	53	**63**	80	–
			–	44	**53**	67	–

Kosten:
Stand 1. Quartal 2026
Bundesdurchschnitt

► min
▷ von
ø Mittel
◁ bis
◄ max

Nr.	Positionen	Einheit	▶	▷	ø brutto € / ø netto €	◁	◀
69	Ausgleichsschicht, Mineralstoff, Trockenestrich	m²	19	26	**30**	34	43
			16	22	**25**	28	37
70	WC-Trennwandanlage, HPL Kompaktplatten	m²	256	302	**319**	348	408
			215	254	**268**	292	343
71	Urinaltrennwand, Schichtstoff-Verbundelemente	St	182	311	**382**	407	558
			153	261	**321**	342	469
72	Montagewand, Waschbecken-Tragständer	St	167	237	**265**	325	535
			141	199	**223**	273	449
73	Verfugung, Acryl Dichtstoff überstreichbar	m	2	5	**6**	8	17
			2	4	**5**	7	14
74	Spachtelung, GK Platten, erhöhte Qualität Q3	m²	6	11	**14**	17	23
			5	10	**11**	14	19
75	Bekleidung anarbeiten, GK, Installationsdurchführung	St	10	23	**29**	38	56
			8	19	**24**	32	47
76	Kellertrennwand, Lattenverschlag	m²	36	64	**77**	86	111
			30	53	**64**	72	93
77	Tür, Lattenverschlag	St	–	88	**113**	151	–
			–	74	**95**	127	–
78	Stundensatz, Facharbeiter/-in	h	67	84	**91**	99	123
			56	71	**76**	83	103
79	Stundensatz, Helfer/-in	h	59	72	**78**	82	93
			50	60	**65**	69	78

Nr.	**Kurztext** / Langtext						Kostengruppe
▶	▷	**ø netto €**	◁	◀	[Einheit]	Ausf.-Dauer	Positionsnummer

1 Unterdecke, abgehängt, Mineralfaserplatte 15mm KG **354**

Unterdecke aus Mineralfaserplatten, abgehängte Decke, inkl. Unterkonstruktion für Einlegekonstruktion, abgehängt mit Schnellabhängern, Wandanschlussausbildung mit Winkelprofil nach gesonderter Position. Mineralwolleplatten gesundheitlich unbedenklich nach TRGS 500, mit RAL Gütezeichen der Gütegemeinschaft Mineralwolle.
Unterkonstruktion: sichtbar, weiß beschichtet, T-Schienen 24 mm breit
Decklage: Mineralwolleplatten
Schallabsorption: aw = ...
Beanspruchungsklasse: .....
Kantenausbildung: .....
Ausführung: .....
Oberflächendesign: .....
Brandverhalten: A2-s1,d0
Plattendicke: 15 mm
Farbe: weiß - endbeschichtet
Systemraster: ..... x .....
Brandschutz: .....
Einbauhöhe: ca. .....
Abhängehöhe: bis 1,00 m

29€	42€	**48€**	53€	70€	[m²]	⏱ 0,50h/m²	039.000.001

Nr.	Kurztext / Langtext						Kostengruppe
▶	▷	ø netto €	◁	◀	[Einheit]	Ausf.-Dauer	Positionsnummer

2 Wandanschluss, Decke, Mineralplatte KG **354**

Wandanschluss mit L-förmigen Wandwinkel, für abgehängte Mineralwolleplattendecke, sichtbar, umlaufend, Profile in den Ecken stumpf gestoßen.
Untergrund: .....
Winkelgröße: 25 x 25 x 1 mm
Oberfläche: .....
Farbe: .....
Brandschutz: .....

▶	▷	ø	◁	◀	Einheit	Ausf.-Dauer	Positionsnummer
4€	7€	**7€**	8€	11€	[m]	⏱ 0,10 h/m	039.000.002

3 Anschnitt, schräg, Mineralplatte KG **354**

Schrägschnitte der Einlege-Mineralplatten und Pass-Elemente, der abgehängten Unterdecke.
Zuschnitte: schräg
Plattenformat: .....
Plattendicke: .....

▶	▷	ø	◁	◀	Einheit	Ausf.-Dauer	Positionsnummer
8€	12€	**13€**	18€	26€	[m]	⏱ 0,20 h/m	039.000.003

4 Metall-Kassettendecke, abgehängt KG **354**

Unterdecke aus Metallkassetten, als abgehängte Decke, inkl. Unterkonstruktion, abgehängt mit Schnellabhängern, Decke mit vollflächiger Auflage aus Rieselschutz (z.B. Vlies) und akustisch wirkender Mineralwolledämmung, Fugen und Übergänge der Kassetten als Pressfuge ausbilden. Wandanschlussausbildung nach gesonderter Position.
Unterkonstruktion: **Klemmschienensystem / Auflagesystem**
Kassetten: beschichtetes **Aluminiumblech / verzinktes Stahlblech**
Plattendicke: mind. 0,6 mm
Systemraster: **312,5 x 312,5 / 600 x 600 / 625 x 625** mm
Ausführung Kassetten: **abklappbar / abnehmbar**
Oberfläche: **einbrennlackiert / pulverbeschichtet**
Farbe: weiß RAL .....
Design: .....
Freier Querschnitt .....%
Dämmung: MW - DI, mit RAL-Gütesiegel
Dämmdicke: 40 mm
Brandverhalten: A2-s1,d0
Einbauhöhe: ca. .....
Abhängehöhe: bis 1,00 m

▶	▷	ø	◁	◀	Einheit	Ausf.-Dauer	Positionsnummer
75€	87€	**92€**	98€	108€	[m²]	⏱ 0,65 h/m²	039.000.004

Kosten:
Stand 1. Quartal 2026
Bundesdurchschnitt

▶ min
▷ von
ø Mittel
◁ bis
◀ max

5 Metall-Paneeldecke, abgehängt KG **354**

Unterdecke aus Metallpaneelen, als abgehängte Decke, inkl. Unterkonstruktion, abgehängt mit Schnellabhängern, Decke mit vollflächiger Auflage aus Rieselschutz (z.B. Vlies) und akustisch wirkender Mineralwolledämmung; Fugen und Übergänge der Paneele als Pressfuge ausbilden. Wandanschlussausbildung nach gesonderter Position.
Unterkonstruktion: **Klemmschienensystem / Auflagesystem**
Paneel: beschichtetes **Aluminiumblech / verzinktes Stahlblech**
Plattendicke: mind. 0,6 mm
Systembreite: 200 mm
Ausführung: .....
Oberfläche: **einbrennlackiert / pulverbeschichtet**
Farbe: weiß RAL .....
Design: .....
Freier Querschnitt .....%
Dämmung: MW - DI, mit RAL-Gütesiegel
Dämmdicke: 40 mm
Brandverhalten: A2-s1,d0
Einbauhöhe: ca. ..... m
Abhängehöhe: bis 1,00 m

70€	91€	**96€**	106€	132€	[m²]	⏱ 0,70 h/m²	039.000.094

6 Deckenbekleidung GKB, einlagig, Federschiene KG **354**

Deckenbekleidung aus Gipskartonplatten einlagig inkl. Unterkonstruktion verzinktes Stahlprofil als Federschiene. Wandanschlussausbildung nach gesonderter Position.
Bekleidung: GKB, Typ A
Plattendicke: 12,5 mm
Oberfläche: Qualitätsstufe Q2
Feuerwiderstand: ohne Anforderung
Einbauhöhe: ca. .....

55€	60€	**61€**	66€	78€	[m²]	⏱ 0,52 h/m²	039.000.063

7 Unterdecke, abgehängt, GKB, einlagig KG **354**

Unterdecke aus Gipskartonplatten, als abgehängte Decke, inkl. Unterkonstruktion. Wandanschlussausbildung nach gesonderter Position.
Unterkonstruktion: Metallprofile CD 60/27/06, UD 28/27/06
Abhängung: **Nonius-Schnellabhänger / Draht mit Öse**
Bekleidung: Gipsplatte Typ A
Plattendicke: 1x 12,5 mm
Oberfläche: Qualitätsstufe Q2
Dämmung: **ohne Dämmung / akustisch wirkende MW-Platte, d= 40 mm**
Brandschutz: ohne Anforderung
Untergrund: .....
Einbauhöhe: ca. ..... m
Abhängehöhe: bis 0,50 m

45€	56€	**60€**	65€	84€	[m²]	⏱ 0,52 h/m²	039.000.005

023 024 025 026 027 028 029 030 031 032 033 034 036 037 038 **039**

Nr.	Kurztext / Langtext						Kostengruppe
►	▷	ø netto €	◁	◀	[Einheit]	Ausf.-Dauer	Positionsnummer

8 Unterdecke, abgehängt, gelochte Gipsplatten KG **354**

Unterdecke aus gelochten Gipsplatten als abgehängte Decke, Rückseite mit Akustikvlies, inkl. Unterkonstruktion. Wandanschlussausbildung nach gesonderter Position.
Unterkonstruktion: Metallprofile CD 60/27/06, UD 28/27/06
Abhängung: **Nonius-Schnellabhänger / Draht mit Öse**
Bekleidung: Gipsplatte Typ A
Plattendicke: 12,5 mm
Oberfläche: Qualitätsstufe Q2
Ausführung: gelocht
Lochbild: .....
Dämmung: **ohne Dämmung / akustisch wirkende MW-Platte, d= 40 mm**
Schallabsorption: aw = ...
Feuerwiderstand: ohne Anforderung
Untergrund: .....
Einbauhöhe: ca. ..... m
Abhängehöhe: bis 0,50 m
Fabrikat: .....

71€	85€	**91€**	96€	108€	[m²]	⏱ 0,80h/m²	039.000.095

9 Unterdecke, abgehängt, GKB/GF, zweilagig KG **354**

Unterdecke aus Gipskarton- oder Gipsfaserplatten zweilagig, als abgehängte Decke, inkl. Unterkonstruktion, abgehängt mit Schnellabhängern. Wandanschlussausbildung nach gesonderter Position.
Unterkonstruktion: Metallprofile CD 60/27/06, UD 28/27/06
Bekleidung: **Gipskartonplatte Typ A / Gipsfaserplatte**
Plattendicke: 2x 12,5 mm
Oberfläche: Qualitätsstufe Q2
Dämmung: **ohne Dämmung / akustisch wirkende MW-Platte, d= 40 mm**
Schallabsorption: aw = ...
Brandschutz: ohne Anforderung
Untergrund: .....
Einbauhöhe: ca. ..... m
Abhängehöhe: bis 0,50 m

62€	83€	**89€**	102€	128€	[m²]	⏱ 0,60h/m²	039.000.006

Kosten:
Stand 1.Quartal 2026
Bundesdurchschnitt

► min
▷ von
ø Mittel
◁ bis
◀ max

10 Unterdecke, abgehängt, F90A/EI90, selbsttragend KG **354**

Freitragende Unterdecke mit ober- und unterseitiger Beplankung aus Brandschutz-Bauplatten, inkl. Unterkonstruktion. Randanschlüsse, Durchführungen und dgl. nach gesonderter Position.
Unterkonstruktion: Tragprofil aus Metallprofil
Bekleidung: zementgebundene Silikat-Bauplatten
Plattendicke: .....
Brandverhalten: A1
Rohdichte: ..... kg/m³
Oberfläche: Qualitätsstufe Q2
Feuerwiderstand: **F90A / EI90**, Brandbelastung von oben und unten
Randanschlüsse: .....
Raumhöhe: .....
Untergrund: .....
Einbauhöhe: .....
Spannweite: .....

113€ 158€ **180€** 216€ 297€ [m²] ⏱ 0,75h/m² 039.000.075

11 Unterdecke, Verstärkung UK, OSB KG **354**

Verstärkung der Unterkonstruktion für abgehängte Decke, mit OSB-Holzplattenstreifen zwischen die Profile montiert, geeignet für die Montage von Einbauteilen.
Bauteile: **Anbauleuchten / Gardinenleisten / Abhängekonstruktionen**
Abmessung Holzstreifen (B x L): ..... x ..... mm
Dicke: ..... mm

8€ 12€ **14€** 19€ 25€ [m²] ⏱ 0,04h/m² 039.000.050

12 Unterdecke, UK, Federschiene KG **354**

Federschiene, Unterkonstruktion der abgehängten GKB-/GF-Decke.
Federschiene: aus verzinktem Stahlblechprofil, Hutprofil 98 x 15 mm
Abstand UK: .....
Untergrund: .....

11€ 16€ **23€** 28€ 36€ [m²] ⏱ 0,06h/m² 039.000.064

13 Unterdecke, UK, Weitspannträger KG **354**

Weitspannträger Unterkonstruktion, freitragende Decke, ohne Brandbeanspruchung, Tragprofil aus Metall-Systemprofilen, geeignet für unterseitige Beplankung mit Gipsplatten.
Platten: .....
Untergrund: .....

20€ 24€ **27€** 27€ 33€ [m²] ⏱ 0,08h/m² 039.000.076

14 Wandanschluss, Schattennutprofil, Unterdecke KG **354**

Wandanschluss mit Schattenfugen-Profil, für Gipsplatten-Deckenbekleidung, inkl. Unterkonstruktion, Profil flächenbündig anspachteln und glatt feinschleifen.
Brandschutz: .....
Fugenbreite: ca. 15 mm
Fugentiefe: 12,5 mm
Untergrund: .....

7€ 14€ **17€** 20€ 29€ [m] ⏱ 0,16h/m 039.000.009

Nr.	Kurztext / Langtext						Kostengruppe
▶	▷	**ø netto €**	◁	◀	[Einheit]	Ausf.-Dauer	Positionsnummer

15 Verblendung, Deckensprung, Unterdecke KG **354**

Senkrechte Verblendung von Deckensprung in abgehängter Decke, inkl. Unterkonstruktion und einlagiger Beplankung mit Gipskartonplatten. Eck-/Kantenprofil am Übergang der abgehängten Decke nach getrennter Position.
Blendenhöhe: 50-800 mm
Unterteilung: 50-400 mm
Höhe: 400-800 mm
Abhängehöhe: .....
Bekleidung: GKB Typ A, 1x 12,5 mm
Oberfläche: Qualitätsstufe Q2

27€	45€	**52€**	64€	85€	[m]	⏱ 0,14h/m	039.000.010

Kosten:
Stand 1. Quartal 2026
Bundesdurchschnitt

16 Öffnungen/Ausschnitte, bis DN200, Unterdecke KG **354**

Leuchtenausschnitt in abgehängter Decke, für runde Einbauleuchten (Downlights), inkl. ggf. Auswechslung der Unterkonstruktion.
Durchmesser: bis 200 mm
Feuerwiderstand Bauteil: EI ....., von unten
Bekleidung: .....
Plattendicke: .....

7€	13€	**16€**	18€	23€	[St]	⏱ 0,20h/St	039.000.011

17 Aussparung, Langfeldleuchte, Unterdecke KG **354**

Leuchtenausschnitt in abgehängter Decke, für Langfeld-Einbauleuchten, inkl. evtl. Auswechselung der Unterkonstruktion.
Aussparungsgröße (B x L): 150 x 2.000 mm
Feuerwiderstand Bauteil: EI....., von unten
Bekleidung: .....
Plattendicke: .....

10€	22€	**28€**	32€	45€	[m]	⏱ 0,25h/m	039.000.012

18 Bekleidung, Dachschräge, GF, einlagig, Holz-UK KG **354**

Bekleidung aus Gipsfaserplatten in Dachschräge, inkl. Unterkonstruktion aus Holzlatten und Verspachtelung. Anschlussausbildung nach gesonderter Position.
Holzlattung: .....
Achsmaß: .....
Bekleidung: Gipsfaserplatte Typ A
Plattendicke: 1x 12,5 mm
Oberfläche: Qualitätsstufe Q2
Untergrund: .....

50€	54€	**61€**	74€	80€	[m²]	⏱ 0,06h/m²	039.000.100

▶ min
▷ von
ø Mittel
◁ bis
◀ max

Nr.	Kurztext / Langtext						Kostengruppe
▶	▷	**ø netto €**	◁	◀	[Einheit]	Ausf.-Dauer	Positionsnummer

19 Bekleidung, Dachschräge, GK, zweilagig, Holz-UK KG **354**

Bekleidung aus Gipskartonbauplatten in Dachschräge, inkl. Unterkonstruktion aus Holzlatten und Verspachtelung. Anschlussausbildung nach gesonderter Position.
Holzlattung: .....
Achsmaß: .....
Bekleidung: Gipskartonbauplatte GKB Typ A
Plattendicke: 2x 12,5 mm
Oberfläche: Qualitätsstufe Q2
Untergrund: .....

61€	67€	**76€**	92€	99€	[m²]	⏱ 0,18h/m²	039.000.101

20 Bekleidung Dachschräge, GF, Holz-UK, MW-Dämmung KG **354**

Bekleidung aus Gipsfaserplatten in Dachschräge, Dämmung zwischen Sparren aus Mineralwolleplatten, inkl. Unterkonstruktion aus Holzlatten und Verspachtelung. Anschlussausbildung und Dampfsperre nach gesonderter Position.
Holzlattung: .....
Bekleidung: Gipsfaserplatte Typ A
Plattendicke: 1x 12,5 mm
Oberfläche: Qualitätsstufe Q2
Dämmung: MW
Dämmdicke: **120 / 140 / 160 / 180** mm

72€	80€	**90€**	108€	116€	[m²]	⏱ 0,75h/m²	039.000.102

21 Bekleidung Dachschräge, GF, Holz-UK KG **354**

Bekleidung aus Gipsfaserplatten im Dachgeschoss, inkl. Unterkonstruktion aus Holzlatten und Verspachtelung. Anschlussausbildung nach gesonderter Position.
Holzlattung: .....
Achsmaß: .....
Bekleidung: Gipsfaserplatte Typ A
Plattendicke: 1x 12,5 mm
Oberfläche: Qualitätsstufe Q2
Untergrund: .....

56€	62€	**70€**	85€	92€	[m²]	⏱ 0,60h/m²	039.000.103

22 Bekleidung Dachschräge, Zementplatte, Feuchtraum, Holz-UK KG **354**

Bekleidung aus Zement-Bauplatten im Dachgeschoss, inkl. Unterkonstruktion aus Holzlatten, Verklebung der Plattenfugen und Verspachtelung. Anschlussausbildung nach gesonderter Position.
Holzlattung: .....
Achsmaß: .....
Bekleidung: Zement-Bauplatte
Plattendicke: 1x 12,5 mm
Oberfläche: Qualitätsstufe Q2
Untergrund: .....

96€	105€	**118€**	142€	151€	[m²]	⏱ 0,80h/m²	039.000.104

Nr.	Kurztext / Langtext						Kostengruppe
▶	▷	ø netto €	◁	◀	[Einheit]	Ausf.-Dauer	Positionsnummer

23 Montagewand, Holz-UK, 110mm, GK, zweilagig, MW 40mm, EI30 KG **342**

Nichttragende Trennwand, als beidseitig beplankte Holzständerwand, mit Dämmschicht aus Mineralwolleplatten, abrutschsicher und dicht gestoßen, inkl. Trennstreifen, inkl. verspachteln und schleifen von Fugen und Befestigungsmitteln.
Boden: Estrich
Unterkonstruktion: Einfach-Ständerwerk aus Holzprofilen
Profilquerschnitt: 60 x 60 mm
Ständerabstand: 62,5 cm
Beplankung: Gipskartonplatte GKB Typ **A / H2 / DF / DFH2**
Plattendicken: 2x 12,5 mm, je Seite
Oberfläche: Qualitätsstufe Q2
Dämmung: MW
Dämmdicke: 40 mm
Anschlüsse: starrer Anschluss
Feuerwiderstand: EI 30
Brandbelastung: .....
Wanddicke: 110 mm
Wandhöhe: .....
Einbaubereich: **1 / 2**

93€	102€	**107€**	117€	137€	[m²]	⏱ 0,40 h/m²	039.000.078

24 Montagewand, Metall-UK, 100mm GK, zweilagig, MW 40mm, EI30 KG **342**

Nichttragende innere Trennwand, als beidseitig beplankte Metallständerwand, mit Dämmschicht aus Mineralwolleplatten, abrutschsicher und dicht gestoßen, inkl. Trennwandband und Trennstreifen an Bauteilübergängen, inkl. verspachteln und schleifen von Fugen und Befestigungsmitteln.
Boden: **Estrich / Rohboden**
Unterkonstruktion: Einfach-Ständerwerk aus verzinkten Stahlblechprofilen
Profile: CW/UW 50
Beplankung: Gipskartonbauplatte GKB Typ **A / H2**
Plattendicken je Seite: 2x 12,5 mm
Oberfläche: Qualitätsstufe Q2
Dämmung: MW
Dämmdicke: 40 mm
Anschlüsse: starrer Anschluss
Feuerwiderstand: EI 30
Brandbelastung: beidseitig
Wanddicke: 100 mm
Wandhöhe: .....
Einbaubereich: **1 / 2**

52€	75€	**84€**	97€	117€	[m²]	⏱ 0,65 h/m²	039.000.163

Kosten:
Stand 1. Quartal 2026
Bundesdurchschnitt

▶ min
▷ von
ø Mittel
◁ bis
◀ max

25 **Montagewand, Metall-UK, 150mm, GK zweilagig, MW 40mm, EI30** KG **342**

Nichttragende innere Trennwand, als beidseitig beplankte Montagewand mit Dämmschicht aus Mineralwolleplatten, abrutschsicher und dicht gestoßen, inkl. Trennwandband und Trennstreifen an Bauteilübergängen, inkl. verspachteln und schleifen von Fugen und Befestigungsmitteln.
Boden: **Estrich / Rohboden**
Unterkonstruktion: Einfach-Ständerwerk aus verzinkten Stahlblechprofilen
Profile: CW/UW 100
Beplankung: Gipskartonbauplatte GKB Typ **A / H2**
Plattendicken je Seite: 2x 12,5 mm
Oberfläche: Qualitätsstufe Q2
Dämmung: MW
Dämmdicke: 40 mm
Anschlüsse: starrer Anschluss
Feuerwiderstand: EI 30
Brandbelastung: beidseitig
Wanddicke: 150 mm
Wandhöhe: .....
Einbaubereich: **1 / 2**

70€	95€	**101€**	116€	146€	[m2]	⏱ 0,65h/m2	039.000.017

26 **Montagewand, Metall-UK, 100mm, GK DF zweilagig, MW 50mm, EI90** KG **342**

Nichttragende innere Trennwand, als beidseitig beplankte Montagewand, mit Dämmschicht aus Mineralwolleplatten, abrutschsicher und dicht gestoßen, inkl. Trennwandband und Trennstreifen an Bauteilübergängen, inkl. verspachteln und schleifen von Fugen und Befestigungsmitteln.
Boden: **Estrich / Rohboden**
Unterkonstruktion: Einfach-Ständerwerk aus verzinkten Stahlblechprofilen
Profile: CW/UW 50
Beplankung: Gipskartonplatte GKF Typ **DF / DFH2**
Plattendicken je Seite: 2x 12,5 mm
Oberfläche: Qualitätsstufe Q2
Dämmung: MW
Dämmdicke: 50 mm
Rohdichte Dämmung: .....
Anschlüsse: starrer Anschluss
Feuerwiderstand: EI 90
Brandbelastung: beidseitig
Schalldämmung: Rw,R = 55 dB
Wärmedurchgangskoeffizient: 0,61 W/(mK)
Wanddicke: 100 mm
Wandhöhe: .....
Einbaubereich: **1 / 2**

76€	100€	**111€**	127€	164€	[m2]	⏱ 0,65h/m2	039.000.018

Nr.	Kurztext / Langtext						Kostengruppe
►	▷	ø netto €	◁	◄	[Einheit]	Ausf.-Dauer	Positionsnummer

27 **Montagewand, Metall-UK, 200mm, GK zweilagig, doppeltes Ständerwerk, MW 80 mm** KG **342**

Nichttragende innere Trennwand, als beidseitig beplankte Installationswand mit doppeltem Ständerwerk, mit Dämmschicht aus Mineralwolleplatten, abrutschsicher und dicht gestoßen, inkl. Trennwandband und Trennstreifen an Bauteilübergängen, inkl. verspachteln und schleifen von Fugen und Befestigungsmitteln.
Boden: Rohboden
Unterkonstruktion: Doppelständerwerk aus verzinkten Stahlblech-Profilen
Profile: 2x CW/UW 75
Bekleidung: Gipskarton Typ **DF / DFH2**
Beplankung: je Seite: 2x 12,5 mm
Oberfläche: Qualitätsstufe Q2
Dämmung: MW
Dämmdicke: 2x 40 mm
Anschlüsse: starrer Anschluss
Feuerwiderstand: .....
Brandbelastung: beidseitig
Schalldämmung: Rw, R >61 dB
Wärmedurchgangskoeffizient: 0,60 W/(m²K)
Wanddicke: über 200 mm
Wandhöhe: .....
Einbaubereich: **1 / 2**

98€ | 117€ | **125€** | 137€ | 165€ | [m²] | ⏱ 0,80 h/m² | 039.000.019

Kosten:
Stand 1. Quartal 2026
Bundesdurchschnitt

28 **Innenwand, Gipswandbauplatte, Mauerwerk** KG **342**

Mauerwerk der nichttragenden Trennwand, aus Gipswandbauplatten, für späteren Putzauftrag, Stoßfugen eben abgezogen, inkl. Randanschlussstreifen nach DIN 4103-2.
Wanddicke: **80 / 100 mm**
Feuerwiderstand: .....
Brandbelastung: .....
Brandverhalten: A1
Rohdichte: ..... kg/m³
Oberfläche: **Fugen abziehen / ganzflächig Spachteln / ohne Verspachtelung**
Mörtel: Gipskleber für Gipswandbauplatten
Wandanschluss: .....
Wandhöhe: bis ..... m
Einbaubereich **1 / 2**

72€ | 82€ | **85€** | 90€ | 101€ | [m²] | ⏱ 0,60 h/m² | 039.000.079

► min
▷ von
ø Mittel
◁ bis
◄ max

29 **Anschluss, Montagewand, Dachschräge** KG **342**

Anschluss der nichttragenden Montagewand an Dachschräge, hinterlegt, als Schattenfuge einschl. Kantprofil. Abrechnung nach Länge des Anschlusses, in der Schräge gemessen.
Wanddicke: .....
Wandhöhe: von ..... bis .....
Bekleidung: Gipsplatte Typ ...., d= 12,5 mm
Beplankung je Wandseite: .....
Dachschräge: .....°

10€ | 12€ | **14€** | 15€ | 18€ | [m] | ⏱ 0,20 h/m | 039.000.070

30 Anschluss, gleitend, Montagewand KG **342**

Gleitender Anschluss für Montagewand, bis 20mm, inkl. aller notwendiger Profilschienen.
Beplankung je Wandseite: **einlagig / zweilagig**
Anschluss: **oben / seitlich**
Gipsplatten: Typ .....
Wanddicke: .....

▶	▷	ø netto €	◁	◀	[Einheit]	Ausf.-Dauer	Positionsnummer
10€	18€	**21€**	25€	34€	[m]	⏱ 0,30h/m	039.000.026

31 Montagewand, Ecken, Kantenprofil KG **342**

Eckausbildung der Montagewand, im Grundriss rechtwinklig, Ausführung mit Eck-/Kantenprofil.

▶	▷	ø netto €	◁	◀	[Einheit]	Ausf.-Dauer	Positionsnummer
7€	10€	**11€**	14€	21€	[m]	⏱ 0,18h/m	039.000.053

32 Montagewand, freies Wandende KG **342**

Freies Wandende der Montagewand, inkl. der Eck-/Kantenprofile.
Beplankung: **einlagig / zweilagig**
Gipsplatte: Typ .....
Breite der Stirnfläche: .....
Oberfläche: Qualitätsstufe Q2

▶	▷	ø netto €	◁	◀	[Einheit]	Ausf.-Dauer	Positionsnummer
10€	19€	**23€**	28€	40€	[m]	⏱ 0,30h/m	039.000.062

33 Montagewand, T-Anschluss KG **342**

T-Verbindung für Montagewand, Ausführung mit starrer Verbindung und Beplankung.
Ausführung: **unterbrochen / mit Inneneckprofilen**
Beplankung: **einlagig / zweilagig**
Gipsplatten: Typ .....
Wanddicken: .....

▶	▷	ø netto €	◁	◀	[Einheit]	Ausf.-Dauer	Positionsnummer
8€	13€	**15€**	19€	25€	[m]	⏱ 0,16h/m	039.000.028

34 Montagewand, Sockelunterschnitt KG **342**

Ausbildung eines unterschnittenen Sockels in vor beschriebener Montagewand mit zweilagiger Beplankung.

Leistung im Zuge der Wandmontage:

- Unterschnitt herstellen
- fehlende zweite Beplankung durch zusätzliche Gipsplattenstreifen innerhalb der Wand ergänzen

Höhe Sockelprofil ab OK FFB: ca. 60 mm
Tiefe Sockelprofil: 12,5 mm
FB-Aufbau: ca. .....
Ausführung gem. Detail Nr. .....

▶	▷	ø netto €	◁	◀	[Einheit]	Ausf.-Dauer	Positionsnummer
4€	9€	**10€**	13€	19€	[m]	⏱ 0,15h/m	039.000.147

023 024 025 026 027 028 029 030 031 032 033 034 036 037 038 **039**

Nr.	Kurztext / Langtext						Kostengruppe
▶	▷	**ø netto €**	◁	◀	[Einheit]	Ausf.-Dauer	Positionsnummer

35 Türöffnung, Montagewand KG **344**

Türöffnung in Gipskarton- bzw. Gipsplatten-Montagewänden herstellen, mit Türpfosten aus UA-Profilen, inkl. aller erforderlichen Türpfostenwinkel-Profile bzw. verstärkten Profile bei Wandhöhen über 2600mm und schweren Türblättern.
Baurichtmaß (B x H): **625 / 750 / 875 / 1.000** x 2.125 mm
Bekleidung: Gipsplatte Typ .....
Beplankung: **einlagig / zweilagig** je Seite
Wanddicke: **75 / 100 / 125 / 150** mm
Wandhöhe: ...

40€ 68€ **80€** 99€ 143€ [St] ⏱ 0,50h/St 039.000.020

36 Fensteröffnung, Montagewand KG **344**

Fensteröffnung in Gipskarton- bzw. Gipsplatten-Montagewänden mit Rand aus UA-Profilen, inkl. aller erforderlichen Türpfostenwinkel-Profile bzw. verstärkten Profile bei Wandhöhen über 2600mm.
Baurichtmaß (B x H): ..... x .....
Bekleidung: Gipsplatte Typ .....
Beplankung: **einlagig / zweilagig** je Seite
Wanddicke: **75 / 100 / 125 / 150** mm
Wandhöhe: .....

37€ 82€ **101€** 139€ 202€ [St] ⏱ 0,50h/St 039.000.072

37 Türzargen, Aluminium beschichtet KG **344**

Türzarge als Umfassungszarge, in Montagewand einbauen, mit Anschlagdämpfung als Hohlkammerprofil, Hohlraum dicht hinterfüllt mit Mineralwolle. Zarge mit Kerbe im Schließblech genau auf Meterriss ausrichten.
Türzarge: **einteilig / dreiteilig**
Material: Aluminium-Strangpressprofil
Profildicke: **1,5 / 2 mm**
Maulweite: .....
Zargen-Profil: .....
Türblätter: **gefälzt / ungefälzt**
Türband: Objektbänder, Typ ..... / .....
Zargenoberfläche: .....
Baurichtmaß (B x H): **625 / 750 / 875 / 1.000** x 2.130 mm
Wanddicke: .....

145€ 221€ **245€** 318€ 524€ [St] ⏱ 1,10h/St 039.000.021

38 Türzargen, Umfassungszarge, einbauen KG **344**

Einbau von bauseitig gelieferten und gestellten Umfassungszargen in Montagewände.
Material: **Stahlblech / Aluminiumblech**
Ausführung: **einteilig / dreiteilig**
Fußbodeneinstand: **mit / ohne**
Baurichtmaß (B x H): **625 / 750 / 875 / 1.000** x 2.130 mm
Bekleidung: .....
Wanddicke:.....

48€ 77€ **88€** 123€ 179€ [St] ⏱ 0,75h/St 039.000.022

Kosten:
Stand 1. Quartal 2026
Bundesdurchschnitt

▶ min
▷ von
ø Mittel
◁ bis
◀ max

Nr.	**Kurztext** / Langtext						Kostengruppe
▶	▷	**ø netto €**	◁	◀	[Einheit]	Ausf.-Dauer	Positionsnummer

A 1 Revisionsklappe beplankt — Beschreibung für Pos. **39-40**

Revisionsklappe für Wandbekleidung bzw. Vorsatzschale. Klappe ohne sichtbaren Verschluss. Einbau- und Klapprahmen aus Aluminium, öffnen der Klappe durch leichtes Andrücken, Ausführung mit Fangarmsicherung; inkl. herstellen der Aussparung, inkl. flächenbündiger Beplankung und Verspachtelung.
Brandschutz: ohne Anforderung
Bekleidung: .....

39 Revisionsklappe 30x30 — KG **345**

Wie Ausführungsbeschreibung A 1
Beplankung: **einlagig / zweilagig** je Seite
Plattendicke: .....
Klappengröße: 300 x 300 mm

43€	78€	**89€**	111€	148€	[St]	⏱ 0,26h/St	039.000.142

40 Revisionsklappe 40x60 — KG **345**

Wie Ausführungsbeschreibung A 1
Beplankung: **einlagig / zweilagig** je Seite
Plattendicke: .....
Klappengröße: 400 x 600 mm

64€	93€	**108€**	132€	188€	[St]	⏱ 0,28h/St	039.000.089

41 Revisionsöffnung/-klappe, eckig, Brandschutz EI90 — KG **345**

Revisionsklappe für Wandbekleidung bzw. Vorsatzschale mit Brandschutzanforderung, Klappe ohne sichtbaren Verschluss, Einbau- und Klapprahmen aus Aluminium, öffnen der Klappe durch leichtes Andrücken, Ausführung mit Fangarmsicherung; inkl. herstellen der Aussparung, inkl. flächenbündiger Beplankung und Verspachtelung der Revisionsklappe.
Bekleidung: .....
Beplankung: **einlagig / zweilagig** je Seite
Plattendicke: .....
Klappengröße (L x B): bis 500 x 500 mm
Brandschutz: EI 90
Angeb. Fabrikat: .....

309€	454€	**509€**	575€	749€	[St]	⏱ 0,55h/St	039.000.025

42 Montagewand, Verstärkung UK, OSB — KG **342**

Verstärkung der Unterkonstruktion der Montagewand mit Holzplattenstreifen, eingebaut in Oberschrankhöhe.
Material: **OSB / Mehrschichtholz**
Plattendicke: .....
Plattenstreifen: 300 mm

10€	21€	**24€**	28€	39€	[m]	⏱ 0,12h/m	039.000.048

43 Montagewand, Verstärkung UK, UA-Profile — KG **342**

Verstärkung der Unterkonstruktion der Montagewand, mit zusätzlichen Metall-Profil aus verzinktem Stahlblech.
Profilstärke: 2 mm
Profil: UA **50 / 75 / 100** mm
Einzellänge bis: ..... m

8€	14€	**16€**	18€	24€	[m]	⏱ 0,10h/m	039.001.184

Kosten:
Stand 1. Quartal 2026
Bundesdurchschnitt

► min
▷ von
ø Mittel
◁ bis
◄ max

Nr.	**Kurztext** / Langtext						Kostengruppe
►	▷	**ø netto €**	◁	◄	[Einheit]	Ausf.-Dauer	Positionsnummer

44 Tragständer/Traverse, wandhängende Lasten KG **342**

Traggerüst im Wandhohlraum, befestigt an Rohfußboden und Decke, aus verzinkten Stahlblechprofilen, Objektbefestigung mit Gewindestangen, U-Scheiben und Stahlmuttern von selbstschneidenden Schrauben.
Einbaubereich: **1 / 2**
Wandhängende Lasten: bis 1,5 kN/m
Wandhöhe: .....

42€	72€	**79€**	91€	136€	[St]	⏱ 0,20 h/St	039.000.073

45 Vorsatzschale, GK/GF KG **345**

Nichttragende innere, freistehende Vorsatzschale, inkl. Trennwandband und Trennstreifen an Bauteilübergängen, inkl. verspachteln und schleifen von Fugen und Befestigungsmitteln.
Befestigung: .....
Unterkonstruktion: Einfach-Ständerwerk aus verzinkten Stahlblechprofilen
Profilgröße: **50 / 75 mm**
Bekleidung: .....
Plattendicke: **1x ..... / 2x .....** mm
Oberfläche: Qualitätsstufe Q2
Anschluss: starrer Anschluss .....
Brandschutz: **EI 0 / EI 30**
Brandbelastung: einseitig
Wanddicke: .....
Wandhöhe: .....
Einbaubereich: **1 / 2**

49€	59€	**63€**	76€	111€	[m²]	⏱ 0,40 h/m²	039.000.031

46 Vorsatzschale, Feuchträume KG **345**

Nichttragende innere, freistehende Vorsatzschale, als Installationswand/Schachtwand im Feuchtbereich, mit Dämmschicht aus Mineralwolleplatten, abrutschsicher und dicht gestoßen, inkl. Trennwandband und Trennstreifen an Bauteilübergängen, inkl. verspachteln und schleifen von Fugen und Befestigungsmitteln.
Befestigung: frei stehend zwischen Stb-Boden und Stb-Decke
Unterkonstruktion: Einfach-Ständerwerk aus verzinkten Stahlblechprofilen
Profile: CW/UW **50 / 75** mm
Beplankung: **Gipsplatte Typ H2 / Gipsfaserplatte**
Plattendicken einseitig: 12,5 mm
Oberfläche: Qualitätsstufe Q2
Dämmung: MW, d= ..... mm, ... kg/m³
Wärmeleitfähigkeit: ..... W/(mK)
Strömungswiderstand: mind. 5 kPa s/m²
Anschluss: starrer Anschluss
Feuerwiderstand: EI 0
Wanddicke: **62,5 / 75 / 87,5 / 100 / 112,5** mm
Wandhöhe: .....
Einbaubereich: **1 / 2**

58€	72€	**76€**	88€	114€	[m²]	⏱ 0,40 h/m²	039.000.029

Nr.	Kurztext / Langtext						Kostengruppe
▶	▷	ø netto €	◁	◀	[Einheit]	Ausf.-Dauer	Positionsnummer

47 Vorsatzschale, GK/GF, Schallschutz, R>50dB KG **345**

Nichttragende innere, freistehende Vorsatzschale oder Schachtwand, schalldämmend, mit Dämmschicht aus Mineralwolleplatten, abrutschsicher und dicht gestoßen, inkl. Trennwandband und Trennstreifen an Bauteilübergängen, inkl. verspachteln und schleifen von Fugen und Befestigungsmitteln.
Befestigung: .....
Unterkonstruktion: Einfach-Ständerwerk aus verzinkten Stahlblechprofilen
Profile: CW/UW .....
Bekleidung: .....
Plattendicken: 2x .....
Oberfläche: Qualitätsstufe Q2
Dämmung: .....
Wärmedurchgangskoeffizient: ..... W/(m²K)
Strömungswiderstand: mind. 5 kPa s/m²
Dämmdicke: .....
flächenbezogene Masse: ..... kg/m²
Anschlüsse: starrer Anschluss
Feuerwiderstand: EI 0
Schalldämmung: Rw, R ≥50 dB
Wanddicke: .....
Wandhöhe: .....
Einbaubereich: **1 / 2**

47€	66€	**72€**	86€	111€	[m²]	⏱ 0,45 h/m²	039.000.030

48 Schachtwand, GK, EI 90 KG **342**

Nichttragende innere, freistehende Schachtwand, inkl. Trennwandband und Trennstreifen an Bauteilübergängen, inkl. verspachteln und schleifen von Fugen und Befestigungsmitteln.
Befestigung: .....
Unterkonstruktion: Einfach-Ständerwerk aus verzinkten Stahlblechprofilen
Profile: CW/UW **50 / 75** mm
Bekleidung: Gipsplatte GK Typ DF .....
Plattendicke: 2x .....
Oberfläche: Qualitätsstufe Q2
Anschluss: starrer Anschluss
Feuerwiderstand: EI 90
Brandbelastung: einseitig
Wanddicke: .....
Wandhöhe: .....

66€	88€	**97€**	120€	160€	[m²]	⏱ 0,55 h/m²	039.000.056

023
024
025
026
027
028
029
030
031
032
033
034
036
037
038
039

Nr.	Kurztext / Langtext						Kostengruppe
►	▷	ø netto €	◁	◀	[Einheit]	Ausf.-Dauer	Positionsnummer

49 Verkofferung/Bekleidung, Rohrleitungen, Abwicklung 800mm KG **345**

Bekleidung von Installationsleitungen, mit Hohlraumdämmung aus Mineralwolle, inkl. verspachteln und schleifen. Abrechnung der notwendigen Eck-/Kantenprofile und V-Fräsungen nach getrennter Position.
Ansicht: **zweiseitig / dreiseitig**
Höhe Verkofferung: .....
Abwicklung: bis 800mm
Bekleidung: **Gipsplatte / Gipsfaserplatte**
Plattendicke: 1x 12,5 mm
Oberfläche: Qualitätsstufe Q2
Dämmung: MW, A1, 30 kg/m^3, 5 kPa x s/m^2
Untergrund: .....

60€ | 78€ | **87€** | 101€ | 137€ | [m] | ⏱ 0,40h/m | 039.000.032

Kosten:
Stand 1. Quartal 2026
Bundesdurchschnitt

50 Trockenputz, Gipsverbundplatte KG **345**

Wandbekleidung aus Gipsverbundplatten mit aufkaschierter Dämmschicht, auf vorbereitete Wandflächen, inkl. Verspachtelung.
Plattendicke: 1x 12,5 mm
Dämmschicht: **MW / PS**
Wärmedämmung: ..... W/(mK)
Dämmdicke: **40 / 60 / 80** mm
Oberfläche: Qualitätsstufe Q2
Brandverhalten Klasse: **A1 / E**
Einbauhöhe: .....
Untergrund: .....

43€ | 58€ | **64€** | 74€ | 92€ | [m^2] | ⏱ 0,35h/m^2 | 039.000.033

51 Trockenputz, GK A/H2 KG **345**

Wandbekleidung als Trockenputz aus Gipsplatten, auf vorbereitete Wandflächen, Anschlüsse ringsum, an Boden und Wände starr, inkl. Verspachtelung.
Bekleidung: Gipsplatte Typ **A / H2**
Plattendicke: 1 x 12,5 mm
Oberfläche: Qualitätsstufe Q2
Einbauhöhe: .....
Untergrund: **Mauerwerk / Stahlbeton**

28€ | 39€ | **43€** | 51€ | 76€ | [m^2] | ⏱ 0,35h/m^2 | 039.000.034

52 Bekleidung GK/GF, einlagig, auf UK KG **364**

Einlagige Bekleidung von Wand oder Decke mit Gipsplatten, auf vorhandener Unterkonstruktion, inkl. verspachteln und schleifen.
Bauteil: .....
Untergrund: .....
Achsmaß: .....
Bekleidung: einseitig, **Gipsfaserplatte / Gipskartonplatte** Typ .....
Plattendicke: 1x 12,5 mm
Einbauhöhe: bis 3,00 m
Oberfläche: Qualitätsstufe Q2

23€ | 32€ | **34€** | 37€ | 45€ | [m^2] | ⏱ 0,32h/m^2 | 039.000.035

► min
▷ von
ø Mittel
◁ bis
◀ max

Nr.	Kurztext / Langtext						Kostengruppe
▶	▷	**ø netto €**	◁	◀	[Einheit]	Ausf.-Dauer	Positionsnummer

53 Bekleidung GK/ GF, doppelt, auf UK KG **364**

Zweilagige Bekleidung von Wand oder Decke mit Gipsplatten, auf vorhandener Unterkonstruktion, inkl. Verspachtelung.
Bauteil: .....
Untergrund: .....
Achsmaß: .....
Bekleidung: einseitig, **Gipsfaserplatte / Gipskartonplatte** Typ .....
Plattendicke: 2x 12,5 mm
Einbauhöhe: bis 3,00 m
Oberfläche: Qualitätsstufe Q2

52€	61€	**65€**	68€	76€	[m²]	⏱ 0,44 h/m²	039.000.036

54 Bekleidung Gipsplatte, einseitig, auf UK, EI90 KG **364**

Feuerbeständige Bekleidung von Wand oder Decke mit Gipsplatten, auf vorhandener Unterkonstruktion, inkl. verspachteln und schleifen.
Bauteil: .....
Befestigungsuntergrund: .....
Achsmaß: .....
Bekleidung: Gipsplatte **Typ DF / Typ DF H2**
Plattendicke: .....
Feuerwiderstand: EI90
Brandbelastung: von unten, in Verbindung mit der Dachkonstruktion aus Holzsparren und harter Bedachung
Einbauhöhe: .....
Oberfläche: Qualitätsstufe Q2

66€	110€	**132€**	144€	206€	[m²]	⏱ 0,50 h/m²	039.000.037

55 Anschluss, Wandbekleidung GK/GF, Dachschräge KG **342**

Anschluss der Wandbekleidung auf UK an Dachschräge, hinterlegt, als Schattenfuge inkl. Kantprofil. Abrechnung nach Länge des Anschlusses, in der Schräge gemessen.
Wandhöhe: von ..... bis .....
Bekleidung: **GK / GF** Typ ...., d= 12,5 mm
Beplankung: **einlagig / zweilagig**
Dachschräge: .....°

5€	7€	**10€**	11€	13€	[m]	⏱ 0,20 h/m	039.001.185

56 Bekleidung GK/GF, Lüftungskanal KG **354**

Bekleidung Lüftungs-Stahlblechkanal, Kanal abgehängt, innen, inkl. Verspachtelung.
Kanalquerschnitt: .....
Beplankung: **einfach / doppelt** je Seite
Feuerwiderstand: EI .....
Brandbelastung: .....
Verkleidungsflächen: .....
Abwicklung: .....
Untergrund: **Stahlbeton- / Holzbalkendecke**
Oberfläche: Qualitätsstufe Q2
Einbauhöhe: .....
Abhänghöhe: .....

62€	93€	**103€**	106€	130€	[m²]	⏱ 0,40 h/m²	039.000.038

Kosten:
Stand 1. Quartal 2026
Bundesdurchschnitt

Nr.	**Kurztext** / Langtext						Kostengruppe
▶	▷	**ø netto €**	◁	◀	[Einheit]	Ausf.-Dauer	Positionsnummer

57 Laibung, Fenster, GF KG **336**

Fensterlaibung mit Gipsfaserplatten bekleiden, einschl. Ausbildung der Ecken und Übergänge an Wandbekleidung mit Kantenschutzprofil.
Bekleidung: Gipsfaserplatte
Plattendicke: 12,5 mm
Untergrund: Holzsparren
Laibungstiefe: .....
Abwicklung: .....
Oberfläche: Qualitätsstufe Q2

21€	25€	**26€**	31€	40€	[m]	⏱ 0,18 h/m	039.000.080

58 Laibung, Fenster, GK Typ A KG **336**

Fensterlaibung mit Gipskartonplatten bekleiden, einschl. Ausbildung der Ecken und Übergänge an Wandbekleidung mit Kantenschutzprofil.
Platte: Gipsplatte, GKB Typ A
Plattendicke: 12,5 mm
Untergrund: Holzsparren
Laibungstiefe: .....
Abwicklung: .....
Oberfläche: Qualitätsstufe Q2

14€	22€	**26€**	29€	35€	[m]	⏱ 0,20 h/m	039.000.081

59 Laibung, Dachfenster, Gipsverbundplatte, 20mm KG **364**

Dachfensteranschluss (Laibung) mit Gipsverbundplatte, bestehend aus faserkaschierter Gipsplatte und Dämmschicht aus Polystyrol-Hartschaum, inkl. Anarbeiten an Dachflächenfenster mit umlaufendem Kunststoffanschlussprofil, sowie Herstellen des Anschlusses an die Wandbekleidung aus Gipsplatten mit Eckschiene und Gewebeband.
Untergrund: Holzsparren
Elementdicke: 20 mm
Wärmeleitfähigkeit Dämmstoff: 0,032 W/(mK)
Oberfläche: Qualitätsstufe Q2

33€	49€	**59€**	81€	108€	[m]	⏱ 0,35 h/m	039.000.082

60 GK, imprägniert KG **342**

Mehrpreis für die Verwendung von imprägnierten Gipskartonplatten Typ H2, anstelle normaler Gipskartonplatte Typ A.
Plattendicke: 12,5 mm
Einbauort: Feuchträume

3€	4€	**5€**	6€	10€	[m²]	⏱ 0,04 h/m²	039.000.042

61 Dampfsperre, Trockenbau KG **364**

Dampfsperrbahn inkl. verkleben von Anschlüssen, Durchdringungen, Stößen und Überlappungen mit systemabgestimmten Klebebändern. Vergütung der Randanschlüsse, Durchdringungen und Aussparungen nach gesonderter Position.
sd-Wert: ≤2,30 m
Einbauort: ......

6€	9€	**11€**	15€	28€	[m²]	⏱ 0,03 h/m²	039.000.040

▶ min
▷ von
ø Mittel
◁ bis
◀ max

62 Mineralwolledämmung, zwischen Sparren KG **364**

Wärmedämmung zwischen Sparren, als Matte, stumpf gestoßen, Matte gegenüber Sparrenabstand mit 10mm Übermaß zuschneiden und bündig mit Sparrenunterkante dicht gestoßen und abgleitsicher einbauen.
Dämmstoff: MW
Anwendung: **DZ / WH**
Bemessungswert der Wärmeleitfähigkeit: max. 0,032 W/(mK)
Nennwert der Wärmeleitfähigkeit: 0,031 W/(mK)
Brandverhalten: A1
Dämmdicke: .....
Sparrenabstand: 600-800 mm

19€ 27€ **30€** 36€ 46€ [m²] ⏱ 0,20h/m² 039.000.039

63 Dämmschicht, zwischen UK, bis 60mm KG **342**

Dämmschicht in Installationsebene, einlagig, zwischen Holztragprofile einbauen.
Einbauort: Außenwände, innenliegende Installationsebene
Abstand Unterkonstruktion: 62,5 cm
Dämmstoff: **Mineralwolle / Zellulose**
Anwendung: **DZ / WH**
Bemessungswert der Wärmeleitfähigkeit: max. 0,035 W/(mK)
Nennwert der Wärmeleitfähigkeit: 0,034 W/(mK)
Brandverhalten: .....
Dämmdicke: bis 60 mm

9€ 12€ **14€** 19€ 27€ [m²] ⏱ 0,10h/m² 039.000.067

64 Doppelboden, Plattenbelag/Unterkonstruktion KG **353**

Doppelboden-Anlage, bestehend aus Unterkonstruktion und Plattenbelag, Tragkonstruktion aus höhenverstellbaren, nivellierbaren, korrosionsgeschützten Stahlprofilen, mit Auflagerplatte, vorbereitet zur Aufnahme der Plattenbeläge.
Bauuntergrund: .....
Belastung: .....
Lastklasse: Elementklasse .....
Bauhöhe: .....
Plattenbelag: **Mineralplatte / Stahlwanne mit Füllung aus Leichtbeton**
Plattendicke: .....
Plattenformat: 600 x 600 mm
Oberfläche: .....
Feuerwiderstand: .....
Brandverhalten: .....
Brandbelastung: .....

122€ 217€ **241€** 289€ 423€ [m²] ⏱ 0,70h/m² 039.000.055

Kosten:
Stand 1. Quartal 2026
Bundesdurchschnitt

Nr.	**Kurztext** / Langtext						Kostengruppe
▶	▷	**ø netto €**	◁	◀	[Einheit]	Ausf.-Dauer	Positionsnummer

65 Revisionsöffnung, Doppelboden KG **353**

Revisionsöffnungen für Doppelboden-System, mit aufnehmbarer Doppel-Bodenplatte als Abdeckplatte, Einbaurahmen mit höhenverstellbarem Spezialprofil.
Einbau: fußbodeneben in den vorgenannten Hohlboden
Bodenaufbau: .....
Bodenplatten: .....
Brandverhalten: Klasse A1 nach EN 13501
Abmessung: 600 x 600 mm

▶	▷	ø	◁	◀	Einheit	Ausf.-Dauer	Positionsnummer
57€	100€	**106€**	126€	162€	[St]	⏱ 0,20h/St	039.000.140

66 Trockenestrich, Spanplatten, 25mm, einlagig KG **353**

Trockenestrich aus zementgebundenen Holzspanplatten, auf Dämmschicht, zur Aufnahme von Bodenbelag.
Untergrund: .....
Plattendicke: 25 mm
Einzellasttragfähigkeit: ..... kN

▶	▷	ø	◁	◀	Einheit	Ausf.-Dauer	Positionsnummer
35€	48€	**51€**	59€	72€	[m²]	⏱ 0,30h/m²	039.000.159

67 Trockenestrich, GF Platten, 18mm, einlagig KG **353**

Trockenestrich aus Gipsfaserplatten, auf Dämmschicht, zur Aufnahme von Parkettbelag.
Untergrund: .....
Plattendicke: 18 mm
Einzellasttragfähigkeit: ..... kN
Feuerwiderstand: .....

▶	▷	ø	◁	◀	Einheit	Ausf.-Dauer	Positionsnummer
33€	42€	**47€**	53€	62€	[m²]	⏱ 0,30h/m²	039.000.043

68 Trockenestrich, GF Platten, 12,5mm, zweilagig KG **353**

Trockenestrich aus Gipsfaserplatten, zweilagig, auf Dämmschicht, zur Aufnahme von Parkettbelag.
Untergrund: .....
Plattendicke: 2x 12,5 mm
Einzellasttragfähigkeit: ..... kN
Feuerwiderstand: .....

▶	▷	ø	◁	◀	Einheit	Ausf.-Dauer	Positionsnummer
–	44€	**53€**	67€	–	[m²]	⏱ 0,30h/m²	039.000.158

69 Ausgleichsschicht, Mineralstoff, Trockenestrich KG **353**

Ausgleichsschicht unter Trockenestrich, aus Schüttung aus gebrochenem Mineralstoff, einschl. Verdichten.
Schüttungsdicke i. M.: bis 30 mm (verdichtet)
Körnung: bis 2 mm

▶	▷	ø	◁	◀	Einheit	Ausf.-Dauer	Positionsnummer
16€	22€	**25€**	28€	37€	[m²]	⏱ 0,15h/m²	039.000.049

▶ min
▷ von
ø Mittel
◁ bis
◀ max

70 WC-Trennwandanlage, HPL Kompaktplatten — KG **346**

WC-Trennwandanlage aus HPL-Kompaktplatten nach DIN EN 438-7, mit Tragkonstruktion aus Aluminium-Profilen. Konstruktion beidseits der Tür senkrecht bis zum Boden durchgehende Aluminium-Rundprofile mit integrierten Türanschlagstegen und geräuschdämpfendem Gummikeder. Über der Vorderfront ein waagerechtes durchgehendes Aluminium-Profil, vordere Kante stark abgerundet. Wandanschluss durch Aluminium-U-Profile. Integrierte Füße aus Aluminium, auf dem Boden verdübelt, mit trittsicheren Abdeckrosetten, Farbe wie Rundrohre.
Trennwandhöhe: .....
Bodenabstand: 15 cm
Zwischenwände: ....
Türen: ....
Plattendicke: 13 mm
Oberfläche: raumatt
Farben: .....
Ausstattung je Kabine: 1 Kleiderhaken, 1 Tür-Puffer
Angeb. Fabrikat: .....

215€	254€	**268€**	292€	343€	[m²]	⏱ 0,45 h/m²	039.000.044

71 Urinaltrennwand, Schichtstoff-Verbundelemente — KG **342**

Urinaltrennwand, wandhängend, Ecken gerundet, aus Verbundelementen.
Abmessung (H x T): 900 x 450 mm
Bodenfreiheit: ca. 600 mm
Ausführung: **HPL-Vollkernplatten / ESG-Sicherheitsglas mit Siebdruck-Oberfläche**
Dicke: .....
Befestigungsuntergrund: .....
Angeb. Fabrikat: .....

153€	261€	**321€**	342€	469€	[St]	⏱ 0,75 h/St	039.000.083

72 Montagewand, Waschbecken-Tragständer — KG **342**

Waschbecken-Tragständer, aus verzinkten Stahlprofilen, in Montagewand, wandhängend, einseitig.
Ausstattung: Halterung für Wandbatterie und Ablaufrohr, Rohr-in-Rohr-System, inkl. Zubehör
Konsollast: bis 0,7 kN/m

141€	199€	**223€**	273€	449€	[St]	⏱ 0,60 h/St	039.000.046

73 Verfugung, Acryl Dichtstoff überstreichbar — KG **342**

Plastoelastische Verfugung mit überstreichbarem Ein-Komponenten-Dichtstoff auf Acryldispersionsbasis, inkl. Flankenvorbehandlung an den Anschlussflächen und Hinterlegen der Fugenhohlräume mit Hinterfüllmaterial, Fuge geglättet.
Fugenbreite: .....
Untergrund: .....

2€	4€	**5€**	7€	14€	[m]	⏱ 0,05 h/m	039.000.045

74 Spachtelung, GK Platten, erhöhte Qualität Q3 — KG **345**

Spachtelung der Oberfläche mit Qualitätsstufe Q2 zum Erreichen einer höheren Qualitätsstufe, bei Gipsplattenbekleidungen an Wänden, geeignet für feinstrukturierten Wandbelag bzw. Farbanstrich.
Oberfläche: Qualitätsstufe Q3

5€	10€	**11€**	14€	19€	[m²]	⏱ 0,10 h/m²	039.000.061

023 024 025 026 027 028 029 030 031 032 033 034 036 037 038 039

Nr.	Kurztext / Langtext						Kostengruppe
▶	▷	ø netto €	◁	◀	[Einheit]	Ausf.-Dauer	Positionsnummer

75 Bekleidung anarbeiten, GK, Installationsdurchführung KG **342**

Gipsplatten-Bekleidung anarbeiten an Leitungen. Preis je Wandseite (St).
Leitung: **Sanitär- / Lüftungs- / Heizungsleitung**
Leitungsprofil: **rechteckig / rund**
Abmessungen: bis **0,1 / 0,5** m²

8€	19€	**24€**	32€	47€	[St]	⏱ 0,12h/St	039.000.074

76 Kellertrennwand, Lattenverschlag KG **346**

Kellertrennwand als Lattenverschlag, mit Latten nach DIN 4074-1, bei visueller Sortierung - Sortierklasse nach DIN 4074-1 = S10 oder bei maschineller Sortierung - Festigkeitsklasse nach DIN EN 338 = C24, ohne chemischen Holzschutz. Trennwand oben und unten mit verzinkten Stahlwinkeln befestigt. Ausführung gem. Zeichnung und Einzelbeschreibung.
Oberfläche: scharfkantig gehobelt
Holzpfosten: 60 x 60 mm
Pfostenabstand: bis 1,0 m
Latten: 30 x 50 mm
Lattenabstand: 50 mm
Verschlaghöhe: bis 2,50 m
Untergrund: Stahlbeton

30€	53€	**64€**	72€	93€	[m²]	⏱ 0,70h/m²	016.000.029

77 Tür, Lattenverschlag KG **346**

Tür für Kellertrennwand: wie vorher beschrieben.
Ausführung: öffnend, vorgerichtet für Vorhängeschloss
Öffnungsrichtung: .....
Türmaße (B x H): ca. 800 x 2.000 mm

–	74€	**95€**	127€	–	[St]	⏱ 0,10h/St	016.001.181

78 Stundensatz, Facharbeiter/-in

Stundenlohnarbeiten für Vorarbeiter/-in, Gesellin/Geselle, Facharbeiter/-in und Gleichgestellte, sowie ähnliche Fachkräfte.
Der Verrechnungssatz für die jeweilige Arbeitskraft umfasst sämtliche Aufwendungen wie Lohn- und Gehaltskosten, Lohn- und Gehaltsnebenkosten, Zuschläge, lohngebundene und lohnabhängige Kosten, sonstige Sozialkosten, Gemeinkosten, Wagnis und Gewinn. Leistung nach besonderer Anordnung der Bauüberwachung. Anmeldung und Nachweis gem. VOB/B.

56€	71€	**76€**	83€	103€	[h]	⏱ 1,00h/h	039.000.084

79 Stundensatz, Helfer/-in

Stundenlohnarbeiten für Arbeitskräfte ohne Facharbeiterqualifikation (Helfer/-innen, Hilfsarbeiter/-innen, Ungelernte, Angelernte). Der Verrechnungssatz für die jeweilige Arbeitskraft umfasst sämtliche Aufwendungen wie Lohn- und Gehaltskosten, Lohn- und Gehaltsnebenkosten, Zuschläge, lohngebundene und lohnabhängige Kosten, sonstige Sozialkosten, Gemeinkosten, Wagnis und Gewinn. Leistung nach besonderer Anordnung der Bauüberwachung. Anmeldung und Nachweis gem. VOB/B.

50€	60€	**65€**	69€	78€	[h]	⏱ 1,00h/h	039.000.085

Kosten:
Stand 1.Quartal 2026
Bundesdurchschnitt

▶ min
▷ von
ø Mittel
◁ bis
◀ max

C Gebäudetechnik

Kosten:
Stand 1. Quartal 2026
Bundesdurchschnitt

► min
▷ von
ø Mittel
◁ bis
◄ max

Wärmeversorgungsanlagen - Betriebseinrichtungen — Preise €

Nr.	Positionen	Einheit	►	▷	ø brutto € / ø netto €	◁	◄
1	Gas-Brennwerttherme, Wand, bis 15kW	St	7.210	8.045	**8.242**	9.186	10.646
			6.059	6.760	**6.926**	7.719	8.946
2	Gas-Brennwerttherme, Wand, 15 bis 25kW	St	6.697	7.432	**8.324**	9.598	11.320
			5.627	6.245	**6.995**	8.066	9.512
3	Gas-Brennwerttherme, Wand, 25 bis 50kW	St	9.044	11.049	**12.094**	13.782	15.787
			7.600	9.285	**10.163**	11.581	13.266
4	Gas-Brennwertkessel, bis 25kW	St	6.949	8.485	**9.140**	9.928	11.603
			5.840	7.131	**7.681**	8.343	9.751
5	Gas-Brennwertkessel, 50 bis 70kW	St	10.192	12.030	**13.787**	16.916	18.227
			8.565	10.109	**11.585**	14.215	15.317
6	Gas-Brennwertkessel, 150 bis 225kW	St	17.964	20.623	**21.002**	25.335	30.624
			15.096	17.331	**17.649**	21.290	25.735
7	Schornsteinanlage	St	5.216	7.692	**9.060**	11.998	16.587
			4.383	6.464	**7.613**	10.083	13.939
8	Abgasverbindungsleitung, Edelstahl	St	444	510	**601**	721	841
			373	429	**505**	606	707
9	Neutralisationsanlage, Brennwertgeräte	St	446	682	**793**	928	1.401
			375	573	**666**	780	1.177
10	Neutralisationsgranulat 5kg	St	83	136	**163**	208	279
			70	114	**137**	175	234
11	Heizungsverteiler, Vorlaufverteiler/Rücklaufsammler	St	2.172	3.651	**3.771**	4.695	6.962
			1.826	3.068	**3.169**	3.945	5.850
12	Holz/Pellet-Heizkessel, bis 25kW	St	14.174	16.679	**17.958**	19.806	23.055
			11.911	14.016	**15.091**	16.643	19.374
13	Holz/Pellet-Heizkessel, 25 bis 50kW	St	17.170	19.242	**22.583**	26.516	29.921
			14.429	16.170	**18.977**	22.282	25.143
14	Holz/Pellet-Heizkessel, 50 bis 120kW	St	30.796	47.699	**59.301**	82.789	109.235
			25.879	40.083	**49.833**	69.571	91.794
15	Pellet-Fördersystem, Förderschnecke	St	3.536	4.739	**5.110**	5.924	7.250
			2.972	3.982	**4.294**	4.978	6.092
16	Pellet-Fördersystem, Saugleitung	St	2.477	4.006	**5.083**	6.353	7.667
			2.081	3.366	**4.271**	5.339	6.443
17	Brennstofflagerbehälter für Holzpellets	St	3.636	5.136	**5.758**	6.215	8.086
			3.056	4.316	**4.838**	5.222	6.795
18	Erdgas-BHKW-Anlage, 1,0kW$_{el}$, 2,5kW$_{th}$	St	29.068	29.999	**35.482**	39.433	41.068
			24.427	25.209	**29.817**	33.137	34.511
19	Erdgas-BHKW-Anlage, 5-20kW$_{el}$, 10-45kW$_{th}$	St	82.446	85.653	**99.308**	113.376	116.583
			69.282	71.977	**83.452**	95.274	97.969
20	Flach-Solarkollektoranlage, thermisch, bis 10m^2	St	9.049	12.428	**14.073**	15.329	17.851
			7.605	10.443	**11.826**	12.881	15.001
21	Flach-Solarkollektoranlage, thermisch, 10-20m^2	St	16.580	19.786	**20.986**	22.655	26.312
			13.933	16.627	**17.635**	19.038	22.111
22	Flach-Solarkollektoranlage, thermisch, 20-30m^2	St	23.226	28.353	**30.640**	32.256	37.219
			19.518	23.826	**25.748**	27.106	31.276
23	Pufferspeicher bis 500l	St	1.383	2.193	**2.622**	3.311	4.298
			1.162	1.843	**2.203**	2.782	3.612
24	Pufferspeicher bis 1.000l	St	2.655	3.915	**4.409**	5.352	8.134
			2.231	3.290	**3.705**	4.498	6.835

Nr.	Positionen	Einheit	►	▷	**ø brutto €** ø netto €	◁	◄
25	Pufferspeicher bis 2.000l	St	3.230	4.804	**5.132**	6.452	8.026
			2.714	4.037	**4.312**	5.422	6.745
26	Trinkwarmwasserbereiter, Durchflussprinzip, 1-15 l/min	St	4.386	5.195	**5.772**	6.638	7.634
			3.686	4.366	**4.851**	5.578	6.415
27	Trinkwarmwasserbereiter, Durchflussprinzip, 1-30 l/min	St	5.170	5.828	**6.476**	7.447	8.276
			4.345	4.898	**5.442**	6.258	6.954
28	Wärmepumpe, bis 15kW, Wasser	St	22.226	24.743	**25.802**	26.863	29.983
			18.678	20.793	**21.682**	22.574	25.195
29	Wärmepumpe, 15-25kW, Wasser	St	25.033	26.990	**27.756**	28.599	30.555
			21.036	22.680	**23.325**	24.033	25.676
30	Wärmepumpe, 25-35kW, Wasser	St	24.545	27.188	**31.292**	35.023	39.786
			20.626	22.847	**26.296**	29.431	33.434
31	Wärmepumpe, 35-50kW, Wasser	St	27.741	39.246	**41.590**	45.731	57.237
			23.312	32.980	**34.950**	38.429	48.098
32	Wärmepumpe, bis 15kW, Sole	St	15.467	18.159	**19.418**	21.897	26.760
			12.997	15.259	**16.318**	18.401	22.488
33	Wärmepumpe, 15-25kW, Sole	St	26.426	28.493	**29.453**	30.751	33.391
			22.207	23.944	**24.751**	25.841	28.059
34	Wärmepumpe, 25-35kW, Sole	St	28.133	35.140	**36.568**	39.149	46.155
			23.642	29.529	**30.729**	32.898	38.786
35	Wärmepumpe, bis 15kW, Luft	St	16.042	18.770	**19.875**	21.374	24.602
			13.481	15.773	**16.701**	17.962	20.674
36	Wärmepumpe, 15-25kW, Luft	St	26.145	29.981	**31.418**	32.400	35.038
			21.971	25.194	**26.401**	27.227	29.444
37	Wärmepumpe, 25-35kW, Luft	St	38.077	41.873	**45.062**	48.608	52.404
			31.997	35.187	**37.867**	40.847	44.037
38	Brunnenanlage, WP bis 15kW	St	15.879	17.321	**21.651**	26.414	27.796
			13.344	14.555	**18.194**	22.197	23.358
39	Brunnenanlage, WP 15-25kW	St	18.568	19.269	**24.086**	29.385	31.992
			15.604	16.192	**20.241**	24.693	26.884
40	Brunnenanlage, WP 25-35kW	St	21.651	22.996	**28.745**	35.069	36.502
			18.194	19.325	**24.156**	29.470	30.674
41	Brunnenanlage, WP 35-50kW	St	38.548	42.073	**52.592**	64.162	66.071
			32.393	35.356	**44.195**	53.918	55.522
42	Erdsondenanlage, Wärmepumpe	m	102	119	**123**	130	144
			85	100	**103**	110	121
43	Inbetriebnahme Wärmepumpe	psch	945	2.450	**2.635**	4.129	6.984
			794	2.059	**2.214**	3.470	5.869
44	Wartung, Wärmepumpe	psch	373	428	**447**	493	548
			313	359	**376**	414	460
45	Membran-Druckausdehnungsgefäß, bis 50l	St	126	184	**203**	228	315
			106	155	**171**	191	265
46	Membran-Druckausdehnungsgefäß, bis 100l	St	175	232	**235**	250	307
			147	195	**197**	210	258
47	Membran-Druckausdehnungsgefäß, bis 500l	St	393	598	**657**	898	1.350
			330	502	**552**	754	1.135
48	Membran-Druckausdehnungsgefäß, über 500l	St	1.673	2.623	**2.923**	3.454	5.499
			1.406	2.204	**2.456**	2.902	4.621

Wärmeversorgungsanlagen - Betriebseinrichtungen **Preise €**

Nr.	Positionen	Einheit	►	▷	ø brutto € ø netto €	◁	◄
49	Trinkwarmwasserspeicher	St	2.731	4.398	**5.253**	6.124	7.791
			2.295	3.696	**4.414**	5.146	6.547
50	Speicher-Wassererwärmer mit Solar, bis 400l	St	1.084	1.966	**2.356**	2.962	3.845
			911	1.652	**1.980**	2.489	3.231
51	Elektro Heizeinsatz, Heizungsanlage	St	401	540	**595**	607	783
			337	454	**500**	510	658
52	Umwälzpumpen, bis 2,50m³/h	St	448	648	**730**	789	1.044
			376	544	**613**	663	878
53	Umwälzpumpen, ab 5,00m³/h	St	1.343	1.575	**1.670**	2.000	3.066
			1.128	1.324	**1.404**	1.681	2.577
54	Absperrklappen, bis DN25	St	148	190	**209**	250	273
			124	160	**176**	210	229
55	Absperrklappen, DN32	St	157	195	**214**	219	274
			132	164	**180**	184	230
56	Absperrklappen, DN65	St	211	264	**317**	359	406
			178	222	**267**	302	341
57	Absperrklappen, DN80	St	267	323	**343**	384	438
			224	271	**288**	323	368
58	Rückschlagventil, DN65	St	186	266	**286**	411	558
			156	223	**241**	345	469
59	Dreiwegeventil, DN40	St	700	761	**782**	800	897
			588	640	**657**	672	753
60	Heizungsverteiler, Wandmontage, 3 Heizkreise	St	343	370	**444**	476	835
			288	311	**373**	400	702
61	Heizungsverteiler, Wandmontage, 5 Heizkreise	St	518	560	**613**	698	892
			435	471	**515**	586	750
62	Füllarmatur, Heizung	St	43	49	**54**	54	60
			36	41	**45**	45	51
63	Stundensatz, Obermonteur/-in Heizung	h	76	81	**83**	86	92
			64	68	**70**	73	77
64	Stundensatz, Helfer/-in Heizung	h	51	60	**64**	66	77
			43	50	**53**	56	65

Kosten:
Stand 1.Quartal 2026
Bundesdurchschnitt

► min
▷ von
ø Mittel
◁ bis
◄ max

A 1 **Gas-Brennwerttherme, Wand** Beschreibung für Pos. **1-3**

Brennwerttherme, für geschlossene Heizungsanlage, wandhängende Montage, einschl. sicherheitstechnischer Einrichtungen, mit MSR in digitaler Ausführung; einschl. interner Verdrahtung.
Betriebsmittel: Erdgas

1 **Gas-Brennwerttherme, Wand, bis 15kW** KG **421**

Wie Ausführungsbeschreibung A 1
Kesselkörper: **Edelstahl / Aluminium**
Erdgas: **E / L / Flüssiggas / Bioerdgas**
Wärmeleistung: bis 15 kW, modulierend 30-100%
Auslegungsvorlauftemperatur: **bis 75 / 85**°C
Max. zulässiger Betriebsdruck: **4 / 6 / 10** bar
Heizmedium: Wasser
Norm-Nutzungsgrad bei 40 / 30°C: **102 / über 108**% (bezogen auf den unteren Heizwert)

6.059€ 6.760€ **6.926€** 7.719€ 8.946€ [St] ⏱ 3,80h/St 040.000.085

2 **Gas-Brennwerttherme, Wand, 15 bis 25kW** KG **421**

Wie Ausführungsbeschreibung A 1
Kesselkörper: **Edelstahl / Aluminium**
Erdgas: **E / L / Flüssiggas / Bioerdgas**
Wärmeleistung: 15-25 kW, modulierend 30-100%
Auslegungsvorlauftemperatur: **bis 75 / 85**°C
Max. zulässiger Betriebsdruck: **4 / 6 / 10** bar
Heizmedium: Wasser
Norm-Nutzungsgrad bei 40 / 30°C: **102 / über 108**% (bezogen auf den unteren Heizwert)

5.627€ 6.245€ **6.995€** 8.066€ 9.512€ [St] ⏱ 3,80h/St 040.000.035

3 **Gas-Brennwerttherme, Wand, 25 bis 50kW** KG **421**

Wie Ausführungsbeschreibung A 1
Kesselkörper: **Edelstahl / Aluminium**
Erdgas: **E / L / Flüssiggas / Bioerdgas**
Wärmeleistung: 25-50 kW, modulierend 30-100%
Auslegungsvorlauftemperatur: **bis 75 / 85**°C
Max. zulässiger Betriebsdruck: **4 / 6 / 10** bar
Heizmedium: Wasser
Norm-Nutzungsgrad bei 40 / 30°C: **102 / über 108**% (bezogen auf den unteren Heizwert)

7.600€ 9.285€ **10.163€** 11.581€ 13.266€ [St] ⏱ 4,10h/St 040.000.036

Kosten:
Stand 1. Quartal 2026
Bundesdurchschnitt

Nr.	**Kurztext** / Langtext						Kostengruppe
▶	▷	**ø netto €**	◁	◀	[Einheit]	Ausf.-Dauer	Positionsnummer

A 2 Gas-Brennwertkessel — Beschreibung für Pos. **4-6**

Gas-Brennwertkessel für geschlossene Heizungsanlagen; für den Betrieb mit gleitend abgesenkter Kesselwasser-Temperatur ohne untere Begrenzung, modulierender Brenner, mit Edelstahl-Heizflächen. Alle abgasberührten Teile, wie Brennkammer, Nachschaltheizflächen und Abgassammelkasten, aus Edelstahl. Kesselkörper allseitig wärmegedämmt, Ummantelung aus Stahlblech, epoxidharzbeschichtet. Lieferumfang: Kessel mit schwenkbarer Kesseltür, inkl. Erdgas-Unit-Brenner, Reinigungsdeckel am Abgassammelkasten, Gegenflanschen mit Schrauben und Dichtungen an allen Stutzen, Wärmedämmung, Brennkammerschauglas. inkl. elektronischer Kesselkreisregelung, komplett mit allen Fühlern, Thermostaten und dem Sicherheitstemperaturbegrenzer.

4 Gas-Brennwertkessel, bis 25kW — KG **421**

Wie Ausführungsbeschreibung A 2
Kesselkörperabmessung: .....
Gesamtabmessungen: ..... (mit Kesselregulierung)
Gewicht komplett mit Wärmedämmung ..... kg
Kesselkörper: .....
Erdgas: **E / L / Flüssiggas / Bioerdgas**
Max. Nennwärmeleistung: ..... kW
Feuerungst. Wirkungsgrad: bis 108%
Abgasseitiger Widerstand: ..... mbar
Zul. Vorlauftemperatur: bis **90 / 100**°C
Max. zulässiger Betriebsdruck: **4 / 6 / 10** bar
Wasserinhalt: l
Abgasrohr, lichte Weite: ..... mm

▶	▷	ø	◁	◀	Einheit	Ausf.-Dauer	Positionsnummer
5.840€	7.131€	**7.681€**	8.343€	9.751€	[St]	⏱ 5,00h/St	040.000.086

5 Gas-Brennwertkessel, 50 bis 70kW — KG **421**

Wie Ausführungsbeschreibung A 2
Kesselkörperabmessung: .....
Gesamtabmessungen: ..... (mit Kesselregulierung)
Gewicht komplett mit Wärmedämmung ..... kg
Kesselkörper: .....
Erdgas: **E / L / Flüssiggas / Bioerdgas**
Max. Nennwärmeleistung: ..... kW
Feuerungst. Wirkungsgrad: bis 108%
Abgasseitiger Widerstand: ..... mbar
Zul. Vorlauftemperatur: bis **90 / 100**°C
Max. zulässiger Betriebsdruck: **4 / 6 / 10** bar
Wasserinhalt: l
Abgasrohr, lichte Weite: ..... mm

▶	▷	ø	◁	◀	Einheit	Ausf.-Dauer	Positionsnummer
8.565€	10.109€	**11.585€**	14.215€	15.317€	[St]	⏱ 5,50h/St	040.000.039

▶ min
▷ von
ø Mittel
◁ bis
◀ max

6 Gas-Brennwertkessel, 150 bis 225kW KG **421**

Wie Ausführungsbeschreibung A 2
Kesselkörperabmessung: .....
Gesamtabmessungen: ..... (mit Kesselregulierung)
Gewicht komplett mit Wärmedämmung ..... kg
Kesselkörper: .....
Erdgas: **E / L / Flüssiggas / Bioerdgas**
Max. Nennwärmeleistung: ..... kW
Feuerungst. Wirkungsgrad: bis 108%
Abgasseitiger Widerstand: ..... mbar
Zul. Vorlauftemperatur: bis **90 / 100**°C
Max. zulässiger Betriebsdruck: **4 / 6 / 10** bar
Wasserinhalt: l
Abgasrohr, lichte Weite: ..... mm

15.096 17.331€ **17.649€** 21.290€ 25.735€ [St] ⏱ 6,70h/St 040.000.088

7 Schornsteinanlage KG **429**

Schornsteinanlage, industriell gefertigtes, doppelwandiges, wärmegedämmtes, druck- und kondensatdichtes Schornstein- und Abgassystem in Elementbauweise, bauaufsichtlich zugelassen, Feuerstätte mit niedrigen Abgastemperaturen, feuchte bzw. kondensierende Betriebsweise, ausbrenngeprüft bis 1.000°C. Eventuell Zusatz: mit Konsolblechen, Zwischenstütze, Inspektionselement, Wandführungsstützen, Mündungsabschluss, Verbindungskupplung, Wetterkragen einschl. Befestigung, Dichtungen und Verbindungsstücke, mit Inspektionselementen, Schiebeelementen, Gleitmittel, Befestigungsbänder, Dichtungsmittel für Kesselanschluss, Messöffnung, Klemmbänder, Unterstützung.
Installation: **Außenwandmontage / im Schacht**
Material: Edelstahl
Wandstärke: 1 mm
Schornsteinhöhe: ..... m

4.383€ 6.464€ **7.613€** 10.083€ 13.939€ [St] ⏱ 6,00h/St 040.000.033

8 Abgasverbindungsleitung, Edelstahl KG **429**

Abgasverbindungsleitung zwischen Kessel und Schornstein, für Feuerungsanlage, aus nichtrostendem Stahl, feuchteunempfindlich und kondensatdicht, einschl. Befestigungs- und Dichtungsmittel.
Innendurchmesser: ..... mm

373€ 429€ **505€** 606€ 707€ [St] ⏱ 0,80h/St 040.000.104

9 Neutralisationsanlage, Brennwertgeräte KG **421**

Neutralisationsanlage geeignet für Kondenswasser aus Erdgas/Heizöl. Gehäuse aus durchsichtigem Kunststoff mit Markierung für minimalen und maximalen Füllstand. Komplett mit Neutralisationsgranulat befüllt, Halteschellen und vorbereitetem Abwasseranschluss für HT-Rohr, inkl. Siphon.
Brennwertgeräte: bis ..... kW
Gesamtabmessungen Länge: ..... mm
Durchmesser: ..... mm
Anschluss Fallstrang: ca. 4,00 m

375€ 573€ **666€** 780€ 1.177€ [St] ⏱ 0,90h/St 040.000.027

Nr.	Kurztext / Langtext						Kostengruppe
▶	▷	**ø netto €**	◁	◀	[Einheit]	Ausf.-Dauer	Positionsnummer

10 Neutralisationsgranulat 5kg — KG **421**

Neutralisationsgranulat als Nachfüllpack, Erstbefüllung in 5kg.

▶	▷	ø	◁	◀	Einheit	Ausf.-Dauer	Positionsnummer
70€	114€	**137€**	175€	234€	[St]	0,15h/St	040.000.096

11 Heizungsverteiler, Vorlaufverteiler/Rücklaufsammler — KG **421**

Heizungsverteiler als kombinierter Vorlaufverteiler und Rücklaufsammler, Quadratform und eingeschweißtem Trennsteg. **Mit / ohne** Zwischenisolierung zur thermischen Trennung von Vor- und Rücklauf, Wärmedämmung mit Schutzmantel. Mit paarweise nebeneinander angeordneten Stutzen (fluchtend) mit Vorschweißflanschen, auf Spindelhöhe ausgerichtet, mit Anschlussstutzen für Entleerung, Entlüftung, Druckmessung und Temperaturmessung an jeder Kammer, mit Messstutzen für Regelung, Stutzenabstand variabel entsprechend Durchmesser und Wärmedämmstärke des Stutzens. Mit Konsolen für Wand- / Bodenbefestigung. Inklusive Bohrungen und Befestigungselementen.
Material: Stahl
Schutzmantel: **Aluminium / Stahlblech verzinkt**
Max. Heizwasserdurchsatz: ..... m^3/h
Max. Mediumtemperatur: **100 / 120**°C
Max. Betriebs-Druck: **6 / 10** bar
Anzahl der Gruppen: (je 2 Stutzen)
Dimension: ..... x DN.....
Doppelkammer-Größe: 150 x 150 mm^2

▶	▷	ø	◁	◀	Einheit	Ausf.-Dauer	Positionsnummer
1.826€	3.068€	**3.169€**	3.945€	5.850€	[St]	2,00h/St	040.000.028

A 3 Holz/Pellet-Heizkessel — Beschreibung für Pos. **12-14**

Heizkessel für geschlossene Warmwasserheizungsanlagen für Festbrennstoff zur Erzeugung von Warmwasser. Kesselkörper aus Metall, für stehende Montage, einschl. sicherheitstechnischer Einrichtungen. Anschlussstutzen für Vor-, Rücklauf, Entlüftung, Füllung, Entleerung. Mit CE-Registrierung und Bauartzulassung.

12 Holz/Pellet-Heizkessel, bis 25kW — KG **421**

Wie Ausführungsbeschreibung A 3
Kesselkörper: **Stahl / Guss**
Brennstoff: **Stückholz / Pellets DIN EN ISO 17225-2**
Wärmeleistung: ..... kW
Auslegungsvorlauftemperatur: bis 110°C
Max. zulässiger Betriebsdruck: **6 / 10 / 16 / 25** bar
Heizmedium: Wasser
Norm-Nutzungsgrad: bei **75 / 60**°C: **92 / 94**% (bezogen auf den unteren Heizwert)
Abmessungen Kesselkörper: Länge ..... mm, Breite: ..... mm, Höhe: ..... mm
Gesamtabmessungen: Länge ..... mm, Breite (mit Kesselregulierung) ..... mm, Höhe: ..... mm
Gewicht komplett mit Wärmedämmung: ..... kg
Wasserinhalt: l

▶	▷	ø	◁	◀	Einheit	Ausf.-Dauer	Positionsnummer
11.911	14.016€	**15.091€**	16.643€	19.374€	[St]	5,00h/St	040.000.043

Kosten:
Stand 1. Quartal 2026
Bundesdurchschnitt

▶ min
▷ von
ø Mittel
◁ bis
◀ max

13 Holz/Pellet-Heizkessel, 25 bis 50kW KG **421**

Wie Ausführungsbeschreibung A 3
Kesselkörper: **Stahl / Guss**
Brennstoff: **Stückholz / Pellets DIN EN ISO 17225-2**
Wärmeleistung: ..... kW
Auslegungsvorlauftemperatur: bis 110°C
Max. zulässiger Betriebsdruck: **6 / 10 / 16 / 25** bar
Heizmedium: Wasser
Norm-Nutzungsgrad: bei **75 / 60**°C: **92 / 94**% (bezogen auf den unteren Heizwert)
Abmessungen Kesselkörper: Länge ..... mm, Breite: ..... mm, Höhe: ..... mm
Gesamtabmessungen: Länge ..... mm, Breite (mit Kesselregulierung) ..... mm, Höhe: ..... mm
Gewicht komplett mit Wärmedämmung: ..... kg
Wasserinhalt: l

14.429 16.170€ **18.977€** 22.282€ 25.143€ [St] ⏱ 5,20h/St 040.000.044

14 Holz/Pellet-Heizkessel, 50 bis 120kW KG **421**

Wie Ausführungsbeschreibung A 3
Kesselkörper: **Stahl / Guss**
Brennstoff: **Stückholz / Pellets DIN EN ISO 17225-2**
Wärmeleistung: ..... kW
Auslegungsvorlauftemperatur: bis 110°C
Max. zulässiger Betriebsdruck: **6 / 10 / 16 / 25** bar
Heizmedium: Wasser
Norm-Nutzungsgrad: bei **75 / 60**°C: **92 / 94**% (bezogen auf den unteren Heizwert)
Abmessungen Kesselkörper: Länge ..... mm, Breite: ..... mm, Höhe: ..... mm
Gesamtabmessungen: Länge ..... mm, Breite (mit Kesselregulierung) ..... mm, Höhe: ..... mm
Gewicht komplett mit Wärmedämmung: ..... kg
Wasserinhalt: l

25.879 40.083€ **49.833€** 69.571€ 91.794€ [St] ⏱ 6,00h/St 040.000.004

15 Pellet-Fördersystem, Förderschnecke KG **421**

Beschickungssystem für Pelletfeuerungen als Förderschnecke mit Antrieb und Steuerung. Lagerbodenschnecke mit ziehendem Antrieb und Übergabetrichter für Beschickung des Kessels mit Brennstoff. Antriebseinheit mit Stirnradgetriebemotor. Auswurf mit Revisionsdeckel, Sicherheitsendschalter und Fallrohr/Adapter zur nachfolgenden Fördereinrichtung. Schnecke und Kanal aus Stahl geschweißt. Rohrförderschnecke für Pellets, Steigungswinkel bis 65°C . Ziehender Antrieb mit Auswurf über einer Fallstrecke. Der Antrieb erfolgt über Stirnradgetriebemotor. Steuerung im Schaltkasten vorverkabelt.
Lagerbodenschnecke: ..... m
Schneckendurchmesser: ..... mm
Waagerechte Länge: ..... m
Durchmesser Förderschnecke: max. 120 mm
Länge der Rohrförderschnecke: ..... m
Max. Förderkapazität: ..... kg/h
Anschluss 230 V 50 Hz: 0,5 kW

2.972€ 3.982€ **4.294€** 4.978€ 6.092€ [St] ⏱ 0,60h/St 040.000.026

Kosten:
Stand 1. Quartal 2026
Bundesdurchschnitt

Nr.	**Kurztext** / Langtext						Kostengruppe
►	▷	**ø netto €**	◁	◄	[Einheit]	Ausf.-Dauer	Positionsnummer

16 Pellet-Fördersystem, Saugleitung — KG **421**

Austragungssystem für Pelletfeuerungen mit Saugturbine im Metallgehäuse. Zwischenbehälter, Saugschlauch mit Drahtspirale, Rückluftschlauch, Austragungsschnecke im Lager mit max. 2.500mm offenem Schneckenkanal, Absaugung von Übergabestation, Kapazitätsfühler mit Relais, Steuerung im Schaltkasten vorverkabelt, Zeitschaltuhr zur Einstellung der Saugzeit.
Gesamtschlauchlänge: bis 30 m
Länge Saugschlauch mit Drahtspirale: 15 m
Länge Rückluftschlauch: 15 m
Austragungssystem: Saugprinzip
Max. Förderkapazität: **5 / 10** kg/h
Anschluss 230 V 50 Hz: 1,1 kW

2.081€	3.366€	**4.271€**	5.339€	6.443€	[St]	⏱ 0,30h/St	040.000.029

17 Brennstofflagerbehälter für Holzpellets — KG **421**

Brennstofflagerbehälter aus Stahlgestell und flexiblem Gewebe für Holzpellets als **Sacksilo / Betonschacht / Fertig-Kunststoffbehälter** inkl. Anschluss.
Aufstellort: **innerhalb des Gebäudes / außerhalb des Gebäudes / unterirdisch**
Ausführung Behälter: **luftdurchlässig / luftundurchlässig**, Staubdicht, **antistatisch / wasserdicht** und frostsicher
Inhalt: ..... t
Länge/Breite Aufstellraum: .....m / ..... m
Raumhöhe: ..... m

3.056€	4.316€	**4.838€**	5.222€	6.795€	[St]	⏱ 4,50h/St	040.000.097

18 Erdgas-BHKW-Anlage, 1,0kW$_{el}$, 2,5kW$_{th}$ — KG **421**

Blockheizkraftwerk als Kompaktmodul in Gehäuse, schallgedämmt, zur Erzeugung von Heizwärme und Strom. Mit Schaltschrank, Verkabelung innerhalb des Moduls hitze- und schwingungsfest verlegt, einschl. Brennstoffversorgungseinrichtungen bestehend aus: Gasregelstrecke, Gasfilter, Gasabsperrarmaturen, Manometern, ... einschl. Abgassystem, als Viertakt-Otto-Motor, einschl. aller erforderlichen elektrischen Anschlüsse und aller erforderlichen Anschlüsse für Brennstoff, Heizwasser, Abgas (ca. 10-15m) und Kondensat.
Betriebsweise: konstant
Kondensat-Hebeanlage: **ja / nein**
Brennstoff: Erdgas
Aufstellung: schallentkoppelt, stationär im Gebäude
Thermische Leistung: bis 2,5 kW$_{th}$
Elektrische Leistung: bis 1,0 kW$_{el}$
Elektrischer Wirkungsgrad: mind. 25%
Gesamtwirkungsgrad: mind. 90%
Schallleistungspegel: max. 60 dB(A)
Schaltschrank: **integriert / separat**

24.427	25.209€	**29.817€**	33.137€	34.511€	[St]	⏱ 8,00h/St	040.000.053

► min
▷ von
ø Mittel
◁ bis
◄ max

Nr.	Kurztext / Langtext						Kostengruppe
▶	▷	ø netto €	◁	◀	[Einheit]	Ausf.-Dauer	Positionsnummer

19 Erdgas-BHKW-Anlage, 5-20kWel, 10-45kWth KG **421**

Blockheizkraftwerk als Kompaktmodul in Gehäuse, schallgedämmt, zur Erzeugung von Heizwärme und Strom. Mit Schaltschrank, Verkabelung innerhalb des Moduls hitze- und schwingungsfest verlegt, einschl. Brennstoffversorgungseinrichtungen bestehend aus: Gasregelstrecke, Gasfilter, Gasabsperrarmaturen, Manometern, ... einschl. Abgassystem, als Viertakt-Otto-Motor, Leistung einschl. aller erforderlichen elektrischen Anschlüsse und aller erforderlichen Anschlüsse für Brennstoff, Heizwasser, Abgas (ca. 10-15m) und Kondensat.
Betriebsweise: konstant
Kondensat-Hebeanlage: **ja / nein**
Brennstoff: Erdgas
Aufstellung: schallentkoppelt, stationär im Gebäude
Thermische Leistung: bis 10.0-45,0 kW_{th}
Elektrische Leistung: bis 5,0-20,0 kW_{el}
Elektrischer Wirkungsgrad: mind. 25%
Gesamtwirkungsgrad: mind. 90%
Schallleistungspegel: max. 60 dB(A)
Schaltschrank: **integriert / separat**
Ausführung gem. nachfolgender Einzelbeschreibung: .....

69.282 71.977€ **83.452€** 95.274€ 97.969€ [St] ⏱ 12,00h/St 040.000.055

A 4 Flach-Solarkollektoranlage, thermisch Beschreibung für Pos. **20-22**

Flachkollektor für Heizung in Aufdachmontage mit konstruktiver Verankerung sowie systembedingten Befestigungsmitteln und gedämmter Solarpumpenregelgruppe. Module mit korrosions- und witterungsbeständigem Rahmen und mit hochselektiver Vakuumbeschichtung, rückseitig hochtemperaturbeständige Wärmeschutzdämmung, mit durchgehender Wanne, hochtransparentes, gehärtetes Solarsicherheitsglas, mit Bauartzulassung, 2 Fühlerhülsen für Fühler. Leistung einschl. Anschlussfittinge für Kupferrohr sowie sämtlicher Verbindungs- und Dichtungsmaterialien und ca. 40m fertigisolierter Solaranschlussleitungen mit Dachdurchführungen und Frostschutz-Befüllung.

20 Flach-Solarkollektoranlage, thermisch, bis 10m² KG **421**

Wie Ausführungsbeschreibung A 4
Frostschutz-Befüllung (Menge, Art und Mischungsverhältnis): .....
Kollektor-Neigungswinkel: min./max. 15-75°
Mindest-Ertrag: 500 kWh/(m²a) gem. Prüfverfahren nach EN12975-2
Maximaler Betriebsdruck: 10 bar
Aperturfläche: bis 10 m²
Ausführung gem. nachfolgender Einzelbeschreibung: .....

7.605€ 10.443€ **11.826€** 12.881€ 15.001€ [St] ⏱ 4,90h/St 040.000.056

21 Flach-Solarkollektoranlage, thermisch, 10-20m² KG **421**

Wie Ausführungsbeschreibung A 4
Frostschutz-Befüllung (Menge, Art und Mischungsverhältnis): .....
Kollektor-Neigungswinkel: min./max. 15-75°
Mindest-Ertrag: 500 kWh/(m²a) gem. Prüfverfahren nach EN12975-2
Maximaler Betriebsdruck: 10 bar
Aperturfläche: 10 bis 20 m²
Ausführung gem. nachfolgender Einzelbeschreibung: .....

13.933 16.627€ **17.635€** 19.038€ 22.111€ [St] ⏱ 5,80h/St 040.000.057

Kosten:
Stand 1. Quartal 2026
Bundesdurchschnitt

Nr.	**Kurztext** / Langtext						Kostengruppe
▶	▷	**ø netto €**	◁	◀	[Einheit]	Ausf.-Dauer	Positionsnummer

22 Flach-Solarkollektoranlage, thermisch, 20-30m² — KG **421**

Wie Ausführungsbeschreibung A 4
Frostschutz-Befüllung (Menge, Art und Mischungsverhältnis): .....
Kollektor-Neigungswinkel: min./max. 15-75°
Mindest-Ertrag: 500 kWh/(m²a) gem. Prüfverfahren nach EN12975-2
Maximaler Betriebsdruck: 10 bar
Aperturfläche: 20 bis 30 m²
Ausführung gem. nachfolgender Einzelbeschreibung: .....

▶	▷	ø	◁	◀	Einheit	Ausf.-Dauer	Positionsnummer
19.518	23.826€	**25.748€**	27.106€	31.276€	[St]	⏱ 7,00h/St	040.000.058

23 Pufferspeicher bis 500l — KG **421**

Pufferspeicher als Wärmespeicheranlage für den Einsatz in Heizungsanlagen mit Wärmeschutzmantel, einschl. Schaltung und Regelung, sowie Anschlussleitungen.
Speicher: Stahl, innen unbehandelt, außen Grundbeschichtung
Nenninhalt: l
Maximaler zulässiger Betriebsüberdruck: 6 bar
Ausführung gem. nachfolgender Einzelbeschreibung: .....

▶	▷	ø	◁	◀	Einheit	Ausf.-Dauer	Positionsnummer
1.162€	1.843€	**2.203€**	2.782€	3.612€	[St]	⏱ 3,40h/St	040.000.059

24 Pufferspeicher bis 1.000l — KG **421**

Pufferspeicher als Wärmespeicheranlage für den Einsatz in Heizungsanlagen mit Wärmeschutzmantel, einschl. Schaltung und Regelung, sowie Anschlussleitungen.
Speicher: Stahl, innen unbehandelt, außen Grundbeschichtung
Nenninhalt: l
Maximaler zulässiger Betriebsüberdruck: 6 bar
Ausführung gem. nachfolgender Einzelbeschreibung: .....

▶	▷	ø	◁	◀	Einheit	Ausf.-Dauer	Positionsnummer
2.231€	3.290€	**3.705€**	4.498€	6.835€	[St]	⏱ 4,60h/St	040.000.060

25 Pufferspeicher bis 2.000l — KG **421**

Pufferspeicher als Wärmespeicheranlage für den Einsatz in Heizungsanlagen mit Wärmeschutzmantel, einschl. Schaltung und Regelung, sowie Anschlussleitungen.
Speicher: Stahl, innen unbehandelt, außen Grundbeschichtung
Nenninhalt: l
Maximaler zulässiger Betriebsüberdruck: 6 bar
Ausführung gem. nachfolgender Einzelbeschreibung: .....

▶	▷	ø	◁	◀	Einheit	Ausf.-Dauer	Positionsnummer
2.714€	4.037€	**4.312€**	5.422€	6.745€	[St]	⏱ 4,80h/St	040.000.090

▶ min
▷ von
ø Mittel
◁ bis
◀ max

A 5 Trinkwarmwasserbereiter, Durchflussprinzip Beschreibung für Pos. **26-27**

Trinkwarmwasserbereiter zur Brauchwasserbereitung im Durchlaufprinzip mit Wärmetauscher aus kupferverlöteten Edelstahlplatten, mit Umwälzpumpe und Fertigdämmung einschl. Absperrkugelhähnen, zusätzlich mit Zirkulationspumpe, Rückflussverhinderer, Verrohrungs- und Verschraubungsteile in der Station montiert und an Regelung angeschlossen. Entlüftungsmöglichkeiten auf der Heizungsseite, mit Rückflussverhinderer der Heizkreispumpe, elektronischer Trinkwasserregler (proportional) zur konstanten Warmwassertemperaturregelung in Abhängigkeit der eingestellten Warmwassertemperatur und Zapfleistung durch Modulation der Heizkreispumpe.

26 Trinkwarmwasserbereiter, Durchflussprinzip, 1-15 l/min KG **421**

Wie Ausführungsbeschreibung A 5
Technische Daten:
Betriebsdruck Heizung: 3 bar
Betriebsdruck Trinkwasser: 6 bar
Maximale zulässige Vorlauftemperatur Heizung: 95°C
Versorgungsspannung 230 V AC / 50 HZ
Zapfleistung Warmwasser (55-60°C): 1-15 l/min
Ausführung gem. nachfolgender Einzelbeschreibung: .....

3.686€ 4.366€ **4.851€** 5.578€ 6.415€ [St] ⏱ 0,40h/St 040.000.061

27 Trinkwarmwasserbereiter, Durchflussprinzip, 1-30 l/min KG **421**

Wie Ausführungsbeschreibung A 5
Technische Daten:
Betriebsdruck Heizung: 3 bar
Betriebsdruck Trinkwasser: 6 bar
Maximale zulässige Vorlauftemperatur Heizung: 95°C
Versorgungsspannung 230 V AC / 50 HZ
Zapfleistung Warmwasser (55-60°C): 1-30 l/min
Ausführung gem. nachfolgender Einzelbeschreibung: .....

4.345€ 4.898€ **5.442€** 6.258€ 6.954€ [St] ⏱ 0,40h/St 040.000.062

Nr.	Kurztext / Langtext					Kostengruppe
▶	▷	ø netto €	◁	◀	[Einheit]	Ausf.-Dauer	Positionsnummer

A 6 Wärmepumpe, Wasser — Beschreibung für Pos. **28-31**

Elektrisch angetriebene Wärmepumpe für Raumheizung und zur Erwärmung von Trinkwasser DIN EN 14511 für Innenaufstellung, mit Verdichter, einschl. Schwingungsdämpfer, Regelung für Warmwasserbereitung und einen geregelten Heizkreis. Leistung einschl. Anschlusszubehör und Inbetriebnahme

28 Wärmepumpe, bis 15kW, Wasser — KG **421**

Wie Ausführungsbeschreibung A 6
Wärmequelle: Wasser, gem. beigefügter Wasseranalyse
Minimale Wärmequellentemperatur: ca. 10°C
Maximale Vorlauftemperatur:
Mind. 60°C zur Raumheizung / mind. 72°C zur WW-Bereitung
Nennwärmeleistung: bis 15 kW (bei W10W35)
Leistungszahl (COP): mind. 5,5 (bei W10W35)
Maximaler Schallleistungspegel 55 dB(A)
Maximaler Betriebsdruck: mind. PN 6
Bemessungsbetriebsspannung: 400 V AC
Ausführung gem. nachfolgender Einzelbeschreibung: .....

18.678 | 20.793€ | **21.682€** | 22.574€ | 25.195€ | [St] | ⏱ 6,00h/St | 040.000.063

29 Wärmepumpe, 15-25kW, Wasser — KG **421**

Wie Ausführungsbeschreibung A 6
Wärmequelle: Wasser, gem. beigefügter Wasseranalyse
Minimale Wärmequellentemperatur: ca. 10°C
Maximale Vorlauftemperatur:
Mind. 60°C zur Raumheizung / mind. 72°C zur WW-Bereitung
Nennwärmeleistung: 15-25 kW (bei W10W35)
Leistungszahl (COP): mind. 5,5 (bei W10W35)
Maximaler Schallleistungspegel 55 dB(A)
Maximaler Betriebsdruck: mind. PN 6
Bemessungsbetriebsspannung: 400 V AC
Ausführung gem. nachfolgender Einzelbeschreibung: .....

21.036 | 22.680€ | **23.325€** | 24.033€ | 25.676€ | [St] | ⏱ 6,00h/St | 040.000.069

30 Wärmepumpe, 25-35kW, Wasser — KG **421**

Wie Ausführungsbeschreibung A 6
Wärmequelle: Wasser, gem. beigefügter Wasseranalyse
Minimale Wärmequellentemperatur: ca. 10°C
Maximale Vorlauftemperatur:
Mind. 60°C zur Raumheizung / mind. 72°C zur WW-Bereitung
Nennwärmeleistung: 25-35 kW (bei W10W35)
Leistungszahl (COP): mind. 5,5 (bei W10W35)
Maximaler Schallleistungspegel 55 dB(A)
Maximaler Betriebsdruck: mind. PN 6
Bemessungsbetriebsspannung: 400 V AC
Ausführung gem. nachfolgender Einzelbeschreibung: .....

20.626 | 22.847€ | **26.296€** | 29.431€ | 33.434€ | [St] | ⏱ 6,00h/St | 040.000.070

Kosten:
Stand 1.Quartal 2026
Bundesdurchschnitt

▶ min
▷ von
ø Mittel
◁ bis
◀ max

31 Wärmepumpe, 35-50kW, Wasser KG **421**

Wie Ausführungsbeschreibung A 6
Wärmequelle: Wasser, gem. beigefügter Wasseranalyse
Minimale Wärmequellentemperatur: ca. 10°C
Maximale Vorlauftemperatur:
Mind. 60°C **zur Raumheizung / mind. 72**°C **zur WW-Bereitung**
Nennwärmeleistung: 35-50 kW (bei W10W35)
Leistungszahl (COP): mind. 5,5 (bei W10W35)
Maximaler Schallleistungspegel 55 dB(A)
Maximaler Betriebsdruck: mind. PN 6
Bemessungsbetriebsspannung: 400 V AC
Ausführung gem. nachfolgender Einzelbeschreibung: .....

23.312	32.980€	**34.950€**	38.429€	48.098€	[St]	⏱ 7,00h/St	040.000.071

A 7 Wärmepumpe, Sole Beschreibung für Pos. **32-34**

Elektrisch angetriebene Wärmepumpe für Raumheizung und zur Erwärmung von Trinkwasser DIN EN 14511 für Innenaufstellung, mit Verdichter einschl. Schwingungsdämpfer sowie Regelung für Warmwasserbereitung und einen geregelten Heizkreis. Leistung einschl. Anschlusszubehör und Inbetriebnahme.

32 Wärmepumpe, bis 15kW, Sole KG **421**

Wie Ausführungsbeschreibung A 7
Wärmequelle: **Sole / Wasser** über **Erdsonden / Erdkollektoren**
Solequalität: .....
Minimale Wärmequellentemperatur: 0°C
Maximale Vorlauftemperatur:
Mind. 60°C **zur Raumheizung / mind. 72**°C **zur WW-Bereitung**
Nennwärmeleistung: bis 15 kW (bei B0W35)
Leistungszahl (COP): mind. 4,5 (bei B0W35)
Maximaler Schallleistungspegel: 55 dB(A)
Maximaler Betriebsdruck: mind. PN 6
Bemessungsbetriebsspannung: 400 V AC
Ausführung gem. nachfolgender Einzelbeschreibung: .....

12.997	15.259€	**16.318€**	18.401€	22.488€	[St]	⏱ 6,00h/St	040.000.064

Nr.	Kurztext / Langtext						Kostengruppe
▶	▷	**ø netto €**	◁	◀	[Einheit]	Ausf.-Dauer	Positionsnummer

33 **Wärmepumpe, 15-25kW, Sole** KG **421**

Wie Ausführungsbeschreibung A 7
Wärmequelle: **Sole / Wasser** über **Erdsonden / Erdkollektoren**
Solequalität: .....
Minimale Wärmequellentemperatur: 0°C
Maximale Vorlauftemperatur:
Mind. 60°C **zur Raumheizung / mind. 72°**C **zur WW-Bereitung**
Nennwärmeleistung: 15-25 kW (bei B0W35)
Leistungszahl (COP): mind. 4,7 (bei B0W35)
Maximaler Schallleistungspegel: 55 dB(A)
Maximaler Betriebsdruck: mind. PN 6
Bemessungsbetriebsspannung: 400 V AC
Ausführung gem. nachfolgender Einzelbeschreibung: .....

▶	▷	ø	◁	◀	[Einheit]	Ausf.-Dauer	Positionsnummer
22.207	23.944€	**24.751€**	25.841€	28.059€	[St]	⏱ 6,00h/St	040.000.072

Kosten:
Stand 1. Quartal 2026
Bundesdurchschnitt

34 **Wärmepumpe, 25-35kW, Sole** KG **421**

Wie Ausführungsbeschreibung A 7
Wärmequelle: **Sole / Wasser** über **Erdsonden / Erdkollektoren**
Solequalität: .....
Minimale Wärmequellentemperatur: 0°C
Maximale Vorlauftemperatur:
Mind. 60°C **zur Raumheizung / mind. 72°**C **zur WW-Bereitung**
Nennwärmeleistung: 25-35 kW (bei B0W35)
Leistungszahl (COP): mind. 4,7 (bei B0W35)
Maximaler Schallleistungspegel: 55 dB(A)
Maximaler Betriebsdruck: mind. PN 6
Bemessungsbetriebsspannung: 400 V AC
Ausführung gem. nachfolgender Einzelbeschreibung: .....

▶	▷	ø	◁	◀	[Einheit]	Ausf.-Dauer	Positionsnummer
23.642	29.529€	**30.729€**	32.898€	38.786€	[St]	⏱ 6,00h/St	040.000.073

▶ min
▷ von
ø Mittel
◁ bis
◀ max

A 8 Wärmepumpe, Luft Beschreibung für Pos. **35-37**

Elektrisch angetriebene Wärmepumpe für Raumheizung und zur Erwärmung von Trinkwasser DIN EN 14511 für Innen-/Außenaufstellung, mit Verdichter, einschl. Schwingungsdämpfer sowie Regelung für Warmwasserbereitung und einen geregelten Heizkreis. Leistung einschl. Anschlusszubehör und Inbetriebnahme.

35 Wärmepumpe, bis 15kW, Luft KG **421**

Wie Ausführungsbeschreibung A 8
Wärmequelle: Luft
Minimale Wärmequellentemperatur: -18°C
Maximaler Vorlauftemperatur:
Mind. 55°C zur Raumheizung mit zusätzlichem elektrischen Heizstab / mind. 72°C zur WW-Bereitung
Montage/Aufstellung: schallentkoppelt
Nennwärmeleistung bis 15 kW (bei A2W35)
Leistungszahl (COP): mind. 4,0 (bei A2W35)
Maximaler Schallleistungspegel: 60 dB(A)
Maximaler Betriebsdruck: mind. PN 6
Bemessungsbetriebsspannung: 400 V AC
Ausführung gem. nachfolgender Einzelbeschreibung: .....

13.481 15.773€ **16.701€** 17.962€ 20.674€ [St] ⏱ 6,00h/St 040.000.091

36 Wärmepumpe, 15-25kW, Luft KG **421**

Wie Ausführungsbeschreibung A 8
Wärmequelle: Luft
Minimale Wärmequellentemperatur: -18°C
Maximaler Vorlauftemperatur:
Mind. 55°C zur Raumheizung mit zusätzlichem elektrischen Heizstab / mind. 72°C zur WW-Bereitung
Montage/Aufstellung: schallentkoppelt
Nennwärmeleistung 15-25 kW (bei A2W35)
Leistungszahl (COP): mind. 3,5 (bei A2W35)
Maximaler Schallleistungspegel: 65 dB(A)
Maximaler Betriebsdruck: mind. PN 6
Bemessungsbetriebsspannung: 400 V AC
Ausführung gem. nachfolgender Einzelbeschreibung: .....

21.971 25.194€ **26.401€** 27.227€ 29.444€ [St] ⏱ 6,00h/St 040.000.092

Kosten:
Stand 1. Quartal 2026
Bundesdurchschnitt

Nr.	Kurztext / Langtext						Kostengruppe
▶	▷	ø netto €	◁	◀	[Einheit]	Ausf.-Dauer	Positionsnummer

37 Wärmepumpe, 25-35kW, Luft KG **421**

Wie Ausführungsbeschreibung A 8
Wärmequelle: Luft
Minimale Wärmequellentemperatur: -18°C
Maximaler Vorlauftemperatur:
Mind. 55°C zur Raumheizung mit zusätzlichem elektrischen Heizstab / mind. 72°C zur WW-Bereitung
Montage/Aufstellung: schallentkoppelt
Nennwärmeleistung 25-35 kW (bei A2W35)
Leistungszahl (COP): mind. 3,4 (bei A2W35)
Maximaler Schallleistungspegel: 65 dB(A)
Maximaler Betriebsdruck: mind. PN 6
Bemessungsbetriebsspannung: 400 V AC
Ausführung gem. nachfolgender Einzelbeschreibung: .....

▶	▷	ø netto €	◁	◀	[Einheit]	Ausf.-Dauer	Positionsnummer
31.997	35.187€	**37.867€**	40.847€	44.037€	[St]	⏱ 6,00h/St	040.000.093

A 9 Brunnenanlage Beschreibung für Pos. **38-41**

Brunnenanlage für Wärmepumpe mit Filterrohren im Bereich des Grundwasserspiegels oder durchlässigen Horizonts und Filterkies, Schacht aus Fertigteilen, mit Sumpf- oder Aufsatzrohr sowie Bodenkappe, Brunnenkopf (Flanschanschluss) mit Durchgang für Pumpensteigrohre, Kabelverbindung, inkl. Einbau von Steigrohren, einschl. Zubehör. Schächte für Saug- und Schluckbrunnen aus Beton-/Stahlbetonfertigteilen, ohne Schachtunterteil, mit Steigeisengang und Abdeckung. Liefern und Montieren der erdverlegten Leitungen DN50 (von den Brunnen bis zum Übergabepunkt Innenkante Gebäude), inkl. aller Form-, Verbindungsteile, Armaturen, Anschlussverschraubungen und Dichtungen. Erdkabel für Brunnenpumpe verlegen und anklemmen, Leistung einschl. Pumpversuch zur Leistungsermittlung, Erstellung einer Wasseranalyse über das Brunnenwasser, mit Gutachten zur Erlangung der wasserrechtlichen Erlaubnis für die thermische Nutzung von Grundwasser. Die Baustelleneinrichtung mit An- und Abtransport des Bohrgerätes sowie Aufstellen / Umsetzen der Bohranlage von Bohrpunkt zu Bohrpunkt auf hindernisfreiem, von LKW befahrbarem Gelände, ist Leistungsbestandteil.

38 Brunnenanlage, WP bis 15kW KG **421**

Wie Ausführungsbeschreibung A 9
Brunnenbohrung:
Bodenmaterial (Beschreibung der Homogenbereiche nach Unterlagen des AG): .....
Bohrtiefe: 0-15 m
Wärmepumpe: bis 15 kW, mehrstufige Unterwasserpumpe
Nennförderstrom: bis 3,5 m^3/h (für GW dT 4K)
Beton-/Stahlbetonfertigteilen: DN1.500
Lichte Schachttiefe: über 1,5 m bis 2,0 m
Ausführung gem. nachfolgender Einzelbeschreibung: .....

▶	▷	ø netto €	◁	◀	[Einheit]	Ausf.-Dauer	Positionsnummer
13.344	14.555€	**18.194€**	22.197€	23.358€	[St]	⏱ 14,00h/St	040.000.066

▶ min
▷ von
ø Mittel
◁ bis
◀ max

39 Brunnenanlage, WP 15-25kW KG **421**

Wie Ausführungsbeschreibung A 9
Brunnenbohrung:
Bodenmaterial (Beschreibung der Homogenbereiche nach Unterlagen des AG): .....
Bohrtiefe: 0-15 m
Wärmepumpe: 15-25 kW, mehrstufige Unterwasserpumpe
Nennförderstrom: bis 5,5 m³/h (für GW dT 4K)
Beton-/Stahlbetonfertigteilen: DN1.500
Lichte Schachttiefe: über 1,5 m bis 2,0 m
Ausführung gem. nachfolgender Einzelbeschreibung: .....

15.604 16.192€ **20.241€** 24.693€ 26.884€ [St] ⏱ 17,00h/St 040.000.077

40 Brunnenanlage, WP 25-35kW KG **421**

Wie Ausführungsbeschreibung A 9
Brunnenbohrung:
Bodenmaterial (Beschreibung der Homogenbereiche nach Unterlagen des AG): .....
Bohrtiefe: 0-15 m
Wärmepumpe: 25-35 kW, mehrstufige Unterwasserpumpe
Nennförderstrom: bis 7,5 m³/h (für GW dT 4K)
Beton-/Stahlbetonfertigteilen: DN1.500
Lichte Schachttiefe: über 1,5 m bis 2,0 m
Ausführung gem. nachfolgender Einzelbeschreibung: ....

18.194 19.325€ **24.156€** 29.470€ 30.674€ [St] ⏱ 20,00h/St 040.000.078

41 Brunnenanlage, WP 35-50kW KG **421**

Wie Ausführungsbeschreibung A 9
Brunnenbohrung:
Bodenmaterial (Beschreibung der Homogenbereiche nach Unterlagen des AG): .....
Bohrtiefe: 0-15 m
Wärmepumpe: 35-50 kW, mehrstufige Unterwasserpumpe
Nennförderstrom: bis 11,0 m³/h (für GW dT 4K)
Beton-/Stahlbetonfertigteilen: DN1.500
Lichte Schachttiefe: über 1,5 m bis 2,0 m
Ausführung gem. nachfolgender Einzelbeschreibung: .....

32.393 35.356€ **44.195€** 53.918€ 55.522€ [St] ⏱ 22,00h/St 040.000.079

Kosten:
Stand 1. Quartal 2026
Bundesdurchschnitt

Nr.	Kurztext / Langtext						Kostengruppe
▶	▷	ø netto €	◁	◀	[Einheit]	Ausf.-Dauer	Positionsnummer

42 Erdsondenanlage, Wärmepumpe KG **421**

Erdsondenanlage mit druckgeprüften Doppel-U- Sonden und Füllung des Ringraums mit Zement-Bentonit-Suspension. Ausführung der Erdwärmesondenbohrung(en) einschl. eventuell notwendiger Verrohrung des Bohrlochs. Leistung inkl. Antrag auf wasserrechtliche Genehmigung einschl. Bohrgenehmigung zur Vorlage bei der zuständigen Behörde und Nebenarbeiten und Versicherungen. Grafische Darstellung der Bohrergebnisse, Ausbauzeichnung. Baustelleneinrichtung mit An- und Abtransport Bohrgerät, Mannschaft und Ausrüstung, Auf- und Abbau des Bohrgeräts je Ansatzpunkt einschl. Umsetzen.
Bohrloch: ca. 160 mm
Doppel-U-Sonden: 32 mm einschl. Fußstück
Durchflussspülung und Befüllung: mit **Wasser / Wasser-Glykol**
Sondentiefe: bis 50 m
Überstand Sonden über Gelände: ca. 1,00 m
Ausführung gem. nachfolgender Einzelbeschreibung: .....

85€ | 100€ | **103€** | 110€ | 121€ | [m] | ⏱ 0,20 h/m | 040.000.067

43 Inbetriebnahme Wärmepumpe KG **421**

Die Erstinbetriebnahme der Wärmepumpe sollte rechtzeitig angemeldet werden. Die Inbetriebnahme hat gem. der Vorgaben des Wärmepumpenherstellers sowie den gesetzlichen Bestimmungen unter Berücksichtigung der Garantie und Gewährleistung zu erfolgen, einschl. An- und Abreisekosten, inkl. Aushändigung des unterzeichneten Übergabe und Inbetriebnahmeprotokolls. Leistungsumfang: Inbetriebsetzen der Wärmepumpe, Inbetriebnahme der Regelungsanlage, Inbetriebsetzen und Programmieren Fernüberwachung, Überprüfen der Hersteller-Projektierungsrichtlinien, Protokollerstellung mit allen eingestellten Parametern, inkl. Aushändigung des unterzeichneten Übergabe-/Inbetriebnahmeprotokolls.

794€ | 2.059€ | **2.214€** | 3.470€ | 5.869€ | [psch] | ⏱ 4,80 h/psch | 040.000.100

44 Wartung, Wärmepumpe KG **421**

Wartung einer Luft, Wasser, Sole Wärmepumpe gem. der Vorgaben des Wärmepumpenherstellers sowie den gesetzlichen Bestimmungen unter Berücksichtigung der Garantie und Gewährleistung.

313€ | 359€ | **376€** | 414€ | 460€ | [psch] | ⏱ 1,80 h/psch | 040.000.101

45 Membran-Druckausdehnungsgefäß, bis 50l KG **421**

Membran-Druckausdehnungsgefäß mit Abnahmebescheinigung DIN EN 13831 für Heizungswasser.
Zulässiger Betriebsdruck: **3 / 6 / 10 bar**
Vordruck Druckausdehnungsgefäß: ..... bar
Nennvolumen Ausdehnungsgefäß: l
Werkstoff: Stahl
Aufstellung: stehend
Oberfläche außen: lackiert

106€ | 155€ | **171€** | 191€ | 265€ | [St] | ⏱ 1,00 h/St | 040.000.094

46 Membran-Druckausdehnungsgefäß, bis 100l KG **421**

Membran-Druckausdehnungsgefäß mit Abnahmebescheinigung DIN EN 13831 für Heizungswasser.
Zulässiger Betriebsdruck: **3 / 6 / 10 bar**
Vordruck Druckausdehnungsgefäß: ..... bar
Nennvolumen Ausdehnungsgefäß: l
Werkstoff: Stahl
Aufstellung: stehend
Oberfläche außen: lackiert

147€ | 195€ | **197€** | 210€ | 258€ | [St] | ⏱ 1,50 h/St | 040.000.095

▶ min
▷ von
ø Mittel
◁ bis
◀ max

Nr.	**Kurztext** / Langtext						Kostengruppe
▶	▷	**ø netto €**	◁	◀	[Einheit]	Ausf.-Dauer	Positionsnummer

47 Membran-Druckausdehnungsgefäß, bis 500l KG **421**

Membran-Druckausdehnungsgefäß mit Abnahmebescheinigung DIN EN 13831 für Heizungswasser.
Zulässiger Betriebsdruck: **3 / 6 / 10 bar**
Vordruck Druckausdehnungsgefäß: ..... bar
Nennvolumen Ausdehnungsgefäß: l
Werkstoff: Stahl
Aufstellung: stehend
Oberfläche außen: lackiert

330€	502€	**552€**	754€	1.135€	[St]	⏱ 2,50h/St	040.000.008

48 Membran-Druckausdehnungsgefäß, über 500l KG **421**

Membran-Druckausdehnungsgefäß mit Abnahmebescheinigung DIN EN 13831 für Heizungswasser.
Zulässiger Betriebsdruck: **3 / 6 / 10 bar**
Vordruck Druckausdehnungsgefäß: ..... bar
Nennvolumen Ausdehnungsgefäß: l
Werkstoff: Stahl
Aufstellung: stehend
Oberfläche außen: lackiert

1.406€	2.204€	**2.456€**	2.902€	4.621€	[St]	⏱ 3,00h/St	040.000.011

49 Trinkwarmwasserspeicher KG **421**

Speicher-Wassererwärmung für Trinkwasser DIN 4753-7 und DVGW W 551. Mit Einbauheizfläche DIN 4708-2 als Glattrohrwärmetauscher aus geschweißtem nichtrostendem Stahlrohr. Warmwasserdauerleistung bei Erwärmung von 10 auf 60°C und Heizwasser-Vorlauftemperatur von 70°C .....l/h. Behälter mit Korrosionsschutzeinrichtung, mit Anschlussstutzen für Heizmitteleintritt, Mess- und Regeleinrichtung, Kalt-, Warm- und Zirkulationswasser. Mit Wärmedämmung und Ummantelung, abnehmbar.
Bauart: **stehend / liegend**
Speicherinhalt: l
Leistungskennzahl Nl: ..... [ ]
Maximale Speichertemperatur: 95°C
Zulässiger Druck: **4 / 6 / 10 bar**
Maximale Heizwassertemperatur: .....°C
Behälter: **Stahl emailliert / Edelstahl**
Durchmesser ohne Wärmedämmung: ..... m
Höhe: ..... m
Gewicht: ..... kg

2.295€	3.696€	**4.414€**	5.146€	6.547€	[St]	⏱ 5,80h/St	040.000.020

Nr.	Kurztext / Langtext						Kostengruppe
▶	▷	ø netto €	◁	◀	[Einheit]	Ausf.-Dauer	Positionsnummer

50 **Speicher-Wassererwärmer mit Solar, bis 400l** KG **421**

Bivalenter Speicher-Wassererwärmer für Trinkwasser DIN 4753-7 und DVGW W 551, mit zwei innenliegenden Heizflächen DIN 4708-2, mit Einbauheizfläche für Solaraufheizung und weiteren Wärmeerzeuger. Leistung einschl. Anschlüssen für Medien und für Messwertgeber, mit Revisionsöffnung, mit abnehmbarer Wärmedämmung und Ummantelung, mit Anschlussleitungen.
Speicher: Bauart stehend
Material: **nichtrostendem Stahl / Stahl emailliert**
Speicherinhalt: bis 400 l
DIN 4708-2 bei Erwärmung von 10 auf 45°C
Leistungskennzahl je Heizfläche mindestens NL 2,5
(nach DIN 4708 bei Speicher-/VL-Temperatur **60 / 70**°C)
Ausführung gem. nachfolgender Einzelbeschreibung: .....

▶	▷	ø	◁	◀	Einheit	Ausf.-Dauer	Positionsnummer
911€	1.652€	**1.980€**	2.489€	3.231€	[St]	⏱ 2,50h/St	040.000.068

Kosten:
Stand 1. Quartal 2026
Bundesdurchschnitt

51 **Elektro Heizeinsatz, Heizungsanlage** KG **422**

Elektro-Heizeinsatz, Heizleistung von 2,4 oder 6kW wählbar. Einsetzbar bei weichem bis mittelhartem Trinkwasser bis 2,5mol/m³ (14°C dH, Härtebereich mittel). Mit Sicherheitstemperaturbegrenzer und Temperaturregler.

▶	▷	ø	◁	◀	Einheit	Ausf.-Dauer	Positionsnummer
337€	454€	**500€**	510€	658€	[St]	⏱ 1,00h/St	040.000.102

52 **Umwälzpumpen, bis 2,50m³/h** KG **421**

Kreiselpumpe als Umwälzpumpe, Ausführung als Nassläufer, für Heizwasser VDI 2035 Blatt 1+2, Wärmedämmschalen.
Leistung: **regelbar / stufenlos regelbar**
Regelgröße: **Druck / Differenzdruck / Temperatur / Signal**
Max. Betriebstemperatur: **90 / 100 / 110**°C
Max. Betriebsdruck: **6 / 10 / 16** bar
Maximale Druckerhöhung: ..... bar
Max. Förderleistung: ..... m³/h
Gewindeanschluss / Flanschanschluss: DN.....
Werkstoff Gehäuse: **Bronze / Gusseisen / Rotguss / Stahl, nichtrostend**
Werkstoff Laufrad: **Bronze / Kunststoff / Stahl, nichtrostend**
Energieeffizienzklasse: **A / B / C**

▶	▷	ø	◁	◀	Einheit	Ausf.-Dauer	Positionsnummer
376€	544€	**613€**	663€	878€	[St]	⏱ 0,70h/St	040.000.009

53 **Umwälzpumpen, ab 5,00m³/h** KG **422**

Kreiselpumpe als Umwälzpumpe, Ausführung als Nassläufer, für Heizwasser VDI 2035 Blatt 1+2, Wärmedämmschalen.
Leistung: **regelbar / stufenlos regelbar**
Regelgröße: **Druck / Differenzdruck / Temperatur / Signal**
Max. Betriebstemperatur: **90 / 100 / 110**°C
Max. Betriebsdruck: **6 / 10 / 16** bar
Maximale Druckerhöhung: ..... bar
Max. Förderleistung: ..... m³/h
Gewindeanschluss / Flanschanschluss: DN.....
Werkstoff Gehäuse: **Bronze / Gusseisen / Rotguss / Stahl, nichtrostend**
Werkstoff Laufrad: **Bronze / Kunststoff / Stahl, nichtrostend**
Energieeffizienzklasse: **A / B / C**

▶	▷	ø	◁	◀	Einheit	Ausf.-Dauer	Positionsnummer
1.128€	1.324€	**1.404€**	1.681€	2.577€	[St]	⏱ 1,00h/St	040.000.013

▶ min
▷ von
ø Mittel
◁ bis
◀ max

54 Absperrklappen, bis DN25 KG **422**

Absperrklappe als Zwischenflanscharmatur, für Betrieb mit Heizungswasser, inkl. zwei Gegenflanschen.
Heizungswasser: **bis / über 120**°C
Gehäuse: **Guss / Bronze / .....**
Nenndruck PN: **6 / 10 / 16** bar
Nenndurchmesser Rohr: bis DN25
Betätigung: über **Handhebel / Rasterhebel**
Baulänge: .....

124€ 160€ **176€** 210€ 229€ [St] ⏱ 0,35h/St 040.000.049

55 Absperrklappen, DN32 KG **422**

Absperrklappe als Zwischenflanscharmatur, für Betrieb mit Heizungswasser, inkl. zwei Gegenflanschen.
Heizungswasser: **bis / über 120**°C
Gehäuse: **Guss / Bronze / .....**
Nenndruck PN: **6 / 10 / 16** bar
Nenndurchmesser Rohr: DN32
Betätigung: über **Handhebel / Rasterhebel**
Baulänge: .....

132€ 164€ **180€** 184€ 230€ [St] ⏱ 0,38h/St 040.000.014

56 Absperrklappen, DN65 KG **422**

Absperrklappe als Zwischenflanscharmatur, für Betrieb mit Heizungswasser, inkl. zwei Gegenflanschen.
Heizungswasser: **bis / über 120**°C
Gehäuse: **Guss / Bronze / .....**
Nenndruck PN: **6 / 10 / 16** bar
Nenndurchmesser Rohr: DN65
Betätigung: über **Handhebel / Rasterhebel**
Baulänge: .....

178€ 222€ **267€** 302€ 341€ [St] ⏱ 0,50h/St 040.000.017

57 Absperrklappen, DN80 KG **422**

Absperrklappe als Zwischenflanscharmatur, für Betrieb mit Heizungswasser, inkl. zwei Gegenflanschen.
Heizungswasser: **bis / über 120**°C
Gehäuse: **Guss / Bronze / .....**
Nenndruck PN: **6 / 10 / 16** bar
Nenndurchmesser Rohr: DN80
Betätigung: über **Handhebel / Rasterhebel**
Baulänge: .....

224€ 271€ **288€** 323€ 368€ [St] ⏱ 0,60h/St 040.000.018

58 Rückschlagventil, DN65 KG **422**

Rückschlagventil in Zwischenflanschausführung mit Spezialzentrierung, zum Einbau zwischen Rohrleitungsflanschen, inklusive Gegenflanschen, entsprechend langen Schrauben und Dichtungen.
Nennweite: DN65
Nenndruck: PN 6

156€ 223€ **241€** 345€ 469€ [St] ⏱ 0,40h/St 040.000.021

Kosten:
Stand 1. Quartal 2026
Bundesdurchschnitt

Nr.	**Kurztext** / Langtext						Kostengruppe
▶	▷	**ø netto €**	◁	◀	[Einheit]	Ausf.-Dauer	Positionsnummer

59 Dreiwegeventil, DN40 — KG **421**

Dreiwege-Mischventil mit Verschraubung, Kennlinie A-AB gleichprozentig, B-AB linear. Für Heizungsverteilungen inkl. elektrischem Stellantrieb für 3-Punkt oder Auf-Zu-Regelung sowie Verschraubungen und Dichtungen.
Material Gehäuse: Grauguss
Nenndruck: PN 16
Nennweite: DN40
Max. Vorlauftemperatur: 95°C
kvs-Wert: 25 m³/h
Spannung: 230 V, 50 Hz

588€ | 640€ | **657€** | 672€ | 753€ | [St] | ⏱ 0,90 h/St | 040.000.022

60 Heizungsverteiler, Wandmontage, 3 Heizkreise — KG **421**

Heizungsverteiler als kombinierter Vor- und Rücklaufverteiler. Abgangsstutzen Vor- und Rücklauf nebeneinander, als Rohrstutzen, mit Vorschweißflansch. Für Abgänge DN25-DN100 mit Stutzenabstand 350mm, bei größeren Dimensionen 400mm. Flanschstutzen DN25-DN100 sind auf gleiche Spindelhöhe, für Armaturen entsprechend den Baulängenreihen F1, F4, oder K1, abgestimmt. Entleerungsmuffen DN15 für Vor- und Rücklaufbalken. Verteiler werkseitig druckgeprüft und grundiert. Heizkreisverteiler für 3 Heizkreise (1 Anschluss Wärmeerzeuger Vor-/Rücklauf, 2 Anschlüsse für Heizkreise (DN25-DN100). Inkl. Wärmedämmschalen für Verteiler entsprechend Heizungsanlagenverordnung.
Material: Stahl
Vorschweißflansch: **PN 6 / PN 10 / PN 16**

288€ | 311€ | **373€** | 400€ | 702€ | [St] | ⏱ 0,75 h/St | 040.000.050

61 Heizungsverteiler, Wandmontage, 5 Heizkreise — KG **421**

Heizungsverteiler als kombinierter Vor- und Rücklaufverteiler. Abgangsstutzen Vor- und Rücklauf nebeneinander, als Rohrstutzen, mit Vorschweißflansch. Für Abgänge DN25 - DN100 mit Stutzenabstand 350mm, bei größeren Dimensionen 400mm. Flanschstutzen DN25-DN100 sind auf gleiche Spindelhöhe, für Armaturen entsprechend den Baulängenreihen F1, F4, oder K1, abgestimmt. Entleerungsmuffen DN15 für Vor- und Rücklaufbalken. Verteiler werkseitig druckgeprüft und grundiert. Heizkreisverteiler für 5 Heizkreise (1 Anschluss Wärmeerzeuger Vor-/Rücklauf, 2 Anschlüsse für Heizkreise (DN25-DN100). Inkl. Wärmedämmschalen für Verteiler entsprechend Heizungsanlagenverordnung.
Material: Stahl
Vorschweißflansch: **PN 6 / PN 10 / PN 16**

435€ | 471€ | **515€** | 586€ | 750€ | [St] | ⏱ 0,90 h/St | 040.000.051

62 Füllarmatur, Heizung — KG **421**

Manuelle Heizungsfüll-/-nachfüllstation mit flexibler Schlauchanbindung zum Befüllen von Warmwasser-Heizungsanlagen. Bestehend aus Absperrarmatur mit Systemtrenner, einem Wandschlauchhalter, 5m Wasserschlauch 1/2" für maximal 12bar Betriebsdruck, zwei halben Schlauchverschraubungen 1/2" aus Messing, inklusive Befestigungselementen für Wandbefestigung.
Temperaturbereich: bis 40°C (Füllwasser)

36€ | 41€ | **45€** | 45€ | 51€ | [St] | ⏱ 0,10 h/St | 040.000.052

63 Stundensatz, Obermonteur/-in Heizung

Verrechnungssatz für die jeweilige Arbeitskraft inkl. aller Aufwendungen wie Lohn- und Gehaltskosten, Lohn- und Gehaltsnebenkosten, Zuschläge, lohngebundene und lohnabhängige Kosten, sonstige Sozialkosten, Gemeinkosten, Wagnis und Gewinn. Leistung nach besonderer Anordnung der Bauüberwachung. Nachweis und Anmeldung gem. VOB/B.

64€ | 68€ | **70€** | 73€ | 77€ | [h] | ⏱ 1,00 h/h | 040.000.098

▶ min
▷ von
ø Mittel
◁ bis
◀ max

Nr.	Kurztext / Langtext						Kostengruppe
▶	▷	ø netto €	◁	◀	[Einheit]	Ausf.-Dauer	Positionsnummer

64 Stundensatz, Helfer/-in Heizung

Verrechnungssatz für die jeweilige Arbeitskraft inkl. aller Aufwendungen wie Lohn- und Gehaltskosten, Lohn- und Gehaltsnebenkosten, Zuschläge, lohngebundene und lohnabhängige Kosten, sonstige Sozialkosten, Gemeinkosten, Wagnis und Gewinn. Leistung nach besonderer Anordnung der Bauüberwachung. Nachweis und Anmeldung gem. VOB/B.

▶	▷	ø netto €	◁	◀	[Einheit]	Ausf.-Dauer	Positionsnummer
43€	50€	**53€**	56€	65€	[h]	⏱ 1,00h/h	040.000.099

040
041
042
044
045
046
047
053
054
058
060
061
063
069
075

Kosten:
Stand 1.Quartal 2026
Bundesdurchschnitt

► min
▷ von
ø Mittel
◁ bis
◄ max

Nr.	Positionen	Einheit	►	▷	ø brutto € / ø netto €	◁	◄
1	Strangregulierventil, DN15	St	87	107	**118**	126	151
			73	90	**99**	106	127
2	Überströmventil, DN15	St	67	113	**139**	153	199
			56	95	**117**	128	167
3	Schmutzfänger, DN40	St	93	135	**154**	225	314
			78	114	**129**	189	264
4	Schnellentlüfter, DN10	St	28	59	**62**	83	142
			23	50	**52**	70	120
5	Zeigerthermometer, Bimetall	St	21	35	**40**	68	97
			17	29	**34**	57	81
6	Manometer, Rohrfeder	St	41	73	**82**	99	130
			34	61	**69**	83	110
7	Absperrventil, Guss, DN20	St	68	86	**89**	103	134
			57	72	**75**	87	113
8	Absperrventil, Guss, DN32	St	115	151	**169**	200	265
			97	127	**142**	168	223
9	Badheizkörper/Handtuchheizkörper, beschichtet	St	665	1.121	**1.199**	1.372	2.030
			559	942	**1.008**	1.153	1.706
10	Rohrleitung, Kupfer, DN15	m	21	27	**28**	32	38
			18	23	**23**	26	32
11	Rohrleitung, Kupfer, DN25	m	34	38	**41**	45	53
			29	32	**34**	38	44
12	Rohrleitung, C-Stahlrohr, DN20	m	25	30	**32**	40	44
			21	25	**27**	34	37
13	Rohrleitung, C-Stahlrohr, DN25	m	31	37	**38**	42	47
			26	31	**32**	35	39
14	Rohrleitung, C-Stahlrohr, DN50	m	42	69	**76**	85	104
			35	58	**64**	71	87
15	Rohrleitung, C-Stahlrohr, Bogen, DN50	St	21	35	**44**	53	66
			17	29	**37**	44	55
16	Rohrleitung, Stahlrohr, DN65	m	45	54	**58**	65	85
			38	46	**49**	55	71
17	Rohrleitung, Stahlrohr, DN100	m	74	80	**95**	112	121
			62	68	**80**	94	101
18	Rohrleitung, PE-X 17mm, Fußbodenheizung	m	11	14	**15**	17	20
			9	11	**13**	14	16
19	Rohrleitung, PE-X 20mm, Fußbodenheizung	m	14	17	**19**	22	25
			12	14	**16**	19	21
20	Rohrleitung, Verbundrohr, 16mm, Fußbodenheizung	m	27	30	**31**	31	33
			23	25	**26**	26	27
21	Rohrleitung, Verbundrohr, 20mm, Fußbodenheizung	m	31	36	**40**	44	48
			26	31	**34**	37	40
22	Röhrenheizkörper, Stahl, h=500	St	12	13	**20**	23	25
			10	11	**16**	20	21
23	Röhrenheizkörper, Stahl, h=900	St	20	23	**32**	38	42
			17	19	**26**	32	35
24	Kompaktheizkörper, Stahl, H=500, L=bis 700, Typ 11	St	198	228	**247**	277	322
			166	191	**208**	233	270

Nr.	Positionen	Einheit	►	▷	ø brutto € ø netto €	◁	◄
25	Kompaktheizkörper, Stahl, H=500, L=bis 700, Typ 33	St	311	358	**389**	436	506
			262	301	**327**	366	425
26	Kompaktheizkörper, Stahl, H=500, L=700-1.400, Typ 22	St	389	447	**486**	545	632
			327	376	**409**	458	531
27	Kompaktheizkörper, Stahl, H=500, L=1.400-2100, Typ 11	St	499	574	**624**	699	811
			419	482	**524**	587	681
28	Kompaktheizkörper, Stahl, H=500, L=1.400-2.100, Typ 22	St	563	648	**704**	789	915
			473	544	**592**	663	769
29	Kompaktheizkörper, Stahl, H=600, L=bis 700, Typ 22	St	250	288	**313**	350	407
			210	242	**263**	295	342
30	Kompaktheizkörper, Stahl, H=600, L=700-1.400, Typ 11	St	398	457	**497**	547	606
			334	384	**418**	459	509
31	Kompaktheizkörper, Stahl, H=600, L=1.400-2.100, Typ 22	St	579	665	**723**	810	940
			486	559	**608**	681	790
32	Kompaktheizkörper, Stahl, H=900, L=bis 700, Typ 22	St	328	377	**410**	459	533
			276	317	**345**	386	448
33	Kompaktheizkörper, Stahl, H=900, L=1.400-2.100, Typ 33	St	947	1.089	**1.184**	1.279	1.385
			796	915	**995**	1.075	1.164
34	Radiavektoren, Profilrohre, H=140, L=bis 700	St	565	799	**867**	1.026	1.131
			474	672	**729**	862	951
35	Radiavektoren, Profilrohre, H=280, L=700-1.400	St	760	1.310	**1.525**	1.878	2.414
			639	1.100	**1.282**	1.578	2.029
36	Thermostatventil, DN15	St	30	37	**39**	45	59
			25	31	**32**	38	49
37	Heizkörperverschraubung, DN15	St	22	27	**30**	32	38
			18	23	**26**	27	32
38	Heizkörper ausbauen/wieder einbauen	St	40	62	**77**	101	199
			33	52	**65**	85	167
39	Kappenventil, Ausdehnungsgefäß, DN20	St	35	39	**48**	60	63
			29	33	**40**	50	53
40	Muffenkugelhahn, DN15	St	11	27	**34**	44	65
			9	23	**29**	37	54
41	Membran-Sicherheitsventil	St	14	24	**30**	40	46
			11	20	**25**	34	39
42	Verteiler Heizungswasser	St	310	462	**533**	628	811
			261	389	**448**	527	682
43	Deckenstrahlplatte, Stahlblech beschichtet/Stahlrohre	St	3.329	3.973	**4.242**	5.505	6.884
			2.797	3.339	**3.564**	4.626	5.785
44	Heizkreisverteiler, Fußbodenheizung, 5 Heizkreise	St	312	385	**423**	450	510
			262	323	**355**	378	428
45	Verteilerschrank, Fußbodenheizung, Unterputz	St	687	698	**780**	835	899
			577	586	**656**	702	755
46	Umlenkungsbogen, Heizleitung	St	4	5	**6**	6	7
			4	4	**5**	5	6
47	Noppen/EPS-Systemträger, Fußbodenheizung	m^2	12	14	**15**	17	19
			10	12	**13**	14	16
48	Noppen-Systemträger, Fußbodenheizung	m^2	14	18	**20**	23	28
			11	15	**17**	20	24

Kosten:
Stand 1.Quartal 2026
Bundesdurchschnitt

Nr.	Positionen	Einheit	►	▷	ø brutto € / ø netto €	◁	◄
49	Fußbodenheizung, Typ A, Träger/PE-X Rohr, 100	m²	39	42	**43**	46	51
			32	35	**36**	39	43
50	Anbindeleitung, PE-X 17mm, Fußbodenheizung	m	5	6	**7**	8	9
			4	5	**6**	6	7
51	Schutzummantelung, Fußbodenheizrohr	St	2	4	**4**	5	7
			2	4	**4**	4	6
52	Ummantelung, Anbindeleitung	m	2	4	**4**	6	8
			2	3	**4**	5	6
53	Funktionsheizen, Fußbodenheizung	m²	2	2	**3**	4	6
			1	2	**2**	3	5
54	Belegreifheizen, Fußbodenheizung	m²	0,4	0,5	**0,6**	0,9	4,2
			0,3	0,4	**0,5**	0,8	3,6
55	Einregulierung/Inbetriebnahme, Fußbodenheizung	psch	368	468	**1.283**	3.409	5.852
			309	394	**1.078**	2.865	4.918
56	Messung, Feuchte, Fußbodenheizung	St	64	73	**88**	111	126
			54	61	**74**	93	106
57	Abgleichventil, hydraulisch DN20	St	150	220	**235**	270	332
			126	185	**197**	227	279
58	Abgleichventil, hydraulisch DN80	St	953	1.035	**1.116**	1.154	1.194
			801	870	**938**	970	1.004
59	Schlamm und Magnetitabscheider 1 1/4"	St	263	284	**288**	307	327
			221	238	**242**	258	275
60	Schlamm und Magnetitabscheider 1 1/2"	St	337	442	**469**	508	557
			283	372	**395**	427	468
61	Hydraulischer Abgleich	St	600	705	**714**	866	1.024
			504	593	**600**	728	860

Nr. **Kurztext** / Langtext Kostengruppe
► ▷ **ø netto €** ◁ ◄ [Einheit] Ausf.-Dauer Positionsnummer

1 Strangregulierventil, DN15 KG **421**

Strangregulierventil als Durchgangsventil in Schrägsitzausführung. Stufenlose Voreinstellung über Handrad. Ablesbarkeit der Voreinstellung unabhängig von der Handradstellung. Alle Funktionselemente auf der Handradseite. Montage im Vor- und Rücklauf möglich. Ventilgehäuse und Kopfstück, Spindel und Ventilkegel aus entzinkungsbeständigem Messing (Ms-EZB) / Rotguss, Kegel mit Dichtung aus PTFE, wartungsfreie Spindelabdichtung durch doppelten O-Ring. Messventil und Füll- und Entleerkugelhahn anschließ- und austauschbar. Inklusive Verschraubung beidseitig.
Strangregulierventil: **PN 6 / 10 / 16** bar
Ventilgehäuse und Kopfstück aus: **Rotguss / Grauguss**
Betriebstemperatur **120 / 150**°C
Nennweite: DN15
Anschlussgewinde: Rp 1/2 IG

73€ 90€ **99€** 106€ 127€ [St] ⏱ 0,20h/St 041.000.009

► min
▷ von
ø Mittel
◁ bis
◄ max

Nr.	Kurztext / Langtext						Kostengruppe
▶	▷	ø netto €	◁	◀	[Einheit]	Ausf.-Dauer	Positionsnummer

2 **Überströmventil, DN15** KG **421**

Differenzdruck-Überströmventil mit Federhaube aus Kunststoff, Membrane aus EPDM, einschl. Anzeigenhülse, inkl. beidseitiger Verschraubung.
Ausführung: **Eckausführung / gerade Ausführung**
Material: **Messing / Rotguss / Grauguss** mit eingebauter Differenzdruck-Anzeige
Differenzdruck: zwischen 0,05 und 0,5 bar
Betriebstemperatur: **110 / 120 / 150**°C
Betriebsdruck: max. **3 / 6 / 10** bar
Nennweite: DN15
Anschlussgewinde Rp 1/2 IG

56€	95€	**117€**	128€	167€	[St]	⏱ 0,35h/St	041.000.010

3 **Schmutzfänger, DN40** KG **421**

Schmutzfänger, mit **einfachem / doppeltem** Sieb, aus Niro-Stahldrahtgeflecht.
Betriebsdruck: PN **6 / 10 / 16** bar
Gehäuse: Grauguss
Betriebstemperatur: **110 / 120 / 150**°C
Nennweite: DN40
Anschlussgewinde: Rp 1 1/2 IG

78€	114€	**129€**	189€	264€	[St]	⏱ 0,30h/St	041.000.011

4 **Schnellentlüfter, DN10** KG **421**

Schwimmerentlüfter zur permanenten, automatischen Entlüftung von Heizungsanlagen.
Anschlussgewinde: Rp 3/8 IG
Material Gehäuse: **Messing / Grauguss**
Material Schwimmer: Kunststoff
Betriebstemperatur: 115°C
Betriebsdruck PN: **6 / 10 / 16** bar

23€	50€	**52€**	70€	120€	[St]	⏱ 0,10h/St	041.000.012

5 **Zeigerthermometer, Bimetall** KG **421**

Zeigerthermometer DIN EN 13190, Tauchrohr radial, aus nichtrostendem Stahl, inklusive Tauchhülse, eingeschweißt in Medienrohr.
Messelement: Bimetall
Tauchrohr-Einbaulänge: **63 / 80 / 100 / 160** mm
Tauchrohrdurchmesser: **6 / 8 / 10** mm
Gehäuse: **Aluminium / Edelstahl**
Übersteckring: **Messing / Edelstahl**, poliert
Gehäusedurchmesser: **63 / 80 / 100 / 160** mm
Anzeigebereich: **-40 / 0**°C bis **60 / 100 / 160**°C
Zifferblatt: Aluminium, weiß, Skalenaufdruck schwarz
Instrumentenglas Schutzart: IP65
Messgenauigkeit: Klasse 1

17€	29€	**34€**	57€	81€	[St]	⏱ 0,05h/St	041.000.013

Kosten:
Stand 1. Quartal 2026
Bundesdurchschnitt

Nr.	**Kurztext** / Langtext						Kostengruppe
▶	▷	**ø netto €**	◁	◀	[Einheit]	Ausf.-Dauer	Positionsnummer

6 Manometer, Rohrfeder KG **421**

Manometer, als Rohrfedermanometer mit verstellbarer Markierung, Rohrfeder aus nichtrostendem Stahl.
Anschlusszapfen: R 1/4, radial nach unten
Anschluss: **hinten / seitlich**
Gehäusedurchmesser: **63 / 80 / 100 / 160** mm
Gehäuse: **Messing / nichtrostender Stahl**
Anzeigebereich: bis **3 / 6 / 10 / 16 / 25** bar
Nenndruck: PN **6 / 10 / 16 / 25** bar
Messgenauigkeit: 1,6% vom Skalenendwert

34€	61€	**69€**	83€	110€	[St]	⏱ 0,05h/St	041.000.014

A 1 Absperrventil, Guss Beschreibung für Pos. **7-8**

Absperrventil als Durchgangsventil in Schrägsitzausführung, mit Entleerung. Spindel und Ventilkegel aus entzinkungsbeständigem Messing (Ms-EZB), Kegel mit Dichtung aus PTFE, wartungsfreie Spindelabdichtung durch doppelten O-Ring, inklusive beidseitiger Verschraubung, zwei Gegenflanschen mit Schrauben, Pressverbindung inklusive Pressfittinge.

7 Absperrventil, Guss, DN20 KG **422**

Wie Ausführungsbeschreibung A 1
Betriebsdruck PN: **6 / 10 / 16** bar
Gehäuse und Kopfstück: **Rotguss / Grauguss**
Betriebstemperatur: **120 / 150**°C
Nennweite: DN20
Anschluss: Rp 3/4 IG x Rp 3/4 IG

57€	72€	**75€**	87€	113€	[St]	⏱ 0,32h/St	041.000.034

8 Absperrventil, Guss, DN32 KG **422**

Wie Ausführungsbeschreibung A 1
Betriebsdruck PN: **6 / 10 / 16** bar
Gehäuse und Kopfstück: **Rotguss / Grauguss**
Betriebstemperatur: **120 / 150**°C
Nennweite: DN32
Anschluss: Rp 1 1/4 IG x Rp 1 1/4 IG

97€	127€	**142€**	168€	223€	[St]	⏱ 0,40h/St	041.000.036

▶ min
▷ von
ø Mittel
◁ bis
◀ max

040
041
042
044
045
046
047
053
054
058
060
061
063
069
075

Nr.	Kurztext / Langtext						Kostengruppe
▶	▷	ø netto €	◁	◀	[Einheit]	Ausf.-Dauer	Positionsnummer

9 Badheizkörper/Handtuchheizkörper, beschichtet KG **423**

Bad-/Handtuchheizkörper mit Thermostat und elektrischem Heizeinsatz. Rohre horizontal, gerade, mit integrierter 2-Rohr Armatur und Anschlussverschraubung, inkl. elektr. Raumtemperaturregelung, Elektroheizpatrone mit Trockenlaufschutz, einschl. Montage und Anschluss.
Material: Stahl
Beschichtung DIN 55900-2: Pulverbeschichtung
Farbe: **weiß / Sonderfarbton**
Maximale Betriebstemperatur: **90 / 120**°C
Maximaler Betriebsdruck PN: **6 / 10** bar
Höhe: 1800 mm
Breite: 600 mm
Tiefe: 40 mm
Heizleistung DIN EN 442-2: 800 W
Elektrische Heizpatrone 230 V / 50 Hz: 600 W
Schutzart: IP 3X DIN EN 60529 (VDE 0470-1)

559€ 942€ **1.008€** 1.153€ 1.706€ [St] ⏱ 1,80h/St 041.000.015

A 2 Rohrleitung, Kupfer Beschreibung für Pos. **10-11**

Rohrleitung aus nahtlosem Kupferrohr DIN EN 1057, für Heizungswasser, Form- und Verbindungsstücke werden gesondert vergütet, inkl. Rohrbefestigung, Schweiß-, Löt-, Dichtungsmittel und Herstellen der Verbindungen.

10 Rohrleitung, Kupfer, DN15 KG **422**

Wie Ausführungsbeschreibung A 2
Außendurchmesser: 18 mm
Rohrstärke: 1 mm

18€ 23€ **23€** 26€ 32€ [m] ⏱ 0,15h/m 041.000.110

11 Rohrleitung, Kupfer, DN25 KG **422**

Wie Ausführungsbeschreibung A 2
Außendurchmesser: 28 mm
Rohrstärke: 1 mm

29€ 32€ **34€** 38€ 44€ [m] ⏱ 0,20h/m 041.000.112

A 3 Rohrleitung, C-Stahlrohr Beschreibung für Pos. **12-14**

Rohrleitung in Stangen, geschweißte Ausführung, Rohre außen grundiert mit Kunststoffmantel aus Polypropylen, einschl. Fittings, Materialwechsel bei Armaturen etc. bis DN50, falls nicht separat aufgeführt.

12 Rohrleitung, C-Stahlrohr, DN20 KG **422**

Wie Ausführungsbeschreibung A 3
C-Stahlrohr: .....
Werkstoff: RSt. 34-2
Farbe: **..... / cremeweiß RAL 9001**
Nennweite: 22 x 1,5 mm

21€ 25€ **27€** 34€ 37€ [m] ⏱ 0,22h/m 041.000.017

Kosten:
Stand 1. Quartal 2026
Bundesdurchschnitt

Nr.	**Kurztext** / Langtext						Kostengruppe
▶	▷	**ø netto €**	◁	◀	[Einheit]	Ausf.-Dauer	Positionsnummer

13 Rohrleitung, C-Stahlrohr, DN25 — KG **422**

Wie Ausführungsbeschreibung A 3
C-Stahlrohr: .....
Werkstoff: RSt. 34-2
Farbe: **..... / cremeweiß RAL 9001**
Nennweite: 28 x 1,5 mm

▶	▷	ø netto €	◁	◀	[Einheit]	Ausf.-Dauer	Positionsnummer
26€	31€	**32€**	35€	39€	[m]	⏱ 0,25 h/m	041.000.018

14 Rohrleitung, C-Stahlrohr, DN50 — KG **422**

Wie Ausführungsbeschreibung A 3
C-Stahlrohr: .....
Werkstoff: RSt. 34-2
Farbe: **..... / cremeweiß RAL 9001**
Nennweite: 54 x 1,5 mm

▶	▷	ø netto €	◁	◀	[Einheit]	Ausf.-Dauer	Positionsnummer
35€	58€	**64€**	71€	87€	[m]	⏱ 0,36 h/m	041.000.021

15 Rohrleitung, C-Stahlrohr, Bogen, DN50 — KG **422**

Form- und Verbindungsstücke als Bogen 90°, für Rohrleitung in geschweißter Ausführung. Rohrleitung: Präzisionsstahlrohr DIN EN 10305-3
Werkstoff: .....
Außendurchmesser: 54 mm

▶	▷	ø netto €	◁	◀	[Einheit]	Ausf.-Dauer	Positionsnummer
17€	29€	**37€**	44€	55€	[St]	⏱ 0,40 h/St	041.000.002

A 4 Rohrleitung, Stahlrohr — Beschreibung für Pos. **16-17**

Rohrleitung aus nahtlosem Stahlrohr, für Heizungswasser, Form- und Verbindungsstücke werden gesondert vergütet, inkl. Rohrbefestigung.

16 Rohrleitung, Stahlrohr, DN65 — KG **422**

Wie Ausführungsbeschreibung A 4
Rohrleitung: Stahlrohr
Oberfläche: schwarz
Außendurchmesser: 76,1 mm
Verlegung: bis **3,50 / 5,00 / 7,00** m über **Gelände / Fußboden**

▶	▷	ø netto €	◁	◀	[Einheit]	Ausf.-Dauer	Positionsnummer
38€	46€	**49€**	55€	71€	[m]	⏱ 0,40 h/m	041.000.022

17 Rohrleitung, Stahlrohr, DN100 — KG **422**

Wie Ausführungsbeschreibung A 4
Rohrleitung: Stahlrohr
Oberfläche: schwarz
Außendurchmesser: 108 mm
Verlegung: bis **3,50 / 5,00 / 7,00** m **über Gelände / Fußboden**

▶	▷	ø netto €	◁	◀	[Einheit]	Ausf.-Dauer	Positionsnummer
62€	68€	**80€**	94€	101€	[m]	⏱ 0,48 h/m	041.000.024

▶ min
▷ von
ø Mittel
◁ bis
◀ max

Nr.	Kurztext / Langtext						Kostengruppe
▶	▷	ø netto €	◁	◀	[Einheit]	Ausf.-Dauer	Positionsnummer

A 5 Rohrleitung, PE-X-Rohr, Fußbodenheizung — Beschreibung für Pos. **18-19**

Rohrleitung der Fußbodenheizung DIN EN 1264-1, für Verlegesystem Typ A (Verlegung im Estrich), mit Rohr aus Polyethylen PE-X DIN EN ISO 15875-1 und DIN EN ISO 15875-2, sauerstoffdicht DIN 4726.
Vorlauftemperatur: .....°C
Norm-Innentemperatur: .....°C

18 Rohrleitung, PE-X 17mm, Fußbodenheizung — KG **422**

Wie Ausführungsbeschreibung A 5
Außendurchmesser: 17 mm
Verlegeabstand: ..... mm

9€	11€	**13€**	14€	16€	[m]	⏱ 0,14h/m	041.000.068

19 Rohrleitung, PE-X 20mm, Fußbodenheizung — KG **422**

Wie Ausführungsbeschreibung A 5
Außendurchmesser: 20 mm
Verlegeabstand: ..... mm

12€	14€	**16€**	19€	21€	[m]	⏱ 0,14h/m	041.000.069

A 6 Rohrleitung, Mehrschichtrohr, Fußbodenheizung — Beschreibung für Pos. **20-21**

Heizleitung der Fußbodenheizung DIN EN 1264-1, für Verlegesystem Typ A (Verlegung im Estrich), mit Rohr aus Mehrschichtverbundwerkstoff (PE, Aluminium, PE) DIN 16836, sauerstoffdicht DIN 4726.
Vorlauftemperatur: .....°C
Norm-Innentemperatur: .....°C

20 Rohrleitung, Verbundrohr, 16mm, Fußbodenheizung — KG **422**

Wie Ausführungsbeschreibung A 6
Außendurchmesser: 16 mm
Verlegeabstand: 100 mm

23€	25€	**26€**	26€	27€	[m]	⏱ 0,14h/m	041.000.071

21 Rohrleitung, Verbundrohr, 20mm, Fußbodenheizung — KG **422**

Wie Ausführungsbeschreibung A 6
Außendurchmesser: 20 mm
Verlegeabstand: 100 mm

26€	31€	**34€**	37€	40€	[m]	⏱ 0,14h/m	041.000.072

040 | 041 | 042 | 044 | 045 | 046 | 047 | 053 | 054 | 058 | 060 | 061 | 063 | 069 | 075

Nr.	Kurztext / Langtext						Kostengruppe
▶	▷	**ø netto €**	◁	◀	[Einheit]	Ausf.-Dauer	Positionsnummer

A 7 Röhrenheizkörper, Stahl — Beschreibung für Pos. **22-23**

Röhrenheizkörper als Mehrsäuler in Gliederbauweise mit vertikalen Präzisionsrundrohren und Kopfstück vollständig verschweißt. Wärmeleistung geprüft DIN EN 442-2. Lieferung montagefertig mit 2 bis 4 stirnseitigen Anschlüssen für Vorlauf, Rücklauf, Entlüftung und Entleerung. Mit Lieferung, fachgerechter Montage sowie Montagezubehör für Massivwände oder Leichtbauwänden. Wandkonsolen, verzinkt mit Schalldämmteil für Mehrsäuler.

22 Röhrenheizkörper, Stahl, h=500 — KG **423**

Wie Ausführungsbeschreibung A 7
Wärmekörper: mit Pulver-Einbrenn-Fertiglackierung
Farbe: RAL 9010
Max. Betriebstemperatur: **bis 120**°C **/ über 120**°C
Max. Betriebsdruck: **4 / 6 / 10 / 12** bar
Bauhöhe: 500 mm
Bautiefe: ..... mm
Glieder: ..... St
Normwärmeabgabe je Glied: ..... W
Hinweis: Preisangaben pro HK-Glied

10€	11€	**16€**	20€	21€	[St]	⏱ 0,12h/St	041.000.003

23 Röhrenheizkörper, Stahl, h=900 — KG **423**

Wie Ausführungsbeschreibung A 7
Wärmekörper: mit Pulver-Einbrenn-Fertiglackierung
Farbe: RAL 9010
Max. Betriebstemperatur: **bis 120**°C **/ über 120**°C
Max. Betriebsdruck: **4 / 6 / 10 / 12** bar
Bauhöhe: 900 mm
Bautiefe: ..... mm
Glieder: ..... St
Normwärmeabgabe je Glied: ..... W
Hinweis: Preisangaben pro HK-Glied

17€	19€	**26€**	32€	35€	[St]	⏱ 0,18h/St	041.000.027

Kosten:
Stand 1.Quartal 2026
Bundesdurchschnitt

▶ min
▷ von
ø Mittel
◁ bis
◀ max

A 8 Kompaktheizkörper, Stahl Beschreibung für Pos. **24-33**

Kompaktheizkörper als Plattenheizkörper, Sickenteilung 33 1/3mm. Übergreifende obere Abdeckung und geschlossene seitliche Blenden. Zweischichtlackierung, lösungsmittelfrei im Heizbetrieb, entfettet, eisenphosphoriert, grundiert mit kathodischem Elektrotauchlack und elektrostatisch pulverbeschichtet, Rückseite mit vier Befestigungslaschen (ab Baulänge 1800mm = 6St). Einschl. Montageset, bestehend aus Bohrkonsolen, Abstandshalter und Sicherungsbügel zur Befestigung sowie Blind- und Entlüftungsstopfen. Mit Lieferung, Montage sowie Montagezubehör, einschl. Einschraubventil mit Voreinstellung.

24 Kompaktheizkörper, Stahl, H=500, L=bis 700, Typ 11 KG **423**

Wie Ausführungsbeschreibung A 8
Heizkörper: Typ 11
Material: Stahlblech St. 12.03
Blechstärke: 1,25 mm
Farbe: weiß
Anschlüsse: G 1/2 **vertikal links / rechts**
Betriebsdruck: max. **4 / 6 / 10** bar
Medium: Heißwasser bis **110 / 120**°C
Bautiefe: ..... mm
Bauhöhe: 500 mm
Baulänge: bis 700 mm
Fabrikat: .....
Typ: .....
Normwärmeabgabe: ..... W/m

166€ 191€ **208€** 233€ 270€ [St] ⏱ 1,00h/St 041.000.083

25 Kompaktheizkörper, Stahl, H=500, L=bis 700, Typ 33 KG **423**

Wie Ausführungsbeschreibung A 8
Heizkörper: Typ 33
Material: Stahlblech St. 12.03
Blechstärke: 1,25 mm
Farbe: weiß
Anschlüsse: G 1/2 **vertikal links / rechts**
Betriebsdruck: max. **4 / 6 / 10** bar
Medium: Heißwasser bis **110 / 120**°C
Bautiefe: ..... mm
Bauhöhe: 500 mm
Baulänge: bis 700 mm
Fabrikat: .....
Typ: .....
Normwärmeabgabe: ..... W/m

262€ 301€ **327€** 366€ 425€ [St] ⏱ 1,00h/St 041.000.085

Nr.	**Kurztext** / Langtext					Kostengruppe
▶	▷	**ø netto €**	◁	◀	[Einheit]	Ausf.-Dauer	Positionsnummer

26 **Kompaktheizkörper, Stahl, H=500, L=700-1.400, Typ 22** KG **423**

Wie Ausführungsbeschreibung A 8
Heizkörper: Typ 22
Material: Stahlblech St. 12.03
Blechstärke: 1,25 mm
Farbe: weiß
Anschlüsse: G 1/2 **vertikal links / rechts**
Betriebsdruck: max. **4 / 6 / 10** bar
Medium: Heißwasser bis **110 / 120**°C
Bautiefe: ..... mm
Bauhöhe: 500 mm
Baulänge: 701-1.400 mm
Fabrikat: .....
Typ: .....
Normwärmeabgabe: ..... W/m

▶	▷	ø	◁	◀	[Einheit]	Ausf.-Dauer	Positionsnummer
327€	376€	**409€**	458€	531€	[St]	⏱ 1,10h/St	041.000.087

27 **Kompaktheizkörper, Stahl, H=500, L=1.400-2.100, Typ 11** KG **423**

Wie Ausführungsbeschreibung A 8
Heizkörper: Typ 11
Material: Stahlblech St. 12.03
Blechstärke: 1,25 mm
Farbe: weiß
Anschlüsse: G 1/2 **vertikal links / rechts**
Betriebsdruck: max. **4 / 6 / 10** bar
Medium: Heißwasser bis **110 / 120**°C
Bautiefe: ..... mm
Bauhöhe: 500 mm
Baulänge: 1.401-2.100 mm
Fabrikat: .....
Typ: .....
Normwärmeabgabe: ..... W/m

▶	▷	ø	◁	◀	[Einheit]	Ausf.-Dauer	Positionsnummer
419€	482€	**524€**	587€	681€	[St]	⏱ 1,30h/St	041.000.089

Kosten:
Stand 1. Quartal 2026
Bundesdurchschnitt

▶ min
▷ von
ø Mittel
◁ bis
◀ max

28 Kompaktheizkörper, Stahl, H=500, L=1.400-2.100, Typ 22 KG **423**

Wie Ausführungsbeschreibung A 8
Heizkörper: Typ 22
Material: Stahlblech St. 12.03
Blechstärke: 1,25 mm
Farbe: weiß
Anschlüsse: G 1/2 **vertikal links / rechts**
Betriebsdruck: max. **4 / 6 / 10** bar
Medium: Heißwasser bis **110 / 120**°C
Bautiefe: ..... mm
Bauhöhe: 500 mm
Baulänge: 1.401-2.100 mm
Fabrikat: .....
Typ: .....
Normwärmeabgabe: ..... W/m

473€ 544€ **592€** 663€ 769€ [St] ⏱ 1,30h/St 041.000.090

29 Kompaktheizkörper, Stahl, H=600, L=bis 700, Typ 22 KG **423**

Wie Ausführungsbeschreibung A 8
Heizkörper: Typ 22
Material: Stahlblech St. 12.03
Blechstärke: 1,25 mm
Farbe: weiß
Anschlüsse: G 1/2 **vertikal links / rechts**
Betriebsdruck: max. **4 / 6 / 10** bar
Medium: Heißwasser bis **110 / 120**°C
Bautiefe: ..... mm
Bauhöhe: 600 mm
Baulänge: bis 700 mm
Fabrikat: .....
Typ: .....
Normwärmeabgabe: ..... W/m

210€ 242€ **263€** 295€ 342€ [St] ⏱ 1,00h/St 041.000.093

Nr.	Kurztext / Langtext						Kostengruppe
▶	▷	ø netto €	◁	◀	[Einheit]	Ausf.-Dauer	Positionsnummer

30 Kompaktheizkörper, Stahl, H=600, L=700-1.400, Typ 11 KG **423**

Wie Ausführungsbeschreibung A 8
Heizkörper: Typ 11
Material: Stahlblech St. 12.03
Blechstärke: 1,25 mm
Farbe: weiß
Anschlüsse: G 1/2 **vertikal links / rechts**
Betriebsdruck: max. **4 / 6 / 10** bar
Medium: Heißwasser bis **110 / 120**°C
Bautiefe: ..... mm
Bauhöhe: 600 mm
Baulänge: 701-1.400 mm
Fabrikat: .....
Typ: .....
Normwärmeabgabe: ..... W/m

▶	▷	ø	◁	◀	Einheit	Ausf.-Dauer	Positionsnummer
334€	384€	**418€**	459€	509€	[St]	⏱ 1,10h/St	041.000.095

31 Kompaktheizkörper, Stahl, H=600, L=1.400-2.100, Typ 22 KG **423**

Wie Ausführungsbeschreibung A 8
Heizkörper: Typ 22
Material: Stahlblech St. 12.03
Blechstärke: 1,25 mm
Farbe: weiß
Anschlüsse: G 1/2 **vertikal links / rechts**
Betriebsdruck: max. **4 / 6 / 10** bar
Medium: Heißwasser bis **110 / 120**°C
Bautiefe: ..... mm
Bauhöhe: 600 mm
Baulänge: 1.401-2.100 mm
Fabrikat: .....
Typ: .....
Normwärmeabgabe: ..... W/m

▶	▷	ø	◁	◀	Einheit	Ausf.-Dauer	Positionsnummer
486€	559€	**608€**	681€	790€	[St]	⏱ 1,30h/St	041.000.099

Kosten:
Stand 1. Quartal 2026
Bundesdurchschnitt

▶ min
▷ von
ø Mittel
◁ bis
◀ max

32 Kompaktheizkörper, Stahl, H=900, L=bis 700, Typ 22 KG **423**

Wie Ausführungsbeschreibung A 8
Heizkörper: Typ 22
Material: Stahlblech St. 12.03
Blechstärke: 1,25 mm
Farbe: weiß
Anschlüsse: G 1/2 **vertikal links / rechts**
Betriebsdruck: max. **4 / 6 / 10** bar
Medium: Heißwasser bis **110 / 120**°C
Bautiefe: ..... mm
Bauhöhe: 900 mm
Baulänge: bis 700 mm
Fabrikat: .....
Typ: .....
Normwärmeabgabe: ..... W/m

276€ 317€ **345€** 386€ 448€ [St] ⏱ 1,00h/St 041.000.102

33 Kompaktheizkörper, Stahl, H=900, L=1.400-2.100, Typ 33 KG **423**

Wie Ausführungsbeschreibung A 8
Heizkörper: Typ 33
Material: Stahlblech St. 12.03
Blechstärke: 1,25 mm
Farbe: weiß
Anschlüsse: G 1/2 **vertikal links / rechts**
Betriebsdruck: max. **4 / 6 / 10** bar
Medium: Heißwasser bis **110 / 120**°C
Bautiefe: ..... mm
Bauhöhe: 900 mm
Baulänge: 1.401-2.100 mm
Fabrikat: .....
Typ: .....
Normwärmeabgabe: ..... W/m

796€ 915€ **995€** 1.075€ 1.164€ [St] ⏱ 1,30h/St 041.000.109

Kosten:
Stand 1.Quartal 2026
Bundesdurchschnitt

Nr.	Kurztext / Langtext						Kostengruppe
▶	▷	ø netto €	◁	◀	[Einheit]	Ausf.-Dauer	Positionsnummer

A 9 Radiavektor, Profilrohr — Beschreibung für Pos. **34-35**

Radiavektor in vollständig geschweißter Ausführung mit 2 bis 5 hintereinander und 1 bis 4 übereinander angeordneten wasserführenden Profilrohren. Wärmeleistung geprüft DIN EN 442-2. Lieferung montagefertig mit 2 bis 4 stirnseitigen Anschlüssen für Vorlauf, Rücklauf, Entlüftung und Entleerung, fachgerechte Montage sowie Montagezubehör.

34 Radiavektoren, Profilrohre, H=140, L=bis 700 — KG **423**

Wie Ausführungsbeschreibung A 9
Wärmeleistung: ..... W/m
Wärmekörper: mit Pulvereinbrenn-Fertiglackierung
Farbe: RAL 9010
Anschluss: **wechselseitig / gleichseitig Standkonsolen EFK mit Kunststoffkappe FK**
Max. Betriebstemperatur: **100 / 120**°C
Max. Betriebsdruck: **4 / 6 / 10** bar
Fabrikat: .....
Modell: .....
Typ: .....
Bauhöhe: 140 mm
Bautiefe: ..... mm
Baulänge: bis 700 mm

▶	▷	ø	◁	◀	Einheit	Ausf.-Dauer	Positionsnummer
474€	672€	**729€**	862€	951€	[St]	⏱ 1,60h/St	041.000.005

35 Radiavektoren, Profilrohre, H=280, L=700-1.400 — KG **423**

Wie Ausführungsbeschreibung A 9
Wärmeleistung: ..... W/m
Wärmekörper: mit Pulvereinbrenn-Fertiglackierung
Farbe: RAL 9010
Anschluss: **wechselseitig / gleichseitig Standkonsolen EFK mit Kunststoffkappe FK**
Max. Betriebstemperatur: **100 / 120**°C
Max. Betriebsdruck: **4 / 6 / 10** bar
Fabrikat: .....
Modell: .....
Typ: .....
Bauhöhe: 280 mm
Bautiefe: ..... mm
Baulänge: bis 1.400 mm

▶	▷	ø	◁	◀	Einheit	Ausf.-Dauer	Positionsnummer
639€	1.100€	**1.282€**	1.578€	2.029€	[St]	⏱ 1,64h/St	041.000.051

36 Thermostatventil, DN15 — KG **423**

Heizkörperventil, als Durchgangs-, Eck- oder Axialventil. Gehäuse aus korrosionsbeständigem, entzinkungsfreiem Rotguss. Mit Niro-Spindelabdichtung und doppelter O-Ring-Abdichtung. Thermostat-Oberteil und äußerer O-Ring ohne Entleeren der Anlage auswechselbar. Anschluss Innengewinde für Gewinderohr, oder in Verbindung mit Klemmverschraubung für Kupfer-, Präzisionsstahl- oder Verbundrohr. Inkl. Thermostat-Kopf mit eingebautem Fühler.
Zul. Betriebstemperatur: 120°C
Zul. Betriebsdruck: **6 / 10** bar
Nennweite: DN15

▶	▷	ø	◁	◀	Einheit	Ausf.-Dauer	Positionsnummer
25€	31€	**32€**	38€	49€	[St]	⏱ 0,10h/St	041.000.006

▶ min
▷ von
ø Mittel
◁ bis
◀ max

Nr.	**Kurztext** / Langtext						Kostengruppe
▶	▷	**ø netto €**	◁	◀	[Einheit]	Ausf.-Dauer	Positionsnummer

37 Heizkörperverschraubung, DN15 KG **423**

Heizkörper-Anschlussmontageeinheit für den Unterputz-Anschluss von Ventilheizkörpern aus **der Wand / aus dem Boden,** bestehend aus dem Kugelhahnblock mit Anschlussnippel in Eckform, Anschlussverschraubungs-Set, 2 Heizkörper-Anschlussrohre sowie Montageeinheit. Inkl. Schiebehülsen und allen sonstigen Verbindungs- und Befestigungsmaterialien.
Mittenabstand Anschluss: 50 mm
Nennweite: DN15

18€	23€	**26€**	27€	32€	[St]	⏱ 0,10h/St	041.000.008

38 Heizkörper ausbauen/wieder einbauen KG **423**

Heizkörper nach Aufforderung der Bauleitung einmal geschlossen ausbauen und wieder geschlossen einbauen.
Heizkörper: **Röhren- / Plattenheizkörper / Konvektor**
Einheit: St
Förderweg: .....
Lagerstelle: .....

33€	52€	**65€**	85€	167€	[St]	⏱ 1,00h/St	041.000.053

39 Kappenventil, Ausdehnungsgefäß, DN20 KG **422**

Muffen-Kappenventil aus Messing zum Einbau in die Ausdehnungsleitung vor dem Membran-Ausdehnungsgefäß, mit Plombiervorrichtung / Stahlkappe gegen unbeabsichtigtes Schließen gesichert.
Gewindeanschluss DN20

29€	33€	**40€**	50€	53€	[St]	⏱ 0,30h/St	041.000.054

40 Muffenkugelhahn, DN15 KG **422**

Muffenkugelhahn, Gehäuse und Kugel aus Rotguss, Kugelabdichtung PTFE, O-Ringe EPDM, Bedienungsknebel aus Kunststoff, inkl. Wärmedämm-Halbschalen aus PUR sowie Spannringe.
Nennweite: DN15

9€	23€	**29€**	37€	54€	[St]	⏱ 0,50h/St	041.000.055

41 Membran-Sicherheitsventil KG **422**

Membran-Sicherheitsventil für geschlossene Heizungsanlagen DIN EN 12828, federbelastet, bauteilgeprüft, Gehäuse aus Rotguss.
Muffenanschluss Eintritt: DN20
Austritt: DN25
Abblasleistung: 100 kW
Ansprechdruck: **2,5 / 3,0** bar

11€	20€	**25€**	34€	39€	[St]	⏱ 0,45h/St	041.000.056

Kosten:
Stand 1. Quartal 2026
Bundesdurchschnitt

Nr.	**Kurztext** / Langtext						Kostengruppe
▶	▷	**ø netto €**	◁	◀	[Einheit]	Ausf.-Dauer	Positionsnummer

42 **Verteiler Heizungswasser** — KG **422**

Heizkreisverteiler für Pumpenwarmwasserheizungen als **Verteiler / Sammler / Verteiler-Sammler-Kombination**. Mit Flanschanschlüssen für ..... Anschlussstutzen, abnehmbarer Wärmedämmung und Befestigungsklammern, inkl. **Stand- / Wandkonsolen**.
Maximale Betriebstemperatur: **bis / über 120**°C
Maximaler Betriebsdruck: **4 / 6 / 10 / 16** bar
Werkstoff: Stahl
Maximale Anschlussdimension: DN.....
Achsabstand der Anschlüsse: ..... mm
Inklusive: **Stand- / Wandkonsolen**
Aufstellung: **Boden / Wand**
Schutzmantel: **Aluminium / Stahl verzinkt**

261€	389€	**448€**	527€	682€	[St]	⏱ 1,20h/St	041.000.007

43 **Deckenstrahlplatte, Stahlblech beschichtet/Stahlrohre** — KG **423**

Deckenstrahlplatte mit Kopfstück, Anschlussmuffen, Aufhängekonstruktion, Abdeckblech, Stirn und Umlenkblechen, zum Heizen und Kühlen, zur Installation an der Decke. Die Temperaturübertragung erfolgt mittels Wärmestrahlung. Wärmeleistung geprüft, mit Registrierung.
Medium: **Wasser / Klimakaltwasser**
Betriebstemperatur: bis 120°C
Max. Betriebsdruck: **6 / 10 / 16 bar**
Auslegungs-Wärmeleistung: .....
Wärmedämmung: **als Schallschluckplatte mit 40 mm Dicke / mineralfaserfreien Stoffen mit 40 mm Dicke / Baustoffklasse A2 nicht brennbar**
Rohdichte: **min. 15 kg/m³**
Bemessungswert der Wärmeleitfähigkeit: max. 0,040 W/(mK)
Ausführung Strahlfläche: **Blech / gelochtes Blech, 1 mm / 1,25 mm**
Lage der Leitung: **über Strahlblech eingelegt / unter dem Strahlblech eingelegt**
Rohrleitung: **Stahlgewinderohr mittelschwer / Präzisionsstahlrohr, geschweißt / nahtlos schwarz**
Oberflächenschutz: **Grundbeschichtung / Deckbeschichtung als Pulverbeschichtung oder Grundbeschichtung, Deckbeschichtung als Pulverbeschichtung**
Farbton: **weiß / Sonderfarbton**
Länge Strahlplatte: ..... mm
Breite Strahlplatte: ..... mm

2.797€	3.339€	**3.564€**	4.626€	5.785€	[St]	⏱ 5,00h/St	041.000.135

▶ min
▷ von
ø Mittel
◁ bis
◀ max

44 Heizkreisverteiler, Fußbodenheizung, 5 Heizkreise KG **422**

Heizkreisverteiler für Fußbodenheizungen, mit Verschraubungen für Heizungsrohre, Übergangsverschraubungen für Heizkreisrohre, Entlüftung und Entleerung, Heizkreis-Rückläufe mit Durchflussanzeiger und Feinregulierung, einschl. Klemmringverschraubungen, mit 3/4" Eurokonus, bestehend aus Grundkörper mit O-Ring, Klemmring und Überwurfmutter, zum Anschluss des Heizkreisrohres an den Heizkreisverteiler.
Werkstoff: .....
Befestigung, schallgedämmt: **in / an** .....
Anschluss: **waagerecht / senkrecht**
Max. Betriebstemperatur in °C: 60
Max. Betriebsüberdruck in bar: 4
Max. Volumenstrom in m³/h: 3
Nenndruck PN: **6 / 10** bar
Gewindeanschluss: R 1"
Heizkreisanschluss: G 3/4 Eurokonus
Anzahl Heizkreise: 5
Baulänge: ..... mm

262€ 323€ **355€** 378€ 428€ [St] ⏱ 1,06h/St 041.000.059

45 Verteilerschrank, Fußbodenheizung, Unterputz KG **422**

Verteilerschrank für Heizkreisverteiler, für Wandeinbau, zur Aufnahme der Fußboden-Heizkreisverteiler, der Anschluss- und der Regelungskomponenten, mit Tür mit Zylinderschloss und höhenverstellbarem Sockel, mit Estrich-Abschlussblende, Türbereich mit Kantenschutz, Schranktür mit Kippsicherung und Verriegelung, mit horizontal und vertikal einstellbarer Verteilerbefestigung, mit integrierter Normschiene zur Befestigung der Regelungskomponenten.
Werkstoff: Stahlblech, ...
RAL-Farbe: .....
Schrankhöhe: ..... mm
Schranktiefe: ..... mm
Schrankbreite: ..... mm
Höhenverstellbarkeit: ..... mm
Heizkreise: .....

577€ 586€ **656€** 702€ 755€ [St] ⏱ 1,20h/St 041.000.058

46 Umlenkungsbogen, Heizleitung KG **422**

Rohrführungsbogen aus Kunststoff, zur 90°-Umlenkung der Heizkreisrohre, zur sicheren Rohreinführung an den Verteilerkästen.
Heizkreisrohr: .....
Außendurchmesser: .....

4€ 4€ **5€** 5€ 6€ [St] ⏱ 0,10h/St 041.000.113

47 Noppen/EPS-Systemträger, Fußbodenheizung KG **422**

Noppen-Systemelement für Rohrleitungen der Fußbodenheizung mit EPS-Wärmedämmplatte und Kunststoff-Folienkaschierung zur Aufnahme der Heizleitungen in Verlegesystem Typ A, DIN EN 1264-1.
Untergrund: .....
Nutzlast: ..... kN/m²
Dämmstoffdicke: .....
Anwendungstyp: .....
Angeb. Fabrikat: .....

10€ 12€ **13€** 14€ 16€ [m²] ⏱ 0,10h/m² 041.000.078

Kosten:
Stand 1. Quartal 2026
Bundesdurchschnitt

Nr.	**Kurztext** / Langtext						Kostengruppe
▶	▷	**ø netto €**	◁	◀	[Einheit]	Ausf.-Dauer	Positionsnummer

48 Noppen-Systemträger, Fußbodenheizung KG **422**

Systemträgerplatten für Rohrleitungen der Fußbodenheizung aus Noppenplatten zur Aufnahme der Heizleitungen in Verlegesystem Typ A (Verlegung im Estrich).
Untergrund: .....
Nutzlast: ..... kN/m²
Heizleitung: .....
Angeb. Fabrikat: .....

▶	▷	ø	◁	◀	Einheit	Ausf.-Dauer	Positionsnummer
11€	15€	**17€**	20€	24€	[m²]	0,08h/m²	041.000.080

49 Fußbodenheizung, Typ A, Träger/PE-X Rohr, 100 KG **423**

Fußbodenheizung, für Verlegesystem Typ A (Verlegung im Estrich), Rohr aus Polyethylen PE-X, sauerstoffdicht, einschl. Trägersystem.
Vorlauftemperatur: 30°C
Norm-Innentemperatur: 18°C
Außendurchmesser: 17 mm
Rohrstärke: 2 mm
Trägersystem: .....
Ausführung gem. Einzelbeschreibung: .....
Angeb. Fabrikat/Typ: .....
Verlegeabstand: 100 mm

▶	▷	ø	◁	◀	Einheit	Ausf.-Dauer	Positionsnummer
32€	35€	**36€**	39€	43€	[m²]	1,20h/m²	041.000.016

50 Anbindeleitung, PE-X 17mm, Fußbodenheizung KG **423**

Anbindeleitung der Fußbodenheizung DIN EN 1264-1, für Verlegesystem Typ A (Verlegung im Estrich), mit Rohr aus Polyethylen PE-X DIN EN ISO 15875-1 und DIN EN ISO 15875-2, sauerstoffdicht DIN 4726, einschl. Trägerbefestigung.
Vorlauftemperatur: .....°C
Norm-Innentemperatur: .....°C
Außendurchmesser: 17 mm
Wanddicke: 2

▶	▷	ø	◁	◀	Einheit	Ausf.-Dauer	Positionsnummer
4€	5€	**6€**	6€	7€	[m]	0,10h/m	041.000.074

51 Schutzummantelung, Fußbodenheizrohr KG **423**

Flexible Ummantelung zum Schutz des Fußbodenheizungsrohrs beim Kreuzen von **Dehn-/Bewegungsfugen** und im Verteilerbereich.
Ausführung: .....
Material: .....
Länge.: ..... mm
Außendurchmesser: ...... mm
Innendurchmesser: ..... mm
Ausführung gem. Einzelbeschreibung: .....

▶	▷	ø	◁	◀	Einheit	Ausf.-Dauer	Positionsnummer
2€	4€	**4€**	4€	6€	[St]	0,10h/St	041.000.115

▶ min
▷ von
ø Mittel
◁ bis
◀ max

Nr.	Kurztext / Langtext						Kostengruppe
▶	▷	**ø netto €**	◁	◀	[Einheit]	Ausf.-Dauer	Positionsnummer

52 Ummantelung, Anbindeleitung KG **423**

Flexible Ummantelung als Überschub für Anbindeleitungen, zur Reduzierung der Heizleistung.
Ausführung: .....
Material: .....
Länge.: ..... mm
Außendurchmesser: ...... mm
Innendurchmesser: ..... mm
Ausführung gem. Einzelbeschreibung: .....

2€	3€	**4€**	5€	6€	[m]	⏱ 0,10h/m	041.000.116

53 Funktionsheizen, Fußbodenheizung KG **423**

Auf- und Abheizen der Fußbodenheizfläche nach Freigabe durch die Estrichfirma, gem. Aufheizprotokoll des Estrichherstellers, einschl. Erstellen eines Funktionsheiz-Protokolls.
Estrich: .....
Ausführung gem. Einzelbeschreibung: .....

1€	2€	**2€**	3€	5€	[m²]	⏱ 0,16h/m²	041.000.117

54 Belegreifheizen, Fußbodenheizung KG **423**

Belegreifheizen, nach abgeschlossenem Funktionsheizen und vor dem Belegen des Estrichs mit Oberbelägen, zur schnelleren Austrocknung des Estrichs. Belegreifheizen nach Datenblatt "FBH-D4" der "Schnittstellenkoordination bei beheizten Fußbodenkonstruktionen" des BVF (Bundesverbands Flächenheizung e.V.), einschl. Erstellen eines Belegreifheiz-Protokolls.
Estrich: .....
Ausführung gem. Einzelbeschreibung: .....

0,3€	0,4€	**0,5€**	0,8€	3,6€	[m²]	–	041.000.118

55 Einregulierung/Inbetriebnahme, Fußbodenheizung KG **423**

Verteilerweise Einregulierung der gesamten Fußboden-Heizungsanlage mit vorhergegangenem Befüllen, Spülen und Druckprobe nach Herstellerangabe. Einstellung der erforderlichen Wassermengen für die einzelnen Heizkreise, Inbetriebnahme und Erstellen eines Einstellprotokolls.
Ausführung gem. Einzelbeschreibung: .....

309€	394€	**1.078€**	2.865€	4.918€	[psch]	–	041.000.119

56 Messung, Feuchte, Fußbodenheizung KG **353**

Feuchtigkeitsmessung des Estrichs der Fußbodenheizung, entsprechend Schnittstellenkoordination des BVF (Bundesverbands Flächenheizung e.V.) mit Protokollierung. Messstellenset aus Kunststoff, pro Raum eine Messstelle, bei größeren Räumen (etwa 50m²) entsprechend mehr. Um den Messpunkt herum darf sich im abstand von 10cm (Durchmesser 20cm) kein Heizrohr befinden.
Ausführung gem. Einzelbeschreibung: .....

54€	61€	**74€**	93€	106€	[St]	⏱ 0,50h/St	041.000.120

Nr.	Kurztext / Langtext						Kostengruppe
▶	▷	ø netto €	◁	◀	[Einheit]	Ausf.-Dauer	Positionsnummer

A 11 Abgleichventil, hydraulisch — Beschreibung für Pos. **57-58**

Abgleichventil für den hydraulischen Abgleich des Trink-, Heiz- oder Kühlsystems mit Voreinstellung, Absperrung und Durchflussmessung, geeignet für Wassermischungen mit gebräuchlichen Korrosions- und Frostschutzzusätzen, hydraulisch einstellbar.

57 Abgleichventil, hydraulisch DN20 — KG **422**

Wie Ausführungsbeschreibung A 11
Typ: .....
Modell: .....
Dimension: DN20
Max. Betriebstemperatur .....°C
Max. Betriebsdruck: ..... bar
Gehäuse: **Messing / Rotguss**
Schauglas: Kunststoff
Fabrikat: .....

126€	185€	**197€**	227€	279€	[St]	⏱ 0,27h/St	041.000.136

58 Abgleichventil, hydraulisch DN80 — KG **422**

Wie Ausführungsbeschreibung A 11
Typ: .....
Modell: .....
Dimension: DN80
Max. Betriebstemperatur .....°C
Max. Betriebsdruck: ..... bar
Gehäuse: **Messing / Rotguss**
Schauglas: Kunststoff
Fabrikat: .....

801€	870€	**938€**	970€	1.004€	[St]	⏱ 0,65h/St	041.000.129

A 12 Schlamm und Magnetitabscheider — Beschreibung für Pos. **59-60**

Schlamm und Magnetitabscheider für Heiz- und Kühlwassersysteme bzw. geschlossene flüssigkeitsgefüllte Anlagensysteme, geeignet für die Medien Wasser, Heizungswasser, Klimakaltwasser und Wasser-/Glykolgemisch, als Abscheider zur Entfernung von zirkulierenden Verunreinigungen (Schmutz und Schlamm), Eisenoxide (magnetische Partikel) aus wasserführenden Systemen.

59 Schlamm und Magnetitabscheider 1 1/4" — KG **422**

Wie Ausführungsbeschreibung A 12
Technische Daten:
Abscheidertyp: .....
Gehäuse: .....
Betriebsdruck: .....
Anschluss: .....
Volumenstrom: ..... m^3/h
Betriebstemperatur max.: .....°C
Baulange: ..... mm
Filterwirksamkeit: ..... *f*-m
Fabrikat: .....

221€	238€	**242€**	258€	275€	[St]	⏱ 0,60h/St	041.000.137

Kosten:
Stand 1.Quartal 2026
Bundesdurchschnitt

▶ min
▷ von
ø Mittel
◁ bis
◀ max

Nr.	Kurztext / Langtext					Kostengruppe
▶	▷	**ø netto €**	◁	◀	[Einheit]	Ausf.-Dauer	Positionsnummer

60 Schlamm und Magnetitabscheider 1 1/2" KG **422**

Wie Ausführungsbeschreibung A 12
Technische Daten:
Abscheidertyp: .....
Gehäuse: .....
Betriebsdruck: .....
Anschluss: .....
Volumenstrom: ..... m³/h
Betriebstemperatur max.: .....°C
Baulange: ..... mm
Filterwirksamkeit: ..... ƒ-m
Fabrikat: .....

283€ | 372€ | **395€** | 427€ | 468€ | [St] | ⏱ 0,75h/St | 041.000.138

61 Hydraulischer Abgleich KG **421**

Hydraulischer Abgleich der gesamten Heizungsanlage gem. VOB Teil C, Einstellen aller Regulierventile, Heizkörperthermostatventile, Pumpen, inkl. aller hierfür erforderlichen Messgeräte, Einstellwerkzeuge sowie Erstellung eines Protokolls.

504€ | 593€ | **600€** | 728€ | 860€ | [St] | ⏱ 2,80h/St | 041.000.134

042

Kosten:
Stand 1. Quartal 2026
Bundesdurchschnitt

Nr.	Positionen	Einheit	►	▷	ø brutto € / ø netto €	◁	◄
1	Hauseinführung, DN25	St	200	261	**271**	295	379
			168	219	**227**	248	319
2	Hauswasserstation, Druckminderer/Wasserfilter, DN25	St	599	856	**977**	1.048	1.472
			503	719	**821**	881	1.237
3	Leitung, Metallverbundrohr, DN12	m	10	18	**21**	23	28
			9	15	**17**	19	23
4	Leitung, Metallverbundrohr, DN25	m	26	37	**41**	46	55
			22	31	**35**	39	47
5	Leitung, Metallverbundrohr, DN50	m	78	88	**88**	94	103
			66	74	**74**	79	87
6	Leitung, Kupferrohr, 15mm	m	30	34	**35**	37	41
			25	29	**29**	31	34
7	Leitung, Kupferrohr, 22mm	m	34	40	**41**	45	54
			29	33	**34**	38	45
8	Leitung, Kupferrohr, 35mm	m	47	58	**61**	62	81
			40	49	**51**	52	68
9	Leitung, Kupferrohr, 54mm	m	74	89	**100**	103	117
			62	75	**84**	87	99
10	Leitung, Edelstahlrohr, 15mm	m	16	25	**31**	34	38
			14	21	**26**	28	32
11	Leitung, Edelstahlrohr, 22mm	m	21	33	**43**	47	56
			18	27	**36**	40	47
12	Leitung, Edelstahlrohr, 35mm	m	34	51	**54**	63	81
			28	43	**46**	53	68
13	Leitung, Edelstahlrohr, 54mm	m	56	73	**75**	92	117
			47	61	**63**	78	99
14	Löschwasserleitung, verzinktes Rohr, DN50	m	78	83	**85**	87	92
			65	70	**72**	73	77
15	Löschwasserleitung, verzinktes Rohr, DN100	m	116	125	**148**	154	165
			98	105	**124**	130	139
16	Kugelhahn, DN15	St	22	34	**36**	57	91
			19	28	**30**	48	76
17	Kugelhahn, DN50	St	85	134	**144**	203	274
			72	113	**121**	171	230
18	Eckventil, DN15	St	10	40	**47**	63	91
			8	34	**39**	53	76
19	Absperr-Schrägsitzventil, DN25	St	89	146	**170**	215	301
			75	123	**143**	181	253
20	Absperr-Schrägsitzventil, DN50	St	165	303	**370**	432	546
			139	254	**311**	363	458
21	Zirkulations-Regulierventil, DN20	St	170	186	**186**	198	213
			143	156	**156**	166	179
22	Zirkulations-Regulierventil, DN32	St	255	287	**298**	326	359
			214	241	**251**	274	301
23	Warmwasser-Zirkulationspumpe, DN20	St	268	358	**400**	473	585
			226	301	**336**	398	492
24	Füll- und Entleerventil, DN15	St	14	21	**24**	29	38
			12	17	**20**	24	32

► min
▷ von
ø Mittel
◁ bis
◄ max

Nr.	Positionen	Einheit	▶	▷	ø brutto € / ø netto €	◁	◀
25	Membran-Sicherheitsventil, Warmwasserbereiter	St	74	80	**108**	137	206
			62	68	**91**	115	173
26	Leitung, Kupferrohr ummantelt, DN20	m	14	18	**19**	24	30
			12	15	**16**	21	25

040 041 042 044 045 046 047 053 054 058 060 061 063 069 075

Nr. **Kurztext** / Langtext — Kostengruppe

▶ ▷ **ø netto €** ◁ ◀ [Einheit] Ausf.-Dauer Positionsnummer

1 Hauseinführung, DN25 — KG **412**

Wanddurchführung für **Erdgas / Trinkwasser** mit Absperrarmatur nach Vorschrift des zuständigen Versorgungsunternehmens. Anschlüsse mit / ohne anschweißenden Dichtungsbahnen für Bauten, einschl. Herstellen der für Hauseinführung notwendigen Kernbohrung.
Wand: **Beton / Mauerwerk**
Dicke: bis 24 cm
Abdichtung: **drückendes / nichtdrückendes Wasser**
Medium: Erdgas, Trinkwasser
Material: **Gusseisen / Kunststoff / Stahl**
Medienleitung: DN25
Anschluss PN: 10 bar

168€ 219€ **227€** 248€ 319€ [St] ⏱ 0,40h/St 042.000.010

2 Hauswasserstation, Druckminderer/Wasserfilter, DN25 — KG **412**

Hauswasserstation geprüft DIN EN 13443-1, mit Druckminderer (Armaturengruppe I) mit Feinfilter in Klarsichthaube aus Polyethylen. Filtrationsfeinheit 0,1mm mit Rückspülvorrichtung, Ablaufhahn DN15 (R1/2) und Rückflussverhinderer. Mit Vor- und Hinterdruckmanometer, einstellbar. Gerade Bauform mit Anschlüsse mit Verschraubungen DN25.
Vordruck max.: 16 bar
Hinterdruck: 1,5 bis 6 bar
Mindestdruckgefälle: ca. 1 bar
Betriebstemperatur max.: 40°C

503€ 719€ **821€** 881€ 1.237€ [St] ⏱ 0,80h/St 042.000.009

A 1 Leitung, Metallverbundrohr — Beschreibung für Pos. **3-5**

Metallverbundrohr aus Mehrschichtverbundwerkstoff (PE, Aluminium, PE), für Trinkwasser warm und kalt, einschl. Dichtungs- und Befestigungsmittel. Form- und Verbindungsstücke (Fittings) werden gesondert vergütet.

3 Leitung, Metallverbundrohr, DN12 — KG **412**

Wie Ausführungsbeschreibung A 1
Nennweite: DN12
Außendurchmesser: 16 mm
Wandstärke: 2,25 mm
Lieferung: **Stangen / Ringen**
Verlegehöhe: **3,50 / 5,00 / 7,00** m

9€ 15€ **17€** 19€ 23€ [m] ⏱ 0,28h/m 042.000.008

Kosten:
Stand 1. Quartal 2026
Bundesdurchschnitt

▶ min
▷ von
ø Mittel
◁ bis
◀ max

Nr.	**Kurztext** / Langtext						Kostengruppe
▶	▷	**ø netto €**	◁	◀	[Einheit]	Ausf.-Dauer	Positionsnummer

4 Leitung, Metallverbundrohr, DN25 — KG **412**

Wie Ausführungsbeschreibung A 1
Nennweite: DN25
Außendurchmesser: 32 mm
Wandstärke: 3 mm
Lieferung: **Stangen / Ringen**
Verlegehöhe: **3,50 / 5,00 / 7,00** m

▶	▷	ø	◁	◀	Einheit	Ausf.-Dauer	Positionsnummer
22€	31€	**35€**	39€	47€	[m]	⏱ 0,28h/m	042.000.043

5 Leitung, Metallverbundrohr, DN50 — KG **412**

Wie Ausführungsbeschreibung A 1
Nennweite: DN50
Außendurchmesser: 63 mm
Wandstärke: 4 mm
Lieferung: **Stangen / Ringen**
Verlegehöhe: **3,50 / 5,00 / 7,00** m

▶	▷	ø	◁	◀	Einheit	Ausf.-Dauer	Positionsnummer
66€	74€	**74€**	79€	87€	[m]	⏱ 0,28h/m	042.000.049

A 2 Leitung, Kupferrohr — Beschreibung für Pos. **6-9**

Kupferrohr, blank, in Stangen, einschl. Rohrverbindung **löten / pressen**, mit Aufhängung.

6 Leitung, Kupferrohr, 15mm — KG **412**

Wie Ausführungsbeschreibung A 2
Nennweite: 15 mm
Wandstärke: 1 mm
Verlegehöhe: **3,50 / 5,00 / 7,00** m

▶	▷	ø	◁	◀	Einheit	Ausf.-Dauer	Positionsnummer
25€	29€	**29€**	31€	34€	[m]	⏱ 0,25h/m	042.000.001

7 Leitung, Kupferrohr, 22mm — KG **412**

Wie Ausführungsbeschreibung A 2
Nennweite: 22 mm
Wandstärke: 1 mm
Verlegehöhe: **3,50 / 5,00 / 7,00** m

▶	▷	ø	◁	◀	Einheit	Ausf.-Dauer	Positionsnummer
29€	33€	**34€**	38€	45€	[m]	⏱ 0,25h/m	042.000.012

8 Leitung, Kupferrohr, 35mm — KG **412**

Wie Ausführungsbeschreibung A 2
Nennweite: 35 mm
Wandstärke: 1,2 mm
Verlegehöhe: **3,50 / 5,00 / 7,00** m

▶	▷	ø	◁	◀	Einheit	Ausf.-Dauer	Positionsnummer
40€	49€	**51€**	52€	68€	[m]	⏱ 0,25h/m	042.000.014

Nr.	**Kurztext** / Langtext						Kostengruppe
▶	▷	**ø netto €**	◁	◀	[Einheit]	Ausf.-Dauer	Positionsnummer

9 Leitung, Kupferrohr, 54mm — KG **412**

Wie Ausführungsbeschreibung A 2
Nennweite: 54 mm
Wandstärke: 1,5 mm
Verlegehöhe: **3,50 / 5,00 / 7,00** m

62€	75€	**84€**	87€	99€	[m]	⏱ 0,25h/m	042.000.016

A 3 Leitung, Edelstahlrohr — Beschreibung für Pos. **10-13**

Rohrleitung; Edelstahl aus nichtrostendem Cr-Ni-Mo-Stahl, in geschweißter Ausführung, DVGW GW 541 für Trinkwasser DIN 1988-200, in Stangen, beständig gegen alle natürlichen Trinkwasserinhaltsstoffe, verlegt nach den Richtlinien des Herstellers, einschl. Rohrverbindung sowie Befestigungsmaterial, körperschallgedämmt.

10 Leitung, Edelstahlrohr, 15mm — KG **412**

Wie Ausführungsbeschreibung A 3
Werkstoff-Nr.: .....
Maximaler Betriebsdruck: 16 bar
Maximale Temperatur: 85°C
Nennweite: 15 mm
Wandstärke: 1 mm
Verlegung in Gebäuden bis **3,50 / 5,00 / 7,00** m **über Gelände / Fußboden**

14€	21€	**26€**	28€	32€	[m]	⏱ 0,14h/m	042.000.004

11 Leitung, Edelstahlrohr, 22mm — KG **412**

Wie Ausführungsbeschreibung A 3
Werkstoff-Nr.: .....
Maximaler Betriebsdruck: 16 bar
Maximale Temperatur: 85°C
Nennweite: 22 mm
Wandstärke: 1,2 mm
Verlegung in Gebäuden bis **3,50 / 5,00 / 7,00** m **über Gelände / Fußboden**

18€	27€	**36€**	40€	47€	[m]	⏱ 0,14h/m	042.000.024

12 Leitung, Edelstahlrohr, 35mm — KG **412**

Wie Ausführungsbeschreibung A 3
Werkstoff-Nr.: .....
Maximaler Betriebsdruck: 16 bar
Maximale Temperatur: 85°C
Nennweite: 35mm
Wandstärke: 1,5mm
Verlegung in Gebäuden bis **3,50 / 5,00 / 7,00** m **über Gelände / Fußboden**

28€	43€	**46€**	53€	68€	[m]	⏱ 0,14h/m	042.000.026

Kosten:
Stand 1. Quartal 2026
Bundesdurchschnitt

Nr.	Kurztext / Langtext						Kostengruppe
▶	▷	ø netto €	◁	◀	[Einheit]	Ausf.-Dauer	Positionsnummer

13 Leitung, Edelstahlrohr, 54mm KG **412**

Wie Ausführungsbeschreibung A 3
Werkstoff-Nr.: .....
Maximaler Betriebsdruck: 16 bar
Maximale Temperatur: 85°C
Nennweite: 54 mm
Wandstärke: 1,5 mm
Verlegung in Gebäuden bis **3,50 / 5,00 / 7,00** m **über Gelände / Fußboden**

47€ | 61€ | **63€** | 78€ | 99€ | [m] | ⏱ 0,14 h/m | 042.000.028

14 Löschwasserleitung, verzinktes Rohr, DN50 KG **474**

Rohrleitung, Gewinderohr mittelschwer, geschweißt, DIN EN 10255 einschl. Rohrbefestigung und Verbindungsstücke.
Oberfläche: verzinkt DIN EN 10240
Durchmesser: 60,3 mm
Verlegung in Gebäuden: bis **3,50 / 5,00 / 7,00** m über **Gelände / Fußboden**

65€ | 70€ | **72€** | 73€ | 77€ | [m] | ⏱ 0,40 h/m | 042.000.033

15 Löschwasserleitung, verzinktes Rohr, DN100 KG **474**

Rohrleitung, Gewinderohr mittelschwer, geschweißt, DIN EN 10255 einschl. Rohrbefestigung und Verbindungsstücke.
Oberfläche: verzinkt DIN EN 10240
Durchmesser: 114,3 mm
Verlegung in Gebäuden: bis **3,50 / 5,00 / 7,00** m über **Gelände / Fußboden**

98€ | 105€ | **124€** | 130€ | 139€ | [m] | ⏱ 0,70 h/m | 042.000.036

16 Kugelhahn, DN15 KG **412**

Kugelhahn in Durchgangsform.
Nennweite: DN15
Gehäuse: **Rotguss / Messing**, für Trinkwasser
Anschluss Außengewinde: R 1/2

19€ | 28€ | **30€** | 48€ | 76€ | [St] | ⏱ 0,35 h/St | 042.000.038

17 Kugelhahn, DN50 KG **412**

Kugelhahn in Durchgangsform.
Nennweite: DN50
Gehäuse: **Rotguss / Messing**, für Trinkwasser
Anschluss Außengewinde: R 2

72€ | 113€ | **121€** | 171€ | 230€ | [St] | ⏱ 0,35 h/St | 042.000.054

18 Eckventil, DN15 KG **412**

Eckventil, verchromt mit Rosette. Als Absperr- und Anschlussventil, mit Schneidringverschraubung.
Gehäuse: entzinkungsbeständiges Messing
Nennweite: DN15
Geräuschverhalten Gruppe DIN 4109-1: **I / II**

8€ | 34€ | **39€** | 53€ | 76€ | [St] | ⏱ 0,20 h/St | 042.000.006

▶ min
▷ von
ø Mittel
◁ bis
◀ max

A 4 Absperr-Schrägsitzventil Beschreibung für Pos. **19-20**

Absperr-Schrägsitzventil, in Durchgangsform, Muffenanschluss, für Trinkwasser DIN 1988-200, mit Entleerung, Schallschutz-Zulassung, Gehäuse, mit wartungsfreier Spindelabdichtung, mit PTFE-Dichtung. Inkl. Dämmschale und Übergänge auf Kunststoff- bzw. Edelstahlrohr. Absperrung mit Handgriff.

19 Absperr-Schrägsitzventil, DN25 KG **412**

Wie Ausführungsbeschreibung A 4
Nennweite: DN25
Gehäuse: **Rotguss / Messing**
Maximaler Betriebsdruck: **10 / 16** bar

75€ 123€ **143€** 181€ 253€ [St] ⏱ 0,30h/St 042.000.056

20 Absperr-Schrägsitzventil, DN50 KG **412**

Wie Ausführungsbeschreibung A 4
Nennweite: DN50
Gehäuse: **Rotguss / Messing**
Maximaler Betriebsdruck: **10 / 16** bar

139€ 254€ **311€** 363€ 458€ [St] ⏱ 0,30h/St 042.000.059

A 5 Zirkulations-Regulierventil Beschreibung für Pos. **21-22**

Zirkulations-Regulierventil, Schallzulassung, mit Temperatur- und digitaler Stellungsanzeige zum hydraulischen Strangabgleich und zur Strangabsperrung, mit Entleerung im Gehäuse, mit Niro-Press-Verschraubung.

21 Zirkulations-Regulierventil, DN20 KG **412**

Wie Ausführungsbeschreibung A 5
Gehäuse: **Rotguss / Messing**
Anschluss: DN20

143€ 156€ **156€** 166€ 179€ [St] ⏱ 0,25h/St 042.000.061

22 Zirkulations-Regulierventil, DN32 KG **412**

Wie Ausführungsbeschreibung A 5
Gehäuse: **Rotguss / Messing**
Anschluss: DN32

214€ 241€ **251€** 274€ 301€ [St] ⏱ 0,25h/St 042.000.063

23 Warmwasser-Zirkulationspumpe, DN20 KG **412**

Elektronisch geregelte Zirkulationspumpe, für Trinkwasser DIN 1988-200, als wellenloser Pumpenläufer ohne Lagerbuchsen, mit Rückschlagventil, beiderseits mit zweiteiligen Lötverschraubungen, flachdichtend. Als Dauerläufer mit Drehzahlregelung. Druck- und temperaturabhängige Drehzahlanpassung.
Pumpengehäuse: Rotguss
Elektroanschluss: 230 V / 50 Hz
Leistungsaufnahme: ..... W
Anschluss: DN20

226€ 301€ **336€** 398€ 492€ [St] ⏱ 0,80h/St 042.000.050

040 041 042 044 045 046 047 053 054 058 060 061 063 069 075

Nr.	Kurztext / Langtext						Kostengruppe
▶	▷	ø netto €	◁	◀	[Einheit]	Ausf.-Dauer	Positionsnummer

24 Füll- und Entleerventil, DN15 KG **412**

Füll- und Entleerkugelhahn, mit Stopfbuchse, Kette und Kappe.
Anschluss: 1/2"
Gehäuse: Rotguss

12€	17€	**20€**	24€	32€	[St]	⏱ 0,20h/St	042.000.041

25 Membran-Sicherheitsventil, Warmwasserbereiter KG **412**

Membran-Sicherheitsventil mit Sicherheitsventil-Austauschsatz, für geschlossene, druckfeste Warmwasserbereiter DIN 1988-200, bauteilgeprüft, mit vergrößertem Austritt.
Gehäuse: **Rotguss / Messing**
Eintritt: DN25
Austritt: DN32
Ansprechdruck: **6, 10, 16** bar
Nenninhalt WWB: bis 5000 LM

62€	68€	**91€**	115€	173€	[St]	⏱ 0,40h/St	042.000.048

26 Leitung, Kupferrohr ummantelt, DN20 KG **412**

Leitung aus Kupferrohr DIN EN 1057 für Trinkwasser-, Heizung-, Gas-, Flüssiggas-Installationen sowie für alle Leitungen ohne Wärmedämmanforderungen. Zum Pressen und Löten geeignet. Ummantelung zur Verminderung von Tauwasserbildung, Schutz vor mechanischer Beschädigung und Korrosionsschutz. Lieferung in Ringen, inkl. Rohrverbindung sowie Befestigungsmaterial, körperschallgedämmt.
Stegmantel: Kunststoff
Farbe: grau
Zulässige Betriebstemperatur: 100°C
Brandverhalten: B2
Beanspruchungsklasse: B
Lieferung: in Ringen
Rohr: 22 x 1 mm
Mantel Außendurchmesser: 27 mm
Maximaler Betriebsdruck: ..... bar

12€	15€	**16€**	21€	25€	[m]	⏱ 0,15h/m	042.000.068

Kosten:
Stand 1.Quartal 2026
Bundesdurchschnitt

▶ min
▷ von
ø Mittel
◁ bis
◀ max

044

Kosten:
Stand 1.Quartal 2026
Bundesdurchschnitt

► min
▷ von
ø Mittel
◁ bis
◄ max

Nr.	Positionen	Einheit	►	▷	ø brutto € / ø netto €	◁	◄
1	Bodenablauf, DN/OD110	St	641	723	**738**	809	917
			539	608	**620**	680	771
2	Dachentwässerung DN70	St	202	214	**217**	218	236
			170	180	**182**	183	198
3	Rohrbelüfter DN50	St	109	128	**134**	143	159
			92	108	**112**	120	134
4	Rohrbelüfter DN100	St	120	153	**161**	173	213
			101	128	**135**	145	179
5	Grundleitung, PVC-U, DN100	m	34	38	**40**	42	44
			28	32	**34**	35	37
6	Abwasserleitung, Guss, DN100	m	74	82	**87**	87	96
			63	69	**73**	73	80
7	Formstück, Bogen, Guss, DN100	St	31	43	**44**	52	65
			26	36	**37**	44	55
8	Formstück, Abzweig, Guss, DN100	St	24	40	**53**	55	66
			20	33	**44**	46	56
9	Putzstück, Guss, DN100	St	57	71	**81**	82	97
			48	60	**68**	69	81
10	Abwasserleitung, Guss, DN150	m	110	127	**152**	156	161
			92	107	**128**	131	135
11	Formstück, Bogen, Guss, DN150	St	49	70	**85**	95	106
			41	59	**71**	80	89
12	Formstück, Abzweig, Guss, DN150	St	67	110	**137**	154	171
			56	92	**115**	130	144
13	Putzstück, Guss, DN150	St	137	165	**197**	216	254
			115	139	**165**	181	213
14	Abwasserleitung, HT-Rohr, DN/OD75	m	30	35	**38**	47	61
			25	30	**32**	40	51
15	Formstück, HT-Bogen, DN/OD75	St	6	10	**11**	18	27
			5	8	**9**	15	22
16	Formstück, HT-Abzweig, DN/OD75	St	9	12	**15**	17	21
			7	10	**13**	14	18
17	Abwasserleitung, HT-Rohr, DN/OD110	m	36	43	**44**	47	53
			30	36	**37**	39	44
18	Formstück, HT-Bogen, DN/OD110	St	8	12	**15**	18	23
			6	10	**13**	15	20
19	Formstück, HT-Abzweig, DN/OD110	St	15	37	**40**	82	139
			13	31	**34**	69	117
20	Formstück, HT Übergangsrohr, DN/OD110	St	5	8	**8**	13	18
			4	6	**7**	11	15
21	Abwasserleitung, PE-Rohr, DN/OD75	m	26	34	**41**	43	51
			22	29	**34**	36	43
22	Formstück, PE-Bogen, DN/OD75	St	10	13	**14**	16	18
			9	11	**12**	13	15
23	Formstück, PE-Abzweig, DN/OD75	St	15	17	**21**	25	30
			12	14	**18**	21	25
24	Formstück, PE-Bogen, DN/OD110	St	23	30	**38**	44	53
			19	25	**32**	37	44

Nr.	Positionen	Einheit	▶	▷	ø brutto € / ø netto €	◁	◀
25	Formstück, PE-Abzweig, DN/OD110	St	25	28	**40**	45	51
			21	24	**34**	38	43
26	Formstück, PE-Putzstück, DN/OD110	St	44	51	**64**	77	80
			37	43	**54**	65	68
27	Druckleitung, Schmutzwasserhebeanlage DN/OD50	m	32	37	**48**	54	57
			27	31	**40**	45	48
28	Doppelabzweig, Guss DN100	St	78	82	**95**	101	106
			66	69	**80**	85	89
29	Abwasserleitung, PP-Rohre, DN/OD63, schallgedämmt	m	27	34	**39**	43	52
			23	28	**33**	36	44
30	Abwasserleitung, PP-Rohre, DN/OD110 schallgedämmt	m	41	49	**56**	63	76
			34	41	**47**	53	64
31	Abwasser-Rohrbogen, PP, DN/OD63, schallgedämmt	St	9	13	**15**	18	23
			8	11	**13**	15	19
32	Abwasser-Rohrbogen, PP, DN/OD110, schallgedämmt	St	36	52	**60**	72	89
			30	44	**50**	60	75
33	Abwasser-Abzweig, PP, DN/OD63, schallgedämmt	St	15	22	**26**	31	38
			13	19	**22**	26	32
34	Abwasser-Abzweig, PP, DN/OD110, schallgedämmt	St	29	43	**49**	59	74
			25	36	**41**	49	62
35	Bodenablauf, bodengleiche Dusche	St	573	629	**699**	839	965
			482	529	**588**	705	811
36	Bodenablauf, Rinne, bodengleiche Dusche	St	704	751	**939**	1.127	1.296
			592	631	**789**	947	1.089
37	Duschrinne, Edelstahl, 900mm	St	427	647	**692**	808	1.031
			359	543	**581**	679	866

Nr. **Kurztext** / Langtext | Kostengruppe
▶ ▷ **ø netto €** ◁ ◀ [Einheit] Ausf.-Dauer Positionsnummer

1 Bodenablauf, DN/OD110 KG **411**

Bodenablauf für frostfreie Räume, mit Geruchsverschluss und Reinigungsöffnung, mit 2 Isolierflanschen, sowie Aufstockelement, mit Rostrahmen und Rost.
Nennweite: DN/OD110
Ablaufleistung: 2,0 l/s
Gehäuse: Gusseisen
Isolierflansch: DN/OD110
Aufstockelement: 45 / 300 mm (kürzbar)
Abgang: **waagerecht / senkrecht**
Rost: **V4A / Gusseisen grundbeschichtet**
Abmessung (L x B): 150 x 150 mm

539€ 608€ **620€** 680€ 771€ [St] ⏱ 0,80h/St 044.000.036

Kosten:
Stand 1. Quartal 2026
Bundesdurchschnitt

Nr.	Kurztext / Langtext						Kostengruppe
▶	▷	ø netto €	◁	◀	[Einheit]	Ausf.-Dauer	Positionsnummer

2 Dachentwässerung DN70 KG **411**

Dachwasserablauf für Flachdachentwässerung (mit planmäßig vollgefüllt betriebener Regenwasserleitung), mit Grundkörper aus Kunststoff, Flanschring für Anschluss an Dampfsperre, Befestigungsscheibe für Flanschring, mit Ablaufkörper, sowie Befestigungsscheibe für Einsatzring. Höhenverstellbares Aufsatzstück, mit Laubfangkorb, Isolierkörper, einschl. Befestigungsmaterial.
Nennweite: DN70
Werkstoff Grund- und Ablaufkörper: PE-HD
Anschlussstutzen Abflussleistung: PE-HD
Ablaufleistung: 1-12 l/s

170€ | 180€ | **182€** | 183€ | 198€ | [St] | ⏱ 0,60h/St | 044.000.038

3 Rohrbelüfter DN50 KG **411**

Rohrbelüfter zur Belüftung von Abwasserleitungen. Mit Sieb für Lufteinlassöffnung, mit Lippendichtung für Abwasserleitung. Allgemeiner bauaufsichtlicher Zulassung.
Abmessung: DN50

92€ | 108€ | **112€** | 120€ | 134€ | [St] | ⏱ 0,15h/St | 044.000.039

4 Rohrbelüfter DN100 KG **411**

Rohrbelüfter zur Belüftung von Abwasserleitungen. Mit Sieb für Lufteinlassöffnung, mit Lippendichtung für Abwasserleitung. Allgemeiner bauaufsichtlicher Zulassung.
Abmessung: DN100

101€ | 128€ | **135€** | 145€ | 179€ | [St] | ⏱ 0,15h/St | 044.000.052

5 Grundleitung, PVC-U, DN100 KG **411**

Abwasserleitung als Grundleitung aus PVC-U-Rohren, allgemeine bauaufsichtliche Zulassung, Verlegung in vorhandenem Graben.
Grundleitung für: **Schmutzwasser / Regenwasser**
Bettung: **gesondert vergütet / bauseits**
Nennweite: DN100

28€ | 32€ | **34€** | 35€ | 37€ | [m] | ⏱ 0,25h/m | 044.000.035

6 Abwasserleitung, Guss, DN100 KG **411**

Abwasserleitungen aus muffenlosen Gussrohren, DIN EN 877 und DIN 19522, innen mit Zweikomponenten-Epoxid-Schutzschicht, außen mit Schutzfarbe versehen. Inklusive aller Verbindungsmaterialien, verschraubbare Spannhülsen aus nichtrostendem Stahl mit Gummidichtmanschette, auch kraftschlüssig, sowie allen Befestigungsteilen. Verlegung in Gebäuden.
Nennweite: DN100
Schutzfarbe: **rotbraun / grau**
Verlegehöhe: bis **3,50 / 5,00 / 10,00** m

63€ | 69€ | **73€** | 73€ | 80€ | [m] | ⏱ 0,50h/m | 044.000.004

7 Formstück, Bogen, Guss, DN100 KG **411**

Bogen aller Winkelgrade für Schmutz- und Regenwasserleitung aus Guss, innen mit Zweikomponenten-Epoxid-Schutzschicht, außen mit Schutzfarbe versehen.
Nennweite: DN100
Winkelgrad: .....°

26€ | 36€ | **37€** | 44€ | 55€ | [St] | ⏱ 0,25h/St | 044.000.005

▶ min
▷ von
ø Mittel
◁ bis
◀ max

Nr.	Kurztext / Langtext						Kostengruppe
►	▷	**ø netto €**	◁	◄	[Einheit]	Ausf.-Dauer	Positionsnummer

8 Formstück, Abzweig, Guss, DN100 KG **411**

Abzweig aller Winkelgrade für Schmutz- und Regenwasserleitung aus Guss, innen mit Zweikomponenten-Epoxid-Schutzschicht, außen mit Schutzfarbe versehen.
Nennweite: DN100
Winkelgrad: .....°

20€ | 33€ | **44€** | 46€ | 56€ | [St] | ⏱ 0,40h/St | 044.000.006

9 Putzstück, Guss, DN100 KG **411**

Reinigungsöffnung für Schmutz- und Regenwasserleitung aus Guss, innen mit Zweikomponenten-Epoxid-Schutzschicht, außen mit Schutzfarbe versehen.
Öffnung: **rechteckig / rund**
Nennweite: DN100

48€ | 60€ | **68€** | 69€ | 81€ | [St] | ⏱ 0,25h/St | 044.000.007

10 Abwasserleitung, Guss, DN150 KG **411**

Abwasserleitungen aus muffenlosen Gussrohren, DIN EN 877 und DIN 19522, innen mit Zweikomponenten-Epoxid-Schutzschicht, außen mit Schutzfarbe versehen. Inklusive aller Verbindungsmaterialien, verschraubbare Spannhülsen aus nichtrostendem Stahl mit Gummidichtmanschette, auch kraftschlüssig, sowie allen Befestigungsteilen. Verlegung in Gebäuden.
Nennweite: DN150
Schutzfarbe: **rotbraun / grau**
Verlegehöhe: bis **3,50 / 5,00 / 10,00** m

92€ | 107€ | **128€** | 131€ | 135€ | [m] | ⏱ 0,50h/m | 044.000.012

11 Formstück, Bogen, Guss, DN150 KG **411**

Bogen aller Winkelgrade für Schmutz- und Regenwasserleitung aus Guss, innen mit Zweikomponenten-Epoxid-Schutzschicht, außen mit Schutzfarbe versehen.
Nennweite: DN150
Winkelgrad: .....°

41€ | 59€ | **71€** | 80€ | 89€ | [St] | ⏱ 0,30h/St | 044.000.013

12 Formstück, Abzweig, Guss, DN150 KG **411**

Abzweig aller Winkelgrade für Schmutz- und Regenwasserleitung aus Guss, innen mit Zweikomponenten-Epoxid-Schutzschicht, außen mit Schutzfarbe versehen.
Nennweite: DN150
Winkelgrad: .....°

56€ | 92€ | **115€** | 130€ | 144€ | [St] | ⏱ 0,45h/St | 044.000.014

13 Putzstück, Guss, DN150 KG **411**

Reinigungsöffnung für Schmutz- und Regenwasserleitung aus Guss, innen mit Zweikomponenten-Epoxid-Schutzschicht, außen mit Schutzfarbe versehen.
Öffnung: **rechteckig / rund**
Nennweite: DN150

115€ | 139€ | **165€** | 181€ | 213€ | [St] | ⏱ 0,30h/St | 044.000.015

Kosten:
Stand 1. Quartal 2026
Bundesdurchschnitt

Nr.	**Kurztext** / Langtext						Kostengruppe
▶	▷	**ø netto €**	◁	◀	[Einheit]	Ausf.-Dauer	Positionsnummer

14 Abwasserleitung, HT-Rohr, DN/OD75 KG **411**

HT-Abwasserrohre DIN EN 1451-1 mit Steckmuffensystem und mit werkseitig eingebautem Lippendichtring zur Entwässerung innerhalb von Gebäuden und zur Ableitung von aggressiven Medien. Chemische Beständigkeit: Resistent gegenüber anorganischen Salzen, Laugen und Milchsäuren in Konzentrationen, wie sie zum Beispiel in Laborwässern vorhanden sind. Material heißwasserbeständig, lichtstabilisiert, dauerhaft schwer entflammbar.
Material: Polypropylen (PP)
Nennweite: DN/OD75

▶	▷	ø	◁	◀	Einheit	Ausf.-Dauer	Positionsnummer
25€	30€	**32€**	40€	51€	[m]	⏱ 0,30h/m	044.000.019

15 Formstück, HT-Bogen, DN/OD75 KG **411**

HT-Bogen aller Winkelgrade für Schmutz- und Regenwasserleitung aus PP DIN EN 1451-1, Steckmuffensystem mit werkseitig vormontiertem Lippendichtring.
Nennweite: DN/OD75
Winkelgrad: .....°

▶	▷	ø	◁	◀	Einheit	Ausf.-Dauer	Positionsnummer
5€	8€	**9€**	15€	22€	[St]	⏱ 0,10h/St	044.000.020

16 Formstück, HT-Abzweig, DN/OD75 KG **411**

HT-Abzweig aller Winkelgrade für Schmutz- und Regenwasserleitung aus PP DIN EN 1451-1, Steckmuffensystem mit werkseitig vormontiertem Lippendichtring.
Nennweite: DN/OD75
Winkelgrad: .....°

▶	▷	ø	◁	◀	Einheit	Ausf.-Dauer	Positionsnummer
7€	10€	**13€**	14€	18€	[St]	⏱ 0,15h/St	044.000.021

17 Abwasserleitung, HT-Rohr, DN/OD110 KG **411**

HT-Abwasserrohre DIN EN 1451-1 mit Steckmuffensystem und mit werkseitig eingebautem Lippendichtring zur Entwässerung innerhalb von Gebäuden und zur Ableitung von aggressiven Medien. Chemische Beständigkeit: Resistent gegenüber anorganischen Salzen, Laugen und Milchsäuren in Konzentrationen, wie sie zum Beispiel in Laborwässern vorhanden sind. Material heißwasserbeständig, lichtstabilisiert, dauerhaft schwer entflammbar.
Material: Polypropylen (PP)
Nennweite: DN/OD110

▶	▷	ø	◁	◀	Einheit	Ausf.-Dauer	Positionsnummer
30€	36€	**37€**	39€	44€	[m]	⏱ 0,35h/m	044.000.022

18 Formstück, HT-Bogen, DN/OD110 KG **411**

HT-Bogen aller Winkelgrade für Schmutz- und Regenwasserleitung aus PP DIN EN 1451-1, Steckmuffensystem mit werkseitig vormontiertem Lippendichtring.
Nennweite: DN/OD110
Winkelgrad: .....°

▶	▷	ø	◁	◀	Einheit	Ausf.-Dauer	Positionsnummer
6€	10€	**13€**	15€	20€	[St]	⏱ 0,10h/St	044.000.023

19 Formstück, HT-Abzweig, DN/OD110 KG **411**

HT-Abzweig aller Winkelgrade für Schmutz- und Regenwasserleitung aus PP DIN EN 1451-1, Steckmuffensystem mit werkseitig vormontiertem Lippendichtring.
Nennweite: DN/OD110
Winkelgrad: .....°

▶	▷	ø	◁	◀	Einheit	Ausf.-Dauer	Positionsnummer
13€	31€	**34€**	69€	117€	[St]	⏱ 0,20h/St	044.000.024

▶ min
▷ von
ø Mittel
◁ bis
◀ max

20 Formstück, HT Übergangsrohr, DN/OD110 KG **411**

HT-Übergangsrohr exzentrisch für Schmutz- und Regenwasserleitung aus PP DIN EN 1451-1, Steckmuffensystem mit werkseitig vormontiertem Lippendichtring.
Anschluss: DN/OD110
Übergang auf: **DN/OD75 / DN/OD63**

4€ 6€ **7€** 11€ 15€ [St] ⏱ 0,12h/St 044.000.049

21 Abwasserleitung, PE-Rohr, DN/OD75 KG **411**

Abwasserleitung aus PE-Rohr, heißwasserbeständig und schallgedämmt, Verlegung in Gebäuden, Form- und Verbindungsstücke werden gesondert vergütet, einschl. Rohrbefestigungen, körperschallgedämmt.
Nennweite: DN/OD75

22€ 29€ **34€** 36€ 43€ [m] ⏱ 0,30h/m 044.000.025

22 Formstück, PE-Bogen, DN/OD75 KG **411**

Bogen aller Winkelgrade für Schmutz- und Regenwasserleitung aus PE.
Nennweite: DN/OD75
Winkelgrad: .....°

9€ 11€ **12€** 13€ 15€ [St] ⏱ 0,10h/St 044.000.026

23 Formstück, PE-Abzweig, DN/OD75 KG **411**

Abzweig aller Winkelgrade für Schmutz- und Regenwasserleitung aus PE.
Nennweite: DN/OD75
Winkelgrad: .....°

12€ 14€ **18€** 21€ 25€ [St] ⏱ 0,16h/St 044.000.027

24 Formstück, PE-Bogen, DN/OD110 KG **411**

Bogen aller Winkelgrade für Schmutz- und Regenwasserleitung aus PE.
Nennweite: DN/OD110
Winkelgrad: .....°

19€ 25€ **32€** 37€ 44€ [St] ⏱ 0,10h/St 044.000.029

25 Formstück, PE-Abzweig, DN/OD110 KG **411**

Abzweig aller Winkelgrade für Schmutz- und Regenwasserleitung aus PE.
Nennweite: DN/OD110
Winkelgrad: .....°

21€ 24€ **34€** 38€ 43€ [St] ⏱ 0,16h/St 044.000.030

26 Formstück, PE-Putzstück, DN/OD110 KG **411**

Reinigungsöffnung für Schmutz- und Regenwasserleitung aus PE.
Öffnung: **rechteckig / rund**
Nennweite: DN/OD110

37€ 43€ **54€** 65€ 68€ [St] ⏱ 0,10h/St 044.000.031

Kosten:
Stand 1.Quartal 2026
Bundesdurchschnitt

▶ min
▷ von
ø Mittel
◁ bis
◀ max

Nr.	Kurztext / Langtext						Kostengruppe
▶	▷	ø netto €	◁	◀	[Einheit]	Ausf.-Dauer	Positionsnummer

27 Druckleitung, Schmutzwasserhebeanlage DN/OD50 — KG **411**

Druckleitung, Schmutzwasserhebeanlage, aus korrosionsfestem Material, Verlegung **unterhalb / in der Bodenplatte** zum bauseitigen Anschluss oberhalb des Fertigbodens, Durchdringungen abgedichtet gegen **drückendes / nichtdrückendes Wasser**, komplett mit allen Anschluss- und Abdichtungsmaterialien.
Druckleitung: DN/OD50
Maximaldruck: **4 / 6** bar

27€ | 31€ | **40€** | 45€ | 48€ | [m] | ⏱ 0,30h/m | 044.000.047

28 Doppelabzweig, Guss DN100 — KG **411**

Eck-Doppelabzweig für Schmutz- und Regenwasserleitung aus Guss, innen mit Zweikomponenten-Epoxid-Schutzschicht, außen mit Schutzfarbe versehen. 87, 70, 45°, Abgänge mit gleichen bzw. reduzierten Durchmessern, in **Eck- / Gabelform**.
Anschluss: DN100

66€ | 69€ | **80€** | 85€ | 89€ | [St] | ⏱ 0,32h/St | 044.000.050

A 1 Abwasserleitung, PP-Rohre, schallgedämmt — Beschreibung für Pos. **29-30**

Schallgedämmte Abwasserleitung aus mineralverstärktes Polypropylen (PP)-Rohr für Entwässerungsanlagen innerhalb von Gebäuden. Einsetzbar bis 95°C (kurzzeitig); geeignet zur Ableitung chemisch aggressiver Abwässer mit einem pH-Wert von 2 bis 12. Rohrverbindungen sind bis zu einem Wasserüberdruck von 0,5 bar dicht.
Material Lippendichtring: Styrol-Butadien-Kautschuk (SBR)

29 Abwasserleitung, PP-Rohre, DN/OD63, schallgedämmt — KG **411**

Wie Ausführungsbeschreibung A 1
Nennweite: DN/OD63
Baulänge: 1,00 m

23€ | 28€ | **33€** | 36€ | 44€ | [m] | ⏱ 0,28h/m | 044.000.053

30 Abwasserleitung, PP-Rohre, DN/OD110 schallgedämmt — KG **411**

Wie Ausführungsbeschreibung A 1
Nennweite: DN/OD110
Baulänge: 1,00 m

34€ | 41€ | **47€** | 53€ | 64€ | [m] | ⏱ 0,32h/m | 044.000.056

A 2 Abwasser-Rohrbogen, PP, schallgedämmt — Beschreibung für Pos. **31-32**

Bogen aller Winkelgrade schallgedämmt für Schmutz- und Regenwasserleitung aus PP DIN EN 1451-1.
Material Rohre und Formteile: mineralverstärktes Polypropylen (PP)
Material Lippendichtring: Styrol-Butadien-Kautschuk (SBR)

31 Abwasser-Rohrbogen, PP, DN/OD63, schallgedämmt — KG **411**

Wie Ausführungsbeschreibung A 2
Nennweite: DN/OD63
Winkelgrad: .....°

8€ | 11€ | **13€** | 15€ | 19€ | [St] | ⏱ 0,12h/St | 044.000.057

Nr.	Kurztext / Langtext						Kostengruppe
▶	▷	ø netto €	◁	◀	[Einheit]	Ausf.-Dauer	Positionsnummer

32 Abwasser-Rohrbogen, PP, DN/OD110, schallgedämmt KG **411**

Wie Ausführungsbeschreibung A 2
Nennweite: DN/OD110
Winkelgrad: .....°

30€	44€	**50€**	60€	75€	[St]	⏱ 0,12h/St	044.000.060

A 3 Abwasser-Abzweig, PP, schallgedämmt Beschreibung für Pos. **33-34**

Abzweig aller Winkelgrade schallgedämmt für Schmutz- und Regenwasserleitung aus PP DIN EN 1451-1.
Material Rohre und Formteile: mineralverstärktes Polypropylen (PP)
Material Lippendichtring: Styrol-Butadien-Kautschuk (SBR)

33 Abwasser-Abzweig, PP, DN/OD63, schallgedämmt KG **411**

Wie Ausführungsbeschreibung A 3
Nennweite: DN/OD63
Winkelgrad: .....°

13€	19€	**22€**	26€	32€	[St]	⏱ 0,16h/St	044.000.061

34 Abwasser-Abzweig, PP, DN/OD110, schallgedämmt KG **411**

Wie Ausführungsbeschreibung A 3
Nennweite: DN/OD110
Winkelgrad: .....°

25€	36€	**41€**	49€	62€	[St]	⏱ 0,16h/St	044.000.064

35 Bodenablauf, bodengleiche Dusche KG **411**

Boden- / Deckenablauf aus Gusseisen, mit herausnehmbarem Glockengeruchverschluss, mit Pressdichtungsflansch, Abgang **senkrecht / waagerecht**, Gehäuse epoxiert, mit Aufsatzstück aus Gusseisen, epoxiert, mit Pressdichtungsflansch, stufenlos höhenverstellbar, mit Abdichtring, rückstausicher, mit Rostrahmen aus nichtrostendem Stahl.
Durchmesser: DN70-100
Rostrahmen-Nennmaß (L x B): 150 x 150 mm
Gitterrost: nichtrostender Stahl, rutschhemmend, Klasse: L 15
zusätzliche Ausführungsoptionen: .....
Fabrikat: .....
Typ: .....

482€	529€	**588€**	705€	811€	[St]	⏱ 1,20h/St	044.000.067

36 Bodenablauf, Rinne, bodengleiche Dusche KG **411**

Rinnenablauf für Dusche, höhenverstellbar, Gehäuse aus nichtrostendem Stahl, mit Geruchsverschluss und Reinigungsöffnung, mit Anschlussrand.
Anschluss: DN50-70
Baulänge: über 600 bis 1.000 mm
Abgang: **seitlich / senkrecht**
Rost: nichtrostendem Stahl, Klasse K 3
zusätzliche Ausführungsoptionen: .....
Fabrikat: .....
Typ: .....

592€	631€	**789€**	947€	1.089€	[St]	⏱ 1,00h/St	044.000.068

Nr.	Kurztext / Langtext						Kostengruppe
►	▷	ø netto €	◁	◀	[Einheit]	Ausf.-Dauer	Positionsnummer

37 **Duschrinne, Edelstahl, 900mm** KG **411**

Entwässerungsrinne für den Duschbereich aus Edelstahl mit umlaufendem Anschlussrand mit Anschluss für Abdichtung, Geruchsverschluss, mit herausnehmbaren Kammeinsatz.
Ablaufstutzen: DN50, für Steckrohrmuffensysteme
Ablaufleistung 0,6l /s
Belastbarkeit: K 3
Rinnenlänge 900 mm
Rinnenbreite: ..... mm

359€	543€	**581€**	679€	866€	[St]	⏱ 1,00h/St	044.000.065

Kosten:
Stand 1.Quartal 2026
Bundesdurchschnitt

► min
▷ von
ø Mittel
◁ bis
◀ max

Kosten:
Stand 1.Quartal 2026
Bundesdurchschnitt

► min
▷ von
ø Mittel
◁ bis
◀ max

Nr.	Positionen	Einheit	►	▷	ø brutto € / ø netto €	◁	◀
1	Handwaschbecken, Sanitärporzellan	St	142	262	**265**	296	370
			119	220	**222**	248	311
2	Waschtisch, Keramik 600x500	St	366	446	**492**	571	702
			308	375	**414**	480	590
3	Waschbecken, barrierefrei	St	387	439	**516**	697	955
			325	369	**434**	586	803
4	Siphon, Waschbecken	St	41	59	**63**	75	103
			34	50	**53**	63	87
5	Einhebel-Mischbatterie, Standmontage	St	247	328	**366**	470	663
			208	276	**308**	395	557
6	Spiegel, Kristallglas	St	49	67	**81**	106	142
			41	56	**68**	89	119
7	Badewanne, Stahl	St	460	700	**758**	881	1.347
			386	588	**637**	740	1.132
8	Einhandmischer, Badewanne	St	94	295	**413**	628	858
			79	248	**347**	528	721
9	Thermostatarmatur, Badewanne	St	508	678	**847**	1.144	1.652
			427	570	**712**	961	1.389
10	WC-Becken, wandhängend	St	315	506	**511**	593	774
			265	425	**429**	499	650
11	WC, barrierefrei	St	611	769	**835**	922	1.314
			514	646	**702**	775	1.104
12	WC-Spülkasten, mit Betätigungsplatte	St	275	349	**381**	421	505
			231	293	**320**	354	425
13	WC-Sitz	St	81	151	**166**	199	264
			68	127	**140**	167	222
14	WC-Bürste	St	9	52	**91**	96	119
			7	44	**77**	81	100
15	WC-Toilettenpapierhalter	St	39	71	**87**	104	146
			33	59	**73**	87	123
16	Duschwanne, Stahl 90x90	St	305	441	**513**	557	778
			256	371	**431**	468	654
17	Duschwanne, Stahl 100x100	St	337	532	**626**	713	893
			283	447	**526**	599	750
18	Einhebelmischarmatur, Dusche	St	246	489	**605**	680	953
			207	411	**509**	572	801
19	Duschabtrennung, Kunststoff	St	1.047	1.195	**1.275**	1.367	1.523
			880	1.004	**1.071**	1.149	1.280
20	Urinal, Keramik	St	280	357	**404**	450	518
			235	300	**340**	378	435
21	Installationselement, Urinal	St	311	357	**382**	436	506
			262	300	**321**	367	425
22	Bidet, Keramik	St	307	611	**793**	949	2.000
			258	514	**666**	798	1.681
23	Einhandmischer, Bidet	St	262	332	**400**	478	647
			220	279	**336**	402	544
24	Ausgussbecken, Stahl	St	148	183	**194**	229	279
			124	154	**163**	192	234

Nr.	Positionen	Einheit	▶	▷	ø brutto € / ø netto €	◁	◀
25	Einhandmischer, Spültisch	St	135	334	**404**	551	810
			113	281	**339**	463	681
26	Installationselement, WC	St	316	378	**420**	456	511
			266	317	**353**	383	430
27	Installationselement, barrierefreies WC, mit Stützgriffen	St	716	881	**1.102**	1.322	1.542
			602	741	**926**	1.111	1.296
28	Installationselement, Waschtisch	St	164	210	**219**	253	300
			138	177	**184**	213	252
29	Installationselement, Stützgriff	St	249	325	**383**	459	524
			209	273	**322**	386	441
30	Haltegriff, Edelstahl, 600mm	St	111	160	**172**	221	284
			94	134	**145**	185	238
31	Haltegriff, Kunststoff, 300mm	St	115	178	**227**	243	334
			97	150	**191**	204	281
32	Duschsitz, klappbar	St	454	524	**563**	565	687
			382	440	**473**	474	577
33	Stützgriff, fest, WC	St	507	596	**745**	894	1.006
			426	501	**626**	752	845
34	Stützgriff, klappbar, WC	St	574	706	**883**	1.060	1.210
			482	594	**742**	890	1.017
35	Stundensatz, Obermonteur/-in Sanitär	h	65	75	**80**	82	94
			55	63	**67**	69	79
36	Stundensatz, Helfer/-in Sanitär	h	50	59	**64**	69	76
			42	50	**54**	58	64

Nr. **Kurztext** / Langtext — Kostengruppe
▶ ▷ **ø netto €** ◁ ◀ [Einheit] Ausf.-Dauer Positionsnummer

1 Handwaschbecken, Sanitärporzellan — KG **412**

Handwaschbecken mit Überlauf aus Sanitärporzellan, inkl. Befestigung und Schallschutzset DIN 4109.
Größe: ..... x ..... cm
Farbe: .....
Fabrikat: .....
Typ: .....

119€ 220€ **222€** 248€ 311€ [St] ⏱ 0,90h/St 045.000.001

2 Waschtisch, Keramik 600x500 — KG **412**

Waschtisch mit Überlauf aus Sanitärporzellan installieren, einschl. Befestigung und Schallschutzset.
Größe: ca. 600 x 500 mm
Farbe: .....
Fabrikat: .....
Typ: .....

308€ 375€ **414€** 480€ 590€ [St] ⏱ 1,20h/St 045.000.027

Kosten:
Stand 1. Quartal 2026
Bundesdurchschnitt

Nr.	Kurztext / Langtext						Kostengruppe
▶	▷	ø netto €	◁	◀	[Einheit]	Ausf.-Dauer	Positionsnummer

3 Waschbecken, barrierefrei KG **412**

Waschbecken, als barrierefreie Ausführung unterfahrbar DIN 18040, aus Sanitärporzellan, glasiert, weiß, mit wasserabweisender Beschichtung, mit Loch für Einlocharmatur, mit Überlauf, für Ablaufventil, inkl. Befestigung und Schallschutzset.
Breite: über 500 bis 550 mm
Ausladung: über 450 bis 500 mm
Fabrikat: .....
Typ: .....

325€ | 369€ | **434€** | 586€ | 803€ | [St] | ⏱ 1,25h/St | 045.000.037

4 Siphon, Waschbecken KG **412**

Geruchsverschluss für Waschbecken,1 1/4" aus Kunststoff, als Wandeinbaugeruchsverschluss durch Abdeckplatte verdeckt, verstellbar.

34€ | 50€ | **53€** | 63€ | 87€ | [St] | ⏱ 0,15h/St | 045.000.075

5 Einhebel-Mischbatterie, Standmontage KG **412**

Einhand-Waschtischarmatur für Standmontage mit Keramikkartusche und Zugstangen-Ablaufgarnitur, inkl. Temperaturbegrenzer und Schnellmontagesystem.
Farbe: .....
Fabrikat: .....
Typ: .....

208€ | 276€ | **308€** | 395€ | 557€ | [St] | ⏱ 0,80h/St | 045.000.002

6 Spiegel, Kristallglas KG **610**

Kristallspiegel, rechteckig, Kanten geschliffen, inkl. Befestigung mit Spiegelklammern.
Abmessung: 600 x 500 mm
Spiegelklammern: **Metall / Kunststoff**
Ecken: **abgerundet / gerade**

41€ | 56€ | **68€** | 89€ | 119€ | [St] | ⏱ 0,45h/St | 045.000.019

7 Badewanne, Stahl KG **412**

Badewannenanlage bestehend aus: Badewanne Stahl emailliert, 1x Badewannenfüße oder Träger für oben beschriebene Badewanne; 1x Rolle Wannenprofil-Dämmstreifen für Bade- und Duschwannen, aus Polyethylen-Schaumstoff, oberseitig mit Silikonfolie kaschiert, Ab- und Überlaufgarnitur, Grund- und Fertigset für Normalwannen.
Farbe: .....
Größe: 170 x 80 cm

386€ | 588€ | **637€** | 740€ | 1.132€ | [St] | ⏱ 1,80h/St | 045.000.003

8 Einhandmischer, Badewanne KG **412**

Einhandmischer für Badewanne in Wandmontage, eigensicher gegen Rückfließen, aus Metall, verchromt, Kugelmischsystem mit Griff, Luftsprudler und Rosetten, inkl. Temperaturbegrenzer, Geräuschverhalten DIN 4109 Gruppe I, mit Prüfzeichen.
Einbau: **Auf- / Unterputz**
Ausführungsoptionen: .....
Fabrikat: .....
Typ: .....

79€ | 248€ | **347€** | 528€ | 721€ | [St] | ⏱ 0,80h/St | 045.000.004

▶ min
▷ von
ø Mittel
◁ bis
◀ max

9 Thermostatarmatur, Badewanne KG **412**

Thermostat-Wandeinbaubatterie, aus Messing, sichtbare Teile verchromt, mit Temperaturwähler, Grad-Markierung und Temperatursperre, Geräuschverhalten DIN 4109 Gruppe I, mit Prüfzeichen. Armatur für Wanne, mit Absperrung und automatischer Rückstellung, mit Armhebel, Betätigungselement aus Metall, verchromt.
Ausführungsoptionen: .....
Fabrikat: .....
Typ: .....

▶	▷	ø netto €	◁	◀	[Einheit]	Ausf.-Dauer	Positionsnummer
427€	570€	**712€**	961€	1.389€	[St]	⏱ 1,20h/St	045.000.069

10 WC-Becken, wandhängend KG **412**

WC-Becken, bestehend aus: 1x Tiefspül-WC-Becken aus Sanitärporzellan, wandhängend, inkl. Befestigung und Schallschutzset DIN 4109.
Länge: ..... m
Breite: ..... m
Farbe: .....
Spülrand: **mit / ohne**

▶	▷	ø netto €	◁	◀	[Einheit]	Ausf.-Dauer	Positionsnummer
265€	425€	**429€**	499€	650€	[St]	⏱ 1,80h/St	045.000.005

11 WC, barrierefrei KG **412**

Tiefspül-WC, wandhängend an Installationselement, als barrierefreie Ausführung DIN 18040, aus Sanitärporzellan, spülrandlos, glasiert, weiß, mit wasserabweisender Beschichtung, inkl. WC-Sitz und Rückenstütze und Schallschutzset.
Spülwasserbedarf: 6 l
Abgang: waagerecht
Fabrikat: .....
Typ: .....

▶	▷	ø netto €	◁	◀	[Einheit]	Ausf.-Dauer	Positionsnummer
514€	646€	**702€**	775€	1.104€	[St]	⏱ 2,00h/St	045.000.038

12 WC-Spülkasten, mit Betätigungsplatte KG **412**

Unterputz-Spülkasten aus Kunststoff mit wassersparender Zweimengenspültechnik, schwitzwasserisoliert, für Wasseranschluss links, rechts oder hinten mittig, inkl. Betätigungsplatte für Betätigung von vorne, mit 2-Mengenauslösung, Befestigungsrahmen und Befestigung.
Inhalt: **3 / 6** l
Geräuschklasse: I
Größe: ..... x ..... x ..... m
Farbe: .....

▶	▷	ø netto €	◁	◀	[Einheit]	Ausf.-Dauer	Positionsnummer
231€	293€	**320€**	354€	425€	[St]	⏱ 0,85h/St	045.000.006

13 WC-Sitz KG **412**

WC-Sitz einschl. Deckel und Scharniere.
Scharniere: **Edelstahl / Kunststoff**
Farbe: .....
Material: ....

▶	▷	ø netto €	◁	◀	[Einheit]	Ausf.-Dauer	Positionsnummer
68€	127€	**140€**	167€	222€	[St]	⏱ 0,20h/St	045.000.007

Kosten:
Stand 1.Quartal 2026
Bundesdurchschnitt

► min
▷ von
ø Mittel
◁ bis
◄ max

Nr.	**Kurztext** / Langtext						Kostengruppe
►	▷	**ø netto €**	◁	◄	[Einheit]	Ausf.-Dauer	Positionsnummer

14 WC-Bürste KG **610**

WC-Bürstengarnitur mit herausnehmbarem Glaseinsatz, Bürste mit Griff und Ersatzbürstenkopf, inkl. Befestigungsmaterial.
Farbe: .....

►	▷	ø	◁	◄	Einheit	Ausf.-Dauer	Positionsnummer
7€	44€	**77€**	81€	100€	[St]	⏱ 0,20h/St	045.000.008

15 WC-Toilettenpapierhalter KG **610**

Toilettenpapierhalter, offene Form mit gebogenem Halter und Abdeckung, für Wandaufbau, inkl. Befestigungsmaterial.
Rollenbreite: 100 und 120 mm
Material: Nylon
Farbe: Standardfarbe nach Wahl
Befestigungsschrauben **sichtbar / verdeckt**

►	▷	ø	◁	◄	Einheit	Ausf.-Dauer	Positionsnummer
33€	59€	**73€**	87€	123€	[St]	⏱ 0,20h/St	045.000.017

A 2 Duschwanne, Stahl Beschreibung für Pos. **16-17**

Duschwannenanlage bestehend aus:
1x Duschwanne Stahlemaille inkl. Füße für Duschwanne
1x Rolle Wannenprofil-Dämmstreifen für Bade- und Duschwannen, aus Polyethylen-Schaumstoff, oberseitig mit Silikonfolie kaschiert, Schallschutz DIN 4109
1x Ablaufgarnitur für Duschwannen mit Haube

16 Duschwanne, Stahl 90x90 KG **412**

Wie Ausführungsbeschreibung A 2
Größe: 90 x 90 x 6 cm
Farbe: .....
Ablauf: **40 / 50** mm

►	▷	ø	◁	◄	Einheit	Ausf.-Dauer	Positionsnummer
256€	371€	**431€**	468€	654€	[St]	⏱ 1,40h/St	045.000.030

17 Duschwanne, Stahl 100x100 KG **412**

Wie Ausführungsbeschreibung A 2
Größe: 100 x 100 x 6 cm
Farbe: .....
Ablauf: **40 / 50** mm

►	▷	ø	◁	◄	Einheit	Ausf.-Dauer	Positionsnummer
283€	447€	**526€**	599€	750€	[St]	⏱ 1,40h/St	045.000.031

18 Einhebelmischarmatur, Dusche KG **412**

Unterputz-Brausearmatur, Einhebelmischer für Dusche in Wandmontage, eigensicher gegen Rückfließen, aus Metall verchromt, Kugelmischsystem mit Griff, Luftsprudler und Rosetten, einschl. Temperaturbegrenzer, Geräuschverhalten DIN 4109 Gruppe I, mit Prüfzeichen.
Anschluss: DN15

►	▷	ø	◁	◄	Einheit	Ausf.-Dauer	Positionsnummer
207€	411€	**509€**	572€	801€	[St]	⏱ 0,80h/St	045.000.010

Nr.	**Kurztext** / Langtext						Kostengruppe
▶	▷	**ø netto €**	◁	◀	[Einheit]	Ausf.-Dauer	Positionsnummer

19 Duschabtrennung, Kunststoff KG **610**

Duschabtrennung für Duschwanne, als Einzelanlage. Tür mit schmutzabweisender Beschichtung. Rahmen aus Kunststoff, mit Seitenwänden. Befestigung mit Wandanschlussprofil, wassergeschützt angesetzt. Mit Befestigungs- und Dichtmaterial.
Tür: **Drehtür / Schiebefalttür**
Kunststoff: **klar / mit Dekor mit schmutzabweisender Beschichtung**
Rahmen Farbe: **weiß / Standardfarbe**
Seitenwände: **1 / 2**
Breite Eingang: 800 mm
Breite Seitenteil: 800 mm
Höhe: 2.000 mm

880€ | 1.004€ | **1.071€** | 1.149€ | 1.280€ | [St] | ⏱ 2,00h/St | 045.000.041

20 Urinal, Keramik KG **412**

Urinal-Anlage, Urinal aus Sanitärporzellan, verdeckter Zulauf und hinterer Abgang, verdeckter Schraubbefestigung, inkl. herausnehmbarem Sieb aus Edelstahl mit einer geschlossenen Randeinfassung aus EPDM und Absaugsiphon, mit Schallschutzset DIN 4109.
Farbe: .....
Stutzen AD: 50 mm
Abgang: waagerecht

235€ | 300€ | **340€** | 378€ | 435€ | [St] | ⏱ 1,50h/St | 045.000.011

21 Installationselement, Urinal KG **419**

Urinal-Installationselement mit selbsttragendem Montagerahmen, Oberfläche pulverbeschichtet, mit verstellbaren Fußstützen verzinkt, für einen Fußbodenaufbau 0-20cm, mit zwei kompletten Keramikbefestigungen und vormontiertem Passstück, Absperrventil und Schmutzfänger, mit Einbauspülkasten DIN EN 14055 und Schutzteil, Einlaufbogen und PE-Fertigablaufanschlussbogen, inkl. Anschlussgarnitur für Einlauf und Ablaufsiphon, einschl. Befestigungsmaterial.
Keramikbefestigungen: M8
Absperrventil: R 1/2
Einlaufbogen: DN25
Ablaufbogen: DN40

262€ | 300€ | **321€** | 367€ | 425€ | [St] | ⏱ 1,30h/St | 045.000.012

22 Bidet, Keramik KG **412**

Bidet DIN EN 14528 aus Sanitärporzellan, wandhängend, inkl. Befestigung und Schallschutzset.
Farbe: .....

258€ | 514€ | **666€** | 798€ | 1.681€ | [St] | ⏱ 2,40h/St | 045.000.014

23 Einhandmischer, Bidet KG **412**

Einhandmischer für Bidet mit Keramikkartusche, Zugknopfablaufgarnitur, Kugelgelenk-Strahlregler und flexiblen Anschlüssen.
Farbe: .....

220€ | 279€ | **336€** | 402€ | 544€ | [St] | ⏱ 0,80h/St | 045.000.015

Kosten:
Stand 1. Quartal 2026
Bundesdurchschnitt

Nr.	Kurztext / Langtext						Kostengruppe
►	▷	ø netto €	◁	◀	[Einheit]	Ausf.-Dauer	Positionsnummer

24 Ausgussbecken, Stahl KG **412**

Ausgussbecken aus emaillierten Stahl, mit Rückwand, für wandhängenden Einbau, mit Klapprost aus Stahl, verzinkt, inkl. Befestigung.
Größe: 500 x 350 mm
Farbe: weiß

124€ | 154€ | **163€** | 192€ | 234€ | [St] | ⏱ 1,20h/St | 045.000.021

25 Einhandmischer, Spültisch KG **412**

Einhandmischer für Spültisch, Kugelmischsystem, schwenkbarer Auslauf, Luftsprudler.
Oberfläche: verchromt
Durchmesser: DN15

113€ | 281€ | **339€** | 463€ | 681€ | [St] | ⏱ 0,70h/St | 045.000.024

26 Installationselement, WC KG **419**

WC-Installationselement für wandhängendes WC, Rahmen aus Stahl, pulverbeschichtet mit verstellbaren Fußstützen verzinkt, für einen Fußbodenaufbau von 0-20cm mit UP-Spülkasten, Betätigungsplatte mit Befestigungsrahmen, umstellbar auf Spül-Stopp-Funktion, für Betätigung von vorn. Vormontierter Wasseranschluss, Eckventil, schallgeschützter **Klemm- / Pressanschluss** aus Rotguss, C-Anschlussbogen, WC-Anschlussgarnitur, Befestigungsmaterial für Element und WC, inkl. Klein- und Befestigungsmaterial.
Wasseranschluss: Rp1/2
Anschlussbogen: **DN90 / DN100**

266€ | 317€ | **353€** | 383€ | 430€ | [St] | ⏱ 1,00h/St | 045.000.026

27 Installationselement, barrierefreies WC, mit Stützgriffen KG **419**

Installationselement als Einzelelement, statisch belastbar und stufenlos höhenverstellbar, für wandhängendes barrierefreies WC, mit beidseitiger Befestigungsmöglichkeit von Stützgriffen, inkl. Einbauspülkasten und Ablaufbogen aus PE-HD-Rohr. Element für Metallständerwände und Vorwandmontage, zum Beplanken mit **Gipskarton / Gipsfaserplatten**, für Aufbau auf Rohfußboden, zur Wand- und Fußbodenbefestigung. Leistung mit Befestigung und Anschlüssen für Zu- und Abläufe.
Verstellbereich: 0 bis 200 mm
Einbauhöhe: über 1.000 bis 1.200 mm
Breite: 850 bis 1.000 mm
Fabrikat: .....
Typ: .....

602€ | 741€ | **926€** | 1.111€ | 1.296€ | [St] | ⏱ 1,30h/St | 045.000.042

28 Installationselement, Waschtisch KG **419**

Installationselement für Waschtisch mit Einlocharmatur, Rahmen aus Stahl, pulverbeschichtet, schallgeschützter Befestigung für Wandscheiben, Ablaufbogen, Gumminippel, Befestigungsmaterial für Element (Bodenbefestigung) und Waschtisch, selbstbohrende Schrauben für Befestigung an Ständerwand, inkl. Klein- und Befestigungsmaterial.
Ablaufbogen: **DN40 / DN50**
Gumminippel: 40/30

138€ | 177€ | **184€** | 213€ | 252€ | [St] | ⏱ 0,90h/St | 045.000.025

► min
▷ von
ø Mittel
◁ bis
◀ max

Nr.	**Kurztext** / Langtext						Kostengruppe
▶	▷	**ø netto €**	◁	◀	[Einheit]	Ausf.-Dauer	Positionsnummer

29 Installationselement, Stützgriff KG **419**

Installationselement als Einzelelement, statisch belastbar und stufenlos höhenverstellbar, für wandhängenden Stützgriff, für Metallständerwände und Vorwandmontage, zum Beplanken mit **Gipskarton / Gipsfaserplatten,** für Aufbau auf Rohfußboden, zur Wand- und Fußbodenbefestigung.
Belastung: bis ..... kg
Verstellbereich: 0 bis 200 mm
Einbauhöhe: über 1.000 bis 1.200 mm
Breite: 300 bis 400 mm
Fabrikat: .....
Typ: .....

▶	▷	ø netto €	◁	◀	Einheit	Ausf.-Dauer	Positionsnummer
209€	273€	**322€**	386€	441€	[St]	⏱ 1,30 h/St	045.000.048

30 Haltegriff, Edelstahl, 600mm KG **412**

Haltegriff aus Edelstahl, gebürstet, mit Befestigung.
Grifflänge: 600mm
Griffdurchmesser: 32 mm
Wandabstand: 50 mm
Belastung max.: 200 kg
Fabrikat: .....
Typ: .....

▶	▷	ø netto €	◁	◀	Einheit	Ausf.-Dauer	Positionsnummer
94€	134€	**145€**	185€	238€	[St]	⏱ 0,30 h/St	045.000.034

31 Haltegriff, Kunststoff, 300mm KG **412**

Haltegriff, gerade Form, aus Kunststoff mit Stahlkern.
Profilquerschnitt: rund
Länge: 300 mm
Befestigung: mit Rosetten, Schrauben verdeckt
Zusätzliche Ausführungsoptionen: .....
Fabrikat: .....
Typ: .....

▶	▷	ø netto €	◁	◀	Einheit	Ausf.-Dauer	Positionsnummer
97€	150€	**191€**	204€	281€	[St]	⏱ 0,30 h/St	045.000.052

32 Duschsitz, klappbar KG **412**

Klappsitz für Dusche aus Rahmen in Kunststoff, mit korrosionsgeschütztem Stahlkern, Arretierung und Fallbremse, inkl. Befestigung mit verdeckten Schrauben.
Wandbefestigung: **Leichtbauwände inkl. Unterkonstruktion / Mauerwerk / Beton**
zusätzliche Ausführungsoptionen: .....
Fabrikat: .....
Typ: .....

▶	▷	ø netto €	◁	◀	Einheit	Ausf.-Dauer	Positionsnummer
382€	440€	**473€**	474€	577€	[St]	⏱ 0,15 h/St	045.000.054

Kosten:
Stand 1. Quartal 2026
Bundesdurchschnitt

Nr.	**Kurztext** / Langtext						Kostengruppe
▶	▷	**ø netto €**	◁	◀	[Einheit]	Ausf.-Dauer	Positionsnummer

33 **Stützgriff, fest, WC** KG **412**

Stützgriff, fest, für WC, aus Kunststoff mit Stahlkern, inkl. Befestigung mit Flansch, Schrauben verdeckt.
Farbton: weiß
Ausladung: 850 mm
Belastbar: bis 100 kg am Griffvorderteil
Zusätzliche Ausführungsoptionen: .....
Fabrikat: .....
Typ: .....

▶	▷	ø	◁	◀	Einheit	Ausf.-Dauer	Positionsnummer
426€	501€	**626€**	752€	845€	[St]	⏱ 0,15h/St	045.000.056

34 **Stützgriff, klappbar, WC** KG **412**

Stützklappgriff, klappbar, für WC, aus Kunststoff mit Stahlkern, mit Arretierung und Fallbremse, inkl. Befestigung mit Flansch, Schrauben verdeckt.
Farbton: weiß
Ausladung: 850 mm
Belastbar: bis 100 kg am Griffvorderteil
Zusätzliche Ausführungsoptionen: .....
Fabrikat: .....
Typ: .....

▶	▷	ø	◁	◀	Einheit	Ausf.-Dauer	Positionsnummer
482€	594€	**742€**	890€	1.017€	[St]	⏱ 0,35h/St	045.000.058

35 **Stundensatz, Obermonteur/-in Sanitär**

Verrechnungssatz für die jeweilige Arbeitskraft inkl. aller Aufwendungen wie Lohn- und Gehaltskosten, Lohn- und Gehaltsnebenkosten, Zuschläge, lohngebundene und lohnabhängige Kosten, sonstige Sozialkosten, Gemeinkosten, Wagnis und Gewinn. Leistung nach besonderer Anordnung der Bauüberwachung. Nachweis und Anmeldung gem. VOB/B.

▶	▷	ø	◁	◀	Einheit	Ausf.-Dauer	Positionsnummer
55€	63€	**67€**	69€	79€	[h]	⏱ 1,00h/h	045.000.079

36 **Stundensatz, Helfer/-in Sanitär**

Verrechnungssatz für die jeweilige Arbeitskraft inkl. aller Aufwendungen wie Lohn- und Gehaltskosten, Lohn- und Gehaltsnebenkosten, Zuschläge, lohngebundene und lohnabhängige Kosten, sonstige Sozialkosten, Gemeinkosten, Wagnis und Gewinn. Leistung nach besonderer Anordnung der Bauüberwachung. Nachweis und Anmeldung gem. VOB/B.

▶	▷	ø	◁	◀	Einheit	Ausf.-Dauer	Positionsnummer
42€	50€	**54€**	58€	64€	[h]	⏱ 1,00h/h	045.000.080

▶ min
▷ von
ø Mittel
◁ bis
◀ max

Kosten:
Stand 1. Quartal 2026
Bundesdurchschnitt

Nr.	Positionen	Einheit	►	▷	ø brutto € / ø netto €	◁	◀
1	Abwasserhebeanlage	St	3.090	5.468	**6.254**	7.570	10.617
			2.596	4.595	**5.256**	6.361	8.922
2	Regenwassernutzungsanlagen	St	5.563	7.528	**8.285**	9.198	11.163
			4.675	6.326	**6.962**	7.729	9.381
3	Druckerhöhungsanlage	St	9.343	20.082	**27.478**	31.805	37.935
			7.852	16.875	**23.091**	26.726	31.878
4	Regenwasserspeicher, Stahlbeton	St	5.934	7.628	**8.273**	9.225	11.237
			4.986	6.410	**6.952**	7.752	9.443
5	Kreiselpumpe, Wasser/Abwasser	St	3.158	3.401	**3.538**	3.680	3.973
			2.654	2.858	**2.973**	3.092	3.339
6	Enthärtungsanlage bis 2m³/h	St	3.949	4.724	**5.557**	6.391	6.818
			3.318	3.970	**4.670**	5.371	5.730
7	Enthärtungsanlage bis 5m³/h	St	5.386	5.535	**6.512**	7.489	8.893
			4.526	4.652	**5.472**	6.293	7.473
8	Enthärtungsanlage bis 10m³/h	St	8.540	9.461	**11.131**	12.801	12.803
			7.176	7.951	**9.354**	10.757	10.758

Nr. **Kurztext** / Langtext — Kostengruppe
► ▷ **ø netto €** ◁ ◀ [Einheit] Ausf.-Dauer Positionsnummer

1 Abwasserhebeanlage KG **411**

Automatische Schmutzwasser-Hebeanlage für fäkalienfreies Abwasser, bestehend aus Kunststoffsammelbehälter mit automatisch schaltender Tauchmotorpumpe und Rückschlagklappe, zwei um 90° versetzte Zulaufstutzen, Entlüftungs- und Druckstutzen. Abdeckung mit Zwischengehäuse, höhenverstellbar. Abdeckplatte wahlweise als Strukturblech, Ausführung mit Bodenablauf und Geruchsverschluss. Alarmschaltgerät netzunabhängig, mit Ausschalter, piezokeramischem Signalgeber.
Zulauf: DN .....
Spannung: 230 V, 50 HZ
Volumenstrom: ..... m³/h
Förderhöhe: ..... m
Schutzart: IP .....

2.596€ 4.595€ **5.256€** 6.361€ 8.922€ [St] ⏱ 8,00h/St 046.000.001

2 Regenwassernutzungsanlagen KG **412**

Automatische Regenwassernutzungsanlage, als Regenwasserkompaktmodulsystem, zur Regenwassernutzung aus Zisterne oder Behältern. Nachspeisebehälter mit 150 l, mehrstufige Kreiselpumpe, Tauchpumpe mit Schwimmerschalter und 10,0m Leitungs-Schlauch; inkl. schwimmender Feinfilterung. Gebereinheit mit 8 l Membrandruckbehälter, vollelektrischer Regler, Niveausensor mit bis 20m Kabel.

- Betriebsspannung: 230 V/50 Hz
- Schutzart: IP 41
- Ansaughöhe max.: 8 m
- Betriebsdruck max.: 8 bar
- Förderleistung max.: 16 m³/h
- Förderhöhe max.: 56 m

4.675€ 6.326€ **6.962€** 7.729€ 9.381€ [St] ⏱ 8,00h/St 046.000.002

► min
▷ von
ø Mittel
◁ bis
◀ max

3 **Druckerhöhungsanlage** KG **412**

Druckerhöhungsanlage für Trinkwasser, mit Kreiselpumpe. Anschluss an die öffentliche Versorgung. Leitung aus Stahl, in anschlussfertiger Kompaktbauweise, schwingungsgedämpft
Membran-Enddruckbehälter: bis **150 / 300 / 500 / 750 / 1.000** l
Volumenstrom: ..... m³/h
Anlagenförderdruck: ..... MPa
Betriebsüberdruck auf der Enddruckseite max.: ..... MPa

7.852€ 16.875€ **23.091€** 26.726€ 31.878€ [St] ⏱ 28,00h/St 046.000.003

4 **Regenwasserspeicher, Stahlbeton** KG **551**

Regenwasserspeicher (Zisterne) aus Stahlbeton, als monolithischer Betonguss, einschl. Konus und befahrbarer Abdeckung sowie allen Passelementen, inkl. revisionierbarem Filter. Ausstattung mit eingebautem Dichtelement für steckfertigen Anschluss aller Leitungen, für Zu- und Ablauf sowie für Leerrohr.
Elastomerdichtung, verschraubbar, Behälter DN..... mm
Wassernutzung: **Toilettenspülung / Gartenwasser / .....**
Bauteilhöhe: ca. ..... m
Volumen: ca. ..... m³
Angeschlossene Entwässerungsfläche: ca. ..... m²
Konstruktion bestehend aus:

- Schachtringen mit Falz DIN 4034, Innendurchmesser **3.000 / .....** mm, Höhe **750 / .....** mm
- Konus mit Falz DIN 4034, exzentrisch, Innendurchmesser **3.000 / .....** mm, Höhe **600 / .....** mm
- Schachtabdeckung: DIN 1229, DN 600, Klasse **A15 / B250 / D400**, ohne Lüftung

Aufstellung: unterirdisch, in bauseitig vorbereiteter Baugrubensohle

4.986€ 6.410€ **6.952€** 7.752€ 9.443€ [St] ⏱ 3,00h/St 046.000.004

5 **Kreiselpumpe, Wasser/Abwasser** KG **542**

Kreiselpumpe Nassläufer stufenlos regelbar, differenzdruckgeregelt, mit Motor, mit Motorschutz. Körperschallgedämmt.
Medium: **Wasser / Abwasser**
benötigter Volumenstrom Pumpe: ..... m³/h
Fördermenge: ..... m³/h
Mind.-Förderhöhe: ..... m
Anteil Calziumhydrogencarbonat $Ca(HCO_3)_2$ im Trinkwasser bis 3,6 mol/m³ (20° dH),
Betriebsdruck: PN 10
Bemessungsbetriebsspannung: 230 V AC

2.654€ 2.858€ **2.973€** 3.092€ 3.339€ [St] ⏱ 1,00h/St 046.000.005

Kosten:
Stand 1. Quartal 2026
Bundesdurchschnitt

Nr.	Kurztext / Langtext						Kostengruppe
▶	▷	ø netto €	◁	◀	[Einheit]	Ausf.-Dauer	Positionsnummer

6 Enthärtungsanlage bis 2m³/h KG **412**

Vollautomatische Enthärtungsanlage, nach dem Ionenaustauschverfahren für kaltes Trinkwasser, gem. beiliegender Wasseranalyse, mit eingebautem Bedientableau.
Nennvolumenstrom: bis 2 m³/h
Maximaler Durchfluss (kurzzeitig): 3,5 m³/h
Maximaler Druckverlust bei Nennvolumenstrom: 1,0 bar
Betriebsüberdruck der Anlage: min./max. 2/8 bar
Betriebstemperatur Wasser/Umgebung: 30/40°C
Bemessungsbetriebsspannung: 230 V AC
Salzvorratsbehälter: mind. 30-50 kg
Max. Salzverbrauch: 0,4 kg/m³, (bei Enthärtung von 20° dH auf 8° dH)
Anschluss: DN25

3.318€ 3.970€ **4.670€** 5.371€ 5.730€ [St] ⏱ 1,20h/St 046.000.006

7 Enthärtungsanlage bis 5m³/h KG **412**

Vollautomatische Enthärtungsanlage, nach dem Ionenaustauschverfahren für kaltes Trinkwasser, gem. beiliegender Wasseranalyse, mit eingebautem Bedientableau.
Nennvolumenstrom: bis 5 m³/h
Maximaler Durchfluss (kurzzeitig): 3,5 m³/h
Maximaler Druckverlust bei Nennvolumenstrom: 1,0 bar
Betriebsüberdruck der Anlage: min./max. 2/8 bar
Betriebstemperatur Wasser/Umgebung: 30/40°C
Bemessungsbetriebsspannung: 230 V AC
Salzvorratsbehälter: mind. 30-50 kg
Max. Salzverbrauch: 0,4 kg/m³, (bei Enthärtung von 20° dH auf 8° dH)
Anschluss: DN25

4.526€ 4.652€ **5.472€** 6.293€ 7.473€ [St] ⏱ 1,25h/St 046.000.007

8 Enthärtungsanlage bis 10m³/h KG **412**

Vollautomatische Enthärtungsanlage, nach dem Ionenaustauschverfahren für kaltes Trinkwasser, gem. beiliegender Wasseranalyse, mit eingebautem Bedientableau.
Nennvolumenstrom: bis 10 m³/h
Maximaler Durchfluss (kurzzeitig): 3,5 m³/h
Maximaler Druckverlust bei Nennvolumenstrom: 1,0 bar
Betriebsüberdruck der Anlage: min./max. 2/8 bar
Betriebstemperatur Wasser/Umgebung: 30/40°C
Bemessungsbetriebsspannung: 230 V AC
Salzvorratsbehälter: mind. 30-50 kg
Max. Salzverbrauch: 0,4 kg/m³, (bei Enthärtung von 20° dH auf 8° dH)
Anschluss: DN65

7.176€ 7.951€ **9.354€** 10.757€ 10.758€ [St] ⏱ 1,30h/St 046.000.008

▶ min
▷ von
ø Mittel
◁ bis
◀ max

Kosten:
Stand 1. Quartal 2026
Bundesdurchschnitt

Dämm- und Brandschutzarbeiten an technischen Anlagen — Preise €

Nr.	Positionen	Einheit	►	▷	ø brutto € / ø netto €	◁	◄
1	Kompaktdämmhülse, Rohrleitung DN15	m	10	13	**15**	19	23
			8	11	**12**	16	20
2	Kompaktdämmhülse, Rohrleitung DN25	m	15	18	**25**	27	32
			12	15	**21**	23	27
3	Wärmedämmung, Rohrleitung, DN15	m	16	35	**39**	42	53
			13	29	**33**	36	45
4	Wärmedämmung, MW-alukaschiert, DN15	m	14	21	**30**	34	42
			12	18	**25**	28	36
5	Wärmedämmung, MW-alukaschiert, DN65	m	47	53	**67**	81	104
			39	44	**56**	68	87
6	Wärmedämmung, MW-alukaschiert, DN80	m	51	55	**74**	91	112
			43	46	**62**	76	94
7	Rohrdämmung, MW/Blech DN40	m	47	55	**70**	80	85
			39	46	**59**	68	71
8	Lüftungskanal Mineral alukaschiert	m	37	45	**46**	50	57
			31	38	**39**	42	48
9	Brandschutzabschottung, DN15	St	19	29	**34**	41	55
			16	25	**28**	34	46
10	Brandschutzabschottung, DN25	St	58	65	**69**	71	84
			49	54	**58**	60	71
11	Brandschutzabschottung, DN40	St	76	82	**88**	94	111
			64	69	**74**	79	93
12	Brandschutzabschottung, DN75	St	98	104	**115**	136	153
			82	87	**96**	115	129
13	Brandschutzabschottung, DN110	St	101	106	**118**	141	156
			85	89	**99**	119	131
14	Brandschutzabschottung, DN160	St	107	111	**123**	145	159
			90	93	**104**	122	134
15	Körperschalldämmung, Abwasserrohre	m	13	15	**17**	20	24
			11	13	**14**	17	20
16	Wärmedämmschalen für Armaturen und Pumpen, DN15	St	26	28	**33**	36	37
			22	24	**28**	30	31
17	Wärmedämmschalen für Armaturen und Pumpen, DN25	St	33	39	**45**	47	50
			28	32	**37**	40	42
18	Wärmedämmschalen für Armaturen und Pumpen, DN50	St	52	56	**64**	66	69
			43	47	**54**	55	58

► min
▷ von
ø Mittel
◁ bis
◄ max

Nr.	Kurztext / Langtext						Kostengruppe
▶	▷	ø netto €	◁	◀	[Einheit]	Ausf.-Dauer	Positionsnummer

A 1 Kompaktdämmhülse, Rohrleitung Beschreibung für Pos. **1-2**

Asymmetrische Wärmedämmung DIN 4140 für Rohrleitungen haustechnischer Anlagen auf Rohfußboden (gegen beheizte Räume oder auf Zusatzdämmung). Kompaktdämmhülsen in Anti-Körperschall-Ausführung. Zur Verlegung im Dämmbereich des Fußbodenaufbaus. Polsterlage aus miteinander vernadelten Kunststoff-Fasern und geschlossenzelligem Polyethylen mit reißfestem Gittergewebe.

1 Kompaktdämmhülse, Rohrleitung DN15 KG **422**

Wie Ausführungsbeschreibung A 1
Nennwert der Wärmeleitfähigkeit: 0,040 W/(mK)
Normalentflammbar: B2, DIN 4102-1
Nennweite: DN15
Dämmschichtdicke 1/2 gem. GEG: 13 mm
Bauhöhe: 36 mm

8€ 11€ **12€** 16€ 20€ [m] ⏱ 0,05h/m 047.000.005

2 Kompaktdämmhülse, Rohrleitung DN25 KG **422**

Wie Ausführungsbeschreibung A 1
Nennwert der Wärmeleitfähigkeit: 0,040W/(mK)
Normalentflammbar: B2, DIN 4102-1
Nennweite: DN25
Dämmschichtdicke 1/2 gem. GEG: 20 mm
Bauhöhe: 51 mm

12€ 15€ **21€** 23€ 27€ [m] ⏱ 0,05h/m 047.000.017

3 Wärmedämmung, Rohrleitung, DN15 KG **422**

Wärmedämmung für Rohrleitungen DIN 4140 haustechnischer Anlagen im sichtbaren Bereich unter der Decke. Mineralfaserschalen einseitig geschlitzt, nichtbrennbar A1 DIN EN 13501-1, einseitig Alu-Folie kaschiert. Sämtliche Quer- und Längsfugen werden dicht gestoßen und mit 10cm breiten selbstklebenden Alustreifen verbunden. Sicherung der Längsfuge mit Alu-Klebestreifen in der Mitte der Bahnenbreite. Verkleidung mit PVC-Mantel (Isogenopack) 0,35mm stark, schwer entflammbar.
Verlegung bis: **3,50 / 5,00 / 7,00** m über Fußboden
Nennwert der Wärmeleitfähigkeit: 0,040 W/(mK)
Rohrdurchmesser: 18 mm
Dämmschichtstärke 1/1 gem. GEG: 20 mm

13€ 29€ **33€** 36€ 45€ [m] ⏱ 0,30h/m 047.000.006

Nr.	Kurztext / Langtext						Kostengruppe
►	▷	ø netto €	◁	◀	[Einheit]	Ausf.-Dauer	Positionsnummer

A 2 Wärmedämmung, MW-alukaschiert — Beschreibung für Pos. **4-6**

Wärmedämmung einschl. Ummantelung DIN 4140 an Rohrleitungen für Heizung, Warmwasser und Zirkulation nach GEG in Gebäuden. Dämmung aus Mineralwolle, als Matte, auf verzinktem Drahtgeflecht mit verzinktem Draht versteppt, befestigen mit Stahlhaken aus dem Werkstoff des Drahtgeflechts. Längs- und Rundstöße mit selbstklebender Aluminiumfolie überklebt.

4 Wärmedämmung, MW-alukaschiert, DN15 — KG **422**

Wie Ausführungsbeschreibung A 2
Rohrleitung: Stahl, schwarz
Nennweite: DN15
Baustoffklasse DIN EN 13501-1: nichtbrennbar A1
Dämmstärke Wärmedämmung: 100% nach GEG
Dämmschichtdicke: 20 mm
Nennwert der Wärmeleitfähigkeit: 0,035 W/(mK) bei 40°C
Oberkante Dämmung: **Fußboden / über Gelände bis 3,50** m **/ bis 5,00** m

►	▷	ø	◁	◀	[Einheit]	Ausf.-Dauer	Positionsnummer
12€	18€	**25€**	28€	36€	[m]	⏱ 0,30h/m	047.000.002

5 Wärmedämmung, MW-alukaschiert, DN65 — KG **422**

Wie Ausführungsbeschreibung A 2
Rohrleitung: Stahl, schwarz
Nennweite: DN65
Baustoffklasse DIN EN 13501-1: nichtbrennbar A1
Dämmstärke Wärmedämmung: 100% nach GEG
Dämmschichtdicke: 70 mm
Nennwert der Wärmeleitfähigkeit: 0,035 W/(mK) bei 40°C
Oberkante Dämmung: **Fußboden / über Gelände bis 3,50** m **/ bis 5,00** m

►	▷	ø	◁	◀	[Einheit]	Ausf.-Dauer	Positionsnummer
39€	44€	**56€**	68€	87€	[m]	⏱ 0,30h/m	047.000.012

6 Wärmedämmung, MW-alukaschiert, DN80 — KG **422**

Wie Ausführungsbeschreibung A 2
Rohrleitung: Stahl, schwarz
Nennweite: DN80
Baustoffklasse DIN EN 13501-1: nichtbrennbar A1
Dämmstärke Wärmedämmung: 100% nach GEG
Dämmschichtdicke: 70 mm
Nennwert der Wärmeleitfähigkeit: 0,035 W/(mK) bei 40°C
Oberkante Dämmung: **Fußboden / über Gelände bis 3,50** m **/ bis 5,00** m

►	▷	ø	◁	◀	[Einheit]	Ausf.-Dauer	Positionsnummer
43€	46€	**62€**	76€	94€	[m]	⏱ 0,30h/m	047.000.038

Kosten:
Stand 1. Quartal 2026
Bundesdurchschnitt

► min
▷ von
ø Mittel
◁ bis
◀ max

Nr.	**Kurztext** / Langtext						Kostengruppe
▶	▷	**ø netto €**	◁	◀	[Einheit]	Ausf.-Dauer	Positionsnummer

7 Rohrdämmung, MW/Blech DN40 KG **422**

Wärmedämmung einschl. Ummantelung DIN 4140 an Rohrleitungen für Heizung, Warmwasser und Zirkulation nach GEG in Gebäuden. Dämmung aus Mineralwolle, als Matte, auf verzinktem Drahtgeflecht mit verzinktem Draht versteppt, befestigen mit Stahlhaken aus dem Werkstoff des Drahtgeflechts. Ummantelung aus nichtprofiliertem Blech, Blechdicke für normale mechanische Beanspruchung, Überlappungen verschrauben, einschl. Stützkonstruktion aus Hartschaum.
Rohrleitung: Stahl, schwarz
Nennweite: DN40
Baustoffklasse DIN EN 13501-1: nichtbrennbar A1
Dämmstärke Wärmedämmung: 100% nach GEG
Dämmschichtdicke: 40 mm
Nennwert der Wärmeleitfähigkeit: 0,035 W/(mK) bei 40°C
Ummantelung: **Stahl feuerverzinkt / Alu-Ummantelung**
Oberkante Dämmung: **Fußboden / über Gelände bis 3,50** m **/ bis 5,00** m

39€ 46€ **59€** 68€ 71€ [m] ⏱ 0,30h/m 047.000.013

8 Lüftungskanal Mineral alukaschiert KG **431**

Wärmedämmung an Lüftungskanälen DIN 4140, in Gebäuden. Für gerade Kanäle, Dämmung aus Mineralwolle, als Matte, auf verzinktem Drahtgeflecht mit verzinktem Draht versteppt, Befestigen mit Stahlhaken aus dem Werkstoff des Drahtgeflechts, Wärmeleitfähigkeit für haustechnische Anlagen nach GEG. Zur Ausbildung einer Dampfsperre sind sämtliche Kanten, Stöße, Ausschnitte, usw. mit Aluminium-Umklebeband dicht zu verkleben.
Oberkante Dämmung über Gelände / Fußboden: **3,50 / 5,00** m
Baustoffklasse DIN EN 13501-1: nichtbrennbar A1
Wärmeleitfähigkeit 0,035 W/(mK): bei 40°C Mitteltemperatur
Wärmedämmung: 100% nach GEG
Dämmschichtdicke: **30 / 50** mm
Kanalumfang: 0,5-4,0 m

31€ 38€ **39€** 42€ 48€ [m] ⏱ 0,40h/m 047.000.001

A 4 Brandschutzabschottung, Rohrleitungen, brennbar Beschreibung für Pos. **9-14**

Brandschutzabschottung von brennbare Rohrleitungen haustechnischer Anlagen nach **MLAR / LAR**, mit allgemeinem bauaufsichtlichen Prüfzeugnis / Zulassung. Zur Verlegung Wand-/Deckendurchbruch, Verfüllung des Ringspalts mit Mörtel M10, beidseitige Weiterführung der Dämmung.

9 Brandschutzabschottung, DN15 KG **422**

Wie Ausführungsbeschreibung A 4
Bauteil: **Wand / Decke / leichte Trennwand**
Feuerwiderstandsklasse: **R30 / R60 / R90 / R120**
Abschottung: **Brandschutzmanschette / Wickelband / Mörtelschott mit Band**
Montagehöhe: bis **3,50 / 5,00 / 7,00** m über Fußboden
Ringspalt: ..... mm
Außendurchmesser der Rohrleitung: .....
Außendurchmesser Schott: .....

16€ 25€ **28€** 34€ 46€ [St] ⏱ 0,40h/St 047.000.007

Kosten:
Stand 1. Quartal 2026
Bundesdurchschnitt

Nr.	**Kurztext** / Langtext						Kostengruppe
►	▷	**ø netto €**	◁	◀	[Einheit]	Ausf.-Dauer	Positionsnummer

10 Brandschutzabschottung, DN25 KG **422**

Wie Ausführungsbeschreibung A 4
Bauteil: **Wand / Decke / leichte Trennwand**
Feuerwiderstandsklasse: **R30 / R60 / R90 / R120**
Abschottung: **Brandschutzmanschette / Wickelband / Mörtelschott mit Band**
Montagehöhe: bis **3,50 / 5,00 / 7,00** m über Fußboden
Ringspalt: ..... mm
Außendurchmesser der Rohrleitung: .....
Außendurchmesser Schott: .....

49€	54€	**58€**	60€	71€	[St]	⏱ 0,40 h/St	047.000.019

11 Brandschutzabschottung, DN40 KG **422**

Wie Ausführungsbeschreibung A 4
Bauteil: **Wand / Decke / leichte Trennwand**
Feuerwiderstandsklasse: **R30 / R60 / R90 / R120**
Abschottung: **Brandschutzmanschette / Wickelband / Mörtelschott mit Band**
Montagehöhe: bis **3,50 / 5,00 / 7,00** m über Fußboden
Ringspalt: ..... mm
Außendurchmesser der Rohrleitung: .....
Außendurchmesser Schott: .....

64€	69€	**74€**	79€	93€	[St]	⏱ 0,40 h/St	047.000.021

12 Brandschutzabschottung, DN75 KG **422**

Wie Ausführungsbeschreibung A 4
Bauteil: **Wand / Decke / leichte Trennwand**
Feuerwiderstandsklasse: **R30 / R60 / R90 / R120**
Abschottung: **Brandschutzmanschette / Wickelband / Mörtelschott mit Band**
Montagehöhe: bis **3,50 / 5,00 / 7,00** m über Fußboden
Ringspalt: ..... mm
Außendurchmesser der Rohrleitung: .....
Außendurchmesser Schott: .....

82€	87€	**96€**	115€	129€	[St]	⏱ 0,40 h/St	047.000.032

13 Brandschutzabschottung, DN110 KG **422**

Wie Ausführungsbeschreibung A 4
Bauteil: **Wand / Decke / leichte Trennwand**
Feuerwiderstandsklasse: **R30 / R60 / R90 / R120**
Abschottung: **Brandschutzmanschette / Wickelband / Mörtelschott mit Band**
Montagehöhe: bis **3,50 / 5,00 / 7,00** m über Fußboden
Ringspalt: ..... mm
Außendurchmesser der Rohrleitung: .....
Außendurchmesser Schott: .....

85€	89€	**99€**	119€	131€	[St]	⏱ 0,40 h/St	047.000.033

► min
▷ von
ø Mittel
◁ bis
◀ max

Nr.	Kurztext / Langtext						Kostengruppe
▶	▷	ø netto €	◁	◀	[Einheit]	Ausf.-Dauer	Positionsnummer

14 Brandschutzabschottung, DN160 KG **422**

Wie Ausführungsbeschreibung A 4
Bauteil: **Wand / Decke / leichte Trennwand**
Feuerwiderstandsklasse: **R30 / R60 / R90 / R120**
Abschottung: **Brandschutzmanschette / Wickelband / Mörtelschott mit Band**
Montagehöhe: bis **3,50 / 5,00 / 7,00** m über Fußboden
Ringspalt: ..... mm
Außendurchmesser der Rohrleitung: .....
Außendurchmesser Schott: .....

90€ 93€ **104€** 122€ 134€ [St] ⏱ 0,40h/St 047.000.035

15 Körperschalldämmung, Abwasserrohre KG **422**

Körperschalldämmung aus PE mit robuster Außenhaut, aus hochflexiblem, geschlossenzelligem Weichpolyethylen Abwasserisoliersystem zur Körperschalldämmung, mit diffusionsdichter Außenhaut und montagefreundlicher Innengleitfolie, als Schall- und Schwitzwasserschutz für Abwasserrohre.
Einsatz: bis +105°C
Brandklasse: B2, DIN 4102-1
Isolierstärke: 4 mm
Nennweite: DN50-150

11€ 13€ **14€** 17€ 20€ [m] ⏱ 0,20h/m 047.000.030

A 5 Wärmedämmschalen für Armaturen und Pumpen Beschreibung für Pos. **16-18**

Wärmedämmschalen DIN 4140 für Armaturen und Pumpen. Bestehend aus einem zusammenklappbaren Formteil aus Polyethylen mit kratzfester Oberfläche aus PE-Gittergewebe. Entleerungsöffnungen vorgeprägt, Lieferung inkl. Verschlussclipsen, mit handelsüblichen Klebern diffusionsdicht verschließbar.

16 Wärmedämmschalen für Armaturen und Pumpen, DN15 KG **422**

Wie Ausführungsbeschreibung A 5
Baustoffklasse: B1, DIN 4102-1
Wärmeleitwert 0,034 W/(mK) bei 10°C und 0,040 W/(mK) bei 40°C
Wasserdampfdiffusionsfaktor µ: 5.000
Temperaturbereich: -80°C bis +100°C
Abmessungen: Länge: 130 mm, Breite: 70 mm, Höhe: 112 mm
Nennweite: DN15

22€ 24€ **28€** 30€ 31€ [St] ⏱ 0,10h/St 047.000.024

17 Wärmedämmschalen für Armaturen und Pumpen, DN25 KG **422**

Wie Ausführungsbeschreibung A 5
Baustoffklasse: B1, DIN 4102-1
Wärmeleitwert 0,034 W/(mK) bei 10°C und 0,040 W/(mK) bei 40°C
Wasserdampfdiffusionsfaktor µ: 5.000
Temperaturbereich: -80°C bis +100°C
Abmessungen: Länge: 145 mm, Breite: 80 mm, Höhe: 130 mm
Nennweite: DN25

28€ 32€ **37€** 40€ 42€ [St] ⏱ 0,10h/St 047.000.026

Nr.	Kurztext / Langtext						Kostengruppe
▶	▷	**ø netto €**	◁	◀	[Einheit]	Ausf.-Dauer	Positionsnummer

18 Wärmedämmschalen für Armaturen und Pumpen, DN50 KG **422**

Wie Ausführungsbeschreibung A 5
Baustoffklasse: B1, DIN 4102-1
Wärmeleitwert 0,034 W/(mK) bei 10°C und 0,040 W/(mK) bei 40°C
Wasserdampfdiffusionsfaktor µ: 5.000
Temperaturbereich: -80°C bis +100°C
Abmessungen: Länge: 212 mm, Breite: 182 mm, Höhe: 253 mm
Nennweite: DN50

▶	▷	ø netto €	◁	◀	[Einheit]	Ausf.-Dauer	Positionsnummer
43€	47€	**54€**	55€	58€	[St]	⏱ 0,10h/St	047.000.029

Kosten:
Stand 1.Quartal 2026
Bundesdurchschnitt

▶ min
▷ von
ø Mittel
◁ bis
◀ max

053

Kosten:
Stand 1. Quartal 2026
Bundesdurchschnitt

► min
▷ von
ø Mittel
◁ bis
◄ max

Nr.	Positionen	Einheit	►	▷	ø brutto € / ø netto €	◁	◄
1	Gitterrinne, Stahl, 200mm	m	36	43	**46**	51	62
			30	36	**39**	43	52
2	Kabelrinne, Stahl, 100mm	m	32	38	**41**	45	56
			27	32	**34**	38	47
3	Kabelrinne, Stahl, 400mm	m	53	74	**77**	103	147
			44	62	**65**	87	124
4	Elektroinstallationsrohr, 16mm	m	3	6	**6**	8	11
			3	5	**5**	7	9
5	Elektroinstallationsrohr, 40mm	m	14	18	**19**	20	25
			12	15	**16**	17	21
6	Leitungsführungskanal PVC 30x30mm	m	8	14	**16**	22	33
			7	11	**14**	18	28
7	Leitungsführungskanal PVC 110x60mm	m	17	30	**37**	53	85
			14	25	**31**	45	72
8	Installationsleitung, NYM-J 1x6mm²	m	3	4	**4**	4	5
			2	3	**3**	3	4
9	Installationsleitung, NYM-J 1x16mm²	m	4	5	**5**	6	8
			3	4	**5**	5	7
10	Installationsleitung, NYM-J 3x1,5mm²	m	0,8	2,5	**3,5**	4,1	5,5
			0,6	2,1	**2,9**	3,5	4,6
11	Installationsleitung, NYM-J 3x2,5mm²	m	3	5	**5**	6	8
			3	4	**4**	5	7
12	Installationsleitung, NYM-J 5x1,5mm²	m	1	3	**4**	4	5
			1	2	**3**	3	4
13	Installationsleitung, NYM-J 5x2,5mm²	m	2	4	**4**	5	6
			2	3	**3**	4	5
14	Installationsleitung, NYM-J 5x10mm²	m	7	11	**13**	16	21
			6	9	**11**	14	18
15	Installationsleitung, NYM-J 5x16mm²	m	12	17	**20**	25	31
			10	14	**17**	21	26
16	Installationsleitung, NYM-J 1x6mm², AD	m	5	7	**9**	11	12
			4	6	**7**	9	10
17	Installationsleitung, NYM-J 1x10mm², AD	m	7	9	**10**	13	15
			6	7	**9**	11	12
18	Installationsleitung, NYM-J 1x16mm², AD	m	10	11	**13**	16	17
			9	9	**11**	14	14
19	Installationsleitung, NYM-J 3x2,5mm², AD	m	6	7	**8**	10	10
			5	6	**7**	8	9
20	Installationsleitung, NYM-J 5x2,5mm², AD	m	9	9	**11**	14	14
			7	8	**9**	12	12
21	Installationsleitung, NYM-J 5x6mm², AD	m	14	15	**18**	23	23
			12	13	**15**	19	20
22	Installationsleitung, NYM-J 5x10mm², AD	m	19	20	**24**	31	33
			16	17	**20**	26	27
23	Installationsleitung, NYM-J 5x16mm², AD	m	29	30	**35**	45	47
			24	25	**30**	38	39
24	Installationsleitung, NYM-J 3x2,5mm², uP	m	5	5	**7**	8	9
			4	5	**5**	7	8

Nr.	Positionen	Einheit	▶	▷	ø brutto € ø netto €	◁	◀
25	Geräteeinbaukanal, 130x60mm	m	24	39	**48**	51	62
			20	32	**40**	43	52
26	Geräteeinbaukanal, 210x60mm	m	55	70	**70**	78	89
			47	58	**59**	65	74
27	Sockelleistenkanal, 70x20mm	m	10	22	**25**	30	40
			8	18	**21**	25	33
28	Potenzialausgleichsschiene, Stahl, verzinkt	St	26	53	**61**	96	163
			22	44	**52**	81	137
29	Tastschalter, Aus-/Wechselschalter, zweipolig, uP	St	21	28	**31**	33	41
			18	23	**26**	28	34
30	Tastschalter, Serienschalter, uP	St	26	37	**41**	49	71
			22	31	**35**	41	60
31	Tastschalter, Kreuzschalter, uP	St	30	38	**43**	48	59
			25	32	**36**	40	49
32	Tastschalter, Taster, Kontrolllicht, uP	St	21	39	**50**	90	129
			17	33	**42**	75	109
33	Verbindungs-/Abzweigdose, Abzweig, uP	St	21	24	**26**	28	34
			17	20	**22**	23	28
34	Verbindungs-/Abzweigkasten, uP 100x100mm	St	28	33	**34**	35	42
			23	28	**29**	30	36
35	Verbindungs-/Abzweigkasten, uP, 150x150mm	St	42	48	**50**	53	63
			35	40	**42**	45	53
36	Verbindungs-/Abzweigdose, aP	St	24	35	**39**	39	68
			20	29	**33**	33	57
37	Heizungs-Not-Ausschalter, aP	St	31	43	**49**	55	68
			26	36	**41**	46	57
38	Installationsschalter, Aus-/Wechselschalter, aP	St	26	33	**36**	39	49
			22	28	**30**	33	42
39	Gerätedose, Brandschutz, uP	St	27	33	**35**	37	41
			23	27	**29**	31	35
40	Gerätedose, uP, luftdicht	St	26	33	**39**	50	51
			22	28	**33**	42	43
41	Gerätedose, uP	St	9	18	**21**	55	100
			7	15	**18**	46	84
42	Zweifach-Schutzkontaktsteckdose, 16A, 250V, aP, Deckel	St	31	37	**44**	56	59
			26	31	**37**	47	49
43	Schutzkontaktsteckdose, 16A, 250V, aP, Deckel	St	26	33	**39**	50	56
			22	28	**33**	42	47
44	Dreifach-Schutzkontaktsteckdose, 16A, 250V, Wand, aP	St	38	45	**48**	51	58
			32	38	**41**	43	49
45	Schutzkontaktsteckdose, 16A, 250V, Wandmontage, aP	St	21	28	**29**	33	41
			18	23	**25**	28	34
46	Schutzkontaktsteckdose, 16A, 250V, uP, IP24	St	17	21	**23**	25	30
			15	18	**19**	21	25
47	Photovoltaikanlage 5kWp	St	7.613	9.305	**10.574**	11.842	13.746
			6.397	7.819	**8.885**	9.952	11.551
48	Photovoltaikanlage 10kWp	St	14.830	16.834	**20.041**	23.648	26.253
			12.462	14.146	**16.841**	19.872	22.062

Nr.	Positionen	Einheit	►	▷	ø brutto € / ø netto €	◁	◄
49	Photovoltaikanlage 15kWp	St	21.122	25.815	**29.336**	32.856	36.963
			17.749	21.694	**24.652**	27.610	31.061
50	Photovoltaikanlage 20kWp	St	26.468	32.350	**36.762**	41.908	45.952
			22.242	27.185	**30.892**	35.217	38.615
51	Photovoltaikanlage 30kWp	St	30.540	37.327	**42.417**	47.507	54.294
			25.664	31.367	**35.645**	39.922	45.625
52	Photovoltaikanlage 50kWp	St	37.171	45.431	**51.626**	57.821	62.984
			31.236	38.177	**43.383**	48.589	52.928
53	Batteriespeicher bis 5kWh	St	2.706	3.354	**3.811**	4.269	4.650
			2.274	2.819	**3.203**	3.587	3.907
54	Batteriespeicher bis 10kWh	St	5.843	6.816	**8.115**	9.332	11.198
			4.910	5.728	**6.819**	7.842	9.410
55	Bewegungsmelder	St	177	253	**294**	346	465
			149	212	**247**	291	391
56	Stundensatz, Monteur/-in Elektro	h	70	82	**86**	91	103
			59	69	**72**	76	86
57	Stundensatz, Helfer/-in Elektro	h	53	59	**63**	66	74
			45	50	**53**	55	62

Kosten:
Stand 1.Quartal 2026
Bundesdurchschnitt

Nr. **Kurztext** / Langtext — Kostengruppe
► ▷ **ø netto €** ◁ ◄ [Einheit] Ausf.-Dauer Positionsnummer

1 Gitterrinne, Stahl, 200mm KG **444**

Gitterrinne mit Trennsteg und Wandausleger, einschl. systembedingter Verbindungsstücke, Formstücke, Befestigungsmaterial.
Werkstoff: Stahl, feuerverzinkt
Drahtdurchmesser: 4mm
Breite: 200 mm
Höhe: 60 mm
Trennstege: 1
Angeb. Fabrikat: .....

30€ 36€ **39€** 43€ 52€ [m] ⏱ 0,20h/m 053.000.001

A 1 Kabelrinne, Stahl Beschreibung für Pos. **2-3**

Kabelrinne mit Trennsteg und Wandausleger, einschl. systembedingten Verbindungsstücken, Formstücken, Befestigungsmaterial.
Norm: DIN EN 61537 (VDE 0639)
Werkstoff: Stahl, feuerverzinkt, DIN EN ISO 1461
Dicke Metallwerkstoff: 1,5 mm
Ausführung: gelocht
Höhe: 60 mm
Trennstege: 1

► min
▷ von
ø Mittel
◁ bis
◄ max

Nr.	Kurztext / Langtext						Kostengruppe
▶	▷	ø netto €	◁	◀	[Einheit]	Ausf.-Dauer	Positionsnummer

2 **Kabelrinne, Stahl, 100mm** KG **444**

Wie Ausführungsbeschreibung A 1
Breite: 100 mm
Angeb. Fabrikat: .....

27€	32€	**34€**	38€	47€	[m]	⏱ 0,20h/m	053.000.002

3 **Kabelrinne, Stahl, 400mm** KG **444**

Wie Ausführungsbeschreibung A 1
Breite: 400 mm
Angeb. Fabrikat: .....

44€	62€	**65€**	87€	124€	[m]	⏱ 0,40h/m	053.000.009

A 2 **Elektroinstallationsrohr** Beschreibung für Pos. **4-5**

Elektroinstallationsrohr, geschlossen, für Verlegung unter Putz, mit Befestigung.
Norm: DIN EN 61386 (VDE 0605)
Werkstoff: Kunststoff, halogenfrei
Ausführung: einwandig, gewellt, flexibel
Druckfestigkeitsklasse: 3 - mittel (750 N)
Klasse Schlagbeanspruchung: 3 - mittel (2 kg/100 mm)

4 **Elektroinstallationsrohr, 16mm** KG **444**

Wie Ausführungsbeschreibung A 2
Außendurchmesser: 16 mm

3€	5€	**5€**	7€	9€	[m]	⏱ 0,10h/m	053.000.020

5 **Elektroinstallationsrohr, 40mm** KG **444**

Wie Ausführungsbeschreibung A 2
Außendurchmesser: 40 mm

12€	15€	**16€**	17€	21€	[m]	⏱ 0,10h/m	053.000.022

A 3 **Leitungsführungskanal PVC-U** Beschreibung für Pos. **6-7**

Leitungsführungskanal, einschl. systembedingter Verbindungsstücke, Formstücke, Befestigungsmaterial.
Norm: DIN EN 50085-2-1 (VDE 0604-2-1)
Werkstoff: PVC-U

6 **Leitungsführungskanal PVC 30x30mm** KG **444**

Wie Ausführungsbeschreibung A 3
Breite: 30 mm
Höhe: 30 mm
Farbe: reinweiß RAL 9010
Befestigung: auf **Beton / Mauerwerk / Installationswand**

7€	11€	**14€**	18€	28€	[m]	⏱ 0,04h/m	053.000.036

040
041
042
044
045
046
047
053
054
058
060
061
063
069
075

Kosten:
Stand 1.Quartal 2026
Bundesdurchschnitt

Nr.	**Kurztext** / Langtext						Kostengruppe
►	▷	**ø netto €**	◁	◀	[Einheit]	Ausf.-Dauer	Positionsnummer

7 Leitungsführungskanal PVC 110x60mm — KG **444**

Wie Ausführungsbeschreibung A 3
Breite: 110 mm
Höhe: 60 mm
Farbe: reinweiß RAL 9010
Befestigung: auf **Beton / Mauerwerk / Installationswand**

14€	25€	**31€**	45€	72€	[m]	⏱ 0,05h/m	053.000.038

A 4 Installationsleitung, NYM-J — Beschreibung für Pos. **8-15**

Installationsleitung in vorhandener **Kabelrinne / Kanal / Rohr / Montagewand**.
Norm: DIN VDE 0250-204 (VDE 0250-204)
Leitungstyp: NYM-J

8 Installationsleitung, NYM-J 1x6mm² — KG **444**

Wie Ausführungsbeschreibung A 4
Ader-/Leiterzahl: 1x6 mm²
Metallzahl: Cu-Zahl 58

2€	3€	**3€**	3€	4€	[m]	⏱ 0,04h/m	053.000.044

9 Installationsleitung, NYM-J 1x16mm² — KG **444**

Wie Ausführungsbeschreibung A 4
Ader-/Leiterzahl: 1x16 mm²
Metallzahl: Cu-Zahl 154

3€	4€	**5€**	5€	7€	[m]	⏱ 0,06h/m	053.000.046

10 Installationsleitung, NYM-J 3x1,5mm² — KG **444**

Wie Ausführungsbeschreibung A 4
Ader-/Leiterzahl: 3x1,5 mm²
Metallzahl: Cu-Zahl 43

0,6€	2,1€	**2,9€**	3,5€	4,6€	[m]	⏱ 0,07h/m	053.000.047

11 Installationsleitung, NYM-J 3x2,5mm² — KG **444**

Wie Ausführungsbeschreibung A 4
Ader-/Leiterzahl: 3x2,5 mm²
Metallzahl: Cu-Zahl 72

3€	4€	**4€**	5€	7€	[m]	⏱ 0,09h/m	053.000.048

12 Installationsleitung, NYM-J 5x1,5mm² — KG **444**

Wie Ausführungsbeschreibung A 4
Ader-/Leiterzahl: 5x1,5 mm²
Metallzahl: Cu-Zahl 72

1€	2€	**3€**	3€	4€	[m]	⏱ 0,05h/m	053.000.075

► min
▷ von
ø Mittel
◁ bis
◀ max

Nr.	Kurztext / Langtext						Kostengruppe
▶	▷	**ø netto €**	◁	◀	[Einheit]	Ausf.-Dauer	Positionsnummer

13 Installationsleitung, NYM-J 5x2,5mm² KG **444**

Wie Ausführungsbeschreibung A 4
Ader-/Leiterzahl: 5x2,5 mm²
Metallzahl: Cu-Zahl 120

▶	▷	ø netto €	◁	◀	[Einheit]	Ausf.-Dauer	Positionsnummer
2€	3€	**3€**	4€	5€	[m]	⏱ 0,05h/m	053.000.051

14 Installationsleitung, NYM-J 5x10mm² KG **444**

Wie Ausführungsbeschreibung A 4
Ader-/Leiterzahl: 5x10 mm²
Metallzahl: Cu-Zahl 430

▶	▷	ø netto €	◁	◀	[Einheit]	Ausf.-Dauer	Positionsnummer
6€	9€	**11€**	14€	18€	[m]	⏱ 0,10h/m	053.000.052

15 Installationsleitung, NYM-J 5x16mm² KG **444**

Wie Ausführungsbeschreibung A 4
Ader-/Leiterzahl: 5x16 mm²
Metallzahl: Cu-Zahl 768

▶	▷	ø netto €	◁	◀	[Einheit]	Ausf.-Dauer	Positionsnummer
10€	14€	**17€**	21€	26€	[m]	⏱ 0,12h/m	053.000.053

A 5 Installationsleitung, NYM-J, AD Beschreibung für Pos. **16-23**

Installationsleitung, mit Sammelbefestigung aus Metall.
Norm: DIN VDE 0250-204 (VDE 0250-204)
Leitungstyp: NYM-J

16 Installationsleitung, NYM-J 1x6mm², AD KG **444**

Wie Ausführungsbeschreibung A 5
Ader-/Leiterzahl: 1x6 mm²
Metallzahl: Cu-Zahl 58

▶	▷	ø netto €	◁	◀	[Einheit]	Ausf.-Dauer	Positionsnummer
4€	6€	**7€**	9€	10€	[m]	⏱ 0,02h/m	053.000.059

17 Installationsleitung, NYM-J 1x10mm², AD KG **444**

Wie Ausführungsbeschreibung A 5
Ader-/Leiterzahl: 1x10 mm²
Metallzahl: Cu-Zahl 96

▶	▷	ø netto €	◁	◀	[Einheit]	Ausf.-Dauer	Positionsnummer
6€	7€	**9€**	11€	12€	[m]	⏱ 0,04h/m	053.000.060

18 Installationsleitung, NYM-J 1x16mm², AD KG **444**

Wie Ausführungsbeschreibung A 5
Ader-/Leiterzahl: 1x16 mm²
Metallzahl: Cu-Zahl 154

▶	▷	ø netto €	◁	◀	[Einheit]	Ausf.-Dauer	Positionsnummer
9€	9€	**11€**	14€	14€	[m]	⏱ 0,06h/m	053.000.061

040
041
042
044
045
046
047
053
054
058
060
061
063
069
075

Kosten:
Stand 1. Quartal 2026
Bundesdurchschnitt

Nr.	Kurztext / Langtext						Kostengruppe
▶	▷	ø netto €	◁	◀	[Einheit]	Ausf.-Dauer	Positionsnummer
19	**Installationsleitung, NYM-J 3x2,5mm², AD**						KG **444**
	Wie Ausführungsbeschreibung A 5 Ader-/Leiterzahl: 3x2,5 mm² Metallzahl: Cu-Zahl 72						
5€	6€	**7€**	8€	9€	[m]	⏱ 0,09 h/m	053.000.063
20	**Installationsleitung, NYM-J 5x2,5mm², AD**						KG **444**
	Wie Ausführungsbeschreibung A 5 Ader-/Leiterzahl: 5x2,5 mm² Metallzahl: Cu-Zahl 120						
7€	8€	**9€**	12€	12€	[m]	⏱ 0,05 h/m	053.000.064
21	**Installationsleitung, NYM-J 5x6mm², AD**						KG **444**
	Wie Ausführungsbeschreibung A 5 Ader-/Leiterzahl: 5x6 mm² Metallzahl: Cu-Zahl 288						
12€	13€	**15€**	19€	20€	[m]	⏱ 0,09 h/m	053.000.066
22	**Installationsleitung, NYM-J 5x10mm², AD**						KG **444**
	Wie Ausführungsbeschreibung A 5 Ader-/Leiterzahl: 5x10 mm² Metallzahl: Cu-Zahl 430						
16€	17€	**20€**	26€	27€	[m]	⏱ 0,10 h/m	053.000.067
23	**Installationsleitung, NYM-J 5x16mm², AD**						KG **444**
	Wie Ausführungsbeschreibung A 5 Ader-/Leiterzahl: 5x16 mm² Metallzahl: Cu-Zahl 768						
24€	25€	**30€**	38€	39€	[m]	⏱ 0,12 h/m	053.000.068
24	**Installationsleitung, NYM-J 3x2,5mm², uP**						KG **444**
	Installationsleitung unter Putz, mit Befestigung. Norm: DIN VDE 0250-204 (VDE 0250-204) Leitungstyp: NYM-J Ader-/Leiterzahl: 3x2,5 mm² Metallzahl: Cu-Zahl 72						
4€	5€	**5€**	7€	8€	[m]	⏱ 0,05 h/m	053.000.056

▶ min
▷ von
ø Mittel
◁ bis
◀ max

Nr.	**Kurztext** / Langtext						Kostengruppe
►	▷	**ø netto €**	◁	◄	[Einheit]	Ausf.-Dauer	Positionsnummer

A 7 Geräteeinbaukanal — Beschreibung für Pos. **25-26**

Geräteeinbaukanal mit Trennsteg, einschl. systembedingter Verbindungsstücke, Kabelhalteklammern, Formstücke, Befestigungsmaterial.
Norm: DIN EN 50085-2-1 (VDE 0604-2-1)
Werkstoff: PVC-U

25 Geräteeinbaukanal, 130x60mm — KG **444**

Wie Ausführungsbeschreibung A 7
Breite: 130 mm
Höhe: 60 mm
Farbe: reinweiß RAL 9010
Befestigung: auf **Beton / Mauerwerk / Installationswand**
Trennstege: 1

►	▷	ø netto €	◁	◄	[Einheit]	Ausf.-Dauer	Positionsnummer
20€	32€	**40€**	43€	52€	[m]	⏱ 0,08h/m	053.000.043

26 Geräteeinbaukanal, 210x60mm — KG **444**

Wie Ausführungsbeschreibung A 7
Breite: 210 mm
Höhe: 60 mm
Farbe: reinweiß RAL 9010
Befestigung: auf **Beton / Mauerwerk / Installationswand**
Trennstege: 1

►	▷	ø netto €	◁	◄	[Einheit]	Ausf.-Dauer	Positionsnummer
47€	58€	**59€**	65€	74€	[m]	⏱ 0,12h/m	053.000.042

27 Sockelleistenkanal, 70x20mm — KG **444**

Sockelleistenkanal, einschl. systembedingter Verbindungsstücke, Formstücke, Befestigungsmaterial.
Norm: DIN EN 50085-2-1 (VDE 0604-2-1)
Werkstoff: PVC-U
Breite: 70 mm
Höhe: 20 mm
Farbe: reinweiß RAL 9010
Befestigung: auf **Beton / Mauerwerk / Installationswand**

►	▷	ø netto €	◁	◄	[Einheit]	Ausf.-Dauer	Positionsnummer
8€	18€	**21€**	25€	33€	[m]	⏱ 0,08h/m	053.000.069

28 Potenzialausgleichsschiene, Stahl, verzinkt — KG **446**

Potenzialausgleichsschiene mit Abdeckhaube aus schlagfestem Polystyrol, Befestigungsmaterial. Ausführung mit Anschluss für 7x2,5 bis 25mm², Flachband 30x3,5, Massivrundleiter Durchmesser 8 bis 10mm.
Norm: VDE 0618, Teil 1 (VDE 0618-1)
Angeb. Fabrikat: .....

►	▷	ø netto €	◁	◄	[Einheit]	Ausf.-Dauer	Positionsnummer
22€	44€	**52€**	81€	137€	[St]	⏱ 0,60h/St	053.000.006

040
041
042
044
045
046
047
053
054
058
060
061
063
069
075

Nr.	**Kurztext** / Langtext						Kostengruppe
▶	▷	**ø netto €**	◁	◀	[Einheit]	Ausf.-Dauer	Positionsnummer

A 8 Tastschalter — Beschreibung für Pos. **29-32**

Tastschalter in Gerätedose mit Schraubbefestigung, einschl. Wippe mit Symbol, Kontrolllampe, anteilig Abdeckrahmen mit Beschriftungsfeld, unter Putz.
Norm: DIN EN 60669-1 (VDE 0632-1)

29 Tastschalter, Aus-/Wechselschalter, zweipolig, uP — KG **444**

Wie Ausführungsbeschreibung A 8
Leistung: Aus-/Wechselschalter, zweipolig
Nennstrom: 10 A
Nennspannung: 250V AC
Schutzart: IP 20
Farbe: reinweiß, RAL 9010
Angeb. Fabrikat: .....

▶	▷	ø	◁	◀	Einheit	Ausf.-Dauer	Positionsnummer
18€	23€	**26€**	28€	34€	[St]	⏱ 0,18h/St	054.000.002

30 Tastschalter, Serienschalter, uP — KG **444**

Wie Ausführungsbeschreibung A 8
Leistung: Serienschalter, einpolig
Nennstrom: 10 A
Nennspannung: 250V AC
Schutzart: IP 20
Farbe: reinweiß, RAL 9010
Angeb. Fabrikat: .....

▶	▷	ø	◁	◀	Einheit	Ausf.-Dauer	Positionsnummer
22€	31€	**35€**	41€	60€	[St]	⏱ 0,18h/St	054.000.014

31 Tastschalter, Kreuzschalter, uP — KG **444**

Wie Ausführungsbeschreibung A 8
Leistung: Kreuzschalter, einpolig
Nennstrom: 10 A
Nennspannung: 250V AC
Schutzart: IP 20
Farbe: reinweiß, RAL 9010
Angeb. Fabrikat: .....

▶	▷	ø	◁	◀	Einheit	Ausf.-Dauer	Positionsnummer
25€	32€	**36€**	40€	49€	[St]	⏱ 0,18h/St	054.000.015

32 Tastschalter, Taster, Kontrolllicht, uP — KG **444**

Wie Ausführungsbeschreibung A 8
Leistung: Taster, einpolig
Nennstrom: 10 A
Nennspannung: 250V AC
Schutzart: IP 20
Farbe: reinweiß, RAL 9010
Angeb. Fabrikat: .....

▶	▷	ø	◁	◀	Einheit	Ausf.-Dauer	Positionsnummer
17€	33€	**42€**	75€	109€	[St]	⏱ 0,18h/St	054.000.016

Kosten:
Stand 1. Quartal 2026
Bundesdurchschnitt

▶ min
▷ von
ø Mittel
◁ bis
◀ max

Nr.	**Kurztext** / Langtext						Kostengruppe
▶	▷	**ø netto €**	◁	◀	[Einheit]	Ausf.-Dauer	Positionsnummer

A 9 Verbindungs-/Abzweigdose, Abzweig, uP — Beschreibung für Pos. **33-35**

Verbindungsdose als Abzweigdose mit Deckel, mit Schraubbefestigung, unter Putz/Wandmontage.

33 Verbindungs-/Abzweigdose, Abzweig, uP — KG **444**

Wie Ausführungsbeschreibung A 9
Durchmesser: 70 mm
Tiefe Installationsgerät: mind. 65 mm
Anschlusssystem: 5 Klemmen, 4 mm^2
Schutzart: IP20
Befestigung: in Mauerwerk
Angeb. Fabrikat: .....

17€	20€	**22€**	23€	28€	[St]	⏱ 0,22h/St	054.000.018

34 Verbindungs-/Abzweigkasten, uP 100x100mm — KG **444**

Wie Ausführungsbeschreibung A 9
Mind.-Grundfläche Verbindungsdose: 100 x 100mm
Tiefe Installationsgerät: mind. 45 mm
Anschlusssystem: 5 Klemmen, 4 mm^2
Befestigung: in Mauerwerk
Angeb. Fabrikat: .....

23€	28€	**29€**	30€	36€	[St]	⏱ 0,24h/St	054.000.019

35 Verbindungs-/Abzweigkasten, uP, 150x150mm — KG **444**

Wie Ausführungsbeschreibung A 9
Mind.-Grundfläche Verbindungsdose: 150 x 150 mm
Tiefe Installationsgerät: mind. 45 mm
Anschlusssystem: 5 Klemmen, 4 mm^2
Befestigung: in Mauerwerk
Angeb. Fabrikat: .....

35€	40€	**42€**	45€	53€	[St]	⏱ 0,25h/St	054.000.020

36 Verbindungs-/Abzweigdose, aP — KG **444**

Verbindungsdose als Abzweigdose mit Deckel, mit Schraubbefestigung, auf Putz/Wandmontage.
Norm: DIN EN 60695 (VDE 0471)
Werkstoff Elektrobauteil: Polystyrol
Durchmesser: 70 mm
Abmessungen (L x B x T): 80 x 80 x 52 mm
Anschlusssystem: 5 Klemmen, 4 mm^2
Schutzart: IP65
Angeb. Fabrikat: .....

20€	29€	**33€**	33€	57€	[St]	⏱ 0,18h/St	054.000.021

Kosten:
Stand 1. Quartal 2026
Bundesdurchschnitt

Nr.	**Kurztext** / Langtext						Kostengruppe
▶	▷	**ø netto €**	◁	◀	[Einheit]	Ausf.-Dauer	Positionsnummer

37 **Heizungs-Not-Ausschalter, aP** KG **444**

Heizungs-Not-Ausschalter auf Putz, mit Schraubenbefestigung.
Norm: DIN VDE 0620
Leistung: Heizungs-Not-Ausschalter, zweipolig
Nennstrom: 16 A
Nennspannung: 250 V
Schutzart: IP 44
Farbe: grau
Angeb. Fabrikat: .....

▶	▷	ø	◁	◀	Einheit	Ausf.-Dauer	Positionsnummer
26€	36€	**41€**	46€	57€	[St]	⏱ 0,12 h/St	054.000.008

38 **Installationsschalter, Aus-/Wechselschalter, aP** KG **444**

Installationsschalter einschl. Wippe mit Symbol, mit Beschriftungsfeld, Kontrolllampe, auf Putz, mit Schraubenbefestigung.
Norm: DIN EN 60669-1 (VDE 0632-1)
Leistung: Aus-/Wechselschalter, einpolig
Nennstrom: 10 A
Nennspannung: 250 V AC
Schutzart: IP 44
Farbe: grau RAL 7035
Angeb. Fabrikat: .....

▶	▷	ø	◁	◀	Einheit	Ausf.-Dauer	Positionsnummer
22€	28€	**30€**	33€	42€	[St]	⏱ 0,15 h/St	054.000.034

39 **Gerätedose, Brandschutz, uP** KG **444**

Gerätedose mit Brandschutzanforderungen, in Mauerwerk, mit Schraubenbefestigung und Klemmen, anteilig, unter Putz.
Norm: DIN EN 60670-1 (VDE 0606-1)/DIN 49073
Werkstoff: Kunststoff, halogenfrei
Durchmesser Installationsgerät: 60 mm
Tiefe: Installationsgerät: 60 mm
Farbe: schwarz
Angeb. Fabrikat: .....

▶	▷	ø	◁	◀	Einheit	Ausf.-Dauer	Positionsnummer
23€	27€	**29€**	31€	35€	[St]	⏱ 0,30 h/St	054.000.033

40 **Gerätedose, uP, luftdicht** KG **444**

Gerätedose, luftdicht, in Mauerwerk, mit Schraubenbefestigung und Klemmen, anteilig, unter Putz.
Norm: DIN EN 60670-1 (VDE 0606-1)/DIN 49073
Werkstoff: Kunststoff, halogenfrei
Durchmesser Installationsgerät: 60 mm
Tiefe: Installationsgerät: 40 mm
Ausführung: unter Putz
Farbe: schwarz
Einbringung: in Mauerwerk, mit Schrauben
Angeb. Fabrikat: .....

▶	▷	ø	◁	◀	Einheit	Ausf.-Dauer	Positionsnummer
22€	28€	**33€**	42€	43€	[St]	⏱ 0,30 h/St	054.000.032

▶ min
▷ von
ø Mittel
◁ bis
◀ max

Nr.	**Kurztext** / Langtext						Kostengruppe
▶	▷	**ø netto €**	◁	◀	[Einheit]	Ausf.-Dauer	Positionsnummer

41 Gerätedose, uP KG **444**

Gerätedose in Mauerwerk, mit Schrauben und Klemmen, anteilig, unter Putz.
Norm: DIN EN 60670-1 (VDE 0606-1)/DIN 49073
Werkstoff: Kunststoff, halogenfrei
Durchmesser Installationsgerät: 60 mm
Tiefe: Installationsgerät: 40 mm
Schutzart: IP20
Farbe: schwarz
Angeb. Fabrikat: .....

7€	15€	**18€**	46€	84€	[St]	⏱ 0,30h/St	054.000.047

42 Zweifach-Schutzkontaktsteckdose, 16A, 250V, aP, Deckel KG **444**

Zweifach-Schutzkontaktsteckdose einschl. Klappdeckel, in Gerätedose mit Schraubenbefestigung, einschl. Beschriftungsfeld, **auf Putz / Wandmontage**.
Norm: DIN VDE 0620-1 (VDE 0620-1)
Nennstrom: 16 A
Nennspannung: 250 V
Schutzart: IP 44
Farbe: reinweiß RAL 9010
Angeb. Fabrikat: .....

26€	31€	**37€**	47€	49€	[St]	⏱ 0,18h/St	054.000.030

43 Schutzkontaktsteckdose, 16A, 250V, aP, Deckel KG **444**

Schutzkontaktsteckdose einschl. Klappdeckel, in Gerätedose mit Schraubenbefestigung, einschl. Beschriftungsfeld, **auf Putz / Wandmontage**.
Norm: DIN VDE 0620-1 (VDE 0620-1)
Nennstrom: 16 A
Nennspannung: 250 V
Schutzart: IP 44
Farbe: reinweiß RAL 9010
Angeb. Fabrikat: .....

22€	28€	**33€**	42€	47€	[St]	⏱ 0,18h/St	054.000.029

44 Dreifach-Schutzkontaktsteckdose, 16A, 250V, Wand, aP KG **444**

Dreifach-Schutzkontaktsteckdose in Gerätedose mit Schraubenbefestigung, einschl. Beschriftungsfeld, **auf Putz / Wandmontage**.
Norm: DIN VDE 0620-1 (VDE 0620-1)
Nennstrom: 16 A
Nennspannung: 250 V
Schutzart: IP 24
Farbe: reinweiß RAL 9010
Angeb. Fabrikat: .....

32€	38€	**41€**	43€	49€	[St]	⏱ 0,18h/St	054.000.028

Kosten:
Stand 1. Quartal 2026
Bundesdurchschnitt

Nr.	**Kurztext** / Langtext						Kostengruppe
▶	▷	**ø netto €**	◁	◀	[Einheit]	Ausf.-Dauer	Positionsnummer

45 **Schutzkontaktsteckdose, 16A, 250V, Wandmontage, aP** KG **444**

Schutzkontaktsteckdose in Gerätedose mit Schraubenbefestigung, einschl. Beschriftungsfeld, **auf Putz / Wandmontage**.
Norm: DIN VDE 0620-1 (VDE 0620-1)
Nennstrom: 16 A
Nennspannung: 250 V
Schutzart: IP 24
Farbe: reinweiß RAL 9010
Angeb. Fabrikat: .....

▶	▷	ø	◁	◀	Einheit	Ausf.-Dauer	Positionsnummer
18€	23€	**25€**	28€	34€	[St]	⏱ 0,18h/St	054.000.026

46 **Schutzkontaktsteckdose, 16A, 250V, uP, IP24** KG **444**

Schutzkontaktsteckdose in Gerätedose mit Schraubbefestigung einschl. Abdeckrahmen mit Beschriftungsfeld, unter Putz.
Norm: DIN VDE 0620-1 (VDE 0620-1)
Nennstrom: 16 A
Nennspannung: 250 V
Schutzart: IP 24
Farbe: reinweiß RAL 9010
Angeb. Fabrikat: .....

▶	▷	ø	◁	◀	Einheit	Ausf.-Dauer	Positionsnummer
15€	18€	**19€**	21€	25€	[St]	⏱ 0,18h/St	054.000.024

A 10 **Photovoltaik** Beschreibung für Pos. **47-52**

Solaranlage zur Stromgewinnung als Photovoltaiksystem zur **Aufdach-/Inndach-/Flachdachlösung**, mit konstruktiver Verankerung. Leistung einschl. systembedingter Befestigungsmittel und Befestigungskonstruktionsmaterial, Befestigung gem. statischem Einzelnachweis, mit Wechselrichter mit Datenlogger, Powermanagement, DC-Schalter und dreipoliger Einspeisung, einschl. ca. 100m Elektrokabel, komplett verdrahtet, mit Durchführungen, Anschlussarbeiten und Inbetriebnahme.

47 **Photovoltaikanlage 5kWp** KG **442**

Wie Ausführungsbeschreibung A 10
Nennleistung System: 5 kWp
Nennleistung PV-Module: ..... Wp
Auflast (Schneelast): bis ..... kN/m²
Dynamische Last (Windlast): bis ..... kN/m²
Ausführung gem. Einzelbeschreibung: .....

▶	▷	ø	◁	◀	Einheit	Ausf.-Dauer	Positionsnummer
6.397€	7.819€	**8.885€**	9.952€	11.551€	[St]	⏱ 18,00h/St	053.000.077

48 **Photovoltaikanlage 10kWp** KG **442**

Wie Ausführungsbeschreibung A 10
Nennleistung System: 10 kWp
Nennleistung PV-Module: ..... Wp
Auflast (Schneelast): bis ..... kN/m²
Dynamische Last (Windlast): bis ..... kN/m²
Ausführung gem. Einzelbeschreibung: .....

▶	▷	ø	◁	◀	Einheit	Ausf.-Dauer	Positionsnummer
12.462	14.146€	**16.841€**	19.872€	22.062€	[St]	⏱ 48,00h/St	053.000.024

▶ min
▷ von
ø Mittel
◁ bis
◀ max

Nr.	Kurztext / Langtext						Kostengruppe
▶	▷	ø netto €	◁	◀	[Einheit]	Ausf.-Dauer	Positionsnummer

49 Photovoltaikanlage 15kWp KG **442**

Wie Ausführungsbeschreibung A 10
Nennleistung System: 15 kWp
Nennleistung PV-Module: ..... Wp
Auflast (Schneelast): bis kN/m2
Dynamische Last (Windlast): bis kN/m2
Ausführung gem. Einzelbeschreibung: .....

17.749 | 21.694€ | **24.652€** | 27.610€ | 31.061€ | [St] | ⏱ 40,00h/St | 053.000.078

50 Photovoltaikanlage 20kWp KG **442**

Wie Ausführungsbeschreibung A 10
Nennleistung System: 20 kWp
Nennleistung PV-Module: ..... Wp
Auflast (Schneelast): bis kN/m2
Dynamische Last (Windlast): bis kN/m2
Ausführung gem. Einzelbeschreibung: .....

22.242 | 27.185€ | **30.892€** | 35.217€ | 38.615€ | [St] | ⏱ 45,00h/St | 053.000.079

51 Photovoltaikanlage 30kWp KG **442**

Wie Ausführungsbeschreibung A 10
Nennleistung System: 30 kWp
Nennleistung PV-Module: ..... Wp
Auflast (Schneelast): bis kN/m2
Dynamische Last (Windlast): bis kN/m2
Ausführung gem. Einzelbeschreibung: .....

25.664 | 31.367€ | **35.645€** | 39.922€ | 45.625€ | [St] | ⏱ 55,00h/St | 053.000.080

52 Photovoltaikanlage 50kWp KG **442**

Wie Ausführungsbeschreibung A 10
Nennleistung System: 50 kWp
Nennleistung PV-Module: ..... Wp
Auflast (Schneelast): bis kN/m2
Dynamische Last (Windlast): bis kN/m2
Ausführung gem. Einzelbeschreibung: .....

31.236 | 38.177€ | **43.383€** | 48.589€ | 52.928€ | [St] | ⏱ 65,00h/St | 053.000.081

53 Batteriespeicher bis 5kWh KG **442**

Photovoltaik Batteriespeicher zur Speicherung von Erzeugtem Strom zur Eigennutzung

2.274€ | 2.819€ | **3.203€** | 3.587€ | 3.907€ | [St] | ⏱ 2,00h/St | 053.000.076

54 Batteriespeicher bis 10kWh KG **442**

Photovoltaik Batteriespeicher zur Speicherung von Erzeugtem Strom zur Eigennutzung

4.910€ | 5.728€ | **6.819€** | 7.842€ | 9.410€ | [St] | ⏱ 3,00h/St | 053.000.071

040
041
042
044
045
046
047
053
054
058
060
061
063
069
075

Nr.	Kurztext / Langtext						Kostengruppe
▶	▷	ø netto €	◁	◀	[Einheit]	Ausf.-Dauer	Positionsnummer

55 Bewegungsmelder KG **444**

Bewegungsmelder für 230 V AC **mit Unterkriechschutz / mit Rückfeldüberwachung** mit integriertem Dämmerungsschalter.
Sensorart: **Ultraschall / Infrarot / Radar / Optisch**
Erfassungsbereich: .....°
Reichweite: ..... m
Schnittstelle: **RS232 / KNX-TP / DALI / COM**
Ausschaltverzögerung: **1** s **bis 11 / 30** s **bis 30 / 2** s **bis 16** min
Schutzart IP: **44 / 2X / 24 / 3X / 54 / 55 / 65 / 67**
Einbaubereich: **Wandmontage / Deckenmontage / Eckmontage**
Montaghöhe: **bis 3 / über 3 bis 6 / über 6 bis 9 / über 9 bis 12** m

149€	212€	**247€**	291€	391€	[St]	⏱ 1,80h/St	053.000.070

Kosten:
Stand 1.Quartal 2026
Bundesdurchschnitt

56 Stundensatz, Monteur/-in Elektro

Verrechnungssatz für die jeweilige Arbeitskraft inkl. aller Aufwendungen wie Lohn- und Gehaltskosten, Lohn- und Gehaltsnebenkosten, Zuschläge, lohngebundene und lohnabhängige Kosten, sonstige Sozialkosten, Gemeinkosten, Wagnis und Gewinn. Leistung nach besonderer Anordnung der Bauüberwachung. Nachweis und Anmeldung gem. VOB/B.

59€	69€	**72€**	76€	86€	[h]	⏱ 1,00h/h	053.000.072

57 Stundensatz, Helfer/-in Elektro

Verrechnungssatz für die jeweilige Arbeitskraft inkl. aller Aufwendungen wie Lohn- und Gehaltskosten, Lohn- und Gehaltsnebenkosten, Zuschläge, lohngebundene und lohnabhängige Kosten, sonstige Sozialkosten, Gemeinkosten, Wagnis und Gewinn. Leistung nach besonderer Anordnung der Bauüberwachung. Nachweis und Anmeldung gem. VOB/B.

45€	50€	**53€**	55€	62€	[h]	⏱ 1,00h/h	053.000.073

▶ min
▷ von
ø Mittel
◁ bis
◀ max

054

Kosten:
Stand 1. Quartal 2026
Bundesdurchschnitt

Nr.	Positionen	Einheit	►	▷	ø brutto € / ø netto €	◁	◄
1	Installationskleinverteiler, uP, 356x348x70mm	St	101	133	**146**	161	188
			85	112	**123**	135	158
2	Installationskleinverteiler, uP, 755x348x94,5mm	St	287	411	**456**	547	724
			242	346	**383**	460	609
3	Zählerschrank, uP, Multimediafeld	St	1.309	2.123	**2.441**	3.084	4.308
			1.100	1.784	**2.051**	2.592	3.620
4	Fehlerstromschutzschalter, 25A, vierpolig	St	60	77	**86**	93	111
			50	65	**72**	78	93
5	Fehlerstromschutzschalter 63A, vierpolig	St	133	150	**159**	182	224
			112	126	**134**	153	188
6	Leitungsschutzschalter 6kA, dreipolig B16A	St	46	62	**66**	74	91
			39	52	**55**	62	77
7	Leitungsschutzschalter 6kA, dreipolig B20A	St	73	81	**81**	83	101
			62	68	**68**	70	85
8	Leitungsschutzschalter 6kA, dreipolig C16A	St	68	79	**83**	94	118
			57	67	**70**	79	99
9	Leitungsschutzschalter 6kA, einpolig B10A	St	20	28	**30**	33	40
			17	23	**25**	28	34
10	Sicherungssockel, dreipolig	St	59	81	**85**	105	139
			49	68	**72**	88	117
11	Lasttrennschalter, 63A	St	79	141	**176**	190	267
			66	119	**148**	160	224
12	Ladeeinrichtung für Elektroautos 11kW	St	817	1.998	**2.518**	3.352	4.803
			687	1.679	**2.116**	2.817	4.036
13	Ladeeinrichtung für Elektroautos 22kW	St	1.447	2.518	**3.285**	3.943	4.918
			1.216	2.116	**2.760**	3.313	4.133

Nr. **Kurztext** / Langtext Kostengruppe
► ▷ **ø netto €** ◁ ◄ [Einheit] Ausf.-Dauer Positionsnummer

A 1 Installationskleinverteiler, uP Beschreibung für Pos. **1-2**

Installationskleinverteiler mit Kunststoffmauerkasten, Blendrahmen mit Tür aus Stahlblech, Blindabdeckungen.
Norm: DIN EN 60670-24, DIN 43871
Schutzart: IP30
Schutzartklasse: II
Montageart: Unterputz
Umgebungsbedingungen: .....

► min
▷ von
ø Mittel
◁ bis
◄ max

Nr.	Kurztext / Langtext						Kostengruppe
▶	▷	**ø netto €**	◁	◀	[Einheit]	Ausf.-Dauer	Positionsnummer

1 Installationskleinverteiler, uP, 356x348x70mm KG **444**

Wie Ausführungsbeschreibung A 1
Verteilerreihen: 1
Farbe: reinweiß RAL 9010
Höhe: 356 mm
Breite: 348 mm
Tiefe: 70 mm
Angeb. Fabrikat: .....

85€	112€	**123€**	135€	158€	[St]	⏱ 0,85h/St	054.000.036

2 Installationskleinverteiler, uP, 755x348x94,5mm KG **444**

Wie Ausführungsbeschreibung A 1
Verteilerreihen: 4
Farbe: reinweiß RAL 9010
Höhe: 755 mm
Breite: 348 mm
Tiefe: 94,5 mm
Angeb. Fabrikat: .....

242€	346€	**383€**	460€	609€	[St]	⏱ 1,00h/St	054.000.037

3 Zählerschrank, uP, Multimediafeld KG **444**

Zählerschrank mit Multimediafeld und Dreifach-Steckdose, Kunststoffmauerkasten, Blendrahmen mit Tür aus Stahlblech, Blindabdeckungen.
Norm: DIN EN 0603/1, DIN 43870
Schutzart: IP44
Schutzklasse: II
Montageart: Unterputz
Verteilerreihen: 7
Farbe: reinweiß RAL 9010
Höhe: 1.100 mm
Breite: 1.050 mm
Tiefe: 205 mm
Angeb. Fabrikat: .....

1.100€	1.784€	**2.051€**	2.592€	3.620€	[St]	⏱ 0,85h/St	054.000.038

Nr.	Kurztext / Langtext						Kostengruppe
▶	▷	ø netto €	◁	◀	[Einheit]	Ausf.-Dauer	Positionsnummer

A 2 Fehlerstromschutzschalter — Beschreibung für Pos. **4-5**

Fehlerstromschutzschalter als Reiheneinbaugerät nach DIN 43880, mit Aufnahmevorrichtung für Beschriftungsschild.
Norm: DIN EN 61008-1 (VDE 0664-10)
Berührungsschutz: fingersicher (DIN EN 50274 (VDE 0660-514)
Typ Fehlerstrom: A pulsstromsensitiv
Bemessungsfehlerstrom (mA) Schutzschalter: 30
Anzahl Pole: 3+N
Bemessungsbetriebsspannung: 400 V AC
Kurzschlussfestigkeit: 6 kA
Max. Stoßstromfestigkeit: 250A
Antrieb Schalter: handbetätigt
Angeb. Fabrikat: .....

Kosten:
Stand 1.Quartal 2026
Bundesdurchschnitt

4 Fehlerstromschutzschalter, 25A, vierpolig — KG **444**

Wie Ausführungsbeschreibung A 2
Bemessungsstrom: 25 A

▶	▷	ø	◁	◀	Einheit	Ausf.-Dauer	Positionsnummer
50€	65€	**72€**	78€	93€	[St]	⏱ 0,45h/St	054.000.043

5 Fehlerstromschutzschalter 63A, vierpolig — KG **444**

Wie Ausführungsbeschreibung A 2
Bemessungsstrom: 63 A

▶	▷	ø	◁	◀	Einheit	Ausf.-Dauer	Positionsnummer
112€	126€	**134€**	153€	188€	[St]	⏱ 0,50h/St	054.000.044

A 3 Leitungsschutzschalter 6 kA — Beschreibung für Pos. **6-9**

Leitungsschutzschalter als Reiheneinbaugerät nach DIN 43880, mit Aufnahmevorrichtung für Beschriftungsschild.
Norm: DIN EN 60898-1 (VDE 0641-11)
Berührungsschutz: fingersicher DIN EN 50274 (VDE 0660-514)
Bemessungsbetriebsspannung: 230/400 V AC

6 Leitungsschutzschalter 6kA, dreipolig B16A — KG **444**

Wie Ausführungsbeschreibung A 3
Bemessungsschaltvermögen: 6 kA
Anzahl Pole: 3
Auslösecharakteristik Schutzschalter: B
Bemessungsstrom: 16 A
Angeb. Fabrikat: .....

▶	▷	ø	◁	◀	Einheit	Ausf.-Dauer	Positionsnummer
39€	52€	**55€**	62€	77€	[St]	⏱ 0,65h/St	054.000.039

7 Leitungsschutzschalter 6kA, dreipolig B20A — KG **444**

Wie Ausführungsbeschreibung A 3
Bemessungsschaltvermögen: 6 kA
Anzahl Pole: 3
Auslösecharakteristik Schutzschalter: B
Bemessungsstrom: 20 A
Angeb. Fabrikat: .....

▶	▷	ø	◁	◀	Einheit	Ausf.-Dauer	Positionsnummer
62€	68€	**68€**	70€	85€	[St]	⏱ 0,65h/St	054.000.040

▶ min
▷ von
ø Mittel
◁ bis
◀ max

8 Leitungsschutzschalter 6kA, dreipolig C16A KG **444**

Wie Ausführungsbeschreibung A 3
Bemessungsschaltvermögen: 6 kA
Anzahl Pole: 3
Auslösecharakteristik Schutzschalter: C
Bemessungsstrom: 16 A
Angeb. Fabrikat: .....

57€ 67€ **70€** 79€ 99€ [St] ⏱ 0,65h/St 054.000.041

9 Leitungsschutzschalter 6kA, einpolig B10A KG **444**

Wie Ausführungsbeschreibung A 3
Bemessungsschaltvermögen: 6 kA
Ausführung Abdeckung: beidseitige Klemmenabdeckung
Anzahl Pole: 1
Auslösecharakteristik Schutzschalter: B
Bemessungsstrom: 10 A
Angeb. Fabrikat: .....

17€ 23€ **25€** 28€ 34€ [St] ⏱ 0,65h/St 054.000.042

10 Sicherungssockel, dreipolig KG **444**

Sicherungssockel mit Abdeckung, auf Tragschiene und Neutralleiterklemme. Bestückung mit Sicherungssockel/-unterteil/Trennschalter, mit Sicherungseinsatz.
Norm: DIN VDE 0636-3 (VDE 0636-3)
Bemessungsstrom: 63 A
Anzahle Pole: 3

49€ 68€ **72€** 88€ 117€ [St] ⏱ 0,30h/St 054.000.045

11 Lasttrennschalter, 63A KG **444**

Lasttrennschalter mit Berührungsschutz nach DIN VDE 0106/100
Norm: DIN VDE 0632
Nennstrom: 63 A
Betriebsspannung: 400 V AC
Anschlussquerschnitt bei starrem Leiter: 16 mm²

66€ 119€ **148€** 160€ 224€ [St] ⏱ 0,45h/St 054.000.046

Kosten:
Stand 1. Quartal 2026
Bundesdurchschnitt

Nr.	**Kurztext** / Langtext						Kostengruppe
▶	▷	**ø netto €**	◁	◀	[Einheit]	Ausf.-Dauer	Positionsnummer

12 Ladeeinrichtung für Elektroautos 11kW KG **444**

Ladeeinrichtung für Elektroautos als Wallbox, als kabelgebundene Ladestromübertragung. Ladeeinrichtungsausgang Wechselstrom 230 V AC, mit Lasttrennschalter, Überspannungsschutz, mit einem Ladepunkt und einer Ladeleistung je Ladepunkt 11kW. Ladeeinrichtung mit Kabel.
Kabellänge: ..... m
Stromflussrichtung: **unidirektional / bidirektional**
Überspannungsschutz Typ: **1 / 2 / 3**
Schutzart IP: .....
Netzsystem: .....
Befestigung an: **Wand / Pfosten / Stele**
Anzeige: **Display / LED**
Authentifizierung: **Plug and Charge / PIN / RFID / Mobile App / Schlüsselschalter / EVCC ID**
Min. Umgebungstemperatur: .....°C
Max. Umgebungstemperatur: .....°C

▶	▷	ø	◁	◀	Einheit	Ausf.-Dauer	Positionsnummer
687€	1.679€	**2.116€**	2.817€	4.036€	[St]	⏱ 2,00h/St	054.000.048

13 Ladeeinrichtung für Elektroautos 22kW KG **444**

Ladeeinrichtung für Elektroautos als Wallbox, als kabelgebundene Ladestromübertragung. Ladeeinrichtungsausgang Wechselstrom 230 V AC, mit Lasttrennschalter, Überspannungsschutz, mit einem Ladepunkt und einer Ladeleistung je Ladepunkt 22kW. Ladeeinrichtung mit Kabel.
Kabellänge: ..... m
Stromflussrichtung: **unidirektional / bidirektional**
Überspannungsschutz Typ: **1 / 2 / 3**
Schutzart IP: .....
Netzsystem: .....
Befestigung an: **Wand / Pfosten / Stele**
Anzeige: **Display / LED**
Authentifizierung: **Plug and Charge / PIN / RFID / Mobile App / Schlüsselschalter / EVCC ID**
Min. Umgebungstemperatur: .....°C
Max. Umgebungstemperatur: .....°C

▶	▷	ø	◁	◀	Einheit	Ausf.-Dauer	Positionsnummer
1.216€	2.116€	**2.760€**	3.313€	4.133€	[St]	⏱ 2,00h/St	054.000.049

▶ min
▷ von
ø Mittel
◁ bis
◀ max

Nr.	Positionen	Einheit	►	▷	ø brutto € / ø netto €	◁	◄
1	Anbauleuchte, LED, Feuchtraum	St	182	187	**211**	233	245
			153	157	**177**	196	206
2	Einbauleuchte, LED, 39W	St	192	204	**230**	249	256
			161	172	**193**	209	216
3	Wannenleuchte 1x58W	St	147	206	**232**	292	369
			124	173	**195**	246	310
4	Pendelleuchte, LED 47W, bis 598mm	St	319	360	**388**	512	540
			268	302	**326**	430	454
5	Pendelleuchte, LED 47W, bis 1.198mm	St	390	411	**493**	539	553
			328	346	**414**	453	465
6	Einbaudownlight, LED, 9W	St	72	76	**86**	91	97
			60	64	**72**	77	81
7	Einbaudownlight, LED, 17,8W	St	76	81	**98**	103	110
			64	68	**82**	87	92

058

Kosten:
Stand 1. Quartal 2026
Bundesdurchschnitt

Nr. **Kurztext** / Langtext Kostengruppe
► ▷ **ø netto €** ◁ ◄ [Einheit] Ausf.-Dauer Positionsnummer

1 Anbauleuchte, LED, Feuchtraum KG **445**

Anbauleuchte für Feuchtraum, Gehäuse aus Kunststoff (Polycarbonat), innenliegende Halterung, Stahlblech, weiß lackiert, Refraktor Kunststoff (PMMA oder PC), innenprismatisch.
Befestigung: Decke/Wand
Abmessung: ..... (bis 1278 mm)
Leuchtmittel: LED 28 W
Lichtfarbe: 840, neutralweiß
Leuchtenlichtstrom: 3.350 lm
Elektrische Ausstattung: Betriebsgerät
Schutzart: IP 66
Schutzklasse: I
Spannung: 0-240 V / 50-60 Hz
Farbe: Lichtgrau
Zubehör: Befestigungsmaterial
Angeb. Fabrikat: .....

153€ 157€ **177€** 196€ 206€ [St] ⏱ 0,35h/St 058.000.003

► min
▷ von
ø Mittel
◁ bis
◄ max

Nr.	Kurztext / Langtext					Kostengruppe
▶	▷	**ø netto €**	◁	◀	[Einheit]	Ausf.-Dauer	Positionsnummer

2 Einbauleuchte, LED, 39W KG **445**

Einbauleuchte in abgehängter Decke, Gehäuse aus Aluminium, Diffusor und Lightguide aus vergilbungsfreiem PMMA (opal), seitliche Lichteinkopplung mit LED-Betriebsgerät extern.
Abmessung: ..... (bis 1233 mm)
Abstrahlwinkel: 60°
Leuchtmittel: LED 39 W
Lichtfarbe: 830, warmweiß
Leuchtenlichtstrom: 3.600 lm
Lebensdauer: 50.000 h (L70/B10)
Schutzart: IP 20
Schutzklasse: II
Spannung: 220-240 V / 50-60 Hz
Für Deckenstärke: 10-25 mm
Gehäusefarbe: weiß
Zubehör: Befestigungsmaterial
Angeb. Fabrikat: .....

161€ 172€ **193€** 209€ 216€ [St] ⏱ 0,60h/St 058.000.020

3 Wannenleuchte 1x58W KG **445**

Wannenleuchte, Leuchtengehäuse aus: Stahlblech weiß lackiert, opale Plexiglas-Abdeckwanne, inkl. Leuchtmittel.
Bauform: **eckig / rund**
Schutzart: IP 50
Bestückung: 1x 58 W EVG
Durchgangsverdrahtung 5 x 1,5 mm^2
Montagehöhe: bis **3,50 / 5,00 / 7,00 m**

124€ 173€ **195€** 246€ 310€ [St] ⏱ 0,35h/St 058.000.006

4 Pendelleuchte, LED 47W, bis 598mm KG **445**

Pendelleuchte, Abdeckung aus Stahlblech, pulverbeschichtet, Rahmen aus Aluminium, eloxiert, Diffusor aus Kunststoff (PMMA) opal, seitliche Lichteinkopplung mit LED, mit 2-Punkt-Stahlseilabhängung, stufenlos höhenverstellbar.
Abstrahlwinkel: 120°
Leuchtmittel: LED 47 W
Lichtfarbe: 830, warmweiß
Leuchtenlichtstrom: 4.300 lm
Schutzart: IP 40
Schutzklasse: I
Spannung: 100-240 V / 50-60 Hz
Gehäusefarbe: Aluminium, eloxiert
Zubehör: Befestigungsmaterial
Abmessung: ..... (bis 598 mm)
Angeb. Fabrikat: .....

268€ 302€ **326€** 430€ 454€ [St] ⏱ 0,50h/St 058.000.023

040
041
042
044
045
046
047
053
054
058
060
061
063
069
075

Nr.	Kurztext / Langtext						Kostengruppe
►	▷	ø netto €	◁	◄	[Einheit]	Ausf.-Dauer	Positionsnummer

5 Pendelleuchte, LED 47W, bis 1198mm KG **445**

Pendelleuchte, Abdeckung aus Stahlblech, pulverbeschichtet, Rahmen aus Aluminium, eloxiert, Diffusor aus Kunststoff (PMMA) opal, seitliche Lichteinkopplung mit LED, mit 2-Punkt-Stahlseilabhängung, stufenlos höhenverstellbar.
Abstrahlwinkel: 120°
Leuchtmittel: LED 47 W
Lichtfarbe: 830, warmweiß
Leuchtenlichtstrom: 4.300 lm
Schutzart: IP 40
Schutzklasse: I
Spannung: 100-240 V / 50-60 Hz
Gehäusefarbe: Aluminium, eloxiert
Zubehör: Befestigungsmaterial
Abmessung: ..... (bis 1.198 mm)
Angeb. Fabrikat: .....

328€	346€	**414€**	453€	465€	[St]	⏱ 0,55h/St	058.000.024

A 1 Einbaudownlight, LED Beschreibung für Pos. **6-7**

Einbaudownlight mit LED, Gehäuse aus Aluminium-Druckguss, pulverbeschichtet, Lightguide und Kunststoffabdeckung aus vergilbungsfreiem Kunststoff (PMMA), Abdeckung Kunststoff opal matt, Deckenbefestigung mit Federsystem.
Betriebsgerät: extern über Steckverbindung, mit Verbindungsleitung zwischen Leuchte und LED-Konverter 250 mm
Abstrahlwinkel: 110°
Lichtfarbe: 830, warmweiß
Lebensdauer: L70> 50.000 h
Spannung: 220-240 V / 50-60 Hz
Für Deckenstärke: 1-20 mm
Schutzart: IP40
Schutzklasse: II
Zubehör: Befestigungsmaterial

6 Einbaudownlight, LED, 9W KG **445**

Wie Ausführungsbeschreibung A 1
Durchmesser: 170 mm
Einbautiefe: 27-53 mm
Lichtleistung: LED 9 W
Leuchtenlichtstrom: 940 lm
Angeb. Fabrikat: .....

60€	64€	**72€**	77€	81€	[St]	⏱ 0,30h/St	058.000.017

7 Einbaudownlight, LED, 17,8W KG **445**

Wie Ausführungsbeschreibung A 1
Durchmesser: 234 mm
Einbautiefe: 31-56 mm
Lichtleistung: LED 17,8 W
Leuchtenlichtstrom: 1.650 lm
Angeb. Fabrikat: .....

64€	68€	**82€**	87€	92€	[St]	⏱ 0,40h/St	058.000.018

Kosten:
Stand 1. Quartal 2026
Bundesdurchschnitt

► min
▷ von
ø Mittel
◁ bis
◄ max

Kosten:
Stand 1. Quartal 2026
Bundesdurchschnitt

Nr.	Positionen	Einheit	►	▷	ø brutto € / ø netto €	◁	◄
1	Notrufeinrichtung, für barrierefreies WC	St	466	727	**791**	1.015	1.531
			392	611	**665**	853	1.286
2	Handmikrofon	St	522	759	**821**	899	1.195
			439	638	**690**	756	1.004
3	Mikrofonstativ Dreibein	St	59	87	**93**	107	138
			49	73	**78**	90	116
4	Gehäuselautsprecher	St	67	103	**114**	173	269
			57	86	**96**	146	226
5	Gegensprechanlage	St	1.507	1.780	**1.903**	1.957	2.323
			1.267	1.496	**1.599**	1.645	1.952
6	Rollleinwand für Auflichtprojektion	St	1.795	2.840	**3.402**	4.022	5.134
			1.508	2.387	**2.859**	3.380	4.315
7	Hauptuhr	St	2.084	2.862	**3.015**	4.171	5.735
			1.751	2.405	**2.534**	3.505	4.820
8	Nebenuhr	St	188	641	**646**	806	1.260
			158	539	**543**	678	1.059

Nr. **Kurztext** / Langtext — Kostengruppe
► ▷ **ø netto €** ◁ ◄ [Einheit] Ausf.-Dauer Positionsnummer

1 Notrufeinrichtung, für barrierefreies WC KG **452**

Notrufeinrichtung, barrierefreies WC als Kompakt-Set, bestehend aus 1-Kammer-Signalleuchte rot, Zugtaster, Abstelltaster, Meldeeinheit und Netzteil, einschl. Stromquelle für Sicherheitszwecke, Weiterleitung Störung an Meldeeinheit, Weiterleitung Notruf an Meldeeinheit.
Ausführungsoptionen: .....
Fabrikat: .....
Typ: .....

392€ 611€ **665€** 853€ 1.286€ [St] ⏱ 1,20h/St 063.000.001

2 Handmikrofon KG **454**

Handmikrofon für Nachbesprechung, mit Ein-Aus-Schalter, Übertragungsbereich 200 Hz bis 12 kHz, Nennabschluss-Impedanz bei 1 kHz < 200 Ohm.
Schallwandlung: **Dynamisch / Kondensator**
Übertragung: **Kabel / Funk**
Rückwärtsdämpfung: **18 / 20 / 25**

439€ 638€ **690€** 756€ 1.004€ [St] ⏱ 2,00h/St 060.000.075

3 Mikrofonstativ Dreibein KG **459**

Mikrofonstativ, als Dreibein, zusammenlegbar, mit Gewindezapfen 3/8 Zoll.

49€ 73€ **78€** 90€ 116€ [St] ⏱ 0,35h/St 060.000.076

► min
▷ von
ø Mittel
◁ bis
◄ max

Nr.	**Kurztext** / Langtext						Kostengruppe
▶	▷	**ø netto €**	◁	◀	[Einheit]	Ausf.-Dauer	Positionsnummer

4 Gehäuselautsprecher KG **454**

Gehäuselautsprecher mit Frontabdeckung mit Übertrager.
Lautsprecher System: **1-Wege-System / 2-Wege-System / 3-Wege-System / A/B-System**
Montage: **Wandmontage / Deckenmontage**
Montageart: **Anbau / Anbau mit Bügel, schwenkbar / Anbau mit Bügel, schwenk- und drehbar**
Einbaubereich: **Innenbereich / Außenbereich, wetterfest / spritzwasserfest**
Nennbelastbarkeit: ..... W
Schalldruckpegel: min.70 dB

57€	86€	**96€**	146€	226€	[St]	⏱ 1,80h/St	060.000.077

5 Gegensprechanlage KG **452**

Digitale Gegensprechanlage mit Stromversorgung zur Aufnahme von mindestens 6 Teilnehmeranschlüsse. Mit Steckplätze zur Aufnahme von Schnittstellen-Karten, für Video, für Vernetzung, zentrale frei parametrierbar.
Teilnehmeranschlüsse: .....
Nachrichtenübertragung: analog / digital / analog und digital
Mindest Anzahl Audio Ausgänge: **6 / 12 / 18**
Ausführung Anschluss: **verdrahtet auf LSA-Plus-Anschlusskasten / verdrahtet auf Schraub-Anschlusskasten / verdrahtet auf Patchfeld**
Parametrierung: **PC-Schnittstelle / IP-Schnittstelle / Fernparametierungsschnittstelle**
Montageart: **Wandmontage / 19-Zoll-Schrank**

1.267€	1.496€	**1.599€**	1.645€	1.952€	[St]	⏱ 5,00h/St	060.000.004

6 Rollleinwand für Auflichtprojektion KG **459**

Rollleinwand für Auflichtprojektion, mit Motorantrieb als Rohrwellenmotor, mit Fernbedienung, mit beschichtetem Gewebetuch in weiß.
Montageart: **Deckenaufbau / Wandaufbau**
Montagehöhe: **bis 2,7 / über 2,7 / über 5,5** m
Größe Gewebetuch BxH: ..... x .....

1.508€	2.387€	**2.859€**	3.380€	4.315€	[St]	⏱ 3,80h/St	060.000.078

7 Hauptuhr KG **452**

Hauptuhr mit automatischer Zeitübernahme, mit externem Funkempfänger, mit automatische vorprogrammierte Sommer und Winterzeitumschaltung. Zur Steuerung von Nebenuhren.
Nebenuhrenlinien: .....
Anzahl Nebenuhren: .....
Montageart: **Wandanbau / Hutschienenbefestigung / 19-Zoll Schrank**
Relaiskontaktausgänge: **1 / 2 / 4**

1.751€	2.405€	**2.534€**	3.505€	4.820€	[St]	⏱ 1,50h/St	060.000.003

8 Nebenuhr KG **452**

Nebenuhr, als Minutenuhrwerk.
Zifferblatt: **Balkenziffern / arabische Zahlen / Feinstrichziffern**
Form: **rund / eckig**
Schutzart: **IP2X / IP44 / IP55**
Durchmesser: ..... cm
Montageart: **Wand mit/ohne Ballwurfsicher / Einbau / Deckenabhängung / Wandarm mit/ohne Ballwurfsicher**

158€	539€	**543€**	678€	1.059€	[St]	⏱ 1,50h/St	060.000.002

061

Kosten:
Stand 1. Quartal 2026
Bundesdurchschnitt

Nr.	Positionen	Einheit	►	▷	ø brutto € / ø netto €	◁	◄
1	Installationsleitung, symmetrisch J-Y(St)Y 2x2x0,8mm, BS	m	6	7	**8**	8	10
			5	6	**7**	7	8
2	Installationsleitung, symmetrisch J-Y(St)Y 20x2x0,8mm, BS	m	13	14	**16**	17	17
			11	12	**13**	14	15
3	Kombiableiter, vierpolig	St	1.055	1.074	**1.278**	1.623	1.669
			887	902	**1.074**	1.364	1.403
4	Grobschutz-Blitzschutzableiter dreipolig	St	482	524	**626**	641	660
			405	440	**526**	539	555
5	Installationsleitung, symmetrisch J-Y(St)Y 2x2x0,8mm, KR/K/R/MW	m	5	5	**7**	8	9
			4	5	**5**	7	7
6	Installationsleitung, symmetrisch J-Y(St)Y 20x2x0,8mm, KR/K/R/MW	m	7	8	**9**	12	14
			6	7	**8**	10	12
7	Installationsleitung, symmetrisch J-Y(St)Y 2x2x0,8mm, AD	m	5	6	**8**	10	11
			5	5	**6**	8	9

Nr. **Kurztext** / Langtext — Kostengruppe
► ▷ **ø netto €** ◁ ◄ [Einheit] Ausf.-Dauer Positionsnummer

A 1 Installationsleitung, symmetrisch J-Y(St)Y, BS — Beschreibung für Pos. **1-2**

Installationsleitung symmetrisch
Norm: DIN VDE 0815 (VDE 0815)
Leitungstyp: J-Y(St)Y
Verlegung: mit Metallbügel oder Bügelschelle

1 Installationsleitung, symmetrisch J-Y(St)Y 2x2x0,8mm, BS — KG **444**

Wie Ausführungsbeschreibung A 1
Ader-/Leiterzahl: 2 x 2 x 0,8 mm

5€ 6€ **7€** 7€ 8€ [m] ⏱ 0,09h/m 061.000.001

2 Installationsleitung, symmetrisch J-Y(St)Y 20x2x0,8mm, BS — KG **444**

Wie Ausführungsbeschreibung A 1
Ader-/Leiterzahl: 20 x 2 x 0,8 mm

11€ 12€ **13€** 14€ 15€ [m] ⏱ 0,16h/m 061.000.004

► min
▷ von
ø Mittel
◁ bis
◄ max

Nr.	**Kurztext** / Langtext						Kostengruppe
▶	▷	**ø netto €**	◁	◀	[Einheit]	Ausf.-Dauer	Positionsnummer

3 Kombiableiter, vierpolig KG **444**

Kombiableiter, 4polig
Norm: EN 61643-11, DIN 43880
Max. Ableitvermögen (Imax) oder Blitzstoßstrom (Iimp): 100 kA
Schutzpegel Up: 1,5 kV
Netzform: TN-S
Meldeleuchte: Defektanzeige
Anforderungsklasse IEC61643-1/VDE0675-6: 1/ B/ T1

▶	▷	ø netto €	◁	◀	[Einheit]	Ausf.-Dauer	Positionsnummer
887€	902€	**1.074€**	1.364€	1.403€	[St]	⏱ 0,30h/St	061.000.006

4 Grobschutz-Blitzschutzableiter dreipolig KG **444**

Grobschutz-Blitzstromableiter dreipolig
Nennspannung: 230V / 50-60Hz
Schutzpegel: nach DIN VDE 0110-1III (4kV)
Stromscheitelwert: 50 kA
Systemkomponenten: einschl. Sockel
Schutzart: IP 20
Angeb. Fabrikat: .....

▶	▷	ø netto €	◁	◀	[Einheit]	Ausf.-Dauer	Positionsnummer
405€	440€	**526€**	539€	555€	[St]	⏱ 0,30h/St	061.000.007

A 2 Installationsleitung, symmetrisch J-Y(St)Y, KR/K/R/MW Beschreibung für Pos. **5-6**

Installationsleitung symmetrisch
Norm: DIN VDE 0815 (VDE 0815)
Leitungstyp: J-Y(St)Y
Verlegung: in vorhandener **Kabelrinne / Kanal / Rohr / Montagewan**d

5 Installationsleitung, symmetrisch J-Y(St)Y 2x2x0,8mm, KR/K/R/MW KG **444**

Wie Ausführungsbeschreibung A 2
Ader-/Leiterzahl: 2 x 2 x 0,8 mm

▶	▷	ø netto €	◁	◀	[Einheit]	Ausf.-Dauer	Positionsnummer
4€	5€	**5€**	7€	7€	[m]	⏱ 0,03h/m	061.000.008

6 Installationsleitung, symmetrisch J-Y(St)Y 20x2x0,8mm, KR/K/R/MW KG **444**

Wie Ausführungsbeschreibung A 2
Ader-/Leiterzahl: 20 x 2 x 0,8 mm

▶	▷	ø netto €	◁	◀	[Einheit]	Ausf.-Dauer	Positionsnummer
6€	7€	**8€**	10€	12€	[m]	⏱ 0,06h/m	061.000.011

7 Installationsleitung, symmetrisch J-Y(St)Y 2x2x0,8mm, AD KG **444**

Installationsleitung symmetrisch
Norm: DIN VDE 0815 (VDE 0815)
Leitungstyp: J-Y(St)Y
Verlegung: oberhalb der Abhangdecke mit Metallsammelbefestigung
Ader-/Leiterzahl: 2 x 2 x 0,8 mm

▶	▷	ø netto €	◁	◀	[Einheit]	Ausf.-Dauer	Positionsnummer
5€	5€	**6€**	8€	9€	[m]	⏱ 0,05h/m	061.000.012

040 041 042 044 045 046 047 053 054 058 060 **061** 063 069 075

063

Kosten:
Stand 1.Quartal 2026
Bundesdurchschnitt

► min
▷ von
ø Mittel
◁ bis
◄ max

Gefahrenmeldeanlagen **Preise €**

Nr.	Positionen	Einheit	►	▷	ø brutto € / ø netto €	◁	◄
1	Brandmeldezentrale, bis 4 Ringe-/Linien	St	2.244	3.537	**4.177**	5.023	7.115
			1.886	2.973	**3.510**	4.221	5.979
2	Brandmeldezentrale, ab 5 Ringe-/Linien	St	6.632	9.505	**10.522**	12.563	15.798
			5.573	7.988	**8.842**	10.557	13.275
3	Feuerwehr - Schlüsseldepot	St	2.101	2.505	**2.666**	3.206	4.149
			1.765	2.105	**2.241**	2.694	3.487
4	Rauchmelder, optisch	St	130	218	**227**	249	305
			109	183	**191**	209	256
5	Rauchmelder, Ionisation	St	407	438	**485**	513	571
			342	368	**408**	431	480
6	Rauchwarnmelder, optisch	St	49	74	**84**	101	141
			41	62	**71**	85	118
7	Rauchwarnmelder, Funkvernetzte	St	101	158	**183**	212	267
			85	132	**154**	178	224
8	Wärme-Differenzialmelder	St	79	109	**125**	152	198
			66	92	**105**	128	166
9	Kombinierter Rauch-/Wärmemelder	St	159	233	**288**	304	360
			133	196	**242**	256	302
10	Handfeuermelder, Aufputz	St	112	145	**163**	187	242
			94	122	**137**	157	204
11	Signalgeber, akustisch	St	110	194	**228**	260	315
			92	163	**192**	219	265
12	Signalgeber, akustisch/optisch	St	259	350	**366**	410	514
			217	294	**307**	344	432
13	Signalgeber, optisch	St	190	205	**230**	248	281
			160	172	**194**	208	236
14	Anzeige-Tableau	St	861	954	**1.127**	1.159	1.369
			723	802	**947**	974	1.150
15	Feuerwehr-Bedienfeld	St	541	761	**853**	1.408	1.997
			454	639	**717**	1.183	1.678
16	Überfallmelder, Handtaster, Aufputz	St	88	104	**119**	122	139
			74	88	**100**	103	117
17	Rauchauslöseeinrichtung, Aufputz	St	1.079	1.506	**1.674**	1.944	2.373
			907	1.266	**1.407**	1.634	1.994

1 Brandmeldezentrale, bis 4 Ringe-/Linien KG **456**

Brandmeldezentrale mit **Grenzwert - Linientechnik oder Ringbustechnik**
Ausführung als **Ringleitung oder Linien / Zonenleitung**
Anzahl **Ringleitungen oder Linien / Zonenleitungen:** ..... St
Insgesamt ausbaubare Leitungen: ..... St
Ausgebaut mit Stichleitungen für adressierbare Melder: ..... St
Insgesamt ausbaubare Stichleitungen für adressierbare Melder: ..... St
Ausgebaut mit Stichleitungen für Grenzwertmelder: ..... St
Insgesamt ausbaubare Stichleitungen für Grenzwertmelder: ..... St
Ausgebaut mit Meldergruppen: ..... St
Insgesamt ausbaubare Meldergruppen: ..... St
Ausbaubare Koppler: ..... St
Registriereinheit: **mit internem Drucker / digital / digital, mit Schnittstelle zum Drucker**
Brandmeldezentrale mit Ersatzstromversorgung, für eine Überbrückungszeit von: **4 / 12 / 24 / 30 / 48 / 72** h
Alarmierungszeit mindestens 0,5 h

1.886€	2.973€	**3.510€**	4.221€	5.979€	[St]	⏱ 6,80h/St	063.000.002

2 Brandmeldezentrale, ab 5 Ringe-/Linien KG **456**

Brandmeldezentrale mit **Grenzwert - Linientechnik oder Ringbustechnik**
Ausführung als **Ringleitung oder Linien / Zonenleitung**
Anzahl **Ringleitungen oder Linien / Zonenleitungen:** ..... St
Insgesamt ausbaubare Leitungen: ..... St
Ausgebaut mit Stichleitungen für adressierbare Melder: ..... St
Insgesamt ausbaubare Stichleitungen für adressierbare Melder: ..... St
Ausgebaut mit Stichleitungen für Grenzwertmelder: ..... St
Insgesamt ausbaubare Stichleitungen für Grenzwertmelder: ..... St
Ausgebaut mit Meldergruppen: ..... St
Insgesamt ausbaubare Meldergruppen: ..... St
Ausbaubare Koppler: ..... St
Registriereinheit: **mit internem Drucker / digital / digital, mit Schnittstelle zum Drucker**
Brandmeldezentrale mit Ersatzstromversorgung, für eine Überbrückungszeit von: **4 / 12 / 24 / 30 / 48 / 72** h
Alarmierungszeit mindestens 0,5 h

5.573€	7.988€	**8.842€**	10.557€	13.275€	[St]	⏱ 7,80h/St	063.000.003

3 Feuerwehr - Schlüsseldepot KG **456**

Feuerwehr - Schlüsseldepot Gehäuse aus Stahl. Die Schließung erfolgt nach den Anschlussbedingungen der zuständigen behördlich benannten hilfeleistenden Stelle.
Einbauort: **Unterputzmontage / in WDVS, mit Einbauschutz / in Montagesäule**
Überwachte Schlüssel: ..... St
Meldeanlagenbauteilklasse: **FSD1 / FSD2 / FSD3**

1.765€	2.105€	**2.241€**	2.694€	3.487€	[St]	⏱ 1,50h/St	063.000.004

Nr. **Kurztext** / Langtext | Kostengruppe
▶ ▷ **ø netto €** ◁ ◀ [Einheit] Ausf.-Dauer Positionsnummer

4 **Rauchmelder, optisch** KG **456**

Optischer Rauchmelder, nach dem Streulichtprinzip, passend zur überwachten Anschaltung an die Brandmeldezentrale. Einsatz bei einer Betriebsumgebungstemperatur von -10°C bis +60°C. Frühzeitige Erfassung offener Brände mit entsprechender Rauchentwicklung; intelligente Auswerteelektronik und optische Alarmanzeige sowie zusätzlicher Ausgang zur Anschaltung von externen Geräten, mit Meldersockel.
Energieversorgung: **aus Zentrale über Busleitung / aus Zentrale über separate Stichleitung / Batterie**
Schutzart: IP 42
Netzspannung: 24 V
Angeb. Fabrikat: .....
Ausführungshöhe über Fußboden: **bis 4 / über 4 / über 6** m

109€ 183€ **191€** 209€ 256€ [St] ⏱ 0,35h/St 063.000.005

Kosten:
Stand 1.Quartal 2026
Bundesdurchschnitt

5 **Rauchmelder, Ionisation** KG **456**

Ionisations-Rauchmelder, mit zwei getrennten Ionisations-Messkammern, passend zur überwachten Anschaltung an die Brandmeldezentrale. Einsatz bei einer Betriebsumgebungstemperatur von -10°C bis +60°C frühzeitige Erfassung offener Brände mit entsprechender Rauchentwicklung, intelligente Auswerteelektronik und optische Alarmanzeige sowie zusätzlicher Ausgang zur Anschaltung von externen Geräten, mit Meldersockel.
Schutzart: IP 42
Netzspannung: 24 V
Angeb. Fabrikat: .....
Ausführungshöhe über Fußboden: **bis 4 / über 4 / über 6** m

342€ 368€ **408€** 431€ 480€ [St] ⏱ 0,35h/St 063.000.006

6 **Rauchwarnmelder, optisch** KG **456**

Optischer Rauchwarnmelder, nach dem Streulichtprinzip, passend zur überwachten Anschaltung an die Brandmeldezentrale. Einsatz bei einer Betriebsumgebungstemperatur von -10°C bis +60°C. Frühzeitige Erfassung offener Brände mit entsprechender Rauchentwicklung; intelligente Auswerteelektronik und optische Alarmanzeige sowie zusätzlicher Ausgang zur Anschaltung von externen Geräten, mit Meldersockel.
Energieversorgung: **mit interner Primärbatterie / mit externer Energieversorgung**
Schutzart: IP 42
Netzspannung: 24 V
Angeb. Fabrikat: .....
Ausführungshöhe über Fußboden: **bis 4 / über 4 / über 6** m

41€ 62€ **71€** 85€ 118€ [St] ⏱ 0,35h/St 063.000.007

▶ min
▷ von
ø Mittel
◁ bis
◀ max

7 **Rauchwarnmelder, Funkvernetzte** KG **456**

Funkvernetzte Rauchwarnmelder, nach dem Streulichtprinzip, passend zur überwachten Anschaltung an die Brandmeldezentrale. Einsatz bei einer Betriebsumgebungstemperatur von -10°C bis +60°C. Frühzeitige Erfassung offener Brände mit entsprechender Rauchentwicklung; intelligente Auswerteelektronik und optische Alarmanzeige sowie zusätzlicher Ausgang zur Anschaltung von externen Geräten, mit Meldersockel.
Energieversorgung: **mit interner Primärbatterie / mit externer Energieversorgung**
Schutzart: IP 42
Netzspannung: 24 V
Angeb. Fabrikat: .....
Ausführungshöhe über Fußboden: **bis 4 / über 4 / über 6** m

85€ 132€ **154€** 178€ 224€ [St] ⏱ 0,35h/St 063.000.008

Nr.	Kurztext / Langtext						Kostengruppe
▶	▷	ø netto €	◁	◀	[Einheit]	Ausf.-Dauer	Positionsnummer

8 **Wärme-Differenzialmelder** KG **456**

Wärme-Differenzialmelder mit Maximalwertauslösung. Temperaturerfassung mit Halbleitern, einschl. Sockel. Integriertem Signalgeber im Sockel.
Signalart: **optisch / akustisch / optisch und akustisch**
Signal als: **Notsignal / Warnsignal**
Energieversorgung: **mit interner Primärbatterie / mit externer Energieversorgung**
Schalldruckpegel mind. 80 dB(A)
Gehäuse: **Kunststoff / Metall**
Bezeichnungsschild: .....
Ausführungshöhe über Fußboden: **bis 4 / über 4 / über 6** m

66€	92€	**105€**	128€	166€	[St]	⏱ 0,35h/St	063.000.009

9 **Kombinierter Rauch-/Wärmemelder** KG **456**

Kombi-Melder mit integriertem Optischen Rauchmelder und Thermodifferenzialmelder, mit gewichteter Verknüpfung der Daten beider Melderfunktionen zur Erkennung von Schwelbränden und Bränden mit hoher Wärmeentwicklung mit Meldersockel und Trenner integriert im Melder. Soundgeber mind. 96dB (A). Eigenfunktionskontrolle, Notredundanz und automatischer Umweltanpassung. Mit Ferndiagnose und Softadressierung. Ringbus fähig über 2 Adern.
Spezifikation: .....
Gehäuse: ABS weiß ähnlich RAL 9010
Schutzart: IP 40

133€	196€	**242€**	256€	302€	[St]	⏱ 0,50h/St	063.000.010

10 **Handfeuermelder, Aufputz** KG **456**

Handfeuermelder für Anwendung **in Innenräumen / im freien** für Meldereinzelerkennung, in Aufputzausführung. Gehäuse aus **Isolierstoff / Druckguss.**
Bezeichnungsschild: .....

94€	122€	**137€**	157€	204€	[St]	⏱ 0,30h/St	063.000.011

11 **Signalgeber, akustisch** KG **456**

Akustischer Signalgeber als elektronischer Schallgeber mit integriertem punktförmigem Melder für die Alarmierungseinrichtung einer Brandmeldeanlage.
Signalgeber als: **Notsignal / Warnsignal**
Gehäuse: **Kunststoff / Stahl / Leichtmetall**
Anwendung Melder: **in Gebäuden (Typ A) / im Freien (Typ B)**
Montageort: **für Deckenmontage Kategorie C / für Wandmontage Kategorie W**
Arbeitshöhe: **bis / ab** 3,5 m

92€	163€	**192€**	219€	265€	[St]	⏱ 0,40h/St	063.000.012

040
041
042
044
045
046
047
053
054
058
060
061
063
069
075

Nr.	**Kurztext** / Langtext						Kostengruppe
▶	▷	**ø netto €**	◁	◀	[Einheit]	Ausf.-Dauer	Positionsnummer

Kosten:
Stand 1. Quartal 2026
Bundesdurchschnitt

12 Signalgeber, akustisch/optisch KG **456**

Akustischer und Optischer Signalgeber als elektronischer Schallgeber und Blitzleuchte einschl. Leuchtmittel mit integriertem punktförmigem Melder für die Alarmierungseinrichtung einer Brandmeldeanlage.
Signalgeber als: **Notsignal / Warnsignal**
Farbton: rot
Gehäuse: **Kunststoff / Stahl / Leichtmetall**
Anwendung Melder: **in Gebäuden (Typ A) / im Freien (Typ B)**
Montageort: **für Deckenmontage Kategorie C / für Wandmontage Kategorie W**
Arbeitshöhe: **bis / ab** 3,5 m

217€ 294€ **307€** 344€ 432€ [St] ⏱ 0,50h/St 063.000.013

13 Signalgeber, optisch KG **456**

Optischer Signalgeber als Gefahrensignal mit Blitzleuchte einschl. Leuchtmittel mit integriertem punktförmigem Melder für die Alarmierungseinrichtung einer Brandmeldeanlage.
Signalgeber als: **Notsignal / Warnsignal**
Farbton: rot
Gehäuse: **Kunststoff / Stahl / Leichtmetall**
Anwendung Melder: **in Gebäuden (Typ A) / im Freien (Typ B)**
Montageort: **für Deckenmontage Kategorie C / für Wandmontage Kategorie W**
Arbeitshöhe: **bis / ab** 3,5 m

160€ 172€ **194€** 208€ 236€ [St] ⏱ 0,40h/St 063.000.014

14 Anzeige-Tableau KG **456**

Anzeige-Tableau, mit alphanumerischem Anzeigeelement, zur Anzeige aller Meldungen und Zustände der Brandmeldezentrale, mit mind. 3 LED-Anzeigeelementen, zur Anzeige aller Alarmmeldungen und Störungen, für Aufputzmontage.

723€ 802€ **947€** 974€ 1.150€ [St] ⏱ 1,60h/St 063.000.015

15 Feuerwehr-Bedienfeld KG **456**

Feuerwehr-Bedienfeld einschl. Schließzylinder.
Schutzart: **IP 44 / IP 3X**
Betriebsspannung: V
Einbau: **Aufputz / Unterputz**

454€ 639€ **717€** 1.183€ 1.678€ [St] ⏱ 1,50h/St 063.000.016

16 Überfallmelder, Handtaster, Aufputz KG **456**

Überfallmelder als Handtaster in Aufputzausführung.
Anschluss: **in Linientechnik / in Bustechnik / direkt an Zentrale**

- Impulsauslösung
- Alarmwiederholung
- Sabotageüberwachung

Schutzart: IP40
Abmessungen (D x T): ..... x ..... mm
Gehäuse: Kunststoff
Farbe: .....

74€ 88€ **100€** 103€ 117€ [St] ⏱ 0,65h/St 063.000.017

▶ min
▷ von
ø Mittel
◁ bis
◀ max

Nr.	Kurztext / Langtext						Kostengruppe
▶	▷	ø netto €	◁	◀	[Einheit]	Ausf.-Dauer	Positionsnummer

17 Rauchauslöseeinrichtung, Aufputz KG **456**

Rauchauslöseeinrichtung zur Ansteuerung von Brandschutzklappen und zugehöriger Ventilatoren, Gehäuse mit Staukreuz, optischen Rauchdetektor nach EN 54-7, Auswerteelektronik, potenzialfreien Ausgängen, Rauchdetektor geschützt, zugänglich und überprüfbar, mit Gehäuses, Funktionstest, Rückstellung, LED-Anzeigen für Betrieb, Störungen und Verschmutzungsgrade. Einbaulage- und strömungsrichtungsunabhängig. In Aufputzausführung, Montage an Wand.
Anschlussspannung: 230 V, **50 / 60** Hz

907€	1.266€	**1.407€**	1.634€	1.994€	[St]	⏱ 2,15h/St	063.000.021

069

Kosten:
Stand 1.Quartal 2026
Bundesdurchschnitt

► min
▷ von
ø Mittel
◁ bis
◄ max

Aufzüge

Preise €

Nr.	Positionen	Einheit	►	▷	ø brutto € / ø netto €	◁	◄
1	Personenaufzug/Lastenaufzug bis 320kg	St	48.305	58.331	**63.575**	67.643	76.547
			40.593	49.018	**53.424**	56.843	64.325
2	Personenaufzug/Lastenaufzug bis 630kg, barrierefrei, Typ 2	St	60.984	71.657	**76.344**	82.587	92.964
			51.247	60.216	**64.154**	69.401	78.121
3	Personenaufzug/Lastenaufzug bis 1.275kg, barrierefrei, Typ 3	St	76.298	106.034	**114.699**	133.443	163.179
			64.116	89.105	**96.386**	112.137	137.126
4	Personenaufzug/Lastenaufzug über 1.000 bis 1.600kg	St	119.341	135.549	**145.332**	148.656	171.330
			100.287	113.906	**122.128**	124.921	143.975
5	Bettenaufzug, 2.500kg	St	110.166	135.538	**150.347**	152.282	189.886
			92.577	113.898	**126.342**	127.968	159.568
6	Sitzlift, Treppe innen, gewendelt	St	12.106	14.122	**20.712**	27.774	30.964
			10.173	11.867	**17.405**	23.339	26.020
7	Plattformlift, Treppe innen, gerade	St	15.361	16.477	**20.576**	29.816	31.387
			12.908	13.846	**17.291**	25.055	26.376
8	Plattformlift, Treppe außen, gerade	St	22.150	22.729	**27.558**	30.752	32.455
			18.614	19.100	**23.158**	25.842	27.273
9	Plattformaufzug, bis 2 Etagen, barrierefrei, verglast, außen	St	42.541	43.473	**60.640**	72.970	75.813
			35.749	36.532	**50.958**	61.319	63.708
10	Plattformaufzug, bis 5 Etagen, barrierefrei, verglast, außen	St	106.932	108.320	**118.552**	127.418	130.142
			89.859	91.025	**99.623**	107.074	109.363
11	Schachtgerüst, Aufzug	m²	302	488	**555**	631	784
			254	410	**466**	530	659
12	Hublift, Förderplattform, 1,5m	St	14.709	15.867	**18.742**	27.461	28.066
			12.361	13.334	**15.750**	23.076	23.585
13	Kleingüteraufzug mit Traggerüst	St	12.814	15.675	**17.690**	18.527	21.628
			10.768	13.172	**14.866**	15.569	18.175
14	Verglasung Aufzugsanlage	m²	167	264	**310**	384	520
			140	222	**261**	323	437
15	Schachttür, Aufzugsanlage	St	1.773	2.043	**2.467**	2.775	2.981
			1.490	1.717	**2.073**	2.332	2.505
16	Türlaibung, Aufzugsanlage	St	1.993	2.142	**2.190**	2.266	2.415
			1.674	1.800	**1.840**	1.904	2.030
17	Fahrkorb-Tableau, Aufzugsanlage	St	1.445	1.630	**1.640**	1.706	1.845
			1.215	1.370	**1.378**	1.434	1.551
18	Prüfung vor Inbetriebnahme, Aufzugsanlage	psch	1.304	1.547	**1.691**	1.746	2.029
			1.096	1.300	**1.421**	1.467	1.705
19	Inbetriebnahme und Endabnahme Aufzugsanlage	psch	1.240	2.458	**2.641**	4.241	6.457
			1.042	2.066	**2.219**	3.564	5.426
20	Wartung Personenaufzug	St	1.537	3.037	**3.469**	4.160	6.003
			1.292	2.552	**2.915**	3.495	5.045
21	Brandfallsteuerung	St	574	650	**666**	716	792
			483	546	**559**	602	666
22	Fern-/Notrufeinrichtung, Aufzugsanlage	St	840	1.081	**1.277**	1.402	1.586
			706	908	**1.073**	1.178	1.333
23	Schutzauskleidung Aufzugskabine	St	5.121	5.546	**5.830**	5.888	6.313
			4.303	4.661	**4.899**	4.948	5.305

Nr.	Positionen	Einheit	▶	▷	ø brutto € ø netto €	◁	◀
24	Stundensatz, Monteur/-in Aufzüge	h	90	116	**121**	146	185
			76	97	**102**	122	156
25	Stundensatz, Helfer/-in Aufzüge	h	56	73	**78**	80	91
			47	61	**66**	67	77

040
041
042
044
045
046
047
053
054
058
060
061
063
069
075

Nr.	**Kurztext** / Langtext						Kostengruppe
▶	▷	**ø netto €**	◁	◀	[Einheit]	Ausf.-Dauer	Positionsnummer

1 Personenaufzug/Lastenaufzug bis 320kg KG **461**

Seilaufzug, bis 320kg Nutzlast, als **Personenaufzug / Lastenaufzug**, elektrisch betrieben.
Gruppengröße: 4 Personen
Gruppensteuerung: Auf-/Abwärts-Sammelsteuerung
Geschwindigkeit: **1,6 / 1,0 / 0,5** m/s
Nennlast: 320 kg
Anzahl der **Fahrten / Fahrzeit** je Tag ca. **1,5 / 3,0 / 6,0** (Stunden je Tag) nach VDI 4707 Bl.1
Schallwerte 1 Meter vom Antrieb entfernt: max. 65 dB(A)
Schallwerte in der Kabine während der Fahrt: max. 51 dB(A)
Schallwert ein Meter vor geschlossener Schachttür: max. 53 dB(A)
Brandschutz: **Türen ohne Brandanforderung / E120 nach EN81-58**
Anzahl Haltestellen: .... Geschosse. Summe Zugänge: ..... Zugänge
Schachtausführung: Betonschacht
Schacht-Abmessung (L x B x T): ..... x ..... x ..... mm
Schachtgrubentiefe: ..... mm
Schachtkopfhöhe: ..... mm
Förderhöhe: ..... mm
Motor: Energieeffizienzklasse ....., mit ..... kW
Nennstrom: .....
Anlaufstrom: .....
Hersteller/Typ des Antriebes: .....
Hersteller/Typ des Motors: .....
Hersteller/Typ der Steuerung: .....
Hersteller/Typ des Fahrkorbes: .....
Hersteller/Typ der elektronischen Steuerung: .....

40.593 49.018€ **53.424€** 56.843€ 64.325€ [St] ⏱ 180,00h/St 069.000.001

Nr.	Kurztext / Langtext						Kostengruppe
►	▷	ø netto €	◁	◄	[Einheit]	Ausf.-Dauer	Positionsnummer

2 **Personenaufzug/Lastenaufzug bis 630kg, barrierefrei, Typ 2** KG **461**

Seilaufzug als **Personenaufzug / Lastenaufzug**, elektrisch betrieben, Ausstattung für Personen mit Behinderung.
Nennlast: **630 kg / 8 Personen**
Türbreite: mind. 90 cm
Fahrkorbbreite: mind. 110 cm
Fahrkorbtiefe: mind. 210 cm
Typ: Personenaufzug EN81-70 barrierefrei, Nutzung durch 1 Rollstuhlbenutzer mit Begleitperson nach EN 12183 oder durch elektrisch angetriebenen Rollstuhl der Klassen A oder B DIN EN 12184.
Gruppengröße: 8 Personen
Gruppensteuerung: Auf-/Abwärts-Sammelsteuerung
Geschwindigkeit: **1,6 / 1,0** / **0,5** m/s
Nennlast: 630 kg
Anzahl der **Fahrten / Fahrzeit** je Tag: ca. **1,5 / 3,0 / 6,0** (Stunden je Tag) nach VDI 4707 Bl.1
Schallwert 1 Meter vom Antrieb entfernt: max. ..... dB(A)
Schallwert in der Kabine während der Fahrt: max. 51 dB(A)
Schallwert1 Meter vor geschlossener Schachttür: max. ..... dB(A)
Türausbildung: gem. DIN 18091
Brandschutz: Türen **ohne Brandanforderung / E120 nach EN81-58**
Türausbildung gem. DIN 18091
Anzahl Haltestellen: ..... Geschosse
Summe Zugänge: ..... Zugänge
Korrosionsschutz für Stahlteile:
Korrosivitätsklasse: C....., Schutzdauer: **L / M / H / VH**
Schachtausführung: Betonschacht nach EN81
Schacht-Abmessung (L x B x T): ..... x ..... x ..... mm
Schachtgrubentiefe: ..... mm
Schachtkopfhöhe: ..... mm
Förderhöhe: ..... mm
Aufzugsantrieb: **im Schacht / im gesonderten Maschinenraum**
Antrieb, Kabinenausstattung, Ausführung Schachtkorb und Türen, gem. Einzelbeschreibung
Bieterangaben:
Motor: Energieeffizienzklasse ....., mit ..... kW
Nennstrom: .....
Anlaufstrom: .....
Hersteller/Typ des Antriebes: .....
Hersteller/Typ des Motors: .....
Hersteller/Typ der Steuerung: .....
Hersteller/Typ des Fahrkorbes: .....
Hersteller/Typ der elektronischen Steuerung: .....

►	▷	ø	◁	◄	[Einheit]	Ausf.-Dauer	Positionsnummer
51.247	60.216€	**64.154€**	69.401€	78.121€	[St]	⏱ 220,00h/St	069.000.004

Kosten:
Stand 1.Quartal 2026
Bundesdurchschnitt

► min
▷ von
ø Mittel
◁ bis
◄ max

3 **Personenaufzug/Lastenaufzug bis 1.275kg, barrierefrei, Typ 3** KG **461**

Seilaufzug als **Personenaufzug / Lastenaufzug**, elektrisch betrieben, Ausstattung für Personen mit Behinderung.
Nennlast: **1.275 kg / 13 Personen**
Gruppensteuerung: Auf-/Abwärts-Sammelsteuerung
Geschwindigkeit: **1,6 / 1,0 / 0,5** m/s
Nennlast: 1275 kg
Anzahl der **Fahrten / Fahrzeit** je Tag: ca. **1,5 / 3,0 / 6,0** (Stunden je Tag) nach VDI 4707 Bl.1
Schallwert 1 Meter vom Antrieb entfernt: max. ..... dB(A)
Schallwert in der Kabine während der Fahrt: max. 51 dB(A)
Schallwert: Meter vor geschlossener Schachttür max. ..... dB(A)
Türausbildung: gem. DIN 18091
Brandschutz: Türen **ohne Brandanforderung / E120 nach EN81-58**
Anzahl Haltestellen: .... Geschosse
Summe Zugänge: ..... Zugänge
Korrosionsschutz für Stahlteile:
Korrosivitätsklasse: C....., Schutzdauer: **L / M / H / VH**
Schachtausführung: Betonschacht nach EN81
Schacht-Abmessung (L x B x T): ..... x ..... x ..... mm
Schachtgrubentiefe: ..... mm
Schachtkopfhöhe: ..... mm
Förderhöhe: ..... mm
Aufzugsantrieb: **im Schacht / im gesonderten Maschinenraum**
Bieterangaben:
Motor: Energieeffizienzklasse ....., mit ..... kW
Nennstrom: ..... / Anlaufstrom: .....
Türbreite: mind. 90 cm,
Fahrkorbbreite: mind. 200 cm
Fahrkorbtiefe: mind. 140 cm
Hersteller/Typ des Antriebes: .....
Hersteller/Typ des Motors: .....
Hersteller/Typ der Steuerung: .....
Hersteller/Typ des Fahrkorbes: .....
Hersteller/Typ der elektronischen Steuerung: .....

64.116 89.105€ **96.386€** 112.137€ 137.126€ [St] ⏱ 240,00h/St 069.000.002

040
041
042
044
045
046
047
053
054
058
060
061
063
069
075

Nr.	Kurztext / Langtext						Kostengruppe
▶	▷	ø netto €	◁	◀	[Einheit]	Ausf.-Dauer	Positionsnummer

4 **Personenaufzug/Lastenaufzug über 1.000 bis 1.600kg** KG **461**

Seilaufzug als **Personenaufzug / Lastenaufzug**, elektrisch betrieben.
Gruppensteuerung: Auf-/Abwärts-Sammelsteuerung
Geschwindigkeit: **1,6 / 1,0 / 0,5** m/s
Anzahl der **Fahrten / Fahrzeit** je Tag: ca. **1,5 / 3,0 / 6,0** (Stunden je Tag) nach VDI 4707 Bl.1
Schallwert 1 Meter vom Antrieb entfernt: max. ..... dB(A)
Schallwert in der Kabine während der Fahrt: max. 51 dB(A)
Schallwert 1 Meter vor geschlossener Schachttür: max. ..... dB(A)
Brandschutz: **Türen ohne Brandanforderung / E120 nach EN81-58**
Anzahl Haltestellen: ..... Geschosse
Zugänge: ..... Zugänge
Korrosionsschutz für Stahlteile:
Korrosivitätsklasse: C....., Schutzdauer: **L / M / H / VH**
Schachtausführung: Betonschacht nach EN81
Schacht-Abmessung (L x B x T): ..... x ..... x ..... mm
Schachtgrubentiefe: ..... mm
Schachtkopfhöhe: ..... mm
Förderhöhe: ..... mm
Aufzugsantrieb: **im Schacht / im gesonderten Maschinenraum**
Bieterangaben:
Motor: Energieeffizienzklasse ....., mit ..... kW
Nennstrom: .....
Anlaufstrom: .....
Hersteller/Typ des Antriebes: .....
Hersteller/Typ des Motors: .....
Hersteller/Typ der Steuerung: .....
Hersteller/Typ des Fahrkorbes: .....
Hersteller/Typ der elektronischen Steuerung: .....

▶	▷	ø netto €	◁	◀	[Einheit]	Ausf.-Dauer	Positionsnummer
100.28	113.906€	**122.128€**	124.921€	143.975€	[St]	⏱ 240,00h/St	069.000.003

Kosten:
Stand 1.Quartal 2026
Bundesdurchschnitt

▶ min
▷ von
ø Mittel
◁ bis
◀ max

5 Bettenaufzug, 2.500kg KG **461**

Seilaufzug als Personenaufzug, elektrisch betrieben EN 81-1, liefern und betriebsfertig montieren. Ausführung gem. anliegender Einzelbeschreibungen. Einsatzempfehlung: Bettenaufzug gem. DIN 15309, in Krankenhäuser und Kliniken, Bettengröße 1,00x2,30m, mit Geräten für die medizinische Versorgung und Notbehandlung der Patienten, mit Begleitperson am Kopfende und/oder seitlich stehend. Ausführung barrierefrei EN81-70.
Gruppengröße: 33 Personen
Gruppensteuerung: Auf-/Abwärts-Sammelsteuerung
Geschwindigkeit: **1,0 / 0,5** m/s
Nennlast: 2.500 kg
Anzahl der **Fahrten / Fahrzeit** je Tag: ca. ..... (Stunden je Tag) nach VDI 4707 Bl.1
Schallwert 1 Meter vom Antrieb entfernt: max. ..... dB(A)
Schallwert in der Kabine während der Fahrt: max. 51 dB(A)
Schallwert 1 Meter vor geschlossener Schachttür: max. ..... dB(A)
Brandschutz: E120 nach EN81-58
Anzahl Haltestellen: ..... Geschosse
Zugänge: ..... **Zugänge / Türen** gegenüber: ..... Geschosse
Korrosionsschutz für Stahlteile:
Korrosivitätsklasse: C....., Schutzdauer: **L / M / H / VH**
Schachtausführung: Betonschacht nach EN81
Schacht-Abmessung (B x T): 2.775 x 3.250 mm
Schachtgrubentiefe: ..... mm
Schachtkopfhöhe: ..... mm
Förderhöhe: ..... mm
Aufzugsantrieb: **im Schacht / im gesonderten Maschinenraum**
Bieterangaben:
Motor: Energieeffizienzklasse ....., mit ..... kW
Nennstrom: ..... / Anlaufstrom: .....
Hersteller/Typ des Antriebes: .....
Hersteller/Typ des Motors: .....
Hersteller/Typ der Steuerung: .....
Hersteller/Typ des Fahrkorbes: .....
Hersteller/Typ der elektronischen Steuerung: .....

92.577 113.898€ **126.342€** 127.968€ 159.568€ [St] ⏱ 260,00h/St 069.000.008

040
041
042
044
045
046
047
053
054
058
060
061
063
069
075

Nr.	Kurztext / Langtext							Kostengruppe
►	▷	ø netto €	◁	◀	[Einheit]		Ausf.-Dauer	Positionsnummer

6 Sitzlift, Treppe innen, gewendelt KG **461**

Sitzlift mit Stangenantrieb für Treppen im Innenbereich, mit außenseitiger Stützenmontage auf Treppenstufen, gepolsterten Sitz, klappbar, mit Rücken- und beidseitiger Armlehne, mit Gurt und Fußbrett.
Förderlänge: ..... m (1 Wohngeschoss)
Neigungswinkel: 0-.....°
Betrieb: Zahnstangenantrieb, Akkumotor 0,36 kW
Tragfähigkeit: 125 kg
Fahrgeschwindigkeit: max. 0,11 m/s
Stromversorgung: 230 V / 50 Hz
Steuerung: Totmannsteuerung
Bedienung: Fernbedienung und Taster, Joystick auf Lehne
Fahrschiene: parallele Stahlrohre,
Oberfläche: Stahlrohre, pulverbeschichtet, Farbe: RAL ......
Korrosivitätsklasse: C....., Schutzdauer: **L / M / H / VH**
Treppenlauf: gewendelt

►	▷	ø	◁	◀	Einheit	Ausf.-Dauer	Positionsnummer
10.173	11.867€	**17.405€**	23.339€	26.020€	[St]	–	069.000.013

A 2 Plattformlift, Treppe Beschreibung für Pos. **7-8**

Plattformlift mit Fahrschiene und Antriebsseil, für Treppen mit Plattformrückwand und äußerer Wandbefestigung, Plattform mit Auffahrrampen, automatischen Sicherheitsbügel und Bedieneinheit.
Nutzgröße: mind. 860 mm x 650 mm
Förderlänge: ..... m (1 Wohngeschoss)
Neigungswinkel: 0-.....°
Betrieb: Seilantrieb, bis 2,2 kW
Tragfähigkeit: 250 kg
Fahrgeschwindigkeit: max. 0,52 m/s
Stromversorgung: 230 V / 50 Hz
Steuerung: Totmannsteuerung
Bedienung: Außenbefehlsgeber, Bedienpanel
Schlüsselaktivierung: **ja / nein**
Fahrschiene: parallele Stahlrohre
Oberfläche: Stahlrohre, pulverbeschichtet, Farbe: RAL-......
Korrosivitätsklasse: C....., Schutzdauer: **L / M / H / VH**

7 Plattformlift, Treppe innen, gerade KG **461**

Wie Ausführungsbeschreibung A 2
Einbauort: innen
Treppenlauf: gerade

►	▷	ø	◁	◀	Einheit	Ausf.-Dauer	Positionsnummer
12.908	13.846€	**17.291€**	25.055€	26.376€	[St]	–	069.000.014

8 Plattformlift, Treppe außen, gerade KG **461**

Wie Ausführungsbeschreibung A 2
Einbauort: außen
Treppenlauf: gerade

►	▷	ø	◁	◀	Einheit	Ausf.-Dauer	Positionsnummer
18.614	19.100€	**23.158€**	25.842€	27.273€	[St]	–	069.000.016

Kosten:
Stand 1. Quartal 2026
Bundesdurchschnitt

► min
▷ von
ø Mittel
◁ bis
◀ max

A 3 Personenaufzug, Plattform, verglast, barrierefrei — Beschreibung für Pos. **9-10**

Aufzugsanlage mit Senkrechtplattform und Seitenschutz, Aufzugstraggerüst aus Stahlprofilen mit Verglasung, Automatiktüren, Bedienelementen, Ausstattungen und Klappsitz. Die Inbetriebnahme mit Schlüsselschalter am Bedientableau an Zugang, Sicherheitseinrichtung mit Not-Stopptaster, Notruf, Notruftonsignal, Notlicht und Notablass bei Stromausfall.
Tragfähigkeit: 400 kg
Geschwindigkeit: 0,15 m/s
Nutzgröße (B x L): ..... x ..... mm
Bedienung: Tableau
Stromversorgung: 230 V / 50 Hz
Steuerung: Totmann-Steuerung, Selbsterhaltungsteuerung
Schachtkonstruktion: Stahlprofile, lackiert, Farbton: RAL .....
Korrosivitätsklasse: C....., Schutzdauer: **L / M / H / VH**
Verglasung: Wärmeschutzglas, Sicherheitsverglasung
U-Werte, Hüllflächen: .....
Schachtgrubentiefe: .....
Türen: .....

9 Plattformaufzug, bis 2 Etagen, barrierefrei, verglast, außen — KG **461**

Wie Ausführungsbeschreibung A 3
Haltestellen: 2 St
Förderhöhe: bis 15 m
Einbauort: außen, ...

▶	▷	ø netto €	◁	◀	[Einheit]	Ausf.-Dauer	Positionsnummer
35.749	36.532€	**50.958€**	61.319€	63.708€	[St]	–	069.000.019

10 Plattformaufzug, bis 5 Etagen, barrierefrei, verglast, außen — KG **461**

Wie Ausführungsbeschreibung A 3
Haltestellen: 5 St
Förderhöhe: bis 15 m
Einbauort: außen, ...

▶	▷	ø netto €	◁	◀	[Einheit]	Ausf.-Dauer	Positionsnummer
89.859	91.025€	**99.623€**	107.074€	109.363€	[St]	–	069.000.020

11 Schachtgerüst, Aufzug — KG **461**

Aufzugschachtgerüst, als geschweißte Stahlkonstruktion, Aufnahme einer Aufzugsanlage mit Haltestellen und Zugängen.
Tragfähigkeit: ..... kg,
Förderhöhe: .....m
Haltestellen: ..... St
Zugänge: ..... St
Schachtinnenmaße (L x B x H): ..... x ..... x ..... m
Oberfläche: .....
Einbauort: .....

▶	▷	ø netto €	◁	◀	[Einheit]	Ausf.-Dauer	Positionsnummer
254€	410€	**466€**	530€	659€	[m²]	⏱ 3,00h/m²	069.000.022

040 041 042 044 045 046 047 053 054 058 060 061 063 **069** 075

Nr.	Kurztext / Langtext						Kostengruppe
►	▷	ø netto €	◁	◀	[Einheit]	Ausf.-Dauer	Positionsnummer

12 Hublift, Förderplattform, 1,5m KG **461**

Hublift mit Förderplattform und Fördermast, Konstruktion selbsttragend, mit Wandbefestigung, Geländer mit Ausfachung, Bekleidungen aus Metall, sowie oberer Sicherheitstüre mit Blechbekleidung zur Sturzabsicherung und mitfahrender Sicherheitstüre.
Zugänge: gegenüber, 90° versetzt
Nutzgröße (B x L): 1.100 x 1.400 mm
Schachtgrube: .....
Betrieb: Spindelantrieb, 1,5 kW
Tragfähigkeit: 340 kg
Fahrgeschwindigkeit: max. 0,005 m/s
Stromversorgung: 230 V / 50 Hz
Steuerung: Totmannsteuerung
Bedienung: Wippschalter
Schlüsselaktivierung: **ja / nein**
Rahmen der Antriebseinheit und Türen: Aluminium, eloxiert
Geländer: nichtrostendes Stahlrohr, 40 mm
Ausfachung: Stahlblech, pulverbeschichtet, Farbe: .....
Stahlprofile, lackiert, Farbton: RAL .....
Korrosivitätsklasse: C....., Schutzdauer: **L / M / H / VH**
Bekleidung: .....
Einbauort: **Hochparterre / versetzte Geschossebene, innen / außen**
Förderhöhe: bis 1,50 m

►	▷	ø netto €	◁	◀	[Einheit]	Ausf.-Dauer	Positionsnummer
12.361	13.334€	**15.750€**	23.076€	23.585€	[St]	–	069.000.017

Kosten:
Stand 1.Quartal 2026
Bundesdurchschnitt

► min
▷ von
ø Mittel
◁ bis
◀ max

13 Kleingüteraufzug mit Traggerüst KG **461**

Kleingüteraufzug, mit selbsttragendem, vormontiertem Schachtgerüst liefern und betriebsfertig montieren. Ausführung gem. anliegender Einzelbeschreibungen, Anlagen-Nr.: .....
Aufzugstyp: Lastenaufzug, **elektrisch / hydraulisch** betrieben EN 81-3
Steuerung: Hol- und Sendesteuerung
Geschwindigkeit: **0,15 / 0,30 / 0,45** m/s
Nennlast: **50-100 / über 100-300** kg
Fahrzeit je Tag: ca. **1,5 / 3,0 / 6,0** (Stunden je Tag) nach VDI 4707 Bl.1
Schallwert 1 Meter vom Antrieb entfernt: max. ..... dB(A)
Schallwert 1 Meter vor geschlossener Schachttür: max. ..... dB(A)
Türausbildung: gem. DIN 18091
Anzahl Haltestellen: ...., Geschosse. Summe Zugänge: ..... St
Schachtausführung: Traggerüst aus korrosionsgeschützter Stahlkonstruktion, mit F 30 Verkleidung aus verzinkten Stahlblechen
Korrosivitätsklasse: C....., Schutzdauer: **L / M / H / VH**
Schachtabmessung (L x B x T): ..... x ..... x ..... mm
Schachtkopfhöhe: ..... mm
Kabine: verzinkte Stahlkonstruktion
Kabinenlänge/-breite/-höhe (L x B x H): ..... x ..... x ..... mm
Förderhöhe: ..... mm
Beladung: **einseitig / zweiseitig gegenüberliegend**
Öffnung: **Schiebetür / Drehtür**
Öffnungshöhe: **Brüstungshöhe / bodenbündig**
Ausführung Fahrkorb, Türrahmen, Türblatt, Tableau: gem. Einzelbeschreibung
Türverriegelung: elektrisch überwacht
Aufzugsantrieb: **im Schacht / im gesonderten Maschinenraum**
Bieterangaben:
Motor: Energieeffizienzklasse ....., mit ..... kW
Nennstrom: ..... / Anlaufstrom: .....
Hersteller/Typ des Antriebes: .....
Hersteller/Typ des Motors: .....
Hersteller/Typ der Steuerung: .....
Hersteller/Typ des Fahrkorbes: .....
Hersteller/Typ der elektronischen Steuerung: .....

10.768 13.172€ **14.866€** 15.569€ 18.175€ [St] ⏱ 120,00h/St 069.000.005

14 Verglasung Aufzugsanlage KG **461**

Absturzsichernde Verglasung, für Aufzugsverglasung.
Verglasungen: VSG aus 2x 8 mm TVG mit PVB-Folie 0,76 mm bzw. nach Statik
Scheibengrößen:

- Aufzugrückseite (B x H): ca. ..... x ..... mm
- Seiten: 2 x ca. ..... x ..... mm

140€ 222€ **261€** 323€ 437€ [m²] ⏱ 1,50h/m² 069.000.009

040
041
042
044
045
046
047
053
054
058
060
061
063
069
075

Nr. **Kurztext** / Langtext — Kostengruppe
► ▷ **ø netto €** ◁ ◄ [Einheit] Ausf.-Dauer Positionsnummer

15 Schachttür, Aufzugsanlage KG **461**

Schachttür, für Personen-/Lastenaufzug, Schiebetür mit **1 / 2** Türblättern horizontal bewegt, **seitlich / mittig** öffnend, entdröhnt. Montage Schachttüren an Innenseite des Aufzugschachts, Befestigung Schachttüren an bauseitigen Ankerschienen.
Türblätter: Stahl, grundiert
Türöffnung (B x H): 0,90 x 2,10 m
Türrahmen als Eckprofil dreiseitig umlaufend, vorgerichtet für Anschluss der Laibungsbekleidungen
Türschwelle: Stahl, nichtrostend, matt

1.490€ 1.717€ **2.073€** 2.332€ 2.505€ [St] ⏱ 1,50h/St 069.000.023

16 Türlaibung, Aufzugsanlage KG **461**

Türlaibung, für Personen-/Lastenaufzug, mit Anschluss an umlaufendes Türportal, Tiefe Einfassungen: mit Bauüberwachung des AG mittels Zeichnung und Aufmaß abstimmen, aus Stahl, mit Grundbeschichtung.
Türöffnung (B x H): 0,90 x 2,10 m

1.674€ 1.800€ **1.840€** 1.904€ 2.030€ [St] ⏱ 4,50h/St 069.000.024

17 Fahrkorb-Tableau, Aufzugsanlage KG **461**

Tableau für Befehlsgeber im Fahrkorb, Tableaugröße, Beschriftung und Anordnung nach DIN EN 81-70, mit Schlüsselschalter, einschl. Profilhalbzylinder und 3 Schlüsseln. Ausführung mit Tasten für die Funktionen Fahrbefehl, Tür-Auf, Tür-Zu, Notruf.

1.215€ 1.370€ **1.378€** 1.434€ 1.551€ [St] ⏱ 1,50h/St 069.000.025

18 Prüfung vor Inbetriebnahme, Aufzugsanlage KG **461**

Prüfung der Aufzugsanlage vor erstmaliger Inbetriebnahme veranlassen und durchführen durch zugelassene Überwachungsstelle, Ausführung gem. §15 Betriebssicherheitsverordnung. Leistung einschl. Gebühren und Prüfbescheinigung an den AG übergeben in ....facher Ausfertigung.

1.096€ 1.300€ **1.421€** 1.467€ 1.705€ [psch] ⏱ 2,00h/psch 069.000.026

19 Inbetriebnahme und Endabnahme Aufzugsanlage KG **461**

Inbetriebnahme und Endabnahme mit Konformitätsbescheinigung durchführen, einschl. Übergabe der Konformitätserklärung mit allen erforderlichen Dokumentationen zur sofortigen Inbetriebnahme des Aufzuges und Verwendung durch die Benutzer (z. B. Prüfbescheinigungen durch eine vom AN frei gewählte benannte Stelle aus der europäischen Nando-Datenbank oder Nachweise eines Qualitätssicherungsverfahrens zur eigenverantwortlichen Endabnahme durch den AN), sämtliche Unterlagen, Bescheinigungen und Dokumentationen jeweils zweifach, geheftet in Ordnern.

1.042€ 2.066€ **2.219€** 3.564€ 5.426€ [psch] ⏱ 2,80h/psch 069.000.027

20 Wartung Personenaufzug KG **461**

Vollwartung für Aufzugsanlagen, inkl. aller Verbrauchs- und Bedarfsstoffe, sowie aller Ersatzteile über den Gesamtgewährleistungszeitraum von 4 Jahren hinaus.
Aufzugstyp: Personenaufzug, ... Personen, Nutzlast bis ...... kg
Aufzug-Nr. ..... / Einbauort: .....
Vergütung: je **Aufzug / Kalenderjahr**

1.292€ 2.552€ **2.915€** 3.495€ 5.045€ [St] ⏱ 3,00h/St 069.000.010

Kosten:
Stand 1. Quartal 2026
Bundesdurchschnitt

► min
▷ von
ø Mittel
◁ bis
◄ max

21 Brandfallsteuerung — KG **461**

Brandfallsteuerung als Erweiterung der Aufzugsanlagensteuerung, ausgelöst durch vorhandene Brandmeldeanlage über potenzialfreiem Kontakt, mit einer Haupt und einer alternativen Brandfallhaltestelle. Anforderung: Im Brandfall, löscht die Aufzugssteuerung automatisch alle Außen- und Innenfahrbefehle und sperrt die Eingabe neuer Fahrbefehle. Die optischen Türsicherungs- und Überwachungssysteme werden überbrückt. Der Aufzug fährt in die vorgegebene Evakuierungshaltestelle und wird dort mit offener Tür stillgesetzt. Es ist zu verhindern, dass der Aufzug in eine brennende oder verrauchte Haltestelle fährt. Sofern die Evakuierungsebene nicht brand- und rauchfrei ist, wird automatisch eine alternative Fluchtetage angesteuert. Mit dem Löschen des Signales "Brandfall" geht der Aufzug wieder in den Normalbetrieb über.

483€ 546€ **559€** 602€ 666€ [St] ⏱ 3,00h/St 069.000.028

22 Fern-/Notrufeinrichtung, Aufzugsanlage — KG **461**

Drahtloses Notrufsystem mit GSM-Modul, als Schnittstelle zwischen Notrufsystem und GSM-Mobilfunknetz. Relais-Ausgang zur Meldung von Netzverlust. Einstellbar von Ferne über DTMF-Codes und SMS. Externe Antenne mit SMA-Anschluss. Bereitstellen eines Telefonanschluss mit folgende Leistungsmerkmale: Mobilfunk-Netz als Alternative zum analogen Festnetzanschluss
Entfernung zwischen Mobilfunk-Modul und Notrufsystem: bis zu 500 m
Zertifiziert nach EN 81-28 durch: **TÜV / DEKRA / .....**
Aufschaltbar: auf Notrufleitstellen und Standardtelefone
Frequenzstandard: **GSM900 / GSM1800 / UMTS / LTE**
Spannungsversorgung: 230 V AC
Überwachtes Netzteil mit Notstrom-Akku
LED-Anzeigen für Status und Empfangsstärke
Abmessungen: ..... x ..... x ..... mm

706€ 908€ **1.073€** 1.178€ 1.333€ [St] ⏱ 5,50h/St 069.000.029

23 Schutzauskleidung Aufzugskabine — KG **461**

Aufzugskabine auskleiden, zum Schutz vor Baubetrieb, während der gesamten Bauzeit vorhalten, danach rückstandsfrei demontieren, inkl. Entsorgung.
Abmessung: ca. ..... x ..... m
Auskleidung (H x T): 2,20 x 2,10 m
Material: OSB-Platten, d=18mm, Hinterlegung mit Luftpolsterfolie
Stöße: verklebt mit Kunststoffband.
Ausschnitte für Bedienelemente: ..... St
Vorhaltedauer: gesamte Bauzeit - siehe Bauzeiten-Terminplan

4.303€ 4.661€ **4.899€** 4.948€ 5.305€ [St] ⏱ 18,00h/St 069.000.011

24 Stundensatz, Monteur/-in Aufzüge

Verrechnungssatz für die jeweilige Arbeitskraft inkl. aller Aufwendungen wie Lohn- und Gehaltskosten, Lohn- und Gehaltsnebenkosten, Zuschläge, lohngebundene und lohnabhängige Kosten, sonstige Sozialkosten, Gemeinkosten, Wagnis und Gewinn. Leistung nach besonderer Anordnung der Bauüberwachung. Nachweis und Anmeldung gem. VOB/B.

76€ 97€ **102€** 122€ 156€ [h] ⏱ 1,00h/h 069.000.006

25 Stundensatz, Helfer/-in Aufzüge

Verrechnungssatz für die jeweilige Arbeitskraft inkl. aller Aufwendungen wie Lohn- und Gehaltskosten, Lohn- und Gehaltsnebenkosten, Zuschläge, lohngebundene und lohnabhängige Kosten, sonstige Sozialkosten, Gemeinkosten, Wagnis und Gewinn. Leistung nach besonderer Anordnung der Bauüberwachung. Nachweis und Anmeldung gem. VOB/B.

47€ 61€ **66€** 67€ 77€ [h] ⏱ 1,00h/h 069.000.007

075

Kosten:
Stand 1. Quartal 2026
Bundesdurchschnitt

Nr.	Positionen	Einheit	►	▷	ø brutto € / ø netto €	◁	◄
1	Dezentrales Fassaden-Lüftungsgerät bis 45m³/h	St	785	1.316	**1.458**	1.464	1.994
			660	1.106	**1.225**	1.230	1.676
2	Brandschutz Absperrvorrichtung, K90, DN100	St	277	329	**332**	366	417
			233	276	**279**	307	351
3	Be- und Entlüftungsgerät, bis 5.000m³/h	St	7.041	11.718	**13.199**	15.794	25.278
			5.917	9.847	**11.092**	13.272	21.242
4	Abluftrohrventilator, Einbaugerät	St	2.134	3.050	**3.558**	4.274	5.181
			1.793	2.563	**2.990**	3.591	4.353
5	Kanalventilator	St	2.159	3.194	**3.754**	4.372	5.831
			1.814	2.684	**3.155**	3.674	4.900
6	Kulissenschalldämpfer, rechteckig, Stahlblech, verzinkt	St	516	838	**998**	1.106	1.290
			433	705	**839**	929	1.084
7	Schalldämpfer, flach, runder Anschluss	St	156	186	**212**	218	246
			131	156	**178**	183	207
8	Wetterschutzgitter, Außenluft-/Fortluft	St	194	359	**393**	525	728
			163	301	**331**	441	612
9	Luftleitung, rechteckig, Stahlblech verzinkt	m²	67	85	**88**	94	111
			57	71	**74**	79	93
10	Luftleitung, feuerbeständig L30/L90	m²	241	299	**301**	311	397
			203	252	**253**	261	333
11	Formstücke, verzinkt, Luftleitung	m²	90	110	**128**	152	184
			75	92	**108**	128	154
12	Luftleitung, Wickelfalz, verzinkt, DN100	m	25	27	**28**	29	32
			21	23	**24**	25	27
13	Luftleitung, Wickelfalz, verzinkt, DN160	m	28	36	**38**	47	64
			24	30	**32**	40	54
14	Luftleitung, Wickelfalz, verzinkt, DN250	m	50	55	**63**	74	82
			42	46	**53**	62	69
15	Luftleitung, Aluminium, flexibel, DN80	m	10	17	**22**	22	29
			8	14	**18**	18	25
16	Rohrbogen, Luftleitung	St	18	28	**32**	42	55
			15	23	**27**	35	46
17	Abzweigstück, Luftleitung	St	23	30	**31**	34	40
			19	25	**26**	28	34
18	Lüftungsgitter, Zu-/Abluft	St	56	125	**155**	187	293
			47	105	**130**	157	246
19	Drallauslass, Decke	St	144	486	**720**	796	1.134
			121	409	**605**	669	953
20	Brandschutzklappen, RLT, eckig	St	522	876	**1.008**	1.095	1.329
			438	736	**847**	920	1.117
21	Tellerventil, Zu-/Abluft	St	34	78	**92**	129	197
			29	65	**77**	108	166
22	Wickelfalzrohr, Reduzierstück, DN100/DN80	St	22	27	**31**	37	44
			18	23	**26**	31	37
23	Drosselklappe, DN100	St	41	59	**74**	86	107
			34	50	**62**	72	90
24	Drosselklappe, 200x200mm	St	69	82	**101**	121	131
			58	69	**85**	101	110

► min
▷ von
ø Mittel
◁ bis
◄ max

Nr.	Positionen	Einheit	►	▷	ø brutto € / ø netto €	◁	◄
25	Lüftungsgerät mit WRG, Zentral, Bypass, Feuerstättenfunktion	St	3.886	4.911	**5.562**	6.275	7.693
			3.266	4.127	**4.674**	5.273	6.465
26	Außenwanddurchlass, DN110	St	161	180	**266**	285	309
			135	151	**224**	240	259
27	Lüftungsgerät für Abluft	St	327	346	**354**	378	404
			275	291	**298**	317	339
28	KWL-Lüftungsgerät, in Außenwand, bis 100m³/h mit WRG	St	2.679	2.970	**3.300**	3.762	3.881
			2.251	2.496	**2.773**	3.161	3.262
29	KWL-Lüftungsgerät, Wohngebäude, bis 350m³/h mit WRG	St	6.403	7.143	**7.936**	9.047	9.558
			5.381	6.002	**6.669**	7.603	8.032
30	VRF-Außengerät, Heizen/Kühlen, 10kW	St	3.937	4.643	**6.993**	11.064	11.514
			3.308	3.902	**5.876**	9.298	9.676
31	VRF-Außengerät, Heizen/Kühlen, 15kW	St	8.776	9.434	**13.128**	17.810	18.448
			7.374	7.928	**11.032**	14.966	15.503
32	VRF-Innenwandgerät, Heizen/Kühlen, 2,5kW	St	1.435	1.589	**2.150**	2.663	20.679
			1.206	1.335	**1.807**	2.238	17.377
33	VRF-Innenwandgerät, Heizen/Kühlen, 5,0kW	St	1.883	2.080	**2.726**	3.497	3.585
			1.583	1.748	**2.291**	2.939	3.013
34	VRF-Verteilereinheit, Innengerät	St	1.236	1.282	**1.973**	2.353	2.645
			1.038	1.078	**1.658**	1.977	2.223
35	Inbetriebnahme, VRF-Anlage	psch	478	815	**883**	1.135	1.473
			401	685	**742**	954	1.238
36	Stundensatz, Monteur/-in Lüftung/Kälte	h	75	85	**91**	101	123
			63	72	**77**	85	103
37	Stundensatz, Helfer/-in Lüftung/Kälte	h	60	70	**75**	77	82
			50	59	**63**	65	69

040 041 042 044 045 046 047 053 054 058 060 061 063 069 075

Nr. **Kurztext** / Langtext — Kostengruppe
► ▷ **ø netto €** ◁ ◄ [Einheit] Ausf.-Dauer Positionsnummer

1 Dezentrales Fassaden-Lüftungsgerät bis 45m³/h — KG **431**

Dezentrales Fassaden-Lüftungsgerät zur Be- und Entlüftung von Wohnungen oder Einzelräumen mit Wärmerückgewinnung als Geräteeinheit, bestehend aus: Wärmespeicher, Strömungsgleichrichter, Insektenschutzgitter, EC-Axialventilator mit Schutzgitter, Auszugshilfe mit EPP-Grundkörper. Inkl. verschließbarer Kunststoff-Design-Innenblende mit integriertem Filter.
Maße: 230 x 230 x 40 mm
Wärmebereitstellungsgrad: bis .....%
Betriebsarten: WRG, Querlüftung, Zuluft
Luftleistung (Stufen): **14 / 24 / 32 / 37 / 45** m³/h
Spannungsversorgung: 12 V DC
Leistungsaufnahme: **1,6 / 2,1 / 2,8 / 3,4 / 4,5** W
Schalldruck LPA in 3m: ..... dB(A)
Schalldämmung: ..... dB
Wandstärken min.: ..... mm

660€ 1.106€ **1.225€** 1.230€ 1.676€ [St] ⏱ 3,50h/St 075.000.058

Kosten:
Stand 1.Quartal 2026
Bundesdurchschnitt

Nr.	**Kurztext** / Langtext						Kostengruppe
►	▷	**ø netto €**	◁	◀	[Einheit]	Ausf.-Dauer	Positionsnummer

2 Brandschutz Absperrvorrichtung, K90, DN100 KG **431**

Brandschutz-Deckenschott, wartungsfrei, Anschlussstutzen oben und unten, als Absperrvorrichtung für Lüftungsanlagen, für Einbau in massive Decke gem. Herstellerangaben. Verfüllung des Ringspalts mit Mörtel M10. Absperrvorrichtung ohne Querschnittsveränderung, für Anschluss an nicht brennbare Luftleitung.
Anschlüsse: DN100
Feuerwiderstandsklasse: K90
Montagehöhe: bis **3,5 / 5,00 / 7,00** m über Fußboden

233€ 276€ **279€** 307€ 351€ [St] ⏱ 1,60h/St 075.000.020

3 Be- und Entlüftungsgerät, bis 5.000m³/h KG **431**

Lüftungsanlage, Konstruktionsart: liegend, Zu- und Abluft übereinander; Gehäuse in doppelschaliger Ausführung aus korrosionsgeschütztem Material mit dazwischenliegender, formstabiler und fest mit den Deckblechen verbundener Schall- und Wärmedämmung (nichtbrennbar A1). Innen- und Außenschale aus verzinktem Stahlblech, Rahmenkonstruktion verzinkt. Türen an der Gerätevorderseite mit nachstellbaren, wartungsfreien Scharnieren und umlaufenden, formschlüssig eingelassenen und alterungsbeständigen Profilgummidichtungen. Die Türen sind mit Vorreibverschlüssen und Türgriffen ausgestattet.
Anlagenbestandteile: Ventilator Zu-Abluft, Filter Zuluft, Heizregister über **Warmwasser / Dampf** elektrisch, Kühlregister über **Kaltwasser / Direktverdampfer**, Luftbefeuchter über Dampflanze, elektrisch, Sprühbefeuchter, Wärmerückgewinner über Kreuzstrom, Wärmerohr, Kreislaufverbundsystem, Rotor Mischkammer
Zuluftmenge: ..... m³/h
Abluftmenge: ..... m³/h
Zulufttemperatur: min. / max. ..... / .....°C
Ablufttemperatur: min. / max. ..... / .....°C
Zuluftfeuchte: min. / max. .....% relativ
Gerätequerschnitt Zuluft: Breite ..... m, Höhe ..... m
Abluft: Breite ..... m, Höhe ..... m
Filter Zuluft: **M5** bzw. **F7 / F9**, Mindest-Wirkungsgrad: .....

5.917€ 9.847€ **11.092€** 13.272€ 21.242€ [St] ⏱ 3,50h/St 075.000.001

4 Abluftrohrventilator, Einbaugerät KG **431**

Abluftventilator als **Radialrohrventilator / Axialrohrventilator** in Unterputzgehäuse ohne Brandschutz für den Unterputzeinbau in Wand und Decke. Luftdichte Rückschlagklappe, Steckverbindung für elektrischen Anschluss und Putzdeckel. Aus schwerentflammbarem Kunststoff. Für Bedarfs- und Grundlüftung. Betriebsbereite Lieferung mit Innenfassade, Lieferung mit Schalldämmplatte, integrierter Steckverbindung für elektrischen Anschluss, Schutzisoliert. Wartungsfreier, Energiesparmotor. Flache Innenfassade, geräuschdämpfend für flüsterleisen Betrieb. Mit Filterwechselanzeige bei verschmutztem Dauerfilter. Filter mit einem Griff herausnehmbar.
Anschlussdurchmesser Luftaustritt: **DN75 / DN80**
Schutzart: IP 55
Energiesparmotor: 230 V, ... Hz, ... **W**
Geräusch: Schallleistung ..... / ..... dB(A)

1.793€ 2.563€ **2.990€** 3.591€ 4.353€ [St] ⏱ 2,00h/St 075.000.003

► min
▷ von
ø Mittel
◁ bis
◀ max

5 Kanalventilator KG **431**

Kanalventilator für Kanalanschluss, aus verzinktem Stahlblech mit schallabsorbierender Innenauskleidung. Motor und Laufrad herausnehmbar, mit beidseitigem genormtem Kanal-Flanschprofil. Mit systemgebundenem Zubehör sowie Verbindungs- und Befestigungsmaterial.
H x L x T: ..... x ..... x ..... mm
Luftleistung: ..... m³/h
Leistung: **230 / 400 V**, ... Hz, ... W
Drehzahl: ..... U/min
Kanalanschluss: ..... mm

1.814€ 2.684€ **3.155€** 3.674€ 4.900€ [St] ⏱ 1,80h/St 075.000.059

6 Kulissenschalldämpfer, rechteckig, Stahlblech, verzinkt KG **431**

Kulissenschalldämpfer, rechteckig, Gehäuse aus verzinktem Stahlblech mit beidseitigen 4-Loch-Anschlussrahmen als Leichtbau-profil. Aufbau: Rahmen aus sendzimirverzinktem Stahlblech Absorptionsmaterial als Füllung aus Mineralwolle mit aufkaschierter Glasseidenvliesabdeckung, Baustoffklasse A2 (nicht brennbar) Standardkulisse für Einsatz vorwiegend bei mittleren und hohen Frequenzen. Inkl. Gummilippendichtungen und sämtlichen Befestigungs-, Verbindungs- und Abdichtungsmaterialien.
Breite: ..... mm
Höhe: ..... mm
Länge: ..... mm
Dämpfung (250 Hz): ..... dB

433€ 705€ **839€** 929€ 1.084€ [St] ⏱ 1,00h/St 075.000.004

7 Schalldämpfer, flach, runder Anschluss KG **431**

Schalldämpfer, als rechteckiger Flachschalldämpfer mit rundem Anschluss, aus Aluminium, in flexibler Ausführung, Absorber-material mineralfaserfrei, nicht brennbar Klasse A2
Temperaturbeständig: bis 200°C
Nennweite Schalldämpfer: 100 mm
Dämpfung (250 Hz): mind. 10 dB
Länge: ca. 500 mm
Abmessungen Außenrohr: Breite: 195 mm, Höhe: 120 mm

131€ 156€ **178€** 183€ 207€ [St] ⏱ 1,00h/St 075.000.033

8 Wetterschutzgitter, Außenluft-/Fortluft KG **431**

Wetterschutzgitter für Außen- und Fortluft, rahmenlos, schrauben- und nietenlos zum Einbau in Maueröffnungen oder Fassaden-verkleidungen, bestehend aus: Halterprofilen, Halter, Lamellen und Vogelschutzgitter, Gitter mit unterer Abtropflamelle und oberer Ausgleichslamelle nach Maßangabe.
Farbe .....
Montagehöhe: OK Wetterschutzgitter ca. ..... m über Gelände
Breite: ..... mm
Höhe: ..... mm
Lamellenabstand: ..... mm
Volumenstrom: ..... m³/h
Druckabfall: ..... Pa
Schallleistungspegel max.: ..... B(A)

163€ 301€ **331€** 441€ 612€ [St] ⏱ 1,00h/St 075.000.006

Kosten:
Stand 1. Quartal 2026
Bundesdurchschnitt

▶ min
▷ von
ø Mittel
◁ bis
◀ max

Nr.	Kurztext / Langtext						Kostengruppe
▶	▷	ø netto €	◁	◀	[Einheit]	Ausf.-Dauer	Positionsnummer

9 **Luftleitung, rechteckig, Stahlblech verzinkt** KG **431**

Luftleitung, rechteckig, aus verzinktem Stahlblech, inklusive sämtlicher Verbindungsteile und Abdichtungen sowie allen notwendigen Befestigungsteilen und Aufhängekonstruktion.
Medium: Luft
Material: Stahlblech verzinkt
Kantenlänge: bis **500 / 1.000 / 2.000** mm
Temperatur: min. / max. ..... / .....°C
Montagehöhe: bis **3,50 / 5,00 / 7,00** m

57€	71€	**74€**	79€	93€	[m²]	⏱ 0,40 h/m²	075.000.008

10 **Luftleitung, feuerbeständig L30/L90** KG **431**

Zweischalige Luftleitung als brandschutztechnische Bekleidung, von Luft führenden Kanälen und Rohrleitungen, für eine Feuerwiderstandsdauer von 30 / 90 Minuten. Fertigung aus Brandschutzplatten (A1), d=45mm, stumpf gestoßen. Die Stoßfugen der beiden Plattenlagen sind fugenversetzt, Versatz 100mm, auszuführen. Plattenverbindung mit Schrauben oder Klammern. Die Lüftungsleitungen sind auf Stahlprofile oder Traversen aufzulagern, die mit Gewindestangen abgehängt werden. Die Befestigung an Massivdecken, F90, erfolgt mit bauaufsichtlich zugelassenen Dübeln. Gewindestangen über 1,50m Länge sind brandschutztechnisch über die gesamte Länge zu bekleiden. Senkrechte Kanäle sind geschossweise, max. 5,00m, auf die Massivdecken, F90, aufzusetzen.
Brandschutztechnische Bekleidung: **L30 / L90**
Rohrleitungen: .....
Feuerwiderstandsklasse**: F30 / F90**
Montagehöhe: bis **3,50 / 5,00 / 7,00** m

203€	252€	**253€**	261€	333€	[m²]	⏱ 1,00 h/m²	075.000.010

11 **Formstücke, verzinkt, Luftleitung** KG **431**

Formteile der Luftleitung in Rechteckform und als Übergänge auf rund bzw. oval, aus verzinktem Stahlblech, inkl. sämtlicher Verbindungsteile und Abdichtungen sowie allen notwendigen Befestigungsteilen.
Medium: Luft
Material: Stahlblech verzinkt
Kantenlänge: bis **500 / 1.000 / 2.000** mm
Temperatur: min. / max. ..... / .....°C
Montagehöhe: bis **3,50 / 5,00 / 7,00** m

75€	92€	**108€**	128€	154€	[m²]	⏱ 0,40 h/m²	075.000.011

A 2 **Luftleitung, Wickelfalz, verzinkt** Beschreibung für Pos. **12-14**

Luftleitung mit Wickelfalzrohren aus verzinktem Stahlblech, inkl. sämtlicher Verbindungsteile (z.B. Muffen, Steckverbindungen und Enddeckel) und Abdichtungen sowie allen notwendigen bauaufsichtlich zugelassenen Befestigungsteilen.

12 **Luftleitung, Wickelfalz, verzinkt, DN100** KG **431**

Wie Ausführungsbeschreibung A 2
Material: Stahlblech verzinkt
Nennweite: DN100
Montagehöhe: bis **3,50 / 5,00 / 7,00**

21€	23€	**24€**	25€	27€	[m]	⏱ 0,18 h/m	075.000.013

Nr.	Kurztext / Langtext						Kostengruppe
▶	▷	**ø netto €**	◁	◀	[Einheit]	Ausf.-Dauer	Positionsnummer

13 Luftleitung, Wickelfalz, verzinkt, DN160 KG **431**

Wie Ausführungsbeschreibung A 2
Material: Stahlblech verzinkt
Nennweite: DN160
Montagehöhe: bis **3,50 / 5,00 / 7,00** m

24€	30€	**32€**	40€	54€	[m]	⏱ 0,25h/m	075.000.022

14 Luftleitung, Wickelfalz, verzinkt, DN250 KG **431**

Wie Ausführungsbeschreibung A 2
Material: Stahlblech verzinkt
Nennweite: DN250
Montagehöhe: bis **3,50 / 5,00 / 7,00** m

42€	46€	**53€**	62€	69€	[m]	⏱ 0,33h/m	075.000.026

15 Luftleitung, Aluminium, flexibel, DN80 KG **431**

Elastische Luftleitung aus zweilagig gestauchtem Aluminium. Inkl. Befestigungsmaterial an Luftrohrstutzen.
Nennweite: DN80
Länge: 1,25 m, ausziehbar bis 5,00 m
Betriebsdruck: ..... Pa

8€	14€	**18€**	18€	25€	[m]	⏱ 0,10h/m	075.000.034

16 Rohrbogen, Luftleitung KG **431**

Rohrbogen der Luftleitung, alle Winkelgrade, für Wickelfalzrohr aus verzinktem Stahlblech, inkl. sämtlicher Verbindungsteile (z.B. Muffen, Steckverbindungen) und Abdichtungen sowie allen notwendigen Befestigungsteilen. Material: Stahlblech verzinkt
Nennweite: DN.....
Montagehöhe bis: **3,50 / 5,00 / 7,00** m
Winkelgrad: .....°

15€	23€	**27€**	35€	46€	[St]	⏱ 0,10h/St	075.000.018

17 Abzweigstück, Luftleitung KG **431**

Abzweigstück der Luftleitung, als Abzweig 90°, für Wickelfalzrohr aus verzinktem Stahlblech, inkl. sämtlicher Verbindungsteile (z.B. Muffen, Steckverbindungen) und Abdichtungen sowie allen notwendigen Befestigungsteilen.
Material: Stahlblech verzinkt
Nennweite: DN.....
Montagehöhe bis: **3,50 / 5,00 / 7,00** m

19€	25€	**26€**	28€	34€	[St]	⏱ 0,10h/St	075.000.019

Nr.	Kurztext / Langtext						Kostengruppe
▶	▷	ø netto €	◁	◀	[Einheit]	Ausf.-Dauer	Positionsnummer

18 Lüftungsgitter, Zu-/Abluft KG **431**

Lüftungsgitter, mit Anbauteilen, für Zu- und Abluft, für Einbau in **Rundrohr / Rechteckkanal** mit frontseitig waagerechten oder senkrechten Tropfenlenklamellen. Rahmen und Lamellen aus Stahlblech mit Epoxidharz-Pulverbeschichtung oder Einbrenn-lackierung. Anbauteile aus elektrolytisch verzinktem Stahlblech, mit angeklebter Schaumstoffdichtung und Schlitzschieber zur Luftmengenregulierung
Farbe: .....
Volumenstrom max.: ..... m³/h
Länge: ..... mm
Höhe: ..... mm

47€ | 105€ | **130€** | 157€ | 246€ | [St] | ⏱ 0,30h/St | 075.000.014

19 Drallauslass, Decke KG **431**

Decken-Dralluftdurchlass für **Zuluft / Abluft**, **mit / ohne** Strahlverstellung. Luftdurchlass aus verzinktem Stahl, für Einbau in abgehängter Decke.
Luftdurchsatz max.: ..... m³/h
Breite: ..... mm
Länge: ..... mm
Höhe Anschlusskasten: ..... mm
Leitungsanschluss seitlich, DN.....

121€ | 409€ | **605€** | 669€ | 953€ | [St] | ⏱ 0,90h/St | 075.000.015

Kosten:
Stand 1.Quartal 2026
Bundesdurchschnitt

20 Brandschutzklappen, RLT, eckig KG **431**

Brandschutzklappe für Luftleitungen rechteckig DIN EN 15650, aus Stahl verzinkt, für Einbau in massive **Wand / Decke**. Gehäuse mit **1 / 2** Inspektionsöffnungen, Auslösung durch Schmelzlot. Kontrolle Klappenblatt über elektrische Endschalter.
Feuerwiderstandsklasse: **EI30 / EI60 / EI90 / EI120**, DIN EN 13501-3
Höhe: ..... mm
Breite: ..... mm
Höhe: ..... mm
Einbaulänge: **500 / 600** mm
Einbau in: Wand / Decke
Auslösetemperatur: **72 / 95**°C
Kontrolle Klappenblatt: **0 / 1** / 2

438€ | 736€ | **847€** | 920€ | 1.117€ | [St] | ⏱ 1,80h/St | 075.000.016

21 Tellerventil, Zu-/Abluft KG **431**

Tellerventil für Zu- und Abluft, mit Mengenregulierung. Für Montage in beliebiger Lage in Decke und Wand aus einbrennlackiertem Stahlblech, mit niedrigem Schalleistungspegel auch bei hohem Druckabfall, mit passendem Rohrmontagering (20mm) mit Bajonettverschluss. Inkl. Befestigungs-, Klein- und Dichtmaterial.
Anschlussdimension: DN100

29€ | 65€ | **77€** | 108€ | 166€ | [St] | ⏱ 0,20h/St | 075.000.036

22 Wickelfalzrohr, Reduzierstück, DN100/DN80 KG **431**

Reduzierstück, zentrisch (symmetrisch), für Wickelfalz-Rundrohr verzinkt, mit werkseitig vormontierter Lippendichtung aus EPDM.
EPDM Anschlüsse: **DN100 / DN80**

18€ | 23€ | **26€** | 31€ | 37€ | [St] | ⏱ 0,10h/St | 075.000.038

▶ min
▷ von
ø Mittel
◁ bis
◀ max

23 Drosselklappe, DN100 KG **431**

Drosselklappe aus verzinktem Stahlblech für Wickelfalz-Rundrohr verzinkt, mit Klappenflügel und außenliegender, stufenlos verstellbarer Feststellvorrichtung.
Anschlüsse: DN100

34€ | 50€ | **62€** | 72€ | 90€ | [St] | ⏱ 0,12h/St | 075.000.039

24 Drosselklappe, 200x200mm KG **431**

Drosselklappe aus verzinktem Stahlblech für rechteckigen Lüftungskanal verzinkt, mit Klappenflügel und außenliegender, stufenlos verstellbarer Feststellvorrichtung.
Anschlüsse: 200 x 200 mm

58€ | 69€ | **85€** | 101€ | 110€ | [St] | ⏱ 0,20h/St | 075.000.040

25 Lüftungsgerät mit WRG, Zentral, Bypass, Feuerstättenfunktion KG **431**

Lüftungsgerät mit Wärmerückgewinnung und Bypass zur kontrollierten Be- und Entlüftung von Wohnungen und Wohnhäusern mit einem zentralen Luftverteilsystem. Effiziente Konstantvolumenstrom geregelte EC-Ventilatoren. Vereisungsschutzfunktion und Abtauautomatik. Integrierter automatischer Sommer-Bypass mit einstellbarer Schalttemperatur. Auskühlschutzfunktion. Optionalen Rauchsensor. Der gleichzeitige Betrieb von Lüftungsanlage und Feuerstätte ist ohne zusätzliche Sicherheitskomponenten möglich. LCD-Klartextanzeige. Filterwartungsanzeige mit einstellbarem Intervall. Außengehäuse Stahlblech, pulverbeschichtet RAL, **Wand / Decken** Montage mit beiliegender konsole. Kondensatwasseranschluss des Lüftungsgeräts.
Technische Daten:
Luftvolumenstrom Werkseinstellung: **90 / 160 / 250** m³/h
Schalldruckpegel (1m Abstand): **29 / 34 / 42** dB(A)
Wärmerückgewinnungsgrad: max. 95%
Wärmebereitstellungsgrad: max. 88%
Spannungsversorgung: 1~/N/PE 230 V 50 Hz
Leistungsaufnahme, Stufen: **19 / 36 / 95** W
Leistungsaufnahme: max. 136 W
Stromaufnahme: max. 1,2 A
Schutzart: IP 20
Filterklasse Zuluft / Abluft: M5 / M5
Luftkanalanschlüsse: **4x DN150 / DN160**
Kondensatanschluss: ..... mm
Abmessungen (B x H x T): ..... x ..... x ..... mm
Gewicht: ..... kg
Einsatzgrenzen Außentemperatur: - 20°C bis + 40°C
Einsatzgrenzen Raumtemperatur: + 15°C bis + 40°C

3.266€ | 4.127€ | **4.674€** | 5.273€ | 6.465€ | [St] | ⏱ 6,50h/St | 075.000.041

26 Außenwanddurchlass, DN110 KG **431**

Außenwandluftdurchlass-Rundkanal, variables Teleskoprohr 305-535 mm mit Schalldämpfer, steckbarem weißem Außengitter, Insektenschutz, Winddrucksicherung und Innenblende mit Staubfilter.
Volumenstrom: V(8Pa) = 10 m³/h
Nennweite Rundkanal: DN110

135€ | 151€ | **224€** | 240€ | 259€ | [St] | ⏱ 1,00h/St | 075.000.042

Nr.	Kurztext / Langtext						Kostengruppe
►	▷	ø netto €	◁	◄	[Einheit]	Ausf.-Dauer	Positionsnummer

27 **Lüftungsgerät für Abluft** KG **431**

Lüftungsgerät (1,2 oder 3-stufig) für den Einbau in Wände oder Decken (ohne Brandschutzanforderung). Der Anschlussstutzen ist **seitlich / hinten** am Kasten angebracht. Mit federbelasteter Rückschlagklappe, verhindert Geruchs- und (Kalt) Rauchübertragung. Das Lüftungsgerät kann im Schutzbereich I eingebaut werden.
Leckluftrate: <0,01 m³/h
Elektroanschluss: 230 V AC / 50 Hz
Nennleistung: **6 / 11 / 23** W bei **30 (40) / 60 /100** m³/h
Eigengeräusch LA: **26 / 30 / 33 / 39** dB(A) bei **30 / 40 / 60 / 100** m³/h
Abmessungen (L x B x T): 242 x 242 x 100 mm
Anschlussstutzen: NW80

275€ | 291€ | **298€** | 317€ | 339€ | [St] | ⏱ 2,00 h/St | 075.000.044

Kosten:
Stand 1. Quartal 2026
Bundesdurchschnitt

28 **KWL-Lüftungsgerät, in Außenwand, bis 100m³/h mit WRG** KG **431**

Dezentrales Lüftungsgerät mit Wärmerückgewinnung zur kontrollierten Be- und Entlüftung von Wohngebäuden, zur Innenmontage, für Zu- und Abluft, mit Außen- und Fortluftbetrieb. EC-Ventilatoren mit mind. drei Ventilatorstufen, Wärmerückgewinnung mit Wärmetauscher, mit Bedieneinheit am Gerät, mit Ab- und Außenluftfilter, hängende Außenwandmontage, einschl. Befestigungsmaterial und Montageset zur Außenwanddurchführung und Wetterschutzgittereinheit für Außenluftansaugung und Fortluftausblas.
Ausführung: **Aufputzmontage / Unterputzmontage**
Luftvolumenstrom: bis 100 m³/h
Wärmerückgewinnungsgrad: mind. 85%
Spannungsversorgung: 1~/N/PE 230 V 50Hz
Ausführung gem. nachfolgender Einzelbeschreibung: .....

2.251€ | 2.496€ | **2.773€** | 3.161€ | 3.262€ | [St] | ⏱ 1,35 h/St | 075.000.045

29 **KWL-Lüftungsgerät, Wohngebäude, bis 350m³/h mit WRG** KG **431**

Zentrales Lüftungsgerät mit Wärmerückgewinnung zur kontrollierten Be- und Entlüftung von Wohngebäuden, zur Innenmontage, für Zu- und Abluft, mit Außen- und Fortluftbetrieb. EC-Ventilatoren mit mind. drei Ventilatorstufen, Wärmerückgewinnung mit Wärmetauscher, mit Bedieneinheit am Gerät, mit Ab- und Außenluftfilter, einschl. Befestigungsmaterial und Montageset zur Außenwanddurchführung und Wetterschutzgittereinheit für Außenluftansaugung und Fortluftausblas, einschl. 4 Geräteschalldämpfern.
Montageart: **wandhängend / deckenhängend / stehend**
Luftvolumenstrom: bis 350 m³/h
Wärmerückgewinnungsgrad: mind. 85%
Spannungsversorgung: 1~/N/PE 230 V 50 Hz
Ausführung gem. nachfolgender Einzelbeschreibung: .....

5.381€ | 6.002€ | **6.669€** | 7.603€ | 8.032€ | [St] | ⏱ 1,40 h/St | 075.000.047

► min
▷ von
ø Mittel
◁ bis
◄ max

A 5 VRF-Außengerät Heizen/Kühlen Beschreibung für Pos. **30-31**

VFR-Außengerät für die Klimatisierung von Wohnräumen, Gehäuse und Rahmen aus verzinktem beschichteten Stahl, UV- und witterungsbeständig, mit Schalldämmung, mit Wärmetauscher, Axialventilator, Kompressor drehzahlgeregelt mit Invertertechnologie, Kältekreislauf mit Filtern, Sammler, Ölabscheider und mit Kältemittel vorgefüllt, einschl. komplett verdrahteter Steuerung mit MSR -und Sicherheitsbauteilen sowie Bedieneinheit, inkl. Montagematerial.
Montageart: **bodenstehend / an Wand / auf Dach**
Betriebsart: **Kühlen / Kühlen und Heizen**
Wärmetauscher: **Verdampfer / Verflüssiger aus Kupferrohr mit Aluminiumlamellen**
Luftvolumenstrom: ..... m³/h
Schalldruckpegel in 1m Abstand - Kühlen: ..... dB(A)
Schalldruckpegel in 1m Abstand - Heizen: ..... dB(A)
Betriebsspannung: **230 / 400** V
Kältemittel: **R410A / R32**
Anschluss von Innengeräten max.: .....
Max. Rohrleitungslänge: ..... m
Max. Höhendifferenz: ...... m
Geräteabmessungen (L x B x H): ..... x ..... x ..... mm

30 VRF-Außengerät, Heizen/Kühlen, 10kW KG **434**

Wie Ausführungsbeschreibung A 5
Heizleistung: 10 kW
COP: .....
Kälteleistung: ..... kW
EER: .....

3.308€	3.902€	**5.876€**	9.298€	9.676€	[St]	⏱ 2,10h/St	075.000.049

31 VRF-Außengerät, Heizen/Kühlen, 15kW KG **434**

Wie Ausführungsbeschreibung A 5
Heizleistung: 15 kW
COP: .....
Kälteleistung: ..... kW
EER: .....

7.374€	7.928€	**11.032€**	14.966€	15.503€	[St]	⏱ 2,10h/St	075.000.050

Nr.	Kurztext / Langtext						Kostengruppe
►	▷	ø netto €	◁	◄	[Einheit]	Ausf.-Dauer	Positionsnummer

A 6 VRF-Innenwandgerät, Heizen/Kühlen Beschreibung für Pos. **32-33**

VRF-Innengerät für die Klimatisierung von Wohnräumen, Kältesystem mit Schutzgas gefüllt, mit Wärmetauscher, Luftansaugung mit Filter und Luftausblas mit motorbetriebenen Luftleitlamellen, Kondensatwanne, Ventilator mit Querstromgebläse, einschl. komplett verdrahteter Steuerung mit allen notwendigen MSR- und Sicherheitsbauteilen sowie mit Fernbedieneinheit, inkl. Montagematerial.
Betriebsart: **Kühlen / Kühlen und Heizen**
Wärmetauscher: **Verdampfer / Verflüssiger aus Kupferrohr mit Aluminiumlamellen**
Luftvolumenstrom von - bis: ..... m³/h
Luftansaugung: **vorne / unten / oben**
Luftfilter: .....
Luftausblas: **vorne / unten / oben**
Schalldruckpegel von - bis: ..... dB(A)
Betriebsspannung: **230 / 400 V / über Außengerät**
Kältemittel: **R410A / R32**
Gehäuse: Kunststoff
Geräteabmessungen (L x B x H): ..... x ..... x ..... mm
Farbe: .....

Kosten:
Stand 1.Quartal 2026
Bundesdurchschnitt

32 VRF-Innenwandgerät, Heizen/Kühlen, 2,5kW KG **434**

Wie Ausführungsbeschreibung A 6
Heizleistung: 2,5 kW
SCOP: .....
Kälteleistung: ..... kW
SEER: .....

1.206€ 1.335€ **1.807€** 2.238€ 17.377€ [St] ⏱ 1,80h/St 075.000.052

33 VRF-Innenwandgerät, Heizen/Kühlen, 5,0kW KG **434**

Wie Ausführungsbeschreibung A 6
Heizleistung: 5,0 kW
SCOP: .....
Kälteleistung: ..... kW
SEER: .....

1.583€ 1.748€ **2.291€** 2.939€ 3.013€ [St] ⏱ 1,80h/St 075.000.054

34 VRF-Verteilereinheit, Innengerät KG **434**

VRF-Verteilereinheit als Multi-Split-Regeleinheit, zum Einbau im Gebäudeinneren.
Abmessungen (L x B x T): ..... x ..... x ..... mm
Geräteanzahl: .....
Leistung: .....
Ausführung gem. Einzelbeschreibung: .....
Angeb. Fabrikat: .....

1.038€ 1.078€ **1.658€** 1.977€ 2.223€ [St] ⏱ 1,00h/St 075.000.055

► min
▷ von
ø Mittel
◁ bis
◄ max

Nr.	Kurztext / Langtext						Kostengruppe
▶	▷	ø netto €	◁	◀	[Einheit]	Ausf.-Dauer	Positionsnummer

35 Inbetriebnahme, VRF-Anlage KG **434**

Die Inbetriebnahme hat gem. der Vorgaben des Herstellers sowie den gesetzlichen Bestimmungen unter Berücksichtigung der Garantie und Gewährleistung zu erfolgen, einschl. An- und Abreisekosten, inkl. Aushändigung des unterzeichneten Übergabe und Inbetriebnahmeprotokolls. Leistungsumfang: Inbetriebnahme der Kälteanlage, Inbetriebsetzen und Programmieren, Überprüfen der Hersteller-Projektierungsrichtlinien, Protokollerstellung mit allen eingestellten Parametern, inkl. Aushändigung des unterzeichneten Übergabe-/Inbetriebnahmeprotokolls.
Einbauort: .....

401€ | 685€ | **742€** | 954€ | 1.238€ | [psch] | ⏱ 1,50h/psch | 075.000.057

36 Stundensatz, Monteur/-in Lüftung/Kälte

Verrechnungssatz für die jeweilige Arbeitskraft inkl. aller Aufwendungen wie Lohn- und Gehaltskosten, Lohn- und Gehaltsnebenkosten, Zuschläge, lohngebundene und lohnabhängige Kosten, sonstige Sozialkosten, Gemeinkosten, Wagnis und Gewinn. Leistung nach besonderer Anordnung der Bauüberwachung. Nachweis und Anmeldung gem. VOB/B.

63€ | 72€ | **77€** | 85€ | 103€ | [h] | ⏱ 1,00h/h | 075.000.060

37 Stundensatz, Helfer/-in Lüftung/Kälte

Verrechnungssatz für die jeweilige Arbeitskraft inkl. aller Aufwendungen wie Lohn- und Gehaltskosten, Lohn- und Gehaltsnebenkosten, Zuschläge, lohngebundene und lohnabhängige Kosten, sonstige Sozialkosten, Gemeinkosten, Wagnis und Gewinn. Leistung nach besonderer Anordnung der Bauüberwachung. Nachweis und Anmeldung gem. VOB/B.

50€ | 59€ | **63€** | 65€ | 69€ | [h] | ⏱ 1,00h/h | 075.000.061

D Freianlagen

Titel des Leistungsbereichs	LB-Nr.
Landschaftsbauarbeiten	003
Landschaftsbauarbeiten - Pflanzen	004
Straßen, Wege, Plätze	080

003

Kosten:
Stand 1. Quartal 2026
Bundesdurchschnitt

Nr.	Positionen	Einheit	►	▷	ø brutto € / ø netto €	◁	◄
1	Baugelände abräumen, entsorgen	t	162	204	**231**	245	271
			136	171	**194**	205	228
2	Baum herausnehmen, einschlagen	St	141	180	**199**	223	260
			119	151	**167**	187	218
3	Strauch herausnehmen, einschlagen, 60-100cm	St	26	32	**33**	41	52
			21	27	**28**	35	43
4	Baugelände roden	m²	9	13	**15**	19	27
			8	11	**12**	16	23
5	Grasnarbe abtragen, entsorgen	m²	4	5	**5**	6	6
			3	4	**4**	5	5
6	Bewachsene Fläche mähen	m²	2	2	**3**	4	5
			1	2	**2**	3	4
7	Maschendrahtzaun abbrechen bis 2,0m, entsorgen	m	15	18	**19**	20	23
			13	15	**16**	17	19
8	Baum fällen, Durchmesser bis 15cm, entsorgen	St	55	78	**86**	93	113
			46	66	**72**	78	95
9	Baum fällen, Durchmesser bis 30cm, entsorgen	St	113	135	**148**	156	185
			95	114	**124**	132	155
10	Baum fällen, Durchmesser bis 50cm, entsorgen	St	179	231	**246**	285	357
			151	194	**207**	239	300
11	Baum fällen, Durchmesser über 50cm, entsorgen	St	243	307	**345**	365	410
			204	258	**290**	307	344
12	Wurzelstock roden, bis 30cm	St	72	84	**91**	101	119
			61	71	**76**	85	100
13	Wurzelstock fräsen, einarbeiten	St	92	123	**128**	145	177
			77	103	**108**	122	149
14	Organische Stoffe aufnehmen, entsorgen	m³	26	36	**40**	43	53
			22	30	**33**	36	45
15	Oberboden abtragen, lagern	m³	21	26	**29**	30	35
			18	22	**24**	26	30
16	Oberboden abtragen, lagern, bis 20cm	m²	4	7	**7**	9	12
			4	6	**6**	8	10
17	Oberboden abtragen, lagern, bis 30cm	m²	5	8	**9**	10	13
			5	7	**7**	8	11
18	Oberboden abtragen, einarbeiten, 30cm	m³	24	28	**30**	32	37
			20	23	**25**	27	31
19	Oberboden auftragen, lagernd	m³	10	14	**16**	18	25
			8	12	**13**	15	21
20	Oberboden liefern und einbauen, bis 30cm	m³	41	51	**56**	62	75
			35	43	**47**	52	63
21	Baugelände abräumen	m²	4	6	**7**	8	11
			3	5	**6**	7	9
22	Einzelfundament, Mastleuchte	St	158	207	**214**	216	265
			133	174	**180**	181	223
23	Gründungssohle verdichten	m²	1	2	**3**	4	5
			1	2	**2**	3	4
24	Aushub Dränleitung	m³	33	36	**38**	39	43
			28	30	**32**	33	36

► min
▷ von
ø Mittel
◁ bis
◄ max

Nr.	Positionen	Einheit	►	▷	ø brutto € / ø netto €	◁	◄
25	Pflanzgrube für Kleingehölz 20x20x20	St	5	7	**8**	9	10
			4	6	**6**	8	8
26	Pflanzgrube für Rankgehölz 50x50x50	St	14	17	**18**	21	25
			11	14	**15**	17	21
27	Pflanzgrube für Solitärbaum 150x150x80	St	53	76	**85**	101	135
			45	64	**72**	85	114
28	Pflanzgrube für Solitärbaum 300x300x100	St	100	132	**154**	170	205
			84	111	**129**	143	173
29	Pflanzgraben für Hecke herstellen	m	12	15	**16**	17	20
			10	13	**14**	14	17
30	Handaushub, Zulage	m³	69	87	**94**	100	113
			58	73	**79**	84	95
31	Pflanzgrube verfüllen, Oberbodengemisch	St	30	41	**47**	50	63
			25	35	**39**	42	53
32	Pflanzgrube verfüllen, Baumsubstrat	St	55	69	**71**	76	87
			46	58	**60**	64	73
33	Vegetationsflächen lockern, fräsen	m²	0,9	1,3	**1,4**	1,7	2,2
			0,7	1,1	**1,2**	1,4	1,9
34	Tiefenlockerung, Boden	m²	0,5	0,7	**0,8**	0,8	1,0
			0,5	0,6	**0,6**	0,7	0,8
35	Bodenverbesserung, Komposterde	m²	2	3	**4**	5	6
			2	3	**3**	4	5
36	Bodenverbesserung, Kiessand	m²	2	3	**3**	3	4
			2	2	**2**	3	3
37	Mulchsubstrat liefern, einbauen	m²	5	7	**8**	8	10
			4	6	**6**	7	9
38	Pflanzflächen mulchen, Rindenmulch	m²	6	8	**8**	9	10
			5	6	**7**	7	8
39	Vegetationsfläche, organische Düngung	m²	0,7	1,0	**1,1**	1,5	2,1
			0,6	0,9	**1,0**	1,2	1,7
40	Langzeitdünger	m²	0,2	0,5	**0,7**	1,1	1,9
			0,2	0,4	**0,6**	1,0	1,6
41	Feinplanum, Vegetationsfläche	m²	1	2	**3**	3	5
			1	2	**2**	3	4
42	Feinplanum, Rasenfläche	m²	1	2	**3**	3	5
			1	2	**2**	3	4
43	Solitär/Hochstamm nach Einschlag pflanzen	St	23	28	**32**	36	41
			19	24	**27**	30	34
44	Solitärgehölz nach Einschlag pflanzen	St	34	39	**40**	45	48
			29	33	**34**	38	40
45	Sträucher liefern/pflanzen, 100-150cm	St	9	14	**16**	21	30
			8	12	**13**	18	25
46	Sträucher liefern/pflanzen, über 150cm	St	16	21	**24**	31	42
			13	17	**20**	26	36
47	Baumverankerung, Unterflur	St	144	179	**192**	211	257
			121	151	**161**	178	216
48	Verdunstungsschutz, Baumstamm	St	20	27	**30**	35	45
			16	23	**25**	30	38

Landschaftsbauarbeiten — **Preise €**

Nr.	Positionen	Einheit	▶	▷	ø brutto € / ø netto €	◁	◀
49	Pflanzverankerung, Baumpfahl	St	21	25	**27**	28	31
			18	21	**22**	23	26
50	Pflanzenverankerung, Pfahl-Zweibock	St	50	66	**73**	86	108
			42	56	**62**	72	91
51	Pflanzenverankerung, Pfahl-Dreibock	St	77	97	**106**	119	147
			65	81	**89**	100	124
52	Ansaat, Spielrasen	m²	1	2	**2**	3	4
			0,9	1,4	**1,5**	2,2	3,4
53	Ansaat, Gebrauchsrasen	m²	0,9	1,3	**1,4**	1,6	2,1
			0,8	1,1	**1,2**	1,4	1,8
54	Fertigrasen liefern, einbauen	m²	13	16	**18**	21	27
			11	14	**15**	17	23
55	Rasenflächen Mähen	m²	0,5	1,9	**2,3**	2,6	3,4
			0,4	1,6	**2,0**	2,2	2,9
56	Rasenfläche düngen	m²	0,4	0,5	**0,6**	0,7	1,0
			0,3	0,4	**0,5**	0,6	0,9
57	Heckenschnitt, Hainbuche	m	6	8	**8**	10	12
			5	6	**7**	8	10
58	Fertigstellungspflege, Baum	St	31	47	**66**	80	89
			26	39	**56**	68	75
59	Fertigstellungspflege, Sträucher	St	80	93	**99**	103	117
			67	78	**83**	87	98
60	Fertigstellungspflege Stauden, Bodendecker	m²	0,7	1,8	**2,0**	2,5	3,5
			0,6	1,5	**1,6**	2,1	2,9
61	Fertigstellungspflege, Hecken bis 2,00m	m	10	13	**14**	15	17
			9	11	**12**	13	14
62	Pflanzflächen wässern	m²	1	3	**4**	6	10
			1	3	**3**	5	8
63	Wässern der Hecke	m²	3	4	**4**	6	8
			2	3	**4**	5	6
64	Wässern Solitärgehölze	St	8	9	**10**	10	12
			6	8	**9**	9	10
65	Wässern der Rasenfläche	m²	0,4	0,7	**0,9**	1,0	1,4
			0,4	0,6	**0,8**	0,9	1,2
66	Pflanzflächen lockern, Baumscheiben	m²	0,9	1,4	**1,5**	2,3	3,6
			0,7	1,2	**1,3**	1,9	3,1
67	Bewässerungssack Neupflanzungen, 60l	St	–	22	**23**	27	–
			–	18	**19**	23	–
68	Bewässerungssack Neupflanzungen, 100l	St	–	32	**34**	40	–
			–	27	**28**	33	–
69	Gießrand zur Bewässerung des Wurzelballens herstellen	m	–	8	**9**	10	–
			–	7	**7**	8	–
70	Baumsubstrat für nicht befahrbare, freitragend überbaute Baugruben	m³	–	5	**5**	6	–
			–	4	**4**	5	–
71	Baumbelüftungs- und Entwässerungs-Set	St	–	8	**9**	10	–
			–	7	**8**	9	–

Kosten:
Stand 1. Quartal 2026
Bundesdurchschnitt

▶ min
▷ von
ø Mittel
◁ bis
◀ max

Nr.	Positionen	Einheit	▶	▷	ø brutto € / ø netto €	◁	◀
72	Abdeckelement für Baumbelüftungs- und Entwässerungs-Set	St	48	65	**71**	80	86
			41	55	**60**	67	72
73	Wurzelbewässerungs- und Wurzelbelüftungssystem	St	216	284	**309**	343	371
			182	239	**260**	288	312
74	Wasserretentionsbox, Speicherung von Wasser unter Baumstandort	St	65	88	**96**	106	118
			54	74	**81**	89	99
75	Feinplanie Blühwiese	m²	1	1	**2**	2	2
			0,9	1,2	**1,3**	1,4	1,5
76	Ansaat Blühwiese	m²	–	3	**3**	3	–
			–	2	**2**	3	–
77	Blühwiese, Zusammensetzung Blütenstauden+Gräser	m²	5	7	**8**	9	9
			4	6	**7**	7	7
78	Fertigstellungspflege Blühwiese	m²	–	0,6	**0,7**	0,8	–
			–	0,5	**0,6**	0,6	–
79	Viereck-Drahtgeflecht, 1,00m	m	44	53	**59**	72	87
			37	44	**49**	60	73
80	Viereck-Drahtgeflecht, 2,00m	m	69	104	**106**	128	163
			58	87	**89**	107	137
81	Stabgitterzaun, 0,80m	m	55	92	**100**	103	146
			46	77	**84**	87	122
82	Stabgitterzaun, 2,00m	m	98	113	**137**	154	219
			82	95	**115**	130	184
83	Drehflügeltor, einflüglig, lichte Weite 1,30m, H 1,00m	St	1.215	1.612	**1.954**	2.223	2.620
			1.021	1.355	**1.642**	1.868	2.202
84	Drehflügeltor, einflüglig, lichte Weite 1,50m, H 1,20m	St	1.323	2.005	**2.152**	3.139	4.211
			1.111	1.685	**1.808**	2.638	3.538
85	Drehflügeltor, zweiflüglig, lichte Weite 2,50m, H 1,20m	St	2.449	3.096	**3.279**	3.533	4.105
			2.058	2.602	**2.755**	2.969	3.450
86	Drehflügeltor, zweiflüglig, lichte Weite 4,00m, H 1,20m	St	2.456	2.955	**3.282**	3.624	4.123
			2.064	2.483	**2.758**	3.045	3.464
87	Stahltor, einflüglig, beschichtet	St	1.365	1.654	**1.845**	1.999	2.461
			1.147	1.390	**1.551**	1.680	2.068
88	Stahltor, zweiflüglig, beschichtet	St	1.476	1.833	**2.040**	2.325	2.682
			1.241	1.541	**1.714**	1.954	2.254
89	Eckausbildung, Holzzaun	St	63	90	**105**	119	145
			53	75	**89**	100	122
90	Holzzaun, Senkrechtzaun, 1,00m	m	220	290	**300**	323	392
			185	244	**252**	271	329
91	Holzzaun, Staketenzaun, 1,00m	m	93	116	**125**	151	187
			78	97	**105**	127	157
92	Holzzauntüre, Senkrechtzaun, einflüglig	St	314	437	**516**	576	681
			264	368	**433**	484	572
93	Ballfangzaun, Gittermatten	m	348	435	**458**	488	567
			293	365	**385**	410	476
94	Sichtschutzzaun aus Holzelementen Höhe 2,00m	m	209	249	**258**	262	302
			175	210	**217**	220	254

Kosten:
Stand 1.Quartal 2026
Bundesdurchschnitt

Nr.	Positionen	Einheit	►	▷	ø brutto € / ø netto €	◁	◄
95	Schachtabdeckung, Klasse A, Guss	St	239	301	**330**	336	364
			201	253	**277**	282	306
96	Schachtabdeckung, Klasse B, Guss	St	259	323	**342**	396	514
			218	272	**287**	332	432
97	Dränleitung, PVC-Vollsickerrohr, DN100	m	22	29	**31**	37	45
			19	24	**26**	31	38
98	Formstück, Dränleitung, PVC, Bogen	St	14	19	**21**	24	29
			12	16	**18**	20	25
99	Formstück, Dränleitung, PVC, Abzweig	St	34	41	**46**	52	62
			29	35	**38**	44	52
100	Versickerungsmulden herstellen	m²	4	8	**10**	14	20
			4	7	**8**	12	17
101	Filtervlies	m²	3	4	**5**	6	8
			3	4	**4**	5	7
102	Kiesbett herstellen, 0/2	m³	52	64	**66**	68	76
			44	54	**55**	57	64
103	Kiesbett herstellen, 16/32	m³	61	78	**84**	94	108
			52	66	**71**	79	91
104	Vegetationsmatte, liefern/verlegen	m²	40	53	**57**	64	84
			33	44	**48**	53	71
105	Bewässerungseinrichtung, Hochstämme	St	80	111	**120**	134	180
			67	93	**101**	113	151
106	Baumschutzgitter, Metall	St	1.035	1.234	**1.305**	1.343	1.493
			870	1.037	**1.096**	1.129	1.254
107	Rankhilfe, Edelstahlseil	m	16	28	**34**	38	56
			13	24	**29**	32	47
108	Baumscheibe, Grauguss	St	1.864	2.885	**3.036**	3.265	3.885
			1.566	2.425	**2.551**	2.744	3.265
109	Spielgerät, Doppelschaukel	St	4.253	5.091	**5.562**	5.773	7.537
			3.574	4.278	**4.674**	4.851	6.334
110	Spielgerät, Hangrutsche	St	4.002	5.463	**6.258**	7.345	9.302
			3.363	4.591	**5.259**	6.172	7.817
111	Spielgerät, Klettergerüst	St	1.217	11.264	**12.926**	14.616	24.663
			1.023	9.465	**10.862**	12.282	20.725
112	Spielgerät, Federwipptier	St	1.542	1.911	**1.953**	2.183	2.536
			1.296	1.606	**1.641**	1.834	2.131
113	Spielsand, Körnung 0/2	t	39	49	**53**	78	106
			32	41	**45**	65	89
114	Spielsand auswechseln, bis 40cm	m³	16	21	**25**	29	36
			13	18	**21**	24	30
115	Einfassung, Sandkasten	m²	63	77	**82**	98	117
			53	65	**69**	82	98
116	Wegeeinfassung, Naturwerkstein	m	36	45	**49**	56	71
			30	38	**41**	47	59
117	Fallschutz auskoffern	m²	3	5	**7**	9	11
			2	5	**6**	8	10
118	Fallschutz, Kies	m²	32	38	**41**	47	54
			27	32	**34**	40	45

► min
▷ von
ø Mittel
◁ bis
◄ max

Nr.	Positionen	Einheit	▶	▷	ø brutto € / ø netto €	◁	◀
119	Fallschutzbelag, Gummigranulatplatten	m²	97	140	**149**	166	197
			82	118	**126**	139	166
120	Schall-Sichtschutzwand, Stahlbeton, 2,00m	St	478	630	**708**	768	898
			402	530	**595**	645	755
121	Fahrradständer, Stahlrohrkonstruktion	St	247	304	**357**	398	453
			208	256	**300**	335	381
122	Abfallbehälter, Stahlblech	St	699	999	**1.128**	1.206	1.387
			587	840	**948**	1.014	1.166
123	Großraumbox, Müllcontainer	St	–	2.102	**2.421**	2.542	–
			–	1.766	**2.035**	2.136	–
124	Rankhilfe, Flechtmatten	St	137	239	**251**	278	353
			115	201	**211**	233	296
125	Poller, Beton	St	317	579	**581**	606	748
			266	487	**488**	509	628
126	Poller, Stahl, beschichtet	St	416	539	**590**	651	770
			350	453	**496**	547	647
127	Hinweisschild, Aluminium	St	233	325	**348**	363	421
			196	273	**292**	305	354
128	Gewässerabdichtung, Teichfolie	m²	27	41	**48**	52	65
			23	34	**40**	44	54
129	Planum Gewässer	m²	6	10	**11**	16	22
			5	9	**9**	14	18
130	Sauberkeitsschicht, Teich	m²	5	7	**8**	8	10
			4	5	**7**	7	8
131	Wurzelanker im Teich	m²	33	44	**46**	51	56
			28	37	**39**	43	47
132	Befestigung, Gewässerabdichtungsbahn Uferbereich	m	19	23	**24**	25	29
			16	19	**21**	21	24
133	Teichrand herstellen	m²	13	16	**18**	19	21
			11	13	**15**	16	18
134	Dachfläche reinigen	m²	1	2	**3**	3	3
			1	2	**2**	2	3
135	Durchwurzelungsschutzschicht, PVC-P 0,8mm	m²	25	29	**31**	35	41
			21	24	**26**	29	34
136	Trenn-, Schutz- und Speichervlies, 500	m²	7	8	**9**	9	11
			6	7	**7**	8	9
137	Dachbegrünung, Dränschicht, Schüttstoff, Lava, 5cm	m²	–	5	**7**	9	–
			–	4	**5**	7	–
138	Dachbegrünung, Dränschicht, Schüttstoff, Blähschiefer, 5cm	m²	13	17	**19**	20	24
			11	14	**16**	17	20
139	Dränageelement, PE-Platte, 25mm, Dachbegrünung	m²	15	19	**20**	22	25
			13	16	**17**	18	21
140	Dränageelement, PE-Platte, 40mm, Dachbegrünung	m²	22	24	**26**	27	29
			18	20	**22**	23	25
141	Flächendränage, begehbare Flachdächer, HDPE	m²	100	134	**145**	163	176
			84	113	**121**	137	148

Kosten:
Stand 1.Quartal 2026
Bundesdurchschnitt

► min
▷ von
ø Mittel
◁ bis
◄ max

Nr.	Positionen	Einheit	►	▷	ø brutto € / ø netto €	◁	◄
142	Filtervlies, Dränageabdeckung, 100g/m²	m²	4	6	**6**	7	8
			4	5	**5**	6	7
143	Filtermatte, Dachbegrünung	m²	2	3	**4**	4	6
			2	3	**3**	4	5
144	Kontrollschacht, extensive Dachbegrünung, Höhe bis 20cm	St	110	124	**130**	138	155
			92	104	**110**	116	130
145	Kontrollschacht, intensive Dachbegrünung, Höhe bis 40cm	St	249	259	**265**	271	291
			209	217	**223**	228	244
146	Sicherheitsstreifen, Kies, Dachbegrünung	m²	12	15	**17**	19	22
			10	13	**14**	16	18
147	Kiesfangleiste, L-Profil, Dachbegrünung	m	24	30	**33**	36	45
			20	25	**28**	30	38
148	Einschichtsubstrat, extensive Dachbegrünung	m²	25	29	**32**	36	43
			21	25	**27**	30	36
149	Mehrschichtsubstrat, extensive Dachbegrünung	m²	33	38	**39**	41	45
			28	32	**33**	34	37
150	Begrünungssubstrat, Natur-Bims, Dachbegrünung	m²	13	17	**19**	21	24
			11	14	**16**	18	20
151	Mehrschichtsubstrat, intensive Dachbegrünung	m²	41	45	**47**	50	54
			34	38	**40**	42	45
152	Nassansaat, extensive Dachbegrünung, Saatgutmischung	m²	7	9	**10**	11	15
			6	7	**8**	9	13
153	Trockenansaat, extensive Dachbegrünung, Saatgutmischung	m²	4	6	**7**	8	10
			3	5	**6**	6	8
154	Düngung, Dachbegrünung, extensiv	m²	0,4	0,8	**1,0**	1,1	1,2
			0,4	0,7	**0,8**	0,9	1,0
155	Wässern, Dachbegrünung, extensiv	m²	0,9	1,1	**1,2**	1,4	1,5
			0,7	0,9	**1,0**	1,2	1,2
156	Stelzlager, Unterbau, Plattenbeläge, Dachbegrünung, H 25-40mm	St	9	11	**12**	13	15
			8	9	**10**	11	12
157	Stelzlager, Unterbau, Plattenbeläge, Dachbegrünung, H 145-225mm	St	12	16	**17**	19	20
			10	13	**14**	16	17
158	Stelzlager, Aufstockelement, höhenverstellbar, H 80mm	St	7	9	**10**	11	12
			6	8	**8**	9	10
159	Plattenlager, Betonplatten, höhenverstellbar, H 10mm	St	7	8	**9**	10	11
			6	7	**8**	9	9
160	Sekurant, Anseilsicherung, Stahl verzinkt	St	251	298	**323**	337	399
			211	250	**271**	283	335
161	Fertigstellungspflege, extensive Dachbegrünung	m²	3	5	**5**	7	10
			2	4	**4**	6	8
162	Rankhilfe, Fassadenbegrünung, Edelstahlseil	St	378	406	**415**	433	461
			317	341	**349**	364	388
163	Trenn-, Schutz-, Speichervlies	m²	3	3	**3**	4	6
			2	3	**3**	4	5

Nr.	Positionen	Einheit	►	▷	ø brutto € / ø netto €	◁	◄
164	Stundensatz, Helfer/-in	h	61	67	**70**	73	79
			51	56	**59**	61	66
165	Stundensatz, Facharbeiter/-in	h	72	83	**88**	92	99
			61	69	**74**	78	83

Nr. **Kurztext** / Langtext — Kostengruppe
► ▷ **ø netto €** ◁ ◄ [Einheit] Ausf.-Dauer Positionsnummer

1 Baugelände abräumen, entsorgen KG **594**

Baugelände abräumen, von unbelasteten Steinen, Schutt und Unrat abräumen. Räumgut entsorgen.
Maschineneinsatz: **ja / nein**

136€ 171€ **194€** 205€ 228€ [t] ⏱ 2,90h/t 003.000.080

2 Baum herausnehmen, einschlagen KG **573**

Baum herausnehmen, mit Ballen, transportieren und bis zur Wiedereinpflanzung einschlagen.
Stammumfang: 18 bis 20 cm

119€ 151€ **167€** 187€ 218€ [St] ⏱ 2,55h/St 003.000.276

3 Strauch herausnehmen, einschlagen, 60-100cm KG **573**

Strauch herausnehmen, mit Ballen, transportieren und bis zur Wiedereinpflanzung einschlagen
Wuchsbreite: bis 50 cm
Wuchshöhe: über 50-100 cm

21€ 27€ **28€** 35€ 43€ [St] ⏱ 0,30h/St 003.000.274

4 Baugelände roden KG **214**

Baugelände roden, Räumgut abfahren. Auf dem Gelände vorhanden: Busch-, Hecken- und Baumbestand bis 10cm Stammdurchmesser (gemessen in 1,00m Stammhöhe).

8€ 11€ **12€** 16€ 23€ [m²] ⏱ 0,10h/m² 003.000.271

5 Grasnarbe abtragen, entsorgen KG **214**

Grasnarbe abtragen, laden, abfahren entsorgen. Abrechnung in der Abwicklung.
Schichtdicke: über 3 bis 5 cm
Bodengruppen DIN 18915: .....

3€ 4€ **4€** 5€ 5€ [m²] ⏱ 0,04h/m² 003.000.361

6 Bewachsene Fläche mähen KG **214**

Bewachsene Fläche, Gräser und Kräuter mähen und Schnittgut entsorgen.
Wuchshöhe: bis 70 cm

1€ 2€ **2€** 3€ 4€ [m²] ⏱ 0,02h/m² 003.000.005

Kosten:
Stand 1.Quartal 2026
Bundesdurchschnitt

Nr.	Kurztext / Langtext						Kostengruppe
►	▷	ø netto €	◁	◄	[Einheit]	Ausf.-Dauer	Positionsnummer

7 Maschendrahtzaun abbrechen bis 2,0m, entsorgen — KG **594**

Maschendrahtzaun einschl. Stahlpfosten und Fundamente abbrechen, abfahren und entsorgen.
Material: Viereck-Drahtgeflecht, kunststoffummantelt
Zaunhöhe: bis 2,00 m
Zaunlänge: ..... m

►	▷	ø	◁	◄	Einheit	Dauer	Positionsnummer
13€	15€	**16€**	17€	19€	[m]	⏱ 0,25h/m	003.000.196

A 1 Baum fällen, entsorgen — Beschreibung für Pos. **8-11**

Baum fällen, als Einzelbaum.
Baum: **frei fallend / stückweise abnehmen**
Maschineneinsatz: **ja / nein**

8 Baum fällen, Durchmesser bis 15cm, entsorgen — KG **214**

Wie Ausführungsbeschreibung A 1
Baumart: .....
Stammdurchmesser: bis 15 cm
Baumhöhe: ..... m

►	▷	ø	◁	◄	Einheit	Dauer	Positionsnummer
46€	66€	**72€**	78€	95€	[St]	⏱ 1,60h/St	003.000.074

9 Baum fällen, Durchmesser bis 30cm, entsorgen — KG **214**

Wie Ausführungsbeschreibung A 1
Baumart: .....
Stammdurchmesser: bis 30 cm
Baumhöhe: ..... m

►	▷	ø	◁	◄	Einheit	Dauer	Positionsnummer
95€	114€	**124€**	132€	155€	[St]	⏱ 2,50h/St	003.000.075

10 Baum fällen, Durchmesser bis 50cm, entsorgen — KG **214**

Wie Ausführungsbeschreibung A 1
Baumart: .....
Stammdurchmesser: bis 50 cm
Baumhöhe: ..... m

►	▷	ø	◁	◄	Einheit	Dauer	Positionsnummer
151€	194€	**207€**	239€	300€	[St]	⏱ 3,20h/St	003.000.076

11 Baum fällen, Durchmesser über 50cm, entsorgen — KG **214**

Wie Ausführungsbeschreibung A 1
Baumart: .....
Stammdurchmesser: über 50 cm
Baumhöhe: ..... m

►	▷	ø	◁	◄	Einheit	Dauer	Positionsnummer
204€	258€	**290€**	307€	344€	[St]	⏱ 3,80h/St	003.000.077

12 Wurzelstock roden, bis 30cm — KG **214**

Wurzelstöcke gefällter Bäume roden, gerodete Stoffe häckseln und auf Baustelle lagern.
Stammdurchmesser: bis 30 cm
Rodungstiefe: .....
Entfernung Lagerfläche bis ..... m

►	▷	ø	◁	◄	Einheit	Dauer	Positionsnummer
61€	71€	**76€**	85€	100€	[St]	⏱ 0,80h/St	003.000.322

► min
▷ von
ø Mittel
◁ bis
◄ max

Nr.	Kurztext / Langtext						Kostengruppe
▶	▷	ø netto €	◁	◀	[Einheit]	Ausf.-Dauer	Positionsnummer

13 Wurzelstock fräsen, einarbeiten KG **214**

Wurzelstock roden, fräsen und Material in Boden einarbeiten.
Baumart: .....
Rodungstiefe: ..... cm
Durchmesser: ..... cm
Einbauort: Baustelle

77€ | 103€ | **108€** | 122€ | 149€ | [St] | ⏱ 1,00h/St | 003.000.079

14 Organische Stoffe aufnehmen, entsorgen KG **214**

Organische Stoffe aller Art aufnehmen und entsorgen.
Wuchshöhe: bis 70 cm

22€ | 30€ | **33€** | 36€ | 45€ | [m³] | ⏱ 0,16h/m³ | 080.000.027

15 Oberboden abtragen, lagern KG **511**

Oberboden, profilgerecht abtragen, laden, fördern und Bodengruppen getrennt lagern.
Bodengruppe DIN 18196: .....
Gesamtabtragstiefe: bis 30 cm
Förderweg: bis ..... km
Mengenermittlung nach Aufmaß an der Entnahmestelle.

18€ | 22€ | **24€** | 26€ | 30€ | [m³] | ⏱ 0,15h/m³ | 003.000.199

A 2 Oberboden abtragen, lagern Beschreibung für Pos. **16-17**

Oberboden, profilgerecht abtragen, laden, fördern und lagern.
Bodenzuordnung lt. **Aufstellung / Bericht / gemeinsamer Feststellung**

16 Oberboden abtragen, lagern, bis 20cm KG **214**

Wie Ausführungsbeschreibung A 2
Bodengruppen: ..... DIN 18196
Gesamtabtragstiefe: bis 20 cm
Förderweg: bis ..... km
Mengenermittlung nach Aufmaß an der Entnahmestelle.

4€ | 6€ | **6€** | 8€ | 10€ | [m²] | ⏱ 0,06h/m² | 003.000.324

17 Oberboden abtragen, lagern, bis 30cm KG **214**

Wie Ausführungsbeschreibung A 2
Bodengruppen: ..... DIN 18196
Gesamtabtragstiefe: bis 30 cm
Förderweg: bis ..... km
Mengenermittlung nach Aufmaß an der Entnahmestelle.

5€ | 7€ | **7€** | 8€ | 11€ | [m²] | ⏱ 0,06h/m² | 003.000.325

003
004
080

Nr.	Kurztext / Langtext						Kostengruppe
▶	▷	ø netto €	◁	◀	[Einheit]	Ausf.-Dauer	Positionsnummer

Kosten:
Stand 1. Quartal 2026
Bundesdurchschnitt

18 Oberboden abtragen, einarbeiten, 30cm — KG 214

Oberboden, profilgerecht lösen, fördern und laden, mit LKW des AN zur zugelassenen Lagerstelle abfahren, dort lagenweise einarbeiten.
Bodenzuordnung: lt. **Aufstellung / Bericht / gemeinsamer Feststellung**
Bodengruppen: ..... DIN 18196
Gesamtabtragstiefe i.M.: 30 cm
Aushub: nicht schadstoffbelastet
Zuordnung:
Lagerstätte (Bezeichnung/Ort): .....
Förderweg: bis ..... km
Mengenermittlung nach Aufmaß an der Entnahmestelle.

20€ | 23€ | **25€** | 27€ | 31€ | [m3] | ⏱ 0,20 h/m3 | 003.000.327

19 Oberboden auftragen, lagernd — KG 571

Oberboden, zwischengelagert, laden, fördern, profilgerecht auftragen, eine Bodengruppe.
Bodengruppen: ..... DIN 18196
Auftragsdicke: .....
Förderweg: bis 0,5 km

8€ | 12€ | **13€** | 15€ | 21€ | [m3] | ⏱ 0,10 h/m3 | 003.000.094

20 Oberboden liefern und einbauen, bis 30cm — KG 571

Oberboden, liefern, profilgerecht auftragen, eine Bodengruppe.
Bodengruppen: ..... DIN 18196
Auftragsdicke: über 20-30 cm

35€ | 43€ | **47€** | 52€ | 63€ | [m3] | ⏱ 0,19 h/m3 | 003.000.188

21 Baugelände abräumen — KG 214

Baugelände von unbelasteten Steinen, Schutt und Unrat abräumen. Räumgut trennen, laden, fördern und lagern

3€ | 5€ | **6€** | 7€ | 9€ | [m2] | ⏱ 0,05 h/m2 | 003.000.001

22 Einzelfundament, Mastleuchte — KG 541

Einzelfundament Mastleuchte einschl. Aushub und Schalung.
Überschüssiger Boden ist zu entsorgen.
Beton: C20/25
Fundamentmaße (L x B x T): 60 x 60 x 80 cm

133€ | 174€ | **180€** | 181€ | 223€ | [St] | ⏱ 1,10 h/St | 003.000.362

23 Gründungssohle verdichten — KG 511

Gründungssohle verdichten, in Baugruben.
Verdichtungsgrad: mind. DPr 0,95
Verformungsmodul: mind. EV2 45 Mpa

1€ | 2€ | **2€** | 3€ | 4€ | [m2] | ⏱ 0,02 h/m2 | 003.000.092

▶ min
▷ von
ø Mittel
◁ bis
◀ max

Nr.	Kurztext / Langtext						Kostengruppe
▶	▷	ø netto €	◁	◀	[Einheit]	Ausf.-Dauer	Positionsnummer

24 Aushub Dränleitung KG **511**

Boden für Dränleitung profilgerecht lösen, Aushub laden, fördern, lagern. Arbeiten mit dem Gerät.
Grabenbreite: bis 0,80 m
Aushubtiefe: bis 0,80 m
Förderweg: bis 150 m
Baumaßnahme der Geotechnischen Kategorie 1 DIN 4020
Homogenbereich 1, mit einer Bodengruppe
Bodengruppen DIN 18196: .....
Homogenbereich 1 oben: 0 m
Homogenbereich 1 unten: bis 0,80 m
Massenanteile der Steine DIN EN ISO 14688-1: über ..... bis .....%
Massenanteile der Blöcke DIN EN ISO 14688-1: über ..... bis .....%
Konsistenz DIN EN ISO 14688-1: von ..... bis .....
Lagerungsdichte: ..... von ..... bis .....

28€ 30€ **32€** 33€ 36€ [m³] ⏱ 0,29 h/m³ 003.000.090

A 3 Pflanzgrube für Kleingehölz Beschreibung für Pos. **25-26**

Pflanzgrube für Kleingehölz ausheben und verdrängten Boden zu Gießrändern aufhäufeln oder seitlich einplanieren. Grubensohle bis zur Pflanzung sauber halten.
Grubensohle lockern: Tiefe bis 20cm

25 Pflanzgrube für Kleingehölz 20x20x20 KG **571**

Wie Ausführungsbeschreibung A 3
Größe: 20 x 20 x 20 cm
Bodengruppen: .... DIN 18915

4€ 6€ **6€** 8€ 8€ [St] ⏱ 0,20 h/St 003.000.207

26 Pflanzgrube für Rankgehölz 50x50x50 KG **571**

Wie Ausführungsbeschreibung A 3
Größe: 50 x 50 x 50 cm
Bodengruppen: .... DIN 18915

11€ 14€ **15€** 17€ 21€ [St] ⏱ 0,22 h/St 003.000.209

A 4 Pflanzgrube Solitär Beschreibung für Pos. **27-28**

Pflanzgrube ausheben, Aushub seitlich einarbeiten. Grubensohle bis zur Pflanzung sauber halten.
Grubensohle lockern: Tiefe bis 20cm

27 Pflanzgrube für Solitärbaum 150x150x80 KG **571**

Wie Ausführungsbeschreibung A 4
Größe: 150 x 150 x 80 cm
Bodengruppen: .... DIN 18915

45€ 64€ **72€** 85€ 114€ [St] ⏱ 0,50 h/St 003.000.379

Kosten:
Stand 1. Quartal 2026
Bundesdurchschnitt

Nr.	Kurztext / Langtext						Kostengruppe
▶	▷	ø netto €	◁	◀	[Einheit]	Ausf.-Dauer	Positionsnummer

28 Pflanzgrube für Solitärbaum 300x300x100 — KG **571**

Wie Ausführungsbeschreibung A 4
Größe: 300 x 300 x 100 cm
Bodengruppen: .... DIN 18915

▶	▷	ø netto €	◁	◀	[Einheit]	Ausf.-Dauer	Positionsnummer
84€	111€	**129€**	143€	173€	[St]	⏱ 1,20 h/St	003.000.268

29 Pflanzgraben für Hecke herstellen — KG **571**

Pflanzgraben ausheben, Aushub seitlich planieren, Sohle lockern.
Größe (B x T): 50 x 50 cm
Bodengruppen: .... DIN 18915

▶	▷	ø netto €	◁	◀	[Einheit]	Ausf.-Dauer	Positionsnummer
10€	13€	**14€**	14€	17€	[m]	⏱ 0,20 h/m	003.000.211

30 Handaushub, Zulage — KG **511**

Handaushub als Zulage für Erd- und Oberbauarbeiten in Rohrgräben.
Tiefe: ..... cm
Breite: ..... cm
Bodengruppen DIN 18915: .....

▶	▷	ø netto €	◁	◀	[Einheit]	Ausf.-Dauer	Positionsnummer
58€	73€	**79€**	84€	95€	[m^3]	⏱ 0,95 h/m^3	003.000.028

31 Pflanzgrube verfüllen, Oberbodengemisch — KG **571**

Pflanzgrube mit Oberbodengemisch verfüllen.
Material: 60% Oberboden, 30% Sand, 10% Kompost, gütegesichert
Pflanzgrube: 100 x 100 cm
Schichtdicke: 80 cm

▶	▷	ø netto €	◁	◀	[Einheit]	Ausf.-Dauer	Positionsnummer
25€	35€	**39€**	42€	53€	[St]	⏱ 0,07 h/St	003.000.012

32 Pflanzgrube verfüllen, Baumsubstrat — KG **571**

Pflanzgrube der Bäume mit Baumsubstrat verfüllen.
Substrat: Humus-Basismischung
Körnung: 0/16
Schichtdicke: 30 cm
Angebot. Fabrikat: .....

▶	▷	ø netto €	◁	◀	[Einheit]	Ausf.-Dauer	Positionsnummer
46€	58€	**60€**	64€	73€	[St]	⏱ 0,07 h/St	003.000.016

33 Vegetationsflächen lockern, fräsen — KG **571**

Vegetationsflächen kreuzweise lockern durch Fräsen. Steine, Unrat ab Durchmesser 5cm, schwer verrottbare Pflanzenteile ablesen und Unkraut ausgraben. Anfallende Stoffe sind zu entsorgen.
Tiefe: bis 15 cm
Bodengruppen DIN 18915: .....

▶	▷	ø netto €	◁	◀	[Einheit]	Ausf.-Dauer	Positionsnummer
0,7€	1,1€	**1,2€**	1,4€	1,9€	[m^2]	⏱ 0,01 h/m^2	003.000.018

▶ min
▷ von
ø Mittel
◁ bis
◀ max

Nr.	Kurztext / Langtext						Kostengruppe
▶	▷	ø netto €	◁	◀	[Einheit]	Ausf.-Dauer	Positionsnummer

34 Tiefenlockerung, Boden KG **571**

Vegetationsflächen kreuzweise lockern durch grubben. Steine, Unrat ab Durchmesser 5cm und schwer verrottbare Pflanzenteile ablesen, Unkraut ausgraben. Anfallende Stoffe sind zu entsorgen.
Tiefe: 25 cm
Bodengruppen DIN 18915: .....

0,5€	0,6€	**0,6€**	0,7€	0,8€	[m2]	⏱ 0,01 h/m2	003.000.015

35 Bodenverbesserung, Komposterde KG **571**

Bodenverbesserung der Vegetationsfläche gleichmäßig aufbringen und einarbeiten.
Material: Komposterde
Einzelkorn: bis 5 cm
Menge: l/m2
Arbeitstiefe: 5 cm
Bodengruppen DIN 18915: .....

2€	3€	**3€**	4€	5€	[m2]	⏱ 0,01 h/m2	003.000.009

36 Bodenverbesserung, Kiessand KG **571**

Bodenverbesserung der Vegetationsfläche, Material gleichmäßig aufbringen und einarbeiten.
Material: Kiessand
Körnung: 0/4
Menge: 20 kg/m2
Arbeitstiefe: 5 cm
Bodengruppen DIN 18915: .....

2€	2€	**2€**	3€	3€	[m2]	⏱ 0,05 h/m2	003.000.010

37 Mulchsubstrat liefern, einbauen KG **573**

Mulchschicht nachbessern, ganzflächig, auf Baumscheibe gleichmäßig aufbringen.
Material: Rindenmulch, gütegesichert
Körnung: 0/20
Schichtdicke: mind. 8 cm

4€	6€	**6€**	7€	9€	[m2]	⏱ 0,04 h/m2	003.000.017

38 Pflanzflächen mulchen, Rindenmulch KG **573**

Mulchen der Pflanzfläche mit gütegesichertem Rindenmulch.
Mulchdicke: über 10-15 cm
Körnung: .....

5€	6€	**7€**	7€	8€	[m2]	⏱ 0,10 h/m2	004.000.196

39 Vegetationsfläche, organische Düngung KG **571**

Grunddüngung der Vegetationsfläche, organischer Dünger aufbringen und einarbeiten.
Material: .....
Menge: 60 g/m2
Angeb. Fabrikat

0,6€	0,9€	**1,0€**	1,2€	1,7€	[m2]	⏱ 0,02 h/m2	003.000.008

Nr.	Kurztext / Langtext						Kostengruppe
►	▷	**ø netto €**	◁	◀	[Einheit]	Ausf.-Dauer	Positionsnummer

40 Langzeitdünger KG **573**

Düngung der Pflanzfläche, mit organisch-mineralischem Dünger mit Langzeitwirkung aufbringen und einarbeiten.
Menge: 50 g/m²

0,2€	0,4€	**0,6€**	1,0€	1,6€	[m²]	⏱ 0,01 h/m²	003.000.329

41 Feinplanum, Vegetationsfläche KG **574**

Feinplanum für Rasenfläche. Steine von mehr als 5 cm Durchmesser und schwer verrottbare Pflanzenteile ablesen, anfallende Stoffe zur Abfuhr auf Haufen setzen.
Bodengruppen: .... DIN 18915
Abweichung Ebenheit: 3 cm auf 4,00 m, 2 cm auf 2,00 m Messstrecke

1€	2€	**2€**	3€	4€	[m²]	⏱ 0,03 h/m²	003.000.330

Kosten:
Stand 1. Quartal 2026
Bundesdurchschnitt

42 Feinplanum, Rasenfläche KG **574**

Feinplanum für Rasenfläche. Steine von mehr als 5 cm Durchmesser und schwer verrottbare Pflanzenteile ablesen, anfallende Stoffe zur Abfuhr auf Haufen setzen.
Bodengruppen: .... DIN 18915
Abweichung Ebenheit: 3 cm auf 4,00 m, 2 cm auf 2,00 m Messstrecke

1€	2€	**2€**	3€	4€	[m²]	⏱ 0,03 h/m²	003.000.014

43 Solitär/Hochstamm nach Einschlag pflanzen KG **573**

Solitärgehölz bauseits lagernd, aus Einschlagort entnehmen und gem. Pflanzplan in vorbereitete Pflanzgrube pflanzen, Pflanzgrube wieder verfüllen.
Höhe: bis 100 cm
Breite: über 100-200 cm
Bodengruppen: .... DIN 18915
Pflanzlieferung wird gesondert vergütet

19€	24€	**27€**	30€	34€	[St]	⏱ 1,10 h/St	003.000.331

44 Solitärgehölz nach Einschlag pflanzen KG **573**

Solitärgehölz bauseits lagernd, aus Einschlagort entnehmen und gem. Pflanzplan in vorbereitete Pflanzgrube pflanzen, Pflanzgrube wieder verfüllen.
Höhe: bis 100 cm
Breite: bis 100 cm
Bodengruppen: .... DIN 18915

29€	33€	**34€**	38€	40€	[St]	⏱ 1,00 h/St	003.000.332

► min
▷ von
ø Mittel
◁ bis
◀ max

Nr.	Kurztext / Langtext						Kostengruppe
▶	▷	ø netto €	◁	◀	[Einheit]	Ausf.-Dauer	Positionsnummer

A 5 Sträucher liefern/pflanzen — Beschreibung für Pos. **45-46**

Strauch pflanzen in herzustellende und wieder zu verfüllende Pflanzgrube, einschl. Pflanzschnitt.
Pflanzgrube: doppelte Ballengröße

45 Sträucher liefern/pflanzen, 100-150cm — KG **573**

Wie Ausführungsbeschreibung A 5
Strauchart: .....
Pflanzqualität: .....
Strauchhöhe: 100-150 cm
Bodengruppen: .... DIN 18915

▶	▷	ø netto €	◁	◀	[Einheit]	Ausf.-Dauer	Positionsnummer
8€	12€	**13€**	18€	25€	[St]	⏱ 0,18h/St	003.000.341

46 Sträucher liefern/pflanzen, über 150cm — KG **573**

Wie Ausführungsbeschreibung A 5
Strauchart: .....
Pflanzqualität: .....
Strauchhöhe: über 150 cm
Bodengruppen: .... DIN 18915

▶	▷	ø netto €	◁	◀	[Einheit]	Ausf.-Dauer	Positionsnummer
13€	17€	**20€**	26€	36€	[St]	⏱ 0,20h/St	003.000.340

47 Baumverankerung, Unterflur — KG **573**

Unterflur-Baumverankerung mit Stahlanker mit Gurtschlaufen und Spanngurten aus Polyestergewebe.
Breite: 60 mm
Angeb. Fabrikat: .....

▶	▷	ø netto €	◁	◀	[Einheit]	Ausf.-Dauer	Positionsnummer
121€	151€	**161€**	178€	216€	[St]	⏱ 1,20h/St	003.000.346

48 Verdunstungsschutz, Baumstamm — KG **573**

Verdunstungs- und Stammschutz durch Schilfbandage, umwickelt mit Kokosstricken.
Stammdurchmesser: über 15-20 cm
Stammhöhe: bis 2,00 m
Bandage: Schilfrohrmatten
Angeb. Fabrikat: .....

▶	▷	ø netto €	◁	◀	[Einheit]	Ausf.-Dauer	Positionsnummer
16€	23€	**25€**	30€	38€	[St]	⏱ 0,50h/St	003.000.356

49 Pflanzverankerung, Baumpfahl — KG **573**

Pflanzenverankerung mit Baumpfahl, schräg, weißgeschält.
Pfahllänge: 150 cm
Zopfdicke: 6/8 cm
Bindegut: Kokosstrick
Angeb. Fabrikat: .....

▶	▷	ø netto €	◁	◀	[Einheit]	Ausf.-Dauer	Positionsnummer
18€	21€	**22€**	23€	26€	[St]	⏱ 0,50h/St	004.000.183

Kosten:
Stand 1. Quartal 2026
Bundesdurchschnitt

Nr.	Kurztext / Langtext						Kostengruppe
►	▷	ø netto €	◁	◄	[Einheit]	Ausf.-Dauer	Positionsnummer

50 Pflanzenverankerung, Pfahl-Zweibock KG **573**

Pflanzenverankerung, zwei senkrechten Baumpfählen, weißgeschält, Zopf und Bindegurt.
Pfahllänge: 300 cm
Zopfdicke: 6-8 cm
Bindegut: Kokosstrick
Angeb. Fabrikat: .....

42€	56€	**62€**	72€	91€	[St]	⏱ 0,80 h/St	003.000.347

51 Pflanzenverankerung, Pfahl-Dreibock KG **573**

Pflanzenverankerung, Pfahl-Dreibock, Rahmen aus Halbrundhölzern, Pfähle weißgeschält, Zopf und Bindegurt. Die drei Baumpfähle sind oben im Dreieck zu versteifen.
Pfahllänge: 300 cm
Zopfdicke: 6-8 cm
Bindegut: Kokosstrick
Angeb. Fabrikat: .....

65€	81€	**89€**	100€	124€	[St]	⏱ 1,00 h/St	004.000.185

52 Ansaat, Spielrasen KG **574**

Rasenansaat mit Regel-Saatgutmischung als Spielrasen in zwei Arbeitsgängen.
RSM-Mischung: 2.3
Saatgutmenge: 25 g/m²
Angeb. Fabrikat: .....

0,9€	1,4€	**1,5€**	2,2€	3,4€	[m²]	⏱ 0,01 h/m²	003.000.381

53 Ansaat, Gebrauchsrasen KG **574**

Rasenansaat mit Regel-Saatgutmischung als Gebrauchsrasen in zwei Arbeitsgängen.
RSM-Mischung: 2.2
Saatgutmenge: 25 g/m²
Angeb. Fabrikat: .....

0,8€	1,1€	**1,2€**	1,4€	1,8€	[m²]	⏱ 0,01 h/m²	004.000.216

54 Fertigrasen liefern, einbauen KG **574**

Fertigrasen als Gebrauchsrasen verlegen, mit Regel-Saatgutmischung. Saatgutmischung nach Angeben des Herstellers.
Dicke: ..... cm
Sollhöhe: zulässige Abweichung +/-3 cm
Bodengruppen: ..... DIN 18915

11€	14€	**15€**	17€	23€	[m²]	⏱ 0,25 h/m²	004.000.218

55 Rasenflächen Mähen KG **574**

Rasenfläche Mähen, Gebrauchsrasen, ein Schnitt, Schnittgut in Behälter AN laden, Behältergröße bis 0,05m³, auf der Baustelle bereitstellen. Der Schnittzeitpunkt ist mit der Bauleitung abzustimmen.
Wuchshöhe: 6 bis 10 cm
Schnitthöhe: 4 cm

0,4€	1,6€	**2,0€**	2,2€	2,9€	[m²]	⏱ 0,01 h/m²	004.000.221

► min
▷ von
ø Mittel
◁ bis
◄ max

Nr. **Kurztext** / Langtext — Kostengruppe
▶ ▷ **ø netto €** ◁ ◀ [Einheit] Ausf.-Dauer Positionsnummer

56 **Rasenfläche düngen** — KG **574**

Düngung der Rasenfläche, mineralischer Dünger, ausbringen und einarbeiten.
Menge: ..... g/m²
Angeb. Fabrikat: .....

▶	▷	ø netto €	◁	◀	[Einheit]	Ausf.-Dauer	Positionsnummer
0,3€	0,4€	**0,5€**	0,6€	0,9€	[m²]	⏱ 0,01 h/m²	004.000.220

57 **Heckenschnitt, Hainbuche** — KG **573**

Hecke schneiden. Schnittgut auf der Baustelle lagern.
Höhe vor dem Schnitt: über 1,00-1,50 m
Breite vor dem Schnitt: über 0,50 m
Geforderte Schnitthöhe: bis 0,50 m
Abrechnung nach Schnittfläche, Schnitt zweiseitig und oben, einschl. Köpfe.

▶	▷	ø netto €	◁	◀	[Einheit]	Ausf.-Dauer	Positionsnummer
5€	6€	**7€**	8€	10€	[m]	⏱ 0,10 h/m	003.000.349

58 **Fertigstellungspflege, Baum** — KG **573**

Fertigstellungspflege Baum:
- Pflanzfläche, Pflanzscheiben lockern hierbei sind die Besonderheiten des Bewuchs zu beachten
- unerwünschter Aufwuchs ist abzutrennen und zu entfernen
- Steine Durchmesser >5 cm und Unrat aus gelockerten Flächen sind abzulesen
- Verankerungen sind zu überprüfen und gegebenenfalls nachzubessern
- trockene oder beschädigte Pflanzenteile abschneiden und entfernen
- Pflanzenschnitt entsprechender den Besonderheiten der betreffenden Pflanzenart durchführen
- Wunden an Gehölze behandeln

Die Leistung umfasst 3 Arbeitsgänge im Jahr, Fertigstellungspflege für 1 Jahr nach erfolgter Pflanzung.
Abrechnung in der Horizontalprojektion

▶	▷	ø netto €	◁	◀	[Einheit]	Ausf.-Dauer	Positionsnummer
26€	39€	**56€**	68€	75€	[St]	⏱ 0,95 h/St	004.000.336

59 **Fertigstellungspflege, Sträucher** — KG **573**

Entwicklungspflege Sträucher:
- Pflanzfläche, lockern hierbei sind die Besonderheiten des Bewuchs zu beachten
- unerwünschter Aufwuchs ist abzutrennen und zu entfernen
- Steine Durchmesser >5 cm und Unrat aus gelockerten Flächen sind abzulesen
- Trockene oder beschädigte Pflanzenteile abschneiden und entfernen.
- Pflanzenschnitt entsprechen den Besonderheiten der betreffenden Pflanzenart durchführen

Die Leistung umfasst 3 Arbeitsgänge im Jahr, Fertigstellungspflege für 1 Jahr nach erfolgter Pflanzung.
Abrechnung in der Horizontalprojektion

▶	▷	ø netto €	◁	◀	[Einheit]	Ausf.-Dauer	Positionsnummer
67€	78€	**83€**	87€	98€	[St]	⏱ 1,20 h/St	003.000.350

Nr.	Kurztext / Langtext						Kostengruppe
▶	▷	ø netto €	◁	◀	[Einheit]	Ausf.-Dauer	Positionsnummer

60 Fertigstellungspflege Stauden, Bodendecker KG **573**

Fertigstellungspflege Stauden und Bodendecker:
- Pflanzfläche, lockern hierbei sind die Besonderheiten des Bewuchs zu beachten
- unerwünschter Aufwuchs ist abzutrennen und zu entfernen
- Steine Durchmesser >5 cm und Unrat aus gelockerten Flächen sind abzulesen
- Trockene oder beschädigte Pflanzenteile abschneiden und entfernen.
- Pflanzenschnitt entsprechen den Besonderheiten der betreffenden Pflanzenart durchführen

Die Leistung umfasst 3 Arbeitsgänge im Jahr, Fertigstellungspflege für 1 Jahr nach erfolgter Pflanzung.
Abrechnung in der Horizontalprojektion

▶	▷	ø	◁	◀	Einheit	Ausf.-Dauer	Positionsnummer
0,6€	1,5€	**1,6€**	2,1€	2,9€	[m2]	⏱ 0,03h/m2	003.000.351

61 Fertigstellungspflege, Hecken bis 2,00m KG **573**

Fertigstellungspflege Hecke:
- Pflanzfläche lockern hierbei sind die Besonderheiten des Bewuchs zu beachten
- Steine Durchmesser >5 cm und Unrat aus gelockerter Fläche sind abzulesen
- beidseitiger Heckenschnitt entsprechend den Besonderheiten der betreffenden Pflanzenart durchführen, Schnittgut entsorgen

Schnitthöhe: bis ca. 2,00 m
Obere und untere Schnittbreite: 0,50-1,00 m
geforderte Höhe: ..... m
Die Leistung umfasst 1 Arbeitsgang.

▶	▷	ø	◁	◀	Einheit	Ausf.-Dauer	Positionsnummer
9€	11€	**12€**	13€	14€	[m]	⏱ 0,18h/m	004.000.335

62 Pflanzflächen wässern KG **573**

Wässern der Pflanzfläche mit Wasser aus bauseits vorhandenen Zapfstellen. Die Anzahl der Arbeitsgänge ist abhängig von den natürlichen Niederschlägen und mit AG abzustimmen.
Menge je Arbeitsgang: 25 l/m2
Entfernung der Zapfstellen: ..... m

▶	▷	ø	◁	◀	Einheit	Ausf.-Dauer	Positionsnummer
1€	3€	**3€**	5€	8€	[m2]	⏱ 0,02h/m2	003.000.352

63 Wässern der Hecke KG **573**

Wässern der Hecken,Wasser kann aus bauseits vorhandenen Zapfstellen unentgeltlich entnommen werden.
Arbeitsgänge: ..... St
Menge je Arbeitsgang: 10 l/m2
Vergütung je Arbeitsgang

▶	▷	ø	◁	◀	Einheit	Ausf.-Dauer	Positionsnummer
2€	3€	**4€**	5€	6€	[m2]	⏱ 0,05h/m2	004.000.339

64 Wässern Solitärgehölze KG **573**

Wässern der Solitärgehölze, Wasser kann aus bauseits vorhandenen Zapfstellen unentgeltlich entnommen werden.
Arbeitsgänge: ..... St
Menge je Arbeitsgang: 50 l/St
Vergütung nach bewässerten Einheiten

▶	▷	ø	◁	◀	Einheit	Ausf.-Dauer	Positionsnummer
6€	8€	**9€**	9€	10€	[St]	⏱ 0,05h/St	003.000.357

Kosten:
Stand 1.Quartal 2026
Bundesdurchschnitt

▶ min
▷ von
ø Mittel
◁ bis
◀ max

Nr. **Kurztext** / Langtext | Kostengruppe
▶ ▷ **ø netto €** ◁ ◀ [Einheit] Ausf.-Dauer Positionsnummer

65 Wässern der Rasenfläche KG **573**

Wässern der Rasenfläche, Gebrauchsrasen, Wasser kann aus bauseits vorhandenen Zapfstellen unentgeltlich entnommen werden.
Arbeitsgänge: 10 St
Wassermenge je Arbeitsgang: ca. 25 l/m²
Vergütung je Arbeitsgang

0,4€ 0,6€ **0,8€** 0,9€ 1,2€ [m²] ⏱ 0,02 h/m² 004.000.342

66 Pflanzflächen lockern, Baumscheiben KG **573**

Lockern der Pflanzfläche, unerwünschten Aufwuchs abtrennen, auf Gehölzflächen, Bearbeitungstiefe 2cm, Steine ab 5cm Durchmesser von der Fläche entfernen, anfallende Stoffe zum Mulchen der Fläche verwenden.
Arbeitsgänge: 6 St

0,7€ 1,2€ **1,3€** 1,9€ 3,1€ [m²] ⏱ 0,07 h/m² 003.000.354

67 Bewässerungssack Neupflanzungen, 60l KG **573**

Montage eines Baumbewässerungssackes nach erfolgter Pflanzung für die ersten 2-3 Jahren vom Frühjahr bis Spätsommer je nach Bodenfeuchte und natürlicher Niederschlagsmenge. Der Bewässerungssack ist um den Stamm zu legen und wird mit einem Reißverschluss fixiert und anschließend mit Wasser füllen.
Baumbewässerungssack: 60 l
Farbe: grün

– 18€ **19€** 23€ – [St] – 003.000.364

68 Bewässerungssack Neupflanzungen, 100l KG **573**

Montage eines Baumbewässerungssackes nach erfolgter Pflanzung für die ersten 2-3 Jahren vom Frühjahr bis Spätsommer je nach Bodenfeuchte und natürlicher Niederschlagsmenge. Der Bewässerungssack ist um den Stamm zu legen und wird mit einem Reißverschluss fixiert und anschließend mit Wasser füllen.
Baumbewässerungssack: 100 l
Farbe: grün

– 27€ **28€** 33€ – [St] – 003.000.380

69 Gießrand zur Bewässerung des Wurzelballens herstellen KG **573**

Gießrand rund um den Baumstamm herstellen, Überlappung mit Clipverbindung.
Tiefe: ca. 10 cm eingraben
Gießrandhöhe sichtbar: 20 cm
Material: LDPE, alterungsbeständig, UV-beständig
Stärke: 3 mm
Durchmesser: 110 cm
Wasserkapazität: 195 Liter

– 7€ **7€** 8€ – [m] ⏱ 0,04 h/m 003.000.365

Nr.	Kurztext / Langtext						Kostengruppe
►	▷	ø netto €	◁	◄	[Einheit]	Ausf.-Dauer	Positionsnummer

70 Baumsubstrat für nicht befahrbare, freitragend überbaute Baugruben KG **573**

Substrat für die Baumpflanzung zur Verbesserung der Nährstoffhaltefähigkeit und Langzeitversorgung der Bäume, liefern und höhengerecht einbauen. Hergestellt in homogener Mischung gem. den Empfehlungen der FLL für Baumpflanzungen Teil 2 Pflanzgrubenbauweise 1 und Vorgaben der Düngemittelverordnung.
Einbaustärke: ..... cm
Verdichtungsfaktor: ca. 1,25-1,3
Mischung: Löß, Lava, Bims - Basis, angereichert mit Huminstoffen
Körnung: 0/16

–	4€	**4€**	5€	–	[m³]	⏱ 0,09h/m³	003.000.366

71 Baumbelüftungs- und Entwässerungs-Set KG **573**

Material liefern und das Rohr ringförmig um den Wurzelballen nach Planung verlegen, mit dem T-Stück verbinden und bis nach oben mit dem Dränrohr verlängern in geplanter Höhe einbauen.
Material: ca. 5,00 m flexibles Dränrohr, PVC-U, mit erhöhter Luft- und Wassereintrittsfläche > 80 cm²/m
Nenndurchmesser: DN80

–	7€	**8€**	9€	–	[St]	–	003.000.367

72 Abdeckelement für Baumbelüftungs- und Entwässerungs-Set KG **573**

Universelles Abdeckelement verschließbar, geeignet für Bewässerung und Belüftung zum Anschluss an Baumbelüftungs- und Entwässerungsrohr.
Abdeckung: druckfestem Aluminiumguss
Entwässerungsrohr: DN80

41€	55€	**60€**	67€	72€	[St]	–	003.000.368

73 Wurzelbewässerungs- und Wurzelbelüftungssystem KG **573**

Wurzelbewässerungs- und Wurzelbelüftungssystem liefern und nach Herstellerangaben einbauen.
Bewässerungsrohr: PE
Durchmesser: DN80
Einlassgitter: Aluminium
Deckel: Edelstahl, schwenkbar
Durchmesser: 8 cm
Länge: 500 cm
Ballendurchmesser: bis 153 cm

182€	239€	**260€**	288€	312€	[St]	–	003.000.378

74 Wasserretentionsbox, Speicherung von Wasser unter Baumstandort KG **573**

Drossel, zur Kontrolle von Abflussgeschwindigkeiten, sowie als Überlauflösung des Wassers aus der Baumrigole, liefern und einbauen.
Modulgröße (L x B x H): 800 x 400 x 150 mm, inkl. Kapillarvlies
Belastbar: bis 100 kN/m²

54€	74€	**81€**	89€	99€	[St]	–	003.000.370

75 Feinplanie Blühwiese KG **573**

Bodenvorbereitung, Flächen mit Fräse oder Kreiselegge bearbeiten. Wurzeln, Steine und sonstige erdfremde Bestandteile sind abzulesen und abzufahren. Flächen gleichmäßig andrücken und unter Berücksichtigung der Bodensetzung fein planieren.

0,9€	1,2€	**1,3€**	1,4€	1,5€	[m²]	⏱ 0,04h/m²	003.000.371

Kosten:
Stand 1. Quartal 2026
Bundesdurchschnitt

► min
▷ von
ø Mittel
◁ bis
◄ max

Nr.	Kurztext / Langtext						Kostengruppe
▶	▷	**ø netto €**	◁	◀	[Einheit]	Ausf.-Dauer	Positionsnummer

76 Ansaat Blühwiese KG **573**

Aussaat einer Mischung aus gebietsheimischen Arten, Aussaat in zwei gekreuzten Arbeitsgängen mit je der Hälfte der Saatgutmenge. Das Saatgut ist nicht einzuarbeiten, die Flächen sind nach der Aussaat anzuwalzen. Aussaat erfolgt erst nach Prüfung und Freigabe des Saatguts durch den Auftraggeber.

▶	▷	ø netto €	◁	◀	[Einheit]	Ausf.-Dauer	Positionsnummer
–	2€	**2€**	3€	–	[m²]	⏱ 0,03h/m²	003.000.372

77 Blühwiese, Zusammensetzung Blütenstauden+Gräser KG **573**

Mischungszusammensetzung aus Kräuter, Gräser und Leguminosen, ausschließlich Wildformen aus gesicherter, gebietseigener Herkunft
Produktionsraum: .....
Mindestanforderungen Wildpflanzensaatgut: technische Reinheit 80%, Keimfähigkeit 70%

▶	▷	ø netto €	◁	◀	[Einheit]	Ausf.-Dauer	Positionsnummer
4€	6€	**7€**	7€	7€	[m²]	–	003.000.373

78 Fertigstellungspflege Blühwiese KG **573**

Saatflächen mähen in zwei bis drei Arbeitsgängen im ersten Jahr nach der Aussaat. Das Schnittgut ist abzufahren, die Flächen aufzulockern und Fehlstellen nachzusähen.
1. Schnitt: ca. 8 bis 10 Wochen nach der Ansaat
2. Schnitt: zum Ende der Vegetationsperiode oder früher, je nach Unkrautaufwuchs
3. Schnitt: nach Bedarf bei hohem Aufkommen unerwünschter Beikräuter

▶	▷	ø netto €	◁	◀	[Einheit]	Ausf.-Dauer	Positionsnummer
–	0,5€	**0,6€**	0,6€	–	[m²]	⏱ 0,03h/m²	003.000.374

A 6 Zaun Viereck-Drahtgeflecht Beschreibung für Pos. **79-80**

Zaun Viereck-Drahtgeflecht aus kunststoffummanteltem Viereckdrahtgeflecht mit Rundrohrpfosten, Abdeckkappen, End- und Eckstreben. Leistung einschl. Fundament- und Verspannarbeiten, einschl. Erdarbeiten. (Beschreibung der Homogenbereiche nach Unterlagen des AG.)
Pfostendurchmesser: 60 mm
Farbe: grün RAL 6005
Pfostenabstand: 2,50 m
Betonfundamente: C12/15

79 Viereck-Drahtgeflecht, 1,00m KG **541**

Wie Ausführungsbeschreibung A 6
Zaunhöhe: 1,00 m
Anzahl Eckstreben: ..... St
Anzahl Endstreben: 4 St
Fundamentmaße (L x B x T): ..... x ..... x ..... cm
Maschenweite: ..... mm

▶	▷	ø netto €	◁	◀	[Einheit]	Ausf.-Dauer	Positionsnummer
37€	44€	**49€**	60€	73€	[m]	⏱ 0,20h/m	003.000.170

Kosten:
Stand 1. Quartal 2026
Bundesdurchschnitt

Nr.	**Kurztext** / Langtext						Kostengruppe
▶	▷	**ø netto €**	◁	◀	[Einheit]	Ausf.-Dauer	Positionsnummer

80 Viereck-Drahtgeflecht, 2,00m KG **541**

Wie Ausführungsbeschreibung A 6
Zaunhöhe: 2,00 m
Anzahl Eckstreben: ..... St
Anzahl Endstreben: 4 St
Fundamentmaße (L x B x T): ..... x ..... x ..... cm
Maschenweite: ..... mm

▶	▷	ø	◁	◀	Einheit	Ausf.-Dauer	Positionsnummer
58€	87€	**89€**	107€	137€	[m]	⏱ 0,30h/m	003.000.174

A 7 Stabgitterzaun Beschreibung für Pos. **81-82**

Stabgitterzaun aus Doppelstabmatte und waagerechten Doppelstäben, an den Kreuzpunkten im Rechteckverbund doppelt verschweißt. Pfosten aus feuerverzinktem, profiliertem Stahlblech mit PVC-U Abdeckkappen. Leistung inkl. Erd- und Fundamentarbeiten. (Beschreibung der Homogenbereiche nach Unterlagen des AG.)
Feldlänge: 2,50 m
Pfostenquerschnitt: 60 x 40 x 2 mm
Füllung: senkrecht 6 mm, waagerecht 8 mm
Maschenweite: 50 x 200 mm
Oberfläche: verzinkt

81 Stabgitterzaun, 0,80m KG **541**

Wie Ausführungsbeschreibung A 7
Zaunhöhe: 0,80 m
Fundamentmaße (L x B x T): ..... x ..... x ..... cm

▶	▷	ø	◁	◀	Einheit	Ausf.-Dauer	Positionsnummer
46€	77€	**84€**	87€	122€	[m]	⏱ 0,30h/m	003.000.177

82 Stabgitterzaun, 2,00m KG **541**

Wie Ausführungsbeschreibung A 7
Zaunhöhe: 2,00 m
Fundamentmaße (L x B x T): ..... x ..... x ..... cm

▶	▷	ø	◁	◀	Einheit	Ausf.-Dauer	Positionsnummer
82€	95€	**115€**	130€	184€	[m]	⏱ 0,38h/m	003.000.183

A 8 Drehflügeltor, einflüglig Beschreibung für Pos. **83-84**

Drehflügeltor für Stabgitterzaun, handbetätigt, einflüglig, feuerverzinkt, mit Drückergarnitur, beidseitig fest, aus nichtrostendem Stahl, gebürstet. Mit umlaufendem Rahmen, aus Stahlvierkantrohr.
Querschnitt Rahmen: ..... x ..... mm
Querschnitt Pfosten: ..... x ..... mm
Pulverbeschichtung: Farbe RAL nach Wahl des AG
Betonfundamente: C20/25

83 Drehflügeltor, einflüglig, lichte Weite 1,30m, H 1,00m KG **541**

Wie Ausführungsbeschreibung A 8
Lichte Weite: 1,30 m
Höhe: 1,00 m
Gesamtpfostenlänge: 1,50 m

▶	▷	ø	◁	◀	Einheit	Ausf.-Dauer	Positionsnummer
1.021€	1.355€	**1.642€**	1.868€	2.202€	[St]	⏱ 1,50h/St	003.000.297

▶ min
▷ von
ø Mittel
◁ bis
◀ max

84 Drehflügeltor, einflüglig, lichte Weite 1,50m, H 1,20m KG **541**

Wie Ausführungsbeschreibung A 8
Lichte Weite: 1,50 m
Höhe: 1,20 m
Gesamtpfostenlänge: 1,70 m

1.111€ 1.685€ **1.808€** 2.638€ 3.538€ [St] ⏱ 1,50h/St 003.000.298

A 9 Drehflügeltor, zweiflüglig Beschreibung für Pos. **85-86**

Drehflügeltor für Stabgitterzaun, zweiflüglig, feuerverzinkt, mit Drückergarnitur, beidseitig fest, aus nichtrostendem Stahl, gebürstet.
Querschnitt Rahmen: .....x ..... mm
Querschnitt Pfosten: ..... x ..... mm
Pulverbeschichtung: Farbe RAL nach Wahl des AG
Betonfundamente: C20/25

85 Drehflügeltor, zweiflüglig, lichte Weite 2,50m, H 1,20m KG **541**

Wie Ausführungsbeschreibung A 9
Lichte Weite: 2,50 m
Höhe: 1,20 m
Gesamtpfostenlänge: 1,70 m

2.058€ 2.602€ **2.755€** 2.969€ 3.450€ [St] ⏱ 1,50h/St 003.000.299

86 Drehflügeltor, zweiflüglig, lichte Weite 4,00m, H 1,20m KG **541**

Wie Ausführungsbeschreibung A 9
Lichte Weite 4,00 m
Höhe 1,20 m
Gesamtpfostenlänge: 1,70 m

2.064€ 2.483€ **2.758€** 3.045€ 3.464€ [St] ⏱ 1,50h/St 003.000.301

87 Stahltor, einflüglig, beschichtet KG **541**

Einflügliges Stahltor mit Torsäulen und waagerechten Querstreben aus Rohrprofilen, verzinkt und beschichtet, mit Torfeststellung. Leistung einschl. Abdeckung sowie Grund- und Ankerplatte zum Einbetonieren. Lieferung und Montage als komplette Leistung.
Torbreite: 1,50 m
Torhöhe: 1,20 m
Torsäulen: Quadratprofile
Abmessung: 180 x 180 x 5 mm
Torrahmen: Rechteckprofile
Abmessung: 80 x 40 x 3 mm
Torbeschlag: Knauf, Rundrosetten
Material: .....
Scharniere: angeschraubt
Beschichtung: Pulverlack
Farbe: .....

1.147€ 1.390€ **1.551€** 1.680€ 2.068€ [St] ⏱ 5,20h/St 003.000.116

Nr.	Kurztext / Langtext						Kostengruppe
►	▷	ø netto €	◁	◄	[Einheit]	Ausf.-Dauer	Positionsnummer

Kosten:
Stand 1.Quartal 2026
Bundesdurchschnitt

88 **Stahltor, zweiflüglig, beschichtet** KG **541**

Zweiflügliges Stahltor mit Gang- und Standflügel, Torsäulen und waagerechten Querstreben aus Rohrprofilen, verzinkt und beschichtet, mit Torfeststellung. Kantriegel mit Bodenverankerung nur bei geöffnetem Gangflügel zu betätigen. Leistung einschl. Abdeckung sowie Grund- und Ankerplatte zum Einbetonieren. Lieferung und Montage als komplette Leistung.
Torbreite: 5,00 m
Torhöhe: 1,60 m
Teilung: mittig
Gangflügel: links
Torsäulen: Quadratprofile
Abmessung: 200 x 200 x 5 mm
Torrahmen: Rechteckprofile
Abmessung: 80 x 40 x 3 mm
Torbeschlag: Knauf, Rundrosetten
Material: .....
Türbänder: verstellbar, M 20
Beschichtung: Pulverlack
Farbe: .....

►	▷	ø	◁	◄	Einheit	Ausf.-Dauer	Positionsnummer
1.241€	1.541€	**1.714€**	1.954€	2.254€	[St]	⏱ 7,40h/St	003.000.117

89 **Eckausbildung, Holzzaun** KG **541**

Eckausbildung für Holzzaun, inkl. aller erforderlichen Materialien und Leistungen.

►	▷	ø	◁	◄	Einheit	Ausf.-Dauer	Positionsnummer
53€	75€	**89€**	100€	122€	[St]	⏱ 0,60h/St	003.000.122

90 **Holzzaun, Senkrechtzaun, 1,00m** KG **541**

Holzzaun, einseitig, senkrechter Lattung, aus gefrästen Halbrundhölzer, mit 2 Riegeln und Holzpfosten. Inkl. Erd- und Fundamentarbeiten. Befestigung mit korrosionsbeständigen Schrauben.
Holzart: .....
Holzschutz: .....
Kopfausbildung: konisch zugespitzt
Durchmesser: 60 mm
Lattenabstand: 30 mm
Querriegel oben und unten: 28 x 90 mm
Pfosten: Rundholz
Durchmesser: 10 cm
Pfostenlänge: 160 cm
Pfostenabstand: ca. 3,00 m
Fundamentbeton: C12/15
Fundamentmaße (L x B x T): ..... x ..... x ..... cm
Zaunhöhe: 1,00 m

►	▷	ø	◁	◄	Einheit	Ausf.-Dauer	Positionsnummer
185€	244€	**252€**	271€	329€	[m]	⏱ 0,70h/m	003.000.358

► min
▷ von
ø Mittel
◁ bis
◄ max

91 Holzzaun, Staketenzaun, 1,00m KG **541**

Staketenzaun, Vierkantlatten, allseitig gehobelt, Holzpfosten quadratisch, inkl. Erd- und Fundamentarbeiten.
Holzart: .....
Holzschutz: .....
Vierkantlatten: 2 x 10 cm
Kopfausbildung: .....
Holzpfosten: 10 x 10 cm
Pfostenlänge: 1,60 m
Pfostenabstand: ca. 3,00 m
Fundamentbeton: C12/15
Fundamentmaße (L x B x T): ..... x ..... x ..... cm
Zaunhöhe: 1,00 m

78€ 97€ **105€** 127€ 157€ [m] ⏱ 0,75h/m 003.000.359

92 Holzzauntüre, Senkrechtzaun, einflüglig KG **541**

Zauntür für Senkrechtzaun, einflüglig, Schlagrichtung DIN rechts/links, geschraubt mit Rundholzpfosten, Kastenschloss und Beschläge, inkl. Erd- und Fundamentierungsarbeiten.
Holzart: .....
Holzschutz: .....
Türgröße: 100 x 100 cm
Kopfausbildung: konisch zugespitzt
Durchmesser: 60 mm
Lattenabstand: 30 mm
Pfosten: Rundholz: 120 x 120 mm
Durchmesser: 10 cm
Pfostenlänge: 160 cm
Betonfundamente: C12/15
Fundamentmaße (L x B x T): ..... x ..... x ..... cm

264€ 368€ **433€** 484€ 572€ [St] ⏱ 0,60h/St 003.000.360

93 Ballfangzaun, Gittermatten KG **542**

Ballfangzaun aus Gittermatten und Rechteckrohrpfosten mit Einklippteil aus Kunststoff, beschichtet mit Polyester-Pulver.
Zaunhöhe: 4,00 m
Maschenweite: 50 x 200 m

293€ 365€ **385€** 410€ 476€ [m] ⏱ 2,00h/m 003.000.120

94 Sichtschutzzaun aus Holzelementen Höhe 2,00m KG **542**

Sichtschutzzaun aus vorgefertigten Holzelementen liefern und an vorhandenen Pfosten 10x10cm montieren.
Holzart: Lärche
Höhe: 2,00 m
Einzelfeldlänge: 2,00 m
Lattung: beidseitig, Querschnitt 30 x 12 mm

175€ 210€ **217€** 220€ 254€ [m] ⏱ 2,50h/m 003.000.216

Nr.	Kurztext / Langtext						Kostengruppe
▶	▷	ø netto €	◁	◀	[Einheit]	Ausf.-Dauer	Positionsnummer

A 10 Schachtabdeckung, Guss — Beschreibung für Pos. **95-96**

Schachtabdeckung, befahrbar, Gusseisen mit Betonfüllung und Lüftungsöffnungen, höhengerecht setzen.
Durchmesser: 800 mm
Abdeckung: rund

95 Schachtabdeckung, Klasse A, Guss — KG **551**

Wie Ausführungsbeschreibung A 10
Belastungsklasse: A 15

201€	253€	**277€**	282€	306€	[St]	⏱ 1,10 h/St	003.000.053

96 Schachtabdeckung, Klasse B, Guss — KG **551**

Wie Ausführungsbeschreibung A 10
Belastungsklasse: B 125

218€	272€	**287€**	332€	432€	[St]	⏱ 1,20 h/St	003.000.054

97 Dränleitung, PVC-Vollsickerrohr, DN100 — KG **551**

Dränleitung aus PVC-Vollsickerrohren mit Steckmuffen und Formstücken, einschl. Filtervlies und Sickerpackung aus Kies, sowie Grabarbeiten.
Nenngröße: DN100
Schlitzbreite: .....
Grabentiefe: .....
Sickerpackung: Rollkies
Körnung: .....

19€	24€	**26€**	31€	38€	[m]	⏱ 0,15 h/m	003.000.062

98 Formstück, Dränleitung, PVC, Bogen — KG **551**

Form- und Verbindungsstücke für Dränleitung, aus PVC-Vollsickerrohren, mit Steckmuffe.
Formteil Bogen: 45°
Durchmesser: DN100
Rohrtyp: .....

12€	16€	**18€**	20€	25€	[St]	⏱ 0,20 h/St	003.000.283

99 Formstück, Dränleitung, PVC, Abzweig — KG **551**

Form- und Verbindungsstücke für Dränleitung, aus PVC-Vollsickerrohre mit Steckmuffe.
Formteil: Abzweig 45°
Durchmesser: DN100/DN100
Rohrtyp: .....
Angeb. Fabrikat: .....

29€	35€	**38€**	44€	52€	[St]	⏱ 0,25 h/St	003.000.282

100 Versickerungsmulden herstellen — KG **551**

Versickerungsmulde herstellen, der Erdaushub für Geländemodellierung ist mit einzurechnen. Überschüssigen Aushub und sonstige Stoffe abfahren und entsorgen, inkl. Entsorgungsnachweis.

4€	7€	**8€**	12€	17€	[m²]	⏱ 0,10 h/m²	003.000.059

Kosten:
Stand 1. Quartal 2026
Bundesdurchschnitt

▶ min
▷ von
ø Mittel
◁ bis
◀ max

Nr.	Kurztext / Langtext						Kostengruppe
▶	▷	**ø netto €**	◁	◀	[Einheit]	Ausf.-Dauer	Positionsnummer

101 Filtervlies KG **363**

Filterschicht mit Vlies zwischen Dränschicht und Intensivsubstrat.
Material: 100% PP-Endloser, normal entflammbar GRK 2
Flächengewicht: 150 g/m^2
Höchstzugkraft: 7,5 kN/m
Angeb. Fabrikat: .....

3€	4€	**4€**	5€	7€	[m^2]	⏱ 0,03 h/m^2	003.000.060

102 Kiesbett herstellen, 0/2 KG **531**

Kiesbett herstellen, inkl. Verdichten.
Einbaustärke: .....
Körnung: 0/2
Abweichung der Sollhöhe: +/-2 cm
Verdichtungsgrad: DPr **97 / 103**%

44€	54€	**55€**	57€	64€	[m^3]	⏱ 1,00 h/m^3	003.000.165

103 Kiesbett herstellen, 16/32 KG **531**

Kiesbett mit gewaschenem Rollkies herstellen, inkl. Verdichten.
Einbaustärke: .....
Körnung: 16/32
Abweichung der Sollhöhe: +/-2 cm
Verdichtungsgrad: DPr **97 / 103**%

52€	66€	**71€**	79€	91€	[m^3]	⏱ 1,10 h/m^3	003.000.061

104 Vegetationsmatte, liefern/verlegen KG **363**

Vegetationsmatte vorkultiviert, auf vorbereitete Fläche verlegen und durchdringend Bewässern.
Vegetationstyp: Sedum-Kräuter-Gräser

33€	44€	**48€**	53€	71€	[m^2]	⏱ 0,16 h/m^2	003.000.355

105 Bewässerungseinrichtung, Hochstämme KG **573**

Bewässerungseinrichtung für Hochstamm mit Wasserverteilung aus Dränageleitung, T-Stück und Endkappe aus Metall, sowie Kiesabdeckung.
Bewässerungsring: 1,00 m
Dränleitung: DN80
Siebkies: 8/16 mm
Schichtdicke: 10 cm
Einbautiefe: 30 cm

67€	93€	**101€**	113€	151€	[St]	⏱ 0,80 h/St	003.000.141

106 Baumschutzgitter, Metall KG **573**

Baumschutzgitter aus Stahl, feuerverzinkt, zweiteilig als Halbschalen, einschl. Verbindungsschrauben.
Abmessung: 183 x 64 cm
Farbe: anthrazit
Angeb. Fabrikat: .....

870€	1.037€	**1.096€**	1.129€	1.254€	[St]	⏱ 1,20 h/St	003.000.134

Kosten:
Stand 1. Quartal 2026
Bundesdurchschnitt

▶ min
▷ von
ø Mittel
◁ bis
◀ max

Nr.	Kurztext / Langtext						Kostengruppe
▶	▷	ø netto €	◁	◀	[Einheit]	Ausf.-Dauer	Positionsnummer

107 Rankhilfe, Edelstahlseil KG **573**

Rankseil als vertikale und horizontale Rankhilfe mit Klettersprossen im Abstand ca. 1,00m, Einbau in Teilstücken.
Material: .....
Durchmesser: .....
Angeb. Fabrikat: .....

13€	24€	**29€**	32€	47€	[m]	⏱ 0,12h/m	003.000.133

108 Baumscheibe, Grauguss KG **573**

Baumscheibenabdeckung aus Guss, quadratisch, bestehend aus vier Segmenten.
Fläche A: 1,50 x 1,50 m
Gewicht: 43 kg
Farbe: .....
Angeb. Fabrikat: .....

1.566€	2.425€	**2.551€**	2.744€	3.265€	[St]	⏱ 1,30h/St	003.000.293

109 Spielgerät, Doppelschaukel KG **562**

Spielgerät als Doppelschaukel liefern und aufbauen, inkl. Nebenarbeiten.
Sicherheitssitz: Gummi mit Aluminiumeinlage
Aufhängung: Einpunktaufhängung, lückenlos
Kettenaufnahme: Klemmadapter, Edelstahl
Liefernachweis: .....
Angeb. Fabrikat: .....

3.574€	4.278€	**4.674€**	4.851€	6.334€	[St]	⏱ 3,60h/St	003.000.105

110 Spielgerät, Hangrutsche KG **562**

Spielgerät als Hangrutsche in Kurvenform liefern und fachgerecht nach Angaben des Herstellers aufbauen, inkl. aller Fundament- und Nebenarbeiten.
Material: Edelstahl
Liefernachweis: .....
Angeb. Fabrikat: .....

3.363€	4.591€	**5.259€**	6.172€	7.817€	[St]	⏱ 3,80h/St	003.000.103

111 Spielgerät, Klettergerüst KG **562**

Spielgerät als Klettergerüst, liefern und fachgerecht nach Angaben des Herstellers aufbauen, inkl. aller Fundament- und Nebenarbeiten.
Liefernachweis: .....
Angeb. Fabrikat: .....

1.023€	9.465€	**10.862€**	12.282€	20.725€	[St]	⏱ 8,00h/St	003.000.107

112 Spielgerät, Federwipptier KG **562**

Spielgerät als Federwipptier, liefern und fachgerecht nach Angaben des Herstellers aufbauen, inkl. aller Fundament- und Nebenarbeiten.
Liefernachweis: .....
Angeb. Fabrikat: .....

1.296€	1.606€	**1.641€**	1.834€	2.131€	[St]	⏱ 2,85h/St	003.000.106

113 Spielsand, Körnung 0/2 KG **562**

Sandkastenfüllung aus gewaschenem und unbelastetem Sand einbauen.
Körnung: 0/2
Füllhöhe: 30 cm
Angeb. Fabrikat: .....

32€ 41€ **45€** 65€ 89€ [t] ⏱ 0,20 h/t 003.000.100

114 Spielsand auswechseln, bis 40cm KG **536**

Sandkastenfüllung durch güteüberprüftes Material austauschen. Aushub zur Abfuhr seitlich lagern und unbelasteten Sand liefern und einbringen.
Aushubtiefe: bis 40 cm
Füllhöhe: bis 40 cm

13€ 18€ **21€** 24€ 30€ [m³] ⏱ 0,20 h/m³ 003.000.175

115 Einfassung, Sandkasten KG **536**

Einfassung aus Pflastersteinen mit beidseitiger Rückenstütze aus Beton, höhengerecht und bündig versetzt.
Steinmaterial: .....
Pflastersteine (L x B x H): ..... x ..... x ..... m
Beton: C12/15
Fundamentstärke: 20 cm

53€ 65€ **69€** 82€ 98€ [m²] ⏱ 0,50 h/m² 003.000.101

116 Wegeeinfassung, Naturwerkstein KG **531**

Pflasterstreifen als Randeinfassung aus Naturstein in Beton mit beidseitiger Rückenstütze, höhengerecht und bündig versetzt.
Steinmaterial: .....
Steinabmessungen: 12 x 12 cm
Bettung: 20 cm
Rückenstütze: 10 cm
Beton: C12/15
Angeb. Fabrikat: .....

30€ 38€ **41€** 47€ 59€ [m] ⏱ 0,30 h/m 003.000.102

117 Fallschutz auskoffern KG **536**

Oberboden im Fallschutzbereich profilgerecht lösen, laden und entsorgen, inkl. Deponiegebühr.
Aushubtiefe: ..... cm

2€ 5€ **6€** 8€ 10€ [m²] ⏱ 0,20 h/m² 003.000.109

118 Fallschutz, Kies KG **536**

Fallschutzbelag aus gewaschenem Rundkies liefern, profilgerecht auftragen und verdichten.
Schichtstärke: mind. 40 cm
Kies: 0/4 bis 2/6

27€ 32€ **34€** 40€ 45€ [m²] ⏱ 0,06 h/m² 003.000.111

Kosten:
Stand 1.Quartal 2026
Bundesdurchschnitt

Nr.	**Kurztext** / Langtext						Kostengruppe
▶	▷	**ø netto €**	◁	◀	[Einheit]	Ausf.-Dauer	Positionsnummer

119 Fallschutzbelag, Gummigranulatplatten KG **536**

Fallschutzbelag DIN EN 1176-1 aus Platten, vollelastisch, auf vorhandene Tragschicht verlegen.
Platten: Gummigranulat, -fasern
Gesamtdicke mind. 10 mm, einschichtig
Tragschicht: Asphaltbeton
Fallhöhe: ≤60 cm

82€	118€	**126€**	139€	166€	[m²]	⏱ 0,80h/m²	003.000.280

120 Schall-Sichtschutzwand, Stahlbeton, 2,00m KG **542**

Schall-Sichtschutzwand aus Stahlbeton mit gerippter Porenbeton-Vorsatzschale, einschl. Pfosten, Sockelelement und Gründung.
Aufstellfläche: Erdwall
Höhe: ca. 2,00 m, über Gelände
Wandelemente: Stahlbeton
Dicke: 12 cm
Rückseite: strukturiert, vertikaler Besenstrich
Fahrbahnseite: schalungsglatt
Farbe: betongrau
Vorsatzschale: Porenbeton
Oberfläche: vertieft-gerippt
Farbe: erdbraun
Pfosten: Stahlbeton
Gründung: Köcherfundament
Befestigung: Pfahlachse, ...
Achsabstand: 5,00 m

402€	530€	**595€**	645€	755€	[St]	⏱ 3,20h/St	003.000.114

121 Fahrradständer, Stahlrohrkonstruktion KG **561**

Fahrradständer als Einzelständer, Stahlrohrkonstruktion, feuerverzinkt, einbauen in Fundament, Fundament wird gesondert vergütet.
Abmessung: ..... cm
Oberfläche: .....
Angeb. Fabrikat: .....

208€	256€	**300€**	335€	381€	[St]	⏱ 0,36h/St	003.000.130

122 Abfallbehälter, Stahlblech KG **561**

Abfallbehälter aus feuerverzinktem Stahl, Unterkonstruktion zum einbetonieren, einschl. Deckel, Erd- und Fundamentarbeiten. (Beschreibung der Homogenbereiche nach Unterlagen des AG.)
Fundament: ..... cm
Fassungsvermögen: bis 60 l
Oberfläche nach RAL: .....
Angeb. Fabrikat: .....

587€	840€	**948€**	1.014€	1.166€	[St]	⏱ 0,20h/St	003.000.129

▶ min
▷ von
ø Mittel
◁ bis
◀ max

Nr.	Kurztext / Langtext						Kostengruppe
▶	▷	**ø netto €**	◁	◀	[Einheit]	Ausf.-Dauer	Positionsnummer

123 Großraumbox, Müllcontainer KG **561**

Containerbox für Müllcontainer aus Sichtbeton, ohne Boden, mit halbhoher Tür, schräger Klappe mit zusätzlichen Einwurfklappen.
Alle Metallteile verzinkt.
Volumen: 1.100 l
Breite: 162 cm
Höhe: 165 cm
Tiefe: 134 cm
Gewicht: 1800 kg
Oberfläche: glatt geschalt
Farbe: grau
Angeb. Fabrikat: .....

▶	▷	ø netto €	◁	◀	[Einheit]	Ausf.-Dauer	Positionsnummer
–	1.766€	**2.035€**	2.136€	–	[St]	⏱ 1,80h/St	003.000.131

124 Rankhilfe, Flechtmatten KG **561**

Rankhilfe bestehend aus Stahlrohr mit Flechtmatten.
Stahlrohr: 3/4" und 1"
Flechtmatten: 10 x 10 cm
Stärke: 5 mm
Angeb. Fabrikat: .....

▶	▷	ø netto €	◁	◀	[Einheit]	Ausf.-Dauer	Positionsnummer
115€	201€	**211€**	233€	296€	[St]	⏱ 0,60h/St	003.000.132

125 Poller, Beton KG **561**

Absperrpfosten aus Beton, Einbau in befestigter Fläche, einschl. Erd- und Fundamentarbeiten.
(Beschreibung der Homogenbereiche nach Unterlagen des AG.)
Fundament: .....
Höhe über OK-Gelände: 0,90-1,00 m
Pfosten: 40 x 40 cm
Angeb. Fabrikat: .....

▶	▷	ø netto €	◁	◀	[Einheit]	Ausf.-Dauer	Positionsnummer
266€	487€	**488€**	509€	628€	[St]	⏱ 1,00h/St	003.000.125

126 Poller, Stahl, beschichtet KG **561**

Absperrpfosten Aluminium mit Sicherheitsschloss zum Herausnehmen des Pfosten inkl. Bodenhülse, Erd- und Fundamentarbeiten.
(Beschreibung der Homogenbereiche nach Unterlagen des AG.)
Pfosten: ..... cm
Höhe über OK-Gelände: 0,90-1,00 m
Fundament: ..... cm
Oberfläche: weiß beschichtet mit rotem Folienring
Angeb. Fabrikat: .....

▶	▷	ø netto €	◁	◀	[Einheit]	Ausf.-Dauer	Positionsnummer
350€	453€	**496€**	547€	647€	[St]	⏱ 0,40h/St	003.000.127

Nr.	Kurztext / Langtext						Kostengruppe
▶	▷	ø netto €	◁	◀	[Einheit]	Ausf.-Dauer	Positionsnummer

127 Hinweisschild, Aluminium KG **561**

Hinweisschild für Spielplatz aus Aluminium mit Fünffarbdruck und Piktogrammen. Schild rechteckig beschnitten und gerundet, Rückseite mit Klarlack beschichtet, feuerverzinkten Stahlrohr und Halterung, einschl. Erd- und Fundamentarbeiten. (Beschreibung der Homogenbereiche nach Unterlagen des AG.)
Abmessung: 62 x 83 cm
Dicke: 2 mm
Höhe: 60 cm
Angeb. Fabrikat: .....

196€	273€	**292€**	305€	354€	[St]	⏱ 1,00 h/St	003.000.136

128 Gewässerabdichtung, Teichfolie KG **580**

Gewässerabdichtung aus Dichtungsbahnen für Teich.
Dichtungsbahn: EDPM- Kautschuk, bitumenverträglich
Dicke: 1,0 mm
Angeb. Fabrikat: .....

23€	34€	**40€**	44€	54€	[m²]	⏱ 0,04 h/m²	003.000.261

Kosten:
Stand 1. Quartal 2026
Bundesdurchschnitt

129 Planum Gewässer KG **580**

Planum für Gewässer, Teich, einschl. verdichten und ausgleichen von Unebenheiten. Steine und Fremdkörper ab 5cm absammeln, anfallende Stoffe zur Abfuhr lagern, eine Bodengruppe.
Bodengruppen DIN 18915: .....
Auf- und Abtrag: +/-5 cm
Sollhöhe: Zulässige Abweichung +/-3 cm

5€	9€	**9€**	14€	18€	[m²]	⏱ 0,04 h/m²	003.000.242

130 Sauberkeitsschicht, Teich KG **580**

Sauberkeitsschicht für Dichtungsbahnen für Teich auf vorbereitetem Planum aus Sand.
Körnung: 0/2
Dicke: 5 cm

4€	5€	**7€**	7€	8€	[m²]	⏱ 0,02 h/m²	003.000.244

131 Wurzelanker im Teich KG **580**

Wurzelanker/Verwurzelungsgewebe im Teich, Übergangsbereich zwischen Luft und Wasser.
Material: ....
Flächengröße: .....
Einbauort: .....
Angeb. Fabrikat: .....

28€	37€	**39€**	43€	47€	[m²]	⏱ 0,15 h/m²	003.000.248

132 Befestigung, Gewässerabdichtungsbahn Uferbereich KG **580**

Befestigung der Gewässerabdichtungsbahn, im Uferbereich von Teichen
Grabenbreite: 40 cm
Tiefe: 20 cm
Grabenfüllung: Kies
Körnung: 8/16

16€	19€	**21€**	21€	24€	[m]	⏱ 0,07 h/m	003.000.251

▶ min
▷ von
ø Mittel
◁ bis
◀ max

Nr.	Kurztext / Langtext						Kostengruppe
▶	▷	**ø netto €**	◁	◀	[Einheit]	Ausf.-Dauer	Positionsnummer

133 Teichrand herstellen KG **580**

Teichrandstreifen mit gewaschenem Rundkies auf vorbereitete Schutzlage.
Breite: ..... cm
Dicke: ..... cm
Körnung: 16/32

11€	13€	**15€**	16€	18€	[m²]	⏱ 0,05h/m²	003.000.253

134 Dachfläche reinigen KG **363**

Reinigung des Untergrundes der Dachfläche von grober Verschmutzung. Stoffe sammeln und seitlich lagern. Abfall nicht gefährlich und nicht schadstoffbelastet.
Dicke: bis 2 cm

1€	2€	**2€**	2€	3€	[m²]	⏱ 0,02h/m²	003.000.263

135 Durchwurzelungsschutzschicht, PVC-P 0,8mm KG **363**

Durchwurzelungsschutzschicht aus Kunststoffbahnen, als zusätzliche Lage auf der Dachabdichtung, lose verlegen.
Material: Polyvinylchlorid (PVC-P) bitumenverträglich
Dicke: 0,8 mm

21€	24€	**26€**	29€	34€	[m²]	⏱ 0,15h/m²	003.000.264

136 Trenn-, Schutz- und Speichervlies, 500 KG **363**

Schutzlage als Schutz der Dachabdichtung vor mechanischer Beanspruchung und zur Wasserspeicherung lose verlegen.
Material: Chemiefaser
Dicke: ..... cm
Gewicht: 500 g/m²
Lagen: .....
Festigkeitsklasse: .....
Angeb. Fabrikat: .....

6€	7€	**7€**	8€	9€	[m²]	⏱ 0,04h/m²	003.000.234

137 Dachbegrünung, Dränschicht, Schüttstoff, Lava, 5cm KG **363**

Dränschicht für extensive Dachbegrünungen mit Schüttstoffen trittfest und frostbeständig herstellen.
Schüttstoff: Lava
Körnung: .....
Schichtdicke: 5 cm
Masse trocken: ..... kg/m³
Masse bei max. Wasserkapazität: max. ..... kg/m³
Angeb. Fabrikat: .....

–	4€	**5€**	7€	–	[m²]	⏱ 0,15h/m²	003.000.238

Nr.	Kurztext / Langtext						Kostengruppe
►	▷	ø netto €	◁	◄	[Einheit]	Ausf.-Dauer	Positionsnummer

138 Dachbegrünung, Dränschicht, Schüttstoff, Blähschiefer, 5cm KG **363**

Dränschicht für extensive Dachbegrünungen mit Schüttstoffen trittfest und frostbeständig herstellen.
Material: Blähschiefer, gebrochen
Körnung: .....
Schichtdicke: 5 cm
Masse trocken: ..... kg/m³
Masse bei max. Wasserkapazität: max. ..... kg/m³
Angeb. Fabrikat: .....

►	▷	ø	◁	◄	Einheit	Ausf.-Dauer	Positionsnummer
11€	14€	**16€**	17€	20€	[m²]	⏱ 0,18h/m²	003.000.229

Kosten:
Stand 1.Quartal 2026
Bundesdurchschnitt

139 Dränageelement, PE-Platte, 25mm, Dachbegrünung KG **363**

Dränschicht für Dachbegrünung aus Kunststoffprofilplatten
Einsatzbereich: Extensivbegrünung
Material: PE-Kunststoff
Plattendicke: 25 mm
Füllmaterial: .....
Druckfestigkeit max.: ..... kg/m²
Füllvolumen: ..... l/m²
Farbe: .....
Angeb. Fabrikat: .....

►	▷	ø	◁	◄	Einheit	Ausf.-Dauer	Positionsnummer
13€	16€	**17€**	18€	21€	[m²]	⏱ 0,10h/m²	003.000.231

140 Dränageelement, PE-Platte, 40mm, Dachbegrünung KG **363**

Dränschicht für Dachbegrünung aus Kunststoffprofilplatten.
Einsatzbereich: Extensivbegrünung
Material: PE-Kunststoff
Plattendicke: 40 mm
Füllmaterial: .....
Druckfestigkeit max.: ..... kg/m²
Füllvolumen: ..... l/m²
Farbe: .....
Angeb. Fabrikat: .....

►	▷	ø	◁	◄	Einheit	Ausf.-Dauer	Positionsnummer
18€	20€	**22€**	23€	25€	[m²]	⏱ 0,12h/m²	003.000.260

141 Flächendränage, begehbare Flachdächer, HDPE KG **363**

Dränagematte als Flächendränage unter Gehbelagsfläche auf Dachbegrünung liefern und einbauen.
Material: Hart-Polyethylen (HDPE)
Material Filterschicht: Polypropylen PP
Gewicht Filterschicht: ca. 135 g/m²
Druckfestigkeit (bei 18% Stauchung): 400 kN/m²
Gesamtnenndicke: ca.10 mm
Gesamtgewicht: 750 g/m²

►	▷	ø	◁	◄	Einheit	Ausf.-Dauer	Positionsnummer
84€	113€	**121€**	137€	148€	[m²]	⏱ 0,11h/m²	003.000.302

► min
▷ von
ø Mittel
◁ bis
◄ max

Nr.	Kurztext / Langtext						Kostengruppe
▶	▷	ø netto €	◁	◀	[Einheit]	Ausf.-Dauer	Positionsnummer

142 **Filtervlies, Dränageabdeckung, 100g/m²** KG **363**

Filtervlies als Dränageabdeckung auf Dränschicht verlegen und an den Ränder hochführen.
Material: Kunststoffvlies
Gewicht: 100 g/m²
Überlappung: ..... cm
Angeb. Fabrikat: .....

4€	5€	**5€**	6€	7€	[m²]	⏱ 0,08h/m²	003.000.233

143 **Filtermatte, Dachbegrünung** KG **363**

Filterschicht mit mechanisch befestigter Filtermatte zwischen Dränschicht und Intensivsubstrat.
Material: 100% PP-Endlosfaser, normal entflammbar GRK 2
Flächengewicht: 105 g/m²
Höchstzugkraft: 7,5 kN/m
Angeb. Fabrikat: .....

2€	3€	**3€**	4€	5€	[m²]	⏱ 0,03h/m²	003.000.067

144 **Kontrollschacht, extensive Dachbegrünung, Höhe bis 20cm** KG **363**

Kontrollschacht für Dachflächen geeignet für Extensivbegrünung für Dachablauf inkl. Bodenplatte und Deckel, aufstockbar.
Material: Kunststoff
Schachthöhe: bis 20 cm
Durchmesser: 30 cm
Angeb. Fabrikat: .....

92€	104€	**110€**	116€	130€	[St]	⏱ 0,55h/St	003.000.236

145 **Kontrollschacht, intensive Dachbegrünung, Höhe bis 40cm** KG **363**

Kontrollschacht für Dachflächen geeignet für Intensivbegrünung für Dachablauf inkl. Bodenplatte und Deckel, aufstockbar in 10cm Stufe.
Material: Kunststoff
Schachthöhe: bis 40 cm
Durchmesser: 30 cm
Angeb. Fabrikat: .....

209€	217€	**223€**	228€	244€	[St]	⏱ 0,65h/St	003.000.237

146 **Sicherheitsstreifen, Kies, Dachbegrünung** KG **363**

Sicherheitsstreifen aus gewaschenem Rundkies, im Bereich von Aufkantungen, An- und Abschlussbereiche von Einbauten.
Schüttdicke: 5 cm
Streifenbreite: 30 cm
Körnung: 16/32

10€	13€	**14€**	16€	18€	[m²]	⏱ 0,16h/m²	003.000.220

Nr.	Kurztext / Langtext						Kostengruppe
▶	▷	ø netto €	◁	◀	[Einheit]	Ausf.-Dauer	Positionsnummer

147 Kiesfangleiste, L-Profil, Dachbegrünung KG **363**

Kiesleiste für Dachbegrünung als Winkelprofil, gelocht.
Material: Aluminium
Kantungen: .....
Dicke: bis 2 mm
Höhe: .....
Dachneigung: bis 5°
Angeb. Fabrikat: .....

20€	25€	**28€**	30€	38€	[m]	⏱ 0,04h/m	003.000.239

148 Einschichtsubstrat, extensive Dachbegrünung KG **363**

Vegetationstragschicht für einschichtige Dachbegrünung als Vegetationssubstrat für Extensivbegrünung.
Schichtdicke: 8 cm
Anteil organische Substanz bei Trockensubstanz: 0%
Gewicht wassergesättigt: max. 800 kg/m³
Angeb. Fabrikat: .....

21€	25€	**27€**	30€	36€	[m²]	⏱ 0,09h/m²	003.000.241

149 Mehrschichtsubstrat, extensive Dachbegrünung KG **363**

Vegetationstragschicht für mehrschichtige Dachbegrünung als Vegetationssubstrat für Intensivbegrünung. Die Eigenschaften haben die Anforderungen der FLL-Richtlinien an Vegetationssubstrate für Extensivbegrünungen und Vorgaben der Düngemittelverordnung zu entsprechen.
Schichtdicke: 10 cm
Anteil organische Substanz bei Trockensubstanz: 0%
Gewicht wassergesättigt: max. 800 kg/m³
Angeb. Fabrikat: .....

28€	32€	**33€**	34€	37€	[m²]	⏱ 0,15h/m²	003.000.226

150 Begrünungssubstrat, Natur-Bims, Dachbegrünung KG **363**

Begrünungssubstrat für extensive Dachbegrünung, liefern und auf die fertig verdichtete Schichthöhe einbauen.
Schichtdicke: .....
Material: Natur-Bims, bzw. Leicht-Lava
Gewicht trocken ca. 538 kg/m³
Gewicht wassergesättigt ca. 1.252 kg/m³

11€	14€	**16€**	18€	20€	[m²]	⏱ 0,07h/m²	003.000.309

151 Mehrschichtsubstrat, intensive Dachbegrünung KG **363**

Intensivsubstrat als Vegetationstragschicht für mehrschichtige Dachbegrünung, strukturstabilisiert für breites Pflanzenspektrum lose einbauen. Die Eigenschaften haben die Anforderungen der FLL-Richtlinien an Vegetationssubstrate für Intensivbegrünungen und Vorgaben der Düngemittelverordnung zu entsprechen.
Material: .....
Schichtdicke: 10 cm
Anteil organische Substanz bei Trockensubstanz: 0%
Gewicht wassergesättigt: max. 800 kg/m³
Angeb. Fabrikat: .....

34€	38€	**40€**	42€	45€	[m²]	⏱ 0,18h/m²	003.000.224

Kosten:
Stand 1.Quartal 2026
Bundesdurchschnitt

▶ min
▷ von
ø Mittel
◁ bis
◀ max

152 Nassansaat, extensive Dachbegrünung, Saatgutmischung KG **363**

Ansaat der Dachbegrünung im Anspritzverfahren mit wässriger Kleberlösung aus Zellulose auf vorbereiteter Vegetationsfläche herstellen. Saatgutmischung bestehend aus Sedum-Sprossen und Kräuter in Sorten für extensive Dachbegrünung.
Sedumsprossen: ..... g/m²
Kräutersamen: ..... g/m²
Angeb. Fabrikat: .....

6€ | 7€ | **8€** | 9€ | 13€ | [m²] | ⏱ 0,08 h/m² | 003.000.222

153 Trockenansaat, extensive Dachbegrünung, Saatgutmischung KG **363**

Ansaat der Dachbegrünung im Trockensaatverfahren mit Sedum-Sprossen in Sorten, inkl. Düngung und durchdringendes Wässern.
Saatgutmenge: ca. 50-80 g/m²
Düngung: ca. 30 g/m²
Angeb. Fabrikat: .....

3€ | 5€ | **6€** | 6€ | 8€ | [m²] | ⏱ 0,04 h/m² | 003.000.218

154 Düngung, Dachbegrünung, extensiv KG **363**

Düngen der extensiven Dachbegrünung mit mineralischen Dünger.
Bewuchs: Moos Sedum
Menge je Arbeitsgang: 50 g/m²
Angeb. Fabrikat: .....

0,4€ | 0,7€ | **0,8€** | 0,9€ | 1,0€ | [m²] | ⏱ 0,02 h/m² | 003.000.256

155 Wässern, Dachbegrünung, extensiv KG **363**

Wässern der Dachbegrünung, extensiv, Wasser kann den vorh. Zapfstellen unentgeltlich entnommen werden, die Kosten für das Wasser trägt der AG.
Arbeitsgang: 10 l/m², ein Arbeitsgang

0,7€ | 0,9€ | **1,0€** | 1,2€ | 1,2€ | [m²] | ⏱ 0,02 h/m² | 003.000.257

156 Stelzlager, Unterbau, Plattenbeläge, Dachbegrünung, H 25-40mm KG **363**

Stelzlager höhenverstellbar, als Unterbau für Plattenbeläge liefern und fachgerecht einbauen.
Material: Polypropylen
möglicher Gefälleausgleich: bis 8%
Höhe: 25-40 mm

8€ | 9€ | **10€** | 11€ | 12€ | [St] | ⏱ 0,10 h/St | 003.000.310

157 Stelzlager, Unterbau, Plattenbeläge, Dachbegrünung, H 145-225mm KG **363**

Stelzlager höhenverstellbar, als Unterbau für Plattenbeläge liefern und fachgerecht einbauen.
Material: Polypropylen
möglicher Gefälleausgleich: bis 8%
Höhe: 145-225 mm

10€ | 13€ | **14€** | 16€ | 17€ | [St] | ⏱ 0,10 h/St | 003.000.306

Nr.	Kurztext / Langtext						Kostengruppe
▶	▷	ø netto €	◁	◀	[Einheit]	Ausf.-Dauer	Positionsnummer

158 **Stelzlager, Aufstockelement, höhenverstellbar, H 80mm** KG **363**

Stelzlager zum Aufstocken, höhenverstellbar, liefern und fachgerecht einbauen.
Material: Polypropylen
Höhe: 80 mm

6€	8€	**8€**	9€	10€	[St]	⏱ 0,08h/St	003.000.307

159 **Plattenlager, Betonplatten, höhenverstellbar, H 10mm** KG **363**

Plattenlager für die höhenausgleichende Verlegung von Betonplatten einschl. aller Materialien liefern.
Durchmesser: 120 mm
Auflagenhöhe: 10 mm
Fugenstärke: 4 mm
Fugenhöhe: 18 mm

6€	7€	**8€**	9€	9€	[St]	⏱ 0,08h/St	003.000.308

Kosten:
Stand 1.Quartal 2026
Bundesdurchschnitt

160 **Sekurant, Anseilsicherung, Stahl verzinkt** KG **363**

Anschlagskonstruktion für Anseilsicherung als Stütze für Flachdach. Durchdringungsfrei herstellen, mit Auflast zu befestigen.
Material: Stahl verzinkt
Höhe über Befestigungsfläche: über 24-35 cm
Typ: E - Einzelanschlagspunk
Dachneigung: bis 5°
Angeb. Fabrikat: .....

211€	250€	**271€**	283€	335€	[St]	⏱ 1,20h/St	003.000.258

161 **Fertigstellungspflege, extensive Dachbegrünung** KG **363**

Fertigstellungspflege gem. der FLL - Dachbegrünungsrichtlinie für extensive Dachbegrünung.

- unerwünschten Aufwuchs, Laub und Unrat entfernen
- Nachsaat und Ausbessern an Kahlstellen
- Nachpflanzung ausgefallener Pflanzen
- Nachfüllen von fehlendem Substrat

Anfallende Stoffe sind zu entsorgen.
Anzahl Arbeitsgänge: 2 St pro Jahr
Ausführungszeitpunkt: .....
Dachneigung: .....
Begrünungsverfahren: .....

2€	4€	**4€**	6€	8€	[m²]	⏱ 0,03h/m²	003.000.255

▶ min
▷ von
ø Mittel
◁ bis
◀ max

162 **Rankhilfe, Fassadenbegrünung, Edelstahlseil** KG **335**

Kletter-/Rankhilfe zur Fassadenbegrünung, Verankerung gem. beiliegender statischer Berechnung, Halterungen aus nichtrostendem Stahl, Seilkonstruktion, aus verzinktem Stahl,
Befestigungsuntergrund: **Mauerwerk / Beton**
Ausführungshöhe: über 2,00-4,00 m
Abmessungen (H x B): ..... x ..... cm
Abstand vertikalen Rankseilen: 20 cm
Abstand horizontalen Rankseilen: 40 cm
Fußpunkt: ca. 0,30 m über OK Gelände

317€	341€	**349€**	364€	388€	[St]	–	003.000.384

Nr.	Kurztext / Langtext						Kostengruppe
▶	▷	**ø netto €**	◁	◀	[Einheit]	Ausf.-Dauer	Positionsnummer

163 Trenn-, Schutz-, Speichervlies KG **363**

Trennlage zwischen Untergrund und Obermaterial.
Untergrund: .....
Tragschicht: .....
Vlies: .....
Funktion: .....
Angeb. Fabrikat: .....

2€	3€	**3€**	4€	5€	[m²]	⏱ 0,03h/m²	003.000.066

164 Stundensatz, Helfer/-in

Stundenlohnarbeiten für Werker/-in, Helfer/-in und Gleichgestellte. Leistung nach besonderer Anordnung der Bauüberwachung. Anmeldung und Nachweis gem. VOB/B.

51€	56€	**59€**	61€	66€	[h]	⏱ 1,00h/h	003.000.295

165 Stundensatz, Facharbeiter/-in

Stundenlohnarbeiten für Vorarbeiter/-in, Facharbeiter/in und Gleichgestellte. Leistung nach besonderer Anordnung der Bauüberwachung. Anmeldung und Nachweis gem. VOB/B.

61€	69€	**74€**	78€	83€	[h]	⏱ 1,00h/h	003.000.294

004

Kosten:
Stand 1. Quartal 2026
Bundesdurchschnitt

► min
▷ von
ø Mittel
◁ bis
◄ max

Nr.	Positionen	Einheit	►	▷	ø brutto € / ø netto €	◁	◄
1	Heckenpflanze, Carpinus betulus, bis 200cm	St	18	22	**23**	26	31
			15	18	**20**	22	26
2	Heckenpflanze, Prunus laurocerrasus, bis 100cm	St	27	30	**32**	33	36
			23	25	**27**	28	30
3	Heckenpflanze, Fagus sylvatica, bis 200cm	St	39	54	**56**	65	75
			33	45	**47**	55	63
4	Heckenpflanze, Acer campestre, bis 200cm	St	24	30	**33**	37	41
			20	25	**28**	31	34
5	Solitär, Carpinus betulus, StU 16-18	St	339	411	**448**	553	692
			285	345	**376**	464	582
6	Solitär, Carpinus betulus Fastigiata, StU 10-12	St	507	602	**643**	701	798
			426	506	**540**	589	670
7	Solitär, Aesculus carnea, StU 16-18	St	302	401	**449**	468	536
			254	337	**378**	393	451
8	Solitär, Acer platanoides 'Globosum', StU 14-16	St	439	580	**651**	700	802
			369	487	**547**	588	674
9	Solitär, Acer campestre, StU 18-20	St	272	406	**463**	568	748
			229	341	**389**	477	628
10	Solitär, Tilia cordata, StU 25-30	St	448	560	**618**	667	766
			376	470	**519**	561	643
11	Solitär, Pinus sylvestris, StU 18-20	St	393	694	**740**	828	973
			330	583	**622**	695	818
12	Sorbus aucuparia, StU 16-18	St	210	290	**314**	345	409
			176	244	**263**	290	344
13	Solitär, Quercus robur, StU 14-16	St	223	342	**353**	392	468
			187	287	**297**	330	393
14	Solitär, Phyllostachys bissetii, Höhe 100-125	St	154	191	**202**	206	232
			130	160	**170**	173	195
15	Solitär, Platanus x acerifolia, StU 16-18	St	269	360	**417**	483	585
			226	303	**350**	406	491
16	Solitär, Paulownia tomentosa, StU 18-20	St	445	507	**518**	553	614
			374	426	**435**	465	516
17	Solitär, Robinia pseudoacacia, StU 16-18	St	390	444	**478**	514	578
			328	373	**402**	432	486
18	Straßenbaum, stadtklimaresistent, Acer platanoides, StU 16-18	St	–	657	**706**	777	–
			–	552	**593**	653	–
19	Straßenbaum, stadtklimaresistent, Acer platanoides "Columnare"	St	451	593	**645**	703	793
			379	498	**542**	590	666
20	Straßenbaum, stadtklimaresistent, Cornus mas	St	311	424	**451**	514	545
			261	356	**379**	432	458
21	Straßenbaum, stadtklimaresistent, Prunus x schmittii	St	–	504	**582**	652	–
			–	423	**489**	548	–
22	Straßenbaum, stadtklimaresistent, Tilia cordata "Greenspire"	St	–	641	**713**	813	–
			–	538	**600**	683	–

Nr.	Positionen	Einheit	►	▷	ø brutto € / ø netto €	◁	◄
23	Straßenbaum, stadtklimaresistent, Tilia x europaea "Pallida"	St	–	689	**749**	869	–
			–	579	**630**	731	–
24	Straßenbaum, stadtklimaresistent, Robinia pseudoacacia "Nyirsegi"	St	459	619	**665**	752	818
			386	520	**559**	632	688
25	Anlagenbaum, stadtklimaresistent, Salix alba	St	367	497	**540**	594	637
			308	417	**454**	499	535
26	Anlagenbaum, stadtklimaresistent, Malus domestica	St	–	557	**613**	655	–
			–	468	**515**	551	–
27	Obstgehölze, Malus in Sorten StU 16-18	St	249	339	**370**	453	660
			209	285	**311**	381	555
28	Obstgehölze, Blut-Pflaume StU 16-18	St	–	302	**321**	363	–
			–	254	**270**	305	–
29	Obstgehölze, Prunus serrulata StU 12-14	St	389	447	**485**	490	554
			327	376	**407**	411	466
30	Obstgehölze, Juglans regia StU 14-16	St	218	332	**375**	428	516
			183	279	**315**	360	434
31	Strauch, Amelanchier lamarcki	St	47	59	**65**	69	90
			40	50	**55**	58	75
32	Strauch, Corylus avellana	St	28	35	**37**	39	46
			24	29	**31**	33	39
33	Strauch, Rhododendron albrechti	St	48	60	**64**	72	86
			40	51	**54**	60	72
34	Strauch, Hydrangea	St	15	20	**22**	26	35
			12	16	**18**	22	29
35	Strauch, Syringa vulgaris	St	45	73	**85**	91	119
			38	61	**71**	77	100
36	Strauch, Ribes rubrum	St	4	6	**6**	6	9
			3	5	**5**	5	8
37	Strauch, Rosa canina	St	2	3	**4**	5	6
			2	3	**3**	4	5
38	Staude, wilde Rosen in Sorten	St	5	6	**6**	7	8
			4	5	**5**	6	7
39	Staude, Alchemilla mollis	St	2	3	**3**	3	4
			2	2	**3**	3	3
40	Staude, Geranium x magnificum	St	2	3	**4**	5	6
			2	3	**4**	4	5
41	Gras, Miscanthus sinensis	St	6	7	**7**	7	9
			5	6	**6**	6	7
42	Gras, Festuca glauca	St	3	3	**3**	4	4
			2	3	**3**	3	3
43	Kletterpflanze, Parthenocissus quinquefolia	St	7	12	**13**	14	18
			6	10	**11**	12	15
44	Kletterpflanze, Clematis Alba	St	9	10	**10**	10	11
			8	8	**8**	9	9

Landschaftsbauarbeiten - Pflanzen **Preise €**

Nr.	Positionen	Einheit	►	▷	ø brutto € / ø netto €	◁	◄
45	Kletterpflanze, Hedera Helix	St	4	7	**7**	7	10
			3	6	**6**	6	8
46	Wasserpflanzen liefern	St	4	5	**6**	8	12
			3	4	**5**	7	10

Nr. **Kurztext** / Langtext — Kostengruppe
► ▷ **ø netto €** ◁ ◄ [Einheit] Ausf.-Dauer Positionsnummer

Kosten:
Stand 1. Quartal 2026
Bundesdurchschnitt

1 Heckenpflanze, Carpinus betulus, bis 200cm — KG **573**

Carpinus betulus - Hainbuche, liefern und einpflanzen.
Pflanzqualität: Heckenpflanze, 2x verpflanzt, mit Ballen
Höhe: bis 200 cm

15€ 18€ **20€** 22€ 26€ [St] ⏱ 0,18 h/St 004.000.223

2 Heckenpflanze, Prunus laurocerrasus, bis 100cm — KG **573**

Prunus laurocerrasus - Kirschlorbeer, liefern und einpflanzen.
Pflanzqualität: Heckenpflanze, 2x verpflanzt, ohne Ballen mit 5-7 Trieben
Höhe: bis 100 cm

23€ 25€ **27€** 28€ 30€ [St] ⏱ 0,17 h/St 004.000.229

3 Heckenpflanze, Fagus sylvatica, bis 200cm — KG **573**

Fagus sylvatica - Rot-Buche, liefern und einpflanzen.
Pflanzqualität: Heckenpflanze, 3x verpflanzt, mit Ballen geschnitten
Höhe: 175-200 cm

33€ 45€ **47€** 55€ 63€ [St] ⏱ 0,18 h/St 004.000.232

4 Heckenpflanze, Acer campestre, bis 200cm — KG **573**

Acer campestre - Feld-Ahorn, liefern und einpflanzen.
Pflanzqualität: Heckenpflanze, 2x verpflanzt, mit Ballen geschnitten
Höhe: 175-200 cm

20€ 25€ **28€** 31€ 34€ [St] ⏱ 0,18 h/St 004.000.236

► min
▷ von
ø Mittel
◁ bis
◄ max

5 Solitär, Carpinus betulus, StU 16-18 — KG **573**

Carpinus betulus - Hainbuche, liefern und einpflanzen.
Pflanzqualität: Solitär, 3x verpflanzt, mit Drahtballen
Stammumfang: 16-18 cm

285€ 345€ **376€** 464€ 582€ [St] ⏱ 3,00 h/St 004.000.248

6 Solitär, Carpinus betulus Fastigiata, StU 10-12 — KG **573**

Carpinus betulus Fastigiata - Säulen Hainbuche, liefern und einpflanzen.
Pflanzqualität: Solitär, H 3x verpflanzt, mit Drahtballen
Stammumfang: 10-12 cm

426€ 506€ **540€** 589€ 670€ [St] ⏱ 2,60 h/St 004.000.237

Nr.	Kurztext / Langtext						Kostengruppe
▶	▷	ø netto €	◁	◀	[Einheit]	Ausf.-Dauer	Positionsnummer

7 Solitär, Aesculus carnea, StU 16-18 KG **573**

Aesculus carnea - Rotblühende Rosskastanie, liefern und einpflanzen.
Pflanzqualität: Solitär, 3x verpflanzt, mit Drahtballen
Stammumfang: 16-18 cm

254€	337€	**378€**	393€	451€	[St]	⏱ 2,00h/St	004.000.238

8 Solitär, Acer platanoides 'Globosum', StU 14-16 KG **573**

Acer platanoides 'Globosum' - Kugel-Ahorn, liefern und einpflanzen.
Pflanzqualität: Solitär, H 3x verpflanzt, mit Drahtballen
Stammumfang: 14-16 cm

369€	487€	**547€**	588€	674€	[St]	⏱ 2,60h/St	004.000.242

9 Solitär, Acer campestre, StU 18-20 KG **573**

Acer campestre - Feld-Ahorn, liefern und einpflanzen.
Pflanzqualität: Solitär, H 3x verpflanzt, mit Drahtballen
Stammumfang: 16-18 cm

229€	341€	**389€**	477€	628€	[St]	⏱ 2,60h/St	004.000.243

10 Solitär, Tilia cordata, StU 25-30 KG **573**

Tilia cordata - Winterlinde, liefern und einpflanzen.
Pflanzqualität: Solitär, H 4x verpflanzt, mit Drahtballen
Stammumfang: 25-30 cm

376€	470€	**519€**	561€	643€	[St]	⏱ 3,40h/St	004.000.245

11 Solitär, Pinus sylvestris, StU 18-20 KG **573**

Pinus sylvestris - Wald-Kiefer, liefern und einpflanzen
Pflanzqualität: Solitär, H 4x verpflanzt, mit Drahtballen
Stammumfang: 18-20 cm

330€	583€	**622€**	695€	818€	[St]	⏱ 2,60h/St	004.000.246

12 Sorbus aucuparia, StU 16-18 KG **573**

Sorbus aucuparia - Vogelbeere, liefern und einpflanzen.
Pflanzqualität: Solitär, H 3x verpflanzt, mit Drahtballen
Stammumfang: 16-18 cm

176€	244€	**263€**	290€	344€	[St]	⏱ 2,00h/St	004.000.250

13 Solitär, Quercus robur, StU 14-16 KG **573**

Quercus robur - Stiel-Eiche, liefern und einpflanzen.
Pflanzqualität: Solitär, H 3x verpflanzt, mit Drahtballen
Stammumfang: 14-16 cm

187€	287€	**297€**	330€	393€	[St]	⏱ 2,60h/St	004.000.257

Kosten:
Stand 1.Quartal 2026
Bundesdurchschnitt

Nr.	Kurztext / Langtext						Kostengruppe
▶	▷	ø netto €	◁	◀	[Einheit]	Ausf.-Dauer	Positionsnummer

14 Solitär, Phyllostachys bissetii, Höhe 100-125 KG **573**

Phyllostachys bissetii - Bambus, liefern und einpflanzen.
Pflanzqualität: Solitär, 3x verpflanzt, Container .....
Höhe: 100-150 cm

130€	160€	**170€**	173€	195€	[St]	⏱ 2,10h/St	004.000.260

15 Solitär, Platanus x acerifolia, StU 16-18 KG **573**

Platanus x acerifolia - Platane, liefern und pflanzen.
Pflanzqualität: Solitär, H 3x verpflanzt, mit Drahtballen
Höhe: 100-150 cm

226€	303€	**350€**	406€	491€	[St]	⏱ 2,60h/St	004.000.261

16 Solitär, Paulownia tomentosa, StU 18-20 KG **573**

Paulownia tomentosa - Blauglockenbaum, liefern und einpflanzen.
Pflanzqualität: Solitär, H 3x verpflanzt, mit Drahtballen
Stammumfang: 18-20 cm

374€	426€	**435€**	465€	516€	[St]	⏱ 2,60h/St	004.000.264

17 Solitär, Robinia pseudoacacia, StU 16-18 KG **573**

Robinia pseudoacacia - Robinie, liefern und einpflanzen.
Pflanzqualität: Solitär, H 3x verpflanzt, mit Drahtballen
Stammumfang: 16-18 cm

328€	373€	**402€**	432€	486€	[St]	⏱ 2,60h/St	004.000.268

A 1 Straßenbaum, stadtklimaresistent Beschreibung für Pos. **18-24**

Solitär Straßenbau mit besondere Eigenschaften: stadtklimaresistent, insektenfreundlich, liefern und einpflanzen.

18 Straßenbaum, stadtklimaresistent, Acer platanoides, StU 16-18 KG **573**

Wie Ausführungsbeschreibung A 1
Acer platanoides "Allershausen" - Spitzahorn
Pflanzqualität: Solitär, 3x verpflanzt mit Drahtballen
Stammumfang: 16-18 cm

–	552€	**593€**	653€	–	[St]	⏱ 2,40h/St	004.000.345

19 Straßenbaum, stadtklimaresistent, Acer platanoides "Columnare" KG **573**

Wie Ausführungsbeschreibung A 1
Acer platanoides "Columnare" - Spitzahorn
Pflanzqualität: Solitär, 3x verpflanzt, mit Drahtballen
Stammumfang: 16-18 cm

379€	498€	**542€**	590€	666€	[St]	⏱ 2,40h/St	004.000.346

▶ min
▷ von
ø Mittel
◁ bis
◀ max

Nr.	**Kurztext** / Langtext						Kostengruppe
▶	▷	**ø netto €**	◁	◀	[Einheit]	Ausf.-Dauer	Positionsnummer

20 Straßenbaum, stadtklimaresistent, Cornus mas KG **573**

Wie Ausführungsbeschreibung A 1
Cornus mas - Kornelkirsche
Pflanzqualität: Solitär, H 3x verpflanzt, mit Drahtballen
Stammumfang: 10-12 cm

261€	356€	**379€**	432€	458€	[St]	⏱ 0,30h/St	004.000.347

21 Straßenbaum, stadtklimaresistent, Prunus x schmittii KG **573**

Wie Ausführungsbeschreibung A 1
Prunus x schmittii - Zierkirsche
Pflanzqualität: Solitär, H 3x verpflanzt, mit Drahtballen
Stammumfang: 16-18 cm

–	423€	**489€**	548€	–	[St]	⏱ 2,00h/St	004.000.349

22 Straßenbaum, stadtklimaresistent, Tilia cordata "Greenspire" KG **573**

Wie Ausführungsbeschreibung A 1
Tilia cordata "Greenspire" - Stadtlinde
Pflanzqualität: Solitär, 3x verpflanzt, mit Drahtballen
Stammumfang: 16-18 cm

–	538€	**600€**	683€	–	[St]	⏱ 2,50h/St	004.000.350

23 Straßenbaum, stadtklimaresistent, Tilia x europaea "Pallida" KG **573**

Wie Ausführungsbeschreibung A 1
Tilia x europaea "Pallida" - Kaiserlinde
Pflanzqualität: Solitär, 3x verpflanzt, mit Drahtballen
Stammumfang: 16-18 cm

–	579€	**630€**	731€	–	[St]	⏱ 2,50h/St	004.000.351

24 Straßenbaum, stadtklimaresistent, Robinia pseudoacacia "Nyirsegi" KG **573**

Wie Ausführungsbeschreibung A 1
Robinia pseudoacacia "Nyirsegi" - Robinie
Pflanzqualität: Solitär, 3x verpflanzt, mit Drahtballen
Stammumfang: 16-18 cm

386€	520€	**559€**	632€	688€	[St]	⏱ 2,20h/St	004.000.352

A 2 Anlagenbaum, stadtklimaresistent Beschreibung für Pos. **25-26**

Solitär Straßenbau mit besondere Eigenschaften: stadtklimaresistent, insektenfreundlich liefern und einpflanzen.

25 Anlagenbaum, stadtklimaresistent, Salix alba KG **573**

Wie Ausführungsbeschreibung A 2
Salix alba - Silberweide
Pflanzqualität: Solitär, 3x verpflanzt, mit Drahtballen
Stammumfang: 16-18 cm

308€	417€	**454€**	499€	535€	[St]	⏱ 2,00h/St	004.000.357

Nr.	Kurztext / Langtext						Kostengruppe
▶	▷	ø netto €	◁	◀	[Einheit]	Ausf.-Dauer	Positionsnummer

26 Anlagenbaum, stadtklimaresistent, Malus domestica — KG **573**

Wie Ausführungsbeschreibung A 2
Malus domestica - Kulturapfel
Pflanzqualität: Solitär, 3x verpflanzt, mit Drahtballen
Stammumfang: 14-16 cm

▶	▷	ø	◁	◀	Einheit	Ausf.-Dauer	Positionsnummer
–	468€	**515€**	551€	–	[St]	2,00h/St	004.000.358

27 Obstgehölze, Malus in Sorten StU 16-18 — KG **573**

Obstgehölze Malus - Apfel in Sorten.
Pflanzqualität: H 3x verpflanzt, mit Drahtballen liefern und pflanzen
Stammumfang: 16-18 cm

▶	▷	ø	◁	◀	Einheit	Ausf.-Dauer	Positionsnummer
209€	285€	**311€**	381€	555€	[St]	2,30h/St	004.000.270

28 Obstgehölze, Blut-Pflaume StU 16-18 — KG **573**

Prunus cistena - Blut-Pflaume, liefern und einpflanzen.
Pflanzqualität: H 3x verpflanzt, mit Ballen
Stammumfang: 16-18 cm

▶	▷	ø	◁	◀	Einheit	Ausf.-Dauer	Positionsnummer
–	254€	**270€**	305€	–	[St]	1,80h/St	004.000.276

29 Obstgehölze, Prunus serrulata StU 12-14 — KG **573**

Prunus serrulata - Japanisch Blütenkirsche, liefern und einpflanzen.
Pflanzqualität: H 4x verpflanzt, mit Drahtballen
Stammumfang: 12-14 cm

▶	▷	ø	◁	◀	Einheit	Ausf.-Dauer	Positionsnummer
327€	376€	**407€**	411€	466€	[St]	1,80h/St	004.000.278

30 Obstgehölze, Juglans regia StU 14-16 — KG **574**

Juglans regia - Walnuss-Baum, liefern und einpflanzen.
Pflanzqualität: Solitär, H 3x verpflanzt, mit Drahtballen
Stammumfang: 14-16 cm

▶	▷	ø	◁	◀	Einheit	Ausf.-Dauer	Positionsnummer
183€	279€	**315€**	360€	434€	[St]	2,60h/St	004.000.280

31 Strauch, Amelanchier lamarcki — KG **573**

Amelanchier lamarckii - Kupfer-Felsenbirne, liefern und einpflanzen.
Pflanzqualität: Strauch, 3x verpflanzt, mit Drahtballen
Höhe: 100-150 cm

▶	▷	ø	◁	◀	Einheit	Ausf.-Dauer	Positionsnummer
40€	50€	**55€**	58€	75€	[St]	0,95h/St	004.000.283

32 Strauch, Corylus avellana — KG **573**

Corylus avellana - Gewöhnliche Haselnuss, liefern und einpflanzen.
Pflanzqualität: Strauch, 3x verpflanzt, mit Ballen
Höhe: 125-150 cm

▶	▷	ø	◁	◀	Einheit	Ausf.-Dauer	Positionsnummer
24€	29€	**31€**	33€	39€	[St]	0,95h/St	004.000.285

Kosten:
Stand 1.Quartal 2026
Bundesdurchschnitt

▶ min
▷ von
ø Mittel
◁ bis
◀ max

Nr.	Kurztext / Langtext						Kostengruppe
▶	▷	ø netto €	◁	◀	[Einheit]	Ausf.-Dauer	Positionsnummer

33 Strauch, Rhododendron albrechti — KG **573**

Rhododendron albrechti - Rhododendron, liefern und einpflanzen.
Pflanzqualität: Strauch, im Container 3 l
Höhe: 40-50 cm

▶	▷	ø netto €	◁	◀	[Einheit]	Ausf.-Dauer	Positionsnummer
40€	51€	**54€**	60€	72€	[St]	⏱ 0,25h/St	004.000.286

34 Strauch, Hydrangea — KG **573**

Hydrangea - Hortensie, liefern und einpflanzen.
Pflanzqualität: Strauch, 2x verpflanzt, im Container 3 l
Höhe: 40-60 cm

▶	▷	ø netto €	◁	◀	[Einheit]	Ausf.-Dauer	Positionsnummer
12€	16€	**18€**	22€	29€	[St]	⏱ 0,20h/St	004.000.287

35 Strauch, Syringa vulgaris — KG **573**

Syringa vulgaris - Gemeiner Flieder, liefern und einpflanzen
Pflanzqualität: Strauch, 2x verpflanzt, im Container 3 Liter
Höhe: 125-150 cm

▶	▷	ø netto €	◁	◀	[Einheit]	Ausf.-Dauer	Positionsnummer
38€	61€	**71€**	77€	100€	[St]	⏱ 0,28h/St	004.000.288

36 Strauch, Ribes rubrum — KG **573**

Ribes rubrum - Rote Johannisbeere in Sorten, liefern und einpflanzen.
Pflanzqualität: Strauch, verpflanzt, 3 Triebe ohne Ballen
Höhe: 30-40 cm

▶	▷	ø netto €	◁	◀	[Einheit]	Ausf.-Dauer	Positionsnummer
3€	5€	**5€**	5€	8€	[St]	⏱ 0,05h/St	004.000.300

37 Strauch, Rosa canina — KG **573**

Rosa canina - Heckenrose, liefern und einpflanzen.
Pflanzqualität: Strauch, verpflanzt, 4 Triebe ohne Ballen
Höhe: 60-100 cm

▶	▷	ø netto €	◁	◀	[Einheit]	Ausf.-Dauer	Positionsnummer
2€	3€	**3€**	4€	5€	[St]	⏱ 0,08h/St	004.000.302

38 Staude, wilde Rosen in Sorten — KG **573**

Rosa glauca - Hechtrose, liefern und einpflanzen.
Pflanzqualität: Strauch, verpflanzt, 4 Triebe ohne Ballen
Höhe: 60-100 cm

▶	▷	ø netto €	◁	◀	[Einheit]	Ausf.-Dauer	Positionsnummer
4€	5€	**5€**	6€	7€	[St]	⏱ 0,08h/St	004.000.303

39 Staude, Alchemilla mollis — KG **573**

Alchemilla mollis - Frauenmantel, liefern und einpflanzen.
Pflanzqualität: Staude, mit Topfballen
Topfgröße: P 1,0

▶	▷	ø netto €	◁	◀	[Einheit]	Ausf.-Dauer	Positionsnummer
2€	2€	**3€**	3€	3€	[St]	⏱ 0,04h/St	004.000.305

Kosten:
Stand 1. Quartal 2026
Bundesdurchschnitt

Nr.	**Kurztext** / Langtext				[Einheit]	Ausf.-Dauer	Kostengruppe Positionsnummer
►	▷	**ø netto €**	◁	◄			

40 Staude, Geranium x magnificum KG **573**

Geranium x magnificum - Pracht-Storchenschnabel, liefern und einpflanzen.
Pflanzqualität: Staude, mit Topfballen
Topfgröße: P 1,0

►	▷	ø	◁	◄	Einheit	Ausf.-Dauer	Positionsnummer
2€	3€	**4€**	4€	5€	[St]	0,04h/St	004.000.311

41 Gras, Miscanthus sinensis KG **573**

Miscanthus sinensis - Feinhalm-Chinaschilf, liefern und einpflanzen.
Pflanzqualität: Ziergras, mit Topfballen
Topfgröße: P 1,0

►	▷	ø	◁	◄	Einheit	Ausf.-Dauer	Positionsnummer
5€	6€	**6€**	6€	7€	[St]	0,04h/St	004.000.314

42 Gras, Festuca glauca KG **573**

Festuca glauca - Blau-Schwingel, liefern und pflanzen
Pflanzqualität: Ziergras, mit Topfballen
Topfgröße: P 1,0

►	▷	ø	◁	◄	Einheit	Ausf.-Dauer	Positionsnummer
2€	3€	**3€**	3€	3€	[St]	0,04h/St	004.000.315

43 Kletterpflanze, Parthenocissus quinquefolia KG **573**

Parthenocissus quinquefolia - Wilder Wein, liefern und einpflanzen.
Pflanzqualität: Kletterpflanze, 2x verpflanzt, mit Topfballen
Topfgröße: P .....
Höhe: 60-80 cm

►	▷	ø	◁	◄	Einheit	Ausf.-Dauer	Positionsnummer
6€	10€	**11€**	12€	15€	[St]	0,12h/St	004.000.322

44 Kletterpflanze, Clematis Alba KG **573**

Clematis Alba - Berg-Waldrebe, liefern und einpflanzen.
Pflanzqualität: Kletterpflanze, 2x verpflanzt, im Container l
Topfgröße: P .....
Höhe: 60-100 cm

►	▷	ø	◁	◄	Einheit	Ausf.-Dauer	Positionsnummer
8€	8€	**8€**	9€	9€	[St]	0,12h/St	004.000.323

45 Kletterpflanze, Hedera Helix KG **573**

Hedera Helix - Efeu, liefern und einpflanzen.
Pflanzqualität: Kletterpflanze, mit Topfballen
Topfgröße: P 1,0
Höhe: 80-100 cm

►	▷	ø	◁	◄	Einheit	Ausf.-Dauer	Positionsnummer
3€	6€	**6€**	6€	8€	[St]	0,12h/St	004.000.325

46 Wasserpflanzen liefern KG **583**

Wasserpflanzen mit Topfballen, in verschiedenen Sorten liefern und einpflanzen.
Topfgröße: P .....

►	▷	ø	◁	◄	Einheit	Ausf.-Dauer	Positionsnummer
3€	4€	**5€**	7€	10€	[St]	0,04h/St	004.000.327

► min
▷ von
ø Mittel
◁ bis
◄ max

080

Kosten:
Stand 1. Quartal 2026
Bundesdurchschnitt

► min
▷ von
ø Mittel
◁ bis
◄ max

Nr.	Positionen	Einheit	►	▷	ø brutto € / ø netto €	◁	◄
1	Betonplatten, abbrechen, entsorgen	m²	6	9	**9**	11	14
			5	7	**8**	9	12
2	Betonpflaster aufnehmen, lagern	m²	15	17	**17**	19	22
			12	15	**15**	16	19
3	Treppen/Bordsteine/Kantensteine aufnehmen, entsorgen	m	8	11	**12**	15	21
			7	10	**10**	13	17
4	Schotter entsorgen	m³	26	32	**35**	38	42
			22	27	**30**	32	35
5	Planum herstellen	m²	1,0	1,2	**1,4**	1,6	2,0
			0,8	1,0	**1,2**	1,3	1,7
6	Untergrund verdichten, Wegeflächen	m²	0,8	1,4	**1,6**	2,0	2,8
			0,7	1,2	**1,4**	1,7	2,3
7	Untergrund verdichten, Fundamente	m²	1	2	**2**	2	3
			1	1	**2**	2	2
8	Lastplattendruckversuch	St	237	290	**308**	349	460
			199	244	**259**	294	387
9	Frostschutzschicht, Schotter 0/32, bis 30cm	m²	17	22	**24**	25	32
			14	19	**20**	21	27
10	Frostschutzschicht, RCL 0/56, bis 30cm	m²	13	17	**18**	20	24
			11	14	**15**	17	20
11	Frostschutzschicht, Kies 0/45, bis 30cm	m²	15	19	**21**	27	36
			12	16	**18**	23	30
12	Tragschicht, Schotter 0/32, 15cm	m²	14	15	**16**	17	18
			12	13	**13**	14	15
13	Tragschicht, Schotter 0/32, bis 30cm	m²	18	20	**21**	22	25
			15	17	**18**	19	21
14	Tragschicht, Kies 0/45, bis 30cm	m²	16	20	**22**	23	25
			13	17	**19**	19	21
15	Tragschicht aus RCL-Schotter 0/45, bis 30cm	m²	15	17	**17**	18	20
			13	14	**15**	15	17
16	Rasentragschicht 0/16	m²	14	15	**16**	21	25
			12	12	**14**	18	21
17	Rasentragschicht 0/32	m²	16	19	**20**	22	27
			13	16	**17**	19	22
18	Schotterrasendeckschicht, 20cm	m²	16	22	**26**	34	43
			14	18	**22**	28	36
19	Asphalttragschicht, 10cm	m²	35	38	**39**	40	42
			29	32	**33**	33	35
20	Asphaltbinderschicht, 6cm	m²	27	29	**31**	33	35
			23	25	**26**	27	29
21	Asphaltbetondeckschicht, 3,5cm	m²	21	26	**29**	33	37
			17	22	**24**	27	31
22	Wassergebundene Decke	m²	14	20	**23**	27	33
			12	17	**19**	23	28
23	Pflasterdecke, Beton mit Sickerfugen	m²	37	50	**56**	61	71
			31	42	**47**	51	60
24	Pflasterdecke, Beton, versickerungsfähig, 15x15	m²	43	57	**61**	70	76
			36	48	**51**	59	64

Nr.	Positionen	Einheit	►	▷	ø brutto € / ø netto €	◁	◄
25	Pflasterdecke, Beton, versickerungsfähig, 30x15	m²	48	60	**65**	73	83
			40	51	**54**	61	70
26	Pflasterdecke, Beton, haufenporig, 12,5x12,5	m²	26	35	**38**	42	46
			22	29	**32**	36	39
27	Pflasterdecke, Beton, haufenporig, 25x12,5	m²	30	39	**42**	47	52
			25	33	**35**	40	43
28	Versickerungsfähiges Pflaster, Doppel-T-Verbundstein, 10x16,5	m	28	38	**40**	44	50
			23	32	**34**	37	42
29	Rasenfugenstein, Beton, 20x20	m²	32	43	**47**	53	59
			27	36	**39**	44	49
30	Betonplatte, Beton, 40x40cm, mit extra großer Rasenfuge	m²	32	43	**47**	53	58
			27	36	**39**	44	49
31	Naturwerksteinpflaster, begrünbarer Fuge, polygonal	m²	66	88	**94**	104	115
			55	74	**79**	87	96
32	Rasengittersteine, 19,5x19,5 ohne verfüllen	m²	26	36	**39**	43	47
			22	30	**33**	36	39
33	Rasengitterplatte, Beton, 40x40	m²	33	42	**46**	52	56
			28	36	**38**	44	47
34	Rasenplatte, Kunststoff, 50x50	m²	30	41	**45**	49	54
			25	34	**38**	42	46
35	Rasenplatte, Kunststoff-RCL, 50x40	m²	50	68	**74**	82	90
			42	57	**62**	69	76
36	Rasenplatte, Kunststoff-RCL, 60x40	m²	–	71	**77**	85	–
			–	60	**64**	71	–
37	Rasengitterplatte, Kunststoff-RCL, 40x40	m²	21	30	**32**	36	39
			18	25	**27**	30	33
38	Rasengitterplatte, SBR-Gummigranulat, 10x10, 4,5cm	m²	47	65	**70**	78	86
			39	55	**59**	66	72
39	Rasengitterplatte, SBR-Gummigranulat, 10x10, 5,5cm	m²	–	67	**72**	81	–
			–	56	**61**	68	–
40	Füllung, Begrünung Rasengitterplatte, Quarzsand, 5cm	m³	70	92	**102**	115	125
			59	77	**86**	97	105
41	Füllung, Begrünung Rasengitterplatte, Splitt, 5cm	m³	116	156	**166**	181	195
			97	131	**139**	152	164
42	Füllung, Begrünung Rasengitterplatte, Min.-org. Substrat, Mauerpfeffer	m²	26	35	**38**	42	46
			22	29	**32**	36	39
43	Fugenverfüllung, Rasenfuge Betonpflastersteine	m³	84	113	**120**	138	148
			71	95	**101**	116	124
44	Pflasterklinkerdecke	m²	73	118	**138**	146	165
			61	99	**116**	122	138
45	Pflasterdecke, Granit, 8x8	m²	110	129	**142**	150	163
			93	109	**119**	126	137
46	Pflasterdecke, Granit, 11x11	m²	143	179	**200**	213	248
			120	150	**168**	179	208
47	Pflasterzeile, Granit gebraucht, einzeilig	m	41	49	**50**	53	58
			35	41	**42**	45	49

Kosten:
Stand 1.Quartal 2026
Bundesdurchschnitt

Nr.	Positionen	Einheit	►	▷	ø brutto € / ø netto €	◁	◄
48	Pflasterzeile, Granit, dreizeilig	m	59	72	**77**	86	107
			50	60	**65**	73	90
49	Pflasterzeile, Großsteinpflaster, Granit	m	44	51	**55**	61	66
			37	43	**46**	52	56
50	Plattenbelag, Granit, 60x60	m²	110	132	**138**	149	169
			93	111	**116**	125	142
51	Plattenbelag, Basalt, 60x60	m²	191	231	**279**	303	309
			160	194	**235**	254	259
52	Plattenbelag, Travertin, 60x60	m²	164	184	**200**	206	256
			138	154	**168**	173	215
53	Plattenbelag, Sandstein, 60x60	m²	176	201	**215**	225	244
			148	169	**181**	189	205
54	Betonplattenbelag, 40x40	m²	60	76	**83**	92	108
			51	64	**70**	77	91
55	Pflasterdecke, Betonpflaster	m²	46	51	**53**	56	64
			39	43	**45**	47	53
56	Betonplatten, Schrittplatte	St	14	20	**21**	23	29
			12	17	**18**	19	24
57	Betonplatte, Natursteinoptik, polygonal	m²	–	78	**87**	97	–
			–	66	**73**	82	–
58	Terrassenbelag aus Beton, 50x25x5	m²	75	100	**106**	126	130
			63	84	**89**	106	109
59	Terrassenbelag aus Beton, 50x25x8	m²	81	113	**121**	142	148
			68	95	**102**	119	124
60	Terrassenbelag aus Beton, 50x50x8	m²	86	118	**125**	144	151
			73	99	**105**	121	127
61	Terrassenbelag aus Beton, 60x60x8	m²	79	109	**116**	137	144
			66	92	**98**	115	121
62	Traufe, Betonplatten	m	12	14	**15**	17	20
			10	12	**13**	15	17
63	Holzbelag Lärche	m²	216	233	**239**	244	280
			182	196	**201**	205	236
64	Holzbelag Douglasie	m²	111	146	**175**	200	235
			93	123	**147**	168	198
65	Holzbelag Bangkirai	m²	–	183	**246**	293	–
			–	153	**206**	246	–
66	Belag aus Holzpaneele 60x60	m²	–	205	**215**	237	–
			–	172	**181**	199	–
67	Unterkonstruktion, Terrasse, Bauschnittholz	m²	–	31	**33**	37	–
			–	26	**28**	31	–
68	Randabschluss, Deckbrett	m	–	70	**75**	81	–
			–	58	**63**	68	–
69	Rippenplatte, 30x30x8, Rippenabstand 50x6, o. Fase, anthrazit	m²	135	183	**199**	229	241
			114	154	**167**	192	202
70	Rippenplatte, 20x10x8, mit Fase, anthrazit	m	119	160	**172**	199	211
			100	134	**144**	167	178

► min
▷ von
ø Mittel
◁ bis
◄ max

Nr.	Positionen	Einheit	►	▷	**ø brutto €** ø netto €	◁	◄
71	Noppenplatte, 30x30x8, 32 Noppen, mit Fase, Kegel, anthrazit	m²	137	186	**198**	236	244
			115	156	**166**	198	205
72	Noppenplatte, 20x10x8, 8 Noppen, mit Fase, Kegel, weiß	m²	103	131	**143**	161	264
			86	110	**120**	136	222
73	Leitstreifen, Betonsteinpflaster	m	–	505	**587**	693	–
			–	424	**493**	582	–
74	Plattenbelag schneiden, Beton	m	20	25	**26**	29	34
			17	21	**22**	24	29
75	Blockstufe, Beton, 15x35x100	St	137	198	**241**	261	339
			115	166	**202**	219	285
76	Blockstufe, Beton, 17x28x100	m	138	178	**197**	220	267
			116	149	**166**	185	224
77	Blockstufe, Naturwerkstein, Länge 100	m	195	231	**246**	260	282
			164	194	**207**	219	237
78	Blockstufe, Kontraststreifen Beton, 20x40x120	m	247	264	**274**	284	311
			208	222	**230**	238	261
79	Blockstufe, Kontraststreifen PVC, 20x40x120	m	–	219	**233**	267	–
			–	184	**195**	225	–
80	Winkelstufe, Beton, 17x28x100	m	198	234	**261**	273	310
			166	197	**220**	230	260
81	Winkelstufe, Beton, 17x28x150	m	219	242	**320**	381	409
			184	204	**269**	320	344
82	Winkelstufe, Kontraststreifen Beton, 20x36x120	m	168	223	**240**	273	297
			141	187	**202**	230	250
83	Winkelstufe, Kontraststreifen PVC, 20x36x120	m	157	196	**206**	229	251
			132	165	**173**	192	211
84	Legestufe, Kontraststreifen Beton, 8x40x120	m	183	240	**258**	289	320
			154	202	**217**	243	269
85	Legestufe, Kontraststreifen PVC, 8x40x120	m	165	215	**229**	259	284
			139	181	**193**	218	239
86	L-Stufe, Kontraststreifen Beton,15x38x80	m	153	192	**205**	231	252
			129	162	**172**	194	211
87	Bordstein, Naturwerkstein 15x25, L=100	m	56	67	**71**	78	83
			47	56	**60**	66	69
88	Bordstein, Naturwerkstein 30x25, L=100	m	68	79	**85**	94	99
			57	67	**72**	79	83
89	Bordstein, Beton, 12x15x25, L=100	m	38	45	**49**	52	59
			32	38	**41**	44	50
90	Bordstein, Beton, 12x15x30, L=100	m	42	50	**52**	57	72
			35	42	**43**	48	60
91	Bordstein, Beton, 12x18x30, L=100	m	40	52	**56**	63	78
			34	43	**47**	53	65
92	Bordstein, Beton, 8x25, L=100	m	34	40	**43**	47	56
			29	34	**36**	40	47
93	Bordstein, Beton, 8x20	m	34	40	**41**	45	53
			29	33	**35**	38	45

Kosten:
Stand 1. Quartal 2026
Bundesdurchschnitt

► min
▷ von
ø Mittel
◁ bis
◀ max

Straßen, Wege, Plätze — **Preise €**

Nr.	Positionen	Einheit	►	▷	ø brutto € / ø netto €	◁	◀
94	Bordstein, Beton, 18x30	m	35	41	**44**	50	57
			29	34	**37**	42	48
95	Bordstein, Naturwerkstein brechen	St	–	16	**23**	32	–
			–	13	**19**	27	–
96	Bordstein, Beton, Form RB 150x250	m	42	51	**52**	60	68
			36	43	**44**	50	58
97	Rasenbordstein, Kantstein, Beton	m	31	42	**44**	48	55
			26	36	**37**	40	46
98	Tastbordstein, Beton, 25x20, L=100	m	108	142	**156**	183	191
			91	120	**131**	154	160
99	Übergangsbordstein, Beton, dreiteilig, 12x15x30, L=50	m	93	122	**130**	143	154
			78	102	**109**	120	130
100	Übergangsbordstein, Beton, dreiteilig, 12x15x30, L=100	m	126	149	**168**	191	200
			106	125	**141**	161	168
101	Weg-/Beeteinfassung, Aluminium, gerade	m	35	52	**62**	71	85
			29	43	**52**	60	72
102	Weg-/Beeteinfassung, Aluminium, Bogen	m	101	130	**138**	156	170
			85	109	**116**	131	143
103	Weg-/Beeteinfassung, Aluminium, Stoßverbinder	St	91	115	**123**	138	147
			76	97	**103**	116	124
104	Weg-/Beeteinfassung, Aluminium, Eckverbinder, Außenecke 90°	St	53	59	**61**	65	71
			45	50	**51**	54	60
105	Weg-/Beeteinfassung, Aluminium, Erdnagel	St	27	35	**37**	41	45
			23	30	**31**	35	38
106	Weg-/Beeteinfassung, Cortenstahl, gerade	m	56	68	**78**	91	111
			47	57	**65**	76	93
107	Weg-/Beeteinfassung, Cortenstahl, Profilverbinder	St	101	133	**144**	160	173
			85	112	**121**	135	146
108	Weg-/Beeteinfassung, Cortenstahl, Eckverbinder, Außenecke 90°	St	61	79	**84**	94	104
			51	67	**71**	79	87
109	Weg-/Beeteinfassung, Cortenstahl, Beton- und Erdanker	St	19	24	**26**	29	32
			16	20	**22**	24	27
110	Weg-/Beeteinfassung, 15x22, L=100	m	123	145	**158**	180	194
			104	122	**133**	151	163
111	Winkelstützmauerelement, Beton, Höhe 55	m	175	192	**197**	203	220
			147	161	**165**	171	185
112	Winkelstützmauerelement, Beton, Höhe 80	m	211	228	**237**	251	296
			178	192	**199**	211	248
113	Winkelstützmauerelement, Beton, Höhe 155	m	416	494	**529**	598	698
			349	415	**445**	503	587
114	Gabionen, 50x50x50	St	–	171	**182**	208	–
			–	144	**153**	174	–
115	Gabionen, 100x100x100	St	–	552	**581**	680	–
			–	464	**489**	572	–
116	Gabionen, 200x50x50	St	–	404	**429**	507	–
			–	339	**361**	426	–

Nr.	Positionen	Einheit	►	▷	ø brutto € / ø netto €	◁	◄
117	Gabionen, 300x50x50	St	–	542	**570**	639	–
			–	455	**479**	537	–
118	Trockenmauer als Stützwand - Bruchsteinmauerwerk	m	–	459	**478**	545	–
			–	386	**402**	458	–
119	Naturwerksteinmauerwerk als Quadermauerwerk	m	205	324	**380**	450	557
			172	272	**319**	378	468
120	Naturwerksteinmauerwerk als Außenwand	m	216	264	**291**	311	366
			182	222	**244**	261	308
121	Speicherelement, Box Niederschlagswasser, 600l	St	1.104	1.472	**1.600**	1.776	1.920
			928	1.237	**1.345**	1.492	1.613
122	Speicherelement, Tank Niederschlagswasser, 1.600l	St	2.496	3.414	**3.671**	4.111	4.442
			2.098	2.869	**3.085**	3.455	3.733
123	Speicherelement, Zisterne Niederschlagswasser, 1.000l	St	–	2.560	**2.752**	3.000	–
			–	2.151	**2.313**	2.521	–
124	Speicherelement, Flachtank Niederschlagswasser, 600l	St	–	1.132	**1.204**	1.349	–
			–	951	**1.012**	1.134	–
125	Speicherelement, Rigole, Niederschlagswasser, 420l	St	535	734	**798**	870	990
			449	617	**671**	731	832
126	Speicherelement, Sickertunnel, Niederschlagswasser, 300l	St	–	485	**533**	576	–
			–	408	**448**	484	–
127	Speicherelement, Box Niederschlagswasser, 400l	St	–	1.109	**1.180**	1.275	–
			–	932	**992**	1.071	–

Nr. **Kurztext** / Langtext — Kostengruppe

► ▷ **ø netto €** ◁ ◄ [Einheit] Ausf.-Dauer Positionsnummer

1 Betonplatten, abbrechen, entsorgen — KG **594**

Abbruch Plattenbelag als Randeinfassung inkl. Bettung. Ohne Schadstoffbelastung, Zuordnung RC 1 (nach EBV).
Plattenbelag: Betonplatten
Maße: 50 x 50 x 5 cm
Bettung: Kiessand
Bettungsdicke: 10 cm
Geräteeinsatz möglich: .....

5€ 7€ **8€** 9€ 12€ [m²] ⏱ 0,10 h/m² 080.000.306

2 Betonpflaster aufnehmen, lagern — KG **594**

Pflasterbelag einschl. Bettung aufnehmen, reinigen und zur Wiederverwendung seitlich lagern. Nicht wiederverwendbare Stoffe auf Lkw des AN laden und entsorgen.
Pflasterbelag: Betonpflastersteine
Plattendicke: 80 mm
Bettung: Kiessand
Bettungsdicke: 4 mm

12€ 15€ **15€** 16€ 19€ [m²] ⏱ 0,12 h/m² 080.000.309

Kosten:
Stand 1. Quartal 2026
Bundesdurchschnitt

Nr.	**Kurztext** / Langtext						Kostengruppe
▶	▷	**ø netto €**	◁	◀	[Einheit]	Ausf.-Dauer	Positionsnummer

3 Treppen/Bordsteine/Kantensteine aufnehmen, entsorgen KG **594**

Betonfertigteile einschl. Fundamente aufnehmen und Stoffe sortenrein laden und entsorgen. Ohne Schadstoffbelastung, Zuordnung RC 1 (nach EBV).
Fertigteile: **Treppen / Bordsteine / Einfassungen / Kantensteine**
Fundamenttiefe: bis 30 cm

▶	▷	ø	◁	◀	Einheit	Ausf.-Dauer	Positionsnummer
7€	10€	**10€**	13€	17€	[m]	⏱ 0,10 h/m	080.000.310

4 Schotter entsorgen KG **594**

Schottertragschicht und Frostschutzschicht, zwischengelagert laden und Entsorgen. Ohne Schadstoffbelastung, Zuordnung RC 1 (nach EBV).
Dicke: bis 40 cm

▶	▷	ø	◁	◀	Einheit	Ausf.-Dauer	Positionsnummer
22€	27€	**30€**	32€	35€	[m³]	⏱ 0,20 h/m³	080.000.311

5 Planum herstellen KG **530**

Planum für befestigte Fläche herstellen. Arbeiten mit Gerät.
Verformungsmodul: mind. EV2 45 Mpa
Verdichtungsgrad: mind. DPr 0,92 bis 0,95
Sollhöhe: Zulässige Abweichung +/-2 cm

▶	▷	ø	◁	◀	Einheit	Ausf.-Dauer	Positionsnummer
0,8€	1,0€	**1,2€**	1,3€	1,7€	[m²]	⏱ 0,02 h/m²	080.000.316

6 Untergrund verdichten, Wegeflächen KG **530**

Untergrund für Wegeflächen verdichten, inkl. Ausgleich von Unebenheiten.
Verformungsmodul: mind. EV2 45 Mpa
Verdichtungsgrad: mind. DPr 0,92 bis 0,95
Sollhöhe: Zulässige Abweichung +/-2 cm

▶	▷	ø	◁	◀	Einheit	Ausf.-Dauer	Positionsnummer
0,7€	1,2€	**1,4€**	1,7€	2,3€	[m²]	⏱ 0,02 h/m²	080.000.317

7 Untergrund verdichten, Fundamente KG **530**

Gründungssohle verdichten, Fundamente inkl. Ausgleich von Unebenheiten.
Verformungsmodul: mind. EV2 45 Mpa
Verdichtungsgrad: DPr 97%
Sollhöhe: Zulässige Abweichung +/-2 cm

▶	▷	ø	◁	◀	Einheit	Ausf.-Dauer	Positionsnummer
1€	1€	**2€**	2€	2€	[m²]	⏱ 0,04 h/m²	080.000.318

8 Lastplattendruckversuch KG **533**

Lastplattendruckversuch zum Nachweis der geforderten Verdichtung des Bodens. Durchführung und Auswertung sowie Gerätestellung erfolgt durch ein neutrales Prüflabor nach Wahl des Auftragnehmers. Abrechnung je Versuch, inkl. aller Geräte, Honorare und Nebenkosten.

▶	▷	ø	◁	◀	Einheit	Ausf.-Dauer	Positionsnummer
199€	244€	**259€**	294€	387€	[St]	⏱ 2,90 h/St	080.000.365

▶ min
▷ von
ø Mittel
◁ bis
◀ max

Nr.	Kurztext / Langtext						Kostengruppe
▶	▷	**ø netto €**	◁	◀	[Einheit]	Ausf.-Dauer	Positionsnummer

9 Frostschutzschicht, Schotter 0/32, bis 30cm KG **530**

Schottertragschicht aus frostfestem Material, korngestuft. gem. ZTV-SoB-STB herstellen. Verwendung von Recyclingmaterial ist nicht zulässig.
Schichtdicke: bis 30 cm
Einbauort: .....
Tragfähigkeit: .....
Belastungsklasse RStO 12: .....
Körnung: 0/32
Sieblinie: .....
Verdichtungsgrad: ..... DPr

14€ 19€ **20€** 21€ 27€ [m2] ⏱ 0,14h/m2 080.000.320

10 Frostschutzschicht, RCL 0/56, bis 30cm KG **530**

Frostschutzschicht aus frostfestem,schadstofffreiem Recyclingmaterial herstellen, einschl. profilgerecht verdichten.
Einbauort: Fahr- und Stellflächen
Schichtdicke: bis 30 cm
Körnung: 0/56
Verdichtungsgrad: DPr 1
Sieblinie: .....

11€ 14€ **15€** 17€ 20€ [m2] ⏱ 0,14h/m2 080.000.322

11 Frostschutzschicht, Kies 0/45, bis 30cm KG **530**

Frostschutzschicht Kies aus frostfestem, korngestuften Material herstellen und verdichten Verwendung von Recyclingmaterial ist nicht zulässig.
Schichtdicke: bis 30 cm
Einbauort: .....
Tragfähigkeit: .....
Belastungsklasse RStO 12: .....
Körnung: 0/45
Sieblinie: .....
Verdichtungsgrad: ..... DPr

12€ 16€ **18€** 23€ 30€ [m2] ⏱ 0,14h/m2 080.000.325

A 3 Tragschicht, Schotter Beschreibung für Pos. **12-13**

Schottertragschicht, aus korngestuftem Material herstellen. Verwendung von Recyclingmaterial ist nicht zulässig.
Schichtdicke: bis 30 cm
Verdichtungsgrad: mind. DPr 95%

12 Tragschicht, Schotter 0/32, 15cm KG **530**

Wie Ausführungsbeschreibung A 3
Einbauort: **Wegefläche / Fahrbahn**
Belastungsklasse RStO 12: .....
Schichtdicke: 15 cm
Körnung: 0/32
Sieblinie: .....
Sollhöhe: zulässige Abweichung +/-2,0 cm

12€ 13€ **13€** 14€ 15€ [m2] ⏱ 0,12h/m2 080.000.437

Nr.	Kurztext / Langtext						Kostengruppe
▶	▷	ø netto €	◁	◀	[Einheit]	Ausf.-Dauer	Positionsnummer

13 Tragschicht, Schotter 0/32, bis 30cm KG **530**

Wie Ausführungsbeschreibung A 3
Einbauort: Fahrbahn
Belastungsklasse RStO 12: .....
Körnung: 0/32
Sieblinie: .....
Sollhöhe: zulässige Abweichung +/-2,0 cm

15€	17€	**18€**	19€	21€	[m²]	⏱ 0,12 h/m²	080.000.327

14 Tragschicht, Kies 0/45, bis 30cm KG **530**

Tragschicht aus Kies mit Verdichtungsgrad mind. 1DPr herstellen. Nachweis der Frostbeständigkeit ist vorzulegen.
Einbauort: Fahrbahn
Belastungsklasse RStO 12: .....
Körnung: 0/45
Sieblinie: .....
Sollhöhe: Zulässige Abweichung +/-2,0 cm

13€	17€	**19€**	19€	21€	[m²]	⏱ 0,12 h/m²	080.000.330

15 Tragschicht aus RCL-Schotter 0/45, bis 30cm KG **530**

Tragschicht aus Recyclingschotter (RCL-Schotter) nach ZTV SoB-StB herstellen.
Schichtdicke: bis 30 cm
Verformungsmodul: mind. EV2 100 MPa
Verdichtungsgrad: mind. DPr 1
Einbauort: Fahrbahn
Belastungsklasse RSTO12. .....
Körnung: 0/45

13€	14€	**15€**	15€	17€	[m²]	⏱ 0,12 h/m²	080.000.171

A 6 Rasentragschicht Beschreibung für Pos. **16-17**

Tragschicht für Schotterrasenfläche
Schichtdicke: 20 cm
Material: Kies-Oberbodengemisch
Bodengruppe DIN 18915: ....
Tragfähigkeit: 45 MN/m²
Ebenflächigkeit unter der 4,00 m Latte: +/-2 cm

16 Rasentragschicht 0/16 KG **530**

Wie Ausführungsbeschreibung A 6
Körnung: 0/16

12€	12€	**14€**	18€	21€	[m²]	⏱ 0,12 h/m²	080.000.178

17 Rasentragschicht 0/32 KG **530**

Wie Ausführungsbeschreibung A 6
Körnung: 0/32

13€	16€	**17€**	19€	22€	[m²]	⏱ 0,12 h/m²	080.000.173

Kosten:
Stand 1. Quartal 2026
Bundesdurchschnitt

▶ min
▷ von
ø Mittel
◁ bis
◀ max

18 Schotterrasendeckschicht, 20cm KG **574**

Schotterrasen aus Schotter-Humus-Gemisch, einschl. Abwalzen und Einsanden nach Einsaat.
Schotter: .....
Bodengruppen DIN 18915: .....
Dicke: 20 cm
Angeb. Fabrikat: .....

14€	18€	**22€**	28€	36€	[m^2]	⏱ 0,13 h/m^2	080.000.351

19 Asphalttragschicht, 10cm KG **530**

Asphalttragschicht herstellen, inkl. verdichten.
Mischgutart: AC 32 T S
Bindemittel: 50/70 TL Bitumen-StB
Einbauort: .....
Einbaudicke: 10 cm verdichteter Zustand
Verdichtungsgrad: ..... DPr

29€	32€	**33€**	33€	35€	[m^2]	⏱ 0,10 h/m^2	080.000.331

20 Asphaltbinderschicht, 6cm KG **530**

Asphaltbinderschicht ZTV Asphalt-StB, natürliche Gesteinskörnung TL Gestein, Asphaltgranulat kann zugegeben werden.
Schichtdicke: 6 cm
Belastungsklasse: .....
Mischgutart: AC 16 B S
Bindemittel: 30/45
Einbaudicke: 6 cm im verdichteter Zustand
Einbaubreite: ..... m

23€	25€	**26€**	27€	29€	[m^2]	⏱ 0,08 h/m^2	080.000.434

21 Asphaltbetondeckschicht, 3,5cm KG **530**

Asphaltdeckschicht aus Asphaltbeton, ZTV, natürliche Gesteinskörnung TL Gestein, Einbaudicke gem. TPD-StB durch Messen mit Tiefenlehre.
Mischgutart: AC 11 D LW
Bindemittel: 70/100 TL Bitumen-StB
Schichtdicke: 3,5 cm

17€	22€	**24€**	27€	31€	[m^2]	⏱ 0,05 h/m^2	080.000.435

22 Wassergebundene Decke KG **531**

Wassergebundene Deckschicht zweischichtig korngestuft, auf bauseitiger Tragschicht mit Zugabe von Wasser bis zur vollständigen Bindung herstellen. Verdichtung durch Walzen.
Obere Schicht: 0/8
Schichtdicke: 4 cm
Untere Schicht: dynamisch 4/16
Mindestschichtdicke: 8 cm
Gefälle: max. 3%

12€	17€	**19€**	23€	28€	[m^2]	⏱ 0,13 h/m^2	080.000.350

Kosten:
Stand 1.Quartal 2026
Bundesdurchschnitt

Nr.	**Kurztext** / Langtext						Kostengruppe
►	▷	**ø netto €**	◁	◄	[Einheit]	Ausf.-Dauer	Positionsnummer

23 Pflasterdecke, Beton mit Sickerfugen KG **534**

Pflasterdecke aus Betonpflastersteinen mit Sickerfugen, ungebundene Bauweise, Fugen mit Splitt Gemisch vollständig verfüllen und abrütteln.
Einbauort: .....
Pflasterformat (L x B): ..... cm
Pflasterdicke: .....
Farbe: .....
Bettung: Brechsand-Splitt-Gemisch
Körnung: 0/5
Bettungsdicke: 3-5 cm
Verlegeart: .....
Fugenbreite: .....
Angeb. Fabrikat. .....

31€	42€	**47€**	51€	60€	[m²]	⏱ 0,20 h/m²	080.000.179

A 7 Pflasterdecke, Beton, versickerungsfähig Beschreibung für Pos. **24-25**

Pflasterdecke, Beton, versickerungsfähig, einschl. Bettung und einsanden.
Verlegung: im Halbsteinverband
Dicke: 8 cm
Farben: grau
Bettung: 3-5 cm Splitt 2/5 mm verdichteter Zustand

24 Pflasterdecke, Beton, versickerungsfähig, 15x15 KG **530**

Wie Ausführungsbeschreibung A 7
Steinformat: 15 x 15 cm
Einbauort: .....

36€	48€	**51€**	59€	64€	[m²]	⏱ 0,42 h/m²	080.000.376

25 Pflasterdecke, Beton, versickerungsfähig, 30x15 KG **530**

Wie Ausführungsbeschreibung A 7
Steinformat: 30 x 15 cm
Einbauort: .....

40€	51€	**54€**	61€	70€	[m²]	⏱ 0,42 h/m²	080.000.377

A 8 Pflasterdecke, Beton, haufenporig Beschreibung für Pos. **26-27**

Pflasterdecke aus versickerungsfähigem, haufporigem Pflaster einschl. Bettung und einsanden. Verlegung im Halbsteinverband.
Dicke: 8 cm
Farben: grau
Bettung: 3-5 cm Splitt 2/5 mm verdichteter Zustand

26 Pflasterdecke, Beton, haufenporig, 12,5x12,5 KG **530**

Wie Ausführungsbeschreibung A 8
Steinformat: 12,5 x 12,5 cm
Einbauort: .....

22€	29€	**32€**	36€	39€	[m²]	⏱ 0,50 h/m²	080.000.381

► min
▷ von
ø Mittel
◁ bis
◄ max

Nr.	Kurztext / Langtext						Kostengruppe
▶	▷	ø netto €	◁	◀	[Einheit]	Ausf.-Dauer	Positionsnummer

27 Pflasterdecke, Beton, haufenporig, 25x12,5 KG **530**

Wie Ausführungsbeschreibung A 8
Steinformat: 25 x 12,5 cm
Einbauort: .....

25€	33€	**35€**	40€	43€	[m²]	⏱ 0,42 h/m²	080.000.380

28 Versickerungsfähiges Pflaster, Doppel-T-Verbundstein, 10x16,5 KG **532**

Versickerungsfähiges haufporiges Pflaster einschl. Bettung und einsanden als Randstein. Verlegung im Halbsteinverband.
Steinformat: Doppel-T-Verbundstein
Steinformat: 10 x 16,5 cm
Dicke: 8 cm
Farben: grau
Bettung: 3-5 cm Splitt 2/5 mm verdichteter Zustand
Einbauort: .....

23€	32€	**34€**	37€	42€	[m]	⏱ 0,50 h/m	080.000.379

29 Rasenfugenstein, Beton, 20x20 KG **530**

Pflasterstein aus Beton, mit angeformten Abstandhaltern für 30mm. Verlegung im Halbsteinverband.
Dicke 8 cm
Farben: grau
Bettung: 3-5 cm Splitt 2/5 mm verdichteter Zustand
Steinformat: 20 x 20 cm
Einbauort: .....

27€	36€	**39€**	44€	49€	[m²]	⏱ 0,33 h/m²	080.000.385

30 Betonplatte, Beton, 40x40cm, mit extra großer Rasenfuge KG **530**

Betonplatte mit extra großer Rasenfuge. Verlegung im Halbsteinverband, mit Abstandhaltern.
Steinformat: 40 x 40 cm
Dicke 7 cm
Farben: grau
Bettung: 3-5 cm Splitt 0/5 mm verdichteter Zustand
Begrünte Fuge mindestens 5 cm
Einbauort: .....

27€	36€	**39€**	44€	49€	[m²]	⏱ 0,25 h/m²	080.000.391

31 Naturwerksteinpflaster, begrünbarer Fuge, polygonal KG **530**

Pflasterstein aus Naturwerkstein mit begrünbarer Fuge.
Steinformat: polygonal
Dicke: 6 cm
Naturstein: Granit
Farben: sandgrau
Bettung: 5 cm, Splitt 2/5 mm verdichteter Zustand
Begrünte Fuge mindestens 5 cm
Einbauort: .....

55€	74€	**79€**	87€	96€	[m²]	⏱ 0,50 h/m²	080.000.386

Kosten:
Stand 1.Quartal 2026
Bundesdurchschnitt

Nr.	Kurztext / Langtext						Kostengruppe
▶	▷	ø netto €	◁	◀	[Einheit]	Ausf.-Dauer	Positionsnummer

32 Rasengittersteine, 19,5x19,5 ohne verfüllen KG **530**

Rasengittersteine aus Beton, zur Flächenbefestigung setzen ohne Verfüllung.
Rastermaß: 19,5 x 19,5 cm
Dicke: 8 cm
Farben: grau
Bettung: 3-5 cm Splitt 2/5 mm verdichteter Zustand
Einbauort: .....

22€	30€	**33€**	36€	39€	[m²]	⏱ 0,25h/m²	080.000.388

33 Rasengitterplatte, Beton, 40x40 KG **530**

Rasengittersteine aus Beton, zur Flächenbefestigung setzen ohne Verfüllung.
Rastermaß: Steinformat: 40 x 40 cm
Dicke: 8 cm
Steinformat: Raute
Farben: grau
Bettung: 3-5 cm Splitt 2/5 mm verdichteter Zustand
Einbauort: .....

28€	36€	**38€**	44€	47€	[m²]	⏱ 0,25h/m²	080.000.389

34 Rasenplatte, Kunststoff, 50x50 KG **534**

Rasengitterplatte aus Kunststoff, UV-beständig für Verkehrsfläche inkl. Verfüllung FLL Richtlinie.
Rastermaß: 50 x 50 cm
Dicke: 4 cm
Farben: anthrazit
Bettung: 3-5 cm Splitt 2/5 mm verdichteter Zustand

25€	34€	**38€**	42€	46€	[m²]	⏱ 0,25h/m²	080.000.390

A 10 Rasenplatte, Kunststoff-RCL Beschreibung für Pos. **35-36**

Rasenplatte aus Recyclings-Kunststoff.
Rastermaß: 50,0 x 40,0 cm
Kammergröße: ca. 4 cm
Farben: grau
Bettung: 3-5 cm Splitt 2/5 mm verdichteter Zustand

35 Rasenplatte, Kunststoff-RCL, 50x40 KG **534**

Wie Ausführungsbeschreibung A 10
Dicke: 4 cm
Einbauort: .....

42€	57€	**62€**	69€	76€	[m²]	⏱ 0,25h/m²	080.000.402

36 Rasenplatte, Kunststoff-RCL, 60x40 KG **534**

Wie Ausführungsbeschreibung A 10
Dicke: 8 cm
Einbauort: .....

–	60€	**64€**	71€	–	[m²]	⏱ 0,25h/m²	080.000.403

▶ min
▷ von
ø Mittel
◁ bis
◀ max

37 **Rasengitterplatte, Kunststoff-RCL, 40x40** KG **534**

Rasengitterplatte aus Kunststoff, mit mindestens 40% begrünbarer Fläche, ohne Bettung auf gewachsenen Untergrund.
Rastermaß: 40,0 x 40,0 cm
Dicke: 3,5 cm
Farben: grau
Einbauort: ....

▶	▷	ø netto €	◁	◀	[Einheit]	Ausf.-Dauer	Positionsnummer
18€	25€	**27€**	30€	33€	[m²]	⏱ 0,25h/m²	080.000.401

A 11 **Rasengitterplatte, SBR-Gummigranulat** Beschreibung für Pos. **38-39**

Rasengitterplatte aus SBR-Gummigranulat, mit mindestens 40% begrünbarer Fläche.
Rastermaß: 10,0 x 10,0 cm
Farben: grau

38 **Rasengitterplatte, SBR-Gummigranulat, 10x10, 4,5cm** KG **534**

Wie Ausführungsbeschreibung A 11
Dicke: 4,5 cm
Einbauort: .....

▶	▷	ø netto €	◁	◀	[Einheit]	Ausf.-Dauer	Positionsnummer
39€	55€	**59€**	66€	72€	[m²]	⏱ 0,25h/m²	080.000.404

39 **Rasengitterplatte, SBR-Gummigranulat, 10x10, 5,5cm** KG **534**

Wie Ausführungsbeschreibung A 11
Dicke: 5,5 cm
Einbauort: .....

▶	▷	ø netto €	◁	◀	[Einheit]	Ausf.-Dauer	Positionsnummer
–	56€	**61€**	68€	–	[m²]	⏱ 0,25h/m²	080.000.405

40 **Füllung, Begrünung Rasengitterplatte, Quarzsand, 5cm** KG **530**

Füllung zur Begrünung der Rasengitterplatte gem. FFL-Richtlinie befahrbare, begrünbare Vegetationsflächen.
Einsaat: Sportrasen-Samen, inkl. Düngesubstrat
Füllung: bis 20 mm unter OK Belag

▶	▷	ø netto €	◁	◀	[Einheit]	Ausf.-Dauer	Positionsnummer
59€	77€	**86€**	97€	105€	[m³]	⏱ 0,17h/m³	080.000.392

41 **Füllung, Begrünung Rasengitterplatte, Splitt, 5cm** KG **530**

Füllung zur Begrünung der Gitterplatte.
Gemisch: 60% Splitt 0/6, 40% Humus
Einsaat: Sportrasen-Samen, inkl. Düngesubstrat
Füllung: bis 20 mm unter OK Belag

▶	▷	ø netto €	◁	◀	[Einheit]	Ausf.-Dauer	Positionsnummer
97€	131€	**139€**	152€	164€	[m³]	⏱ 0,25h/m³	080.000.393

42 **Füllung, Begrünung Rasengitterplatte, Min.-org. Substrat, Mauerpfeffer** KG **530**

Füllung zur Begrünung der Gitterplatte, mit mineralisch-organisches Substrat.
Gemisch: Augit, Olivin, Magnetit, Limonit, Biotit, Tone verschiedener Arten, angereichert mit Kompost
Bepflanzung: Mauerpfeffer Sprossen
Einbaustärke: ca. 5 cm

▶	▷	ø netto €	◁	◀	[Einheit]	Ausf.-Dauer	Positionsnummer
22€	29€	**32€**	36€	39€	[m²]	⏱ 0,15h/m²	080.000.407

Kosten:
Stand 1. Quartal 2026
Bundesdurchschnitt

Nr.	**Kurztext** / Langtext						Kostengruppe
▶	▷	**ø netto €**	◁	◀	[Einheit]	Ausf.-Dauer	Positionsnummer

43 Fugenverfüllung, Rasenfuge Betonpflastersteine KG **530**

Rasenfugen mit Vegetationstragschicht für begrünbare Beläge.
Ansaat: RSM 5.1 Parkplatzrasen

71€	95€	**101€**	116€	124€	[m³]	⏱ 0,17 h/m³	080.000.387

44 Pflasterklinkerdecke KG **533**

Pflasterdecke aus Pflasterklinker DIN 18503, ungebunden, Gefälle verlegen, inkl. Bettung und Fugen einschlämmen.
Verlegeart: .....
Plattenmaße (L x B x T): ..... x ..... x ..... mm
Kanten: gefast
Form: .....
Bettungsdicke: 10-15 cm
Bettungsmaterial: Brechsand-Splitt-Gemisch
Körnung: 0/5
Einbauort: Fahrbahn
Nutzung: .....

61€	99€	**116€**	122€	138€	[m²]	⏱ 0,75 h/m²	080.000.227

A 12 Pflasterdecke, Granit Beschreibung für Pos. **45-46**

Pflasterdecke für Fußgängerflächen mit Natursteinpflaster, gebundene Bauweise, Fugen mit zementgebundenen Pflasterfugenmörtel, nicht wasserdurchlässig.
Pflastermaterial: Granit
Bettung: Kiessand
Körnung:0/4

45 Pflasterdecke, Granit, 8x8 KG **531**

Wie Ausführungsbeschreibung A 12
Plattenformat (L x B x H): 8 x 8 x 8 cm
Dickenabweichung: Klasse .....
Farbe: .....
Verlegeart: .....
Angeb. Fabrikat: .....

93€	109€	**119€**	126€	137€	[m²]	⏱ 1,20 h/m²	080.000.337

46 Pflasterdecke, Granit, 11x11 KG **531**

Wie Ausführungsbeschreibung A 12
Plattenformat (L x B x H): 11 x 11 x 11 cm
Dickenabweichung: Klasse .....
Farbe: .....
Verlegeart: .....
Angeb. Fabrikat: .....

120€	150€	**168€**	179€	208€	[m²]	⏱ 0,95 h/m²	080.000.340

▶ min
▷ von
ø Mittel
◁ bis
◀ max

Nr.	Kurztext / Langtext						Kostengruppe
▶	▷	**ø netto €**	◁	◀	[Einheit]	Ausf.-Dauer	Positionsnummer

47 Pflasterzeile, Granit gebraucht, einzeilig KG **530**

Pflasterstreifen einzeilig als Randeinfassung aus Natursteinpflaster in Beton setzen, Fugen mit Pflasterfugenmörtel verfüllen.
Gesteinsart: Granit, gebraucht
Pflasterformat (L x B x H): ..... x ..... x ..... cm
Dickenabweichung Klasse:.....
Frostbeständigkeitsklasse: .....
Farbe: grau
Bettungsdicke: 20 cm
Fundementbeton: C12/15
Verlegeart: in Reihe
Angeb. Stein: .....

▶	▷	ø netto €	◁	◀	[Einheit]	Ausf.-Dauer	Positionsnummer
35€	41€	**42€**	45€	49€	[m]	⏱ 0,30h/m	080.000.342

48 Pflasterzeile, Granit, dreizeilig KG **530**

Pflasterstreifen dreizeilig als Randeinfassung aus Natursteinpflaster in Beton setzen, Fugen mit Pflasterfugenmörtel verfüllen.
Gesteinsart: Granit,
Pflasterformat (L x B x H): ..... x ..... x ..... cm
Dickenabweichung Klasse:.....
Frostbeständigkeitsklasse: .....
Farbe: .....
Bettungsdicke: 20 cm
Fundementbeton: C12/15
Verlegeart: in Reihe
Angeb. Stein: .....

▶	▷	ø netto €	◁	◀	[Einheit]	Ausf.-Dauer	Positionsnummer
50€	60€	**65€**	73€	90€	[m]	⏱ 0,40h/m	080.000.344

49 Pflasterzeile, Großsteinpflaster, Granit KG **530**

Pflasterstreifen einzeilig als Randeinfassung aus Natursteinpflaster in Beton setzen, Fugen mit Pflasterfugenmörtel verfüllen.
Gesteinsart: Granit, gebraucht
Pflasterformat (L x B x H): 15 x 17 x 17 cm
Dickenabweichung Klasse:.....
Frostbeständigkeitsklasse: .....
Farbe: grau
Bettungsdicke: 20 cm
Fundementbeton: C12/15
Verlegeart: in Reihe
Angeb. Stein: .....

▶	▷	ø netto €	◁	◀	[Einheit]	Ausf.-Dauer	Positionsnummer
37€	43€	**46€**	52€	56€	[m]	⏱ 0,42h/m	080.000.366

Nr.	Kurztext / Langtext						Kostengruppe
►	▷	ø netto €	◁	◀	[Einheit]	Ausf.-Dauer	Positionsnummer

50 **Plattenbelag, Granit, 60x60** KG **533**

Plattenbelag aus Naturstein barrierefrei DIN 18040/3 in ungebundener Bauweise in Brechsand-Splitt-Gemisch verlegen, Fugen mit Bettungsstoff einschlämmen.
Plattenmaterial: Granit
Plattenformat (L x B): bis 60 x 60 cm
Plattendicke: 5 cm
Fugenbreite: max. 5 mm
Bruchlastklasse: .....
Oberfläche: **geflammt / gestockt**
Farbe: grau
Kanten: abgerundet
Bettung: Körnung 0/2
Bettungsdicke: 3-5 cm
Fugenbreite: ..... mm
Verlegeart: parallele Reihen
Angeb. Stein: .....
Steinbruch des angeb. Materials: .....

►	▷	ø	◁	◀	[Einheit]	Ausf.-Dauer	Positionsnummer
93€	111€	**116€**	125€	142€	[m²]	⏱ 0,80 h/m²	080.000.219

51 **Plattenbelag, Basalt, 60x60** KG **533**

Plattenbelag aus Naturstein barrierefrei DIN 18040/3 in ungebundener Bauweise in Brechsand-Splitt-Gemisch verlegen, Fugen mit Bettungsstoff einschlämmen.
Plattenmaterial: Basalt
Plattenformat (L x B): bis 60 x 60 cm
Plattendicke: 5 cm
Fugenbreite: max. 5 mm
Bruchlastklasse: .....
Oberfläche: .....
Farbe: .....
Kanten: abgerundet
Bettung: Körnung 0/2
Bettungsdicke: 3-5 cm
Fugenbreite: ..... mm
Verlegeart: parallele Reihen
Angeb. Stein: .....
Steinbruch des angeb. Materials: .....

►	▷	ø	◁	◀	[Einheit]	Ausf.-Dauer	Positionsnummer
160€	194€	**235€**	254€	259€	[m²]	⏱ 0,80 h/m²	080.000.220

Kosten:
Stand 1. Quartal 2026
Bundesdurchschnitt

► min
▷ von
ø Mittel
◁ bis
◀ max

52 Plattenbelag, Travertin, 60x60 KG **533**

Plattenbelag aus Naturwerkstein barrierefrei DIN 18040/3 in ungebundener Bauweise in Brechsand-Splitt-Gemisch verlegen, Fugen mit Bettungsstoff einschlämmen.
Plattenmaterial: Travertin
Plattenformat (L x B): bis 60 x 60 cm
Plattendicke: 5 cm
Fugenbreite: max. 5 mm
Bruchlastklasse: .....
Oberfläche: .....
Farbe: .....
Kanten: abgerundet
Bettung: Körnung 0/2
Bettungsdicke: 3-5 cm
Fugenbreite: ..... mm
Verlegeart: parallele Reihen
Angeb. Stein: .....
Steinbruch des angeb. Materials: .....

▶	▷	ø netto €	◁	◀	[Einheit]	Ausf.-Dauer	Positionsnummer
138€	154€	**168€**	173€	215€	[m²]	⏱ 0,80 h/m²	080.000.222

53 Plattenbelag, Sandstein, 60x60 KG **533**

Plattenbelag aus Naturwerkstein barrierefrei DIN 18040/3 in ungebundener Bauweise in Brechsand-Splitt-Gemisch verlegen, Fugen mit Bettungsstoff einschlämmen.
Plattenmaterial: Sandstein
Plattenformat (L x B): bis 60 x 60 cm
Plattendicke: 5 cm
Fugenbreite: max. 5 mm
Bruchlastklasse: .....
Oberfläche: .....
Farbe: .....
Kanten: abgerundet
Bettung: Körnung 0/2
Bettungsdicke: 3-5 cm
Fugenbreite: ..... mm
Verlegeart: parallele Reihen
Angeb. Stein: .....
Steinbruch des angeb. Materials: .....

▶	▷	ø netto €	◁	◀	[Einheit]	Ausf.-Dauer	Positionsnummer
148€	169€	**181€**	189€	205€	[m²]	⏱ 0,80 h/m²	080.000.223

Kosten:
Stand 1.Quartal 2026
Bundesdurchschnitt

Nr.	Kurztext / Langtext					Kostengruppe
▶	▷	ø netto €	◁	◀	[Einheit]	Ausf.-Dauer	Positionsnummer

54 Betonplattenbelag, 40x40 KG **530**

Plattenbelag aus Betonplatten ungebunden auf Sand legen, Fugen mit Sand einkehren.
Einbauort: .....
Plattenformat (L x B): 40 x 40 cm
Plattendicke: 8 cm
Witterungsbeständigkeitsklasse: .....
Oberfläche: ....
Kantenausbildung: .....
Verlegeart: .....
Bettungsdicke: 3-5 cm
Fugenbreite: ..... mm
Körnung: 0/2
Angeb. Fabrikat/Lieferant: .....

51€ | 64€ | **70€** | 77€ | 91€ | [m²] | ⏱ 0,40h/m² | 080.000.332

55 Pflasterdecke, Betonpflaster KG **530**

Bodenbelag aus Betonwerksteinplatten, in ungebundener Bauweise auf Splitt, mit Fugenfüllung aus Sand.
Einbauort: .....
Plattenformat (L x B): ..... x ..... cm
Plattendicke: 8 cm
Witterungsbeständigkeitsklasse: .....
Oberfläche: ....
Kantenausbildung: .....
Verlegeart: .....
Bettungsdicke: 3-5 cm
Fugenbreite: ..... mm
Körnung: 0/2
Angeb. Fabrikat/Lieferant: .....

39€ | 43€ | **45€** | 47€ | 53€ | [m²] | ⏱ 0,45h/m² | 080.000.335

56 Betonplatten, Schrittplatte KG **531**

Schrittplatten aus Beton, einzeln nach Verlegeplan trittfest im Erdsubstrat verlegen. Die Plattenoberfläche mit OK-Erdsubstrat bündig abschließen.
Plattenformat (L x B): 40 x 40 cm
Plattendicke: 8 cm
Witterungsbeständigkeitsklasse: .....
Oberfläche: .....
Kantenausbildung: .....
Verlegeart: Schrittplatte

12€ | 17€ | **18€** | 19€ | 24€ | [St] | ⏱ 0,02h/St | 080.000.440

▶ min
▷ von
ø Mittel
◁ bis
◀ max

Nr.	**Kurztext** / Langtext						Kostengruppe
▶	▷	**ø netto €**	◁	◀	[Einheit]	Ausf.-Dauer	Positionsnummer

57 Betonplatte, Natursteinoptik, polygonal KG **530**

Betonplatte mit Natursteinoptik in polygonalem Format. Verlegung mit begrünbarer Fuge.
Steinformat: polygonal verschiedene Formate
Dicke 7 cm
Farben: grau
Bettung: 3-5 cm Splitt 0/5 mm im verdichteter Zustand
Begrünte Fuge mindestens 5 cm
Einbauort: .....

–	66€	**73€**	82€	–	[m²]	⏱ 0,40 h/m²	080.000.439

A 13 Terrassenbelag aus Beton Beschreibung für Pos. **58-61**

Bodenbelag aus Betonwerksteinplatten, in ungebundener Bauweise im Sandbett verlegen, Fugen mit Sand verfüllen.
Einbauort: Terrasse
Untergrund: waagerecht
Fugenbreite: 3 mm
Fugenfüllung: Sand
Bettungsdicke: 40 mm
Witterungsbeständigkeitsklasse: 1

58 Terrassenbelag aus Beton, 50x25x5 KG **533**

Wie Ausführungsbeschreibung A 13
Gefälle: .....
Oberfläche: .....
Plattenmaße (L x B): 50 x 25 cm
Plattendicke: 5 cm
Verlegeart: Rechteckverband

63€	84€	**89€**	106€	109€	[m²]	⏱ 0,50 h/m²	080.000.396

59 Terrassenbelag aus Beton, 50x25x8 KG **533**

Wie Ausführungsbeschreibung A 13
Gefälle: .....
Oberfläche: .....
Plattenmaße (L x B): 50 x 25 cm
Plattendicke: 8 cm
Verlegeart: Rechteckverband

68€	95€	**102€**	119€	124€	[m²]	⏱ 0,50 h/m²	080.000.397

60 Terrassenbelag aus Beton, 50x50x8 KG **533**

Wie Ausführungsbeschreibung A 13
Gefälle: .....
Oberfläche: .....
Plattenmaße (L x B): 50 x 50 cm
Plattendicke: 8 cm
Verlegeart: Quadratverband

73€	99€	**105€**	121€	127€	[m²]	⏱ 0,50 h/m²	080.000.398

Kosten:
Stand 1. Quartal 2026
Bundesdurchschnitt

Nr.	Kurztext / Langtext					Kostengruppe
▶	▷	ø netto €	◁	◀	[Einheit] Ausf.-Dauer	Positionsnummer

61 Terrassenbelag aus Beton, 60x60x8 KG **533**

Wie Ausführungsbeschreibung A 13
Oberfläche: .....
Plattenmaße (L x B): 60 x 60 cm
Plattendicke: 8 cm
Verlegeart: Quadratverband

▶	▷	ø	◁	◀	Einheit	Ausf.-Dauer	Positionsnummer
66€	92€	**98€**	115€	121€	[m²]	⏱ 0,70 h/m²	080.000.400

62 Traufe, Betonplatten KG **530**

Plattenbelag aus Betonplatten als Traufe, ungebunden Bauweise, mit Bettung aus Brechsand-Splitt-Gemisch verlegen und Fugen verfüllen.
Einbauort: am Gebäude
Plattenformat (L x B): .....
Plattendicke: 7 cm
Witterungsbeständigkeitsklasse: 3
Kantenausbildung: .....
Oberfläche: .....
Farbe: .....
Verlegeart: .....
Bettungsdicke: 3-5 cm
Körnung: 0/5

▶	▷	ø	◁	◀	Einheit	Ausf.-Dauer	Positionsnummer
10€	12€	**13€**	15€	17€	[m]	⏱ 0,10 h/m	080.000.334

A 14 Holzbelag, Terrasse Beschreibung für Pos. **63-65**

Terrassenbelag, aus Holzrosten bestehende aus Gehbelage gehobelt, parallel besäumt, ohne chemischen Holzschutz, trittsicher verlegt von oben verschraubt, Traghölzer aus Nadelholz.
Oberfläche: geriffelt
Gebrauchsklasse: 0
Dicke: 25 mm
Breite: 80 mm
Fugenbreite: 4-6 mm
Verlegeart: regelmäßigen Verband

63 Holzbelag Lärche KG **533**

Wie Ausführungsbeschreibung A 14
Holzart: Lärche

▶	▷	ø	◁	◀	Einheit	Ausf.-Dauer	Positionsnummer
182€	196€	**201€**	205€	236€	[m²]	⏱ 1,30 h/m²	080.000.345

64 Holzbelag Douglasie KG **533**

Wie Ausführungsbeschreibung A 14
Holzart: Douglasie

▶	▷	ø	◁	◀	Einheit	Ausf.-Dauer	Positionsnummer
93€	123€	**147€**	168€	198€	[m²]	⏱ 1,30 h/m²	080.000.426

▶ min
▷ von
ø Mittel
◁ bis
◀ max

Nr.	Kurztext / Langtext						Kostengruppe
▶	▷	ø netto €	◁	◀	[Einheit]	Ausf.-Dauer	Positionsnummer

65 Holzbelag Bangkirai KG **533**

Wie Ausführungsbeschreibung A 14
Holzart: Bangkirai

–	153€	**206€**	246€	–	[m2]	1,30 h/m2	080.000.427

66 Belag aus Holzpaneele 60x60 KG **533**

Belag aus Holzpaneele liefern und verlegen. Kesseldruckimprägniert, inkl. aller Anpassungsarbeiten (Längsschnitte, Querschnitte für das fluchtgerechte arbeiten, anfasen, beischleifen) in den Randbereichen der Terrassenfläche. Alle Hirnenden der Dielen sind splitterfrei zu verarbeiten und mit Hirnholzversiegelung zu versiegeln. Anordnung der Dielenstöße nach Angabe der Bauleitung.
Holzart: Kiefer
Fugenbreite zu Wänden: 15-20 mm
Ausführung in: 1-2% Gefälle in Wasserfließrichtung verlegen
Bretter Dicke: 26 mm
Bretter Breite: 95 mm
Maße: 60 x 60 cm

–	172€	**181€**	199€	–	[m2]	0,20 h/m2	080.000.187

67 Unterkonstruktion, Terrasse, Bauschnittholz KG **533**

Unterkonstruktion für Balkon-/Terrassenboden, aus Bauschnittholz, ohne chemischen Holzschutz. Untergrund Holz, mechanisch befestigen, Unebenheiten über 20 bis 50mm ausgleichen.
Gebrauchsklasse: 0
Festigkeitsklasse: C
Sortierklasse S 10
Dicke: 40 mm
Breite: 60 mm
Achsabstand: über 40 bis 50 cm

–	26€	**28€**	31€	–	[m2]	0,30 h/m2	003.000.375

68 Randabschluss, Deckbrett KG **533**

Randabschluss mit Deckbrettern, ohne chemischen Holzschutz, gehobelt, parallel besäumt.
Holzart: Kiefer
Breite: bis 120 mm
Dicke: 28 mm
Gebrauchsklasse 0 DIN 68800-1
Sortierklasse S 10
Güteklasse: 1
Untergrund: Holz

–	58€	**63€**	68€	–	[m]	0,70 h/m	003.000.377

Kosten:
Stand 1. Quartal 2026
Bundesdurchschnitt

Nr.	**Kurztext** / Langtext					Kostengruppe
▶	▷	**ø netto €**	◁	◀	[Einheit] Ausf.-Dauer	Positionsnummer

69 Rippenplatte, 30x30x8, Rippenabstand 50x6, o. Fase, anthrazit KG **531**

Bodenindikatoren mit taktilen Rippenplatten nach DIN 18040- 3 und DIN 32984, aus Beton, im Außenbereich an Überquerungsstellen.
Format: 30 x 30 cm
Steinstärke: 8 cm
Fugenbreite: max. 5 mm
Farbe: anthrazit
Oberfläche: trapezförmige Rippen, Höhe 4-5 mm
Rippenabstand: 50 x 6, 6 Rippen im Abstand 50 mm, ohne Fase
Verband: Halbsteinverband ohne Kreuzfugen

114€ 154€ **167€** 192€ 202€ [m²] ⏱ 0,10 h/m² 080.000.246

70 Rippenplatte, 20x10x8, mit Fase, anthrazit KG **531**

Bodenindikatoren mit taktilen Rippenplatten nach DIN 18040- 3 und DIN 32984, aus Beton, im Außenbereich an Überquerungsstellen.
Format: 20 x 10 cm
Steinstärke: 8 cm
Fugenbreite: max. 5 mm
Farbe: anthrazit
Oberfläche: trapezförmige Rippen, Höhe 4-5 mm
Rippenabstand: 2 Rippen im Abstand 50 mm, mit Fase
Verlegeart: einreihig

100€ 134€ **144€** 167€ 178€ [m] ⏱ 0,10 h/m 080.000.251

71 Noppenplatte, 30x30x8, 32 Noppen, mit Fase, Kegel, anthrazit KG **531**

Bodenindikatoren mit taktile Noppenplatten nach DIN 18040- 3 und DIN 32984, aus Beton, im Außenbereich an Überquerungsstellen.
Format: 30 x 30 cm
Steinstärke: 8 cm
Fugenbreite: max. 5 mm
Farbe: anthrazit
Oberfläche: 32 Noppen diagonal, mit Fasen, Kegelstumpf
Verband: Halbsteinverband ohne Kreuzfugen

115€ 156€ **166€** 198€ 205€ [m²] ⏱ 0,10 h/m² 080.000.253

72 Noppenplatte, 20x10x8, 8 Noppen, mit Fase, Kegel, weiß KG **531**

Bodenindikatoren mit taktile Noppenplatten nach DIN 18040- 3 und DIN 32984, aus Beton, im Außenbereich an Überquerungsstellen.
Format: 20 x 10 cm
Steinstärke: 8 cm
Fugenbreite: max. 5 mm
Farbe: Weißbeton
Oberfläche: 8 Noppen diagonal, mit Fasen, Kegelstumpf
Verband: Halbsteinverband ohne Kreuzfugen

86€ 110€ **120€** 136€ 222€ [m²] ⏱ 0,10 h/m² 080.000.256

▶ min
▷ von
ø Mittel
◁ bis
◀ max

Nr.	Kurztext / Langtext						Kostengruppe
▶	▷	**ø netto €**	◁	◀	[Einheit]	Ausf.-Dauer	Positionsnummer

73 Leitstreifen, Betonsteinpflaster KG **531**

Rechteckpflaster aus Beton mit Minifaser als Leitstreifen nach DIN 18040- 3 und DIN 32984, aus Beton mit einseitiger Rückenstütze versetzen.
Farbe: Grau
Maße (L x B x D): 10 x 20 x 8 cm
Beton: C12/17
Einbauhöhe: + 3 cm

▶	▷	ø netto €	◁	◀	[Einheit]	Ausf.-Dauer	Positionsnummer
–	424€	**493€**	582€	–	[m]	⏱ 0,65h/m	080.000.296

74 Plattenbelag schneiden, Beton KG **530**

Schneiden von Plattenbelägen aus Betonplatten, Schnittgut entsorgen. Arbeiten mit Nassschneidegerät.
Steindicke: ..... cm
Abrechnung nach Aufmaß

▶	▷	ø netto €	◁	◀	[Einheit]	Ausf.-Dauer	Positionsnummer
17€	21€	**22€**	24€	29€	[m]	⏱ 0,17h/m	080.000.347

A 16 Blockstufe, Beton, Betonbettung Beschreibung für Pos. **75-76**

Blockstufe als Betonfertigteil in Bettung aus Beton verlegen.
Fundamentdicke: mind: 20 cm

75 Blockstufe, Beton, 15x35x100 KG **544**

Wie Ausführungsbeschreibung A 16
Festigkeitsklasse: C20/25
Stufenlänge: 100 cm
Stufenhöhe: 15 cm
Stufenbreite: 35 cm
Farbe: .....
Sichtflächen: sandgestrahlt
Kantenausbildung: gefast
Fundamentbeton: .....
Angeb. Fabrikat: .....

▶	▷	ø netto €	◁	◀	[Einheit]	Ausf.-Dauer	Positionsnummer
115€	166€	**202€**	219€	285€	[St]	⏱ 0,75h/St	080.000.349

76 Blockstufe, Beton, 17x28x100 KG **544**

Wie Ausführungsbeschreibung A 16
Festigkeitsklasse: C30/37
Stufenlänge: 100 cm
Stufenhöhe: 17 cm
Stufenbreite: 28 cm
Farbe: .....
Sichtflächen: Sichtbeton
Kantenausbildung: gefast
Fundamentbeton: C12/15
Angeb. Fabrikat: .....

▶	▷	ø netto €	◁	◀	[Einheit]	Ausf.-Dauer	Positionsnummer
116€	149€	**166€**	185€	224€	[m]	⏱ 0,75h/m	080.000.212

Kosten:
Stand 1. Quartal 2026
Bundesdurchschnitt

Nr.	Kurztext / Langtext					Kostengruppe
►	▷	ø netto €	◁	◄	[Einheit]	Ausf.-Dauer	Positionsnummer

77 Blockstufe, Naturwerkstein, Länge 100 — KG **544**

Blockstufe aus Naturwerkstein in Bettung aus Beton setzen. Vorderseite und zwei Köpfe gestockt.
Gesteinsart: .....
Stufenlänge: 100 cm
Höhe: .....
Breite: .....
Kantenausbildung: gefast
Oberfläche:
Fundamentbeton: C12/15
Bettungsdicke: 20 cm
Rückenstütze: 15 cm
Angeb. Fabrikat: .....

164€ | 194€ | **207€** | 219€ | 237€ | [m] | ⏱ 0,80 h/m | 080.000.216

78 Blockstufe, Kontraststreifen Beton, 20x40x120 — KG **544**

Blockstufe mit Kontraststreifen nach DIN 18040- 3 und DIN 32975, als Betonfertigteil. Kontraststreifen aus Beton in der Länge der Stufe.
Einbauort: auf bauseitigem Fundament
Festigkeitsklasse: C20/25
Stufengröße (H x B x L): 20 x 40 x 120 cm
Kontraststreifengröße (H x B): **8 x 5 / 5 x 5** cm
Farbe: grau
Oberfläche: .....
Kantenausbildung: gefast
Fundament: Dicke mind. 20 cm
Angeb. Fabrikat: .....

208€ | 222€ | **230€** | 238€ | 261€ | [m] | ⏱ 0,60 h/m | 080.000.234

79 Blockstufe, Kontraststreifen PVC, 20x40x120 — KG **544**

Blockstufe mit Kontraststreifen nach DIN 18040- 3 und DIN 32975, aus PVC als Betonfertigteil, Kontraststreifen aus PVC in der Länge der Stufe.
Einbauort: auf bauseitigem Fundament
Festigkeitsklasse: C20/25
Stufengröße (H x B x): 20 x 40 x 100 cm
Kontraststreifengröße (H x B): 4,3 x 2,2 cm
Farbe: grau
Oberfläche: .....
Kantenausbildung: gefast
Fundament: Dicke mind. 20 cm
Angeb. Fabrikat: .....

– | 184€ | **195€** | 225€ | – | [m] | ⏱ 0,60 h/m | 080.000.224

► min
▷ von
ø Mittel
◁ bis
◄ max

A 17 Winkelstufe, Beton Beschreibung für Pos. **80-81**

Winkelstufe als Betonfertigteil in Bettung aus Beton verlegen. Trittfläche, Vorderseite und zwei Köpfe Sichtbeton.
Festigkeitsklasse: C30/37
Stufenhöhe: 17 cm
Stufenbreite: 28 cm
Kante: gefast
Farbe: .....
Fundamentbeton: C12/15
Bettungsdicke: 20 cm
Angeb. Fabrikat: .....

80 Winkelstufe, Beton, 17x28x100 KG **544**

Wie Ausführungsbeschreibung A 17
Stufenlänge: 100 cm

166€	197€	**220€**	230€	260€	[m]	⏱ 0,95h/m	080.000.214

81 Winkelstufe, Beton, 17x28x150 KG **544**

Wie Ausführungsbeschreibung A 17
Stufenlänge: 150 cm

184€	204€	**269€**	320€	344€	[m]	⏱ 1,00h/m	080.000.215

82 Winkelstufe, Kontraststreifen Beton, 20x36x120 KG **544**

Winkelstufe mit Kontraststreifen nach DIN 18040- 3 und DIN 32975, als Betonfertigteil Kontraststreifen aus Beton in der Länge der Stufe.
Einbauort: auf bauseitigem Fundament
Festigkeitsklasse: C20/25
Stufengröße (H x B x L): 20 x 36 x 120 cm
Kontraststreifengröße (H x B): **8 x 5 / 5 x 5** cm
Farbe: grau
Oberfläche: ....
Kantenausbildung: gefast
Fundament: Dicke mind. 20 cm
Angeb. Fabrikat: .....

141€	187€	**202€**	230€	250€	[m]	⏱ 0,60h/m	080.000.236

83 Winkelstufe, Kontraststreifen PVC, 20x36x120 KG **544**

Winkelstufe mit Kontraststreifen nach DIN 18040- 3 und DIN 32975, aus PVC als Betonfertigteil, in der Länge der Stufe.
Einbauort: auf bauseitigem Fundament
Festigkeitsklasse: C20/25
Stufengröße (H x B x L): 20 x 36 x 120 cm
Kontraststreifengröße (H x B): 4,3 x 2,2 cm
Farbe: grau
Oberfläche: .....
Kantenausbildung: gefast
Fundament: Dicke mind. 20 cm
Angeb. Fabrikat: .....

132€	165€	**173€**	192€	211€	[m]	⏱ 0,60h/m	080.000.237

Nr.	Kurztext / Langtext						Kostengruppe
►	▷	ø netto €	◁	◄	[Einheit]	Ausf.-Dauer	Positionsnummer

84 **Legestufe, Kontraststreifen Beton, 8x40x120** KG **544**

Legestufe mit Kontraststreifen nach DIN 18040- 3 und DIN 32975, als Betonfertigteil, Kontraststreifen aus Beton in der Länge der Stufe.
Einbauort: auf bauseitigem Fundament
Festigkeitsklasse: C30/37
Stufengröße (H x B x L): 8 x 40 x 120 cm
Kontraststreifengröße (H x B): **8 x 5 / 5 x 5** cm
Farbe: grau
Oberfläche: ....
Kantenausbildung: gefast
Fundament: Dicke 20 cm
Beton: C12/15
Angeb. Fabrikat: .....

154€ | 202€ | **217€** | 243€ | 269€ | [m] | ⏱ 0,60h/m | 080.000.238

85 **Legestufe, Kontraststreifen PVC, 8x40x120** KG **544**

Legestufe mit Kontraststreifen nach DIN 18040- 3 und DIN 32975, aus PVC als Betonfertigteil, in der Länge der Stufe.
Einbauort: auf bauseitigem Fundament
Festigkeitsklasse: C30/37
Stufengröße (H x B x L): 8 x 40 x 120 cm
Kontraststreifengröße (H x B): 4,3 x 2,2 cm
Farbe: grau
Oberfläche: ....
Kantenausbildung: gefast
Fundament: Dicke 20 cm
Beton: C12/15
Angeb. Fabrikat: .....

139€ | 181€ | **193€** | 218€ | 239€ | [m] | ⏱ 0,60h/m | 080.000.239

86 **L-Stufe, Kontraststreifen Beton,15x38x80** KG **544**

Legestufe mit Kontraststreifen nach DIN 18040- 3 und DIN 32975, als Betonfertigteil Kontraststreifen aus Beton in der Länge der Stufe.
Einbauort: auf bauseitigem Fundament
Festigkeitsklasse: C20/25
Stufengröße (H x B x L): 15 x 38 x 80 cm
Kontraststreifengröße (H x B): **8 x 5 / 5 x 5** cm
Farbe: grau
Oberfläche: ....
Kantenausbildung: gefast
Fundament: Dicke mind. 20 cm
Angeb. Fabrikat: .....

129€ | 162€ | **172€** | 194€ | 211€ | [m] | ⏱ 0,50h/m | 080.000.240

Kosten:
Stand 1. Quartal 2026
Bundesdurchschnitt

► min
▷ von
ø Mittel
◁ bis
◄ max

A 18 Bordstein, Naturwerkstein Beschreibung für Pos. **87-88**

Bordsteinen aus Naturwerkstein als Randeinfassung einschl. Rückenstütze. Bewegungsfugen von Fundamentsohle bis OK Bordstein durchgehend, gefüllt. Die Stoßfugen und Bewegungsfugen nach Angaben des Herstellers einbauen.
Gesteinsart: Granit
Fundamentbeton: C25/30
Bettungsdicke: 20 cm

87 Bordstein, Naturwerkstein 15x25, L=100 KG **530**

Wie Ausführungsbeschreibung A 18
Form: .....
Maße (L x B x H): 100 x 15 x 25 cm
Witterungs-Widerstandsfähigkeit: .....
Oberflächenstruktur: .....
Rückenstütze Breite: ..... cm

47€ 56€ **60€** 66€ 69€ [m] ⏱ 0,30h/m 080.000.180

88 Bordstein, Naturwerkstein 30x25, L=100 KG **530**

Wie Ausführungsbeschreibung A 18
Form: .....
Maße (L x B x H): 100 x 30 x 25 cm
Witterungs-Widerstandsfähigkeit: .....
Oberflächenstruktur: .....
Rückenstütze Breite: ..... cm

57€ 67€ **72€** 79€ 83€ [m] ⏱ 0,30h/m 080.000.184

A 19 Bordstein, Beton, Form HB Beschreibung für Pos. **89-91**

Bordsteine aus Beton als Randeinfassung mit Rückenstütze aus Beton und Unterbeton. Leistung einschl. Passstücke herstellen und Bewegungsfugen einbauen, inkl. schließen mit dauerelastischen Fugenband.

89 Bordstein, Beton, 12x15x25, L=100 KG **530**

Wie Ausführungsbeschreibung A 19
Form: HB 15/25
Bordsteinlänge: 100 cm
Witterungs-Widerstandsfähigkeit: .....
Oberflächenstruktur: .....
Kantenausbildung
Farbe: naturgrau
Fundamentbeton: .....
Bettungsdicke: 15 cm
Rückenstütze Breite: 15 cm

32€ 38€ **41€** 44€ 50€ [m] ⏱ 0,30h/m 080.000.352

Kosten:
Stand 1.Quartal 2026
Bundesdurchschnitt

Nr.	Kurztext / Langtext						Kostengruppe
▶	▷	ø netto €	◁	◀	[Einheit]	Ausf.-Dauer	Positionsnummer

90 **Bordstein, Beton, 12x15x30, L=100** KG **530**

Wie Ausführungsbeschreibung A 19
Form: HB 15/30
Bordsteinlänge: 100 cm
Witterungs-Widerstandsfähigkeit: .....
Oberflächenstruktur: .....
Kantenausbildung
Farbe: naturgrau
Fundamentbeton: .....
Bettungsdicke: 15 cm
Rückenstütze Breite: 15 cm

▶	▷	ø	◁	◀	Einheit	Ausf.-Dauer	Positionsnummer
35€	42€	**43€**	48€	60€	[m]	⏱ 0,30h/m	080.000.354

91 **Bordstein, Beton, 12x18x30, L=100** KG **530**

Wie Ausführungsbeschreibung A 19
Form: HB 18/30
Bordsteinlänge: 100 cm
Witterungs-Widerstandsfähigkeit: .....
Oberflächenstruktur: .....
Kantenausbildung
Farbe: naturgrau
Fundamentbeton: .....
Bettungsdicke: 20 cm
Rückenstütze Breite: 15 cm

▶	▷	ø	◁	◀	Einheit	Ausf.-Dauer	Positionsnummer
34€	43€	**47€**	53€	65€	[m]	⏱ 0,30h/m	080.000.362

92 **Bordstein, Beton, 8x25, L=100** KG **530**

Bordsteine aus Beton als Randeinfassung mit Rückenstütze aus Beton und Unterbeton. Leistung einschl. Passstücke herstellen und Bewegungsfugen einbauen, inkl. schließen mit dauerelastischen Fugenband.
Form: TB 8/25
Bordsteinlänge: 100 cm
Witterungs-Widerstandsfähigkeit: .....
Oberflächenstruktur: .....
Kantenausbildung: beidseitig gefast
Farbe: grau
Fundamentbeton: ..... cm
Bettungsdicke: ..... cm
Rückenstütze Dicke: ..... cm
Fugenbreite: ..... mm

▶	▷	ø	◁	◀	Einheit	Ausf.-Dauer	Positionsnummer
29€	34€	**36€**	40€	47€	[m]	⏱ 0,32h/m	080.000.358

▶ min
▷ von
ø Mittel
◁ bis
◀ max

Nr.	Kurztext / Langtext						Kostengruppe
▶	▷	**ø netto €**	◁	◀	[Einheit]	Ausf.-Dauer	Positionsnummer

93 Bordstein, Beton, 8x20 KG **530**

Bordstein aus Beton als Randeinfassung für Wege-, Pflanzflächen- und Rasenflächen in Betonbettung mit beidseitiger Rückenstütze setzen. Passstücke herstellen und Fugen mit Kompriband schließen.
Form: TB 8/20
Bordsteinlänge: ..... cm
Witterungs-Widerstandsfähigkeit: .....
Oberflächenstruktur: .....
Kantenausbildung: beidseitig gefast
Farbe: grau
Fundamentbeton: ..... cm
Bettungsdicke: ..... cm
Rückenstütze Dicke: ..... cm
Fugenbreite: ..... mm

▶	▷	ø netto €	◁	◀	[Einheit]	Ausf.-Dauer	Positionsnummer
29€	33€	**35€**	38€	45€	[m]	⏱ 0,30h/m	080.000.361

94 Bordstein, Beton, 18x30 KG **530**

Bordstein aus Beton als Randeinfassung für Wege-, Pflanzflächen- und Rasenflächen in Betonbettung mit beidseitiger Rückenstütze setzen. Passstücke herstellen und Fugen mit Kompriband schließen.
Form: TB 18/30
Bordsteinlänge: ..... cm
Witterungs-Widerstandsfähigkeit: .....
Oberflächenstruktur: .....
Kantenausbildung: beidseitig gefast
Farbe: grau
Fundamentbeton: ..... cm
Bettungsdicke: 13-16 cm
Rückenstütze Dicke: ..... cm
Fugenbreite: ..... mm

▶	▷	ø netto €	◁	◀	[Einheit]	Ausf.-Dauer	Positionsnummer
29€	34€	**37€**	42€	48€	[m]	⏱ 0,32h/m	080.000.363

95 Bordstein, Naturwerkstein brechen KG **530**

Bordsteinvorderkante, Naturstein brechen.
Gesteinsart: Granit
Form: .....

▶	▷	ø netto €	◁	◀	[Einheit]	Ausf.-Dauer	Positionsnummer
–	13€	**19€**	27€	–	[St]	⏱ 0,37h/St	080.000.432

96 Bordstein, Beton, Form RB 150x250 KG **530**

Form: RB 15/25
Bordsteinlänge: 50 cm
Witterungs-Widerstandsfähigkeit: .....
Oberflächenstruktur: .....
Kantenausbildung
Farbe: naturgrau
Fundamentbeton: .....
Bettungsdicke: 15 cm
Rückenstütze Breite: 15 cm

▶	▷	ø netto €	◁	◀	[Einheit]	Ausf.-Dauer	Positionsnummer
36€	43€	**44€**	50€	58€	[m]	⏱ 0,50h/m	080.000.441

Kosten:
Stand 1. Quartal 2026
Bundesdurchschnitt

Nr.	Kurztext / Langtext						Kostengruppe
▶	▷	ø netto €	◁	◀	[Einheit]	Ausf.-Dauer	Positionsnummer

97 Rasenbordstein, Kantstein, Beton KG **530**

Randeinfassung mit Bordsteinen aus Beton mit beidseitiger Rückenstütze aus Beton und Betonbettung.
Leistung einschl. Passstücke herstellen und Fugenverschluss.
Steinformat: 10 x 25 cm
Kantenausbildung: einseitig **abgerundet / gefast**
Fundamentdicke: 10-12 cm
Rückenstütze: beidseitig
Menge: ab 10,00 m

▶	▷	ø	◁	◀	Einheit	Ausf.-Dauer	Positionsnummer
26€	36€	**37€**	40€	46€	[m]	⏱ 0,32 h/m	080.000.364

98 Tastbordstein, Beton, 25x20, L=100 KG **530**

Tastbordstein mit Aussparung bzw. der Anpassung an Straßenabläufe.
Fundament aus Beton C20/25
Format: 25 x 20 x 100 cm
Farbe: Weißbeton

▶	▷	ø	◁	◀	Einheit	Ausf.-Dauer	Positionsnummer
91€	120€	**131€**	154€	160€	[m]	⏱ 0,32 h/m	080.000.243

99 Übergangsbordstein, Beton, dreiteilig, 12x15x30, L=50 KG **530**

Bordstein als dreiteiliger Übergang zwischen Nullabsenkung und Hochbord, einschl. der Aussparung bzw. der Anpassung an Straßenabläufe.
Betonfundament: C20/25
Dreiteiliger Übergang bestehend aus: Übergangsstein 1 mit 6 cm Einbauhöhe auf Übergangsstein 2 mit Einbauhöhe 3 cm auf Schrägstein mit Nullabsenkung
Format: 12 x 15 x 30
Länge je Stein: 50 cm
Farbe: Weißbeton

▶	▷	ø	◁	◀	Einheit	Ausf.-Dauer	Positionsnummer
78€	102€	**109€**	120€	130€	[m]	⏱ 0,35 h/m	080.000.245

100 Übergangsbordstein, Beton, dreiteilig, 12x15x30, L=100 KG **530**

Bordstein als dreiteiliger Übergang zwischen Nullabsenkung und Hochbord, einschl. der Aussparung bzw. der Anpassung an Straßenablauf.
Betonfundament: C20/25
Dreiteiliger Übergang bestehend aus: Übergangsstein 1 mit 6 cm Einbauhöhe auf Übergangsstein 2 mit Einbauhöhe 3 cm auf Schrägstein mit Nullabsenkung
Format: 12 x 15 x 30
Länge je Stein: 100 cm
Farbe: Weißbeton

▶	▷	ø	◁	◀	Einheit	Ausf.-Dauer	Positionsnummer
106€	125€	**141€**	161€	168€	[m]	⏱ 0,38 h/m	080.000.244

101 Weg-/Beeteinfassung, Aluminium, gerade KG **530**

Wege- und Beeteinfassung aus Aluminium als gerades Profil liefern und unter Beachtung der Einbauhinweise des Herstellers verlegen. Abgestumpfte Oberkante und keilförmige Unterkante.
Profilhöhe: 100 mm
Profillänge: 2.500 mm

▶	▷	ø	◁	◀	Einheit	Ausf.-Dauer	Positionsnummer
29€	43€	**52€**	60€	72€	[m]	⏱ 0,10 h/m	080.000.367

▶ min
▷ von
ø Mittel
◁ bis
◀ max

Nr.	**Kurztext** / Langtext						Kostengruppe
▶	▷	**ø netto €**	◁	◀	[Einheit]	Ausf.-Dauer	Positionsnummer

102 Weg-/Beeteinfassung, Aluminium, Bogen KG **530**

Wege- und Beeteinfassung aus Aluminium als Bogenprofil liefern und unter Beachtung der Einbauhinweise des Herstellers verlegen. Abgestumpfte Oberkante und keilförmige Unterkante.
Profilhöhe: 100 mm
Profillänge: im Durchmesser ca. 500 mm

85€ 109€ **116€** 131€ 143€ [m] ⏱ 0,07 h/m 080.000.368

103 Weg-/Beeteinfassung, Aluminium, Stoßverbinder KG **530**

Alu-Stoßverbinder als Verbinder der Wege- und Beeteinfassung liefern und unter Beachtung der Einbauhinweise des Herstellers verwenden.
Profilhöhe: 90 mm
Profillänge: 100 mm

76€ 97€ **103€** 116€ 124€ [St] ⏱ 0,05 h/St 080.000.369

104 Weg-/Beeteinfassung, Aluminium, Eckverbinder, Außenecke 90° KG **530**

Eckverbinder für Außenecke 90° aus Aluminium als Verbinder der Wege- und Beeteinfassung liefern und unter Beachtung der Einbauhinweise des Herstellers verwenden.
Profilhöhe: 90 mm
Profillänge: je Schenkel 75 mm

45€ 50€ **51€** 54€ 60€ [St] ⏱ 0,05 h/St 080.000.370

105 Weg-/Beeteinfassung, Aluminium, Erdnagel KG **530**

Alu-Erdnagel aus Aluminium als Verbinder der Wege- und Beeteinfassung mit Lochstanzung liefern und unter Beachtung der Einbauhinweise des Herstellers verwenden. Gerundet, Oberkante mit Arretiernase, Unterkante spitz zulaufend.
Länge: 300 mm

23€ 30€ **31€** 35€ 38€ [St] ⏱ 0,01 h/St 080.000.371

106 Weg-/Beeteinfassung, Cortenstahl, gerade KG **530**

Wege- und Beeteinfassung aus Cortenstahl liefern und unter Beachtung der Einbauhinweise des Herstellers verlegen. Biegefähiges, gerades Profil mit Vierkantlöchern.
Profilhöhe: 105 mm
Profillänge: 2.400 mm
Profilstärke: 3 mm

47€ 57€ **65€** 76€ 93€ [m] ⏱ 0,10 h/m 080.000.372

107 Weg-/Beeteinfassung, Cortenstahl, Profilverbinder KG **530**

Verbinder aus Cortenstahl für Profilverbindungen liefern und unter Beachtung der Einbauhinweise des Herstellers verwenden. Profil mit Anker-/Verbindungsschraublöchern.
Profilhöhe: 60 mm
Profillänge: 140 mm
Profilstärke: 3 mm

85€ 112€ **121€** 135€ 146€ [St] ⏱ 0,07 h/St 080.000.373

Kosten:
Stand 1.Quartal 2026
Bundesdurchschnitt

Nr.	Kurztext / Langtext						Kostengruppe
▶	▷	ø netto €	◁	◀	[Einheit]	Ausf.-Dauer	Positionsnummer

108 Weg-/Beeteinfassung, Cortenstahl, Eckverbinder, Außenecke 90° KG **530**

Eckverbinder für Außenecke 90° aus Cortenstahl für Profilverbindungen liefern und unter Beachtung der Einbauhinweise des Herstellers verwenden. Profil mit Anker-/Verbindungsschraublöchern.
Profilhöhe: 105 mm
Profillänge: je Schenkel 300 mm
Profilstärke: 3 mm

51€ 67€ **71€** 79€ 87€ [St] ⏱ 0,05h/St 080.000.374

109 Weg-/Beeteinfassung, Cortenstahl, Beton- und Erdanker KG **530**

Beton- und Erdanker als Verbinder der Wege- und Beeteinfassung liefern und unter Beachtung der Einbauhinweise des Herstellers verwenden.
Profilhöhe: 60 mm
Profillänge: 300 mm
Profilstärke: 5 mm

16€ 20€ **22€** 24€ 27€ [St] ⏱ 0,01h/St 080.000.375

110 Weg-/Beeteinfassung, 15x22, L=100 KG **530**

Bordsteinen aus Beton als Rollstuhl-Überfahrstein.
Witterungswiderstand Klasse: D
Festigkeit Klasse: U
Abriebwiderstand Klasse: I
Gleit/Rutschwiderstand: SRT = 55
Fundament aus Beton C20/25
Format: 15 x 22 x 100 cm, mit 1 cm Fase
Radius: ...
Farbe: Weißbeton

104€ 122€ **133€** 151€ 163€ [m] ⏱ 0,30h/m 080.000.241

A 21 Winkelstützmauerelement, Beton Beschreibung für Pos. **111-113**

Einfassung aus Winkelstützmauerelementen als Stahlbetonfertigteil, Sichtflächen in Sichtbeton, in Betonbettung.
Festigkeitsklasse: C30/37
Sichtbeton: glatt
Sichtkanten: gefast
Expositionsklasse: .....
Beton: C12/15
Fundamentdicke: 20 cm
Angebot. Fabrikat: .....

111 Winkelstützmauerelement, Beton, Höhe 55 KG **543**

Wie Ausführungsbeschreibung A 21
Winkelhöhe: 55 cm
Fußlänge: 30 cm

147€ 161€ **165€** 171€ 185€ [m] ⏱ 0,55h/m 080.000.417

▶ min
▷ von
ø Mittel
◁ bis
◀ max

Nr.	Kurztext / Langtext						Kostengruppe
▶	▷	ø netto €	◁	◀	[Einheit]	Ausf.-Dauer	Positionsnummer

112 Winkelstützmauerelement, Beton, Höhe 80 KG **543**

Wie Ausführungsbeschreibung A 21
Winkelhöhe: 80 cm
Fußlänge: 50 cm

178€	192€	**199€**	211€	248€	[m]	⏱ 0,75h/m	080.000.418

113 Winkelstützmauerelement, Beton, Höhe 155 KG **543**

Wie Ausführungsbeschreibung A 21
Winkelhöhe: 155 cm
Fußlänge: 80 cm

349€	415€	**445€**	503€	587€	[m]	⏱ 1,17h/m	080.000.421

A 22 Gabionen Beschreibung für Pos. **114-117**

Gabionen aus witterungs- und mechanisch beständigem Füllmaterial liefern und einbauen. Gabionen sind aus elektrisch punktgeschweißten Gittermatten hergestellt. Die Einzelteile werden vor Ort ausgelegt und mit Spiralschließen zu einem kompletten Behälter zusammengefügt. Alle Komponenten sind verzinkt.

114 Gabionen, 50x50x50 KG **543**

Wie Ausführungsbeschreibung A 22
Gabionenbehälter: 50 x 50 x 50 cm
Stahldrahtstärke: 3,5 mm
Maschenweite: 10 x 10 cm
Befüllung: mit frostbeständigem Gestein mit einer Größe größer der Maschenweite; Gabionen, händisch füllen, dichte lagenweise Packungen
Einbauort: .....

–	144€	**153€**	174€	–	[St]	⏱ 2,00h/St	080.000.189

115 Gabionen, 100x100x100 KG **543**

Wie Ausführungsbeschreibung A 22
Gabionenbehälter: 100 x 100 x 100 cm
Stahldrahtstärke: 3,5 mm
Maschenweite: 10 x 10 cm
Befüllung: mit frostbeständigem Gestein mit einer Größe größer der Maschenweite; Gabionen, händisch Füllen, dichte lagenweise Packungen
Einbauort: .....

–	464€	**489€**	572€	–	[St]	⏱ 2,00h/St	080.000.192

116 Gabionen, 200x50x50 KG **543**

Wie Ausführungsbeschreibung A 22
Gabionenbehälter: 200 x 50 x 50 cm
Stahldrahtstärke: 3,5 mm
Maschenweite: 10 x 10 cm
Befüllung: mit frostbeständigem Gestein mit einer Größe größer der Maschenweite; Gabionen, händisch füllen, dichte lagenweise Packungen
Einbauort: .....

–	339€	**361€**	426€	–	[St]	⏱ 2,00h/St	080.000.196

Kosten:
Stand 1. Quartal 2026
Bundesdurchschnitt

Nr.	Kurztext / Langtext						Kostengruppe
▶	▷	ø netto €	◁	◀	[Einheit]	Ausf.-Dauer	Positionsnummer

117 Gabionen, 300x50x50 KG **543**

Wie Ausführungsbeschreibung A 22
Gabionenbehälter: 300 x 50 x 50 cm
Stahldrahtstärke: 3,5 mm
Maschenweite: 10 x 10 cm
Befüllung: mit frostbeständigem Gestein mit einer Größe größer der Maschenweite; Gabionen, händisch füllen, dichte lagenweise Packungen
Einbauort: .....

▶	▷	ø netto €	◁	◀	[Einheit]	Ausf.-Dauer	Positionsnummer
–	455€	**479€**	537€	–	[St]	⏱ 2,00 h/St	080.000.199

118 Trockenmauer als Stützwand - Bruchsteinmauerwerk KG **543**

Trockenmauer als Stützwand in unregelmäßig und lagerhaften Bruchsteinmauerwerk herstellen. Die Sichtflächen sollen unbearbeitet sein. Aufbau der Mauer, so dass keine Stoßfuge über 2 Schichten geht.
Steinhöhe: 2-20 cm
Steinlänge: mind. 1,5-2-fache der Höhe
Mauerwerksdicke an der Krone: über 50 cm
Mauerwerkshöhe: 2,50 m
Gründung, Dimensionierung und Dossierung nach statischem Erfordernis.
Gesteinsart: .....

▶	▷	ø netto €	◁	◀	[Einheit]	Ausf.-Dauer	Positionsnummer
–	386€	**402€**	458€	–	[m]	⏱ 5,00 h/m	080.000.202

119 Naturwerksteinmauerwerk als Quadermauerwerk KG **543**

Natursteinmauerwerk als Quadermauerwerk Außenwand herstellen. Einseitig sichtbar. Sichtflächen spaltgrau. Mauermörtel M 10, Fugen sind zu glätten.
Mauerwerksdicke mind. 30 cm
Mauerwerkshöhe: bis 3,00 m
Gründung, Dimensionierung und Dossierung nach statischem Erfordernis.
Gesteinsart: .....

▶	▷	ø netto €	◁	◀	[Einheit]	Ausf.-Dauer	Positionsnummer
172€	272€	**319€**	378€	468€	[m]	⏱ 4,00 h/m	080.000.186

120 Naturwerksteinmauerwerk als Außenwand KG **543**

Natursteinmauerwerk als Natursteinmauerwerk Außenwand herstellen. Einseitig sichtbar. Sichtflächen spaltgrau. Mauermörtel M 10, Fugen sind zu glätten.
Mauerwerksdicke mind. 50 cm
Mauerwerkshöhe: bis 2,00 m
Gründung, Dimensionierung und Dossierung nach statischem Erfordernis.
Gesteinsart: .....

▶	▷	ø netto €	◁	◀	[Einheit]	Ausf.-Dauer	Positionsnummer
182€	222€	**244€**	261€	308€	[m]	⏱ 4,00 h/m	080.000.205

▶ min
▷ von
ø Mittel
◁ bis
◀ max

Nr.	**Kurztext** / Langtext						Kostengruppe
▶	▷	**ø netto €**	◁	◀	[Einheit]	Ausf.-Dauer	Positionsnummer

A 23 Speicherelement, Niederschlagswasser — Beschreibung für Pos. **121-127**

Speicherelement zur Zwischenspeicherung von Niederschlagswasser.

121 Speicherelement, Box Niederschlagswasser, 600l — KG **552**

Wie Ausführungsbeschreibung A 23
Format: Box
Maße (L x B x H): ..... x ..... x ..... cm
Nettospeichervolumen: 600 l pro Box
Material: HDPE
befahrbar: SLW 60

928€	1.237€	**1.345€**	1.492€	1.613€	[St]	⏱ 0,50h/St	080.000.411

122 Speicherelement, Tank Niederschlagswasser, 1.600l — KG **552**

Wie Ausführungsbeschreibung A 23
Format: Tank
Maße (L x B x H): ..... x ..... x ..... cm
Nettospeichervolumen: 1600 l
Material: glasfaserverstärktes Polypropylen

2.098€	2.869€	**3.085€**	3.455€	3.733€	[St]	⏱ 1,30h/St	080.000.412

123 Speicherelement, Zisterne Niederschlagswasser, 1.000l — KG **552**

Wie Ausführungsbeschreibung A 23
Format: Zisterne
Maße (L x B x H): ..... x ..... x ..... cm
Nettospeichervolumen: 1.000 l
Material: glasfaserverstärktes Polypropylen

–	2.151€	**2.313€**	2.521€	–	[St]	⏱ 2,00h/St	080.000.413

124 Speicherelement, Flachtank Niederschlagswasser, 600l — KG **542**

Wie Ausführungsbeschreibung A 23
Format: Flachtank
Maße (L x B x H): ..... x ..... x ..... cm
Nettospeichervolumen: 600 l
Material: glasfaserverstärktes Polypropylen

–	951€	**1.012€**	1.134€	–	[St]	⏱ 0,50h/St	080.000.414

125 Speicherelement, Rigole, Niederschlagswasser, 420l — KG **552**

Wie Ausführungsbeschreibung A 23
Format: Flachtank
Maße (L x B x H): ..... x ..... x ..... cm
Nettospeichervolumen: 420 l
Material: Polypropylen PP (100% recycelbar)
befahrbar: SLW 60

449€	617€	**671€**	731€	832€	[St]	⏱ 0,50h/St	080.000.415

Nr.	Kurztext / Langtext						Kostengruppe
►	▷	ø netto €	◁	◄	[Einheit]	Ausf.-Dauer	Positionsnummer

126 **Speicherelement, Sickertunnel, Niederschlagswasser, 300l** KG **552**

Wie Ausführungsbeschreibung A 23
Format: Sickertunnel
Maße (L x B x H): ..... x ..... x ..... cm
Nettospeichervolumen: 300 l
Material: Polypropylen PP (100% recycelbar)
Befahrbar: SLW 60S

►	▷	ø netto €	◁	◄	[Einheit]	Ausf.-Dauer	Positionsnummer
–	408€	**448€**	484€	–	[St]	⏱ 0,70h/St	080.000.416

127 **Speicherelement, Box Niederschlagswasser, 400l** KG **552**

Wie Ausführungsbeschreibung A 23
Format: Box
Maße (L x B x H): ..... x ..... x ..... cm
Nettospeichervolumen: 400 l pro Box
Material: HDPE
Befahrbar: SLW 60

►	▷	ø netto €	◁	◄	[Einheit]	Ausf.-Dauer	Positionsnummer
–	932€	**992€**	1.071€	–	[St]	⏱ 0,50h/St	080.000.410

Kosten:
Stand 1.Quartal 2026
Bundesdurchschnitt

► min
▷ von
ø Mittel
◁ bis
◄ max

E

Barrierefreies Bauen

Kosten:
Stand 1.Quartal 2026
Bundesdurchschnitt

▶ min
▷ von
ø Mittel
◁ bis
◀ max

Nr.	Positionen	Einheit	▶	▷	ø brutto € / ø netto €	◁	◀
1	Öffnungen, Mauerwerk bis 24cm, 1,01x2,13m	St	36	55	**66**	77	103
	LB 012, Pos. 38, Seite 201		30	46	**55**	64	86
2	Öffnungen, Mauerwerk bis 2,50m²	m²	11	14	**16**	20	27
	LB 012, Pos. 39, Seite 202		9	12	**13**	17	23
3	Öffnung überdecken, Ziegelsturz	m	33	38	**40**	45	58
	LB 012, Pos. 49, Seite 204		28	32	**33**	38	49
4	Öffnung überdecken, Flachstahl	m	13	18	**24**	28	31
	LB 012, Pos. 50, Seite 205		11	15	**21**	24	26
5	Öffnung überdecken, KS Sturz, 17,5cm	m	34	51	**58**	70	93
	LB 012, Pos. 51, Seite 205		29	43	**49**	59	78
6	Öffnung überdecken, Betonsturz, 24cm	m	42	86	**104**	123	155
	LB 012, Pos. 53, Seite 205		35	73	**87**	103	130
7	Maueranschlussschiene, 28/15	m	15	25	**29**	33	42
	LB 012, Pos. 67, Seite 208		13	21	**24**	28	35
8	Maueranschlussschiene, 38/17	m	23	34	**34**	41	54
	LB 012, Pos. 68, Seite 208		20	28	**29**	35	45
9	Innenbelag, Terrazzoplatten	m²	161	189	**197**	198	239
	LB 014, Pos. 3, Seite 261		136	159	**165**	166	200
10	Innenbelag, Betonwerkstein	m²	135	152	**157**	175	213
	LB 014, Pos. 4, Seite 261		114	128	**132**	147	179
11	Innenbelag, Naturwerkstein, Granit	m²	188	234	**250**	264	312
	LB 014, Pos. 5, Seite 262		158	196	**210**	222	263
12	Innenbelag, Naturwerkstein, Marmor	m²	202	241	**247**	268	315
	LB 014, Pos. 6, Seite 262		170	202	**208**	225	264
13	Innenbelag, Naturwerkstein, Solnhofer Kalkstein	m²	146	214	**226**	243	286
	LB 014, Pos. 7, Seite 263		122	180	**190**	204	241
14	Innenbelag, Naturwerkstein, Schiefer	m²	124	156	**178**	186	201
	LB 014, Pos. 8, Seite 263		104	131	**149**	156	169
15	Innenbelag, Naturwerkstein, Travertin	m²	185	238	**265**	318	339
	LB 014, Pos. 9, Seite 264		156	200	**223**	267	285
16	Blockstufe, Naturwerkstein	m	212	326	**376**	454	648
	LB 014, Pos. 18, Seite 266		178	274	**316**	382	544
17	Blockstufe, Betonwerkstein	m	152	244	**282**	345	454
	LB 014, Pos. 19, Seite 266		128	205	**237**	290	382
18	Treppe, Naturwerkstein, Winkelstufe, 1,00m	St	147	207	**237**	272	326
	LB 014, Pos. 20, Seite 266		123	174	**199**	228	274
19	Treppenbelag, Naturwerkstein, Tritt-/Setzstufe	m	178	206	**220**	246	292
	LB 014, Pos. 21, Seite 267		150	173	**185**	207	246
20	Stufengleitschutzprofil, Treppe	m	28	32	**33**	34	38
	LB 014, Pos. 22, Seite 267		24	27	**28**	28	32
21	Rillenfräsung, Stufenkante	m	39	43	**47**	62	67
	LB 014, Pos. 23, Seite 267		33	36	**40**	52	57
22	Aufmerksamkeitsstreifen, Stufenkante, PU-Einzelrippen	m	–	50	**55**	70	–
	LB 014, Pos. 24, Seite 267		–	42	**46**	59	–
23	Aufmerksamkeitsstreifen, Stufenkante, Klebeband	m	–	9	**11**	13	–
	LB 014, Pos. 25, Seite 268		–	8	**9**	11	–
24	Aufmerksamkeitsstreifen, Trittstufe, Klebeband	m	–	6	**7**	9	–
	LB 014, Pos. 26, Seite 268		–	5	**6**	7	–

Nr.	Positionen	Einheit	►	▷	ø brutto € / ø netto €	◁	◄
25	Leitsystem, innen, Rippenfliesen, Edelstahl, 3 Rippen	m	–	201	**223**	285	–
	LB 014, Pos. 44, Seite 273		–	169	**187**	240	–
26	Leitsystem, innen, Rippenfliesen, Edelstahl, 7 Rippen	m	–	249	**280**	361	–
	LB 014, Pos. 45, Seite 273		–	209	**235**	303	–
27	Leitsystem, Rippenfliese/Begleitstreifen, Edelstahl, 200mm	m	–	269	**309**	392	–
	LB 014, Pos. 46, Seite 273		–	226	**260**	330	–
28	Leitsystem, Rippenfliese/Begleitstreifen, Edelstahl, 400mm	m	–	283	**341**	427	–
	LB 014, Pos. 47, Seite 273		–	238	**287**	359	–
29	Kontraststreifen, Noppenfliesen, Edelstahl, 300mm	m	–	73	**83**	105	–
	LB 014, Pos. 48, Seite 274		–	62	**69**	88	–
30	Kontraststreifen, Noppenfliesen, Edelstahl, 600mm	m	–	76	**86**	110	–
	LB 014, Pos. 49, Seite 274		–	64	**72**	92	–
31	Edelstahlrippen, 16mm, Streifen, dreireihig	m	–	278	**324**	402	–
	LB 014, Pos. 50, Seite 274		–	234	**272**	337	–
32	Edelstahlrippen, 35mm, Streifen, dreireihig	m	–	287	**330**	412	–
	LB 014, Pos. 51, Seite 274		–	241	**277**	347	–
33	Kunststoffrippen, 16mm, Streifen, dreireihig	m	–	75	**84**	105	–
	LB 014, Pos. 52, Seite 275		–	63	**71**	89	–
34	Kunststoffrippen, 35mm, Streifen, dreireihig	m	–	90	**99**	125	–
	LB 014, Pos. 53, Seite 275		–	75	**83**	105	–
35	Aufmerksamkeitsfeld, 600x600, Noppenfliesen, Edelstahl	St	–	398	**457**	581	–
	LB 014, Pos. 54, Seite 275		–	334	**384**	488	–
36	Aufmerksamkeitsfeld, 1.200x1.200, Noppenfliesen, Edelstahl	St	–	1.050	**1.236**	1.532	–
	LB 014, Pos. 55, Seite 275		–	883	**1.039**	1.288	–
37	Aufmerksamkeitsfeld, 600x600, Noppen, Edelstahl	St	–	706	**803**	1.019	–
	LB 014, Pos. 56, Seite 276		–	594	**674**	857	–
38	Aufmerksamkeitsfeld, 900x900, Noppen, Edelstahl	St	–	1.518	**1.650**	2.128	–
	LB 014, Pos. 57, Seite 276		–	1.275	**1.386**	1.788	–
39	Aufmerksamkeitsfeld, 600x600, Noppen, Kunststoff	St	–	329	**370**	477	–
	LB 014, Pos. 58, Seite 276		–	277	**311**	401	–
40	Aufmerksamkeitsfeld, 900x900, Noppen, Kunststoff	St	–	605	**695**	876	–
	LB 014, Pos. 59, Seite 276		–	508	**584**	736	–
41	Verbundabdichtung, Wand	m²	15	22	**25**	30	41
	LB 024, Pos. 6, Seite 431		12	19	**21**	25	35
42	Verbundabdichtung, Boden	m²	12	21	**25**	28	38
	LB 024, Pos. 7, Seite 431		10	17	**21**	24	32
43	Verbundabdichtung, Kunststoffbahn, Boden	m²	18	22	**25**	27	31
	LB 024, Pos. 8, Seite 432		15	18	**21**	23	26
44	Verbundabdichtung, Kunststoffbahn, Wand	m²	20	25	**27**	30	33
	LB 024, Pos. 9, Seite 432		17	21	**23**	25	28
45	Bodenfliesen, 10x10	m²	84	122	**142**	158	191
	LB 024, Pos. 33, Seite 438		70	103	**119**	133	161
46	Bodenfliesen, 30x30	m²	71	94	**101**	116	145
	LB 024, Pos. 34, Seite 438		60	79	**85**	97	122
47	Bodenfliesen, 60x60	m²	101	142	**161**	186	235
	LB 024, Pos. 35, Seite 439		85	119	**135**	156	197

Kosten:
Stand 1. Quartal 2026
Bundesdurchschnitt

▶ min
▷ von
ø Mittel
◁ bis
◀ max

Nr.	Positionen	Einheit	▶	▷	**ø brutto €** ø netto €	◁	◀
48	Bodenfliesen, 20x20, strukturiert	m²	95	109	**123**	143	153
	LB 024, Pos. 36, Seite 439		80	91	**104**	120	129
49	Bodenfliesen, 30x30, strukturiert	m²	99	113	**125**	145	159
	LB 024, Pos. 37, Seite 439		83	95	**105**	122	133
50	Bodenfliesen, 30x30, R11	m²	106	124	**133**	138	152
	LB 024, Pos. 38, Seite 440		89	104	**111**	116	128
51	Bodenfliesen, Großküche, 20x20, R12	m²	81	98	**111**	125	138
	LB 024, Pos. 39, Seite 440		68	82	**93**	105	116
52	Bodenfliesen, Großküche, 30x30, R12, V4	m²	114	142	**150**	166	195
	LB 024, Pos. 40, Seite 440		96	120	**126**	140	164
53	Treppenbelag, Tritt- und Setzstufe	m	155	187	**193**	205	228
	LB 024, Pos. 41, Seite 441		130	157	**162**	172	192
54	Bodenfliesen, Bla-Feinsteinzeug, bis 20x20	m²	78	96	**104**	122	152
	LB 024, Pos. 43, Seite 441		65	81	**87**	102	128
55	Begleitstreifen, Kontraststreifen, Steinzeug, innen	m	–	90	**101**	128	–
	LB 024, Pos. 47, Seite 443		–	75	**85**	108	–
56	Aufmerksamkeitsfeld, Noppenfliesen, Steinzeug, innen	St	–	303	**348**	435	–
	LB 024, Pos. 48, Seite 443		–	254	**292**	366	–
57	Leitsystem, Rippenfliesen, Steinzeug, innen	m	–	111	**129**	164	–
	LB 024, Pos. 49, Seite 443		–	93	**108**	138	–
58	Türblatt, einflüglig, Röhrenspan, HPL, 1.000x2.000/2.125	St	283	403	**632**	649	911
	LB 027, Pos. 2, Seite 499		237	339	**531**	545	766
59	Türblatt, einflüglig, Vollspan, 1.000x2.000/2.125	St	383	587	**728**	943	1.209
	LB 027, Pos. 4, Seite 499		322	493	**612**	793	1.016
60	Innentürblatt, Vollspan, zweiflüglig	St	1.223	1.547	**1.745**	1.763	2.337
	LB 027, Pos. 5, Seite 499		1.028	1.300	**1.466**	1.482	1.964
61	Stahleckzarge, innen, 1.000x2.000/2.125	St	202	238	**266**	304	333
	LB 027, Pos. 7, Seite 501		169	200	**224**	255	280
62	Umfassungszarge Stahl, innen, 1.000x2.000/2.125	St	287	410	**459**	505	618
	LB 027, Pos. 9, Seite 502		241	344	**385**	425	519
63	Umfassungszarge Holz, innen, 1.000x2.000/2.125	St	475	537	**589**	603	666
	LB 027, Pos. 11, Seite 502		399	451	**495**	507	559
64	Innentür, rauchdicht, S200-C5, einflüglig, 1.000x2.000/2.125	St	1.083	1.452	**1.569**	1.770	3.101
	LB 027, Pos. 13, Seite 503		910	1.221	**1.318**	1.488	2.606
65	Innentür, EI2 30-SaC5, einflüglig 1.000x2.000/2.125	St	1.888	2.877	**3.105**	3.683	5.301
	LB 027, Pos. 15, Seite 504		1.587	2.417	**2.610**	3.095	4.455
66	Innentür, Röhrenspan, einflüglig, 1.000x2.000/2.125	St	598	901	**1.015**	1.277	1.752
	LB 027, Pos. 17, Seite 505		503	757	**853**	1.073	1.472
67	Innentür, zweiflüglig, Röhrenspan	St	1.951	2.923	**3.245**	4.023	5.385
	LB 027, Pos. 18, Seite 505		1.639	2.456	**2.727**	3.381	4.525
68	Handlauf-Profil, Holz	m	48	83	**92**	113	159
	LB 027, Pos. 54, Seite 518		40	70	**77**	95	133
69	Geländer, gerade, Rundstabholz	m	333	529	**583**	685	928
	LB 027, Pos. 55, Seite 518		280	444	**490**	575	780
70	Drückergarnitur, Wohnungstür, Metall	St	195	285	**313**	344	423
	LB 029, Pos. 3, Seite 536		164	239	**263**	289	356

Nr.	Positionen	Einheit	▶	▷	ø brutto € / ø netto €	◁	◀
71	Drückergarnitur, Wohnungstür, Stahl-Nylon	St	47	77	**93**	113	158
	LB 029, Pos. 4, Seite 537		40	65	**78**	95	133
72	Drückergarnitur, Objekttür, Aluminium	St	76	110	**130**	156	202
	LB 029, Pos. 5, Seite 537		64	93	**110**	131	170
73	Drückergarnitur, niro	St	128	260	**299**	377	535
	LB 029, Pos. 6, Seite 538		107	218	**251**	317	450
74	Drückergarnitur, Objekttür, niro, barrierefrei	St	–	502	**564**	694	–
	LB 029, Pos. 7, Seite 538		–	422	**474**	583	–
75	Drückergarnitur, Objekttür, niro, Ellenbogenbetätigung	St	–	542	**623**	753	–
	LB 029, Pos. 8, Seite 539		–	455	**523**	633	–
76	WC-Garnitur, Objektbereich, Aluminium	St	46	90	**110**	130	172
	LB 029, Pos. 9, Seite 539		39	76	**92**	109	144
77	WC-Garnitur, Objektbereich, Edelstahl	St	75	196	**218**	258	367
	LB 029, Pos. 10, Seite 540		63	165	**183**	217	309
78	Stoßgriff, Tür, Aluminium	St	187	397	**501**	717	1.077
	LB 029, Pos. 11, Seite 540		157	334	**421**	603	905
79	Obentürschließer, einflüglige Tür	St	316	455	**492**	628	997
	LB 029, Pos. 12, Seite 540		266	383	**414**	528	838
80	Obentürschließer, zweiflüglige Tür	St	692	1.059	**1.258**	1.495	1.972
	LB 029, Pos. 13, Seite 541		581	890	**1.057**	1.256	1.657
81	Obentürschließer Innentür, ohne BS Anforderung	St	248	285	**309**	348	401
	LB 029, Pos. 15, Seite 541		208	240	**260**	293	337
82	Türantrieb, kraftbetätigte Tür, einflüglig	St	4.100	5.944	**6.752**	7.862	10.031
	LB 029, Pos. 16, Seite 541		3.446	4.995	**5.674**	6.607	8.430
83	Türantrieb, kraftbetätigte Tür, zweiflüglig	St	4.258	7.387	**8.686**	10.227	13.316
	LB 029, Pos. 17, Seite 542		3.578	6.207	**7.299**	8.594	11.190
84	Elektrischer Türantrieb	St	3.972	4.734	**5.442**	5.986	6.965
	LB 029, Pos. 18, Seite 542		3.338	3.978	**4.573**	5.030	5.853
85	Sensorleiste, Türblatt	St	726	979	**1.072**	1.228	1.595
	LB 029, Pos. 19, Seite 542		610	823	**901**	1.032	1.340
86	Fingerschutz, Türkante	St	131	247	**295**	359	478
	LB 029, Pos. 20, Seite 543		110	208	**248**	302	401
87	Türöffner elektrisch	St	124	235	**260**	379	631
	LB 029, Pos. 21, Seite 543		104	198	**219**	319	530
88	Fluchttürsicherung, elektrische Verriegelung	St	1.206	1.625	**1.933**	1.997	2.643
	LB 029, Pos. 22, Seite 543		1.013	1.366	**1.625**	1.678	2.221
89	Türspion, Aluminium	St	19	39	**47**	75	111
	LB 029, Pos. 25, Seite 545		16	33	**39**	63	93
90	Absenkdichtung, Tür	St	93	174	**203**	308	468
	LB 029, Pos. 38, Seite 547		78	146	**171**	259	394
91	WC-Schild, taktil, Kunststoff	St	–	67	**77**	96	–
	LB 029, Pos. 40, Seite 548		–	56	**64**	81	–
92	WC-Schild, taktil, Aluminium	St	–	90	**101**	127	–
	LB 029, Pos. 41, Seite 548		–	76	**85**	107	–
93	Handlaufbeschriftung, taktil, Alu, 36,5/43, Blinden-/Profilschrift	St	–	70	**81**	100	–
	LB 029, Pos. 42, Seite 548		–	59	**68**	84	–

Kosten:
Stand 1. Quartal 2026
Bundesdurchschnitt

▶ min
▷ von
ø Mittel
◁ bis
◀ max

Nr.	Positionen	Einheit	▶	▷	ø brutto € / ø netto €	◁	◀
94	Handlaufbeschriftung, taktil, Alu, 36,5/173, Blinden-/Profilschrift	St	–	120	**138**	173	–
	LB 029, Pos. 43, Seite 549		–	101	**116**	146	–
95	Handlauf, Stahl, außen, verzinkt, Rundrohr: 33,7	m	55	73	**84**	98	119
	LB 031, Pos. 1, Seite 562		47	61	**70**	82	100
96	Handlauf, Stahl, außen, verzinkt, Rundrohr: 42,4	m	71	97	**106**	121	145
	LB 031, Pos. 2, Seite 563		59	82	**89**	102	122
97	Handlauf, nichtrostend, Rundrohr 33,7	m	68	119	**165**	182	243
	LB 031, Pos. 3, Seite 563		57	100	**139**	153	204
98	Handlauf, nichtrostend, Rundrohr 42,4	m	78	144	**170**	190	237
	LB 031, Pos. 4, Seite 563		66	121	**143**	160	200
99	Handlauf, nichtrostend, Rundrohr 48,3	m	111	160	**200**	259	331
	LB 031, Pos. 5, Seite 563		93	134	**168**	218	278
100	Handlauf, Stahl, gebogen	m	172	210	**233**	262	296
	LB 031, Pos. 6, Seite 563		145	176	**196**	221	249
101	Handlauf, Holz, rund	m	72	129	**143**	159	206
	LB 031, Pos. 7, Seite 563		60	108	**120**	133	173
102	Handlaufhalter, Stahl, Wand	St	54	84	**104**	129	166
	LB 031, Pos. 8, Seite 564		46	71	**87**	109	140
103	Handlauf, Enden	St	21	37	**42**	43	57
	LB 031, Pos. 9, Seite 564		18	31	**35**	36	47
104	Handlauf, Bogenstück	St	37	68	**84**	85	112
	LB 031, Pos. 10, Seite 564		31	57	**71**	72	94
105	Handlauf, Ecken/Gehrungen	St	35	59	**71**	74	85
	LB 031, Pos. 11, Seite 564		30	50	**59**	62	71
106	Brüstungs-/Treppengeländer, Flachstahlfüllung	m	404	564	**641**	728	953
	LB 031, Pos. 14, Seite 565		340	474	**538**	612	801
107	Brüstungs-/Treppengeländer, Lochblechfüllung	m	374	489	**547**	647	802
	LB 031, Pos. 15, Seite 566		314	411	**459**	543	674
108	Bodenablauf, bodengleiche Dusche	St	573	629	**699**	839	965
	LB 044, Pos. 35, Seite 753		482	529	**588**	705	811
109	Bodenablauf, Rinne, bodengleiche Dusche	St	704	751	**939**	1.127	1.296
	LB 044, Pos. 36, Seite 753		592	631	**789**	947	1.089
110	Waschtisch, Keramik 600x500	St	366	446	**492**	571	702
	LB 045, Pos. 2, Seite 757		308	375	**414**	480	590
111	Waschbecken, barrierefrei	St	387	439	**516**	697	955
	LB 045, Pos. 3, Seite 758		325	369	**434**	586	803
112	Siphon, Waschbecken	St	41	59	**63**	75	103
	LB 045, Pos. 4, Seite 758		34	50	**53**	63	87
113	Einhandmischer, Badewanne	St	94	295	**413**	628	858
	LB 045, Pos. 8, Seite 758		79	248	**347**	528	721
114	Thermostatarmatur, Badewanne	St	508	678	**847**	1.144	1.652
	LB 045, Pos. 9, Seite 759		427	570	**712**	961	1.389
115	WC, barrierefrei	St	611	769	**835**	922	1.314
	LB 045, Pos. 11, Seite 759		514	646	**702**	775	1.104
116	Einhebelmischarmatur, Dusche	St	246	489	**605**	680	953
	LB 045, Pos. 18, Seite 760		207	411	**509**	572	801

Nr.	Positionen	Einheit	►	▷	ø brutto € / ø netto €	◁	◄
117	Einhandmischer, Spültisch	St	135	334	**404**	551	810
	LB 045, Pos. 25, Seite 762		113	281	**339**	463	681
118	Installationselement, barrierefreies WC, mit Stützgriffen	St	716	881	**1.102**	1.322	1.542
	LB 045, Pos. 27, Seite 762		602	741	**926**	1.111	1.296
119	Installationselement, Stützgriff	St	249	325	**383**	459	524
	LB 045, Pos. 29, Seite 763		209	273	**322**	386	441
120	Haltegriff, Edelstahl, 600mm	St	111	160	**172**	221	284
	LB 045, Pos. 30, Seite 763		94	134	**145**	185	238
121	Haltegriff, Kunststoff, 300mm	St	115	178	**227**	243	334
	LB 045, Pos. 31, Seite 763		97	150	**191**	204	281
122	Duschsitz, klappbar	St	454	524	**563**	565	687
	LB 045, Pos. 32, Seite 763		382	440	**473**	474	577
123	Stützgriff, fest, WC	St	507	596	**745**	894	1.006
	LB 045, Pos. 33, Seite 764		426	501	**626**	752	845
124	Stützgriff, klappbar, WC	St	574	706	**883**	1.060	1.210
	LB 045, Pos. 34, Seite 764		482	594	**742**	890	1.017
125	Notrufeinrichtung, für Barrierefreies WC	St	466	727	**791**	1.015	1.531
	LB 060, Pos. 1, Seite 804		392	611	**665**	853	1.286
126	Personenaufzug/Lastenaufzug bis 630kg, barrierefrei, Typ 2	St	60.984	71.657	**76.344**	82.587	92.964
	LB 069, Pos. 2, Seite 816		51.247	60.216	**64.154**	69.401	78.121
127	Personenaufzug/Lastenaufzug bis 1.275kg, barrierefrei, Typ 3	St	76.298	106.034	**114.699**	133.443	163.179
	LB 069, Pos. 3, Seite 817		64.116	89.105	**96.386**	112.137	137.126
128	Sitzlift, Treppe innen, gewendelt	St	12.106	14.122	**20.712**	27.774	30.964
	LB 069, Pos. 6, Seite 820		10.173	11.867	**17.405**	23.339	26.020
129	Plattformlift, Treppe innen, gerade	St	15.361	16.477	**20.576**	29.816	31.387
	LB 069, Pos. 7, Seite 820		12.908	13.846	**17.291**	25.055	26.376
130	Plattformlift, Treppe außen, gerade	St	22.150	22.729	**27.558**	30.752	32.455
	LB 069, Pos. 8, Seite 820		18.614	19.100	**23.158**	25.842	27.273
131	Plattformaufzug, bis 2 Etagen, barrierefrei, verglast, außen	St	42.541	43.473	**60.640**	72.970	75.813
	LB 069, Pos. 9, Seite 821		35.749	36.532	**50.958**	61.319	63.708
132	Plattformaufzug, bis 5 Etagen, barrierefrei, verglast, außen	St	106.932	108.320	**118.552**	127.418	130.142
	LB 069, Pos. 10, Seite 821		89.859	91.025	**99.623**	107.074	109.363
133	Hublift, Förderplattform, 1,5m	St	14.709	15.867	**18.742**	27.461	28.066
	LB 069, Pos. 12, Seite 822		12.361	13.334	**15.750**	23.076	23.585
134	Plattenbelag, Granit, 60x60	m²	110	132	**138**	149	169
	LB 080, Pos. 50, Seite 906		93	111	**116**	125	142
135	Plattenbelag, Basalt, 60x60	m²	191	231	**279**	303	309
	LB 080, Pos. 51, Seite 906		160	194	**235**	254	259
136	Plattenbelag, Travertin, 60x60	m²	164	184	**200**	206	256
	LB 080, Pos. 52, Seite 907		138	154	**168**	173	215
137	Plattenbelag, Sandstein, 60x60	m²	176	201	**215**	225	244
	LB 080, Pos. 53, Seite 907		148	169	**181**	189	205
138	Betonplattenbelag, 40x40	m²	60	76	**83**	92	108
	LB 080, Pos. 54, Seite 908		51	64	**70**	77	91
139	Pflasterdecke, Betonpflaster	m²	46	51	**53**	56	64
	LB 080, Pos. 55, Seite 908		39	43	**45**	47	53

Barrierefreies Bauen — **Preise €**

Nr.	Positionen	Einheit	►	▷	ø brutto € / ø netto €	◁	◄
140	Rippenplatte, 30x30x8, Rippenabstand 50x6, o. Fase, anthrazit	m²	135	183	**199**	229	241
	LB 080, Pos. 69, Seite 912		114	154	**167**	192	202
141	Rippenplatte, 20x10x8, mit Fase, anthrazit	m	119	160	**172**	199	211
	LB 080, Pos. 70, Seite 912		100	134	**144**	167	178
142	Noppenplatte, 30x30x8, 32 Noppen, mit Fase, Kegel, anthrazit	m²	137	186	**198**	236	244
	LB 080, Pos. 71, Seite 912		115	156	**166**	198	205
143	Noppenplatte, 20x10x8, 8 Noppen, mit Fase, Kegel, weiß	m²	103	131	**143**	161	264
	LB 080, Pos. 72, Seite 912		86	110	**120**	136	222
144	Leitstreifen, Betonsteinpflaster	m	–	505	**587**	693	–
	LB 080, Pos. 73, Seite 913		–	424	**493**	582	–
145	Blockstufe, Kontraststreifen Beton, 20x40x120	m	247	264	**274**	284	311
	LB 080, Pos. 78, Seite 914		208	222	**230**	238	261
146	Blockstufe, Kontraststreifen PVC, 20x40x120	m	–	219	**233**	267	–
	LB 080, Pos. 79, Seite 914		–	184	**195**	225	–
147	Winkelstufe, Kontraststreifen Beton, 20x36x120	m	168	223	**240**	273	297
	LB 080, Pos. 82, Seite 915		141	187	**202**	230	250
148	Winkelstufe, Kontraststreifen PVC, 20x36x120	m	157	196	**206**	229	251
	LB 080, Pos. 83, Seite 915		132	165	**173**	192	211
149	Legestufe, Kontraststreifen Beton, 8x40x120	m	183	240	**258**	289	320
	LB 080, Pos. 84, Seite 916		154	202	**217**	243	269
150	Legestufe, Kontraststreifen PVC, 8x40x120	m	165	215	**229**	259	284
	LB 080, Pos. 85, Seite 916		139	181	**193**	218	239
151	L-Stufe, Kontraststreifen Beton,15x38x80	m	153	192	**205**	231	252
	LB 080, Pos. 86, Seite 916		129	162	**172**	194	211

Kosten:
Stand 1. Quartal 2026
Bundesdurchschnitt

► min
▷ von
ø Mittel
◁ bis
◄ max

F

Brandschutz

Positionsverweise Brandschutz

Kosten:
Stand 1. Quartal 2026
Bundesdurchschnitt

▶ min
▷ von
ø Mittel
◁ bis
◀ max

Brandschutz | Preise €

Nr.	Positionen	Einheit	▶	▷	ø brutto € / ø netto €	◁	◀
1	Deckenanschluss gleitend, mit Brandschutz	m	11	42	**56**	63	90
	LB 012, Pos. 64, Seite 207		9	36	**47**	53	75
2	Brandschutzbeschichtung, R30, Stahlbauteile	m²	80	108	**115**	121	141
	LB 017, Pos. 14, Seite 317		67	91	**96**	102	118
3	Brandschutzbeschichtung, Stahlbauteile, Decklack	m²	17	33	**43**	43	73
	LB 017, Pos. 15, Seite 317		15	28	**36**	36	62
4	Dachfenster/Dachausstieg	St	534	851	**873**	1.043	1.408
	LB 020, Pos. 70, Seite 353		448	716	**733**	876	1.184
5	Sicherheitsdachhaken, verzinkt	St	18	26	**29**	33	41
	LB 022, Pos. 86, Seite 403		15	22	**25**	28	35
6	Sicherheitstritt, Standgitter	St	93	126	**141**	150	171
	LB 022, Pos. 87, Seite 403		78	106	**118**	126	144
7	WDVS, Brandbarriere, 200mm	m	9	16	**18**	23	35
	LB 023, Pos. 47, Seite 420		7	13	**16**	19	29
8	Innentür, rauchdicht, S200-C5, einflüglig, 875x2.000/2.125	St	568	919	**1.044**	1.352	1.789
	LB 027, Pos. 12, Seite 503		478	772	**878**	1.137	1.504
9	Innentür, rauchdicht, S200-C5, einflüglig, 1.000x2.000/2.125	St	1.083	1.452	**1.569**	1.770	3.101
	LB 027, Pos. 13, Seite 503		910	1.221	**1.318**	1.488	2.606
10	Innentür, EI2 30-SaC5, einflüglig, 875x2.000/2.125	St	1.489	2.271	**2.512**	3.329	4.978
	LB 027, Pos. 14, Seite 504		1.252	1.908	**2.111**	2.797	4.183
11	Innentür, EI2 30-SaC5, einflüglig 1.000x2.000/2.125	St	1.888	2.877	**3.105**	3.683	5.301
	LB 027, Pos. 15, Seite 504		1.587	2.417	**2.610**	3.095	4.455
12	Fluchttürsicherung, elektrische Verriegelung	St	1.206	1.625	**1.933**	1.997	2.643
	LB 029, Pos. 22, Seite 543		1.013	1.366	**1.625**	1.678	2.221
13	Stahltür, Rauchschutz, 875x2.000/2.125	St	1.739	2.106	**2.826**	3.502	3.787
	LB 031, Pos. 22, Seite 572		1.461	1.770	**2.375**	2.943	3.182
14	Stahltür, Rauchschutz, 1.000x2.000/2.125	St	1.964	2.527	**3.341**	3.510	3.916
	LB 031, Pos. 23, Seite 572		1.651	2.123	**2.808**	2.950	3.291
15	Stahltür, Rauchschutz, 1250x2.000/2.125	St	2.716	3.548	**4.121**	4.712	5.646
	LB 031, Pos. 24, Seite 572		2.282	2.982	**3.463**	3.960	4.744
16	Stahltür, Rauchschutz, zweiflüglig	St	6.825	8.595	**9.480**	11.756	15.428
	LB 031, Pos. 25, Seite 572		5.735	7.222	**7.966**	9.879	12.965
17	Stahltür, Brandschutz, EI2 30, 875x2.125	St	1.053	1.420	**1.610**	2.123	2.640
	LB 031, Pos. 26, Seite 575		885	1.193	**1.353**	1.784	2.219
18	Stahltür, Brandschutz, EI2 30, 1.000x2.125	St	1.276	1.656	**1.815**	2.095	2.809
	LB 031, Pos. 27, Seite 575		1.072	1.392	**1.525**	1.761	2.360
19	Stahltür, Brandschutz, EI2 30, 1.250x2.125	St	1.800	2.467	**2.683**	3.545	4.992
	LB 031, Pos. 28, Seite 576		1.513	2.073	**2.254**	2.979	4.195
20	Stahltür, Brandschutz, EI2 90, 875x2.125	St	–	2.250	**2.671**	3.100	–
	LB 031, Pos. 29, Seite 577		–	1.891	**2.244**	2.605	–
21	Stahltür, Brandschutz, EI2 90, 1.000x2.125	St	2.377	3.201	**4.206**	4.785	5.081
	LB 031, Pos. 30, Seite 577		1.997	2.690	**3.534**	4.021	4.270
22	Stahltür, Brandschutz, EI2 90, zweiflüglig	St	5.345	6.372	**7.050**	7.445	8.207
	LB 031, Pos. 31, Seite 578		4.491	5.355	**5.925**	6.256	6.896
23	Stahltür, Brandschutz, EI2 30, zweiflüglig	St	2.833	4.180	**4.775**	5.285	6.913
	LB 031, Pos. 32, Seite 579		2.381	3.512	**4.013**	4.441	5.809

Nr.	Positionen	Einheit	►	▷	ø brutto € / ø netto €	◁	◄
24	Rohrrahmentür, Glasfüllung, EI2 30-S200C5, zweiflüglig, mehrteilig	St	8.656	13.050	**15.052**	16.996	21.230
	LB 031, Pos. 33, Seite 580		7.274	10.966	**12.649**	14.282	17.840
25	Brandschutzverglasung, Innenwände	m²	279	615	**663**	715	941
	LB 032, Pos. 9, Seite 597		235	517	**557**	601	791
26	Brandschutzglas, EI30 Fenster	m²	624	640	**716**	799	1.007
	LB 032, Pos. 10, Seite 597		524	537	**602**	671	846
27	Brandschutzbeschichtung, R30, Stahlbauteile	m²	36	90	**105**	127	179
	LB 034, Pos. 56, Seite 622		30	75	**88**	107	151
28	Decklack, Brandschutzbeschichtungen, Stahlteile	m²	16	19	**21**	28	35
	LB 034, Pos. 57, Seite 622		13	16	**18**	23	29
29	Brandschutzbeschichtung Rund-/Profilstahl	m	35	64	**70**	78	98
	LB 034, Pos. 58, Seite 622		30	54	**58**	66	83
30	Fassadendämmung, Brandbarriere	m²	34	39	**41**	49	56
	LB 038, Pos. 8, Seite 655		29	33	**35**	41	47
31	Unterdecke, abgehängt, F90A/EI90, selbsttragend	m²	135	188	**214**	257	353
	LB 039, Pos. 10, Seite 673		113	158	**180**	216	297
32	Montagewand, Holz-UK, 110mm, GK, zweilagig, MW 40mm, EI30	m²	111	122	**127**	139	163
	LB 039, Pos. 23, Seite 676		93	102	**107**	117	137
33	Montagewand, Metall-UK, 150mm, GK zweilagig, MW 40mm, EI30	m²	84	113	**121**	138	174
	LB 039, Pos. 25, Seite 677		70	95	**101**	116	146
34	Montagewand, Metall-UK, 100mm, GK DF zweilagig, MW 50mm, EI90	m²	91	119	**132**	151	195
	LB 039, Pos. 26, Seite 677		76	100	**111**	127	164
35	Revisionsöffnung/-klappe, eckig, Brandschutz EI90	St	367	540	**606**	684	891
	LB 039, Pos. 41, Seite 681		309	454	**509**	575	749
36	Schachtwand, GK, EI 90	m²	78	104	**116**	142	191
	LB 039, Pos. 48, Seite 683		66	88	**97**	120	160
37	Bekleidung Gipsplatte, einseitig, auf UK, EI90	m²	79	130	**157**	172	245
	LB 039, Pos. 54, Seite 685		66	110	**132**	144	206
38	Löschwasserleitung, verzinktes Rohr, DN50	m	78	83	**85**	87	92
	LB 042, Pos. 14, Seite 742		65	70	**72**	73	77
39	Löschwasserleitung, verzinktes Rohr, DN100	m	116	125	**148**	154	165
	LB 042, Pos. 15, Seite 742		98	105	**124**	130	139
40	Brandschutzabschottung, DN15	St	19	29	**34**	41	55
	LB 047, Pos. 9, Seite 773		16	25	**28**	34	46
41	Brandschutzabschottung, DN25	St	58	65	**69**	71	84
	LB 047, Pos. 10, Seite 774		49	54	**58**	60	71
42	Brandschutzabschottung, DN40	St	76	82	**88**	94	111
	LB 047, Pos. 11, Seite 774		64	69	**74**	79	93
43	Brandschutzabschottung, DN75	St	98	104	**115**	136	153
	LB 047, Pos. 12, Seite 774		82	87	**96**	115	129
44	Brandschutzabschottung, DN110	St	101	106	**118**	141	156
	LB 047, Pos. 13, Seite 774		85	89	**99**	119	131
45	Brandschutzabschottung, DN160	St	107	111	**123**	145	159
	LB 047, Pos. 14, Seite 775		90	93	**104**	122	134

Kosten:
Stand 1. Quartal 2026
Bundesdurchschnitt

▶ min
▷ von
ø Mittel
◁ bis
◀ max

Brandschutz **Preise €**

Nr.	Positionen	Einheit	▶	▷	ø brutto € / ø netto €	◁	◀
46	Brandmeldezentrale, bis 4 Ringe-/Linien	St	2.244	3.537	**4.177**	5.023	7.115
	LB 063, Pos. 1, Seite 809		1.886	2.973	**3.510**	4.221	5.979
47	Brandmeldezentrale, ab 5 Ringe-/Linien	St	6.632	9.505	**10.522**	12.563	15.798
	LB 063, Pos. 2, Seite 809		5.573	7.988	**8.842**	10.557	13.275
48	Feuerwehr - Schlüsseldepot	St	2.101	2.505	**2.666**	3.206	4.149
	LB 063, Pos. 3, Seite 809		1.765	2.105	**2.241**	2.694	3.487
49	Rauchmelder, optisch	St	130	218	**227**	249	305
	LB 063, Pos. 4, Seite 810		109	183	**191**	209	256
50	Rauchmelder, Ionisation	St	407	438	**485**	513	571
	LB 063, Pos. 5, Seite 810		342	368	**408**	431	480
51	Rauchwarnmelder, optisch	St	49	74	**84**	101	141
	LB 063, Pos. 6, Seite 810		41	62	**71**	85	118
52	Rauchwarnmelder, Funkvernetzte	St	101	158	**183**	212	267
	LB 063, Pos. 7, Seite 810		85	132	**154**	178	224
53	Wärme-Differenzialmelder	St	79	109	**125**	152	198
	LB 063, Pos. 8, Seite 811		66	92	**105**	128	166
54	Kombinierter Rauch-/Wärmemelder	St	159	233	**288**	304	360
	LB 063, Pos. 9, Seite 811		133	196	**242**	256	302
55	Handfeuermelder, Aufputz	St	112	145	**163**	187	242
	LB 063, Pos. 10, Seite 811		94	122	**137**	157	204
56	Signalgeber, akustisch	St	110	194	**228**	260	315
	LB 063, Pos. 11, Seite 811		92	163	**192**	219	265
57	Signalgeber, akustisch/optisch	St	259	350	**366**	410	514
	LB 063, Pos. 12, Seite 812		217	294	**307**	344	432
58	Signalgeber, optisch	St	190	205	**230**	248	281
	LB 063, Pos. 13, Seite 812		160	172	**194**	208	236
59	Anzeige-Tableau	St	861	954	**1.127**	1.159	1.369
	LB 063, Pos. 14, Seite 812		723	802	**947**	974	1.150
60	Feuerwehr-Bedienfeld	St	541	761	**853**	1.408	1.997
	LB 063, Pos. 15, Seite 812		454	639	**717**	1.183	1.678
61	Rauchauslöseeinrichtung, Aufputz	St	1.079	1.506	**1.674**	1.944	2.373
	LB 063, Pos. 17, Seite 813		907	1.266	**1.407**	1.634	1.994
62	Brandschutz Absperrvorrichtung, K90, DN100	St	277	329	**332**	366	417
	LB 075, Pos. 2, Seite 828		233	276	**279**	307	351
63	Brandschutzklappen, RLT, eckig	St	522	876	**1.008**	1.095	1.329
	LB 075, Pos. 20, Seite 832		438	736	**847**	920	1.117

G

Innenraum

Kosten:
Stand 1. Quartal 2026
Bundesdurchschnitt

► min
▷ von
ø Mittel
◁ bis
◄ max

Nr.	Positionen	Einheit	►	▷	ø brutto € / ø netto €	◁	◄
1	Standgerüst erstellen, innen LK3	m²	5	6	**7**	8	9
	LB 001, Pos. 14, Seite 124		4	5	**6**	6	7
2	Standgerüst abbauen, innen LK3	m²	4	5	**6**	7	8
	LB 001, Pos. 15, Seite 124		3	4	**5**	5	6
3	Standgerüst, Gebrauchsüberlassung	m²Wo	0,3	0,4	**0,4**	0,5	0,6
	LB 001, Pos. 16, Seite 124		0,3	0,3	**0,4**	0,4	0,5
4	Raumgerüst erstellen, LK3	m³	5	6	**7**	8	9
	LB 001, Pos. 17, Seite 125		4	5	**6**	7	8
5	Raumgerüst abbauen, LK3	m³	4	5	**5**	6	7
	LB 001, Pos. 18, Seite 125		3	4	**4**	5	6
6	Raumgerüst, Gebrauchsüberlassung	m³Wo	0,2	0,4	**0,4**	0,6	1,0
	LB 001, Pos. 19, Seite 125		0,2	0,3	**0,4**	0,5	0,8
7	Fahrgerüst erstellen, LK3	St	182	227	**252**	287	338
	LB 001, Pos. 22, Seite 126		153	191	**212**	242	284
8	Fahrgerüst entfernen, LK3	St	94	118	**131**	149	176
	LB 001, Pos. 23, Seite 127		79	99	**110**	125	148
9	Fahrgerüst, Gebrauchsüberlassung	StWo	33	41	**45**	52	61
	LB 001, Pos. 24, Seite 127		28	35	**38**	44	51
10	Gerüsttreppe erstellen, Treppenturm	St	1.591	1.983	**2.179**	2.506	2.941
	LB 001, Pos. 34, Seite 129		1.337	1.666	**1.831**	2.106	2.472
11	Gerüsttreppe abbauen, Treppenturm	St	602	753	**836**	953	1.121
	LB 001, Pos. 35, Seite 129		506	633	**703**	801	942
12	Treppenturm, Gebrauchsüberlassung	StWo	137	171	**190**	217	255
	LB 001, Pos. 36, Seite 129		115	144	**160**	182	214
13	Querschnittsabdichtung, Mauerwerk bis 15cm	m	2	4	**4**	5	8
	LB 012, Pos. 1, Seite 190		1	3	**4**	4	7
14	Dämmstein, KS Mauerwerk, 11,5cm	m	34	42	**45**	50	61
	LB 012, Pos. 7, Seite 192		29	36	**38**	42	51
15	Innenwand, Mauerziegel, 11,5cm	m²	82	98	**99**	104	119
	LB 012, Pos. 10, Seite 193		69	83	**84**	87	100
16	Innenwand, Mauerziegel, 24cm, 5DF	m²	92	116	**127**	135	150
	LB 012, Pos. 11, Seite 193		77	98	**106**	113	126
17	Innenwand, HLz Planstein 11,5cm, 8DF	m²	64	81	**88**	96	114
	LB 012, Pos. 12, Seite 193		54	68	**74**	80	96
18	Innenwand, HLz Planstein 17,5cm, 12DF	m²	86	103	**110**	126	159
	LB 012, Pos. 13, Seite 194		72	86	**93**	106	134
19	Innenwand, KS L 11,5cm, bis 3DF	m²	78	88	**93**	101	121
	LB 012, Pos. 15, Seite 194		65	74	**78**	85	102
20	Innenwand, KS L 17,5cm, 3DF	m²	90	104	**109**	119	139
	LB 012, Pos. 16, Seite 195		75	87	**92**	100	117
21	Innenwand, KS Sichtmauerwerk 11,5cm, beidseitig	m²	125	147	**162**	176	195
	LB 012, Pos. 18, Seite 195		105	124	**136**	148	164
22	Innenwand, Porenbeton Planbauplatte 10cm, nichttragend	m²	79	92	**99**	114	124
	LB 012, Pos. 28, Seite 199		66	77	**83**	96	104
23	Innenwand, Porenbeton 17,5cm, nichttragend	m²	78	98	**106**	113	130
	LB 012, Pos. 30, Seite 199		66	83	**89**	95	109
24	Innenwand, Gipswandbauplatte, 10cm, nichttragend	m²	74	86	**91**	98	110
	LB 012, Pos. 33, Seite 200		62	73	**77**	82	93

Nr.	Positionen	Einheit	▶	▷	ø brutto € / ø netto €	◁	◀
25	Öffnungen, Mauerwerk bis 17,5cm, 1,01x2,13m	St	34	48	**54**	65	84
	LB 012, Pos. 37, Seite 201		28	40	**46**	55	70
26	Öffnungen, Mauerwerk bis 2,50m²	m²	11	14	**16**	20	27
	LB 012, Pos. 39, Seite 202		9	12	**13**	17	23
27	Öffnungen schließen, Mauerwerk	m²	122	153	**170**	199	256
	LB 012, Pos. 41, Seite 202		102	129	**143**	167	215
28	Aussparung schließen, bis 0,25m²	St	26	57	**67**	83	119
	LB 012, Pos. 44, Seite 203		22	48	**56**	70	100
29	Schachtwand, KS	m²	78	109	**125**	150	202
	LB 012, Pos. 47, Seite 204		65	91	**105**	126	170
30	Öffnung überdecken, Ziegelsturz	m	33	38	**40**	45	58
	LB 012, Pos. 49, Seite 204		28	32	**33**	38	49
31	Öffnung überdecken, Flachstahl	m	13	18	**24**	28	31
	LB 012, Pos. 50, Seite 205		11	15	**21**	24	26
32	Öffnung überdecken, KS Sturz, 17,5cm	m	34	51	**58**	70	93
	LB 012, Pos. 51, Seite 205		29	43	**49**	59	78
33	Öffnung überdecken, Betonsturz, 24cm	m	42	86	**104**	123	155
	LB 012, Pos. 53, Seite 205		35	73	**87**	103	130
34	Laibung beimauern, Sichtmauerwerk	m	14	19	**21**	24	30
	LB 012, Pos. 55, Seite 206		12	16	**17**	20	25
35	Glattstrich, Laibungen/Brüstungen	m	7	11	**13**	16	21
	LB 012, Pos. 56, Seite 206		6	9	**11**	13	18
36	Schlitze herstellen, Mauerwerk	m	16	23	**26**	30	37
	LB 012, Pos. 57, Seite 206		14	19	**22**	25	31
37	Schlitze schließen, Mauerwerk	m	10	24	**29**	30	44
	LB 012, Pos. 58, Seite 206		9	20	**25**	26	37
38	Deckenanschluss, Mauerwerkswand	m	14	20	**22**	24	29
	LB 012, Pos. 61, Seite 207		11	17	**18**	20	25
39	Deckenanschluss gleitend, ohne Brandschutz	m	6	10	**12**	13	16
	LB 012, Pos. 63, Seite 207		5	8	**10**	11	14
40	Deckenanschluss gleitend, mit Brandschutz	m	11	42	**56**	63	90
	LB 012, Pos. 64, Seite 207		9	36	**47**	53	75
41	Maueranker, beim Aufmauern einlegen	St	1	3	**4**	5	7
	LB 012, Pos. 69, Seite 208		1	2	**3**	4	6
42	Mauerwerk verzahnen	m	13	18	**22**	23	30
	LB 012, Pos. 70, Seite 208		11	15	**19**	19	25
43	Innenwand, Ortbeton, C25/30, bis 25cm	m³	196	226	**246**	272	314
	LB 013, Pos. 26, Seite 230		165	190	**207**	228	263
44	Schalung, Wand, rau	m²	50	59	**62**	66	82
	LB 013, Pos. 31, Seite 231		42	49	**52**	55	69
45	Schalung, Wand, glatt	m²	37	57	**65**	74	100
	LB 013, Pos. 32, Seite 232		31	48	**54**	62	84
46	Schalung, Wand, SB3	m²	63	85	**90**	94	104
	LB 013, Pos. 33, Seite 232		53	71	**76**	79	88
47	Schalung, Dreiecksleiste	m	4	7	**8**	10	14
	LB 013, Pos. 34, Seite 232		4	6	**7**	8	11
48	Wandschalung, Tür 1135mm	St	90	160	**192**	223	343
	LB 013, Pos. 36, Seite 233		76	134	**161**	188	288

Kosten:
Stand 1. Quartal 2026
Bundesdurchschnitt

Nr.	Positionen	Einheit	▶	▷	ø brutto € / ø netto €	◁	◀
49	Wandschalung, Fenster bis 4m²	St	99	235	**345**	401	491
	LB 013, Pos. 39, Seite 233		83	197	**290**	337	413
50	Wandschalung, Stirnfläche	m	20	30	**35**	39	48
	LB 013, Pos. 40, Seite 234		17	25	**29**	33	40
51	Aussparung, bis 0,10m², Betonbauteile	St	22	49	**60**	81	133
	LB 013, Pos. 41, Seite 234		18	41	**50**	68	112
52	Öffnung, über 2,5m², Wand	m²	92	106	**112**	121	145
	LB 013, Pos. 42, Seite 234		77	89	**94**	102	122
53	Kernbohrung, Stahlschnitte, 16-28mm	St	5	6	**7**	8	10
	LB 013, Pos. 45, Seite 235		4	5	**6**	7	8
54	Stb-Fertigteilsturz, Breite 11,5cm	m	44	64	**75**	84	99
	LB 013, Pos. 71, Seite 241		37	54	**63**	71	83
55	Stb-Fertigteil, Treppenpodest	St	1.220	2.361	**2.822**	3.407	4.941
	LB 013, Pos. 77, Seite 242		1.025	1.984	**2.371**	2.863	4.152
56	Stb-Fertigteil, Treppe, einläufig, 7 Stufen	St	1.085	1.771	**1.946**	2.157	3.065
	LB 013, Pos. 78, Seite 243		912	1.488	**1.635**	1.812	2.576
57	Gefällebeton, C12/15, XC4/XF1	m²	36	44	**47**	50	57
	LB 013, Pos. 87, Seite 245		30	37	**39**	42	48
58	Elektrogerätedose	St	7	15	**18**	24	39
	LB 013, Pos. 95, Seite 248		6	13	**15**	20	33
59	Elektroleerrohr, flexibel, DN25	m	5	12	**15**	31	58
	LB 013, Pos. 96, Seite 248		5	10	**12**	26	49
60	Leuchten-Einbaugehäuse/-Eingießtopf	St	73	124	**138**	150	194
	LB 013, Pos. 97, Seite 248		61	104	**116**	126	163
61	Deckenschlitz, Beton	m	15	32	**39**	48	72
	LB 013, Pos. 99, Seite 249		13	27	**33**	41	61
62	Wandaussparung schließen	m²	78	169	**225**	267	338
	LB 013, Pos. 100, Seite 249		66	142	**189**	225	284
63	Deckendurchbruch schließen, bis 250cm²	St	26	40	**46**	55	75
	LB 013, Pos. 101, Seite 249		22	33	**39**	46	63
64	Betonstahlmatten, BSt B500A/B500B	t	1.787	2.362	**2.661**	2.888	3.511
	LB 013, Pos. 112, Seite 252		1.502	1.985	**2.236**	2.427	2.951
65	Bewehrungszubehör, Abstandshalter	kg	3	5	**5**	6	8
	LB 013, Pos. 114, Seite 252		3	4	**4**	5	7
66	Ankerschiene 28/15	m	21	30	**35**	47	86
	LB 013, Pos. 125, Seite 255		18	25	**29**	39	72
67	Unterboden reinigen	m²	2	3	**4**	4	6
	LB 014, Pos. 1, Seite 260		1	3	**3**	4	5
68	Innenbelag, Terrazzoplatten	m²	161	189	**197**	198	239
	LB 014, Pos. 3, Seite 261		136	159	**165**	166	200
69	Innenbelag, Betonwerkstein	m²	135	152	**157**	175	213
	LB 014, Pos. 4, Seite 261		114	128	**132**	147	179
70	Innenbelag, Naturwerkstein, Granit	m²	188	234	**250**	264	312
	LB 014, Pos. 5, Seite 262		158	196	**210**	222	263
71	Innenbelag, Naturwerkstein, Marmor	m²	202	241	**247**	268	315
	LB 014, Pos. 6, Seite 262		170	202	**208**	225	264
72	Innenbelag, Naturwerkstein, Solnhofer Kalkstein	m²	146	214	**226**	243	286
	LB 014, Pos. 7, Seite 263		122	180	**190**	204	241

▶ min
▷ von
ø Mittel
◁ bis
◀ max

Nr.	Positionen	Einheit	▶	▷	ø brutto € / ø netto €	◁	◀
73	Innenbelag, Naturwerkstein, Schiefer	m²	124	156	**178**	186	201
	LB 014, Pos. 8, Seite 263		104	131	**149**	156	169
74	Innenbelag, Naturwerkstein, Travertin	m²	185	238	**265**	318	339
	LB 014, Pos. 9, Seite 264		156	200	**223**	267	285
75	Sockel, Naturwerkstein, magmatisches Gestein	m	23	36	**41**	50	69
	LB 014, Pos. 10, Seite 264		19	30	**34**	42	58
76	Randplatte, Naturwerkstein, innen	m	90	116	**130**	143	165
	LB 014, Pos. 11, Seite 264		76	97	**109**	120	138
77	Randplatte, Naturwerkstein, Treppenauge, innen	m	93	136	**160**	180	223
	LB 014, Pos. 12, Seite 265		78	115	**135**	151	187
78	Bodenprofil, Bewegungsfugen, Plattenbelag	m	35	65	**76**	82	104
	LB 014, Pos. 13, Seite 265		29	55	**64**	69	87
79	Trennschiene, Messing, innen	m	32	36	**38**	39	50
	LB 014, Pos. 14, Seite 265		27	30	**32**	33	42
80	Trennschiene, nichtrostender Stahl, innen	m	29	41	**46**	53	73
	LB 014, Pos. 16, Seite 265		24	34	**38**	45	61
81	Treppenbelag, Naturwerkstein, Tritt-/Setzstufe	m	178	206	**220**	246	292
	LB 014, Pos. 21, Seite 267		150	173	**185**	207	246
82	Stufengleitschutzprofil, Treppe	m	28	32	**33**	34	38
	LB 014, Pos. 22, Seite 267		24	27	**28**	28	32
83	Rillenfräsung, Stufenkante	m	39	43	**47**	62	67
	LB 014, Pos. 23, Seite 267		33	36	**40**	52	57
84	Aufmerksamkeitsstreifen, Stufenkante, PU-Einzelrippen	m	–	50	**55**	70	–
	LB 014, Pos. 24, Seite 267		–	42	**46**	59	–
85	Bohrung, Plattenbelag	St	21	27	**32**	36	45
	LB 014, Pos. 30, Seite 269		17	22	**27**	30	38
86	Ausklinkung, Plattenbelag	St	15	28	**31**	40	60
	LB 014, Pos. 31, Seite 269		13	23	**26**	34	50
87	Kanten bearbeiten, Plattenbelag	m	10	18	**21**	27	37
	LB 014, Pos. 32, Seite 269		8	15	**18**	23	31
88	Rundschnittbogen, Plattenbelag	m	50	61	**71**	80	108
	LB 014, Pos. 34, Seite 270		42	51	**60**	68	90
89	Fries, Plattenbelag	m	66	113	**130**	146	182
	LB 014, Pos. 35, Seite 270		55	95	**109**	123	153
90	Trittschalldämmung, Randstreifen, MW	m²	6	13	**16**	20	28
	LB 014, Pos. 36, Seite 270		5	11	**13**	17	24
91	Erstreinigung, Bodenbelag	m²	6	15	**19**	23	39
	LB 014, Pos. 37, Seite 270		5	13	**16**	19	33
92	Betonwerksteinbeläge fluatieren	m²	5	7	**8**	11	16
	LB 014, Pos. 39, Seite 271		4	6	**7**	10	13
93	Fensterbank, Naturwerkstein, innen	m	47	75	**85**	94	121
	LB 014, Pos. 41, Seite 272		40	63	**71**	79	102
94	Leitsystem, innen, Rippenfliesen, Edelstahl, 3 Rippen	m	–	201	**223**	285	–
	LB 014, Pos. 44, Seite 273		–	169	**187**	240	–
95	Leitsystem, Rippenfliese/Begleitstreifen, Edelstahl, 200mm	m	–	269	**309**	392	–
	LB 014, Pos. 46, Seite 273		–	226	**260**	330	–
96	Leitsystem, Rippenfliese/Begleitstreifen, Edelstahl, 400mm	m	–	283	**341**	427	–
	LB 014, Pos. 47, Seite 273		–	238	**287**	359	–

Kosten:
Stand 1.Quartal 2026
Bundesdurchschnitt

Innenraum								Preise €
Nr.	**Positionen**	**Einheit**	►	▷	**ø brutto €** ø netto €	◁	◀
97	Kontraststreifen, Noppenfliesen, Edelstahl, 300mm	m	–	73	**83**	105	–
	LB 014, Pos. 48, Seite 274		–	62	**69**	88	–
98	Kontraststreifen, Noppenfliesen, Edelstahl, 600mm	m	–	76	**86**	110	–
	LB 014, Pos. 49, Seite 274		–	64	**72**	92	–
99	Edelstahlrippen, 16mm, Streifen, dreireihig	m	–	278	**324**	402	–
	LB 014, Pos. 50, Seite 274		–	234	**272**	337	–
100	Kunststoffrippen, 16mm, Streifen, dreireihig	m	–	75	**84**	105	–
	LB 014, Pos. 52, Seite 275		–	63	**71**	89	–
101	Aufmerksamkeitsfeld, 600x600, Noppenfliesen, Edelstahl	St	–	398	**457**	581	–
	LB 014, Pos. 54, Seite 275		–	334	**384**	488	–
102	Aufmerksamkeitsfeld, 600x600, Noppen, Edelstahl	St	–	706	**803**	1.019	–
	LB 014, Pos. 56, Seite 276		–	594	**674**	857	–
103	Aufmerksamkeitsfeld, 900x900, Noppen, Edelstahl	St	–	1.518	**1.650**	2.128	–
	LB 014, Pos. 57, Seite 276		–	1.275	**1.386**	1.788	–
104	Lieferung, Bauschnittholz, Nadelholz, C24	m³	503	688	**746**	853	1.201
	LB 016, Pos. 1, Seite 283		422	578	**627**	717	1.009
105	Lieferung, Bauschnittholz, Laubholz, D30	m³	1.869	2.059	**2.209**	2.232	2.422
	LB 016, Pos. 2, Seite 283		1.571	1.731	**1.857**	1.876	2.036
106	Lieferung, Konstruktionsvollholz Si, C24	m³	676	824	**870**	949	1.186
	LB 016, Pos. 3, Seite 284		568	692	**731**	797	996
107	Lieferung, Holzstütze, BSH, GL24c / GL28c	m³	1.153	1.400	**1.446**	1.491	1.710
	LB 016, Pos. 7, Seite 285		969	1.176	**1.215**	1.253	1.437
108	Hobeln, Bauschnittholz	m	3	5	**6**	8	13
	LB 016, Pos. 20, Seite 287		2	4	**5**	7	11
109	Fasen, Holzbauteil	m	0,5	1,9	**2,7**	3,0	5,0
	LB 016, Pos. 21, Seite 287		0,4	1,6	**2,2**	2,5	4,2
110	Trennlage, Abdichtungsbahn	m	2	4	**5**	7	13
	LB 016, Pos. 44, Seite 292		1	3	**4**	6	11
111	Nivellierschwelle, Wandelemente	m	19	28	**31**	36	50
	LB 016, Pos. 45, Seite 292		16	23	**26**	30	42
112	Innenbekleidung, Trockenbereich, OSB/3, 15mm	m²	22	31	**36**	38	44
	LB 016, Pos. 65, Seite 299		19	26	**30**	32	37
113	Innenbekleidung, Feuchtebereich, OSB/4, 22mm	m²	33	43	**47**	52	61
	LB 016, Pos. 67, Seite 299		28	36	**39**	44	51
114	Innenbekleidung, Dreischichtplatte	m²	56	78	**81**	91	109
	LB 016, Pos. 70, Seite 300		47	65	**68**	76	92
115	Innenwand, Holzrahmen, nichttragend, 10cm, MW, beplankt	m²	91	95	**95**	98	103
	LB 016, Pos. 79, Seite 302		77	80	**80**	82	87
116	Innenwand, Holzrahmen, nichttragend, 10cm, WF, beplankt	m²	97	109	**110**	112	120
	LB 016, Pos. 80, Seite 303		81	92	**93**	94	101
117	Türöffnung, Innenwand, Holztafel, 1.000x2.000mm	St	43	57	**67**	84	119
	LB 016, Pos. 84, Seite 303		36	48	**56**	70	100
118	Ausschnitt, Holzwerkstoffplatte, bis 2,5m	St	13	21	**27**	29	35
	LB 016, Pos. 85, Seite 304		11	17	**23**	24	29
119	Innenwand, Brettsperrholz, nichttragend, 80mm	m²	93	109	**122**	133	154
	LB 016, Pos. 86, Seite 304		78	92	**102**	112	130

► min
▷ von
ø Mittel
◁ bis
◀ max

Nr.	Positionen	Einheit	►	▷	ø brutto € / ø netto €	◁	◄
120	Öffnung, Massivholzelement, bis 0,5m2	St	52	65	**74**	86	103
	LB 016, Pos. 89, Seite 304		43	55	**62**	73	87
121	Öffnung, Holztafel, bis 2,5m2	St	37	60	**61**	65	82
	LB 016, Pos. 91, Seite 305		31	51	**51**	55	69
122	Deckenschalung, OSB, bis 25mm	m2	24	33	**37**	40	46
	LB 016, Pos. 102, Seite 307		21	28	**31**	34	39
123	Fußboden, gespundete Bretter, gehobelt, bis 28mm	m2	54	61	**66**	75	84
	LB 016, Pos. 104, Seite 307		46	51	**56**	63	71
124	Wangentreppe, gerade, einläufig, aufgesattelt, Tritt- und Setzstufe	St	9.389	12.127	**13.713**	14.590	16.955
	LB 016, Pos. 107, Seite 308		7.890	10.191	**11.523**	12.260	14.248
125	Einschubtreppe, gedämmt	St	974	1.437	**1.625**	1.703	3.140
	LB 016, Pos. 109, Seite 309		818	1.208	**1.365**	1.431	2.639
126	Einschubtreppe, EI30	St	987	1.544	**1.685**	2.860	4.752
	LB 016, Pos. 110, Seite 309		829	1.297	**1.416**	2.403	3.993
127	Scherentreppe, Aluminium	St	1.248	2.515	**2.695**	2.918	3.603
	LB 016, Pos. 111, Seite 309		1.049	2.114	**2.265**	2.452	3.027
128	Profilstahl-Konstruktion, Profile UNP/UPE, feuerverzinkt	kg	4	6	**7**	8	9
	LB 017, Pos. 1, Seite 313		3	5	**6**	7	8
129	Profilstahl-Konstruktion, Profile IPE, feuerverzinkt	kg	5	6	**7**	8	9
	LB 017, Pos. 2, Seite 313		4	5	**6**	6	7
130	Profilstahl-Konstruktion, Profile HEA 160, feuerverzinkt	kg	4	5	**6**	7	10
	LB 017, Pos. 3, Seite 313		3	4	**5**	6	8
131	Stahlstütze, Rohrprofil, rund	kg	5	9	**10**	12	15
	LB 017, Pos. 5, Seite 314		4	7	**9**	10	13
132	Stahlstütze, Rohrprofil, eckig	kg	6	10	**12**	13	16
	LB 017, Pos. 6, Seite 314		5	8	**10**	11	13
133	Kopf-/Fußplatte, Stahlblech	kg	6	10	**11**	15	22
	LB 017, Pos. 7, Seite 315		5	8	**9**	13	19
134	Bohrungen, Stahlblech, Durchmesser bis 30mm	St	8	15	**15**	17	23
	LB 017, Pos. 11, Seite 316		7	13	**13**	14	20
135	Verzinken, Stahlprofile	kg	0,9	1,4	**1,7**	1,9	2,6
	LB 017, Pos. 13, Seite 316		0,7	1,1	**1,4**	1,6	2,2
136	Brandschutzbeschichtung, R30, Stahlbauteile	m2	80	108	**115**	121	141
	LB 017, Pos. 14, Seite 317		67	91	**96**	102	118
137	Brandschutzbeschichtung, Stahlbauteile, Decklack	m2	17	33	**43**	43	73
	LB 017, Pos. 15, Seite 317		15	28	**36**	36	62
138	Schutzabdeckung	m2	3	6	**7**	9	12
	LB 023, Pos. 1, Seite 409		3	5	**6**	7	10
139	Untergrund prüfen	m2	0,3	1,0	**1,2**	1,6	2,6
	LB 023, Pos. 2, Seite 409		0,3	0,8	**1,0**	1,4	2,2
140	Haftbrücke, Betonfläche, für Gipsputze	m2	2	5	**6**	9	16
	LB 023, Pos. 3, Seite 409		2	4	**5**	8	13
141	Haftbrücke, Betonfläche, für Kalk-/Kalkzementputz	m2	3	7	**9**	11	16
	LB 023, Pos. 4, Seite 409		2	6	**8**	10	13
142	Installationsschlitz schließen, spachteln	m	8	17	**21**	30	51
	LB 023, Pos. 5, Seite 410		6	14	**17**	25	42

Kosten:
Stand 1.Quartal 2026
Bundesdurchschnitt

Innenraum **Preise €**

Nr.	Positionen	Einheit	►	▷	ø brutto € / ø netto €	◁	◄
143	Putzarmierung, Glasfasergewebe, innen, Teilbereich	m	2	3	**4**	5	6
	LB 023, Pos. 6, Seite 410		2	3	**4**	4	5
144	Putzträger, Metallgittergewebe	m²	11	18	**22**	26	37
	LB 023, Pos. 7, Seite 410		9	15	**18**	22	31
145	Putzträger verzinkt, Fachwerk	m	5	12	**15**	17	23
	LB 023, Pos. 8, Seite 410		4	10	**13**	14	20
146	Ausgleichsputz, bis 10mm	m²	8	14	**17**	19	24
	LB 023, Pos. 9, Seite 410		6	12	**14**	16	21
147	Ausgleichsputz, bis 20mm	m²	10	20	**23**	26	31
	LB 023, Pos. 10, Seite 411		9	17	**19**	21	26
148	Unterputzprofil, verzinkt, innen	m	5	8	**10**	12	17
	LB 023, Pos. 11, Seite 411		4	7	**8**	10	14
149	Kantenprofil, Aluminium	m	5	9	**11**	12	16
	LB 023, Pos. 14, Seite 411		4	8	**9**	10	13
150	Kantenprofil, Kunststoff	m	4	10	**12**	14	18
	LB 023, Pos. 15, Seite 411		3	8	**10**	11	15
151	Kantenprofil, nichtrostender Stahl	m	6	12	**15**	17	22
	LB 023, Pos. 16, Seite 412		5	10	**13**	14	18
152	Abschlussprofil, innen, verzinkt	m	3	9	**11**	13	17
	LB 023, Pos. 17, Seite 412		3	7	**9**	11	14
153	Abschlussprofil, innen, nichtrostender Stahl	m	10	15	**16**	21	30
	LB 023, Pos. 18, Seite 412		8	13	**14**	18	25
154	Kalkzementputz, Innenwand, einlagig, Q3, abgezogen	m²	23	27	**29**	32	37
	LB 023, Pos. 19, Seite 412		19	23	**25**	27	31
155	Mehrdicke, 5mm, Putz	m²	4	7	**9**	10	13
	LB 023, Pos. 21, Seite 413		3	6	**7**	9	11
156	Mehrdicke, 10mm, Putz	m²	5	11	**11**	13	18
	LB 023, Pos. 22, Seite 413		4	9	**9**	11	15
157	Ebenheit, Mehrpreis Q3	m²	5	6	**6**	7	7
	LB 023, Pos. 25, Seite 413		4	5	**5**	6	6
158	Lehmputz, Innenwand, einlagig, gefilzt	m²	32	41	**41**	43	48
	LB 023, Pos. 30, Seite 415		27	34	**34**	36	40
159	Lehmputz, Innenwand, zweilagig	m²	55	69	**71**	75	81
	LB 023, Pos. 31, Seite 415		46	58	**60**	63	68
160	Beiputzen, Tür-/Türzarge	m	9	15	**17**	20	26
	LB 023, Pos. 32, Seite 415		7	13	**14**	17	22
161	Stuckprofil, innen	m	58	86	**102**	149	202
	LB 023, Pos. 33, Seite 415		49	73	**86**	125	170
162	Trennschnitt, Wand/Deckenübergang	m	1	2	**3**	4	6
	LB 023, Pos. 35, Seite 416		1	2	**3**	3	5
163	Kalk-Gipsputz, Decken, einlagig, Q3, geglättet	m²	22	30	**33**	38	50
	LB 023, Pos. 36, Seite 416		18	25	**27**	32	42
164	Verblendmauerwerk, Klinkerriemchen	m²	180	208	**223**	239	260
	LB 023, Pos. 66, Seite 424		151	175	**187**	201	219
165	Dämmung, Kellerdecke, MW 035, bis 140mm	m²	92	97	**105**	115	143
	LB 023, Pos. 69, Seite 425		78	82	**88**	97	120
166	Mehrschichtplatte WW-C, EPS, Decke, 75mm	m²	44	62	**71**	85	110
	LB 023, Pos. 71, Seite 426		37	53	**60**	71	93

► min
▷ von
ø Mittel
◁ bis
◄ max

Nr.	Positionen	Einheit	►	▷	ø brutto € / ø netto €	◁	◄
167	Feuchtemessung	St	46	58	**62**	68	79
	LB 024, Pos. 1, Seite 430		39	49	**52**	57	66
168	Untergrund prüfen, Haftzugfestigkeit	St	31	39	**41**	46	52
	LB 024, Pos. 2, Seite 431		26	33	**34**	39	44
169	Untergrund reinigen, Boden	m²	1	2	**2**	3	5
	LB 024, Pos. 3, Seite 431		1,0	1,6	**1,8**	2,5	4,1
170	Haftbrücke, Fliesenbelag	m²	2	5	**5**	8	11
	LB 024, Pos. 4, Seite 431		2	4	**4**	6	9
171	Voranstrich, Fliesenbelag	m²	1	3	**4**	5	7
	LB 024, Pos. 5, Seite 431		1	3	**3**	4	6
172	Verbundabdichtung, Wand	m²	15	22	**25**	30	41
	LB 024, Pos. 6, Seite 431		12	19	**21**	25	35
173	Verbundabdichtung, Boden	m²	12	21	**25**	28	38
	LB 024, Pos. 7, Seite 431		10	17	**21**	24	32
174	Verbundabdichtung, Kunststoffbahn, Boden	m²	18	22	**25**	27	31
	LB 024, Pos. 8, Seite 432		15	18	**21**	23	26
175	Verbundabdichtung, Kunststoffbahn, Wand	m²	20	25	**27**	30	33
	LB 024, Pos. 9, Seite 432		17	21	**23**	25	28
176	Verbundabdichtung, Reaktionsharz	m²	32	39	**44**	52	56
	LB 024, Pos. 10, Seite 432		27	32	**37**	44	47
177	Verbundabdichtung, Dichtungsschlämme	m²	23	27	**31**	37	40
	LB 024, Pos. 11, Seite 432		19	23	**26**	31	33
178	Innenecken, Verbundabdichtung, Dichtband	m	6	12	**13**	15	23
	LB 024, Pos. 12, Seite 433		5	10	**11**	13	19
179	Dichtmanschette, Rohre	St	6	11	**13**	16	21
	LB 024, Pos. 13, Seite 433		5	9	**11**	13	18
180	Dichtmanschette, Bodenablauf	St	17	29	**35**	41	55
	LB 024, Pos. 14, Seite 433		14	25	**29**	34	46
181	Revisionstür, 30x30	St	29	57	**69**	90	130
	LB 024, Pos. 15, Seite 433		24	48	**58**	76	109
182	Trennschiene, Aluminium	m	14	20	**21**	25	35
	LB 024, Pos. 16, Seite 433		12	16	**18**	21	29
183	Trennschiene, Messing	m	16	24	**28**	32	42
	LB 024, Pos. 17, Seite 434		14	21	**23**	27	36
184	Trennschiene, nichtrostender Stahl	m	18	27	**31**	39	59
	LB 024, Pos. 18, Seite 434		15	22	**26**	33	50
185	Eckschutzschiene, Aluminium	m	19	22	**24**	28	35
	LB 024, Pos. 19, Seite 434		16	19	**20**	23	29
186	Eckschutzschiene, nichtrostender Stahl	m	14	26	**30**	38	56
	LB 024, Pos. 20, Seite 434		12	22	**26**	32	47
187	Eckschutzschiene, Kunststoff	m	10	14	**16**	18	27
	LB 024, Pos. 21, Seite 435		8	12	**13**	15	23
188	Wandfliesen, 10x10	m²	72	92	**100**	108	135
	LB 024, Pos. 22, Seite 435		61	77	**84**	90	113
189	Wandfliesen, 10x20	m²	93	107	**118**	130	148
	LB 024, Pos. 23, Seite 435		78	90	**99**	109	125
190	Wandfliesen, 20x20	m²	71	84	**91**	102	138
	LB 024, Pos. 25, Seite 436		59	70	**76**	86	116

Kosten:
Stand 1. Quartal 2026
Bundesdurchschnitt

Nr.	Positionen	Einheit	►	▷	ø brutto € / ø netto €	◁	◄
191	Wandfliesen, 30x60	m²	95	116	**125**	134	151
	LB 024, Pos. 28, Seite 437		80	97	**105**	113	127
192	Wandfliesen, 60x60	m²	144	163	**171**	184	210
	LB 024, Pos. 29, Seite 437		121	137	**143**	154	176
193	Sockelfliesen, Fliesenbelag	m	15	24	**27**	31	41
	LB 024, Pos. 30, Seite 437		12	20	**23**	26	34
194	Kehlsockel, Fliesenbelag	m	29	42	**47**	52	64
	LB 024, Pos. 31, Seite 437		24	35	**40**	43	53
195	Bordüre, Fliesen	m	17	28	**31**	35	45
	LB 024, Pos. 32, Seite 438		14	23	**26**	29	37
196	Bodenfliesen, 10x10	m²	84	122	**142**	158	191
	LB 024, Pos. 33, Seite 438		70	103	**119**	133	161
197	Bodenfliesen, 30x30	m²	71	94	**101**	116	145
	LB 024, Pos. 34, Seite 438		60	79	**85**	97	122
198	Bodenfliesen, 60x60	m²	101	142	**161**	186	235
	LB 024, Pos. 35, Seite 439		85	119	**135**	156	197
199	Bodenfliesen, 20x20, strukturiert	m²	95	109	**123**	143	153
	LB 024, Pos. 36, Seite 439		80	91	**104**	120	129
200	Bodenfliesen, 30x30, strukturiert	m²	99	113	**125**	145	159
	LB 024, Pos. 37, Seite 439		83	95	**105**	122	133
201	Bodenfliesen, 30x30, R11	m²	106	124	**133**	138	152
	LB 024, Pos. 38, Seite 440		89	104	**111**	116	128
202	Bodenfliesen, Großküche, 30x30, R12, V4	m²	114	142	**150**	166	195
	LB 024, Pos. 40, Seite 440		96	120	**126**	140	164
203	Treppenbelag, Tritt- und Setzstufe	m	155	187	**193**	205	228
	LB 024, Pos. 41, Seite 441		130	157	**162**	172	192
204	Sockelfliesenbeläge, Treppen	m	25	34	**38**	44	55
	LB 024, Pos. 42, Seite 441		21	29	**32**	37	46
205	Bodenfliesen, BIa-Feinsteinzeug, bis 20x20	m²	78	96	**104**	122	152
	LB 024, Pos. 43, Seite 441		65	81	**87**	102	128
206	Bodenfliesen, BIIa/BIIb-Steinzeug, glasiert, bis 20x20	m²	70	98	**113**	123	155
	LB 024, Pos. 44, Seite 442		59	83	**95**	104	130
207	Begleitstreifen, Kontraststreifen, Steinzeug, innen	m	–	90	**101**	128	–
	LB 024, Pos. 47, Seite 443		–	75	**85**	108	–
208	Aufmerksamkeitsfeld, Noppenfliesen, Steinzeug, innen	St	–	303	**348**	435	–
	LB 024, Pos. 48, Seite 443		–	254	**292**	366	–
209	Leitsystem, Rippenfliesen, Steinzeug, innen	m	–	111	**129**	164	–
	LB 024, Pos. 49, Seite 443		–	93	**108**	138	–
210	Wandfliesen, BIII-Steingut, glasiert, bis 20x20	m²	73	95	**105**	115	133
	LB 024, Pos. 50, Seite 444		61	80	**88**	97	112
211	Wandfliesen, BIIa/BIIb-Steinzeug, glasiert, bis 20x20	m²	75	106	**117**	126	144
	LB 024, Pos. 51, Seite 444		63	89	**99**	106	121
212	Duschwannenträger einfliesen	St	47	61	**72**	92	132
	LB 024, Pos. 52, Seite 444		40	51	**60**	77	111
213	Badewannenträger einfliesen	St	101	122	**133**	173	219
	LB 024, Pos. 53, Seite 445		85	102	**111**	146	184
214	Gehrungsschnitt, Fliesen	m	8	16	**19**	23	33
	LB 024, Pos. 54, Seite 445		7	14	**16**	20	28

Innenraum — Preise €

► min
▷ von
ø Mittel
◁ bis
◄ max

Nr.	Positionen	Einheit	►	▷	ø brutto € / ø netto €	◁	◄
215	Mattenrahmen, Edelstahl, 200x200cm	St	513	806	**958**	1.068	1.667
	LB 024, Pos. 56, Seite 445		431	677	**805**	898	1.401
216	Sauberlaufsystem, Rahmen, über 2,00m²	St	1.610	2.309	**2.776**	2.903	3.174
	LB 024, Pos. 58, Seite 446		1.353	1.940	**2.333**	2.440	2.667
217	Elastische Verfugung, Fliesen, Silikon	m	6	8	**9**	10	15
	LB 024, Pos. 59, Seite 446		5	7	**8**	9	13
218	Elastoplastische Verfugung, Fliesen, Acryl	m	8	11	**12**	16	18
	LB 024, Pos. 60, Seite 446		7	10	**10**	13	15
219	Elastische Verfugung, Fliesen, chemisch beständig	m	10	13	**14**	18	19
	LB 024, Pos. 61, Seite 447		9	11	**11**	15	16
220	Bewegungsfugen, Fliesenbelag, Profil	m	29	35	**39**	44	48
	LB 024, Pos. 62, Seite 447		24	29	**33**	37	40
221	Randstreifen abschneiden	m	0,5	1,4	**1,8**	2,6	4,2
	LB 024, Pos. 63, Seite 447		0,4	1,2	**1,5**	2,2	3,5
222	Fliesen anarbeiten, Stützen	m	32	38	**40**	46	51
	LB 024, Pos. 64, Seite 447		27	32	**34**	39	43
223	Untergrundreinigung, Estricharbeiten	m²	0,7	1,4	**1,7**	2,5	3,9
	LB 025, Pos. 1, Seite 449		0,6	1,2	**1,4**	2,1	3,3
224	Estrich abstellen, bis 70mm	m	6	10	**12**	15	23
	LB 025, Pos. 3, Seite 450		5	9	**10**	12	19
225	Bodenabdichtung, Bodenfeuchte, Bitumenbahn	m²	13	17	**19**	20	24
	LB 025, Pos. 4, Seite 450		11	14	**16**	17	20
226	Ausgleichsschüttung gebunden, 10mm	m²	5	6	**6**	6	7
	LB 025, Pos. 5, Seite 450		4	5	**5**	5	6
227	Ausgleichsschüttung gebunden, Rohdecke	m³	134	171	**205**	226	252
	LB 025, Pos. 7, Seite 450		113	144	**172**	190	212
228	Trittschalldämmung MW 15-5mm DES	m²	5	8	**9**	10	14
	LB 025, Pos. 8, Seite 451		4	6	**7**	9	12
229	Trittschalldämmung MW 30-5mm DES	m²	8	12	**14**	16	23
	LB 025, Pos. 9, Seite 451		6	10	**12**	14	19
230	Trittschalldämmung EPS 30-3mm 045 DES sm	m²	5	8	**9**	16	25
	LB 025, Pos. 11, Seite 452		4	7	**8**	13	21
231	Wärmedämmung, Estrich EPS 40mm DEO	m²	9	12	**15**	16	21
	LB 025, Pos. 12, Seite 452		8	10	**12**	14	18
232	Wärmedämmung, Estrich EPS 100mm DEO	m²	15	19	**20**	23	30
	LB 025, Pos. 13, Seite 452		12	16	**17**	20	25
233	Wärmedämmung, Estrich PUR 60mm DEO	m²	21	26	**33**	36	46
	LB 025, Pos. 15, Seite 453		18	22	**28**	30	38
234	Wärmedämmung, Estrich PUR 80mm DEO	m²	24	30	**38**	42	53
	LB 025, Pos. 16, Seite 453		20	25	**32**	35	44
235	Wärmedämmung, Estrich EPB bis 40mm DEO	m²	20	23	**24**	25	29
	LB 025, Pos. 17, Seite 453		17	20	**20**	21	25
236	Wärmedämmung, Estrich CG bis 70mm DEO	m²	39	68	**74**	79	89
	LB 025, Pos. 18, Seite 453		33	57	**62**	67	75
237	Trennlage, Dämmung, Estrich	m²	1,0	1,6	**1,9**	2,8	4,7
	LB 025, Pos. 19, Seite 453		0,8	1,3	**1,6**	2,4	3,9
238	Trennlage, Dämmung, Gussasphalt	m²	1	2	**2**	3	3
	LB 025, Pos. 20, Seite 454		1,0	1,7	**2,0**	2,3	2,7

Kosten:
Stand 1. Quartal 2026
Bundesdurchschnitt

Innenraum							Preise €
Nr.	Positionen	Einheit	▶	▷	ø brutto € / ø netto €	◁	◀
239	Randdämmstreifen, Polystyrol	m	1	2	**2**	3	5
	LB 025, Pos. 21, Seite 454		0,9	1,5	**1,8**	2,9	4,6
240	Estrich, CT C25 F4 S45	m2	22	25	**27**	29	34
	LB 025, Pos. 23, Seite 454		18	21	**23**	24	28
241	Heizestrich, CT C25 F4 S65 H45	m2	24	29	**31**	34	40
	LB 025, Pos. 25, Seite 455		20	25	**26**	28	34
242	Estrich, CT C40 F7, modifiziert	m2	34	42	**43**	47	53
	LB 025, Pos. 26, Seite 455		29	35	**37**	40	45
243	Estrich, CA C25 S45	m2	22	27	**29**	32	38
	LB 025, Pos. 27, Seite 455		19	23	**25**	27	32
244	Heizestrich, CA C25 S65 H45	m2	28	32	**33**	35	41
	LB 025, Pos. 28, Seite 456		23	27	**28**	29	34
245	Estrich, CAF C25 F4 S45	m2	22	26	**28**	32	38
	LB 025, Pos. 29, Seite 456		19	22	**24**	27	32
246	Heizestrich, CAF C25 F4 S65 H45	m2	25	31	**34**	35	39
	LB 025, Pos. 30, Seite 456		21	26	**28**	30	33
247	Estrich, AS IC10 S25	m2	42	52	**57**	61	70
	LB 025, Pos. 31, Seite 457		35	44	**48**	51	58
248	Estrich, CT C25 F4 V45	m2	21	25	**27**	28	30
	LB 025, Pos. 32, Seite 457		18	21	**23**	24	25
249	Estrich glätten, maschinell	m2	2	4	**6**	8	10
	LB 025, Pos. 33, Seite 457		2	4	**5**	6	9
250	Sinterschicht abschleifen, Boden	m2	2	3	**3**	4	5
	LB 025, Pos. 34, Seite 457		2	3	**3**	3	5
251	Scheinfugen schneiden, schließen	m	12	17	**18**	21	31
	LB 025, Pos. 35, Seite 457		10	14	**15**	18	26
252	Bewegungsfuge, elastische Dichtmasse	m	7	10	**12**	13	20
	LB 025, Pos. 36, Seite 458		6	9	**10**	11	17
253	Bewegungsfuge, Metallprofil	m	46	81	**93**	101	168
	LB 025, Pos. 37, Seite 458		39	68	**78**	85	141
254	Aussparung, Mattenrahmen	St	38	87	**125**	130	165
	LB 025, Pos. 38, Seite 458		32	73	**105**	109	138
255	Markierung, Messstellen	St	5	8	**9**	11	14
	LB 025, Pos. 39, Seite 458		4	6	**8**	9	12
256	Messung, Feuchte, Estrich	St	41	60	**63**	75	93
	LB 025, Pos. 40, Seite 458		34	50	**53**	63	78
257	Türblatt, einflüglig, Röhrenspan, HPL, 875x2.000/2.125	St	253	353	**563**	640	876
	LB 027, Pos. 1, Seite 498		213	297	**473**	538	736
258	Türblatt, einflüglig, Röhrenspan, HPL, 1.000x2.000/2.125	St	283	403	**632**	649	911
	LB 027, Pos. 2, Seite 499		237	339	**531**	545	766
259	Türblatt, einflüglig, Vollspan, 875x2.000/2.125	St	340	565	**667**	801	1.003
	LB 027, Pos. 3, Seite 499		286	475	**561**	673	843
260	Türblatt, einflüglig, Vollspan, 1.000x2.000/2.125	St	383	587	**728**	943	1.209
	LB 027, Pos. 4, Seite 499		322	493	**612**	793	1.016
261	Innentürblatt, Vollspan, zweiflüglig	St	1.223	1.547	**1.745**	1.763	2.337
	LB 027, Pos. 5, Seite 499		1.028	1.300	**1.466**	1.482	1.964
262	Stahleckzarge, innen, 875x2.000/2.125	St	200	236	**254**	287	330
	LB 027, Pos. 6, Seite 500		168	198	**213**	241	278

▶ min
▷ von
ø Mittel
◁ bis
◀ max

Nr.	Positionen	Einheit	►	▷	**ø brutto €** ø netto €	◁	◄
263	Stahleckzarge, innen, 1.000x2.000/2.125	St	202	238	**266**	304	333
	LB 027, Pos. 7, Seite 501		169	200	**224**	255	280
264	Umfassungszarge Stahl, innen, 1.000x2.000/2.125	St	287	410	**459**	505	618
	LB 027, Pos. 9, Seite 502		241	344	**385**	425	519
265	Umfassungszarge Holz, innen, 750x2.000/2.125	St	244	313	**341**	401	504
	LB 027, Pos. 10, Seite 502		205	263	**287**	337	424
266	Umfassungszarge Holz, innen, 1.000x2.000/2.125	St	475	537	**589**	603	666
	LB 027, Pos. 11, Seite 502		399	451	**495**	507	559
267	Innentür, rauchdicht, S200-C5, einflüglig, 875x2.000/2.125	St	568	919	**1.044**	1.352	1.789
	LB 027, Pos. 12, Seite 503		478	772	**878**	1.137	1.504
268	Innentür, rauchdicht, S200-C5, einflüglig, 1.000x2.000/2.125	St	1.083	1.452	**1.569**	1.770	3.101
	LB 027, Pos. 13, Seite 503		910	1.221	**1.318**	1.488	2.606
269	Innentür, EI2 30-SaC5, einflüglig 1.000x2.000/2.125	St	1.888	2.877	**3.105**	3.683	5.301
	LB 027, Pos. 15, Seite 504		1.587	2.417	**2.610**	3.095	4.455
270	Innentür, Röhrenspan, einflüglig, 875x2.000/2.125	St	541	809	**909**	1.115	1.522
	LB 027, Pos. 16, Seite 504		454	680	**764**	937	1.279
271	Innentür, Röhrenspan, einflüglig, 1.000x2.000/2.125	St	598	901	**1.015**	1.277	1.752
	LB 027, Pos. 17, Seite 505		503	757	**853**	1.073	1.472
272	Innentür, zweiflüglig, Röhrenspan	St	1.951	2.923	**3.245**	4.023	5.385
	LB 027, Pos. 18, Seite 505		1.639	2.456	**2.727**	3.381	4.525
273	Schiebetürelement, innen, einflüglig, 1.510x2.135	St	1.033	1.652	**1.872**	2.285	3.277
	LB 027, Pos. 19, Seite 505		868	1.388	**1.573**	1.920	2.754
274	Ganzglas-Türblatt, innen	St	641	982	**1.172**	1.552	2.208
	LB 027, Pos. 20, Seite 506		539	825	**985**	1.304	1.855
275	Anschlagschiene Tür, Aluminium	St	37	43	**48**	53	59
	LB 027, Pos. 22, Seite 506		31	36	**40**	44	50
276	Anschlagschiene, Tür, Messing	St	49	59	**65**	73	83
	LB 027, Pos. 23, Seite 507		41	50	**55**	61	70
277	Fensterbank, innen, Holz, über 875 bis 1.500mm	St	114	154	**173**	208	269
	LB 027, Pos. 25, Seite 507		96	130	**146**	175	226
278	Fensterbank, innen, Holz, über 1.500 bis 2.500mm	St	197	280	**333**	360	420
	LB 027, Pos. 26, Seite 507		166	235	**280**	302	353
279	Holz-/Abdeckleisten, Fichte	m	23	37	**45**	56	81
	LB 027, Pos. 27, Seite 508		19	31	**38**	47	68
280	Verfugung, elastisch	m	8	11	**12**	14	23
	LB 027, Pos. 28, Seite 508		7	9	**10**	12	19
281	Unterkonstruktion, Innenwandbekleidung	m^2	42	51	**66**	71	100
	LB 027, Pos. 31, Seite 509		35	43	**55**	60	84
282	Innenwandbekleidung, Sperrholz	m^2	140	236	**261**	294	404
	LB 027, Pos. 32, Seite 509		118	198	**219**	247	340
283	Innenwandbekleidung, Dekorspanplatte, mit UK	m^2	193	245	**272**	300	343
	LB 027, Pos. 34, Seite 510		163	206	**229**	252	289
284	Schalung, Spanplatten	m^2	44	103	**125**	145	208
	LB 027, Pos. 35, Seite 510		37	86	**105**	122	175
285	Unterkonstruktion, Trennwand	m^2	–	125	**144**	168	–
	LB 027, Pos. 36, Seite 511		–	105	**121**	141	–

Kosten:
Stand 1.Quartal 2026
Bundesdurchschnitt

▶ min
▷ von
ø Mittel
◁ bis
◀ max

Nr.	Positionen	Einheit	▶	▷	ø brutto € / ø netto €	◁	◀
286	Trennwandsystem Büro, Tragprofile/Paneele	m²	211	254	**320**	429	726
	LB 027, Pos. 37, Seite 511		177	213	**269**	361	610
287	Trennwand, Spanplatten/HPL, Rahmen	m²	–	289	**330**	374	–
	LB 027, Pos. 38, Seite 511		–	243	**277**	314	–
288	Trennwandanlage, Spanplatten/Melamin	m²	–	274	**316**	335	–
	LB 027, Pos. 39, Seite 512		–	230	**266**	282	–
289	Schamwand Urinal	St	182	292	**344**	560	869
	LB 027, Pos. 41, Seite 512		153	246	**289**	470	730
290	Garderobenleiste	m	82	174	**216**	237	335
	LB 027, Pos. 47, Seite 515		69	146	**181**	199	282
291	Garderobenschrank	St	452	693	**804**	883	1.118
	LB 027, Pos. 48, Seite 515		380	583	**676**	742	940
292	Einbauküche, melaminharzbeschichtet	St	2.285	4.939	**6.096**	7.333	9.727
	LB 027, Pos. 49, Seite 516		1.920	4.150	**5.123**	6.162	8.174
293	Unterschrank, Küche, bis 600mm	St	300	597	**736**	906	1.281
	LB 027, Pos. 51, Seite 517		252	501	**619**	761	1.077
294	Oberschrank, Küche	St	240	386	**413**	480	604
	LB 027, Pos. 52, Seite 517		202	324	**347**	403	508
295	Treppenstufe, Holz	St	116	217	**268**	373	678
	LB 027, Pos. 53, Seite 518		98	182	**225**	314	569
296	Handlauf-Profil, Holz	m	48	83	**92**	113	159
	LB 027, Pos. 54, Seite 518		40	70	**77**	95	133
297	Geländer, gerade, Rundstabholz	m	333	529	**583**	685	928
	LB 027, Pos. 55, Seite 518		280	444	**490**	575	780
298	Untergrund reinigen	m²	0,7	1,2	**1,4**	1,9	2,9
	LB 028, Pos. 2, Seite 522		0,6	1,0	**1,2**	1,6	2,5
299	Untergrund prüfen, Haftzugfestigkeit	St	32	39	**42**	47	53
	LB 028, Pos. 5, Seite 522		27	33	**35**	39	45
300	Untergrund vorstreichen, Haftgrund	m²	2	3	**4**	5	6
	LB 028, Pos. 6, Seite 522		2	3	**3**	4	5
301	Trennlage, Baumwollfilz	m²	2	4	**6**	7	9
	LB 028, Pos. 7, Seite 523		2	4	**5**	6	8
302	Unterlage, Rippenpappe	m²	3	5	**6**	7	9
	LB 028, Pos. 8, Seite 523		3	4	**5**	6	8
303	Unterlage, Korkschrotpappe	m²	–	10	**15**	18	–
	LB 028, Pos. 9, Seite 523		–	8	**13**	15	–
304	Unterboden, Holzspanplatte P2, 28mm	m²	–	44	**52**	69	–
	LB 028, Pos. 10, Seite 523		–	37	**44**	58	–
305	Blindboden, Nadelholz	m²	35	55	**69**	71	82
	LB 028, Pos. 11, Seite 523		29	46	**58**	59	69
306	Dielenbodenbelag, Fichte, 24mm	m²	231	256	**279**	304	326
	LB 028, Pos. 12, Seite 523		194	215	**234**	255	274
307	Dielenbodenbelag, Lärche, 24mm	m²	234	259	**285**	308	330
	LB 028, Pos. 13, Seite 524		196	218	**239**	258	278
308	Dielenbodenbelag, Ahorn, 22mm	m²	256	278	**309**	337	361
	LB 028, Pos. 14, Seite 524		215	233	**259**	283	304
309	Dielenbodenbelag, Esche, 22mm	m²	210	228	**256**	277	300
	LB 028, Pos. 15, Seite 524		176	192	**215**	232	252

Nr.	Positionen	Einheit	▶	▷	ø brutto € / ø netto €	◁	◀
310	Dielenbodenbelag, Eiche, 22mm	m²	196	213	**240**	259	283
	LB 028, Pos. 16, Seite 524		165	179	**201**	217	238
311	Stabparkett, Eiche, 22mm	m²	124	141	**153**	163	179
	LB 028, Pos. 17, Seite 525		104	119	**129**	137	150
312	Stabparkett, Buche, 22mm	m²	130	157	**160**	161	180
	LB 028, Pos. 18, Seite 525		109	132	**135**	135	151
313	Vollholzparkett, Hochkantlamellen, Eiche, bis 12mm	m²	81	97	**103**	109	120
	LB 028, Pos. 19, Seite 525		68	81	**86**	92	101
314	Fertigparkett, Ahorn, 14mm, versiegelt	m²	91	117	**130**	134	148
	LB 028, Pos. 20, Seite 526		76	98	**109**	113	124
315	Fertigparkett, Eiche 14mm, versiegelt	m²	123	137	**151**	175	190
	LB 028, Pos. 21, Seite 526		104	115	**127**	147	159
316	Fertigparkett, Esche, 14mm, versiegelt	m²	117	129	**140**	161	178
	LB 028, Pos. 22, Seite 527		98	109	**118**	136	150
317	Fertigparkett, Buche, 14mm, versiegelt	m²	111	123	**136**	155	171
	LB 028, Pos. 23, Seite 527		93	104	**114**	130	144
318	Lamparkett, Eiche, 10mm	m²	91	135	**184**	207	260
	LB 028, Pos. 24, Seite 527		76	114	**155**	174	219
319	Lamparkett, Ahorn, 10mm	m³	–	135	**191**	214	–
	LB 028, Pos. 25, Seite 528		–	113	**161**	180	–
320	Lamparkett, Esche, 10mm	m²	–	129	**181**	204	–
	LB 028, Pos. 26, Seite 528		–	108	**152**	171	–
321	Mosaikparkett, Eiche, 8mm	m²	67	87	**98**	107	140
	LB 028, Pos. 27, Seite 528		56	73	**82**	90	118
322	Mosaikparkett, Esche, 8mm	m²	–	111	**130**	141	–
	LB 028, Pos. 28, Seite 529		–	93	**109**	119	–
323	Mosaikparkett, Buche, 8mm	m²	–	110	**121**	140	–
	LB 028, Pos. 29, Seite 529		–	92	**102**	118	–
324	Holzpflaster, bis 50mm	m²	118	138	**141**	148	158
	LB 028, Pos. 30, Seite 529		99	116	**118**	124	133
325	Vollholzparkett schleifen	m²	15	19	**21**	23	30
	LB 028, Pos. 31, Seite 529		12	16	**18**	19	26
326	Vollholzparkett beschichten	m²	17	23	**25**	31	41
	LB 028, Pos. 32, Seite 529		14	19	**21**	26	34
327	Randstreifen abschneiden	m	0,5	0,7	**0,8**	1,0	1,5
	LB 028, Pos. 33, Seite 530		0,4	0,6	**0,7**	0,9	1,3
328	Randabschluss, Korkstreifen, Dehnfuge	m	6	10	**11**	13	18
	LB 028, Pos. 34, Seite 530		5	8	**9**	11	15
329	Sockelleiste, Buche	m	12	16	**18**	21	25
	LB 028, Pos. 35, Seite 530		10	14	**15**	17	21
330	Sockelleiste, Eiche	m	14	18	**20**	22	27
	LB 028, Pos. 36, Seite 530		11	15	**17**	19	23
331	Eckausbildung, vorgefertigt, Sockelleiste	St	0,9	2,6	**3,0**	3,9	5,4
	LB 028, Pos. 38, Seite 530		0,7	2,1	**2,5**	3,3	4,6
332	Parkettbelag anarbeiten, gerade	m	8	16	**19**	21	28
	LB 028, Pos. 39, Seite 531		7	13	**16**	18	24
333	Aussparung, Parkett	St	25	45	**53**	61	80
	LB 028, Pos. 41, Seite 531		21	38	**45**	51	67

Kosten:
Stand 1. Quartal 2026
Bundesdurchschnitt

Nr.	Positionen	Einheit	►	▷	ø brutto € / ø netto €	◁	◄
334	Übergangsprofil/Abdeckschiene, nichtrostender Stahl	m	21	32	**36**	40	51
	LB 028, Pos. 43, Seite 531		18	26	**31**	34	43
335	Übergangsprofil/Abdeckschiene; Messing	m	21	33	**39**	48	65
	LB 028, Pos. 45, Seite 532		17	27	**32**	41	55
336	Verfugung, elastisch, Silikon, bis 10mm	m	7	10	**11**	13	16
	LB 028, Pos. 46, Seite 532		6	8	**9**	11	13
337	Erstpflege, Parkettbelag	m²	3	6	**7**	9	14
	LB 028, Pos. 47, Seite 532		2	5	**6**	8	12
338	Schutzabdeckung, Platten/Folie	m²	4	6	**7**	8	9
	LB 028, Pos. 48, Seite 532		3	5	**6**	7	8
339	Fenstergriff, Aluminium	St	24	40	**46**	53	70
	LB 029, Pos. 1, Seite 536		20	34	**38**	44	59
340	Fenstergriff, Aluminium, abschließbar	St	36	80	**100**	120	179
	LB 029, Pos. 2, Seite 536		30	67	**84**	101	150
341	Drückergarnitur, Wohnungstür, Metall	St	195	285	**313**	344	423
	LB 029, Pos. 3, Seite 536		164	239	**263**	289	356
342	Drückergarnitur, Objekttür, Aluminium	St	76	110	**130**	156	202
	LB 029, Pos. 5, Seite 537		64	93	**110**	131	170
343	Drückergarnitur, niro	St	128	260	**299**	377	535
	LB 029, Pos. 6, Seite 538		107	218	**251**	317	450
344	Drückergarnitur, Objekttür, niro, barrierefrei	St	–	502	**564**	694	–
	LB 029, Pos. 7, Seite 538		–	422	**474**	583	–
345	Drückergarnitur, Objekttür, niro, Ellenbogenbetätigung	St	–	542	**623**	753	–
	LB 029, Pos. 8, Seite 539		–	455	**523**	633	–
346	WC-Garnitur, Objektbereich, Aluminium	St	46	90	**110**	130	172
	LB 029, Pos. 9, Seite 539		39	76	**92**	109	144
347	WC-Garnitur, Objektbereich, Edelstahl	St	75	196	**218**	258	367
	LB 029, Pos. 10, Seite 540		63	165	**183**	217	309
348	Stoßgriff, Tür, Aluminium	St	187	397	**501**	717	1.077
	LB 029, Pos. 11, Seite 540		157	334	**421**	603	905
349	Obentürschließer, einflüglige Tür	St	316	455	**492**	628	997
	LB 029, Pos. 12, Seite 540		266	383	**414**	528	838
350	Obentürschließer, zweiflüglige Tür	St	692	1.059	**1.258**	1.495	1.972
	LB 029, Pos. 13, Seite 541		581	890	**1.057**	1.256	1.657
351	Bodentürschließer, einflüglige Tür	St	673	730	**814**	907	1.022
	LB 029, Pos. 14, Seite 541		565	613	**684**	763	858
352	Obentürschließer Innentür, ohne BS Anforderung	St	248	285	**309**	348	401
	LB 029, Pos. 15, Seite 541		208	240	**260**	293	337
353	Türantrieb, kraftbetätigte Tür, einflüglig	St	4.100	5.944	**6.752**	7.862	10.031
	LB 029, Pos. 16, Seite 541		3.446	4.995	**5.674**	6.607	8.430
354	Türantrieb, kraftbetätigte Tür, zweiflüglig	St	4.258	7.387	**8.686**	10.227	13.316
	LB 029, Pos. 17, Seite 542		3.578	6.207	**7.299**	8.594	11.190
355	Sensorleiste, Türblatt	St	726	979	**1.072**	1.228	1.595
	LB 029, Pos. 19, Seite 542		610	823	**901**	1.032	1.340
356	Fingerschutz, Türkante	St	131	247	**295**	359	478
	LB 029, Pos. 20, Seite 543		110	208	**248**	302	401
357	Türöffner elektrisch	St	124	235	**260**	379	631
	LB 029, Pos. 21, Seite 543		104	198	**219**	319	530

► min
▷ von
ø Mittel
◁ bis
◄ max

Nr.	Positionen	Einheit	►	▷	ø brutto € / ø netto €	◁	◄
358	Fluchttürsicherung, elektrische Verriegelung	St	1.206	1.625	**1.933**	1.997	2.643
	LB 029, Pos. 22, Seite 543		1.013	1.366	**1.625**	1.678	2.221
359	Türstopper, Wandmontage	St	31	50	**56**	68	99
	LB 029, Pos. 23, Seite 545		26	42	**47**	57	84
360	Türstopper, Bodenmontage	St	21	41	**47**	62	96
	LB 029, Pos. 24, Seite 545		18	34	**39**	52	81
361	Türspion, Aluminium	St	19	39	**47**	75	111
	LB 029, Pos. 25, Seite 545		16	33	**39**	63	93
362	Lüftungsprofil, Fenster	St	134	255	**301**	337	488
	LB 029, Pos. 26, Seite 545		112	214	**253**	283	410
363	Lüftungsgitter, Türblatt	St	43	70	**82**	108	177
	LB 029, Pos. 27, Seite 546		36	59	**69**	90	148
364	Halb-Schließzylinder	St	35	72	**86**	111	174
	LB 029, Pos. 28, Seite 546		30	61	**72**	93	147
365	Doppel-Schließzylinder	St	42	90	**106**	141	244
	LB 029, Pos. 29, Seite 546		35	75	**89**	118	205
366	Profilzylinderverlängerung, je 5mm	St	4	7	**8**	10	14
	LB 029, Pos. 30, Seite 546		3	6	**7**	9	12
367	Profilblindzylinder	St	16	26	**30**	45	70
	LB 029, Pos. 32, Seite 546		13	22	**25**	38	59
368	Generalhaupt-, Generalschlüssel	St	10	18	**21**	29	45
	LB 029, Pos. 33, Seite 547		9	15	**18**	24	37
369	Gruppen-, Hauptschlüssel	St	6	12	**14**	19	29
	LB 029, Pos. 34, Seite 547		5	10	**12**	16	24
370	Schlüsselschrank, wandhängend	St	141	381	**517**	606	1.197
	LB 029, Pos. 36, Seite 547		118	320	**435**	509	1.006
371	Absenkdichtung, Tür	St	93	174	**203**	308	468
	LB 029, Pos. 38, Seite 547		78	146	**171**	259	394
372	WC-Schild, taktil, Kunststoff	St	–	67	**77**	96	–
	LB 029, Pos. 40, Seite 548		–	56	**64**	81	–
373	WC-Schild, taktil, Aluminium	St	–	90	**101**	127	–
	LB 029, Pos. 41, Seite 548		–	76	**85**	107	–
374	Handlaufbeschriftung, taktil, Alu, 36,5/43, Blinden-/Profilschrift	St	–	70	**81**	100	–
	LB 029, Pos. 42, Seite 548		–	59	**68**	84	–
375	Handlaufbeschriftung, taktil, Alu, 36,5/173, Blinden-/Profilschrift	St	–	120	**138**	173	–
	LB 029, Pos. 43, Seite 549		–	101	**116**	146	–
376	Handlauf, Stahl, außen, verzinkt, Rundrohr: 33,7	m	55	73	**84**	98	119
	LB 031, Pos. 1, Seite 562		47	61	**70**	82	100
377	Handlauf, Stahl, außen, verzinkt, Rundrohr: 42,4	m	71	97	**106**	121	145
	LB 031, Pos. 2, Seite 563		59	82	**89**	102	122
378	Handlauf, nichtrostend, Rundrohr 33,7	m	68	119	**165**	182	243
	LB 031, Pos. 3, Seite 563		57	100	**139**	153	204
379	Handlauf, nichtrostend, Rundrohr 42,4	m	78	144	**170**	190	237
	LB 031, Pos. 4, Seite 563		66	121	**143**	160	200
380	Handlauf, nichtrostend, Rundrohr 48,3	m	111	160	**200**	259	331
	LB 031, Pos. 5, Seite 563		93	134	**168**	218	278

Kosten:
Stand 1.Quartal 2026
Bundesdurchschnitt

▶ min
▷ von
ø Mittel
◁ bis
◀ max

Nr.	Positionen	Einheit	▶	▷	**ø brutto €** ø netto €	◁	◀
381	Handlauf, Stahl, gebogen	m	172	210	**233**	262	296
	LB 031, Pos. 6, Seite 563		145	176	**196**	221	249
382	Handlauf, Holz, rund	m	72	129	**143**	159	206
	LB 031, Pos. 7, Seite 563		60	108	**120**	133	173
383	Handlaufhalter, Stahl, Wand	St	54	84	**104**	129	166
	LB 031, Pos. 8, Seite 564		46	71	**87**	109	140
384	Handlauf, Enden	St	21	37	**42**	43	57
	LB 031, Pos. 9, Seite 564		18	31	**35**	36	47
385	Handlauf, Bogenstück	St	37	68	**84**	85	112
	LB 031, Pos. 10, Seite 564		31	57	**71**	72	94
386	Handlauf, Ecken/Gehrungen	St	35	59	**71**	74	85
	LB 031, Pos. 11, Seite 564		30	50	**59**	62	71
387	Brüstungs-/Treppengeländer, Flachstahlfüllung	m	404	564	**641**	728	953
	LB 031, Pos. 14, Seite 565		340	474	**538**	612	801
388	Brüstungs-/Treppengeländer, Lochblechfüllung	m	374	489	**547**	647	802
	LB 031, Pos. 15, Seite 566		314	411	**459**	543	674
389	Geländerausfachung, Stahlseil, nichtrostend	m	19	28	**37**	38	45
	LB 031, Pos. 16, Seite 567		16	24	**31**	32	38
390	Brüstung, VSG-Ganzglas/Edelstahl	m	1.446	1.758	**1.825**	1.976	2.220
	LB 031, Pos. 17, Seite 567		1.215	1.478	**1.533**	1.660	1.866
391	Stahl-Umfassungszarge, 875x2.000/2.125	St	275	356	**404**	463	583
	LB 031, Pos. 18, Seite 568		231	299	**340**	389	490
392	Stahl-Umfassungszarge, 1.000x2.000/2.125	St	302	472	**555**	632	783
	LB 031, Pos. 19, Seite 568		254	397	**466**	531	658
393	Stahltür, einflüglig, 1.000x2.130	St	803	1.488	**1.799**	2.538	3.784
	LB 031, Pos. 20, Seite 568		675	1.251	**1.512**	2.133	3.180
394	Stahltür, zweiflüglig	St	2.167	3.368	**4.068**	4.627	5.791
	LB 031, Pos. 21, Seite 569		1.821	2.830	**3.419**	3.888	4.866
395	Stahltür, Rauchschutz, 1.000x2.000/2.125	St	1.964	2.527	**3.341**	3.510	3.916
	LB 031, Pos. 23, Seite 572		1.651	2.123	**2.808**	2.950	3.291
396	Stahltür, Rauchschutz, 1.250x2.000/2.125	St	2.716	3.548	**4.121**	4.712	5.646
	LB 031, Pos. 24, Seite 572		2.282	2.982	**3.463**	3.960	4.744
397	Stahltür, Rauchschutz, zweiflüglig	St	6.825	8.595	**9.480**	11.756	15.428
	LB 031, Pos. 25, Seite 572		5.735	7.222	**7.966**	9.879	12.965
398	Stahltür, Brandschutz, EI2 30, 1.000x2.125	St	1.276	1.656	**1.815**	2.095	2.809
	LB 031, Pos. 27, Seite 575		1.072	1.392	**1.525**	1.761	2.360
399	Stahltür, Brandschutz, EI2 30, 1.250x2.125	St	1.800	2.467	**2.683**	3.545	4.992
	LB 031, Pos. 28, Seite 576		1.513	2.073	**2.254**	2.979	4.195
400	Stahltür, Brandschutz, EI2 90, 1.000x2.125	St	2.377	3.201	**4.206**	4.785	5.081
	LB 031, Pos. 30, Seite 577		1.997	2.690	**3.534**	4.021	4.270
401	Stahltür, Brandschutz, EI2 30, zweiflüglig	St	2.833	4.180	**4.775**	5.285	6.913
	LB 031, Pos. 32, Seite 579		2.381	3.512	**4.013**	4.441	5.809
402	Rohrrahmentür, Glasfüllung, EI2 30-S200C5, zweiflüglig, mehrteilig	St	8.656	13.050	**15.052**	16.996	21.230
	LB 031, Pos. 33, Seite 580		7.274	10.966	**12.649**	14.282	17.840
403	Stahlrahmen, Rolltor, grundiert	St	3.275	3.881	**4.153**	4.654	5.259
	LB 031, Pos. 34, Seite 582		2.752	3.261	**3.490**	3.911	4.420

Nr.	Positionen	Einheit	▶	▷	ø brutto € / ø netto €	◁	◀
404	Rollgitteranlage, elektrisch	St	7.480	9.406	**10.223**	11.488	13.762
	LB 031, Pos. 36, Seite 582		6.285	7.904	**8.591**	9.654	11.565
405	Deckenabschluss, Flachstahl	m	91	143	**159**	185	236
	LB 031, Pos. 42, Seite 586		77	120	**134**	156	198
406	Estrichabschluss, Winkelstahl	m	83	144	**165**	189	236
	LB 031, Pos. 43, Seite 587		70	121	**139**	159	198
407	Stahltreppe, gerade, einläufig, innen, Trittbleche	St	3.719	5.880	**7.045**	8.767	12.255
	LB 031, Pos. 48, Seite 588		3.126	4.942	**5.920**	7.367	10.298
408	Stahltreppe, gerade, mehrläufig, innen, Trittbleche	St	5.585	11.304	**13.155**	13.964	17.843
	LB 031, Pos. 49, Seite 589		4.694	9.499	**11.055**	11.734	14.994
409	Spindeltreppe, Stahl, 100cm, innen, Trittroste	St	5.727	6.880	**7.642**	8.114	10.083
	LB 031, Pos. 50, Seite 590		4.813	5.781	**6.422**	6.818	8.473
410	Kellertrennwandsystem, verzinkte Metalllamellen	m²	45	59	**66**	72	81
	LB 031, Pos. 53, Seite 592		38	50	**56**	60	68
411	Verglasung, Floatglas, 8mm	m²	115	129	**134**	143	172
	LB 032, Pos. 2, Seite 595		97	109	**113**	120	145
412	Verglasung, ESG-Glas, 8mm	m²	144	188	**206**	220	246
	LB 032, Pos. 3, Seite 595		121	158	**173**	185	206
413	Verglasung, ESG-Glas,10mm	m²	216	250	**278**	281	315
	LB 032, Pos. 4, Seite 595		181	210	**234**	236	265
414	Verglasung, VSG-Glas, 8mm	m²	123	179	**211**	243	299
	LB 032, Pos. 5, Seite 596		103	150	**177**	205	251
415	Verglasung, VSG-Glas, 10mm	m²	204	227	**255**	291	326
	LB 032, Pos. 6, Seite 596		171	191	**214**	244	274
416	Isolierverglasung, Pfosten-Riegel-Fassade	m²	318	470	**527**	563	647
	LB 032, Pos. 7, Seite 596		267	395	**443**	473	544
417	Duschabtrennung, Glas	St	1.804	2.383	**2.594**	2.893	3.272
	LB 032, Pos. 8, Seite 597		1.516	2.003	**2.179**	2.431	2.750
418	Brandschutzverglasung, Innenwände	m²	279	615	**663**	715	941
	LB 032, Pos. 9, Seite 597		235	517	**557**	601	791
419	Brandschutzglas, EI30 Fenster	m²	624	640	**716**	799	1.007
	LB 032, Pos. 10, Seite 597		524	537	**602**	671	846
420	Profilbauverglasung, einschalig	m²	122	135	**139**	144	161
	LB 032, Pos. 11, Seite 598		102	113	**117**	121	136
421	Geländerfüllung, VSG-Glas	m²	206	336	**378**	416	548
	LB 032, Pos. 14, Seite 599		173	282	**318**	349	460
422	Sichtschutzfolie, geklebt	m²	61	96	**115**	152	206
	LB 032, Pos. 15, Seite 599		51	81	**97**	128	173
423	Baureinigung, während Bauzeit	m²	1	2	**3**	3	5
	LB 033, Pos. 1, Seite 603		1,0	2,0	**2,6**	2,9	4,3
424	Treppen/Podeste reinigen	m²	1	2	**2**	3	4
	LB 033, Pos. 2, Seite 603		0,9	1,8	**2,0**	2,3	3,4
425	Bodenbelag reinigen, Hartbeläge	m²	0,8	1,7	**2,1**	2,7	4,0
	LB 033, Pos. 3, Seite 603		0,7	1,4	**1,7**	2,3	3,3
426	Bodenbelag reinigen, Parkett, Holzdielen	m²	0,7	1,8	**2,3**	3,6	6,7
	LB 033, Pos. 5, Seite 603		0,5	1,6	**2,0**	3,0	5,6
427	Bodenbelag reinigen, Fliesen/Platten	m²	1,0	1,9	**2,3**	4,0	7,0
	LB 033, Pos. 6, Seite 603		0,8	1,6	**1,9**	3,4	5,8

Kosten:
Stand 1. Quartal 2026
Bundesdurchschnitt

▶ min
▷ von
ø Mittel
◁ bis
◀ max

Innenraum **Preise €**

Nr.	Positionen	Einheit	▶	▷	ø brutto € / ø netto €	◁	◀
428	Bodenbelag reinigen, Teppich	m²	0,5	1,6	**1,6**	2,6	4,3
	LB 033, Pos. 7, Seite 604		0,5	1,3	**1,4**	2,2	3,6
429	Glasflächen reinigen, Fassadenelemente	m²	3	5	**6**	10	15
	LB 033, Pos. 8, Seite 604		2	4	**5**	8	12
430	Wandflächen reinigen, beschichtet	m²	1	3	**3**	4	5
	LB 033, Pos. 9, Seite 604		1	2	**3**	3	4
431	Wandbelag reinigen, Fliesen	m²	0,6	1,5	**1,8**	3,3	6,7
	LB 033, Pos. 10, Seite 604		0,5	1,2	**1,5**	2,7	5,6
432	Türen reinigen	St	2	5	**6**	8	14
	LB 033, Pos. 12, Seite 605		1	4	**5**	7	11
433	Heizkörper reinigen	m²	1	2	**3**	3	4
	LB 033, Pos. 13, Seite 605		1	2	**2**	3	3
434	Waschtisch/Duschwanne reinigen	St	1	4	**5**	8	11
	LB 033, Pos. 14, Seite 605		0,9	3,8	**4,4**	6,5	9,5
435	WC-Schüssel/Urinal reinigen	St	2	4	**5**	6	9
	LB 033, Pos. 15, Seite 605		2	4	**5**	5	7
436	Handläufe reinigen	m	0,4	1,0	**1,2**	1,8	2,3
	LB 033, Pos. 16, Seite 606		0,4	0,8	**1,0**	1,5	2,0
437	Geländer reinigen	m	0,7	1,9	**2,4**	3,3	5,2
	LB 033, Pos. 17, Seite 606		0,6	1,6	**2,1**	2,8	4,4
438	Einzelfenster reinigen	St	1	6	**8**	11	17
	LB 033, Pos. 18, Seite 606		1	5	**7**	9	14
439	Aufzugsanlage reinigen	St	42	60	**73**	87	106
	LB 033, Pos. 20, Seite 607		36	50	**61**	74	89
440	Stundensatz. Helfer/-in	h	36	45	**48**	52	60
	LB 033, Pos. 24, Seite 607		30	38	**40**	44	50
441	Bauteile abdecken, abkleben	m²	2	4	**4**	6	10
	LB 034, Pos. 1, Seite 610		1	3	**4**	5	9
442	Boden abdecken, Vlies	m²	0,8	2,3	**3,0**	4,0	6,3
	LB 034, Pos. 2, Seite 610		0,6	2,0	**2,5**	3,4	5,3
443	Boden abdecken, Platten	m²	2	4	**5**	6	11
	LB 034, Pos. 3, Seite 611		2	4	**4**	5	9
444	Untergrund reinigen	m²	0,7	1,7	**2,3**	3,1	5,6
	LB 034, Pos. 4, Seite 611		0,5	1,5	**1,9**	2,6	4,7
445	Stoßfuge schließen, Fertigteildecke	m	5	9	**10**	12	17
	LB 034, Pos. 5, Seite 611		5	7	**8**	10	14
446	Spachtelung, Gipsplatten	m²	5	9	**11**	12	14
	LB 034, Pos. 6, Seite 611		4	7	**9**	10	12
447	Spachtelung, Betonflächen	m²	5	11	**13**	16	23
	LB 034, Pos. 7, Seite 611		5	9	**11**	14	20
448	Grundierung, Gipsplatten	m²	2	2	**3**	3	5
	LB 034, Pos. 8, Seite 611		1	2	**2**	3	4
449	Grundierung, Betonflächen, innen	m²	1	3	**4**	4	7
	LB 034, Pos. 9, Seite 612		1	3	**3**	4	5
450	Erstbeschichtung, innen, Dispersion, sb	m²	4	7	**8**	9	14
	LB 034, Pos. 10, Seite 612		3	6	**7**	8	11
451	Erstbeschichtung, innen, Putz rau, Dispersion sb	m²	6	9	**9**	12	16
	LB 034, Pos. 11, Seite 612		5	7	**8**	10	14

Nr.	Positionen	Einheit	►	▷	ø brutto € / ø netto €	◁	◄
452	Erstbeschichtung, innen, Dispersion, wb	m²	5	8	**8**	11	16
	LB 034, Pos. 12, Seite 612		4	6	**7**	9	14
453	Erstbeschichtung, innen, Putz rau, Dispersion wb	m²	5	9	**10**	12	18
	LB 034, Pos. 13, Seite 613		4	7	**8**	10	15
454	Erstbeschichtung, Raufasertapete, Dispersion wb	m²	5	6	**7**	8	9
	LB 034, Pos. 14, Seite 613		4	5	**6**	6	8
455	Erstbeschichtung, Glasgewebe, Dispersion	m²	8	9	**10**	10	13
	LB 034, Pos. 16, Seite 613		6	8	**8**	9	11
456	Erstbeschichtung, Dispersionssilikatfarbe, innen, weiß	m²	5	8	**9**	11	16
	LB 034, Pos. 17, Seite 614		4	7	**8**	10	13
457	Erstbeschichtung, Silikatfarbe, Putzflächen, innen	m²	7	10	**10**	12	14
	LB 034, Pos. 18, Seite 614		5	8	**9**	10	12
458	Erstbeschichtung, Silikatfarbe, innen, linear	m	2	4	**4**	4	5
	LB 034, Pos. 19, Seite 614		2	3	**3**	4	4
459	Erstbeschichtung, Dispersionssilikatfarbe, Sichtbeton innen, linear	m	2	3	**4**	4	4
	LB 034, Pos. 20, Seite 614		2	3	**3**	3	3
460	Erstbeschichtung, Dispersion, Sichtmauerwerk, innen	m²	5	8	**8**	9	12
	LB 034, Pos. 21, Seite 615		4	7	**7**	8	10
461	Erstbeschichtung, Kalkfarbe, innen	m²	7	13	**13**	16	22
	LB 034, Pos. 22, Seite 615		6	11	**11**	14	18
462	Streichputz, innen	m²	9	15	**18**	19	23
	LB 034, Pos. 23, Seite 615		7	13	**15**	16	20
463	Bodenbeschichtung, innen, Beton, Acryl	m²	16	22	**24**	26	33
	LB 034, Pos. 29, Seite 617		13	18	**20**	22	28
464	Bodenbeschichtung, innen, Beton, Epoxid	m²	17	30	**33**	47	67
	LB 034, Pos. 30, Seite 617		14	25	**28**	39	56
465	Erstbeschichtung, Holzleisten, Alkydharzlack	m	6	9	**12**	12	17
	LB 034, Pos. 31, Seite 617		5	8	**10**	10	14
466	Erstbeschichtung, Stützen/Balken, Alkydharzlack	m	13	18	**18**	19	23
	LB 034, Pos. 32, Seite 617		11	15	**16**	16	19
467	Erstbeschichtung, Laibung/Bretter, Alkydharzlack	m	13	16	**16**	18	20
	LB 034, Pos. 33, Seite 617		11	13	**13**	15	17
468	Erstbeschichtung, Geländer, Holz, Alkydharzlack	m	11	19	**22**	27	37
	LB 034, Pos. 34, Seite 617		9	16	**18**	22	31
469	Erstbeschichtung, Holzleisten, Acryl	m	6	10	**11**	13	17
	LB 034, Pos. 35, Seite 618		5	8	**9**	11	14
470	Erstbeschichtung, Stützen/Balken, Acryl	m	13	18	**18**	18	21
	LB 034, Pos. 36, Seite 618		11	15	**15**	15	18
471	Erstbeschichtung, Laibung/Bretter, Acryl	m	13	15	**16**	17	20
	LB 034, Pos. 37, Seite 618		11	13	**13**	14	17
472	Erstbeschichtung, Geländer, Holz, Acryl	m	11	18	**21**	22	30
	LB 034, Pos. 38, Seite 618		9	15	**17**	19	25
473	Erstbeschichtung, Holzfenster, deckend	m²	32	41	**45**	51	63
	LB 034, Pos. 39, Seite 618		27	34	**38**	43	53
474	Schlussbeschichtung, Holzfenster/Tür	m²	13	18	**21**	24	28
	LB 034, Pos. 40, Seite 618		11	15	**18**	20	24

Kosten:
Stand 1. Quartal 2026
Bundesdurchschnitt

▶ min
▷ von
ø Mittel
◁ bis
◀ max

Nr.	Positionen	Einheit	▶	▷	ø brutto € / ø netto €	◁	◀
475	Holzimprägnierung, holzverfärbende Pilze	m²	3	5	**6**	8	10
	LB 034, Pos. 41, Seite 619		2	4	**5**	7	9
476	Erstbeschichtung, Lasur, Holzbauteil maßhaltig, innen	m²	14	21	**24**	28	35
	LB 034, Pos. 43, Seite 619		12	18	**20**	24	30
477	Erstbeschichtung, Stahlflächen, außen	m²	20	32	**45**	53	68
	LB 034, Pos. 45, Seite 620		16	27	**38**	45	57
478	Erstbeschichtung, Stahlprofil verzinkt, innen	m²	19	30	**35**	52	56
	LB 034, Pos. 46, Seite 620		16	26	**29**	44	47
479	Erstbeschichtung, Metallgeländer, innen	m	22	41	**47**	54	73
	LB 034, Pos. 48, Seite 620		19	34	**40**	46	62
480	Schlussbeschichtung, grundierter Röhrenheizkörper	m²	15	21	**22**	26	32
	LB 034, Pos. 50, Seite 621		12	18	**19**	22	27
481	Erstbeschichtung, Heizungsrohrleitung	m	5	7	**8**	13	26
	LB 034, Pos. 51, Seite 621		4	6	**7**	11	22
482	Erstbeschichtung, Stahlblech, längenorientiert	m	9	15	**18**	26	38
	LB 034, Pos. 52, Seite 621		8	13	**16**	22	32
483	Erstbeschichtung, Stahlblech, flächig	m²	25	36	**41**	56	81
	LB 034, Pos. 53, Seite 621		21	30	**35**	47	68
484	Erstbeschichtung, Lüftungsrohr, Stahl	m²	22	30	**36**	47	64
	LB 034, Pos. 54, Seite 621		19	25	**30**	39	53
485	Erstbeschichtung, Stahlzarge	m	11	17	**18**	23	33
	LB 034, Pos. 55, Seite 622		9	14	**15**	20	28
486	Brandschutzbeschichtung, R30, Stahlbauteile	m²	36	90	**105**	127	179
	LB 034, Pos. 56, Seite 622		30	75	**88**	107	151
487	Decklack, Brandschutzbeschichtungen, Stahlteile	m²	16	19	**21**	28	35
	LB 034, Pos. 57, Seite 622		13	16	**18**	23	29
488	Fugenabdichtung, Acryl	m	2	4	**5**	6	10
	LB 034, Pos. 59, Seite 623		2	3	**4**	5	8
489	Fugenabdichtung elastisch, Silikon	m	5	7	**8**	8	9
	LB 034, Pos. 60, Seite 623		5	6	**6**	7	7
490	Randstreifen abschneiden	m	0,4	0,7	**0,8**	1,2	2,0
	LB 036, Pos. 1, Seite 626		0,3	0,6	**0,7**	1,0	1,7
491	Untergrund prüfen, Oberflächenzugfestigkeit	St	32	39	**42**	47	52
	LB 036, Pos. 2, Seite 626		27	33	**36**	40	44
492	Sinterschicht abschleifen, Calciumsulfatestrich	m²	1	2	**3**	4	6
	LB 036, Pos. 3, Seite 626		1,0	2,0	**2,7**	3,4	4,9
493	Untergrund reinigen	m²	0,6	1,2	**1,4**	2,1	3,7
	LB 036, Pos. 4, Seite 626		0,5	1,0	**1,2**	1,8	3,1
494	Boden kugelstrahlen	m²	3	5	**7**	7	12
	LB 036, Pos. 5, Seite 627		3	5	**5**	6	10
495	Voranstrich, Bodenbelag	m²	1	3	**3**	4	6
	LB 036, Pos. 6, Seite 627		1	2	**3**	3	5
496	Textiler Belag, Nadelvlies	m²	39	47	**51**	59	77
	LB 036, Pos. 11, Seite 628		33	40	**43**	50	65
497	Textiler Belag, Kugelgarn	m²	55	69	**73**	96	130
	LB 036, Pos. 12, Seite 629		46	58	**61**	81	109
498	Textiler Belag, Naturhaar-Polyamidgemisch	m²	53	72	**75**	81	99
	LB 036, Pos. 13, Seite 630		44	60	**63**	68	83

Nr.	Positionen	Einheit	▶	▷	ø brutto € / ø netto €	◁	◀
499	Textiler Belag, Tuftingteppich	m²	63	69	**72**	80	99
	LB 036, Pos. 14, Seite 631		53	58	**61**	67	83
500	Textiler Belag, Kunstfaser/Web-Teppich	m²	50	61	**64**	69	80
	LB 036, Pos. 15, Seite 632		42	51	**54**	58	67
501	Textiler Belag, Naturfaser/Wolle/Sisal	m²	91	99	**103**	110	119
	LB 036, Pos. 16, Seite 633		76	83	**87**	93	100
502	Korkunterlage, Linoleum	m²	21	25	**28**	30	36
	LB 036, Pos. 17, Seite 633		18	21	**24**	25	30
503	Linoleumbelag, 2,5mm	m²	33	49	**54**	62	80
	LB 036, Pos. 18, Seite 634		28	41	**45**	52	67
504	Linoleumbelag, 3,2/4,0mm	m²	46	56	**61**	67	83
	LB 036, Pos. 19, Seite 634		39	47	**51**	56	69
505	Linoleumbahnen verschweißen	m²	2	3	**3**	4	6
	LB 036, Pos. 20, Seite 635		1	2	**3**	4	5
506	Bodenbelag, PVC, 2,0mm	m²	33	45	**51**	58	71
	LB 036, Pos. 21, Seite 635		27	38	**43**	49	60
507	Bodenbelag, PVC, 2,5mm	m²	38	55	**58**	66	88
	LB 036, Pos. 22, Seite 636		32	46	**48**	55	74
508	Bodenbelag, PVC, 3,0mm	m²	41	58	**65**	73	92
	LB 036, Pos. 23, Seite 636		34	49	**55**	61	77
509	Bodenbelag, PVC, Schaumstoff, 4,0 bis 4,5mm	m²	44	61	**70**	80	99
	LB 036, Pos. 24, Seite 637		37	51	**59**	68	83
510	PVC-Bahnen verschweißen	m²	1	3	**3**	3	5
	LB 036, Pos. 25, Seite 637		1	2	**3**	3	4
511	Bodenbelag, Kautschuk, 2,0mm	m²	54	74	**81**	86	103
	LB 036, Pos. 26, Seite 638		45	62	**68**	73	86
512	Bodenbelag, Kautschukplatten, bis 3,2mm	m²	75	93	**99**	116	149
	LB 036, Pos. 27, Seite 638		63	78	**83**	98	125
513	Bodenbelag, Naturkorkparkett, 12mm	m²	54	69	**80**	85	104
	LB 036, Pos. 28, Seite 639		45	58	**67**	72	88
514	Bodenbelag, Laminat, schwimmend, 7,2mm	m²	43	52	**59**	67	78
	LB 036, Pos. 29, Seite 639		36	44	**50**	56	65
515	Bodenbelag, Laminat, schwimmend 8,3mm	m²	47	62	**63**	70	84
	LB 036, Pos. 30, Seite 640		39	52	**53**	58	70
516	Bodenbeläge verlegen	m²	18	23	**26**	27	39
	LB 036, Pos. 31, Seite 640		15	19	**22**	23	33
517	Treppenstufe, elastischer Bodenbelag	St	42	69	**75**	77	131
	LB 036, Pos. 32, Seite 640		35	58	**63**	65	110
518	Treppenstufe, textiler Belag	St	39	56	**64**	72	98
	LB 036, Pos. 33, Seite 641		33	47	**54**	61	82
519	Treppenstufe, Laminat	St	–	41	**48**	53	–
	LB 036, Pos. 34, Seite 641		–	35	**41**	44	–
520	Treppenkante, Kunststoffprofil	m	20	28	**30**	34	42
	LB 036, Pos. 35, Seite 641		17	23	**25**	29	35
521	Treppenkante, Aluminiumprofil	m	–	31	**39**	49	–
	LB 036, Pos. 36, Seite 641		–	26	**33**	41	–
522	Treppenkante, Messingprofil	m	39	55	**62**	77	89
	LB 036, Pos. 37, Seite 642		33	46	**52**	65	75

Kosten:
Stand 1. Quartal 2026
Bundesdurchschnitt

Innenraum							Preise €
Nr.	**Positionen**	**Einheit**	►	▷	**ø brutto €** ø netto €	◁	◄
523	Fußabstreifer, Reinstreifen *LB 036, Pos. 38, Seite 642*	St	849 714	1.531 1.287	**1.868** **1.570**	2.101 1.765	2.908 2.443
524	Fußabstreifer, Kokosfasermatte *LB 036, Pos. 39, Seite 642*	m²	177 149	283 238	**289** **243**	310 261	390 328
525	Rohrdurchführung anarbeiten, Bodenbelag *LB 036, Pos. 40, Seite 642*	St	4 4	7 6	**7** **6**	8 7	11 9
526	Bodenbelag anarbeiten, Stützen *LB 036, Pos. 41, Seite 642*	St	– –	10 8	**16** **13**	21 17	– –
527	Trennschiene, Aluminium *LB 036, Pos. 42, Seite 643*	m	17 14	19 16	**20** **17**	21 18	24 20
528	Trennschiene, nichtrostender Stahl *LB 036, Pos. 43, Seite 643*	m	24 21	28 24	**29** **24**	31 26	37 31
529	Übergangsprofil, Aluminium *LB 036, Pos. 44, Seite 643*	m	14 12	21 17	**24** **20**	25 21	30 25
530	Dehnfugenprofil, Aluminium *LB 036, Pos. 45, Seite 643*	m	26 22	43 36	**50** **42**	63 53	90 75
531	Verfugung, elastisch, Silikon *LB 036, Pos. 46, Seite 643*	m	4 4	7 6	**7** **6**	9 8	14 12
532	Sockelausbildung, Holzleiste *LB 036, Pos. 47, Seite 643*	m	11 10	16 13	**18** **15**	22 19	34 28
533	Sockelausbildung, textiler Belag *LB 036, Pos. 48, Seite 644*	m	6 5	9 7	**10** **8**	14 11	21 17
534	Sockelausbildung, Sporthalle *LB 036, Pos. 49, Seite 644*	m	– –	75 63	**89** **75**	114 96	– –
535	Sockelausbildung, PVC *LB 036, Pos. 50, Seite 644*	m	6 5	8 7	**9** **7**	10 9	14 12
536	Sockelausbildung, Lino-/Kautschuk *LB 036, Pos. 51, Seite 644*	m	11 9	16 13	**18** **15**	27 22	40 34
537	Erstpflege, Bodenbelag *LB 036, Pos. 53, Seite 645*	m²	1 1	3 3	**4** **4**	8 7	15 13
538	Schutzabdeckung, Bodenbelag, Hartfaserplatte *LB 036, Pos. 54, Seite 645*	m²	7 6	9 7	**10** **8**	10 9	12 10
539	Schutzabdeckung, Kunststofffolie *LB 036, Pos. 55, Seite 645*	m²	3 3	4 4	**5** **4**	5 4	6 5
540	Schutzabdeckung, Boden, Pappe *LB 037, Pos. 4, Seite 647*	m²	3 3	5 4	**5** **4**	6 5	9 8
541	Gipsplattenflächen vorbehandeln, spachteln/grundieren *LB 037, Pos. 5, Seite 647*	m²	1,0 0,8	1,9 1,6	**2,0** **1,7**	2,6 2,2	3,6 3,1
542	Raufasertapete, fein/weiß, Decke *LB 037, Pos. 8, Seite 648*	m²	6 5	8 7	**9** **8**	11 9	15 12
543	Raufasertapete, grob/weiß, Decke *LB 037, Pos. 9, Seite 648*	m²	7 6	10 8	**11** **9**	14 12	18 15
544	Raufasertapete, fein/weiß, Wand *LB 037, Pos. 10, Seite 648*	m²	6 5	9 7	**10** **9**	14 11	20 17
545	Raufasertapete, Dispersion *LB 037, Pos. 12, Seite 649*	m²	11 9	13 11	**14** **12**	17 14	22 18
546	Glasgewebe, fein, Wand *LB 037, Pos. 13, Seite 649*	m²	8 7	12 10	**14** **12**	15 13	18 15

► min
▷ von
ø Mittel
◁ bis
◄ max

Nr.	Positionen	Einheit	▶	▷	ø brutto € / ø netto €	◁	◀
547	Glasgewebe, grob, Wand	m²	9	14	**16**	18	21
	LB 037, Pos. 14, Seite 649		8	12	**13**	15	18
548	Glasgewebe, fein, Decke	m²	10	15	**17**	18	22
	LB 037, Pos. 15, Seite 650		9	12	**15**	15	19
549	Prägetapete, Wand	m²	18	26	**31**	39	49
	LB 037, Pos. 18, Seite 651		15	22	**26**	33	41
550	Fugenabdichtung, Acryl, anstrichverträglich	m	2	4	**4**	7	10
	LB 037, Pos. 19, Seite 651		2	3	**4**	6	9
551	Unterdecke, abgehängt, Mineralfaserplatte 15mm	m²	35	50	**57**	63	83
	LB 039, Pos. 1, Seite 669		29	42	**48**	53	70
552	Wandanschluss, Decke, Mineralplatte	m	5	8	**9**	10	13
	LB 039, Pos. 2, Seite 670		4	7	**7**	8	11
553	Anschnitt, schräg, Mineralplatte	m	10	14	**16**	22	31
	LB 039, Pos. 3, Seite 670		8	12	**13**	18	26
554	Metall-Kassettendecke, abgehängt	m²	89	103	**110**	117	128
	LB 039, Pos. 4, Seite 670		75	87	**92**	98	108
555	Metall-Paneeldecke, abgehängt	m²	83	109	**114**	127	157
	LB 039, Pos. 5, Seite 671		70	91	**96**	106	132
556	Unterdecke, abgehängt, GKB, einlagig	m²	53	67	**72**	78	99
	LB 039, Pos. 7, Seite 671		45	56	**60**	65	84
557	Unterdecke, abgehängt, gelochte Gipsplatten	m²	85	101	**109**	115	128
	LB 039, Pos. 8, Seite 672		71	85	**91**	96	108
558	Unterdecke, abgehängt, GKB/GF, zweilagig	m²	74	99	**106**	122	153
	LB 039, Pos. 9, Seite 672		62	83	**89**	102	128
559	Unterdecke, abgehängt, F90A/EI90, selbsttragend	m²	135	188	**214**	257	353
	LB 039, Pos. 10, Seite 673		113	158	**180**	216	297
560	Unterdecke, Verstärkung UK, OSB	m²	10	15	**16**	23	30
	LB 039, Pos. 11, Seite 673		8	12	**14**	19	25
561	Unterdecke, UK, Weitspannträger	m²	24	29	**32**	32	39
	LB 039, Pos. 13, Seite 673		20	24	**27**	27	33
562	Wandanschluss, Schattennutprofil, Unterdecke	m	8	17	**20**	23	34
	LB 039, Pos. 14, Seite 673		7	14	**17**	20	29
563	Verblendung, Deckensprung, Unterdecke	m	33	53	**62**	76	101
	LB 039, Pos. 15, Seite 674		27	45	**52**	64	85
564	Öffnungen/Ausschnitte, bis DN200, Unterdecke	St	8	15	**19**	22	28
	LB 039, Pos. 16, Seite 674		7	13	**16**	18	23
565	Aussparung, Langfeldleuchte, Unterdecke	m	12	27	**33**	38	54
	LB 039, Pos. 17, Seite 674		10	22	**28**	32	45
566	Bekleidung Dachschräge, GF, Holz-UK, MW-Dämmung	m²	85	95	**107**	129	139
	LB 039, Pos. 20, Seite 675		72	80	**90**	108	116
567	Bekleidung Dachschräge, Zementplatte, Feuchtraum, Holz-UK	m²	114	125	**140**	168	180
	LB 039, Pos. 22, Seite 675		96	105	**118**	142	151
568	Montagewand, Holz-UK, 110mm, GK, zweilagig, MW 40mm, EI30	m²	111	122	**127**	139	163
	LB 039, Pos. 23, Seite 676		93	102	**107**	117	137

Kosten:
Stand 1. Quartal 2026
Bundesdurchschnitt

Innenraum								Preise €
Nr.	**Positionen**	**Einheit**	►	▷	**ø brutto €** / ø netto €	◁	◄	
569	Montagewand, Metall-UK, 150mm, GK zweilagig, MW 40mm, EI30	m²	84	113	**121**	138	174	
	LB 039, Pos. 25, Seite 677		70	95	**101**	116	146	
570	Montagewand, Metall-UK, 100mm, GK DF zweilagig, MW 50mm, EI90	m²	91	119	**132**	151	195	
	LB 039, Pos. 26, Seite 677		76	100	**111**	127	164	
571	Montagewand, Metall-UK, 200mm, GK zweilagig, doppeltes Ständerwerk, MW 80 mm	m²	116	139	**149**	163	197	
	LB 039, Pos. 27, Seite 678		98	117	**125**	137	165	
572	Anschluss, Montagewand, Dachschräge	m	12	15	**17**	18	21	
	LB 039, Pos. 29, Seite 678		10	12	**14**	15	18	
573	Anschluss, gleitend, Montagewand	m	12	22	**25**	29	41	
	LB 039, Pos. 30, Seite 679		10	18	**21**	25	34	
574	Montagewand, Ecken, Kantenprofil	m	8	12	**13**	17	25	
	LB 039, Pos. 31, Seite 679		7	10	**11**	14	21	
575	Montagewand, freies Wandende	m	11	22	**27**	34	47	
	LB 039, Pos. 32, Seite 679		10	19	**23**	28	40	
576	Türöffnung, Montagewand	St	48	81	**95**	118	171	
	LB 039, Pos. 35, Seite 680		40	68	**80**	99	143	
577	Fensteröffnung, Montagewand	St	44	97	**121**	166	241	
	LB 039, Pos. 36, Seite 680		37	82	**101**	139	202	
578	Türzargen, Aluminium beschichtet	St	172	263	**291**	379	623	
	LB 039, Pos. 37, Seite 680		145	221	**245**	318	524	
579	Türzargen, Umfassungszarge, einbauen	St	57	92	**105**	146	213	
	LB 039, Pos. 38, Seite 680		48	77	**88**	123	179	
580	Revisionsklappe 30x30	St	51	93	**106**	132	177	
	LB 039, Pos. 39, Seite 681		43	78	**89**	111	148	
581	Revisionsklappe 40x60	St	77	110	**129**	157	224	
	LB 039, Pos. 40, Seite 681		64	93	**108**	132	188	
582	Revisionsöffnung/-klappe, eckig, Brandschutz EI90	St	367	540	**606**	684	891	
	LB 039, Pos. 41, Seite 681		309	454	**509**	575	749	
583	Montagewand, Verstärkung UK, OSB	m	12	25	**28**	33	47	
	LB 039, Pos. 42, Seite 681		10	21	**24**	28	39	
584	Tragständer/Traverse, wandhängende Lasten	St	50	85	**94**	108	162	
	LB 039, Pos. 44, Seite 682		42	72	**79**	91	136	
585	Vorsatzschale, Feuchträume	m²	69	86	**90**	105	136	
	LB 039, Pos. 46, Seite 682		58	72	**76**	88	114	
586	Schachtwand, GK, EI 90	m²	78	104	**116**	142	191	
	LB 039, Pos. 48, Seite 683		66	88	**97**	120	160	
587	Verkofferung/Bekleidung, Rohrleitungen, Abwicklung 800mm	m	71	93	**103**	120	163	
	LB 039, Pos. 49, Seite 684		60	78	**87**	101	137	
588	Trockenputz, Gipsverbundplatte	m²	52	69	**76**	88	110	
	LB 039, Pos. 50, Seite 684		43	58	**64**	74	92	
589	Bekleidung GK/GF, einlagig, auf UK	m²	28	38	**40**	44	54	
	LB 039, Pos. 52, Seite 684		23	32	**34**	37	45	
590	Bekleidung GK/ GF, doppelt, auf UK	m²	61	72	**77**	81	91	
	LB 039, Pos. 53, Seite 685		52	61	**65**	68	76	

► min
▷ von
ø Mittel
◁ bis
◄ max

Nr.	Positionen	Einheit	▶	▷	ø brutto € / ø netto €	◁	◀
591	Bekleidung Gipsplatte, einseitig, auf UK, EI90	m²	79	130	**157**	172	245
	LB 039, Pos. 54, Seite 685		66	110	**132**	144	206
592	Anschluss, Wandbekleidung GK/GF, Dachschräge	m	6	9	**12**	13	16
	LB 039, Pos. 55, Seite 685		5	7	**10**	11	13
593	Laibung, Fenster, GF	m	25	29	**31**	36	47
	LB 039, Pos. 57, Seite 686		21	25	**26**	31	40
594	Laibung, Dachfenster, Gipsverbundplatte, 20mm	m	39	59	**70**	96	128
	LB 039, Pos. 59, Seite 686		33	49	**59**	81	108
595	GK, imprägniert	m²	3	5	**6**	7	11
	LB 039, Pos. 60, Seite 686		3	4	**5**	6	10
596	Dampfsperre, Trockenbau	m²	7	11	**13**	18	33
	LB 039, Pos. 61, Seite 686		6	9	**11**	15	28
597	Dämmschicht, zwischen UK, bis 60mm	m²	11	15	**17**	23	33
	LB 039, Pos. 63, Seite 687		9	12	**14**	19	27
598	Doppelboden, Plattenbelag/Unterkonstruktion	m²	146	259	**287**	344	503
	LB 039, Pos. 64, Seite 687		122	217	**241**	289	423
599	Revisionsöffnung, Doppelboden	St	67	119	**126**	150	193
	LB 039, Pos. 65, Seite 688		57	100	**106**	126	162
600	Trockenestrich, Spanplatten, 25mm, einlagig	m²	42	57	**61**	70	85
	LB 039, Pos. 66, Seite 688		35	48	**51**	59	72
601	Trockenestrich, GF Platten, 18mm, einlagig	m²	39	49	**56**	63	74
	LB 039, Pos. 67, Seite 688		33	42	**47**	53	62
602	Ausgleichsschicht, Mineralstoff, Trockenestrich	m²	19	26	**30**	34	43
	LB 039, Pos. 69, Seite 688		16	22	**25**	28	37
603	Urinaltrennwand, Schichtstoff-Verbundelemente	St	182	311	**382**	407	558
	LB 039, Pos. 71, Seite 689		153	261	**321**	342	469
604	Verfugung, Acryl Dichtstoff überstreichbar	m	2	5	**6**	8	17
	LB 039, Pos. 73, Seite 689		2	4	**5**	7	14
605	Spachtelung, GK Platten, erhöhte Qualität Q3	m²	6	11	**14**	17	23
	LB 039, Pos. 74, Seite 689		5	10	**11**	14	19
606	Bekleidung anarbeiten, GK, Installationsdurchführung	St	10	23	**29**	38	56
	LB 039, Pos. 75, Seite 690		8	19	**24**	32	47
607	Strangregulierventil, DN15	St	87	107	**118**	126	151
	LB 041, Pos. 1, Seite 718		73	90	**99**	106	127
608	Überströmventil, DN15	St	67	113	**139**	153	199
	LB 041, Pos. 2, Seite 719		56	95	**117**	128	167
609	Schmutzfänger, DN40	St	93	135	**154**	225	314
	LB 041, Pos. 3, Seite 719		78	114	**129**	189	264
610	Schnellentlüfter, DN10	St	28	59	**62**	83	142
	LB 041, Pos. 4, Seite 719		23	50	**52**	70	120
611	Absperrventil, Guss, DN20	St	68	86	**89**	103	134
	LB 041, Pos. 7, Seite 720		57	72	**75**	87	113
612	Absperrventil, Guss, DN32	St	115	151	**169**	200	265
	LB 041, Pos. 8, Seite 720		97	127	**142**	168	223
613	Badheizkörper/Handtuchheizkörper, beschichtet	St	665	1.121	**1.199**	1.372	2.030
	LB 041, Pos. 9, Seite 721		559	942	**1.008**	1.153	1.706
614	Rohrleitung, Kupfer, DN15	m	21	27	**28**	32	38
	LB 041, Pos. 10, Seite 721		18	23	**23**	26	32

Kosten:
Stand 1.Quartal 2026
Bundesdurchschnitt

▶ min
▷ von
ø Mittel
◁ bis
◀ max

Nr.	Positionen	Einheit	▶	▷	ø brutto € / ø netto €	◁	◀
615	Rohrleitung, Kupfer, DN25	m	34	38	**41**	45	53
	LB 041, Pos. 11, Seite 721		29	32	**34**	38	44
616	Rohrleitung, C-Stahlrohr, DN25	m	31	37	**38**	42	47
	LB 041, Pos. 13, Seite 722		26	31	**32**	35	39
617	Rohrleitung, Stahlrohr, DN65	m	45	54	**58**	65	85
	LB 041, Pos. 16, Seite 722		38	46	**49**	55	71
618	Rohrleitung, PE-X 20mm, Fußbodenheizung	m	14	17	**19**	22	25
	LB 041, Pos. 19, Seite 723		12	14	**16**	19	21
619	Rohrleitung, Verbundrohr, 16mm, Fußbodenheizung	m	27	30	**31**	31	33
	LB 041, Pos. 20, Seite 723		23	25	**26**	26	27
620	Rohrleitung, Verbundrohr, 20mm, Fußbodenheizung	m	31	36	**40**	44	48
	LB 041, Pos. 21, Seite 723		26	31	**34**	37	40
621	Röhrenheizkörper, Stahl, h=500	St	12	13	**20**	23	25
	LB 041, Pos. 22, Seite 724		10	11	**16**	20	21
622	Röhrenheizkörper, Stahl, h=900	St	20	23	**32**	38	42
	LB 041, Pos. 23, Seite 724		17	19	**26**	32	35
623	Kompaktheizkörper, Stahl, H=500, L=bis 700, Typ 11	St	198	228	**247**	277	322
	LB 041, Pos. 24, Seite 725		166	191	**208**	233	270
624	Kompaktheizkörper, Stahl, H=500, L=bis 700, Typ 33	St	311	358	**389**	436	506
	LB 041, Pos. 25, Seite 725		262	301	**327**	366	425
625	Kompaktheizkörper, Stahl, H=500, L=1400-2.100, Typ 11	St	499	574	**624**	699	811
	LB 041, Pos. 27, Seite 726		419	482	**524**	587	681
626	Kompaktheizkörper, Stahl, H=500, L=1.400-2.100, Typ 22	St	563	648	**704**	789	915
	LB 041, Pos. 28, Seite 727		473	544	**592**	663	769
627	Kompaktheizkörper, Stahl, H=600, L=700-1.400, Typ 11	St	398	457	**497**	547	606
	LB 041, Pos. 30, Seite 728		334	384	**418**	459	509
628	Kompaktheizkörper, Stahl, H=900, L=bis 700, Typ 22	St	328	377	**410**	459	533
	LB 041, Pos. 32, Seite 729		276	317	**345**	386	448
629	Radiavektoren, Profilrohre, H=140, L=bis 700	St	565	799	**867**	1.026	1.131
	LB 041, Pos. 34, Seite 730		474	672	**729**	862	951
630	Radiavektoren, Profilrohre, H=280, L=700-1.400	St	760	1.310	**1.525**	1.878	2.414
	LB 041, Pos. 35, Seite 730		639	1.100	**1.282**	1.578	2.029
631	Thermostatventil, DN15	St	30	37	**39**	45	59
	LB 041, Pos. 36, Seite 730		25	31	**32**	38	49
632	Heizkörperverschraubung, DN15	St	22	27	**30**	32	38
	LB 041, Pos. 37, Seite 731		18	23	**26**	27	32
633	Heizkörper ausbauen/wieder einbauen	St	40	62	**77**	101	199
	LB 041, Pos. 38, Seite 731		33	52	**65**	85	167
634	Verteiler Heizungswasser	St	310	462	**533**	628	811
	LB 041, Pos. 42, Seite 732		261	389	**448**	527	682
635	Deckenstrahlplatte, Stahlblech beschichtet/Stahlrohre	St	3.329	3.973	**4.242**	5.505	6.884
	LB 041, Pos. 43, Seite 732		2.797	3.339	**3.564**	4.626	5.785
636	Heizkreisverteiler, Fußbodenheizung, 5 Heizkreise	St	312	385	**423**	450	510
	LB 041, Pos. 44, Seite 733		262	323	**355**	378	428
637	Verteilerschrank, Fußbodenheizung, Unterputz	St	687	698	**780**	835	899
	LB 041, Pos. 45, Seite 733		577	586	**656**	702	755
638	Umlenkungsbogen, Heizleitung	St	4	5	**6**	6	7
	LB 041, Pos. 46, Seite 733		4	4	**5**	5	6

Nr.	Positionen	Einheit	▶	▷	ø brutto € / ø netto €	◁	◀
639	Noppen/EPS-Systemträger, Fußbodenheizung	m²	12	14	**15**	17	19
	LB 041, Pos. 47, Seite 733		10	12	**13**	14	16
640	Noppen-Systemträger, Fußbodenheizung	m²	14	18	**20**	23	28
	LB 041, Pos. 48, Seite 734		11	15	**17**	20	24
641	Fußbodenheizung, Typ A, Träger/PE-X Rohr, 100	m²	39	42	**43**	46	51
	LB 041, Pos. 49, Seite 734		32	35	**36**	39	43
642	Anbindeleitung, PE-X 17mm, Fußbodenheizung	m	5	6	**7**	8	9
	LB 041, Pos. 50, Seite 734		4	5	**6**	6	7
643	Schutzummantelung, Fußbodenheizrohr	St	2	4	**4**	5	7
	LB 041, Pos. 51, Seite 734		2	4	**4**	4	6
644	Ummantelung, Anbindeleitung	m	2	4	**4**	6	8
	LB 041, Pos. 52, Seite 735		2	3	**4**	5	6
645	Funktionsheizen, Fußbodenheizung	m²	2	2	**3**	4	6
	LB 041, Pos. 53, Seite 735		1	2	**2**	3	5
646	Belegreifheizen, Fußbodenheizung	m²	0,4	0,5	**0,6**	0,9	4,2
	LB 041, Pos. 54, Seite 735		0,3	0,4	**0,5**	0,8	3,6
647	Einregulierung/Inbetriebnahme, Fußbodenheizung	psch	368	468	**1.283**	3.409	5.852
	LB 041, Pos. 55, Seite 735		309	394	**1.078**	2.865	4.918
648	Messung, Feuchte, Fußbodenheizung	St	64	73	**88**	111	126
	LB 041, Pos. 56, Seite 735		54	61	**74**	93	106
649	Abgleichventil, hydraulisch DN20	St	150	220	**235**	270	332
	LB 041, Pos. 57, Seite 736		126	185	**197**	227	279
650	Hydraulischer Abgleich	St	600	705	**714**	866	1.024
	LB 041, Pos. 61, Seite 737		504	593	**600**	728	860
651	Handwaschbecken, Sanitärporzellan	St	142	262	**265**	296	370
	LB 045, Pos. 1, Seite 757		119	220	**222**	248	311
652	Waschtisch, Keramik 600x500	St	366	446	**492**	571	702
	LB 045, Pos. 2, Seite 757		308	375	**414**	480	590
653	Waschbecken, barrierefrei	St	387	439	**516**	697	955
	LB 045, Pos. 3, Seite 758		325	369	**434**	586	803
654	Siphon, Waschbecken	St	41	59	**63**	75	103
	LB 045, Pos. 4, Seite 758		34	50	**53**	63	87
655	Einhebel-Mischbatterie, Standmontage	St	247	328	**366**	470	663
	LB 045, Pos. 5, Seite 758		208	276	**308**	395	557
656	Spiegel, Kristallglas	St	49	67	**81**	106	142
	LB 045, Pos. 6, Seite 758		41	56	**68**	89	119
657	Badewanne, Stahl	St	460	700	**758**	881	1.347
	LB 045, Pos. 7, Seite 758		386	588	**637**	740	1.132
658	Thermostatarmatur, Badewanne	St	508	678	**847**	1.144	1.652
	LB 045, Pos. 9, Seite 759		427	570	**712**	961	1.389
659	WC-Becken, wandhängend	St	315	506	**511**	593	774
	LB 045, Pos. 10, Seite 759		265	425	**429**	499	650
660	WC, barrierefrei	St	611	769	**835**	922	1.314
	LB 045, Pos. 11, Seite 759		514	646	**702**	775	1.104
661	WC-Spülkasten, mit Betätigungsplatte	St	275	349	**381**	421	505
	LB 045, Pos. 12, Seite 759		231	293	**320**	354	425
662	WC-Sitz	St	81	151	**166**	199	264
	LB 045, Pos. 13, Seite 759		68	127	**140**	167	222

Kosten:
Stand 1. Quartal 2026
Bundesdurchschnitt

Innenraum							Preise €
Nr.	**Positionen**	**Einheit**	▶	▷	**ø brutto €** / ø netto €	◁	◀
663	WC-Bürste	St	9	52	**91**	96	119
	LB 045, Pos. 14, Seite 760		7	44	**77**	81	100
664	WC-Toilettenpapierhalter	St	39	71	**87**	104	146
	LB 045, Pos. 15, Seite 760		33	59	**73**	87	123
665	Duschwanne, Stahl 90x90	St	305	441	**513**	557	778
	LB 045, Pos. 16, Seite 760		256	371	**431**	468	654
666	Duschwanne, Stahl 100x100	St	337	532	**626**	713	893
	LB 045, Pos. 17, Seite 760		283	447	**526**	599	750
667	Einhebelmischarmatur, Dusche	St	246	489	**605**	680	953
	LB 045, Pos. 18, Seite 760		207	411	**509**	572	801
668	Duschabtrennung, Kunststoff	St	1.047	1.195	**1.275**	1.367	1.523
	LB 045, Pos. 19, Seite 761		880	1.004	**1.071**	1.149	1.280
669	Urinal, Keramik	St	280	357	**404**	450	518
	LB 045, Pos. 20, Seite 761		235	300	**340**	378	435
670	Installationselement, Urinal	St	311	357	**382**	436	506
	LB 045, Pos. 21, Seite 761		262	300	**321**	367	425
671	Ausgussbecken, Stahl	St	148	183	**194**	229	279
	LB 045, Pos. 24, Seite 762		124	154	**163**	192	234
672	Einhandmischer, Spültisch	St	135	334	**404**	551	810
	LB 045, Pos. 25, Seite 762		113	281	**339**	463	681
673	Installationselement, WC	St	316	378	**420**	456	511
	LB 045, Pos. 26, Seite 762		266	317	**353**	383	430
674	Installationselement, barrierefreies WC, mit Stützgriffen	St	716	881	**1.102**	1.322	1.542
	LB 045, Pos. 27, Seite 762		602	741	**926**	1.111	1.296
675	Installationselement, Waschtisch	St	164	210	**219**	253	300
	LB 045, Pos. 28, Seite 762		138	177	**184**	213	252
676	Installationselement, Stützgriff	St	249	325	**383**	459	524
	LB 045, Pos. 29, Seite 763		209	273	**322**	386	441
677	Haltegriff, Edelstahl, 600mm	St	111	160	**172**	221	284
	LB 045, Pos. 30, Seite 763		94	134	**145**	185	238
678	Haltegriff, Kunststoff, 300mm	St	115	178	**227**	243	334
	LB 045, Pos. 31, Seite 763		97	150	**191**	204	281
679	Duschsitz, klappbar	St	454	524	**563**	565	687
	LB 045, Pos. 32, Seite 763		382	440	**473**	474	577
680	Stützgriff, klappbar, WC	St	574	706	**883**	1.060	1.210
	LB 045, Pos. 34, Seite 764		482	594	**742**	890	1.017
681	Kompaktdämmhülse, Rohrleitung DN15	m	10	13	**15**	19	23
	LB 047, Pos. 1, Seite 771		8	11	**12**	16	20
682	Kompaktdämmhülse, Rohrleitung DN25	m	15	18	**25**	27	32
	LB 047, Pos. 2, Seite 771		12	15	**21**	23	27
683	Wärmedämmung, Rohrleitung, DN15	m	16	35	**39**	42	53
	LB 047, Pos. 3, Seite 771		13	29	**33**	36	45
684	Körperschalldämmung, Abwasserrohre	m	13	15	**17**	20	24
	LB 047, Pos. 15, Seite 775		11	13	**14**	17	20
685	Wärmedämmschalen für Armaturen und Pumpen, DN25	St	33	39	**45**	47	50
	LB 047, Pos. 17, Seite 775		28	32	**37**	40	42
686	Wärmedämmschalen für Armaturen und Pumpen, DN50	St	52	56	**64**	66	69
	LB 047, Pos. 18, Seite 776		43	47	**54**	55	58

▶ min
▷ von
ø Mittel
◁ bis
◀ max

Nr.	Positionen	Einheit	▶	▷	ø brutto € / ø netto €	◁	◀
687	Gitterrinne, Stahl, 200mm	m	36	43	**46**	51	62
	LB 053, Pos. 1, Seite 780		30	36	**39**	43	52
688	Kabelrinne, Stahl, 400mm	m	53	74	**77**	103	147
	LB 053, Pos. 3, Seite 781		44	62	**65**	87	124
689	Elektroinstallationsrohr, 16mm	m	3	6	**6**	8	11
	LB 053, Pos. 4, Seite 781		3	5	**5**	7	9
690	Leitungsführungskanal PVC 30x30mm	m	8	14	**16**	22	33
	LB 053, Pos. 6, Seite 781		7	11	**14**	18	28
691	Installationsleitung, NYM-J 3x1,5mm²	m	0,8	2,5	**3,5**	4,1	5,5
	LB 053, Pos. 10, Seite 782		0,6	2,1	**2,9**	3,5	4,6
692	Installationsleitung, NYM-J 3x2,5mm²	m	3	5	**5**	6	8
	LB 053, Pos. 11, Seite 782		3	4	**4**	5	7
693	Installationsleitung, NYM-J 3x2,5mm², AD	m	6	7	**8**	10	10
	LB 053, Pos. 19, Seite 784		5	6	**7**	8	9
694	Installationsleitung, NYM-J 3x2,5mm², uP	m	5	5	**7**	8	9
	LB 053, Pos. 24, Seite 784		4	5	**5**	7	8
695	Geräteeinbaukanal, 130x60mm	m	24	39	**48**	51	62
	LB 053, Pos. 25, Seite 785		20	32	**40**	43	52
696	Sockelleistenkanal, 70x20mm	m	10	22	**25**	30	40
	LB 053, Pos. 27, Seite 785		8	18	**21**	25	33
697	Potenzialausgleichsschiene, Stahl, verzinkt	St	26	53	**61**	96	163
	LB 053, Pos. 28, Seite 785		22	44	**52**	81	137
698	Tastschalter, Aus-/Wechselschalter, zweipolig, uP	St	21	28	**31**	33	41
	LB 053, Pos. 29, Seite 786		18	23	**26**	28	34
699	Tastschalter, Serienschalter, uP	St	26	37	**41**	49	71
	LB 053, Pos. 30, Seite 786		22	31	**35**	41	60
700	Tastschalter, Taster, Kontrolllicht, uP	St	21	39	**50**	90	129
	LB 053, Pos. 32, Seite 786		17	33	**42**	75	109
701	Verbindungs-/Abzweigdose, Abzweig, uP	St	21	24	**26**	28	34
	LB 053, Pos. 33, Seite 787		17	20	**22**	23	28
702	Verbindungs-/Abzweigkasten, uP 100x100mm	St	28	33	**34**	35	42
	LB 053, Pos. 34, Seite 787		23	28	**29**	30	36
703	Gerätedose, uP	St	9	18	**21**	55	100
	LB 053, Pos. 41, Seite 789		7	15	**18**	46	84
704	Bewegungsmelder	St	177	253	**294**	346	465
	LB 053, Pos. 55, Seite 792		149	212	**247**	291	391
705	Installationskleinverteiler, uP, 755x348x94,5mm	St	287	411	**456**	547	724
	LB 054, Pos. 2, Seite 795		242	346	**383**	460	609
706	Zählerschrank, uP, Multimediafeld	St	1.309	2.123	**2.441**	3.084	4.308
	LB 054, Pos. 3, Seite 795		1.100	1.784	**2.051**	2.592	3.620
707	Fehlerstromschutzschalter, 25A, vierpolig	St	60	77	**86**	93	111
	LB 054, Pos. 4, Seite 796		50	65	**72**	78	93
708	Fehlerstromschutzschalter 63A, vierpolig	St	133	150	**159**	182	224
	LB 054, Pos. 5, Seite 796		112	126	**134**	153	188
709	Leitungsschutzschalter 6kA, dreipolig B16A	St	46	62	**66**	74	91
	LB 054, Pos. 6, Seite 796		39	52	**55**	62	77
710	Sicherungssockel, dreipolig	St	59	81	**85**	105	139
	LB 054, Pos. 10, Seite 797		49	68	**72**	88	117

Kosten:
Stand 1.Quartal 2026
Bundesdurchschnitt

► min
▷ von
ø Mittel
◁ bis
◄ max

Innenraum — **Preise €**

Nr.	Positionen	Einheit	►	▷	ø brutto € / ø netto €	◁	◄
711	Lasttrennschalter, 63A	St	79	141	**176**	190	267
	LB 054, Pos. 11, Seite 797		66	119	**148**	160	224
712	Anbauleuchte, LED, Feuchtraum	St	182	187	**211**	233	245
	LB 058, Pos. 1, Seite 800		153	157	**177**	196	206
713	Einbauleuchte, LED, 39W	St	192	204	**230**	249	256
	LB 058, Pos. 2, Seite 801		161	172	**193**	209	216
714	Pendelleuchte, LED 47W, bis 598mm	St	319	360	**388**	512	540
	LB 058, Pos. 4, Seite 801		268	302	**326**	430	454
715	Pendelleuchte, LED 47W, bis 1.198mm	St	390	411	**493**	539	553
	LB 058, Pos. 5, Seite 802		328	346	**414**	453	465
716	Einbaudownlight, LED, 9W	St	72	76	**86**	91	97
	LB 058, Pos. 6, Seite 802		60	64	**72**	77	81
717	Einbaudownlight, LED, 17,8W	St	76	81	**98**	103	110
	LB 058, Pos. 7, Seite 802		64	68	**82**	87	92
718	Notrufeinrichtung, für Barrierefreies WC	St	466	727	**791**	1.015	1.531
	LB 060, Pos. 1, Seite 804		392	611	**665**	853	1.286
719	Kombiableiter, 4polig	St	1.055	1.074	**1.278**	1.623	1.669
	LB 061, Pos. 3, Seite 807		887	902	**1.074**	1.364	1.403
720	Installationsleitung, symmetrisch J-Y(St)Y 2x2x0,8mm, KR/K/R/MW	m	5	5	**7**	8	9
	LB 061, Pos. 5, Seite 807		4	5	**5**	7	7
721	Brandmeldezentrale, bis 4 Ringe-/Linien	St	2.244	3.537	**4.177**	5.023	7.115
	LB 063, Pos. 1, Seite 809		1.886	2.973	**3.510**	4.221	5.979
722	Brandmeldezentrale, ab 5 Ringe-/Linien	St	6.632	9.505	**10.522**	12.563	15.798
	LB 063, Pos. 2, Seite 809		5.573	7.988	**8.842**	10.557	13.275
723	Feuerwehr - Schlüsseldepot	St	2.101	2.505	**2.666**	3.206	4.149
	LB 063, Pos. 3, Seite 809		1.765	2.105	**2.241**	2.694	3.487
724	Rauchmelder, Ionisation	St	407	438	**485**	513	571
	LB 063, Pos. 5, Seite 810		342	368	**408**	431	480
725	Rauchwarnmelder, optisch	St	49	74	**84**	101	141
	LB 063, Pos. 6, Seite 810		41	62	**71**	85	118
726	Rauchwarnmelder, Funkvernetzte	St	101	158	**183**	212	267
	LB 063, Pos. 7, Seite 810		85	132	**154**	178	224
727	Wärme-Differenzialmelder	St	79	109	**125**	152	198
	LB 063, Pos. 8, Seite 811		66	92	**105**	128	166
728	Kombinierter Rauch-/Wärmemelder	St	159	233	**288**	304	360
	LB 063, Pos. 9, Seite 811		133	196	**242**	256	302
729	Handfeuermelder, Aufputz	St	112	145	**163**	187	242
	LB 063, Pos. 10, Seite 811		94	122	**137**	157	204
730	Signalgeber, akustisch	St	110	194	**228**	260	315
	LB 063, Pos. 11, Seite 811		92	163	**192**	219	265
731	Signalgeber, akustisch/optisch	St	259	350	**366**	410	514
	LB 063, Pos. 12, Seite 812		217	294	**307**	344	432
732	Feuerwehr-Bedienfeld	St	541	761	**853**	1.408	1.997
	LB 063, Pos. 15, Seite 812		454	639	**717**	1.183	1.678
733	Überfallmelder, Handtaster, Aufputz	St	88	104	**119**	122	139
	LB 063, Pos. 16, Seite 812		74	88	**100**	103	117

Nr.	Positionen	Einheit	►	▷	ø brutto € / ø netto €	◁	◄
734	Rauchauslöseeinrichtung, Aufputz	St	1.079	1.506	**1.674**	1.944	2.373
	LB 063, Pos. 17, Seite 813		907	1.266	**1.407**	1.634	1.994
735	Dezentrales Fassaden-Lüftungsgerät bis 45m³/h	St	785	1.316	**1.458**	1.464	1.994
	LB 075, Pos. 1, Seite 827		660	1.106	**1.225**	1.230	1.676
736	Brandschutz Absperrvorrichtung, K90, DN100	St	277	329	**332**	366	417
	LB 075, Pos. 2, Seite 828		233	276	**279**	307	351
737	Be- und Entlüftungsgerät, bis 5.000m³/h	St	7.041	11.718	**13.199**	15.794	25.278
	LB 075, Pos. 3, Seite 828		5.917	9.847	**11.092**	13.272	21.242
738	Abluftrohrventilator, Einbaugerät	St	2.134	3.050	**3.558**	4.274	5.181
	LB 075, Pos. 4, Seite 828		1.793	2.563	**2.990**	3.591	4.353
739	Kanalventilator	St	2.159	3.194	**3.754**	4.372	5.831
	LB 075, Pos. 5, Seite 829		1.814	2.684	**3.155**	3.674	4.900
740	Schalldämpfer, flach, runder Anschluss	St	156	186	**212**	218	246
	LB 075, Pos. 7, Seite 829		131	156	**178**	183	207
741	Wetterschutzgitter, Außenluft-/Fortluft	St	194	359	**393**	525	728
	LB 075, Pos. 8, Seite 829		163	301	**331**	441	612
742	Formstücke, verzinkt, Luftleitung	m²	90	110	**128**	152	184
	LB 075, Pos. 11, Seite 830		75	92	**108**	128	154
743	Rohrbogen, Luftleitung	St	18	28	**32**	42	55
	LB 075, Pos. 16, Seite 831		15	23	**27**	35	46
744	Drallauslass, Decke	St	144	486	**720**	796	1.134
	LB 075, Pos. 19, Seite 832		121	409	**605**	669	953
745	Tellerventil, Zu-/Abluft	St	34	78	**92**	129	197
	LB 075, Pos. 21, Seite 832		29	65	**77**	108	166
746	Drosselklappe, 200x200mm	St	69	82	**101**	121	131
	LB 075, Pos. 24, Seite 833		58	69	**85**	101	110
747	Lüftungsgerät mit WRG, Zentral, Bypass, Feuerstättenfunktion	St	3.886	4.911	**5.562**	6.275	7.693
	LB 075, Pos. 25, Seite 833		3.266	4.127	**4.674**	5.273	6.465
748	Außenwanddurchlass, DN110	St	161	180	**266**	285	309
	LB 075, Pos. 26, Seite 833		135	151	**224**	240	259
749	Lüftungsgerät für Abluft	St	327	346	**354**	378	404
	LB 075, Pos. 27, Seite 834		275	291	**298**	317	339
750	KWL-Lüftungsgerät, in Außenwand, bis 100m³/h mit WRG	St	2.679	2.970	**3.300**	3.762	3.881
	LB 075, Pos. 28, Seite 834		2.251	2.496	**2.773**	3.161	3.262
751	VRF-Außengerät, Heizen/Kühlen, 15kW	St	8.776	9.434	**13.128**	17.810	18.448
	LB 075, Pos. 31, Seite 835		7.374	7.928	**11.032**	14.966	15.503
752	Inbetriebnahme, VRF-Anlage	psch	478	815	**883**	1.135	1.473
	LB 075, Pos. 35, Seite 837		401	685	**742**	954	1.238

Anhang

Regionalfaktoren

Regionalfaktoren Deutschland

Diese Faktoren geben Aufschluss darüber, inwieweit die Baukosten in einer bestimmten Region Deutschlands teurer oder günstiger liegen als im Bundesdurchschnitt. Sie können dazu verwendet werden, die BKI Baukosten an das besondere Baupreisniveau einer Region anzupassen.
Hinweis: Alle Angaben wurden durch Untersuchungen des BKI weitgehend verifiziert. Dennoch können Abweichungen zu den angegebenen Werten entstehen. In Grenznähe zu einem Land-/Stadtkreis mit anderen Baupreisfaktoren sollte dessen Baupreisniveau mit berücksichtigt werden, da die Übergänge zwischen den Land-/Stadtkreisen fließend sind. Die Besonderheiten des Einzelfalls können ebenfalls zu Abweichungen führen.
Für die größeren Inseln Deutschlands wurden separate Regionalfaktoren ermittelt. Dazu wurde der zugehörige Landkreis in Festland und Inseln unterteilt. Alle Inseln eines Landkreises erhalten durch dieses Verfahren den gleichen Regionalfaktor. Der Regionalfaktor des Festlandes erhält keine Inseln mehr und ist daher gegenüber früheren Ausgaben verringert.

Land- / Stadtkreis / Insel	Bundeskorrekturfaktor
Aachen, Städteregion	0,926
Ahrweiler	0,982
Aichach-Friedberg	1,077
Alb-Donau-Kreis	1,015
Altenburger Land	0,852
Altenkirchen (Westerwald)	0,985
Altmarkkreis Salzwedel	0,833
Altötting	0,973
Alzey-Worms	0,983
Amberg, Stadt	1,100
Amberg-Sulzbach	1,023
Ammerland	0,794
Amrum, Insel	1,288
Anhalt-Bitterfeld	0,815
Ansbach	1,032
Ansbach, Stadt	1,068
Aschaffenburg	1,124
Aschaffenburg, Stadt	1,093
Augsburg	1,098
Augsburg, Stadt	1,265
Aurich, Festlandanteil	0,735
Aurich, Inselanteil	1,199
Bad Dürkheim	0,983
Bad Kissingen	1,045
Bad Kreuznach	0,963
Bad Tölz-Wolfratshausen	1,216
Baden-Baden, Stadtkreis	1,063
Baltrum, Insel	1,199
Bamberg	1,048
Bamberg, Stadt	1,160
Barnim	0,879
Bautzen	0,894
Bayreuth	1,077
Bayreuth, Stadt	1,042
Berchtesgadener Land	1,131
Bergstraße	1,008
Berlin, Stadt	1,141
Bernkastel-Wittlich	1,022
Biberach	1,020
Bielefeld, Stadt	0,870
Birkenfeld	1,033
Bochum, Stadt	0,912
Bodenseekreis	0,990
Bonn, Stadt	0,920
Borken	0,901
Borkum, Insel	1,100
Bottrop, Stadt	0,794
Brandenburg an der Havel, Stadt	0,969
Braunschweig, Stadt	0,726
Breisgau-Hochschwarzwald	1,117
Bremen, Stadt	0,921
Bremerhaven, Stadt	0,946
Burgenlandkreis	0,930
Böblingen	1,083
Börde	0,877
Calw	1,032
Celle	0,834
Cham	0,887
Chemnitz, Stadt	0,878
Cloppenburg	0,784
Coburg	1,016
Coburg, Stadt	1,155
Cochem-Zell	1,065
Coesfeld	0,943
Cottbus, Stadt	1,030
Cuxhaven	0,758
Dachau	1,228
Dahme-Spreewald	0,925
Darmstadt, Stadt	1,066
Darmstadt-Dieburg	1,017
Deggendorf	0,978

Delmenhorst, Stadt	0,774
Dessau-Roßlau, Stadt	0,860
Diepholz	0,791
Dillingen a.d.Donau	1,054
Dingolfing-Landau	0,942
Dithmarschen	1,033
Donau-Ries	0,993
Donnersbergkreis	0,919
Dortmund, Stadt	0,757
Dresden, Stadt	0,911
Duisburg, Stadt	0,949
Düren	0,950
Düsseldorf, Stadt	0,983
Ebersberg	1,361
Eichsfeld	0,906
Eichstätt	1,065
Eifelkreis Bitburg-Prüm	0,961
Elbe-Elster	0,842
Emden, Stadt	0,703
Emmendingen	1,146
Emsland	0,794
Ennepe-Ruhr-Kreis	0,875
Enzkreis	1,003
Erding	1,118
Erfurt, Stadt	0,926
Erlangen, Stadt	1,101
Erlangen-Höchstadt	1,026
Erzgebirgskreis	0,918
Essen, Stadt	0,839
Esslingen	1,035
Euskirchen	0,859
Fehmarn, Insel	1,164
Flensburg, Stadt	0,808
Forchheim	1,126
Frankenthal (Pfalz), Stadt	0,888
Frankfurt (Oder), Stadt	0,871
Frankfurt am Main, Stadt	1,019
Freiburg im Breisgau, Stadtkreis	1,120
Freising	1,105
Freudenstadt	1,033
Freyung-Grafenau	0,980
Friesland, Festlandanteil	0,775
Friesland, Inselanteil	1,442
Fulda	1,039
Föhr, Insel	1,288
Fürstenfeldbruck	1,216
Fürth	0,993
Fürth, Stadt	1,076
Garmisch-Partenkirchen	1,268
Gelsenkirchen, Stadt	0,891
Gera, Stadt	0,906
Germersheim	1,002
Gießen	1,010
Gifhorn	0,848
Goslar	0,752
Gotha	0,876
Grafschaft Bentheim	0,792
Greiz	0,925
Groß-Gerau	1,058
Göppingen	0,998
Görlitz	0,893
Göttingen	0,856
Günzburg	1,054
Gütersloh	0,872
Hagen, Stadt	0,884
Halle (Saale), Stadt	0,709
Hamburg, Freie und Hansestadt	1,106
Hameln-Pyrmont	0,829
Hamm, Stadt	0,866
Hannover, Region	0,904
Harburg	0,904
Harz	0,819
Havelland	0,999
Haßberge	1,131
Heidekreis	0,862
Heidelberg, Stadtkreis	1,119
Heidenheim	1,032
Heilbronn	1,023
Heilbronn, Stadtkreis	1,011
Heinsberg	0,920
Helgoland, Insel	1,410
Helmstedt	0,834
Herford	0,871
Herne, Stadt	0,922
Hersfeld-Rotenburg	0,985
Herzogtum Lauenburg	0,975
Hiddensee, Insel	1,126
Hildburghausen	0,882
Hildesheim	0,794
Hochsauerlandkreis	0,895
Hochtaunuskreis	1,063
Hof	1,152
Hof, Stadt	1,123
Hohenlohekreis	1,034
Holzminden	0,766
Höxter	0,867
Ilm-Kreis	0,860
Ingolstadt, Stadt	1,093
Jena, Stadt	1,088
Jerichower Land	0,813
Juist, Insel	1,199

Kaiserslautern	0,970
Kaiserslautern, Stadt	0,977
Karlsruhe	0,953
Karlsruhe, Stadtkreis	1,098
Kassel	1,019
Kassel, Stadt	0,933
Kaufbeuren	1,160
Kelheim	0,982
Kempten (Allgäu)	1,140
Kiel, Stadt	1,209
Kitzingen	1,077
Kleve	0,915
Koblenz, Stadt	0,938
Konstanz	1,025
Krefeld, Stadt	0,836
Kronach	1,108
Kulmbach	1,130
Kusel	0,956
Kyffhäuserkreis	0,891
Köln, Stadt	0,936
Lahn-Dill-Kreis	1,014
Landau in der Pfalz, Stadt	1,000
Landsberg am Lech	1,130
Landshut	0,967
Landshut, Stadt	1,039
Langeoog, Insel	1,052
Leer, Festlandanteil	0,743
Leer, Inselanteil	1,100
Leipzig	0,941
Leipzig, Stadt	0,859
Leverkusen, Stadt	0,805
Lichtenfels	1,006
Limburg-Weilburg	0,980
Lindau (Bodensee)	1,071
Lippe	0,903
Ludwigsburg	1,037
Ludwigshafen am Rhein, Stadt	1,033
Ludwigslust-Parchim	0,911
Lörrach	0,992
Lübeck, Hansestadt	0,921
Lüchow-Dannenberg	0,850
Lüneburg	0,851
Magdeburg, Stadt	0,851
Main-Kinzig-Kreis	0,996
Main-Spessart	1,104
Main-Tauber-Kreis	1,027
Main-Taunus-Kreis	1,005
Mainz, Stadt	0,938
Mainz-Bingen	1,032
Mannheim, Stadtkreis	1,049
Mansfeld-Südharz	0,882
Marburg-Biedenkopf	1,031
Mayen-Koblenz	0,972
Mecklenburgische Seenplatte	0,879
Meißen	0,891
Memmingen	1,016
Merzig-Wadern	0,951
Mettmann	0,869
Miesbach	1,306
Miltenberg	1,180
Minden-Lübbecke	0,848
Mittelsachsen	0,902
Märkisch-Oderland	0,890
Märkischer Kreis	0,873
Mönchengladbach, Stadt	0,895
Mühldorf a.Inn	1,047
Mülheim an der Ruhr, Stadt	0,905
München	1,340
München, Stadt	1,546
Münster, Stadt	0,863
Neckar-Odenwald-Kreis	1,074
Neu-Ulm	1,059
Neuburg-Schrobenhausen	1,064
Neumarkt i.d.OPf.	0,944
Neumünster, Stadt	0,906
Neunkirchen	0,975
Neustadt a.d.Aisch-Bad Windsheim	1,037
Neustadt a.d.Waldnaab	1,047
Neustadt an der Weinstraße, Stadt	0,915
Neuwied	0,949
Nienburg (Weser)	0,740
Norderney, Insel	1,199
Nordfriesland, Festlandanteil	1,163
Nordfriesland, Inselanteil	1,288
Nordhausen	0,820
Nordsachsen	0,893
Nordwest-Mecklenburg, Inselanteil	1,224
Nordwestmecklenburg, Festlandanteil	0,947
Northeim	0,874
Nürnberg, Stadt	1,037
Nürnberger Land	1,165
Oberallgäu	1,107
Oberbergischer Kreis	0,898
Oberhausen, Stadt	0,852
Oberhavel	1,024
Oberspreewald-Lausitz	0,889
Odenwaldkreis	0,995
Oder-Spree	0,968
Offenbach	0,958
Offenbach am Main, Stadt	0,970
Oldenburg	0,853
Oldenburg (Oldb), Stadt	0,815
Olpe	0,968
Ortenaukreis	1,024

Osnabrück 0,828
Osnabrück, Stadt 0,760
Ostalbkreis 1,075
Ostallgäu 1,051
Osterholz 0,833
Ostholstein, Festlandanteil 0,957
Ostholstein, Inselanteil 1,164
Ostprignitz-Ruppin 0,939

Paderborn 0,888
Passau 0,971
Passau, Stadt 1,007
Peine 0,815
Pellworm, Insel 1,288
Pfaffenhofen a.d.Ilm 1,082
Pforzheim, Stadtkreis 0,976
Pinneberg, Festlandanteil 0,973
Pinneberg, Inselanteil 1,410
Pirmasens, Stadt 0,961
Plön 1,027
Poel, Insel 1,224
Potsdam, Stadt 1,007
Potsdam-Mittelmark 0,973
Prignitz 0,803

Rastatt 1,024
Ravensburg 0,960
Recklinghausen 0,889
Regen 0,901
Regensburg 1,044
Regensburg, Stadt 1,063
Rems-Murr-Kreis 1,057
Remscheid, Stadt 0,860
Rendsburg-Eckernförde 0,922
Reutlingen 0,984
Rhein-Erft-Kreis 0,914
Rhein-Hunsrück-Kreis 1,023
Rhein-Kreis Neuss 0,924
Rhein-Lahn-Kreis 1,005
Rhein-Neckar-Kreis 1,062
Rhein-Pfalz-Kreis 0,988
Rhein-Sieg-Kreis 0,927
Rheingau-Taunus-Kreis 1,010
Rheinisch-Bergischer Kreis 0,896
Rhön-Grabfeld 1,133
Rosenheim 1,207
Rosenheim, Stadt 1,252
Rostock 0,941
Rostock, Stadt 1,001
Rotenburg (Wümme) 0,744
Roth 1,073
Rottal-Inn 0,960
Rottweil 0,991
Rügen, Insel 1,126

Saale-Holzland-Kreis 0,821
Saale-Orla-Kreis 0,940
Saalekreis 0,874
Saalfeld-Rudolstadt 0,918
Saarbrücken, Regionalverband 0,923
Saarlouis 0,944
Saarpfalz-Kreis 0,945
Salzgitter, Stadt 0,770
Salzlandkreis 0,841
Schaumburg 0,799
Schleswig-Flensburg 0,901
Schmalkalden-Meiningen 0,966
Schwabach, Stadt 1,061
Schwalm-Eder-Kreis 0,962
Schwandorf 0,993
Schwarzwald-Baar-Kreis 0,903
Schweinfurt 1,069
Schweinfurt, Stadt 1,042
Schwerin, Stadt 1,119
Schwäbisch Hall 0,928
Segeberg 0,940
Siegen-Wittgenstein 0,934
Sigmaringen 0,976
Soest 0,847
Solingen, Stadt 0,878
Sonneberg 0,877
Speyer, Stadt 1,049
Spiekeroog, Insel 1,052
Spree-Neiße 0,744
St. Wendel 0,944
Stade 0,808
Starnberg 1,361
Steinburg 0,952
Steinfurt 0,885
Stendal 0,728
Stormarn 0,921
Straubing, Stadt 1,223
Straubing-Bogen 1,051
Stuttgart, Stadtkreis 1,114
Suhl, Stadt 0,880
Sylt, Insel 1,288
Sächsische Schweiz-Osterzgebirge 0,951
Sömmerda 0,875
Südliche Weinstraße 1,041
Südwestpfalz 0,954

Teltow-Fläming 0,961
Tirschenreuth 1,059
Traunstein 1,133
Trier, Stadt 1,066
Trier-Saarburg 1,063
Tuttlingen 1,061
Tübingen 1,029

Uckermark	0,895
Uelzen	0,844
Ulm, Stadtkreis	1,120
Unna	0,898
Unstrut-Hainich-Kreis	0,805
Unterallgäu	0,980
Usedom, Insel	1,060
Vechta	0,855
Verden	0,761
Viersen	0,918
Vogelsbergkreis	0,949
Vogtlandkreis	0,948
Vorpommern-Greifswald, Festlandanteil	0,981
Vorpommern-Greifswald, Inselanteil	1,060
Vorpommern-Rügen, Festlandanteil	0,972
Vorpommern-Rügen, Inselanteil	1,126
Vulkaneifel	0,975
Waldeck-Frankenberg	0,950
Waldshut	1,049
Wangerooge, Insel	1,442
Warendorf	0,890
Wartburgkreis	0,958
Weiden i.d.OPf., Stadt	1,003
Weilheim-Schongau	1,156
Weimar, Stadt	1,187
Weimarer Land	0,902
Weißenburg-Gunzenhausen	1,007
Werra-Meißner-Kreis	0,956
Wesel	0,904
Wesermarsch	0,808
Westerwaldkreis	0,994
Wetteraukreis	0,971
Wiesbaden, Stadt	0,985
Wilhelmshaven, Stadt	0,858
Wittenberg	0,758
Wittmund, Festlandanteil	0,804
Wittmund, Inselanteil	1,052
Wolfenbüttel	0,821
Wolfsburg, Stadt	0,817
Worms, Stadt	1,019
Wunsiedel i.Fichtelgebirge	1,125
Wuppertal, Stadt	0,832
Würzburg	1,095
Würzburg, Stadt	1,158
Zingst, Insel	1,126
Zollernalbkreis	1,000
Zweibrücken, Stadt	1,055
Zwickau	0,918

Regionalfaktoren Österreich

Bundesland	**Korrekturfaktor**
Burgenland	1,006
Kärnten	1,092
Niederösterreich	0,924
Oberösterreich	1,044
Salzburg	1,091
Steiermark	1,014
Tirol	1,095
Vorarlberg	1,083
Wien	1,153

Regionalfaktoren für den Europa-Raum

Land	**Korrekturfaktor**
Albanien	0,345
Belgien	0,616
Bosnien und Herzegowina	0,317
Bulgarien	0,446
Dänemark	0,833
Deutschland	1,000
Estland	0,518
Finnland	0,826
Frankreich	0,783
Griechenland	0,477
Irland	0,664
Island	0,785
Italien	0,562
Kroatien	0,368
Lettland	0,544
Litauen	0,500
Luxemburg	0,859
Malta	0,584
Mazedonien	0,359
Montenegro	0,356
Niederlande	0,823
Norwegen	0,838
Österreich	1,081
Polen	0,466
Portugal	0,440
Rumänien	0,385
Schweden	0,937
Schweiz	1,042
Serbien	0,371
Slowakei	0,500
Slowenien	0,473
Spanien	0,540
Tschechien	0,507
Türkei	0,357
Ungarn	0,462
Zypern	0,491

Anhang

Stichwortverzeichnis Positionen

A

B

C

D

E

F

G

H

I

J

K

L

M

N

O

P

Q

R

S

Schaumglasdämmung, Bodenplatte 251

T

U

V

W

Z